"南北极环境综合考察与评估"专项

北极地区环境与资源
潜力综合评估

国家海洋局极地专项办公室　编

海洋出版社

2018 · 北京

图书在版编目（CIP）数据

北极地区环境与资源潜力综合评估/国家海洋局极地考察办公室编.—北京：海洋出版社，2017.11

ISBN 978-7-5027-9938-0

Ⅰ.①北…　Ⅱ.①国…　Ⅲ.①北极-环境生态评价②北极-资源评价　Ⅳ.①X826

中国版本图书馆 CIP 数据核字（2017）第 237414 号

责任编辑：白　燕
责任印制：赵麟苏

海洋出版社　出版发行

http://www.oceanpress.com.cn

北京市海淀区大慧寺路 8 号　邮编：100081
北京朝阳印刷厂有限责任公司印刷　新华书店北京发行所经销
2018 年 7 月第 1 版　2018 年 7 月第 1 次印刷
开本：889mm×1194mm　1/16　印张：35.75
字数：959 千字　定价：220.00 元
发行部：62132549　邮购部：68038093　总编室：62114335
海洋版图书印、装错误可随时退换

极地专项领导小组成员名单

组　　长：陈连增　国家海洋局

副组长：李敬辉　财政部经济建设司

　　　　曲探宙　国家海洋局极地考察办公室

成　　员：姚劲松　财政部经济建设司（2011—2012）

　　　　陈昶学　财政部经济建设司（2013—）

　　　　赵光磊　国家海洋局财务装备司

　　　　杨惠根　国家海洋局中国极地研究中心

　　　　吴　军　国家海洋局极地考察办公室

极地专项领导小组办公室成员名单

专项办主任：曲探宙　国家海洋局极地考察办公室

常务副主任：吴　军　国家海洋局极地考察办公室

副　主　任：刘顺林　中国极地研究中心（2011—2012）

　　　　李院生　中国极地研究中心（2012—）

　　　　王力然　国家海洋局财务装备司

成　　员：王　勇　国家海洋局极地考察办公室

　　　　赵　萍　国家海洋局极地考察办公室

　　　　金　波　国家海洋局极地考察办公室

　　　　李红蕾　国家海洋局极地考察办公室

　　　　刘科峰　中国极地研究中心

　　　　徐　宁　中国极地研究中心

　　　　陈永祥　中国极地研究中心

极地专项成果集成责任专家组成员名单

组　长：潘增弟　国家海洋局东海分局

成　员：张海生　国家海洋局第二海洋研究所

　　　　余兴光　国家海洋局第三海洋研究所

　　　　乔方利　国家海洋局第一海洋研究所

　　　　石学法　国家海洋局第一海洋研究所

　　　　魏泽勋　国家海洋局第一海洋研究所

　　　　高金耀　国家海洋局第二海洋研究所

　　　　胡红桥　中国极地研究中心

　　　　何剑锋　中国极地研究中心

　　　　徐世杰　国家海洋局极地考察办公室

　　　　孙立广　中国科学技术大学

　　　　赵　越　中国地质科学院地质力学研究所

　　　　庞小平　武汉大学

"北极地区环境与资源潜力综合评估"
专题

承担单位：国家海洋局第三海洋研究所

协助承担单位：国家海洋局第一海洋研究所

参与单位：中国极地研究中心

国家海洋局第二海洋研究所

中国海洋大学

中国地质科学院地质力学研究所

中国气象科学研究院

国家海洋环境预报中心

国家海洋环境监测中心

国家卫星海洋应用中心

中国科学院海洋研究所

中国科学技术大学

厦门大学

"北极地区环境与资源潜力综合评估"
专著编写人员名单

专 著 主 编：余兴光

专著副主编：林龙山

主要撰写人员（按姓氏拼音排序）：

曹　勇	陈建芳	陈新华	雷瑞波	李　渊
林龙山	刘焱光	宋普庆	张　芳	张　涛
赵进平	赵　越	庄燕培	余兴光	

序　言

"南北极环境综合考察与评估"专项（以下简称极地专项）是 2010 年 9 月 14 日经国务院批准，由财政部支持，国家海洋局负责组织实施，相关部委所属的 36 家单位参与，是我国自开展极地科学考察以来最大的一个专项，是我国极地事业又一个新的里程碑。

在 2011 年至 2015 年间，极地专项从国家战略需求出发，整合国内优势科研力量，充分利用"一船五站"（"雪龙"船、长城站、中山站、黄河站、昆仑站、泰山站）极地考察平台，有计划、分步骤地完成了南极周边重点海域、北极重点海域、南极大陆和北极站基周边地区的环境综合考察与评估，无论是在考察航次、考察任务和内容、考察人数、考察时间、考察航程、覆盖范围，还是在获取资料和样品等方面，均创造了我国近 30 年来南、北极考察的新纪录，促进了我国极地科技和事业的跨越式发展。

为落实财政部对极地专项的要求，极地专项办制定了包括极地专项"项目管理办法"和"项目经费管理办法"在内的 4 项管理办法和 14 项极地考察相关标准和规程，从制度上加强了组织领导和经费管理，用规范保证了专项实施进度和质量，以考核促进了成果产出。

本套极地专项成果集成丛书，涵盖了极地专项中的 3 个项目共 17 个专题的成果集成内容，涉及了南、北极海洋学的基础调查与评估，涉及了南极大陆和北极站基的生态环境考察与评估，涉及了从南极冰川学、大气科学、空间环境科学、天文学以及地质与地球物理学等考察与评估，到南极环境遥感等内容。专家认为，成果集成内容翔实，数据可信，评估可靠。

"十三五"期间，极地专项持续滚动实施，必将为贯彻落实习近平总书记关于"认识南极、保护南极、利用南极"的重要指示精神，实现李克强总理提出的"推动极地科考向深度和广度进军"的宏伟目标，完成全国海洋工作会议提出的极地工作业务化以及提高极地科学研究水平的任务，做出新的、更大的贡献。

希望全体极地人共同努力，推动我国极地事业从极地大国迈向极地强国之列！

陈连增

前 言

我国自 1999 年开始北极综合考察以来，迄今已经 16 年。在此期间，考察范围从白令海和楚科奇海开始，破冰北进，逐步向北深入并在 2010 年第 4 次北极科学考察期间首次抵达北极极点开展了科学考察活动，实现了我国北极考察历史性的突破。极地专项自 2011 年开展以来，相继在 2012 年和 2014 年开展了第 5 次和第 6 次北极综合考察，并在第 5 次北极科学考察期间首次穿越北极东北航道，抵达北冰洋大西洋扇区开展了科学考察活动，实现了北冰洋太平洋扇区和大西洋扇区的准同步考察。

随着北极科学考察和研究范围的扩大，我国北极考察研究水平已从有限的学科发展到今天的多学科的综合考察和研究。我国北极科学考察研究队伍也在不断壮大，国际合作伙伴在不断增多，形成了具有独立自主科学考察组织、实施、研究和攻关的能力。通过考察，获得了大批研究成果，形成了我国北极考察科学研究体系、积累了丰富的资料，为进一步深化考察，推进高精研究，提高我国参与北极事务的能力打下了坚实的基础。

本专题正是基于前期考察和研究基础，确立了项目目标为："在专项实际考察的基础上，结合国内外历史资料和成果，综合分析和评价北极-亚北极地区物理海洋、海冰、气象、海洋底质、地球物理、海洋化学、海洋生物与生态等环境要素的分布特征及其时空变化规律，深入解析北极关键海洋作用过程，评估北极主要生物与油气资源潜力，阐述未来几十年内北极自然环境变化对资源开发、北极航道的影响，推动我国在北极地区的科研和国际合作。"

围绕本专题研究的总体目标，设立了 10 个子专题，包括北冰洋物理海洋及气象环境变化评价、北极海冰变化分析与评价、北极和亚北极海区底质环境综合评价、北极海区地质构造环境综合分析与评价、北冰洋水质环境变化趋势及其对海洋生物泵的影响、北极海洋生态系统对环境快速变化响应评价、北极黄河站地区及近岸海域生态环境影响评价、北极渔业资源开发利用评价、北极油气资源潜力评估、北极微生物资源多样性与功能评估等相关内容。

经过 3 年多卓有成效的工作，课题组在 2013 年进行了国内外数据的收集和整理，并开展了初步的分析与评价工作；2014 年，在前期工作基础上，补充了第 6 次北极考察数据和最新国内外资料，进行了深入的分析和评价工作；2015 年，各子专题在前期评价工作的基础上，根据完善后的评价提纲，进一步完善了各专业的评价材料，并凝练和提炼了主要研究内容，最终形成了本研究成果。

本报告第1章，总体概述了我国北极综合考察研究概况，介绍了本专题项目设计与执行情况，展示了北极地区环境与资源潜力综合评估的主要成果，包括发表论文、获得授权专利和人才培养状况等，最后，还对本专题执行过程中存在的问题进行了总结，并对今后工作提出了建议。第2章利用了中国第1至第6次北极科学考察资料以及国外北极相关数据，对北冰洋物理海洋及气象环境进行了综合评价，重点评价了北冰洋主要水团、海洋跃层、海洋环流的分布和变化特征，以及北极主要海洋气象环境变化特征和北极海气界面通量与大气边界层变化特征等。第3章利用被动微波卫星遥感观测数据分析了北冰洋不同海域的海冰长期变化趋势，特别是北极东北航道海冰分布特征，结合走航观测和冰基观测，评价了北冰洋太平洋扇区海冰分布特征，以及根据浮标运行结果分析了北极海冰输出运动特征等。第4章利用国内外数据和资料，分析了北极海底沉积物分布规律与物质来源、晚第四纪以来白令海与西北冰洋古环境演化特征，以及北极和亚北极海域底质环境特征等。第5章利用国际公开数据和我国极地考察数据，在分析北冰洋地球物理场特征的基础上，对白令海的沙波形成机制、美亚海盆的形成历史、楚科奇边缘地的地层与构造特征、Gakkel洋中脊的非岩浆岩石圈增生、挪威-格陵兰海的非对称扩张机制等问题进行了相应评价。

第6章利用北冰洋水体环境中营养盐、同位素指示剂和碳酸盐体系作为指示参数，对北冰洋水体环境现状和变化趋势进行分析和评价，并评估和分析了北极水质环境变化对海洋碳循环和生物泵的影响。第7章利用国内外调查数据和遥感资料，分析了北冰洋叶绿素和初级生产力的变化趋势及其原因，以及微微型浮游生物、大中型浮游生物和底栖生物种类组成变化特征及其对环境变化的响应。第8章利用我国历次黄河站考察数据和资料，初步分析了北极黄河站生态环境演变及其对气候变化的响应、王湾水质环境现状及营养要素的长期变动特征、王湾地区浮游细菌群落分布及其结构特征、王湾典型污染物分布特征和环境指示意义及人类活动对站区环境的影响等。

第9章通过收集国内外数据和资料，对环北极8个国家的渔业资源状况和相关渔业资源利用所涉及的法律法规等进行了分析和介绍，结合我国与各环北极国家的实际情况，分析了我国开发利用北极渔业资源的可行性。第10章分析了北极地区大地构造及演化和区域地层与沉积特征，并对东巴伦支海、阿拉斯加北部斜坡、南喀拉-亚马尔、蒂曼-伯朝拉、东格陵兰断陷等盆地的油气资源分布和勘探潜力进行介绍，对环北极国家油气法律、法规和政策进行了概述，对北极地区油气资源投资环境进行了综合分析和评价。第11章对北极微生物物种资源多样性、功能基因资源利用潜力和微生物资源利用潜力进行了评价。

参与本专题报告的科研人员都是我国极地考察的精英和骨干，本报告内容总体反映了我国对北极地区环境与资源潜力的了解和掌握情况，尽管有些学科的评价成果仅体现于有限的局部范围，有些评价内容尚不够深入，但这些内容是课题组三年多以来辛勤工作的成果，是对过去收集到的数据和资料的综合研究与整合，为今后的评价工作更全面、更精确和更深入打下较好基础。

科学考察和研究永无止境，北极地区资源与环境潜力问题，随着极地考察不断深入发展，认识亦将不断深化。期待读者对本专著存在的不足给予斧正。

余兴光

2016 年 1 月 30 日

目 次

第 1 章　总　论[*]

1.1　我国北极综合考察研究概况

1.1.1　北极自然地理概况

　　北极地区，通常指北极圈（66°33′N）以北地区，大部分终年为冰雪所覆盖，自然环境恶劣、气候寒冷。北极是地球系统中的重要组成部分，是全球气候变化最显著，响应最敏感的区域，也是研究地球气候系统的关键区域，对现代与过去的全球气候变化起着极其重要的作用和影响。北冰洋大部分区域长期被海冰覆盖，其沉积物组成与结构受到气候、水文和生物过程的共同影响，也成为揭示复杂的古海洋与古气候的重要信息源。北冰洋特殊的深层水循环、陆源淡水输入、陆架−海盆相互作用过程、常年存在的开放水道、不同来源的水团以及各水团之间复杂的相互作用等，从过去到现在都发生着深刻的变化，对北冰洋及其以外地区产生了深远的影响。北极第四纪大冰盖的反复形成和海平面的波动极大地影响着北冰洋，包括白令海峡的关闭与开启、浅海陆架的暴露与淹没、水团交换与洋流系统的急剧变化以及对海洋环境和气候的直接影响等。而美亚北冰洋是北极的重要区域，被季节性海冰覆盖，受太平洋和大西洋水团、加拿大北极冰盖以及陆地河流的影响，在过去与现代海洋环境和气候变化中扮演着重要的作用。

　　伴随着全球变暖，北极极区冰层快速融化，极地环境和全球变化面临新的重大变化和不确定性。首先，北极是地球上极少数未开发的自然资源"宝库"之一，蕴藏着丰富的石油、天然气、矿物和渔业资源，北冰洋沿岸地区及沿海岛屿还有储量可观的煤、铁、磷酸盐、泥炭和有色金属。随着全球变暖、冰盖融化和科学技术的发展，北极自然资源的开发将变得现实可行，这对于有关国家（特别是北冰洋沿岸国家）无疑有着巨大的吸引力。其次，北极还具有重要的交通意义。随着北冰洋海冰消融和航海技术的不断进步，美洲大陆西北部著名的"西北通道"（Northwest Passage）和亚洲大陆东北部的"东北通道"（Northeast Passage）已被视为新的"大西洋—太平洋轴心航线"。"西北通道"位于加拿大北极群岛沿岸，穿越北冰洋而连接大西洋和太平洋，蜿蜒 5 000 余千米。该通道可以使从英国伦敦到日本横滨的航行由 14 650 n mile 缩短到不足 8 000 n mile，从横滨到荷兰鹿特丹的航程则从 15 640 n mile 缩短到大约 6 610 n mile。此外，北极地区的军事和战略意义也十分显著。该地区非常适合配备了核弹头的潜艇隐蔽，因为北冰洋冰层可以有效地保护其不被飞机和侦察卫星发现，不停移动的厚厚冰层还可以对声波进行干扰，从而破坏水下监控系统的跟踪，这些潜艇却可以在冰层下自由行动。

　　因此，值此极地权益争夺方兴未艾和我国综合国力日益提升的重大历史机遇期，面对当前国内、

---

　　* 本章节编写人员：余兴光、林龙山、曹勇、雷瑞波、刘焱光、张涛、庄燕培、宋普庆、张芳、李渊、赵越、陈新华。

国际形势以及我国极地工作中已取得的业绩和存在的不足，根据国家战略需要，探索极地资源潜力，研究全球气候和环境变化，对于维护我国在北极地区的长远利益和潜在权益，提高我国在未来国际极地事务中的影响力和决策力，减少我国气象灾害损失和保持经济可持续发展均有重大意义。

1.1.2 我国北极科学考察的简要历史回顾

相对于环北极八国和少数发达国家，我国开展北极和亚北极考察，特别是海洋生物与生态考察和研究的起步较晚，但是，从 1999 年首次北极考察至今，经过 10 多年的发展，我国已形成了以国家海洋局主管，有关部委和科研机构共同参加的极地考察和研究工作体系。截至 2015 年，我国已成功组织了 6 次北极综合科学考察。

中国首次北极科学考察于 1999 年实施，本次考察确定了 3 大考察目标，即：北极在全球变化中的作用和对我国气候的影响；北冰洋与太平洋水团交换对北太平洋环流变异的影响和北冰洋邻近海域生态系统与生物资源对我国渔业发展的影响。首次北极科学考察的成功，不仅引起强烈的国内反响，同时也引起了国际社会的高度关注。在初次对北冰洋的自然状况有了感性认识的同时，也为科学认识北极提供了第一手观测资料，为后续的北极科学考察积累了宝贵的经验，培养了一支我国北极科学考察与研究的队伍。为进一步了解北极对全球气候、生态等变化的影响和反馈，以及北极变化对我国气候环境的影响，我国于 2003 年组织实施了第 2 次北极科学考察，本次考察科学目标更细致，手段更先进，推进了我国对于北极海洋、海冰变化及其机理的认识。中国第 3 次和第 4 次北极科学考察分别于 2008 年和 2010 年组织实施，是第 4 个国际极地年中国行动计划的重要组成部分，进一步研究了北极快速变化过程中海洋、海冰和大气系统发生的耦合变化以及对中国产生的影响。在全球变化和北极海冰快速变化的背景下，海洋环境各要素的变化对北极海洋生态系统的影响和调控机制。在第 4 次北极科学考察期间还成功到达北极点，并采集到多种样品。面对国际极地形势和国家重大战略需求，我国自 2012 年开始实施"南北极环境综合考察与评估"国家专项，极地专项实施以来，分别于 2012 年和 2014 年组织了第 5 次和第 6 次北极科学考察，考察范围涵盖了白令海及北冰洋太平洋扇区和中心区等传统考察区域，并于第 5 次北极科学考察期间首次在北冰洋大西洋扇区以及冰岛周边海域开展了综合环境考察。

在开展海洋科学考察的同时，我国于 2004 年在斯瓦尔巴群岛建立了第一个北极科学考察站——黄河站，以黄河站为基地的考察活动已经成为国际北极站区考察中的新生力量，相继开展了北极 GPS 卫星跟踪站观测和北极冰川监测、大气环境监测和评价、北极苔原、近地面物理过程的观测研究、现代冰川、海冰与气候环境变化的监测和生态环境监测、极光联合观测等项目。

随着我国北极科学考察的逐步开展，我国对北极的研究组织管理越来越科学、规范、成熟，对北极气候变化给我国气候带来的影响有了更加深刻的认识，研究目标更加明确，考察项目越来越丰富，研究区域越来越广阔，为我国认识北极、了解北极环境变化取得了宝贵的第一手资料。

1.2 极地专项北极专题的设计与执行情况

1.2.1 本专题评价总体目标

本专题设计的总体目标是在专项实际考察的基础上，结合国内外历史资料和成果，综合分析和评价北极–亚北极地区物理海洋、海冰、气象、海洋地质、地球物理、海洋化学、海洋生物与生态等环境要素的分布特征及其时空变化规律，深入解析北极关键海洋作用过程，评估北极主要生物与油气资源潜力，阐述未来几十年内北极自然环境变化对资源开发、北极航道的影响，推动我国在北极地区的科研和国际合作。

1.2.2 组织实施和条件保障

为了保证本项目的顺利实施，牵头单位国家海洋局第三海洋研究所成立了本专题领导小组和领导小组办公室，以领导和协调专项的实施和执行。同时成立由项目负责人和各子专题负责人组成的专业技术组，负责专项实施方案设计及总体技术的负责和把关（表1-1）。

领导小组组成如下：

组长：余兴光

副组长：吴日升

成员：陈彬、陈坚、唐森铭、林荣澄

专业技术组组成如下：

组长：余兴光

成员：赵进平、雷瑞波、石学法、张涛、陈建芳、林龙山、张芳、赵越、陈新华

为了保障课题的顺利实施，我们采取了以下组织管理措施：在承担单位的总体组织和各单位的协作下，采用项目制管理模式，实施项目负责人制度。本项目负责人为牵头单位国家海洋局第三海洋研究所余兴光研究员，负责整个项目的协调和实施。

每个子专题同时设立负责人，各子专题负责人全面负责本子专题各项工作，明确在研究内容、研究进度、成果递交期限、资金使用和成果享有等方面的责任和义务，以保障项目的顺利实施。

表1-1 各子专题牵头单位和负责人

子专题	子专题牵头单位	子专题负责人
1. 北冰洋物理海洋及气象环境变化评价	中国海洋大学	曹勇/赵进平
2. 北极海冰变化分析与评价	中国极地研究中心	雷瑞波
3. 北极和亚北极海域底质环境综合评价	国家海洋局第一海洋研究所	刘焱光/石学法
4. 北极海区地质构造环境综合分析与评价	国家海洋局第二海洋研究所	张涛
5. 北冰洋水体环境变化趋势及其对海洋碳循环和生物泵的影响	国家海洋局第二海洋研究所	陈建芳
6. 北极海洋生态系统对环境快速变化响应评价	国家海洋局第三海洋研究所	宋普庆/林龙山
7. 北极黄河站地区及近岸海域生态环境影响评价	中国极地研究中心	林凌/张芳
8. 北极渔业资源开发利用评价	国家海洋局第三海洋研究所	李渊/林龙山
9. 北极油气资源潜力评估	中国地质科学院地质力学研究所	曲玮/赵越
10. 北极微生物资源多样性与功能评估	国家海洋局第三海洋研究所	陈新华

1.2.3 经费保障

本评估项目自 2013 年开始实施，共下拨经费 1 091 万元，其中：2013 年为 417 万元；2014 年为 306 万元；2015 年为 368 万元。

项目的各承担单位严格执行项目合同，按规定的内容和进度完成任务；按规定使用相关经费；按要求编报专题实施计划、执行情况、统计报表及经费预决算；及时上报阶段研究成果；承担任务完成后，按要求提交总结报告等材料，并接受年度考核。

另外，承担单位和参与单位的研究经费由子专题负责人负责管理，独立建账，专款专用，严格遵守《极地专项经费管理办法》的财务管理规定。

1.2.4 质量保障与质量控制

本评估报告所采用数据多来源于我国历次开展的北极现场考察所取得的基础数据，为保障数据质量，在专项实施过程中，依据《极地专项质量控制与监督管理办法》，采取了一系列质量控制措施。

在各航次考察任务实施之前，由各负责单位提出对考察支撑条件和需求的建议，经过充分论证，从经费、人员及设备的实际情况，确定物资与设备保障方案；在项目实施过程中所使用的仪器设备，均送至具有国家计量检验资格的单位进行检验，对国家计量检验单位无法进行检验的设备按照计量认证要求进行自检自校，保障航次获取的数据的可靠性和准确性；在航次出发前组织考察队员进行仪器使用、实验操作以及航次物资准备培训，确保现场考察人员能够严格按照规范进行各项操作，并在航次进行过程中定时对各项流程进行自查，并做相关记录；现场数据及样品按照《中国极地科学考察样品和数据管理办法（试行）》的部署进行管理和实施，样品采用统一收集、登记、保存，规范样品登记表格和登记内容；在评价过程中，对所使用的数据进行质量控制和筛选，经过对比与核实，剔除错误数据，慎重分析异常数据，找出异常原因。

在每年年度自考核和考核中，牵头单位均依照《极地专项考核和验收管理办法》实行内审、过程监督和管理等。

1.2.5 考察与评估任务及完成情况

本项目依据评估技术路线，收集整理了中国历次北极考察北极–亚北极地区物理海洋、海冰、气象、海洋地质、地球物理、海洋化学、海洋生物与生态等环境要素数据，对收集好的数据重新进行后处理，做好数据质量控制，充分发掘考察资料的价值，并结合国内外数据资料，开展了北冰洋物理海洋及气象环境变化评价、北极海冰变化分析与评价、北极和亚北极海域底质环境评价、北极地质构造环境综合分析与评价、北冰洋水质环境变化趋势及其对海洋生物泵及碳循环的影响、北极海洋生态系统对环境快速变化响应评价、北极黄河站地区及近岸海域生态环境影响评价、北极生物资源开发利用评估、北极油气资源潜力评估、北极微生物资源多样性与功能评估等评价工作，较好地完成了研究任务，取得一系列有价值的研究成果。

1.3 北极地区环境与资源潜力综合评估的主要成果

1.3.1 数据资料、样本及主要成果的综述

以我国历次北极科学考察取得的现场第一手数据为基础，结合国内外相关资料，对北极地区环境与资源潜力进行综合评估。

所涉及的资料包括北极重复断面和大面温盐数据、海冰走航和遥感数据、底质环境数据、北冰洋海洋地球物理数据、水体环境数据、生物与生态调查数据（叶绿素与初级生产力、微微型浮游生物、大中型浮游生物、底栖生物）、黄河站近岸环境数据、环北极渔业及油气资源数据资料以及北极微生物资源数据等，并在此基础上对以下科学问题进行了深入分析：北冰洋主要水团、海洋跃层和锋面、海洋环流的分布与变化及北极海洋气象的变化特征；北极海冰的时空变化及东北航道海冰分布特征、北极海冰输出区运动特征；北极海底沉积物分布规律与来源、白令海与西北冰洋古环境演化特征；北冰洋地球物理场特征（重力场、磁力场热流场）与岩石圈；北冰洋水质环境变化对海洋碳循环和生物泵的影响；北冰洋生物多样性组成及对环境变化的响应；黄河站生态环境演变及其对气候变化的响应；北极渔业资源的开发和利用；北极油气资源潜力；北极微生物资源多样性与功能基因利用潜力等。在分析和评价的基础上发表研究论文78篇，专利3个，制作相关图集2册。

1.3.2 北冰洋物理海洋及气象环境变化评价状况

21世纪以来，北极增暖的趋势是全球平均水平的2倍，被称为"北极放大"现象。全球变暖背景下北极内部发生的正反馈过程是"北极放大"现象的关键，不仅使极区的气候发生显著变化，而且对全球气候产生非常显著的影响，导致很多极端天气气候现象的发生。"北极放大"有关的重大科学问题主要与气-冰-海相互作用有关，海冰是"北极放大"中最活跃的因素，海洋是北极变化获取能量的关键因素，是太阳能的转换器和储存器。全面认识北极气候系统的变化是研究"北极放大"的最终目的，要揭示气-冰-海相互作用过程、北极海洋与大气之间反馈的机理、北极变化过程中的气旋和阻塞过程、北极云雾对北极变化的影响。利用中国第1次至第6次北极科学考察资料以及国外北极相关数据，我们对北冰洋物理海洋及气象环境进行了评价，取得了一系列的成果。

首先，利用北冰洋考察重复断面和大面温盐数据，我们对北冰洋水团的分布和变化特征给出了相应的评价。不仅给出了白令海、楚科奇海、加拿大海盆以及北欧海夏季水团的分布状况和变化，而且重点评价了北冰洋次表层暖水、北极中层水、白令海冷水团以及波弗特流涡的结构和变化特征。次表层暖水现象是由于太阳辐射加热及表面冷却共同作用的结果。次表层暖水大范围出现与这些年夏季海冰大规模融化，冰厚度和冰密集度减小，导致进入海洋的太阳辐射能增加有关。北极中层水在加拿大海盆不仅有冷却下沉的输送方式，而且有冷却上升的输送方式，发生在加拿大海盆的水体上升运动是北极中层水的主要运动形式之一。1997年以来，加拿大海盆海冰发生了剧烈的衰退，海冰的流动性加强，波弗特流涡呈现出增强的趋势。波弗特流涡的增强导致上层海洋艾克曼泵加强，改变了上层海洋的动力学性质，进而在中层水的加深中起到了重要的作用。最近10年白令海陆架夏季底层水的这种冷暖相位的变化在整个陆架具有一致的变化趋势，这与白令海海洋气象条

件的整体异常变化有关。

海洋能量分配问题，即能量储存与释放的联系机理，与海洋的淡水和跃层结构变化对海气耦合的影响密切相关。本报告描述了加拿大海盆双盐跃层结构和空间分布、北欧海主要锋面的分布以及海洋声速的剖面结构，并深入探讨了加拿大海盆多盐跃层结构、双扩散结构的产生机理，北欧海不同水层锋面结构的差异及以及锋面处水体混合增密的过程，加拿大海盆上层海洋的热含量以及淡水含量的多年变化，指出虽然海洋在不断地增暖，但海洋实际增加的热含量并不多。

海洋过程对北极海冰变化是至关重要的，北冰洋上层环流引起的热量平流输送与分配，北极上升流引起的中层水热量垂向输送，极地淡水含量的变化对海洋层化及动力高度变化的影响。本报告描述了北极海冰漂流的主要结构，楚科奇海和白令海峡潮流和余流的变化，北冰洋海流以及湍流参数的垂直结构特征，评价了白令海峡入流的特征，弗拉姆海峡海流通量，门捷列夫流涡的结构，北极环流主要模态结构和变化，以及北极穿极流停滞现象的评估，指出北极上层环流正在发生着显著的变化。

在太阳辐射强度基本保持不变的前提下，北极能量的增加与气候系统中的正反馈过程相联系。本报告描述了夏季北冰洋海洋气象要素的特征，主要包括北冰洋气温、湿度、风要素以及气压的分布和变化，同时评价了北冰洋气旋系统的变化特征，北半球中高纬度大气环流、西风急流、风暴路径的变化特征，并对北极增暖现象和无冰海洋进行了预估。通过几种不同的方法给出的北极夏季无冰的时间大多集中在 2020—2040 年，其中由于气候模式在模拟历史海冰变化中，其平均值低于观测值，因此它的估计相对保守一些，但也基本预计在 21 世纪中期就会出现夏季无冰的北极。

从 1999 年到 2014 年，"雪龙"船共执行了 6 次北极科考任务。通过船载气象观测设备结合人工观测，积累了大量的走航气象观测数据，该类观测数据虽然在时间上具有较好的连续性，但是空间变化的不连续和不规律性，使得走航观测数据的分析具有一定的困难和局限性。为了更好地利用该数据对航线上的气象要素特征进行分析和评价，将观测区域分成了白令海、楚科奇海、加拿大海盆和挪威海，对走航气象要素进行时空变化分析，并评价了走航期间极区气旋过程及大气垂直结构与空间分布特征。

北极海冰减少，加强了北极大气边界层中海—冰—气相互作用，特别是秋季–初冬季海—气热通量的增加和边界层稳定度的下降。1999 年以来我国实施了 6 次北冰洋科学考察。考察期间，开展了大气垂直结构探测和海—冰—气相互作用的观测实验使我们对北极浮冰区不同海冰密集度的大气边界层特征有了初步认识。本报告描述了北极海冰表面的辐射通量特征、海气通量特征及北欧海海—气界面通量的季节变化和年际变化，并对北冰洋夏季边界层的变化特征、夏季边界层大气增温对海冰变化的响应，以及冬季爆发性增温与气旋活动进行了评价。近 30 年来，北冰洋中心区夏季在持续增温，而全球温度变化趋势自 2000 年以后出现了停滞现象，停滞的原因主要是东北太平洋吸收了大量热量，北极的增温却是由于海冰的急剧减少。因此，需要讨论北极海冰的持续减少，海洋表面或深层也能吸收一定热量，但北极海洋吸收多少热量才能对全球温度变化作出贡献还需要深入研究。

1.3.3 北极海冰变化分析与评价状况

利用被动微波卫星遥感观测分析了北冰洋不同海域的海冰长期变化趋势，在边缘海中，冬季巴伦支海的海冰减少最明显，其他季节太平洋扇区的波弗特—东西伯利亚海减少最明显。多年冰主要是从欧亚扇区向加拿大群岛—格陵兰扇区退缩，2005 年以后退缩明显。

海冰厚度的减小，多年冰从航道区域消失，融化季节加长，北极偶极子持续偏高等因素导致北极东北航道适航期逐渐加长，目前巴伦支海航段处于全年适航状态，对于"雪龙"船 PC6 等级的破冰船来说，其他航段适航期在 70 天以上。然而海冰空间分布具有较大的年际变化，具体航线必须根据实时的卫星遥感观测数据进行调整规划，在海峡区域，冰情较重时需要高分辨率的主动微波观测数据支持导航。

2007 年以后，北极偶极子持续偏强使得海冰从北极中心区域至弗拉姆海峡的输出时间缩短，经弗拉姆海峡的海冰输出量增大，这也是导致北极海冰减少的主要因素。北冰洋穿极流加强，有利于上游东北航道区域适航性提高。

对于北冰洋太平洋扇区，北极涛动增强有利于多年冰从加拿大群岛北侧输入，抑制夏季海冰的消退，北极偶极子增强则有利于海冰向穿极流区输出，促进夏季海冰消退。冬季，北极涛动的影响更加明显，夏季，北极偶极子的影响更加明显。

海冰的减少和融池的增多，会显著降低区域平均反照率，进一步促进海冰的融化。融池的影响除了覆盖率外，还与海冰面积有关，因此在 75°—80°N 的中高纬度对表面能量的影响较大，该区域融池覆盖率和海冰密集度都较大，融池持续时间也比较长，导致吸收的热量较多。

1.3.4 北极和亚北极海域底质环境综合评价状况

对国际北冰洋底质环境研究资料进行了广泛的收集和整理，并结合我国历次北极科学考察在白令海和西北冰洋取得的底质样品，分析了北冰洋及其边缘海海底沉积物的粒度、碎屑矿物和黏土矿物分布特征。根据沉积物的矿物组合及其分布特点，并结合沉积物源区岩石和土壤的矿物学特征、北冰洋洋流和海冰运移特征，分析了北冰洋及亚北极白令海海底沉积物的来源以及搬运方式。结果表明：加拿大北极地区以及北格陵兰岛区域的沉积物输入具有高碳酸盐碎屑（白云石和方解石）含量的特征，伊利石为该区主要黏土矿物。从北极欧亚地区搬运而来的沉积物或多或少的缺乏白云石矿物。从东西伯利亚海搬运而来的沉积物具有较高的伊利石和角闪石含量。东拉普捷夫海的沉积物具有较高的伊利石和角闪石含量，而西拉普捷夫海则具有较高的蒙脱石和斜辉石含量。喀拉海表层沉积物与西拉普捷夫海的高蒙脱石和斜辉石含量类似，但在喀拉海的蒙脱石含量为北冰洋最大（含量>60%）。斯瓦尔巴群岛周围以及西巴伦支海的沉积物输入受新地岛影响，伊利石、高岭石和石英为该区最重要的指示矿物。在巴伦支海中部区域和法兰士约瑟夫地群岛及其周围区域发现了高岭石含量的最大值。河流输入、穿极漂流、波弗特环流、北大西洋和太平洋入流等洋流以及受其控制的海冰运移和变化是控制北冰洋海底沉积物分布的重要因素。

现代北冰洋海域表层沉积有机碳受陆源输入的影响强烈，受海冰影响，其表层初级生产力也差异很大。河流物质输入和海岸侵蚀作用的影响下，喀拉海、拉普捷夫海、波弗特海以及北冰洋中心海域中陆源有机碳占主体地位。对后者来说，海冰常年覆盖导致的海洋初级生产力较低进一步加强了表层沉积物中有机碳的陆源比例。在巴伦支海、东西伯利亚海以及楚科奇海，受到大西洋水体的影响、海冰覆盖率的降低和富营养太平洋洋流的输入导致的海洋初级生产力提高，使得这些海域的海洋来源有机碳比率较其他海域高。

现代沉积速率和地球化学资料表明，白令海陆架的沉积速率高于陆坡区，处于 0.11～0.44 cm/a 之间，陆架区部分沉积柱表层中存在不同程度的混合现象，主要是受到底栖生物和冬季沉积物再悬浮作用的影响。近 100 年来白令海沉积物中 C/N 随深度的变化相对稳定，表明沉积物中有机碳的来源主要以海洋源贡献为主。楚科奇海海域现代沉积速率总体上呈现南部最高，东部高于北部，北部最低的趋势。沉积速率最高为 0.6 cm/a，最低仅为 0.04 cm/a，主要受地形、洋流、陆源物质输入量的控制。

据白令海盆、楚科奇海台和楚科奇海盆的多指标沉积记录显示：晚第四纪以来，北冰洋发生了多次冰筏碎屑事件，可与冰期时海冰的扩张相关联，但与欧亚海盆相比，美亚海盆一侧的冰筏碎屑来源非常复杂；间冰期时由于大西洋暖水的入侵，研究海域沉积物中普遍出现高钙质生物生产力的褐色沉积层；末次冰消期白令海盆区表层生产力较高，底层水处于缺氧状态，冰融水增加、海平面上升、北太平洋中层水都是其影响因素；全新世以来白令海海洋环境处于比较稳定的状态，楚科奇海台和海盆区的沉积环境则多受海冰变化的影响。

通过白令海峡两侧陆架海域表层沉积物重金属含量的空间分布特征、相关性分析以及主成分分析显示：主成分 1 中 Zn、Bi、Pb、Cu、Ni、Co、Cr 具有较大载荷，相关系数较高（说明其具有相似的来源），空间分布的特征相似，呈现出西部大于东部，由高纬度向低纬度逐渐降低的趋势；主成分 2 中 Cd 具有较大载荷空间分布，也表现出由高纬度向低纬度逐渐增加的趋势，与其他重金属空间分布差异明显。利用 Hakanson 潜在生态危害指数法与内梅罗综合污染指数法所得出的结论均表明楚科奇海生态安全性最高，白令海大部分地区生态安全性较高，加拿大的生态安全性最差。北极中心海域生态风险较高，但随纬度降低，生态安全反而逐渐增高。推断北极高纬海域沉积物中重金属源于地球化学过程的作用，并无明显的人为重金属污染影响。由于楚科奇海沿岸多人类活动，因此其重金属危害较重。

沉积物持久性有机污染物的研究结果显示，西北冰洋表层沉积物中有机污染物含量均高于白令海海域，与沉积物粒度无相关性。白令海以及西北冰洋表层沉积物中有机污染物，PAHs 来源主要是燃料燃烧，含量均低于 ERL 值，对周边海洋生物的潜在生态风险很小；有机氯农药含量较低，不会对生物产生毒副作用。楚科奇海南部个别区域多氯联苯含量大于 50 ng/g，受到中度或重度污染。

1.3.5 北极海区地质构造环境综合分析与评价状况

在构造单元类型上，北极海区包括活动扩张中心（如 Mohns 洋中脊、Knipovich 洋中脊和 Gakkel 洋中脊）、俯冲带（阿留申俯冲带）、残留海盆（中生代的加拿大海盆和可能的新生代马卡罗夫海盆）、残留陆块（罗蒙诺索夫脊、楚科奇边缘地和门捷列夫脊）、大陆边缘（加拿大大陆边缘和阿拉斯加北部陆缘）和可能的大火成岩省（西伯利亚大火成岩省和阿尔法脊）。

岩浆活动在北极海域及周边的各构造单元上广泛分布，如北格陵兰、东西伯利亚群岛、斯瓦尔巴德群岛等大陆边缘、楚科奇海台、阿尔法脊和门捷列夫脊等海底海台以及洋中脊、转换断层等活动构造单元。早期的岩浆活动主要体现为早-中三叠世的沿北太平洋边缘火山活动和三叠-侏罗纪的海岛和海盆内的火山活动。白垩纪以来，岩浆活动可能分为 130~80 Ma 的拉斑玄武岩和 85~60 Ma 的碱性玄武岩两期活动，被认为和地幔柱（可能为冰岛）的活动有关。

在板块运动历史上，环北冰洋的主要大陆板块自石炭纪以来就逐步向北漂移。在侏罗至早白垩世，西伯利亚和巴伦支大陆边缘经过了几乎固定的西伯利亚-冰岛热点，形成了大火成岩省。西伯利亚大火成岩省的共轭部分可能是阿尔法脊和门捷列夫脊。美亚海盆的海底扩张可能与太平洋东北缘的俯冲有关。晚古新世，Mohns 洋中脊打开了格陵兰和挪威海，超慢速的 Gakkel 洋中脊也将罗蒙诺索夫脊从巴伦支北部陆缘分离开来。

在白令海，利用中国第 5 次北极科学考察在白令海区地震采集的两条地震剖面，识别出了 3 期的沙波活动，推测沙波的消亡可能与海平面变化有关，而其形成可能与内波活动有关。

美亚海盆的形成历史一直存在巨大的争议。综合中国第 6 次北极科学考察采集的近海底地磁、重力、热流和地震资料以及周边构造背景，我们认为美亚海盆的形成至少分为两期：一是 145 ~ 123 Ma，西伯利亚和加拿大北极群岛分开，形成美亚海盆的主体加拿大海盆；二是欧亚海盆形成之前（56 Ma 前），马卡罗夫海盆形成，将阿尔法脊和罗蒙诺索夫脊分开，同时楚科奇边缘地也由门捷列夫脊上分开，形成了楚科奇深海平原。

通过对楚科奇边缘地不同区域地震剖面的统层和地质解释，揭示出楚科奇边缘地不同组成单元的结构和与周边单元的关系。结果显示楚科奇边缘地整体上为基底隆起带，由于边缘地在新生代早、中期发生了较大规模的 E—W 向拉张作用，基底受断层影响较大，从而塑造了当今边缘地的地形、地貌以及沉积层的发育。

沿 Gakkel 洋中脊，地壳厚度和岩石采样具有明显的一致性。按此对应关系，Gakkel 洋中脊 29% 的区域主要为构造作用控制的非岩浆活动区域，44% 为岩浆增生的区域，27% 为岩浆和构造共同作用的区域。非岩浆地壳增生在超慢速扩张洋中脊的增生过程中起到了重要作用。

35 Ma 以来 Mohns 洋中脊岩浆供应量与构造作用经历了 3 个演化阶段。阶段一：从 35 Ma 开始，热点的离轴作用使得 Mohns 洋中脊西侧的地壳厚度更厚。阶段二：从 15 Ma 开始，Mohns 洋中脊快速远离冰岛热点，水深逐渐变深，地壳逐渐变薄。阶段三：从 10 ~ 2 Ma 开始至今，随着 Mohns 洋中脊和冰岛热点的距离增加及相应热点影响的逐步消退，构造作用开始控制洋中脊的形态。断层作用在洋中脊西侧相对活跃，导致西侧地形的升高和地壳的减薄。

1.3.6　北冰洋水质环境变化趋势及其对海洋碳循环和生物泵的影响状况

北极海冰快速变化引起了北冰洋贫营养化和海水酸化的趋势，并导致北冰洋碳循环，生物泵作用和碳汇机制的转变和响应。其中北冰洋营养盐分布的年际变化特征显示北冰洋中心海盆区经历硝酸盐降低的过程，淡水容量增加显著降低西北冰洋上层海洋的营养盐储量，使得海域经受贫营养化的过程。另外北冰洋海水酸化十分显著，将成为全球最先出现文石饱和度小于 1 的深水海域，且表层海水文石不饱和面积将不断扩大。在楚科奇海，底层已开始出现非常明显的文石不饱和的情况，表层也开始有酸化的趋势；在陆架坡折区和中央海盆区，次表层水则普遍出现了文石不饱和的状况，海水酸化情况非常明显。

太平洋入流对西北冰洋的理化环境和生态系统均具有关键的影响。研究表明阿拉德尔水、白令陆架水和阿拉斯加沿岸水影响区河水组分与海冰融化水组分的比值自 2003 年至 2012 年间呈增加趋势，证明太平洋入流中淡水构成的变化对北冰洋海冰的融化也起着一定的作用。区域海洋环境海洋变化也驱动海洋生物泵结构的演替和碳循环机制的改变，尤其是阿拉斯加沿岸流的波动使得楚科奇海的生物泵作用产生不确定变化。研究发现楚科奇海陆架区近 100 a 来硅质泵呈增加趋势，楚科奇海陆架区硅质泵很好地反馈了海冰的变化。

虽然季节性海冰覆盖阻碍了气—海交换，但北冰洋仍是 CO_2 的汇，在全球 CO_2 源汇的平衡中大约贡献了 5% ~ 14%。基于中国北极科学考察航次的研究表明，由海冰融化造成的 CO_2 吸收通量的年均总增加量为 0.5×10^{12} g/a（以碳计），但在海冰融化后，碳汇可能不再增加而开始减小。北极快速变化所引起的一系列大气、冰雪、海洋、陆地和生物等多圈层相互作用过程的改变，引起的海洋生物泵过程和陆地碳输入的变化，已经对北极地区碳的源、汇效应产生了深刻影响。

1.3.7　北极海洋生态系统对环境快速变化的响应评价状况

本研究收集了1999—2014年我国历次北极科考叶绿素和初级生产力相关数据，并采用其中4个航次陆架区的观测资料和遥感数据进行对比研究。结果表明：① 在楚科奇海海台，夏季存在较强的水华过程，浮游植物叶绿素和初级生产力的空间变异性高，浮游植物旺发（水华）会明显影响其水平和格局；② 现场观测多位于楚科奇海夏季水华期的后半程，叶绿素和初级生产力已经开始下降；受水华影响，局部海域叶绿素浓度可变性高，不同航次间可比性偏低，但仍然可发现10年间楚科奇海陆架水华存在消退的现象；③ 叶绿素和生产力的水平主要受白令海陆架水的营养盐供给和融冰过程所影响，且高值区存在明显的颗粒物沉降过程；④ 研究海域1999—2012年间叶绿素水平呈微弱下降趋势，这主要是因为叶绿素含量小于 1 mg/m³ 的区域在海台区快速增加所致；但值得注意的是叶绿素含量大于 5 mg/m³ 高值区也在增加，但幅度低于前者，这说明楚科奇海台的浮游植物时空变化正在变得更加剧烈；⑤ 叶绿素含量小于 1 mg/m³ 的区域快速增加的一个潜在效应是浮游植物将向小型化发展，这会显著影响该海域的生物泵效应和食物产出。

北冰洋微微型浮游植物丰度、粒径大小、细胞色素含量与温度之间的关系表明，随着北极快速变化背景下的北极增温，即使是粒径极小（<2 μm）的微微型浮游植物，仍然会发生数量增加并且粒径变小的现象，此外，随着水温增加，微微型浮游植物细胞内色素含量也降低，这样虽然伴随着明显的数量增加过程，但细胞活性并不会明显增加，在北冰洋浮游植物小型化的趋势下，明显对未来北冰洋碳固定不利。

由于水团结构的稳定性和微小型浮游生物较弱的运动能力，楚科奇海微微型浮游生物带有鲜明的变性水团的特征。浮游细菌生态功能群的划分中白令海变性水团功能群和海冰融化混合水功能群的出现表明了环境变化驱动的海水理化性质改变及生物群落组成和分布的变迁。由于融池形成和通透并连通上层海洋是海冰融化的重要过程，对开放式融池和封闭式融池微生物结构的研究反映了海洋微生物对海冰融化过程的响应。研究结果表明海冰的播种作用可能没有想象中那么巨大，海冰融化过程对微生物群落结构组成的影响更多地体现在对群落结构方面，表现为优势类群相对丰度的改变，而在种类组成方面影响较小，很多原来在封闭式融池中存在的细菌类群都未能在开放式融池中检出，除非它是广布种。

随着北冰洋夏季海冰的进一步消退，北冰洋中心区将出现更多的无冰开阔海域，而当前北冰洋极点附近海域出现的新开阔海域代表了北冰洋的未来。而北冰洋中心区新开阔海域浮游细菌群落结构的研究表明，海冰开始融化后，浮游细菌群落结构组成和北冰洋其他海域差别不大，典型的群落结构区域分布特征说明由水团异同导致的海水理化性质对其分布影响更大。理化性质的差异改变营养盐结构，影响浮游植物粒级结构和初级生产，改变溶解有机物输出，最终影响浮游细菌群落组成和分布。海冰融化水的影响也可能通过该过程实现。同时，改变的光照条件影响了细菌群落中光合细菌的相对丰度，显然，光合异养细菌在未来北冰洋生态系统中也将发挥更加重要的作用。

对西北冰洋（楚科奇海、波弗特海和北冰洋）的陆架区、陆坡区和海盆区的次级生产分析显示，北极陆架区普遍具有较高的次级生产力（P），尤其是楚科奇海南部和东北部（Barrow Canyon 附近），而沿着陆架区—陆坡区—海盆区次级生产急剧减少。与环境因子的相关性分析显示，次级生产与水文要素（如水深、底温和底盐）、沉积物粒度参数（如平均粒度、砂百分含量和黏土百分含量）以及营养因子（如叶绿素 a 和小型底栖生物）有着或正或负的相关关系，同时结合沉积物 OC 和 OC/TN 的值，可知，影响北极海底次级生产的主要因子为来自上层水柱对海底的食物供应。

白令海与楚科奇海水域的鱼类种类组成既有北太平洋鱼类区系和北冰洋鱼类区系的区系特征，又与北大西洋海区的鱼类区系相关联，构成了这一海区独特的鱼类种类组成特点。在影响鱼类群落的环境因子中，温度、水深或者是两者结合可能是主要的因素。水团决定了其流经海域的水文环境特征，也影响了鱼类群落结构的划分。该海域水系的分布结构与鱼类群落的区域分布非常吻合。白令海东西部群落分别受到阿拉斯加沿岸水团和白令海陆坡-阿纳德尔水团的影响使得鱼类种类组成有所不同，而到楚科奇海水团的混合更为复杂，再加上水深的影响，造成了东西部以及北部的种类组成都有所不同。全球暖化使得亚北极海区的水体温度上升，海冰覆盖面积减少，这就使得原本只能生存于较低纬度范围的鱼类因环境的改变，也能分布到较高的纬度海区，出现北移的现象；而冷水性鱼类因海表面温度上升而向温度更低的深层水域移动，出现深移的现象。

1.3.8 北极黄河站地区及近岸海域生态环境影响评价状况

粪甾醇在新奥尔松及王湾海域的分布显示，粪甾醇的最高浓度主要出现在站区的湖泊，显示出强烈的人类活动影响。除站区湖泊外，粪甾醇的最高浓度为 0.11 μg/g；随着离站区距离的增加，粪甾醇的浓度呈现出降低的趋势。粪甾醇的浓度分布和其他污染物一样，主要决定于两个因素：一是污染源的强度；二是离污染源的距离。目前 Ny-Alesund 地区有 10 个国家的 11 个科学考察站，在夏季最多可接纳 180 名人员度夏，在冬季一般容纳十几人到 30 人。目前新奥尔松地区粪甾醇的研究很少，几乎未见报道。南极的澳大利亚 Davis 科学考察站、美国的 McMurdo 科学考察站及英国的 Rothera 科学考察站有粪甾醇的研究报道，Davis 站排污口附近沉积物的粪甾醇浓度为 13.2 μg/g，Davis 站附近海边的粪甾醇浓度为 5.5 μg/g，主要来自人类废水排放。McMurdo 站附近粪甾醇最高浓度达到 0.199 μg/g，最低有 0.445 μg/g，在距离站区较远的控制站未检出粪甾醇。自 1975 年来南极半岛的 Rothera 站开始对周边排放未经处理的废水，对周边海域可能造成负面的影响，Hughes 和 Thompson 2004 年对 Rothera 站的海水和沉积物进行分析，在排污口 200 m 内检出粪甾醇，且粪甾醇浓度较 cholestanol 浓度高，显示其来源主要是由于人类活动造成，为降低减少废水污染 2003 年建成一个废水处理厂。

1995 年起 Ny-Alesund 进行垃圾分类，以期达到站区零垃圾排放。但站区未有废水处理装置，目前废水直接通过排污管排进王湾（Kings Bay）。我们在新奥尔松地区对粪甾醇的检出，是首次北极多国科学考察站新奥尔松地区的粪甾醇报道，显示了在新奥尔松地区人类活动对站区环境的直接影响。我们希望对新奥尔松地区进行长期的持续观测，并建议王湾地区参考南极考察站区做法，考虑建立污水处理装置的可行性。

王湾海域的 TOC 显示，在王湾地区，湾口处 TOC 浓度最高，随着湾内方向 TOC 浓度减小，由于当地处于高纬度，陆地植被覆盖极少，王湾海湾内的 TOC 应主要是受外来输入的影响。

王湾海区的多环芳烃以 Na 为主要 PAHs，其余多环芳烃浓度远低于 Na，聚类分析的结果显示多环芳烃的分布特点主要分成 3 种，这 3 种又与碳环的分布类似：高碳环的 BbF、BikF、InPy、

DBahA、BghiP 为一类，最高值出现在湾外，其浓度自湾外向湾内逐渐降低，与 TOC 有相似之处，应主要以外来输入为主，中间碳环的 Ace、An、BaP、Acl、BaA、Fl、Ph、Flu、Py、Chr 为一类，在站区有高浓度出现，在站区之外，浓度降低，但也有不同浓度出现，最低碳环的 Na 单独一类，在多个站位出现较高值，来源应为混合来源。

由于王湾地区在 20 世纪中曾经开采煤矿，因此在多国站区重金属也曾作为煤矿开采的指示。在站区的苔藓、沉积物都测出高于本底值的重金属。我们对所采集的沉积物重金属进行聚类分析，结果如下：在王湾海区重金属 Cr、Co、Ni、Cu、Zn 在湾区浓度分布较为均匀，应该反映了当地本底值。As、V、Pb、Cd 变化趋势一致，与 TOC 及高碳环数变化相似，在湾外浓度较高，随着离湾口距离增加浓度增加，浓度下降，表现出较强的外来物质输入影响。Sb 的变化趋势与以上元素都不一致，之前的研究认为 Sb 在新奥尔松多国站区的表层土壤和苔藓中的浓度与交通及煤矿都相关，在王湾海区的分布特征及来源有待进一步分析。

王湾地区的水团主要受大西洋水团影响，同时也受到冰川融水的影响，因此这里的 PAHs 和重金属的污染来源有可能是受当地考察活动影响，也可能是有外来源输入，亦可能受到冰川稀释的影响。我们希望继续对这一海湾进行监测，以便长期观测当地污染物的来源和变化。

1.3.9　北极生物和渔业资源开发利用评价状况

气候变化对海洋生物和渔业资源的影响已经成为全球科研工作者近年来一直在研究和关注的重要课题。2009 年，加拿大不列颠哥伦比亚大学渔业研究中心的 William W. L. Cheung 博士在《Fish and Fisheries》杂志发表了一份题名为《气候变化对全球海洋生物多样性的影响》的研究报告，报告就气候变化对分布在全球各地 1 000 多种鱼类可能产生的影响进行了预测与评估。报告指出，气候变暖促使海洋生物的活动范围偏离原先的纬度和水层，海洋生物的这些反应可能会引起本地物种的灭绝和外来物种的大规模入侵，全球鱼类的分布情况也将发生大规模的变化，其中的大多数会朝地球两极方向迁徙，从而对渔业经济产生影响。平均计算，海洋鱼类每 10 年会偏离它们的传统栖息地 40 km 以上，位于赤道地区的发展中国家的海洋捕捞业将会遭受重创，北欧地区的国家将会随着渔获量的增加而受益。

渔业专家认为，全球气候变暖对海洋的影响巨大，最先受到影响的是海洋表层，然后逐步波及海洋中层和底层，鲭鱼等属于中上层鱼类，将首先受到影响。北极地区受全球气候变化的影响最为明显，因此有必要对这一地区生态系统变化的情况开展深入系统的研究。

全球气候变暖将会促使海洋中的大多数鱼类向地球两极方向迁徙，而且这一观点在现实中也得到了越来越多的印证。但是，在对最近 10 多年来环北极国家海洋渔业捕捞产量进行分析后发现，2001—2010 年的 10 年间，这些国家的海洋渔业捕捞总产量呈下降趋势，从 2001 年的 1 678×10⁴ t 降至 2010 年的 1 474×10⁴ t。在主要渔业种类中，鲭鱼的产量有所增加，大西洋鳕鱼和阿拉斯加狭鳕的产量尽管经过几十年的大幅下跌之后出现恢复，但是离历史高点尚有很大差距。气候变暖必然会对北极地区海洋生物的多样化产生影响，北极海洋生物的种类可能将因此而增多，但是对该地区的海洋渔业而言，这种影响和变化也许仅仅局限于极少数品种上。北极的海洋生态系统比较脆弱，目前，渔业资源的恢复和增长速度远远赶不上渔业捕捞能力的增长，大规模增加商业捕捞量可能会造成远比中低纬度严重得多的生态后果，如果缺乏科学有效的管理，北极地区海洋渔业捕捞产量下降的趋势仍将会延续。因此，也有渔业专家认为，在未来很长时期内，南极地区大量海洋渔业资源未被人类有效利用的情况不太可能在北极地区出现。

北极环境气候变化是由各种因素共同作用产生的，这些变化对海洋生物资源的影响也各不相同，而且将会经历漫长的过程。与南极地区相比，北极地区渔业资源的开发利用情况更为困难和复杂，这种困难和复杂性主要来自环北极。这些矛盾与纠纷必然会影响到北极自然资源，包括渔业资源的开发和利用。政府相关部门需要密切关注，制订长期和阶段性计划，加大经费和人员投入，在科学研究的基础上采取必要的应对措施。

1.3.10 北极油气资源潜力评估状况

本研究从北极地区的大地构造背景出发，按照板块构造理论和方法，全面阐述了北极地区不同地质构造单元的地质演化历史及相应的沉积盆地及其油气资源的形成过程，强调了不同时期的裂谷作用对于北极地区含油气沉积盆地及其油气资源的控制作用。

北极地区在地质构造上位于欧亚板块和北美板块的北部，其不同地区的岩石组成和构造变形特征反映了从前寒武纪时期罗迪尼亚（Rodinia）泛大陆的解体到晚古生代—早中生代时期联合古陆（Pangea）的拼合与解体的长期复杂的演化过程。

北极地区的构造演化史，实际上就是不同地质历史时期上述古老陆块之间多次裂离、会聚、增生和拼合以及古大洋形成和消失的复杂历史。

按照传统大地构造单元划分方法，考虑不同地区、不同地质构造单元地壳物质组成及构造变形特征的差别与联系，本项目以区域内相对稳定的古陆块（克拉通）和夹持于不同古陆块之间的相对活动的褶皱带分别作为划分两类一级构造单元的基本依据；以各个一级构造单元中的构造差异作为划分二级、三级等次级构造单元的基础。据此，将研究区划分为 11 个一级构造单元，包括 3 个古陆块（地盾）和 8 个不同时期的褶皱带。3 个稳定地块分别是：① 北美古陆块北部地块（以加拿大地盾—格陵兰地盾为主）；② 东欧古陆块北部—东北部地块（以波罗的地盾为主）；③ 西伯利亚古陆块北部地块；8 个巨型褶皱带分别是：① 格陵兰地盾东缘的加里东褶皱带；② 波罗的地盾西北缘的斯堪的纳维亚加里东褶皱带；③ 加拿大北极晚古生代褶皱带；④ 乌拉尔晚古生代褶皱带；⑤ 上扬斯克—楚科奇中生代褶皱带；⑥ 科里亚克中新生代褶皱带；⑦ 阿拉斯加—马更些中新生代褶皱带；⑧ 泰梅尔—北地群岛—法兰士约瑟夫地群岛古生代褶皱带。在上述各个构造单元内部及其周边地区不同程度地发育了与其构造演化过程密切相关的含油气沉积盆地。

裂谷作用是形成含油气沉积盆地的重要机制之一。北极地区发育的大型沉积盆地及油气系统与历史上的裂谷环境之间的对应关系为说明这一规律提供了最好的例证。

在北极地区地质历史发展过程中，在中晚元古代以来的地质时代中，至少可以识别出 5 期裂谷循环系统：即早元古代末期（里菲纪前）、晚泥盆世、晚二叠世、晚三叠世、晚侏罗—早白垩世。而这些裂谷系统都与区内盆地中的含油气系统密切相关。如西伯利亚古陆块西南缘的里菲系含油气系统、蒂曼—伯朝拉盆地中的泥盆—二叠系含油气系统、阿拉斯加北极斜坡盆地中的二叠系—白垩系含油气系统、巴伦支海盆地中的三叠系含油气系统、北海、西西伯利亚、波弗特海盆地晚侏罗—早白垩世含油气系统等。纵观这些裂谷系统，均发生于早期区域挤压构造环境之后的拉伸环境。也就是说，构造环境的重大转折时期对于含油气盆地的形成至关重要。

侏罗纪—白垩纪的裂谷模式是全球泛大陆解体系统（Pangea break-up system）的一部分。这一解体系统包括海底扩张轴、裂谷和转换断层等。这些要素将墨西哥湾、中大西洋、里克古洋、波兰—丹麦裂谷、下萨克森、北海、挪威中部、东格陵兰—巴伦支海以及加拿大海盆等地区相联系，也是北极地区油气系统最为富集的时期。

本书全面系统地分析了东巴伦支海盆地、阿拉斯加北极斜坡盆地、南喀拉海—亚马尔盆地、蒂曼—伯朝拉盆地、东格陵兰断陷盆地等北极地区主要含油气盆地的地质结构、石油地质特点及油气资源勘查潜力等。北极地区的现有油气资源具有强烈的地域性分布特征。无论从油气田的数目、现有油气资源的储量以及油气田的开发等都清楚地表明了这一点。其中，俄罗斯的天然气在北极地区油气资源储量及产量方面占据绝对主导地位。

北极地区油气、煤炭及矿产资源非常丰富，资源开发曾经给相关国家和地区带来了巨大的商业和社会利益，如美国和俄罗斯的北极油气资源开发。进入 21 世纪以来，北极资源更是成为世界能源格局的重要发展目标。基于油气资源地质条件、现有油气资源储量及分布特征、未来油气资源勘查潜力以及地缘政治等方面的综合分析，本报告选取俄罗斯北极地区为未来油气资源战略区域优选国家及地区。依据是俄罗斯已有油气资源集中分布的盆地，如西西伯利亚盆地、蒂曼—伯朝拉盆地等，尽管这些地区的勘查程度相对较高，但仍然具有巨大的勘查潜力。另一方面，俄罗斯远东地区、东西伯利亚地区以及东部北极陆架区油气资源勘查程度很低，但油气地质条件显示，具有一定的勘查潜力。

1.3.11 北极微生物资源多样性与功能评估状况

本书分别对第 5 次和第 6 次北极科学考察的 59 个和 40 个站位的海洋沉积物样品进行了可培养细菌的分离、鉴定与系统发育分析，获得了 26 株潜在的新种菌株；并结合国内外历史资料和成果，完成了对北极微生物资源的数量、分布及多样性进行评估。

利用微生物基因组测序与分析技术开展了基因结构与功能分析，结合北极微生物功能基因及其表达产物等文献和专利情报分析完成了北极微生物基因资源研究现状及利用潜力评估分析。

针对重要农作物病原菌，筛选获得了 298 株极地微生物，其中 39 株具有杀菌活性；分离获得抗植物病原菌蛋白和活性化合物各 1 个，并完成了其结构和性质鉴定，评估了极地微生物或其活性产物在农作物病害防治中的应用潜力；结合国内外历史资料和成果，完成了国内外北极微生物资源研究情况分析。

分离获得了 17 株能够产生生物柴油或不饱和脂肪酸的真菌菌株，并完成了应用潜力评价；另外，分离获得了 18 株可用于生活污水低温处理的细菌菌株，并完成了应用潜力评价。

根据已完成的 6 次北极科学考察航次报告和发表的研究论文来看，对北极海域的物种研究主要包括海水中异养细菌、真菌和放线菌的数量与分布（第 1 次北极科学考察）；海洋沉积物中铁细菌、锰细菌和硫酸盐还原菌的数量与分布，以及锰细菌与石油降解菌的多样性分析与应用潜力评估（第 2 次北极科学考察）；楚科奇海浮游细菌分析和北冰洋及其邻近边缘海沉积物环境中寡营养微生物的分离纯化与多样性分析（第 3 次北极科学考察）；白令海海水微生物群落结构分析（第 4 次北极科学考察）；北极海洋沉积物微生物多样性分析及应用潜力评估（第 5 次北极科学考察和第 6 次北极科学考察）。

对北极微生物基因资源分析表明北极微生物基因资源确实丰富，且具备高度多样性，绝大多数基因功能未知，有待被鉴定和挖掘其功能；对于假定基因功能，通过进一步采用科学实验探索和验证，可以发现新的特性与潜在应用价值。从目前对部分北极基因资源的利用及成果分析来看，北极基因资源的应用潜力巨大，但挖掘利用程度远远不够。国外主要寻找能用于食品、医药和生物技术等领域产业化的基因资源。我国的北极基因资源研究利用重心放在基础研究，对于基因资源的了解有很大的帮助，可以为后续的应用性研究提供基础，但还有很大的空间用于实践。

针对重要农作物病原菌，筛选极地农用杀菌活性微生物 39 株，其中有多株极地农用活性菌对多株受试菌具有抑制活性，尤其是对受试真菌表现出较强的活性；对北极来源活性菌 A053 进行应用潜力评价，针对棉花枯萎病菌引起的小麦赤霉病、香蕉炭疽菌引起的辣椒炭疽以及立枯丝核菌引起的水稻纹枯病进行盆栽防治实验，以同类产品叶斑宁为阳性对照，北极来源的活性菌 A053 与同类产品叶斑宁防效相当。这一结果表明，北极来源微生物可以应于农作物病害防治。

完成活性菌株的分离鉴定与生物学特征分析；分离纯化抑菌活性，纯化得到活性蛋白 1 个，并对其进行生理生化实验，结果表明该蛋白稳定性好，无溶血毒性，具有较好的应用前景；得到纯化合物 1 个，并对其结构和抑菌活性进行了鉴定。上述结果为极地微生物或其活性产物在农作物病害防治中的应用奠定基础，对于解决目前在农业生产病害防治领域中施用大量化学杀菌剂带来的病原菌抗药性、生态环境、农产品质量安全等问题具重要意义。

利用获得的极地微生物资源进行高效生物柴油、不饱和脂肪酸产生菌的筛选，获得极地产油真菌 17 株，产油真菌其胞内油脂含量为 20.12%~61.38%，证明北极来源微生物在生物柴油、不饱和脂肪酸生产上有很大的应用潜力。另外，从第 6 次北极科考采取的海洋沉积物中分离出能够以葡萄糖为唯一碳源和能源的低温微生物 18 株，表明北极海洋沉积物中存在着较为丰富的可用于生活污水低温处理的微生物种质资源。

1.4 其他主要成果

1.4.1 发表的研究论文和获授权专利

初步统计本专题共发表研究论文 78 篇（其中 SCI 收录论文 34 篇），获授权专利 3 个。

1.4.2 各专业代表性系列出版物与图集

根据北极地区环境评估的目的和需求，目前已完成《水动力环境评价成果图集》和《北冰洋海洋气象要素分析及气旋时空分布特征分析图集》2 册的图集制作，其他专业的评价图件在评价报告中都已有体现，有待于进一步结集成册。

1.4.3 国际合作状况

在国际合作方面，坚持"以我为主、优势互补"的原则，积极组织开展合作和交流，分别与美国、法国、冰岛等国家以及中国台湾地区的科学家开展了海洋化学、海冰变化、海洋地质、海洋生物等方面的合作调查和交流，建立了密切的合作关系。组织参加国际北极会议，如丹麦气象研究所有关北极科学研究研讨会、Arctic Science Summit Week（ASSW 2015）北极科学周会议等，组织开展中挪北欧海科学考察等，在北极考察和研究方面，积累了对海洋科技合作的经验，推进了北极环境评估的研究进展。

1.4.4 人才培养

本项目参与人员共 106 人，其中高级职称 49 人，初、中级职称 40 人，博士后 2 人，博士研究生 7 人，硕士研究生 8 人，基本形成老中青三代相结合的研究队伍，既能够充分利用老一辈科研人员的科研经验与科研精神，也能够发挥年轻科研人员的活力，为我国极地研究事业的持续开展，不断培养稳定的研究队伍和后继人才。

1.5 存在问题及今后考察任务的建议

1.5.1 存在的问题

（1）由于数据不够全面，评价内容具有局限性

由于本专题评价工作高度依赖综合考察基础，因此，考察获取数据的多少直接影响着本专题的评价内容。有些专业由于考察时间安排等诸多因素及底质条件的限制，无法获取所需考察数据，也难以从国外资料中得到补充；有些专业由于样品分配偏紧，无法收集完整的数据，因此，评价内容具有局限性。

（2）缺乏长时间系列数据，给长期变化的预测带来困难

北极考察为综合性调查，各专业所分配的现场考察时间有限，此外，有些专业偏好重复站位的数据积累，但由于航次任务和各航次海上执行的实际情况有异，无法做到与以往站位完全重叠，给长期变化的预测带来困难。

（3）学科交叉的研究深度不足，有国际影响力的成果产出较少

由于目前多数科研人员承担科研任务较多，难有时间开展学科间交流和研讨，导致专业间交叉研究深度不足，因此，有国际影响力的成果产出较少。今后应该提升对科学问题的深入挖掘，以及对多源、多尺度数据的综合分析。

1.5.2 今后北极考察任务的建议

（1）开展相近专业的独立航次调查探索专业化航段的考察模式

根据多年来的考察组织与经验，建议考察设置相近专业或具有相同需求专业的独立航次调查，如生物化学与水文专业可以设置在同一航次；或者采用专业化航段的考察模式，如地球物理航次与海洋地质专业设置在同一航段，其他专业设置在另外航段，这样，既可以充分利用作业空间和时间，也可以大大提高工作效率。

（2）拓展考察的时空范围，提升评价质量

对于部分需要重复和连续考察的专业，应该考虑同一站位在去程、回程和隔年再去的方式开展不同时间考察，获取不同月份、不同季节和不同年际的连续数据。此外，条件允许的话，应该拓展海洋调查覆盖范围，加强长时间尺度的观测，要增加冰边缘区域站位的设置，建议投放长期的生态观测设备，在实验室开展模拟实验，用于分析生物群落对气候和酸化等变化过程的响应和受控机制等。

（3）加强国际合作和学科间交流

单纯依托国内考察，难以获取全面的数据和资料，为此，采用国际合作方式有助于获取更大范围的数据和资料，特别地需要建立相互的合作机制，更多地开展实质性的合作与研究，并加强学科间交流和研讨，促进更多的创新性研究成果的产出。

第 2 章　北冰洋物理海洋及气象环境变化评价[*]

北极是地球的寒极，是北半球气候系统稳定的重要基础之一。自从 20 世纪 70 年代以来，全球气温持续增高，全球变暖已经成为不争的事实（Pachauri et al.，2014）。全球变暖对北极产生了持续的影响，导致北极逐渐变暖。21 世纪以来，北极增暖的趋势是全球平均水平的 2 倍，被称为"北极放大"现象（Screen and Simmonds，2010）。北极放大的原因之一是其下垫面主要是海洋。虽然海洋在不断地增暖，但海洋实际增加的热含量并不多。海洋热通量会通过长波辐射、感热和潜热通量直接进入大气，成为影响大气热过程的主要因素，在北极放大过程中被称为"海洋强迫"（Haynes，2010）。夏季到达冰下的海洋热通量远大于穿过海冰散热的热通量，导致大量热量在冰下积聚，直接造成海冰的底部融化，是海冰厚度减薄的主要因素。

北极的变化以海冰变化为主要特征，海洋的作用不那么直观。然而，海洋才是北极变化获取能量的关键因素，是太阳能的转换器和储存器。海洋过程对北极海冰变化是至关重要的，需要深入研究北极海冰减退引起的上层海洋热储存增加，北冰洋夏季热量储存的延迟释放及其对海冰的影响，北冰洋上层环流引起的热量平流输送与分配，北极上升流引起的中层水热量垂向输送，极地淡水含量的变化对海洋层化及动力高度变化的影响，北冰洋盐跃层结构变化及其对热量储存和转换的影响等过程。

由于近年来太阳活动没有明显异常，北极增暖不是由地球之外的因素引起的，只能来源于地球系统内部。人们研究发现，北极增暖的热量主要来自北极自身额外获得的能量。在太阳辐射强度基本保持不变的前提下，北极能量的增加与气候系统中的正反馈过程相联系。在海洋强迫下，需要解决的科学问题很多，最重要的关键问题有：北极海冰快速减退条件下的气—冰—海耦合过程，海洋强迫对北极放大正反馈机制的贡献，北极天气尺度系统变化及其在北极放大过程中的作用，等等。通过相关的研究，才能深入认识北极海—冰—气系统正在发生的变化。

本章从北冰洋的物理海洋和气象着手，对北冰洋的物理海洋环境和气象环境的变化进行相关评价。

2.1　北冰洋主要水团分布及变化特征评价

北极的海洋变化是影响海冰变化的最重要因素之一。本节利用中国第 1 至第 6 次北极科学考察数据及国内外相关考察数据，对白令海、楚科奇海、加拿大海盆等海域的主要水团分布和特征进行了分析，并着重评价了北冰洋次表层暖水、北极中层水、北白令海水团的结构，以及北冰洋上层海洋光学结构和波弗特流涡多年变化等。

北冰洋的水团分析是北极物理海洋学的重要内容。白令海、楚科奇海和加拿大海盆是中国北极

---

[*] 本章节编著人员：曹勇、赵进平、何琰、卞林根、魏立新等。

科学考察的重点海域，自 1999 年中国首次北极科学考察开始，我国科学家就对这些海域的海洋状况、水体结构进行了全面的研究，尤其是对水团的结构特征和变化进行了深入的分析（汤毓祥等，2001；高郭平等，2002；2003；2004；Zhao et al.，2006）。北冰洋上层海洋增暖最重要的现象是次表层暖水的出现（赵进平等，2003；陈志华和赵进平，2010；曹勇和赵进平，2011），后来国外将其称为近表层温度极大值（Near Surface Temperature Maximum，NSTM，Jackson et al.，2010）。次表层暖水发生在 20~40 m 深度范围内，温度在 -0.5℃以上，是储存太阳辐射的一种特殊形式，次表层暖水的热量释放会导致北极海冰提前融化和延后冻结（Markus et al.，2009），对海洋热储存带来非常大的影响。

北极中层水是位于北冰洋 150~900 m 深度范围内的重要水体，来源于北大西洋表层水。北大西洋表层水进入北冰洋后逐渐冷却下沉，形成高温高盐的北极中层水。我国科学家一直跟踪北极中层水的研究，并作为每次北极科学考察的研究重点（赵进平等，2003；Zhao et al.，2005）。Li 等（2012）研究发现，北极中层水增暖呈脉冲式发展，进入 21 世纪后增暖放缓，甚至开始出现降温的趋势，解释了北冰洋热量复杂的再分配形式。加拿大海盆波弗特流涡的变化也影响着北极中层水的分布和变化（Zhong and Zhao，2014）。

2.1.1　北冰洋关键海域的水团特征分析

2.1.1.1　白令海水团特征及其变化分析

白令海位于太平洋的最北端，北以白令海峡与北冰洋相通，南隔阿留申群岛与太平洋相连。白令海海盆区水团有表层水、中层水和深层水，都源自北太平洋。表层水包括陆架水（水深为 100~150 m），是太平洋表层水受海区的降水、大陆径流、融冰和结冰、寒冷气候的影响，发生强烈变性形成的。中层水位于表层水之下，水深在 150~400 m 之间，温度为 1~4℃，盐度为 33.1~34.0。深层水团位于 400 m 以下，温度低于 4℃，盐度为 34.0 左右。随着深度的增加，温度降低，盐度增大。

夏季白令海陆架区存在的 3 种流动的水团，都抵达白令海峡，并行向北流动。按盐度可以划分为阿纳德尔水，白令海陆架水和阿拉斯加沿岸水。在白令海，位于圣劳伦斯岛北方，白令海峡 BS 断面（第 5 次北极科学考察该断面名称为 BN 断面），除了第 1 次北极科学考察以外的 5 次北极科学考察中被重复观测。分析历次北极考察数据发现在 170°W 附近上层海洋始终存在一个明显的温度锋面。观测到的最大深度（第 2 次北极科学考察）大约可达 32 m，宽幅基本在 0.5 个经度左右（约 24 km），锋面强度高于 0.14℃/km，最大强度可达 0.20℃/km。整体上看，上混合层是夏季白令海表层暖水，所处深度较浅，大约在 15 m 以上。温跃层之下存在一个冷水团，即残存的白令海冬季水。第 2 次北极科学考察和第 6 次北极科学考察的 BS 断面中，白令海冬季水虽然在夏季没有完全消失，但残存水体温度较高，核心区温度约在 1~2℃。第 5 次北极科学考察观测到的该水体的冷水核心温度可低至 0℃以下，是历次考察中最冷的白令海冬季残留水。密度的分布特征与盐度的十分相似，呈现西高东低的特征。

2.1.1.2　楚科奇海水团特征及其变化分析

楚科奇海地貌特征复杂，拥有峡谷、浅滩、水道、陆架、陆坡等多种结构，平均水深 88 m，

56%面积的水深浅于 50 m。水团受太阳辐射、风、海流等因素影响较大。截取楚科奇海范围内的站位数据进行 T-S 特征分析。50 m 以浅的上层海洋 T-S 图（详见图集）中可以看到，阿拉斯加沿岸水基本位于海洋表层 20 m 以浅的深度，2003 年观测到最深约达 30 m。阿纳德尔水所处深度均在 20 m 以下，各次考察观测到的水团温盐性质差别不大。但这并不意味着阿纳德尔水在楚科奇海的分布在历次考察也是相似的。结合后面 R 断面的分析发现 1999 年和 2012 年在楚科奇海中南部（68°N 附近或以南）海域的陆架上出现阿纳德尔水，其他考察年份的该区域则只是具有相对低温高盐的特征。在之前的白令海重复断面分析中，第 5 次北极科学考察的白令海陆架冬季残留水是历次考察中观测到最冷的白令海冬季残留水。阿纳德尔水在向北输送的途中失去热量，同时又因为发生水体混合而升温，水团性质发生了改变。白令海冬季残留水的低温导致了阿纳德尔水温度降低，很可能是楚科奇海中南部陆架出现阿纳德尔水的原因。白令海陆架水在运移过程中性质也发生了改变。

我国历次北极科考对楚科奇海中部南北走向的 R 断面都进行了观测（详见图集），其中第 1 次和第 5 次北极科学考察还分别对这条断面进行了往返两次观测。对 R 断面的考察通常深度跨度较大，从楚科奇海南端大陆架 40~50 m 延伸到北端约 200 m 深；时间跨度较大，某些站点时隔不久进行的重复观测可以看到不同的物理或生物现象。赫勒尔德浅滩以南的楚科奇海主要分两层，上层是高温低盐的阿拉斯加沿岸水，下层则是阿纳德尔水和白令海陆架水的混合变性水，具有相对低温高盐的特性。由于海流在浅滩处发生绕流，浅滩附近始终存在着一条温度峰和一条盐度锋。温度锋基本位于浅滩北侧，位置相对固定，锋强最小值为第 6 次北极科学考察（0.14℃/km），最大值则出现在第 1 次北极科学考察，强度可达 0.32℃/km，锋面宽幅只有 0.5 个经度跨度。盐度锋位置则变化较大，第 1 次北极科学考察时在浅滩南侧观测到了锋面的最大强度 0.11/km，第 6 次北极科学考察时的锋面位置位于 68°N 附近，且锋强非常弱。浅滩以北的海域，温度几乎都在 0℃以下。表层盐度极低，可低至 23，是融冰过程造成的。盐度层化十分明显，盐跃层一般出现在 20 m 深度上下。楚科奇海北部底层的温度出现逆温现象，盐度大于 34，依此判断该水体应该是大西洋水。

2.1.1.3 北欧海水团的分布特征分析

北欧海（The Nordic Seas）是对格陵兰海、挪威海以及冰岛海的统称，其表层的水文特征受到沿着挪威陆坡北向流动的挪威海大西洋暖流和自弗拉姆海峡向南流动的东格陵兰寒流的共同影响（Aagaard and Swift，1981；Hansen and Osterhus，2000；Rossby et al.，2009；何琰和赵进平，2011）。利用中国第 5 次北极科学考察在北欧海的观测数据，王晓宇等（2015）分析了北欧海上层海洋、中层海洋和深层海洋的水团的性质和分布。在第 5 次北极科学考察区域，上层海洋主要分布着挪威海大西洋暖水、东格陵兰寒流水以及性质介于二者之间的过渡水体（图 2-1），三者自西向东依次被东格陵兰极地锋和北极锋分开。挪威大西洋暖流水主要位于挪威海表层至 700 m 的上层海洋中，位于 Lofton 海盆内的大西洋水影响深度最深。因为东格陵兰极地锋和北极锋的存在，分别限制了西、东纬向上水体的交换和混合，因此北部暖水的回流和南部冷水的回流对于海盆内部的水体性质有重要的贡献。挪威海大西洋暖水、东格陵兰上层水以及过渡水体之间的运动、交换和混合导致了这个深度范围存在多种形式的变性水体，水团在空间上的分布更加复杂和不稳定。

北欧海中层水包括格陵兰海北极中层水和挪威海北极中层水。通过研究发现，在 2012 年的夏季，中层水的强度、深度存在明显的空间变化。如果以中层水的盐度极小值所在深度作为中层水的核心位置，由于在挪威海盆观测的 3 个站均位于海盆偏北的区域，其核心位置及核心处的盐度非常接近。格陵兰海内的北极中层水盐度极小值要高于挪威海内的北极中层水盐度极小值，且挪威海内

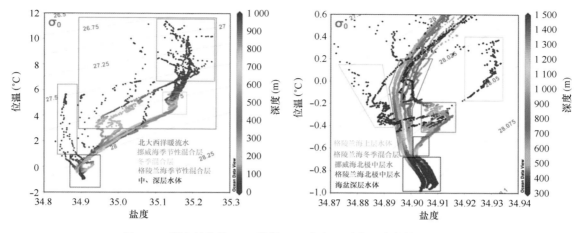

图 2-1　所有站位的 CTD 数据 T-S 分布（引自王晓宇等，2015）

自南向北中层水的盐度极小值逐渐升高。这种差异表明格陵兰海盆内的中层水难以直接越过 Mohn 海脊而对挪威海北极中层水进行补充，这一推测与 Swift and Aagaar（1981）的结论一致。北欧海的深层海洋在 3 个海盆内的水团性质已经近似均匀，海盆深层水的性质更多地表现出一种"过渡水体"的特征，海盆深层对流的强度和持续时间都会对海盆深层水的性质有重要影响。

2.1.1.4　门捷列夫海脊—楚科奇海台海区水团特征及分析

在楚科奇海和东西伯利亚海大陆坡之外，自西向东排列着门捷列夫海岭、楚科奇深海平原、楚科奇海台等起伏地貌。为了方便起见，我们称这个区域为门捷列夫海岭—楚科奇海台区，简称 MC 区（图 2-2）。MC 区是北冰洋考察最少的区域之一，已有的考察甚至比北冰洋中央区还要少。主要原因是该海域长年被海冰覆盖，考察困难。还有一个原因是该海域的一部分位于俄罗斯的专属经济区。在极地考察专项的支持下，中国海洋大学 3 次派队参加了韩国组织的北极考察，获得了该海域的考察数据，对该海域的水团与环流结构得到较全面的认识（Zhao et al.，2015）。

该海域的水体可以分为 3 类。类型一的水体主要位于楚科奇海台上方，具有典型的夏季太平洋水高温低盐的特征。这一水体从楚科奇海一直延伸到楚科奇海台区，表明楚科奇海的水体可以跨越

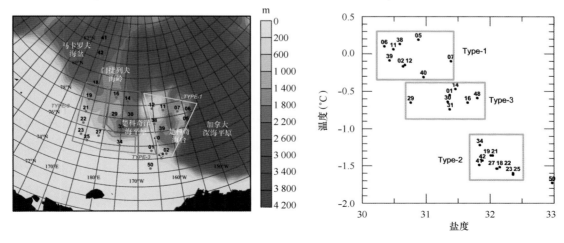

图 2-2　门捷列夫海岭—楚科奇海台区域的观测站位及温盐特性（引自 Zhao et al. 2015）

大陆坡进入深海。类型二主要是来自东西伯利亚海陆架的水体，具有明显的低温高盐特征。这部分水体的高盐度一方面来自冬季陆架上的冰间湖浓缩过程，还有一个原因就是与大西洋的水体混合。来自大西洋的水体盐度高达 34 以上，而且在门捷列夫海盆大西洋水的深度很浅，与陆架水体的轻微混合就可以增大陆坡水的盐度。类型三的水体介于类型一与类型二水体之间，很可能是这两种水体混合的结果。以上的结果主要来自 2012 年的考察数据。2012 年之后该海域海冰大面积减小，海洋的状况可能与海冰覆盖时期的情况不完全一致，因而很可能存在多年变化。海冰会阻隔大气动量进入海洋，直接影响海洋的流动，因而需要认识海冰的影响，需要进一步地深入考察与研究。

2.1.2 北冰洋水团结构评价

2.1.2.1 北极次表层暖水结构及时空变化评价

赵进平等（2003）首次提出，夏季上层海洋存在两种基本结构：一种是次表层暖水（NSTM）结构；另一种是风生混合层结构（也称上混合层）。人们利用各种实测数据对 NSTM 展开深入研究，从而对 NSTM 的特征和形成机制有了较为全面的认识（王翠和赵进平，2004；Jackson et al.，2010；Zhao and Cao，2011；Cao et al.，2010；曹勇和赵进平，2011）。海冰厚度的减小和海冰密集度的降低，这两个因素均导致进入海洋的太阳辐射能增加。次表层暖水的形成还需要另一个重要因素，就是表面冷却。如果没有表面冷却，太阳加热导致的升温应该在表层最大，只有表面冷却才有可能使温度极值出现在表面以下。赵进平等（2003）给出了 NSTM 生成机制的解析解；陈志华和赵进平（2009）利用柱模式模拟了 NSTM 的生成过程，进一步证实了其生成机制。

次表层暖水的发生、生长、消亡的周期为 1 年（Cao et al.，2011）。春末夏初，海冰融化，海冰厚度变薄，密集度变小，使得太阳辐射能够穿透海冰或通过冰间水道加热海洋，海水温度变高。而海面由于有冰的存在，仍能保持较低的温度，热量在盐跃层附近聚集，出现温度峰。如果海冰进一步融化至消失，海表缺乏海冰的保护，暖水峰变得不稳定，随时会被搅拌均匀而消失在上混合层中；亦或太阳辐射加热使海表温度不断升高，也会导致次表层暖水的温度峰消失。

利用 1993 年—2014 年各国北极考察的 CTD 数据给出了次表层暖水的分布范围，展现次表层暖水的年际变化特征（详见图集）。总体来看，在 2002 年以前大部分年份，发生次表层暖水的海域集中在楚科奇海陆坡、巴罗海谷和波弗特海等靠近大陆坡的海域。这是由于 2002 年以前加拿大海盆海冰密集度和厚度都比较大，只能在海冰边缘区形成次表层暖水。2004 年后，加拿大海盆全面出现次表层暖水。2004 年几乎所有深水站位都有发生次表层暖水，而 2008 年最高纬度的站位达到 85°N，仍然观测到次表层暖水。次表层暖水大范围出现与夏季海冰大规模融化，冰厚度和冰密集度减小，导致进入海洋的太阳辐射能增加有关。由于海冰与海水阳辐射的反照率相差近 10 倍，海冰密集度的降低，减小了地球表面对太阳短波辐射的反射，增大了海水对太阳辐射能的吸收。以往的观测表明，在厚冰覆盖的海域，夏季穿透海冰进入大气的太阳辐射能大约在 $2 \sim 3 \ \text{W/m}^2$，而无冰海域进入海水的太阳辐射能可以达到 $300 \ \text{W/m}^2$ 以上。因此，海冰密集度的降低是导致次表层暖水大量产生的原因。

2.1.2.2 北极中层水结构及其变化评价

北极中层水源头为北大西洋水，其核心层位于 $150 \sim 900 \ \text{m}$ 之间，是北冰洋携带热量最多的水体，其对整个北冰洋水体的交换、循环过程起着重要的作用。Li 等（2012）根据中国第 2 次北极科学考察数据分析发现，中层水核心层温度在加拿大海盆的空间分布总体特征是沿着大西洋水运移方向上逐渐减小，同时受到海底地形的影响，高温中层海水主要分布在深海平原以及陆坡区。中层水核心层盐度的空间分布是沿着中层水扩展的路径递减，其分布规律体现了大西洋海水在北风海岭北端脱离并扩散的现象。与温度分布特征不同的是，核心层盐度值最低值不在南部陆坡东端，而主要分布在加拿大深海平原的中心区。自 1985 年以来 22 年的 WOA 数据显示了北极中层水的增暖过程和区域差别。研究发现 20 世纪 90 年代以来北极中层水经历两次较大的变化。增暖的北极中层水不仅自西向东输送，而且更像脉冲信号，有增强和减弱的过程。自 20 世纪 90 年代以来出现在上游的楚科奇海台水体的增暖，进入 21 世纪后已经放缓，甚至开始出现降温的趋势；而下游的加拿大深海平原、楚科奇/波弗特陆坡以及波弗特海的中层水由于增暖起步较晚，至 2006 年仍处于增温期。在中层水增暖的同时，加拿大海盆中层水核心层盐度的年际变化总体上经历了先下降后升高的过程。

北极中层水核心层深度整体经历了先变浅后加深的过程（Zhong and Zhao，2014）（图 2-3），中层水核心层温度大约在 2003 年达到极大值，之后随着时间推移温度逐渐降低，这是由相对冷的中层水开始进入海盆中所导致的，异常暖水温度极值过后相对的冷中层水，还可能与上游中层水在陆坡发生的侧向湍混合有关，在海冰减退的趋势下，表层风生混合增强，上层海洋埃克曼（Ekman）输运加强，导致西伯利亚沿岸的陆坡混合加强，中层水输运到陆坡处时热量损失增强。

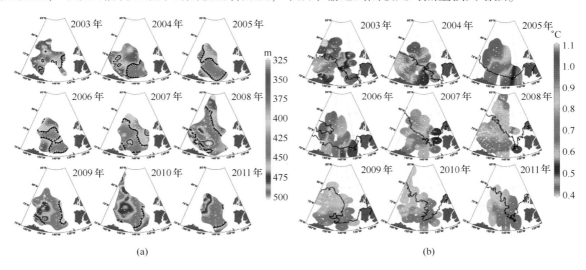

图 2-3　中层水核心层深度（a），中层水核心层温度（b）（引自 Zhong and Zhao，2014）

加拿大海盆从 2003 年到 2011 年多年冰所占的比例骤减，这导致海冰的流动性加强，上层 Ekman 输运加强，动力高度增加，这就是近年来发生的波弗特涡旋加速现象。在 Zhong 和 Zhao（2014）的研究中揭示了中层水核心层深度中心与波弗特流涡的对应关系。该现象表明，在加拿大海盆的中层水受到上层海洋动力强迫变化的影响加强。加拿大海盆的海冰自 2003 年以来呈现出剧烈的退缩趋势，出现更多的开阔水域，更强的风应力作用于上层海洋，波弗特涡旋的加强，使得近年来上层增加的淡水含量更容易辐聚，上层海水堆积也将导致中层水核心层深度的相应加深。文中揭示的中层水核心层密度与深度的关系，表明在 2007 年之前核心层深度主要受控于核心层密度的变化，而 2008 年之后海冰减退所导致的表面应力加强和核心层密度共同决定了在波弗特涡旋中中层水核心层的深度。与波弗特涡旋联系的中层水核心层深度的加深和扩展正影响着海盆中的环流。

2.1.2.3 北白令海冷水团结构评价

通过对白令海陆架上的水团组成进行研究，人们认为该区域存在 3 个水团：阿纳德尔水，阿拉斯加沿岸水和白令海陆架水（Coachman et al.，1975；Schumacher et al.，1983）。为了研究北白令海陆架水体的多年变化，王晓宇和赵进平（2011）利用 1983—2008 年北白令海陆架的水文数据，构建了一条西南东北走向的断面，来研究北白令海陆架水体分布结构和冷水团多年变化特征。

7 月下旬北白令海陆架的水体可以分为 4 类（详见图集）：陆架冷水团，陆坡流水，混合变性水和陆架表层水。由于 4 种水体在温度上的差别比较明显，所以通过-1℃、2℃和 4℃温度等值线指示水体的分界可以很好地将夏季北部陆架上的水体区分开来。夏季 A 断面观测结果显示，1999 年和 2008 年这两年在冷水团与陆坡流水的过渡地带中出现了特殊的"冷中间层现象"，其原因是密度较小的陆架底层水向南扩展到暖水之上，而由于质量守恒的需要，密度较大的白令海陆坡流水侵入陆架，成为陆架水的一部分。

图 2-4（a）是白令海西北部陆架冷水团核心最低温度的多年变化。研究结果表明，1985 年、1994 年和 2003 年这 3 年夏季冷水核心区的温度显著高于冰点（图 2-4（b）），即这几年不存在夏季冷水团，这些水体不是冰间湖产生的低温水，而应该是来自其他陆架海域的冬季残留水。因此，在北白令海陆架外侧积聚着陆架上冬季残留水，其规模取决于冬季冰间湖产生冷水的能力。冷水团的核心最低温度在大多数年份很低，体现了冷水团的冷核结构；而在有些年份核心最低温度较高，表明冷水团与周边海水发生了较强的混合。

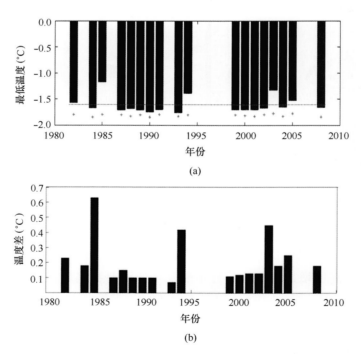

图 2-4 1982—2008 年白令海西北部陆架夏季冷水团（引自王晓宇和赵进平，2011）

（a）核心最低温度逐年变化；（b）核心最低温度与对应冰点的温度差

图 2-5（a）是白令海西北部陆架冷水团边缘最低温度的多年变化。有些年份，冷水团边缘最低温度较多年平均水平要高，特别是 2002—2005 年 4 年间，白令海西北陆架的冷水团处在连续的暖年份中，这其中尤以 2003 年的-0.78℃ 为最暖的一年。白令海西北陆架底层冷水与东南陆架底层冷水变化的一致性说明了最近 10 年白令海陆架夏季底层水的冷暖相位变化不是由于底层水的分布位置在陆架上发生水平平移造成的，而是整个陆架具有一致的变化趋势，这与白令海海洋气象条件的整体异常变化有关。

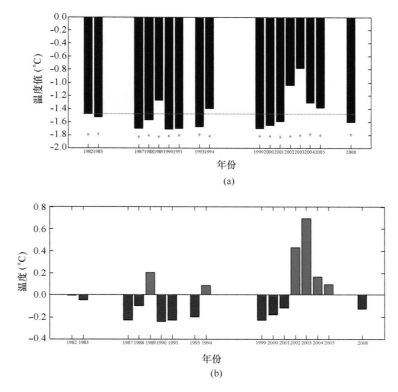

图 2-5　1982—2008 年白令海西北部陆架夏季冷水团（引自王晓宇和赵进平，2011）

（a）边缘最低温度逐年变化；（b）边缘最低温度距平均水平的温度差

2.1.2.4　波弗特流涡的多年变化评估

加拿大海盆是经历海冰退缩最显著的区域之一。2003—2012 年加拿大海盆海冰的快速变化与上层海洋有着密切的关系。加拿大海盆上层海洋淡水含量和热含量都呈现增加的趋势，更多的风能输入海洋当中，同时地转流加强。波弗特流涡作为调节上层海洋最重要的因素之一在过去 10 多年里呈现旋转加速的趋势，这影响着上层海洋的水文性质变化。

在波弗特流涡中累积的淡水改变了动力高度，是其界面加深的一个重要因素。Zhong 等（2014）研究发现加拿大海盆的淡水含量在 2003—2006 年期间最高值为 22 m，2007 年之后上层海洋显著变淡，2007—2010 年期间淡水含量为 28 m，在 2008—2011 年间更多的淡水在上层海洋累积（图 2-6）。淡水的来源有两个，在夏季海冰的大量融化以及更多的河流径流的注入（McLaughlin et al.，2011；Morison et al.，2012）。在上层海洋变淡之后，密度大而盐度高的中层水进入加拿大海盆之后会潜入更深的区域。在 2003—2011 年间加拿大海盆动力高度的增加表明波弗特流涡的自旋加速以及淡水的辐聚（McLaughlin and Carmack，2010）。相比正常年份，在波弗特流涡自旋加速的时期，海表面高度在流涡中心增加，而在边缘则减小。动力高度的增加是自旋加速和更多淡水所引起等密度线加深的最直接证据。动力高度的分布对应着淡水堆积的地方，并指示着波弗特流涡的位置。在2007年之后动力高度显著增加并在接下来的年份中保持着较高值。2009年和2011年的动力高度都要小于其前一年的数值，这是由于海洋环流的改变引起了波弗特流涡中淡水的释放。

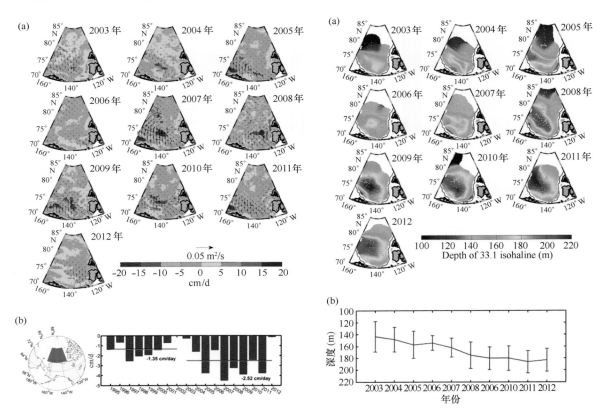

图2-6　2003—2012年埃克曼泵压速度（左），太平洋冬季水的深度（右）（引自 Zhong et al.，2014）

过去10多年以来，波弗特流涡的加强导致了太平洋冬季水的加深，同时波弗特流涡的强弱影响着夏季太平洋水在海盆中的分布，在波弗特流涡加强时夏季太平洋水更多地从楚科奇海向北部输运。波弗特流涡的加强改变了上层海洋水柱的动力学性质，进而导致了中层水在温度相对稳定之后的加深。波弗特流涡中的EKman泵压速度在2003年之后普遍大于2 cm/d（2007年速度大于4 cm/d而2012年速度小于1 cm/d）。2012年海盆中大部分区域呈现出EKman泵吸并且出现较强向北的EKman输运，这样有利于在海盆中积蓄多年的淡水的释放。波弗特流涡作用中心逐渐向海盆西南部移动，这对夏季太平洋水进入海盆中起着重要的调制作用。

2.1.3　小结

综上所述，根据我国第1至第6次北极科学考察获得的观测数据，以及国外的考察数据等对北冰洋主要水团的分布和变化进行了研究分析，并给出以下主要评价。

次表层暖水现象是由于太阳辐射加热及表面冷却共同作用的结果。次表层暖水大范围出现与这些年夏季海冰大规模融化，冰厚度和冰密集度减小，导致进入海洋的太阳辐射能增加有关，因此，海冰密集度的降低是导致次表层暖水大量产生的原因。1993—2009 年间，次表层暖水的温度上升了 1.5℃。次表层暖水的热量释放会导致北极海冰提前融化和延后冻结，意味着季节性海冰区的范围正在扩大，对海洋热储存带来非常大的影响。

1997 年以来，加拿大海盆海冰发生了剧烈的衰退，海冰的流动性加强，波弗特流涡呈现出增强的趋势。波弗特流涡的增强导致上层海洋 EKman 泵加强，改变了上层海洋的动力学性质，进而在中层水的加深中起到了重要的作用。

北极中层水核心层深度整体经历了先变浅后加深的过程，中层水核心层温度大约在 2003 年达到极大值，之后随着时间推移温度逐渐降低，这个降低是由相对冷的中层水开始进入海盆中所导致的，异常暖水温度极值过后相对的冷中层水，还可能与上游中层水在陆坡发生的侧向湍混合有关，在海冰减退的趋势下，表层风生混合增强，上层海洋 EKman 输运加强，导致西伯利亚沿岸的陆坡混合加强，中层水输运到陆坡处时热量损失增强。该研究揭示出在海冰快速变化的背景下，中层水深度的变化不仅受控于其热力学性质的改变，还受控制于加强的波弗特流涡所带来的动力学性质的变化。

2.2　北冰洋主要海洋跃层和锋面的分布及变化特征评价

北冰洋常年存在的主盐跃层被称为永久性盐跃层。在北冰洋的中央区，特别是阿蒙森海盆和马卡罗夫海盆，盐跃层的上部表现为温度保持在冰点附近，而盐度随深度显著增加的特殊温盐结构特征，被称为冷盐跃层（Aagaard et al.，1981）。在加拿大海盆，由于太平洋水的汇入，盐跃层结构不同于冷盐跃层（Steele and Boyd，1998；Shimada et al.，2005），而是表现为双跃层结构（Shi et al.，2005）。由于北冰洋存在多重的盐度跃层，每个盐跃层都会对垂直方向的热量传输起到抑制作用。

海洋锋面与很多现象和过程有关，比如高生物生产率和丰富的鱼类资源，急流的流速快，水色变化急剧，强烈的垂向运动，局地天气条件等。大尺度锋面对天气乃至气候都有着重要的影响。北欧海作为全球气候系统的重要组成部分，是对气候变化最为敏感的海域之一。发生在北欧海的物理过程通过与北冰洋和北大西洋之间的水体交换影响区域乃至全球环流系统、热量传递和物质输送。北欧海是北极涛动核心区的下垫面（Zhao et al.，2006），研究北欧海上层海洋对更好地了解北半球乃至全球气候变化有着重要的意义。

大西洋亚极地海区的强对流是全球热盐环流的主要动力（邵秋丽和赵进平，2014），而北冰洋淡水含量变化是影响该海区对流和层化过程的重要因素。北冰洋中心海区在 20 世纪呈现出咸化趋势，淡水以（239±270）km³/10 a 的速度减少（Polyakov et al.，2008）。但在 20 世纪末以来，淡水含量呈显著增加态势（MaPhee et al.，2009）。到 2010 年，加拿大海盆淡水含量接近 45 800 km³，约占北冰洋淡水总量的 60%，是北冰洋淡水的主要分布区域。淡水含量的变化引起海面动力地形的改变，进而引起了环流的调整，改变着波弗特流涡的流型和密度结构（Zhong and Zhao，2014）。加拿大海盆中的淡水通过弗拉姆海峡和加拿大北极群岛进入北大西洋，引起了表面盐度降低和层化加强（Maslanik et al.，2007），成为影响北欧海和北大西洋对流过程以及全球海洋经向翻转环流的重要因素（McPhee et al.，2009；邵秋丽和赵进平，2014）。

2.2.1 北冰洋海洋跃层的结构和特征

2.2.1.1 加拿大海盆双盐跃层的结构和空间分布

长年存在的盐跃层是北冰洋上层海洋特有的结构，海洋中的大部分区域，特别是赤道海域上层海洋是温度层化的，而北冰洋的上层是盐度层化的。在冷而淡的混合层与暖而咸的中层水（大西洋层）之间是一个长年存在的盐跃层，该盐跃层的重要性在于它将大西洋层所储存的热量与表层的海冰隔离开来，阻断了大西洋层热量的向上传递，对维持北冰洋长年的海冰覆盖有重要意义。欧亚海盆（包括南森海和阿盟森海）中的盐跃层上部温度均在冰点附近，也被称为冷盐跃层（the Cold Halocline Layer，CHL）。加拿大海盆盐跃层（the Halocline in the Canada Basin，CBH）上部为来自太平洋的暖水，与 CHL 有着明显的差别。CBH 的下部也是来自于大西洋，然而，CBH 上部较为淡而暖的特征说明它有不同的形成机制。该层的高营养盐特征使其可以上溯到楚科奇海和通过白令海峡的太平洋水。太平洋水一般在加拿大海盆的 120 m 层之上，是形成 CBH 的一个重要因子。

用温盐剖面可以描述北冰洋盐跃层的各种类型（详见图集）：阿拉斯加沿岸水（the Alaskan Coastal Water，ACW）；夏季白令海水（the Sumer Bering Sea Water，sBSW）；还有一种是 ACW 叠置在 sBSW 之上，两者的强度相当。这 3 种类型虽然水团的组成不同，但是其盐度剖面结构是相似的，即在表面混合层和暖的大西洋层之间有两个盐跃层（史久新等，2008）。Melling（1998）选择 33.1、33.5 和 34.5 三个等盐度面分别代表加拿大海盆盐跃层的上部、中部、下部。根据 2003 年夏季这 3 个等盐度面的深度和位温 θ，研究加拿大海盆盐跃层的区域性变化（详见图集）。3 个等盐度面都在加拿大海盆南部加深，也说明了 CBH 不同于 CHL。33.1 等盐度面上的温度差只有 0.08℃（史久新等，2008），即 CBH 的上部温度特别均一。从 34.5 等盐度面上的温度变化趋势可以推测出大西洋水进入加拿大海盆的路径。在大西洋水从欧亚海盆进入加拿大海盆的过程中，储存在大西洋层中的热量逐渐散失，因此最低温度应该出现在大西洋水流动距离最长的位置，即加拿大海盆最南部的站位。

在加拿大海盆南部，1997 年秋季和冬季的 CBH 与 1997 年夏季的情形非常相似。不过，在楚科奇海台东侧，冬季与翌年（1998 年）夏季的 CBH 有很大差别，即到了夏季，上盐跃层加深且增强，而下盐跃层则稍微减弱和变浅。这个变化可能是由于 1998 年 ACW 和 sBSW 的覆盖范围发生了变化，即 1998 年 2 月这里为 ACW 占据，几乎没有 sBSW；而到了夏季 ACW 明显减弱，sBSW 却显著增强，这很可能是整个加拿大海盆环流型的转变造成的。但是，无论如何变化，不同季节的盐度剖面充分证明了加拿大海盆双盐跃层的结构总是存在。

2.2.1.2 北欧海主要海洋锋的结构和季节变化特征

北欧海海底地貌盆脊交错，挪威暖流和东格陵兰寒流在此交汇，因此形成 5 条主要锋面，分别是东格陵兰极地锋、北极锋、冰岛–法罗锋、挪威陆架锋和冰岛沿岸锋。何琰和赵进平（2011）利用美国伍兹霍尔海洋研究所 HydroBase 2 数据集，通过沿等密度面的网格化与差分技术构建而成的三维多年月平均格点化数据给出了北欧海主要锋面的分布及季节变化。

格陵兰极地锋沿格陵兰岛陆架分布，分布深度在 200 m 以上，其盐度梯度较北欧海其他锋更为显著（详见图集）。由于东格陵兰流在向南流动中会产生分支而减弱干流的强度以及受到从丹麦海峡进入北欧海的北冰岛伊尔明哥流的影响，东格陵兰极地锋北部的锋强大于南部，锋面位置和结构也比南部更加清晰。最大锋强发生在弗拉姆海峡和 71°—74°N 的格陵兰岛陆架上。北极锋在南北方向呈现"哑铃"形季节变化特征，即南、北段随季节东西摆动幅度较大，中段锋面由于莫恩海脊的地形约束等原因而摆动幅度不大。冰岛—法罗锋是北欧海为数不多的从表层延伸到 500 m 深度以下的海洋锋，具有温度锋和盐度锋的特征。冰岛—法罗海脊是溢流形成的"门槛"，低温低盐的溢流水在跨过海脊时由于水深变浅，水体受到抬升与上层高温的北大西洋水靠近，形成较大的温度梯度，而在冷水不断南流的过程中，与南方较为深厚的北大西洋水产生的温度梯度会逐渐增大，锋面位置也会逐渐加深。挪威陆架锋存在于挪威海流携带的大西洋水与挪威沿岸水之间，是明显的盐度锋和密度锋。从盐度梯度图（详见图集）上可以看到，挪威陆架锋清晰地存在于挪威沿岸，它的盐度梯度在 65°N 附近迅速增大，这是由于挪威海流在跨过格陵兰—苏格兰海脊后，在 65°N 以南的海域，西边支流几乎沿 2 000 m 等深线前进，这就造成了在 65°N 附近挪威海流的流幅十分狭窄，挪威大西洋水与挪威沿岸水的梯度因此增强，盐度梯度增大。挪威陆架锋稳定地位于挪威陆架之上，空间分布无明显季节变化。强度在秋冬季较强，春夏季较弱，这主要与挪威大西洋流冬季流量较大有关。冰岛沿岸锋存在于冰岛以北和以东的陆架之上，是由北冰岛伊尔明哥流和东冰岛流相互作用形成的一条明显的温度锋。其密度锋的特征具有季节性，秋季（9—11 月）能看到较明显的密度梯度。冰岛沿岸锋的空间分布并无明显季节变化。温度梯度图反映出夏秋季（6—11 月）冰岛沿岸锋最显著，锋面整洁连续，锋强达到最大；冬季锋面出现不连续现象，锋面的东段几近消失。这是因为冬季东冰岛流的流量减小，流至冰岛东北部时已经势力减弱，与东冰岛伊尔明哥流在冰岛东北部形成的锋面南北向摆动很大，造成多年平均的冰岛沿岸锋东段锋面梯度过小。

2.2.1.3　北冰洋海洋声速垂直结构分析

海洋是一种极其复杂的声学介质。声速随海洋深度的有规律变化会形成水下声道从而导致远程声传播，而随机的非均匀性则会引起声的散射并造成声场的起伏。中国第 4 次北极科学考察深入北极中央区，采集了北冰洋高纬度海域的数据。利用该航次 CTD 站位观测数据中的声速数据分析声速剖面可以发现：北极基本上包含了所有典型垂直声速剖面类型。在上层海洋，声速剖面基本与温度结构关系密切，中下层则受压强影响，盐度对声速的影响较小。

水下声道是深海区的典型声速剖面，声速在某一确定深度存在极小值，该深度被称为声道轴。白令海西南部的阿留申海盆海域便属于这一类型。声道轴位于在 100 m 附近，从南向北声道轴的幅度增大，在海盆北边由于受到白令海陆坡流的影响，略有加深。在陆架区声速剖面呈现典型的浅水型传播特征。声道轴位于海面时形成表面声道。加拿大海盆深水区（约>2 500 m）的声速剖面显示出了这样的声速剖面特征。

当表层通道和水下通道同时存在时就形成了双轴水下通道。声线在上层通道中传播时会因粗糙海面的散射而穿透到下层，产生泄漏。BN 断面自楚科奇海台东部向北延伸至加拿大海盆（详见图集）。该断面在楚科奇海台附近的声速剖面在 50 m 出现一个极大值，在 200 m 附近出现一个极小值，显示为双轴水下通道特征。400 m 以深的声速剖面基本没有纬向变化，主要受深度（压强）影响。400 m 以浅的海洋声速等值线由南向北逐渐抬升，从断面南端 76°N 至北段 84°N，升高了约 100 m。在加拿大海盆区的声速剖面基本呈现一直增加的特征。BN 断面跨越深度范围从楚科奇海台的 1 000 多米至加拿大海盆的 3 000 多米，上下两层声道轴逐渐消失。上层声道轴所在位置与次表层暖水所处深度十分接近。断面北部，随着次表层暖水消失，双轴水下通道结构也不再存在。

2.2.2 北冰洋跃层与锋面评价

2.2.2.1 加拿大海盆上层海洋热含量变化评价

人们对北极在气候变化中所扮演重要角色的认识正逐步加深，而北极所起的作用很大程度上与上层海洋所发生的热力学变化过程相关。Zhong 和 Zhao（2014）采用 2003 年和 2008 年的中国北极考察数据以及加拿大破冰船考察数据，研究上层海洋热含量的变化情况，揭示加拿大海盆夏季上层海洋热含量总体变化特征。总体上看，2008 年 200 m 以上的水体以升温为主，太平洋入流水的深度下移，这两个变化及其空间差异与海冰大面积的融化密切相关。2008 年夏季与 2003 年夏季相比，加拿大海盆的上层海洋普遍增暖，但在不同区域，由于冰情差异较大，增暖的形式和水体结构很不相同。

影响加拿大海盆上层海洋热含量主要因素有：太阳辐射、海冰密集度、海冰融化后带来的淡水、平流输送、太平洋入流水、大西洋入流水等。2003 年海冰密集度较大，进入海水中的太阳辐射能主要消耗于融化海冰，上层海洋的热含量并没有显著的改变。2008 年海冰大量融化，开阔水域增加，更多的太阳辐射能进入海洋当中。因此 2008 年夏季 200 m 以上水体层总的热含量普遍增加。上层海洋热含量变化最大的区域位于这两年海冰密集度变化最大的区域：海盆西南部、南部和东部，热含量明显增加。

对于海盆中部的站位，2003 年温度垂直分布很典型，在 50 m 左右存在来自太平洋的和可能由局地加热生成的浅层温度极大值水，在 160 m 存在温度极小值。而 2008 年的温度结构完全不一样，浅层温度极大值水出现在 100 m 的深度上，温度极小值水下移到 190 m 左右。2008 年整个上层水体呈现表层温度升高，次表层水体深度下移，这是一个值得注意的现象。通过计算太平洋冬季水（Pacific Winter Water，PWW）以上的淡水含量变化（图 2-7）分析表明，2008 年海冰的融化使得上层海洋淡水含量增加，加之温度又普遍升高，导致上层水柱盐度和密度降低，而太平洋入流水自身密度并没有显著变化。在这种情况下从南部进入加拿大海盆的太平洋入流水将潜入到更深的地方，造成太平洋入流水温度跃层下移。因此，加拿大海盆上层淡水含量增加导致的太平洋入流水密度相对增大是次表层水体深度下沉的主要原因。

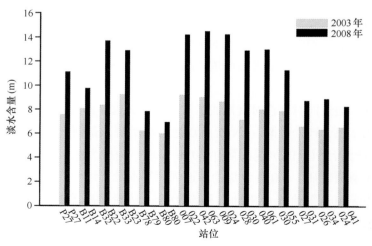

图 2-7　2003 年和 2008 年发生次表层水体下移站位 PWW 以上的淡水含量（引自 Zhong and Zhao，2014）

2.2.2.2 加拿大海盆淡水含量变化的研究与评价

Guo et al.（2012）利用 2003 年、2008 年中国北极考察以及 2004—2007 年的加拿大考察数据计算了加拿大海盆上层的淡水含量，并利用海冰密集度分布数据和 AO 资料分析了不同因素在淡水含量变化过程中的作用并讨论了白令海峡入流水、径流以及净降水的作用。

研究发现，加拿大海盆上层淡水主要分布在南部海域，尤其是海盆东南部，其淡水含量比北部要高出 5 m 以上。这是由于北冰洋海冰融化主要发生在白令海峡入流水进入北冰洋的海域（Woodgate et al.，2010），海冰融化给加拿大海盆南部带来了大量淡水，使其淡水含量大大高于加拿大海盆北部淡水含量。在 2003—2008 年期间，加拿大海盆整个海域上层淡水含量除 2006 年外，都呈现出明显的增加现象，每年增加量都在 1 m 以上，尤其是在加拿大海盆南部中心海域，变化异常剧烈。2003—2004 年海盆上层淡水含量增加较为缓和，但在 2005 年，大部分海域淡水含量明显增加，在中心海域的增加量最高达 2 m，只是在海盆东南海域略有减少。2006 年仅有少量增加，但之后，淡水含量出现了爆发式增长，2008 年南部中心海域的增加量甚至高达 3 m。上层淡水含量的变化会引起上层海水盐度随之变化。根据加拿大海盆内 wBSW 特征盐度 33.1 的等盐面深度分布的年际变化（图 2-8）可以看出，与加拿大海盆上层淡水含量变化相对应，除 2006 年外，加拿大海盆 wBSW 的深度也是逐年增加。2003 年，加拿大海盆上层海水厚度基本都在 160 m 以下，在随后的 5 年（除 2006 年）间，加拿大海盆远离大陆的南部海域上层海水厚度每年增加接近 10 m，到 2008 年中心海域已经高达 200 m。造成这种现象的直接原因是加拿大海盆内上层淡水含量逐年增加，增加的淡水由于 EKman 抽吸向下转移（McPhee et al.，2009），使表层以下海水盐度有所降低。对于 2006 年加拿大海盆 33.1 等盐面深度略有变浅，我们认为这是由于 2006 年海冰融化减弱，大部海域上层淡水含量有所降低，从而导致上层海水盐度略微升高，等盐面变浅。

2.2.2.3 加拿大海盆双扩散现象分析与评价

双扩散是指海洋中热扩散系数比盐度扩散系数大 1~2 个数量级而产生的热盐扩散差异所导致的海洋内部混合现象，是形成海洋精细结构的重要现象之一（Steele et al.，2009）。在 2008 年中国第 3 次北极科学考察中，对所有可能发生双扩散阶梯现象的深度采用低速下放 CTD，对温度与盐度剖面进行精细观测。利用这些数据，赵倩和赵进平（2011）对北冰洋加拿大海盆双扩散阶梯结构的特征及其时空分布差异做出分析。

双扩散阶梯结构在深度分布、阶梯的形状和高度上有显著的空间差异，而楚科奇海台内部和加拿大海盆的南部不存在阶梯结构，我们认为这是由于太平洋入流导致的强湍流运动破坏了双扩散过程。双扩散阶梯主要发生在加拿大海盆中部和北部的深水海域，双扩散阶梯发生在 100~500 m 深度范围内，其中，100~300 m 之间存在的主要是厚度比较均匀的阶梯，阶梯高度在 1~5 m 之间，位于盐跃层所在深度；300~500 m 之间存在的主要是复合阶梯，即大阶梯中夹杂着小阶梯。大阶梯的高度达到 10~35 m，而包容的小阶梯高度只有 1~2 m（图 2-9）。虽然大阶梯的频数少，但由于大阶梯的高度大，其在双扩散阶梯中占有的空间份额并不小。双扩散阶梯发生的深度大体上自南向北抬升，这与大西洋水核心层的深度自南向北抬升有关。深度最大的双扩散阶梯发生在楚科奇海台东部和北部，出现在 300~400 m 范围内。深度最浅的双扩散阶梯发生在靠近阿尔法海脊的海域，深度在 100~300 m。

双扩散阶梯是影响北冰洋内部热量传输的重要机制。大西洋中层水通过双扩散阶梯向上输运热

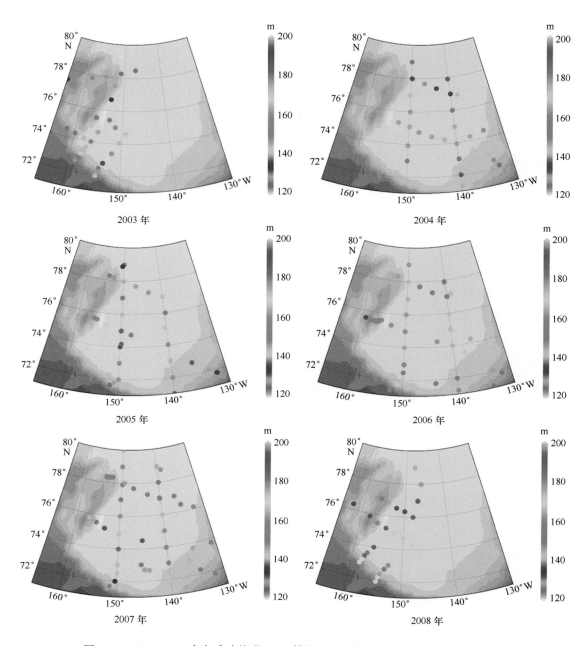

图 2-8　2003—2008 年加拿大海盆 33.1 等盐面对应深度（引自 Guo et al.，2012）

量和盐分，对北冰洋水体有着重要的影响。宋雪珑等（2014）基于锚定剖面仪、冰基剖面仪和微结构剖面仪的数据，对温盐廓线中的阶梯进行研究，分析阶梯的热通量。研究发现由经验公式得出的上下两界面的热通量差，与混合层内热量的变化有较好的相关性。利用微结构剖面仪数据，计算阶梯界面通过分子热传导输送的热通量。当选取最大位温梯度时，算出的传导热通量与经验公式算出的热通量接近。屈玲等（2014）通过分析 2005 年 8 月—2011 年 8 月期间的锚定潜标数据，对双扩散阶梯和高温高盐的大西洋水及相对低温低盐的盐跃层下部水这两种水团之间的相互作用进行研究。发现双扩散阶梯的位温主要受与其接近的水团的影响，同时也受其相邻的阶梯生成或消亡的影响，大西洋水对其上方的双扩散阶梯和盐跃层下部水起到加热作用；而盐跃层下部水的深度变化主导着大西洋水和双扩散阶梯的深度变化。两个相邻的阶梯具有一致的位温和深度变化趋势。

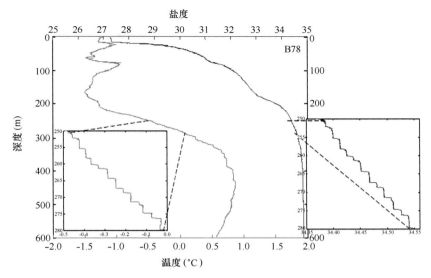

图 2-9　加拿大海盆 B78 站 0~600 m 温度和盐度剖面图（引自赵倩和赵进平，2011）

2.2.2.4　北欧海不同水层锋面的差异分析与评价

综合 2012 年和 2014 年的北极现场调查以及夏季气候态水文资料，Wang 等（2015）给出夏季北极锋在北欧海中部的基本空间结构图（图 2-10）。由于上层大西洋暖水在挪威海的气旋式运动，使得该海区内沿断面方向等密度线呈现出"W"形状，下凹的低密度高温高盐水体分别对应着出流和入流的大西洋暖水。同样，锋面结构在该海域也比较复杂，除了位于海盆西边界的北极锋扬马延段在位置、强度以及垂向结构上均比较稳定外，海盆中部以及东部边界上的锋面在位置和垂向结构上存在明显变化，但最强的锋面依然出现在北极锋延伸向 Vøring plateau 的一段，即分开罗弗墩海盆内大西洋暖水与挪威海盆内中层低盐冷水的锋面。

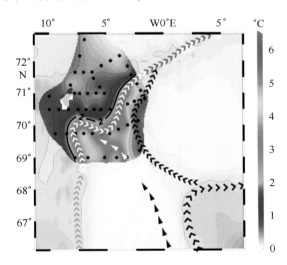

图 2-10　2014 年 9 月 200 m 深度上的温度分布，黑色粗线表示 2℃ 等温线（引自 Wang et al.，2015）
图中的箭头分别代表不同位置上锋面的大致分布

以 2℃ 近似作为大西洋水的下界，罗弗墩海盆内大西洋水占据的深度最深可达 700 m，与同深度上格陵兰海盆和挪威海盆内部中层水体的性质具有显著的差异，这是导致在罗弗墩海盆西侧与南侧的中层仍存在北极锋的原因。因挪威海内大西洋水分布较浅（<400 m），挪威海大西洋水与冰岛海上层水体交汇带形成了通风至次表层的北极锋扬马延段。总的来说，正是因为挪威海盆和罗弗墩海盆内大西洋水占据的深度不同，导致了北极锋在扬马延破碎带发生了分叉，向南和东南分离为一浅一深倒"人"字形的两支锋面。

通过横跨北极锋区的断面调查发现，因为挪威海盆和罗弗墩海盆内大西洋水占据的深度不同，导致了北极锋在扬马延破碎带发生了分叉，向南和东南分离成为一浅一深的两支锋面。海洋上层较浅深度上的北极锋使得西侧格陵兰海内的上层水体被限制在了海盆内，水体仅可以通过扰动或涡动少量穿越北极锋区而进入挪威海盆。2014 年的调查显示当前格陵兰海在次表层至中层的水体温度和盐度已经高于挪威海盆内同深度上的水体，使得当前在挪威海盆北部可以清晰地看到一支相对暖而咸的水体自扬马延水道进入挪威海并沿着挪威海的西侧向南流动。这支相对高温和高盐的入流水体为挪威海盆的中层和深层带来了额外的热量与盐分，通过挪威海盆内部的环流将会影响到原挪威海盆水体的性质，尤其是对 1 000 m 以浅挪威海北极中层水性质和流量的影响值得进行深入研究。

2.2.3　小结

综上所述，根据我国第 1 至第 6 次北极科学考察获得的观测数据，以及国外的考察数据等对北冰洋主要海洋跃层和锋面的分布及变化进行了研究分析，并给出以下主要评价。

在北极海冰变化的背景下，上层海洋热含量发生了显著的变化。总体上看，2008 年 200 m 以上的水体以升温为主，太平洋入流水的深度下移，这两个变化及其空间差异与海冰大面积的融化密切相关。观测表明，2008 年海冰融化使得上层海洋淡水含量增加，整个水柱盐度和密度降低。因此从南部进入加拿大海盆的太平洋入流水将潜入到更深的地方，造成太平洋入流水温度跃层下移。

研究发现，除 2006 年外，夏季加拿大海盆淡水含量厚度在 2003—2008 年期间每年增加 1 m 以上。增加主要发生在冬季太平洋水以上的上层海水中，而在冬季太平洋水以下，淡水含量厚度维持在 3 m 左右，年际差异不大。海冰的减退对加拿大海盆上层淡水含量的增加起着重要作用，同时AO 正负相位变化也是控制其淡水含量变化的一个重要因素。

双扩散阶梯主要发生在加拿大海盆中部和北部的深水海域，双扩散阶梯结构在深度分布、阶梯的形状和高度上有显著的空间差异。双扩散阶梯发生的深度大体上自南向北抬升，这与大西洋水核心层的深度自南向北抬升有关。通过双扩散阶梯向上的垂直热通量远小于表面混合层对海冰的平均热通量。因此，在北极中央区来自中层水的垂直热通量对加拿大海盆海表面热收支的影响不是重要的。但是在楚科奇海台区和加拿大海盆的南部，较强的湍流运动导致双扩散阶梯消失，大西洋水的热量可能对上层海洋结构和热通量产生显著影响。

北欧海特殊的海底地形和复杂的洋流决定了其具有典型的锋面结构。夏季北极锋在北欧海中部的基本空间结构在该海域比较复杂，除了位于海盆西边界的北极锋扬马延段比较稳定外，海盆中部以及东部边界上的锋面在位置和垂向结构上存在明显变化。北极锋结构可以表征海盆间上层与中层水团的交换途径：北极锋在北欧海上层沿扬马延海脊-莫恩海脊-克尼波维奇海脊分布，隔开了西侧的极地水和东侧的大西洋水。

2.3　北极主要海流分布及变化特征评价

海洋环流在两个方面导致海水热量的输运与再分配：一是将低纬度的暖水（太平洋水和大西洋水）输运到北冰洋；二是把北冰洋内部加热的水体重新分布，主要体现在表层环流对海洋热量的再分配。表层环流随风场变化，其细节结构还需要深入研究（Zhao et al.，2015）。通过白令海峡进入的太平洋入流，在夏季直接影响楚科奇海海冰融化，在冬季则成为保留在北极海冰之下的一个次表层海洋热源，对北冰洋太平洋扇区的海冰减退有重要贡献（Shimada et al.，2006；Woodgate et al.，2010）。实际上，太平洋水水层厚度只有几十米，入流流量只有 1 Sv 左右，携带的热量在融冰中很快耗尽，无法对北冰洋深处的海冰融化产生显著影响。真正影响大范围海冰的是开阔水域受到局地加热的水体，这些水体不断进入冰区加剧海冰融化（赵进平等，2003）。相比之下，来自弗拉姆海峡的大西洋入流水层厚度数百米，流量 5 Sv 以上，不仅深刻影响北冰洋中大西洋扇区的海冰，维系了大面积的冰间湖，而且通过对流潜沉到 200 m 以下，形成北极中层水，通过环极边界流输送到北冰洋各个海盆（Rudels et al.，1999；赵进平和史久新，2004）。

我国对北极极区进行直接的海流观测，始于中国第 2 次北极科学考察，在白令海峡和楚科奇海各回收一套潜标及浮标系统。此后每次北极科学考察均在楚科奇海台附近释放潜标系统，获得了宝贵的海流资料，对研究白令海峡及楚科奇海的潮流和余流提供了必要的支持。

2.3.1　北冰洋主要海流分布及变化特征

2.3.1.1　北极海冰漂流主要结构

通过对 1979 年 1 月至 2006 年 12 月的月平均海冰漂流矢量场数据进行分析，考虑到海冰漂流场的形态特征、海冰输送特征以及对应的海面气压场分布，Wang 等（2012）将北冰洋海冰的漂流（月平均的漂流场）分为 4 种主要常见类型和多种偶发罕见类型（详见图集）。主要常见类型分别是波弗特涡流/穿极流型，反气旋涡流型，气旋涡流型和内外对称流型（图 2-11），这 4 种分布类型占到了总数的 81%。

海冰漂流类型的发生显示出明显的季节特征。在夏季，北冰洋上海冰盛行的运动是气旋涡流型，整体上以气旋式的海冰漂流为主。而春秋两季则是波弗特涡流/穿极流型的高发季节，反气旋涡流型更倾向于在冬春两季发生。双涡流型偏向于冬季爆发，高发月份是 2 月，由于其运动形式有利于北冰洋多年冰的积累，因此双涡流型对于北冰洋海冰尤其是多年冰的积累作用值得引起注意。

2.3.1.2　楚科奇海潮流和余流长期变化特征

利用我国第 5 次北极科学考察锚定潜标观测数据，通过统计分析的方法，评价了北极楚科奇海海域定点水文环境的夏季太平洋入流水的温度、盐度特征以及海流流速、流向的变化（详见图集）；结合国际公开的风场和降水资料，进行了夏季海流变化特征分析并讨论了可能的原因；计算了定点海域太平洋与北冰洋水交换过程产生的水体输运量。利用谱分析方法对海流的运动周期进行了评估。

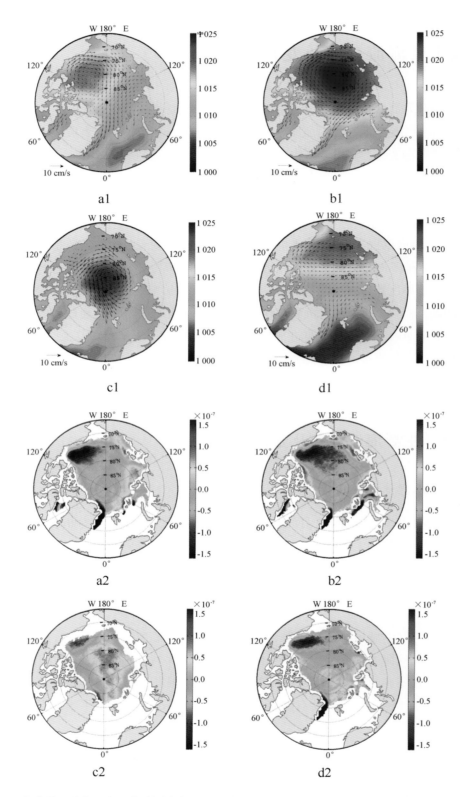

图2-11 北冰洋4种主要常见海冰漂流类型的海冰流场和气压场分布（a1～d1依次代表类型1～4）及每种类型对应的涡度场分布（a2～d2依次代表类型1～4）。（引自Wang et al.，2012）

在潮流分析中，可以看到，整个水柱保持了很好的一致性。北向流占绝对优势。随着深度加深，平均海流大小变小，流向更加向北。2012 年夏季整个观测期间的海水基本向北方向流动，并在 8 月末海流出现流速突然增强的现象；9 月上旬海流发生流向逆转，流速大小与之前几乎无异，流向向南。其原因应该是受到表面风场的影响。

太平洋入流与风场之间关系紧密，在不同风场的作用下，海流会产生不同的响应，水体输运量也会因此改变。图 2-12 为整个水柱的水体通量时间变化图，向北为正。在 7 月下旬和 8 月风力较弱的时期，海水平均输运量大约在 5 m³/s 以下。9 月初，当海面风速达到 10 m/s 以上（但小于 15 m/s）时，由于风向与入流方向相反，平均输运量不超过 10 m³/s。2012 年夏季潜标附近海水平均北向通量约为 1.99 m³/s。

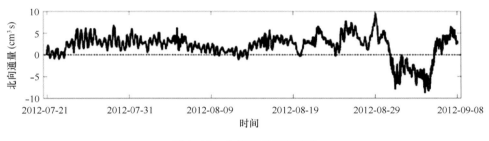

图 2-12 水体通量时间变化

不同水层总谱 ST 随频率的分布特征显示，各水层海流的绝大部分能量分布于低频频段；浅层海流的能量密度高于深层，这也与统计分析的结果一致。各水层均在 0.012 周/h 附近存在显著的谱峰，这意味着海流存在一个周期约为 3.5 d 的变异过程。这也是唯一一个通过显著性检验的周期性变化。

2.3.1.3 白令海峡潮流和余流长期变化特征

利用中国第 2 次北极科考（CHINARE-2003）期间，2003 年 7—9 月布放在白令海峡和楚科奇海的锚系浮标观测资料，Du 等（2006）依据 Foreman（1978）的潮流调和分析方法，研究白令海峡和楚科奇海的潮流特征（图 2-13）。白令海的观测结果表明，该海域陆架海存在近惯性流，流速约为 10~20 cm/s（Lagerloef and Muench，1987）。观测的海流时间序列也验证了近惯性振荡的显著存在。功率谱表明在局地惯性频率附近频带存在很高的能量，而由于流的水平剪切、层化、次惯性漂移和涡度变化，振荡频率可能相对于局地惯性频率发生漂移（Lagerloef and Muench，1987；Shearman，2005；Zuo et al.，2007）。需要说明的是，楚科奇海 HD 站惯性频率为 12.75 h，与天文半日 N2 分潮周期（12.67 h）十分接近，因此调和分析得到的 N2 分潮流也包括局地惯性振荡的影响。白令海峡附近的近惯性流随深度变化很小，振幅基本都小于等于 4 cm/s，虽然比 20 cm/s 左右的平均流小得多，但还是比大多数半日分潮和全日分潮流要大，是白令海峡海流变化的重要分量，不容忽视。楚科奇海的 HD 站，上层 M2 分潮流的最大潮流可达 4.1 cm/s，比该层的平均流大得多。对海流的东分量和北分量进行功率谱分析发现，HD 锚系站的海流具有明显的 4 d 以上的显著周期，这并不是由常见的天文分潮流引起的，可能是与天气尺度或更长时间尺度的大气因子的变化有关。

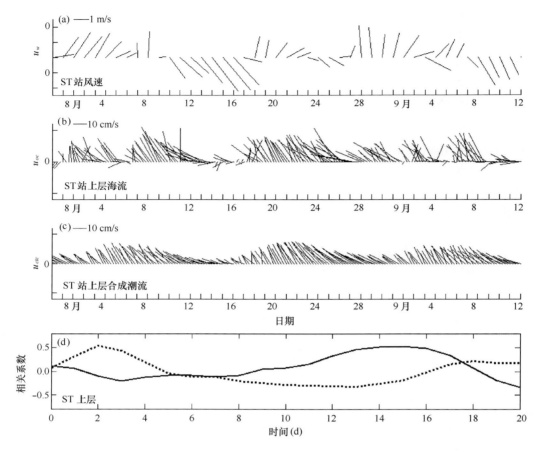

图 2-13　白令海峡 ST 站的风速（a）；实测海流（b）；合成潮流（c）矢量图以及 DTC 海流与风应力北分量的滞后相关（d）。实线为 DTC 海流东分量与风应力北分量间的滞后相关；虚线为 DTC 海流北分量与风应力北分量间的滞后相关（引自 Dw et al.，2012）

2.3.1.4　北冰洋湍流参数的观测与初步分析

海洋的湍流黏性系数 v 和湍流扩散系数 κT 是海洋的重要参数，主要与海水的结构和运动有关，是海洋动量传输、热扩散和物质扩散的物理基础。北冰洋是海冰覆盖的大洋，海冰阻隔了大气的直接作用，不存在强烈的风搅拌，上层海水主要从冰水界面获取动量（Thorndike and Colony，1982；Björk，1988）。冰应力的作用虽然不如风应力强大和直接，但冰应力仍然有稳定的动量传入水中，形成了上层海水的混合（Björk，1988）。由于北冰洋的海洋观测数据稀少，人们对北冰洋湍流系数的了解远达不到其他海区的程度，通常只能在量级上进行估计。

2003 年 7 月 15 日至 9 月 27 日中国北极科学考察对加拿大海盆区进行了大范围的观测。很多考察站位在海冰边缘区，海水的湍流运动特性与海冰覆盖的海域有很多不同。为了避免受到船体的影响，研究中只使用冰面观测数据。在北冰洋共有 4 个冰面观测站位，均进行了海流、温度和盐度的剖面观测，对于冰下海洋的水体结构和运动状况具有很好的代表性。采用 Pacanowski 和 Philander（1981）提出的经验公式，定量计算加拿大海盆 60 m 以浅海域湍流扩散系数和湍流黏性系数的垂向分布（详见图集）。结果显示，3 个海区的湍流扩散系数 κT 主要在海水上层 24 m 存在较明显的不同。与湍流扩散系数类似，湍流黏性系数的不同也主要体现在海水上层。

由于采用的数据分布在楚科奇海陆坡区、Northwind 海崖东部和加拿大海盆区，在时间上跨越 40 d，对北冰洋湍系数空间结构有一定的代表性。这些海域的湍流黏性系数的垂向分布有相似之处，但在表层 24 m 以浅，3 个区域存在较显著的不同，表明这些海域的湍流过程在上层海洋有相同点也有各自的特色，这个结论对数值模拟工作提供有价值的依据。事实上，不同冰情下海水吸收的太阳辐射不同，风的影响不同，导致冰下海水的层化状况和热量、动量等输运存在差异。2014 年中国第 6 次北极科学考察进行了湍流观测，利用 VMP-200 和 MSS 90L 两种仪器获取了大量的湍流数据。从谱分析中来看，剪切谱值 $sh1$（$sh2$）高于水平加速度 Ax（Ay）的谱值，与 Nasmyth 理论谱值变化趋势较为接近，湍动能耗散率在接近海底时增大，应为地形作用的结果。

2.3.2 北冰洋主要海流的结构评估

2.3.2.1 北极上层环流的主要模态评估

北冰洋海冰的运动更多地受到海表面风的驱动，因此在表现形式和变化趋势上与北冰洋整体的大气环流结构变化具有一定的联系。考虑到海冰漂流场的形态特征、海冰输送特征以及对应的海面气压场分布，Wang 等（2012）将北冰洋海冰的漂流 4 种主要类型与 AO 的关系进行比较。

从图 2-14 中我们可以看到，类型 2（反气旋涡流型）和类型 3（气旋涡流型）分别与 AO 指数存在很好的负相关（$r=-0.54$）和正相关（$r=0.54$），而类型 1 和类型 4 的年际变化与 AO 指数的变化相关性要差很多，尤其是类型 1，几乎与 AO 指数不相关。当 AO 处于较强的正（负）位相时，北冰洋海冰运动更多地表现出运动性质更加一致的气旋涡流型（反气旋涡流型），而当 AO 接近中性时，会有更多的过渡类型发生，导致北冰洋的海冰漂流形式变得更加复杂。以顺时针运动为主的类型 2 与以逆时针运动为主的类型 3 在发生上具有此消彼长的对立性，这两者彼此间的相互作用和相互影响决定了北极海冰复杂的漂流形式。

2.3.2.2 北极穿极流停滞现象的评估

北极国际浮标计划（IABP）提供了 100 个浮标数据以及 2012 年中国北极科学考察中国海洋大学在北冰洋投放的 6 个漂流浮标，时间跨度为 2008 年 6 月 1 日至 2014 年 3 月 31 日，观测区域覆盖穿极流区。利用浮标漂流轨迹数据分析海冰运动速度和漂流位移（图 2-15），发现 2012 年 9—12 月期间 OUC1-6 号和 IABP1-6 号浮标漂流轨迹曲折重叠，停滞不前，甚至反向漂移。这 12 个浮标的异常运动表明穿极流发生停滞，到 2013 年 1 月，浮标运动恢复正常，穿极漂流再启动，向弗拉姆海峡输运海冰。穿极流的停滞主要体现为局部回旋、沿流振荡和横流加强 3 种形式。穿极流停滞期间，IABP1-6 号浮标漂流轨迹形成一个逆时针回旋，而 OUC1-6 号浮标发生多次回旋，轨迹重叠。海冰在沿流方向的运动大起大落，但沿流平均速度很小。浮标横流方向速度在 -10 cm/s 至 15 cm/s 之间波动，以向负方向运动为主，但位移与速度的波动范围明显增大。

2008—2011 年以及 2013 年 9—12 月期间，海冰总体漂流方向稳定，持续向弗拉姆海峡运动，即使运动出现偏折，但覆盖范围小，持续时间较短，没有出现穿极流停滞现象。穿极流停滞并不是季节性变化，而是一种异常现象。穿极流在东北极 80°—90°N，120°—178°E 扇区内局部停滞，在北极点至弗拉姆海峡之间流域正常流动，穿极流停滞具有明显的区域差异。正常

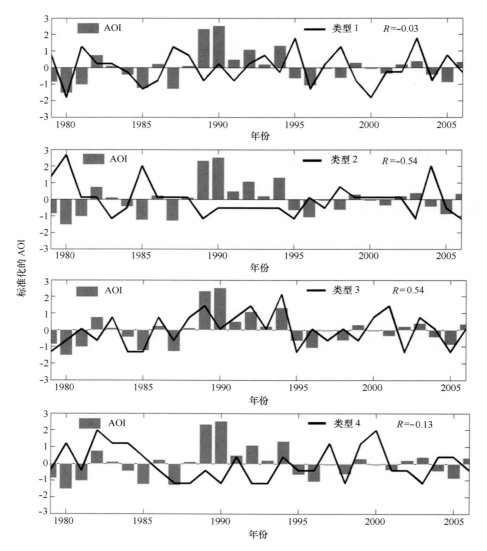

图 2-14   主要常见海冰漂流类型（类型 1~4）在 1980—2005 年间发生次数的时间序列，R 代表 AO 指数与年发生次数相关系数，纵轴对应的是进行标准化处理后的结果

情况下，穿极流携带的海冰主要来自东西伯利亚海和楚科奇海的海冰。穿极流停滞期间，弗拉姆海峡的海冰输出大部分由来自加拿大群岛沿岸的多年冰补偿，少部分由喀拉海和巴伦支海的海冰补偿。

2010 年长达 4 个月穿极流不连续表明，北冰洋上层环流已经发生了显著变化。现有的观测和研究告诉了我们两个关键点：第一，上层海洋环流转型是海冰漂流场持续气旋性变化现象；如果夏季海冰持续数个月的气旋式漂流，足以形成大范围的海冰稀疏，就形成了事实上的环流转型。第二，上层海洋环流的转型与海冰的分布有关，将发生在夏季无冰北冰洋的环流应该是气旋式边界流；但现在加拿大北极群岛还有平均宽度 400 km 以上的多年冰，现在发生的环流转型不应该是完全的气旋式环流，而是随海冰退缩而不断扩展的气旋式流涡。2010 年的海冰和漂流变化显示，虽然我们还无法确知转型是否在每个夏季都要发生，无法确定转型过程要经历多少时间，但由于转型的基础是海冰稀疏导致的对局地风场更好的响应，上层环流的转型是不可避免的，是未来可能常态化发生的

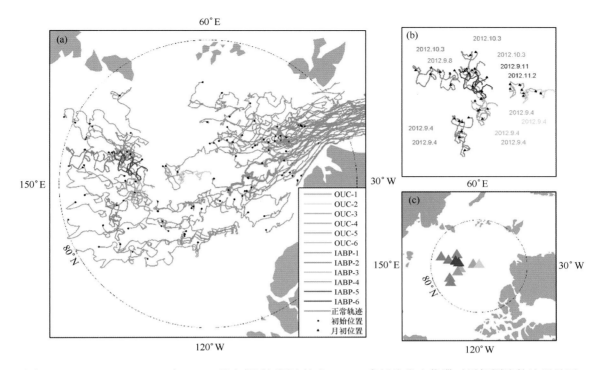

图 2-15　（a）2008—2013 年 9—12 月全部浮标漂流轨迹；（b）穿极流发生停滞时浮标漂流轨迹以及开始观测日期；（c）穿极流停滞时浮标所处位置

上层海洋现象。

2.3.2.3　北极冰下海洋 EKman 漂流的研究

EKman 漂流是上层海洋普遍存在的一种运动形式。刘国昕和赵进平（2013）通过对海冰拖曳产生的 EKman 层流场及其影响因素的研究，认识海洋层化和海冰漂移速度的变化两个重要因素对 EKman 层流场的作用，并使用实测数据进行验证。研究采用湍流黏性系数的 PP 参数化方案，用实测温盐数据对冰下 EKman 流速进行计算的方法。并与 2010 年北极考察期间同步获取的海流剖面数据进行比较，用温盐数据计算 EKman 漂流流速的方法可以得到令人满意的结果，上层海洋发生的流速垂向剪切主要是 EKman 漂流。基于这个结果，可以通过比较容易获得的温盐数据计算出 EKman 漂流垂直结构。

海水层化的存在导致在跃层处湍流黏性系数减小，强烈抑制了流速的向下传播，致使 EKman 漂流在跃层处完全消失。这个结果表明，在水体均匀的冬季，海冰拖曳引起的上层海洋漂流会发生在较大的深度上，而夏季层化条件下，海冰拖曳引起的漂流只能达到 20~30 m 的深度。漂流层变浅意味着海冰拖曳做功产生的能量不能进入海洋深处，而是在很浅的表层水体内积聚，使上层海洋的温度增加，有利于加剧海冰的底部融化。表面海冰流速发生变化时，导致各层流速发生相应变化，使流场产生变化，但 EKman 流的摩擦影响深度并不随表面冰速的变化而发生变化，摩擦影响深度是由海水的密度结构所决定的，跃层的位置决定 EKman 流的摩擦影响深度，与海冰漂流流速无关。

在计算湍流黏性系数时，通常需要密度剖面和流速剖面的观测结果。由于温盐数据比较容易获得，而海流数据相对稀少，在只有温盐剖面数据的情况下通常不能确定湍流黏性系数。本研究的结果表明，在确定上层海洋的湍流黏性系数时，需要使用的流场垂向剪切可以用 EKman 流的剪切来代替，而 EKman 漂流可以用本文的方法计算出来。因此，用本研究提出的算法可以在没有测流数据的条件下获得上层海洋的湍流黏性系数剖面。

2.3.2.4 北极环极边界流的评估

过去，海洋学者曾经认为，南极环极流是海洋中唯一与大气环流相似的环绕地球自转轴的环流。然而，最近的研究表明，尽管北极的环流更加复杂，但是如果把来自大西洋的海水在北冰洋的运移路线作为判断的依据，北冰洋的海流存在着绕极循环，称之为北极环极边界流（Rudels et al.，1999）。

北极环极流被称为边界流，是因其约束机制是环绕北冰洋的大陆坡约束，流动被限制在大陆坡附近很狭窄的范围内；在这个范围之外，流动普遍很弱。迄今人们对北极环极边界流的了解还相当肤浅，对北极环极边界流的部分环节还很不清楚，对北极环极边界流与北极其他大气和海洋过程的联系知之甚少。

北冰洋主要有 3 个通道与外界连接（图 2-16）。白令海峡是与太平洋连接的唯一通道，太平洋水通过白令海峡源源不断地进入北冰洋。加拿大北极群岛有多个海峡或水道通过巴芬湾和拉布拉多海与大西洋连接，导致部分海水与海冰的输出。这两个通道的流量不大，北冰洋与外界水交换的主要通道是北欧海直接与北大西洋连接的通道。由于北冰洋的半封闭特性，很容易形成自成体系的环流系统；而与大西洋的连通使得大西洋水加入北冰洋自身的循环，形成北冰洋环流的特点。

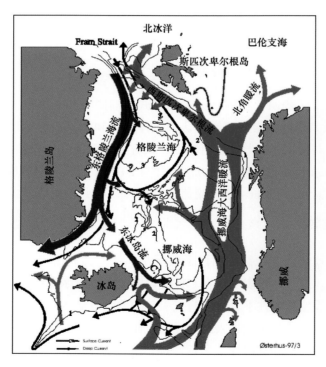

图 2-16 发生在北欧海中的环流（引自 Østerhus and Gammelsrød，1999）

北极环极边界流与南极环极流的流动方向一致，都是自西向东流动。北极环极边界流主要受流动右侧的大陆坡约束，除了在流经巴伦支海边缘产生主要的右向分支以外，几乎没有其他的右向支流。但是，北极环极边界流却存在不少向左方的分支；每当遇到海脊拦在流路上，向左的分支就要发生，产生平行于海脊的流动，最终加入离开北冰洋的流动，使向北冰洋纵深的流动减弱。因此，最终到达楚科奇海和波弗特海的流动已经大大减少。越过楚科奇海台后，北极环极边界流沿北美大陆坡流动，开始了离开北冰洋的流动。由于加拿大海盆地貌相对简单，流动也比较平滑，没有很多分支。但是，北极环极边界流在其漫长的流动过程中发生混合，越来越难以靠水团特性加以识别。离开北冰洋的流动由于支流的加入而不断得到加强。当边界流再次经过罗蒙诺索夫海岭进入欧亚海盆时，遇到其他几条折返的支流并发生进一步混合。水体穿过弗拉姆海峡时，与表层的北极穿极流合并成一体的流动，与 West Spitsberger Cwuent（WSC）的折返部分汇合，并不断从亚极地水团得到补充，沿着格陵兰陆坡向南流，成为东格陵兰流。

由于北极环极边界流本质上是补偿性流动，必然受到北极大气环流的显著影响。在最近的 10 年，北极的气候系统发生了显著变化，这种变化势必对北极环极边界流产生不可避免的影响。北极的气候变化引起了海冰和上层海水的变化（Weingartner et al.，1999；Muench et al.，2000；赵进平等，2003），使盐度跃层和陆架水变异（史久新和赵进平，2003），改变了北极环极边界流的补充条件，也将对北极气候产生深刻的影响。因此，需要深入研究北极环极边界流对气候变化的响应，才能深刻揭示北极变化的整体特性。

2.3.3　小结

综上所述，根据我国第 1 至第 6 次北极科学考察获得的观测数据，以及国外的考察数据等对北冰洋主要海流和环流分布及变化进行了研究分析，并给出以下主要评价。

北冰洋海冰的漂流分为 4 种主要常见类型，分别是波弗特涡流/穿极流型，反气旋涡流型，气旋涡流型和内外对称流型。反气旋涡流型和气旋涡流型分别与 AO 指数存在很好的负相关和正相关。当 AO 处于较强的正（负）位相时，北冰洋海冰运动更多地表现出运动性质更加一致的气旋涡流型（反气旋涡流型），而当 AO 接近中性时，会有更多的过渡类型出现，导致北冰洋的海冰漂流形式变得更加复杂。反气旋涡流型和气旋涡流型的发生上具有此消彼长的对立性，这两者彼此间的相互作用、相互影响决定了北极海冰复杂的漂流形式。

在 2010 年，穿极流长达 4 个月不连续，这表明北冰洋上层环流已经发生了显著变化：第一，上层海洋环流转型是海冰漂流场持续气旋性变化现象；如果夏季海冰持续数个月的气旋式漂流，就足以导致大范围的海冰稀疏，形成了事实上的环流转型。第二，上层海洋环流的转型与海冰的分布有关，现在发生的环流转型不应该是完全的气旋式环流，而是随海冰退缩而不断扩展的气旋式流涡。

北极环极边界流主要受流动右侧的大陆坡约束，除了在流经巴伦支海边缘产生主要的右向分支以外，几乎没有其他的右向支流。但是，北极环极边界流却存在不少向左方的分支；每当遇到海脊拦在流路上，向左的分支就要发生，产生平行于海脊的流动，最终加入离开北冰洋的流动，使向北冰洋纵深的流动减弱。因此，最终到达楚科奇海和波弗特海的流动已经大大减少。北极环极边界流在其漫长的流动过程中发生混合，越来越难以靠水团特性加以识别，需要化学、生物学、沉积学和气候学的协同研究。因此，需要深入研究北极环极边界流对气候变化的响应，才能深刻揭示北极变化的整体特性。

2.4 北极主要海洋气象环境变化特征评价

北极增暖的热量主要来自北极额外获得的能量。在太阳辐射强度基本保持不变的前提下，北极能量的增加与气候系统中的正反馈过程相联系。研究表明，水汽的作用并不构成正反馈，因为冰面的水汽总是处于饱和状态（Serreze et al.，1995；Curry et al.，1996）。云是直接影响太阳辐射的因素，其反馈作用最为令人关注。云的反馈是很多反馈的组合，但是总体来看，云的变化并不是引起海冰减少的主要因素（Key and Gettelman，2009）。研究表明，北极增暖的反馈主要是冰雪反照率反馈，即海冰减少导致海洋吸收热量的增加，这些热量释放给大气，引起气温增加。后来将这种反馈更为准确地称为海冰—气温反馈。

由于北极变暖，北极涛动的强度也显著下降，北极涛动指数在最近 10 年呈现弱的负位相。Zhao 等（2010）研究了北极涛动的空间变化，确定了北极涛动的空间变化指数。AO 与北极海冰的变化趋势并不一致，二者之间的关系表现出明显的"退耦（decoupled）"现象（Zhang et al.，2008）。北极上空大气环流异常的优势模态除 AO 外，还存在偶极子型的东西振荡型（DA，Wang et al.，2009）。最近的研究结果表明，2007 年北极海冰急剧减少后 AO 的响应越来越弱，且更偏向于出现负位相，海冰与大气的耦合关系更多地体现在与 DA 的耦合相关上（樊婷婷等，2012）。Liu 等（2012）的研究表明，最近几年北极海冰快速减少引起的大气环流异常响应并不是传统的 AO 模态，也不是稳定的 DA 模态，而是一种更为复杂的大气环流异常型，导致了近年来北半球极端降雪和严寒频发，但其复杂的影响途径仍需要进一步的深入研究。近几十年，AO/NAO 向负位相的转变表征了对流层西风带的减弱，这种大气环流的变化可以引起北半球大陆的变冷（Overland and Wang，2012）。大气环流主要模态的空间形态变化也会引起陆地变冷（Zhang et al.，2008）。研究表明，北极放大效应可加强大气环流的这些变化（Honda et al.，2009；Petoukhov and Semenov，2010；Blüthgen et al.，2012；Francis and Vavrus，2012）。

2.4.1 北冰洋海洋气象要素特征分析

2.4.1.1 北冰洋气温分布及变化特征

北极范围内的地表气温主要表现为冬季型和夏季型两种，4 月和 10 月为冬、夏季型的转换月份。最显著的升温过程出现在 5 月，而降温过程相对和缓，比较明显的降温过程出现在 10 月。全年最冷为 1 月，表现为大陆偏冷，海洋偏暖；最主要的冷中心一个位于西伯利亚地区，另一个位于格陵兰岛附近，中心最低气温均超过-36℃；北极点附近的气温约在-28℃。全年最暖月份为 7 月，表现为整个北极区气温基本呈现从极点向低纬度的递增形势分布；绝大部分地区气温在 0℃ 以上，仅格陵兰岛附近地区气温在 0℃ 以下。

北极地区气温有以下特点：各月份地表气温的年际变化明显；各月均呈现波动上升的趋势，且夏季增暖相对不明显，冬季增暖相对明显；近 10 年来的增温异常显著，且同样，冬季比夏季更加明显。从各季节平均的气温变化序列可以清楚地看到，春、夏季极区气温在 1990 年陡然上升，之后在整个的 20 世纪 90 年代主要表现为较强的年际振荡，进入 21 世纪后，特别是 2005 年以来升温显著；秋、冬季的气温在 20 世纪 80 年代中期短暂的上升，80 年代后期下降，至 90 年代气温表现为缓慢的波动上升，进入 21 世纪后气温的线性增暖异常显著。因此，北极地区的增暖速度存在年代际差别，21 世纪以来增暖的速度加快。

影响北极圈地表能量收支最主要的因素就是向下的长波和太阳辐射通量，二者在很大程度上受云量影响。有别于总云量在全球其他地区作为大气-地表的冷却系统，北极地区云的年平均净辐射效应是对地表加热。因此，我们首先对北极地区各季节总云量的分布予以分析。总的来说，北极地区的云一年四季都存在，且夏秋季较多，冬春季较少。相较而言，格陵兰岛北部全年云量较少。考察各季节总云量随时间变化我们发现，极区各季节总云量的年际变化明显；除春季以外，各季节总云量的线性增多/减少趋势不甚明显。用去掉线性趋势的时间序列计算相关系数发现：1981—2014 年冬季北极地区总云量与地表气温的相关性最好，二者的相关系数达到 0.72，超过 99% 的信度检验；秋季次之，二者的相关系数为 0.38，超过 95% 的信度检验。这表明秋冬季节总云量越多，北极地区冬季越暖。然而，春夏季节北极地区总云量与气温的相关性均较差，难以通过信度检验。

2.4.1.2　北冰洋湿度分布及变化特征

利用 GPCP 降水格点资料考察极区各季节降水分布得到的结果：随纬度升高，降水递减；极点附近地区全年降水较少，各季节降水变化范围在 0.2~0.8 mm/d；按降水从多到少依次排列为夏季、秋季、冬季和春季；格陵兰岛附近地区四季都是降水负异常中心，且降水量表现为春、夏季少于秋、冬季的特征。从各季节降水的时间序列变化看出：① 与气温序列明显的波动上升不同，1981—2014 年的极区降水变化不存在明显的线性趋势；② 降水的年际变化明显，特别是春季，极地降水 20 世纪 80 年代至今一直表现为较强的年际变化；进入 21 世纪后，夏、秋、冬季的极区平均降水变化的振幅也有所增大；③ 2005 年前后至今，极区降水处于偏多的年代际背景下（夏、秋、冬季最为典型）。有研究指出海冰的减少使得北极存在更多的开阔水域，造成大量水汽从海洋输送到大气；同时，气温的上升使得大气可以容纳更多的水汽（Liu et al.，2012）。联系近 10 年来北极气温的陡增和海冰的骤减，这可能是导致北极地区夏、秋、冬季处于偏湿的年代际背景下的重要原因。

2.4.1.3　北冰洋风要素分布及变化特征

根据极区范围内 10 m 高度处风场分布情况，可以看出风场的主要特点为：① 冬季风速明显大于夏季，最大风速出现在 1 月，最小风速出现在 7 月；② 以极点为中心的表面风场在冬季表现为顺时针辐散，在夏季表现为逆时针辐合，这与气压梯度的分布密不可分；③ 格陵兰岛附近常年为辐散大风区，可能与此地常年的冷中心相关；④ 白令海峡附近每年 9 月至翌年 5 月为偏北风覆盖，最大风速同样出现在冬季（1 月最甚），而夏季 6—8 月则为较弱的偏南风控制。

2.4.1.4　北冰洋气压分布及变化特征

与气温的分布相类似，气候态的海平面气压场分布表现为冬季型和夏季型交替。冬季型从 9 月开始建立，至翌年 4 月结束。12 月至翌年 2 月达到最强，气压梯度较大。主要表现为欧亚大陆和北美大陆为高压控制，北大西洋和北太平洋为低压控制。冬季西伯利亚地区附近的高压可达 1 030 hPa，而格陵兰岛南端的大西洋地区低压则在 1 000 hPa 以下，强大的气压梯度造成北极地区冬季风速较其他季节明显偏大。值得注意的一点是，极点附近的最高气压出现在春季（3—5 月），但由于气压梯度远小于冬季，故对表面风场的影响相对较小。夏季型在 5 月开始建立，欧亚大陆的高压被低压取代，同时北大西洋和北太平洋的高压开始建立，之后该形势继续发展，至 7 月达到最盛，极点附近基本为低压区，此时夏季型高低压相间的环流形势最为明显（高压位于海洋，低压位于大陆）。另外，有两个离极点较近的常年存在的高压中心：一个位于门捷列夫海岭附近（随季节变化略有偏移）；另一个位于格陵兰岛北部地区。前者在冬季达到最强而夏末初秋（8—9 月）最弱，相反，后者在 8—9 月达到最强而冬季最弱。

2.4.2 北冰洋天气系统特点评估

2.4.2.1 北冰洋气旋时空变化特征分析

在北极地区，温带气旋被证实是活跃于该地区大气环流中重要的天气系统之一。通过对 1979—2012 年共 34 年欧洲中期天气预报中心（Ewvopean Centre for Medium-Range Weacher Forecasts，EC-MWF）的 ERA-Interim 平均海平面气压再分析资料的计算统计，利用雷丁大学 Hodges 的气旋追踪算法，将地球表面自经度 0°开始每隔 30°划分为一个单元区域，共划分 12 个区域；将每次气旋过程最初落入 65°N 或者 65°N 以北的点作为样本点，统计这些样本点落入某区域的个数占总体气旋个数的百分比，来分析北冰洋地区气旋时空变化特征。气旋平均个数的季节统计显示（图 2-17）：夏季个数最多，共 45.1 个，所占比例为 28%；春季、秋季次之，冬季气旋个数最少，为 37.3 个，占 23%。1979—2012 年总数呈现减少趋势，春季无明显变化趋势，其他季节均有不同程度的减少，冬季最明显，4 个季节的线性变化趋势均未达到显著水平。

极区气旋同时存在区域性差别，4 个季节中最大比例为位于冬季 30°—0°W 的格陵兰海区域；最小值为位于冬季 120°—150°E 的东西伯利亚，这与前面冬季陆地源地减少的结论一致；冬季气旋跨入极区的位置比其他 3 个季节更集中。12 个区域平均比例最大为位于 30°—0°W 的格陵兰海；平均最低比例为位于 150°—120°W 的北美大陆阿拉斯加半岛以北的高纬度地区。气旋从 90°W—120°E 覆盖的 7 个区域进入极区的比例达到总体的 76.0%；相反，从 120°E-90°W 覆盖的 5 个区域是气旋进入极区的低比例区，所占比例仅为 24.0%。气旋跨入极区的通道东半球所占比例略高于西半球，分别为 52.3% 和 47.7%，而且东半球的气旋通道的分布比西半球平均。

2.4.2.2 北半球中高纬度大气环流的变化和评价

鉴于海冰的物理变化主要发生在季节过渡的时期，在研究北极海冰与天气气候系统的变化时，非常有必要关注大气环流异常的主模态是否也存在这种季节演变特征。目前国内外对北半球中高纬度季节的划分缺乏统一的标准，为了避免主观因素对客观研究的干扰，为此提出一种反映环流特征转变的季节划分方法，对北半球的大气环流进行客观的探索分析，并初步探讨大气环流主模态的季节演变特征。

为了客观地提取北半球中高纬度气候平均态 SLP 的时空分布特征，引入 EOF 分析，取前 3 个模态。可以看出，对气候平均 SLP 场 EOF 分解前 2 个模态占主（累积方差贡献达到 82%）。空间型主要反映了显著的海陆差异。其中第一模态时间系数呈现出年周期的变化特征和冬夏差异。该模态反映了北半球中高纬度主要季节性大气活动中心的时空特征，即 AO 指数。

Rigor（2002）首次将 AO 与北极海冰联系起来，认为北极海冰的减少发生在 AO 由负位相

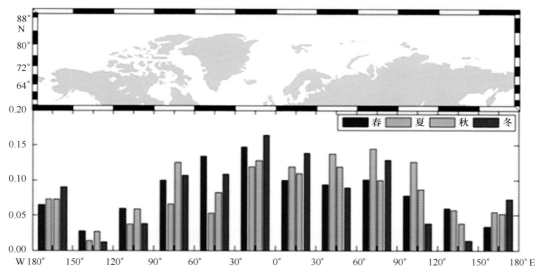

图 2-17　4 个季节不同区域气旋跨入 65°N 的个数百分比

向正位相转变、波弗特高压和穿极漂流的共同作用下。尽管作为北半球大气环流主模态的 AO 与海冰的关系处于"退耦"中，但相对大气这个快过程，海冰的变化相对较慢，把异常变化的信号记忆下来，可能造成当 AO 变成负位相时海冰的持续减少。用 AO 指数和 DA 指数分别与海冰面积进行超前滞后相关分析，并进行 90% 的显著性检验（图 2-18）。结果显示 AO 和 DA 与北极海冰的变化同期不存在显著的相关关系，只有在 AO 超前海冰变化 5 个月时达到最大正相关，DA 超前海冰面积 3—5 月时达到最大负相关，同时注意到在海冰超前 DA 模态 3 个月时同样也达到最大正相关，这些超前滞后相关表明大气环流与海冰变化之间是相互影响和反馈的，AO 只存在超前海冰约半年的相关，意味着冬季的 AO 会影响夏季的海冰变化，而 DA 则不仅会影响北极海冰的面积变化，也受到海冰变化的反馈作用，海冰的快速变化会直接导致后期 DA 型大气环流的改变。

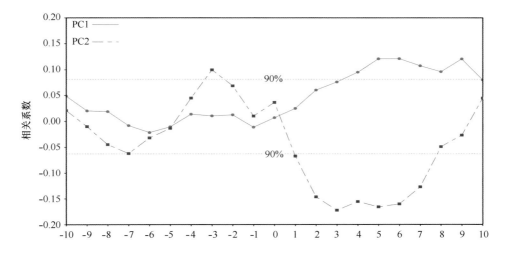

图 2-18　AO 和 DA 与海冰面积的超前滞后相关（PC1：AO 指数，PC2：DA 指数）

2.4.2.3 北半球中高纬度西风急流的变化特征

全球变暖北极海冰快速融化，作为地球系统"冷源"的北极的快速增暖，减小了北半球的南北温度梯度，进而影响西风急流的异常变化。多年气候平均的北半球西风急流在冬季最强，春秋季次之，夏季最弱，同时西风急流轴在冬季最偏南，约位于 $30°N$ 附近，而在夏季最偏北，大约位于 $45°N$ 附近。随着 20 世纪 90 年代中期以后北极的增暖，北半球西风急流在各个季节都表现为急流轴向北收缩且有所增强，冬季最强，夏季最弱，空间上急流的向北加强主要出现在太平洋上空。同时，秋、冬季节在北冰洋的边缘陆架区（$70°N$ 附近）西风减弱最明显，空间上主要出现在欧亚沿岸一带，与夏季节北极海冰融化最多出现在欧亚太平洋扇区一致。另外注意到近年来春夏季节西风急流异常在欧洲乌拉尔山一带分裂成南北两支，这可能暗示着该地区的阻塞环流的加强。

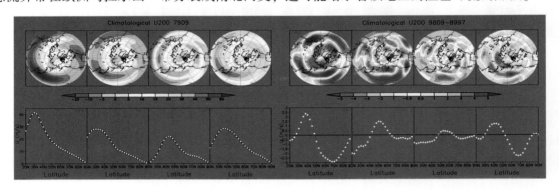

图 2-19 不同季节多年气候平均的北半球纬向风及纬圈平均的纬向风的分布特征（左）和相应的 20 世纪 90 年代中期减之前的纬向风差值分布（右）

2.4.2.4 北冰洋云与海冰变化的关系分析与评估

大气中云和雾的大幅度减少会导致海冰吸收热量的大幅度增加，是导致北冰洋密集冰区的海冰快速融化的重要因素。因此，北极地区的云在北极海冰变化中起到非常重要的作用。另外，北极地区海冰的增加或减少同样可能对云有重要的影响。所以探究北极地区海冰与云之间的关系十分重要。

纪旭鹏和赵进平（2015）利用云量数据和海冰密集度数据，采用滑动相关方法研究了北极中央区不同季节云与海冰密集度的相关性，研究云与海冰之间关系的多年变化，较全面地认识北极云量与北极中央区海冰密集度的关系。通过计算发现，在北极中央区，春季和秋季，低云与海冰密集度有较好的相关性，这两个季节的气温较低，开阔水道可以形成强烈的蒸发，产生低云。负相关表明，海冰密集度越低云量越高，体现了蒸发对低云的贡献。夏季海冰大幅度减少，而海冰密集度与低云的相关性却很差，原因可能是夏季海冰大幅度减少，有更多的开阔水域，因而有更多的蒸发，但是由于夏季温度高，饱和水汽压高，蒸发的水汽并不会立即形成较多的低云，到了秋季，当温度降低时，更多的低云才会形成。此外，也可能是由于夏季海冰密集度时间变化率比较大，云不存在同步的时间变化率，两者即使有关联，也可能被海冰自身的时间变换率所掩盖。

北极中央区的中云与海冰密集度在秋季 10 月和 11 月表现出较好的负相关关系，但在春季两者相关性较差，通过进一步研究发现，北极中央区的中云主要是北极中央区的低云经对流上升转化而来的，并且由于秋季的大气静力稳定度要比春季更容易遭受破坏，所以低云上升的强度在秋季要强于春季。高云对海冰密集度的影响从二者的相关度来看并不明显，表明海冰的空间分布不会影响高云，高云的作用主要体现为对海冰厚度变化的影响，而不是影响海冰密集度的变化。

2.4.3　小结

近 10 年来北极地区的气温增暖的空间分布显示，冬季的增暖程度强于夏季，最明显的暖异常中心位于巴伦支海-喀拉海附近；绕极部分在北美大陆向东直到格陵兰海地区为明显增暖区，而欧亚大陆及北太平洋的绕极部分主要为负异常覆盖。秋季作为夏、冬季型转换的过渡季节，主要的增温发生在拉普捷夫海、东西伯利亚海、楚科奇海及波弗特海。这里的结果再次表明气温上升与海冰减少是有着内在的必然联系的。

在海平面气压场上，AO 主要表现为纬向对称、经向上以极区和中纬度地区的偶极形态。AO 只存在超前海冰约半年的相关意味着冬季的 AO 会影响夏季的海冰变化，而 DA 则不仅会影响北极海冰的面积变化，也受到海冰变化的反馈作用，海冰的快速变化会直接导致后期 DA 型大气环流的改变。

在北极中央区，春季和秋季，低云与海冰密集度有较好的相关性，这两个季节的气温较低，开阔水道可以形成强烈的蒸发，产生低云。负相关表明，海冰密集度越低云量越高，体现了蒸发对低云的贡献。北极中央区的中云与海冰密集度在秋季表现出较好的负相关关系，但在春季两者相关性较差，通过进一步研究发现，北极中央区的中云主要是北极中央区的低云经对流上升转化而来的，并且由于秋季的大气静力稳定度要比春季更容易遭受破坏，所以低云上升的强度在秋季要强于春季。

2.5　走航气象观测与评估

从 1999 年我国首次开始北极科学考察到 2014 年，"雪龙"船共执行了 6 次北极科学考察任务。期间，通过船载气象观测设备结合人工观测，积累了大量的走航气象观测数据，该类观测数据虽然在时间上具有较好的连续性，但是空间变化的不连续和不规律性，使得走航观测数据的分析具有一定的困难和局限性。为了更好地利用该数据对航线上的北极地区的气象要素特征进行分析和评价，我们将观测区域分成了白令海、楚科奇海、加拿大海盆和挪威海分别进行时空变化分析。其中由于只有第 5 次北极科学考察到达了挪威海，因此挪威海只有一个航次的观测，而加拿大海盆海域在该航次没有进行航行和观测。

2.5.1　走航气象要素特征分析评价

2.5.1.1　走航温湿分布及变化特征

综合 6 次北极考察期间观测结果，考察期间航线平均气温均在 0℃以上，且相对湿度也均大于80%。其中白令海海域气温平均值在 8.0℃左右，各航次之间差别不大，相对湿度平均值在 80%~95%，航次之间差别相对较大，气温和相对湿度都是在第 6 次北极考察期间最高，分别为 12.6℃ 和95.3%，而在第 5 次北极考察期间最低，分别为 7.2℃ 和 81.6%。此外，白令海海域气温存在较为明显的日变化，也存在 3~7 d 的天气尺度振荡。

夏季楚科奇海海域的平均气温大于零度，但是在浮冰区气温仍在零度以下。该海域由于海温较低，在有暖湿气流流经的情况下，经常会出现空气相对湿度达到 100% 的情况，这是由于暖湿气流冷却易达到饱和，同时如果有北方来的冷空气流经该海域，由于气温一般低于海水温度，因此海水蒸发后使空气达到饱和状态。因此该海域相对湿度均大于 80%，且经常在 90% 以上。夏季加拿大海盆海域气温变化在 -6~10℃ 之间，湿度变化在 63%~100% 之间，在考察期间大部分时间水汽充足湿度较大，温度和湿度都有日变化，受系统影响时会有明显的气温和湿度变化过程。

夏季挪威海海域调查作业期间，气温最高为 14.0℃，最低为 3.4℃，平均为 8.1℃，相对湿度最高为 92%，最低为 65%，平均为 81.4%。从气温和湿度变化序列上可以看出二者都存在较为明显的日变化。受到气旋后部冷空气的影响，"雪龙" 船航行海域气温会出现 10℃ 左右的下降，相对湿度也有近 30% 的降幅。

2.5.1.2 走航风要素分布及变化特征

综合 6 次北极考察期间观测结果，考察期间白令海海域平均风速在 6~8 m/s，风力以 4~5 级为主，风向以东北风和西南风居多，最大风速在 14~17 m/s，平均出现 4 次风力大于等于 6 级的大风过程，但不同航次差别较大，第 3 次北极考察期间大风过程最多，出现了 6 次，第 5 次北极考察期间大风过程最少，只出现了 2 次。中高纬度的气旋是引起白令海考察海域出现大风的最主要天气系统，其次是东西伯利亚高压移动产生的梯度风。

夏季楚科奇海海域经常受到气旋影响而出现大风天气过程，在气旋影响期间，风力一般达到 6~8 级，而在无强天气系统影响期间，由于该海域受极地高压控制，受其南部梯度风影响，平均风力也达 5 级左右。而且风向变化根据天气系统的移动路径与 "雪龙" 船的观测位置、时间有较大关系。结合气压场观测可知，在高压场内部或者均压场当中，观测点可出现风速很小的静风区。

历次北极考察期间，加拿大海盆海域共受到 3 次强气旋系统影响，风力达到 6~8 级，风向因天气系统的位置及考察地点位于系统的位置不同而具有较大的差别。而该海域在北极考察期间均会受到弱气旋或者冷空气的影响，出现 5~6 级风。第 5 次北极考察 "雪龙" 船在挪威海航行和调查作业期间，风速最大为 15 m/s，平均风速为 8.5 m/s，以 5~6 级风为主，风力大于等于 6 级的大风过程出现 5 次，当有强系统影响时风力可达 7 级，风向以偏东风和南—西南风居多。

2.5.1.3 走航气压分布及变化特征

综合 6 次北极考察期间气压观测结果，白令海海域气压平均值在 1 010 hPa 左右，最高值出现在第 2 次北极考察，平均气压为 1 016.6 hPa，最低值出现在为第 1 次北极考察，平均气压为 1 007.7 hPa。北极考察期间，白令海海域气压受高纬度西风带槽脊活动影响而存在明显的 3~7 d 的天气尺度振荡，振荡幅度有时超过 20 hPa，第 2 至第 5 次北极考察期间天气尺度振荡幅度不如第 1 次北极考察期间明显。

"雪龙" 船在楚科奇海考察航行期间，经常受到西北方向移动过来的冷高压以及气旋影响。其中，第 3 次北极考察期间，该海域无强气旋影响，且主要受高压气团控制，平均气压值较高，达到 1 018 hPa。而第 2 次北极考察期间，受强气旋影响，平均气压值为 1 008 hPa。历次北极考察期间，受气旋影响观测到的最低气压值为 982.8 hPa。由于 "雪龙" 船在各次北极考察中经过楚科奇海的时间、位置不同，而气压的变化主要依赖于天气系统，因此利用走航观测数据对气压变化特征的分析作用有限。

挪威海航行和调查作业期间的气压走航观测结果，气压最高值为 1 015.9 hPa，最低为 993.1 hPa，平均为 1 009.8 hPa。从气压变化序列上可以看出其存在 3~7 d 天气尺度的振荡，说明挪威海受高纬度槽脊活动的一定影响，但与白令海相比振荡幅度相对较小。

2.5.1.4　走航能见度分布及变化特征

由于第 1 次北极考察未开展能见度观测，而第 2 至第 5 次北极考察期间的能见度观测由随船气象人员人工目测完成，误差相对较大，因此只能对当时能见度情况做定性分析。第 6 次北极考察期间，利用船载自动气象站的能见度仪，对能见度进行了定量观测。

雾的出现频率较大是北极地区具有特征性的天气现象之一，综合 5 次北极考察期间能见度观测结果，并结合天气状况的记录分析，由于考察期间白令海海域雾和雨频繁出现，使得能见度总体较差，有 30%~60% 的观测时次能见度不足 10 km，其中有 10%~20% 的观测时次能见度不足 1 km。比较 5 个航次，第 6 次北极考察期间白令海海域能见度最差，第 3 次北极考察期间白令海海域能见度最好。

由于夏季楚科奇海大部分海域海温在 0℃ 左右，而北部来的冷空气和南部来的暖湿气流与海温均存在一定的温差，因此在气象条件合适的情况下，就容易发生海雾。该海域由于有浮冰存在，海气交换较为复杂，因此海雾的形成主要是以平流雾、辐射雾和蒸发雾为主，单一形成因素的情况较少。能见度小于 10 km 的轻雾在该海域约占观测时次的 2/3，而能见度小于 1 km 的大雾因航次不同出现次数有较大差异，但是每个航次都能观测到大雾发生，说明该海域在夏季是海雾多发季，平均能见度较差。

第 5 次北极考察过程中，"雪龙"船在挪威海航行和调查作业期间的能见度走航观测结果，期间能见度超过 15 km 的时次约占 45%，能见度低于 10 km 的时次约占 31%，其多是由于小雨和雾所致，能见度低于 1 km 的浓雾天气约占 13%。

2.5.2　走航期间北极地区气旋过程与大气垂直结构分析

2.5.2.1　走航期间极区气旋过程气象要素变化特征

北极科学考察期间，虽然"雪龙"船要尽量避开强度较强的气旋，但由于极地气旋影响范围较大，因此每次北极科考期间均有气旋系统影响航行海域。利用走航期间获取的气象观测数据和 Sea-space 卫星遥感接收系统获得的云图，选取气旋个例对极区气旋影响期间"雪龙"船所在位置气象要素变化进行分析。

2003 年 9 月 9 日 00 时的气旋（图 2-20），现场记录偏西风 8 级，此后，"雪龙"船一直向西南方向顶风浪航行，由于气旋移动缓慢，8 级偏西风持续了近 24 h，期间观测到的此次气旋过程的最低气压为 982 hPa，最低气温为 -4.7℃。2010 年 7 月 21 日科考队在北冰洋开展短期冰站调查期间，北地群岛附近有一气旋在不断发展东移（图 2-21 左）。受其影响，22 日，"雪龙"船在气旋北部附近海域出现 8 级南—东南向大风，并伴有降水过程，湿度出现上升，而温度变化不大。2012 年 7 月 29—30 日，"雪龙"船经过北地岛期间，遇到一个尺度较小的气旋（图 2-21 右），气压记录最低达到 994 hPa，虽然气旋尺度较小，且强度较弱，但由于"雪龙"船位于海峡附近，狭管效应使得风力增大，7~8级偏西风持续近24 h，且温度由3℃左右下降至-1.0℃，湿度下降5%。

图2-20　2003年9月9日北极地区的强气旋系统卫星云图

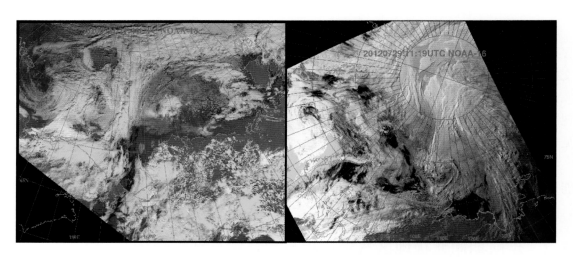

图2-21　2010年7月21日（左）和2012年7月29日北极地区NOAA-18卫星云图（右）

　　由以上3个极区气旋影响考察队期间的气象要素记录可知，北极科考期间航线上气旋过程的气压和风速等气象要素变化依赖于气旋的强度及与"雪龙"船的距离与相对位置。气旋影响期间，由于气旋锋面云系的影响，一般会出现雨雪天气过程，且伴随着湿度的增大。随着气旋后部的冷空气侵入影响，会使得湿度较大的暖海面出现一定的水汽蒸发，在气象条件适宜的情况下，水汽达到饱和状态就会形成蒸发雾。如果受气旋前部或者外围影响，一个海域出现持续的偏南风，稳定的暖平流输送至冷海面，会使冷海面上方的暖湿空气出现降温，当空气冷却凝结后便会形成大范围的平流雾。因此北极地区频繁的气旋活动使得气象要素经常出现快速而剧烈的变化。

2.5.2.2　走航期间大气垂直结构与空间分布特征分析

　　第6次北极科考开展了GPS探空观测，获得了从白令海、白令海海峡、楚科奇海和北冰洋的大气气象要素垂直分布数据。观测要素分别为：温度、湿度、气压、风向、风速等。该数据对于研究夏季北极地区气象要素垂直变化的纬向分布具有很重要的意义。通过该数据的分析得出以下主要结论：北极地区夏季高空存在一个明显的低温区和高空急流区，低温区和高空急流中心区的海拔高度与对流层顶高度相一致，随着纬度的升高逐步降低，高空急流的强度明显减弱，高空急流的垂直范围也明显减小。高空急流的中心区与平流层底层的逆温层相对应，减弱了平流层与对流层之间的物质交换。在北极 56°—72°N 区域，对流层顶高度变化不大，而在 72°N 以北的区域，对流层顶高度略有降低。在晴天和少云天气，对流层顶高度变化不大；在多云和阴雨天气，随着纬度的升高对流层顶高度逐渐降低，而在北冰洋区域，对流层顶的降低更加显著，这种由海水和海冰的热力学差异造成的现象可称为"72°N 效应"。在晴天和少云天气相比多云和阴雨天气，高空急流区的强度较弱，垂直和水平范围较小。在极区海拔 3 km 以下的北极地区均存在多层不同强度、不同厚度的逆温层，逆温层层底的高度越低，其逆温强度越强。在相同的海拔高度处存在多层的不同强度风速切变与之相对应，可见风速切变对于逆温层的消失或者减弱有着重要的作用。

2.5.3　小结

由于走航观测具有空间和时间的不连续性，而航线上气象要素的变化因影响航线天气系统的强度、影响时间、影响位置等诸多因素的不同而在各个航次中有较大的差异，使得北极科考航线上的温、湿、风、气压和能见度等气象要素的分布特征没有明显的规律性。但通过现有 6 个航次的气象要素分析，在个别要素上仍能得出一些变化特征。例如，在北极地区各海域的气压和温湿度要素均存在不同程度的 3~7 d 天气尺度的振荡，也能从侧面反映该区域天气系统及长波槽脊活动的大致周期。

北极地区各纬度区域均不同程度的有逆温层出现，同时，这为海雾生成后的长时间维持提供大气条件，而且稳定的暖空气输送也为海雾的形成提供了良好的水汽条件。北极地区不仅有冷却平流雾，也经常在冰面上出现蒸汽雾和辐射雾，因此，北极地区海冰在海雾的形成和维持方面也发挥了重要作用。

2.6　海气界面通量与大气边界层

北极海冰面积和厚度持续减少对全球气候变化的影响机制是国内外研究的关键问题。目前多数气候模式对北极地区海冰变化趋势模拟的误差都较大（IPCC，2007）。美国 1998 年在北极开展了海—冰—气能量平衡的观测试验 SHEBA（Surface Heat Budget of the Arctic Ocean）计划（Uttal et al.，2002）。欧盟在北极组织实施了国际极地年合作计划（Vihma et al.，2008）。由于北冰洋没有固定气象观测站，大气垂直探测资料是空白区。有关对流层结构变化及其趋势的研究工作（Hoinka，1998；Randel，2007）主要是利用 NCEP（National Centre for Environmental Prediction）和 ECMWF 再分析资料，但难以与观测资料对比验证，尤其是在北冰洋中心区探空资料极其稀少。北极海冰减少，加强了北极大气边界层中海—冰—气的相互作用，特别是秋季—初冬海—气热通量的增加和边界层稳定度的下降（卞林根等，2014）。

我国实施的 6 次北冰洋科学考察期间，开展了对大气垂直结构探测和海—冰—气相互作用的观测试验，使我们对北极浮冰区不同海冰密集度的大气边界层特征有了初步认识（Chen et al.，2003）。研究指出北极海冰区的大气逆温层能有效地阻碍大气与冰面之间的热量及物质交换（Qu et al.，2002；Zou et al.，2001）。北冰洋大气边界层可分为稳定型、不稳定型和多层结构等类型，并发现来自高空较强的暖湿气流与冰面近地层冷空气强烈相互作用会形成强风切变和逆温、逆湿过程，从而导致北冰洋高纬度地区的大块海冰破裂（Bian et al.，2007）。随着北极海冰的持续减少，使我们得以获取了北冰洋中心区的 GPS 探空资料，为研究北冰洋高纬度的对流层和边界层结构提供了重要基础。马勇锋等（2011）分析了对流层和边界层逆温强度的变化特征，对北冰洋大气层边界层高度的变化特征提出了新认识。本节利用我国北极考察队获得的北极近地层辐射和梯度及探空资料，分析北极夏季辐射平衡、海—冰—气通量和海冰减少对大气边界层结构的影响，为研究北极海冰变化及其对气候变化的影响机理提供观测事实和模式结果的验证（卞林根等，2001）。

2.6.1 北极海气通量变化特征

2.6.1.1 北极海冰表面的辐射通量特征

在我国的 6 次北极考察中，冰站都设在北冰洋海域（75°—87°N，123°E—143°W），观测时间都是在北极海冰快速融化的时段（8 月中旬至 9 月上旬）。由于观测时间和观测点纬度不同，太阳高度角也不同，不同年份的辐射通量差异较大。6 次观测期间的短波净辐射平均通量分别为46.2 W/m² （1999 年 8 月 19—23 日）、18.7 W/m² （2003 年 8 月 22—9 月 3 日）、18 W/m² （2008年 8 月 21—29 日）、33.2 W/m² （2010 年 8 月 10—19 日）、5.1 W/m² （2012 年 8 月 30 日—9 月 17日）、14.2 W/m² （2014 年 8 月 19 日—9 月 18 日）短波净辐射平均通量为 22.6 W/m²。这些数据显示，海冰表面吸收的太阳辐射能比无冰海域要小得多，这是由下垫面性质所决定的。海冰表面吸收的太阳辐射能，很小部分向冰里传导，大部分以长波和湍流方式与大气进行热交换（卞林根等，2003）。

雪面放出的长波辐射和大气长波辐射日变化很小，但日际变化明显。阴天和降雪由于大气和雪面的温差较小，两者的长波辐射差较小。结果显示，海冰表面长波辐射放出热辐射大于大气向下的逆辐射，冰面以辐射冷却为主。

反照率是由反射辐射与总辐射之比得到，是大气模式和海冰模式中的重要参数。北极海冰表面反照率有明显的日际变化，晴天或多云天气日变化较明显，一般太阳高度角最大时，反照率比较高。最大可达 0.95，冰融化时反照率变小，最小为 0.5。由于常有融化水渗透在冰中，改变了冰的结构，这个过程会降低反照率。降雪天气的反照率也较小。6 次北极冰站观测的反照率分别为0.74、0.83、0.79、0.74、0.86、0.81。平均反照率 0.8 左右。由此可见，北极海冰表面具有较高的反照率，变化范围为 0.74~0.86。以 1999 年和 2010 年夏季的反照率最低，表明冰雪面的融化过程十分显著，降低了反照率，增加太阳能的吸收能力（卞林根等，2011）。

评估辐射平衡的变化特征和平均状况，对于改进湍流通量计算方案和边界层参数化具有重要的参考作用。图 2-22 是计算的冰面净辐射的时间序列，可见，北极海冰的净辐射通量与太阳辐射相似，存在明显的日变化和日际变化。由于 1999 年冰站观测在 75°N 附近，净辐射通量最大。而 2012年和 2014 年海冰表面的反照率高，使得净辐射通量最小。其结果显示，北极海冰表面能够吸收辐射能，但相对中纬度吸收的辐射能较低。吸收的辐射能消耗于以感热和潜热湍流交换方式与大气进行热量交换。观测表明，北极冰雪面冰面吸收的有效辐射能较少，冰面与大气之间的湍流交换相对较弱（卞林根等，2003）。

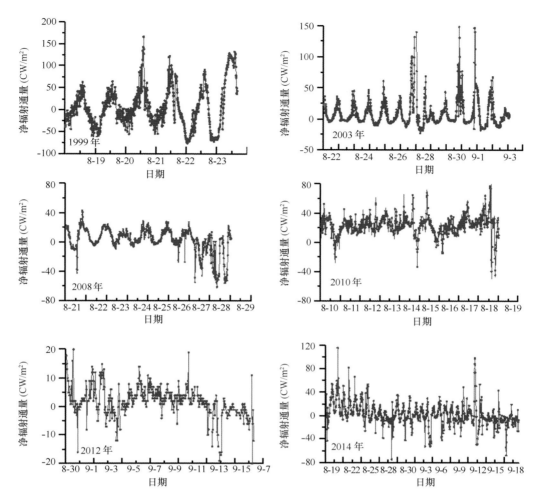

图 2-22　6 次北极冰站考察期间的净辐射通量的时间序列

2.6.1.2　北极海气热通量特征

感热通量和潜热通量是分析海—冰—气相互作用的重要参数，可以采用涡旋相关法能够直接得到，也可以由观测的温度和湿度廓线和相似理论经验公式求得（李剑东等，2005）。涡旋相关法计算通量的精度通常高于相似理论经验公式。冰雪热传导通量通过海冰中不同深度的温度求取，也可以用热流量传感器观测（卞林根等，2003）。在第 1 至第 2 和第 5 至第 6 次北极冰站观测的是温度和湿度廓线，第 3 至第 4 次北极冰站观测采用涡旋相关法观测得到感热通量和潜热通量。为了评估北极海—冰—气相互作用过程，对第 3 至第 4 次北极冰站观测的海冰与大气热交换特征和单点观测结果的代表性进行分析。

图 2-23 给出 2008 年和 2010 年北极冰站观测的热平衡通量的平均日变化。两次北极冰站得到的热平衡分量平均日变化规律基本相似，冰面白天吸收的净辐射部分以湍流方式加热大气，其他热量消耗于融化和传导到冰层，夜间辐射冷却与从冰中放出的热通量相平衡（卞林根等，2011）。净辐射及融化和冰中热传导通量均有明显的日变化，感热通量和潜热通量日变化很小。由此说明，海冰表面吸收的辐射能主要消耗于融化和冰中热传导，与大气交换热量所占比例小。感热通量为负表示大气向冰面输送热量，潜热通量为正表示冰面向大气输送热量。在第 1～第 6 次北极冰站观测中，

都发现海冰近地层存在逆温结构,在极昼期间近地层也会出现大于0℃的时段,有利于大气向冰面热输送和冰雪融化引起的潜热加热大气。因此,两次北极冰站得到的热平衡结果具有冰-气相互作用的代表性。

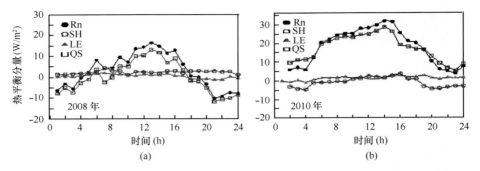

图2-23 (a)2008年8月21—29日和(b)2010年8月10—19日冰站观测的净辐射(*Rn*)、感热(*SH*)、潜热通量(*LE*)、融化和冰层热传导通量(*QS*)的平均日变化

随着北极海冰面积的减小,在研究北极海—气—冰相互作用对气候变化影响的机制中,通过冰站观测分析冰-气热量交换过程仅是一个方面,还需要认识北极无冰海区与大气之间热量和动量相互作用过程。利用再分析资料中1979—2014年9月感热和潜热通量资料,分析60°N以北地区的时空变化特征。由1979—2014年9月平均海冰范围的年际变化可知,北极海冰范围变化可大致分成两个阶段。2000年以前,海冰范围较为稳定,变化趋势不明显;而2000年后减少趋势十分显著。为说明海冰范围变化趋势不同所反映的热通量差异,采用格点资料计算了1979—2014年9月北极地区感热通量和潜热通量,研究1979—2000年和2001—2014年9月感热通量和潜热通量距平的空间分布。对比两个阶段的热通量距平分布不难看出,在海冰显著减少的2001—2014年阶段,感热通量和潜热通量为正距平区比1979—2000年有所增加,特别是北冰洋中心区的边缘区增加显著,北冰洋中心区的大部分区域感热通量以负距平为主,潜热通量为正,都与冰站观测的结果比较相似。此结果表明,采用再分析资料来研究北极地区海—冰—气相互作用的热交换的变化趋势具有一定的可靠性。

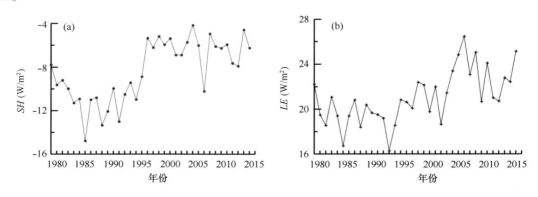

图2-24 1979—2014年9月60°N以北区域平均感热通量(*SH*)和平均潜热通量(*LE*)的时间序列

为进一步分析北极地区海—冰—气热交换通量的年际变化,分别计算60°N以北区域1979—2014年9月平均感热通量和潜热通量的时间序列(图2-24)。结果显示感热通量和潜热通量的年际变化十分显著。1995年前,感热通量维持在低值范围震荡,最低值出现在1985年底。1995

年以后平均增加了约 5 W/m²，并维持年际变化。1995 年前潜热通量也是维持在低值范围震荡，最低值出现在 1992 年 9 月。1995 年以后虽然平均增加了约 3 W/m²，但在 2002 年以后出现了显著增加，其变化特征与海冰减少的关系显示得更紧密。潜热通量与感热通量的年际变化特征有所不同，其原因可能是，1995—2002 年 9 月海冰范围的变化幅度较小，海—冰—气热交换的强度相对较弱。计算 60°N 以北区域 1979—2014 年 9 月平均热通量（感热通量加潜热通量）与海冰平均范围距平百分率的相关系数，相关显著，北极海冰范围减少，热通量增大。两者的相关关系为 0.51。北极地区热通量与温度的关系也非常紧密，相关关系为 0.55，显示了北极地区热通量增加，会引起地面温度的升高。

2.6.2　北极大气边界层变化的评价

2.6.2.1　北冰洋夏季边界层变化特征

北冰洋中心区 2010 年、2012 年和 2014 年夏季温度、风速和风向的平均垂直廓线显示（图略），1～10 km 温度随高度降低，2010 年、2012 年和 2014 年温度垂直递减率分别为 5.2℃/km、5.56℃/km 和 4.75℃/km，其中以 2012 年夏季的温度垂直递减率为最大。这 3 年的递减率比 2008 年第 3 次北极考察在 79°—85.5°N，144°—170°W 的分析结果（马永锋等，2011）明显偏低在 1 km 以下，2010 年和 2014 年近地面边界层存在明显的逆温结构，是由海冰辐射冷却效应所造成，逆温层内平均温度递减率为 1.3℃/100 m，逆温层出现在 100～500 m 之间，强逆温会阻碍海–冰–气之间物质与能量的交换（Zou et al.，2001）。2012 年很少出现近地面逆温层，可能与测站周围存在无冰海域和近地层气流较强的混合作用有关。

2010 年和 2014 年风速随高度增加基本是连续的，2012 年有所不同，在 0.8～4 km 之间出现了明显的混合区，即风速随高度不变。对流层顶中部出现的最大风速达到 11 m/s 以上；称之高空急流。2012 年急流层出现后，风速随高度持续减小到 15 km 左右，没有出现混合层，而 2010 年和 2014 年在对流层上层均出现了明显的混合层，与等温层对应。北冰洋大气温度和风的垂直结构特征表明，2012 年与 2010 年和 2014 年的温度递减率、对流层顶高度、风速和风向垂直结构均存在十分明显的差异。

在中国第 1 至第 3 次北极考察中已发现北冰洋存在多层逆温结构的现象，主要与测站周围不同海冰覆盖范围所产生的热力和动力作用有关（Zou et al.，2001；Bian et al.，2007）。2010 年和 2014 年观测期间，在 1.0 km 高度以下逆温层频繁出现，以 2010 年逆温最强，逆温层高度也较高。2012 年近地层逆温层出现次数较少，逆温层高度有所升高。为定量分析北冰洋中心浮冰区的边界层高度，采用两种方法确定边界层高度（Bian et al.，2013）。当边界层高度小于 400 m 时，两种高度比较接近；当边界层高度大于 400 m 时，两种高度相差较大。由此可见，2010 年和 2014 年观测期间存在明显的接地逆温，采用第一种定义确定边界层高度较好，在逆温层较低时，两种方法均可使用，而 2012 年接地逆温以及较低层逆温很少出现，导致第一种定义确定的大气边界层高度差异较大。其结果说明 2012 年观测期间出现的几次强逆温在 1.0 km 左右，也显示出 2012 年夏季边界层结构与 2010 年和 2014 年有明显差异。2010 年和 2014 年两者呈显著的对数关系，相关系数分别为 0.81 和 0.92，表明逆温强度越强，边界层高度越低。2012 年两者对数比较离散，相关系数为 0.56，其结果进一步显示出 2012 年与 2010 年和 2014 年北极中心区边界层结构的差异。

2.6.2.2 北冰洋夏季大气增温对海冰变化的响应

北冰洋大气边界层结构除了受大尺度天气过程的影响外，主要与海冰覆盖范围的变化有直接关系。为了认识海冰范围变化对大气结构的影响过程，利用 1979—2014 年 9 月北极海冰范围和海冰面积资料、同期的地面和 850 hPa 气象再分析资料，研究了海冰减少及其对北冰洋中心区温度变化的影响。

自 20 世纪 80 年代以来，海冰最大范围（2 月）以 3%/10 a 的速率减少，变化趋势相当平稳，但与最小范围的减少速率有显著不同。由图 2-25 可见，在 1979—2014 年期间，9 月的海冰范围以 13.3%/10a 的速率在减少，2001 年以来减少速率明显大于前 20 年，且变化速率的年际波动较大。其中最显著的变化特点是，在 1979—2001 年期间，海冰的减少趋势不明显，减少速率为 7%/10a，而在 2002—2014 年期间，减少速率达到 18%/10a。9 月海冰范围和海冰面积的变化趋势基本相似。相对于 1979—2001 年期间 9 月的海冰平均范围，2012 年 9 月海冰范围减少最多，达到 43.6%，2010 年和 2014 海冰范围分别减少了 22.6% 和 17%。通过对比 9 月 1 000 hPa 地面温度距平和气压距平场、850 hPa 温度距平和位势高度距平场来分析不同海冰范围所对应的大气场发生的变化发现，在海冰最少的 2012 年 9 月，北极地区 1 000 hPa 和 850 hPa 温度场正距平范围明显大于 2010 年和 2014 年，特别是北冰洋中心区温度升高的幅度较大，达到 2~4℃。2014 年 9 月海冰范围比 2012 年 9 月有明显的增加，在北冰洋中心区 850 hPa 上空出现了负距平区；1 000 hPa 温度正距平区比 2012 年有所减小，局部出现负距平。由此可知，北极海冰范围的增减，会使地表到 850 hPa 上空的温度上升或下降。

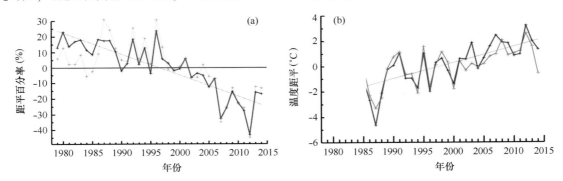

图 2-25　（a）1979—2014 年 9 月北极海冰范围（蓝线）和海冰面积（红线）距平百分比的时间序列（b）1979—2014 年 9 月北冰洋中心区（80°—90°N）1 000 hPa（红线）和 850 hPa 温度距平（蓝线）的时间序列和趋势（黑线）

为讨论两者的长期变化关系，我们计算了 1979—2014 年 9 月 1 000 hPa 和 850 hPa 北冰洋中心区（80°—90°N）的逐年平均温度和距平。由图 2-26 可见，近 30 年来北冰洋中心区 9 月平均温度呈明显的上升趋势，1 000 hPa 温度变化速率为 1.3℃/10 a，850 hPa 温度变化速率为 0.81℃/10 a。2012 年 9 月平均温度达到历史最高，对应了北极海冰范围最小，清楚地显示出海冰与温度变化呈显著的负相关关系，1 000 hPa 和 850 hPa 9 月温度与同期海冰范围的相关系数分布为 0.83 和 0.74，说明北极海冰范围的变化对大气温度结构和边界层参数具有重要影响。

2.6.2.3 北极冬季爆发性增温与气旋活动

我国北极考察队于 2012 年 8 月和 2014 年 8 月在北冰洋中心区布放了漂流自动气象站

（DAWS），分别获得了 178 d 和 281 d 的每小时气象资料，使我们得以对冬季大气活动过程与观测要素的关系有所认识。

北极中心区秋季和冬季多次出现增温过程，最大升温幅度日平均达到 20℃ 以上。2012 年 11 月 1 日—2013 年 1 月 30 日 2 m 气温、4 m 相对湿度、0.1 m 和 0.4 m 冰温、冰面长波辐射和气压显示，以 2012 年 11 月 7—10 日和 2012 年 12 月 30 日—2013 年 1 月 1 日出现的两次增温过程最为显著，可称之爆发性增温过程。增温幅度分别达到 30℃ 和 28.6℃，相对湿度和长波辐射分别上升了 30% 和 100 W/m² 以上。温湿增幅如此之大，在中低纬度是十分罕见的。增温过程伴随气压的下降。在 2012 年 11 月 7—10 日增温过程中，DWAS 出现了折返运动过程，表明 DWAS 所在的海冰区受增温过程的影响，冰盘破裂形成加速运动的水道，而导致海冰产生迂回运动。2014 年也出现类似 2012 年增温过程，同时，相对湿度升高 25%，冰温和冰面长波辐射都出现了升高过程，气压下降 20 hPa 多。该过程可归于爆发性增温事件。

分析北极地区温度场与环流场形势清楚地说明，北极中心区的增温过程是由大尺度穿极低压系统的影响引起。2012 年 11 月 8—10 日 1 000 hPa 和 500 hPa 温度场与环流场形势显示，8 日靠近 DWAS 的东北面有一低压中心，气旋性环流伴随的强暖湿气流控制了大范围的海冰区，1 000 hPa 上的暖中心温度高达 -3～-6℃，DWAS 的偏东方向为高压环流，并伴随暖平流向下输送，500 hPa 温度场的暖中心温度达到 -22～-24℃，DWAS 所在的大尺度海冰受来自东北强暖湿气流的影响，形成了爆发性增温。10 日 1 000 hPa 在极点附近形成较弱的穿极低压系统和 500 hPa 形成较弱的穿极涡旋，DWAS 所在的大尺度海冰受干冷气流的影响。该过程与 2012 年 12 月 30 日—2013 年 1 月 2 日的爆发性增温过程基本相似，与穿极气旋的形成和影响过程有关。由此可见，DWAS 观测的爆发性增温过程在时间和空间上与大尺度的强暖湿气流影响过程非常吻合，说明北极中心区的爆发性增温现象会经常发生，增温强度在中低度罕见。这种现象可能是导致北极秋冬季大尺度海冰破碎和融化及形成异常漂流的重要机制之一（卞林根等，2014）。

2.6.3 小结

综上分析和评价，我们对北极辐射通量与辐射平衡特征、海气热通量特征、北冰洋夏季边界层特征及其对大气增温影响、冬季爆发性增温与气旋活动的关系等方面有了新认知，提出了北极海—冰—气相互作用在气候变化中作用及其影响的可能机制。

北极海冰表面具有较高的反照率，变化范围为 0.74～0.86。以 1999 年和 2010 年夏季的反照率最低，表明冰雪面的融化过程十分显著，降低了反照率，增加太阳能的够吸收能力。反照率具有随纬度增加的趋势。

北极海冰表面吸收的辐射能主要消耗于融化和冰中热传导，与大气交换热量所占比例小。在第 1 至第 6 次北极冰站观测中，都发现海冰近地层存在逆温结构，在极昼期间近地层会出现大于 0℃ 的时段，有利于大气向冰面热输送和冰雪融化引起的潜热加热大气。

在海冰显著减少的 2001—2014 年，感热通量和潜热通量为正距平区比 1979—2000 年有所增加，特别是北冰洋中心区的边缘区增加显著，北冰洋中心区的大部分区域感热通量以负距平为主，潜热通量为正，表明北极海冰范围的减少，会增加海—冰—气相互作用热交换的强度，从而对气候变化产生影响。由 1979—2014 年 9 月海冰范围与 1 000 hPa 和 850 hPa 9 月温度的显著性相关，证明了北极海冰变化对大气温度结构和边界层参数具有重要影响。

DWAS 观测的爆发性增温过程，在时间和空间上与大尺度的强暖湿气流影响过程非常吻合，说明北极中心区的爆发性增温现象会经常发生，增温强度在中低度罕见。这种现象可能是导致北极秋冬季大尺度海冰破碎和融化及形成异常漂流的重要机制之一。

近 30 年来，北冰洋中心区夏季在持续增温，而全球温度变化趋势 2000 年以后出现了停滞现象，停滞的原因主要是东北太平洋吸收了大量热量，北极的增温却是由于海冰的急剧减少。因此，需要讨论北极海冰的持续减少，海洋表面或深层也能吸收一定热量，但北极海洋吸收多少热量才能对全球温度变化有贡献需要深入研究。

2.7　北冰洋物理海洋及气象环境变化评价总结

2.7.1　主要评价结果

这一章的内容涉及北冰洋的物理海洋学和海洋气象学的研究范畴，基于现有数据和观测工作，在研究大量论文的基础上，对北冰洋物理海洋及气象环境变化给出了评估。评估工作的整体情况如下。

目前，北极正处于快速变化的过程中，引起了北极海洋的变化。本章的内容一方面给出了主要物理海洋参数的基本特性；另一方面也给出了这些参数的最新变化。其中，有一些国际前沿水平的研究成果，使这份评估工作达到了国外同类工作的水平。例如：关于次表层暖水、盐跃层结构、淡水输运与储存、上层海洋海流结构、海洋双扩散等，包含了国外最新的研究成果。物理海洋学的评价尽可能突破了我国自己考察区域的限制，形成对北冰洋物理海洋学主要现象和过程的全面认识。但是，有些现象的评估依赖现场观测数据，因此还有区域局限性。评估成果基本体现了国内外对北极现状的认识水平。

北极海洋气象的工作主要分为 3 部分：① 走航气象观测结果的评估；② 冰站气象观测的评估；③ 基于全球气象数据的结果评估。走航气象观测是考察船航行期间进行的气象观测，具有时空不一致的特点。因此，该项目的评估主要是给出船舶航行期间的气象条件，有助于认识气象条件对北极考察的影响，同时给出北极气象大范围的变化特征。冰站气象观测主要是在冰站期间开展的长时间（7~12 d）连续观测的结果，主要评价了海气热通量、到达冰面的太阳辐射以及大气边界层湍流结构，对北极夏季边界层逆温结构、爆发性增温有了深入的认识。这部分观测结果非常宝贵，给出了北极变化过程中海气耦合过程，对于深入认识北极海洋、海冰和大气的变化是非常重要的。

由于上述两种气象观测缺乏对北冰洋气象的整体认识，我们将对北极变化的近期研究成果引入评估报告，体现了北极气象主要参数的整体变化过程。报告中针对北极增暖、大气环流、气旋及其路径、急流、云等进行了专项研究和分析，取得了对北极变化的深入认识。

2.7.2　主要问题和未来的努力方向

本项工作最大的困难是考察区域的限制。我国的考察船在北冰洋工作的时间在 40~45 d，只能考察北冰洋很小的部分，得到的数据难以形成对北冰洋变化的全面认识。有很多海洋过程都需要现场的数据，尤其对水下结构的研究依赖考察的数据，因此，对我国没有考察的海域认识不足。我们认识得比较全面的海域包括：白令海、楚科奇海、加拿大海盆以及北极中央区。我们对波弗特海、东西伯利亚海、拉普捷夫海、喀拉海、巴伦支海以及北极中央区的大西洋一侧认识不足。希望未来有机会到更多的海域去考察，取得更全面的评估结果。

对于北极环境变化的评估更多地依赖科学研究的成果。早期国家对北极研究的投入不足，形成了北极研究团队弱小、成果不多、系统化不够的特点。这些因素影响了我国对北极的认识，仅靠有限的评估经费不足以弥补这些不足。建议国家能够在未来加大对北极研究的投入，为北极变化的深入研究创造条件。

北极正在发生快速变化，有些变化过程有多年变化的特点，年际之间差异很大，无法用简单的规律来表达。我国现在对北极考察大体上是每两年一次，每次的考察区域又不一致，几乎无法认识北极的快速变化。未来一方面要加强北极考察，争取每年都有航次；另一方面要加强国际合作，争取使用其他国家的数据开展评估。尤其是推动国际合作考察，获取更多更广的数据，提升对北极环境变化的评估能力。

北极的海洋和气象过程统称为物理过程，二者有密切的相互影响和联系。本章尽可能地将二者建立联系，对于海洋与大气之间的耦合过程做了多角度的探索，提高学科融合。受制于条件和专业的制约，这方面做得还不够，未来还应该对海洋和大气相互关联的运动做更多地分析和评估。此外，北极海洋和气象的变化与海冰密不可分，在未来需要开展跨学科合作，揭示北极海—冰—气的耦合变化。

参考文献

卞林根，王继志 . 2014. 北冰洋中心区海冰漂流与大气过程 . 海洋学报，36（10）：48-55.

卞林根，高志球，陆龙骅，等 . 2003, 北冰洋夏季开阔洋面和浮冰近地层热量平衡参数的观测估算，中国科学（D辑），33（2）：139-147.

卞林根，陆龙骅，高志球，等 . 2001. 北冰洋海冰上的能量分量的估算 . 自然科学进展，11（5）：492-498.

卞林根，马永锋，逯昌贵 . 2011. 北冰洋浮冰区湍流通量观测试验及其参数化研究 . 海洋学报，1（33），27-35.

曹勇，赵进平，2011. 2008 年加拿大海盆次表层暖水的精细结构的研究［J］. 海洋学报，33（2）：11-19.

陈志华，赵进平 . 2010. 北冰洋次表层暖水形成机制的研究［J］. 海洋与湖沼，2：167-174.

樊婷婷，黄菲，苏洁 . 2012. 北半球中高纬度大气环流主模态的季节演变及其与北极海冰变化的联系［J］. 中国海洋大学学报（自然科学版），42（7-8）：19-25.

郭桂军，史久新，赵进平，等 . 2012. 北极海冰快速减少期间加拿大海盆上层海洋夏季淡水含量变化［J］. 极地研究，24（1）：35-46.

何琰，赵进平 . 2011. 北欧海的锋面分布特征及其季节变化［J］. 地球科学进展，26（10）：1 079-1 091.

李剑东，卞林根，高志球，等 . 2005. 北冰洋浮冰区近冰层湍流通量计算方法比较［J］. 冰川冻土，27（3）：368-375.

刘国昕，赵进平 . 2013. 海洋层化和海冰漂移速度变化对北极冰下海洋 Ekman 漂流的影响 . 中国海洋大学学报，43（2）：1-7.

马永锋，卞林根，等 . 2011. 北冰洋 80°—85°N 浮冰区对流层大气的垂直结构［J］. 海洋学报，1（33），NO.2，48-59.

屈玲，宋雪珑，周生启 . 2015. 加拿大海盆东南部锚定观测双扩散阶梯的时间演化研究［J］. 海洋学报，37（1）：21-29.

邵秋丽，赵进平 . 2014. 北欧海深层水的研究进展［J］. 地球科学进展，29（1）：42-55.

史久新，赵进平 . 2003. 北冰洋盐跃层研究进展［J］. 地球科学进展，18（3）：351-357.

王翠, 赵进平 . 2004. 夏季北冰洋无冰海域次表层暖水结构的形成机理 [J] . 海洋科学进展, 22（2）：130-137.

王晓宇, 赵进平 . 2011. 北白令海夏季冷水团的分布与多年变化研究 [J] . 海洋学报, 33（2）：1-10.

张洋, 苏洁 . 2012. 白令海峡夏季流量的年际变化及其成因 [J] . 海洋学报, 34（5）：1-10.

张莹, 赵进平, 史久新 . 2007. 加拿大海盆冰下上层海洋湍流系数的估计 [J] . 中国海洋大学学报, 37（5）：695-703.

赵进平, 史久新, 矫玉田 . 2003. 夏季北冰洋海冰边缘区海水温盐结构及其形成机理的理论研究 [J] . 海洋与湖沼, 34：375-388.

赵进平, 史久新 . 2004. 北极环极边界流研究及其主要科学问题 [J] . 极地研究, 16（3）：159-169.

赵倩, 赵进平 . 2011. 加拿大海盆双扩散阶梯结构分布与能通量研究 [J] . 地球科学进展, 26（2）：193-201.

Aagaard K, Coachman L, Carmack E. 1981. On the halocline of the Arctic Ocean [J] . Deep Sea Research Part A, 28（6）：529-545.

Aagaard K, Swift J. 1981. Seasonal transitions and water mass formationin the Iceland and Greenland Seas [J] . Deep-Sea Research Part I, 28（10）：1107-1129.

Bian Lin Gen, Lu Long Hua, Zhang Zhan Hai. 2007. Analyses of structure of planetary boundary layer in ice camp over Arctic Ocean [J] . Chinese JPolar Sci, 18（1）：8-17.

Bian Lingen, Ma Yongfeng, Lu Changgui, et al. 2013. The vertical structure of the atmospheric boundary layer over thecentral ArcticOcean. Acta Oceanol. Sin. , 2013, Vol. 32, No. 10, P. 34-40.

Björk G A. 1988. One2dimensional time2dependent model for the vertical stratification of the upper Arctic Ocean [J] . J Phys Oceanogr, 19：52267.

Blüthgen J, Gerdes R, Werner M. 2012. Atmospheric response to the extreme Arctic sea ice conditions in 2007 [J] . Geophysical Research Letters, 39（2）, doi：10. 1029/2011GL050486.

Cao Yong, Jie Su, Jinping Zhao, et al. 2010. The Study on Near Surface Temperature Maximum in the Canada Basin for 2003—2008 in Response to Sea Ice Variations, ISOPE2010, Beijing, China, 1238-1242.

Coachman L K, and Aagaard K. 1975. TRIPP, R B. Bering Strait：The Regional Physical Oceanography [M] . Univ. of Wash. Press, Seattle, 1975, pp. 172.

Curry J A, Schramm J L, Rossow W B, et al. 1996. Overview of Arctic cloud and radiation characteristics [J] . Journal of Climate, 9（8）：1731-1764.

Eastman R. 2009. Interannual variations of Arctic cloud types in relation to sea ice [D] . University of Washington.

Francis J A, Vavrus S J. 2012. Evidence linking Arctic amplification to extreme weather in mid-latitudes [J] . Geophysical Research Letters, 39（6）, doi：10. 1029/2012gl051000.

Hansen B, Osterhus S. 2000. North Atlantic-Nordic Seas exchanges [J] . Progress in Oceanography, 45（2）：109-208.

Haynes J E. 2010. Understanding the importance of oceanic forcing on sea ice variability [D] . Monterey, CA：Naval Postgraduate School.

Hoinka K P. 1998. Statistics of the global tropopause pressure [J] . Mon Wea Rev, 126：3303-3325.

Honda M, Inoue J, Yamane S. 2009. Influence of low Arctic sea-ice minima on anomalously cold Eurasian winters [J] . Geophysical Research Letters, 36（8）, doi：10. 1029/2008gl037079.

IPCC. Climate Change . 2007. The Physical Scientific Basis. Working Group I Contribution to the Fourth Assessment Report of the Intergovernmental Panel on Climate Change, Cambridge, UK：Cambridge University Press, 997-1008pp.

Jackson J M, Allen S E, McLaughlin F A, et al. 2011. Changes to the near-surface waters in the Canada Basin, Arctic Ocean from 1993—2009：A basin in transition [J] . Journal of Geophysical Research：Oceans, 116（C10）, doi：10. 1029/2011jc007069.

Lagerloef G S E, and Muench R D. 1987. Near-inertial current oscillations in the vicinity of the Bering Sea Marginal Ice Zone.

Journal of Geophysical Research, 92 (C11): 11789-11802.

LI Shujiang, ZHAO Jinping, SU Jie et al. 2012. Warming and depth convergence of the Arctic Intermediate Water in the Canada Basin during 1985—2006 [J]. ActaOceanol. Sin., 31 (4): 1-9. DOI: 10.1007/s13131-012-0211-2.

Liu J, Curry J A, Wang H, et al. 2012. Impact of declining Arctic sea ice on winter snowfall [J]. Proceedings of the National Academy of Sciences, 109 (11): 4074-4079.

Liu Y, Key J R, Liu Z, et al. 2012. A cloudier Arctic expected with diminishing sea ice [J]. Geophysical Research Letters, 39 (5).

Markus T, Stroeve J C, Miller J. 2009. Recent changes in Arctic sea ice melt onset, freezeup, and melt season length [J]. Journal of Geophysical Research: Oceans, 114 (C12), doi: 10.1029/2009jc005436.

Maslanik, J.A., C. Fowler, J. Stroeve, et al. 2007. A younger, thinner Arctic ice cover: Increased potential for rapid, extensive sea-ice loss [J]. Geophysical Research Letters., 34, L24501. doi: 10.1029/2007GL032043.

Maykut G, McPhee M G. 1995. Solar heating of the Arctic mixed layer [J]. Journal of Geophysical Research: Oceans (1978—2012), 100 (C12): 24691-24703.

McLaughlin F A, Carmack E C, Macdonald R W, et al. 2004. The joint roles of Pacific and Atlantic-origin waters in the Canada Basin, 1997—1998. Deep Sea Research: part I, 51: 107-128.

McLaughlin, F., and E.C. Carmack. 2010. Deepening of the nutricline and chlorophyll maximumin the Canada basin interior, 2003—2009. Geophys. Res. Lett., 37, L24602, doi: 10.1029/2010GL045459.

McLaughlin, F., A. Proshutinsky, R.A. Krishfield, et al. 2011. The rapid responseof the Canada basin to climate forcing: From bellwether to alarmbells. Oceanography, 24, 146-159, doi: 10.5670/oceanog.2011.66.

McPhee M, Proshutinsky A, Morison J H, et al. 2009. Rapid change in freshwater content of the Arctic Ocean [J]. Geophysical Research Letters, 36 (10): L10602, doi: 10.1029/2009GL037525.

Morison, J., R. Kwok, C. Peralta-Ferriz, et al. 2012. Changing Arctic Ocean freshwater pathways. Nature, 481, 66-70, doi: 10.1038/nature10705.

Overland J E. Wang M, 2005. The Arctic climate paradox: The recent decrease of the Arctic Oscillation [J]. Geophysical Research Letters, 32 (6), doi: 10.1029/2004gl021752.

Overland J E, Wood K R, Wang M. 2011. Warm Arctic-cold continents: climate impacts of the newly open Arctic Sea [J]. Polar Research, 30, doi: 10.3402/polar.v30i0.15787.

Pacanowski R C, Philander S G H. 1981. Parameterization of vertical mixing in numerical models of tropical oceans [J]. J Phys Oceanogr, 11 (11): 144321451.

Pachauri R K, Allen M R, Barros V R, et al. 2014. Climate Change 2014: Synthesis Report. Contribution of Working Groups I, II and III to the Fifth Assessment Report of the Intergovernmental Panel on Climate Change [M] // eds. Geneva, Switzerland: IPCC, 151.

Petoukhov V, Semenov V A. 2010. A link between reduced Barents-Kara sea ice and cold winter extremes over northern continents [J]. Journal of Geophysical Research: Atmospheres (1984—2012), 115 (D21), doi: 10.1029/2009JD013568.

Polyakov I V, Alexeev V, Belchansky G, et al. 2008. Arctic Ocean freshwater changes over the past 100 years and their causes [J]. Journal of Climate, 21 (2): 364-384.

Qu Shao Hou, Zhou Li bo et al. 2002. Eexperiment of planetary boundary layer structure in period of the polar day over Arctic ocean. Chinese Journal of Geophysics, 45 (1): 8-16.

Randel W J, Wu F, Forster P. 2007. The extratropical tropopause inversion layer: Global observations with GPS data, and a radiative forcing mechanism [J]. J Atmos Sci, 64: 4489-4496.

Rigor I G, Colony R L. 2002. Response of Sea Ice to the Arctic Oscillation [J]. J Climate, 15: 2648-2663.

Rossby T, Prater M D, Siland H. 2009. Pathways of inflow and dispersionof warm waters in the Nordic Seas [J]. Journal of

Geophysical Research, 114（C4）：C04011, doi：10. 1029 /2008JC005073.

Rudels B, Friedrich H J, Quadfasel D. 1999. The Arctic circumpolar boundary current ［J］. Deep Sea Research Part II, 46（6）：1023-1062.

SCHUMACHER J D, AAGAARD K, PEASE C, et al. 1983. Effects of a shelf polynya on flow and water properties in the Northern Bering Sea ［J］. J. Geophys. Res. , 88：2723-2732.

Schweiger A J, Lindsay R W, Vavrus S, et al. 2008. Relationships between Arctic sea ice and clouds during autumn ［J］. Journal of Climate, 21（18）：4799-4810.

Sepp M, Jaagus J. 2011. Changes in the activity and tracks of Arctic cyclones ［J］. Climatic Change, 105（3-4）：577-595.

Serreze M C, Rehder M C, Barry R G, et al. 1995. The distribution and transport of atmospheric water vapour over the Arctic Basin ［J］. International journal of climatology, 15（7）：709-727.

Shearman R K. 2005. Observations of near-inertial current variability on the New England Shelf. Journal of Geophysical Research, 110（C2）, C02012, doi：10. 1029/2004JC002341.

Shi J, Zhao J, Li S, et al. 2005. A double-halocline structure in the Canada Basin of the Arctic Ocean ［J］. Acta Oceanologica Sinica, 24（6）：25-35.

Shi Jiuxin, Cao Yong, Gao Guoping, et al. 2005. Distributions of Pacific-origin waters in Canada Basin in summer, 2003. Acta Oceanologica Sinica, 24（6）：12-24.

Shimada K, Itoh M, Nishino S, et al. 2005. Halocline structure in the Canada Basin of the Arctic Ocean ［J］. Geophysical Research Letters, 32（3）, doi：10. 1029/2004gl021358.

Shimada K, Kamoshida T, Itoh M, et al. 2006. Pacific Ocean inflow：Influence on catastrophic reduction of sea ice cover in the Arctic Ocean ［J］. Geophysical Research Letters, 33（8）：L08605, doi：10. 1029/2005GL025624.

Steele M, Boyd T. 1998. Retreat of the cold halocline layer in the Arctic Ocean ［J］. Journal of Geophysical Research：Oceans, 103（C5）：10419-10435.

Steele J H, Tu rek ian K K, Thorpe S A. 2009. Encycloped ia of Ocean Sciences ［M］. San D iego：Academic Press, 162-170.

Swift J H, Aagaard K. 1981. Seasonal transitions and water mass formationin the Iceland and Greenland Seas ［J］. Deep-Sea ResearchPart I：Oceanographic Research Papers, 28（10）：1107-1129.

Thorndike A S, Colony R. 1982. Sea ice motion in response to geostoophic winds ［J］. J Geophys Res, 87：584525852.

Uttal T, Curry J A, McpheeM G, et al. 2002. Surface heat budget of the Arctic Ocean ［J］. Bull Amer Meteor Soc, 83（2）：255-276.

Vihma T, Jaagus J, Jakobosn E, et al. 2008. Meteorological condition in the Arctic Ocean in spring and summer 2007 as recorded on the drifting ice station Tara ［J］. Geophys Res Lett, 35：1-5.

Wang J, Zhang J, Watanabe E, et al. 2009. Is the Dipole Anomaly a major driver to record lows in Arctic summer sea ice extent? ［J］. Geophysical Research Letters, 36, L05706, doi：10. 1029/2008GL036706.

Wang X, Key J R. 2005. Arctic surface, cloud, and radiation properties based on the AVHRR Polar Pathfinder dataset. Part II：Recent trends ［J］. Journal of Climate, 18（14）：2575-2593.

Wang Xiaoyu, Zhao Jinping, Li Tao, et al. 2015. Deep water warming in the Nordic Seas from 1972 to 2013, Oceanologica Sinica, 34（3）：18-24.

Weingartner T J, Aagaard K, Shimada K, et al. 1999. Circulation on the central Chukchi Sea shelf. Ocean Sciences Meeting, San Antonio, EOS, 80, OS42.

Woodgate R A, Weingartner T, Lindsay R. 2010. The 2007 Bering Strait oceanic heat flux and anomalous Arctic sea-ice retreat ［J］. Geophysical Research Letters, 37（1）, doi：10. 1029/2009GL041621.

Yang X-Y, Fyfe J C, Flato G M. 2010. The role of poleward energy transport in Arctic temperature evolution ［J］. Geophysical Research Letters, 37 （14）, doi: 10. 1029/2010gl043934.

Zhang J, Lindsay R, Steele M, et al. 2008. What drove the dramatic retreat of arctic sea ice during summer 2007? ［J］, Geophysical Research Letters, 35, L11505, doi: 10. 1029/2008GL034005.

Zhang X, Sorteberg A, Zhang J, et al. 2008. Recent radical shifts of atmospheric circulations and rapid changes in Arctic climate system ［J］. Geophysical Research Letters, 35 （22）, doi: 10. 1029/2008GL035607.

Zhao J, Wang W, Kang S-H, et al. 2015. Optical properties in wsectaters around the Mendeleev ridge related to the physical features of water masses ［J］. Deep Sea Research Part II, doi: 10. 1016/j. dsr2. 2015. 04. 011.

Zhao Jinping, Gao Guoping, Jiao Yutian. 2005. Warming in Arctic intermediate and deep waters around Chukchi Plateau and its adjacent regions in 1999. Science in China Ser. D Earth Sciences, 48 （8）: 1312-1320.

Zhao Jinping, Shi Jiuxin, Gao Guoping, et al. 2006. Water mass of the northward throughflow in the Bering Strait in summer 2003, Acta Oceanologica Sinica, 25 （2）: 25-32.

Zhao, J., Y. Cao, et al. 2006. Core region of Arctic Oscillation and the main atmospheric events impact on the Arctic. Geophysical Research Letters, 33 （22）: p. L22708.

Zhong W, Zhao J. 2014. Deepening of the Atlantic Water Core in the Canada Basin in 2003—2011 ［J］. Journal of Physical Oceanography, 44 （9）: 2353-2369.

Zou Han, Zhou Li bo, et al. 2001, Arctic upper air observations on Chinese Arctic Research expedition 1999 ［J］. Polar Meteorol Glaciol, 15: 141-146.

Zuo J C, Du L, Peliz A, et al. 2007. The characteristic of near-surface velocity during upwelling season on the northern Portugal Shelf. Journal of Ocean University of China, 6 （3）: 213-225.

第3章　北极海冰变化分析与评价[*]

3.1　北冰洋海冰的时空变化

自1978年有了被动微波遥感观测数据以来，人们对北冰洋海冰的范围和密集度就有了比较好的量化记录。海冰范围一般定义为海冰密集度大于15%的海区总面积。如图3-1所示，北冰洋海冰范围季节性变化比较大，一般3月底最大，9月底最小。北冰洋海冰的季节变化每年都不尽相同，然而，一般每年的1—5月北冰洋都会完全覆盖海冰；自6月起，北冰洋边缘海的海冰开始退缩，8—9月为快速退缩期（Comiso，2003）。夏季冰情最轻的区域包括巴伦支海、喀拉海、东西伯利亚海东侧、楚科奇海以及波弗特海，冰情较重的区域包括格陵兰和加拿大北极群岛北侧、拉普捷夫海以及东西伯利亚海西侧。

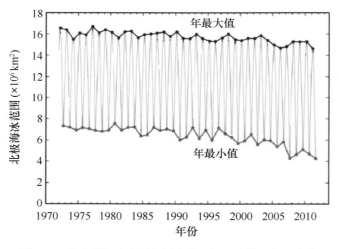

图3-1　北冰洋海冰范围年最大值和年最小值的年际变化

无论是冬季的观测值还是夏季的观测值，北冰洋海冰范围都呈现出快速减少的趋势，其中夏季较为明显。北冰洋海冰快速减少的趋势在最近10年更加显著，1979—1996年间，北冰洋海冰的范围和面积的缩减率为每10年2.2%和3.0%；然而，1979—2007年间，上述两者则增大到每10年10.1%和10.7%（Comiso et al.，2008）。有卫星记录以来（表3-1），北冰洋海冰范围的最低值出现在2012年9月16日，为$3.41 \times 10^6 \ km^2$，这相对1979—2000年的平均值减少了$2.73 \times 10^6 \ km^2$，相对于上一个记录（2007年）减少了$0.76 \times 10^6 \ km^2$。

＊　本章节编写人员：雷瑞波、赵进平、陈萍。

表 3-1　北冰洋海冰范围年最小值及其对应的时间

年份	最小海冰范围（×10^6 km²）	日期
2007	4.17	9 月 18 日
2008	4.59	9 月 20 日
2009	5.13	9 月 13 日
2010	4.63	9 月 21 日
2011	4.33	9 月 11 日
2012	3.41	9 月 16 日
1979—2000 年平均	6.7	9 月 13 日
1979—2010 年平均	6.14	9 月 15 日

过去 20 年，海冰快速减少最显著的区域逐渐从日期变更线以东区域（东西伯利亚海和拉普捷夫海）向以西区域过渡（楚科奇海和波弗特海）（Maslanik et al.，2007）。卫星遥感观测数据表明，1979—2002 年夏季北冰洋海冰范围快速退缩的趋势最明显的区域是阿拉斯加扇区（Rigor and Wallace，2004）。海冰物质平衡浮标的观测数据表明，波弗特海海冰一个夏季冰底的融化量约为加拿大海盆北侧区域的 3 倍，约为北冰洋中心区域和格陵兰岛北侧区域的 8 倍（Perovich，2011）。导致北冰洋太平洋扇区海冰显著减少的因素，一方面是太平洋入流水的作用（Shimada et al.，2006）；另一方面则是海冰减少所激发的反照率正反馈机制（Perovich，2008）。因此，对北冰洋太平洋扇区海冰夏季的快速变化过程及其空间分布特征进行系统地观测无论对于气候学还是对于海洋学的研究都十分重要。

海冰厚度是海冰物候学中量度海冰状态的关键参数，连同海冰面积，则能反映研究区域的海冰冰量。相对于海冰密集度，海盆尺度的海冰厚度较难观测。目前较有效的观测手段包括潜艇支持的仰视声呐观测（Rothrock et al.，1999；Rothrock et al.，2008），直升机或固定翼飞机支持的电磁感应观测（Haas et al.，2008），船载电磁感应观测（Perovich et al.，2009），冰基浮标观测（Polashenski et al.，2011）以及星载激光高度计观测（Farrell et al.，2009）和雷达高度计观测（Laxon et al.，2013）。

3.1.1　北冰洋不同区域海冰密集度和海冰面积的变化

基于 AMSR-E 被动微波观测数据，分析北极北大西洋区（黄色）、洋中区（橙色）、北太平洋扇区（蓝色+棕色）以及白令海区（棕色）海冰的季节变化和 2003—2010 年年际变化趋势（图 3-2）。

北极整个区域海冰范围和海冰面积在一年中波动很大，呈明显的正弦曲线的季节变化，但是明显滞后于太阳辐射和海温的季节性变化（图 3-3），每年 3 月达到最大值，然后进入融冰期，9 月达到最小值；8 年的平均值中，3 月达到最大，海冰面积和海冰范围分别为 13.67×10^6 km² 和 14.55×10^6 km²，9 月最小，海冰面积和海冰范围分别为 4.27×10^6 km² 和 5.02×10^6 km²；8 年中，2007 年 9 月北极区域海冰面积和海冰范围最小，分别为 3.45×10^6 km² 和 4.09×10^6 km²。

洋中区海冰变化范围较小，5 月海冰开始融化，亦是 9 月达到最小值，海冰面积和海冰范围分别为 3.09×10^6 km² 和 3.34×10^6 km²；然后进入结冰期，每年 12 月到翌年 4 月为稳定期，海冰面积

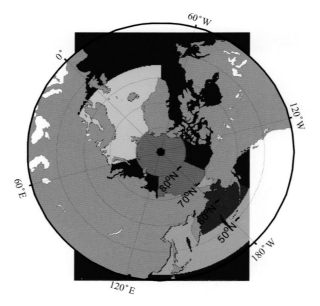

图3-2　北极海冰变化的区域划分

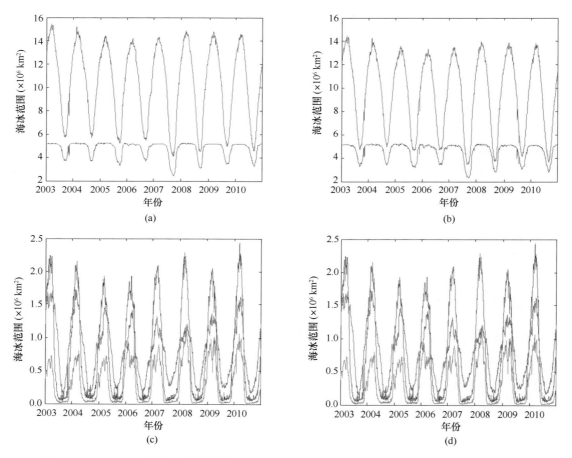

图3-3　2003—2010年各区域海冰范围（a）和（c）和海冰面积（b）和（d）的时间序列图

图（a）和（b）中蓝色为洋中区，绿色为整个北极区域；图（c）和（d）中红色为白令海，蓝色为北太平洋，绿色为北大西洋

和海冰范围达到最大，分别为 5.18×10⁶ km² 和 5.20×10⁶ km²；8 年中海冰面积和海冰范围最小值也发生在 2007 年 9 月，分别为 2.29×10⁶ km² 和 2.43×10⁶ km²。

北太平洋区海冰变化亦呈正弦曲线的季节变化，但 6 月底到 10 月初海冰变化不大，海冰面积和海冰范围稳定趋于 0.03×10⁶ km² 和 0.06×10⁶ km²；3 月达到最高，海冰面积和海冰范围最大值分别为 1.71×10⁶ km² 和 2.04×10⁶ km²。

北大西洋区海冰变化范围小于北太平洋区，亦呈正弦曲线的季节变化，3 月达到最高，海冰面积和海冰范围分别为 1.20×10⁶ km² 和 1.41×10⁶ km²，8 月达到最小，海冰面积和海冰范围分别为 0.12×10⁶ km² 和 0.21×10⁶ km²；值得注意的是 8 年中 2007 年夏季该区域的海冰面积和海冰范围为历年最大，而 2007 年夏季北极区域海冰为历年最小，两者趋势是否相反，这一现象是否偶然还需要更长时间序列的数据分析。

白令海区域海冰变化趋势与北太平洋区域类似，在 6 月到 10 月中旬基本处于无冰期，3 月底达到最高，海冰面积和海冰范围最大值分别为 0.68×10⁶ km² 和 0.8×10⁶ km²。

整个北极区域海冰范围有明显的下降趋势，无论月平均还是年平均都反映出 2003 年和 2004 年（大部分月份）的海冰范围高于多年平均水平，属于重冰年，2005 年和 2006 年海冰范围开始降低，属于过渡年份，到 2007 年到达最低点，属于轻冰年；而北太平洋区域海冰范围的变化趋势相反，有逐年上升的趋势，但是 2007 年 9—10 月该区域海冰范围亦低于多年平均。

进一步地，我们对如图 3-3 和图 3-4 所示的北冰洋中心区域和边缘海海冰的季节和年际变化进行了细分区域的分析（图 3-5）。

1）波弗特海（图 3-6）

冬季（1—3 月）：冬季波弗特海处于冰封期，大部分海域的海冰密集度接近于 1，仅在海域南部与陆地相连处的海冰密集度小于 1，但也达到了 83% 以上。

春季（4—6 月）：春季海冰开始融化，在波弗特海的大部分海域，海冰密集度小于 1。但在加拿大群岛的西北部海域，海冰密集度依然大于 90%；在海域南部海冰密集度的梯度较大，变化剧烈。在靠近阿拉斯加半岛的南部海域更是形成了一条海冰密集度为 0.5 左右的带状区域。

夏季（7—9 月）：夏季海冰自南向北全面融化。但在波弗特海东北部海冰密集度依然保持在 90% 以上，然后向西南依次递减，出现西北-东南走向的等海冰密集度曲线。在海域的南部出现开阔水，海冰密集度为 0。

秋季（10—12 月）：秋季海冰开始冻结，波弗特海北部的 2/3 海域的海冰密集度达到 90% 以上。向南依次递减，但在与阿拉斯加半岛相连的海域南部的海冰密集度也达到了 50% 以上。

2）楚科奇海（图 3-7）

冬季（1—3 月）：冬季楚科奇海被海冰完全覆盖，仅在靠近白令海峡和阿拉斯加半岛的南部海域形成了一条海冰密集度为 85% 左右的细带状结构。而海域其他部分的海冰密集度均在 99% 左右。

春季（4—6 月）：由于太平洋入流的影响，春季楚科奇海海冰从白令海峡向北部开始融化，在白令海峡入口处海冰密集度为 45% 左右。海域南部的海冰密集度形成了东北向梯度的分布结构。而在 72°N 以北的海域，海冰密集度依然在 95% 以上。

夏季（7—9 月）：夏季楚科奇海海域南部的海冰完全融化，海冰密集度为 0。但在 71°N 以北，形成了沿纬向分布的海冰密集度等值线。在海域的最北部，海冰密集度依然在 80% 以上。

秋季（10—12 月）：秋季海域自北向南开始结冰。但在太平洋入流的影响下，海域南部依然形

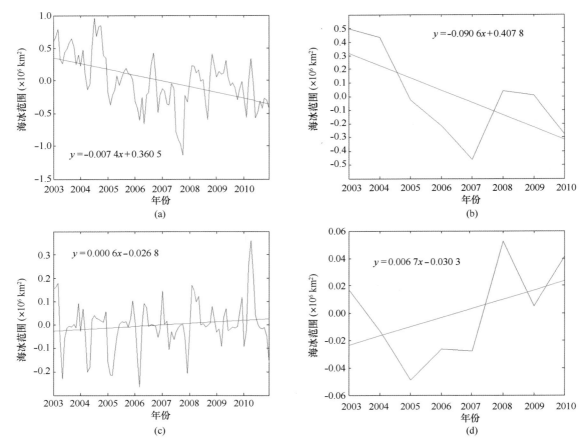

图 3-4　整个北极区域和北太平洋区域的海冰范围的月平均和年平均的变化曲线（蓝色）及相应的线性拟合曲线（红色）

（a）整个北极区域海冰范围月平均变化；（b）整个北极区域海冰范围年平均变化；（c）北太平洋区域海冰范围月平均变化；（d）北太平洋区域海冰范围年平均的变化

成了以白令海峡为豁口的海冰密集度为 30% 左右的低密集冰区。

　　3）东西伯利亚海（图 3-8）

　　冬季（1—3 月）：东西伯利亚海冬季完全被海冰覆盖，整个海域的海冰密集度均接近于 1。

　　春季（4—6 月）：在风场辐散和陆地热源的影响下，春季东西伯利亚海新西伯利亚群岛和靠近俄罗斯的海域南部的海冰开始融化。其中紧靠新西伯利亚群岛北岸的海域海冰密集度为 63% 左右。

　　夏季（7—9 月）：夏季东西伯利亚海的海冰分别自东西伯利亚群岛北岸向东北方向融化，以及自俄罗斯北岸向北部海域融化。形成了其特有的海冰密集度分布特征。在海域南部形成了大片的开阔水域，海冰密集度为 0。

　　秋季（10—12 月）：在秋季东西伯利亚海东北部的海冰密集度较大，约占 95%。向南海冰密集度减小，靠近白令海峡的东南部海域海冰密集度最低，最小月的海冰密集度为 55%。

　　4）拉普捷夫海（图 3-9）

　　冬季（1—3 月）：在冬季，拉普捷夫海大部分海域的海冰密集度接近于 1，仅在连接喀拉海和

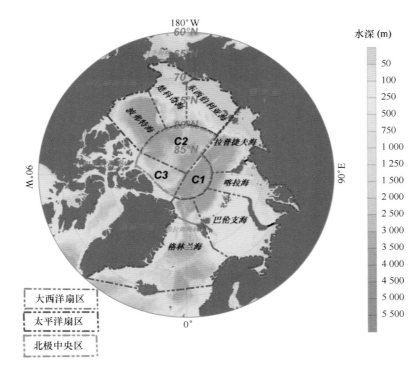

图 3-5 海冰变化分析细分区域的划分

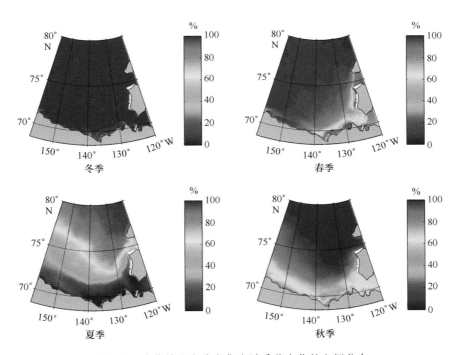

图 3-6 波弗特海海冰密集度随季节变化的空间分布

拉普捷夫海的北地群岛沿岸形成了一条密集度为 85% 左右的带状结构。

春季（4—6 月）：在陆地径流及喀拉海入流的影响下，春季拉普捷夫海海冰在与勒拿河相连的海域南部及北地群岛沿岸率先融化。其中在与勒拿河相连的海域南部海冰密集度最小达到了 45%，而在西北部海域海冰密集度依然在 95% 以上。

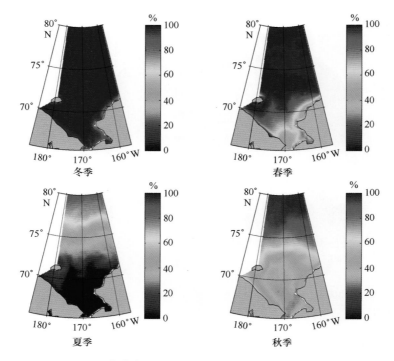

图 3-7 楚科奇海海冰密集度随季节变化的空间分布

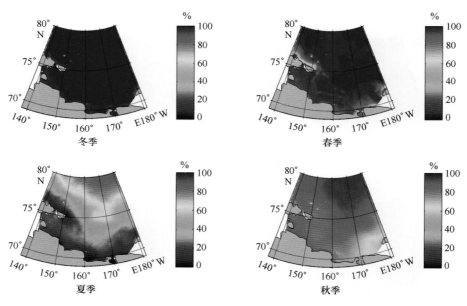

图 3-8 东西伯利亚海海冰密集度随季节变化的空间分布

夏季（7—9月）：夏季拉普捷夫海海冰密集度自北向南依次减小，形成了向亚洲大陆凸起的等密集度曲线分布；在海域东南部形成了大量开阔水，但仍有少许冰的存在，海冰密集度低于20%；向北海冰密集度依次增加，在81°N，110°E附近，海冰密集度依然为92%左右。

秋季（10—12月）：秋季拉普捷夫海海冰开始冻结，在北地群岛南部以南海域的海冰密集度均已达到了80%左右，而在其东部海域海冰密集度更是高于90%。

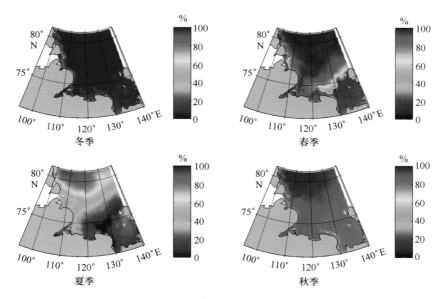

图 3-9 拉普捷夫海海冰密集度随季节变化的空间分布

5）喀拉海（图 3-10）

冬季（1—3 月）：喀拉海相对于太平洋扇区海域的冰情偏轻。在北角暖流的影响下，冬季喀拉海依然存在海冰密集度低于 80% 的区域。冬季喀拉海峡和新地岛北端并未被海冰完全覆盖，其中新地岛北端海冰密集度最低，为 43%，而喀拉海峡处海冰密集度在 70% 左右。同样在陆地径流的影响下，在鄂毕河端口处海冰密集度小于 1。但冬季喀拉海的大部分海域，海冰密集度依然接近于 1。

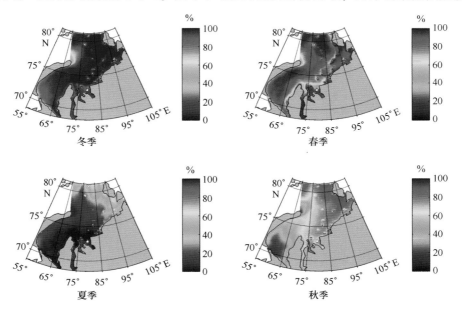

图 3-10 喀拉海海冰密集度随季节变化的空间分布

春季（4—6 月）：喀拉海相对于上述其他海域而言春季海冰融化较早。在北角暖流和地热的影响下，海冰沿新地岛岛链向西北部融化。同时春季鄂毕河等陆地河流开始融化，进一步引起喀拉海海冰自南向北融化。从而使得新地岛西侧海冰密集度低于 80%，而与鄂毕河相连的海域南部最低海冰密集度可达到50%。而低密集冰舌可延伸到北地群岛北侧。

夏季（7—9月）：夏季喀拉海海域的海冰融化的较为彻底，海域南部的海冰密集度接近于0。大部分海域海冰密集度低于15%，仅有少数低密集冰的残留，而北地群岛西侧较少范围内海冰密集度为40%~63%不等。

秋季（10—12月）：秋季高密集冰区向南延伸。但在大西洋暖水的影响下，喀拉海峡入口处依然存在海冰密集度低于15%的低密集冰区。而北地群岛西侧的海冰密集度达到了85%以上，从而形成了秋季喀拉海西南部海域低密集冰区，东北部海域高密集冰区的分布格局。

6）巴伦支海（图3-11）

冬季（1—3月）：巴伦支海常年受大西洋暖流的影响。即使在冬季，西南部海域也存在大量开阔水。海冰密集度为90%以上的海冰仅存在于斯匹兹卑尔根群岛东北部的海域。斯匹兹卑尔根群岛以南的海域海冰密集度依次递减，但在75°N以南海域的海冰密集度为0。同时大西洋暖水受到陆地的阻隔，在新地岛西侧及南部有少许海冰的存在，海冰密集度从10%~94%不等。冬季白海也被海冰覆盖，但海冰密集度相对较低，从35%到85%不等。

春季（4—6月）：春季相对于冬季而言，开阔水向周围扩展。同时依然有海冰存在的地方海冰密集度均有所下降。同时白海的海冰密集度也只有15%左右。

夏季（7—9月）：随着夏季温度的升高，巴伦支海海水被开阔水侵蚀。仅在斯匹兹卑尔根群岛东北部及法兰士约瑟夫地周围存在少量海冰，海冰密集度最高也仅为39%。

秋季（10—12月）：秋季巴伦支海北部开始结冰，但范围较小，仅存在于76°N以北海域。之后冰存在的地方海冰等密集度呈带状分布，自南向北依次递增（15%~75%）。同时秋季在喀拉海峡入流的南部也开始冻结了少许海冰。

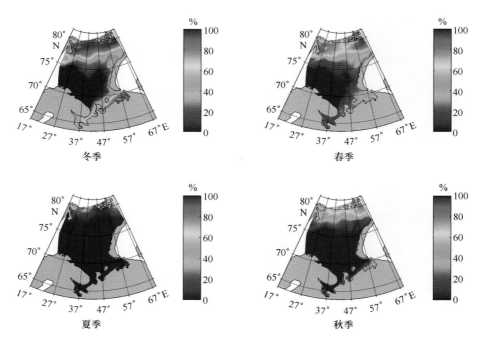

图3-11 巴伦支海海冰密集度随季节变化的空间分布

8）北欧海（图 3-12）

冬季（1—3 月）：在大西洋暖流的影响下，冬季的北欧海依然存在大量开阔水。海域大部分地区的海冰密集度为 0，仅在格陵兰岛东部沿岸存在高密集冰，海冰密集度高于 95%。同时在斯匹兹卑尔根群岛周围也有密集度不等的海冰存在。

春季（4—6 月）：春季随着海水温度的升高，海冰吸收海水的热量进而融化。格陵兰岛东部沿岸海冰及斯匹兹卑尔根群岛周围的海冰开始融化，海冰密集度有所降低。

夏季（7—9 月）：夏季海冰完全融化，仅在北欧海的西北角存在少量海冰，海冰密集度从 15%到 88%不等，海域其他地区海冰密集度为 0。

秋季（10—12 月）：秋季北欧海海冰在夏季残留冰的基础上沿格陵兰岛东部沿岸向南扩展。75°N 以北的格陵兰岛东部沿岸的海冰密集度基本达到了 95%以上。而再向南的海冰正在冻结，海冰密集度低于 85%。

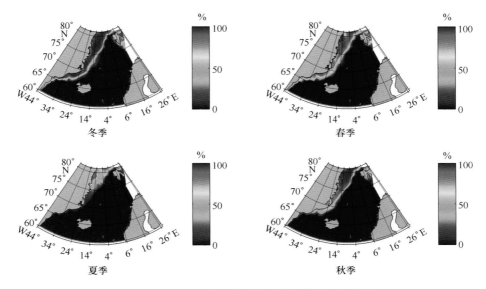

图 3-12　北欧海海冰密集度随季节变化的空间分布

9）白令海（图 3-13）

冬季（1—3 月）：白令海是太平洋暖水进入北冰洋的直接通道，终年受太平洋暖水的影响。冬季白令海的开阔水区域占整个海域的 2/3，主要集中在海域中南部。而海冰主要分布在阿拉斯加半岛和楚科奇半岛所包围的北部海域，自南向北等海冰密集度曲线呈带状分布，海冰密集度也由 15%增加到了 96.5%。

春季（4—6 月）：春季随着气温的升高，白令海的开阔水继续向北扩张。依然有海冰存在的区域，海冰密集度相对于冬季下降了 13%~64%。

夏季（7—9 月）：夏季白令海的海冰完全融化，整个海域被开阔水覆盖，海冰密集度为 0。

秋季（10—12 月）：秋季海冰开始冻结，但白令海海冰冻结范围较小。仅在白令海峡以南靠近阿拉斯加半岛的海域有海冰的冻结，且海冰密集度较小，最高仅为 45%。

10）北极中央区（图 3-14）

冬季（1—3 月）：冬季北极中央区处于冰封期，整个海域被海冰完全覆盖。大部分海域的海冰

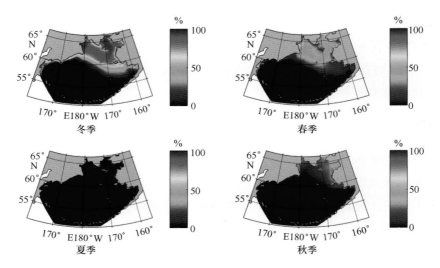

图 3-13　白令海海冰密集度随季节变化的空间分布

密集度为 1，仅在斯匹兹卑尔根群岛及法兰士约瑟夫地北部的小范围海域海冰密集度低于 1。其中斯匹兹卑尔根群岛北部的小范围海域的等密度线沿岛链基本呈平行带状分布，由 36% 依次递增到 90%。而法兰式约瑟夫北部的小范围海域的海冰等密集度曲线也沿岛链成两个方向的凸起，海冰密集度最小值为 55%。

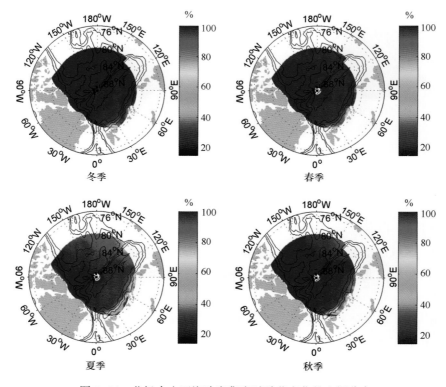

图 3-14　北极中央区海冰密集度随季节变化的空间分布

春季（4—6 月）：春季气温虽然开始增高，但北极中央区受其影响相对较小。相对于冬季而言，春季北极中央区的海冰密集度相对保持不变，依然接近于 1。仅处在巴伦支海北部的小范围海域的海冰密集度有所降低，降低了 7%~22.5% 不等。而处于斯匹兹卑尔根群岛北部的小范围海域海冰密集度则升高了 12% 左右。

夏季（7—9月）：夏季北极边缘海海冰密集度达到最小，北极中央区海冰也开始出现了部分融化。其中以 C1 海域海冰密集度的降低最为明显；在 C1 海域中的巴伦支海和喀拉海的北部，出现了一条海冰密集度相对较低的带状结构。在此区域中自南向北海冰密集度从 24% 过渡到 89%。从北向南海冰密集度降低了 11%~60%；C2 海域海冰密集度也有所降低，在其南部海域边缘，海冰密集度降低了约 10%。而在其中北部海域海冰密集度降低了 0~8% 不等；C3 海域的海冰密集度变化很不明显，海冰密集度依然为 1。

秋季（10—12月）：秋季随着海冰的冻结，相对于夏季而言海冰密集度的增加仍然主要集中在 C1 海域的南部边缘区域。其中位于巴伦支海和喀拉海的北部海域海冰密集度最高上升了约 45%，而 C1 海域的中北部的海冰密集度上升并不明显；C2 海域的南部边缘区域相应上升了约 13%，海冰密集度达到了 90% 以上；C3 海域的海冰密集度依然无明显变化。

3.1.2 北冰洋不同区域海冰冰龄的变化

在海冰的冰龄数据中，将 5 年以上的数据均用 5 年表示。北极在 2 月处于冰封期，2 月的最后一周，北极海冰覆盖率处于较大值，在一定程度上既可以反映当年的海冰冰情又可以预测夏季海冰状况。我们给出了 2002—2013 年 2 月最后一周的海冰冰龄分布（图 3-15）。

从图 3-15 可以来看出，2002—2013 年冬季 2 月最后一周的北极的海冰冰龄呈下降趋势。其中，2002 年北极中央区被多年冰覆盖，同时太平洋扇区的各海域多年冰占主导，而在太平洋扇区则是一年冰占主导。随后海冰冰龄开始减少，在太平洋扇区海冰冰龄的减少趋势尤为明显，多年冰逐渐被一年冰所代替。其中 2008 年多年冰的减少更是延伸到了北极中央区和加拿大群岛附近。

北极海冰在 9 月达到最小，能够在很大程度上反映当年海冰覆盖率的变化情况。我们同样给出了 9 月第二周的海冰冰龄分布（图 3-16），进而分析夏季海冰冰龄的变化。

从图 3-16 可以看出，2002—2013 年 9 月第二个周的海冰冰龄也呈减小趋势。2002 年北极中央区依然是多年冰占主导。太平洋扇区北部海域也被多年冰覆盖，但其南部海域海冰完全融化，海冰密集度小于 15%，为开阔水。而大西洋扇区夏季海冰完全融化，大部分海域海冰冰龄小于 1 年，为开阔水；海冰冰龄在北极各海域均有不同程度的减小，其中太平洋扇区减小程度剧烈，而减小趋势也已扩展到北极中央区。

波弗特海：对于冬季而言（2 月的最后一周），2006 年是海冰冰龄范围变化发生转折的一年。2006 年之前，多年冰和 5+年冰（冰龄在 5 年以上，余同）的覆盖范围均在上升，其中多年冰的覆盖范围在 2006 年上升到 7.9×10^5 km²。2006 年之后多年冰整体呈下降趋势，5+年冰也在锐减，但 2012 年和 2013 年相对于 2011 年而言 5+年冰的范围有所增加。冬季波弗特海完全被多年冰和一年冰完全覆盖，2002—2006 年多年冰呈上升趋势，则一年冰呈下降趋势。2006 年以后多年冰逐渐被一年冰所取代；对于夏季（9 月的第二周）而言，2005 年是海冰冰龄范围变化的转折点。2002—2005 年，一年冰、多年冰和 5+年冰在波弗特海的覆盖范围均在上升，其中 2005 年多年冰的覆盖范围达到了 6.6×10^5 km²。在 2005—2012 年夏季这 3 种类型冰的覆盖范围均呈下降趋势，说明波弗特海夏季海冰覆盖范围在减小。而在 2013 年夏季波弗特海的多年冰和 5+年冰突然增加。

楚科奇海：2002—2004 年的冬季和夏季多年冰和 5+年冰的覆盖范围在楚科奇海均呈下降趋势，

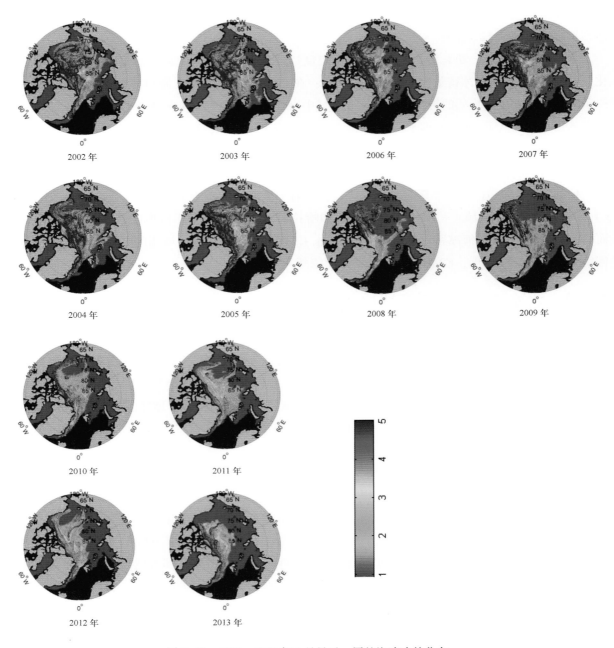

图 3-15　2002—2013 年 2 月最后一周的海冰冰龄分布

之后开始上升，在 2006 年均达到最大。2006 年之后，多年冰和 5+年冰在冬季和夏季又都开始下降，其中从 2011 年开始 5+年冰在冬季和夏季基本上完全消失；冬季楚科奇海基本上被海冰完全覆盖，冬季多年冰的消失只能由一年冰所取代。因而 2002—2004 年冬季楚科奇海的一年冰呈上升趋势，之后开始减小。2006 年是近 12 年来冬季多年冰达到最大的年份，也是冬季一年冰达到最小的年份。2006 年之后冬季一年冰整体呈上升趋势，2009 年是其覆盖范围最大的一年；2005 年之后楚科奇海夏季的一年冰也呈减小趋势，说明楚科奇海夏季融冰情况越来越严重。

东西伯利亚海：东西伯利亚海海域冬季一年冰占主体，整个海域 5+年冰所占比例相对较小；冬季西伯利亚海基本上被海冰完全覆盖，2002—2013 年冬季多年冰覆盖范围呈下降趋势，则一年冰相

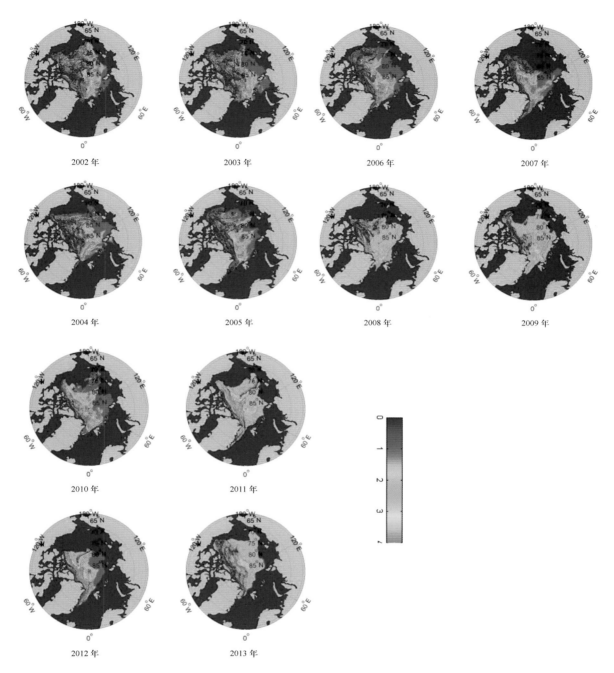

图 3-16　2002—2013 年 9 月第二周的海冰冰龄分布

应的呈上升趋势；2007 年之前，夏季多年冰呈下降趋势，2007 年夏季多年冰基本上完全融化。2007 年之后夏季多年冰的范围开始上升，2013 年夏季多年冰的范围更是大于 2002 年的夏季多年冰覆盖范围；2004 年之后夏季一年冰的覆盖范围逐渐减小，仅在 2010 年有所增加，其他年份则相对较低。在一定程度上显示西伯利亚海夏季融冰范围有所增加。

　　拉普捷夫海：拉普捷夫海的 5+年冰仅占很小的范围，近 2 年来冬季覆盖范围的最大值也小于 500 km^2，大多数年份冬季和夏季均接近于 0；拉普捷夫海冬季海冰覆盖率接近于 1，因而在冬季它的多年冰和一年冰也呈现此消彼长的现象。2002—2013 年冬季多年冰整体呈下降趋势，2013 年覆盖范围接近于 0。则其冬季一年冰整体呈上升趋势，2013 年达到最大；夏季多年冰和一年冰均呈下降趋势，多年冰仅在 2008 年有所增加，使得当年夏天的融冰情况有所缓解。近 12 年来夏季拉普捷夫海的融冰现象有所增加。

喀拉海：喀拉海夏季整个海域基本上完全为开阔水，而在冬季基本上完全被海冰覆盖。因而冬季喀拉海基本上是被一年冰所覆盖。进而从 2002—2013 年，喀拉海冬季一年冰的覆盖范围变化并不明显，基本上覆盖整个海域；5+年冰在喀拉海基本上不存在，而冬季多年冰的覆盖范围仅在 2004 年达到最大值为 8.7×10^4 km^2。2006 年之后 5+年冰在喀拉海基本上接近于 0；2002—2004 年夏季喀拉海仍有一年冰和多年冰的存在，而从 2005 年起，夏季喀拉海的多年冰完全融化。夏季一年冰从 2007 年起也完全消失，从 2007 年起喀拉海的夏季完全处于无冰状态。

巴伦支海：巴伦支海的海冰覆盖范围全年处于波动状态，并不存在 5+年冰。冬季多年冰的覆盖范围仅在 2003 年和 2004 年较大，其他年份则接近于 0；夏季仅在 2003 年和 2004 年存在一年冰，其他年份则接近于 0。因而冬季巴伦支海主要存在一年冰，而巴伦支海的冰情则主要由一年冰的覆盖范围来决定。

北欧海：北欧海是穿极流的出口，由于海冰冰龄的数据是从海冰漂流数据得出的，在一定程度上不能真实地反映北欧海的海冰冰龄状况。从图 3-16 来看，2007 年之前北欧海冬季的多年冰所占范围相对较大，之后开始下降。而 2002—2004 年 5+年冰的范围逐年增加，之后也呈下降趋势；冬季北欧海的一年冰占主体，2007 年之前呈下降趋势，之后开始上升；夏季北欧海的多年冰和一年冰在不同年份时高时低，无具体规律可言。

白令海：白令海受太平洋暖流的影响终年无冰封期，夏季海冰完全融化。因而白令海夏季各种冰龄的海冰均不存在，冬季也只存在一年冰。2002—2007 年白令海冬季的一年冰的覆盖范围呈下降趋势，而 2007 年之后则整体呈上升趋势。

北极中央区：北极中央区在冬季完全被海冰覆盖，上述三种冰龄的海冰均存在。冬季一年冰和多年冰此消彼长呈完全反对称状态。2002—2008 年冬季，北极中央区的多年冰呈下降状态，同时其一年冰呈上升状态。2008—2011 年多年冰的覆盖范围逐年上升，之后又开始下降，而一年冰则完全相反；近 12 年来北极中央区的 5+年冰覆盖范围呈下降趋势，同时夏季北极中央区 5+年冰的覆盖范围也是越来越小；夏季北极中央区的海冰覆盖范围变化较小，因而其多年冰和一年冰基本上呈相反变化。2007 年之前，北极中央区夏季的多年冰基本上呈下降趋势，之后则呈波动变化。整体而言北极中央区的海冰呈现多年冰向新冰的变化趋势。

从上面分析可以看出，近几年来北极融冰现象严重，多年冰逐渐被新冰所取代。太平洋扇区多年冰下降的趋势尤为明显。同时，多年冰的融化已扩展到加拿大群岛和北极中央区。

3.2 北极东北航道海冰分布特征

在过去 40 年间，北冰洋海冰经历了快速减少的过程，2012 年 9 月，海冰范围达到了有卫星遥感记录以来的最低值，相比于 1979—2010 年的平均值减少了 45%。北极多年冰的比例从 1980 年中期的 75% 减少到 2011 年的 45%（Maslanik et al.，2011）。北冰洋欧亚扇区的海冰在过去 20 年里，无论哪个季节都呈减少的趋势（Maslanik et al.，2011）。比较 ICESat（2003—2007 年）和 CryoSat2（2010—2012 年）的观测时期，发现 10—11 月北冰洋海冰的冰量减小了约 4 291 km^3（Laxon et al.，

2013）。北极大气环流主要呈现两个模态，其中包括环状的北极涛动（AO）和经向的北极偶极子（DA），海冰空间分布的年际变化主要与这两个模态的位相及其强弱有关（Wang et al.，2009）。

北极海冰的退缩和变薄使得北极航道，尤其是东北航道的适航性显著提高。数值模拟表明9月，1979—2005年常规船舶适航于东北航道的概率是40%或者更低，2006—2015年这一概率提高到了61%~75%，2040—2059年可望提高到94%~98%（Smith and Stephenson，2013）。从东亚至西欧，相对于途径苏伊士运河的传统黄金水道，经北极东北航道的里程可缩短30%~40%（Lasserre and Pelletier，2011）。2012年夏季，利用北极东北航道的商业船只达46艘，载货达1.26×10⁶ t，充分说明了东北航道的商业利用潜力和前景（Stephenson et al.，2013a）。

尽管北冰洋海冰呈现快速减少的趋势，但同时其夏季覆盖范围以及空间分布都具有较大的年际变化，因此海冰依然是影响东北航道适航性的最主要的自然因素（Schøyen and Bråthen，2011；Rogers et al.，2013），海冰的不确定性会影响到商业运输的保险以及其他船舶运行费用（Liu and Kronbak，2010）和船型的选择（IMO，2002）等。因此，在北极航道商业利用的规划过程中，海冰演变历史和当前状态都是相关行业十分关心的因素，其中包括船东、保险代理、航道管理部门、搜救和环保相关部门以及政策制定部门等。

从船舶安全航行的角度来说，最主要的要素包括海冰密集度、厚度、海冰类型以及海冰的运动等。被动微波能给出从1979年至今连续的北极亮温观测数据，依据该数据序列能得到海冰范围（Fetterer and Knowles，2004）、类型（Eastwood，2012）以及表面融冰期（Markus et al.，2009）。海冰类型也可以通过QuikSCAT搭载的散射计得到（Swan and Long，2012）。卫星搭载的高度计能给出海冰的冰舷高度，基于静力平衡能估算得到海冰厚度（Kwok and Cunningham，2008；Laxon et al.，2013）。

在中国第5次北极考察期间，北冰洋冰区作业时间从2012年7月初持续到9月中旬，东北航道的适航性调查与评估是该航次最主要的科学目标之一。7月22日，"雪龙"船到达东北航道东端楚科奇海的起点（见图3-17中的A点，68.0°N，5°W），经东北航道后于8月2日到达挪威海的B点（68.0°N，5°W），在本评估报告中，我们定义图中的"雪龙"船从A点至B点的航迹为标准的东北航道。

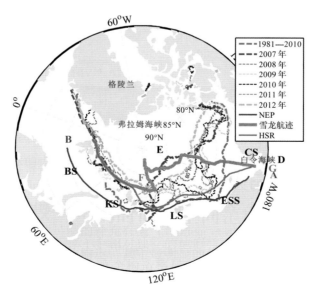

图3-17　1981—2010年平均的以及2007—2012年各年的9月北极海冰范围

"雪龙"船航迹（A-B和C-F-E-D），定义的东北航道（NEP，A-B）和高纬航线（HSR，C-F-G）

2012 年 8 月 24 日，"雪龙"船到达斯瓦尔巴群岛北侧的 C 点（80.1°N，10.0°E），然后向东航行至拉普捷夫海北部，为开展北冰洋中心区域作业"雪龙"船转为向北航行，8 月 30 日最北到达 E 点，作业结束后，于 9 月 8 日返回至白令海峡 D 点（68.1°N，10°W）。在本报告中，我们也定义了一条高纬航线，该航线途径斯瓦尔巴群岛、法兰士·约瑟夫群岛、北地群岛、新西伯利亚群岛以及费拉格尔岛北侧。在北地群岛西侧，高纬航线与"雪龙"船的轨迹一致，然而，在拉普捷夫和东西伯利亚海，由于北极海盆向低纬度延伸导致了海冰范围也随之有向南延伸的现象（Nghiem et al.，2012）。因此，我们定义的高纬航线在该海区也适当向南偏向。高纬航线具有规避沿岸浅水区域，有利于吃水较深的大型船舶通航以及降低俄罗斯的控制等优势。

本报告，拟集合包括海冰范围、密集度、厚度、类型和融冰期等卫星遥感产品，评估东北航道和高纬航线自 1979 年以来冰情时空变化。

3.2.1 卫星遥感数据介绍

表 3-2 总结了本评估报告所用到的卫星遥感产品。沿着东北航道（NEP）和高纬航线（HSR），每 0.25 个经度定义 1 个观测点，观测点的距离因纬度和航线的曲折度略有差异，在 15~40 km 之间，沿着 NEP 和 HSR 分别定义了 661 个和 721 个观测点，观测点周边 4 个像素的卫星遥感产品将双线性地插值到测点上。

表 3-2　卫星遥感产品概述

产品	数据源	有效年份	空间分辨率（km）	存档	文献
海冰密集度	SMMR	1979—1986	25	ftp：//sidads. colorado. edu/pub/DATA-SETS/	Cavalieri et al.，1996
	SSM/I	1987—2007			
	SSMIS	2008—2012	6.25	http：//www. iup. uni – bremen. de：8084/amsr/amsre. html	Speen et al.，2008
	AMSR-E	2003—2010			
海冰范围	SMMR	1979—1986	25	ftp：//sidads. colorado. edu/pub/DATA-SETS/	Fetterer et al.，2002
	SSM/I	1987—2007			
	SSMIS	2008—2012			
表面融化和冻结开始时间	SMMR	1979—1986	25	http：//neptune. gsfc. nasa. gov/csb/index. php? section = 54	Markus et al.，2009
	SSM/I	1987—2007			
	SSMIS	2008—2011			
海冰厚度	ICESat	2003—2008	30~50	http：//icdc. zmaw. de/seaicethickness_ satobs_ arc. html? &L=1	Kwok et al.，2009
海冰厚度	CryoSat-2	2011—2012	20~30	http：//www. meereisportal. de/de/datenportal/karten_ und_ datenarchiv/	Hendricks et al.，2013
冰类型	OSI SAF	2005—2012	25	http：//osisaf. met. no/p/ice/#edgeAndType_ details	Eastwood，2012
冰类型	QuikSCAT	2003—2009	8~10	http：//www. scp. byu. edu/data/Quikscat/iceage/Quikscat_ MYFY. html#2003	Swan and Long，2012

被动微波 SMMR（Multichannel Microwave Radiometer，1979—1986），DMSP SSM/I（Special

Sensor Microwave/Imagers，1987—2007）和 SSMIS（Special Sensor Microwave Imager/Sounder，2008-present）能提供海冰密集度和范围的连续观测数据（Markus and Cavalieri，2000；Fetterer and Knowles，2004），1979—1986 年的产品每 2 d 发布一次，之后则每天发布一次。海冰密集度产品由 NASA-team 2 算法得到（Markus and Cavalieri，2000），空间分别率为 25 km。这里将利用 6—11 月的观测数据评估两条航线的冰情和适航期变化。航道的适航期由 3 个海冰密集度阈值估算得到：75%、50% 和 15%。大多数破冰船等级都以海冰类型和厚度为准则，例如 Polar Class（PC，见表 3-3）。研究区域，大多为一年冰，因此，我们可以简单地将 75%、50% 和 15% 海冰密集度阈值估算得到适航期分别对应于 PC4，PC6（"雪龙"船等级）以及常规船舶。为分析适航性的空间差异，我们估算了每一个观测点适航期。同时，从实践角度，航道适航意味着整个航道的冰情都需要低于某一阈值，因此，我们也估算了整个航道的适航性。

航道区域涉及海冰边缘区和诸多岛屿和近岸区域，因此卫星遥感产品的空间分辨率十分重要。基于 ASI 算法和 AMSR-E 亮温数据得到的海冰密集度空间分辨率为 6.25km（Spreen et al. 2008），然而，只有 2003—2010 年具有 AMSR-E 有效数据。因此，这里我们将利用该时期的 AMSR-E 数据对航道适航期进行估算，并依此评估利用 SSM/I 数据估算适航期的可靠性。

表 3-3　Polar Class 破冰船等级（IACS，2011）

等级	可航行区域	连续破冰能力（m）
PC 1	全年可以在北极任何一个海区航行	3.0
PC 2	全年可以在北极加拿大北极群岛以北除外的中等冰情区航行	2.4
PC 3	全年可以在北极 2 年冰区航行	1.8
PC 4	全年可以在北极一年厚冰区航行	1.3
PC 5	全年可以在北极中等厚度一年冰区航行	1.0
PC 6	夏季和秋季可以在北极一年中等厚度冰区航行	0.7
PC 7	夏季和秋季可以在北极一年薄冰冰区航行	0.5

基于 SSMR-SSMIS 亮温，Markus 等（2009）估算了夏季北极海冰表面融化的 4 个阶段：开始出现融化、连续出现融化、开始出现冻结和连续出现冻结。这里，我们使用连续出现融化和开始出现冻结的时间序列计算持续融化期（Stroeve et al.，2014）。ICESat 的观测期为 2003—2008 年（Kwok and Cunningham，2009），这里我们使用 428 版本的合成数据，其各年的观测期见表 3-4，每年在秋季和晚冬各约持续 35 d。ICESat 在卫星轨道方向的分辨率为 25 km，旁向的分辨率取决于纬度，在我们的研究区域（67°—82°N），为 30~50 km。NEP20-104°E 航段没有 ICESat 的观测数据。CryoSat-2 的数据开始于 2011 年，持续至今。利用 CryoSat-2 level-2 处理程序，得到了海冰厚度的反演产品（Hendricks et al.，2013），我们计算了 2011 年 10—11 月和 2012 年 2—3 月的 CryoSat-2 冰厚平均值，以方便与 ICESat 的比较。

为分析航道区域多年冰的变化趋势，我们使用了两种海冰类型产品，分别为挪威气象局提供的 OSI-SAF 产品和 QuikSCAT Ku-band 散射计产品，前者从 2005 年持续至今（Eastwood，2012），后者从 2003 年持续至 2009 年（Swan and Long，2012）。我们计算了两条航道从 2003 年至 2012 年 3 月 15 日多年冰的比例。

表 3-4　ICESat 观测期（Kwok et al.，2009）

代码	观测期	持续时间（d）
ON03	24 Sep. to 18 Nov.	55
FM04	17 Feb. to 21 Mar.	34
ON04	3 Oct. to 8 Nov.	37
FM05	17 Feb. to 24 Mar.	36
ON05	21 Oct to 24 Nov.	35
FM06	22 Feb. to 27 Mar.	34
ON06	25 Oct. to 27 Nov.	34
MA07	12 Mar. to 14 Apr.	34
ON07	2 Oct. to 5 Nov.	37
FM08	17 Feb. to 21 Mar.	34

3.2.2　海冰密集度

图 3-18 和图 3-19 给出了 NEP 和 HSR 两条航道 1979—2012 年 8 年或 9 年平均的海冰密集度及其距平，这里我们定义楚科奇海、东西伯利亚海、拉普捷夫海、喀拉海和巴伦支海的边界分别位于 179°E，142°E，103°E 和 67°E。沿着 NEP，海冰从 20 世纪 80 年代至最近 8 年持续减少，从 8 月初至 10 月中，NEP 接近 70 d 几乎无冰。巴伦支扇区几乎整年无冰，这与该海区冬季海冰的显著减少有关（Rodrigues，2008），其原因可能为大西洋热量输入增加（Årthun et al.，2012；Rogers et al.，2013）。巴伦支海海冰的减少，同样有利于该海区的油气开采。

平均地，NEP 冰情最重的航段主要为东西伯利亚航段的中部（150°—170°E）以及拉普捷夫和喀拉海的边界（90°—110°E），这与这两个区域北极海盆明显向南延伸有关，后者有利于海冰夏季的维持（Nghiem et al.，2012）。2007 年夏季，尽管北极海冰范围达到了有卫星记录以来的最低值，然而在拉普捷夫和喀拉海的边界，海冰范围延伸至泰米尔半岛（约 75°N），该半岛是欧亚大陆的最北端，因此在半岛和海冰的共同影响下，该年夏天 NEP 并没有完全开通。在 2004—2012 年，显著的海冰密集度负距平出现在喀拉海和巴伦支海的边界（50°—70°E），东西伯利亚和拉普捷夫海的边界以及楚科奇海航段。从季节来说，海冰减少最显著的时期为 9 月下旬至 11 月下旬，对于 NEP，海冰减少最明显的月份是 10 月（−1.76%/年，$P<0.001$，图 3-20）。这也是海冰开始重新冻结的时间，因此可以说该区域海冰有明显的延迟重新冻结的趋势，这与反照率正反馈机制有关，夏季无冰期加长必然会导致上层海洋所吸收的热量增多，从而导致冻结期滞后（Stroeve et al.，2014）。

如图 3-19 所示，沿 HSR，1979—1996 年，无冰期值在楚科奇和巴伦支航段出现，1997—2004 年，拉普捷夫航段开始出现短暂的无冰期，2005—2012 年，几乎所有航段都会出现无冰期，唯一例外的区域是北地群岛以北的航段（约 100°E）。这说明了 2005 年以后，HSR 海冰同样呈现快速减少的趋势。2012 年，HSR 的无冰期从 8 月 27 日持续到 10 月 8 日，这是自 1979 年以来冰情最轻的年份。HSR 的海冰减少，适航期加长可以看作 NEP 向北拓展。沿 HSR，海冰减少最显著的是 9 月（−1.64%/a，$P<0.001$，图 3-20），相对 NEP，提前了 1 个月，这与该区域海冰重新冻结时间较早

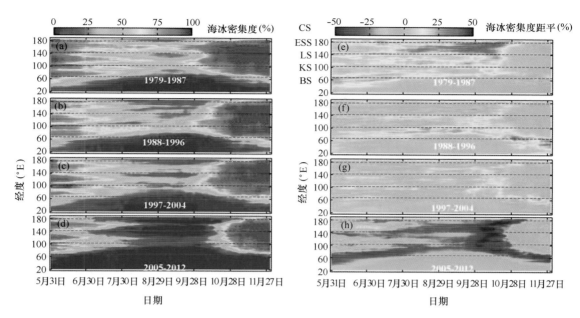

图 3-18　SMMR-SSMI 得到的 NEP 海冰密集度

从 6 月 1 日至 11 月 30 日的变化（a~d）及其与 1979—2012 年平均值的距平（e~h）

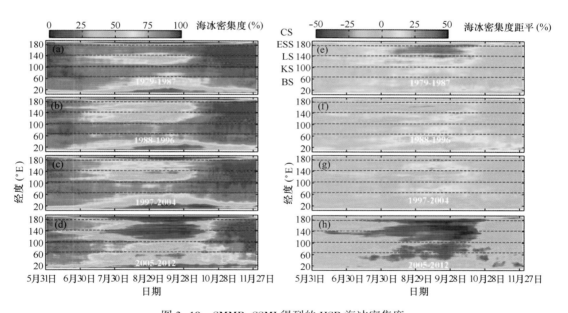

图 3-19　SMMR-SSMI 得到的 HSR 海冰密集度

从 6 月 1 日至 11 月 30 日的变化（a）~（d）及其与 1979—2012 年平均值的距平（e）~（h）

有关。沿 HSR，冰情最重的区域是 60°—100°E，该航段的海冰使得 HSR 对于常规船舶在大多年份都是不适航的。

在 NEP60°—180°E 航段，20 世纪 80 年代平均海冰密集度为 59%，2000 年以后平均减少了一半，约为 30%。同样，沿 HSR，20 世纪 80 年代为 82%，2000 年以后平均减少了 30%，约为 57%。以 PC6 等级的破冰船为例（"雪龙"船等级），夏季它能以 12 kn 的速度航行于海冰密集度为 30% 的海区，对于 60% 海冰密集度的一年冰海区，其速度约为 7 kn。因此对于 NEP 60°—180°E 航段和

"雪龙"船等级的破冰船，从 20 世纪 80 年代至 2000 年以后，航时节省了约 5 d。2012 年，冰情达到了最低水平，NEP 和 HSR60-180°E 航段 7—10 月平均海冰密集度分别为 13% 和 32%，这分别是 1979—2012 年气候平均的 31% 和 43%。

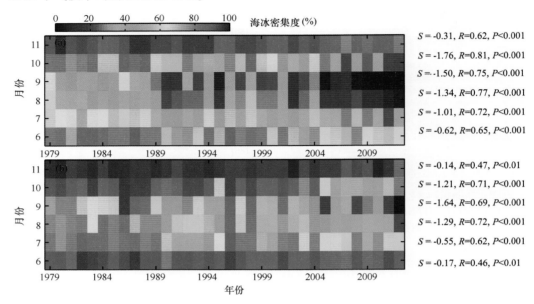

图 3-20　SMMR-SSMI 被动微波得到的 NEP（a）和 HSR（b）60°—180°E 航段月平均海冰密集度的变化

S、R 和 P 分别为 1979—2012 年线性回归的斜率（%/a）、相关系数和置信水平

3.2.3　航道适航期

如图 3-21 所示，沿 NEP，以 75%、50% 和 15% 海冰密集度为阈值，所有观测点 1979—2012 年平均的适航期分别为 125 d、104 d 和 81 d。对于 HSR，相应的值分别为 69 d、47 d 和 30 d。因此 NEP 的适航期明显长于 HSR，这对于低海冰密集度阈值更加明显。沿着 NEP，以 50% 海冰密集度为阈值，20 世纪 80 年代平均适航期为 84 d，90 年代为 99 d，2000 年以后为 118 d，沿 HSR，对应的值为 29 d，41 d 和 61 d。这表明了两条航道的适航期都在不断地加长。2012 年适航期分别为 146 d 和 110 d。

沿 NEP，喀拉、拉普捷夫和东西伯利亚航段的适航性相对较差，它们的适航期在 2004 年以前较为接近，之后喀拉海航段适航期明显加长，以 50% 海冰密集度为阈值，该航段 1979—2003 年的适航期为 63 d，2004—2012 年增加到 121 d。在楚科奇海航段，HSR 航线适航性要优于 NEP，前者适航期为 114 d，后者为 110 d。因此在该航段，弗兰格尔岛以北的航线更加优化，并且可以避免德朗海峡的浅水区。沿 HSR，喀拉航段是最不适航的，以 50% 海冰为阈值，在 2005 年以前几乎完全不适航，其后适航期也只有 4~22 d。巴伦支航段适航性较好，该航段所有观测点的平均适航期为 60 d，但仍然远小于 NEP 在该海区的适航期（169 d）。因此法兰士·约瑟夫群岛和斯瓦尔巴群岛以北的航线并不是优化航线，当在该地区没有目的地时，可以不选择该航线。从航线优化的角度来说，可以选择在北地群岛和法兰士·约瑟夫群岛之间进入低纬度巴伦支海航线，这样既可以保证足够长的适航期，又能保证足够的水深。HSR 在拉普捷夫和东西伯利亚的航段也是相对不适航的，然而 2005 年之后适航性有所改观，以 50% 海冰为阈值，适航期平均分别为 80 d 和 75 d。

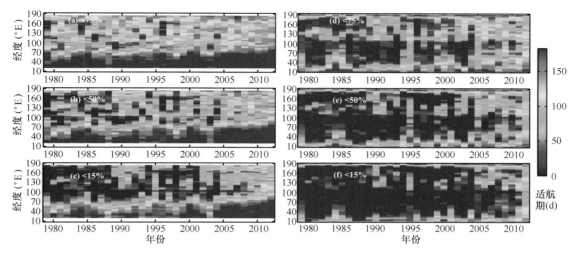

图 3-21　SMMR-SSMI 被动微波得到的以 75%、50% 和 15% 海冰密集度为阈值沿 NEP（a~c）和
HSR（d~f）适航期的变化

如图 3-22 所示，以 15% 海冰密集度为阈值，整个 NEP 完全开通只有 2009 年以后才出现，开通时间从 9 月至 10 月初零散分布。这意味着常规船舶如果不根据实时冰况做航线调整的话，目前依然难以利用本报告定义的 NEP 标准航线单航航行。以 50% 海冰密集度为阈值，整条 NEP 完全开通时间最长出现在 2005 年和 2009 年，从 9 月初持续到 10 月初，约为 43 d。整条航线完全适航对于航线的实际利用是十分重要的。由于局部被海冰阻挡，在 2006 年和 2007 年 NEP 并没有完全开通。以 50% 海冰密集度为阈值，整条 NEP 完全开通的时间在 8 月 23 日至 10 月 12 日间或地出现，间断时间是相对较短，主要由海冰漂移对航线造成阻挡引起。因此，对于 PC6 等级破冰船来说，若在标准航线的基础上根据海冰密集度准实时产品进行适当的航线调整，可保证整条 NEP 的适航期达50 d。以 75% 海冰密集度为阈值，整条 NEP 完全开通的情况甚至在 1995 年和 2002 年也有出现。然而，对于 HSR，即使以 75% 海冰密集度为阈值，整条航线完全开通的情况也只有在 2012 年才出现。这说明即使沿 HSR 海冰在逐渐减少，然而目前还适宜实际应用于商业航行。

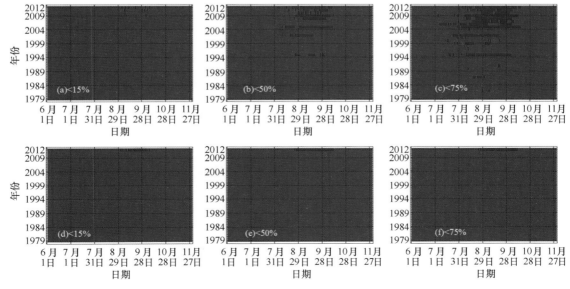

图 3-22　整条 NEP（a）~（c）和 HSR（d）~（f）完全开通的时间窗口（蓝色）

3.2.4 表面融化期

NEP 各个观测点表面融化开始时间平均值从 3 月 19 日至 6 月 27 日不等，巴伦支海航段最早，平均值为 4 月 26 日，而且很大一部分航段为整年无冰，楚科奇海航段平均值为 6 月 5 日。东西伯利亚海、拉普捷夫海和喀拉海航段分别为 6 月 12 日、6 月 18 日和 6 月 16 日。表面融化开始时间长期变化趋势为每年提前 0.26 d，然而只有约 38% 观测点的变化趋势在 0.05 置信水平上是显著的。

NEP 开始冻结时间平均值从 9 月 6 日至 1 月 31 日不等。巴伦支海航段最迟，平均值为 12 月 29 日。楚科奇海、东西伯利亚海、拉普捷夫海和喀拉海航段分别为 10 月 4 日、9 月 27 日、9 月 18 日和 10 月 4 日。1979—2011 年的长期变化趋势每年滞后 1.37 d。不同于融化开始时间，约有 78% 观测点冻结开始时间的变化趋势在 0.05 置信水平上是显著的。这说明了冻结滞后的趋势要比融化提前的趋势明显得多。总的来说，融化主要取决于大气的强迫，冻结则受大气和海洋的共同影响，夏季上层海洋和残留海冰层吸收热量的增加是促使冻结滞后的主要因素。

NEP 各个观测点持续融化期的平均值为 133 d，楚科奇海、东西伯利亚海、拉普捷夫海、喀拉海和巴伦支海航段分别为 121 d，107 d，92 d，101 d 和 246 d，与 75% 海冰密集度估算的适航期相当，与融化开始时间相比，融化期更加取决于冻结开始时间（表 3-5）。其中 97% 观测点的持续融化期显著加长，其趋势为每年增加 1.65 d。

表 3-5　NEP 表面融化与 75% 海冰密集度确定的适航期的统计关系

	楚科奇海	东西伯利亚海	拉普捷夫海	喀拉海
融化开始 vs. 融化期	−0.64 * * *	−0.53 * *	−0.83 * * *	−0.84 * * *
冻结开始 vs. 融化期	0.89 * * *	0.96 * * *	0.94 * * *	0.94 * * *
融化开始 vs. 冻结开始	n.s.	n.s.	−0.58 * * *	−0.61 * * *
融化期 vs. 适航期	0.72 * * *	0.89 * * *	0.86 * * *	0.81 * * *

注：显著水平为 $P<0.001$（* * *），$P<0.01$（* *）和 $P<0.05$（*）. n.s. 表示 0.05 置信水平不显著。

沿 HSR，长期平均表面融化开始时间从 5 月 11 日至 7 月 5 日不等，大约滞后于 NEP 1 个半月（图 3-23）。NEP 和 HSR 的最大差别发生在巴伦支海航段，空间平均的差异为 49 d。1979—2011 年的长期趋势为每年提前 0.38 d，然而只有 36% 观测点的趋势是显著的。HSR 平均的冻结开始时间从 8 月 31 日至 12 月 24 日不等。与 NEP 相比，差异最大的是楚科奇海航段，该航段 HSR 的冻结时间甚至比 NEP 迟 22 d。1979—2011 年的长期趋势为每年推迟 1.41 d，其中 80% 观测点的趋势在 0.05 置信水平都是显著的。除了楚科奇海航段外，HSR 的融化期都明显比 NEP 短，HSR 平均为 99 d，长期趋势为每年增加 1.79 d。与 NEP 类似，HSR 融化期更加取决于冻结开始时间（表 3-6）。

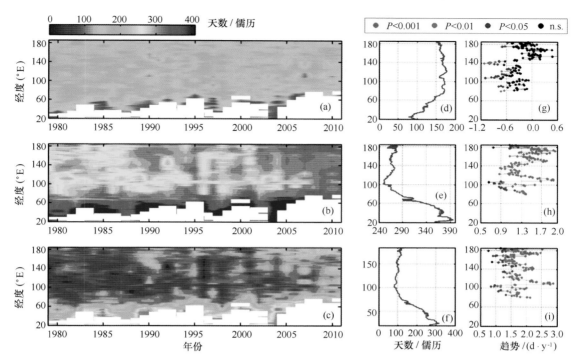

图 3-23 SMMR-SSMI 被动微波确定的沿 NEP 的表面融化

（a）和冻结（b）开始时间以及融化期（c），以及它们的长期平均（d）～（f）和线性回归趋势（g）～（i）

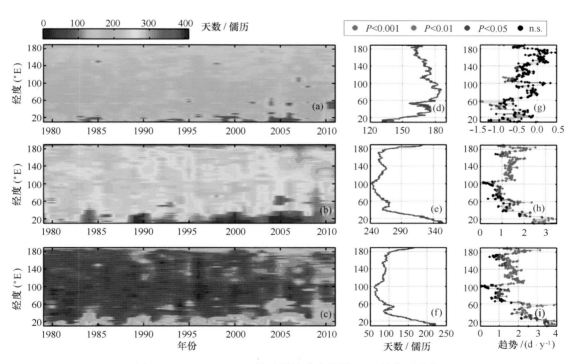

图 3-24 SMMR-SSMI 被动微波确定的沿 HSR 的表面融化

（a）和冻结（b）开始时间以及融化期（c），以及它们的长期平均（d）～（f）和线性回归趋势（g）～（i）

表 3-6　HSR 表面融化与 75% 海冰密集度确定的适航期的统计关系

	楚科奇海	东西伯利亚海	拉普捷夫海	喀拉海	楚克奇海
融化开始 vs. 融化期	-0.63 ***	n. s.	-0.74 ***	-0.60 ***	-0.74 ***
冻结开始 vs. 融化期	0.94 ***	0.92 ***	0.94 ***	0.94 ***	0.92 ***
融化开始 vs. 冻结开始	n. s.	n. s.	-0.48 **	n. s.	-0.36 *
融化期 vs. 适航期	0.73 ***	0.85 ***	0.84 ***	0.65 ***	0.70 ***

注：显著水平为 $P<0.001$（***），$P<0.01$（**）和 $P<0.05$（*）. n. s. 表示 0.05 置信水平不显著。

3.2.5　海冰厚度

总的来说，沿 NEP 10—11 月最厚的海冰主要出现在拉普捷夫海西侧，约 110°E。然而，自 2005 年以来，大部分厚度大于 1.5 m 的海冰都已不存在于该航道区域，2012 年甚至没有厚度大于 1.3 m 的海冰（图 3-25）。NEP104°E 以东平均的海冰厚度从 2003 年至 2006 年并没有太大的变化，平均厚度为 1.2~1.3 m，然而由于 2007 年 NEP 很多航段都发展为季节性无冰，2007 年平均厚度减小了约 1.0 m，平均值为 0.3 m。2011 年，该厚度有所回升，为 0.6 m，之后 2012 年又开始减小至 0.2 m。比较 2003 年和 2012 年 10—11 月 NEP 海冰厚度的概率分布发现，2003 年很多厚度大于 1.0 m 的海冰在 2012 年都已被厚度小于 0.8 m 的海冰代替。从秋季至冬末，海冰厚度的恢复从 0.5 m 至 1.6 m 不等，当秋季海冰厚度较小时，冬季生长率较大，厚度恢复较大。从而导致冬末 （2—3 月或 3—4 月）海冰厚度年际差异较小，从 2003 年至 2012 年没有太大的变化，从 1.7 m 至 2.1 m 不等。

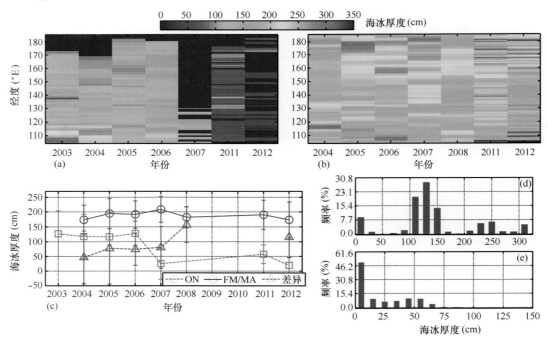

图 3-25　2003—2008 年（ICESat）和 2011—2012 年（CryoSat-2）10—11 月（a）和 2—3 月（b）NEP 海冰厚度及其平均平均值和差异（c）以及 2003 年和 2012 年海冰厚度的频率分布（d）～（e）

沿着 HSR，2003—2012 年 10—11 月空间平均的海冰厚度为 0.4～1.9 m，2—3 月或 3—4 月为 1.3～2.4 m（图 3-26）。2007 年，由于存在一条明显的冰舌延伸至拉普捷夫海西侧和北地群岛北部，沿 HSR，在 10—11 月，相对厚的海冰出现在 100°E—110°E。10—11 月空间平均的海冰厚度从 2003—2006 年的 1.5～1.9 m 减小到 2007—2012 年的 0.4～1.1 m。从秋季至冬末，HSR 海冰厚度恢复为 0.1～0.6 m，明显小于 NEP，这与前者秋季的初始厚度较大有关。不同于 NEP，HSR 2012 年冬末的海冰厚度同样有较明显的减小，这与厚冰的减小和无冰水域增多有关。

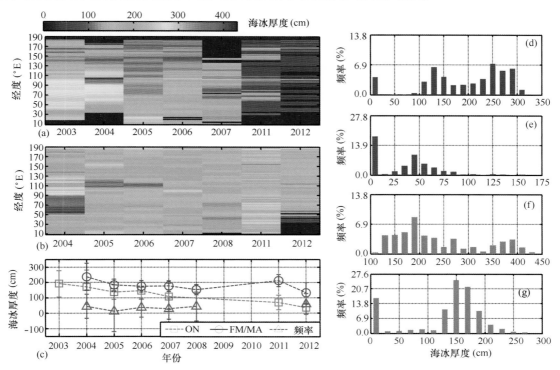

图 3-26 2003—2008 年（ICESat）和 2011—2012 年（CryoSat-2）10—11 月（a）和 2—3 月（b）HSR 海冰厚度及其平均值和差异（c）以及 2003 年和 2012 年海冰厚度 10—11 月（d）～（e）和 2—3 月（f）～（g）频率分布

3.2.6 海冰类型

如图 3-27 所示，2003 年 3 月北冰洋多年冰延伸至北地群岛、法兰士·约瑟夫群岛和斯瓦尔巴群岛北侧。之后，多年冰的范围逐渐退缩。2003 年和 2005 年，延伸至拉普捷夫海和东西伯利亚海的多年冰在 2007 年和 2009 年完全消失。2003 年 3 月 15 日，NEP 和 HSR 多年冰的比例为 5% 和 51%，2006 年减小至 1%～2% 和 3%～4%，至 2007 年，沿两条航线几乎完全没有多年冰。冬季多年冰的减小会明显促进夏季航道的开通，其原因是多年冰往往具有较大的厚度和较小的夏季融化率（Xie et al.，2013）。

3.2.7 SSM/I 和 AMSR-E 数据比较

利用 SSM/I-SSMIS 被动微波数据评价航道适航性的最大问题是其较粗糙的空间分辨率，在海冰边缘区和岸线混合区观测精度较差。为评估利用该数据识别航道适航期长期变化趋势的可靠性，这

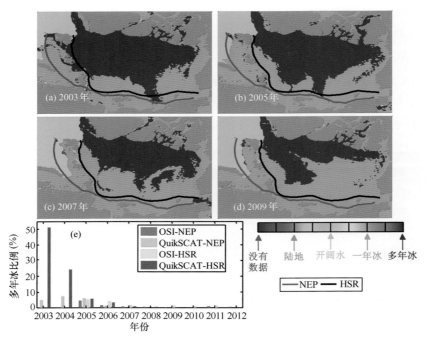

图 3-27　2003—2009 年 3 月 15 日海冰类型的分布（a）～（d）以及 NEP 和
HSR 多年冰的比例

里以 50%海冰密集度阈值为例，我们利用 2003—2010 年的 AMSR-E 观测数据对估算结果进行评估。如图 3-28 所示，总体上，沿 NEP，利用两组数据估算得到适航期具有十分接近的时空变化特征（图 3-28），两者的偏差在 -30～38 d 之间，平均偏差为 0.4 d±6.5 d，具有无偏正态分布的特征。相对较大的绝对偏差出现在 90°—120°E 和 175°—185°E 两个航段，其值为 6.0 d±5.2 d 和 7.0 d±6.1 d，上述两个航段均涉及岸线混合像素，这是造成较大偏差的主要原因。较大的偏差标准差（约 6 d）出现在巴伦支航段，这与 2003 年海冰边缘区延伸至 NEP，在边缘区对海冰不同的观测能力导致两者的偏差达 -16.3 d。除了该年外，两者的偏差可以忽略不计，其原因是其他年份，该航道大部分时间海冰密集度都低于 50%。总体上，很少（10%）观测值估算得到的适航期偏差大于 10 d（10%）。沿 HSR，偏差要小于 NEP，其原因是 HSR 所涉及的岸线混合像素和海冰边缘区像素较少。利用 SMMR-SSMI 数据，以 50%海冰密集度估算得到的 NEP 拉普捷夫海航段适航期为 70 d±32 d，1979—2012 年长期变化趋势是每年增加 1.92 d（P<0.001）。若用 2003—2010 年 AMSR-E 的观测数据取代同期 SMMR-SSMI 数据，得到的长期平均值和变化趋势分别为 69 d±32 d 和每年增加 1.89 d，差异均小于 2%。因此，可以说，从识别长期变化趋势角度，SMMR-SSMI 数据是能满足要求的。然而，后者的确不能满足冰情复杂的沿岸航段的导航需求，当冰情较重时，主动微波的高分辨率观测数据十分必要。

3.2.8　走航观测结果

从图 3-29 可以看出，从 2012 年 7 月下旬至 8 月下旬北冰洋海冰边缘线的退缩主要发生在太平洋扇区，其原因是大西洋扇区为海冰输出区，巴伦支海发展为无冰区后海冰边缘线难以进一步退缩，同时，受太平洋入流水的影响，北冰洋太平洋扇区的海冰迅速退缩。无论是"雪龙"船沿东北

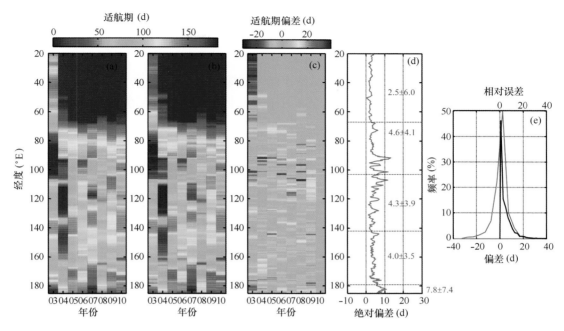

图 3-28　SSMR-SSMI（a）和 AMSR-E（b）估算得到的 2003—2010 年 NEP 的适航期及其偏差和绝对偏差（c~d）以及偏差和相对误差的频率分布（e）

航道航行期间还是其沿高纬航线航行期间，北冰洋海冰边缘线的退缩速度都不大，较明显的区域发生在波弗特海扇区（图 3-30）。这也说明了，2012 年夏季北冰洋海冰范围减少最迅速的时段发生在 8 月上旬和中旬。

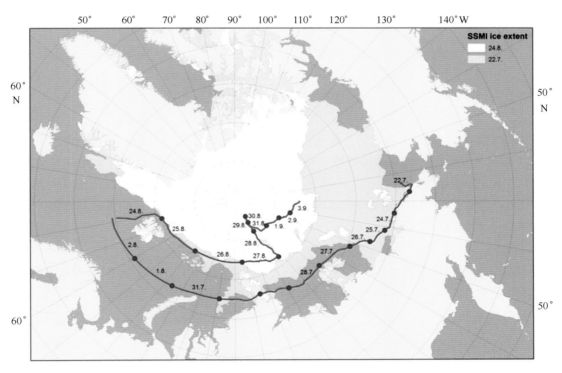

图 3-29　2012 年 7 月 22 日和 8 月 24 日的北冰洋海冰范围

红线为"雪龙"船的航迹

2012 年夏季，东北航道的开通主要取决于楚科奇海西侧以及东西伯利亚海东侧，尤其是弗兰格尔岛海域。若绕过弗兰格尔岛沿 81°N 经度线航行，东北航道的开通时间为 8 月 8 日，若沿东北航道的经典航线，其开通时间则需延迟至 8 月 14 日。

8 月中旬至下旬，拉普捷夫海扇区的海冰迅速向北退缩，在 120°—130°E 形成了较明显向北延伸的水道。也由于太平洋扇区海冰的退缩，至 8 月下旬，北冰洋欧亚扇区在 80°—82°N 出现了几乎无冰的水道，形成北极高纬航线。

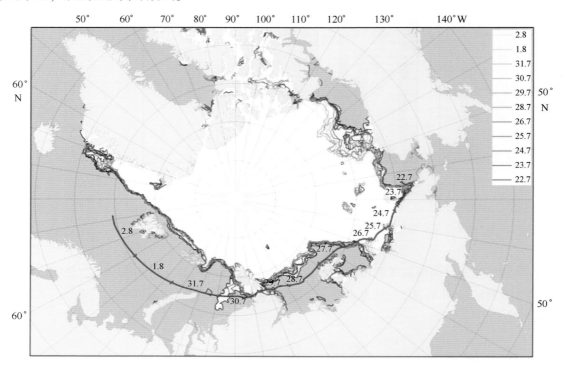

图 3-30 "雪龙"船沿东北航道航行期间（7 月 22 日—8 月 2 日）北冰洋海冰范围的变化
（SSM/I 卫星遥感观测结果）

红线为"雪龙"船的航迹

图 3-32 和图 3-33 给出了沿航线，船基观测得到的海冰密集度和厚度，后者是各类型冰厚的加权平均值。沿东北航道，冰情最重的区域为弗兰格尔岛区域以及东西伯利亚海东侧，海冰密集度在 50%~90% 之间，海冰厚度在 1.0~1.7 m 之间。楚科奇海西侧的海冰密集度在 20%~50% 之间，其厚度在 0.8~1.2 m 之间。拉普捷夫海的海冰主要位于北地群岛东侧以及维利基茨基海峡，该区域海冰密集度较小，在 10%~20% 之间，但由于多为残留的冰脊，海冰厚度较大，个别观测点的海冰厚度大于 1.5 m。

沿高纬航线，在斯瓦尔巴群岛东北侧，遇到一向南延伸的冰带，该区域冰情较轻，海冰密集度在 10%~20% 之间，海冰厚度小于 0.5 m。之后一直到北地群岛北部才遇到海冰，这与北地群岛东侧海冰边缘线向南延伸较突出有关。在 120°—130°E 扇区的向北航航段，由于不连续地出现大小不等的开阔水域，冰情变化不大。直至 85°N 才遇到冰情较重的区域，之后至 86°N 又遇到轻冰区。至 87°N，冰情明显变重，密集度在 90%~100% 之间，海冰厚度增大，平整冰冰厚在 1.3~1.7 m 之间。表面融池减少，水道呈现非线性分布，冰脊增多，从而导致船舶难以选择合适水道，航速降低。至最北点后，考察船向东南方向航行，冰情维持较重的状态，密集度在 50%~90% 成之间，但海冰厚

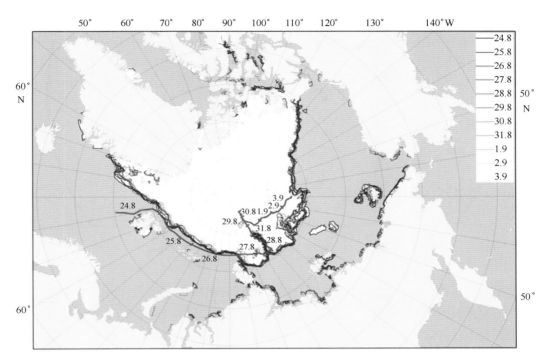

图 3-31　"雪龙"船沿高纬航线航行期间（8 月 24 日—9 月 3 日）北冰洋海冰范围的变化

（SSM/I 卫星遥感观测结果）

度逐渐减低，在 0.7~1.0 m 之间。至 175°—180°E，进入海冰边缘区，海冰密集度在 20%~30% 成
之间。随着向南航行，船舶在 80.1°N 驶离冰区。其后，船舶只遇到零星的碎冰带。

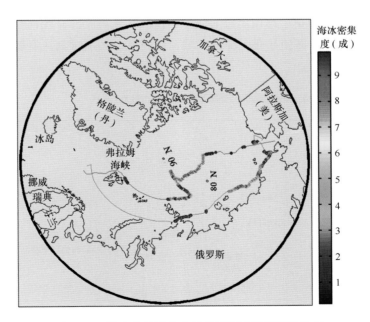

图 3-32　沿东北航道和高纬航线海冰密集度的分布

　　不同于中国北极考察以往航次的观测区域（太平洋扇区），无论沿东北航道还是沿高纬航线的
航行，都遇到了冰山（图 3-34）。其中高纬航线遇到的冰山较多，共遇到了 75 座冰山，而沿东北

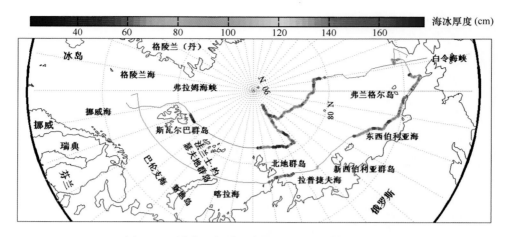

图 3-33　沿东北航道和高纬航线海冰厚度的分布

航道只遇到了 3 座冰山。不同于南大洋，本航次所遇到的冰山类型比较单一，只有 2 座为平顶冰山，其他均为尖顶破碎度较大的冰山。冰山的尺寸也比较小，只有 2 座冰山的长轴超过 1 km，大多冰山的长轴都在 100 m 以内。这与冰山的发育来源有关，南大洋的冰山主要发育于陆缘冰架或冰川，发育于冰架的冰山一般呈平顶状且尺度较大，可以达到数十千米；北冰洋欧亚扇区西侧的冰山发育于各个群岛，尤其是法兰士·约瑟夫地群岛的山地冰川，这导致冰山尺度不会很大，而且形状破碎度较大。另外，所遇冰山大多表面都有与陆地发生拖曳摩擦的痕迹，分布有不均匀的砂砾。受到水深限制，大部分冰山难以进入东北航道区域，这也是该航道所遇冰山不多的原因。所遇冰山尺寸较小，而且覆盖率较低，船载雷达 6 nm 的扫描半径内，同一时间发现冰山数量最多的也只有 9 座，所以冰山对船舶航行的困扰不大。在法兰士·约瑟夫地群岛北侧所遇冰山最密集，然而"雪龙"船在该区域航行并没有减速。冰山出没与海冰出没及其密集度没有任何联系，浓雾天气，冰山很难被瞭望船员发现，因此，即使是在无海冰区域，驾驶员也必须时刻注意船载雷达，留心可能会出现的冰山。

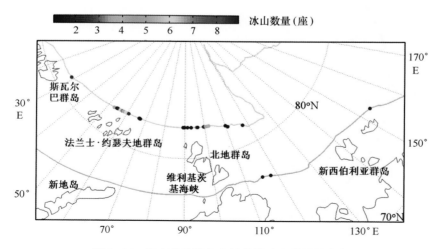

图 3-34　沿东北航道和高纬航线冰山数量的分布

　　图 3-35 给出了沿航线的海冰或海洋表面温度的分布。图 3-36 给出基于局地海表层盐度和温度计算得到海水温度高于冰点的量值，这表征了海水的热库容，决定着表层的海洋热通量和海冰的消

融速度。沿东北航道，在楚科奇海，只要测点为水面，表面温度都较高，也明显高于冰点，这充分说明了太平洋入流水的作用。随着进入冰区，海表温度明显降低，在东西伯利亚海中部达到最低值，该区域海水温度接近冰点。至新西伯利亚群岛北部海表温度逐渐增高，约高于冰点温度 $4℃$。在拉普捷夫海中部，零星的冰带也会明显降低海表温度。至北地群岛东侧以及维利基茨基海峡，由于海冰的持续出现，海表温度明显降低，该区域海水温度只高于冰点 $1\sim3℃$。维利基茨基海峡往东航段，海表温度逐渐升高，体现大西洋暖流的影响和北地群岛对该洋流的阻挡作用。

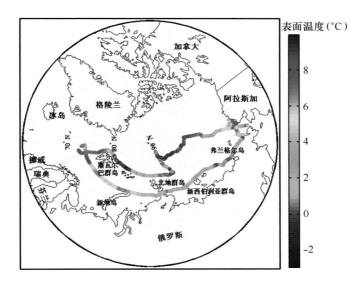

图 3-35　沿东北航道和高纬航线海水/海冰表面温度的分布

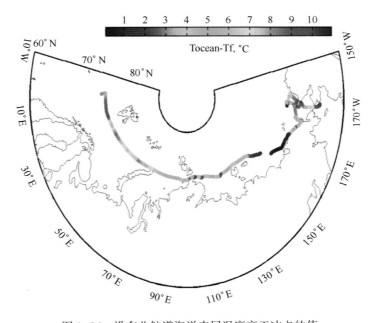

图 3-36　沿东北航道海洋表层温度高于冰点的值

沿高纬航线，格陵兰海和弗拉姆海峡段，海表温度较高。至斯瓦尔巴群岛北部，海表温度迅速降低，冰带区在 $-2\sim0℃$ 之间。在法兰士·约瑟夫地群岛和北地群岛北侧的航段，由于是无冰区，海表温度明显升高，在-0.5~2℃之间。在北地群岛东北侧以及向北航段，由于进入冰区，海表温度再次下降，冰面温度最低约-2.6℃。由于靠近秋季，气温逐渐下降，至最北点后向南航行航段的海表温度略低于向北航行的航段；之后，随着接近海冰边缘区逐渐下降。至楚科奇海，受太平洋入流水的影响，海表温度明显升高。但由于季节的滞后，要约低于进入东北航道前在楚科奇海的观测值。另外，零星的冰带会使海表温度略为下降。

北冰洋夏季海表蒸发量较大，从而导致较高的相对湿度，在冰区和边缘区均在80%以上（图3-37）。同时北冰洋云量也比较大，大多在90%以上，云高较低（图3-38）。上述因素使得沿航线经常出现海雾天气，能见度下降，能见度小于1 km，甚至500 m的情况经常出现。相比较，沿东北航道的能见度比高纬航线更差（图3-39）。东北航道航行期间，9 d有雾，7 d能见度小于1 km。7月24—27日相对湿度均在94%以上，7月25日在东西比利亚海航行期间全天连续被浓雾笼罩，能见度小于300 m。沿高纬航线，从8月25日至9月1日相对湿度持续在90%以上，能见度时好时坏，差时100 m，好时10 km以上。沿高纬航线，云量在70%~80%以上，个别时段出现50%以下的晴天。能见度不好的天气会严重影响船舶冰区航行，在东北航道编队航行时，容易导致难以跟随领航船破冰水道，这时需与领航船和前方船只及时沟通。在高纬度航行时，由于海冰密集度较大，水道呈现非线性和不连续分布，能见度不好时，也会影响船舶局地航线的合理选择。

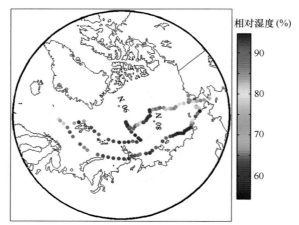

图3-37 东北航道和高纬航线相对湿度分布

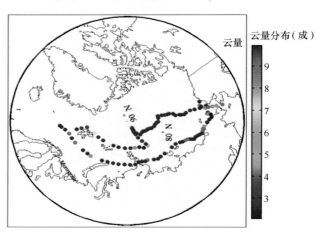

图3-38 东北航道和高纬航线云量分布

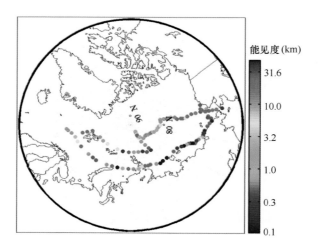

图3-39 东北航道和高纬航线能见度分布

海冰与浮式防波堤类似，是很好的消波消能器。冰区航行与普通水域航行的最大区别之一就是表面比较平静，浪高和涌高一般都小于 0.5 m（图 3-40）。受大风天气影响，沿东北航道，海况较差的航段包括拉普捷夫海和挪威海；沿高纬航线，海况较差的航段包括弗拉姆海峡和楚科奇海。上述海区均为无冰区。

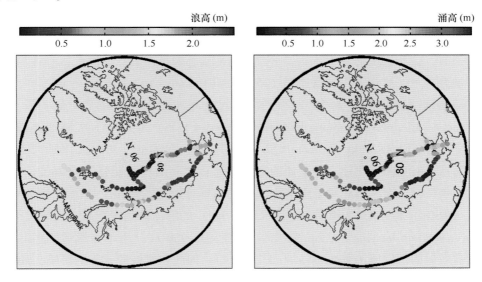

图 3-40　沿东北航道和高纬航线浪高和涌高的分布

3.2.9　小结

由于北冰洋多年冰明显地从欧亚扇区向加拿大一侧退缩，这在 2005 年以后更加明显，2007 年以后沿 NEP 几乎没有多年冰存在，从而很多比较厚的海冰逐渐减少。2003—2006 年，10-11 月 NEP 平均的海冰厚度为 1.2~1.3 m，2007—2012 年该值减小至 0.2~0.6 m。沿 NEP，所有航段适航期都在加长，以 50% 海冰密集度为阈值，平均适航期从 20 世纪 80 年代的约 50 d 增加到最近几年的约 140 d。适航期与海冰表面的融化期显著相关，相对融化开始时间，适航期更加取决于冻结的开始时间，其原因是后者呈现显著的滞后趋势。在过去 30 年，巴伦支海是冬季北冰洋海冰减少最明显的区域，从而导致 NEP 该航道接近全年适航。夏季太平洋扇区是北冰洋海冰减少最明显的区域，从而导致楚科奇海航段适航期明显增长。东西伯利亚海-喀拉海航段是 NEP 适航性较差的航段，其中 90°—110°E 维利基茨基海峡周边冰情最严重，然而最近 10 年，海冰也有明显减少的趋势。

HSR 的适航期同样也呈现加长的趋势，这可以看作 NEP 向北扩展。2012 年，HSR 完全无冰的时间持续约 42 d，然而 HSR 海冰的年际变化较大，除 2012 年以外，适航性还较差，目前还不适合于大规模的商业利用。与 NEP 相比，HSR 楚科奇海航段更加适航，因此弗兰格尔岛与俄罗斯沿岸之间的德朗海峡并不是优化的航线。

尽管，NEP 和 HSR 都趋于适航，然而对于整条航道，全线完全开通的时间还比较短，也不连续，因此实际应用时，必须根据实时冰情对航线进行适当调整。

3.3　北冰洋太平洋扇区海冰分布特征

北极海冰呈现快速减少的趋势，具体可以体现在海冰范围的减小（Xia et al.，2014），海冰厚度的变薄（Kwok and Rothrock，2009）以及多年冰覆盖率（Comiso，2012）和海冰体积（Laxon et al.，2013）的减小。夏季北冰洋海冰减少最显著的区域为从波弗特海至东西伯利亚海之间的太平洋扇区（Xia et al.，2014），其原因包括太平洋入流的增强（Shimada et al.，2006），北极偶极子正位相增强（Wang et al.，2009）以及反照率正反馈机制（Perovich et al.，2008）。尽管该扇区海冰的快速减少十分明显，然而由于大气环流的调节作用，年际差异也十分明显（Wei et al.，2014）。从动力学的角度，太平洋扇区的海冰在低纬度主要受波弗特环流的影响，在高纬度则受穿极流的影响。波弗特涡旋较强时，会有较多的多年冰从加拿大北侧传输到太平洋扇区，因此太平洋扇区海冰的热力学消退会影响到整个北冰洋多年冰覆盖率（Kowk and Cunningham，2010）。

根据卫星遥感被动微波亮温观测值能得到海盆尺度海冰覆盖率的时空变化。基于 ASI 算法，AMSR-E（Advanced Microwave Scanning Radiometer onboard EOS）及其继任者 AMSR2 的空间分辨率分别为 4 km×6 km 和 3 km×5 km（Spreen et al.，2008；Beitsch et al.，2014），因此相比 SSM/I，在海冰边缘区对海冰具有更高观测能力。上述两个卫星遥感产品的观测期分别为 2002 年 6 月至 2011 年 10 月和 2012 年 7 月至今，因此对于夏季海冰的观测具有较好的衔接。德国不来梅大学基于 ASI 算法，给出了 AMSR-E 和 AMSR2 相同分辨率（6.25 km）的海冰密集度产品。在晴天条件下，MODIS（Moderate-resolution Imaging Spectroradiometer）能提供 250 m 分辨率光学遥感产品，因此对小尺度的水道具有较好的识别能力（Beitsch et al.，2014）。因此在北极受云雾的影响，MODIS 难以给出连续的观测数据。不同于海冰表面特征的观测，从卫星遥感的角度，海冰厚度只能通过高度计观测数据反演得到。ICESat 的观测期为 2003—2008 年，CryoSat2 的观测期为 2010 年至今，因此目前并没有连贯的观测可利用。同时由于夏季海冰表面融池的影响，从高度计观测数据难以区分开阔水域和表面融池，利用观测数据反演海冰厚度所必需的参考面难以得到，因此利用高度计的观测依然难以反演得到夏季海冰厚度。

船基海冰观测属于快照式的观测，能得到诸如海冰密集度、厚度和表面特征从中尺度至大尺度的观测数据。船基观测是卫星遥感观测和地面观测之间的过渡，既能提供海盆尺度的海冰分布特征，又能得到诸如融池分布的小尺度信息。在南极，ASPeCt（Antarctic SeaIceProcesses and Climate program）观测规范从 20 世纪 90 年代使用至今。与 ASPeCt 类似，CliC 海冰工作组建立了专门针对北极海冰特征的观测规范 ASSIST（Arctic Shipborne Sea Ice Standardization Tool），与前者相比，后者增加了对海冰表面特征，如融池覆盖率和发展状态的描述。尽管有所差别，但 ASSIST 对海冰密集度和厚度的人工观测方法与 ASPeCt 和世界气象组织的蛋状观测规范（Egg code manual）是一致的。在相同海区，利用基于相同观测规范得到海冰走航观测数据，有利于对海冰的时空分布进行定量评估。例如，在北冰洋的太平洋扇区，自 20 世纪 90 年代以来开展了多个航次海冰走航观测，其中包括我国的第 2 至第 6 次北极考察（Lei et al.，2012a；Li et al.，2005；Lu et al.，2010；Perovich.，2009；Tucker IIIet al.，1999；Xie et al.，2013）。这个航次中，观测时间集中在 7 月底至 9 月初，2010 年之前的航次所使用的规范为 ASPeCt 或者 WMO 指南，其后的航次大多都是使用 ASSIST。船舶破冰过程中，冰脊容易被压碎，海冰厚度难以通过比较翻冰横断面和标志物得到（Tin and Jeffries，2003）。船舶悬挂的电磁感应技术能较好弥补上述走航人工海冰观测的不足（Hass，1998），因此被广泛应用到冰区海冰船基观测中。

海冰和海洋动力学的相互作用很大程度上依赖于冰底的形态学特征。例如冰底冰脊的频率密度和几何形态是建立冰-海拖曳系数参数化方案的基础（Lu et al.，2011）。冰基 EM 则能进一步提高海冰厚度的空间分辨率（Xie et al.，2013），然而仍然难以依据观测数据将冰底海冰形态从海冰厚度中区分出来。水下机器人搭载仰视声呐则能给出冰底形态高分辨率观测数据（Williams et al., 2014）。

本报告将根据中国第 6 次北极考察的观测数据，给出北冰洋太平洋扇区海冰的空间分布特征，观测结果与 1994 年以来在相同区域的船基观测结果比较，结合 AMSR-E 和 AMSR2 被动微波卫星遥感观测数据，从而得到海冰的年际变化趋势。

3.3.1　走航观测

中国第 6 次北极考察期间，"雪龙"船 7 月 29 日进入楚科奇海冰区（图 3-41）。在建立长期冰站之前的向北航段，"雪龙"船航行于 155°—170°W，进入冰区后在向北航段建立了 5 个短期冰站。长期冰站从 2014 年 8 月 17 日持续至 8 月 26 日。之后进入向南航行阶段，8 月 30 日再次进入海冰边缘区，之后自东向西航行，9 月 6 日离开冰区。

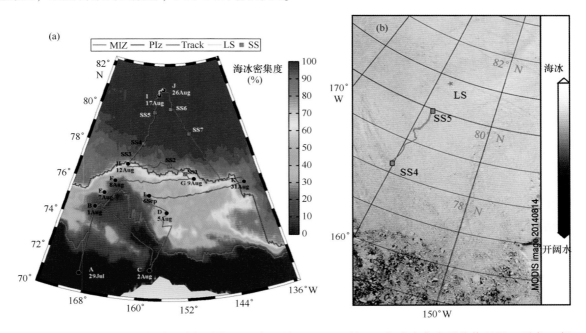

图 3-41　（a）AMSR2 被动微波得到的 2014 年 7 月 29 日至 9 月 6 日海冰密集度平均值以及"雪龙"船航迹、海冰边缘区和密集冰区南界、短期冰站和长期冰站位置；（b）8 月 14 日 MODIS 光学影像以及 8 月 14 日和 15 日"雪龙"船的航迹

走航期间，船侧悬挂了一个 EM31-ICE，该设备同时集成了积雪声呐、激光测距仪和 GPS，由声呐和激光测距仪可以得到仪器与雪面的距离，由 EM31 可以得到仪器与冰底的距离，两者之差则为积雪和海冰的总厚度。走航期间，人工海冰观测的依据是 ASSIST 规范，每隔 0.5 h 观测一次。除此，表面温度由安装于船侧的红外辐射计观测得到，表面温度的观测有助于我们识别海冰表面的融化状态。

3.3.2　冰基观测

在每一个短期冰站，我们设置一条 50~200 m 长的 EM 海冰厚度观测断面，沿断面每隔 10 m 进行一次钻孔海冰厚度观测。

如图 3-42 所示，在长期冰站，我们设计了一个类似梯形的观测区域（区域 1）用于钻孔和 EM

海冰厚度观测，一个矩形区域（区域2）用于水下机器人观测。两个剖面用于 EM、钻孔和水下机器人的对比观测。

图 3-42　长期冰站海冰厚度观测区域：区域 1 为电磁感应和钻孔比测区，区域 2 为水下机器人观测区，P1~P4 是电磁感应/钻孔/水下机器人观测断面

3.3.3　研究区域海冰面积和类型的变化

如图 3-43 所示，在研究期的开始阶段（7 月 29 日），2003—2014 年所有年份海冰边缘区都会延伸至我们定义的研究区域最南边界（70°N），然而海冰密集度的空间分布存在较大的差异。因此 7 月 29 日研究区域的海冰面积也存在较大的年际变化。总体而言，2007 年以前海冰面积较大，随后几年海冰明显减少，至 2009 年海冰有所恢复，2010—2012 年又有不同程度的减小，2013 年和 2014 年则有所增加。从 7 月 29 日至 9 月 6 日，2009 年和 2012 年的海冰面积减小率最大，较低的初值和较大的减小率与 2012 年夏季北冰洋海冰面积达到历史最低值是吻合的。7 月底，尽管 2013 年和 2014 年海冰面积接近，但由于减小率明显不同，8 月 20 日之前，2014 年的减小率较小，之后明显增大，平均面积 2014 年（7.6×10^5 km^2）略小于 2013 年（7.7×10^5 km^2）。比较发现，在 2003—2014 年中，2014 年的海冰面积处于第四多的水平，同样，密集冰区和海冰边缘冰区的南界纬度也处于第四偏南的水平，冰情总体仅次于 2005 年、2006 年和 2013 年。

对于相同的研究期（7 月 29 日至 9 月 6 日），2003 年至 2014 年研究区域海冰面积的年际变化与整个北极海冰面积以及年最低海冰范围的年际变化是基本同步的，前者能解释后两者 53.2%（$P<0.05$）和 65.5%（$P<0.01$）。这意味着研究区域是整个北极海冰变化的关键区域，也十分具有代表性。

2005—2014 年，4 月 30 日研究区域几乎完全被海冰覆盖，然而一年冰与多年冰的比例年际变化十分明显（图 3-44）。2007 年之后，多年冰面积明显减少，然而 2014 年研究区域多年冰面积呈现明显的增加，其面积（7.8×10^5 km^2）甚至比 2005 年和 2006 年的面积（7.4×10^5 km^2）还要大。由于没有夏季海冰类型的观测数据，这里将利用 4 月 30 日至 9 月 6 日海冰漂移浮标的漂移轨迹从动力学角度对研究区的多年冰收支进行分析。总体而言，研究区域海冰运动主要受波弗特环流的影响。在研究区域的东南边界，海冰主要以输入为主，输入的海冰主要是来自加拿大群岛北部的多年冰，对研究区域来说有利于增加多年冰的面积；相反，西南部的一年冰主要以向西输出为主；在西北方向，海冰主要向北运动，增强了一年冰和多年冰的混合，一部分多年冰也会随之输出至穿极流

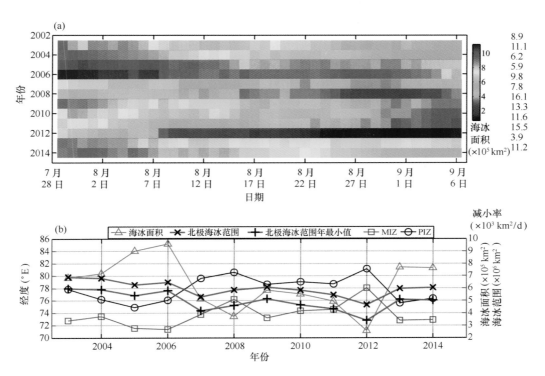

图 3-43 （a）研究区域 7 月 29 日至 9 月 6 日海冰平均面积从 2003 年至 2014 年的变化及其减小率；（b）研究区域海冰面积、密集冰区和海冰边缘区南界

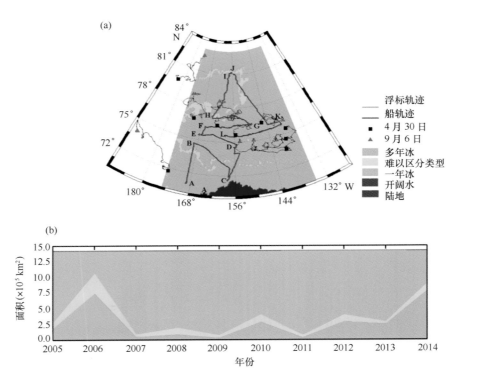

图 3-44 （a）2014 年 4 月 30 日研究区域海冰类型的空间分布以及从 4 月 30 日至 9 月 6 日的海冰漂移轨迹；（b）2005 年至 2014 年 4 月 30 日海冰类型的变化

区域；东北部虽然没有浮标观测数据，受波弗特环流影响，海冰应以输入为主，而输入的也应以北极中心区域的多年冰为主。综上所述，对于研究区域，从4月30日至9月6日，海冰的输入以多年冰为主，输出则以一年冰为主，从动力学角度，有利于多年冰的增加，可以说2014年研究区域多年冰偏多的状况会持续至夏季。这也可能是2014年夏季海冰偏多的主要原因。

3.3.4 沿航线海冰形态特征的空间分布

如图3-45所示，沿向北航线，海冰边缘区从A点（71°N）延伸至F点（76.2°N）。在海冰边缘区，海冰密集度和海冰厚度都呈现较大的空间变化，依据人工观测结果前者在0%~90%之间，后者在0.3~1.7 m。电磁感应的观测结果为0.1~3.7 m，半小时平均后，为0.5~1.8 m，范围与人工观测接近，但沿航线的相关性较差，相关系数为0.35（$P<0.05$）。在整个海冰边缘区，EM31的观测均值为0.92 m±0.45 m，明显比人工观测大（0.68 m±0.31 m）。其差异主要源于两种观测手段对冰脊的观测识别能力不一致，而海冰边缘区平整冰融化程度较高，冰脊所占的比例较大。进入密集冰区，海冰密集度从F点至G点快速增加，之后维持在70%。第4个短期冰站（8月14日，78.3°N）以北，海冰密集度进一步增加到90%以上。随之，人工观测的海冰厚度也从F点附近的0.4~1.4 m增加至长期冰站附近的1.1~2.0 m。EM观测结果也在SS4发生了较大的变化。这个冰站以北，海冰厚度小于0.2 m的薄冰明显减少，几乎很少出现。这与该区域海冰密集度较高，浮冰尺寸较大，水道很少出现，而且宽度一般小于EM的观测视场有关。半小时平均后，EM观测值从F点的0.4~1.5 m增加到长期冰站附近的1.1~1.3 m。在密集冰区，半小时平均的EM海冰厚度与人工观测值相关性较好，相关系数为0.75，在0.001的置信水平都是显著的。这与密集冰区冰脊对冰厚概率分布贡献较小有关。长期冰站后，在向南航线中，海冰密集度维持较大值，77.5°N以北大多维持在75%以上。随后海冰密集度逐渐减小。第7个短期冰站以南，考察船离开密集冰区，再次进入海冰边缘区。在向南航线，人工观测的海冰厚度和EM半小时平均值均有较好的相关性（$R=0.61$，$P<0.01$）。至76.1°N，测值减小至0.2~0.4 m。从点K至L，没有EM观测数据，人工观测得到的海冰密集度空间变化较大，在0~70%不等，人工观

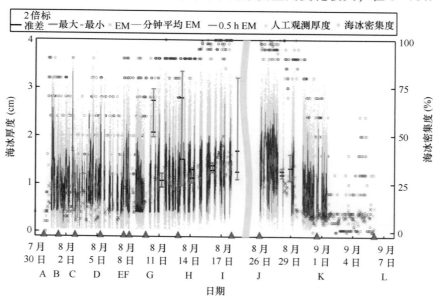

图3-45　船基EM及其分钟和半小时平均观测值，人工观测得到海冰密集度和厚度以及冰站EM冰厚

测得到的海冰厚度明显小于向北航线海冰边缘区的测值，约为 0.2~0.6 m，这意味着这个区域海冰在 9 月初接近完全融化。

所有冰站都位于海冰密集区，冰面 EM 观测的剖面均为表面看似平整的海冰。然而，观测数据表明只有第 2、第 4、第 5 和第 6 个短期冰站观测区可以被认为是平整冰，这些测区最大-最小范围和两倍标准差均小于 0.3 m。冰面 EM 冰厚观测值与船基人工观测值和半小时平均的 EM 测值十分接近。然而在其他冰站，冰面 EM 冰厚观测结果表面测区均为变形冰，其表面视觉上识别为平整冰的主要原因可能是风化作用。在这些测区，冰厚范围在 0.7~2.0 m 之间，与船基 EM 的观测范围较接近。

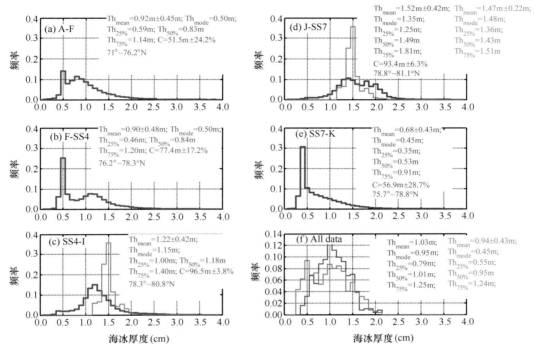

图 3-46　不同分区的海冰厚度频率分布

蓝色为船基 EM 测值，红色为冰站 EM 测值

依据海冰密集度，观测区域大致可以分为：1 区，从 A 点至 F 点，向北航线的海冰边缘区；2 区，从 F 点至第 4 个冰站，向北航线密集冰区的南部；3 区，从第 4 个冰站至 I 点，密集冰区的北部；4 区从 J 点至第 7 个冰站，向南航线的密集冰区；5 区从第 7 个冰站至 K 点，海冰边缘区。在 1 区，冰脊所占的比例较大，而薄冰较少。相对 1 区，尽管 2 区的海冰密集度明显加大，但海冰厚度并没有加大，其原因是在 2 区，海冰以平整冰为主，冰脊的比重减小。相对 2 区，3 区的海冰密集度和厚度都进一步加大，薄冰所占的比重明显减小。与冰基 EM 观测比较，尽管测值的范围差异较大，这与冰站规避了薄冰和变形较大的冰脊有关，然而两者对应平整冰的众值较为一致。与 3 区比较，4 区由于冰脊增多，厚度有所增大，众值范围从 1.1~1.8 m 增加至 1.4~2.0 m。由于在 4 区融池明显减少，因此薄的平整冰也随之减少，使得平整冰的峰值与冰脊峰值混合在一起，这是冰厚众值增大，范围变宽广的主要原因。与 1 区相比，尽管 5 区同样是海冰边缘区，海冰密集度接近，但海冰厚度明显减小。

图 3-47 给出了船基观测得到主要物理量的空间分布，其中表面温度是分钟平均。向北航线，

72.5°N 以南表面温度较高，在 3.0~6.0℃之间，这与该区域以开阔水域为主有关。在冰面，同样存在高于 0℃的现象，这与融池的出现有关，因此融池会放大反照率正反馈机制，促进海冰表面的融化。进入密集冰区，表面温度明显降低，在−6.0~1.5℃之间变化。与向北航线比较，无论是密集冰区还是海冰边缘区，向南航线表面温度都所降低，很少观测值会高于冻结温度，这表明海冰表面已经进入冻结期。

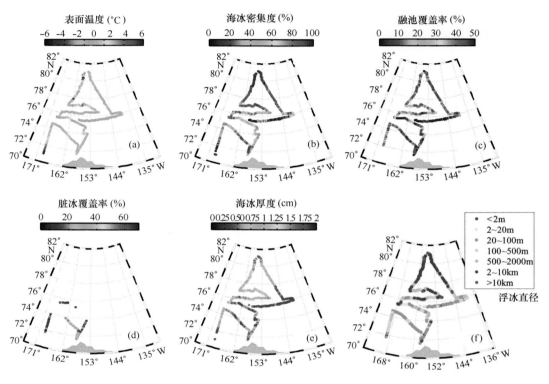

图 3-47　走航关键观测参数的空间分布

向北航线南部，从 A 点至 B 点，冰面融池十分明显，这主要与冰面较为粗糙，多为残留的多年冰有关，粗糙的冰面和较大的冰厚都有利于冰面融池的发展。然而，在该区域，由于海冰密集度相对较小，融池发育对表面辐射平衡的影响并不大。在向北航线的密集冰区，融池覆盖率最大可以达到 30%。若假设融池，积雪覆盖海冰和开阔水域的反照率分别为 0.3，0.7 和 0.1，海冰密集度为 95%，则融池和开阔水域对该区域反照率的影响分别为 17%和 5%，因此相对开阔水域，融池的影响更加大。相对于向北航线，沿向南航线，无论是密集冰区和海冰边缘区，由于表面开始重新冻结，融池明显减小。富含沉积物的脏冰只有在沿向北航线的海冰边缘区才有发现，这与浅水区的海冰的生长有关，波浪和湍流作用会把浅水陆架区的沉积物卷挟到水柱中，海冰生长过程被包括到冰内，从而增大冰内杂质的含量。另外，沿岸哺乳动物的活动也会增加冰表面的杂物。海冰的漂移，会导致冰载物质的输运，加大陆架-海盆之间的物质交换。富含沉积物的脏冰反照率也会比较低，从而加大对太阳短波辐射的吸收，促进表面的融化。因此我们观测到的脏冰，表面往往都比较粗糙。相对于海冰边缘区，密集冰区浮冰明显较大，大多都为直径大于 2 km 的大浮冰，在海冰边缘区，浮冰直径往往小于 500 m。相同密集度，若浮冰直径较小，则意味着与开阔水接触的周界总和会更大，从而加速海冰的侧向融化。

3.3.5 长期冰站海冰形态特征的空间分布

在长期冰站，沿 P1/P2 剖面积雪厚度和冰舷高度的平均值分别为 0.10 m±0.02 m 和 0.12 m±0.05 m，P3/P4 剖面则分别为 0.10 m±0.03 m 和 0.09 m±0.04 m（图 3-48）。一般地，冰脊区的积雪厚度和冰舷高度都会比较大。海冰拖曳冰厚沿两剖面平均为 1.51 m±0.37 m 和 1.31 m±0.06 m。比较钻孔和 EM 的测值，发现它们的平均绝对偏差小于 0.10 m，最大偏差发生在平整冰和冰脊区的衔接处，钻孔和 EM 的测值分别为 1.49 m 和 1.77 m，后者的测值明显偏大，这与后者的观测视场包含冰脊区有关。沿 P1/P2 剖面，在观测重叠区，ARV 搭载的仰视声呐沿向前和向后航线的测值分别为 1.42 m±0.25 m 和 1.42 m±0.16 m，与 EM 的测值接近，后者为 1.45 m±0.12 m。然而，沿 P3/P4 剖面，两者差异较大，这与海冰冰底形态空间梯度，尤其是垂直于航线方向的梯度较大有关，表面和水下观测位置的不一致，导致观测差异较大。与 EM 观测比较，ARV 搭载的仰视声呐具有以下优点：① 空间分辨率较高，对冰脊区具有较高的观测能力；② 在表面难以观测区域，例如融池，可以通过冰底水下观测得到海冰厚度。从我们的观测数据来看，在表面的融池底下，观测得到海冰拖曳厚度同样较小，这与融池的反照率较小有关，吸收的太阳辐射使得融池底部海冰孔隙加大，冰底融化加强（Perovich et al.，2002；Wadhams et al.，2006）。

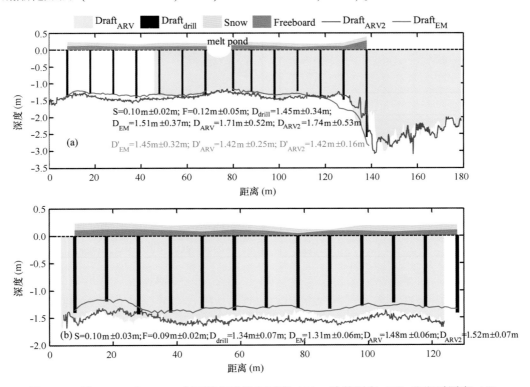

图 3-48 沿 P1/P2 和 P3/P4 剖面的海冰拖曳厚度（D）、冰舷厚度（F）和积雪厚度（S）

在长期冰站区域 1，沿右下角有多个融池发育，另外有两条冰脊在左侧和中部自上而下延伸（图 3-49），这些形态学特征都能反映在钻孔和 EM 的冰厚观测值中。观测值利用克里金插值法（Oliver and Webster，1990）插值到格点上。无论是积雪厚度，还是积雪加海冰的总厚度，插值前后的偏差平均小于 0.02 m，从而证明了插值方法的可靠性。对于积雪加海冰的总厚度，钻孔和 EM 的观测偏差为 -0.03 m±0.11 m，其中 50% 的偏差在 -0.10～0.02 m 之间。一般地，在冰脊邻近区，

EM 的测值较大，反之在融池邻近区，钻孔的测值较大，这同样与 EM 的观测视场受周边地物影响有关。区域 1 的积雪厚度在 0.03~0.15 m，表面较粗糙的冰面，如冰脊或融池周边，一般积雪厚度都会比较大，这与风吹雪作用在粗糙表面的衰减有关。8 月 25 日的重复观测表明，海冰厚度平均为 1.35 m，与 8 月 19 日的观测值接近（1.37 m），这表明海冰处于平衡期，并未出现可识别的海冰融化。Lei 等（2012b）的观测研究表明，2010 年 8 月 9—18 日，87°N 的区域，海冰冰底的融化率为每天 0.008 m。这与 2010 年北冰洋中心区域发生显著的海冰减小有关，在观测区周边，海冰密集度在 70%~85%，浮冰之间存在大量宽广的水道，而且这种现状并不是局地的，低密集冰区从北极中心区域一直延伸至欧亚海盆中部（Kawaguchi et al.，2012）。海冰密集度偏小，融池偏多，则意味着大量太阳短波辐射将被海冰-海洋系统吸收，上层海洋吸收的短波辐射增强，冰底海洋热通量增加，促进海冰融化。相反，2014 年在我们的观测区，78.5°N 以北区域海冰密集度大多大于 95%，从而抑制了海洋对太阳短波辐射的吸收和海冰的融化。

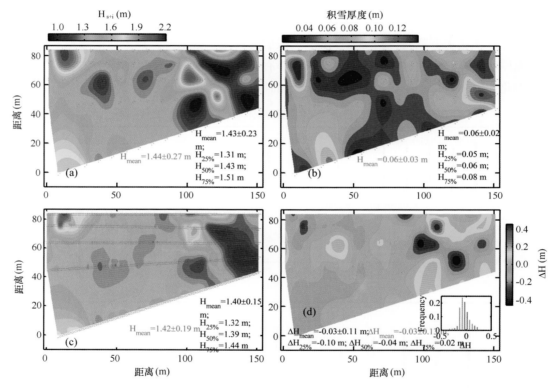

图 3-49 钻孔得到的积雪-海冰总厚度和积雪厚度的空间分布（a~b），8 月 19 日 EM 观测得到的积雪-海冰总厚度（c），以及钻孔与 EM 的偏差和频率分布（d）

在区域 2，插值前后平均值、25%、50% 和 75% 极值的海冰拖曳厚度偏差均小于 0.05 m（图 3-50），水下机器人的观测结果表明冰底形态呈现较大的各向异性，没有识别到线状的冰脊。在浮冰坐标体系的 -35 m 和 -15 m 观测到了一个明显的冰丘。以坐标 -63 m 和 -48 m 为中心，存在一个较大的融池，该融池底部的拖曳冰厚也比较小（1.20~1.30 m），其他小于 1.30 m 的拖曳冰厚也大多与表面融池有关。然而，2.0~2.9 m 之间的冰丘拖曳冰厚在表面几乎不能被识别为冰丘，这也与表面的风化过程有关。将积雪和冰舷厚度（0.05~0.35 m）叠加到拖曳厚度上，则积雪-海冰的总厚度在 1.05~3.25 m 之间，这与船基观测的范围基本一致，只是缺少薄冰的观测值。在重叠区域，第 2 次与第 1 次，第 3 次与第 2 次以及第 3 次与第 1 次观测的 50% 偏差分别在 -0.03~0.15 m，-0.12~

0.06 m，-0.14~0.19 m 之间（图 3-51）。虽然大部分偏差都属于可接受范围，但偏差的范围也比较大，从-0.95 m 至 0.98 m 不等，这与观测航迹有关。沿航迹线，观测分辨率为 0.10 m，然而旁向分辨率最粗为 10 m，当两次观测航迹线不能完全重合时，插值会导致航迹线之间存在较大的偏差，为解决该问题，一方面可以优化航迹线的布置，每次观测布置相互垂直的航迹线网络，加大旁向的分辨率；另一方面可以采用多波束代替仰视声呐对冰底实施三维高分辨率的观测（Wadhams et al.，2006；Williams et al.，2014）。

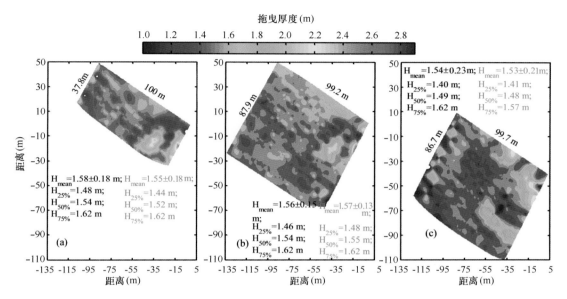

图 3-50　水下机器人 3 次观测得到的海冰拖曳厚度的空间分布

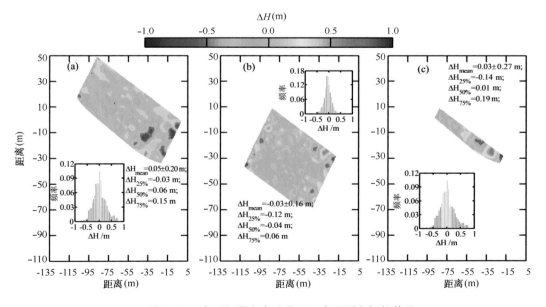

图 3-51　水下机器人在重叠区 3 次观测之间的偏差

3.3.6　与历史航次观测结果比较

本报告收集了 1994 年，2005 年，2006 年，2008 年，2010 年，2012 年和 2014 年共 7 个航次的海冰走航观测数据，依托的船只包括 Polar Sea，Oden，St. Laurence 和"雪龙"船等。其中 1994 年 AOS（Arctic Ocean Section）航次，美国船只首次到达北极点，加拿大海岸警卫队的 St. Laurence 号也参加了该考察项目，该航次并实现了穿极考察。2005 年是瑞典 Oden 号和美国海岸警卫队 Healy 号的穿极考察项目（Healy - Oden Trans - Arctic Expedition，HOTRAX）。2006 年和 2012 年则是 St. Laurence 号在波弗特海的常规观测航次，2008 年，2010 年和 2014 年则是我国第 3 次、第 4 次和第 6 次北极考察。2012 年我国的第 5 次北极考察观测区域主要集中在东北航道区域，因此观测数据不进行对比分析。

上述航次的观测区域和观测得到海冰密集度如图 3-52 所示。由观测结果可知，相对 1994 年的观测值，最近 8 年的海冰密集度均明显减少。1994 年 8 月初，75°N 以北均为海冰密集区，一直至北极点，海冰密集度均大于 8 成。2005 年相对 1994 年，在相同时间（8 月初），海冰边缘线向北退缩了约 7 个纬度，海冰密集区退缩至 84°N。2008 年冰情与 2005 年类似，2010 年在观测扇区出现了穿极融化现象。至 88°N，依然存在密集度小于 8 成的区域，这使得"雪龙"船能行驶至 88.4°N。2012 年海冰边缘在 8 月上旬的气旋作用下，迅速退缩，大片密集冰在气旋作用下，向低纬度漂移，在热力和动力的作用下，海冰迅速融化，加快了海冰减少，该气旋是 2012 年北极海冰面积达到历史最低纪录的主要因素之一。2014 年，尽管夏季北冰洋海冰面积依然处于较低水平，是 1979 年以来的第 6 低值，1979—2014 年北冰洋海冰 9 月的海冰覆盖范围每 10 年减少 6.9%。然而由于 2013—2014 年冬季在较强的波弗特环流作用下，大量的多年冰从加拿大北侧被携带漂移至北极的太平洋扇区。如图 3-54 所示，相比于 2013 年，2014 年多年冰的分布明显偏多，在波弗特海，楚科奇海和东西伯利亚海均有大量的多年冰分布。同时，2014 年夏季没有发生大尺度的气旋活动，这导致分布于太平洋扇区多年冰只能在热力学作用下融化，这导致该年夏天海冰边缘线明显偏南，8 月初，海冰密集区向南延伸至约 79°N。在中国第 6 次北极考察中，"雪龙"船也只能行驶至 80°N，该区域海冰密集度接近 10 成，且均为冰脊密集的多年冰。

在上述航次中，2005 年、2010 年、2012 年和 2014 年的航次实施了融池的走航观测。融池由于其反照率相对积雪覆盖的海冰和裸冰的反照率都明显偏低。取决于其表面特征，融池的反照率在 0.2~0.6 之间，接近融透的融池反照率与开阔水接近，约为 0.2，浅融池的反照率在 0.3~0.4 之间，当融池表面发生重新冻结时，反照率迅速升高，在 0.5~0.6 之间，当重新冻结的融池表面有积雪时，反照率与海冰表面的反照率没有太大的区别。融池覆盖率与海冰密集度与纬度有关。在海冰边缘区，由于海冰大多已经高度破碎，融池也大多已经完全融透，因此融池覆盖率会比较小。在纬度比较高的密集冰区，由于海冰融化时间较短，融池覆盖率也比较低。例如 2005 年和 2010 年的观测数据中发现在 87°N 以北区域融池覆盖率明显减小，2014 年的观测数据则显示在 79°N 以北区域融池覆盖率明显减小。因此，较大的融池覆盖率主要出现在低纬度的密集冰区。

简单地将开阔水的反照率设定为 0.1，裸冰和积雪覆盖海冰的反照率为 0.7，融池的反照率为 0.4。可以得到不考虑融池影响和考虑融池影响的反照率空间分布，从而可以评价融池对表面反照率和表面辐射强迫的影响。图 3-55 给出了考虑和不考虑融池的反照率空间分布。在融池覆盖率比较大的区域，两者的反照率相差达 0.2~0.3。也就是说，若考虑融池的分布，海冰-海洋系统对太

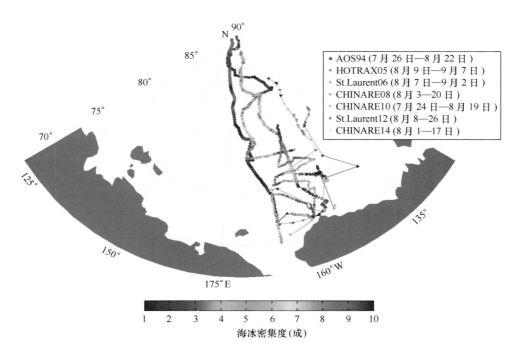

图 3-52　基于 7 个航次得到的 1994—2014 年北极太平洋扇区海冰的时空分布

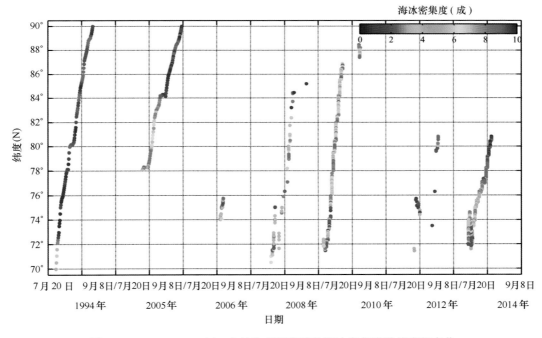

图 3-53　1994—2014 年 7 个航次观测得到的海冰密集度随纬度的变化

阳短波辐射的吸收率将增加 40%～60%，充分说明了融池发展对反照率正反馈机制的影响。在模式计算中，对区域平均反照率一般只根据海冰密集度进行参数化，这将明显高估反照率，低估了反照率的正反馈机制。

　　从图 3-54 也可以看出，2010 年融池覆盖率较高的区域已经延伸到较高的区域，融池发展不但会影响表面辐射强迫和海冰的融化，还会明显降低浮冰的力学强度。研究表明相同厚度的浮冰，夏

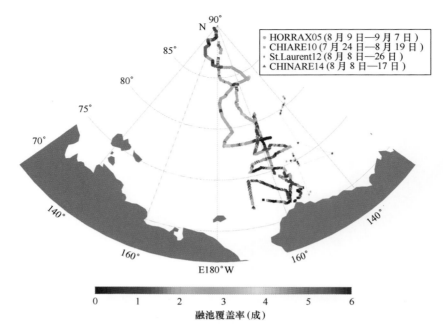

图 3-54　融池覆盖率的空间分布

季由于融池的发展会导致其力学强度相对冬季降低 30%~50%。2010 年穿极融化不但表现在海冰密集度减少，还表现在融池的高度发育，这也是导致"雪龙"船能航行至历史最高纬度的主要原因之一。

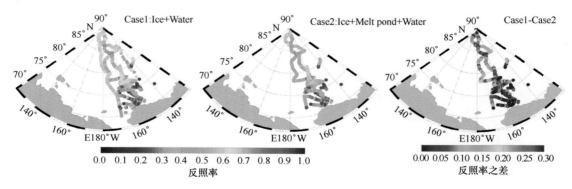

图 3-55　北极太平洋扇区不考虑融池和考虑融池的反照率空间分布以及两者之间差

3.3.7　小结

　　卫星遥感和船基观测均表明 2014 年夏季北冰洋太平洋扇区（135°—175°W）海冰冰情相对较重。这主要与冬季从加拿大群岛北侧输运而来的多年冰偏多有关。多年冰偏多导致夏季海冰退缩缓慢，密集冰区难以形成大片的开阔水域和宽广的水道，浮冰尺寸维持较大水平。从而导致反照率正反馈难以发挥足够的作用，上层海洋吸收的短波辐射相对较小，抑制了冰底的融化。

　　船基观测表明，海冰边缘区主要以变形冰为主，7 月底冰厚还比较大，导致船基人工观测和 EM 观测得到的海冰厚度差异较大。进入密集冰区后，平整冰厚度从 76°N 的 0.4~1.4 m 增加到了 81°N 的 1.1~2.0 m，然而沿向南航线，平整冰随纬度变化较大，至密集冰区的南边界 76.5°N，平

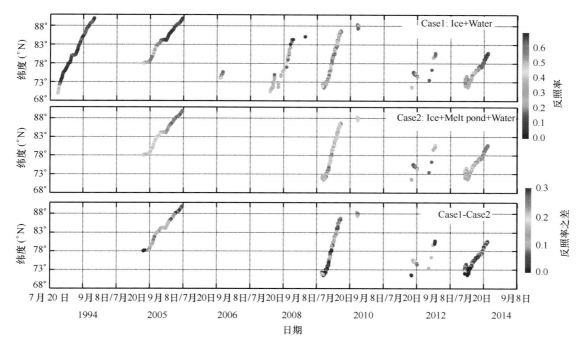

图 3-56 不考虑融池和考虑融池反照率随纬度的变化

整冰厚度为 0.5 m。这与不同纬度，海冰的融化率差异较大有关。中心区域，海冰密集度较大，冰底至 8 月下旬接近热力平衡，相反在密集冰区南部，能得到大量来自海冰边缘区的热量，加速海冰融化。相比于 7 月 29 日至 8 月 17 日的向北航线，8 月 26 日至 9 月日沿向南航线的最大变化包括：① 表面融化开始，导致融池减少，反照率上升；② 海冰边缘区海冰厚度明显减小，边缘区向北退缩了 450~550 km，鉴于密集冰区退缩较小，海冰边缘区范围收窄。

3.4 北极海冰输出区运动特征

海冰运动是海冰对表层海流拖曳力、风拖曳力、科氏力、沿倾斜海面的重力分量以及海冰之间内应力的响应（Tremblay and Mysak，1997）。海冰运动会影响海冰厚度的重新分布，从而影响大气-海洋之间的能量和物质交换（Heil and Hibler，2002；Zhang et al.，2010）。随着北冰洋海冰的减少，海冰密集度和厚度的减小以及极区气旋活动的增多，北冰洋海冰运动速度有加快的趋势，从而增强了海冰的形变并降低了海冰的力学强度（Hakkinen et al.，2008；Rampal et al.，2009；Spreen et al.，2011；Zhang et al.，2012；Gimbert et al.，2012a）。这些因素正反馈于海冰变化，导致北冰洋海冰变得更加薄，并趋于一年冰。海冰的减少，尤其是多年冰的减少，很大程度上都与海冰从弗拉姆海峡等边缘口门输出后生长季得不到足够的补充有关（Nghiem et al.，2007）。

海冰的运动伴随着潜热和淡水的输运，其中最明显的是海冰从北极中心区域从弗拉姆海峡输送到北大西洋的过程（Cox et al.，2010）。弗拉姆海峡海冰输出引起的淡水输出约占北冰洋淡水输出的 25%（Serreze et al.，2006），从对北大西洋深层水形成和全球的热盐环流做出影响（Stouffer et al.，2006）。

虽然卫星遥感能提供海冰运动海盆尺度的产品，但由于其粗糙的时空分辨率，限制了其应用价值（Stern and Lindsay, 2009），而且夏季难以得到有效的卫星遥感产品。因此，地面观测是卫星遥感的有效补充，前者也能对后者进行验证。为得到海冰形变特性，海冰漂移浮标阵列观测十分必要，然而在过去的浮标布放中，大多都过于离散，难以满足提取冰场形变率的要求（Rampal et al., 2008）。

这里，我们将利用42个海冰漂移浮标观测数据分析海冰从北极中心区域至弗拉姆海峡漂移过程运动特征的时空变化（图3-57），其中包括3个在中国第4次北极考察布放的浮标（A~C）以及1个北极点环境观测项目（North Pole Environmental Observatory Program）布放的海冰物质平衡浮标（IMB2010A；Timmermans et al., 2011）以及国际北极浮标计划（International Arctic Buoy Program, IABP）存档的38个浮标。其中IABP存档的浮标由于采样频率大多为12 h，而且早期的浮标大多用Argos定位，精度约为150 m，因此难以满足频域分析的要求，只对其进行长期变化分析。2010年布放的浮标A~C和IMB2010A具有采样频率和定位精度高的优点，有利于分析其频域特性并提取冰场形变率。

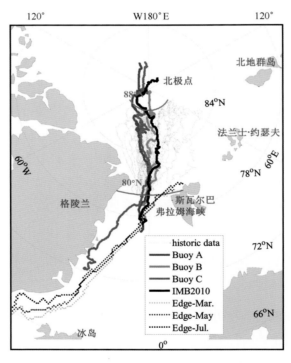

图3-57　浮标漂移轨迹

2010年布放的浮标中包括2个加拿大MetOcean公司生产的CALIB海冰漂移浮标（A和B），1个苏格兰海洋科学协会生产的SIMBA浮标（C）以及1个加拿大生产的海冰物质平衡浮标（IMB 2010A）。浮标A，B和IMB 2010A都装配有Navman Jupiter 32 GPS接收器，采样频率为0.5 h，浮标C装配有Fast trax UP501 GPS接收器，采样频率为6 h。浮标布放前，浮标1-C在"雪龙"船上进行比对实验，7 d的实验表明，相互的定位偏差优于15 m。

为量化海冰运动的频域信号，我们利用3 d的滑动时间窗对标准化的海冰运动速度进行傅里叶分析。标准化的海冰运动速度将减小运动速度绝对量对频域的影响。3 d的时间窗口选择则主要是考虑剔除天气尺度和季节尺度的信号，而只关注从小时到天的信号，从而得到海冰运动的内振荡规律。这里分析了浮标 A、B 和 IMB2010A 的频域信号。海冰运动的惯性振荡取决于纬度：

$$f_0 = 2\Omega\sin\theta \tag{3-1}$$

式中，f_0 为惯性频率，单位为 cycle/d；Ω 为地球的自转角速度（1.002 736 cycles/d）；θ 为纬度。在 80°—90°N 纬度范围，其惯性频率为 2.01～1.98 cycles/d。该频率与半日潮的惯性频率接近，为将两者加以区分，我们将对速度矢量进行复数傅里叶分析，根据 Gimber 等（2012b），复数傅里叶变换定义为：

$$\widehat{U}(\omega) = \frac{1}{N}\sum_{t=t_0}^{t_{end}-\Delta t} e^{-i\omega t}(u_x + iu_y) \tag{3-2}$$

式中，N 和 Δt 速度采样的数量和时间间隔；t_0 和 t_{end} 分别为时间窗口的开始时间和结束时间；u_x 和 u_y 为海冰运动的两个分量；ω 是圆频率。

假定海冰为各向同性的连续介质，漂移浮标阵列观测数据可以用于计算冰场形变中的扩散/汇聚率和剪切率（Herman and Glowacki，2012）。浮标布放后，浮标 A～C 大致构成三角形，但由于它们的距离较大，根据 Heil 等（2008）的建议，冰场的扩散/汇聚大致可以表示为浮标距离的变化。

连同 2010 年布放的 4 个浮标在内，本报告收集了 1979—2011 年 42 个冰基浮标观测数据，这些浮标都从北冰洋中心区域漂移至弗拉姆海峡。通过日位移得到浮标运动速度将通过不考虑年份的集成和插值得到从 88°N 至 80°N 的空间变化和不同纬度速度的季节变化。利用每个月浮标的累积位移与净位移的比值定义了浮标的曲折度（Hei et al.，2008），该曲折度会影响海冰在北冰洋的滞留时间，分析了曲折度的空间变化以及与北极偶极子的关系，海冰输出时间的长期变化趋势以及与北极偶极子以及夏季北极海冰范围变化之间的关系。

利用 NCEP/DOE 再分析数据得到了浮标位置 10 m 近地面的风速，分析了海冰运动对风强迫的响应，利用 AMSR-E 被动微波观测数据得到了浮标附近的海冰密集度，从而量化了海冰运动的自由度，并分析了海冰运动自震荡强度与自由度的关系。

3.4.1 2010 年布放浮标的运行情况

浮标布放后，所有浮标都在穿极流的驱动下向弗拉姆海峡漂移（图 3-58）。由于较大尺度的气旋活动，导致 2010 年夏季北冰洋中心区域出现了较大范围的低密集度冰区，该状况从北冰洋中心区域一直延伸至弗拉姆海峡北部，从而出现了"穿极融化"现象（Kawaguchi et al.，2012）。这也导致在第 4 次北极考察中，浮标布放位置周边海冰密集度均较低（Lei et al.，2012）。浮标 A～C 布放时，气温在冰点温度以上，海冰尚处于融化期。从 9 月中旬始，表面气温开始低于 0℃，除了个别增温事件外，对于浮标 B，低于冰点的表面气温一直维持至浮标结束工作。在浮标 A 和 C 位置，表面气温至 2011 年 5 月底上升至冰点温度，并很快高于 0℃。浮标 C 温度链观测表明海冰生长季节从 2010 年 10 月开始至 2011 年 5 月结束。对于 IMB2010A，表面气温从 2010 年 4 月至 6 月中旬持续升高，之后在 0℃附近波动，直至 2010 年 8 月底，之后逐渐下降。因浮标漂移至海冰边缘区，浮标 A～C 和 2010A 分别结束于 2011 年 5 月、3 月和 7 月以及 2010 年 12 月。

3.4.2 海冰运动速度

由 6 h 位移计算得到的海冰运动速度在 0.01～0.64 m/s 之间，从北冰洋中心区域至弗拉姆海峡

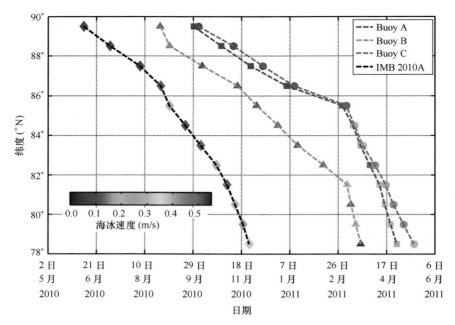

图 3-58 海冰运动速度随纬度的变化

有逐渐加速的趋势。观测区的平均海冰速度为（0.15±0.12）m/s，这是整个北冰洋平均值的 2 倍（Zhang et al.，2012），说明北冰洋海冰输出区海冰运动速度明显大于北冰洋中心区域。海冰的纬向速度一般都小于 0.2 m/s，明显小于经向速度，径向速度与纬向速度之比在 1.14~1.64 之间。从北冰洋中心区域至弗拉姆海峡，该速度也有逐渐增加的趋势。在 82°—78°N 纬度区间，该比值对于不同的浮标在 1.50~3.14 之间。浮标 A、B 和 2010A 在弗拉姆海峡趋于向东漂移，最后进入海冰边缘区，不同于上述浮标，浮标 C 趋于向西漂移，最后进入东格陵流区，该区域海冰较为密集度，这也导致了浮标 C 在弗拉姆海峡区域的加速并不明显。

在 81°N 以北，浮标 A 和 C 较接近，相距在 34~62 km 之间，因此除了个别时段受气旋活动影响外，两者的运动速度较为一致（图 3-59），月相关系数均在 0.9 以上。然而在弗拉姆海峡区，由于两个浮标流经的冰区冰情差异较大，加速过程也有较大的差异。在 88°—85°N，浮标 B 的运动速度与浮标 A 和浮标 C 接近，然而在 85°—83°N，浮标 B 的运动速度相对较小，这与一中尺度气旋活动有关，该气旋导致浮标处于不同的风强迫下，浮标 B 的风强迫趋于向北，相反，浮标 A 和浮标 C 趋于向南。同样，浮标 2010 年在从北冰洋中心区域向弗拉姆海峡漂移过程中也呈逐渐加速的趋势。

3.4.3 对风强迫的响应

表 3-7 总结了不同分区海冰漂移速度与表面风速之间的关系。84°N 以北，海冰漂移速度约为风速的 1.6%~2.2%，随着靠近弗拉姆海峡，该比值有所增加，在 84°—80°N 为 1.9%~3.0%，80°N 以南为 3.3%~8.8%。在弗拉姆海峡的比值比北冰洋其他区域报道的值都要大。在高纬度区域，海冰漂移速度与风速的相关度则相对弗拉姆海峡较大，这可能与海峡区表面海流速度较大有关。然而风强迫的季节变化也导致了浮标 2010A 的统计结果与其他浮标略有不同。

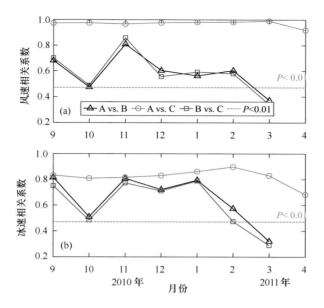

图 3-59 各个浮标风速和冰速的相关系数

表 3-7 海冰漂移速度与表面风速之间的关系

纬度		^1R_a (%)	^2R	冰风同向			冰风垂向			冰风反向	
				^3P (%)	^4V (m/s)	$^5\alpha$ (°)	^3P (%)	^4V (m/s)	^3P (%)	^4V (m/s)	
A	>84°N	1.6	0.72	68.0	0.12 (±0.07)	19	28.0	0.08 (±0.06)	4.0	0.03 (±0.02)	
	80°—84°N	2.9	0.80	77.1	0.22 (±0.12)	15	22.1	0.12 (±0.05)	0.8	0.05 (±0.00)	
	76°—80°N	3.3	0.11	43.7	0.27 (±0.13)	1	33.8	0.31 (±0.18)	22.5	0.28 (±0.13)	
B	>84°N	1.7	0.84	67.4	0.12 (±0.07)	22	31.6	0.09 (±0.05)	1.0	0.03 (±0.01)	
	80°—84°N	1.9	0.84	72.0	0.17 (±0.13)	19	26.0	0.11 (±0.09)	2.0	0.04 (±0.03)	
	76°—80°N	4.5	0.15	68.1	0.38 (±0.16)	18	31.9	0.36 (±0.16)	0.0	—	
C	>84°N	1.8	0.57	65.6	0.12 (±0.07)	18	28.8	0.09 (±0.07)	6.6	0.05 (±0.03)	
	80°—84°N	2.7	0.58	69.3	0.18 (±0.08)	14	26.8	0.14 (±0.07)	4.9	0.13 (±0.09)	
	76°—80°N	3.3	0.17	43.6	0.21 (±0.08)	20	38.5	0.18 (±0.09)	17.9	0.13 (±0.04)	
	<76°N	5.9	0.08	51.1	0.17 (±0.07)	9	40.4	0.22 (±0.16)	8.5	0.16 (±0.11)	
IMB 2010A	>84°N	2.2	0.35	42.1	0.11 (±0.06)	11	44.7	0.10 (±0.05)	13.2	0.07 (±0.05)	
	80°—84°N	3.0	0.26	62.3	0.16 (±0.06)	10	34.7	0.15 (±0.07)	3.0	0.11 (±0.06)	
	77°—80°N	8.8	0.29	58.2	0.25 (±0.13)	7	19.4	0.25 (±0.14)	22.4	0.20 (±0.15)	

^1R_a 为冰速与风速之比;^2R 为冰速与风速之间相关系数;^3P 为概率;^4V 为平均风速;$^5\alpha$ 为冰矢量与风朝向的夹角。

　　根据 Viham 等 (1996) 的建议,海冰漂移与风强迫的关系可以分成以下 3 类:① 漂移方向与风朝向夹角小于 45°,认为海冰漂移与风是同向的;② 夹角在 45°—135°之间,认为是垂直的;③ 夹角大于 135°,认为是反向的。在弗拉姆海峡以北,42%～82%的观测采样可以被定义为同向,在弗拉姆海峡,较强表面流会导致当风向与流向不一致时,风和海冰难以同向。当海冰和风同向时,海冰漂移速度相对较大。

以浮标 A 为例，2010 年 10 月和 12 月以及 2011 年 1 月，浮标所在位置没有主导的风向，从而导致海冰运动方向分布也比较宽广，没有主导的方向（图 3-60）。相反，2010 年 11 月和 2011 年 3 月，风向分布相对集中，而且与表面流向较为一致，导致海冰漂移方向也十分集中，偏右于风朝向约 20°，结果海冰漂移轨迹曲折度较小，接近于直线。2011 年 2 月，尽管风朝向较为集中，但与表面流方向几乎相反，主要为北到东北方向，因此，浮标 A 在该月包括两个主方向，净位移非常小，约为 16 km。

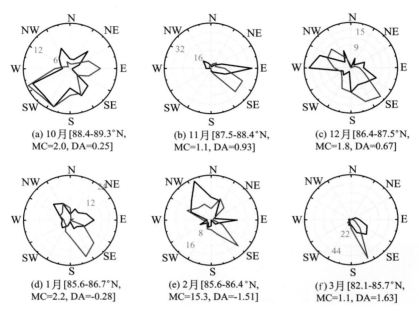

图 3-60　每个月浮标 A 所在位置风朝向和冰速矢量方向分布，
其中 MC 和 DA 为海冰运动曲折度和北极偶极子指数

3.4.4　海冰运动内振荡

对标准化海冰运动速度标量傅里叶变换后，频域信号能量主要集中在低于 1.0 cycle/d 的低频信号，而在半日信号中，能量也十分突出（图 3-61）。海冰运动速度矢量傅里叶变化后，频域振幅呈现明显非对称结构，在 -2 cycle/d 存在明显的峰值，而在 2 cycle/d 则不存在对称的峰值。这意味着海冰运动存在单调的顺时针涛动（Heil et al., 2008；Gimbert et al., 2012b），这也可能从海冰运动轨迹中加以验证。因此该半日信号主要来自于海冰的内振荡惯性响应，而不是对潮汐的响应。

然而该由海冰惯性振荡引起的半日信号存在明显的季节变化，夏季明显较强。对于浮标 A，B 和 2010A，其值分别在 8 月 18—20 日，20—23 日以及 10—12 日达到峰值。浮标 A 和 B，该值从 2010 年 8 月至 9 月较强，之后随着冬季的来临，海冰密集度和冰内应力逐渐增加，惯性振荡强度逐渐减小。浮标 2010A 在 88°—84°N 经历了夏季，从 7 月底开始，海冰密集度逐渐减小，至 8 月 15 日达到最低值 65%。从而，海冰惯性振荡强度逐渐减小，直至 9 月中旬才有所增加，这与 Gimbert 等的研究结果是一致的。另外，当海冰漂移至海冰边缘区，自振荡也有加强，然而由于经历过程较为短暂，其增加不是十分明显。

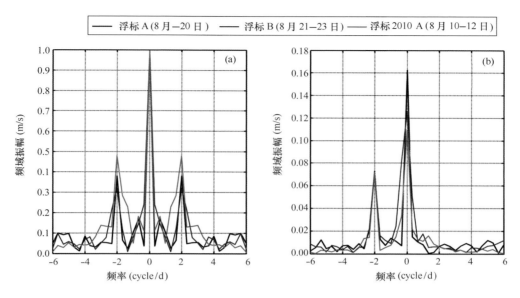

图 3-61　（a）标量标准化冰速傅里叶变换后的频域振幅；
（b）标准化冰速矢量傅里叶变换后的频域振幅

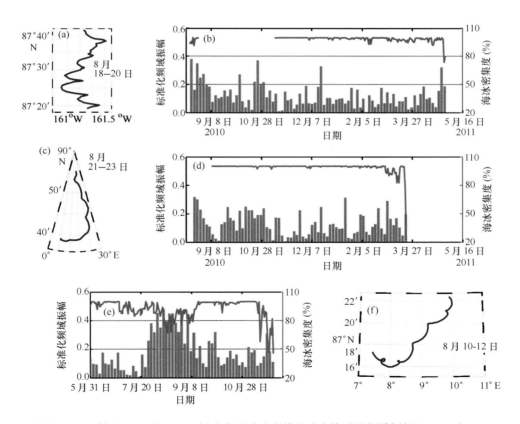

图 3-62　浮标 A，B 和 2010A 标准化运动速度傅里叶变换后的频域振幅（b，d 和 e）
以及振幅达到最大值时海冰运动轨迹

3.4.5 海冰冰场形变

浮标 A~C 布放后最初大致构成一个等腰三角形（图 3-63）。2011 年 2 月底之前三角形面积变化不大。从 2010 年 12 月至 2011 年 2 月，浮标 B 进入 84°N 以南后，其径向加速以及浮标 A 和 C 向海峡方向汇聚导致三角形 ABC 有所变形，然而该过程三角形的底边收窄和两边加长相互抵消，面积变化不大。之后变形加大，三角形面积迅速减小，在 2011 年 3 月，面积减小了约 90%。径向的扩散和纬向的汇聚，导致三角形内的海冰密集度变化不大，直至浮标 B 进入海冰边缘区才有所减小（图 3-64）。

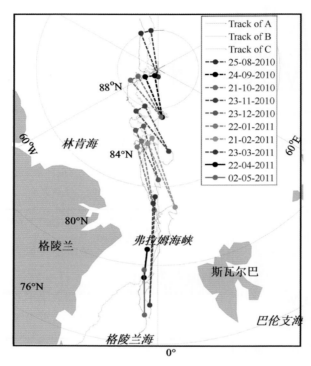

图 3-63　浮标漂移轨迹以及每 30 d 的位置

3.4.6 海冰运动的季节变化

利用 42 个浮标，不考虑年份，得到了不同纬度海冰运动速度的季节变化（图 3-65）。插值原数据在时空上的均匀分布保证了插值有效性。比较 2010 年的观测值以及 1979—2011 年的气候平均，发现 2010 年海冰运动速度相对较大，但仍然在 1 倍标准差内，因此可以说 2010 年数据的分析依然具有较好的代表性。1979—2011 年气候平均得到的 81°—80°N 的海冰漂移速度为 0.18/s，约为 88°—84°N 的 2 倍（0.08~0.10 m/s），该值也与 Haller 等（2014）给出的 2007—2009 年浮标阵列的观测值接近，后者在 85°N 为 0.08 m/s，在弗拉姆海峡为 0.21 m/s。

海冰运动速度和标准差从 84°N 至 80°N 都明显增加，标准差的增加主要与风强迫在低纬度区域季节变化加大有关。从季节上看，海冰运动速度从 9 月至翌年 5 月逐渐加大（图 3-65），这与风强迫的季节变化是一致的。从 9 月至翌年 5 月，风朝向以向南为主，其速度从 10 月至翌年 3 月较大，因此具有加速穿极流和增加南向海冰速度的作用。相反，6 月至 8 月，风主要以朝向偏北为主，与

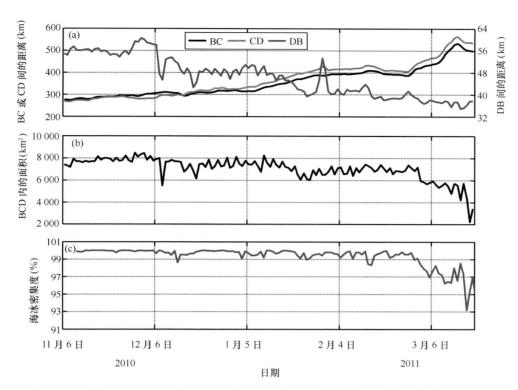

图 3-64 浮标 B-C-D 间的距离 (a) 以及三角形 BCD 面积以及内部海冰密集度 (b, c)

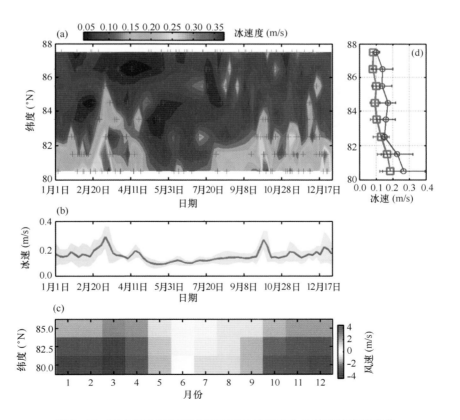

图 3-65 海冰运动速度和表面风速的季节变化及其随纬度的变化

穿极流方向相反，这时海冰速度相对较小。结合冬季海冰密集度较大的基本条件，穿越弗拉姆海峡的海冰输出量必然存在显著的季节变化，这就是 6—9 月海冰输出量只占全年的 13% 的主要原因（Kwok，2009）。

3.4.7　海冰运动的长期变化及其对大气环流的响应

基于 1979—2011 年的观测数据，浮标从 88°N 至 80°N 的输出时间平均为（183±50）d，2010 年布放的浮标则为（154±29）d，相对长期平均快，但依然在 1 倍标准差中，再次证明了 2010 年数据具有代表性。线性回归表明，从 1979 年至 2011 年在 0.05 的置信水平上没有显著的变化趋势。相反，输出时间存在明显的年际变化，这与北极偶极子（DA）对穿极流的影响有关（Wang et al.，2009）。DA 正位相增强时，穿极流增强，海冰输出时间较低，反之亦然。DA 指数对海冰输出时间的解释度为 31%，这在 0.001 的置信水平上都是显著的（图 3-66）。在偶极子处于正位相时输出时间平均为 157 d，负位相时平均为 218 d。

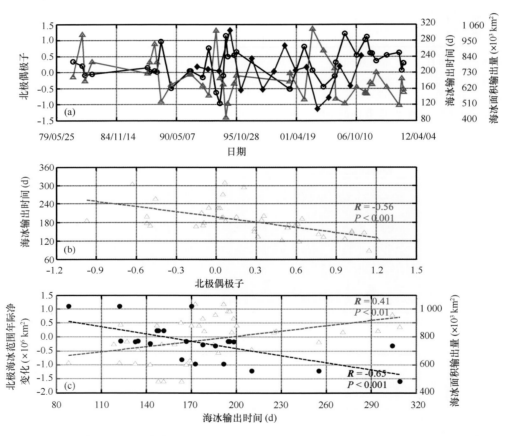

图 3-66　北极偶极子、海冰输出时间、面积输出量以及北极海冰范围年际净变化之间的关系

相关分析表明，DA 正位相增强将会导致海冰径向速度加大，漂移曲折度减小（表 3-8）。北极涛动（AO）正（负）位相增强则会导致北极表面气旋式（反气旋式）异常（Proshutinsky and Johnson，1997），因此 AO 与纬向速度显著相关。然而海冰从北极中心区域向弗拉姆海峡输出主要取决于径向速度，而非纬向速度，因此 AO 与输出时间没有显著相关性。

表3-8 参数之间的相关分析，置信水平为 $P<0.001$（＊＊＊），$P<0.01$（＊＊），

$P<0.05$（＊），而 n.s. 表示不显著

	T^1	M	R_v	U_y	U_x	DA
M^2	0.81＊＊＊					
R_v^3	−0.68＊＊＊	−0.81＊＊＊				
U_y^4	−0.77＊＊＊	−0.64＊＊＊	0.79＊＊＊			
U_x^5	n.s.	n.s.	n.s.	n.s.		
DA^6	−0.56＊＊＊	−0.52＊＊	0.53＊＊	0.59＊＊＊	n.s.	
AO^7	n.s.	n.s.	n.s.	n.s.	0.34＊	n.s.

1T 从 88°N 至 80°N 的海冰输出时间；2M 为平均的海冰漂移曲折度；3Rv 为径向速度与纬向速度之间的比值；4&5Uy 和 Ux 分别径向速度和纬向速度；6&7DA 和 AO 为月指数

为进一步量化海冰漂移曲折度与北极偶极子的关系，我们分析了每个月曲折度与 DA 的相关性及其随纬度的变化（图 3-67）。我们发现在 82°N 存在一个明显的分界，这个边界以北，海冰运动曲折度显著依赖于 DA 指数（$R=0.41$，$P<0.001$）。在 DA 正位相增强时（>1.0），曲折度平均为 1.4，海冰接近直线运动；相反，DA 负位相增强时（<−1.0），曲折度平均为 4.3，海冰运动十分曲折；中性的 DA（−1.0~1.0），曲折也接近中性（1.9）。然而 82°N 以南，无论 DA 处于什么位相，强弱如何，海冰运动都趋于直线，曲折度为 1.3，这也主要归因于较强的表面流作用掩盖了风强迫的影响。

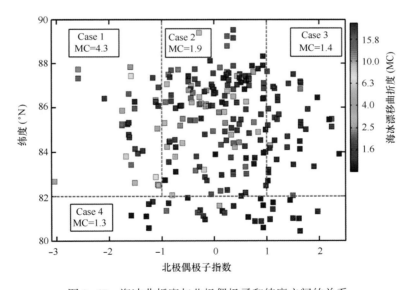

图 3-67 海冰曲折度与北极偶极子和纬度之间的关系

为探索穿极流对北极海冰变化的影响，我们结合 KwoK（2009）给出的 1992—2007 年弗拉姆海峡海冰输出面积的计算数据，分析了海冰输出时间与海冰输出面积以及北冰洋海冰净年际变化之间的关系，后者定义为前后两年北冰洋海冰年最小范围之差。我们发现，穿极流增强，海冰输出时间缩短时，对应的海冰面积输出量增加（$R=0.65$，$P<0.001$），北冰洋海冰面积趋于减少（$R=0.41$，$P<0.01$）。极端地，1994—1995 年，弗拉姆海冰面积输出量达到 1992—2007 间的最大值，其平

均 DA 指数和海冰从 88°N 至 80°N 的输出时间分别为 0.7 和 128 d，结果 1995 年夏季北冰洋海冰范围达到了自 1979 年以来的最低值，相对 1994 年的最低值，海冰范围减小了 $0.94×10^6$ km^2。相反，2002—2003 年，弗拉姆海峡海冰输出面积达到了 1992—2007 年间的最低值，期间北极偶极子指数和平均的海冰输出时间分别为 -0.2 和 282 d。相对 2002 年海冰范围的最低值，2003 年的最低值增加了 $0.35×10^6$ km^2。随后，北冰洋海冰范围在 2005 年和 2007 年夏季再次达到了最低值，2004—2005 年和 2006—2007 年两年间海冰的输出时间分别为 129 d 和 158 d，均明显小于 1979—2011 年的平均值 183 d。自 2005 年以来，北极偶极子持续偏高，平均值为 0.62±0.35，使得海冰输出时间也相对偏小，平均为 156 d±22 d。除 2008 年外，2005—2011 年所有年的平均海冰输出时间都小于 1979—2011 年的气候平均值。2008 年为 203 d，也因此导致 2008 年夏季海冰相对 2007 年有较大的恢复。上述分析表明，最近几年海冰输出量偏大在北冰洋海冰减少中起着至关重要的作用。然而，2005 年以来，穿极流增强的现象还不能定义为新常态，因为类似的情况在 20 世纪 80 年代末和 90 年代中也有出现。

3.4.8　小结

基于 2010 年 4 个浮标 7—11 个月的 6 h 位移观测数据得到海冰速度为 0.01~0.64 m/s，平均为（0.15±0.12）m/s，日位移得到速度为（0.13±0.06）m/s，随着采样间隔加大略有减小，这与海冰漂移日内的曲折度有关，尤其是半日惯性振荡。从 88°N 至 80°N 海冰输出时间为（154±29）d。1979—2011 年得到的气候平均速度和输出时间分别为（0.10±0.08）m/s 和（183±50）d。这表明 2010 年海冰速度相对较大，但依然在 1 倍标准差内，具有较好的代表性。

从 1979 年至 2011 年，海冰从北极中心区域至弗拉姆海峡不存在显著的长期变化趋势。与 100 年前 Fram 号的漂移时间相比，Gascard 等（2008）和 Haller 等（2014）认为最近几年穿极流有明显增强的趋势。然而，我们认为，2005 年以来，北极偶极子增强导致穿极流增强并不能定义为新常态，因为类似的情况在过去 30 年里也多次发生。

我们发现北极偶极子与海冰输出时间存在显著相关性，另外海冰输出量增大有利于整个北冰洋海冰减少。因此北极偶极子对北冰洋海冰减少的影响不可忽视。北极偶极子增强，海冰漂移的径向速度增大，曲折度减小，然而该影响在弗拉姆海峡内会因表面流的增强而削弱。

85°N 以南区域，表面风存在明显的季节变化，冬季南风偏强，从而导致海冰漂移速度和海冰输出量也存在明显季节变化，冬季海冰输出量明显大于夏季的输出量。

海冰运动的惯性振荡与运动的自由度有关，夏季海冰密集度减小，浮冰之间的应力减小导致自由度增大，惯性振荡信号增强，惯性振荡也是引起冰场高频形变的主要因素。在海冰输出区，径向速度梯度会引起扩散，纬向向弗拉姆海峡集中会导致汇聚，这是冰场低频形变的主要驱动力。

3.5　主要成果总结

利用被动微波卫星遥感观测分析了北冰洋不同海域的海冰长期变化趋势，在边缘海中，冬季巴伦支海的海冰减少最明显，其他季节太平洋扇区的波弗特-东西伯利亚海减少最明显。多年冰主要是从欧亚扇区向加拿大群岛-格陵兰扇区退缩，2005 年以后退缩明显。

海冰厚度的减小，多年冰从航道区域消失，融化季节加长，北极偶极子持续偏高等因素导致北极东北航道适航期逐渐加长，目前巴伦支海航段处于全年适航状态，对于"雪龙"船 PC6 等级的破冰船来说，其他航段适航期在 70 d 以上。然而海冰空间分布具有较大年际变化，具体航线必须根据实时的卫星遥感观测数据进行调整规划，在海峡区域，冰较重时需要高分辨率的主动微波观测数据支持导航。

2007 年以后，北极偶极子持续偏强使得海冰从北极中心区域至弗拉姆海峡的输出时间缩短，经弗拉姆海峡的海冰输出量加大，这也是导致北极海冰减少的主要因素。北冰洋穿极加强，有利于上游东北航道区域适航性的提高。

对于北冰洋太平洋扇区，北极涛动增强有利于多年冰从加拿大群岛北侧输入，抑制夏季海冰的消退，北极偶极子增强则有利于海冰向穿极流区输出，促进夏季海冰消退。冬季，北极涛动的影响更加明显，夏季，北极偶极子的影响更加明显。

海冰的减少和融池的增多，会显著降低区域平均的反照率，进一步促进海冰的融化。融池的影响除了覆盖率外，还与海冰面积有关，因此在 75°—80°N 的中高纬度对表面能量的影响较大，该区域融池覆盖率和海冰密集度都较大，融池持续时间也比较长，导致吸收的热量较多。

参考文献

Årthun, et al. 2012. Quantifying the Influence of Atlantic Heat on Barents Sea Ice Variability and Retreat. J. Climate, 25, 4736-4743.

Beitsch, et al. 2014. The February 2013 ArcticSea Ice Fracture in the Beaufort Sea-a case study for two differentAMSR2 sea ice concentration algorithms, Remote Sensing, 6, 3841-3856.

Beitsch, et al. 2015. Comparison of SSM/I and AMSR-E sea ice concentrations with ASPeCt ship observations around Antarctica. IEEE T. Geosci. Remote, 53, 4, 1985-1996.

Cavalieri, et al. 1996. Updated yearly. Sea Ice Concentrations from Nimbus-7 SMMR and DMSP SSM/I-SSMIS Passive Microwave Data, gridded daily data. Boulder, Colorado USA：NASA DAAC at the National Snow and Ice Data Center.

Comiso J C. 2003. Large-scale characteristics and variability of global sea ice cover. In：Sea ice, An introduction to its physics, chemistry, biology and geology［M］, (Ed. D. N Thomas and G. S. Dieckemann), 112-142, Blackwell Science Ltd.

Comiso, et al. 2000. Bootstrap sea ice concentrations from Nimbus-7 SMMR and DMSP SSM/I-SSMIS. Version 2. Daily sea ice concentration. Boulder, Colorado, USA, NASA National Snow and Ice Data Center Distributed Active Archive Center.

Comiso, et al. 2012. Large decadal decline of the Arctic multiyear ice cover. J. Climate, 25, 1176-1193. doi：http：//dx. doi. org/10. 1175/JCLI-D-11-00113. 1.

Cox K. A., et al. 2010. Interannual variability of Arctic sea ice export into the East Greenland Current, Journal of Geophysical Research-Oceans115, C12063, doi：10. 1029/2010JC006227.

Eastwood, S. 2012. OSI-SAF sea ice product manual, v3. 8. EUMETSAT. Satellite Application Facility on Ocean and Sea Ice, available at http：//osisaf. met. no/p/ice/.

Eicken, H., et al. 2005. Sediment transport by sea ice in the Chukchi and Beaufort Seas：Increasing importance due to changing ice conditions? Deep-Sea Research II, 52, 3281-3302.

Farrell SL, et al. 2009. Five years of Arctic sea ice freeboard measurements from the Ice, Cloud and land Elevation Satellite. J. Geophys. Res., 114, C04008, doi：10. 1029/2008JC005074.

Fetterer, et al. 2002. Updated daily. Daily sea ice index. Boulder, Colorado, USA, National Snow and Ice Data Center.

Fetterer, et al. 2004. Sea ice index monitors polar ice extent. Eos Trans. AGU, 85 (16)：163.

Gascard J. -C., et al. 2008. Exploring Arctic transpolar driftduring dramatic sea ice retreat. EOS Transactions, 89, 21-28.

Gimbert F, et al. 2012a. Recent mechanical weakening of the Arctic sea ice cover as revealed from larger inertial oscillations. Journal of Geophysical Research-Oceans117, C00J12, doi: 10. 1029/2011JC007633.

GimbertF. , et al. 2012b. Sea ice inertial oscillations in the Arctic Basin, The Cryosphere, 6, 1187-1201.

Haas, et al. 1998. Evaluation of ship-based electromagnetic-inductive thicknessmeasurements of summer sea-ice in the Bellingshausen andAmundsen Seas, Antarctica. Cold Reg. Sci. Technol. 27, 1-16.

Haller M. , et al. 2014. Atmosphere-ice forcing in the transpolar drift stream: results fromthe DAMOCLES ice-buoy campaigns 2007-2009, The Cryosphere, 8, 275-288.

Hakkinen S. , et al. 2008. Sea ice drift in the Arctic since the 1950s, GeophysicalResearch Letters 35, L19704, doi: 10. 1029/2008GL034791.

Hendricks, et al. 2013. AWI CryoSat-2 sea ice thickness data product, v1. 0. Helmholtz Centre, Alfred Wegener Institute for Polar and Marine Research, Bremerhaven. Available at http: //www. meereisportal. de/fileadmin/user_ upload/Pictures/ Meereisbeobachtung/cryoSat-2/AWI_ CryoSat-2_ Documentation_ 20130624. pdf.

Heil P, et al. 2002. Modeling the High-Frequency Component of Arctic Sea Ice Drift and Deformation, Journal of Physical Oceanography-Oceans 32, 3039-3057.

Heil P. , et al. 2008. Tidal forcing on sea-ice drift and deformation in the western Weddell Sea in early austral summer 2004, Deep-Sea ResearchII55, 943-962.

Herman A, et al. 2012. Variability of sea ice deformation rates in the Arctic and their relationship with basin-scale wind forcing, The Cryosphere, , 6 (6), 1553-1559.

Hilmer M, et al. 2000. Evidence for a recent change in the linkbetween the North Atlantic oscillation and Arctic sea ice export, GeophysicalResearch Letters27, 989-992.

IACS. 2011. Requirements concerning polar class. International Association of Classification Societies, London. Available at http: //www. iacs. org. uk/document/public/publications/unified_ requirements/pdf/ur_ i_ pdf410. pdf.

IMO. 2002. Guidelines for ships operating in Arctic ice-covered waters, MSC/Circ. 1056-MEPC/Circ. 394. International Maritime Organization, London. Available at http: //www5. imo. org/SharePoint/blastDatArcticOceannly. asp/data_ id = 6629/ 1056-MEPC-Circ399. pdf.

Kanamitsu M. , et al. 2002. NCEP-DOE AMIP-II Reanalysis (R-2), Bulletin of the American Meteorological Society 83, 1631-1643, doi: 10. 1175/BAMS-83-11-1631.

Kawaguchi, Y. , et al. 2012. Anomalous sea-ice reduction in the Eurasian Basin of the Arctic Ocean during summer 2010. Polar Science, 6, 39-53.

Kistler, et al. 2001. The NCEP-NCAR 50-year reanalysis: Monthly means CD-ROM and documentation. Bull. Am. Meteorol. Soc. , 82, 247-268.

Kistler, et al. 2001. The NCEP-NCAR 50-Year Reanalysis: Monthly Means CD-ROM and Documentation. Bull. Am. Meteorol. Soc. , 82, 247-268.

Kovacs, et al. 1995. Thefootprint/altitude ratio for helicopter electromagnetic soundingof sea-ice thickness: Comparison of theoretical and fieldestimates. Geophysics, 60, 374-380.

Kwok, et al. 2008. ICESat over Arctic sea ice: Estimation of snow depth and ice thickness. J. Geophys. Res. , 113, C08010, doi: 10. 1029/2008JC004753.

Kwok, et al. 2009. Thinning and volume loss of the Arctic Ocean sea ice cover: 2003-2008, J. Geophys. Res. , 114, C07005, doi: 10. 1029/2009JC005312.

Kwok, et al. 2010. Contribution of melt in the Beaufort Sea to the decline in Arctic multiyear sea ice coverage: 1993-2009, Geophys. Res. Lett. , 37, L20501, doi: 10. 1029/2010GL044678.

Kwok R. 2009. Outflow of Arctic Ocean sea ice into the Greenland and Barents Seas: 1979-2007, Journal of Climate 22,

2438-2457.

Kwok, et al. 2009. Decline in Arctic sea ice thickness from submarine and ICESat records: 1958-2008, Geophys. Res. Lett., 36, doi: 10. 1029/2009GL039035.

Kwok, et al. 2013. Arctic sea ice circulation and drift speed: Decadal trends and ocean currents, Journal of Geophysical Research-Oceans118, 2408-2425, doi: 10. 1002/jgrc. 20191.

Lasserre, et al. 2011. Polar super seaways? Maritime transport in the Arctic: An analysis of shipowners' intentions. J. Transp. Geogr. 19 (6), 1465-1473, 10. 1016/j. jtrangeo. 2011. 08. 06.

Laxon, et al. 2013. CryoSat-2 estimates of Arctic sea ice thickness and volume. Geophys. Res. Lett. 40, 732-737, doi: 10. 1002/grl. 50193.

Li, et al. 2005. Some parameters on Arctic sea ice dynamics from the expedition in the summer of 2003. Acta Oceanologica Sinica, 24 (6): 54-61.

Liu, M., Kronbak, et al. 2010. The potential economic viability of using the Northern Sea Route (NSR) as an alternative route between Asia and Europe. J. Transp. Geogr. 18 (3), 434-444.

Lu, et al. 2010. Sea ice surface featuresin Arctic summer 2008: Aerial observations, Remote Sens. Environ., 114, 693-699, doi: 10. 1016/j. rse. 2009. 11. 009.

Lu, et al. 2011. A parameterization of the ice-ocean drag coefficient, J. Geophys. Res., 116, C07019, doi: 10. 1029/2010JC006878.

Lei, et al. 2012a. Crucial physical characteristicsof sea ice in the Arctic section of 143°W-180°W during Augustand early September 2008, Acta Oceanol. Sin., 31 (4), 65-75.

Lei, et al. 2012b. Reflection and transmission of irradiance by snow and sea ice inthe central Arctic Ocean in summer 2010. Polar Research, 31, 17325, doi: 10. 3402/polar. v31i0. 17325.

Leppäranta M. 2011. Ice kinematics. In Leppäranta M. (eds): The drift of sea ice. Berlin, Heidelberg: Springer Press, p 75.

Maslanik J., Drobot S., Fowler C., et al. 2007. On the Arctic climate paradox and the continuing role of atmospheric circulation in affecting sea ice conditions, GeophysicalResearch Letters34, L03711, doi: 10. 1029/2006GL028269.

Mahoney, et al. 2008. Observed sea ice extent in the Russian Arctic, 1933-2006. J. Geophys. Res. 113, C11005, doi: 10. 1029/2008JC004830.

Markus, et al. 2000. An enhancement of theNASA team sea ice algorithm, IEEE Trans. Geosci. Rem. Sens., 38 (3), 1387-1398.

Markus, et al. 2009. Recent changes in Arctic sea ice melt onset, freezeup, and melt season length, J. Geophys. Res., 114, C12024, doi: 10. 1029/2009JC005436.

Maslanik, et al. 2011. Distribution and trends in Arctic sea ice age through spring 2011. Geophys. Res. Lett. 38, L13502, doi: 10. 1029/2011GL047735.

Nghiem, et al. 2006. Depletion of perennial sea ice in the East Arctic Ocean, Geophys. Res. Lett., 33, L17501, doi: 10. 1029/2006GL027198.

Nghiem, et al. 2012. Seafloor control on sea ice. DeepSea Research II, 77-80: 52-61.

Nghiem S. V., et al. 2007. Rapid reduction of Arctic perennial sea ice, GeophysicalResearch Letters34, L19504, doi: 10. 1029/2007GL031138.

Oliver, et al. 1990. Kriging: A method of interpolation for geographical information system, Int. J. Geographical Information Systems, 4, 3, 313-332.

Parkinson C. et al. 2013. On the 2012 record low Arctic sea ice cover: Combined impact of preconditioning and an August storm, Geophysical Research Letter 40, 1356-1361, doi: 10. 1002/grl. 50349.

Perovich, et al. 2002. Seasonal evolution of the albedo of multiyear Arctic sea ice, J. Geophys. Res., 107 (C10), 8044, doi：10. 1029/2000JC000438.

Perovich, et al. 2008. Sunlight, water, and ice：Extreme Arctic sea ice melt during the summer of 2007, Geophys. Res. Lett. , 35, L11501, doi：10. 1029/2008GL034007.

Perovich, et al. 2009. Transpolar observations of the morphological properties of Arctic sea ice, J. Geophys. Res. , 114, C00A04, doi：10. 1029/2008JC004892.

Polashenski C, et al. 2011. Seasonal ice mass-balance buoys：adapting tools to the changing Arctic. Ann. Glaciol. , 52 (57)：18-26.

Polashenski, et al. 2012. The mechanisms of sea ice melt pond formation and evolution, J. Geophys. Res. , 117, C01001, doi：10. 1029/2011JC007231.

Proshutinsky A. et al. 1997. Two circulation regimes of the wind-driven Arctic Ocean, Journal of Geophysical Research-Oceans102, C6, 12, 493-12, 514, doi：10. 1029/97JC00738.

Rampal P. , et al. 2009. Positive trend in the mean speed and deformation rate of Arctic sea ice, 1979-2007, Journal of Geophysical Research-Oceans114, C05013, doi：10. 1029/2008JC005066.

Rampal P. , et al. 2008. Scaling properties of sea ice deformation from buoydispersion analysis, Journal of Geophysical Research-Oceans113, C03002, doi：10. 1029/2007JC004143.

Rigor I. G. , et al. 2002. Response of sea ice tothe Arctic oscillation, Journal of Climate 15, 2648-2663.

Rigor I G, et al. 2004. Variations in the age of Arctic sea-ice and summer sea-ice extent. Geophys. Res. Lett. , 31：doi：10. 1029/2004GL019492.

Rodrigues, et al. 2008. The rapid decline of the sea ice in the Russian Arctic. Cold Reg. Sci. Technol. 54 (2), 124-142.

Rogers, T. S. , Walsh, et al. 2013. Future Arctic marine access：analysis and evaluation of observations, models, and projections of sea ice [J] . Cryosphere. 7 (1)：321-332.

Rothrock D A, et al. 1999. Thinning of the Arctic sea-ice cover [J] . Geophys. Res. Lett. , 26 (23)：3469-3472.

Rothrock D, et al. 2008. The decline in arctic sea ice thickness：Separating the spatial, annual, and interannual variability in a quarter century of submarine data. Journal of Geophysical Research, 113, C05003, doi：10. 1029/2007JC004252.

Rösel, A. , et al. 2012. Exceptional melt pond occurrence in the years 2007 and 2011 on the Arctic sea ice revealed from MODIS satellite data, J. Geophys. Res. , 117, C05018, doi：10. 1029/2011JC007869.

Shimada, et al. 2006. Pacific Ocean inflow：Influence on catastrophic reduction of sea ice cover in the Arctic Ocean. Geophys. Res. Lett. , 33, L08605, doi：10. 1029/2005GL025624.

Serreze, et al. 2006. The large-scale freshwatercycle of the Arctic. Journal of Geophysical Research-Oceans 111, C11010, doi：10. 1029/2005JC003424.

Spreen G. , et al. 2008. Sea ice remote sensing using AMSR-E 89 GHz channels, Journal of Geophysical Research-Oceans 113, C02S03, doi：10. 1029/2005JC003384.

Spreen G. , et al. 2011. Trends in Arctic sea ice drift and role of wind forcing：1992-2009, GeophysicalResearch Letters38, L19501, doi：10. 1029/2011GL048970.

Stern H, et al. 2009. Spatial scaling of Arctic sea ice deformation, Journal of Geophysical Research-Oceans114, C10017, doi：10. 1029/2009JC005380.

Stouffer R. J. , et al. 2006. Investigating the causes of the response of the thermohaline circulation to past and future climate changes [J] . Journal of Climate, 19, 1365-1387.

Schøyen, et al. 2011. The Northern Sea Route versus the Suez Canal：Cases from bulk shipping. J. Transp. Geogr. 19 (4), 977-983, 10. 1016/j. jtrangeo. 2011. 03. 003.

Smith, et al. 2013. New Trans-Arctic shipping routes navigable by midcentury [J] . Proc. Natl. Acad. Sci. 110 (13)：1191-1195.

Stephenson, et al. 2013a. Marine accessibility along Russia's Northern Sea Route. Polar Geogr. doi: 10. 1080/1088937X. 2013. 845859.

Stephenson, et al. 2013b. Projected 21st-century changes to Arctic marine access ［J］. Climatic Change. 118 （3-4）, 885 -899.

Stroeve, et al. 2014, Changes in Arctic melt season and implications for sea ice loss, Geophys. Res. Lett. , 41, 1216-1225, doi: 10. 1002/2013GL058951.

Swan, et al. 2012. Multi-year Arctic sea ice classification using QuikSCAT. IEEE T. Geosci. Remote. 50 （9）, 3317-3326.

Timmermans M. -L. , et al. 2011. Surface freshening in the Arctic Ocean's Eurasian Basin: An apparent consequence of recent change in the wind - driven circulation, Journal of Geophysical Research - Oceans116, C00D03, doi: 10. 1029/2011JC006975.

Tin, et al. 2003. Morphology of deformed first-year sea ice features in the Southern Ocean. Cold Reg. Sci. Techno. 36, 141 -163.

Tucker III, et al. 1999. Physical characteristics of summer sea ice acrossthe Arctic Ocean. Journal of Geophysical Research, 104 （C1）: 1489-1504, doi: 10. 1029/98JC02607.

Tremblay L. -B. & MysakL. A. 1997. Modeling sea ice as a granular material, including the dilatancy effect, Journal ofPhysicalOceanography27, 2342-2360.

Tsukernik M. , et al. 2010. Atmospheric forcing of Fram Strait sea ice export: a closer look, Climate Dynamics 35, 1349-1360, doi: 10. 1007/s00382-009-0647-z.

Vihma T. , et al. 1996. Weddell Sea ice drift: Kinematics and wind forcing, Journal of Geophysical Research-Oceans101, C8, 18279-18296, doi: 10. 1029/96JC01441.

Vihma, et al. 2012. Atmosphericforcing on the drift of Arctic sea ice in 1989-2009, GeophysicalResearch Letters39, L02501, doi: 10. 1029/2011GL050118.

Wang J, et al. 2000. Arctic oscillation and Arctic sea-ice oscillation, GeophysicalResearch Letters27, 1287-1290.

Wang J. , et al. 2009. Is the Dipole Anomaly a major driver to record lows in the Arctic sea ice extent? GeophysicalResearch Letters36, L05706, doi: 10. 1029/2008GL036706.

Wang J. , et al. 2014. Abrupt climate changes and emerging ice-ocean processes in the Pacific Arctic region and the Bering Sea. In: Grebmeier J. M. & Maslowski W. （eds）: The Pacific Arctic Region: ecosystem status and trends in a rapidly changing environment. Springer, Dordrecht, p 65-100.

Wadhams, et al. 2006. A new view of the underside of Arcticsea ice, Geophys. Res. Lett. , 33, L04501, doi: 10. 1029/2005GL025131.

Williams, et al. 2014. Thick and deformed Antarctic sea ice mapped with Autonomous Underwater Vehicles, Nature Geoscience, doi: doi: 10. 1038/NGEO2299.

Wingham, et al. 2006. CryoSat: A mission to determine thefluctuations in Earth's land and marine ice fields ［J］. Adv. Space Res. , 37 （4）, 841-871.

Worby, A. P. 1999. Observing Antarctic sea ice: A practical guide for conducting sea ice observations from vessels operating in the Antarctic pack ice ［CD-ROM］, Australian Antarctica Division, Hobart, Tasmania, Australia.

Wei, et al. 2014. Mechanism of an abrupt decrease in sea-ice cover in the Pacific Sector of the Arctic during the late 1980s ［J］. Atmosphere-Ocean, 52 （5）, 434-445.

Wu B. , et al. 2006. Dipole Anomaly in the winter Arctic atmosphere and its association with Arctic sea ice motion, Journal of Climate 19, 210- 225, doi: 10. 1175/JCLI3619. 1.

Xia, et al. 2014. Assessing trend and variation of Arctic sea ice extent during 1979-2012 from a latitude perspective of ice edge. Polar Research. 33, 21249, doi: 10. 3402/polar. v33. 21249.

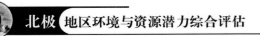
Xie，et al. 2013. Summer sea ice characteristics and morphology in the Pacific Arctic sector as observed during the CHINARE 2010 cruise. Cryosphere，7（4），1057-1072.

Zhang J.，et al. 2010. Sea ice response to atmospheric and oceanic forcing in the Bering Sea，Journal of Physical Oceanography，40，1729-1747.

Zhang J.，et al. 2012. Recent changes in the dynamic properties of declining Arctic sea ice：A model study，Geophysical Research Letters39，L20503，doi：10. 1029/2012GL053545.

第4章　北极和亚北极海区底质环境综合评价[*]

4.1　海底沉积物分布规律与物质来源研究

北冰洋及亚北极白令海海底沉积物中不仅包含由陆地河流和大气输入海洋的陆源物质，还包含了独特的海冰或陆地冰川搬运入海的陆源冰筏碎屑物质，另外还包含有海洋生物碎屑和自生物质以及火山来源的物质等。它作为一个多源物质的混合物，既涵盖了陆源物质源区的物理和化学风化作用信息，也包含了大气环流、海水动力、生物生产力、构造运动等环境和气候条件的变化信息。因此通过海底沉积物多种环境替代指标、多种时间尺度的分析和研究，可有效刻画北极和亚北极海域各类环境条件变化对海底沉积物时空分布特征的控制和影响，并进而推断地质历史时期周边陆域和海域环境、气候变化特征，为未来环境和气候变化预测提供科学证据。

4.1.1　白令海和西北冰洋海底沉积物组成与分布规律

对我国历次北极科考在亚北极白令海和西北冰洋获得的逾200个表层沉积物样品开展了粒度、黏土矿物、有机碳等要素的分析测试，并收集了俄罗斯在楚科奇海陆架获得的25个表层沉积物样品进行了粒度和地球化学分析。基于获得的分析数据，对考察海域表层沉积物各类组分的空间分布特征进行综合分析研究，结合海水动力、海冰进退变化特征，开展沉积物来源、沉积动力、生物作用等沉积环境特点研究，为现代北极和亚北极海域的海洋沉积环境变化系统研究提供基础性资料。

4.1.1.1　表层沉积物中陆源物质的主要来源及搬运方式

与其他大洋一样，北冰洋的海底沉积物也主要是陆源、生物源和火山源物质的混合物，这些不同来源的物质在多种沉积作用的控制下对沉积物组成的贡献也不同。本工作主要针对陆源物质组分开展讨论。

控制北冰洋陆架、相邻陆坡以及深海区域沉积物中陆源碎屑物质的输入、搬运和沉积的因素主要有：河流径流、海岸侵蚀作用、海冰和陆地冰川、洋流作用（如表层流、底层流、雾浊层的搬运作用等）、重力流（如浊流、碎屑流、颗粒流、沉积物液化流）以及作用微弱的风力搬运等（Stein，2008）。搬运作用的主要影响因素为颗粒粒径的大小。例如，细粒沉积物中的黏土矿物漂浮性较强，可以在水体的搬运作用下迁移很远距离直至大洋盆地。而粗粒和比重较大的颗粒主要依靠海冰及冰山搬运。因此，不同的矿物学指标的结合应用有助于区分不同的搬用作用形式。如北冰洋沉积记录中经常出现的冰筏碎屑事件则反映了北冰洋周围冰盖的不稳定性和崩塌事件，提供了北极冰盖和环流的重要信息（Darby and Zimmerman，2008）。

---

[*] 本章节编写人员：刘焱光、汪卫国、宋冬梅、赵蒙维。

4.1.1.2 表层沉积物粒度组成与分布特征

基于在我国北极传统考察海域获得的 202 个表层沉积物样品的粒度数据开展了沉积物粒度组成特征研究，本次粒度分析采用的是激光粒度仪分析法，因受分析设备测量范围的限制，仅对沉积物中粒径小于 2 mm 的组分进行了分析。

1）沉积物粒度组成分布特征

粒度分析结果显示，白令海和西北冰洋海底沉积物中砂粒级组分百分含量（>63 μm）的变化较大（图 4-1a），含量较高的区域集中在白令海东北部靠近阿拉斯加的陆架区、白令海峡以及沿阿拉斯加西北部陆架区，另外在楚科奇海中部海区（70°N，170°W）附近含量也较高，最高可达 100%；白令海中部陆架与陆坡区以及楚科奇海台沉积物的砂粒级组分百分含量中等，约为 50%；深水洋盆区砂粒级组分百分含量较低。沉积物粉砂粒级组分百分含量（63~64 μm）的变化范围是 0%~81.78%，其分布特征与砂粒级组分差别较大，含量较高的区域分布在楚科奇海的西部和北部海区，白令海的西北陆架区和海盆区；加拿大海盆、北风海脊、楚科奇海台及向西北延伸至门捷列夫海脊处沉积物的粉砂含量在 50%左右变化（图 4-1b）。沉积物黏土粒级组分百分含量（<4 μm）分布与水深有一定的关系，与砂粒级组分的分布特征几乎相反，随着水深的增加，含量逐渐增加，尤其是陆架与陆坡交接处有明显的界线，界线以北直至阿尔法脊等海区沉积物黏土粒级组分含量较高；界线以南的楚科奇海陆架、白令海峡、白令海西北部陆架、陆坡直至水深 2 600 m 以深的深海区，含量均较低；白令海的阿留申海盆西北部直至阿留申群岛的岛坡区含量中等（图 4-1c）。

2）沉积物类型分布特征

根据表层沉积物各粒级组分含量间的相互关系和 Folk 等（1970）的碎屑沉积物分类原则，可将考察海域的海底沉积物划分为 6 种基本类型，分别是：砂（S）、粉砂质砂（zS）、砂质粉砂（sZ）、粉砂（Z）、砂质泥（sM）、泥（M）。沉积物类型的分布特征显示（图 4-1d），考察海域表层沉积物粒度由白令海峡向两侧逐渐变细，砂质沉积物主要分布在水深小于 250 m 的白令海和楚科奇海陆架，另外，在深海区如门捷列夫海脊、加拿大海盆、楚科奇海台、楚科奇海中部海区以及白令海的阿留申海盆北部陆坡处也有砂质沉积物（主要为冰筏碎屑）出现。粉砂质砂的分布比较均匀且有一定规律，主要分布于育空河口以南白令海陆架海域，但在北冰洋门捷列夫海脊东侧海盆、水深大于 2 700 m 的楚科奇海台和加拿大海盆等狭长范围亦有分布。砂质粉砂的分布与粉砂质砂的分布很类似，主要分布在水深小于 400 m 的白令海和楚科奇海陆架，另外也有零星出现在深海区。砂质泥沉积物主要分布在水深大于 2 000 m 的加拿大海盆，另在水深为 3 800 m 的北风海脊处有少量分布，但是，值得注意的是，在靠近楚科奇半岛东南角的楚科奇海陆架水深为 44 m 处也有少量分布。泥质沉积物的分布比较广泛，从水深 34 m 的楚科奇海陆架至水深 4 000 m 的马卡洛夫海盆皆有分布。同时，在高纬度地区由于河流、海冰、陆地冰川等多种陆源物质搬运方式的共同影响，表层沉积物的分选性普遍较差。

4.1.1.3 表层沉积物黏土矿物组成与分布特征

本次研究选用我国第 2、第 3 和第 4 次北极科考在西北冰洋获得的 81 站表层沉积物样品的黏土矿物分析数据开展其黏土矿物组成及伊利石化学指数和伊利石结晶度分布特征研究，样品位置如图 4-2 所示。

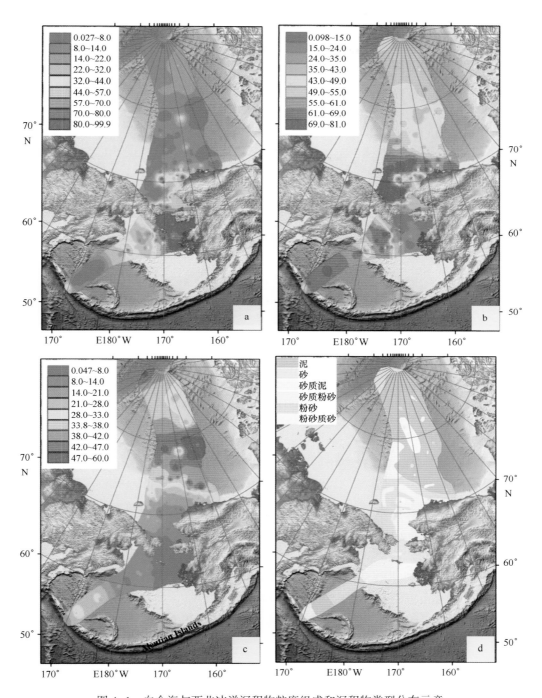

图 4-1 白令海与西北冰洋沉积物粒度组成和沉积物类型分布示意

（a）砂粒级百分含量分布；（b）粉砂粒级百分含量分布；（c）黏土粒级百分含量分布；（d）沉积物类型分布

北冰洋西部表层沉积物中的黏土矿物主要为伊利石、绿泥石和高岭石，另含有少量的蒙脱石。其中，伊利石含量区间为 49.2%~72.5%，绿泥石含量区间为 14.8%~33.8%，高岭石含量区间为 7.4%~22.9%，蒙脱石的含量区间为 0~5.6%。伊利石的化学指数是通过衍射图谱上 5Å/10Å 峰面积比来计算，比值大于 0.5 为富 Al 伊利石，代表强烈的水解作用；比值小于 0.5 的为富 Fe-Mg 伊利石，为物理风化结果。伊利石的结晶度是根据 10 Å 衍射峰处的半峰宽来确定，利用 Diekmann

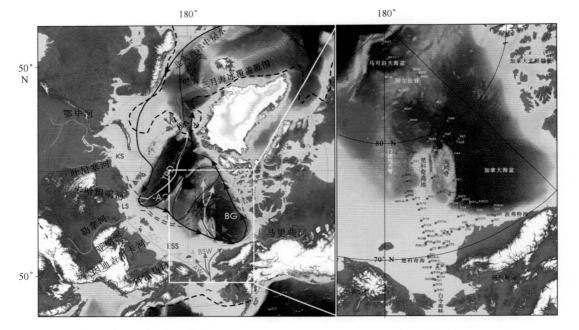

图4-2 研究区位置、河流、洋流（Viscosi-Shirley et al.，2003b；Nørgaard-Pedersen et al.，2007；wang et al.，2009；Darby et al.，2012）、海冰范围（Dyck et al.，2010）及表层取样站位

KS：喀拉海，LS：拉普捷夫海，ESS：东西伯利亚海，SCC：西伯利亚沿岸流，ACW：阿拉斯加沿岸流，BSW：白令陆架水，AW：阿纳德尔流，TPD：穿极漂流，BG：波弗特环流，+AO：正北极涛动，-AO：负北极涛动。黄色实线为负北极涛动时海冰的流向，红色及紫色虚线分别代表正北极涛动时喀拉海和拉普捷夫海海冰的流向

（1996）对结晶程度的划分标准：结晶极好（<0.4）、结晶好（0.4～0.6）、中等结晶（0.6～0.8）和结晶差（>0.8）。

图4-3所示为北冰洋西部表层黏土矿物组成的区域变化，从图中可以看出其分布和变化均表现出明显的规律性。

（1）蒙脱石：蒙脱石是本区含量最低的黏土矿物，其含量在楚科奇海陆架的变化范围为0～5.6%，平均值为1.74%，西北冰洋深水区（北风海脊、楚科奇海台、加拿大海盆、阿尔法海脊和马卡洛夫海盆）的变化范围为0.96%～5.56%，平均值为3.26%。加拿大海盆、阿尔法海脊和楚科奇海台等海域蒙脱石含量较高。总体上看，西北冰洋深水区沉积物蒙脱石含量要略高于楚科奇海陆架（图4-3a）。

（2）伊利石：伊利石是研究区内含量最高的黏土矿物，其含量在楚科奇海陆架的变化范围为49.3%～72.5%，平均值为60.3%。西北冰洋深水区伊利石含量相对较低，含量范围为49.15%～70.0%，平均值为60.3%。从图4-3b可以看出，阿拉斯加一侧的楚科奇海近岸海域、楚科奇海台和北风海脊的伊利石含量最高，其他海域相对较低。总体上楚科奇海含量高于西北冰洋深水区。

（3）高岭石：楚科奇海陆架沉积物高岭石的含量为7.4%～21.4%，平均值为14.3%，西北冰洋深水区的含量范围为10.3%～22.9%，平均值为14.3%。从图4-3c可以看出，研究区高岭石含量的高值区集中在楚科奇海陆架局部和阿尔法海脊等80°N以北等海域，其他海域含量较低。

（4）绿泥石：楚科奇海陆架沉积物绿泥石的含量为14.8%～33.8%，平均值为23.7%。西北冰洋深水区的含量范围为16.6%～26.9%，平均值为22.2%。高值主要出现在楚科奇海台及南端靠近

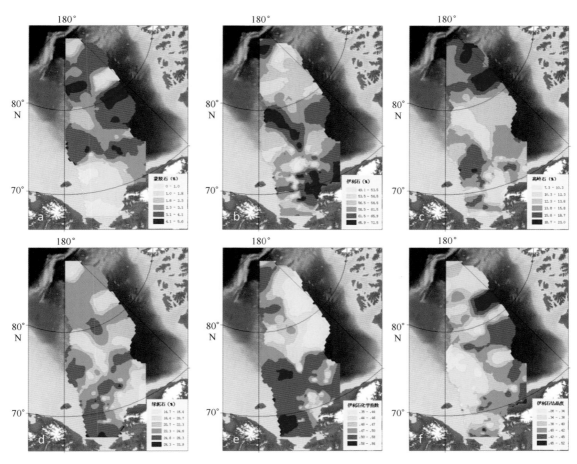

图 4-3　表层沉积物中黏土矿物的含量（%）、伊利石化学指数和伊利石结晶度分布
（a）蒙脱石；（b）伊利石；（c）高岭石；（d）绿泥石；（e）伊利石化学指数；（f）伊利石结晶度

白令海峡处，靠近阿拉斯加一侧的楚科奇海域和加拿大海盆部分海域绿泥石含量相对较低（图4-3d）。

（5）伊利石化学指数：楚科奇海陆架的变化范围为 0.37~0.84，平均值为 0.54。西北冰洋深水区的变化范围为 0.36~0.63，平均值为 0.47。总体来看，伊利石化学指数高值集中出现在楚科奇海靠东西伯利亚海一侧，从低纬度到高纬度逐渐降低（图4-3e）。

（6）伊利石结晶度：楚科奇海陆架伊利石结晶度值范围为 0.28~0.51，平均值为 0.388，西北冰洋深水区范围为 0.32~0.48，平均值为 0.391，从图4-3f可以看出，在研究区的东侧，伊利石结晶度值较高。

4.1.2　西北冰洋海底沉积物来源分析

如4.1.1所述，亚北极白令海与西北冰洋不同海域表层沉积物中的粒度、黏土矿物等要素的组成和含量均有不同的分布特征，体现了不同来源的物质在洋流、海冰以及沉积物再悬浮等作用下在海域内进行再分配的结果。结合西北冰洋的洋流和海冰运动特点，可对海底沉积物的物质来源进行定性甄别，这对于重建北冰洋的陆源物质搬运方式以及海洋环流模式也有非常重要的指示意义。以下将主要基于沉积物的黏土矿物要素的分布特点展开物质来源分析与讨论。

通常情况下，海洋表层沉积物中的黏土矿物组成对指示物质来源、揭示母岩物质的搬运机制以及源区的气候变化具有重要意义。黏土矿物中伊利石和绿泥石是火成岩和变质岩的常见矿物，在经过物理风化作用后，这些矿物多被发现于高纬度地区的海洋沉积物中；形成于温暖湿润环境下的高岭石则多富集于热带地区，虽然也在极地区域内的沉积体中发现高岭石的存在，但是它们要么形成于古代更温暖湿润的气候环境下，要么在低纬度地区形成后在板块运动的作用下向北迁移至此；由火山岩风化作用形成的蒙脱石是火山物质来源的重要指示剂。世界范围内不同区域的大量海洋学研究表明：在海洋沉积物岩芯中，这些数据可用于重建长时间尺度下的古海洋学和古气候学变化（Janecek and Rea 1983；Stein，1985；Stein and Robert，1985；Ehrmann et al.，1992；Ehrmann and Mackensen，1992；Robert and Kennett，1992，1994）。在极地和亚极地区域，寒冷气候至少控制了新近纪和第四纪时期，物理风化作用占主导地位，化学风化作用和成岩作用几乎可以忽略不计。因此，北冰洋海洋沉积物中的黏土矿物组合可以作为判定母岩物质来源和搬运过程的重要指示剂。

近年来对北冰洋沉积物的黏土矿物学研究揭示了陆块和环极区北冰洋洋盆陆架区域的黏土矿物组成特征（Naidu, et al.，1982；Naidu and Mowatt，1983；Mowatt and Naidu，1987；Darby et al.，1989；Stein et al.，1994；Wahsner et al.，1999；Viscosi-Shirley et al.，2003a）。伊利石为北冰洋沉积物中的主要黏土矿物，含量大于50%，其次为绿泥石，含量为15%~30%。高岭石和蒙脱石在陆架区域上的含量变化较大，在中央洋盆内它们的分布较为均匀，含量一般小于20%。

4.1.2.1 北冰洋表层沉积物黏土矿物的搬运机制

前人有关北冰洋表层沉积物黏土矿物组成分布特征的研究表明，北冰洋不同海域表层沉积物中的蒙脱石、伊利石和高岭石矿物的含量具有不同的特征（Stein，2008）。喀拉海中蒙脱石含量最高，东西伯利亚海则具有最低的蒙脱石和高岭石含量，而伊利石含量最高。北冰洋中部海域为3种黏土矿物的混合区，但是与喀拉海和拉普捷夫海相比，其蒙脱石含量明显较少。

在北冰洋，不同的作用机制影响着沉积物从陆架向北冰洋深水海盆搬运的方式。对黏土矿物扩散体系起重要影响的是洋流系统，由于黏土矿物为极细粒物质，因而它可以在水流作用下搬运极远的距离。主要的洋流系统，例如大西洋水经斯瓦尔巴北部（西斯匹次卑尔根洋流）和巴伦支海侵入到北冰洋中部，对巴伦支海和毗邻海域的沉积作用有重要影响（Elverhøi et al.，1989；Nürnberg et al.，1995）。而大陆架上局部的洋流系统则可改变边缘海中沉积物黏土矿物组成的分布格局。

黏土矿物的粒径极小，即使发生絮凝之后粒径同样很小，因此它们可以在水流的作用下搬运很长时间，即使是很弱的洋流也可以将其从沉降点搬运很长距离，从而在海底沉积物中形成黏土矿物混合层。在罗蒙诺索夫海岭，沉积物受浊流作用再悬浮，使其接近深海黏土的悬浮沉积状态，从而使得表层沉积物中蒙脱石含量值更接近于海冰沉积物中的蒙脱石含量值。

在高纬度地区对沉积物分布格局起重要作用的还有海冰和相关高盐水体的形成。海冰形成过程中，在陆架周围形成的寒冷、高盐、高含氧量的水团（Schauer et al.，1997a，1997b）可能从大陆边缘沉降至南森海盆，并将富黏土矿物悬浮体从大陆架携带至深海环境中。这些高悬浮水体的主要搬运通道可能是位于斯瓦尔巴群岛西北和东北向的海槽以及位于北喀拉海的圣安娜海槽和沃罗宁海槽。浊流是将富黏土悬浮体从北冰洋陆架搬运至深水洋盆的另一常见机制。这一观点被位于南森海盆和阿蒙森海盆中大量出现的粉砂质黏土浊积物所证实。南森海盆浊积物中高岭石含量高反映出该浊积物的物源区为法兰士约瑟夫地群岛的陆坡（Stein et al.，1994）。

对北冰洋来说，海冰的搬运作用也十分重要，黏土矿物也在一定程度上可能是区分海冰来源的有效指标（Letzig，1995；Pfirman et al.，1997；Dethleff，2005）。如拉普捷夫海的海冰携带物质和陆架沉积物中黏土矿物的平均百分含量非常相似，然而波弗特海却完全不同（Dethleff，2005）。

北极浮冰的穿极漂流作为重要的载体，为深海沉积环境提供了大量的沉积物（Wollenburg，1993；Nürnberg et al.，1994；Pfirman et al.，1997；Dethleff et al.，2000）。从穿极漂流的西伯利亚分支中获取的沉积物样品得知，其蒙脱石含量达 15% ~ 60%（Nürnberg et al.，1994；Dethleff，2000），与拉普捷夫海陆架（蒙脱石含量高达 45%）和喀拉海（蒙脱石含量高达 70%）表层沉积物中的蒙脱石含量相近。这说明，上述两个海域（第一为拉普捷夫海，第二为喀拉海）可能是穿极流西伯利亚分支海冰中硅质碎屑沉积物的潜在源区。但是，穿极流的穿极分支中海冰携带的沉积物却具有较低的蒙脱石含量。这一观点由海冰来源和漂移方式的重建工作所证实，拉普捷夫海的新西伯利亚群岛和喀拉海中部高原是海冰携带物质的两个主要源区，这些海冰都将汇入穿极流中（Pfirman et al.，1997）。

欧亚海盆中的表层沉积物有着很低的蒙脱石含量（Stein et al.，1994；Wahsner et al.，1999）。可能暗示，穿极流西伯利亚分支的海冰通过溶解作用释放的沉积物颗粒可能不是海盆中海底沉积物的主要来源。其他的沉积作用，如浊流和洋流沉积作用同样存在，可以和海冰沉积作用相互叠加（Stein and Korolev，1994）。

在北冰洋南边的弗拉姆海峡，由于受到西斯匹次卑尔根暖流的影响，海冰的融化速率加强，伊利石成为最主要的黏土矿物，而蒙脱石在海冰和表层沉积物中含量最小。这可能是由于该区沉积作用受穿极流穿极分支的影响，而该分支的沉积物源区为东拉普捷夫海、东西伯利亚海以及加拿大北极群岛区域（Pfirman et al.，1997）。这一观点被放置在弗拉姆海峡的沉积物捕获器采集到的数据所证实，该数据表明伊利石在该区内占绝对优势，含量高达 70% 以上（Berner and Wefer，1990；Berner，1991）。

综上所述，北冰洋及其边缘海的不同区域具有特定的矿物组合特征，这些特征可以用来分辨沉积物源区以及搬运方式：加拿大北极地区以及北格陵兰岛区域的沉积物伊利石含量高；从东西伯利亚海搬运而来的沉积物也具有较高的伊利石含量。东拉普捷夫海的沉积物具有较高的伊利石含量，而西拉普捷夫海则具有较高的蒙脱石含量。喀拉海表层沉积物与西拉普捷夫海的高蒙脱石含量类似，但在喀拉海的蒙脱石含量为北冰洋最大（蒙脱石含量大于 60%）。斯瓦尔巴群岛周围以及西巴伦支海的沉积物输入受新地岛影响，伊利石和高岭石为该区最重要的指示矿物。在巴伦支海中部区域和法兰士约瑟夫地群岛及其周围区域发现了高岭石含量的最大值。

4.1.2.2　西北冰洋表层沉积物黏土矿物的物质来源分析

根据前述西北冰洋表层沉积物黏土矿物空间分布特征，并结合前人的研究成果，可对我国北极科考传统调查海域沉积物进行矿物学分区并对其陆源组分的物质来源进行比较细致的分析与研究。综合各类信息，认为楚科奇海的陆源物质应该来源于西伯利亚和阿拉斯加的火山岩、变质岩以及一些沉积物和古土壤等，经周边河流搬运，在北太平洋的 3 股洋流及西伯利亚沿岸流的作用下沉积形成。西北冰洋深水区的沉积物来源为来自欧亚陆架和加拿大北极群岛周缘海域的海冰沉积和大西洋水体的搬运以及加拿大马更些河的河流注入。

1）北冰洋沉积物伊利石和绿泥石的来源分析

一般认为，伊利石和绿泥石是碎屑黏土矿物，是物理风化和冰川侵蚀的典型产物，因此也是高纬度地区典型的黏土矿物，北冰洋海域中大量的伊利石和绿泥石多来自变质沉积岩和火成岩的物理风化。

伊利石广泛分布于环北极海盆的陆架区域，是该区域内含量最丰富的黏土矿物。Viscosi-Shirley等（2003a）研究认为在西伯利亚陆架表层沉积物中伊利石和绿泥石的含量分别大于50%和20%。在喀拉海中，相对较低浓度的伊利石含量是由于受到来自鄂毕河和叶尼塞河的高含量蒙脱石沉积物的稀释作用导致的。拉普捷夫海的东部海域为伊利石高含量的典型区域，这一特征主要由勒拿河和亚纳河的河流搬运作用导致（Rossak et al.，1999）。另外，西拉普捷夫海具有较低的伊利石含量，它是由于卡哈坦噶河高含量蒙脱石沉积物输入以及喀拉海物质输入的影响。在东西伯利亚海，伊利石的主要来源是海岸侵蚀以及因迪吉尔卡河和科雷马河的河流输入。亚纳河、因迪吉尔卡河河谷地区的现代土壤和成土母岩中伊利石的含量高达70%以上（Kalinenko，et al.，1996）。伊利石的其他来源还有河流流域内的中生代岩石，如变质岩、砂岩以及楚科奇地区的页岩和楚科奇半岛的花岗岩质地块（Kalinenko et al.，1996）。在美亚大陆的北极圈地区也存在高伊利石含量（伊利石含量大于70%）的地区，如沿阿拉斯加北极海岸地区以及楚科奇海台上（Naidu et al.，1975；Clark et al.，1980）。

研究表明北冰洋表层沉积物中绿泥石黏土矿物含量分布较为均匀，含量的平均值在14%~25%之间，在欧亚北冰洋范围内，未发现含量较高的陆架区。拉普捷夫海中略微高含量的绿泥石是由于勒拿河和亚纳河的搬运、沉积作用形成（Rossak et al.，1999）。在楚科奇海的一些河流三角洲区域存在局部地区绿泥石富集现象，浓度高达34%（Naidu et al.，1982；Naidu and Mowatt，1983）。与欧洲北冰洋范围内沉积物中的绿泥石含量相对较低相比，沿加拿大陆隆（含量高达47%）和美国海岸区域（含量高达37%）则存在更高浓度的绿泥石赋存区（Clark et al.，1980）。

2）北冰洋沉积物蒙脱石和高岭石的来源分析

前人的研究表明，南喀拉海和鄂毕河、叶尼塞河河口处为蒙脱石含量最高点，含量高达60%以上（Wahsner et al.，1999；Stein et al.，2004）。蒙脱石含量如此之高源于西伯利亚腹地内普托拉纳地块上广泛分布的溢流玄武岩的风化、剥蚀作用。叶尼塞河及其支流在流经该区域时将蒙脱石搬运至喀拉海，这一过程被沉积物中风化作用的典型产物斜辉石和南喀拉海表层沉积物的高磁化率所证实，二者的丰度在叶尼塞河河口处达到最高（Silverberg，1972；Levitan et al.，1996；Vogt，1997；Behrends et al.，1999）。

相对高蒙脱石含量的沉积物在西拉普捷夫海亦有分布，这与两个作用过程有关。一是由于卡哈坦噶河对普托拉纳地块上溢流玄武岩的剥蚀、搬运和沉积作用（Rossak et al.，1999）。与之前喀拉海的情形类似，也可发现高斜辉石含量和磁化率较高的现象。二是由于东喀拉海存在明显的再悬浮搬运作用，将高蒙脱石含量的沉积物经维利基茨基海峡搬运至西拉普捷夫海（Wahsner et al.，1999）。

东西伯利亚海是贫蒙脱石海域，而在楚科奇海，表层沉积物蒙脱石含量有时高达30%（Naidu et al.，1982；Naidu and Mowatt，1983；Wahsner et al.，1999；Viscosi-Shirley et al.，2003a）。基于对流入楚科奇海、东西伯利亚海、白令海的河流沉积物所含蒙脱石浓度的研究，以及区域地质背景、洋流、陆架沉积物中蒙脱石含量的调查，Naidu等（1975，1982）和Naidu和Mowatt（1983）指出楚科奇海表层沉积物中高蒙脱石含量源自西伯利亚和阿拉斯加的火成岩，该火山岩经地质作用进入白令海之后，向北穿过白令海峡搬运并沉积于楚科奇海。

在北冰洋沉积物中高岭石的潜在物源区是有限的，主要分布于巴伦支海中部和法兰士约瑟夫地群岛（Birkenmajer，1989；Elverhøi et al.，1989）。巴伦支海的赋存区与斯瓦尔巴群岛上三叠纪和侏罗纪的沉积岩露头和浅滩有关。法兰士约瑟夫地群岛表层沉积物中高岭石浓度较高是由岛上中生代沉积岩的风化剥蚀作用形成。在其他陆架区域，高岭石矿物仅少量分布且对表层沉积物黏土矿物特征影响微弱。西伯利亚地台上一些侏罗纪和白垩纪的碎屑沉积物很大程度上影响了阿纳巴尔区和奥列尼奥克河输出物质的黏土矿物成分，并为拉普捷夫海提供了高岭石来源（Rossak et al.，1999）。在东西伯利亚上侏罗系煤炭沉积层之下发现有纯净高岭石黏土矿物层（Kalinenko et al.，1996）。在美亚北冰洋区域内，沿着阿拉斯加和加拿大北海岸的一些中生代和新生代地层中，存在高岭石含量高达25%的现象（Darby，1975；Naidu and Mowatt，1983；Dalrymple and Maass，1987）。

3）楚科奇海陆架黏土矿物来源分析

本次研究结果显示，西北冰洋伊利石化学指数均小于0.5，说明化学风化作用很弱，伊利石都为物理风化的结果（图4-3e）。楚科奇海和加拿大海盆的伊利石结晶度相当，平均值都稍大于0.4，伊利石结晶度低值代表结晶度高，说明结晶度均处于极好与好之间，指示陆地物源区水解作用弱，为干冷的气候条件（图4-3f），可见沉积物中的伊利石主要来自周缘陆地变质的沉积岩和火成岩的物理风化，这些岩石在西伯利亚和阿拉斯加非常普遍。

从伊利石结晶度和化学指数的分布图可以看出，楚科奇海东侧的结晶度值高，化学指数值低，西侧的结晶度值低，化学指数值高，说明伊利石至少有两个来源。科雷马河和因迪吉尔卡河（图4-2）卸载的高含量的伊利石在西伯利亚沿岸流的作用下搬运到楚科奇海，此外，育空河等河流沉积物在阿拉斯加沿岸流作用下被搬运到楚科奇海。

楚科奇海西部沉积物中伊利石和绿泥石含量分别为55.2%和24.4%，说明其来源为西伯利亚陆地，是在西伯利亚沿岸流的作用下搬运到楚科奇海的。所以可以判断西伯利亚陆架也主要为楚科奇海提供黏土矿物。

白令海峡附近黏土矿物以绿泥石含量高为特征，楚科奇海北端的绿泥石含量也高于楚科奇海南端和北冰洋深水区（图4-3b），前人的研究认为绿泥石是北太平洋的主要黏土矿物，这就说明绿泥石可以作为太平洋水通过白令海峡流入北冰洋的示踪矿物。Ortiz等（2009）的研究认为楚科奇海绿泥石的来源是阿拉斯加的河流流到北太平洋，然后通过白令海峡输运到楚科奇海的。

楚科奇海沉积物中的蒙脱石可以通过河流注入、海岸侵蚀以及海冰携带而来。Viscosi-Shirley等（2003b）认为楚科奇-阿拉斯加海域的蒙脱石来自东西伯利亚火山岩省，在东西伯利亚海陆架、喀拉海东部和拉普捷夫海西部的表层沉积物中蒙脱石含量均较高，这些蒙脱石的来源是Putorana高原的中生代溢流玄武岩，通过叶尼塞河和卡哈坦噶河搬运，在西伯利亚沿岸流的作用下搬运到楚科奇海域。Dethleff等（2000）认为在卡哈坦噶河的悬浮颗粒中黏土矿物主要由蒙脱石组成，含量平均为83%，物源为西伯利亚玄武岩。勒拿河悬浮体中黏土矿物以伊利石为主，含量为54%；亚纳河中未见蒙脱石，伊利石含量高达67%，绿泥石含量高达29%，高岭石含量小于10%。

本次研究显示，楚科奇海陆架西侧海域蒙脱石含量较低，这是因为在亚纳河等不含蒙脱石的河流作用下稀释了卡哈坦噶河等河流搬运的蒙脱石，此外由于远距离搬运也对蒙脱石含量起到了稀释作用。在楚科奇海陆架东侧蒙脱石含量相对较高，这主要是育空河等河流的沉积物在阿拉斯加沿岸流的作用下将蒙脱石搬运到楚科奇海陆架，Naidu等（1983）和Viscosi-Shirley等（2003b）研究得出的结论是楚科奇海的蒙脱石是西伯利亚和阿拉斯加的火山岩经河流输入白令海，然后经白令海峡搬运到楚科奇海。综合前人研究结果，我们认为蒙脱石有两个主要的来源：一个是西伯利亚和阿拉斯加的火山岩经河流输入白令海，然后经白令海峡搬运到楚科奇海；另一个是卡哈坦噶河等携带的来自西伯利亚中生代 Putorana 高原玄武岩的蒙脱石在西伯利亚沿岸流的作用下搬运到楚科奇海。

极地的高岭石可能来源于含高岭石的沉积物以及古土壤的侵蚀等。本次研究发现高岭石含量并没有明显的区域变化，前人的研究判断白令海的高岭石通过白令海峡到达楚科奇海西部。另外科雷马河和因迪吉尔卡河输入到东西伯利亚海的沉积物也为楚科奇海提供少量的高岭石。

4）西北冰洋深水区黏土矿物来源分析

西北冰洋深水区包含楚科奇海台、北风海脊、加拿大海盆、阿尔法海脊和马卡洛夫海盆。该区域沉积物中黏土矿物组成以伊利石含量最高，其次为绿泥石和高岭石，蒙脱石含量最小。

从伊利石化学指数和结晶度的分布特征（图 4-3）上可以大致判断黏土矿物有东侧物源和西侧物源。根据海冰的漂移方向（图 4-2）可以进一步判断有来自西伯利亚陆架和加拿大北极群岛的物质贡献。

北冰洋中部的沉积物主要是冰筏搬运，一些专家认为西伯利亚陆架的海冰被搬运到了美亚海盆（Naidu et al.，1993），为美亚海盆提供沉积物。穿极漂流可以将海冰中的沉积物搬运到北冰洋的深水区。穿极漂流分为西伯利亚分支和穿极分支，西伯利亚分支中海冰来源为东喀拉海和西拉普捷夫海，蒙脱石含量较高；穿极分支的海冰来源为东西拉普捷夫海，蒙脱石含量较低，伊利石含量较高（Dethleff et al.，2000）。从图 4-3（a）看出北冰洋深水区蒙脱石含量比楚科奇海含量高，可能是西伯利亚陆架为研究区提供了蒙脱石，从图 4-2 可以看出，正北极涛动时，来自喀拉海和拉普捷夫海的海冰均被搬运到了美亚海盆，这就为美亚海盆提供大量蒙脱石。亚纳河流域是由二叠纪和石炭纪的陆源沉积物（主要是页岩）组成，这些沉积物中含大量绿泥石，通过亚纳河等河流卸载（Dethleff et al.，2000），正北极涛动时为北冰洋深水区沉积物提供绿泥石。此外还提供伊利石及高岭石等黏土矿物。加拿大北极群岛的维多利亚岛出露一些玄武岩以及辉绿岩的岩墙和岩床，在维多利亚岛和班克斯岛周缘海域海冰沉积物中蒙脱石和绿泥石含量也较高（Darby et al.，2011），负北极涛动时，波弗特环流可以搬运携带该海域沉积物的海冰，为北冰洋深水区提供蒙脱石、伊利石以及绿泥石等黏土矿物。研究区周缘陆地的古土壤可为研究区提供高岭石。

此外，大西洋中层水也可以搬运沉积物到楚科奇海台附近海域。Yurco 等（2010）认为北大西洋中层水洋流动力较弱，不能将弗拉姆海峡附近的黏土矿物搬运到加拿大海盆的南部，但是西拉普捷夫海和喀拉海的黏土矿物可以被北大西洋中层水搬运到加拿大海盆的南部以及楚科奇海台等海域。

加拿大海盆和阿尔法海脊沉积物中蒙脱石含量较高，说明主要为西伯利亚海冰来源，另外根据洋流方向可以判断有加拿大北极群岛来源黏土矿物的加入。楚科奇海台和北风海脊的沉积物中伊利石含量高达 68.2%，西伯利亚的亚纳河等河流中伊利石含量高达 67%，这些物质入海后在大西洋中层水的作用下可被搬运到楚科奇海台、北风海脊等海域。与加拿大海盆不同，马卡洛夫海盆沉积物的黏土矿物组成可能是受北大西洋中层洋流弗拉姆海峡支流的影响。

综上所述，西北冰洋黏土矿物的区域分布和变化具有明显的规律性：从楚科奇海到北冰洋深水区，蒙脱石含量增高，绿泥石含量降低，伊利石高值区出现在楚科奇-阿拉斯加海域以及楚科奇海台和北风海脊，高岭石的高值区出现在阿尔法海脊和加拿大海盆的北端。楚科奇海的黏土矿物是西伯利亚和阿拉斯加的火山岩、变质岩以及一些含高岭石的沉积物以及古土壤等，经河流搬运，在北太平洋的 3 股洋流及西伯利亚沿岸流的作用下沉积形成的。西北冰洋深水区的黏土矿物以穿极漂流和波弗特环流控制的海冰搬运为主，来源分别为欧亚陆架和加拿大北极群岛周缘海域，楚科奇海台和北风海脊的黏土矿物可能由于北大西洋中层水的搬运，加拿大马更些河则为加拿大海盆的南端和北风海脊提供黏土矿物。

4.1.3 白令海与西北冰洋沉积有机碳的分布特征及其来源分析

沉积物中有机碳（TOC）含量指示从海洋表层输出而降落到海底的有机质丰度，TOC 通量能够直接反映表层生产力的变化（Grebmeier et al.，2006；Stein，2008）。本节，利用我国历次北极科学考察在白令海和楚科奇海陆架及陆架边缘区获得的表层沉积物样品开展了 TOC 的分布特征研究。

4.1.3.1 TOC 含量平面分布特征

西北冰洋地区表层沉积物中的 TOC 含量平均值为 1.22%，变化范围在 0.03% ~7.22% 之间（图 4-4）。从 TOC 含量分布图可以看出，在白令海峡入口处（67°N 以南）含量较低，平均仅为 0.65%。向北，TOC 含量在东西伯利亚近陆架一侧区域升高，并达到最高值 7.22%。沿着阿纳德流绕过哈罗德浅滩向西北至 74°N 左右，TOC 含量相比东西伯利亚陆架区稍微降低，但含量仍然较高，平均值为 1.63%。而靠近阿拉斯加一侧楚科奇海陆架区 TOC 含量较低，平均值为 0.84%。在楚科奇海东侧阿拉斯加沿岸流的方向上，TOC 含量再次出现明显的高值区，平均值达到 1.60%。自 75°N 以北，TOC 含量逐渐减小，平均值仅为 0.61%。在加拿大海盆中部区域和门捷列夫海脊北部区域 TOC 含量略高于北风海脊和楚科奇海台等区域。到更北端的罗蒙诺索夫海脊 TOC 含量增加，平均值为 1.29%，最高值达 2.36%。

4.1.3.2 西北冰洋沉积有机碳来源与初级生产力水平

保存于沉积物记录中的颗粒有机碳的含量与组成是由不同因素决定的，例如陆源物质输入量、初级生产力水平、水体中和海底的转化过程以及沉积速率，而沉积物粒度的大小是控制有机碳浓度的主要因素，所有这些控制因素在北冰洋不同的海域和环境下均会发生变化。尽管北极的冰盖和海冰覆盖区具有较低的生产力，但与世界其他开放大洋区小于 0.5% 的平均有机碳含量相比，其有机碳含量还是很高的（0.4% ~2%；Suess，1980；Romankevich，1984）。

1）西北冰洋沉积有机碳含量总体分布特征

在拉普捷夫海，表层沉积物有机碳含量的变化范围约为 0.5% ~2.3%（Stein and Fahl，2000，2004）。勒拿河三角洲东部边缘地区、奥列尼奥克河河口外、新西伯利亚群岛的西南方以及拉普捷夫海大陆坡坡脚的中心区域为有机碳含量最大区域，含量达 2% 以上（Stein，2008）。大陆坡坡脚的有机碳分布可能与大西洋入流水团侧悬浮沉积（富有机碳）（Knies et al.，2000；Stein et al.，2001）以及拉普捷夫海大陆架沉积输入有关。沉积物有机地球化学参数（Stein and Fahl，2004；Müller-Lupp et al.，2000）和生物标志物（Fahl and Stein，1997）数据的研究表明，拉普捷夫海有机质中陆源有机质具有决定性地位，随着向海距离的增加，陆源有机碳的含量有逐渐降低的趋势（Stein and Fahl，2004）。

一般来说，在东西伯利亚海，表层沉积物有机碳含量在 0.5% ~1.5% 之间变化（Petrova et al.，2004）。高有机碳含量（1.5% ~2%）出现在因迪吉尔卡河和科雷马河河口地区，而低有机碳含量

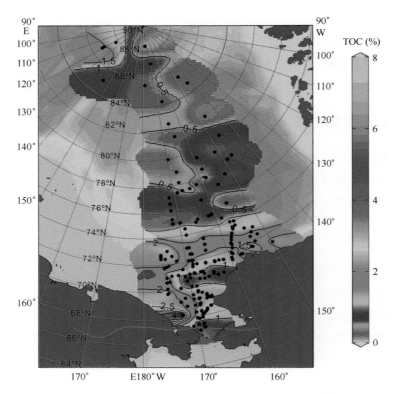

图 4-4　西北冰洋表层沉积物有机碳（TOC）含量分布

（小于 0.5%）一般出现在陆架西部岛屿附近、强悬浮-再沉积区以及陆架区，与粗粒砂质沉积有关。根据 Petrova 等（2004）、Stein 和 Macdonald（2004）等的研究，东西伯利亚海表层沉积物中大约 70%（30%）的有机碳为陆源（海源）。河流的陆源物质输入、海岸侵蚀以及受太平洋洋流影响的海洋初级生产力是决定东西伯利亚海沉积有机碳组成的主要因素。

在白令海北部至楚科奇海的陆架海域，表层沉积物中有机碳含量变化较为剧烈（0.1%~2.8%）（Naidu, et al., 2004）。一般来说，其有机碳含量变化范围处于 0.5%~1.5% 之间，这与世界其他海域的大陆架相似（Premuzic et al., 1982；Romankevich, 1984）。仅在阿纳德尔湾的西北和东南处以及楚科奇海的西北处有机碳含量较高（1.5%~2.8%）（Grebmeier et al., 2006）。白令海和楚科奇海北部海域大约 50% 的有机碳是陆源来源的（Naidu et al., 2004；Stein and Macdonald, 2004）。大部分海源有机碳与富营养的太平洋水流入引起的海洋初级生产力升高有关。

在波弗特海，尤其是受马更些河大量的细粒无机沉积物影响的马更些河海岸，有机碳分布受河流输入物质的强烈控制。该区的有机碳分布格局较为清晰，在马更些河河口区，有机碳含量较高（1.25%~1.5%），而陆坡区沉积物的有机碳含量较低（1%~1.25%）。阿拉斯加北部大陆坡沉积物中有机碳的含量常常超过 1%，最高含量可达 1.7%。虽然大陆架有机碳数据点分布较为分散，但总的来看有机碳含量较低，为 0.25%~0.9%（Macdonald et al., 2004）。

由于北冰洋中心海域表层沉积物有机碳资料数据较为有限（Belicka et al., 2002；Stein et al., 2004）。根据仅有的数据可知，大陆坡上有机碳含量约 1%。而在一些主要的海盆，例如加拿大海盆、阿蒙森海盆、马卡洛夫海盆，有机碳含量在 0.7%~1%。在罗蒙诺索夫海脊上，有机碳含量更低，仅有 0.3%~0.6%。罗蒙诺索夫海脊靠欧亚大陆边缘的海区，表层沉积物中有机碳含量增加至0.8%~1.3%。

2) 西北冰洋沉积有机碳来源与初级生产力水平分析

图4-4中所示的西北冰洋沉积物中有机碳分布特征与上述前人研究结果类似。白令海峡-阿拉斯加沿岸附近海域表层沉积物有机碳含量较低，白令海峡-西伯利亚沿岸-楚科奇海陆架含量较高。75°N以北海域，有机碳含量逐渐减小，在加拿大海盆中部区域和门捷列夫海脊北部区域有机碳含量略高于北风海脊和楚科奇海台等区域，至罗蒙诺索夫海脊沉积物有机碳含量又增加。

海洋沉积物中沉积有机碳一般都是陆源和海源的混合物。与其他海域相比，西北冰洋海域表层沉积有机碳受陆源输入的强烈影响（Stein and Macdonald，2004）。受河流物质输入和海岸侵蚀作用的影响，拉普捷夫海、波弗特海以及北冰洋中心海域中陆源有机碳均占主体地位。如阿拉斯加陆缘海域，表层沉积物C/N值的空间分布具有明显的规律，即C/N从近岸的14到陆架变为9，而在陆坡区域降为8，$\delta^{13}C_{org}$值的空间分布明显表明从近岸至陆架再到邻近洋区，陆源有机质贡献逐渐减弱，与逐渐增强的海洋初级生产力密切相关的海源有机质贡献逐渐增加（Naidu，1985）。对有机碳含量进行的计算结果表明，在三角洲上层和马更些河外沉积物中埋藏的超过90%的有机碳为陆源成因（Macdonald et al.，2004），说明了北冰洋阿拉斯加近岸区河流有机碳供应的重要性。

对北冰洋中心区来说，海冰常年覆盖导致的海洋初级生产力较低进一步加强了表层沉积物中有机碳的陆源比例。尽管在罗蒙诺索夫海脊获取的样品数量较为有限，但其获得的沉积物C/N值证明了北冰洋中心海域陆源有机碳的主体地位。与C/N值数据相反，横穿欧亚海盆的极度偏重的$\delta^{13}C_{org}$值的变化（-21.1‰~-22.1‰）（Schubert and Calvert，2001），证实了表层沉积物中海源有机碳被有效地保存下来。基于$\delta^{13}C_{org}$值，Schubert和Calvert（2001）估算，陆源有机碳对北冰洋中央海域的有机质贡献率大约为30%。然而，这仍需考虑极地地区浮游植物碳稳定同位素组成的可变性。例如，常年被海冰覆盖的北极中心地区，冰藻占据了初级生产力的60%以上（Sakshaug，2004），其偏重的$\delta^{13}C_{org}$值在-15‰~-8‰之间变化（Gibson et al.，1999），从而解释了在该海域表层沉积物中测定出的偏重$\delta^{13}C_{org}$值的原因。这一现象可能会制约在海冰密集覆盖区$\delta^{13}C_{org}$值作为衡量有机质陆源还是海源的指标这一功能（Schubert and Calvert，2001；Stein and Macdonald，2004）。对保存在表层沉积物中的海源有机碳含量比例较高的另一争论来自于对海源有机碳堆积速率的估算与对比。海源有机碳堆积速率的计算有两种：一种是基于海洋初级生产力和有机碳从表层水沉降于海底过程中的有机碳分解率（Stein and Macdonald，2004）；另一种是基于沉积岩芯数据推算的有机碳堆积速率。对后一种计算方法来说，北冰洋中心区域有机碳的堆积速率大约在2.5~4.5 mg/（cm²·a）之间（Stein et al.，2004）。而现实北冰洋中心海域的初级生产力在10~20 mg/（cm²·a）之间，沉积物平均堆积速率在0.5~1 mg/（cm²·a）之间，期望的最大海源有机碳堆积速率应该在0.1~0.5 mg/（cm²·a）之间。这一不同可以很好地用北冰洋沉积物中陆源有机碳含量具有较高比例来解释，因为北冰洋中心海域表层沉积物中只有5%~20%的有机碳为海源来源，也就是说大约80%~95%的有机碳为陆源来源（Stein et al.，2004）。

在东西伯利亚海以及楚科奇海，由于受到大西洋水体的影响、海冰覆盖率的降低和富营养太平洋洋流的输入导致的海洋初级生产力水平提高，使得这些海域的海源来源有机碳比率较其他海域高。

4.2 晚第四纪以来白令海与西北冰洋古环境演化特征

被永久冰盖和海冰常年覆盖的南、北两极是地球的两个冷极，也是地球气候系统重要组成部分和调节器，是全球变化中最显著，响应最敏感的区域，也是研究地球气候系统的关键区域。北极地区因冰雪、冰川、海冰和大陆冰盖覆盖面积大，反射率高，反射太阳辐射能力是开放大洋的 5~10 倍，大气-海冰-海洋之间的正反馈效应会使全球气候变化在北极放大，甚至北极地区自身微小的变化也会通过这些反馈而扩大，因此北极气候变化堪称全球气候变化的风向标。过去 200 万年以来北极气候的自然变化一直存在，尤其是，过去 2 万年内其变化极不稳定，存在着剧烈的快速气候变化。开展北冰洋古海洋与古气候的研究，有助于我们了解该地区长期气候和环境变化，并根据过去类似的气候条件预测北冰洋未来的气候变化（Adler et al.，2009）。

我国历次北极科考海洋地质考察的主要作业区域为美亚北冰洋，包括楚科奇海、波弗特海、门捷列夫海脊-阿尔法脊以及加拿大海盆。第 5 次北极考察中，"雪龙"船经过东北航道驶入欧亚北冰洋进行海洋考察。目前，全球对于北冰洋的古海洋与古气候研究，主要集中在北冰洋东侧的欧亚北冰洋，很少涉及北冰洋西侧，其研究也缺乏系统性（Bauch et al.，2000；Volkmann and Mensch，2001）。因此，我国北极科学考察在美亚北冰洋中取得的沉积物样品，也是对北冰洋古环境研究的重要补充。历次北冰洋海洋地质作业中，我国科学家取得了大量的沉积物样品，为重建北冰洋地区古海洋与古气候变化提供了宝贵材料。以下将主要针对北极地区的冰盖、古海洋和古环境演化历史及其驱动因素等展开讨论。

4.2.1 北极冰盖的形成与演化历史

地质记录表明，地球自形成以来经历了多次持续时间较长的寒冷气候，这导致了大量冰川和冰盖的形成，即前寒武纪（约 2 500~2 000 Ma 和 650~750 Ma），石炭-二叠纪（约 350~250 Ma）和新生代（从约 40 Ma）（Ruddiman，2002）。而新生代以前的冰期很可能是单极有冰的状态，新生代时在南部和北部极地地区形成双极有冰的状态（Bleil & Thiede，1990），科学界也几乎一致地认为新生代南、北极冰期的开始时间并不相同。南极的冰川开始形成于始新世/渐新世边界（Zachos et al.，2001），约 43 Ma（Lear et al.，2000）。有人认为北半球冰川的开始不早于约 14 Ma（Thiede et al.，1998）。然而最近国际大洋钻探计划（IODP）从格陵兰海和北冰洋中央罗蒙诺索夫海岭获得的沉积岩芯的新纪录，将北冰洋变冷和冰川初始形成时间推回至约 45 Ma，并表明地球从暖期到冰期过渡是两极几乎同时发生的现象（Backman et al.，2006）。

在新近纪，约 14 Ma 时冰盖扩张速率加快，特别是约 3.2 Ma 后（Zachos et al.，2001）。约 3.2~2.5 Ma 之间氧同位素值的长期增加表明北半球永久性冰盖的面积也在不断扩张。大约 2.5 Ma 开始出现明显的冰期和间冰期的交替，最近 0.9 Ma 以来，冰盖的面积都随着冰期的到来发生扩张。

在第四纪冰期/间冰期气候旋回中，中高纬度地区的大面积厚层冰盖也随着冰期-间冰期气候的转换发生扩张和收缩。冰盖扩展范围和体积在冰期/间冰期的差异在北冰洋周围大陆比南极洲要明显得多。在北半球，冰川分布范围是非常广泛的，在很多地区都有发现，基于国际第四纪委员会（INQUA）发表的"第四纪冰盖范围和形成年代"数据（Ehlers and Gibbard，2007），北半球第一个主要的冰期与中/晚更新世冰期是可比较的，如发生在上松山期（深海氧同位素 22 期）和氧同位素 16 期、12 期、6 期、2 期时冰盖扩张的范围都很大。如今，地球上大的冰川仅限于格陵兰岛和南极洲，体积分别达到约 3×10^6 km³ 和 29×10^6 km³，总计约 32×10^6 km³。在末次盛冰期，全球冰量可能达到现在的 3 倍，达到 92×10^6 km³（Zweck and Huybrechts，2005）。

这些冰盖通过重组大陆排水系统，并改变地球的地形和反照率对地球气候产生巨大的影响

（Clark and Mix，2002）。冰盖的衰减导致大量的融水释放和冰后期海平面上升。例如，在末次盛冰期，海平面比现代海平面低 115～140 m（Zweck and Huybrechts，2005）。

2004 年在罗蒙诺索夫海脊北极点附近实施的 IODP302 航次研究结果发现北极冰盖的出现比预想要早得多，基本上与南极冰盖同时（Moran，et al.，2006；Jakobsson et al.，2007），这些发现具有划时代的意义，对北极海洋地质学和古海洋学的研究起到了积极的推动作用。目前，德国联合欧洲其他国家和美国计划在罗蒙诺索夫海脊靠近俄罗斯一侧再次进行大洋钻探，期待有新的成果出现。

4.2.2　第四纪以来北极地区与北冰洋的古环境演化特征

第四纪全球气候的冷暖波动剧烈，冰期同间冰期交替出现，北极地区先后出现了数次大的冰川，如氧同位素 6 期的萨埃尔冰川（Saalian glaciation）、氧同位素 5b 期的早威斯康星冰川（Early Weichselian glaciation）、氧同位素 4～3 期的中威斯康星冰川（Middle Weichselian glaciation）、氧同位素 3～2 期的晚威斯康星冰川（Late Weichselian glaciation）或末次盛冰期冰川等。每次大的冰川解体势必形成冰筏碎屑沉积，并导致北冰洋淡水显著增加（Svendsen et al.，2004；Spielhagen et al.，2004）。根据北冰洋中部的深海沉积物记录，冰筏碎屑的高峰期主要集中在 190～130 ka（如氧同位素 6 期）、90～80 ka（如氧同位素 5b 亚期）、75 ka（如氧同位素 5 期与 4 期分界）和 65～50 ka（如氧同位素 4 期结束至 3 期开始阶段），而末次盛冰期冰筏碎屑比以往冰期显著减少。王汝建等（2009）发现北冰洋西部楚科奇海盆晚第四纪的冰筏碎屑事件主要出现在氧同位素 1 期、3 期、5 期和 7 期，该地区冰筏碎屑主要为大冰块或者冰山所夹带，通过加拿大北极群岛的麦克卢尔海峡冰流输出到波弗特海，并被波弗特环流输送至楚科奇海盆。在末次盛冰期之后的冰消期，北极大西洋扇区及亚北极大西洋海域出现了冰筏碎屑层；但北极地区与劳伦泰德冰盖有关的冰山事件较相应的北大西洋 Heinrich 事件要早（Darby et al.，2002）。

第四纪冰期-间冰期的交替变化基本以相似的周期为间隔，一般认为主要是受地球轨道参数变更所驱动的。地球轨道参数变化所引起的太阳辐射异常对于高纬度地区夏季的影响可能尤为突出，因为高纬度地区夏季日照时间长；而 65°N 地区对太阳辐射量变化的响应最为敏感，因此末次冰期该纬度既是最早出现冰盖的地方，也是冰盖持续时间最长的地方。当然还有其他关于冰期出现的假说，如 Young 和 Bradley（1984）认为子午日射梯度是控制冰盖发育和消融的关键因素，因为它控制着夏季向极湿气流的强度以及由此产生的降雪量。Miller 等（2010）认为北大西洋环流对于冰盖的发育至关重要，有证据表明在冰层生长期时北大西洋水保持温暖状态，而北大西洋相对活跃的温盐循环可能增加对冰盖源区的湿气供应量，冬季增强的经向温度梯度和蒸发速率会增加加拿大东北部的降雪量。

末次间冰期被认为是非常典型的间冰期，该时期海平面较高，全球冰盖面积消退剧烈。据研究，末次间冰期气候比现在要稍微温暖一些，如 Brigham-Grette 和 Hopkins（1995）认为在末次间冰期，冬季海冰仅限制在白令海峡，比现在要北移了 800 km 以上，有些时段甚至北冰洋也出现了无冰现象；Cuffey 和 Marshall（1984）通过对格陵兰冰芯的氧同位素分析发现格陵兰冰层在末次间冰期比现在要薄得多，全球海平面可能提升了 4～5.5 m。在氧同位素 5.5 期、5.1 期及早全新世，亚欧大陆边缘海沉积物中有机质含量明显达到峰值，表明其时可能处于一个和现今差不多的自然环境。大约 107 ka 前后出现了变冷事件，西欧落叶型森林（更加暖和状况的指示）很快被指示寒冷气候的草原性草本植物所取代（Dyke et al.，2002）。107 ka 变冷事件发生以后，气候并没有紧接着持续下降，而是保持了数千年的相对稳定，甚至出现了一个短暂的反暖期，之后才开始了气候的持续下降。自此，示冷性植物界线不断南下，北极周边大陆开始出现大面积的冰盖，全球冰盖范围在 24~21 ka 达到了鼎盛，这个时期就是我们所说的末次盛冰期。在末次盛冰期，劳伦泰德冰盖从加拿大群岛向南扩展到了美国中西部地区，并由加拿大山脉向东部延展到了大陆东沿。欧亚冰盖加上劳伦泰德冰盖的扩展，使得当时的海平面下降了近 120 m（Brigham-Grette and Hopkins，1995）。

在 Bølling-Allerød 期（14.5 ka 前后），弗拉姆海峡出现了海洋浮游生物的最高值且波动频繁，该时期斯瓦尔巴群岛-巴伦支海冰盖发生了大的消融作用；新仙女木期（Younger Dryas），弗拉姆海峡东部及斯瓦尔巴群岛西部冰盖并没有发生扩张，底流强度减弱，但表层水体依然保持高生产力的特征（Birgel and Hass，2004）。新仙女木事件后，北极进入了一段数千年的相对现今还要温暖、潮湿的阶段。高纬度地区夏季日照强度在全新世初期达到鼎盛点（10.9 ka），大约比现今辐射强度高出 8%（Berger et al.，1989）。虽然北极大部分地区都经历了该暖期，但各个地区暖期的发生出现了穿时性，格陵兰中部和北美东部直到 8 ka 才发生，这可能是由于冰层覆盖状况以及表层海水温度的地域性差异造成的。在大约 8.2 ka，早全新世暖期被一个相对寒冷、干燥的事件所打破，该事件非常短暂，持续不到一个世纪（Alley et al.，1997）。Kaufman 等（2004）收集了北极西部地区 140 个全新世最温暖期的站位资料，发现各地区全新世最暖期出现时间也存在着明显的地域差异，如阿拉斯加和加拿大西北区域出现在 11~9 ka，而加拿大东北部则晚了 4 ka，加拿大东北区域全新世最暖期的延迟可能主要与劳伦泰德冰盖的制约有关。

对北冰洋系列岩芯的研究表明，晚第四纪冰期-间冰期北冰洋的气候变化与北大西洋深海沉积物记录基本一致，北冰洋海冰（冰盖）的消长以及北太平洋-北冰洋-北大西洋之间的水体交换对该地区乃至全球气候变化具有重要影响（Poore et al.，1999；Bischof and Darby，1997；Peterson et al.，2006）。在末次间冰期-冰期旋回中，进入极区的大西洋水也曾出现明显的强弱变化（Hald et al.，2001）。130 ka 以来，极区北大西洋的斯瓦尔巴群岛-巴伦支海陆架经历了多次的大西洋暖水的注入，并表现出千年至百年尺度的波动现象，该时期沉积富集生物成因碳酸盐及亚北极浮游有孔虫种属为特征，指示季节性开放水域环境（Hald et al.，2001）。在楚科奇海以北的深水区，特别是楚科奇海台、北风海脊和门捷列夫海脊等半深海环境，近年来的研究发现，沉积层普遍表现出褐色-黄色层与灰色层的旋回变化，并与间冰期（或间冰段）-冰期旋回相一致，为地层的划分和对比提供了便利（Poore et al.，1999；Phillips and Grantz，1997；Polyak et al.，2004）。褐色层的典型特点是沉积物中的砂含量中等，有机质含量较高，生物遗壳较多，化学组分如 Mn 含量、Fe^{3+}/Fe^{2+} 比值高，指示生产力相对较高的间冰期环境，期间大西洋水活跃，海底处于强氧化状态（Polyak et al.，2004）。灰色层的典型特点是不含化石，主要由细粒物质组成，但在灰色层的顶部和底部，砂含量往往显著增加，指示海冰覆盖大、生产力相对较低的冰期环境，期间大西洋暖流水的入侵减弱，底层水含氧量下降（Polyak et al.，2004）。王汝建和肖文申（2009）对楚科奇海盆晚第四纪生源沉积物的研究表明，氧同位素 7 期以来，碳酸钙含量和浮游有孔虫丰度在间冰期的增加和冰期的降低，分别指示大西洋水输入的加强和减弱。此外，楚科奇海盆间冰期沉积物 Na_2O/K_2O、MgO/K_2O 比值有偏高现象，可能与该时期太平洋水的加强有关（陈志华，2004）。

4.2.3　末次冰期以来白令海和西北冰洋的古环境演化研究

4.2.3.1　末次冰期以来白令海的古海洋与古气候变化研究

国内外的研究成果已经充分说明白令海在全球气候系统变化中所扮演的重要而又特殊的角色，尤其是最近的研究表明，晚更新世以来白令海的海洋环境与全球气候变化有很大关系，而白令海沉积物中记录的古海洋学信息可以提供与米兰科维奇轨道周期相关的北半球冰盖演化及高频率的 Heinrich 和 D/O（Dansgaard/Oeschger）事件的记录，使白令海成为国际古海洋学和古气候学研究的热点地区之一。然而，由于受到海洋地质调查手段落后、年代框架难于建立等因素的制约，我国在该海区采集到的沉积物岩芯样品并不十分丰富，这在一定程度上限制了研究人员在本区域开展长时间尺度、高时间分辨率的古海洋学研究。尽管如此，我国的古海洋学研究人员仍然利用有限的沉积物岩芯样品开展了一系列的晚第四纪古海洋学、古气候学研究工作，涉及北太平洋中层水演化、表层古生产力演变、海冰扩张历史、浮游植物群落结构演变以及陆源物质输送等方面，目前已有诸多成果面世，在一定程度上促进了我国极地古海洋学研究工作的发展。

1）白令海北部陆坡的古海洋与古气候记录

在白令海这样的高纬海区，由于沉积物中普遍缺乏钙质生物而富含硅质生物，因此利用有孔虫作为替代性指标开展古海洋学研究受到极大限制，在这样的情况下，以 *Cycladophora davisiana* 为代表的标志种放射虫逐渐进入古海洋学家的视野，由于其对气候和环境的变化极其敏感，可以作为包括白令海在内的亚北极太平洋等高纬海区古海洋与古气候变化的替代性指标（王汝建等，2011），国内外研究人员的相关工作业已表明，*C. davisiana* 不仅可以作为冬季海冰扩张和亚北极太平洋中层水的替代性指标，还可以作为一个有效的地层学工具应用于缺乏钙质生物沉积的高纬海区的古海洋学研究中地层年代学框架的建立（Ohkushi et al.，2003；Wang and Chen，2005）。李霞等（2004）和王汝建等（2005）在此基础上讨论了白令海北部陆坡 B2-9 站位沉积物柱状样中微体化石、生源组分、陆源碎屑等参数的变化趋势，进而探讨了该区表层生产力的变化和海冰扩张的历史等问题。

随着分析测试手段的发展，测年技术也得到极大进步，利用沉积物中有机碳 AMS^{14}C 测年技术，张海峰等（2014）重建了 B2-9 站位的年龄框架，并在此基础上开展了高分辨率的生物标志物分析，研究了近 1 万年以来白令海北部陆坡区浮游植物群落结构和初级生产力的变化以及高碳烷烃的输入及其源区植被结构和气候环境的演化（图 4-5），研究结果显示：① 全新世以来，白令海北部陆坡区表层浮游植物和初级生产力都经历了明显的阶段性变化过程，可能受控于陆架坡折处海冰的分布、上层海洋营养盐供应和全新世气候与环境的变迁；② 陆坡区表层浮游植物群落结构较为稳定，其中，硅藻是初级生产力的主要贡献者，甲藻次之，颗石藻和黄绿藻比前两者低了一个数量级，同时硅藻与甲藻之间具有明显的竞争关系，前者明显占据优势，是白令海有机碳汇的主要贡献者；③ 全新世期间，白令海北部陆坡区的正构烷烃总量分别在 7.8 ka B.P.，6.7 ka B.P. 和 5.4 ka B.P. 经历了 3 次阶梯状的下降过程，呈现出四个相对稳定的阶段，这种变化趋势主要受控于早全新世海平面上升以及周边陆地植被源区的气候与环境变化；④ 对正构烷烃分子组合特征的深入分析表明，沉积物中检出的高碳正构烷烃来自陆地高等植物，同时表明陆源植被结构较为稳定，木本植物占据优势；⑤ 单体碳同位素研究表明正构烷烃的主碳峰为 nC$_{27}$，对烷烃总量的贡献最大，可能与当时陆源繁盛的木本植物及输入有关。另外，含量较高的 nC$_{23}$ 则可能主要来源于北半球沿海广泛分布的一类沉水植物。

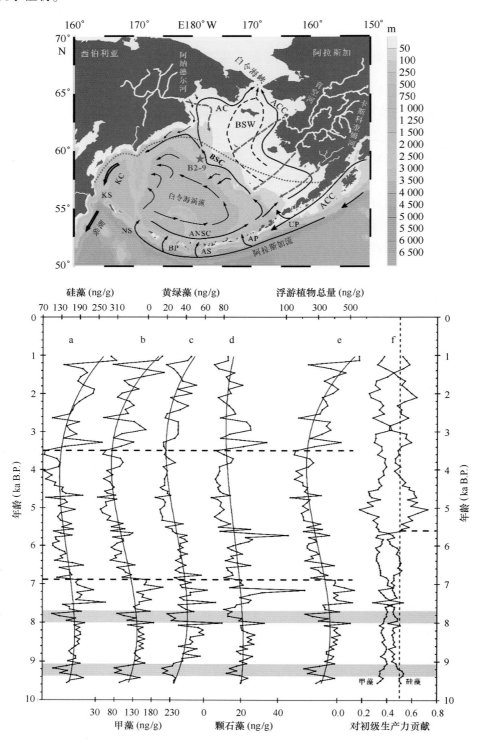

图 4-5　白令海北部陆坡 B2-9 站位（上图）全新世以来浮游植物群落结构及其变化（下图）

（横向虚线表示变化的时间界限，竖向虚线表示 50% 贡献率，实线显示数据的 S 形变化趋势，灰色阴影表示早全新世快速气候变化事件）

　　根据白令海北部陆坡区的另一个站位 B5-4 的沉积物有机碳、碳酸钙和 17 种地球化学元素等进行的分析，并在利用 AMS[14]C 测年数据建立的年龄框架基础上，邹建军等（2012）恢复了研究区 13.7 ka B.P. 以来的古环境和古生产力演化历史。研究结果表明该孔沉积物中记录了新仙女木、B/A（Bølling/Allerød）和冰川融水事件的信息，而且研究区的沉积环境和表层生产力发生了显著的变化（图 4-6）；在末次冰消期，白令海的高生产力与冰川融水和太平洋暖水团的涌入有关，此时较高的表层生产力、太平洋中层水通风能力减弱及南半球底层水更新速率变缓导致了底层水的缺氧，而末次冰消期以来白令海陆源沉积物的输入受源区气候、海平面变化和生源物质稀释等多种因素的控制；到全新世，阿拉斯加流则成为影响白令海表层生产力和古环境变化的一个主要因素。

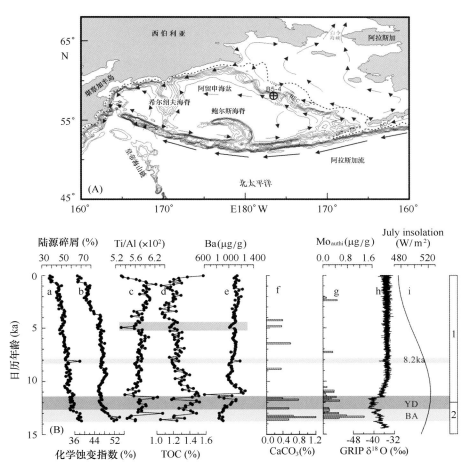

图 4-6　白令海北部陆坡 B5-4 站位（A）及陆源碎屑、古生产力变化与
冰芯及太阳辐射变化比较（B）

　　此外，黄元辉等（2013）还利用 B5-4 孔与 BR07 孔中硅藻含量、颜色反射率等参数的对比重建了后者的年龄框架，重建年龄与有机碳 AMS[14]C 测年结果所得的年龄十分接近，但后者普遍偏老，可能是因为后者受到沉积物中混入的陆源老碳影响所致。而沉积物中 *Fragilariopsis cylindrus*/（*Fragilariopsis cylindrus*+*Nedoenticula seminae*）也记录到末次冰消期以来 3 次冷事件和一次暖事件，以新仙女木事件的时间进行对比，结果进一步佐证了该重建年龄比原始的有机碳 AMS[14]C 结果更可信。但就目前的研究成果来看，白令海陆坡区沉积记录的年代框架尚存在很多争论。
　　葛淑兰等（2013）又进一步研究了 B5-4 孔的古地磁和岩石磁学特征，获得了该岩芯的地磁场强度和方向变化信息，结果表明：白令海北部陆坡区沉积物未受到自然或者人为的扰动，属于正常水环境下的原始沉积组构，其主要载磁矿物为低矫顽力的磁铁矿，且岩芯中磁性矿物均匀，可以记录地磁场相对强度变化，相关参数记录可以与全新世绝对强度记录、北美和欧洲记录、ODP983 孔以及全球叠加地磁场强度曲线进行千年尺度上的对比，甚至在百年尺度上也具有可对比性。另外，与西伯利亚贝加尔湖和北美的地磁场磁偏角和磁倾角记录在 14 ka BP 以来极为吻合，其提供的强度和方向对比点可以作为沉积物定年的新依据；9~14 ka BP 期间的磁倾角变化可能是哥德堡极性事件的记录，但可能受到早期成岩或者沉积物平滑效应的影响。这些研究表明地磁场相对强度和方向变化可以从适宜的白令海沉积物中获得，可以为建立年龄框架提供相关辅助信息，有助于解决亚北极高纬地区古环境和古海洋研究中年龄信息匮乏的问题。

2）阿留申海盆中部的古海洋与古气候记录

随着我国北极科学考察的不断推进，国内极地科研人员的合作日趋密切，充分利用有限的沉积物样品，最大化的发掘样品的科研价值。陈志华等（2014）和王磊等（2014）对阿留申海海盆中部的 BR02 站位沉积物柱状样进行了有机碳结合有孔虫 AMS^{14}C 测年数据的分析，并与格陵兰 NGRIP 冰芯氧同位素曲线对比，建立了较高分辨率的年龄框架，并在此基础上，开展了颜色反射率测试、粒度分析、冰筏碎屑含量统计、有孔虫丰度统计、元素分析等研究工作，结果表明：BR02 孔较为完整地记录了末次冰盛期结束（约 16.3 ka B.P.）以来包括海因里奇（Heinrich1）、O/D、新仙女木和北方 2 期在内的多期冰筏碎屑事件，其中以海因里奇和新仙女木期间最为显著，反映末次冰消期以来研究区海冰/冰山和区域性冰川的消长变化；同时，在这些时期，有孔虫丰度、粒度的砂组分以及敏感组分中的 33~63 μm 组分的百分含量也都明显增加，可能是由于海冰融化为表层水提供营养物质，促使表层钙质生产力勃发并将有机质进一步输送至海底，为底栖生物提供营养物质。另外，该站位岩芯上部的富锰、富钡的氧化型沉积表明早全新世高海平面时期（6~7 ka B.P.），海平面的大幅上升导致白令海与北太平洋、北冰洋之间的水体交换显著增加并达到某种极值状态，大量的太平洋水通过白令海峡进入北冰洋，同时更多的北太平洋水包括富氧的底层水和中层水通过阿留申群岛之间的水道进入阿留申海盆，使海盆环流加强，海水的层化减弱，海盆底层水更新加快，含氧状况明显改善，进而引发海洋生产力的显著增加。此外，柱样中氧化钙、氧化钠、锶、锆的含量变化以及氧化钠/氧化钾的比值变化则显示海盆冰筏碎屑主要来自富碳酸盐的育空河流域，其次为阿拉斯加半岛和阿留申群岛等火山岩区。

黄元辉等（2014）进一步对 BR02 孔开展了沉积学等研究，并结合白令海北部陆坡区 B5-7 和 B5-4 孔沉积物的沉积学特征，探讨了白令海深海常见的异常沉积类型及其成因，研究结果显示：① BR02 孔沉积物在末次冰消期至中全新世出现至少 3 段浊积层，具有典型的正粒序沉积层序，与正常沉积层差异明显；② B5-4 孔存在 13 ka BP 和 13.2 ka BP 出现两层火山碎屑沉积，其平均粒径明显变粗，砂含量剧增而粉砂与黏土含量锐减，质量磁化率结果同时突然增大，并见有以橙色火山玻璃为主的火山碎屑；③ B5-7 站表层沉积物中的硅藻组合以新近系硅藻化石 *Kisseleviella carina* 和 *Kisseleviella ezoensis* 为主，且与白令海北部陆坡附近海域其他表层沉积物的硅藻组合面貌差异明显，表明该样品可能是再沉积样品，其初始沉积年代大约为早中新世；④ 白令海北部陆缘/陆坡区附近遍布的海底大峡谷对该区沉积物沉积过程具有重要影响，可能是导致该区浊流沉积与再沉积物的主要原因。另外，白令海位于欧亚板块、太平洋板块及北美板块交汇区边缘，其独特的地理位置决定该区地震与火山等构造活动相对活跃，进一步促使该区海底异常沉积现象频发。

4.2.3.2 末次冰期以来西北冰洋的古海洋与古气候变化研究

1）地层年代框架与地层对比

地层年代框架的建立是古海洋与古气候变化研究的基础，也是古海洋与古气候变化研究需要解决的首要重点问题。因此，在低纬地区的地层划分和对比广泛运用的有孔虫氧同位素纪录在北冰洋的使用受到很大限制（Backman et al.，2004；王汝建等，2009），这是因为北冰洋的有孔虫由于生产力的低下和较强的溶解作用，在一些层位缺失，沉积记录不完整。另外，海冰和冰山的融化以及轻卤水的产生影响了有孔虫壳体的氧同位素分馏。因此，地层年代框架的建立是北冰洋古海洋与古气候变化的难点。北冰洋沉积物的研究表明，许多柱状沉积物的颜色旋回和锰元素的含量具有明显的旋回性，在北极地区可以结合沉积物中锰含量和颜色旋回性的变化建立晚第四纪的年龄框架（Jakobsson et al.，2000；Spielhagen et al.，2004；王汝建等，2009）。间冰期，通风作用强，水体呈现出氧化的环境，有利于锰元素的沉淀；相反，冰期不利于锰元素的沉淀。褐色沉积物指示的是间冰期或者冰消期的环境，而灰色沉积物表示的是冰期环境。另外，有孔虫的丰度以及冰筏碎屑（IRD）的含量也是北冰洋进行区域性对比建立地层框架的重要指标（Darby and Zimmerman，2008；Adler et al.，2009）。

对中国第2次以及第3次北极科学考察在西北冰洋楚科奇海取得的3个柱状沉积物08P31，03M03以及08P23地层年代框架的研究（图4-7，梅静等，2012；Wang et al.，2013；章陶亮等，2014），使用了沉积物的颜色旋回、锰和钙元素的相对含量、浮游和底栖有孔虫丰度、冰筏碎屑含量等参数，与前人在邻近海域的研究成果进行区域地层对比，并结合北冰洋浮游有孔虫优势种 *Neogloboquadrina pachyderma*（sin.）（简称：Nps）的 AMS^{14}C 测年结果，分别建立了其对应的地层年代框架（图4-8）。3根柱状沉积物的底部年龄推测都在深海氧同位素3期与4期之间，在氧同位素3期的沉积物中出现了褐色层 B2a、B2b，有孔虫丰度的高峰出现在该褐色层中（梅静等，2012；Wang et al.，2013；章陶亮等，2014）。这样的褐色层同样出现于国外研究者在附近海域的柱状沉积物中（Adler et al.，2009；Stein et al.，2010；Polyak et al.，2004，2009），表明了较暖的间冰段或间冰期，因此具有较好的可对比性。氧同位素3期与2期之间存在沉积间断，在柱状沉积物03M03以及08P31中，氧同位素2期的沉积物几乎缺失（梅静等，2012；Wang et al.，2013），而在08P23中氧同位素3期与2期之间也存在明显的沉积间断（章陶亮等，2014）。这可能是由于在末次冰盛期时研究区受到厚厚的冰层覆盖，导致了这一时间的沉积缺失。另外，3个站位氧同位素1期的沉积物中均出现了褐色层 B1，其中出现了较高的有孔虫丰度以及冰筏碎屑含量，为全新世沉积。对于第3次北极科学考察在阿尔法脊的取得的柱状沉积物08B84A，刘伟男等（2012）通过沉积物的颜色旋回、锰和钙元素的相对含量以及有孔虫丰度，结合 Nps 的 AMS^{14}C 测年结果，并与 Polyak 等（2009）对阿尔法海脊沉积物的研究进行对比，将08B84A 划分为 MIS 12～MIS 1 的沉积序列。此外，叶黎明等（2012）通过沉积物颜色旋回、锰元素含量和有孔虫丰度将第3次北极科学考察取回的柱状沉积物 B85-D 的底部年龄确定为 350 ka。

2）西北冰洋晚第四纪的沉积记录与古海洋和古气候变化

北冰洋表层环流主要由穿极流和波弗特环流组成，加拿大海盆受顺时针的波弗特环流控制。穿极流从欧亚大陆一侧穿越北极沿格陵兰岛东侧流向大西洋方向。楚科奇海是西北冰洋的边缘海之一，是太平洋与北冰洋进行能量与物质交换的区域。通过白令海峡进入北冰洋的3股水团自西向东

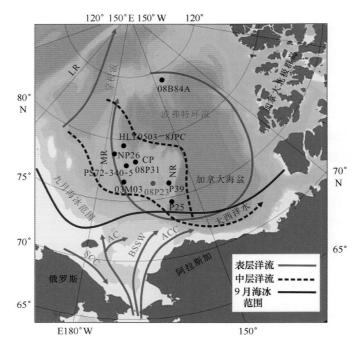

图 4-7　北冰洋西部流系与楚科奇海 3 个岩芯的位置示意图以及洋流和九月海冰的分布

CP：楚科奇海台；NR：北风海脊；MR：门捷列夫海脊；LR：罗蒙索诺夫海脊；AC：阿纳德尔流；

BSSW：白令海陆架水；ACC：阿拉斯加沿岸流；SCC：西伯利亚沿岸流

依次为：低温高盐富营养的阿纳德尔流、白令海陆架水和高温低盐的阿拉斯加沿岸流。同时，西伯利亚沿岸流通过长峡（Long Strait）进入楚科奇海（史久新等，2004；Xiao et al.，2014）。楚科奇海常年被海冰覆盖，受波弗特环流控制，并受到通过楚科奇海的太平洋水的强烈影响。根据我国前 3 次北极科学考察在楚科奇海及邻近海域取得的柱状沉积物样品的研究结果，沉积物的底部年龄都为约氧同位素 3 期（梅静等，2012；Wang et al.，2013；章陶亮等，2014）。在阿尔法海脊取得的柱状沉积物样品底部年龄可达氧同位素 12 期（刘伟男等，2012；叶黎明等，2012）。

北冰洋陆源沉积物搬运的研究表明，沉积物中全部的粗组分和几乎全部的细组分均来源于冰筏沉积，很少受表面洋流和风尘的影响。海冰主要携带的是细砂级以下（粒径<250 μm）的冰筏碎屑，而较粗的冰筏碎屑（粒径>250 μm）主要是通过大冰块以及冰山搬运。北冰洋沉积物中的冰筏碎屑事件反映了冰期-间冰期旋回中周围冰盖的不稳定性和北冰洋环流的变化（王汝建等，2009），它们不仅指示了这些陆源碎屑沉积物的来源，还能指示大陆冰盖，冰山以及洋流的变化历史（Darby and Zimmerman，2008）。北冰洋冰筏碎屑源区的研究表明，北冰洋东部的冰山大部分来源于欧亚冰盖，而北冰洋西部的冰筏碎屑的来源较复杂，主要来自于北美冰盖，包括冰消期的几次冰筏碎屑事件（图 4-9，王汝建等，2009）。我国研究者对于前 3 次北极科学考察在楚科奇海取回的柱状沉积物的冰筏碎屑事件研究表明，MIS 3 以来，该地区发生了多次冰筏碎屑事件。其中，以冰筏碎屑（粒径>250 μm）含量 5% 为冰筏碎屑事件的界线，位于楚科奇海盆的 03M03 孔自氧同位素 3 期以来共发生了 7 次明显的冰筏碎屑事件（王汝建等，2009；Wang et al.，2013），分别为冰筏碎屑 1，冰筏碎屑 2/3（？），冰筏碎屑 7~冰筏碎屑 11。此外，研究还发现冰筏碎屑 4~冰筏碎屑 6 事件在沉积物中缺失。推测这是由于该区域沉积物在 MIS 3~MIS 2 之间出现了沉积间断，导致了上述冰筏碎屑事件的缺失，这有待于进一步研究的验证。同样的冰筏碎屑事件也出现在楚科奇海台的

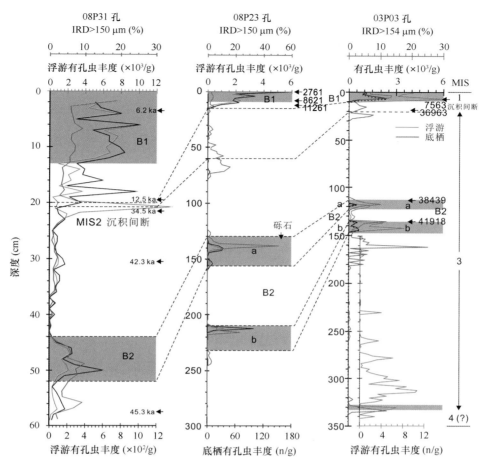

图4-8 楚科奇海柱状沉积物03M03,08P31以及08P23的地层年代框架以及地层对比

08P23孔中（章陶亮等,2014）。冰筏碎屑7~冰筏碎屑11事件发生于氧同位素3期,其中,冰筏碎屑8~冰筏碎屑11事件同时对应于较高的碳酸钙含量。北冰洋沉积物中碎屑碳酸盐岩的研究表明,它们来源于加拿大北极群岛分布广泛的古生代碳酸盐岩露头（Phillips and Grantz,2001;Darby et al.,2008）。因此,发生于氧同位素3期的冰筏碎屑8~冰筏碎屑11事件中的冰筏碎屑来源于加拿大北极群岛的碳酸盐岩露头,并通过麦克卢尔等海峡冰流被输送到波弗特海,夹带在大冰块和冰山里,被波弗特环流搬运至楚科奇海台和海盆中。在氧同位素2期,由于沉积间断,因此冰筏碎屑4~冰筏碎屑6事件缺失,因此楚科奇海沉积物中只出现了冰筏碎屑2/3（?）事件（梅静等,2012;Wang et al.,2013;章陶亮等,2014）。与氧同位素3期褐色层中的冰筏碎屑8、冰筏碎屑9事件不同,冰筏碎屑2/3（?）事件对应的碳酸钙含量很低,可能与氧同位素3期的冰筏碎屑事件来源不同。与冰筏碎屑7事件相似,这两次冰筏碎屑事件中的沉积物可能来源于欧亚大陆。在氧同位素1期,王汝建等（2009）根据浮游有孔虫AMS [14]C测年结果,确定03M03孔中的冰筏碎屑1事件的年龄接近于8 ka BP前后,可能对应于北半球8.2 ka BP冷期之后的冰筏碎屑事件（Alley et al.,1997;Kurek et al.,2004;Rohling and Pälike,2005）。

阿尔法海脊的冰筏碎屑事件的研究表明,氧同位素12期以来,该地区发生了多次冰筏碎屑事件。其中,以冰筏碎屑（粒径>250 μm）含量5%为冰筏碎屑事件的界线,08B84A孔自氧同位素12期以来共发生了12次明显的冰筏碎屑事件（刘伟男等,2012）,并且冰期的冰筏碎屑含

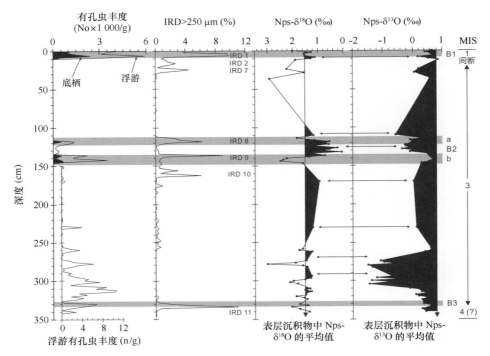

图4-9　03M03孔的有孔虫丰度，IRD和Nps的δ¹⁸O和δ¹³C记录

量平均值高于间冰期。北极中部地区所沉积的冰筏碎屑主要发生于冰盖融化，冰山可以漂流到北冰洋中部的冰消期，B84A孔顶部的沉积物中的高冰筏碎屑含量可能由末次冰期时发生的冰山卸载造成。根据现代观测，北冰洋的冰筏碎屑分布情况指示了加拿大西北部为其主要源区，主要受波弗特环流控制，大量的冰筏碎屑来自于波弗特海沿岸。但在冰期，欧亚大陆和北美大陆上的冰盖延伸范围加大，阿尔法海脊冰筏碎屑主要来自加拿大北极群岛和距离更远的劳伦泰德冰盖所影响的加拿大地盾地区。因此，在与现在环流模式相似的间冰期期间，冰筏碎屑由波弗特环流从波弗特海沿岸搬运至阿尔法海脊，有极少的冰筏碎屑在阿尔法海脊处发生沉积；而在冰期/冰消期，由于更短的搬运距离，主要来自加拿大北极群岛的冰筏碎屑大量沉积于阿尔法海脊（刘伟男等，2012）。而叶黎明等（2012）则认为350 ka以来阿尔法海脊冰筏碎屑来源有着根本性的改变，并不严格按照"冰期—间冰期"旋回。阿尔法海脊冰筏碎屑源区的进一步识别则需要进行沉积物的地球化学研究才可确定。

　　粒度组分的变化可以用来指示陆源物质输入量的变化，因而在北冰洋的古海洋学研究中被广泛地应用。根据08M03孔粒度测试结果（Wang et al.，2013），氧同位素3期的黏土组分平均值稍高于氧同位素1期和4（？）期的平均值；而氧同位素3期的粉砂组分平均值稍低于氧同位素1期和4（？）期的平均值，与中值粒径和平均粒径的变化相似。黏土和粉砂组分在冰筏碎屑事件中变化剧烈，并伴随着砂组分的增加。这表明了冰期—间冰期环境变化对于细颗粒物质输入的强烈影响。粉砂组分在冰消期和暖期的明显增加，表明在这期间波弗特环流和太平洋入流水加强，冰期则相反。03M03孔的黏土组分含量（~30%）和粉砂级组分含量（~70%）之间的比例，除了在一些短的间隔外变化很小，西北冰洋表层沉积物的黏土和粉砂含量也分别达到60%~80%和20%~30%（Gao et al.，2011），与03M03孔的黏土和粉砂的平均含量接近。这反映了波弗特环流和太平洋水至少从早氧同位素3期就是楚科奇海主要的细颗粒沉积物的传输者。03M03孔的黏土和粉砂组分也可能来源于楚科奇大陆边缘的悬浮沉积,在海冰形成的过程中,低温高盐且含氧量高的水团,最初形成于陆架上,而后沿着大陆边缘携带着大量悬浮的黏土组分从陆架沉积至深海(Wahsner et al.,1999)。随着冰期时环北极主要河流沉积物的排放量大大减少,海冰作为最主要的陆源碎屑物的携带者,特别是粉砂和黏土被保留下来。在冰消期或者变暖事件期间,阿拉斯加北部陆坡可能也提供了一些细小颗粒沉积物,包括一些富含碳酸盐的碎屑沉积物。因此,不同环境因素下的变化,例如大陆冰盖、环流、海冰扩张和海平面变化可能对冰期—间冰期北冰洋沉积物产生了巨大的影响。刘伟男等(2012)采用粒度-标准偏差方法对阿尔法脊 08B84A 粒度组成,提取对环境敏感的粒度组分,发现 08B84A 孔所有样品各个粒级的标准偏差结果呈双峰型分布,表明自氧同位素 12 期以来敏感组分为 4~9 μm 和 19~53 μm 两个粒级。二者变化趋势相反。粗组分增大时,基本对应于冰筏碎屑含量的高峰。这两个组分主要由海冰和洋流进行搬运,其含量变化指示了洋流的强弱。

浮游有孔虫 Neogloboquadrina pachyderma(sin.)(Nps)是北冰洋的主要属种,其含量经常能达到浮游有孔虫总壳的 90% 以上,Nps 壳体的氧碳同位素记录通常被用来指示过去的表层水开放条件、盐度和温度变化,区域淡水事件,以及海冰形成速率等。而北冰洋沉积物中 Nps 氧碳同位素值的偏轻,一般有如下 3 种原因:① 表层海水温度升高导致 Nps-δ^{18}O 变轻;② 融冰水事件或河流淡水的注入,使得 Nps-δ^{18}O 和-δ^{13}C 同时偏轻;③ 随着表层海水温度下降,海冰形成速率加快,导致了轻同位素卤水的生产和下沉速率提高,造成 Nps-δ^{18}O 和-δ^{13}C 值偏轻。对于楚科奇海柱状沉积物 Nps 氧碳同位素的研究表明,在氧同位素 3 期,绝大多数层位沉积物的 Nps-δ^{18}O 和-δ^{13}C 值都明显轻于表层沉积物中的平均值(王汝建等,2009;Wang et al.,2013;章陶亮等,2014)。氧同位素 3 期中褐色层 B2a 以及 B2b 的 Nps-δ^{18}O 和-δ^{13}C 的轻值对应于有孔虫丰度和冰筏碎屑含量的高峰,这表明了褐色层中氧碳同位素的偏轻是冰融水事件造成的。而两个褐色层之间的 Nps-δ^{18}O 和-δ^{13}C 的轻值,对应于灰色的沉积物以及极低的有孔虫丰度和冰筏碎屑含量。显然这一层位明显偏轻的 Nps-δ^{18}O 和-δ^{13}C 值与冰融水事件无关,它指示了海冰形成速率的提高,导致了轻同位素卤水的产生与下沉,从而造成 Nps-δ^{18}O 和-δ^{13}C 值的同时偏轻。在氧同位素 2 期,楚科奇海的 03M03 孔以及 08P31 孔都几乎没有沉积记录。章陶亮等(2014)发现 08P23 孔氧同位素 2 期的 Nps-δ^{18}O 与-δ^{13}C 呈镜像关系,Nps-δ^{18}O 值偏重,而 Nps-δ^{13}C 偏轻。这是由于末次冰盛期研究区温度的急剧降低,导致了楚科奇海在末次冰盛期被厚厚的冰层覆盖。其中,Nps-δ^{18}O 的重值可能反映冰期温度急剧下降导致 Nps-δ^{18}O 值偏重;而偏轻的 Nps-δ^{13}C 值反映海表面被冰层覆盖,阻止了海气交换,生物生产力急剧下降。在氧同位素 1 期,研究区沉积物为深褐色,并且其 Nps-δ^{18}O 与-δ^{13}C 值同时偏轻(王汝建等,2009;Wang et al.,2013;章陶亮等,2014)。沉积物中 Nps-δ^{18}O 与-δ^{13}C 的轻值对应于较高的有孔虫丰度以及 IRD 含量。因此,氧同位素 1 期中冰融水事件和全新世温度的升高可能共同导致了 08P23 孔 MIS 1 的 Nps-δ^{18}O 值偏轻。

王汝建等(2009,2013)对于 03M03 孔生源组分的研究表明,03M03 孔碳酸钙含量的高峰只出现于氧同位素 1 期和 3 期的 3 个褐色层中,对应于较高的有孔虫丰度,表明钙质浮游生物生产力增加是由温暖时期大西洋水注入量的增加而造成,低纬的楚科奇陆架到高纬的深海盆,钙质微体化石的丰度是增加的,高的钙质生产力主要是受到大西洋中层水的维持(孙烨忱等,2011;陈荣华等,2001;孟翊等,2001)。而生物总有机碳和蛋白石的变化趋势与碳酸钙相反,在 3 个褐色层中表现了减少的趋势,这与国外学者对邻近的 PS72/340-5 孔进行的研究结果一致(März et al.,2011)。在北极的沉积物中,高丰度的有机质和生源蛋白石被发现与间冰期更开阔的海域相联系,而它们的丰度降低则与冰期更少的开放海域和更多的海冰覆盖有关。Wang 等(2013)认为 03M03 孔中褐色层相对低的总有机碳和蛋白石对应于大多数冰筏碎屑的高峰，这可能反映了冰筏碎屑沉积造成的稀释作用；并认为03M03孔在氧同位素3期的灰色层中较高的总有机碳可能不是原地沉积的，而很可能至少部分来自于楚科奇海陆架和海台横向运输的有机质。所以，不同类型的有机碳所指示的意义不同，因此对北冰洋总有机碳记录的解释需要仔细考虑。

对于楚科奇海的沉积速率，梅静等（2012）认为楚科奇海08P31孔氧同位素1期至3期的沉积速率分别为2.2 cm/ka、0.16 cm/ka和1.6 cm/ka。其中间冰期的沉积速率分别为冰期（氧同位素2期）的14倍和10倍。表明了氧同位素2期楚科奇海极低的沉积速率可能与研究区末次盛冰期时受到厚厚的冰层覆盖有关，导致了沉积几乎中断。阿尔法海脊上取得的柱状沉积物08B84A以及B85-D，根据沉积物的颜色旋回、锰和钙元素的相对含量以及有孔虫丰度，获得其地层年代框架。08B84A以及B85-D的底部分别为氧同位素12期和10期（刘伟男等，2012；叶黎明等，2012），其沉积速率分别为0.4 cm/ka与0.37 cm/ka。与整个阿尔法海脊晚第四纪的平均沉积速率相近。此外，对于整个北冰洋的沉积速率，梅静等（2012）综合国外学者对于北冰洋西部沉积速率的研究，并结合08P31以及08B84A等我国柱状沉积物的数据，认为北冰洋地区晚第四纪沉积速率的变化很大，其中，阿拉斯加岸外的大于30 cm/ka，到楚科奇海-北风海脊的0.6~3.1 cm/ka，加拿大海盆的沉积速率为0.5~0.7 cm/ka，阿尔法海脊-门捷列夫海脊的沉积速率为0.3~5.4 cm/ka。由于北冰洋西部主要受波弗特环流控制，因此环流经过的区域沉积速率高并且向北冰洋中部依次递减。门捷列夫海脊沉积速率最高能达5.4 cm/ka的原因是位于该地区南部站位不仅受波弗特环流影响，还受到阿纳德尔流和白令海陆架水的影响；此外，门捷列夫海脊以东的站位还可能受到穿极流的影响，使沉积速率增大。因此，北冰洋中心地区和沿岸地区沉积速率的明显差异主要受到洋流、海冰覆盖、生物生产力以及陆源物质输入量的控制。

4.3 北极和亚北极海域底质环境综合评价

以白令海峡两侧陆架区为主要评价对象，针对海底沉积环境的敏感指标，如重金属、持久性有机污染物等在沉积物中的分布规律，尝试建立生态风险评价指标体系，并初步开展底质环境综合评价研究，探讨人类活动对北极和亚北极沉积环境的影响。

4.3.1 表层沉积物重金属分布特征及其潜在生态风险评价

随着全球气候变暖导致的南北极海冰和冰盖融化，使两极研究的战略价值逐渐显现，其中与北半球发达国家关系密切的北极吸引了广泛的关注。众所周知，重金属能够在生物体内富集，形成持久性污染，是具有潜在生态危害的重要环境污染物，进行重金属评价对于海洋生态环境保护具有重要参考价值（蓝先洪等，2014）。

海洋中的重金属污染有诸多不同来源，包括工业废水和生活污水、陆地径流、大气沉降、海洋交通污染和地下矿产开采等。总的来说，可以分为两种来源，即天然来源和人为来源（李涛等，2015）。已有许多学者对北极海洋重金属进行研究。Naidu等（1997）测定了北极楚科奇海表层沉积物中重金属的含量，发现与北冰洋某些陆架区文献值相比，楚科奇海重金属含量相对较低；姚子伟等（2002）利用电感耦合等离子体质谱（ICP-MS）测量了北极海水中的痕量重金属含量，发现海水中不同种类重金属呈现不同的垂直分布状况，没有明显的重金属污染；马豪等（2008）用中子活化分析方法和火焰原子吸收法分别测定了沉积物岩芯 12 个层段的重金属含量，发现各层段之间的重金属含量没有显著的区别；王志广（2010）应用具有碰撞/反应池系统的 ICP-MS 测定了南极普里兹湾、楚科奇海和白令海海水重金属含量，发现北极海水中重金属含量普遍高于南极普里兹湾。可见，目前大部分的学者都专注于研究北极重金属分布的研究，少有对重金属的生态危害进行评价。

本次工作选择北极-亚北极的白令海、楚科奇海、加拿大海盆等海域的 159 个表层沉积物样品为研究对象（图 4-10）。这些样品既有近海样点又有远海样点，近海邻近大陆，人类活动密集，其重金属多来自人为因素，远海远离大陆，人类活动较少，其重金属多为自然来源，含量主要受沉积物的来源及迁移过程、沉积环境控制（杨丽等，2012）。利用 ICP-MS 测量了沉积物中重金属元素含量，进而开展了空间分布特征和相关性进行描述，并利用 Hakanson 潜在生态危害指数法（高爱国等，2003）和内梅罗综合污染指数法（唐晓燕等，2008）对重金属的潜在生态风险进行评价，为进一步探讨北极、亚北极区生态环境问题提供数据支撑。

1）表层沉积物重金属含量数据统计

利用 ICP-MS 测定了沉积物中 Cr、Zn、Co、Ni、Cu、Cd、Pb 和 Bi 共 8 种重金属元素的含量，表 4-1 所示为 8 种重金属元素的统计结果。其中标准差公式如下：

$$\sigma = \sqrt{\frac{1}{N}\sum_{i=1}^{N}(x_i - \mu)^2} \tag{4-1}$$

式中，σ 为标准差，μ 为浓度平均值，x_i 为各采样点该重金属的浓度值。变异系数公式如下：

$$C \cdot V = \frac{\sigma}{\mu} \tag{4-2}$$

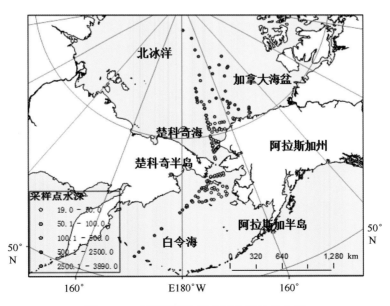

图 4-10 表层沉积物重金属分析站点分布

表 4-1 表层沉积物重金属含量统计

重金属 (×10⁻⁶ mg/kg)	Cr	Zn	Co	Ni	Cu	Cd	Pb	Bi
最小值	20.48	16.57	2.89	3.39	2.38	0.05	5.57	0.03
最大值	156.89	176.53	145.42	178，.96	90.47	0.58	25.32	0.38
平均值	78.09	87.1	19.736	33.69	21.07	0.15	13.43	0.15
标准差	20.48	37.1	25.82	25.14	16.27	0.074	5.14	0.089
变异系数	26.23%	42.60%	130.84%	74.62%	77.22%	50.02%	38.32%	59.96%
背景值*	60	80	10	26.8	30	0.5	25	0.37
毒性响应系数**	2	1	5	5	5	30	5	20

*：戚建人，1990；＊＊：焦永杰等，2014。

变异系数用以反应重金属的分布均匀情况。8 种重金属元素含量平均值从高到低排序为 Zn、Cr、Ni、Cu、Co、Pb、Cd、Bi，Cr、Zn、Pb 三种重金属变异系数小于 50，说明其空间分布较为均匀，离散性较小；其他重金属空间分布不均匀，离散程度较大。

2）污染评价指数方法及污染等级划分

（1）Hakanson 生态危害指数法

Hankanson 生态危害指数法（the potential ecological risk index）是瑞典学者 Lars Hakanson 于 1980 年提出的一套应用沉积学原理评价重金属污染及生态危害的方法（Hakanson，1980），是目前应用最广泛、在国际上影响较大的方法之一。潜在危害生态指数表征了沉积污染物对生态环境的潜在危害。潜在生态危害指数法可反映 4 个方面的情况：

① 潜在生态危害指数应随污染程度的加大而增大；

② 多种金属污染的沉积物的潜在生态危害指数应高于少数几种金属污染的沉积物；

③ 毒性高的金属应对潜在生态指数数值有较大贡献；

④ 对金属污染敏感性大的水体应有较高的潜在生态危害指数。

在潜在生态危害系数方法中，某区域沉积物中第 i 种重金属的潜在生态危害系数和沉积物中多种重金属的潜在生态危害指数 RI 分别为：

$$C_f^i = C_i / C_n^i \tag{4-3}$$

$$E_r^i = T_r^i \times C_f^i \tag{4-4}$$

$$RI = \sum_{i=1}^{n} E_r^i = \sum_{i=1}^{n} T_r^i \times C_i / C_n^i \tag{4-5}$$

式中，C_f^i 为第 i 种重金属的污染指数；C_i 为各样品沉积物中第 i 种重金属的实测浓度；C_n^i 为参比值；T_r^i 为第 i 种重金属的毒性响应系数，反映各种重金属元素毒性水平和生物对其污染的敏感程度。沉积物重金属生态危害划分标准如表 4-2 所示。

表 4-2　沉积物重金属生态危害性等级划分

生态危害	轻微危害	中等危害	强危害	很强危害	极强危害
衡量指标	$E_r^i < 40$	$40 \le E_r^i < 80$	$80 \le E_r^i < 160$	$160 \le E_r^i < 320$	$E_r^i \ge 320$
	$RI \le 150$	$150 \le RI < 300$	$300 \le RI < 600$	$RI \ge 600$	

（2）内梅罗综合污染指数法

内梅罗（Nemerow）是一种兼顾极值或称突出最大值的计权型多因子环境质量指数，也是目前国内外进行综合污染评价最常用的方法（Viia, et al., 2007；Krupadam et al., 2006），内梅罗污染指数法数学表达式为：

$$P_i = C_i / S_i \tag{4-6}$$

$$NI = \sqrt{\frac{(p_i)^2_{max} + (p_i)^2_{ave}}{2}} \tag{4-7}$$

式中，NI 为沉积环境综合质量指数；P_i 为污染物的单因子污染指数；C_i 污染物 i 的实测值（mg/kg）；S_i 为污染物 i 的评价标准（mg/kg）；$(p_i)_{max}$ 为参评污染物中最大污染物的污染指数；$(p_i)_{ave}$ 为参评污染物的算术平均污染指数。其等级划分如表 4-3 所示。

表 4-3　内梅罗综合污染指数法等级划分

污染等级	安全	警戒级	轻污染	中污染	重污染
污染水平	清洁	尚清洁	已受污染	已受中度污染	已受重度污染
综合污染指数	$NI \le 0.7$	$0.7 < NI \le 1$	$1 < NI \le 2$	$2 < NI \le 3$	$NI > 3$
单项污染指数	$P_i \le 0.7$	$0.7 < P_i \le 1$	$1 < P_i \le 2$	$2 < P_i \le 3$	$P_i > 3$

3）表层沉积物重金属含量的空间分布特征

利用 Ocean Data View 软件对实际测量的重金属数据进行处理，得到各重金属含量的空间分布情况（图 4-11），经过分析有如下结果。

（1）Cr 最高值出现在楚科奇海的 C05（4）站（156.89×10⁻⁶ mg/kg），最低值出现在白令海的 BS01 站（20.48×10⁻⁶ mg/kg）。加拿大海盆出现了 Cr 浓度高值区，这可能与其水深和沉积物粒径有关。在白令海外围、楚科奇半岛近海出现了一个浓度为 152.58×10⁻⁶（mg/kg）的环形相对低值区。总体而言，在研究区内 Cr 浓度值在白令海和楚科奇海较低，在加拿大海盆较高。

（2）Bi 浓度最高值出现在加拿大海盆的 S26 站（0.38×10⁻⁶ mg/kg），最低值出现在白令海的 BM07 站（0.03×10⁻⁶ mg/kg）。整个北冰洋海区 Bi 浓度较高，亚北极区的阿拉加斯加半岛近海和白令海区 Bi 浓度较低，楚科奇海以北海区 Bi 浓度逐渐升高，在研究区内 Bi 浓度值在白令海和楚科奇海较低，在加拿大海盆较高，这是因为 Bi 在自然界中主要以游离金属和矿物的形式存在，其分布受沉积物的类型和粒径的影响。

（3）Pb 浓度最高值出现在加拿大海盆的 MS01 站（25.32×10⁻⁶ mg/kg），最低值出现在楚科奇海的 CC3 站（5.57×10⁻⁶ mg/kg）。北冰洋最北部和门捷列夫海脊处出现浓度高值区，白令海和阿拉斯加半岛海域浓度较低，浓度值在研究区内总体呈现出在白令海和楚科奇海较低，在加拿大海盆较高。由于 Pb 属于大气输入型重金属（Bruland，1983），其颗粒活性较强，易吸附在较小的颗粒如黏

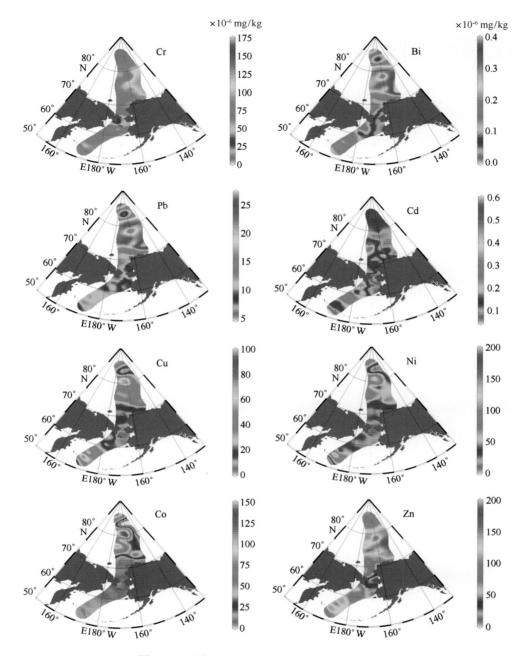

图 4-11　北极–亚北极海区重金属含量空间分布

土、粉砂上面，而水深较深的海区由于沉积物经过水文条件的改造变得较细，同时也较均匀，从而导致 Pb 易吸附在其表面。此外，俄罗斯沿岸河流和育空河输入的 Pb 也易在该海区沉淀进入沉积物中（尚婷，2008）。

（4）Cd 浓度最高值出现楚科奇海的 S23 站（0.58×10^{-6} mg/kg），最低值出现在楚科奇海的 CC3 站（0.05×10^{-6} mg/kg）。在阿图岛和科尔多曼群岛海域，接近阿留申海盆，该区域形成一个环状闭合高值区，除此之外楚科奇半岛近海小部分海域，弗兰格尔岛小部分海域也出现 Cd 浓度高值，最低值出现在白令海的威尔士王子海和圣劳伦斯岛。这说明附近沿岸陆源输入可能是影响该海区的 Cd 的分布主要控制因素。

（5）Cu 浓度最高值出现在阿留申海盆的 B04 站（90.47×10⁻⁶ mg/kg），最小值出现在白令海区的 BS05 站（2.38×10⁻⁶ mg/kg），白令海区 Cu 浓度较小是由于该海区沉积物主要以粒径较大的砂质沉积物为主，元素在沉积物中吸附量较小。在阿留申海盆，因水体与太平洋的交换，环流影响亦导致沉积物中 Cu 易于重新进入水体。在门捷列夫海脊与加拿大海盆之间的海域 Cu 含量较高，其原因在于：一方面从陆地进入该海区的 Cu 沉降进入沉积物中（Zhulidov et al.，1997）；另一方面其沉积物主要为黏土和细粉砂，Cu 易在其中吸附。铁锰氧化物也对 Cu 的含量有较大影响（Naidu et al.，1997）。整体而言，Cu 浓度在研究区内表现为在白令海和楚科奇海较低，在加拿大海盆区较高。

（6）Ni 浓度最高值出现在阿留申海盆的 B04 站（178.96×10⁻⁶ mg/kg），最低值出现在白令海的 BS2 站（3.39×10⁻⁶ mg/kg）。Ni 浓度空间分布与 Cu 浓度基本保持一致，但北冰洋门捷列夫海脊区 Ni 高值区范围小于 Cu 高值区范围。

（7）Co 最高值出现白令海的 BB01 站（145.42×10⁻⁶ mg/kg），最低值出现在白令海的 BS2 站（2.89×10⁻⁶ mg/kg）。北冰洋的门捷列夫海脊 Co 浓度出现了高值区，在研究区域内 Co 浓度由北极到亚北极降低趋势，阿拉斯加群岛亚北极海区 Co 浓度较低，于白令海出现 Co 最低值区，可能是受到水深与沉积物的影响。在研究区内 Co 浓度总体呈现出在白令海和楚科奇海较低，在加拿大海盆区较高。

（8）Zn 最高值出现在楚科奇海的 P11 站（176.53×10⁻⁶ mg/kg），最低值出现在楚科奇海的 C05（4）站（16.57×10⁻⁶ mg/kg）。在加拿大海盆和科曼多尔群岛出现高值区，楚科奇半岛附近海域浓度值最低。这是因为 Zn 的垂直分布类型属于深水再生循环型（Bruland，1983），靠近楚科奇半岛的楚科奇海和白令海海域采样站位水深都在百米以下，而在加拿大海盆的站点水深都在千米以上。

4）表层沉积物重金属来源分析

通过分析沉积物重金属的相关性（表 4.4），Cr 与 Bi、Pb、Zn 存在显著的正相关，Bi 与 Cr、Pb、Cu、Ni、Co、Zn，以及 Pb 与 Cu、Ni、Co、Zn 均呈显著正相关，说明其来源可能相似。

主成分分析可以将多重数据资料进行归一化，进而分析、识别环境中污染物的来源。按主成分分析的因子选择原则，共提取出 2 个因子（特征值大于 1）作为主成分因子，它们反映了沉积物中 8 种重金属 84.993% 的影响因子，分别解释了总因子的 69.175%、15.818%，减少了研究区域沉积物中重金属含量的影响因子。主成分 1 中 Zn、Bi、Pb、Cu、Ni、Co、Cr 具有较大载荷，说明其具有相似的来源，相关系数较高，空间分布的特征相似，在研究区内均表现出楚科奇海和白令海较低，加拿大海盆浓度最高的趋势。主成分 2 中 Cd 具有较大载荷空间分布，其在研究区内浓度值在楚科奇海与白令海较高，加拿大海盆较低的趋势，与其他重金属空间分布差异明显。

表 4-4 研究区重金属相关性分析

重金属	主成分		相关性							
	1	2	Cr	Bi	Pb	Cd	Cu	Ni	Co	Zn
Cr	0.643	−0.608	1	0.725	0.674	−0.247	0.492	0.396	0.289	0.605
Bi	0.979	−0.083	0.725	1	0.96	0.166	0.858	0.837	0.734	0.939
Pb	0.957	−0.054	0.674	0.96	1	0.167	0.787	0.815	0.821	0.856
Cd	0.202	0.905	−0.247	0.166	0.167	1	0.037	0.218	0.188	0.394

重金属	主成分		相关性							
	1	2	Cr	Bi	Pb	Cd	Cu	Ni	Co	Zn
Cu	0.913	-0.053	0.492	0.858	0.787	0.037	1	0.919	0.759	0.821
Ni	0.913	0.138	0.396	0.837	0.815	0.218	0.919	1	0.798	0.807
Co	0.822	0.166	0.289	0.734	0.821	0.188	0.759	0.798	1	0.623
Zn	0.928	0.136	0.605	0.939	0.856	0.394	0.821	0.807	0.623	1

5）重金属生态风险性分析

（1）Hakanson 指数法生态风险性分析

Hakanson 生态风险指数评价结果显示：

白令海域沉积物 8 种重金属的生态风险性从高到低排序为 Cd、Co、Bi、Ni、Cu、Pb、Cr、Zn（表4-5），其中 Cd 的潜在生态风险最大，整体生态风险指数达到 33.559，处于轻微生态风险状态，各种重金属生态风险系数均小于 40，亦处于轻微生态风险状态。

楚科奇海海域沉积物 8 种重金属的生态风险性从高到低排序为 Cd、Co、Bi、Ni、Cu、Cr、Pb、Zn，其中 Cd 的潜在生态风险最大，整体生态风险指数达到 42.98，处于中等生态风险状态，各种重金属生态风险系数均小于 40，处于轻微生态风险状态，整体风险性较大。

加拿大海盆海域沉积物 8 种重金属的生态风险性从高到低排序为 Co、Bi、Ni、Cd、Cu、Pb、Cr、Zn，其中 Co 的潜在生态风险最大，整体生态危害指数达到 70.11，处于中等生态风险状态，各种重金属生态风险系数均小于 40，处于轻微生态风险的状态，但整体风险性较大。

总的来看，北极海域沉积物 8 种重金属的生态风险从高到低排序为 Co、Cd、Bi、Ni、Cu、Pb、Cr、Zn，其中 Co 的潜在生态风险最大，整体生态风险指数值达到 43.01，处于轻微生态风险状态，各种重金属生态风险系数均小于 150，处于轻微生态风险状态。北极圈内的 3 大海区生态风险排序为加拿大海盆>白令海>楚科奇海，加拿大海盆区沉积物中金属生态风险最大，其中 Co、Cd 风险最大，在研究区内，整体上表现出由高纬度向低纬度逐渐降低、东部较为安全的趋势（图4-12）。

表 4-5 北极/亚北极沉积物重金属的潜在危害系数及风险指数

区域	E_r^i								RI
	Cr	Bi	Pb	Cd	Cu	Ni	Co	Zn	
北极	2.603	8.061	2.685	8.91	3.511	6.286	9.868	1.089	43.013
白令海	2.15	5.045	2.175	8.99	2.804	5.022	6.519	0.854	33.559
楚科奇海	2.812	8.51	2.697	9.316	3.204	6.081	9.235	1.13	42.985
加拿大海盆	3.119	15.00	4.098	7.171	6.673	10.659	21.784	1.607	70.111

（2）内梅罗综合指数法生态风险性分析

内梅罗综合污染法评价结果如图4-13所示，指数数值均位于0~10之内，其分类等级划分的标准为0.7，1，2，3，包括全部 5 个综合污染等级，加拿大海盆重金属的潜在生态风险最为严重，白

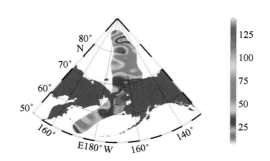

图 4-12 白令海、楚科奇海、加拿大海盆沉积物重金属潜在
生态风险（Hakanson 指数法）

令海区域处于轻度风险，楚科奇海处于安全状态，整体上表现出由高纬度向低纬度逐渐降低、由西向东较为安全的趋势。

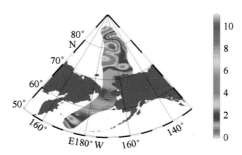

图 4-13 重金属潜在生态风险评价结果
（内梅罗综合指数法）

综上所述，通过重金属空间分布分析、相关性分析以及主成分分析：主成分 1 中 Zn、Bi、Pb、Cu、Ni、Co、Cr 具有较大载荷，相关系数较高（说明其具有相似的来源），空间分布的特征相似，在研究区内均呈现出西部大于东部，由高纬度向低纬度逐渐降低的趋势；主成分 2 中 Cd 具有较大载荷空间分布也表明由高纬度向低纬度逐渐增加的趋势，与其他重金属空间分布差异明显。

Hakanson 潜在生态危害指数法与内梅罗综合污染指数法所得出的结论均表明楚科奇海生态安全性最高，白令海大部分地区生态安全性较高，加拿大海盆的生态安全性最差。极地区域生态风险较高，但随纬度升高，生态安全反而逐渐增高。众所周知，愈靠近极地海区人为作用因素影响愈小，故可推断加拿大海盆区内沉积物中重金属源于地球化学过程的作用，并无明显的人为重金属污染影响。由于楚科奇海沿岸多人类活动，因此其重金属危害较重。

4.3.2 表层沉积物中多环芳烃的分布及来源分析

持久性有机物污染（POPs）及其对人体健康和生态系统的危害越来越被人们所认识（Gschwend and Hites 1981；Brown and Maher 1992；Jones et al.，1999）。多环芳烃（PAHs）是陆地向海洋中输入的重要持久性污染物之一，由于它对哺乳动物具有致畸、致癌和致突变的特性，美国国家环境保护局将其列为优先治理的环境污染物（Baird，1995；Bezalel，1996）。由于 PAHs 化学性质稳定，易在环境中长期残留，能够从人类活动地通过海洋生物地球化学过程进行全球迁移，或者通过大气全球蒸馏、冷凝效应、沉降到高纬高寒地区（Goldberg 1975；Friedman and Selin 2012）。输送到海洋环境中的 PAHs 易被悬浮颗粒物所吸附而携入海底的沉积物中，这些吸附在沉积物中的 PAHs 可能会重新释放进入到水体甚至生物体中，从而对环境造成二次污染（Eddy，1999）。因此，海洋沉积物是 PAHs 的"汇"和"源"，研究海洋沉积物中的持久性有机污染物对于阐明其含量水平、分布和来源特征以及环境风险具有重要的科学意义（Nakata，2005）。

北极地区常年低温，又是大气和洋流物质传输的汇集区（Chernyak et al.，1996；Jantunen et al.，1998），受人类居住及工业化影响，其自然环境生态与人类社会相互作用十分密切。系统研究北极典型区域中有机污染物的环境存在，定量评估有机污染物对人类和生态系统的风险，是采取有效控制对策的前提基础。由于气候环境条件恶劣导致采样困难，目前对于 PAHs 研究主要集中于欧洲和北美等发达地区人口稠密的地区、河口湾、海湾以及海岸带。针对北极地区的研究表明，在北极地区动物体内、陆地、土壤以及海洋沉积物中均能检测到 PAHs；Melinikov（2003）等对北极鄂毕河-叶尼塞河流域中 PAHs 浓度分布进行研究，结果表明 PAHs 平均浓度在整个流域中相差不大。Malscelt 等（1994）发现在格陵兰获得的高分辨率冰芯记录中 PAHs 有很强的季节性变化。格陵兰 Site-J 冰芯中 PAHs 的浓度在 16—19 世纪都很低，到 20 世纪后期 PAHs 浓度快速升高，对应世界原油产量升高。北极大气中 PAHs 的浓度随纬度升高呈现显著降低的趋势，即远东海面>北太平洋海面>北极圈以内海面（Xiang et al.，2007）。

可见，有关北极 PAHs 的研究对象主要集中于冰雪、大气、河流、海水、动植物、陆地土壤等，而以海洋沉积物作为对象的研究相对较少。针对北极海洋沉积物中 PAHs 的报道多集中加拿大北部，北大西洋格陵兰岛地区，涉及白令海、楚科奇海和加拿大海盆等的研究非常有限。本文拟对中国北极第 4 次科学考察在白令海以及西北冰洋区域的表层沉积物样品中的多环芳烃进行定量分析，以探讨 PAHs 在研究区的分布、来源及污染水平。

1）表层沉积物多环芳烃的含量与分布特征

本次工作涉及的表层沉积物主要分布于白令海、楚科奇海、加拿大海盆、阿尔法海脊和马卡洛夫海盆等海域（图 4-14）。

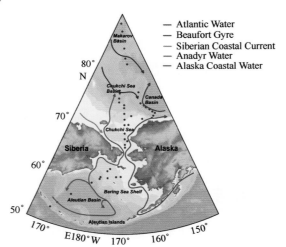

图 4-14　用于有机污染物分析的样品站位分布及表层环流示意

为方便了解 PAHs 含量的空间分布，根据地理位置将研究区分为：阿留申海盆区、白令海陆架区、楚科奇海南部、楚科奇海北部、楚科奇海盆区、加拿大海盆区、马卡洛夫海盆区，PAHs 总含量分布见图 4-15。环境优先控制的 16 种典型 PAHs 除了 Anthracene（蒽），其他组分均有检出。

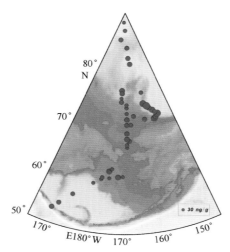

图 4-15　研究区表层沉积物中多环芳烃含量分布特征

各个站位均检出 PAHs，总含量（干重，下同）变化范围为 36.95～150.21 ng/g，均值为 70.61 ng/g，最小值出现在 NB13（马卡洛夫海盆区），最大值出现在 MS03（加拿大海盆）。PAHs 总含量大于 100 ng/g 的高值站位集中分布在巴罗角及普拉德霍湾外海区，分别出现在 MS03（150.21 ng/g）、S25（145.89 ng/g）、Mor2（130.75 ng/g）、S21（127.0 ng/g）、MS01（107.53 ng/g）。

从区域分布看，PAHs 含量在阿留申海盆区介于 41.62～76.56 ng/g 之间，均值 61.05 ng/g；白令海陆架区介于 37.94～97.41 ng/g 之间，均值 58.13 ng/g；楚科奇海南部介于 39.28～89.81 ng/g 之间，均值 62.55 ng/g；楚科奇海北部介于 44.09～127 ng/g 之间，均值 68.9 ng/g 之间；加拿大海盆区介于 71.40～150.21 ng/g 之间，均值 115.68 ng/g；楚科奇海盆区介于 38.94～90.13 ng/g 之间，均值 65.75 ng/g；马卡洛夫海盆区介于 36.95～74.16 ng/g 之间，均值 59.52 ng/g。

研究区表层沉积物中 PAHs 含量分布特征为：加拿大海盆区>楚科奇海北部>楚科奇海盆区>楚科奇海南部>阿留申海盆区>马卡洛夫海盆区>白令海陆架区。

2）表层沉积物多环芳烃的组成特征

除去未检测到的蒽组分，将另外 15 种 PAHs 划分为五组：2 环（萘）、3 环（二氢苊、苊、芴、菲、蒽）、4 环（荧蒽、芘、苯并［a］蒽、屈）、5 环（二苯并［a，h］蒽、苯并［b］荧蒽、苯并［k］荧蒽、苯并［a］芘）和 6 环（茚并［1，2，3-cd］芘、苯并［g，h，i］芘）。研究区 3 环多环芳烃含量最高（图 4-16），所占比例为 28.23%～41.0%，均值 33.37%。其次是 4 环多环芳烃，所占比例 17.6%～36.72%，均值 24.85%；5 环多环芳烃所占比例 13.92%～24.83%，均值 20.38%。对比低环（2 环、3 环）总含量和高环（4 环、5 环、6 环）总含量，可发现各站位高环含量均大于 50%。各个区域高环多环芳烃含量从大到小排列为楚科奇海南部、阿留申海盆区、楚科奇海北部、加拿大海盆区、楚科奇海盆区、马卡洛夫海盆区、白令海陆架区。

从 PAHs 单个组分来看，研究区菲的含量最高，所占 PAHs 总量比例为 8.80%～27.04%，平均值为 18.34%。其次苯并［g，h，i］芘、屈、荧蒽、苯并［b］荧蒽和萘含量相对较高。图 4-17 为 PAHs 单个组分的相对百分含量，除了加拿大海盆区和白令海陆架区，其他海区各化合物含量相差不大，反映了加拿大海盆区和白令海陆架区之间以及它们与其他海区之间的物质来源不一致。

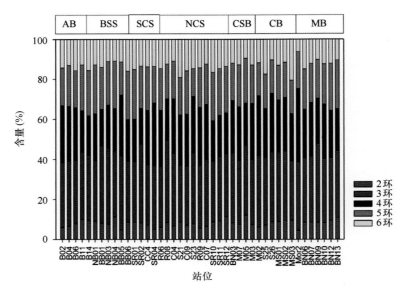

图 4-16　各站位各环 PAHs 质量百分含量

AB：阿留申海盆；BSS：白令海陆架区；SCS：楚科奇海南部；NCS：楚科奇海北部；CSB：楚科奇海盆区，CB：加拿大海盆，MB：马卡洛夫海盆

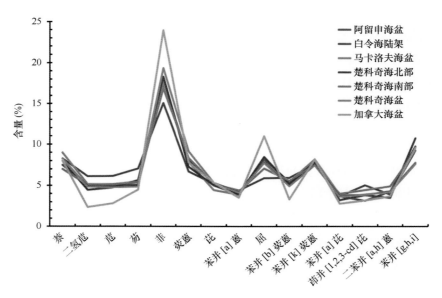

图 4-17　研究区表层沉积物中 PAHs 化合物相对含量

3）表层沉积物多环芳烃和有机碳含量的关系

研究区受北太平洋水和北大西洋水团以及陆地河流和陆源物质输入的影响，周缘陆地的沉积物可以通过河流输运、海岸侵蚀以及海冰（冰山）的搬运输入。一般认为海洋沉积物中 PAHs 的含量受到有机碳含量和颗粒粒径的影响最大（Kim et al.，1999；Yang，2000）。表层沉积物中有机碳含量受到洋流和陆源物质输入的影响，细粒沉积物中明显富含有机碳。沉积物颗粒粒径越大、有机质含量越低，吸附的 PAHs 量越小。

研究区域中楚科奇海南部、楚科奇海盆区、加拿大海盆区和马卡洛夫海盆区 PAHs 含量与

TOC 含量正相关（图 4-18），PAHs 的分布和迁移与 TOC 规律一致。PAHs 的含量和 TOC 的含量从高到低依次为加拿大海盆区、楚科奇海盆区、楚科奇海南部、马卡洛夫海盆区为特征。而阿留申海盆区、白令海陆架区和楚科奇海北部沉积物中 TOC 含量与 PAHs 的富集没有明显的相关性（图 4-19）。

加拿大海盆区 TOC 含量较高（0.87% ~ 1.67%），整个研究区 PAHs 大于 100 ng/g 的站位基本集中于此区域。去除 PAHs 含量最高站位 MS03，其他站位 PAHs 含量与 TOC 含量正相关（$R^2 = 0.67$），与平均粒径负相关。说明 MS03 站位附近存在点源污染。

楚科奇海盆区 PAHs 含量与 TOC 含量相关性明显（$R^2 = 0.834$），与平均粒径无相关性。除去位于楚科奇海台至海盆过渡的 M05 站位，其他站位 PAHs 含量与 TOC 含量以及平均粒径相关性可高达 0.99。

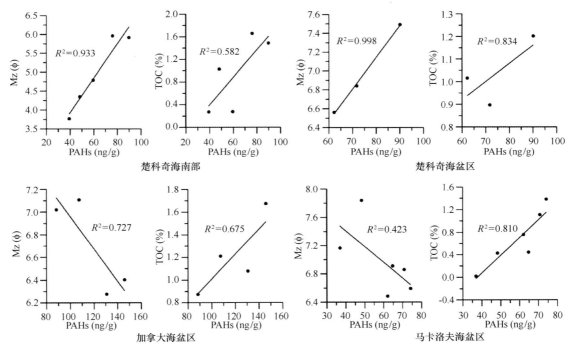

图 4-18　研究海域表层沉积物 PAHs 含量与 TOC 含量相关性

楚科奇海南部靠近白令海峡出口处，水动力条件较强，不易保存由白令海峡输入的细颗粒沉积物，沉积物粒度自南向北明显呈现出由粗变细的趋势。PAHs 含量与 TOC 含量相关性较好（$R^2 = 0.58$），与平均粒径显著相关（$R^2 = 0.93$），沉积物颗粒粗，TOC 含量低的站位，PAHs 含量也低。如楚科奇海最南部 SR01 站位沉积物颗粒粗（平均粒径 3.77Φ），有机碳含量低（0.273%），PAHs 含量也较低（39.28 ng/g）。

马卡洛夫海盆区沉积物 PAHs 含量与 TOC 含量相关性明显（$R^2 = 0.81$），与平均粒径相关性一般（$R^2 = 0.42$）。马卡洛夫海盆区反映的仅是细颗粒物对 PAHs 的赋存特征，因此 TOC 含量对 PAHs 的影响更加明显。

4）影响多环芳烃分布的因素

影响海洋特别是近岸沉积物中 PAHs 的分布和迁移的因素很复杂，PAHs 的含量分布除了会受到有机碳含量和颗粒粒径的影响，还会受控于距离释放物源的远近、环流体系、海冰搬运、大气沉

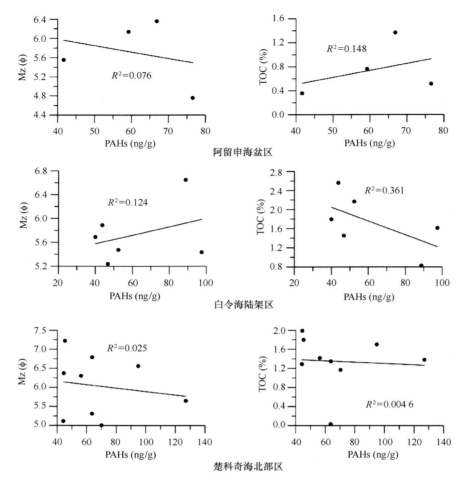

图4-19 阿留申海盆区、白令海陆架区和楚科奇海北部区 PAHs 含量与 TOC 含量相关性

降等因素。

阿留申海盆区沉积物 PAHs 含量随着纬度升高而逐渐降低，和同区域大气中 PAHs 含量变化趋势相似（Xiang et al.，2007），大气沉降作用对于 PAHs 富集显著。白令海陆架区受到白令海陆坡环流影响，沉积速率较高，也是全球海洋生产力最高的区域之一（Wang et al.，2006）。不同海区沉积速率的不同，因此所采集的表层 2 cm 沉积样品代表的年龄也不同，白令海陆架区表层沉积物 TOC含量为整个研究区最高区域，但是高的沉积速率对沉积物中 PAHs 含量有"稀释"作用，这可能是白令海陆架区高值 TOC 对应低值 PAHs 的主要原因。

相对温暖且富含营养盐的太平洋水团对楚科奇海乃至整个北极海域都有重要影响，由于季节性开阔水域和大量陆源物质的输入，楚科奇海也因此而具有较高的初级生产力，是高沉积速率区（Backman et al.，2004），楚科奇海北部 TOC 含量仅次于白令海陆架区。楚科奇海北部各站位表层沉积物 PAHs 含量随着离岸线的距离增大而减小的趋势，如离岸线较近的站位 R09、R08、C09、C04 和 C07 表层沉积物 PAHs 含量介于 60~80 ng/g 之间，而离岸线较远站位 SR10、SR11 和 SR12 表层沉积物 PAHs 含量则介于 44~46 ng/g 之间。

顺时针方向流动的波弗特涡流有利于将注入波弗特海的河流物质向西搬运，然后沿北风海脊一带向北输运至楚科奇海北部。楚科奇海北部表层沉积物 PAHs 含量最高两个站位 S23（94.72 ng/g）

和 S21（127 ng/g），加上相邻的加拿大海盆区 PAHs 总量大于 100 ng/g 的 5 个高值站位 MS03（150.21 ng/g）、S25（145.89 ng/g）、Mor2（130.75 ng/g）、MS01（107.53 ng/g），构成了整个研究区域的 PAHs 高值区。此高值区位于巴罗角和普拉德霍湾以北，靠近麦肯河以及科利维尔河河口处。受当地入海径流夹带的陆源污染物和顺时针方向流动的波弗特环流的影响（Macdonald et al.，1998），临近港口和海湾中沉积物的 PAHs 含量较高，而随着与污染区的距离的增加，PAHs 的含量逐渐降低，这种分布模式与 Baumard 等（1998）和 Kim 等（1999）的研究一致。

5）多环芳烃的来源分析

PAHs 的主要来源分为自然和人为两种来源，而人为因素排放是污染的主要来源。自然来源包括火山活动、森林植被和灌木丛因自然原因造成的燃烧、沉积岩成岩过程、石油渗漏以及生物体内合成等，这些构成了多环芳烃在自然环境中的背景值；人为因素主要包括人类的生产生活活动，如石油炼制中废物排放、石油开发和石油运输过程中的溢漏、垃圾焚烧、交通运输如飞机汽车等排放及大气沉降等。

环境中 PAHs 的来源比较复杂，不同成因的 PAHs 具有结构和组分的差异，并且在迁移和沉积过程中保持相对稳定，因而，PAHs 的组分特征可以作为区分污染来源的依据。目前，对于 PAHs 的溯源分析，许多研究提出利用同分异构体比值法。常用的 PAHs 同分异构体化合物比值有：菲/蒽、荧蒽/芘、芘/苯并［a］芘、苯并［a］蒽/（苯并［a］蒽+屈）和荧蒽/（荧蒽+芘）。鉴于本研究区域并没有检出蒽，故不讨论菲/蒽。

Sicre 等（1987）指出荧蒽/芘小于 1 指示 PAHs 来源于石油类产品的输入，荧蒽/芘大于 1 指示 PAHs 主要来自化石燃料燃烧，本研究通过计算荧蒽/芘数值判断 PAHs 的来源。图 4-20 显示荧蒽/芘介于 0.937~2.15 之间，其中仅十分靠近的 Mor2（加拿大海盆区）、SR11（楚科奇海北部）和 SR12（楚科奇海北部）3 个站位荧蒽/芘小于 1，其他站位荧蒽/芘均大于 1。从这一指标来看，除了 Mor2、SR11 和 SR12 三站位所在区域（74°—74.5°N，159°—169°W）有石油类产品的输入，其他研究区沉积物中 PAHs 主要来源于矿物的不完全燃烧等（图 4-20）。

芘/苯并［a］芘是用以区分汽油燃烧（尾气）与燃煤污染源的重要参数之一：通常认为该比值小于 1 可归结于燃煤排放；比值介于 1~6 的时候属于尾气的排放（Basheer et al.，2003）。经过比对，研究区域芘/苯并［a］芘介于 0~2.16 之间。白令海陆架区除了 PAHs 高值站位（BB05、NB03），其他站位芘/苯并［a］芘均小于 1，PAHs 主要来自燃煤排放。

为了进一步判断研究区水域沉积物中 PAHs 的来源，根据 Yunker 等（2002）的研究结果，苯并［a］蒽/（苯并［a］蒽+屈）即 BaA/（BaA+Chry）小于 0.2 指示 PAHs 的来源为石油源；比值介于 0.2~0.35 则是混合来源；比值大于 0.35 为燃烧来源。研究区苯并［a］蒽/（苯并［a］蒽+屈）介于 0.21~0.48 之间，基本没有石油源的 PAHs（图 4-21）。不同研究分区的苯并［a］蒽/（苯并［a］蒽+屈）比值有一定规律性，如白令海陆架区各站、楚科奇海北部 3 个站位（SR10、SR11、SR12）、白令海峡入口处两个站位（SR01、SR02），均大于 0.35，沉积物中 PAHs 以燃烧来源为主。阿留申海盆、楚科奇海中部南部、加拿大海盆和马卡罗夫海盆区苯并［a］蒽/（苯并［a］蒽+屈）比值普遍小于 0.35，指示 PAHs 混合来源。

此外，荧蒽/（荧蒽+芘）即 Fla/（Fla+Pyr）小于 0.4 时认为 PAHs 的来源是石油源；比值介于 0.4~0.5 则表明 PAHs 的来源为液体化石燃料燃烧（未加工原油燃烧以及尾气排放）；比值大于 0.5 则说明 PAHs 的来源为草本和木本植物以及煤的燃烧。研究区荧蒽/（荧蒽+芘）介于 0.48~

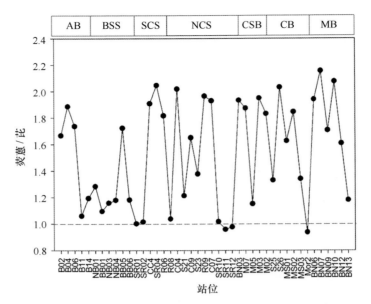

图 4-20 表层沉积物中荧蒽/芘比值（干重）（英文缩写含义同图 4-16）

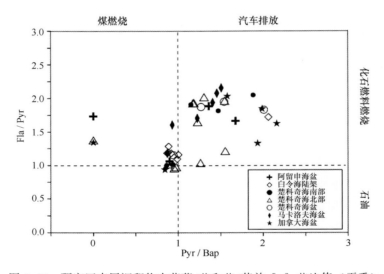

图 4-21 研究区表层沉积物中荧蒽/芘和芘/苯并［a］芘比值（干重）

0.68 之间，仅相邻的 Mor2、SR11 和 SR12 三站位 Fla/（Fla+Pyr）介于 0.48~0.5，可能为未加工原油燃烧，这也与荧蒽/芘判断一致。除了这三个站位，研究区其他站位 Fla/（Fla+Pyr）均大于 0.5，沉积物中 PAHs 的来源主要是草本和木本植物以及煤的燃烧（图 4-30）。

从 PAHs 组成比例和单个组分来看，通常情况下，低分子量（2~3 环）PAHs 化合物易挥发，主要来源于石油类产品（petroleum）、化石燃料的不完全（低至中等温度）燃烧（incomplete）或天然成岩过程（diagenesis）。而高分子量（4~6 环）PAHs 这类化合物沸点较高，不易挥发，由高温热解（pyrogenic）生成。各站位高环组分（4 环、5 环、6 环）含量之和均大于 50%，显示高温裂解可能是 PAHs 主要来源。此外，研究区 PAHs 单组分中含量最高的菲也是燃油和汽车尾气排放多环芳烃的标志物。综合各指标来看白令海以及西北冰洋表层沉积物中 PAHs 的来源主要是燃料燃烧。

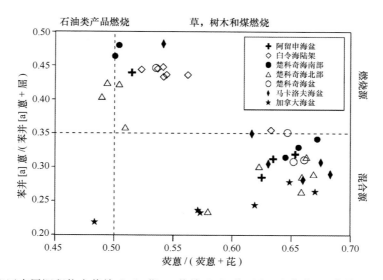

图 4-22 研究区表层沉积物中苯并 ［a］蒽/（苯并 ［a］蒽+屈）和荧蒽/（荧蒽+芘）比值（干重）

6）多环芳烃的污染状况分析

一般来说，低分子量（2~3 环）多环芳烃可造成显著的急性毒性，而某些高分子量（4~6 环）的多环芳烃则有潜在的致癌风险。Long 等（1995）提出用于确定海洋与河口沉积物中有机污染物的潜在生态风险的效应区间低值（生物有害效应几率<10%）和效应区间中值（生物有害效应几率>50%）。研究区各站位各组分 PAHs 含量均小于效应区间低值，对周边海洋生物的潜在生态风险很小，污染物对生物的毒副作用不明显。但苯并 ［b］荧蒽、苯并 ［k］荧蒽和苯并 ［ghi］芘没有最低安全值，这几种 PAHs 在环境中只要存在就会对生物有毒副作用。在本研究中，这几种高分子量的 PAHs 在各站位均被不同程度地检出，苯并 ［b］荧蒽在各站位的检出浓度为 2.89~14.51 ng/g，苯并 ［k］荧蒽在各站位的检出浓度为 1.42~4.21 ng/g，苯并 ［ghi］芘在各站位的检出浓度为 2.73~21.4 ng/g，这些存在于沉积物中的高分子量的 PAHs 对海洋生物具有潜在的毒副作用。

参考文献

陈荣华，孟翊，华棣，等.2001.楚科奇海与白令海表层沉积中的钙质和硅质微体化石研究 ［J］.海洋地质与第四纪地质，21（4）：25-30.

陈志华，陈毅，王汝建，等.2014.末次冰消期以来白令海盆的冰筏碎屑事件与古海洋学演变记录.极地研究，26（1）：17-28.

陈志华，石学法，韩贻兵，等.2004.北冰洋西部表层沉积物黏土矿物分布及环境指示意义 ［J］.海洋科学进展.22（4）：446-454.

高爱国，韩国忠，刘峰，2004.楚科奇海及其邻近海域表层沉积物的元素地球化学特征，海洋学报，26（2）：132-139.

葛淑兰，石学法，黄元辉，等.2013.白令海北部陆坡 BR07 孔年龄框架重建 ［J］.地球物理学报，56（9）：3071-3084.

黄元辉，葛淑兰，石学法，等.2013.白令海北部陆坡 BR07 孔年龄框架重建 ［J］.海洋学报，35（6）：67-74.

黄元辉，石学法，葛淑兰，等.2014.白令海深海异常沉积特征及成因分析 ［J］.极地研究，26（1）：39-45.

蓝先洪，蜜蓓蓓，李日辉，2014.渤海东部和黄海北部沉积物中重金属分布特征 ［J］.中国环境科学，34（10）：

2660-2668.

李霞, 王汝建, 陈荣华, 等. 2004. 白令海北部陆坡晚第四纪的古海洋与古气候学记录 [J]. 极地研究. 16 (3): 261-269.

李涛, 谭雪, 买亚宗, 2015. 海浪河流域重金属污染评价 [J]. 干旱区资源与环境, 29 (1): 111-118.

刘伟男, 王汝建, 陈建芳, 等. 2012. 西北冰洋阿尔法脊晚第四纪的陆源沉积物记录及其古环境意义 [J]. 地球科学进展. 27 (2): 209-217.

马豪, 曾实, 陈立奇, 等. 2008. 楚科奇海陆架重金属沉积研究. 台湾海峡, 27 (1): 15-20.

孟翊, 陈荣华, 郑玉龙, 2001. 白令海和楚科奇海表层沉积中的有孔虫及其沉积环境 [J]. 海洋学报. 23 (6): 85-93.

梅静, 王汝建, 陈建芳, 等. 2012. 西北冰洋楚科奇海台 P31 孔晚第四纪的陆源沉积物记录及其古海洋与古气候意义. 海海地质与第四纪地质, 32 (3): 77-86.

尚婷, 2008. 南极和北极海域海洋表层沉积物地球化学研究. 西安: 西北大学.

唐晓燕, 彭渤, 余昌训, 2008. 湘江沉积物重金属元素环境地球化学特征 [J]. 云南地理环境研究, 20 (3): 26-32.

孙烨忱, 王汝建, 肖文申, 等. 2011. 西北冰洋表层沉积物中生源和陆源粗组分及其沉积环境 [J]. 海洋学报. 33 (2): 103-114.

史久新, 赵进平, 矫玉田, 等. 2004. 太平洋入流及其与北冰洋异常变化的联系. 极地研究, 16 (3): 253-260.

王磊, 王汝建, 陈志华, 等. 2014. 白令海盆 17ka 以来的古海洋与古气候记录 [J]. 极地研究, 26 (1): 29-37.

王汝建, 肖文申, 2009. 北冰洋西部楚科奇海盆晚第四纪生源沉积物及其古海洋学意义. 极地研究, 21 (4): 1-10.

王汝建, 陈荣华, 2005. 白令海晚第四纪的 Cycladophora davisiana: 一个地层学工具和冰期亚北极太平洋中层水的替代物 [J]. 中国科学 D 辑地球科学, 35 (2): 149-157.

王汝建, 肖文申, 李文宝, 等. 2009. 北冰洋西部楚科奇海盆晚第四纪的冰筏碎屑事件 [J]. 科学通报. 54 (23): 3761-3770.

王汝建, 陈志华, 陈建芳, 等. 2011. 北冰洋西部的古海洋学研究.

张占海主编 快速变化中的北极海洋环境 [M]. 北京: 科学出版社: 402-417.

王志广, 2010. 极地多环境介质中重金属的分布于特征研究. 青岛: 青岛科技大学.

杨丽, 高爱国, 张延颊, 2002. 西北冰洋表层沉积物中重金属的赋存形态研究. 台湾海峡, 31 (4): 451-458.

姚子伟, 江桂斌, 蔡亚岐, 等. 2002. 北极地区表层海水中持久性有机污染物和重金属污染的现状 [J]. 科学通报, 47 (15): 1196-1200.

叶黎明, 葛倩, 杨克红, 等. 2012. 350 ka 以来北冰洋波弗特环流演变及其沉积响应 [J]. 海洋学研究, 30 (4): 20-28.

张海峰, 王汝建, 陈荣华, 等. 2014. 白令海北部陆坡全新世以来的生物标志物记录及其古海洋学意义 [J]. 极地研究, 26 (1): 1-16.

章陶亮, 王汝建, 陈志华, 等. 2014. 西北冰洋楚科奇海台 08P23 孔氧同位素 3 期以来的古海洋与古气候记录 [J]. 极地研究, 26 (1): 46-57.

邹建军, 石学法, 白亚之, 等. 2012. 末次冰消期以来白令海古环境及古生产力演化 [J]. 地球科学—中国地质大学学报, 37 (增刊): 1-9.

Adler R E, et al. 2009. Sediment record from the western Arctic Ocean with an improved Late Quaternary age resolution: HOTRAX core HLY0503-8JPC, Mendeleev Ridge. Global and Planetary Change, 68 (1-2): 18-29.

Alley R B, et al. 1997. Holocene climatic instability: A prominent, widespread event 8200 yr ago. Geology, 25: 483-486

Backman J, et al. 2004. Is the central Arctic Ocean a sediment starved basin? Quaternary Science Review, 23 (11-13): 1435-1454.

Backman J. et al. 2004. Is the central Arctic Ocean a sediment starved basin? Quaternary Science Reviews 23, 1435−1454.

Backman, J., Moran, K., McInroy, D. B., Mayer, L. A., the Expedition 302 Scientists. Proceedings IODP, 302, Edinburgh (Integrated Ocean Drilling Program Management International, Inc.). 2006, doi: 10. 2204/iodp. proc. 302. 2006.

Baird C., 1995. Environment Chemistry. New York: W H. Freeman and Company. 276−278.

Basheer C., et al. 2003. Persistent organic pollutants in Singapore's coastal marine environment: part II, sediments. Water Air & Soil Pollution 149, 315−323.

Bauch D, et al. 2000. The imprint of anthropogenic CO2 in the Arctic Ocean: evidence from planktic d13C data from water column and sediment surfaces. Deep−Sea Research II, 9−11: 1791−1808.

Baumard P., et al. 1998. Origin and bioavailability of PAHs in the Mediterranean Sea from Mussel and sediment records. Estuarine 47, 77−90.

Behrends, et al. 1999. Reconstruction of sea−ice drift and terrigenous sediment supply in the Late Quaternary: Heavy−mineral associations in sediments of the Laptev−Sea continental margin and the central Arctic Ocean. Reps. Polar Research, 310: 167.

Belicka, L. L., et al. 2002. Sources and transport of organic carbon to shelf, slope, and basin surface sediments of the Arctic Ocean. Deep−Sea Research Part I, 49: 1463−1483.

Berger, et al. 1989. Productivity of the Ocean: Past and Present. Life Sciences Research Report (Vol. 44). New York: Wiley & Sons, 471pp.

Berner, et al. 1991. Mechanismen der Sedimentbildung in der FramstraXe, im Arktischen Ozean und in der Norwegischen See. Ber. Fachbereich Geowissenschaften, Bremen University, 20: 167.

Berner, et al. 1990. Physiographic and biologic factors controlling surface sediment distribution in the Fram Strait. In: U. Bleil, J. Thiede (Eds), Geological History of the Polar Oceans: Arctic versus Antarctic. NATO ASI Series C, 308: 317 −335.

Bezalel L., et al. 1996. Initial Oxidation Products in the Metablism of Pyrene, Anthracene, Fluorene, and Dibenzothiophene by the White Rot Fungus Pleurotus ostreatus. Applied and environmental microbiology 62 (7), 2554−2559.

Birgel D, et al. 2004. Oceanic and atmospheric variations during the last deglaciation in the Fram Strait (Arctic Ocean): a coupled high−resolution organic−geochemical and sedimentological study. Quaternary Science Reviews, 23 (1): 29−47.

Birkenmajer, et al. 1989. The geology of Svalbard, the western part of the Barents Sea, and the continental margin of Scandinavia. In: A. E. M. Nairn, M. Churkinund & F. G. Stehli (Eds), The Arctic Ocean. The Ocean Basins and Margins, 5: 265−330. New York: Plenum.

Bischof J F, et al. 1997. Mid− to Late Pleistocene ice drift in the western Arctic Ocean: evidence for a different circulation in the past. Science. 277: 74−78.

Bleil, et al. 1990. Geological History of the Polar Oceans: Arctic versus Antarctic. NATO ASI Series C, 308: 82.

Brigham−Grette, et al. 1995. Emergent marine record and paleoclimate of the last interglaciation along the Northwest Alaskan Coast. Quaternary Research, 43: 159−173.

Bruland K D, 1983. Trace elements in seawater. Chemical Oceanography, 8: 157−201.

Brwon D. W., et al. 1998. Status, correlations and temporal trends of chemical contaminants in fish and sediment from seleeted sites on the Paeific coast of the USA. Marine Pollution Bulletin 37 (1−2), 67−85.

Chernyak S. M., et al. 1996. Evidence of currently−used pesticides in air, ice, fog, seawater and surface microlayer in the Bering and Chukchi Seas. Marine Pollution Bulletin 32 (5), 410−419.

Clark, et al. 1980. Stratigraphy and glacialmarine sediments of the Amerasian Basin, central Arctic Ocean. Geological Society of America, Special Paper, 181: 57.

Clark, et al. 2002. Ice sheets and sea level of the Last Glacial Maximum. Quaternary Science Review, 21, 1−7.

Cuffey, et al. 2000. Substantial contribution to sea level rise during the last interglacial from the Greenland ice sheet. Nature, 404: 591-594.

Dalrymple, et al. 1987. Clay mineralogy of late Cenozoic sediments in the CESAR cores, Alpha Ridge, central Arctic ocean. Canadian Journal of Earth Science, 24: 1562-1569.

Darby D. A, et al. 2008. Ice-rafted detritus events in the Arctic during the last glacial interval, and the timing of the Innuitian and Laurentide ice sheet calving events. Polar Research, 27: 114-127.

Darby, et al. 2002. Arctic ice export events and their potential impact on global climate during the late Pleistocene. Paleoceanography, 17 (2): doi: 10. 1029/2001PA000639.

Darby, et al. 2012. 1500-year cycle in the Arctic Oscillation identified in Holocene Arctic sea-ice drift. Nature Geoscience, 5: 897-900.

Darby, et al. 2011. Mordern dirty sea ice characteristics and sources: the role of anchor ice. Journal of Geophysical Research, 116: C09008.

Darby, et al. 1989. Sediment composition and sedimentary processes in the Arctic Ocean. In: Y. Herman (Ed.), The Arctic Seas—Climatology, Oceanography, Geology, and Biology. pp. 657-720. New York: Van Nostrand Reinhold.

Dethleff, et al. 2005. Entrainment and export of Laptev Sea ice sediments, Siberian Arctic. Journal of Geophysical Research, 110 (C07009), doi: 10. 1029/2004JC002740.

Dethleff, et al. 2000. Sea-ice transport of riverine particles from the Laptev Sea to Fram Strait based on clay mineral studies. International Journal of Earth Science, 89: 496-502.

Diekmann B, et al. 1996. Petrographic and diagenetic signatures of climatic change in peri-and postglacial Karoo Sediments of SW Tanzania. Palaeogeography Palaeoclimatology Palaeoecology, 125: 5-25.

Ding X. , et al. 2007. Atmospheric polycyclic aromatic hydrocarbons observed over the North Pacific Ocean and the Arctic area: Spatial distribution and source identification. Atmospheric Environment 41, 2061-2072.

Dyck S, et al. 2010. Arctic sea-ice cover from the early Holocene: the role of atmospheric circulation patterns. Quaternary Science Reviews, 29: 3457-3467.

Dyke A S, et al. 2002. The Laurentide and Innuitian ice sheets during the Last Glacial Maximum. Quat Sci Rev, 21: 9-31.

Ehlers, J. , et al. 2007. The extent and chronology of Cenozoic global glaciation. Quaternary International, 164-165: 6-20.

Ehrmann, et al. 1992. Sedimentological evidence for the formation of an East Antarctic ice sheet in Eocene/Oligocene time. Palaeogeography, palaeoclimatology, palaeoecology, 93: 85-112.

Ehrmann, et al. 1992. Significance of clay mineral assemblages in the Antarctic Ocean. Marine Geology, 107: 249-273.

Elverhøi, et al. 1989. Glaciomarine sedimentation in epicontinental seas exemplified by the Northern Barents Sea. Marine Geology, 85: 225-250.

Fahl, et al. 1997. Modern organic-carbon-deposition in the Laptev Sea and the adjacent continental slope: Surface-water productivity vs. terrigenous input. Organic Geochemistry, 26 (5/6): 379-390.

Friedman C. L. , et al. 2012. Long range atmospheric transport of polycyclic aromatic hydrocarbons: a global 3-D model analysis including evaluation of Arctic sources. Environmental science & technology 46 (17), 9501-9510.

Gao A, et al. 2011. Marine sediment characters in the western Arctic Ocean (in Chinese) . In Zhang Z, editor, 2011. Arctic Ocean Environment in fast change (in Chinese) . Beijing: Science Press, 342-347.

Gibson, et al. 1999. Sedimentation of 13C-rich organic matter from Antarctic sea-ice algae: A potential indicator of past sea-ice extent. Geology, 27 (4): 331-334.

Goldberg E. D. , 1975. Synthetic organohalides in the sea. Proceedings of the Royal Society of London 189 (1096), 277-289.

Grebmeier J. M. , et al. 2006. Ecosystem dynamics of the Pacific-influenced Northern Bering and Chukchi Seas in the Ameriasian Arctic. Progress in Oceanography 71, 331-361.

Gschwend P. M. , et al. 1981. Fluxes of the polycyclic aromatic hydrocarbons to marine and lacustrine sediments in the northeastern United States. Geochim Cosmochim Acta 45, 2359-2367.

Hakanson, et al. 1980. An ecological risk index for aquatic pollution control. A sedimentological approach. Water Research, 14: 975-1001.

Hald, et al. 2001. Abrupt climatic change during the last interglacial-glacial cycle in the polar North Atlantic, Marin Geology, 176, 121-137.

Jaffrezo J. L. , et al. 1994. Polycyclic aromatic hydrocarbons in the polar ice of Greenland geochemical use of these atmospheric tracers. Atmospheric Environment 28 (6), 1139-1145.

Jakobsson M, et al. 2000. Manganese and color cycle in Arctic Ocean sediments constrain Pleistocene chronology. Geology, 28: 23-26.

Jakobsson, et al. 2007. The early Miocene onset of a ventilated circulation regime in the Arctic Ocean. Nature, 447: 986-990.

Janecek, et al. 1983. Eolian deposition in the northeast Pacific Ocean: Cenozoic history of atmospheric circulation. Geological Society of America Bulletin, 94, 730-738.

Jantunen L. M. M. , et al. 1998. Organochlorine pesticides and enantiomers of chiral pesticides in Arctic Ocean water. Archives of Environmental Contamination & Toxicology 35 (2), 218-228.

Jones K. C. , et al. 1999. Persistent organic pollutants (POPs): state of science. Environment Pollution 100 (1/2/3), 209-221.

Kalinenko, et al. 1996. Clay minerals in surface sediments of the East Siberian and Laptev Seas. In: R. Stein, G. I. Ivanov, M. A. Levitan & K. Fahl (Eds). Surfacesediment composition and sedimentary processes in the central Arctic Ocean and along the Eurasian Continental Margin. Report on Polar Research, 1996, 212: 43-50.

Kaufman, et al. 2004. Holocene thermal maximum in the western Arctic (0-180IW). Quaternary Science Review, 23, 529-560.

Kim G. B. , et al. 1999. Distribution and sources of polycyclic aromatic hydrocarbons in sediments from Kyeonggi Bay, Korea. Marine Pollution Bulletin 38 (1), 7-15.

Knies, et al. 2000. A multiproxy approach to reconstruct the environmental changes along the Eurasian continental margin over the last 150 kyr. Marine Geology, 163: 317-344.

Krupadam R J, et al. 2006. Geochemical fractionation of heavy metals in sediments ofthe Tapi estuary. Geochemical Journal, 40: 513-522.

Kurek J, et al. 2004. The 8200 cal yr BP cooling event in eastern North America and the utility of midge analysis for Holocene temperature reconstructions. Quat Sci Rev, 23: 627-639.

Lear, et al. 2000. Cenozoic deep-sea temperatures and global ice volumes from Mg/Ca in benthic foraminiferal calcite. Science, 287: 269-272.

Letzig, et al. 1995. Meereistransportiertes lithogenes Feinmaterial in spa¨tquarta¨ren Tiefseesedimenten des zentralen o¨stlichen Arktischen Ozeans und der FramstraXe. Report on Polar Research, 162: 98.

Levitan, et al. 1996. The Kara Sea: A reflection of modern environment in grain size, mineralogy, and chemical composition of the surface layer of bottom sediments. Report on Polar Research, 212, 58-80.

Long E. R. , et al. 1995. Incidence of adverse biological effects within ranges of chemical concentrations in marine and estuarine sediments, Environmental Management 19, 81-97.

Macdonald R. W. , et al. 1997. A sediment and organic carbon budget for the Canadian Beaufort Shelf. Oceanographic Literature Review 45 (4), 255-273. Marine Geology, 144 (4), 255-273.

Macdonald, et al. 2004. The Beaufort Sea: Distribution, sources, fluxes, and burial of organic carbon. In: R. Stein & R. W. Macdonald (Eds), The organic carbon cycle in the Arctic Ocean. 6–21. Heidelberg: Springer-Verlag.

März C, et al. 2011. Manganese-rich brown layers in Arctic Ocean sediments: Composition, formation mechanisms, and diagenetic overprint. Geochimica et Cosmochimica Acta, 75: 7668–7687.

Melnikov S., et al. 2003. Snow and ice concentration of selected persistent pollutants in the Ob-Yenisey River watershed. Science of the Total Environment 306, 27–27.

Miller, et al. 2010. Arctic amplification: can the past constrain the future? Quaternary Science Reviews, 29: 1779–1790.

Moran, et al. 2006. The Cenozoic palaeoenvironment of the Arctic Ocean. Nature, 441: 601–605.

Mowatt, et al. 1987. A brief overview of the clay mineral assemblages in sediments of the major rivers of Alaska and adjacent Arctic Canada. Mitteilungen Geology-Pal. Institute University Hamburg, 64: 269–277.

Müller-Lupp, et al. 2000. Changes in the deposition of terrestrial organic matter on the Laptev Sea shelf during the Holocene: Evidence from stable carbon isotopes. International Journal of Earth Science, 89: 563–568.

Naidu A. S., et al. 1993. Stable organic carbon isotopes in sediments of the north Bering-south Chukchi Seas, Alaskan-Soviet Arctic Shelf. Continental Shelf Research, 13: 669–691.

Naidu A. S., et al. 1993. Stable organic carbon isotopes in sediments of the north Bering-south Chukchi Seas, Alaskan-Soviet Arctic Shelf. Continental Shelf Research 13, 669–691.

Naidu, et al. 2004. The continental margin of the North Bering-Chukchi Sea: Distribution, sources, fluxes, and burial rates of organic carbon. In: R. Stein & R. W. Macdonald (Eds), The organic carbon cycle in the Arctic Ocean. 193–203. Heidelberg: Springer-Verlag.

Naidu, et al. 1975. Clay minerals and geochemistry of some Arctic Ocean sediments: Significance of paleoclimate interpretation. In: G. Weller & S. A. Bowling (Eds), Climate of the Arctic, Geophysics. 59–67. Fairbanks: Institute, University of Alaska.

Naidu, et al. 1982. Clay mineral dispersal patterns in the north Bering and Chukchi Seas. Marine Geology, 47 (1): 1–15.

Naidu, et al. 1983. Sources and dispersal patterns of clay minerals in surface sediments from the western continental shelf areas of Alaska. Geological Society of America Bulletin, 94: 841–54.

Nakata H., et al. 2005. Concentrations and compositions of organochlorine contaminants in sediments, soils, crustaceans, fishes and birds collected from Lake Tai, Hangzhou Bay and Shanghai city region, China. Environmental Pollution 133 (3), 415–429.

Nørgaard-Pedersen, et al. 2007. Arctic Ocean record of last two glacial-interglacial cycles off North Greenland/Ellesmere Island — implications for glacial history. Marine Geology, 244: 93–108.

Nürnberg D, et al. 1994. Sediments in Arctic sea ice: Implications for entrainment, transport and release. Marine Geology, 119 (3-4): 185–214.

Nürnberg, et al. 1995. Distribution of clay minerals in surface sediments from the Eastern Barents and Southwestern Kara seas. Geological Rundschau, 84: 665–682.

Ohkushi K, et al. 2003. Last Glacial-Holocene change in intermediate-water ventilation in the Northwestern Pacific. Quaternary Science Reviews, 22: 1477–1484.

Opzahl S., et al. 1999. Major flux of terrigenous dissolved organic matterthroug II the Arctic Ocean. Limnology and Oceonography 44, 2017–2023.

Ortiz J D, et al. 2009. Provenance of Holocene sediment on the Chukchi-Alaskan margin based on combined diffuse spectral reflectance and quantitative X-Ray Diffraction analysis. Global and Planetary Change, 68 (1-2): 73–84.

Osterman L. E., et al. 1999. Distribution of benthic foraminifers (>125 μm) in the surface sediments of the Arctic Ocean. In: US Geol Survey Bull. Washinton: United States Government Printing Office. 1–28.

Peterson B. J., et al. 2002. Increasing River Discharge to the Arctic Ocean. Science 298, 2171-2173.

Peterson, et al. 2006. Trajectory shifts in the Arctic and Subarctic freshwater cycle. Science, 313, 1061-1066.

Petrova, et al. 2004. The East Siberian Sea: Distribution, sources, and burial of organic carbon. In: R. Stein & R. W. Macdonald (Eds), The organic carbon cycle in the Arctic Ocean. 204-212. Heidelberg: Springer-Verlag.

Pfirman, et al. 1997. Reconstructing the origin and trajectory of drifting Arctic sea ice. Journal of Geophysical Research, 102 (C6): 12575-12586.

Phillips R L, et al. 1997. Quaternary history of sea ice and paleoclimate in the Amerasia basin, Arctic Ocean, as recorded in the cyclical strata of Northwind Ridge. Geological Society of America Bulletin. 109 (9): 1101-1115.

Polyak L, et al. 2009. Late Quaternary stratigraphy and sedimentation patterns in the western Arctic Ocean. Global and Planetary Change, 68: 5-17.

Polyak L, et al. 2004. Contrasting glacial/interglacial regimes in the western Arctic Ocean as exemplified by a sedimentary record from the Mendeleev Ridge. Palaeogeogr Palaeoclimatol Palaeoecol, 203: 73-93.

Poore R Z, et al. 1999. Late Pleistocene and Holocene melt water events in the western Arctic Ocean. Geology. 27 (8): 759-762.

Premuzic, et al. 1982. The nature and distribution of organic matter in the surface sediments of world oceans and seas. Organic Geochemistry, 4: 53-77.

Robert, et al. 1994. Antarctic subtropical humid episode at the Paleocene-Eocene boundary: Clay mineral evidence. Geology, 22: 211-214.

Robert, et al. 1992. Paleocene and Eocene kaolinite distribution in the South Atlantic and Southern Ocean: Antarctic climate and paleoceanographic implications. Marine Geology, 103: 99-110.

Rohling E J, et al. 2005. Centennial-scale climate cooling with a sudden cold event 8200 yrs ago. Nature, 434: 975-979.

Romankevich, et al. 1984. Geochemistry of organic matter in the Ocean. Heidelberg: Springer-Verlag, 334.

Rossak, et al. 1999. Clay mineral distribution in surface sediments of the Laptev Sea: Indicator for sediments provinces, dynamics and sources. In: H. Kassens, H. Bauch, I. Dmitrenko, H. Eicken, H. W. Hubberten, M. Melles, J. Thiede & L. Timokhov (Eds), Land-Ocean systems in the Siberian: Dynamics and history. pp. 587-600. Heidelberg: Springer-Verlag.

Ruddiman, et al. 2002. Earthus climate: Past and future. New York: W. H. Freeman & Company, 465.

Sakshaug, E. 2004. Primary and secondary production in the Arctic Seas. In: R. Stein & R. W. Macdonald (Eds), The organic carbon cycle in the Arctic Ocean. 57-82. Heidelberg: Springer-Verlag.

Schauer, et al. 1997a. Impact of eastern Arctic shelf waters on the Nansen Basin intermediate layers. Journal of Geophysical Research, 102: 3371-3382.

Schauer, et al. 1997b. Barents Sea Water input to the Eurasian Basin through St. Anna Trough. In: K. Aagaard, D. Hartmann, V. Kattsov, D. Martinson, R. Stewart & A. Weaver (Eds). Conference on Polar processes and global climate. Arctic climate system study (ACSYS), 236-238. Orcas Island, Washington, USA.

Schubert, et al. 2001. Nitrogen and carbon isotopic composition of marine and terrestrial organic matter in Arctic Ocean sediments: Implications for nutrient utilization and organic matter composition. Deep-Sea Research, 48: 789-810.

Shepard F. P., 1954. Nomenclature based on sand silt clay ration. Journal of Sedimentary Petrology 24, 151-158. Sicere M. A., Marty J. C., Saliot A., Aparicio X., Grimalt J., Albaiges J., 1987. Aliphatic and aromatic hydrocarbons in the Mediterranean aerosol. International Journal of Environmental Analytical Chemistry 29 (1), 73-94. Stein R., 2008. Arctic Ocean sediments: processes, proxies, and paleoenvironment. Oxford: Elsevier. 35-84.

Silverberg, et al. 1972. Sedimentology of the surface sediments of the east Siberian and Laptev Seas. Ph. D. thesis, University of Washington, 184pp.

Spielhagen R, et al. 2004. Arctic Ocean deep-sea record of northern Eurasian ice sheet history. Quaternary Science Review, 23: 1455-1483.

Stein R, et al. 2010. Towards a better (litho-) stratigraphy and reconstruction of Quaternary paleoenvironment in the Amerasian Basin (Arctic Ocean). Polarforschung. 79 (2): 97-121.

Stein, et al. 1985. The Post-Eocene sediment record of DSDP-Site 366: Implications for African climate and plate tectonic drift. Geological Society of America Memorials, 163, 305-315.

Stein, et al. 2008. Arctic Ocean sediments: processes, proxies, and palaeoenvironment. Developments in Marine Geology, 2. Elsevier, Amsterdam, pp. 1-587.

Stein, et al. 2001. Accumulation of particulate organic carbon at the Eurasian continental margin during late Quaternary times: Controlling mechanisms and paleoenvironmental significance. Global and Planetary Change, 31/1-4: 87-102.

Stein, et al. 2004. Arctic (Palaeo) river discharge and environmental change: Evidence from Holocene Kara Sea sedimentary records. Quaternary Science Review, 23: 1485-1511.

Stein, et al. 2000. Holocene accumulation of organic carbon at the Laptev Sea Continental Margin (Arctic Ocean): Sources, pathways, and sinks. Geo-Marine Letter, 20: 27-36.

Stein, et al. 2004. The Laptev Sea: Distribution, sources, variability and burial of organic carbon. In: R. Stein & R. W. Macdonald (Eds), The organic carbon cycle in the Arctic Ocean. 213-237. Heidelberg: Springer-Verlag.

Stein, et al. 1994. Organic carbon, carbonate, and clay mineral distributions in eastern central Arctic Ocean surface sediments. Marine Geology, 119: 269-285.

Stein, et al. 1994. Shelf-to-basin sediment transport in the eastern Arctic Ocean. Report on Polar Research, 144: 87-100.

Stein, et al. 2004. Organic carbon budget: Arctiv Ocean vs. Global Ocean. In: R. Stein & R. W. Macdonald (Eds), The organic carbon cycle in the Arctic Ocean, 315-322. Heidelberg: Springer-Verlag.

Stein, et al. 1985. Siliciclastic sediments at Sites 588, 590, and 591: Neogene and Paleogene evolution in the Southwest Pacific and Australian climate. In: J. P. Kennett, C. van der Borch, et al. (Eds), Init. Reps. DSDP. 90, Washington (U. S. Govt. Printing Office), pp. 1437-1455.

Suess, et al. 1980. Particulate organic carbon flux in the oceans: Surface productivity and oxygen utilization. Nature, 288: 260-263.

Svendsen, et al. 2004. Late Quaternary ice sheet history of Northern Eurasia. Quaternary Science Review, 23: 1229-1272.

Thiede, et al. 1998. Late Cenozoic History of the Polar North Atlantic: Results from Ocean drilling. In: A. Elverhøi, J. Dowdeswell, S. Funder, J. Mangerud, & R. Stein (Eds), Glacial and Oceanic History of the Polar North Atlantic Margins. Quaternary Science Review, 17: 185-208.

Viia Lepane, et al. 2007. Sedimentary record of heavy metals in lake Rõuge Liinjärv southern Estonia. Estonian journal of earth sciences, 56 (4): 221-232.

Viscosi-Shirley C, et al. 2003b. Sediment source strength, transport pathways and accumulation patterns on the Siberian-Arctic's Chukchi and Laptev shelves. Continental Shelf Research, 23: 1201-1225.

Viscosi-Shirley C. , et al. 2003a. Clay mineralogy and multi-element chemistry of surface sediments on the Siberian-Arctic shelf: implications for sediment provenance and grain size sorting. Continental Shelf Research, 23: 1175-1200.

Vogt, et al. 1997. Regional and temporal variations of mineral assemblages in Arctic Ocean sediments as climatic indicator during glacial/interglacial changes. Reps. Pol. Res. , 251: 309.

Volkmann R. , et al. 2001. Stable isotope composition ($\delta^{18}O$, $\delta^{13}C$) of living planktic foraminifers in the outer Laptev Sea and the Fram Strait. Marine Micropaleontology, 42: 163-188.

Wahsner M, et al. 1999. Clay-mineral distribution in surface sediments of the Eurasian Arctic Ocean and continental margin as indicator for source areas and transport pathways-a synthesis. Boreas, 28: 215-233.

Wahsner M. , et al. 1999. Clay-mineral distribution in surface sediments of the Eurasian Arctic Ocean and continental margin as indicator for source areas and transport pathways-a synthesis. Boreas 28 (1), 215-233 (19). Wang J. , Cota G. F. , Comiso J. C. , 2005. Phytoplankton in the Beaufort and Chukchi Seas: distribution, dynamics, and environmental forcing. Deep Sea Research II52, 3355-3368.

Wang R, et al. 2005. Cycladophora davisiana (Radiolarian) in the Bering Sea during the late Quaternary: A stratigraphic tool and proxy of the glacial subarctic Pacific Intermediate Water. Science in China Ser. D: Earth Sciences, 48 (10): 1698-1707.

Wang R, et al. 2013. Late Quaternary paleoenvironmental changes revealed by multi-proxy records from the Chukchi Abyssal Plain, western Arctic Ocean. Global and Planetary change, 108: 100-118.

Wang, et al. 2009. Seasonal variations of sea ice and ocean circulation in the Bering Sea: A model-data fusion study. Journal of Geophysical Research: Oceans (1978-2012), 114.

Wollenburg, 1993. Sedimenttransport durch das arktische meereis: Die rezente lithogene und biogene materialfracht. Report on Polar Research, 127: 159.

Woodgate R. A. , 2005. Aagaard K. Revising the Bering Strait freshwater flux into the Arctic Ocean. Geophysical Research Letters 32, L02602.

Xiao W, et al. 2014. Stable oxygen and carbon isotopes in planktonic foraminifera Neogloboquadrina pachyderma in the Arctic Ocean: an overview of published and new surface-sediment data. Marine Geology, 352, 397-408.

Yang G. P. , 2000. Polycyclic aromatic hydrocarbons in the sediments of the South China Sea. Environmental Pollution 108, 163-171.

Yunker M. B. , et al. 2002. Sources and significance of alkane and PAH hydrocarbons in Canadian Arctic rivers. Estuarine Coastal & Shelf Science 55, 1-31. Zeng E. Y. , Yu C. C. , Tran K. , 1999. In situ measurements of chlorinated hydrocarbons in the water column of the Palos Verdes Penesula. California, Environmental Science & Technology 33 (3), 392-398.

Yurco L N, et al. 2010. Clay mineral cycles identified by diffuse spectral reflectance in Quaternary sediments from the Northwind Ridge : implications for glacial-interglacial sedimentation patterns in the Arctic Ocean. Polar Research, 29: 176 -197.

Zachos, et al. 2001. Trends, rhythms, and aberrations in global climate 65 Ma to present. Science, 292: 868-693.

Zhulidov A V, et al. 1997. Concentrations of Cd, Pb, Zn and Cu in contaminated Wetlands of the Russian Arctic. Marine Pollution Bulletin, 35: 260-269.

Zweck, et al. 2005. Modeling of the northern hemisphere ice sheets during the last glacial cycle and glaciological sensitivity. Journal of Geophysical Research, 110: D07103. doi: 10. 1029/2004JD005489.

第 5 章 北极海区地质构造环境综合分析与评价[*]

5.1 北冰洋地球物理场特征与岩石圈界面

5.1.1 北冰洋重力场特征

北冰洋空间重力异常值大致在 −100 ~ 100 mGal 之间，显示出与水下地形较强的相关性。加克洋中脊、克尼波维奇洋中脊、罗蒙诺索夫海岭、楚科奇边缘地等均为线状正异常，异常值多在 50 mGal 以上（图 5-1）。阿尔法—门捷列夫海岭的正异常值略低，而且线性走向不明显。在深水区与陆架区的边缘，发育一系列长椭圆形异常，这些异常呈断续的带状分布，被认为是洋陆过渡带在重

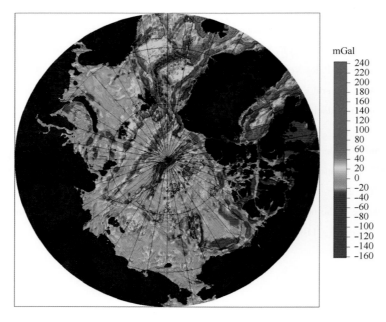

图 5-1 北冰洋空间重力异常渲染

力场上的反映。陆架区重力异常值略高于深水盆地，但在卡拉陆架和巴伦支陆架东部，异常值较低并显示多个团块状负异常区，可能与陆架厚层的中新生代沉积有关。陆架区重力场变化与水深地形关系不大，多与局部沉积盆地的发育有关，走向没有明显的规律性。深水区空间重力异常与地形无关的一个典型部位在加拿大海盆的中央，重力场上显示一条近 N—S 走向的线状异常低，两侧异常

---

* 本章编写人员：张涛、管清胜、李官保、胡毅、杨元德。

升高，而该线状异常在水深上没有反映。挪威海盆、格陵兰深海平原以及两者之间的摩恩和克尼波维奇中脊的异常值较中心区对应的海盆和中脊的异常值偏高。

在布格重力异常图上（图5-2），前述的深水区和陆架区的边界仍然十分明显，深水区以正异常为主，范围在50~400 mGal之间，陆架区为低值正负异常，范围-200~50 mGal，两类区域之间为显著的异常梯度带。罗蒙诺索夫海岭和阿尔法—门捷列夫海岭均显示为线性低幅值正异常，后者线性特征较空间异常更为显著。楚科奇边缘地为近N—S走向的正负相间异常带，插入加拿大海盆的团块状高异常之中，两者之间有强异常梯度带分界。包括加克、摩恩和克尼波维奇洋中脊在内的现代活动洋中脊显示为区域性正异常高内的线性异常条带，异常值略小于两侧盆地。陆架区负异常背景之上发育很多块状或者线状异常带，卡拉陆架和巴伦支陆架东部的负异常较其他陆架区显著，可能显示更大的莫霍面埋深。

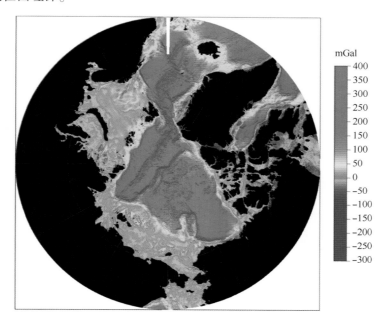

图5-2 北冰洋布格重力异常渲染

5.1.1.1 白令海

在沿阿留申岛弧-海沟的空间重力异常图上（图5-3），岛弧位置正异常和海沟位置负异常平行排列的格局十分明显。在东段，海沟负异常的宽度明显较西段宽，可能与北太平洋相对岛弧俯冲的方向有关。在白令海陆架外缘，向阿留申海盆过渡处，地震剖面显示，该位置属于白令海陆架上发育的纳瓦林盆地，该盆地面积$7.6×10^4$ km^2，沉积物厚度10~15 km，基底为中生代的洋壳。纳瓦林盆地与阿留申盆地之间为一隆起区——纳瓦林海脊，沉积层变薄甚至缺失，反映在重力场上，在隆起区表现为空间重力异常高，并向纳瓦林盆地内部异常逐渐降低。

5.1.1.2 美亚海盆

加拿大海盆是美亚海盆的主体。从重力场特征上看，海底扩张可以解释很多异常的分布。其中最重要的是海盆中部的线性异常带，该异常带呈中间低两端高的槽状，不仅在空间异常图上有反映，在布格异常图上也约略可辨（图5-4），因此被认为是停止活动的古扩张脊。其特点与目前正

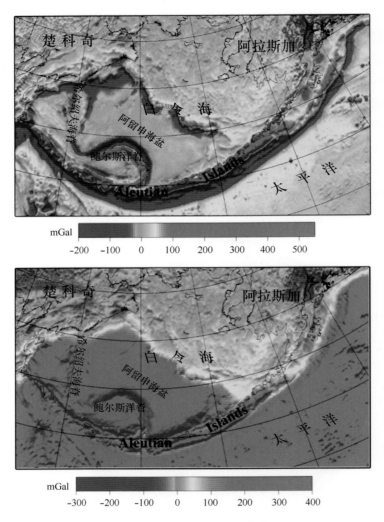

图5-3 白令海空间重力异常（上）和布格重力异常（下）

在活动的欧亚海盆扩张脊（加克洋中脊）具有较大的相似性，不同的则是其峰—谷幅值相对较小，可能与上覆的厚达4 km以上的沉积层有关。同样由于沉积层的作用，目前仍未识别出残留脊两侧的磁条带，而无法夯实其海底扩张起源的论断。该线性异常带走向在76°N以南发生向东的转折，可能与扩张过程中后期楚科奇边缘地的阻挡有关。较多的证据表明楚科奇边缘地为一微型陆块，其起源有东西伯利亚块体裂离和北极加拿大地块裂离两种，但随着加拿大海盆的扩张加宽，两者之间可能发生了类似板块俯冲的作用，空间重力图上楚科奇边缘地北风海脊的东缘发育类似现代海沟的弧形线性负异常带和布格异常图上的强异常梯度带。楚科奇边缘地发育一系列近N—S走向的异常条带，正负空间异常相间排列，布格异常同样高低相间，显示边缘地内部发生了构造分化，在中部的北风平原发育地壳的减薄作用。

马卡罗夫海盆与其两侧的罗蒙诺索夫脊和阿尔法-门捷列夫脊在空间重力场上（图5-5），显示为内部变化杂乱的正异常区，局部有低值负异常发育，阿尔法-门捷列夫脊的线状低值正异常轮廓较空间异常图上略为清晰。空间异常图上，罗蒙诺索夫脊为线性正异常带，在中央的牛轭形转折部分异常值高，此转折的两侧异常值降低，形态上相似，具有一定的对称性。该转折部位处在前述加拿大海盆古扩张脊向北的延伸线上，中间被火成岩区掩盖，这一现象可能反映了欧亚海盆扩张之前

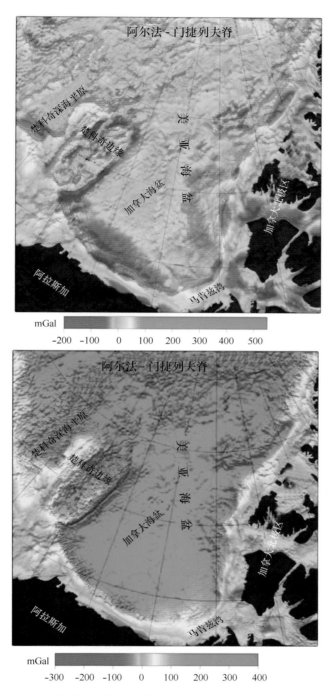

图 5-4 加拿大海盆空间重力异常（上）和布格重力异常（下）

美亚海盆的海底构造格局。很多学者将马卡罗夫海盆的形成与加拿大海盆形成割裂开来，认为两者是相对独立的过程。马卡罗夫海盆形成于一次小规模的海底扩张，其扩张中心位于南侧，与罗蒙诺索夫脊斜交。在空间异常图和布格异常图上，该位置均显示为近 N—S 走向的线性异常带（图 5-5），但在南段并不连续。另一种观点则认为马卡罗夫海盆的扩张中心为 SE 方向，与罗蒙诺索夫脊近乎垂直（图 5-5），但该处的重力异常的线性特征并不明显。

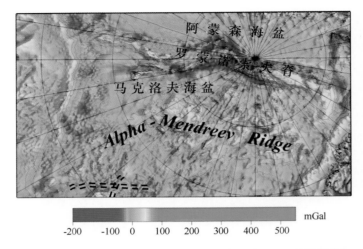

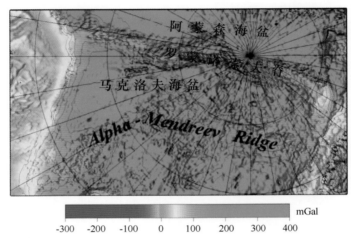

图 5-5　马卡罗夫海盆空间重力异常（上）和布格重力异常（下）

5.1.1.3　欧亚海盆

欧亚海盆的空间重力异常总体变化较为平缓，幅值大致在-50~50 mGal 之间，仅在中脊轴两侧高地以及海盆周边存在较高的正异常。中脊轴部为线性负异常带，与两侧的线性正异常带呈现为凹槽状。向格陵兰方向，则经过格陵兰转换断层与克尼波维奇洋中脊相连。自加克洋中脊向海盆两侧，异常值缓慢降低，但在盆地两侧与巴伦支陆架和罗蒙诺索夫海岭相接部位，重力场特征略有不同。阿蒙森海盆与罗蒙诺索夫海岭之间为线性负异常带，南森海盆与巴伦支陆架相接处则为串珠状正负相间异常带，两个异常带在外形上极为相似，这与欧亚海盆的扩张起源相吻合，但其异常值分布的差异也表明巴伦支陆架和罗蒙诺索夫海岭在地壳结构上的差别，这种差异在布格异常图（图5-6）上也很明显，南边界向巴伦支方向迅速降低为负异常，北边界则仅是异常值略为降低。海盆南北两边缘带并不完全平行，而是向 SE 方向逐渐趋近，至拉普捷夫海域则相交于洋中脊部位，表明扩张中存在一定的旋转作用。这一特点类似于加拿大海盆两边缘相交于麦肯兹三角洲，显示了欧亚海盆和美亚海盆在形成机制上的相似性。

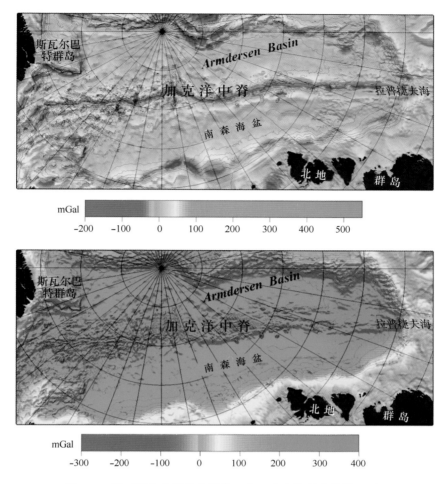

图 5-6 欧亚海盆空间重力异常（上）和布格重力异常（下）

5.1.1.4 挪威—格陵兰海

该区域包括挪威海盆、格陵兰海盆、冰岛海台以及分割这几个区域的摩恩洋中脊、克尼波维奇洋中脊以及其间的转换断层。在重力异常图上（图5-7；图5-8），全区显示为正异常为主，沿摩恩洋中脊北段和克尼波维奇洋中脊为低异常，向摩恩洋中脊南段异常值升高。摩恩和克尼波维奇洋中脊为两侧高中间低的槽状线性异常带，异常带走向急剧转折部位对应两海脊的分界，该处发育格陵兰转换断层，在海脊西侧显示为高低变化的线性异常带，大致垂直于摩恩洋中脊走向，与克尼波维奇洋中脊斜交，但在海脊东侧没有明显的显示。海盆东西两侧的线性正异常带大致对应洋陆过渡带，挪威海盆的洋陆过渡带内侧还存在一条平行的负异常带。最新的研究认为，直到第四纪以来，现在的克尼波维奇洋中脊才形成，发生了所谓拉直作用，取代了原有的整体走向 NE 的雁列式中脊。无论空间重力异常还是布格重力异常，均显示中脊两侧不完全对称的格局。在中脊的东侧（向欧亚板块一侧），异常值和水深均较低且变化平缓，西侧（向北美板块一侧）则水深较浅，异常值较高，而且横向变化剧烈。自南部的摩恩洋中脊向北部的克尼波维奇洋中脊，空间重力异常逐渐降低，显示两条中脊在深部结构上可能存在差异。

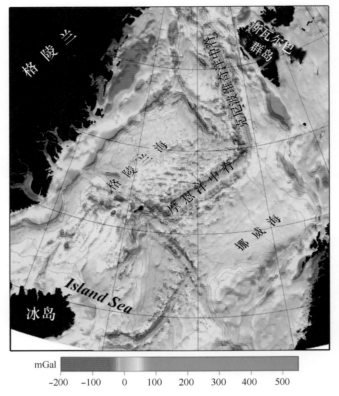

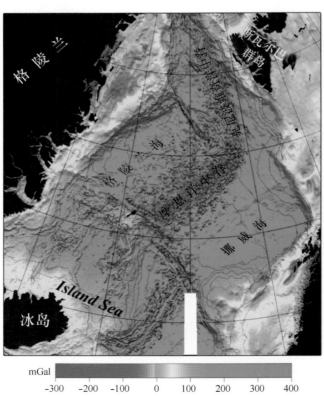

图 5-7 北冰洋北欧海域空间重力异常（上）和布格重力异常（下）

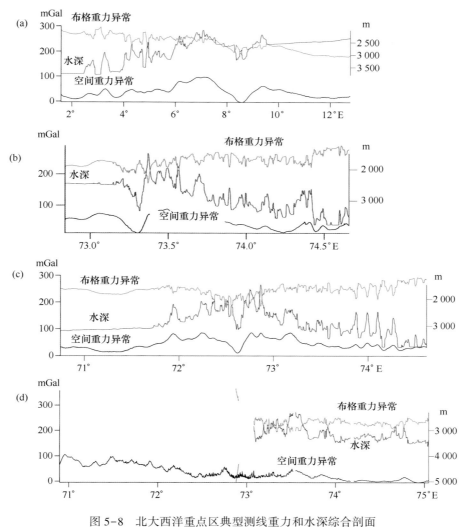

图 5-8　北大西洋重点区典型测线重力和水深综合剖面

（a）MN01 测线；（b）MR01-02 测线；（c）BB09-AT03 测线；（d）MR09-10 测线

5.1.2　北冰洋磁力场特征

环北冰洋区域的磁力数据的分辨率可以优于 10 km。Gaina 等（2011）编汇了 2 km 网格间距的上延 1 km 的北冰洋磁力异常数据（图 5-9）。此数据汇集了国际极地年计划各国 1945 年至 2011 年的所有数据。根据磁力异常特征及其与水深重力的对应关系，Saltus 等（2011）将环北冰洋区域的磁力异常分为了 A~F 的 6 个类型，并给出了相应的地球动力学机制的解释（图 5-10）。

A 型磁力区域表现为不同波长上的强振幅变化，几何形态上为曲线状的高低异常相间分布。A 型区域大多对应前寒武的地盾，如加拿大地盾、格陵兰、西西伯利亚、北卡拉和东西伯利亚块体。这些区域的磁场变化反映了盖层下稳定克拉通的横向空间变化。大部分 A 型区域对应高于水平面的低地形和低幅值的空间重力异常，表明其内部缺乏板块级别的边界。B 型磁力区域表现为多变的偏强振幅，但是弱于 A 型磁力区。这些区域对应了显生宙的碰撞、拉伸和张裂，包括部分阿拉斯加及其相邻的育空区域、巴芬湾以及挪威-格陵兰海等。B 型磁力区域几何形态相对较窄，在区域面积上也小于 A 型。大部分 B 型区域对应起伏的高地形，反映了较新的构造活动。C 型磁力区域表现为

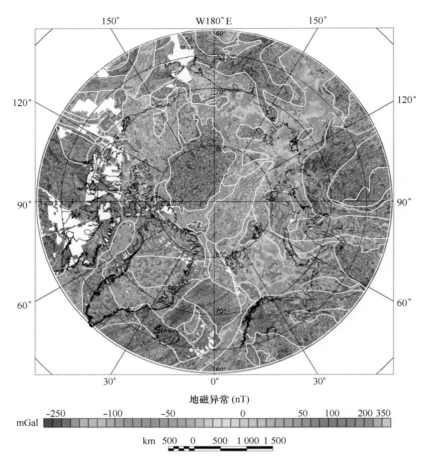

图 5-9　北冰洋磁力异常

白色实线标出了磁力异常内部较为一致的区域

低幅值的长波长变化，缺失短波长的强幅值异常。这些区域大多对应大陆架，如加拿大海盆的北冰洋陆架。D 型磁力区域表现为强振幅的变化，可能反映了增厚的基性岩石。此类型对应造山带和拉伸区域，在面积上小于其他类型。其中造山带的地形相对复杂而拉伸区域的地形相对平滑。E 型磁力区域为海洋岩石圈，表现为明显的线性高低异常相间的特征，反映了洋中脊扩张时的剩磁作用。欧亚海盆、挪威–格陵兰海、挪威海盆和北大西洋均为典型的海底扩张区域。这些区域对应较深的水深和高低相间的空间重力异常，也与海底扩张的过程相一致。F 型磁力区域为复杂多变的强振幅短波长变化，对应地质上的 3 个大型火成岩省。

5.1.3　北冰洋热流场特征

热流测量的一个根本性目的是确定地球深部通过地壳向外热传输的速率，它也是观测全球热量散失通量的最直接参数。过去几十年的调查表明，热流数据的大小与地质构造单元的类别相关，在长波长上与其他地球物理特征相关。通过与其他地球物理数据的联合解释，海域热流数据能够提供岩石圈内的热结构、年龄和演化历史。同时，热流数据提供的沉积层热结构也可以为油气资源的评估与勘探提供重要的参考。

北冰洋的热流测量开始于 1963 年。USGS（美国地质调查局）在其命名的 T-3 浮冰岛上进行了

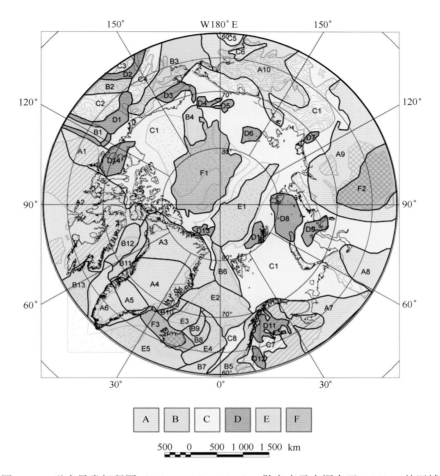

图 5-10　磁力异常解释图（Saltus et al.，2011）。散点表示水深大于 2 000 m 的区域

10 年共 356 次的测量。1964 年，Law 等在 McClure 海峡以及 Patrick 王子岛西北部进行了 9 个海底热流测量。前苏联最早在 20 世纪 60 年代中期实施了两个热流测量计划：一个为穿越马卡罗夫海盆和罗蒙诺索夫脊；另一个为穿越加克洋中脊的热流剖面。此后，Crane 等（1991）、Urlarb 等（2009）和 Jokat 等（2009）分别在格陵兰海、欧亚海盆和美亚海盆进行了热流测量。

　　2012 年，中国第 5 次北极科学考察在罗蒙诺索夫脊上首次采集到了极区的热流资料，为揭示罗蒙诺索夫脊的沉降历史提供了热方面的约束。2014 年，中国第 6 次北极科学考察在加拿大海盆和楚科奇边缘地上采集得到了 19 个热流站点，为研究加拿大海盆和楚科奇边缘地的演化过程提供了极佳的条件。

5.1.3.1　美亚海盆的热流特征

　　作为美亚海盆的主体，加拿大海盆内的沉积物巨厚（超过 4 km），底流相对稳定，其地质和热液循环条件都极为适合热流观测。在 T-3 浮冰岛上小范围内的多次连续测量也具备了使用统计方法评估测量精度的条件，测量位置见图 5-11。在 CB3 区域的 30 次测量呈现正态分布，数据离散度非常小，标准差仅为 3 mW/m^2。95% 置信度下的平均热流值为 67.2（±1.0）mW/m^2。同样的置信度下，CB1 区域 15 次测量的平均值为 55.8（±1.5）mW/m^2，CB2 区域 5 次测量的平均值为 57.3（±5.0）mW/m^2，CH1 区域 20 次测量的平均值为 56.7（±2.4）mW/m^2。这表明整个海盆内的热流干扰都比较小，也为估计海盆内的热流测量误差提供了参考。

门捷列夫脊和阿尔法脊的热流相对加拿大海盆较小。M1 区域 21 个站点的测量的平均值为 49.6（±1.9）mW/m²。考虑到平坦的海底和地震揭示的巨厚沉积物，此区域的热流干扰应该也较小。阿尔法脊上的热流平均值与门捷列夫脊相近 [48.6（±6.5）mW/m²]，但是其变化范围相对较大，可能与其下的地形起伏较大有关。阿尔法脊的海底地形存在高 55 m，波长达 1 km 的起伏（Hall，1970），这可能导致热扩散的面积增大，测量得到的热流值减小 2%～5%，在此区域对应 1～3 mW/m²。

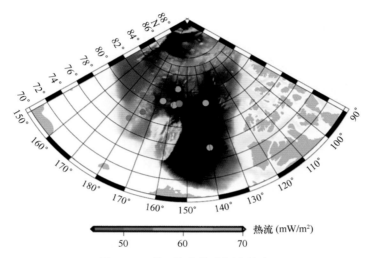

图 5-11　美亚海盆热流历史站点

楚科奇边缘地剧烈的基底变化和较薄的沉积物也给热流测量带来相应的作业难度和误差干扰，目前尚未有公开发布的历史资料。2014 年，我国第 6 次北极科学考察中在楚科奇边缘地采集到的 8 个热流站点（C12、C14～C15、C21～C22、R12～R14），其平均值为 63.51 mW/m²，高于加拿大海盆内的平均值，如图 5-11 所示。楚科奇边缘地的热流值离散度较大，最低值为 40.12 mW/m²，而最高值超过其两倍（86.56 mW/m²）。考虑到楚科奇边缘地的陆源性质、基底形态及张裂特征，北风平原内高热流值（平均 77.33 mW/m²）反映了新生代初期张裂后热平衡的过程，而高地形区域的低热流值（平均 49.70 mW/m²）主要反映了相对较厚的大陆岩石圈。

中国第 6 次北极科学考察在加拿大海盆内共进行了 10 个站点的热流测量，其中长期冰站跟随浮冰的漂移在 6 d 的时间内进行了 4 次重复测量（图 5-12）。所有测量站位的平均值为 53.43 mW/m²，历史资料的范围相近。整个海盆内的热流分布较为均一，变化范围在 ±10 mW/m² 左右。整体上，在靠近残留洋中脊的区域，热流值相对较小，在靠近陆缘的区域，热流值相对较大。考虑到美亚海盆形成时代较早（中生代），其地幔热源在海盆内部分布较为均一，陆缘区的高热流值可能是靠近陆缘区沉积物较厚、生热较多的原因。

5.1.3.2　欧亚海盆

欧亚海盆起源于 65 Ma，其现在的扩张中心为加克洋中脊。2001 年，美国的 USCGS Healy 和德国的 Polarstern 调查船在加克洋中脊测量得到了 19 个站点的热流数据，如图 5-13 所示。

在加克洋中脊西段，地温梯度测量结果较好，热流值平均值为 116 mW/m²，自 34 mW/m² 到 426 mW/m² 之间强烈变化，且没有明显的变化规律。在加克洋中脊中段，所有站点的平均值为

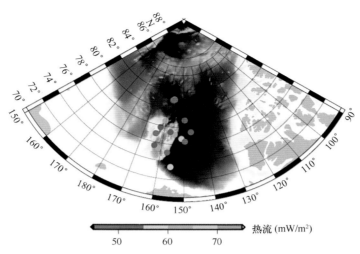

图 5-12　中国第 6 次北极科学考察热流数据

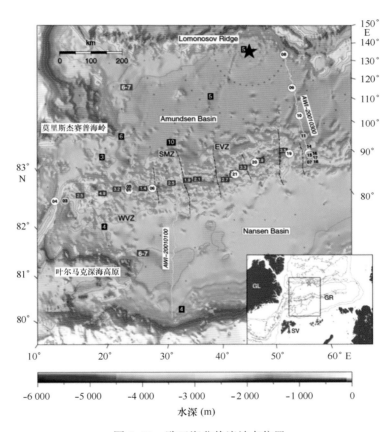

图 5-13　欧亚海盆热流站点位置

灰色圆圈标示了热流站点位置，黄色曲线为 AWI-2010100 和 2010300

7.5 mW/m²，但是有部分测量站点出现负的热流数据。73°E 以东，热流站点的平均值为 155 mW/m²，变化范围自 39 mW/m² 到 197 mW/m²。沿穿越阿蒙森海盆的剖面，热流值呈现两边大中间小的趋势，罗蒙诺索夫脊处的热流值可以高达 150 mW/m²，而海盆内的值仅为 100 mW/m² 左右。

除了孔隙度外，Brigaud 和 Vasseur（1989）认为沉积物内的石英含量与导热能力呈正相关。相比加克洋中脊另一侧的南森海盆（1.1 W/mK），阿蒙森海盆的热导率较高（1.3 W/mK）。这可能预示着阿蒙森海盆主要为陆源沉积物，或者其孔隙度相对较小。

加克洋中脊是世界上扩张速率最慢的洋中脊。一般认为，慢的扩张速率对应长的冷却时间，因此对应低地幔熔融和热流值。但是沿加克洋中脊观测到的热流值（平均值 150 mW/m²，最高值 426 mW/m²）与快速和中速扩张洋中脊的热流值相近（Stein and Stein，1992）。沿加克洋中脊中段，沉积物较薄，在离轴 130 km 处仍然有基底露头出现，同时，沿扩张中心大量分布的热液系统可能导致了负的热流值。

在阿蒙森海盆内离轴 130 km 后，沉积物厚度逐步增厚到 2 km，热流测量值也趋于稳定。但是热流的衰减曲线与板块冷却模型并不完全相符（如 Parson and Sclater，1977）。由于增厚的沉积物基本排除了热液循环的影响，沉积物内的生热率也并不能导致如此大的热异常，因此热异常可能直接来源于高温地幔，这可能表明传统意义上超慢速扩张对应较冷地幔的认识需要修正。沿加克洋中脊的重力反演和数值模拟表明，除了岩浆贫瘠区域外，若要产生相应的熔融异常，加克洋中脊下的地幔温度不小于 1 270℃的全球平均地幔温度（张涛等，2015）。

5.1.3.3 挪威-格陵兰海

摩恩-克尼波维奇洋中脊是格陵兰海的最主要的活动构造单元。Crane 等（1982）首次制作了格陵兰海的地热图。他们的研究表明，克尼波维奇北端的斯匹茨卑尔根破裂带被拉分盆地所分割为 3 段，其中叶尔马克海台的西北部的一段具有非常高的热流值。1983 年，挪威、法国和美国的联合航次在两条横穿克尼波维奇洋中脊的剖面上测量了 39 个热流站点。测量表明克尼波维奇洋中脊两侧的热流值非常不对称。在洋中脊附近，热流值可以达到 160 mW/m²，东侧离轴后热流值在 10 km 的距离内迅速下降为 118 mW/m²，而西侧热流值则在离轴 60 km 后才逐步降低到 110 mW/m²，表现为两侧的强烈非对称性。这也与 Taylor 等（1983）观测到的地形、地震、重力等的非对称相一致。

使用板块冷却模型，Crane 等（1991）利用热流数据估算了克尼波维奇的扩张速率。其西侧的半扩张速率为 4.0 mm/a，而东侧为 3.0 mm/a，全扩张速率为 7.0 mm/a。但是这与全球板块运动模型 Nuvel-1 中估算的全扩张速率 14~16 mm/a 差别较大，表明此区域的热流难以用传统的板块冷却模型来估算。地幔的热异常、地壳的生热以及热液循环等都是可能的影响因素。

5.1.3.4 小结

北冰洋的构造单元、沉积分布和水文环境均呈现高度的多样性，在解释热流资料时，必须充分考虑这些因素。北冰洋含有众多的构造单元，从残留的陆块（楚科奇边缘地、罗蒙诺索夫脊等）、中生代海盆到活动扩张中心和热点影响区域（阿尔法脊），差异巨大的岩石圈厚度、地幔温度提供了不同的深部热源。同时，不同的地壳性质和沉积物厚度又提供了不同的浅层热源。在热传递方面，热液活动和底流环境的差异又在海底表面造成了传导和对流的巨大不同。

整体上，北冰洋的热流值与构造单元的类型相一致。其最高值出现在加克洋中脊，其次是新生代早期张裂的北风平原，然后是中生代的加拿大海盆，最低出现在北风脊、门捷列夫脊和阿尔法脊等可能的残留陆块区域。

5.1.4 北冰洋地层特征

5.1.4.1 加拿大海盆

2006 年以前,在加拿大海盆区只有不到 3 000 km 的反射地震剖面,大部分数据集中在南部(图 5-14)。2007—2011 年,美国和加拿大联合开展了 6 个航次的多道地震航次,获得了 15 481 km 的反射地震数据,同时布设了 171 个声呐浮标以获得广角反射和折射数据,从而处理得到沉积层速度信息(Mosher et al., 2012)(测线和站位位置见图 5-14)。

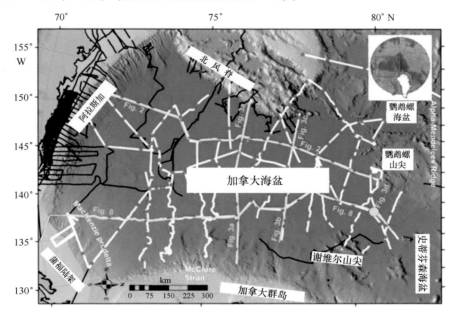

图 5-14 加拿大海盆地震测线(Mosher et al., 2012)
白线和黄线是 2007—2011 年反射地震测线,红点是声呐浮标,黑线是 2006 年以前的历史数据

从下往上主要界面包括:基底、R40、R30、R10 和海底 5 个反射界面(图 5-15)。

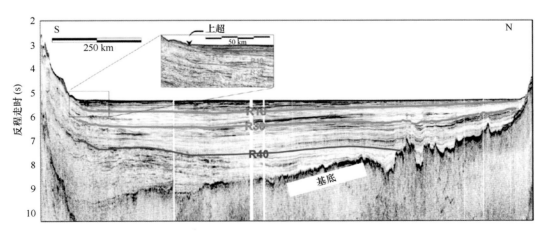

图 5-15 穿过加拿大海盆的南北向长剖面结构
位置见图 5-21 中的 Fig. 2 测线(Mosher et al., 2012)

1）基底

基底反射特征比较明显，其下是相对空白的反射。从北往南基底深度整体加深（图 5-15；图 5-16），从北风脊附近不到 500 m 深至马肯兹河三角洲超过 15 km。基底地形在多种空间尺度上均有变化，在海盆内也不同。在加拿大海盆南部的中间区域，基底以断块为主，往东西两侧基底地形变得平坦，基底反射振幅增强（与图 5-23a 类似）。盆地边缘沉积层非常厚，基底反射不是很清晰。在海盆中部，出现一系列独立的基底隆起，可能构成与加拿大海盆走向平行的海脊以及中间的峡谷（中央裂谷）（图 5-16；图 5-17）。在北部（约 78°N 以北），基底形态变化很大，出现很多正断层及地垒、地堑构造（图 5-16b）。在有些地方，基底呈现叠瓦状反射特征（图 5-16c）。在更北的区域，基底变得崎岖不平，与阿尔法海脊-门捷列夫海脊相似，基底甚至刺穿沉积层（图 5-16d）。

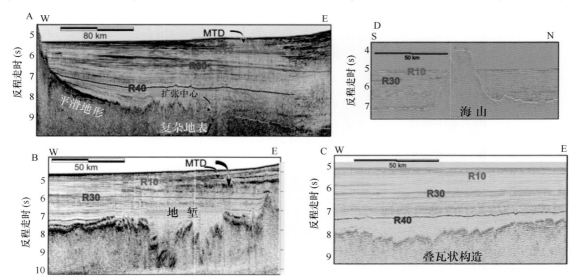

图 5-16　加拿大海盆的基底反射特征

位置见图 5-14 中的 Fig. 3 测线（Mosher et al.，2012）

2）R40

R40 是基底之上的一个反射界面，在很大的范围内可以追踪，但在马肯兹-波弗特、阿拉斯加陆架和加拿大北极群岛陆架的巨厚沉积物之下无法连续追踪。往北在约 78°N 附近，R40 上超到一个较陡的基底地形上，R40 和基底之间的地层具有南厚北薄、东厚西薄的特点，在开始识别出 R40 的地方，R40 和基底之间地层厚度大约是 5 km，往西边的北风脊和北边 78°N 尖灭。该地层是最早期的盆地充填。

3）R30

R30 从南部的马肯兹河三角洲前缘到北边的阿尔法海脊均可对比追踪。总体而言，该层位向南、向东有轻微倾斜。R30 和 R40 之间的地层由一些平行的反射同相轴组成，在几百千米范围内均可对比。地层厚度在东部最厚（在 McClure 海峡外超过 6 km），朝北朝西减薄。

4）R10

R10 是沉积层中最浅的对比追踪的层面，从加拿大海盆的深海平原到 Nautilus Spur（阿尔法海脊向南延伸的部分）均可对比。在到达 Stefansson 或 Nautilus 盆地之前，R10 就已经尖灭。然而，在

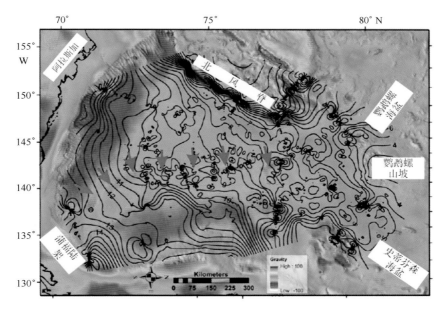

图 5-17 加拿大海盆基底深度

位置见图 5-14 中的 Fig. 5 测线 (Mosher et al., 2012)

底图为空间重力异常，红色实心箭头指示了海盆中央的低重力异常条带

南部的马肯兹河三角洲前缘 R10 之上是一个楔形沉积体，往北变浅。R10 和 R3 之间的沉积层基本也是由平行的、连续性较好的反射层组成，东厚西薄。在加拿大北极群岛陆缘，超过 3 km 厚的区域主要是一些密度流引起的楔形沉积物堆积 (Mosher et al., 2012)。R10 往西突然终止到北风海脊上，一些上翻回转的反射显示其上超到北风脊上。R10 和 R30 之间的地层厚度在北风海脊尖灭，从尖灭点往盆地方向厚度即刻变成 400 m 左右。

5) 海底

加拿大海盆的主体部分是加拿大深海平原，面积大约是 588 000 km²，包括了北部的 Stefansson 和 Nautilus 盆地，在这些深海平原中水深大约 3 800 m，海底面非常平坦，深度变化不大，从南到北、从东到西的水深变化只有数十米。R10 至海底面之间的地层厚度变化比较大，在马肯兹河三角洲前缘有 4 km 厚，往盆地方向呈辐射状减薄。马肯兹河三角洲前缘是一个扇形的沉积体。三角洲的斜坡上出现陡崖、（断层）旋转滑动面和滑塌构造等，而其内部为空白反射。在深海平原部分，R10 和海底之间反射以平行、连续反射为主。

阿拉斯加陆缘远离马肯兹河的影响，R10 和海底之间地层上超到陆坡上（图 5-15），往北上超并尖灭到北风海脊上。在加拿大北极群岛陆缘，R10 到海底间地层很薄，但因为测线并没有向陆地方向延伸很远，因此并没有探测到该地层的尖灭点。

在北部，海底面和一些基底隆起交汇的地方并没有变形，而是突然中断。上超面向上弯曲的程度随着深度增加而增大，显示盆地同沉积沉降很小。Nautilus 和 Stephansson 盆地的海平面海拔略高于加拿大海盆其他部分，表明本地的沉积物输入具有一定的作用。

6) 地震地层的地质年代标定

由于缺少钻井约束，目前地层年代的确定是个难题，很难把它与波弗特陆架上建立的地层框架进行对比。粗略的对比得到的结果认为基底可能对应了早、中白垩世之间，R40 是古新世和始新世之间，R30 是始新世和渐新世之间，R10 可能是中新世内部一个界面。

5.1.4.2　门捷列夫海脊至罗蒙诺索夫海脊区域

俄罗斯从 1989—2007 年的近 20 年间，在从门捷列夫海脊到罗蒙诺索夫海脊之间的海域进行了数条广角反射/折射剖面测量（图 5-18）。这些剖面揭示了地层的大尺度的分布特点。

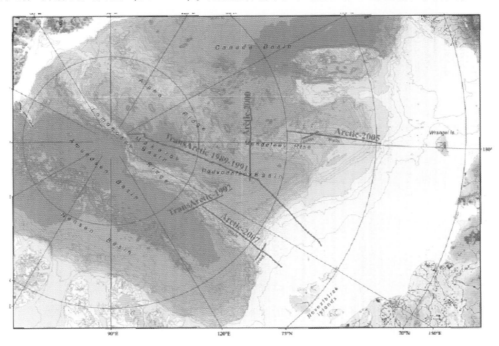

图 5-18　俄罗斯的广角反射/折射剖面测线位置（Kaminsky et al.，2014）

1）马卡罗夫盆地，Podvodnikov II 盆地和 Podvodnikov I 盆地的地壳结构

图 5-19 是一条由 3 条地震剖面合成的长剖面（MCSR 的测线 MAGE-90801，SR 测线 Tra-91 和 NP28-87）。该剖面从东西伯利亚海陆架 De-Long 隆起的北坡开始，横切 Vilkitsky 海槽，然后沿着 Podvodnikov I 盆地、Podvodnikov II 盆地和马卡罗夫盆地的走向穿过这 3 个盆地，终止于罗蒙诺索夫海脊美亚海盆一侧的斜坡上。

TransArctic 1989—1991 年的地质断面的沉积层包括 3 个层序：上部、中部和下部。根据反射地震剖面，上部层序的速度为 1.9~2.9 km/s。厚度变化也较大，Vilkitsky 海槽处为 3 km，分割 Podvodnikov 盆地的地块处为数百米。中部层序的速度为 3.2~3.8 km/s，该层只在 Vilkitsky 海槽才能被追踪，厚度不超过 3 km，向西北方向减薄。上部层序和中部层序之间是一个区域不整合面（RU），这个不整合面是一个重要的地层界面，在中部北极隆起（Central Arctic rises）所有的正、负地形之间都可以追踪，包括 Podvodnikov 盆地和马卡罗夫盆地以及东西伯利亚外部陆架。下部层序的速度为 4.0~4.4 km/s，厚度变化从 De Long 隆起的几百米到 Vilkitsky 海槽的 3 km，然后往 NW 方向厚度都不超过 2 km。中部层序和下部层序之间也存在一个不整合面。总的沉积厚度在 Vilkitsky 海槽处最大，约 7 km 厚，往两个方向均减小，De-Long 高地和西北方向的 Podvodnikov 盆地以及马卡罗夫盆地的厚度均在约 4 km 至几百米之间。

不整合面的时代可以通过在罗蒙诺索夫脊进行的 IODP 302 航次的 M0002-M0004 站位

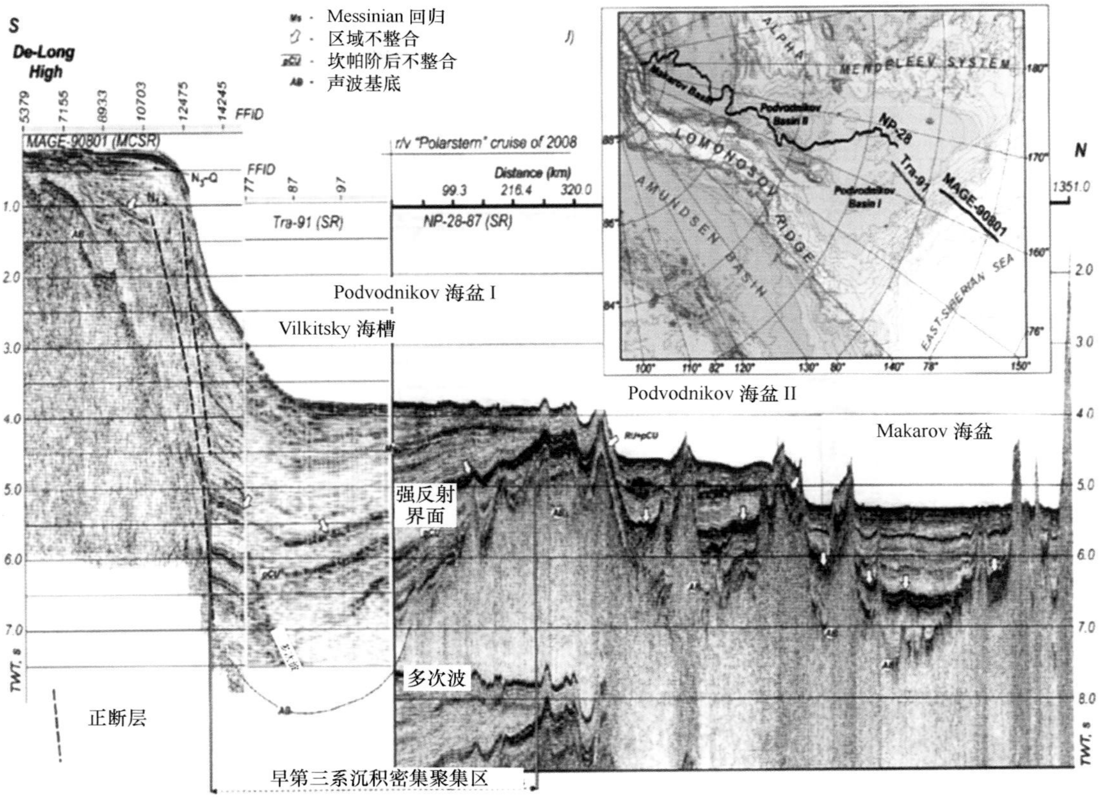

图 5-19　马卡罗夫盆地和东西伯利亚陆坡的地层结构

（MCSR 的 MAGE-90801 测线，SR 的 Tra-91 和 NP28-87 测线）（Kaminsky et al.，2014）

（Backman et al.，2006）来标定。通过对比钻孔数据和地震剖面，区域不整合面（RU）对应前中新世剥蚀事件（pre-Miocene erosion event），该事件造成的沉积间断约为 27 Ma，它分隔了下伏的富含生物成因物质的中始新世滨海相硅质碎屑岩（黏土和粉砂岩）和上覆的早-中中新世含极少生物成因物质的地层。中部层序和下部层序之间的不整合面经过比较是对应后坎潘期剥蚀事件（pCU），造成的沉积间断约为 24 Ma，它分隔了坎潘阶三角洲前缘/滨海相砂岩、泥岩和其上的晚更新世浅海黏土。

另外在广角反射/折射剖面（WAR）上发现了一层变质沉积岩层序（MS），速度为 5.0～5.4 km/s。这一层从波速上看比较均一，但构造上是不均一的。它的底界是声学基底（AB），也就是结晶基底。厚度在大陆坡处达 2 km，在 Podvodnikov 盆地和马卡罗夫盆地开始减薄至 1～1.5 km，再减薄到几百米。这一层的年代和性质还未能确定，在不同区域其性质也不同，可能是加里东期和 Elsmirian 期的褶皱带，也可能是褶皱带及上覆的磨拉石和台地沉积，或者是更古老的台地沉积。

Podvodnikov 盆地和马卡罗夫盆地里特殊的磁异常特征可能与岩浆侵入到沉积盖层中有关。

2）罗蒙诺索夫海脊和周边陆架的地壳结构

罗蒙诺索夫脊的工作主要包括两条近垂直的测线：一条是 TransArctic-1992，垂直海脊走向；另一条是 Arctic-2007，沿着海脊走向（图 5-18）。

TransArctic-1992 剖面上可见 3 个沉积层，之间分别被两个不整合面（RU 和 pCU）分隔。从上往下的地层速度分别是 1.6～2.6 km/s（上部层序）、3.6～3.9 km/s（中部层序）和 4.2～4.5 km/s

（下部层序）。地层总厚度从海脊上的约 1.5 km 到边上盆地的 2~2.5 km。

变质沉积岩层序（MS）在声学基底之下，速度为 5.3~5.5 km/s。在罗蒙诺索夫海脊轴线部位最厚，约为 5 km，朝着阿蒙森盆地方向慢慢变化，在马卡罗夫盆地变为 4~4.5 km，在阿蒙森盆地为约 1.5 km。

Arctic-2007 通过 Arctic-2007 项目，俄罗斯在 2007 年 8—9 月，利用 Professor Kurentsov 号科考船进行了多道地震和广角反射/折射测量（剖面位置见图 5-18，接收缆长 8 km，这在高纬地区是很不容易的）。这使得地震数据叠加次数比较高，从而使数据质量比较高。

从构造上来说，剖面的南段从 Kotelnichiy 隆起的北坡开始，穿过 Vilkitsky 海槽的沉积中心区。剖面北段沿着罗蒙诺索夫脊。在整条剖面上依然可以追踪出两个区域不整合面——RU 和 pCU（图 5-20）。朝着大陆坡方向这两个不整合面有合并为一个反射面的趋势，但在大陆坡部位的 Vilkitsky 盆地，仍然可以区分这两个界面。

在大陆坡脚位置，在 RU 之下存在古近纪海相的楔形沉积，向海方向减薄。在罗蒙诺索夫脊上，RU 分隔了上白垩统和早-中中新世沉积。古近纪地层或者缺失或者只有几百米。

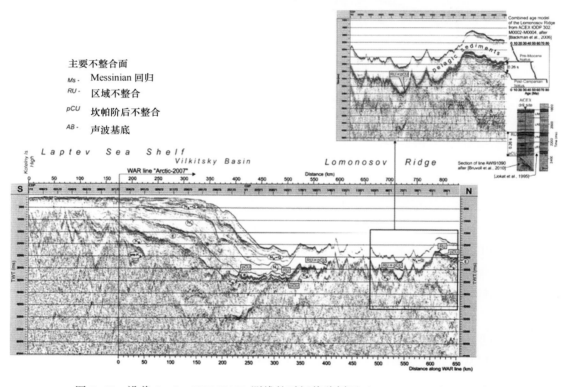

图 5-20　沿着 Arctic-2007 MCSR 测线的时间偏移剖面（Kaminsky et al.，2014）

WAR 剖面建立的罗蒙诺索夫海脊的地壳模型中，RU 和 pCU 不能区分，是一个不整合面，该面分隔了上部层序和下部层序。上部层序的速度从陆架的 1.9~2.6 km/s 到海脊上的 1.9~2.5 km/s。下部层序从陆架上的 3.1~3.5 km/s 到 Vilkitsky 海槽的 2.8~4.2 km/s 到海脊上的 2.6~3.8 km/s。总沉积厚度在 Vilkitsky 海槽的沉积中心最厚，达约 7 km，在海脊上不超过 3 km。

变质沉积岩层序（MS）的速度从陆架上的 4.7~5.0 km/s 到海脊上的 5.1~5.3 km/s。厚度从陆架上的约 7 km 到陆坡的约 1.5 km 再到海脊上的 3.5 km。

3）门捷列夫海脊和周边陆架的地壳结构

门捷列夫脊的工作主要包括两条近垂直的测线：一条是 Arctic-2000，垂直海脊走向；另一条是 Arctic-2005，平行海脊走向（图5-18）。Arctic-2000 项目的地震测量是使用了单道反射地震测量，从构造上而言，它穿过了门捷列夫海脊，伸入 Podvodnikov I 盆地和门捷列夫盆地。

沉积层中有一个不整合面（RU+pCU），这和罗蒙诺索夫海脊的情形类似，分隔了上下两个层序。上部层序的速度从顶部 1.8~2.6 km/s 到中部 2.1~2.8 km/s 增加到底部 2.9~3.5 km/s。地层厚度在 Podvodnikov I 盆地达到最大的约 3.5 km，在门捷列夫海脊上（Shamshura 海山）减小到约 0.5 km。

变质沉积岩层序（MS）的速度横向变化很大，从 Podvodnikov I 盆地和门捷列夫盆地的 4.6~5.3 km/s 到门捷列夫隆起的 4.5~5.3 km/s。厚度变化从 1~4 km，在 Shamshura 海山达到最大。

Arctic-2005 沉积层中有一个不整合面（RU+pCU），分隔了上下两个层序。上部层序的速度从北楚科奇盆地的 1.8~2.5 km/s 到门捷列夫隆起的 1.6~1.9 km/s。下部层序的速度从北楚科奇盆地的 3.9~4.4 km/s 到门捷列夫隆起的 3.1~3.3 km/s。地层厚度在北楚科奇盆地达到最大的约 12 km，在门捷列夫隆起上减小到约 2.5 km。另外，在北楚科奇海槽的沉积中心发现了 4 km 厚速度为 4.7~5.9 km/s 的沉积层，因此在此处沉积层序的总厚度达约 16 km。

变质沉积岩层序（MS）可以从门捷列夫隆起到北楚科奇海槽北翼一直追踪。速度为 4.8~5.1 km/s 到门捷列夫隆起的 4.5~5.3 km/s，厚度变化为 2~3 km。

5.2 主要认识与进展

5.2.1 白令海的沙波形成机制

19 世纪 80 年代，Carlson 等在白令海调查发现广泛发育的沙波，引起了国内外学者对沙波分布的研究及其成因讨论。白令海沙波沉积历史的研究对于海底峡谷成因及全球气候变化的研究意义重大。2012 年中国第 5 次北极科学考察在白令海区进行了我国的首次地震作业，得到连续的两条地震剖面（图5-21）。

本航次得到的高分辨率单道地震资料能够很好地识别出沙波结构。测线 BL11-12 在 Karl 等（1988）识别的沙波区内，BL12-13 在沙波区外。沙波区外的 BL12-13 测线剖面下部地层发现了沙波，可以知道沙波区外虽然在表层没有沙波，但是在下部地层保留着沙波。结合附近的 IODP 资料，初步推测出剖面上沙波的一个沉积历史。同时结合前人研究成果，对沙波的成因进行了分析研究。

5.2.1.1 研究现状

1）白令海峡谷成因研究现状

白令海边缘峡谷的演化过程目前尚未完全清楚，但涉及两个重要事件和演化过程的相互作用。事件包括：① 在晚白垩世或早第三纪，俯冲带从白令海边缘转移到阿留申海槽，因此停止了到目前为止白令海边缘更大范围的构造碰撞；② 新生代冰期导致大范围海平面前进和倒退，形成了平坦、宽阔的白令海大陆架（Hopkins，1976）。

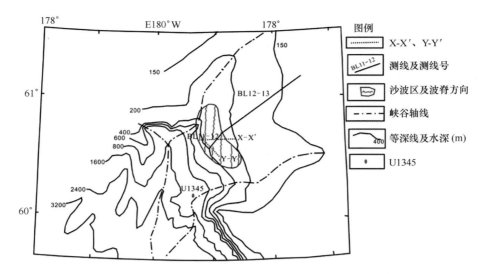

图 5-21　研究区概况（改编自 Karl et al.，1988。测线 BL11-12 为有效信号部分）

　　Hopkins（1979）认为在晚更新世（0.014~0.02 Ma）期间，白令海陆架部分暴露出来，为干燥的草原型气候。他进一步指出气候的季节性特征和现今的相同，夏季有开阔的砂质海岸，冬季有浮冰。在最大冰期期间，一个冰川延伸到西伯利亚半岛和圣劳伦斯岛之间河道的西南部，另一个冰川延伸到 Bristol 湾之上的 Kuskokwim 河口南部（Hopkins，1967）。猜测在晚更新世，海岸线在现今外陆架（陆架坡折向岸处，水深 150~175 m）。通常认为海平面降低 135 m 是一个合理的解释。深拖得到的高分辨率记录显示 Navarinsky 峡谷东北部部分陆架表面下有许多小型河道网络，水深130 m。河道出现在海底面近乎 20 m 下，典型的河道是宽 100 m 深 5 m，这些河道被解释为冰缘流河道。一些更早的研究人员推测古育空、Kuskokwim 和 Anadyr 河穿越突然出现的白令海陆架。虽然在阿拉斯加和西伯利亚河口附近陆架上存在埋藏古河道，但是没有证据表明这些河流在陆架边缘存在。大的河流和大型白令海峡谷之间的关系仍然有待进一步研究。

　　冰期冰水沉积快速积累产生的孔隙水压力将导致沉积物不稳定；碳水化合物气体（大部分是甲烷）积累也能产生不稳定的沉积物块体。如地震、大的风暴潮、海啸和内波周期性地搅动停留在陆架边缘或者上陆坡的底部非稳定沉积物，触发了从缓慢移动到大的滑移的向下陆坡运动。一些滑动块体包含的沉积物量大于 2.5 km³。当大量块体继续沿着整个白令海大陆边缘运动，外陆架基岩高地和断裂区的位置必然影响了初期沟蚀的位置，并使得冲沟向头部和横向的增大，反复地滑塌和滑动相应地演化为碎屑流、泥流和浊流。峡谷地震剖面上可见的大量充填特征表明峡谷海底谷线的波动相当大。峡谷被滑塌、滑动和沉积物重力流垂直切割而加深；峭陡陆坡被生物侵蚀和块体运动侵蚀，从而使得峡谷加宽。

　　当早期的峡谷头部切入大部分暴露于海平面之上的白令海陆架，峡谷头部开始拦阻沿岸流搬运的砂和粉砂，类似现今的加利福尼亚南部（Shepard and Dill，1966）。直到不稳定沉积物在白令海峡谷头部积累，浊流沿峡谷向下，侵蚀海底峡谷并且在毗连的陆坡隆起和深海盆地海底面沉积。大型峡谷口发现的大型埋藏河道是通道，沉积物重力流通过该通道运输砂和泥（Carlson and Karl，1988）。沉积物重力流产生的浊流，结合滑塌和滑移沉积，使阿留申海盆底覆盖了 2~11 km 厚的沉积物覆盖，最厚的沉积物（4~11 km）形成了陆坡底部的大陆隆起（Cooper et al.，1987）。

　　最大冰期（晚第三纪—第四纪）和低的海平面（期间融水流搬运沉积物到外陆架）之后，对峡谷的切割和深海河道发育可能达到极点。大量的研究解释了穿越白令海陆架的海平面波动贯穿了第四纪（Hopkins，1967；Hopkins，1976）或者新生代的大部分（Vail et al.，1977）。填充了白令海峡谷和深海河道的沉积物中保存着河道充填的几个阶段，表明海平面波动影响峡谷发育。从埋藏河道的多种等级和尺寸，可以推测这些大型峡谷系统需要更长的时间演化成现在的结构。

通过基于地震剖面的假设和 Cooper 等（1987）绘制的等厚图，能够推测下伏于大陆隆起沉积物单元内的沉积物量。大陆隆起单元的平均宽度是 100 km，长度至少 800 km。假设沉积物单元如 Cooper 等（1987）得到的剖面指示是向海减薄的，得到的结论是面积 80 000 km^2 大陆隆起单元厚度为 3 km。因此 Cooper 等（1987）推测的早第三纪到第四纪沉积物质 24×10^4 km^3 的量。如果限制计算到晚第三纪和第四纪，近乎包括沉积物单元厚度的一半，沉积物量是 12×10^4 km^3。更小的沉积物量正好是白令海边缘 7 个峡谷搬运的物质总量（21 000 km^3）的 5 倍。据 Menard（1964）估计，远离加利福尼亚中心的大型冲积扇（Monterey and Delgada）沉物质总量在 16×10^4~28×10^4 km^3，是相关海底峡谷搬运总量的 100~1 500 倍。得到的结论是，白令海峡谷起了陆架沉积物搬运到深海的有效通道作用。白令海峡谷搬运沉积物量与大陆隆起单元沉积物总量更小的差异可以从以下 5 个方面解释。第一，白令海峡谷的大尺寸将减少沉积物总量差异；第二，块体运动的剪切角度和形成峡谷的主要过程减少了流经峡谷到大陆隆起单元浊流的相关重要性和要求量；第三，相比于 Monterey-Delgada 陆架（5~40 km）白令海陆架相当宽（400 km），并且事实上 Monterey 和 Delgada 峡谷系统头部邻近岸边，意味着相比于加利福尼亚峡谷从陆源区更少的沉积物到白令海峡谷头部；第四，要求大量的沉积物填充白令海陆架上的深海盆（达 12 km）；第五，大量的沉积物通过白令海大陆隆起单元流入深阿留申盆地，Cooper 等（1987）得到阿留申盆地被 2~4 km 厚的席状沉积物覆盖；加利福尼亚边缘冲积扇西部边缘不像阿留申盆地，它被地形起伏数十米并且覆盖着太平洋海底 80%~85% 的深海山限制（Menard，1964）。

白令海边缘峡谷，尤其是 Zhemchug、Navarinsky 和 Bering 峡谷搬运的沉积物总量 15 500 km^3，是世界上最大的。这些大尺寸的峡谷可能是陆架边缘俯冲阶段留下的残余构造和大量滑塌和滑移共同作用的结果（Carlson 和 Karl，1988）。

2）Navarinsky 峡谷沙波成因机制研究现状

Karl 等（1986）最早研究 Navarinsky 峡谷头部沙波，提出了沙波形成机制，认为内波是形成沙波的主要动力。他们通过 Navarinsky 沙波区资料和内波理论，同时考虑到 Navarinsky 峡谷密度结构，精确地证明周期短于 1 h 的内波能够合理解释沙波形成的机制。这些高频内波在沙波区可能增强，底部—边界层内产生的剪切力能够有效地移动细砂并且波长与沙波大小相符。Karl 归纳的沙波特征与内波起源相吻合：① 沙波只分布在峡谷头部，该位置内波能量增强；② 沙波发育在特定的水深区，且不同的峡谷水深范围不同；③ 沙波脊线方向大致与峡谷轴线垂直，与陆架坡折的等深线走向平行；④ 组成沙波的沉积物能够被内波速度场的边界层增强启动；⑤ 高频内波波长和沙波波长相符。

对于沙波的成因，Hand（1988）提出了不同的观点，认为这些床形结构是由高密度底流形成的反沙丘。Hand 设想了高密度底流的形成过程：冬季表层水变得更冷并且可能以冰的形式使盐度变得更大。这一更稠密的水体沉入海底并且流向下坡越过陆架边缘。Hand 的前提关键在于一点：在冬季陆架水会足够的冷或获得更高盐度从而使其密度大于 1.027 g/cm^3。

Karl（1988）同意这些床形结构可能是反沙丘，但不赞同是由密度差异成因。Karl 也发现 Navarinsky 沙波的上攀特征并因此认为沙波可能是由浊流形成的反沙丘。Karl 等主要从以下 3 点反驳了 Hand 观点。

① Hand 设想的高速底流并不出现在高纬度区域。物理上来说，很难产生稠密水羽流。在北极圈，冰的形成期间由冷的表层水或盐水排斥形成的稠密羽状流非常浅（约 5 m），摩擦约束要么使其快速耗尽羽状流，要么使其保持一个低的流速（Aagaard，1987）。

② 冬季白令海陆架水体结构研究较为明确，该稠密的、长期的、高速底流不为人知或不可能在陆架边缘出现。从历史记录来看，白令海冰缘从没有到陆架坡折外（Webster，1979）而冰边缘区通常是融水区（Muench et al.，1983），密度明显低于 1.027 g/cm³。从陆架的 1.025 7 g/cm³ 到陆架边缘弱的成层区没有特别大于 1.026 2 g/cm³（Muench，1983）。Muench 等（1983）认为这两层密度结构支持高频率内波。这些界面波的水柱太高（25~75 m）而不能影响底部，但考虑更新世低海平面相同的冬季条件，它们能够在 Navarinsky 沙波更大深度的范围影响海底。

③ Schumacher 等（1983）研究了圣劳伦斯岛南部白令海陆架冰间湖冰形成期间盐水排斥现象。冰的形成伴随了较大的风，确实产生与向北流向白令海峡反向的密度驱动流。但是，这些倒转流的持续时间（几天）和流速（小于 10 cm/s）远小于 Hand 的设想。

Karl 等认为沙波并不广泛分布在世界各地海底峡谷头部的事实，并不能否认 Navarinsky 峡谷头部沙波的内波成因。潮汐影响着世界各地的陆架，但潮汐流产生的床形结构并没有在任何陆架发现，它们仅在一系列特定的环境下形成。同理，所有的海底峡谷的环境条件并不是相同的。许多特定环境需要考虑，如到海岸线的距离、峡谷头部的水深、峡谷大小形状、原峡谷几何形状、底层特征、沉积物供应、边界流强度和水柱结构都应该分别考虑。

5.2.1.2 资料分析

1）U1345 站位

IODP232 航次在研究区 U1345 钻孔（位置见图 5-21）资料，取得了 5 个点（U1345A、U1345B、U1345C、U1345D、U1345E）的岩芯。该站位的主要目的是研究邻近河道（水深约 1 008 m）高分辨率全新世-晚更新世的古海洋。站位位于远离白令海陆架 Navarinsky 海底峡谷头部附近的河间隆起上。该站位推测在冰期和间冰期有来源于陆架陆源沉积物流。陆坡流起源于从阿留申经白令海流进阿拉斯加的河流。在冰期-间冰期周期中，该站对于季节性和长年海冰覆盖范围的变化很敏感。基于该站位 4 个钻孔的研究，有孔虫生物地层基准（Lychnocanoma nipponica sakaii 和 Spongodiscua sp 最近一次出现的时间）用来计算沉积速率（Ling，1973）。单一的沉积速率 28 cm/ka。考虑到测线附近没有更相近的 IODP/ODP 站位，文中只能使用 U1345 的沉积速率用来对地层沉积时间做粗略的估算。参考同航次邻近站位 U1344 岩芯前 150 m 的纵波速率，可以将测线表层纵波速率粗略定为 1 569 m/s。

2）测线 BL11-12 剖面分析（图 5-22）

图 5-21 中灰色区为 Karl 等（1986）观测得到的沙波位置。测线 BL11-12 处理出来的资料 1 647~3 051 道刚好穿过 Navarinsky 峡谷头部沙波区。结合前面处理得到的剖面图，可以解释表面波浪形态构造为沙波。根据沙波的形态，测线 BL11-12 得到的沙波是不对称的，陡的一面指向陆架方向。沙波层向陆架方向相对减薄，下伏地层为平形反射层。A、B、C 三层的底面，B 起伏最大，A、C 起伏稍弱；D 层的底面是近乎平坦。

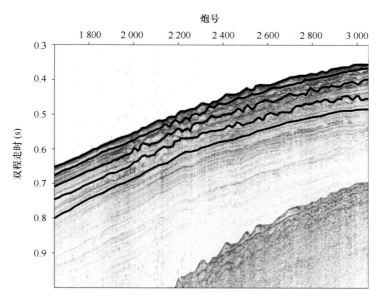

图 5-22　BL11-12 剖面地层划分

3）测线 BL12-13 剖面分析（图 5-23）

测线 BL12-13 在沙波区外，剖面表层没有发现沙波。A1、A2、B1、C1、C2 五层 5 000 炮之前的地层底面可以看到一些沙波构造，总体上沙波的波高和波长明显比 BL11-12 剖面上的小，规律性上也要差。A 层底面沙波波高最小，越往下沙波越明显。2 500 炮附近地层底面有一个大型沙波，波高约 9 m，波长 4 478 m。5 000 炮附近有一个明显的沉积洼地，总体长度约 15 km，下凹约 36 m，越往上部洼地越平坦，往下洼地越明显。可以设想这样一个沉积过程，中更新世 0.237 Ma 以来，最低海平面-122 m 或-133 m 条件下，白令海陆架大部分暴露在海平面以上，大量从陆架来的沉积物迅速充填了该大型洼地。

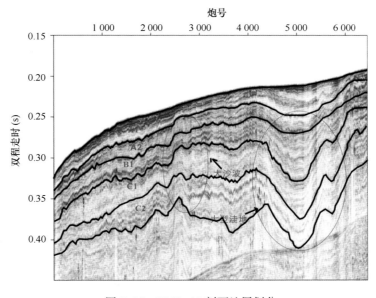

图 5-23　BL12-13 剖面地层划分

5.2.1.3 Navarinsky 峡谷沙波成因讨论

1）沙波特征统计

BL11-12 测线 1 647~3 051 炮穿过 Navarinsky 峡谷头部沙波区段（图 5-21），从剖面上统计得到沙波平均波高与 Karl 和 Carlson 在该区域沙波描述基本吻合（表 5-1），陡坡角度 1°，对称指数（缓坡/陡坡）1.75，缓陡坡区别不太明显，对称性较好。

表 5-1　沙波特征对比

剖面	陆坡坡度（°）	平均波高（m）	平均波长（m）
X-X′，Y-Y′	0.4~0.5	5	649
BL11-12	0.57	9	882
BL12-13	0.095	较小	较小
La Chapelle bank	—	8~12	850

测线 BL11-12 的地层划分如图 5-22 所示，沙波是多期次叠加形成的，从剖面上可以分出 A、B、C 三个期次，D 期次沙波结构模糊。A、B、C 三层总厚度约 72 m，总的沉积时间尺度约为 0.2~0.3 Ma，说明沙波沉积可以追溯到中更新世。测线 BL12-13 剖面可以划分出 A1、A2、B1、C1、C2 五个沉积层（图 5-23）。五层总厚度约 72 m，沙波总的沉积时间尺度约为 0.2~0.3 Ma（表 5-2），沙波形成可以追溯到中更新世。

表 5-2　地层统计

地层	A	B	C	A1	A2	B1	C1	C2
厚度（m）	19	25	28	12	8	21	21	10
沉积时间（Ma）	0.2~0.3			0.2~0.3				

测线 BL12-13 处理后得到的剖面地层非常清晰，BL12-13 海底面没有出现沙波，下部地层出现沙波，总体上沙波的波高和波长明显比 BL11-12 剖面上的小，规律性较差，且越往下部沙波越明显。说明随着时间推移水动力条件越不适合大范围沙波的形成。两条测线剖面上沙波特征差异可能与所处陆坡坡度有关（表 5-1），合适的坡度有利于营造形成沙波的水动力条件。

测线 BL11-12 和 BL12-13 之间只有很小的间隔，可以近似地认为是一条测线，地层上应该是连续的。比较测线 BL11-12、BL12-13 地层厚度，发现 BL11-12 剖面 A 层厚度与 BL12-13 剖面 A1、A2 层的厚度之和较为相近，可以近似认为是同一套地层。BL11-12 剖面 B 层厚度与 BL12-13 剖面 B1 层厚度较为相近，可以近似认为是同一套地层。BL11-12 剖面 C 层厚度与 BL12-13 剖面 C1、C2 层厚度较为相近，可以近似认为是同一套地层。

初步计算得到 B、B1 层底部对应的时间约 0.12 Ma，这个时间点对应倒数第二次冰期最大海退，这与 B 层底部与 C 层上部、B1 层底部与 C1 层上部有沉积物组成上的明显差异相吻合。

2）物源距离

Navarinsky 峡谷沙波区沉积物在北面来源于俄罗斯的阿纳德尔河，东面来源于阿拉斯加的育空河。少量碎屑可能来自 St. Matthew 岛和 Pribilof 岛，也可能来源于冬季冰的漂浮物（Karl and Carlson，1984b）。0.25 Ma 以来海退期间大部分陆架暴露在外面，为沉积物的运移提供了通道，同时也缩短了陆源到沙波距离，使得细砂-超细砂运移到沙波区成为可能。沙波区与古海岸线的距离随着海平面波动不断变化（表 5-3），低的海平面有利于粒度大的沉积物运移到沙波区，高的海平面有利于粒度细的沉积物运移到沙波区。

陆架上的潮汐流速约为 20 cm/s（Pelto and Peterson，1984）。Kinder 等（1975）认为陆坡流平均流速为 5~10 cm/s。Muench（1983）从 1980 年 10 月初到 1981 年 6 月初在白令海陆架的两个站位进行了流速测量，水深分别为 119 m 和 76 m。研究区内测量站位上整个记录长度上平均流速是 3.3 cm/s，方向 347°。结合 Hujulstrom 曲线知道研究区的水动力条件较弱，只适合颗粒的沉降，不能进行颗粒的运移。

表 5-3　海平面变化下测线与古海岸线的距离

海平面降低/时间	133 m/0.13 Ma	122 m/0.237 Ma	95 m/0.0176 Ma
BL11-12 前部	145 km	157 km	205 km
BL12-13 后部	出露	16 km	81 km

砂质地层覆盖的白令海外陆架和陆坡并没有形成沙波构造。考虑到研究区地震测线覆盖的均匀性（图 5-21），不可能偶然只在峡谷头部发现了沙波，沙波应该与海底峡谷相联系。为了推测沙波的形成模型，需要确定沙波是活动的还是残留结构。

两类的证据表明沙波表层已经不再活动。首先，没有可靠的物理海洋学资料表明任何强的或特殊的流能够产生沙波。其次，覆盖沙波的薄泥层或底砂颗粒运动证据的缺失表明床形单元在观察的时候不是活动的。因为远离陆源，现今没有砂质从陆架运移到 Navarinsky 峡谷头部。沙波表层不活动，保持不被覆盖至少有两个原因：一是因为这个区到沉积物源有很长一段距离，只有非常少量的砂和泥沉积在沙波上；二是沙波区的流强到足以阻止沉积或者定期移动已沉积的细的沉积物。

沙波是在 0.25 Ma 以来的历史产物，说明海平面降低有利于沙波的形成。研究区沉积物基本上由泥、细砂和超细砂组成，地层剖面上可以看到沉积物粒度的变化，说明地层沉积物粒度对海平面变化有一个很好的响应。

3）沙波成因讨论

陆架大部分被粉砂和黏土质粉砂覆盖；沿着部分陆架坡折和海底峡谷的头部主要是粉砂质砂和砂质粉砂（Karl and Carlson，1984b）。据 Karl 等（1984a）在沙波区采集到的表层岩芯样品，砂的含量超过 50%，平均粒径范围细砂-超细砂。第 5 次北极科学考察在站位 BL12、BL13（即测线 BL11-12 和 BL12-13 的末端）箱式取样得到的沉积物特征均为粉砂质黏土（马德毅，2013）。站位 BL12、BL13 在 Karl 等圈定的沙波区外且更靠近陆架。总结以上观测，可以认为沙波区表层沉积物粒度较附近其他区域大，说明沙波区水动力条件较强且刚好适合细砂、极细砂的沉积。如果认为是潮流作用形成沙波，那么潮汐强度应该是越靠近陆架越强。沙波可能是内波作用在峡谷头部区域能量显著增强的结果。

从图 5-23 剖面上，统计出沙波的水深范围（表 5-4）。即使海平面降低最大情况下，沙波最深的位置在 270 m，这样的水深潮流作用微弱，不可能有效作用于粒度为细砂、极细砂的沉积物。

表 5-4　沙波水深统计

测线	BL11-12	BL12-13	Karl 等的测线	
水深（m）	403~252	228~135	450~215	

根据前人的研究，沉积物波的内部结构及外部形态规则性明显，波长、波高的变化及两者之间的比率也具规律性，等深流成因或浊流成因较难解释此类现象。不同流动系统中的沉积物波的波高/波长关系似乎受相同的机制控制，某些流动产生的内波的波高/波长比率与海底沉积物波的波高/波长比率可相匹配。内波的规模与沉积物波的规模较为一致，海洋内波波高可达 100 m 甚至以上，波长可达数十千米；而沉积物波的波高也可达 100 m，波长可达十几千米。这种良好的相关性表明深水沉积物波可能为内波作用的产物。

Karl 等认为虽然目前得到的数据不能证明峡谷头部内波流的存在，但是其环境与海洋中内波存在区域较为相似。与 Navarinsky 沙波在形状和大小上非常相似的沙波（表 5-1）出现在远离法国大陆边缘附近水深 150~160 m 的区域（La Chapelle bank），认为是由内波形成的（Stride and Tucker，1960）。

从沙波区地震剖面图 5-22 和图 5-23 得到，沙波是不对称的。Shepard 等（1979）研究表明许多海底峡谷往上或下的净流为特征，可能是 Navarinsky 峡谷不对称沙波的原因。陡坡在剖面上是指向上陆坡方向，图 5-23 剖面基本上是指向上坡方向，结合沙波迁移方向与内波传播方向相反的特点，说明形成沙波的内波大体上是沿着下坡传播。沙波区面积较大，剖面上沙波波形较规则，因此不是滑塌成因形成的。沙波迁移方向与等深流几乎垂直，难以用等深流及浊流成因来解释。部分采样点泥质含量甚至达到 40% 以上，浊流很难解释大型沙波大面积所对应的高能环境与泥质成分所对应的低能环境之间的矛盾。

Southard 和 Cacchione（1972）在实验室证明破碎的内波能够产生床形单元。其他研究展示了地质方面的证据，证明经峡谷改变的流和水循环确实影响陆架上沉积物的运动（Knebel and Folger，1976；Karl，1980）。海湾和峡谷物理形态上的结构也能增大如日潮和半日潮的水运动（Southard and Cacchione，1972）。由表面潮和内潮产生的低频率双向水运动，能够产生对称沙波或高频率内波。

综上所述，虽然大陆架上尺寸相近的大型沙波和沙丘可以归因于单向流和非常强的潮汐（Swift and Ludwick，1976；Bouma et al.，1978；Fleming，1981），但是在白令海上陆坡 Navarinsky 峡谷头部的沙波不太可能是潮流作用的结果。在所有可能形成沙波的动力（边界流、气象驱动流、密度流、表面潮汐流）中，只有内波产生的底流才可能形成与上述沉积物波在形态、大小和位置方面相吻合的特征。所以，对于 Karl 等提出的内波成因和 Hand 提出的低密度底流的观点，倾向于 Karl 等的观点。

5.2.1.4　结论

我国第 5 次北极科学考察以"雪龙"号科考船为平台，在白令海 Navarinsky 峡谷附近进行了高分辨率单道地震作业。本研究对 Geo Resources 公司的 Mini-Trace I 系统接收的地震数据进行了后处理，对剖面上沙波波长、波高进行了统计，分析沙波形成的原因。结合前人研究成果，得到如下结论和认识。

（1）测线 BL11-12 水深范围 465~252 m，其中沙波出现在水深 403~252 m 范围内，测线穿过的上陆坡坡度约为 0.57°。测线 BL12-13 水深范围在 232~137 m，其穿过的上陆坡坡度约为 0.095°。BL12-13 海底面没有出现沙波，下部地层出现沙波，总体上沙波的波高和波长明显比 BL11-12 剖面上的小，规律性上也要差，且越往下部沙波越明显。说明随着时间推移水动力条件越不适合大范围沙波的形成。两条测线剖面上沙波特征差异可能与所处陆坡坡度有关，合适的坡度有利于营造形成沙波的水动力条件。

（2）剖面 BL12-13 上 2 500 炮附近地层底面有一个大型沙波，波高约 9 m，波长 4 478 m。5 000 炮附近有一个明显的沉积洼地，总体长度约 15 km，下凹约 36 m。

（3）剖面 BL11-12 上统计得到沙波平均高度约 9 m，平均波长 882 m。陡坡角度 1°，对称指数（缓坡/陡坡）1.75，陡的一面指向陆架方向，缓陡坡度区别不太明显，对称性好。

（4）将剖面 BL11-12 划分为 A、B、C、D 四层，剖面 BL12-13 划分为 A1、A2、B1、C1、C2 五层。通过厚度上的比较，初步认为 A 层与 A1、A2 层为同一套地层，B 层与 B1 层位同一套地层，C 层与 C1、C2 层为同一套地层。

（5）分析 A、B、C 三层沉积物变化情况，结合 0.25 Ma 以来白令海海平面变化历史，推测 B 层底部对应海海平面最低的倒数第二次冰期最大海退。

（6）沙波总的沉积时间尺度约为 0.2~0.3 Ma，说明沙波形成可以追溯到中更新世。对于 Nava-rinsky 峡谷沙波成因上倾向于内波成因。

5.2.2　美亚海盆的形成历史

美亚海盆的构造模式可以分为大陆地壳洋壳化、古洋壳的捕获和海底扩张形成的 3 大类（Lawver and Scotese，1990）。目前，主流的观点均认可海底扩张模式，但是对具体扩张方式却存在多种解释。Lawver 和 Scotese（1990）系统总结逆时针旋转、阿尔法-门捷列夫脊扩张中心、北极阿拉斯加走滑和育空廉走滑模型 4 种海底扩张模式，加上 Kuzmichev 在 2009 年提出的平行四边形模型，目前共有 5 种具体扩张模式（图 5-24）。

从图 5-24 中可以看出，美亚海盆主要被加拿大北极群岛、阿拉斯加北坡、西伯利亚和罗蒙诺索夫脊（或阿尔法-门捷列夫脊）4 个大陆边缘包围。在各种海底扩张模式中，一个重要的区分就是以上 4 个区域的大陆边缘性质（被动大陆边缘 P，走滑大陆边缘 F）和相互之间的共轭关系。

5.2.2.1　美亚海盆的磁条带追踪

1）数据来源与方法

近海底磁力数据使用中国第 6 次北极科学考察测量数据，如图 5-25 所示。采集时受到海冰等影响，船的轨迹并非直线。为了方便进行磁条带的对比，我们将所有数据投影到相应直线上。每条直线根据测线上所有航迹点进行最小二乘拟合得到，如图 5-26 所示。实际航迹和异常数据相应正交投影到此直线上。由于所有测线上均存在自东向西逐步增大的趋势，推断为拖曳钢缆和拖体的影响，因此通过最小二乘的拟合去掉此一阶趋势。由于磁条带追踪的是相对较短波长的异常形态，减去一阶的直线拟合趋势值并不会影响磁条带对比结果。

我们使用 Modmag 软件正演磁异常，使用的地磁年代周期表为广泛应用的 Gee 和 Kent（2007）模型（表 5-5）。假设磁性体厚度为均一的 500 m。考虑到海盆形成年代较久，磁化强度设为 7 A/m，磁偏角和磁倾角使用测量时扩张中心的值（分别为 23.9° 和 85.2°）。板块运动方向（扩张

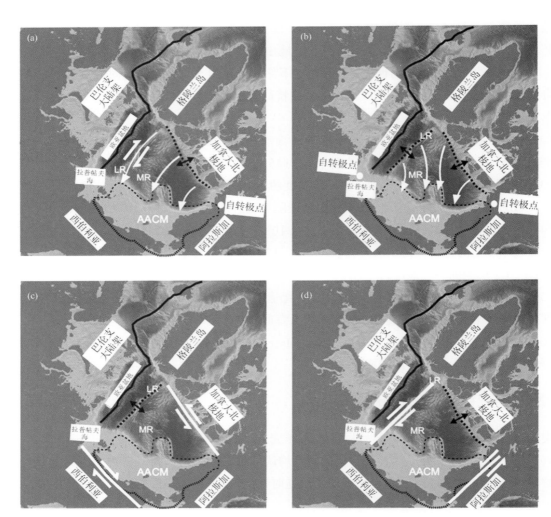

图 5-24　美亚海盆形成模式

（a）逆时针旋转模式；（b）阿尔法-门捷列夫脊扩张中心；（c）育空（Yukon）走滑模式；（d）北极阿拉斯加走滑模式

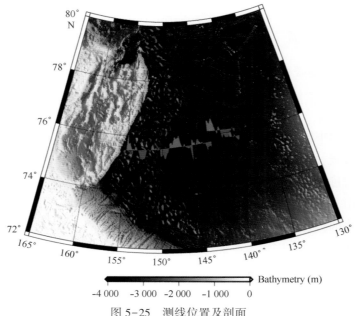

图 5-25　测线位置及剖面

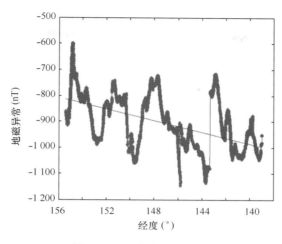

图 5-26　近海底磁力数据

方向）依据逆时针旋转模型，洋中脊位置根据重力数据的低值带来确定（约为 142.3°W），如图 5-27 所示。加拿大海盆的重力异常有两个主要特征：一是空间重力异常（FAA）显示 142.3°W 附近有一个超过 20 mGal 的低值带，与推断的洋中脊位置较为接近，低值带的宽度约为 25 km，为慢速-超慢速扩张洋中脊的典型中央裂谷宽度；二是整体的 FAA 从 142.3°W 向西逐步增大。考虑到沉积物覆盖后的海底地形较为平坦，推断为从 142°W 向西岩石圈年龄不断变老、变冷导致的密度增大的结果。因此我们将 142.3°W 视为残留的古洋中脊。由于近海底磁力数据在水下测量，因此在进行正演时，根据拖体的高度进行了相应的改正。

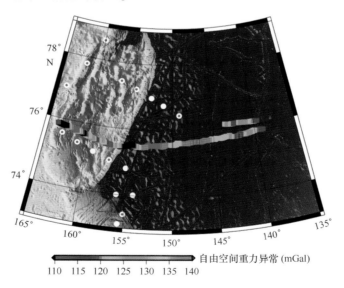

图 5-27　测区的空间重力异常

表 5-5　磁条带追踪使用的地磁极性反转模型

起始时间（Ma）	结束时间（Ma）	正异常编号	起始时间（Ma）	结束时间（Ma）	负异常编号
83	120.6	C34n	120.6	121	CM0r
121	123.19	CM1n	123.19	123.55	CM1r

起始时间（Ma）	结束时间（Ma）	正异常编号	起始时间（Ma）	结束时间（Ma）	负异常编号
123.55	124.05	CM2n	124.05	125.67	CM3r
125.67	126.57	CM4n	126.57	126.91	CM5r
126.91	127.11	CM6n	127.11	127.23	CM6r
127.23	127.49	CM7n	127.49	127.79	CM7r
127.79	128.07	CM8n	128.07	128.34	CM8r
128.34	128.62	CM9n	128.62	128.93	CM9r
128.93	129.25	CM10n	129.25	129.63	CM10r
129.63	129.91	CM10Nn. 1n	129.91	129.95	CM10Nn. 1r
129.95	130.22	CM10Nn. 2n	130.22	130.24	CM10Nn. 2r
130.24	130.49	CM10Nn. 3n	130.49	130.84	CM10Nr
130.84	131.5	CM11n	131.5	131.71	CM11r. 1r
131.71	131.73	CM11r. 1n	131.73	131.91	CM11r. 2r
131.91	132.35	CM11An. 1n	132.35	132.4	CM11An. 1r
132.4	132.47	CM11An. 2n	132.47	132.55	CM11Ar
132.55	132.76	CM12n	132.76	133.51	CM12r. 1r
133.51	133.58	CM12r. 1n	133.58	133.73	CM12r. 2r
133.73	133.99	CM12An	133.99	134.08	CM12Ar
134.08	134.27	CM13n	134.27	134.53	CM13r
134.53	134.81	CM14n	134.81	135.57	CM14r
135.57	135.96	CM15n	135.96	136.49	CM15r
136.49	137.85	CM16n	137.85	138.5	CM16r
138.5	138.89	CM17n	138.89	140.51	CM17r
140.51	141.22	CM18n	141.22	141.63	CM18r
141.63	141.78	CM19n. 1n	141.78	141.88	CM19n. 1r
141.88	143.07	CM19n	143.07	143.36	CM19r
143.36	143.77	CM20n. 1n	143.77	143.84	CM20n. 1r
143.84	144.7	CM20n. 2n	144.7	145.52	CM20r
145.52	146.56	CM21n	146.56	147.06	CM21r
147.06	148.57	CM22n. 1n	148.57	148.62	CM22n. 1r
148.62	148.67	CM22n. 2n	148.67	148.72	CM22n. 2r
148.72	148.79	CM22n. 3n	148.79	149.49	CM22r
149.49	149.72	CM22An	149.72	150.04	CM22Ar
150.04	150.69	CM23n. 1n	150.69	150.91	CM23n. 1r
150.91	150.93	CM23n. 2n	150.93	151.4	CM23r

2）磁条带的追踪

经过反复的试验，我们得到的最优扩张时间为 145~123 Ma，扩张速率在扩张之初为 40 mm/a，在 130 Ma 后，扩张速率降到 30 mm/a，残留中脊两侧扩张速率一致，为对称扩张，如图 5-28 所示。

沿整条剖面，观测异常存在 4 个大于 50 km 的正异常，分别位于 −350~−280 km（负号表明位于残留洋中脊西侧）、−280~−200 km、−200~−30 km 和 −30~70 km 处，这里将它们命名为 I 区、II 区、III 区、IV 区。观测值和拟合值在这 4 个区域均较为一致。其中 I 区的正异常主要由 CM18n 至 CM20n.2n 一系列的正极性的地磁期组成，其中宽阔的 CM19n 和 CM20n.2n 组成了 I 区的双峰。I 区和 II 区的分界线为超过 2 Ma 的负极性期 CM17r。II 区的主峰主要反映了 CM16n 的作用，而其两侧对称的伴生次峰分别是持续时间为 0.5 Ma 的 CM17n 和 CM15n。II 区和 III 区的分界线主要受到 CM12r 到 CM15r 一系列负极性期的作用，当中的隆起部分是较短的正极性期的反映。III 区内的正负交叠较多，整体上偏正，因此造成了众多的叠加在正异常上的低幅值、短波长变化。IV 区是残留洋中脊，其两侧为持续时间超过 2.5 Ma 的宽广 CM3r，期间有 3 个正异常值，与两侧负极性期间的幅值差别超过 300 nT。

整体上看，拟合值在变化幅值上小于观测值，可能与我们获取的沉积物厚度过厚有关。根据 Laske 和 Masters（1997）的数据，测线上的沉积物在 6 km 左右，加上 3 800 m 左右的水深，其观测面（2 200~3 300 m）离场源超过了 7 km。根据地震剖面，Grantz（1999）认为加拿大海盆的沉积物厚度应该在 4.5 km 左右，薄于我们使用的 Laske 和 Masters（1997）模型。

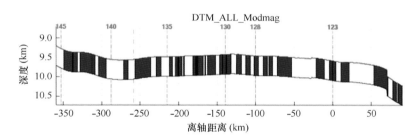

图 5-28 美亚海盆最优的磁条带追踪结果

3）与历史资料的对比

Taylor 等（1981）曾经利用航空磁力的数据追踪了加拿大海盆的磁条带，提出扩张轴在 145°W 附近，扩张速率约为 32 mm/a，扩张年龄为 132~150 Ma，如图 5-29 所示。

为了与 Taylor 等的模型进行比较，我们利用 Taylor 等模型追踪了近海底磁力数据（图 5-30），使用本节的模型追踪了 Taylor 等测量的航空磁力数据（图 5-31），并与 Taylor 等的模型结果进行了比较（图 5-32）。两个模型最大的区别在于本节模型对观测值的最强正异常拟合得更好。在我们的模型中，最强正异常出现在残留洋中脊处（CM1n），而在 Taylor 等的模型中，最强正异常出现在洋中脊的东侧并且观测值和拟合值在形态上并不相符。在最强正异常西侧的两个主要正异常上，我们的模型在幅值和形态上都更加对应。

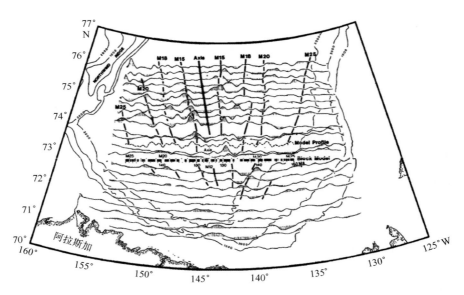

图 5-29 Taylor 等（1981）追踪的磁条带及测线位置

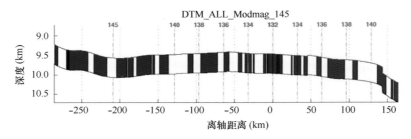

图 5-30 Taylor 等（1981）模型追踪的近海底磁力数据

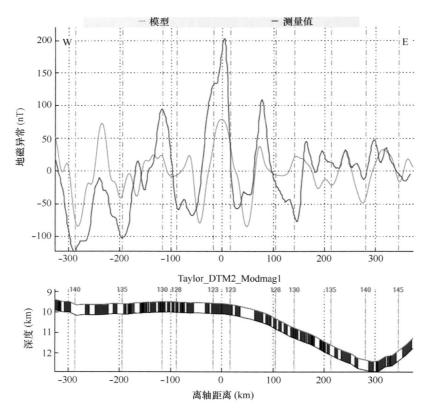

图 5-31 本节模型追踪的航空磁力数据

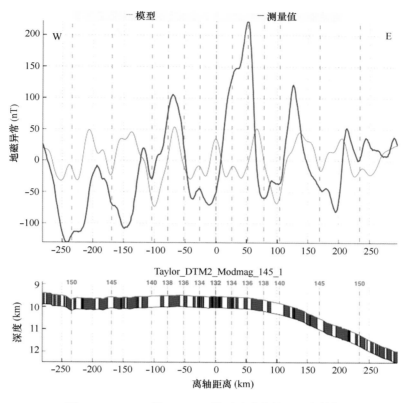

图 5-32　Taylor 等（1981）模型追踪的航空磁力数据

5.2.2.2　美亚海盆的岩石圈热结构

利用在加拿大海盆和楚科奇边缘地采集的丰富热流资料，我们反演了热流站点的岩石圈热厚度。

1）模型的建立与参数

本节采用考虑实际地层模型和生热率的热传导方程来计算反演岩石圈热厚度。模型分为沉积物层、地壳、岩石圈地幔和软流圈。沉积物厚度来源于 Laske 和 Masters（1997）数据，地壳厚度在海盆内取 5 km，在楚科奇边缘地取 30 km。岩石圈底界面的温度取 1 350℃，模型顶界面取海水温度（2℃）。生热率和传导系数等参数参见表 5-6。热在固体中的传导使用下式计算：

$$\rho C_p \frac{\partial T}{\partial t} - \nabla \cdot (k \nabla T) = Q \tag{5-1}$$

式中，C_p 为比热；k 为热膨胀系数。表明系统内传导进入的热等于升高温度所需的热和输出的热流之和。

表 5-6　模型中使用的物性参数

类别	热导率 [W/（m k）]	比热容 J/（kg K）	密度 （kg/m³）
沉积物层	1.8	850	1 950
地壳	2.6	850	2 700
地幔	2.3	1 150	3 300

2）岩石圈热厚度

根据测量热流值，反复调节岩石圈热厚度，使得输出热流值与观测值相符，反演得到的岩石圈热厚度图 5-33 所示。

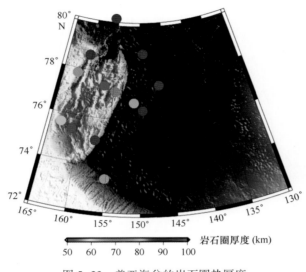

岩石圈厚度 (km)

50 60 70 80 90 100

图 5-33　美亚海盆的岩石圈热厚度

5.2.2.3　讨论

1）楚科奇边缘地的来源

楚科奇边缘地被认为是了解美亚海盆起源的关键区域。与阿拉斯加、西伯利亚和加拿大北极群岛不同，它是残留在海盆内的大陆岩石圈。楚科奇边缘地宽度超过 400 km，长度超过 700 km。由于其面积较大并且孤立地存在，所有关于美亚海盆扩张的假说均需要能够解释其最早的位置。Lane（1997）质疑了逆时针旋转模式中板块重构后楚科奇边缘地和加拿大北极群岛长达 200 km 的重叠问题，并根据阿拉斯加陆地地震剖面和对周边地层证据的解释提出了多期扩张形成的模式。Miller 等（2006）根据环美亚海盆周边砂岩的锆石定年数据认为，俄罗斯北部边缘并不属于阿拉斯加微板块，并推测楚科奇边缘地可能直接从巴伦支大陆边缘张裂而来，而非从 Sverdrup 盆地旋转过来。这类似欧亚海盆形成时罗蒙诺索夫脊从巴伦支大陆边缘的张裂。

Embry（2000）认为，宽阔的西伯利亚的拉伸可以为楚科奇边缘地提供所需的空间。为了解释空间重叠问题，Grantz 等（1998）假定楚科奇边缘地的各组成部分（包括楚科奇海台、楚科奇冠、北风脊等）在张裂前是线性排列的，在海底扩张过程中各自旋转，最终拼合为现在的楚科奇边缘地，如图 5-34 所示。这就要求楚科奇边缘地在侏罗纪晚期是线性排列于加拿大北极群岛区域，这与我们此前讨论中谈到的楚科奇边缘地在新生代早期的张裂并不一致。

EMAG-2 数据显示楚科奇边缘地边界为环绕的幅值超过 400 nT 的高磁异常，可能与两侧洋盆形成时的岩浆活动有关。在边缘地内部，其地磁变化平缓，幅值与阿拉斯加和美亚海盆内相似，预示着其内部一致的岩石类型，在美亚海盆张裂过程中并没有大的岩浆活动。我们的调查资料也显示，从美亚海盆进入楚科奇边缘地，其磁异常变化幅值可以达到 800 nT，而在楚科奇边缘地内部，其变化幅值仅有 300 nT 左右。

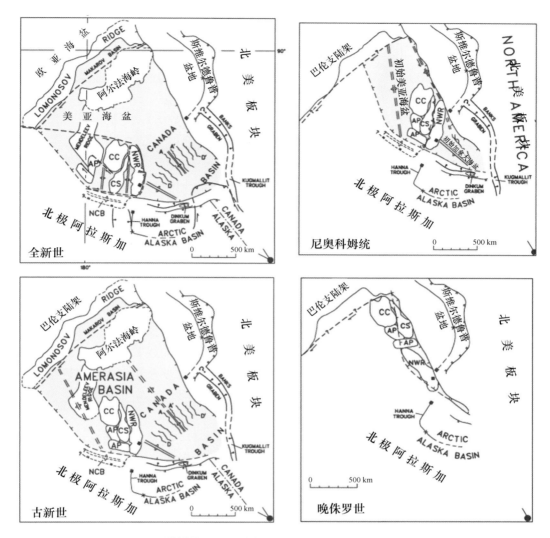

图 5-34　逆时针旋转模式中楚科奇边缘地的位置演变（Grantz et al., 1998）

　　北风平原的高热流值和相应薄岩石圈热厚度（图 5-33）表明其内部的构造活动远晚于加拿大海盆的扩张时间。测区内最高的热流值出现在 C15、R13 和 C21 站位均在北风平原内部。这 3 个点的岩石圈热厚度仅为 61 km、65 km 和 50 km，远薄于加拿大海盆里面 95 km。若依照 Grantz 等（1998）的观点，认为楚科奇边缘地在美亚海盆形成之初完全张裂分开，则可以依据热流值与海盆形成年龄的经验公式推算其年龄，如图 5-35 所示。楚科奇边缘地的最高热流在 77~86 mW/m^2，对应年龄约为 40~50 Ma。考虑到后期的构造活动会导致热流测量值的增大，所以楚科奇边缘地的形成可能略早于 50 Ma，但是仍远年轻于加拿大海盆的 100~150 Ma。

　　综合以上地球物理资料，我们认为楚科奇边缘地初始是作为一个整体存在，其现在的深海槽（北风平原）是其后期张裂的结果，其张裂时间开始于 50 Ma 前后，远晚于加拿大海盆的扩张时间。综合下节的地磁资料以及周边构造背景，我们试探性地认为其可能来源于西伯利亚大陆边缘，美亚海盆形成时与门捷列夫脊相邻，后期（50 Ma 左右）随着楚科奇深海平原的张裂和门捷列夫脊分开。

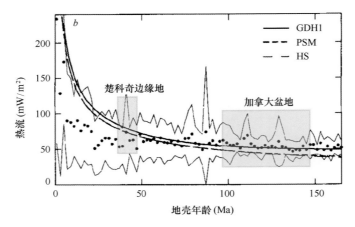

图5-35　热流值与经验地壳年龄（Stein and Stein, 1992）

2）美亚海盆的扩张模式

与热流数据推测的150~100 Ma相符（图5-35），对近海底和历史磁力数据的磁条带追踪结果表明，加拿大海盆的最优扩张时间为145~123 Ma，扩张速率在扩张之初为40 mm/a。这一结果清晰地表明加拿大北极群岛与西伯利亚是共轭大陆边缘。由于我们的测线数据较少，磁条带追踪结果无法区分逆时针旋转模式和阿拉斯加走滑模式。这两个模式都要求罗蒙诺索夫脊附近存在一个巨大的走滑断层，其中逆时针旋转模式认为阿拉斯加也是被动大陆边缘，而阿拉斯加走滑模式认为阿拉斯加和罗蒙诺索夫脊是对称的两个大型走滑断层。

考虑到海盆内阿尔法脊、罗蒙诺索夫脊和马卡罗夫海盆等多个构造单元的存在以及楚科奇边缘地的后期拉张，我们认为任何一种单次张裂模式都无法解释目前的美亚海盆的构造格局。

利用密集的航空磁力数据，Dossing等（2013）在加拿大北极群岛、阿尔法脊、罗蒙诺索夫脊和挪威大陆边缘上识别出一致的磁力条带。根据陆地上的地质证据，他们认为这些条带异常反映了在美亚海盆形成前大陆张裂过程中的岩墙侵入，如图5-36所示。这表明当时阿尔法脊、罗蒙诺索夫脊和挪威大陆边缘是一个整体，马卡罗夫海盆并不存在。与阿尔法脊相连的门捷列夫脊目前被认为是陆缘性质，而马卡罗夫海盆内的锆石定年和其他工作表明其形成时间晚于89 Ma，可能在欧亚海盆打开（65 Ma）之前。这也与我们热流数据推测的楚科奇海台内部张裂的年代相近。因此，美亚海盆的形成至少分为两个时期，如图5-37所示。一是145~123 Ma，以142°W经度线为扩张轴，西伯利亚和加拿大北极群岛分开，罗蒙诺索夫脊和阿尔法脊为与海底扩张对应的走滑边界。二是欧亚海盆形成之前，马卡罗夫海盆形成，将阿尔法脊和罗蒙诺索夫脊分开，同时楚科奇边缘地也由门捷列夫脊上分开，形成了楚科奇深海平原。

5.2.2.4　结论

（1）北风平原的岩石圈热厚度为50~60 km，远薄于加拿大海盆的90 km。楚科奇边缘地的内部张裂略早于50 Ma。

（2）根据近海底磁力数据，美亚海盆的最优扩张时间为145~123 Ma，扩张速率在扩张之初为40 mm/a，在130 Ma后，扩张速率降到30 mm/a，残留中脊两侧扩张速率一致，为对称扩张。

（3）美亚海盆的形成至少分为两期：一是145~123 Ma，西伯利亚和加拿大北极群岛分开，形成美亚海盆的主体；二是欧亚海盆形成之前（56 Ma前），马卡罗夫海盆形成，将阿尔法脊和罗蒙

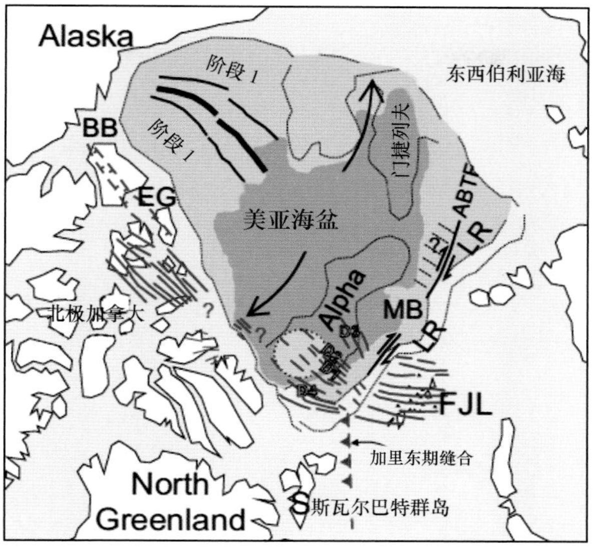

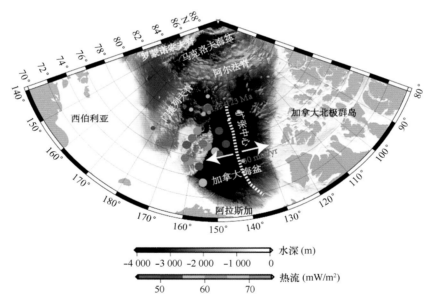

图 5-36　航空磁力解释的磁力异常条带

红色部分被解释为岩墙侵入，黑色部分被认为是海洋岩石圈磁条带

图 5-37　美亚海盆形成的模式

诺索夫脊分开。同时，楚科奇边缘地和门捷列夫脊分开，形成了楚科奇深海平原。

5.2.3　楚科奇边缘地地层与构造特征

楚科奇边缘地是楚科奇陆架外缘一个相对独立的地形与构造单元，了解边缘地的起源和运动过程，有利于揭示美亚海盆形成与演化的整个构造格局，对研究整个美亚海盆的演化模式至关重要（图 5-38）。

楚科奇边缘地位于阿拉斯加和西伯利亚以北的美亚海盆，长约 700 km，宽约 600 km，边缘地

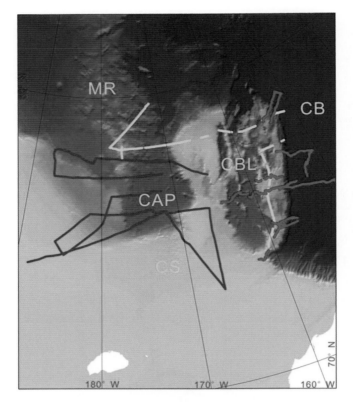

图 5-38   北极楚科奇边缘地及邻区地形

MR——门捷列夫脊，CAP——楚科奇深海平原，CB——加拿大海盆，

CBL——楚科奇边缘地，CS——楚科奇海陆架；黄线代表 Healy 地震

测线；绿线代表 AWI 地震测线；红线代表 USGS 地震测线

由 3 个大致南北向排列的地形单元组成，存在海底高原、脊和深海平原等地貌特征。楚科奇边缘地以南的楚科奇和东西伯利亚陆架是全球最大的陆架，水深在 40~200 m，以东是水深超过 4 000 m 的加拿大海盆。楚科奇深海平原水深约为 2 300 m，边缘地水深高于周边地区，大约为 3 400 m，北风脊是外缘陡峭的海崖型地貌，水深在 500 m 左右，平均水深大于楚科奇海台，北风平原为一负地形单元，它位于楚科奇海台与北风脊之间，水深超过 2 000 m。北风脊、楚科奇海台以及它们之间的地堑系统共同构成了高低起伏的地形。

由于楚科奇边缘地在当前各种美亚海盆的扩张假说中都起到了极为重要的作用，所以边缘地和美亚海盆的动力过程是息息相关的。目前关于美亚海盆的大地构造模型还是基于海盆周围的陆区、海底高地等的地质对比，美亚海盆的构造模式主要分为大陆地壳洋壳化、古洋壳的捕获和海底扩张 3 大类。当今主流的观点均认可海底扩张模型，但是对具体的扩张方式仍存在多种解释。Lawver 和 Scotese（1990）系统总结了逆时针旋转、阿尔法-门捷列夫脊扩张中心、北极阿拉斯加走滑和育空走滑模型 4 种海底扩张模式，加上 Kuzmichev（2009）提出的平行四边形模型，目前共有 5 种海底扩张的具体模式。其中逆时针旋转模式是目前最被广泛接受的模型。

5.2.3.1   数据来源和研究方法

本研究收集了楚科奇海及周边区域的空间重力异常和水深网格数据。其中空间重力异常网格数据分辨率为 2′×2′，来自北冰洋重力计划（ArcGP）（Kenyon et al.，2008）；水深数据使用了 IBCAO 最新（Ver. 3.0）的 0.5 km×0.5 km 的网格数据（数据来自：http：//www.ngdc.noaa.gov/mgg/bathymetry/arctic/）。IBCAO 3.0 数据融合了渔船、美国海军潜艇以及众多科学航次在环北极区域的大量实测数据，其中多波束区域覆盖由原来的 6% 增加至 11%，极大地提高了数据揭示细节地形的能力。

本文还用到了美国、挪威、德国等国家共 5 个航次的多道地震数据。美国和挪威于 2005 年在北极楚科奇边缘地和门捷列夫脊进行了一次联合航次（Healy 航次），完成了多道地震的测量（测线位置见图 5-38），该航次地震数据来自海洋地球科学数据系统（Marine Geoscience Data System）；2008 年，德国 Alfred-Wagner 研究所（AWI）在楚科奇边缘地西侧边缘和楚科奇深海平原也完成了多条多道地震测量（Grantz et al.，1998，2004；Hegewald et al.，2013）（测线位置见图 5-38）；美国地质调查局（USGS）分别于 1988 年、1992 年和 1993 年在加拿大海盆及楚科奇边缘地进行了多道地震测量，该地震数据集来自 National Archive of Marine Seismic Surveys（NAMSS）（测线位置见图 5-38）。本节主要对 Healy 航次的地震数据进行地质解释，此外，还参考了 Hegewald 对 AWI 部分多道地震剖面解释的结果，依据地震剖面详细分析楚科奇边缘地的地形地貌、基底断层形态和沉积层发育特征等，Healy 和 USGS 航次的地震数据基本揭示了楚科奇边缘地的构造特征，本节选取边缘地典型构造部位的 14 条地震剖面来对此进行地质解释，并综合进行了地形、构造、地质特征、重力异常数据，揭示了测线所经区域的特殊地质构造、地形地貌、沉积特点及主要原因。

5.2.3.2 楚科奇边缘地地层与构造特征

1）构造单元划分

本节依据多道地震、海底地形等地质地球物理资料，对楚科奇边缘地的内部构造单元进行了重新划分，尤其是不同区段的地震资料的结构对比更加可靠地限定了边界线的具体走向。研究认为楚科奇边缘地可分为楚科奇海台、北风脊和北风平原 3 个次级构造单元，其中楚科奇海台又可分为楚科奇冠和楚科奇高地（图 5-39）。

2）各构造单元的构造特征

（1）北风脊

北风脊东临加拿大海盆，西侧是北风平原，中间宽两端尖，略呈梭形。北风脊可分为北、中、南三段，北段水深较深，地形起伏较大，发育有多个近 S—N 向或 NNE 向的负地形单元。中段存在 1 个方形高地。南段水深较北段浅，较中段深，地形起伏较中段大，存在 2 个近 NNW 向的地形单元。以下通过地震剖面详细阐释北风脊各段的地层与构造特征。

测线 Healy01、Healy02、Healy03、Healy05、Healy07、Healy11 和 Healy13 共 7 条地震剖面都位于北风脊和邻近区域，7 条地震剖面均可追踪出 SF（海底）、T1、T2、T3 和 BM（声学基底）5 个反射界面。Healy01、Healy02、Healy03 位于北风脊南段，通过这 3 条地震剖面可以清晰地看到，北风脊南段发育一些大的正断层，Healy01 的 CMP（2000~3600）区域的基底埋深较浅，以南发育一半地堑，主控正断层向北倾。Healy02 和 Healy03 揭示一大型半地堑，半地堑内沉积层较厚，主控正断层南倾。

Healy05 位于北风脊中段，剖面上的多次波比较明显，两端均为高地，前者沉积层较厚，后者沉积层较薄。中间为一凹陷，其构造特征为半地堑结构，发育一系列正断层，主控正断层向北倾，

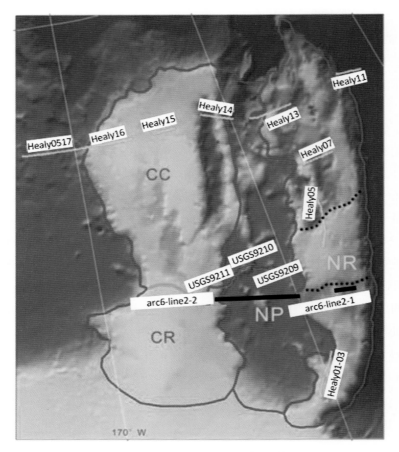

图 5-39　楚科奇边缘地主要构造单元

黄线和红线是本文所用地震剖面位置

CC——楚科奇冠；CR——楚科奇高地；NR——北风脊；NP——北风平原

南部高地的正断层也多往北倾。中间凹陷充填了约 750 ms（按 2.3 km/s 的速度是 865 m 厚，本文沉积层层速引自 Hegewald A.（2012）的沉积物）。

Healy07 位于北风脊北段，是一条 NEE 向剖面，横切几个近 S—N 向或 NNE 向的地形单元。通过 Healy07 地震剖面（图 5-40）可以清晰地看到，该地区的构造特点是存在地堑和半地堑结构。由于该地区发育有一系列的正断层，将基底切割成若干断块，伴有明显的倾斜、翻转。基底的地形起伏大，最大断距达 1 000 ms（约 375 m），且反射能量强，表现为一组能量较强的层组。CMP4 000～6 900 是一典型的地堑，两侧均有相向的边界断层。T3 和 BM 之间的沉积层受基底正断层的影响较大，横向厚度变化很大。

Healy11 是位于北风脊最北端和加拿大海盆衔接处的一条东西向测线。在北风脊最北端也有较厚沉积，最厚部位双程旅行时有近 1 000 ms（按 3.1 km/s 的速度是 1 550 m 厚），到了海盆部位，沉积物明显增厚，到剖面最右端达 2 000 ms（按 3.1 km/s 的速度是 3 100 m 厚）。从构造上来说，北风脊最北端发育有地堑构造，而到了海盆部位则发育半地堑，主控正断层向西倾。李官保等（2014）根据 Grantz 等（1988，1992，1993）对加拿大海盆地震地层反射特征和时代的判定，认为在加拿大海盆一侧的基底上部存在一套白垩纪地层，该地层同样受到基底断层的影响，但断层切割仅限于古近系和前新生代地层，反映边缘地与加拿大海盆在构造演化上的差异。

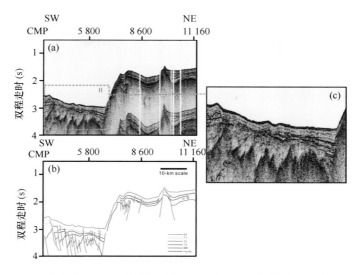

图 5-40　北风脊 Healy07 测线地震资料解释（地震测线位置见图 5-38）

（a）原始的地震叠加剖面；（b）地震资料解释结果；（c）图（a）Ⅱ的放大效果

　　测线 Healy13 标志着从北风脊往北风平原的过渡。北风脊到北风平原的边缘地带是一个海山，最大落差有近 2 200 ms（按 1.5 km/s 的速度是 1 650 m 高）。海山往西是一个沉积盆地，盆地基底表现为掀斜断块的特征，由于沉积盆地发育有西倾的大断层，将基底切割成若干断块，基底地形起伏比较大，横向连续性较差。T2 和 T3 之间的沉积层受基底正断层的影响较大，沉积盆地最厚沉积近 1 000 ms（按 2.5 km/s 的速度是 1 250 m 厚）。海山往东区域海底地形变化比较平缓，T1 和海底之间的沉积层序层理较为清晰，以近水平状分布。尽管该区域发育有较少的贯穿基底断层，但断距较小，对沉积层的影响较小，活动较弱。

　　2）楚科奇海台

　　楚科奇海台是楚科奇边缘地的一部分，它分为两个单元：南部的楚科奇高地（Chukchi Rise）和北部的楚科奇冠（Chukchi Cap）（图 5-38），两者均要高于它的毗邻地区（高达 3 400 m 以上），且边缘地区比较陡峭。在南北方向，楚科奇海台受到较浅的楚科奇海陆架的约束（Jakobsson et al.，2008a）。以下通过地震剖面详细阐释楚科奇海台的地层与构造特征。

　　测线 Healy14、Healy15、Healy16 和 Healy0517 可以组成一条长剖面，现分为两组：第一组 Healy14、Healy15 和 Healy16 主要位于楚科奇冠；第二组 Healy0517 主要位于楚科奇深海平原。后面一组可以较好地阐释海台与楚科奇深海平原衔接区域的地层和构造特征。Healy14 从北风平原开始至楚科奇冠东侧边缘结束（图 5-41），在地震剖面 CMP 8 500~11 250 之间发育有一个地形凹陷，落差近 3 300 ms 左右（按 1.5 km/s 的速度是 2 475 m 深），凹陷内充填了近 1 000 ms（按 2.2 km/s 的速度是 1 100 m 厚）的沉积物。T1 反射界面至海底，为典型的远洋沉积，层内反射与海底近平行分布，横向连续较好。由于 E—W 向拉张作用，凹陷内的断层比较发育，基底被大量正断层切割，基底地形起伏较大，凹陷形态呈半地堑状构造。

　　测线 Healy15 和 Healy16 横穿楚科奇冠，Healy15 和 Healy16 地震剖面显示，楚科奇海台的基底没有太多内部变形，发育有较少的断层，且对沉积层的影响较小，活动较弱，区域沉积层理较为清晰，以近水平状分布。Schön（2004）认为楚科奇海台下部的基底可能由花岗岩或玄武岩组成，2008 年 AWI 航次利用声呐浮标测得海台基底的层速度为 5.2 km/s，该值比较符合花岗岩和玄武岩

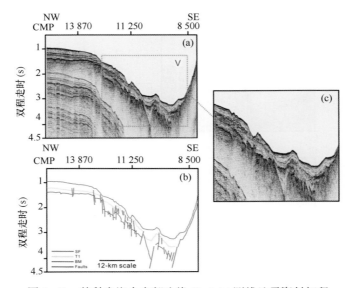

图 5-41　楚科奇海台东部边缘 Healy14 测线地震资料解释

（a）原始的地震叠加剖面；（b）地震资料解释结果；（c）图（a）中 V 放大效果图

的弹性波速（Hegewald，2013）。Grantz 等（1998）认为楚科奇海台是由洋壳组成，因为受到 E—W 向的拉张机制而位于当今的位置，整个区域覆盖来自楚科奇海陆架第三纪的沉积物，此外，年轻的沉积物显示构造活动至少在上新世之前。Hegewald（2013）通过地震资料解释发现基底埋深较浅处的平均沉积物厚度约为 600 m，声呐浮标测得沉积物的平均速度为 2.3 km/s，此外，楚科奇海台最老地层为中白垩世布鲁克不整合。

Healy0517 从楚科奇冠西部边缘开始至深海缺口结束，从海底面形态可以看出明显的坡折带，坡折带往西并非过渡到平坦地形，地形依旧有高低起伏。由于 E—W 向的拉张作用，地堑和半地堑系统在坡折带以西非常发育，这些地堑和半地堑系统为地层沉积提供了可容空间，最大沉积厚度达 1 300 ms（按 1.95 km/s 的速度是 1 270 m 厚）左右，沉积中心位于主断层下降盘的一侧，厚度由沉积中心向隆起方向减薄，呈典型的楔形半地堑充填样式，沉积层序层理较为清晰，受控于基底断层。楚科奇深海平原东侧至楚科奇冠区域的沉积层并没有受到基底断层的影响。

通过对 Healy 航次以及结合 Hegewald 对 AWI 地震资料的解释，认为楚科奇海台由陆壳组成，由于受到 E—W 向的拉张机制而位于当今的位置，此外 T1 在整个海台都可追踪得到，T1 在海台的某些区域受基底断层的影响较大。

（3）北风平原

北风平原位于楚科奇海陆架和北风脊之间，水深较深（平均水深在 2 000 m 以上），南段和中段的水深起伏较大，且发育许多水下小凸起，北段地形比较复杂，通过一水下深渊与加拿大海盆相连（图 5-42）。通过地震剖面详细阐释北风平原的地层与构造特征。

测线 USGS9209、USGS9210、USGS9211 三条地震剖面位于北风平原中段，通过这 3 条地震剖面（图 5-42）可以清晰地看到，USGS9211 的 CMP（1 200~2 000）是一个水下高地，走时近 2 000 ms（按 2.1 km/s 的速度是 2 100 m 高），USGS9210 的 CMP（100~500）是一个海山，走时近 1 500 ms（按 2.1 km/s 的速度是 1 575 m 高），高地和海山之间是一个凹陷，凹陷内部发育多个近似平行的小凸起，海山往东是一个沉积盆地，最厚沉积近 1 700 ms（按 2.3 km/s 的速度是 1 955 m 厚）。由于 E—W 向的拉张作用，北风平原发育许多基底断层，部分断层贯穿 T1，表明拉张作用至少持续至中新世。北风平原的沉积层序层理较为清晰，以近水平状分布。

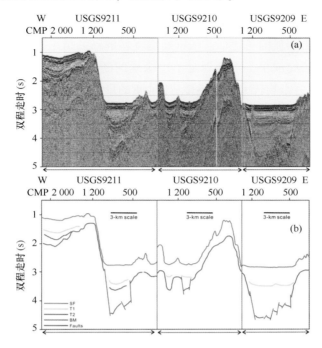

图 5-42　北风平原 USGS9209、USGS9210 和 USGS9211 测线地震资料解释

（a）原始的地震叠加剖面；（b）地震资料解释结果

由于楚科奇边缘地缺少钻井资料，因此很难直接确定边缘地层的年代。Hegewald（2013）根据阿拉斯加西北部陆架的 5 口钻井资料（Sherwod et al.，2002）、过钻井地震剖面和 2008 年 AWI 的地震资料推断，在楚科奇海台的西南部发育有古近纪（距今约 65 Ma）以来的沉积地层，南端靠近楚科奇海陆架沉积盆地可能发育有白垩纪（距今约 135～140 Ma）的沉积地层。其中古近系受基底断层活动的控制较明显，且与新近系之间存在类似于 T1 和 T2 之间清晰的不整合面，而新近系的中新统与上覆上新统和第四系存在沉积相的显著变化（李官保等，2014），据此推断，楚科奇边缘地的沉积地层主要形成于新生代。Hegewald（2013）结合 AWI 地震资料和前人的研究，认为楚科奇边缘地在第三纪时期沉积物的来源方向为 SSE—NNW，沉积物来源于阿拉斯加西北部和西伯利亚腹地的东北部；楚科奇区域以及毗邻地区的基底埋深为 0.1～18 km，楚科奇边缘地基底埋深小于 4 km，楚科奇海台基底的平均深度为 2 km，所覆盖的沉积物厚度为 1 km，楚科奇深海平原基底的平均深度为 8 km，所覆盖的沉积物厚度为 4～5 km。Grantz 等（1998）认为边缘地陆性基底的地质时代约为显生宙，最老地层来自北风脊，年代约为早侏罗世；Hegewald（2013）认为边缘地的陆壳厚度为 20～25 km，然而海台和北风脊之间的地堑系统，其陆壳的平均厚度为 18 km，地堑系统陆壳减薄可能是由于 E—W 向的拉张机制造成的。此外，通过对 Healy 航次地震剖面的解释和参考 Hegewald（2013）对 AWI 多道地震剖面解释的结果，大致得出了楚科奇边缘地以及楚科奇深海平原的断层分布，这些断层多为张性正断层，断层的活动年代主要在新近纪之前，其断层走向多为 NNE 和近 N—S 向，基底受断层的影响较大，多呈地堑、半地堑和地垒结构形态。边缘地断层活动一般为北强南弱、东强西弱的趋势，表明边缘地的内部构造活动具有不稳定性。此外，与加拿大海盆的厚层沉积相比（Grantz et al.，2011；Jackson et al.，1990；Drachev et al.，2010），楚科奇边缘地的沉积厚度是减薄的，其中隆起处大约在 1 km 以内，凹陷处为 2～3 km。

3）断层平面分布特征

断层构造是塑造楚科奇边缘地地形地貌的主要因素，断块上升成为水下隆起和台地，凹陷处虽有沉积物充填，但仍表现出明显的负地形。依据地震资料解释的结果及重力场、磁力场等地质地球物理资料，并结合前人的研究成果，重新划定了边缘地的断层分布。边缘地的断层多以 NNE 或近 N—S 向分布，基底受断层的影响较大，呈地堑-半地堑的形态。这些断层多为张性正断层，断层切割了基底岩石和沉积层下部，与沉积充填过程伴生。边缘地北部断层的活动强于南部，东部强于西部，由此可见边缘地内部构造活动具有不均一性（图 5-43）。

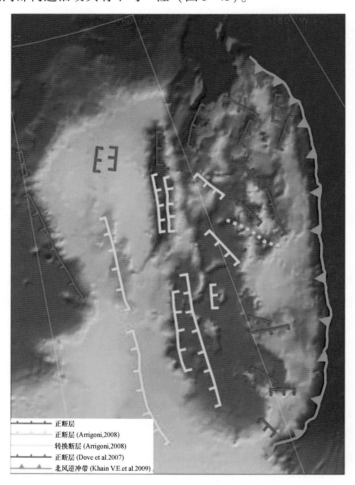

图 5-43　楚科奇边缘地的断层分布

（Arrigoni，2008；Dove et al.，2007；Khain V. E. et al.，2009）

4）楚科奇边缘地浅部地层结构

中国第 6 次北极考察在楚科奇边缘地进行了两条地震剖面探测，均为东西向：一条是位于楚科奇边缘地东部的北风脊之上的 arc6-Line2-1；另外一条是横穿北风深海平原的 arc6-Line2-2。本书以 arc6-Line2-2 为例，进行了地层和构造解释，探讨楚科奇边缘地浅部地层结构和年代。

arc6-Line2-2 地震测线横穿北风深海平原的南部，剖面上显示"三隆两凹"的特点（图 5-44）。剖面最西端为楚科奇高地的斜坡处；中间是一大一小两个海山（大的海山顶部走时约为 1.9 s）；东端为北风海脊的斜坡存在很多隆起，最高处走时也在 1.9 s 左右。北风深海平原的凹陷区域的海底走时在 2.9~3.1 s。

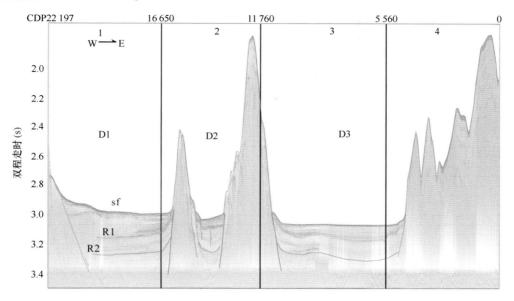

图 5-44　arc6-line2-2 地震剖面和地质解释

根据波组特征，区域上除了可以追踪海底（Sf）反射之外，其下可追踪出 2 个明显的地震反射界面（R1、R2）。为了更好地说明各个构造部位的特征，我们把 arc6-line2-2 分为 4 段进行放大展示。

在 3 个凹陷（从西往东依次称为 D1、D2、D3）均有这几个反射层。基本可以对比。Sf 和 R1 之间的地层单元称为 U1，R1 和 R2 之间的地层单元称为 U2，R3 之下地层称为 U3。

arc6-Line2-2 地震剖面第一段的 U1 在西侧为空白反射，往东是近水平的反射层组，两者自然过渡，地层厚度往东略有减小。空白反射的范围在下部更靠西一点（图 5-45）。基于上述特征，我们推测空白反射可能是等深流沉积，流应该是南北向，平行于等深线，范围受限于斜坡处。在 U1

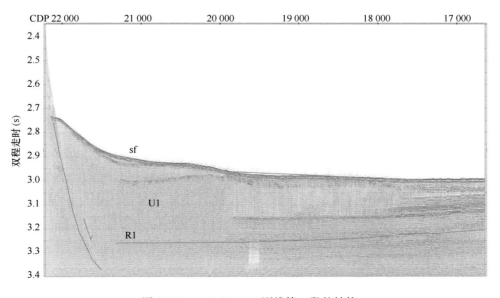

图 5-45　arc6-line2-2 测线第一段的结构

沉积的时代里，随着时间的推移，等深流的作用范围变大。地层向东减薄暗示沉积物来源主要是西侧的楚科奇高地。剖面最西端靠近 Sf 的地方出现透镜状堆积。U2 基本是等厚的近平行的层组组成。

arc6-Line2-2 地震剖面第二段的 U1 振幅都较强，厚度往西减薄，可能表明 cdp11760 附近的高海山也提供了物源。D3 中 U1 西薄东厚，反映出物源来自东部的北风脊。

arc6-Line2-2 地震剖面第四段的隆起区的地层和凹陷区很难对比。但可以看到上面有许多沉积，断层也有发育（图 5-46）。

D2 西侧边界的 U1 强反射明显有一错断，解释为正断层，该断层作用的时间为现代（错断海底面），反映出北风深海平原的新构造活动，也从一个侧面反映出整个楚科奇边缘地现在的拉张活动中心应该在北风深海平原。

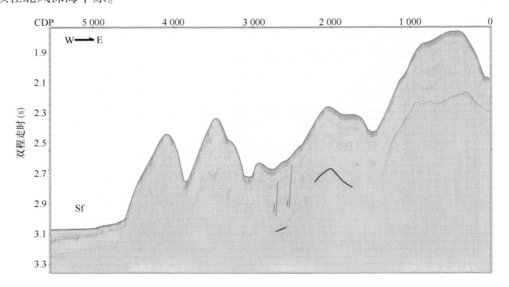

图 5-46　arc6-line2-2 测线第四段的结构

5.2.4　加克洋中脊的地幔熔融与蛇纹岩化特征

洋中脊的熔融总量与地幔温度、传导作用、地幔含水量以及地幔组成等因素相关，并在总体上受到扩张速率的控制（Dick et al.，2003）。当全扩张速率大于 20 mm/a 时，稳定的平均地壳厚度（6~7 km）表明地幔的温度和物质组成较为均一（White et al.，1992）。当全扩张速率小于 20 mm/a（超慢速扩张洋中脊，主要包括西南印度洋中脊和加克洋中脊）时，地壳厚度急剧减薄，某些区域甚至出露大量橄榄岩，形成所谓的非岩浆地壳增生。Michael 等（2003）利用地震确定的地壳厚度将加克洋中脊 85°E 以西部分划分为厚薄相间的 3 个区域。从 3°E 到 Laptev 大陆边缘，加克洋中脊全扩张速率由 13.4 mm/a 逐渐减小为 7.3 mm/a，因此其地壳厚度与扩张速率并不相关，扩张速率外的其他因素在熔融的形成过程中可能起到了重要的作用。Langmuir 等（1992）根据对岩石采样的分析认为，超慢速扩张洋中脊下减薄的地壳通常对应着较低的地幔温度。但是 Robinson 等（2001）针对西南印度洋中脊（SWIR）的研究表明，SWIR 的地幔位势温度和含水量均与全球平均值接近，较慢的扩张速率和传导冷却导致了超慢速扩张洋中脊地壳厚度的减薄。

本节利用重力反演了加克洋中脊的地壳厚度，并使用湿熔融模型计算了相应的理论地幔温度和含水量，以期定量揭示地幔温度和含水量对加克洋中脊地幔熔融的作用。反演地壳厚度和岩石采样类型具有良好的一致性，也为分析加克洋中脊的非岩浆地壳增生比例提供了一个定量依据。

5.2.4.1 数据、方法与结果

1) 数据及来源

本节使用水深、重力、沉积物厚度和扩张速率等数据计算加克洋中脊的地壳厚度和理论熔融厚度。水深数据来源于 IBCAO 的 2 km×2 km 的网格数据（Jakobsson et al.，2008），如图 5-47 所示。86°E 以西，IBCAO 使用了 AMORE 2001 航次的多波束数据（Michael et al.，2003）。86°E 以东，IB-CAO 主要数字化了发表的等值线和散点图。受沉积物填充作用的影响，86°E 以东的地形相对平缓。重力数据使用北冰洋重力计划（ArcGP）2006 年更新的 2′×2′空间重力异常（Kenyon et al.，2008），如图 5-48 所示。ArcGP 数据集成了航空、船载、潜艇测量和卫星反演的数据。地壳年龄数据采用 Müller 等（2008）最新发布的 2′×2′的海洋地壳年龄模型。相比之前广泛应用的 6′×6′地壳年龄模型，此模型加入了更多的船测地磁数据。沉积物厚度为 Divins 提供的 5′× 5′网格化数据。此数据来源于已发表的沉积物厚度等厚图、DSDP 和 ODP 钻井资料以及 NGDC、IOC 和 GAPA 项目。扩张速率使用 Nuvel-1 模型计算（DeMets et al.，1990）。从西至东，加克中脊的半扩张速率由 6.7 mm/a 减小到 3.6 mm/a，如图 5-47 所示。

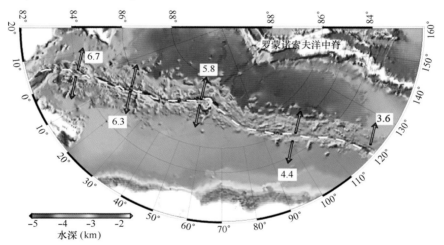

图 5-47 研究区域水深

半扩张速率（mm/a）用白色数字标出，扩张中心用白色虚线

2) 沿扩张中心的地壳厚度

本节使用 Parker 方法逐层剥离已知密度界面的重力效应。沉积物厚度、地形以及均一地壳厚度的密度参考 Georgen 等（2001）的取值。逐层去除以上各界面的影响后得到地幔布格重力异常（MBA）。为了消除岩石圈正常冷却造成的密度变化的影响，本节采用有限元方法计算不同扩张速率下的地幔温度场 [详见 5.2.4.1 中（4）内容]，并通过热膨胀系数（取 $3.5×10^{-5}$/K）得到密度变化。由于温度的变化分布于整个区域内（厚度为 200 km），本节将计算区域分为 10 层，每层密度变化都参照 Moho 界面的密度差转换为标准值，如公式 5-2 所示：

$$h_1 = 20 × \Delta\rho/(3.3 - 2.7) \qquad (5-2)$$

式中，h_1 为每层界面高度；$\Delta\rho$ 为平均密度变化。

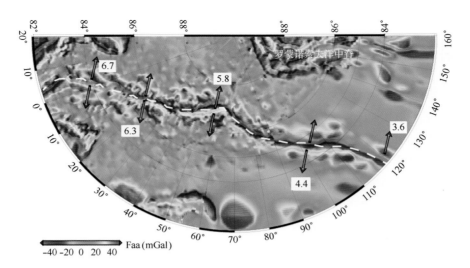

图 5-48 研究区域空间重力异常

从 MBA 去除岩石圈冷却效应即得到剩余地幔布格重力异常（RMBA）。RMBA 反映了地壳厚度和（或）地幔温度引起的密度变化。若将地幔温度的效应也转换为地壳厚度的变化，则利用式（5-3）反演 RMBA 可以得到最大的地壳厚度变化（Oldenburg，1974）。

$$M(k) = \frac{\exp(Kz_{CR})}{2\pi G(\rho_m - \rho_c)} B(k) C(k) \tag{5-3}$$

式中，z_{CR} 表示下延深度；$C(k)$ 是一个低频余弦滤波器。这里下延深度取 8 km（4 km 平均水深加4 km 平均地壳厚度），滤波器最大波长取 135 km，最小波长取 25 km。沿 Gakkel 洋中脊的地壳厚度如图 5-49 所示。

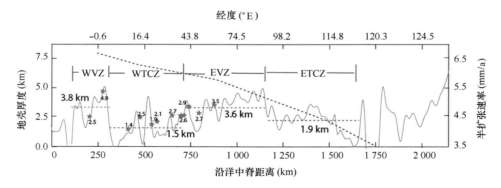

图 5-49 加克洋中脊的地壳厚度及分区性

横坐标为沿洋中脊的距离，起始位置为 Laptev 大陆边缘。WVZ，西部火山区；WTCZ，西部地壳减薄区；EVZ，东部火山区；ETCZ，东部地壳减薄区。红色星号为地震确定的地壳厚度，蓝色虚线表示扩张速率，红色虚线表示平均地壳厚度

沿加克洋中脊，目前共有 12 个地震站位确定的地壳厚度（Jokat et al.，2007）。两者之间差值的均方根仅为 0.6 km，差值大部分在 ±0.5 km 以内，表明重力反演的结果较为可靠，如图 5-50 所示。

图加克洋中脊的平均地壳厚度为 2.3 km，远薄于全球平均值。与同为超慢速扩张的 SWIR 相比

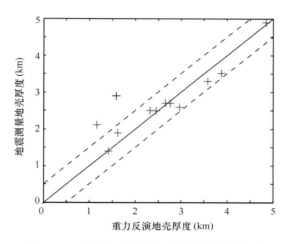

图 5-50　重力与地震确定的地壳厚度的对比

地震剖面数据来自 Jokat 等（2007），测点位置见图 5-56

（地震确定的地壳厚度为 4~5 km，Muller et al.，2000），加克洋中脊的平均地壳厚度仅为其一半。这种极弱的岩浆活动与其最慢的扩张速率相对应，在全球尺度上符合扩张速率和地壳厚度的一致性模型（Reid et al.，1981）。但是，沿加克洋中脊由西向东递减的扩张速率却与地壳厚度的变化并不一致。Jokat 等（2003）计算的地壳厚度表明 86°E 以西地壳厚度与扩张速率并不相关。本节的重力反演结果也表明，这种不一致性沿整个洋中脊都存在，如图 5-49 所示。参考 Michael 等（2003）对 85°E 以西划分区域的方式，本节根据地壳厚度的变化将加克洋中脊总共划分为 4 个区域，分别为西部火山区（6.7 mm/a，平均地壳厚度 3.8 km）、西部地壳减薄区（6.3 mm/a，1.5 km）、东部火山区（5.8 mm/a，3.6 km）和东部地壳减薄区（4.4 mm/a，1.9 km）。

　　本节的西部火山区与 Michael 等（2003）的划分位置相近，但是西部地壳减薄区比 Michael 等划分的火山稀疏区域范围略大，可能与此区域地震数据较为稀疏有关。东部地壳减薄区以东地壳厚度明显减薄，幅值变化剧烈，可能受到了洋陆过渡带特殊热结构的影响。使用普通洋中脊地幔温度场计算此处岩石圈冷却效应时会产生明显的偏差，因此本节暂不讨论此区域。

　　3）湿熔融模型

　　本节使用类似 Robinson 等（2001）的湿熔融模型计算不同扩张速率、地幔位势温度和含水量下的理论熔融厚度。高度的熔融仅出现在干熔融的固相线之上，组成了熔融的主体部分（McKenzie et al.，1988）。受到地幔内水的作用，在干熔融区域之下存在一个熔融程度较低的湿熔融区域。湿熔融的作用在高度熔融区（如东太平洋隆）比例较小（Robinson et al.，2001），在早期的模型中经常被忽略（如 Reid et al.，1981）。但是当整体熔融程度都较低时，如在超慢速的 SWIR 和加克洋中脊区域，湿熔融在整体熔融中的比例明显增大，作用不可忽视。

　　在本节计算过程中，干熔融部分的固相线使用 McKenzie 等（1988）文章中的公式 20。利用干固相线和公式（5-4）可以得到湿固相线（Davies et al.，1991）。

$$T_w = T_s - \alpha_1 X_W \tag{5-4}$$

T_w 为湿熔融固相线，T_s 为干熔融固相线，α_1 为常数，取 642℃，X_W 为熔融中的水的摩尔比例量，其最大值在压力大于 30 kbar[①] 时取 0.25，从 30 kbar 到 0 kbar，其最大值由 0.25 线性减小到 0。

X_W 熔融内的水质量比 W 和熔融比例 X 的关系如式（5-5）和式（5-6）所示（Davies，1991）。

$$X_w = \frac{M_e}{\dfrac{18.02(1-W)}{W} + M_e} \tag{5-5}$$

$$X = \frac{c_p}{L}(T - T_w) \tag{5-6}$$

其中 M_e 为熔融的摩尔等量（molar equivalent mass of melt），取 255 g/mol，c_p 为比热热容（specific heat capacity），取 1 150 J/（kg℃）。L 为潜热（latent heat），取 4.5×10^5 J/kg。

最终，熔融内的水质量比（weight fraction of water）和熔融程度的关系可以通过批式熔融（batch melting）公式迭代求取，如公式（5-7）所示。

$$W = \frac{M_{wm}}{X + D - DX} \tag{5-7}$$

式中，W 为熔融内的水质量比；M_{wm} 为地幔的水质量比；X 为熔融比例。

4）地幔温度场及熔融异常

本节使用有限元方法计算地幔的温度场。其几何模型为矩形，水平方向取离轴两侧各 500 km，垂直方向自海底向下 200 km。假定物质为橄榄岩，黏滞系数随温度变化（Behn et al.，2007）。采用被动上涌的物理模式，模型顶边界的运动速度赋予半扩张速度。根据 Nuvel-1 模型，4 个区域半扩张速率分别选取为 6.7 mm/a，6.3 mm/a，5.8 mm/a 和 4.4 mm/a。底界面和两侧均赋予应力自由边界。模型底界面的温度边界条件设定为 1 245℃ 到 1 395℃（对应地幔位势温度 1 174℃ 到 1 315℃），每次计算的间隔温度为 25℃，顶界面的温度设定为 0℃。

在板块向两边扩张的过程中，满足物质守恒、动量守恒和能量守恒 3 个方程：

$$\nabla u = 0 \tag{5-8}$$
$$-\eta \nabla^2 u + \rho(u\nabla)u + \nabla p = \rho g \tag{5-9}$$
$$\nabla(-k\nabla T) = -\rho C_p u \nabla T + Q \tag{5-10}$$

式中，ρ 为地幔的密度，取 3 300 kg/m³；μ 为速度场；p 为压力；η 是地幔黏滞系数；C_p 是热容，取 1 150/J（kg℃）；T 为温度；k 为热导率，设置为随深度变化。模型计算所得速度场和温度场如图 5-51 所示。

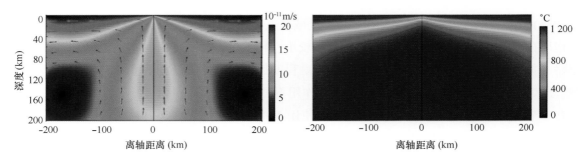

图 5-51　被动上涌模型的速度场和温度场（半扩张速率 6.7 mm/a）

---

① 1 bar = 10^5 Pa。

利用温度和速度场，使用公式（5-4）～（5-7）计算干湿熔融模型的熔融区域和比例（图 5-52），最后考虑岩浆抽提对熔融运动的影响，使用沿流线积分的方法（Chen，1996）计算熔融厚度（理论地壳厚度）。

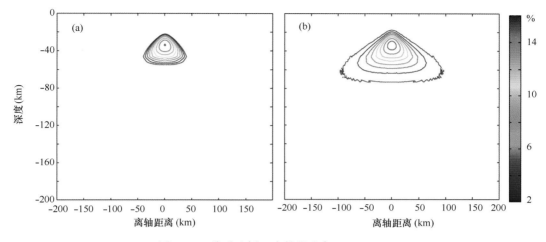

图 5-52　熔融比例（半扩张速率 6.7 mm/a）

（a）干熔融模型；（b）地幔含水量 300×10⁻⁶ 的湿熔融模型

给定不同扩张速率、地幔位势温度和地幔含水量，4 个区域的地壳厚度的结果如图 5-53 所示。总体上，地壳厚度与扩张速率、地幔温度和地幔含水量呈正相关。地幔温度越高，相同的地幔温度或地幔含水量的变化可以导致更大的地壳厚度变化。扩张速率的变化只会影响地壳厚度对地幔温度的敏感性，不会改变其对地幔含水量的敏感性。地幔含水量的变化也可以影响地壳厚度对地幔温度的敏感性，但是这种影响相对较小。

5.2.4.2　讨论

1）加克洋中脊熔融异常的影响因素

扩张速率最慢的东部地壳减薄区对应 1.9 km 的地壳厚度，但是地壳厚度最薄（1.5 km）的区域为西部地壳减薄区。这表明，当扩张速率减小到一定程度后，地幔温度、地幔含水量和地幔组成等其他因素可能起到更重要的作用。本节划分的加克洋中脊 4 个区域沿扩张中心的长度分别为 190 km、390 km、440 km 和 495 km。在如此大的尺度上，地幔的温度、含水量和物质组成等均可能发生较大的变化（Cannat et al.，2008），从而导致扩张速率和地壳厚度的不一致。WVZ、WTCZ、EVZ 和 ETCZ 的平均地壳厚度分别为 3.8 km、1.5 km、3.6 km 和 1.9 km，在不考虑地幔含水量的情况下，分别对应 1 290℃、1 260℃、1 305℃ 和 1 315℃ 的地幔位势温度。传统观点认为超慢速扩张洋中脊对应较冷的地幔温度。但是如果不考虑含水量的影响（干熔融），加克洋中脊 3 个区域的地幔位势温度明显高于全球平均值（1 270～1 280℃），扩张速率最慢的东部地壳减薄区（4.4 mm/a）反而对应最高的地幔温度。这说明，由于减慢的扩张速率导致传导作用的增加，在不考虑地幔含水量的作用下，必须要求较高的地幔温度才能形成和观测相符的地壳厚度。

沿加克中脊的岩石采样表明其下的岩石圈较厚（Langmuir et al.，2007），地幔温度相对较低，因此地幔含水量应该在地壳的形成过程中起到了重要的作用。目前加克洋中脊的地幔含水量数据仍然缺乏，若假定 1 260℃ 地幔位势温度（1 340℃ 模型底界面温度），4 个区域的地壳厚度分别对应

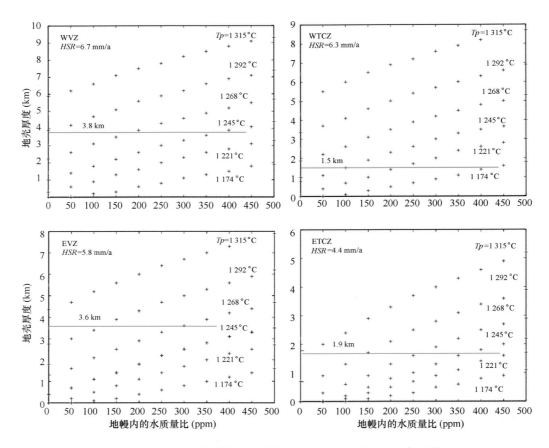

图 5-53 不同扩张速率、地幔温度和含水量下的理论地壳厚度

T_p 为地幔位势温度，红色实线表明各区域的平均地壳厚度

210×10^{-6}、0×10^{-6}、340×10^{-6} 以及 280×10^{-6} 的地幔含水量，若假定其地幔含水量为全球平均的 200×10^{-6} 的地幔含水量下，4 个区域分别对应 1 270℃、1 220℃、1 280℃和 1 280℃的地幔位势温度。西部地壳减薄区的地幔温度低于全球平均值约 50℃，其他区域的地幔温度则相对一致，接近全球平均值。在 WTCZ 区域，超薄的地壳厚度必然对应较低的地幔温度。其他区域减薄的地壳应该受到减慢的扩张速率和增强的传导作用的控制，这与 SWIR 的研究结果类似（Robinson et al.，2001）。

2）加克洋中脊的非岩浆地壳增生

沿加克洋中脊，本节计算的地壳厚度与 Michael 等（2003）采集的岩石类型具有良好的一致性，如图 5-54 所示。在地壳厚度小于 1.5 km 的区域，岩石采样几乎全部为橄榄岩；在地壳厚度大于 2.5 km 的区域，岩石采样几乎全部为玄武岩；在两者之间，岩石采样混杂了玄武岩、辉长岩、橄榄岩以及其他岩石。

由于橄榄岩蛇纹岩化后在密度、地震波速和磁性等方面均与岩浆成因的辉长岩相近，传统观念一直认为现今的地球物理方法在识别岩浆-非岩浆地壳时存在一定的困难。加克洋中脊采集到的橄榄岩大多较为新鲜，仅有轻微的蛇纹岩化（Michael et al.，2003）。这种未经（轻微）蚀变的橄榄岩保持了地幔的密度，可能使得可以通过密度差区别蛇纹岩化橄榄岩和熔融物质。由于受蛇纹岩化作用的干扰较小，重力反演的薄地壳厚度（小于 1.5 km 部分）主要是熔融的结果。考虑到大量橄榄岩直接出露，我们推断这部分熔融物质封存在岩石圈内部。非岩浆增生区域的岩石圈厚度相对较

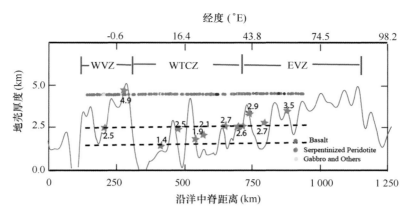

图 5-54 沿加克洋中脊的地壳厚度与岩石采样对比

红色星号为地震确定的地壳厚度点，圆点为岩石采样类型，红色为玄武岩，绿色
为蛇纹岩化橄榄岩，黄色为岩石

厚，少量的熔融（1.5 km）难以运移到浅部形成抽提，而是冷却后封存在岩石圈的内部（Cannat et al.，2008）。

非岩浆的地壳增生是超慢速扩张洋中脊增生的重要方式（Dick et al.，2003）。地壳厚度和岩石采样良好的一致性为分析非岩浆地壳增生在整个增生过程中的比例提供了一个定量指标。若将地壳厚度薄于 1.5 km 的区域视为非岩浆增生区域，地壳厚度厚于 2.5 km 的区域视为完全的岩浆增生区，则西部火山区不存在单独的非岩浆增生区域，岩浆增生区域占主体（80%）；西部地壳减薄区域非岩浆增生区占主体（59%），仅有少量的完全岩浆增生区（9%）；东部火山区 81% 为强岩浆活动，非岩浆增生区仅为 7%，东部地壳减薄区扩张速率最慢，其岩浆增生区（25%）与非岩浆活动区域（29%）比例接近。总体上，加克洋中脊 44% 为岩浆增生区域，27% 为岩浆活动和构造共同作用的区域，29% 为构造作用形成的非岩浆增生区域。传统的岩浆增生方式仅占整体扩张区域的一半，非岩浆的地壳增生在超慢速的地壳形成过程中起到了重要的作用。

通过 26 Ma 以来离轴的地球物理数据，Cannat 等（2006）对同为超慢速扩张的 SWIR（61°—67°E）进行了岩浆和非岩浆增生区域的划分。在 SWIR，完全的岩浆增生区域（火山-火山型地貌）占总区域面积的 40%，非岩浆增生区域占 28%（光滑-光滑型地貌），其他区域占 32%。这些统计结果与本节对加克洋中脊的推断较为接近。SWIR 10°—16°E 区域和 61°—67°E 区域是整个洋中脊岩浆供给最为贫瘠的两个区域（Dick et al.，2003；Cannat et al.，2008）。SWIR 的其他区域的岩浆活动相对强烈，50.5°E 区域的地壳厚度甚至接近全球平均值的两倍（Zhang et al.，2013）。与加克洋中脊相比，SWIR 整体上较快的扩张速率（HSR 为 7 mm/a）对应更强的岩浆活动。

5.2.4.3 结论

假定地幔含水量为全球平均值（200×10^{-6}），按照重力反演地壳厚度划分的 4 个区域分别对应 1 270℃、1 220℃、1 280℃和 1 280℃的地幔位势温度。西部地壳减薄区下的地幔温度较低，其他 3 个区域受到扩张速率减慢导致的传导作用增加的影响。

沿加克洋中脊，地壳厚度和岩石采样具有明显的一致性。在地壳厚度小于 1.5 km 的区域，岩石采样几乎全部为橄榄岩；在地壳厚度大于 2.5 km 的区域，岩石采样几乎全部为玄武岩；在两者之间，岩石采样混杂了玄武岩、辉长岩、橄榄岩以及其他岩石。按此对应关系，加克洋中脊 29% 的区域主要为构造作用控制的非岩浆活动区域，44%为岩浆增生的区域，27%为岩浆和构造共同作用的区域。非岩浆地壳增生在超慢速扩张洋中脊的增生过程中起到了重要作用。

5.2.5 摩恩洋中脊非对称扩张机制

根据洋中脊两侧的地形和地壳结构，其地壳增生可以分为对称和非对称的两种模式。传统的对称模式中常见于快速扩张洋中脊，两侧与洋中脊平行的高角度正断层将火山地形分为海底丘陵（Buck et al.，2005）。这些高角度正断层的断距较小，构造拉伸占较小的地壳增生比例（20%）（Escartin et al.，2008）。与之相对应的非对称扩张常见于慢速和超慢速扩张洋中脊，尤其集中在转换断层的内角区域，大多与拆离断层和大型断层有关（Tucholke and Lin，1994；Tuchiolke et al.，1998；Smith et al.，2006）。在拆离断层活动的一侧，其断层下盘对应的隆升的地形和减薄的地壳厚度。拆离断层长时间持续的活动导致构造拉伸占整个地壳增生的比例较大（50%），从而使得非对称地貌成为慢速–超慢速扩张区域普遍存在的现象（Escartin et al.，2008；Cannat et al.，2006）。构造作用的活跃程度可能受到地幔温度、岩石圈厚度、岩浆供给和热液冷却等的影响，其中岩浆供给被认为是最主要的因素（Buck et al.，2005；Cannat et al.，2006）。数值模拟工作表明，当岩浆增生（magmatic accretion）占整个地壳扩张（crustal extention）的比例减小到30%～50%时，地壳增生过程中容易形成拆离断层（Tucholke et al.，2008）。

10 Ma 以来，摩恩洋中脊西侧的地形高于共轭的东侧，其中最为明显的区域是摩恩洋中脊和克尼波维奇洋中脊的交界处，东西两侧的地形差值达到600 m（Bruvoll et al.，2009），如图5-55所示。关于这种现象的解释一直存在很大的争议。Crane 等（2008，2011）认为摩恩洋中脊和克尼波维奇洋中脊交界处西侧的地形隆起可能是构造积压隆升的结果。Dauteuil 和 Brun 等（1996）根据72.5°N 附近的地形认为这种非对称性是整个挪威海区域性的大尺度现象。Pedersen 等（2007）利用地形资料在克尼波维奇和摩恩洋中脊的交界处识别出了部分拆离断层，表明西侧的强烈构造作用导致了这种非对称性。在此区域的多道地震也表明，西侧的断层更加活跃，1.3 Ma 以来的构造作用几乎一直集中在西侧（Bruvoll et al.，2009）。

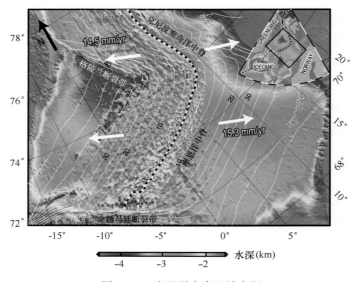

图5-55 摩恩洋中脊区域水深

白色实线为等时线，用黑色字体标示地壳年龄；扩张速率使用 Nuvel-1 模型（DeMets et al.，1990）计算得到；

右上角小图为摩恩洋中脊位置图，其中黑色方框区域为研究区域

本节利用水深和重力数据计算了 35 Ma 以来摩恩洋中脊两侧的地形和地壳厚度的变化，并结合磁力数据、多道地震数据研究了摩恩洋中脊两侧的非对称性。我们的结果表明，热点的作用导致了摩恩洋中脊的地壳增生分为 3 期。摩恩洋中脊在 35 Ma 时开始靠近冰岛，导致了增强的岩浆供给。摩恩洋中脊在 15 Ma 快速远离冰岛，岩浆供给量开始减小。热点作用从远离冰岛的北部开始减弱，呈 "V" 字形逐步向南后撤。随着岩浆供给的进一步减小，构造作用分别在 10 Ma 和 2 Ma 开始控制摩恩洋中脊北部和南部的地形和地壳结构。在构造主控期间，摩恩洋中脊西侧大多对应隆升地形和减薄地壳，表明构造作用长时间集中在摩恩洋中脊西侧。

5.2.5.1 数据分析

1）剩余水深

我们从水深数据中去除沉积物和岩石圈正常沉降对地形的影响，得到剩余水深，如图 5-56 所示。沉积物的影响包括沉积物厚度和沉积去除后的反弹作用（Crough，1983），岩石圈冷却造成的地形影响使用 Stein 和 Stein（1992）的模型。剩余水深更加明确地反映了洋中脊形成时的初始地形和后期的离轴岩浆改造作用。剩余水深中除了由南向北逐步降低的趋势外，最为明显的特征沿流线方向两处地形的隆起：一处是 35~20 Ma 时，西部的地形有一个比周边区域高出近 500~1 000 m 的明显地形隆起，但是东部共轭位置却并不存在；另一处是地形隆起集中在 10 Ma 以来摩恩洋中脊与克尼波维奇洋中脊交界处以及 72.0—73.0°N 区域。西侧比东侧共轭区域地形高，其剩余水深差值最大分别达到 1 600 m 和 1 100 m。

2）重力分析

为了反映岩浆供给量的变化，我们使用前人常用的方法来计算 RMBA（kuo et al.，1978；Georgen et al.，2001；Van Ark et al.，2004）。空间重力异常中反映了海底地形、沉积物、地壳和地幔的密度异常。我们从空间异常中去除了海水-沉积物、沉积物-地壳和假定均一地壳厚度的地壳-地幔密度界面的重力效应。根据此区域有限的地震确定的地壳厚度，均一地壳厚度假定为 4 km（Klingelhofer et al.，2000）。海水、地壳和地幔的密度分别取 1 030 kg/m³、2 800 kg/m³ 和 3 300 kg/m³。沉积层的密度取变密度，在沉积物厚度为 0~500 m 时取 1 950 kg/m³，在 500~1 500 m 时取 2 100 kg/m³，得到的 MBA 如图 5-56（b）所示。我们进一步从 MBA 中去除了岩石圈的热效应，得到 RMBA，如图 5-56（c）所示。岩石圈的热状态使用板块冷却模型（Turcotte and Schubert，2002）和地壳年龄数据（Muller et al.，2003）计算。将 100 km 厚的岩石圈分为等厚的 10 层，通过热膨胀系数（3.5×10^{-5}/K）计算每层的密度变化和相应重力效应，最终将这些重力效应积分后得到整个岩石圈热冷却造成的重力影响。RMBA 反映了偏离计算中假定地壳-地幔结构模型的部分，可能来源于地壳厚度、地壳内密度变化以及地幔温度的综合影响。

沿摩恩洋中脊，RMBA 由南侧的 72.0°N 附近的 260 mGal 逐步增加到 73.8°N 附近的 285 mGal，反映了岩浆供应量的逐步减小或者地幔温度的逐步变冷。在沿流线方向，摩恩洋中脊的 RMBA 逐步升高，目前几乎是摩恩洋中脊 35 Ma 以来 RMBA 最高的值，表明目前是摩恩洋中脊的岩浆供应量最小或者地幔温度最低的时期。整体上，RMBA 的高异常值以摩恩洋中脊为轴呈现倒 "V" 字形的形态，可能预示着岩浆作用在北侧最早开始减弱。与东侧共轭处相比，西侧 35~20 Ma 的地形隆起区对应着负的 RMBA，而靠近扩张中心的区域，剩余水深上西侧地形隆起对应着更加正的 RMBA。这种地形和 RMBA 的差别表明这两个时间段的隆起可能对应着不同的形成机制。

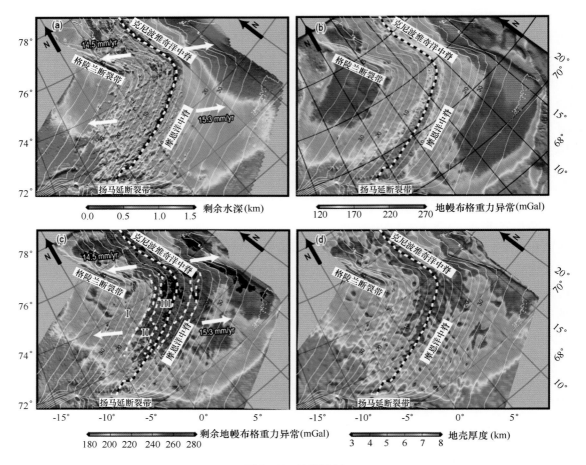

图 5-56 计算结果

（a）剩余水深；（b）MBA；（c）RMBA，白色虚线为三个阶段的分界线，阶段 II 和 III 的分界线呈 "V" 字形；（d）地壳厚度

3）地壳厚度

若将所有 RMBA 均归为地壳厚度变化的作用，则可以反演得到最大的相对地壳厚度变化，如图 5-56（d）所示。我们使用 Parker（1974）的方法反演地壳厚度的变化，其下延深度（7 km）为平均水深（3.0 km）和平均地壳厚度（4.0 km）之和。在反演过程中，其滤波的最大波长取 135 km，最小波长取与空间重力异常数据分辨率相近的 15 km。根据 Klinelhofer 等，2000）在 72°N 附近的折射地震测量，此区域的地壳厚度为（4.0±0.5）km，因此本节将此区域的平均地壳厚度标定为 4.0 km。

5.2.5.2 摩恩洋中脊地壳增生的 3 个阶段

35 Ma 以前沉积物数据厚度较大，计算模型密度可能和实际密度差别较大。同时考虑到 35 Ma 以前的地壳年龄误差较大，可能造成较大的岩石圈热效应误差，因此我们重点讨论 35 Ma 以来的地形和 RMBA 的变化。为了分析对称性，我们将剩余地形和 RMBA 分为对称和非对称的部分，如图 5-57所示。

根据洋中脊两侧的地形与 RMBA 的对称性的变化（图 5-57），我们将 35 Ma 以来摩恩洋中脊两侧的地壳增生划分为 3 个阶段。阶段 I（30~15 Ma），RMBA 最低（图 5-57），西侧地形隆起对应

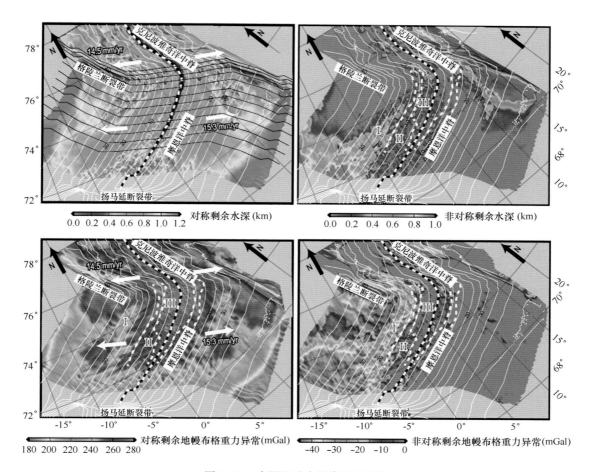

图 5-57 水深和重力异常的对称性

对称的部分为沿流线共轭区域上水深最深或者 RMBA 最高的值，从剩余水深和 RMBA 中去除对称的部分即得到非对称的部分。（a）对称的剩余水深，流线用黑色实线标出；（b）非对称剩余水深，白色虚线为各阶段的分界线；（c）对称的 RMBA；（d）非对称的 RMBA

增厚地壳；阶段 Ⅱ（15 Ma 至 10~2 Ma），东西两侧地形和地壳厚度相对对称；阶段 Ⅲ（10~2 Ma 至现在），RMBA 最高（图 5-57），西侧隆起地形对应减薄地壳厚度。

在阶段 Ⅰ 期间，东西两侧的地形比现在更高，RMBA 比现在更低，表明当时存在较强的岩浆活动或者地幔热异常。在 35~25 Ma 时，东西两侧的 RMBA 达到最低值。以 72.5°N 区域为例，在此期间的西侧地形比现在高超过 1 km，而 RMBA 比现在低 40 mGal。西侧的地形比东侧高 0.5~0.8 km，对应的 RMBA 也降低 20~40 mGal（图 5-58），并且这种对应关系在整个第一阶段都较为一致。由于已经扣除了地形和均一地壳厚度的影响，RMBA 反映了地幔温度的变化或者地壳厚度的变化，因此推断西侧地形的增加大部分被地壳厚度的增加所补偿，呈现较为均衡的状态，如图 5-58 所示。第一阶段结束的时间较为一致，在 14~15 Ma 之间。

在阶段 Ⅱ 期间，东西两侧的地形和 RMBA 较为对称。地形差不超过 0.5 m，RMBA 差不超过 20 mGal，并且东西两侧的地形和 RMBA 的差值经常正负交替（图 5-58）。与阶段 Ⅰ 和阶段 Ⅲ 相比，阶段 Ⅱ 的西侧地形最低，但是其 RMBA 却比阶段 Ⅰ 高，比阶段 Ⅲ 更低，表明其岩浆供给量处于第 Ⅰ 阶段和第 Ⅲ 阶段的过渡状态。

在阶段 Ⅲ 期间，西侧比东侧高的地形（0.5~1.0 km）对应着正的 RMBA（10~20 mGal），意味着西侧的地壳厚度更薄（或者地幔温度更低），岩浆活动更弱。35 Ma 至今，整体上的岩浆活动在阶段Ⅲ期间最弱，其西侧 RMBA 比阶段Ⅰ和Ⅲ比要高 60 mGal 和 20 mGal，但是其水深却比阶段Ⅱ高 500 m。考虑到西侧拆离断层的发现（Petersen et al.，2007）和 1.3 Ma 以来的构造作用的集中（Bruvoll et al.，2009），我们认为这种区域性的非对称现象都是由于构造作用所引起的。第三阶段的开始由南向北呈现出"V"字形的形态，似乎与摩恩洋中脊岩浆供给量由南向北逐步减小有关（图 5-57；图 5-58）。在北侧岩浆供给相对较少的区域，其起始时间最早可以达到 10 Ma，而在南段岩浆供给相对较强的区域，其起始时间仅为 2~3 Ma。

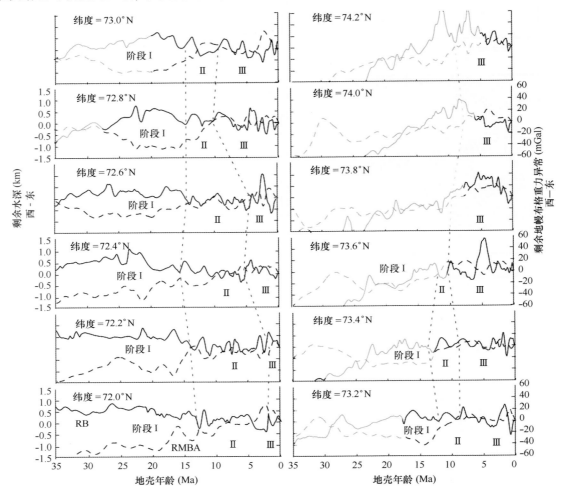

图 5-58　沿流线两侧水深和 RMBA 的对称性

实线为西侧减去东侧的剩余水深，虚线为西侧减去东侧的 RMBA。纬度标示了现在扩张中心的位置，上下方向的虚线表示各阶段的分界线；计算剩余水深和 RMBA 时低分辨率的沉积物的数据部分进行了半透明的遮挡

　　3 个阶段地形和 RMBA 对称性的变化使得我们认为岩浆供给量的大小与摩恩洋中脊两侧的地形和地壳结构有密切的关系。第Ⅰ阶段强岩浆活动控制了两侧的地形和地壳厚度，导致岩石圈处于较为均衡的状态，其西侧比东侧的厚的地壳部分来源于的热点离轴的效应（见下节讨论）。第Ⅱ阶段的岩浆供给量逐步减小，但是其仍然能够形成两侧较为对称的地形和地壳厚度。在第Ⅲ阶段，由于岩浆供给减小到一定程度，构造作用开始主控摩恩洋中脊两侧的地形和地壳厚度。西侧持续的隆升地形和高 RMBA 表明其构造作用可能一直集中在这一侧。

5.2.5.3　冰岛热点的效应

沿洋中脊，水深由南向北逐步变深，RMBA 逐步增加。而在流线方向，水深和 RMBA 从老到新逐步减小（图 5-57（c））。这种地形和 RMBA 的变化表明了摩恩洋中脊下地幔温度或地幔组成等因素的变化。在图 5-59 中，我们做了 55 Ma 以来冰岛热点与摩恩洋中脊的相对位置的变化。摩恩洋中脊的岩浆供给量和冰岛热点与摩恩洋中脊的相对距离有明显的相关性。摩恩洋中脊形成初期位于冰岛热点的东北侧 530 km 处。35 Ma 开始，摩恩洋中脊离冰岛热点的距离减小为 300 km，其南部东侧地壳厚度超过 6.5 km，而西侧的地壳厚度超过 8.0 km。我们推测东侧的地壳增厚是受到热点效应沿洋中脊传播的结果，而西侧的地壳增厚是热点离轴的作用。直到 20 Ma，冰岛热点对摩恩洋中脊的影响都较为强烈。从 15 Ma 开始（阶段 Ⅱ），摩恩洋中脊开始远离热点，东侧 RMBA 升高20 mGal 左右，岩浆供给量逐步减少到 5~6 km。虽然第 Ⅱ 阶段的岩浆供给量开始减少，但是仍然能够使得洋中脊两侧形成较为对称的地形和 RMBA。岩浆供给量似乎小到一定阈值后构造作用才主控洋中脊的形态。第三阶段从南到北开始时间的"V"字形的形态也反映了冰岛热点作用在北侧最早的减退。"V"字形最早出现的北侧的 10 Ma，并且大约以 43 km/Ma 的速度向南推进，这个速度也反映了热点作用沿洋中脊后撤的速度。目前冰岛热点与摩恩洋中脊的距离超过 600 km，是其 35 Ma以来对摩恩洋中脊影响最弱的阶段，但是沿洋中脊从南向北 RMBA 仍然有明显增加的趋势，其变化的梯度值为 0.14 mGal/km，略弱于冰岛热点对其南侧在南侧 Reykjanes 脊的作用（约为 0.20 mGal/km）（Ito et al.，2009）

5.2.5.4　构造集中的机制

第 Ⅲ 阶段西侧的地形和 RMBA 总体上均高于东侧，表明构造作用主要集中在西侧。这与Bruvoll（2009）的 1.3 Ma 以来摩恩洋中脊和克尼波维奇洋中脊交界处的构造作用集中在西侧的推论一致。本节大范围的剩余水深和 RMBA 表明这种构造主控的非对称地形几乎存在于整个摩恩洋中脊，其本身是一个区域性的现象。根据 Bruvoll（2009）的多道地震剖面，我们画出了摩恩洋中脊两侧构造拉伸和岩浆增生区域，如图 5-60 所示。西侧的构造拉伸的量是东侧 2~5 倍。Crane 等（1991）认为均一的非对称纯剪、岩石圈简单剪切以及洋中脊的突跳的共同作用可能造成了其北侧克尼波维奇洋中脊的地球物理观测数据的非对称性。考虑到构造主控阶段的持续时间近 10 Ma，我们这里认为岩墙向岩浆增生一侧不断跃迁可能使得构造作用集中在洋中脊西侧，如图 5-61 所示。在对称扩张的情形下，洋中脊两侧的岩石圈厚度和构造应力也是对称的（图 5-61a）。下一时刻点，如果新生岩墙仍然出现在原来的位置，则两侧的应力仍然对称，如图 5-61b 所示。若岩墙此时向一侧发生了跃迁，则跃迁后其一侧的岩石圈较厚，构造应力较小，则此侧的断层作用会较弱。而原来残留洋中脊的岩石圈年龄较轻、厚度较薄，构造应力较大，断层作用会较为集中，如图 5-61c 所示。岩墙的跃迁模式需要在其两侧形成非对称的扩张速率，在构造活动强烈的一侧扩张速率较快，在另一侧较慢。72.5°N 区域的高密度磁条带数据（图 5-62）表明，磁条带 2A，约 3 Ma 以来西侧的扩张速率是东侧的 1.2 倍（Geli，1993），可能验证了这种推理。

构造作用并不完全集中在西侧，在 5~7 Ma 时曾经发生过反转的现象。这种现象与 Wang 等（2014）在大西洋观测到的岩浆供给 2~3 Ma 的周期性相类似。摩恩洋中脊的反转主要集中在 5~7 Ma 之间的 72.5°—73.0°N 区域，但是幅值与时间并不完全一致，可能表明不同的岩浆-构造周期受到局部因素的影响。

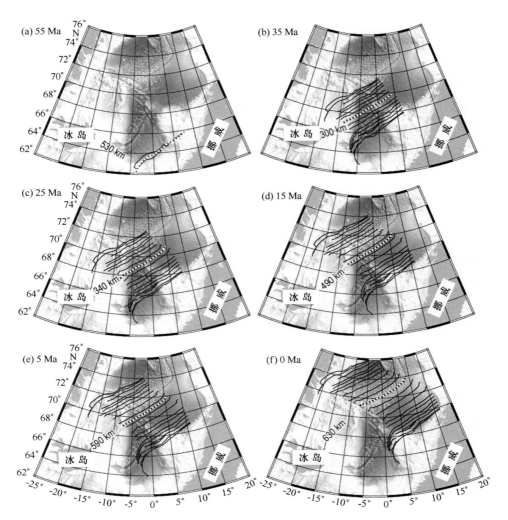

图 5-59　Ma 以来冰岛和摩恩洋中脊相对距离

底图为现在地形，将冰岛热点视为固定，白色虚线表示摩恩洋中脊当时的扩张中心，
黑色实现为磁异常条带，用数字标出了摩恩洋中脊离冰岛最短的距离

目前，关于短期的洋中脊跃迁的机制仍然并不明确（如 Muller et al.，1999）。考虑到洋中脊总是倾向于向"软弱"的岩石圈区域跃迁，我们认为这种岩浆突跳可能是水平位置上的温度或者岩浆的波动引起的。我们利用高密度的水深和重力数据计算了 72.5°N 区域的 MBA，发现其最低值总是偏离现在扩张中心，位于扩张脊东侧。在现在岩浆供给较强的新生火山区范围，MBA 偏离距离较小，但是在不连续带（transfer zone），其偏离范围最大可以达到 13 km。MBA 的最低值与现在扩张的 MBA 差值最大可达 15 mGal，表明高的温度异常或者富集的岩浆熔融偏离了扩张中心位置。虽然目前没有其他观测证据的支持，但是我们初步推断这种偏离扩张中心的 MBA 最低值可能代表了下一次岩墙突跳到的区域。

5.2.5.5　结论

根据两侧的剩余水深和 RMBA，我们将 35 Ma 以来摩恩洋中脊的地壳增生分为 3 个阶段：阶段 I（30~15 Ma），西侧地形更高、地壳厚度更厚。此阶段的 RMBA 最负，预示着岩浆供给最强、地

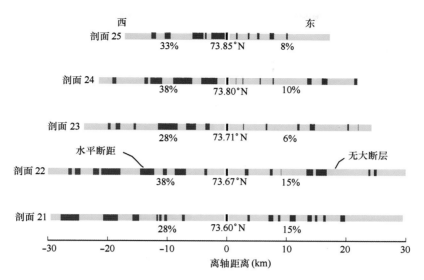

图 5-60 多道地震确定的断层分布

剖面按照 Bruvoll（2009）的命名规则，蓝色部分表示断层作用，而黄色部分表示正常的岩浆增生，百分数表示东西两侧构造拉伸占整个地壳增生的比例

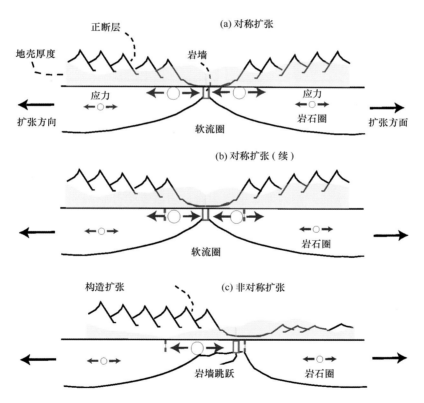

图 5-61 洋中脊跃迁与构造作用在洋中脊两侧的分布示意图

阴影部分表示地壳的厚度；圆形表示应力的大小；红色实现表示现在正在活动的岩墙，红色虚线表示不再活动的岩墙；黑色箭头表示远场拉力方向

幔温度更高或者两者的共同作用。这种强的岩浆活动来源于冰岛热点对摩恩洋中脊的影响。由于冰岛热点位于冰岛热点的西侧，其离轴效应使得西侧的地形和地壳厚度呈现较为均衡的状态。阶段 II

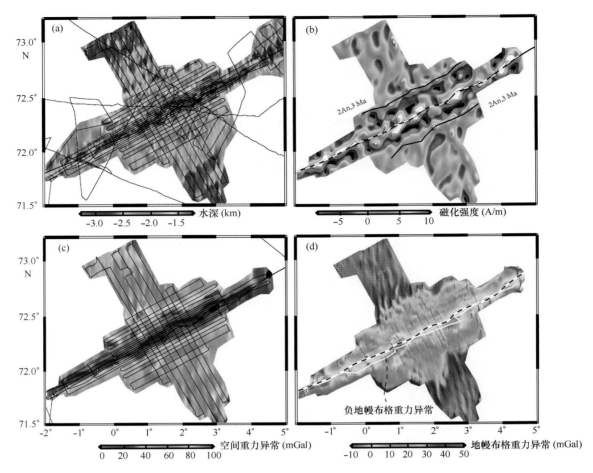

图 5-62　72.5°N 区域的资料（Geli et al.，1994）

（a）水深数据及测线分布；（b）磁化强度，使用 Tivey 等（1999）的方法进行反演；（c）空间异常及测线分布；（d）MBA

（15 Ma 至 10~2 Ma），由于冰岛开始远离摩恩洋中脊，岩浆供给开始减弱，摩恩洋中脊两侧地形和 RMBA 较为对称。阶段 III（10~2 Ma 至现在），冰岛离摩恩洋中脊最远，岩浆供给最小。摩恩洋中脊西侧的高地形对应着偏正的 RMBA 或减薄的地壳厚度，推断其受到了构造作用的控制。

阶段 III 的开始时间在北部较早（10 Ma），而在南部较晚（2 Ma），呈现 V 字形态，表明热点效应最早在洋中脊远端开始减退。强烈的构造活动只在岩浆供给较少的情况下存在。阶段 II 转变为阶段 III 时 RMBA 和地壳厚度表明，当地壳厚度小于 3.5~5.0 km 时，构造作用开始主控摩恩洋中脊的地形和地壳结构。

两侧断层形态、地形和 RMBA 的关系表明，断层作用在阶段 III 主要集中在摩恩洋中脊的西侧，这可能是由于洋中脊向东侧不断跃迁的结果。精细的磁力表明西侧扩张速率在 3 Ma 以来是东侧的 1.2 倍，与岩墙跃迁的模型相符合。目前，MBA 最低值位于扩张中心的东侧，表明岩浆供给最多或者地幔温度最高的区域并不在目前的扩张中心。MBA 最低值可能是下一个岩墙突跳后的扩张中心。

5.3 主要成果总结

北冰洋及周边区域包括了活动洋中脊、残留海盆、大火成岩省和减薄陆壳等丰富的构造单元类型。由于海冰的覆盖和地球物理资料的缺少，之前关于这些构造单元的起源、演化和属性等均存在较大的争议。在本章中，我们结合国际公开数据，利用我国极地考察数据，在分析北冰洋地球物理场特征的基础上，对白令海的沙波形成机制、美亚海盆的形成历史、楚科奇边缘地的地层与构造特征、加克洋中脊的非岩浆岩石圈增生、挪威-格陵兰海的非对称扩张机制等问题进行了相应研究，揭示了沙波对海平面变化和水动力环境的响应方式、美亚海盆的演化过程、超慢速扩张洋中脊上的岩浆-非岩浆增生过程和非对称扩张特征等。

近年来，随着卫星测高等测量技术的发展以及包括我国6次北极科学考察在内的多个国际综合科学考察航次的实施，人们对北冰洋的地质构造环境的认识不断加深。这也同时使得很多构造地质问题变得更加清晰、突出和亟待解决，如作为全球扩张速率最慢的洋中脊，加克洋中脊下的地幔熔融状态和地表的热液循环机制，高纬度北极大火成岩省的形成年代和成因，美亚海盆周边4个板块的共轭关系等。解决以上地质构造环境问题需要大量的调查研究工作。未来北冰洋区域更多高新深海探测技术（如水下机器人）的引入和更多针对具体目标的专业化航次的实施将会为此提供极佳的条件。

参考文献

李官保，刘晨光，华清锋，等. 2014. 北冰洋楚科奇边缘地的地球物理场与构造格局 [J]. 海洋学报，36（10）：69—79, doi. 10. 3969/j. isn. 0253-4193. 2014. 10. 008.

Aagaard K, et al. 1987. The West Spitsbergen Current: disposition and water mass transformation [J]. Journal of Geophysical Research: Oceans (1978-2012), 92. C4: 3778-3784.

Alvey A, et al. 2008. Integrated crustal thickness mapping and plate reconstructions for the high Arctic [J]. Earth & Planetary Science Letters, 274（3）：310-321.

Andrew D, et al. 2009. Late Cretaceous seasonal ocean variability from the Arctic [J]. Nature, 460（7252）：254-258.

Arrigoni, 2008. Origin and Evolution of the Chukchi Borderland, Texas A &M University, pp. 74.

Backman J, et al. 2006. Expedition 302 Scientists. Arctic Coring Expedition (ACEX): Proc. IODP, 302. doi: 10. 2204/iodp. proc. 302.

Behn M D, et al. 2007. Thermal structure of oceanic transform faults [J]. Geology, 35（4）：307-310.

Berndt C, et al. 2001. Seismicvolcanostratigraphy of the Norwegian Margin: constraints on tectonomagmatic break-up processes [J]. Journal of the Geological Society, 158（3）：p. 413-426.

Brigaud, et al. 1989. Use of Well Log Data For Predicting Detailed In Situ Thermal Conductivity Profiles At Well Sites And Estimation of Lateral Changes In Main Sedimentary Units At Basin Scale. International Society for Rock Mechanics.

Brozena J M, et al. 2003. New aerogeophysical study of the Eurasia Basin and Lomonosov Ridge: implications for basin development [J]. Geology, 31（9），825-828.

Bruvoll V, et al. 2009. Burial of the Mohn-Knipovich seafloor spreading ridge by the Bear Island Fan: Time constraints on tectonic evolution from seismic stratigraphy. Tectonics, 28, TC4001. http: //dx. doi. org/10. 1029/ 2008TC002396.

Bruvoll V, et al. 2012. The nature of the acoustic basement on Mendeleev and northwestern Alpha ridges, Arctic Ocean [J].

Tectonophysics, 514 (1): 123-145.

Buck W R, et al. 2005. Modes of faulting at mid-ocean ridges. Nature, 434, 719-723. http://dx. doi. org/10. 1038/nature03358.

Cannat M, et al. 2008. Oceanic corrugated surfaces and the strength of the axial lithosphere at slow spreading ridges [C] // AGU Fall Meeting Abstracts. AGU Fall Meeting Abstracts, 174-183.

Cannat M, et al. 2006. Modes of seafloor generation at a melt-poor ultraslow-spreading ridge. Geology, 34, 605-608. http://dx. doi. org/10. 1130/ g22486. 1.

Carlson P R, et al. 1988. Development of large submarine canyons in the Bering Sea, indicated by morphologic, seismic, and sedimentologic characteristics. Geological Society of America Bulletin, 100. 10: 1594-1615.

Carragher P, et al. 1982. Heat transfer on a continuous stretching sheet. ZAMM - Journal of Applied Mathematics and Mechanics/ZeitschriftfürAngewandteMathematik und Mechanik, 62. 10: 564-565.

Chen J C, et al. 1996. Geochemistry of Miocene basaltic rocks recovered by the Ocean Drilling Program from the Japan Sea [J] . Journal of Southeast Asian Earth Sciences, 13 (1): 29-38.

Coakley B J, et al. 1998. Gravity evidence of very thin crust at the Gakkel Ridge (Arctic Ocean) [J] . Earth & Planetary Science Letters, 162 (1-4): 81-95.

Cooper A K, 1987. Geologic framework of the Bering Sea crust.

Crane K, et al. 2001. The role of the Spitsbergen shear zone in determining morphology, segmentation and evolution of the Knipovich Ridge. Mar. Geophys. Res. , 22, 153-205. http://dx. doi. org/10. 1023/A: 1012288309435.

Crane K, et al. 1991. Rifting in the northern Norwegian-Greenland Sea: Thermal tests of asymmetric spreading. J. Geophys. Res. , 96, 14529-14550. http://dx. doi. org/10. 1029/91JB01231.

Crough S T, 1983. The correction for sediment loading on the seafloor. J. Geophys. Res. , 88, 6449-6454. http://dx. doi. org/10. 1029/JB088iB08p06449.

Dauteuil O, et al. 1996. Deformation partitioning in a slow spreading ridge undergoing oblique extension: Mohns Ridge, Norwegian Sea. Tectonics, 15, 870-884. http://dx. doi. org/10. 1029/95TC03682.

Dayton D, et al. 2010. Bathymetry, controlled source seismic and gravity observations of the Mendeleev ridge; implications for ridge structure, origin, and regional tectonics [J] . Geophysical Journal International, 183 (2): 481-502.

DeMets C, et al. 1990. Current plate motions. Geophys. J. Int. , 101, 425-478. http://dx. doi. org/10. 1111/j. 1365-246X. tb06579. x.

Dick H J B, et al. 2003. An ultraslow-spreading class of ocean ridge. Nature, 426, 405-412. http://dx. doi. org/10. 1038/nature02128.

Døssing A, et al. 2013. New aero-gravity results from the Arctic: Linking the latest Cretaceous-early Cenozoic plate kinematics of the North Atlantic and Arctic Ocean [J] . Geochemistry Geophysics Geosystems, 14 (10): 4044-4065.

Døssing A, et al. 2013. On the origin of the Amerasia Basin and the High Arctic Large Igneous Province—Results of new aeromagnetic data [J] . Earth & Planetary Science Letters, 363 (2): 219-230.

Doubrovine P V, et al. 2012. Absolute plate motions in a reference frame defined by moving hot spots in the Pacific, Atlantic, and Indian oceans [J] . Journal of Geophysical Research, 117 (B9): 174-187.

Drachev S S, et al. 2010. Tectonic history and petroleum geology of the Russian Arctic Shelves: an overview [J] . Petroleum Geology Conference series 7, 591-619.

Eason D E, et al. 2009. Volcanism and deglaciation in the Western Volcanic Zone, Iceland: Constraints on mantle melting and melt transport rates. In: AGU Fall Meeting Abstracts. 2009. p. 1142.

Edmonds H N, et al. 2003. Discovery of abundant hydrothermal venting on the ultraslow-spreading Gakkel ridge in the Arctic Ocean [J] . Nature, 421 (6920): 252-256.

Eldholm O, et al. 2000. Atlantic volcanic margins: a comparative study [J]. Geological Society of London, 167 (1): 411 −428.

Emily V A, et al. 2004. Time variation in igneous volume flux of the Hawaii−Emperor hot spot seamount chain. J. Geophys. Res., 109, B11401. http://dx.doi.org/ 10.1029/2003JB002949.

Escartin J, et al. 2008. Central role of detachment faults in accretion of slow−spreading oceanic lithosphere [J]. Agu Fall Meeting Abstracts.

Forsyth D A, et al. 1984. Crustal strucrure of the lomonosov ridge and the fram and makarov basins near the north pole. Limited Facsimile Edition of Publications Resulting from the 1979 Lomonosov Ridge Experiment with a Summary of Scientific Results, 107.

Forsyth D A, et al. 1986. Alpha Ridge and iceland−products of the same plume? [J]. Journal of Geodynamics, 6 (86): 197−214.

Frédéric B, et al. 2007. Mineralogy, porosity and fluid control on thermal conductivity of sedimentary rocks [J]. Geophysical Journal International, 98 (3): 525−542.

Gaina C, et al. 2014. 4D Arctic: A Glimpse into the Structure and Evolution of the Arctic in the Light of New Geophysical Maps, Plate Tectonics and Tomographic Models [J]. Surveys in Geophysics, 35 (5): 1095−1122.

Gelikonov G V, et al. 1993. Magnetogyrationeffect [J]. Optics & Spectroscopy, 74: 668−669.

Georgen J E, et al. 2001. Evidence from gravity anomalies for interactions of the Marion and Bouvet hotspots with the South-west Indian Ridge: effects of transform offsets. Earth Planet. Sci. Lett., 187, 283−300. http://dx.doi.org/10.1016/ S0012−821X (01) 00293−X.

Gérôme C, et al. 2011. Seismic volcanostratigraphy of the western Indian rifted margin: The pre−Deccan igneous province [J]. Journal of Geophysical Research Solid Earth, 116 (B1): 384−398.

Grantz A L, et al. 1999. Low profile in−shaft connector: US, US5997357 A [P].

Grantz A L, et al. 2011. Geology and tectonic development of the Amerasia and Canada Basins, Arctic Ocean. Geol. Soc. Lond. Mem, 35 (1): 771−799.

Grantz A L, 1998. Phanerozoic stratigraphy of Northwind Ridge, magnetic anomalies in the Canada basin, and the geometry and timing of rifting in the Amerasia Basin, Arctic Ocean. GSA Bull, 110 (6): 801−820.

Grantz A, et al. 1998. Phanerozoic stratigraphy of Northwind Ridge, magnetic anomalies in the Canada basin, and the geome-try and timing of rifting in the Amerasia basin, Arctic Ocean [J]. Geological Society of America Bulletin, 110 (6): 801 −820.

Grantz A, et al. 2011. Geology and tectonic development of the Amerasia and Canada Basins, Arctic Ocean [J]. Arctic Pe-troleum Geology, 35 (2): 89−112.

Grantz A, et al. 2004. Seismic reflection and refraction data acquired in Canada Basin, Northwind Ridge and Northwind Basin, Arctic Ocean in 1988, 1992 and 1993. −USGS WR CMG [J]. Usgs Western Region Coastal & Marine Geology.

Grantz, et al. 1993. Cruise to the Chukchi Borderland, Arctic Ocean [J]. Eos Transactions American Geophysical Union, 74 (22): 249−254.

Hand B M, et al. 1988. Leeside sediment fallout patterns and the stability of angular bedforms. Journal of Sedimentary Re-search, 58.1.

Hegewald A, et al. 2013. Tectonic and sedimentary structures in the northern Chukchi region, Arctic Ocean [J]. Journal of Geophysical Research: Solid Earth, 118: 3285−3296.

Hegewald A, 2012. The Chukchi Region−Arctic Ocean−Tectonic and Sedimentary Evolution. DigitaleBibliothek Thüringen.

Hopkins, David M, 1967. The Cenozoic history of Beringia—a synthesis. The Bering land bridge, 451−484.

Jackson H R, et al. 1990. Seismic reflection and refraction [M] //Grantz A, Johnson L, Sweeney J F. The Arctic Ocean

Region . Geological Society of America, Boulder, 153-170.

Jakobsson M, et al. 2008a. An improved bathymetric portrayal of the Arctic Ocean: Implications for ocean modeling and geological, geophysical and oceanographic analyses. Geophysical Research Letters. pp. 5.

Jakobsson M, et al. 2008a An improved bathymetric portrayal of the Arctic Ocean: Implications for ocean modeling and geological, geophysical and oceanographic analyses. Geophysical Research Letters. pp. 5.

Jakobsson M, et al. 2012. The International Bathymetric Chart of the Arctic Ocean (IBCAO) Version 3. 0 [J]. Geophysical Research Letters, 39 (12): 129-133.

Johnson G L, et al. 1967. The Arctic mid-oceanic ridge.

Jokat W, et al. 2003. Geophysical evidence for reduced melt production on the Arctic ultraslow Gakkel mid-ocean ridge. [J]. Nature, 423 (6943): 962-965 (26 June 2003) | doi: 10. 1038/nature01706.

Jokat W, et al. 1992. Lomonosov Ridge—a double-sided continental margin. Geology, 20 (10): 887-890.

Jokat W, 2007. Plumes and Continental Break-up: Some observations from the North and South Atlantic [J]. Egu Wien.

Jokat W, 2003. Seismic investigations along the western sector of Alpha Ridge, Central Arctic Ocean. Geophysical Journal International, 152. 1: 185-201.

Jokat W, 2010. The expedition of the Research Vessel "Polarstern" to the Arctic in 2009 (ARK-XXIV/3). Berichtezur Polar-und Meeresforschung (Reports on Polar and Marine Research), 615.

Jokat W, 2005. The sedimentary structure of the Lomonosov Ridge between 88N and 80N. Geophysical Journal International, 163. 2: 698-726.

Jones D L, et al. 1981. Map showing tectonostratigraphicterranes of Alaska, columnar sections, and summary description of terranes.

Karl H A, et al. 1986. Internal-wave currents as a mechanism to account for large sand waves in Navarinsky Canyon head, Bering Sea. Journal of Sedimentary Research, 56. 5.

Khain V E, et al. 2009. Tectonics and petroleum potential of the East Arctic province [J]. Russian Geology & Geophysics, 50 (4): 334-345.

Khain, et al. 2010. Oceanic basins in prehistory of the evolution of the Arctic Ocean. In: Doklady Earth Sciences. SP MAIK Nauka/Interperiodica, 742-745.

Kinder T H, et al. 1975. The Bering slope current system. Journal of Physical Oceanography, 5. 2: 231-244.

Klingelhofer F, et al. 2000. Geophysical and geochemical constraints on crustal accretion at the very-slow spreading Mohns Ridge. Geophysical Research Letters, 27 (10): p. 1547-1550.

Knebel H J, et al. 1976. Large sand waves on the Atlantic Outer Continental Shelf around Wilmington Canyon, off Eastern United States [J]. Marine Geology, 22 (76): M7-M15.

Kuzmichev A B, 2009. Where does the South Anyui suture go in the New Siberian islands and Laptev Sea?: Implications for the Amerasia basin origin. Tectonophysics, 463: 86-108.

Lane L S, 1997. Canada Basin, Arctic Ocean: evidence against a rotational origin. Tectonics, 16: 363-387.

Langmuir C H, et al. 1992. Petrological Systematics of Mid-Ocean Ridge Basalts: Constraints on Melt Generation Beneath Ocean Ridges [M] // Mantle Flow and Melt Generation at Mid-Ocean Ridges. American Geophysical Union, 183-280.

Laske G, et al. 1997. A Global Digital Map of Sediment Thickness, EOS Trans. AGU, 78, F483.

Lawver L A, Baggeroer, 1983. A note on the age of the Canada Basin.

Lawver L, et al. 1990. A review of tectonic models for the evolution of the Canada Basin. In: Grantz A, Johnson L, Sweeney, J. (Eds.), The Arctic Ocean Region. Vol. Geology of North America. Geological Society of America, Boulder, Colorado, 593-618.

Lawver, et al. 1994. Dietmar. Iceland hotspot track. Geology, 22. 4: 311-314.

Lebedeva-Ivanova, et al. 2006. Seismic profiling across the Mendeleev Ridge at 82 N: evidence of continental crust. Geophysical Journal International, 165. 2: 527-544.

Lundin E, et al. 2002. Mid – Cenozoic post – breakup deformation in the , Äòpassive, Äômargins bordering the Norwegian, ÄìGreenland Sea. Marine and Petroleum Geology, 19 (1): p. 79-93.

Lyle M W, et al. 2006. Summary report of R/V Roger Revelle Site Survey AMAT03 to the IODP Environmental Protection and Safety Panel (EPSP) in support for proposal IODP626.

Mckenzie, et al. 1988. Gondawana Six: Structure, Tectonics, and Geophysics Gondwana Six: Stratigraphy, Sedimentology, and Paleontology [J] . Eos Transactions American Geophysical Union, 69 (7): 91-93.

Menard H W, 1964. Marine geology of the Pacific.

Michael P J, et al. 2003. Magmatic and amagmatic seafloor generation at the ultraslow-spreading Gakkel ridge, Arctic Ocean. [J] . Nature, 423 (6943): 956-961 (26 June 2003) | doi : 10. 1038/nature01704.

Miller E L, et al. 2006. New insights into Arctic paleogeography and tectonics. from U-Pb detrital zircon geochronology. tectonics, vol. 25, tc3013, doi: 10. 1029/2005TC001830.

Moore J C, et al. 1982. Offscraping and underthrusting of sediment at the deformation front of the Barbados Ridge: Deep Sea Drilling Project Leg 78A [J] . Geological Society of America Bulletin, 93 (11): 1065.

Mosar J, et al. 2002. North Atlantic sea-floor spreading rates: implications for the Tertiary development of inversion structures of the Norwegian-Greenland Sea. J. Geol. Soc. , 159, 503-515. http: //dx. doi. org/10. 1144/0016-764901-135.

Muench R D, et al. 1983. On some possible interactions between internal waves and sea ice in the marginal ice zone. Journal of Geophysical Research: Oceans (1978-2012), 88. C5: 2819-2826.

Muller J R, et al. 1999. Rapid adaptation in visual cortex to the structure of images. [Research Support, U. S. Gov't, P. H. S.] . Science, 285 (5432), 1405-1408.

Muller M R, et al. 1999. Segmentation and melt supply at the Southwest Indian Ridge. Geology, 27. 10: 867-870.

Müller R D, et al. 2008. Age, spreading rates, and spreading asymmetry of the world's ocean crust. Geochem. Geophys. Geosyst. , 9, Q04006. http: //dx. doi. org/10. 1029/2007GC001743.

Neumann E R, et al. 1984. Petrology of basalts from the Mohns-Knipovich Ridge; the Norwegian-Greenland sea. Contributions to Mineralogy and Petrology, 85 (3): p. 209-223.

Nokleberg W. J, et al. 1992. Circum-North Pacific tectono-stratigraphic terranemap [J] . Circum-pacific Region.

Oldenburg D W, 2012. The inversion and interpretation of gravity anomalies [J] . Geophysics, 39 (4): 526-536.

Parker R L, 1973. The Rapid Calculation of Potential Anomalies. Geophys. J. R. Astron. Soc. , 31, 447-455. http: //dx. doi. org/10. 1111/j. 1365-246X. 1973. tb06513. x.

Parsons B, et al. 1977. An analysis of the variation of ocean floor bathymetry and heat flow with age. J. geophys. Res, 82. 5: 803-827.

Pechnikov V A, et al. 2008. Diamond potential of metamorphic rocks in the Kokchetav Massif, northern Kazakhstan. European Journal of Mineralogy, 20. 3: 395-413.

Reid I, et al. 1981. Oceanic spreading rate and crustal thickness [J] . Marine Geophysical Researches, 5 (2): 165-172.

Saltus R W, et al. 2011. Chapter 4: Regional magnetic domains of the Circum-Arctic: A framework for geodynamic interpretation [J] . Arctic Petroleum Geology, 35 (2): 49-60.

Scholl D W, et al. 1980. Sedimentary masses and concepts about tectonic processes at underthrust ocean margins [J] . Geology, 8 (12): 564.

Scholl, et al. 1975. Plate tectonics and the structural evolution of the Aleutian-Bering Sea region. Geological Society of America Special Papers, 151: 1-32.

Schön J H, 2004. Physical Properties of Rocks: Fundamentals and Principles of Petrophysics. Elsevier,

Heidelberg, pp. 600.

Shepard F P, et al. 1966. Submarine canyons and other sea valleys. Rand McNally.

Smith D K, et al. 2006. Widespread active detachment faulting and core complex formation near 13°N on the Mid-Atlantic Ridge. Nature, 442, 440-443. http: //dx. doi. org/10. 1038/nature04950.

Stein C A, et al. 1992. A model for the global variation in oceanic depth and heat flow with lithospheric age. Nature, 359, 123 -129. http: //dx. doi. org/10. 1038/ 359123a0.

Steinberger B, et al. 1998. Advection of plumes in mantle flow: implications for hotspot motion, mantle viscosity and plume distribution. Geophysical Journal International, 132. 2: 412-434.

Stride A H, et al. 1960. Internal Waves and Waves of Sand [J]. Nature, 188 (4754): 933-933.

Sweeney J F, 1983. Evidence for the Origin of the Canada Basin Margin by Rifting in Early Cretaceous Time.

Taylor P T, et al. 1983. GRM: Observing the terrestrial gravity and magnetic fields in the 1990's [J]. Eos Transactions American Geophysical Union, 64 (43): 609-611.

Taylor P, et al. 1981. Detailed aeromagnetic investigation of the Arctic Basin, 2. J Geophys Res., 86 (B7): 6323-6333.

Tegner C, et al. 2011. Magmatism and Eurekan deformation in the High Arctic Large Igneous Province: 40Ar-39Ar age of Kap Washington Group volcanics, North Greenland [J]. Earth & Planetary Science Letters, 303 (3-4): 203-214.

Tolstoy M, et al. 2001. Seismic character of volcanic activity at the ultraslow-spreading GakkelRidge [J]. Geology, 29: 1139-1142.

Tucholke B E, et al. 2008. Role of melt supply in oceanic detachment faulting and formation of megamullions. Geology, 36, 455-458. http: // dx. doi. org/10. 1130/g24639a. 1.

Tucholke B E, et al. 1994. A geological model for the structure of ridge segments in slow spreading ocean crust. J. Geophys. Res., 99, 11937-11958. http: // dx. doi. org/10. 1029/94JB00338.

Turcotte D L, et al. 2002. Geodynamics, Cambridge Univ. Press, New York.

Vail P R, et al. 1977. Seismic stratigraphy and global changes of sea level: Part 5. Chronostratigraphic significance of seismic reflections: Section 2. Application of seismic reflection configuration to stratigraphic interpretation.

Van W J, et al. 2001. Melt generation at volcanic continental margins; no need for a mantle plume? Geophysical Research Letters, 28 (20): p. 3995-3998.

Villeneuve M, et al. 2003. 40Ar-39Ar dating of mafic magmatism from the Sverdrup Basin Magmatic Province. In: Proc. IV Intern. Conf. Arctic Margins. Anchorage: MMS. p. 206-215.

Vogt P R, et al. 1982. Asymmetric geophysical signatures in the Greenland-Norwegian and Southern Labrador Seas and the Eurasia Basin. Tectonophysics, 89, 95-160. http: //dx. doi. org/10. 1016/0040-1951 (82) 90036-1.

Vogt&Amp P R, et al. 1973. Magnetic Telechemistry of Oceanic Crust? [J]. Nature (London); (United States), 245: 5425 (5425): 373-375.

Weber J R, et al. 1990. Historical background: exploration, concepts, and observations. The Arctic Ocean region. Edited by A. Grantz, L. Johnson, and JF Sweeney. Geological Society of America, Boulder, Colo., The Geology of North America, 50: 5-36.

Webster B D, 1979. Ice Edge Probabilities for the Eastern Bering Sea. US Department of Commerce, National Oceanic and Atmospheric Administration, National Weather Service, Regional Headquarters.

Wesson R L, et al. 2007. Revision of time-independent probabilistic seismic hazard maps for Alaska. Geological Survey (US).

White, et al. 1992. A method for automatically determining normal fault geometry at depth [J]. Journal of Geophysical Research Solid Earth, 97 (B2): 1715-1733.

Wilson, et al. 1966. Did the Atlantic close and then re-open? . Nature.

Zamansky, et al. 1999. Seismic model of the earth's crust on the geotraverse in the central part of the Arctic Ocean. Investigation and Protection of Bowels, 7. 8: 38-41.

Zhang T, et al. 2015. Mantle melting factors and amagmatic crustal accretion of the Gakkel ridge, Arctic Ocean ［J］. ActaOceanologicaSinica, 34 （06）: 42-48.

第6章 北冰洋水体环境变化趋势及其对海洋碳循环和生物泵的影响[*]

6.1 北冰洋水体环境变化指示参数

6.1.1 营养盐

北冰洋与其他大洋的不同之处在于它有着巨大的陆架面积，陆架边缘海面积几乎占了整个北冰洋的1/3，自西向东分别有巴伦支海、喀拉海、拉普捷夫海、东西伯利亚海、楚科奇海和波弗特海（图6-1）。北冰洋另一个特点与地中海极为相似，即它是一个半封闭型的大洋，仅有少数通道与其他大洋相连。巨大的大陆架体系、随季节而变的海冰覆盖情况和大体积的淡水注入构成了北冰洋独特的区域海洋环境，也决定了北冰洋异于其他大洋的营养盐分布特征，并且营养盐容易受水体环境变化的影响。其中首要影响因素是北极环境与气候的变化增加了北冰洋的淡水输入，淡水容量增加影响了营养盐和其他生物可利用的元素的通量和生物地球化学循环。评估北冰洋营养盐的现状及变化趋势，需首先了解淡水输入对北冰洋营养盐分布的影响。

此外，太平洋入流水和大西洋入流水也对北冰洋的营养盐分布产生巨大的影响。北冰洋与大西洋相通的主要有弗拉姆海峡、巴伦支海和加拿大群岛海域，与太平洋只有水深50 m的白令海峡相连。前人利用数值模拟结合实测数据发现，进入北冰洋的硝酸盐最重要的输送通道是巴伦支海，而硅酸盐的输送则主要通过白令海峡，并且北冰洋对北大西洋有净的硅酸盐和磷酸盐的输出。

6.1.2 同位素指示剂

结合海水 $\delta^{18}O$ 和盐度，可以确定北冰洋水体中河水（降水和径流，Meteoric Water）、海冰融化水和原始海水的份额。Östlund 和 Hut（1984）首先提出应用 S-$\delta^{18}O$ 体系计算北冰洋海水、海冰融化水与河水份额的方法，并将其应用于北冰洋欧亚海盆和弗拉姆海峡的研究中。Melling 和 Moore（1995）运用 S-$\delta^{18}O$ 方法研究了波弗特海的水团和水体混合，探讨了加拿大海盆盐跃层水体的形成机制。Bauch 等（1995）在 S、$\delta^{18}O$ 端元基础上，增加了活性硅酸盐端元，从而同时区分出白令海入流水和大西洋水，进而研究了北冰洋的淡水平衡。Khatiwala 等（1999）利用 S-$\delta^{18}O$ 体系辨别了北美东北部沿岸水体淡水的来源，定量出这些淡水的输入量，确认了陆架区受海冰融化水的影响，证明巴芬湾为北冰洋淡水输出的一个通道。Macdonald 等（1999）通过 S-$\delta^{18}O$ 方法探讨了波弗特流涡中海冰、河水和大气环流的关系，发现海冰融化水的变化反映出气压场的变化。Ekwurzel 等（2001）运用 S-$\delta^{18}O$-PO_4^* 体系，进一步区分了大西洋水和太平洋水的贡献，研究了北冰洋中大西

---

[*] 本章编写人员：陈建芳、金海燕、高众勇、陈敏、庄燕培、白有成。

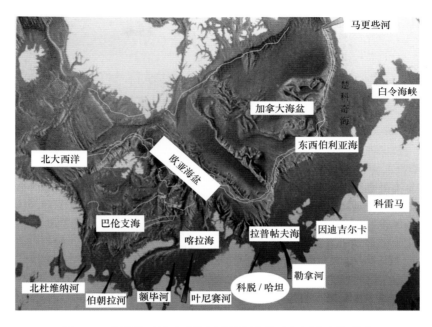

图 6-1 北冰洋区域地理特征及周围的海水与河流交换通道

洋水、太平洋水、河水和海冰融化水的分布以及这些来源水体的运动路径。Alkire 等（2007）结合 S-δ^{18}O 体系和 Jones 等（1998）基于营养盐指示的太平洋水和大西洋水，分析了北冰洋中部海域河水、海冰融化水的时空变化，并根据太平洋水的时空分布确定了穿极流位置的变化，发现 2004 年穿极流从阿尔法门捷列夫海岭挪回到罗蒙诺索夫海岭。

对于西北冰洋水团来源构成的 ^{18}O 示踪研究，可采用海水–海冰融化水–河水三端元建立水团混合模型（Ternary End-Member Model，TEMM）来确定河水和海冰融化水的贡献，具体计算等式如下：

$$f_S + f_R + f_I = 1$$
$$f_S \times S_S + f_R \times S_R + f_I \times S_I = S_m$$
$$f_S \times \delta^{18}O_S + f_R \times \delta^{18}O_R + f_I \times \delta^{18}O_I = \delta^{18}O_m$$

式中，f_S，f_R，f_I 分别表示海水、河水和海冰融化水的份额；f_I 为负值时表示海冰的净形成；下标 S，R，I，m 分别表示海水端元、河水端元、海冰融化水端元和样品实测值。影响 TEMM 模型的关键在于各端元特征值的选取，在之前的研究中，研究者所用的特征端元值并不一致，为结果的可比性造成障碍。本项目充分调研了所有报道的端元特征值，分析了选值的依据及其科学性，确认了白令海峡、楚科奇海和加拿大海盆三端元混合模型 S-δ^{18}O 示踪体系的端元特征值（表 6-1），为 TEMM 模型的成功应用奠定了基础。

表 6-1 TEMM 模型中 S-δ^{18}O 示踪体系的各端元特征值

区域	端元	盐度	δ^{18}O 值（‰）
白令海峡	冬季白令陆架水	34.51	−0.06
	河水	0	−21
	海冰融化水	6	1.9

区域	端元	盐度	$\delta^{18}O$ 值（‰）
楚科奇海和 加拿大海盆	大西洋水	35.00	0.3
	河水	0	−20
	海冰融化水	4	−2.0

6.1.3　碳酸盐体系

工业革命以来，大气 CO_2 浓度持续增加，当前已经显著超出了过去 40 万年中 CO_2 浓度自然波动的上限。CO_2 浓度升高及其严重的全球升温效应、气候变化已对地球生态系统、人类生存环境和社会经济可持续发展构成严重威胁，这是各国政府、科学家及公众共同关注的一个重大环境问题。本章使用海水碳酸盐体系参数包括溶解无机碳（DIC）、盐度归一化溶解无机碳（$nDIC$，$nDIC = DIC \times 35/S$）、总碱度（TA）、盐度归一化总碱度（nTA，$nTA = TA \times 35/S$）、海洋 pH 值和碳酸钙不饱和度等。通常保守性的参数如 TA 分布可能主要受淡水输入等物理因素的影响，而非保守性参数如 DIC 由于受到多种因素综合影响而呈现出复杂的变化。

一般在大洋中，TA 相对保守，基本不受生物活动的影响，只受到蒸发/降水的影响（极地海区则主要是海冰生成/融化），甚至与盐度通常有固定的比率。另外，TA 影响过程还有：水团混合；碳酸钙的沉淀/溶解；反硝化，等等。DIC 的影响过程主要有：有机质生产/降解；蒸发/降水；碳酸钙的沉淀/溶解；水团混合；海—气 CO_2 交换，等等。历史研究显示，78°N 以南西北冰洋表层海水 TA 和 DIC 由于受到水和海冰融化水的稀释作用，表层 DIC 和 TA 的浓度都比较低，而且在海冰融化最为剧烈的考察区域——75°N 左右为中心的海盆区是 TA 和 DIC 的低值区；78°N 以南西北冰洋上层水柱中 TA 呈现出一种保守分布。在初级生产力较高的楚科奇海，DIC 分布主要受到有机质生产或降解的主控。而在初级生产力较低的加拿大海盆无冰区，混合层中 DIC 分布的主控因素是海水与海冰融化水的保守混合。这些研究对进一步开展北冰洋的碳循环调查打下了坚实基础，为加深对北冰洋二氧化碳体系在全球变暖下的响应和反馈的认识也有很大益处。

6.2　北冰洋水体环境现状评估

6.2.1　北冰洋的营养盐的空间分布和年际变化现状评估

6.2.1.1　北冰洋营养盐的空间分布特征

如图 6-2 所示，表层硝酸盐、磷酸盐和硅酸盐在整个北冰洋表现出明显的区域差异。在整个北冰洋中，挪威海具有最高的硝酸盐浓度，与大西洋在全球海洋中最强的固氮作用相符。海冰覆盖下（认为盐度大于 34 时）的北冰洋中心海盆同样具有相对较高的硝酸盐浓度，巴伦支海的硝酸盐浓度则相对较低，其分布水平与楚科奇海陆架、东西伯利亚海陆架及波弗特海陆架区相当。值得注意的是，白令海峡的硝酸盐浓度分布表明，沿西伯利亚一侧有较强的硝酸盐输送过程的存在。

磷酸盐的分布显示，挪威海的活性磷酸盐浓度略高于巴伦支海，巴伦支海与喀拉海及拉普捷夫海的浓度水平相当。与硝酸盐相似，白令海峡沿西伯利亚一侧有较强的向北冰洋输送的过程。此外，磷酸盐在楚科奇海海台具有相对更高的磷酸盐浓度。对于硅酸盐，挪威海表层硅酸盐浓度仍高于巴伦支海。并且在俄罗斯陆架一侧，河流输运能显著提高海域硅酸盐的浓度水平，但其高浓度分布主要限制在陆架区。楚科奇–白令海陆架的硅酸盐分布则表明太平洋对北冰洋有显著的硅酸盐净输出，与输出通量及育空河的流量具有一定的相关。

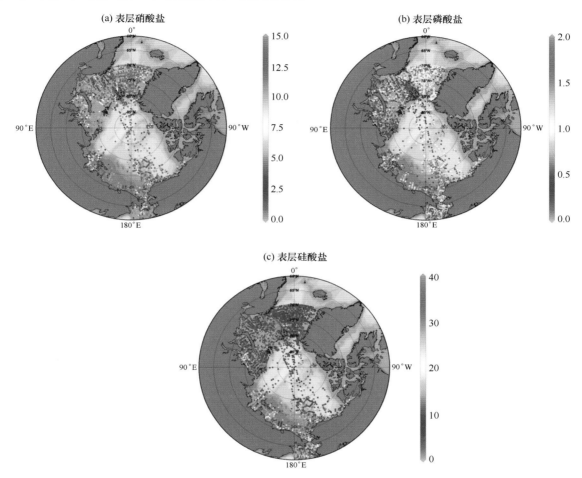

图 6-2　北洋洋表层硝酸盐（a）、磷酸盐（b）及硅酸盐（c）的浓度分布

6.2.1.2　典型北冰洋海域营养盐分布及营养盐结构

1）楚科奇海陆架区

楚科奇海陆架区受融冰水输入和浮游植物勃发的影响，水体呈现为明显的无机氮和硅酸盐共同的营养盐限制。如图 6-3 所示为中国北极科学考察 R 断面的营养盐的典型分布，无机氮和磷酸盐出现两个高值区，分别出现在 R02 和 R05 站下层（20 m 以深），无机氮均高于 6 μmol/L，磷酸盐均高于 1.4 μmol/L。对于硅酸盐，高值区仅存在于 R05 站，而 R02 站则浓度很低。由于 R05 站冰覆盖率极高，显然水体仍为冬季陆架水，因而营养盐极高。而对 R02 站，推测可能受到高营养盐的太平洋水的影响，因而存在无机氮和磷酸盐的高值区，硅酸盐则可能是由于硅藻勃发过量吸收硅酸盐，而导致硅酸盐浓度很低。

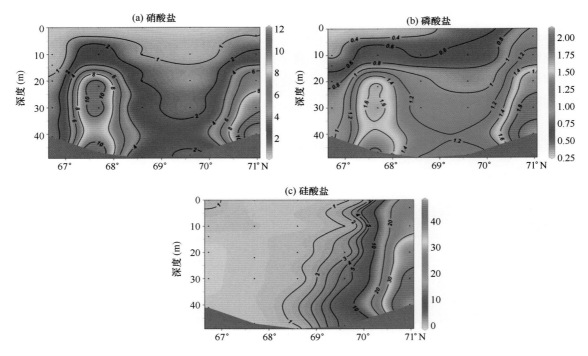

图6-3 第5次北极科学考察楚科奇海R断面的营养盐的典型分布（μmol/L），
分别为硝酸盐（a）、磷酸盐（b）和硅酸盐（c），站位自左向右为R01~R05

2）挪威海

如图6-4所示，北大西洋表层水体（75 m以浅）表现为显著的硅限制（硅酸盐浓度不大于2 μmol/L），无机氮和磷酸盐相对丰富，表现出与西北冰洋差异显著的水体营养盐结构。硅酸盐浓度相对于无机氮浓度很低，无机氮相对于硅酸盐过剩（按照Redfield比值1∶1），这与大西洋在全球海洋中最强的固氮作用相符。营养盐均表现为表层低底层高的特点，营养盐浓度随着深度增加而增加。

3）加拿大海盆

表6-2为中国第3次北极科学考察加拿大海盆不同水层理化参数的分布，加拿大海盆混合层（ML）在垂向上具有最低的硝酸盐和硅酸盐浓度（平均分别为0.3 μmol/L和2.1 μmol/L）及最低的氮磷比和硅磷比（平均分别为0.5和2.8），暗示混合层处于氮限制，并且磷酸盐相对于硝酸盐和硅酸盐远远过剩。对于上层水体的太平洋水，N^*自上而下降低同时Si^*自上而下升高，其平均值分别为-7.4和1.7（水层Ⅰ，5~75 m）、-10.5和7.4（水层Ⅱ，30~100 m）及-11.7和16.7（水层Ⅲ，50~200 m）。偏负的N^*值表明水层Ⅲ（wBSW）和水层Ⅱ（ACW & sBSW）经历了较强的脱氮作用而损失了一部分的硝酸盐，这与太平洋水受到白令海-楚科奇海陆架脱氮作用的改造有关。水层Ⅲ（wBSW）较高的Si^*则表明冬季水体运输过程受硅藻等浮游植物生物吸收的影响较弱。wBSW具有水体中最高浓度的磷酸盐（1.67 μmol/L）和硅酸盐（28.2 μmol/L），SiO_3^{2-}/PO_4^{3-}比值平均为16.8。

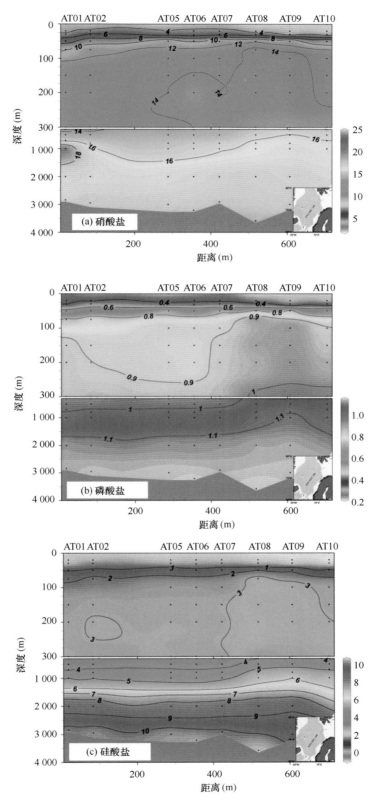

图 6-4　中国第 5 次北极考察挪威海 BB 断面的营养盐分布（μmol/L），分别为硝酸盐、磷酸盐、硅酸盐，站位自左向右为 BB09～BB01

表 6-2　加拿大海盆不同水层理化参数的分布

	水层 I	水层 II	水层 III	水层 IV	水层 V	水层 VI	水层 VII
水团	ML	ACW&sBSW	wBSW	AW	TL	AL	ADW
深度（m）	5~75	30~100	50~200	125~200	150~250	200~1 000	1 000~3 800
位温	-1.60~4.95	-1.64~0.09	-1.66~-0.62	-1.42~-0.54	-1.40~-0.14	0.00~0.90	-0.43~-0.01
盐度	23.96~31.15	31.01~32.49	32.02~33.87	33.59~34.26	33.98~34.51	34.59~34.88	34.86~34.96
密度	19.02~25.03	24.93~26.13	25.75~27.24	27.03~27.54	27.34~27.72	27.77~28.01	28.00~28.09
PO_4^{3-}（μmol/L）	0.70±0.09	1.26±0.21	1.67±0.12	1.30±0.18	0.88±0.15	0.91±0.05	1.00±0.06
SiO_3^{2-}（μmol/L）	2.1±1.4	13.6±4.6	28.2±5.3	21.5±5.3	8.4±4.2	6.5±2.1	9.5±2.8
NO_3^-（μmol/L）	0.3±0.3	6.2±2.5	11.5±2.1	13.0±2.4	9.8±2.4	11.9±1.5	13.0±1.8
NO_2^-（μmol/L）	0.03±0.03	0.08±0.06	0.05±0.04	0.04±0.04	0.03±0.02	0.04±0.04	0.03±0.02
NO_3^-/PO_4^{3-}	0.5±0.4	4.7±1.5	6.9±1.1	9.9±1.1	10.0±1.3	13.1±1.6	13.1±1.7
SiO_3^{2-}/PO_4^{3-}	2.8±1.6	10.4±2.8	16.8±2.4	16.3±2.4	9.1±2.9	7.0±1.9	9.5±2.3
NO（μmol/L）	398±15	402±16	412±25	396±20	387±14	407±13	416±15
PO（μmol/L）	489±24	517±18	534±25	455±25	419±10	423±6	433±5
PO/PO	0.81±0.02	0.78±0.02	0.77±0.03	0.87±0.02	0.93±0.02	0.96±0.03	0.96±0.03
N^*（μmol/L）	-7.4±1.4	-10.5±1.5	-11.7±1.8	-4.3±1.4	-0.8±1.0	0.8±1.4	0.6±1.7
Si^*（μmol/L）	1.7±1.3	7.4±2.5	16.7±4.1	8.5±3.7	-1.3±2.5	-5.4±2.0	-3.5±2.6

6.2.1.3　北极表层营养盐的 10 年际变化

如图 6-5 所示，北冰洋的硝酸盐分布 10 年际变化最为明显的特征是随着海冰融化，加拿大海盆中心区硝酸盐降低的过程，使得该海域受到了 N 不足的限制。这与加拿大海盆不断淡化的趋势相一致，盐度分布最显著的特征是 2006—2012 年期间，北冰洋加拿大海盆表层水有显著的淡化过程，可能是受海冰融化与河流输入的影响使得该海域逐渐淡化。在 1990—1999 年期间相对于 1980—1989 年期间有明显的升高，2000—2006 年期间该区域的水温仍然处于较高水平，这显然与该海域的海冰覆盖面积减小，开阔水面受太阳辐射升温导致。由于长年存在的强烈的密度层化，淡水输入的增加加强了这一过程。使得加拿大海盆营养盐的垂直扩散减弱，加上上层水体硝酸盐和硅酸盐表现为夏季降低（吸收利用）的季节性变化，使得无冰加拿大海盆上层水体面临着贫营养化的过程。

6.2.2　水团来源构成的分析与评估

6.2.2.1　白令海峡太平洋水的时空变化

Woodgate 等（2012）分析了 1991—2011 年通过白令海峡向北输送的淡水通量，尽管输送通量存在年际变化和波动，但总体上呈现增加的态势，其中 2011 年通过白令海峡北向输送的淡水通量显著高于 2003 年和 2008 年。因此，2011 年白令海峡向北冰洋输送淡水量的增加部分应归功于河水

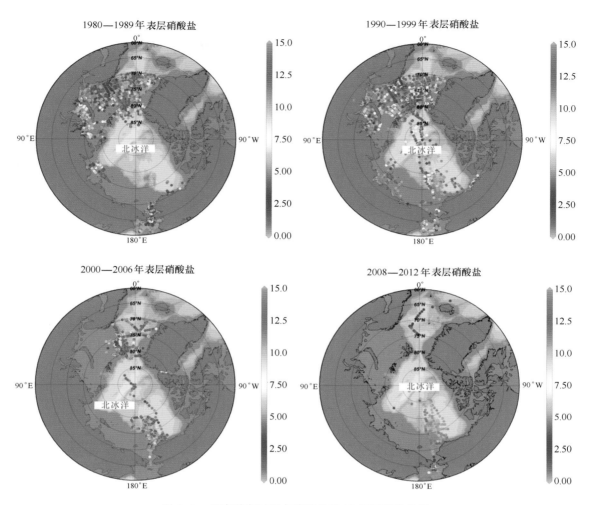

图 6-5　北冰洋表层海水硝酸盐的 10 年际变化趋势

组分的增加。

　　阿拉德尔水和白令陆架水影响区域河水组分的时间变化规律类似，均呈现 2010 年>2008 年≈ 2012 年>2003 年的规律，而阿拉斯加沿岸水影响区域河水组分份额的时间变化则不同，呈现出 2010 年>2012 年>2003 年>2008 年的规律（图 6-6）。阿拉斯加沿岸水影响区河水组分份额的年际变化主要受控于向白令海陆架输入的育空河径流量的变化。由图 6-7 可以看出，阿拉斯加沿岸水影响区河水组分的平均份额与前一年育空河径流量之间尽管线性关系并不显著，但二者呈正相关关系，而与采样年份育空河的径流量没有明显的相关性。二者时间上的滞后与育空河径流量的季节变化和阿拉斯加沿岸流的流速有关。本研究采样时间为 7 月 19—29 日之间，因此所采集阿拉斯加沿岸水影响区河水组分的高低更多地反映出上一年度育空河径流量的大小。Ge 等（2013）分析了 1977—2006 年间育空河径流量的变化，发现由于受冰雪融化加剧的影响，育空河径流量以年均 8%（520 m³/s）的速度递增，这可能意味着在过去几十年里，通过阿拉斯加沿岸流输入北冰洋的育空河水组分也呈增加态势，其对北冰洋生态系统的影响仍有待进一步的研究。

　　若按不同水团影响区域进行划分后，2003—2012 年间阿拉德尔水影响区、白令陆架水影响区和阿拉斯加沿岸水影响区的海冰融化水组分平均份额分别为 3.0%、4.3% 和 4.4%，显然，白令陆架水影响区和阿拉斯加沿岸水影响区的海冰融化水份额较为接近，均比阿拉德尔水所含海冰融化水份

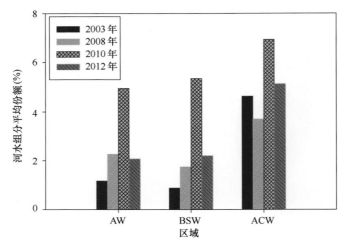

图 6-6　阿拉德尔水、白令陆架水和阿拉斯加沿岸水影响区
河水组分平均份额的年际变化

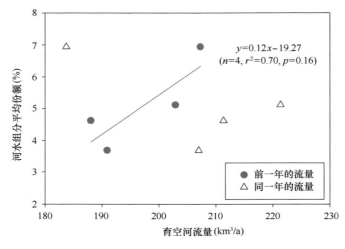

图 6-7　阿拉斯加沿岸水控制区河水组分平均份额与育空河径流量的关系

额高约 45%。从 3 个水团影响区海冰融化水份额的年际变化看，均表现为 2003 年 > 2008 年 ≈ 2012 年 > 2010 年的规律（图 6-8）。从图 6-9 可以看出，无论是阿拉德尔水影响区、白令陆架水影响区，还是阿拉斯加沿岸水影响区，夏季海冰融化水份额均与海冰覆盖面积呈负相关关系，意味着海冰的年际变动调控着夏季海冰融化水组分的年际变化，与此同时，负相关关系的存在说明冬季结冰过程所释放盐卤水的多寡是决定所得夏季海冰融化水净份额的关键因素。

　　4 个航次河水组分和海冰融化水组分的平均份额分别为 3.4% 和 4.0%，意味着夏季通过白令海峡的淡水大体由 46% 的河水和 54% 的海冰融化水构成。从 3 种水团影响区淡水组成看，2003—2012 年间阿拉德尔水影响区的淡水平均由 46% 的河水和 54% 的海冰融化水构成，白令陆架水影响区的淡水平均由 37% 的河水和 63% 的海冰融化水构成，而阿拉斯加沿岸水影响区的淡水平均由 54% 的河水和 46% 的海冰融化水构成。显然，就太平洋入流向北冰洋输送的河水而言，阿拉斯加沿岸流单位体积的贡献最为重要，其次是阿拉德尔水和白令陆架水；对于太平洋入流向北冰洋输送的海冰融化水，则是白令陆架水的贡献较重要，次者是阿拉德尔水和阿拉斯加沿岸水。

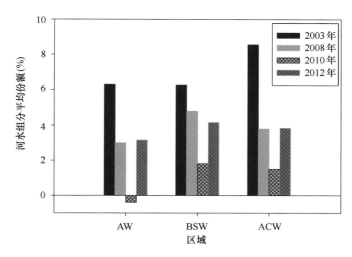

图 6-8 阿拉德尔水、白令陆架水和阿拉斯加沿岸水影响区海
冰融化水平均份额的年际变化

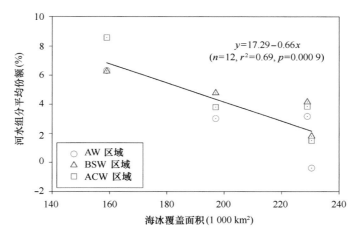

图 6-9 阿拉德尔水、白令陆架水和阿拉斯加沿岸水影响区海
冰融化水份额与海冰覆盖面积的关系

从研究断面淡水组成的时间变化看,阿拉德尔水、白令陆架水和阿拉斯加沿岸水影响区河水组分与海冰融化水组分的绝对比值(f_{RW}/f_{SIM} 比值的绝对值)自 2003 年至 2012 年呈增加的趋势(图 6-10)。这种变化表明,2003—2012 年间,太平洋入流向北冰洋输送的淡水中,河水组分相对于海冰融化水的贡献随时间的推移愈加重要。本研究所观察到的河水与海冰融化水比值随时间呈增加的态势与育空河径流量、白令海陆架区海冰覆盖度的变化是一致的。Chan 等(2011)通过珊瑚 Ba/Ca 比值的研究也证实,阿拉斯加沿岸水在 2001—2006 年间存在淡化的现象。Wendler 等(2014)的研究则表明,1979—2012 年间白令海海冰覆盖面积尽管存在年际波动,但总体呈增加的趋势,从 1979 年的 140 000 km² 增加至 2012 年的>280 000 km²。如前文所述,冬季海冰形成的增加会导致夏季海冰净融化水份额的降低,因此,白令海入海径流量和白令海冬季海冰形成在过去几十年里随时间的增加可导致淡水构成中河水与海冰融化水的比值增加。已有研究表明,太平洋入流的流量在 2001—2011 年间平均以(0.03±0.02)Sv/a 的速率增加(Woodgate et al.,2012),因此,太平洋入流流量的增加和淡水构成中河水组分份额的增加共同加剧了北冰洋海冰的融化。

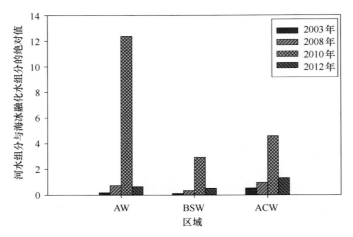

图6-10　阿拉德尔水、白令陆架水和阿拉斯加沿岸水影响区
河水与海冰融化水的比值变化

6.2.2.2　楚科奇海河水组分的年际变化

1）2003年夏季

R01~R16断面总河水组分份额（f_{RAW}）随着纬度的增加有所增加，大致以72°N为界，72°N以北海域总河水组分份额要高于72°N以南海域（图6-11）。研究表明，2005—2008年间，北极涛动指数（AO）年平均值逐渐升高，由此可导致气旋式表层环流得以加强，从而将携带有欧亚大陆河水信号的沿岸水体向东输送，穿过陆架区后进入到马卡罗夫海盆和楚科奇海的交界海域（Morison et al.，2012），而本研究断面的北部海域则靠近于其交界区。值得注意的是，73.5°N以北3个站位近底层水的f_{RAW}接近或小于0%，结合其盐度和$\delta^{18}O$特征，可判断这些水体可能来源于北极环极边界流巴伦支海分支水体（Weingartner et al.，1998；Woodgate et al.，2007）。与北部海域相比，72°N以南海域总河水组分份额明显较低，其变化范围为1.7%~9.3%，平均值为4.2%±1.7%（$n=47$）。在72°N以南海域，67.5°—69.5°N附近海域0~20 m层总河水组分份额相对较高［变化范围为5.8%~9.3%，平均值为7.1%±1.3%（$n=9$）］，比其他站位［变化范围为1.8%~5.5%，平均值为3.7%±1.0%（$n=38$）］平均高1.9倍。这可能与携带有河水组分的白令海陆架水（Bering Shelf Water）穿过白令海峡后的输运有关（Mathis et al.，2007）。R01~R16断面总河水组分的积分高度I_{fRAW}随着水深的增加而增加。在72°N以南海域，水深较浅，I_{fRAW}相对较低，变化范围为0.9~2.8 m，平均值为（1.7±0.6）m（$n=10$）。在72°N以北海域，水深随着纬度的增加而增加，I_{fRAW}也随着水深的增加而增加，其变化范围为3.1~15.1 m，平均值为（7.7±4.6）m（$n=6$）。

C11~C10断面总河水组分份额（f_{RAW}）的低值核心从168°W近底层延伸到165°W表层，其变化范围为0.6%~1.7%，平均值为1.2%±0.34%（$n=6$）（图6-12）。这一低值核心水体的$\delta^{18}O$比较接近，但温度、盐度与其周边海域没有明显差别，因而这些含有较少河水组分的水团可能来源于具有较高盐度的白令海陆架水。总河水组分（f_{RAW}）的高值核心位于161°W以东海域的0~10 m层，f_{RAW}最高为11.8%，这应与高温、低盐的阿拉斯加沿岸流影响有关。167°—166°W区域总河水组分的积分高度（I_{fRAW}）最低（C12站和C13站分别为0.9 m和1.0 m），这与该区域较低的f_{RAW}有关，这部分水体应为阿纳德尔海流输送的水体。除C12站、C13站外，其余站位总河水组分的积分高度

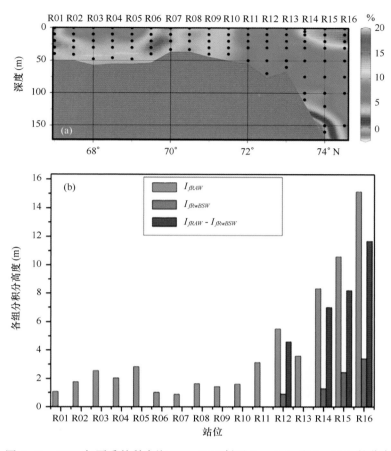

图 6-11 2003 年夏季楚科奇海 R01~R16 断面 f_{RAW}（a）和 I_{fR}（b）的分布

（I_{fRAW}）要大一些（变化范围为 2.0~3.7 m，平均值为 2.9 m±0.9 m），且随着经度的减少略有增加，反映出断面东侧水体受到阿拉斯加沿岸流的影响。

总体上看，2003 年夏季，楚科奇海总河水组分积分高度（I_{fRAW}）的变化范围为 0.9~18.2 m，平均值为 3.4 m±3.6 m（$n=41$）。从空间分布看，72°N 以北海域总河水组分的积分高度（I_{fRAW}）比 72°N 以南海域来得高（图 6-13），这与北部海域的水深较深有关。另外，楚科奇海东侧海域的 I_{fRAW} 要大于西侧海域，与东侧海域受到携带有较多北美河水（如育空河等）的阿拉斯加沿岸流的影响有关。另外，在 170°W 向上，72°N 以北海域总河水组分的平均份额也比较高，由于阿拉斯加沿岸流的主轴是沿着巴罗海谷进入到波弗特海，只有很少量的阿拉斯加沿岸水会在地形变化陡峭区域因涡漩剪切作用进入加拿大海盆（Levitan et al.，2009；Weingartner et al.，2005），故 72°N 以北海域较强的河水信号可能不是阿拉斯加沿岸流的贡献。太平洋入流的另外 2 个分支（白令海陆架水和阿纳德尔水）也是潜在的来源之一，但由于这两个分支的河水信号较弱，难以解释 72°N 以北海域的高河水组分。因此，72°N 以北海域较高的总河水组分可归因于北极河流的输入，它可能来自波弗特流涡携带的麦肯齐河河水组分（Macdonald et al.，2002），也可能来自西伯利亚海流携带的欧亚河流河水组分（Guay et al.，2009）。

2）2008 年夏季

BS11~R17 断面的总河水组分份额（f_{RAW}）随着纬度的增加而增加，高值出现在 73°N 以北海域

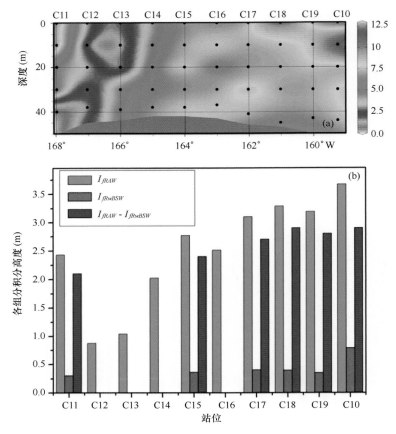

图6-12 2003年夏季楚科奇海C11～C10断面 f_{RAW}（a）和 I_{fR}（b）的分布

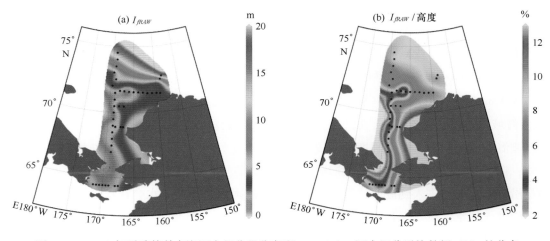

图6-13 2003年夏季楚科奇海河水组分积分高度 I_{fRAW}（a）、河水组分平均份额（b）的分布

0～50 m层水体（图6-14）。在68°N以南海域，f_{RAW} 较低，其变化范围为1.9%～9.0%，平均值为5.0%±1.7%（$n=25$），且 f_{RAW} 基本上不随深度的变化而变化，表现出混合均匀的特征。68°—73°N水体中的 f_{RAW} 较其南部海域有所升高，变化范围为3.9%～9.6%，平均值为7.5%±1.2%（$n=32$），仍呈现垂向混合均匀的特点。73°N以北海域 f_{RAW} 有明显的升高，且随着深度的增加而降低。该断面河水组分积分高度的分布显示，73°N以南海域河水组分的积分高度（I_{fRAW}）较低，与其所处区域水

深较浅有关，其中总河水组分积分高度（I_{fRAW}）的变化范围为 0.8～4.7 m，平均值为 5.0 m±1.2 m（$n=10$）。与南部海域不同，73°N 以北海域（R15 站和 R17 站）河水组分的积分高度较高，I_{fRAW} 分别为 15.3 m 和 16.6 m。如果将积分水深设定为南部海域的深度（即 50 m），则 R15 站和 R17 站总河水组分的积分高度分别为 9.4 m 和 9.7 m。显然，北极河流输入河水的比例较南部海域的相应比例明显来得高，佐证该区域的北极河流河水存在额外的来源。

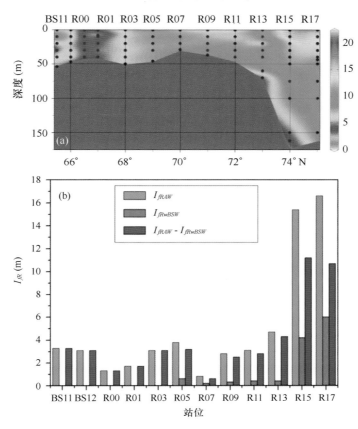

图 6-14　2008 年夏季 BS11～R17 断面河水组分份额 f_{RAW}
（a）和积分高度 I_{fRAW}（b）的分布

2008 年夏季 C11～C10A 断面总河水组分份额（f_{RAW}）的空间变化呈现出 163°W 东、西侧不同的特征，在 163°W 以西海域，f_{RAW} 相对较低，其变化范围为 7.8%～10.8%，平均值为 9.1%±0.9%（$n=15$）；163°W 以东海域 f_{RAW} 相对较高，变化范围为 9.1%～11.8%，平均值为 10.6%±0.6%（$n=18$）（图 6-15）。该断面 f_{RAW} 的低值位于 168°W 10 m 层和 164°W 近底层，f_{RAW} 均为 7.8%；f_{RAW} 高值出现在 160°～162°W 的近底层和 C10A 站（158°W）50 m，变化范围为 11.0%～11.8%，平均值为 11.4%±0.3%（$n=4$）。C11～C10A 断面河水组分的积分高度（I_{fRAW}）大体呈现随经度减少而增加的趋势。总河水组分积分高度（I_{fRAW}）的变化范围为 2.8～5.3 m，平均值为 4.0 m±0.9 m（$n=6$）。

2008 年夏季楚科奇海总河水组分积分高度（I_{fRAW}）的变化范围为 0.7～16.6 m，平均为 3.9 m±3.6 m（$n=28$）。从总河水组分平均份额的空间分布可以看出，总河水组分在楚科奇海东、西侧的变化梯度更明显，更明确地说明了太平洋入流 3 种水团在楚科奇海的分布特征，即阿拉斯加沿岸流水体主要集中在楚科奇海东部海域，白令海陆架水分布在 170°W 以西海域，而中部区域则为上述 2 种水团的混合。另外，尽管总河水组分平均份额在南、北部海域的差异不如积分高度来得明显（图

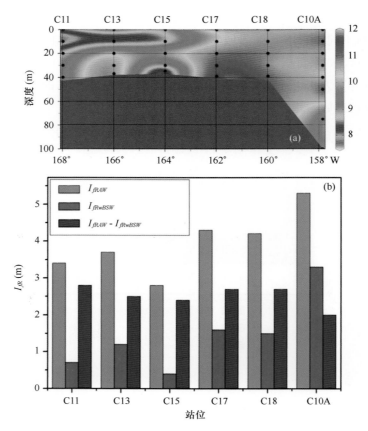

图 6-15 C11~C10A 断面河水组分份额 f_{RAW}（a）和积分高度 I_{fRAW}（b）的分布

6-16)，但仍存在由南往北增加的态势，进一步佐证楚科奇海北部海域存在额外的河水来源，其可能的贡献包括波弗特流涡携带的麦肯齐河河水、大气气压场驱动的表层海流变化所引起的欧亚大陆河流河水的输入（Morison et al.，2012）。

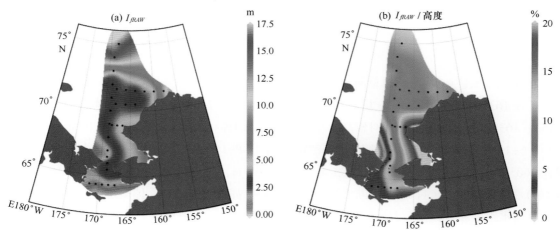

图 6-16 2008 年夏季楚科奇海河水组分积分高度（I_{fRAW}，a）和平均份额（b）的分布

3）淡水储量的变化

2003 年夏季期间，楚科奇海总河水组分的积分高度平均为 3.4 m±3.6 m（$n=41$），相应的楚科

奇海总河水组分储量为 2 108 km³±656 km³。2008 年夏季期间，楚科奇海总河水组分的积分高度略高于 2003 年，平均值为 3.9 m±3.6 m（$n=30$），相应总河水组分储量为 2 418 km³±572 km³（表 6-3）。2008 年夏季楚科奇海总河水组分的积分高度比 2003 年夏季升高了 0.5 m，总河水组分储量增加了 310 km³，但若考虑误差的话，则 2003 年和 2008 年夏季楚科奇海的总河水组分储量可能没有显著差别。2003 年夏季楚科奇海海冰融化水组分的积分高度平均为 1.7 m±1.4 m（$n=41$），海冰融化水组分的储量为 1 054 km³±511 km³。2008 年夏季海冰融化水组分的积分高度明显低得多，平均值为 0.1 m±1.0 m（$n=29$），相应的海冰融化水组分储量为 62 km³±6 200 km³，显然，楚科奇海 2008 年夏季所含有的海冰融化水储量比 2003 年夏季低得多，这可能与 2008 年夏季楚科奇海的海冰比 2003 年夏季更早融化（http：//polar. ncep. noaa. gov/pub/history/ice/nh）有关，早期海冰融化形成的海冰融化水可被海流携带迁出楚科奇海。另外，2007 年夏季楚科奇海的海冰大幅度消退（Perovich et al.，2011），促使冬季有更多的海冰形成，2008 年夏季在楚科奇海北部部分站位仍观察到负的海冰融化水信号可佐证这一点，由此也会导致 2008 年夏季楚科奇海海冰融化水净储量的降低。2008 年海冰融化水储量的降低，导致 2008 年夏季楚科奇海淡水组分的总储量（总河水储量+海冰融化水储量）（2 480 km³）比 2003 年夏季（3 162 km³）降低了 682 km³。

表 6-3　2003 年和 2008 年夏季楚科奇海河水组分的积分高度和储量

年份	海域	淡水组分	积分高度（m）		储量（km³）
			变化范围	平均值	
2003	楚科奇海	I_{fRAW}	0.9~18.2	3.4±3.6（$n=41$）	2 108±656
		I_{fIAW}	−3.2~4.2	1.7±1.4（$n=41$）	1 054±511
		Total			3 162±832
2008		I_{fRAW}	0.7~17.6	3.9±3.6（$n=30$）	2 418±572
		I_{fIAW}	−3.2~1.7	0.1±1.0（$n=29$）	62±6 200
		Total			2 480±6 226

6.2.3　海洋碳循环和碳汇现状分析与评价

6.2.3.1　白令海碳汇

1）白令海表层海水 pCO_2 分布

在 2008 年、2010 年和 2012 年中国第 3、第 4、第 5 次北极科学考察中，进行了 CO_2 走航观测，获得了白令海表层海水二氧化碳分压（pCO_2）数据的第一手资料，了解了白令海区域表层海水 pCO_2 的大致分布状况（图 6-17）。

虽然 3 年的考察路线并不完全一致，但观测结果表现出了相当类似的分布格局，总体上为海盆区较高，陆架陆坡区较低。纵穿白令海盆、陆坡和陆架区的断面上 pCO_2 表现出了剧烈梯度。在 57°N 以南，白令海盆表层 pCO_2 是一个极高值区域。然而，在 59.5°N 至 61.5°N 之间，pCO_2 开始突然降低，然后在 62°N 慢慢上升。与白令海盆不同，白令陆架区的整体都较低，在 $150\times10^{-6} \sim 240\times10^{-6}$ μatm 之间波动。在白令海东北部的断面，pCO_2 向东逐渐升高而且同时伴随着表层盐度的逐渐降低。值得注意的是，pCO_2 最高值位于此断面最东部，已经达到了大气 pCO_2 的水平。在白令海峡

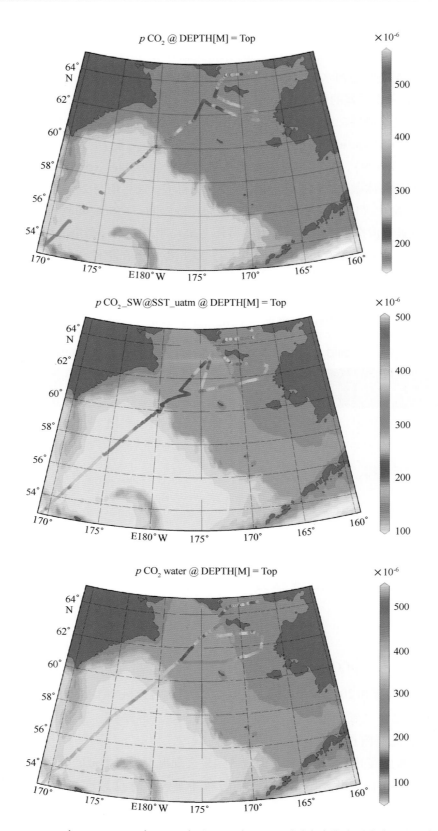

图 6-17　2008 年（a）、2010 年（b）年和 2012 年（c）夏季白令海表层海水 pCO_2 分布

断面，pCO_2 向东突然升高然后又逐渐降低。显然，白令海峡西部是一个非常特殊的区域，它的表层温度都比其他区域低，表层盐度都比其他区域高，同时它的 pCO_2 又非常的过饱和。

在海盆区基本处于 CO_2 源汇平衡或者弱源的状态；在陆架和陆坡区，除东北部陆架处于 CO_2 源汇平衡外，都是一个强烈的大气 CO_2 汇区；在白令海峡口，西部是一个非常特殊的区域，海水 pCO_2 都非常的过饱和。不同区域海水 pCO_2 表现出较大的差异，也说明各个区域的 CO_2 源汇控制机制可能大不相同。根据白令海东北部断面的盐度和其他相关参数分布，我们推断其 pCO_2 的分布是由低的陆架水 pCO_2 和高的河流源 pCO_2 混合所控制。与前人研究一致，高 pCO_2 的区域一直扩展到我们的研究区域之外，甚至可能高于大气 CO_2 水平。

最显著的是在白令海峡西部发现了相对大气 CO_2 高度过饱和的 pCO_2。结合 BS 断面盐度、温度、DIC 和 TA 的垂直分布，这个独特的区域可以被认为是一个上升流。尽管此区域也位于白令"绿带"上，具有巨大的生产力，但是底层富含 CO_2 的海水涌升到表层补偿了 CO_2 的生物去除。分析表明，在海盆区，由于其是高营养盐低叶绿素海区，可能受溶解度泵和水文环流因素的控制；在陆坡和大部分陆架区，由于强烈的浮游植物初级生产，而可能主要受到生物泵的影响。

2）白令海的碳通量

与白令海表层海水 pCO_2 分布状况一致，3 年的 ΔpCO_2 的分布格局从小到大依次为：白令陆架区、白令海盆区、淡水影响陆架区、白令海峡上升流区。在 2008 年的第 3 次北极科学考察中，应用船载气象站所记录的 10 分钟平均风速所计算的瞬时海—气 CO_2 通量的范围为 $-79.4\sim17.4$ mmol/（$m^2\cdot d$）（负值代表汇，正值代表源），最小值位于 62.4°N，172.6°W 附近的白令海陆架区域，最大值位于 64.3°N，171.4°W 附近的白令海峡西部区域。在 2010 年的第 4 次北极科学考察中，瞬时海—气 CO_2 通量的范围为 $-175.7\sim18.8$ mmol/（$m^2\cdot d$），最小值位于 63.5°N，172.5°W 附近的白令海陆架区域，最大值位于 64.2°N，171.8°W 附近的白令海峡西部区域。在 2012 年的第 5 次北极科学考察中，瞬时海—气 CO_2 通量的范围为 $-107.0\sim48.8$ mmol/（$m^2\cdot d$），最小值位于 61.1°N，177.6°W 附近的白令海陆架区域，最大值位于 64.4°N，171.3°W 附近。

然而，我们发现瞬时吸收通量的最大值或最小值往往并没有与 ΔpCO_2 的最大值或最小值重合，这是由于瞬时通量受风速的影响显著。并且研究发现高风速一般对应了高的海—气 CO_2 吸收通量。为了检验风速对海—气 CO_2 通量的影响，应用白令海考察期间的平均风速来计算瞬时通量。应用考察期间的平均风速之后，海—气 CO_2 通量的分布和 ΔpCO_2 的分布格局完全一致，2008 年的海—气 CO_2 通量的变化范围变为 $-22.0\sim17.8$ mmol/（$m^2\cdot d$）（图 6-18），源区最高值并无太大变化，因为其瞬时风速和平均风速相差无几，原汇区最小值由于风速的变化，变为 -16 mmol/（$m^2\cdot d$），相差 5 倍之多；2010 年的海—气 CO_2 通量的变化范围变为 $-40.6\sim17.8$ mmol/（$m^2\cdot d$），和第 3 次北极考察结果类似，由于其瞬时风速和平均风速相差无几，原来的源区最高值无太大变化，而且其最大值的位置前后是重合的，可是原来的汇区的最小值由于风速的变化（从 17.5 m/s 变为 7.8 m/s）急剧缩小为 -36.7 mmol/（$m^2\cdot d$），并不与现在的最小值位置重合；2012 年的海—气 CO_2 通量的变化范围变为 $-33.2\sim25.4$ mmol/（$m^2\cdot d$）（图 6-18），由于风速的变化导致通量波动范围明显减小，而且其最大值和最小值位置与原来的并不重合。大气条件（风速）无论在分钟级还是每天的变化都很大，而海洋条件（海表温度、盐度、海水 pCO_2）变化相对较少。因此我们为了揭示白令海夏季海—气 CO_2 通量，应用海区观测到的平均值来估算。

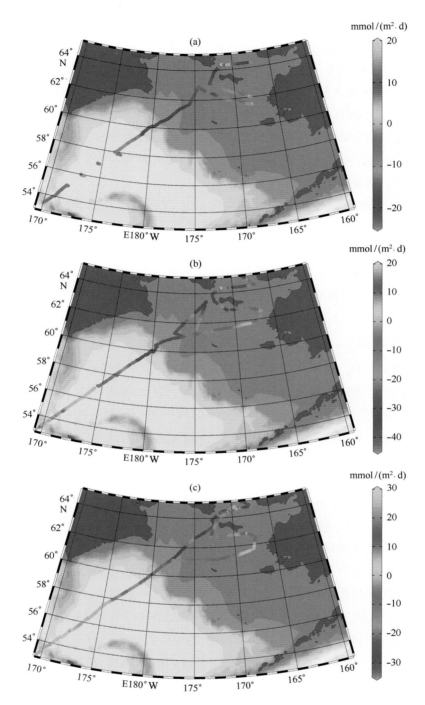

图 6-18　2008 年 (a)、2010 年 (b) 年和 2012 年 (c) 夏季白令海海-
气 CO_2 通量

6.2.3.2　西北冰洋碳汇

1）西北冰洋表层海水 pCO_2 分布

在 2008 年、2010 年和 2012 年 3 次北极考察中，对北冰洋的调查都达到了 80°N 以北，涵盖了西北冰洋的大部分区域，对整体上北冰洋的夏季表层 pCO_2 分布状况有了比较全面的了解，这是在全球变暖和北冰洋海冰不断融化的背景下获取的第一手 pCO_2 数据，对于我们评估北冰洋的源汇状况和预测其趋势有重要意义。根据在西北冰洋的 CO_2 走航数据绘制了西北冰洋夏季 pCO_2 分布图（图6-19）。

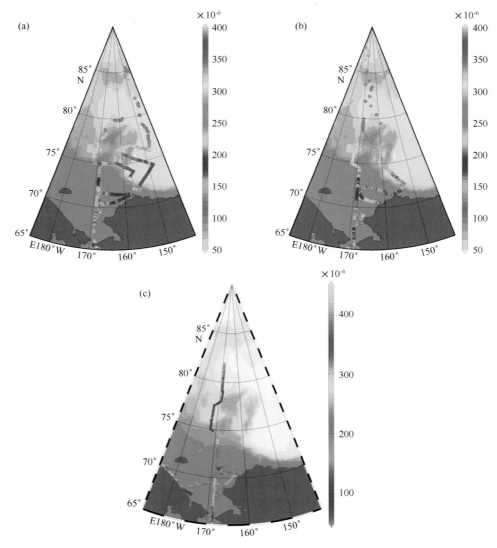

图 6-19 西北冰洋表层海水 pCO_2 分布

（a）2008年中国第3次北极科学考察，CHINARE 2008；（b）2010年中国第4次北极科学考察，CHIN-ARE 2010；（c）2012年中国第5次北极科学考察，CHINARE 2012

在中国第3次北极科学考察中，2008年夏季西北冰洋表层 pCO_2 分布范围为 $132×10^{-6} \sim 367×10^{-6}$，最低值出现在楚科奇海 $169°W$ 断面的 $68°N$ 附近区域，最高值出现在加拿大海盆 $73°N$，$152.7°W$ 附近区域。在中国第4次北极科学考察中，2010年夏季西北冰洋表层 pCO_2 分布范围为 $74×10^{-6} \sim 383×10^{-6}$，最低值出现在楚科奇海 $169°W$ 断面附近的 $72°N$ 区域，最大值出现在楚科奇海沿岸 $70.4°N$，$161.4°W$ 附近区域。在中国第5次北极科学考察中，2012年夏季西北冰洋表层 pCO_2 分布范围为 $58×10^{-6} \sim 364×10^{-6}$，最低值出现在楚科奇海 $169°W$ 断面附近的 $71°N$ 区域，最大值出现在中央海盆区73°N，152.7°W附近。总体上看，西北冰洋的pCO_2分布格局从小到大依次为：楚科奇海区、加拿大海盆海冰区、加拿大海盆无冰区。在楚科奇海陆架观测到极端低的pCO_2值，陆坡的pCO_2分布显示存在很大的梯度差异，向海盆方向增高，在加拿大海盆南部无冰区存在高值区，而在海冰覆盖的加拿大海盆北部（主要在78°N以北）的表层pCO_2值又是相对低的。在这3个考察航次中，整个西北冰洋测区在夏季对于大气CO_2都是不饱和的。前人对楚科奇海区的研究中都表明了它在夏季是一个强汇区，与我们的发现一致。而由于以前海冰覆盖的影响，鲜有对加拿大海盆的pCO_2分布进行大规模调查，在本研究中则表明海盆区无论是海冰区还是无冰区在夏季都是CO_2的汇区，这对预测未来夏季北冰洋海冰完全融化后的碳汇的变化具有指导意义。

2）楚科奇海碳汇

夏季楚科奇海陆架区的pCO_2值非常低，2008年在132~301 μatm* 之间波动，2010年在74~383 μatm之间波动，2012年的波动范围最小，为58~256 μatm。陆架区由于源自北太平洋富含营养盐入流水的注入，保持着非常高的季节性初级生产力和净群落生产力，从表层水中去除无机和有机碳导致了海水pCO_2的低值，这是保持楚科奇海在夏季是一个强汇区的主要原因。

2008年，根据平均风速计算的楚科奇海陆架区海—气CO_2通量范围为$-2.9 \sim -26.2$ mmol/（$m^2 \cdot d$），平均海—气CO_2通量是-17 mmol/（$m^2 \cdot d$）。2010年，根据平均风速计算的楚科奇海陆架区海—气CO_2通量范围为$-55.3 \sim 1.1$ mmol/（$m^2 \cdot d$），平均海—气CO_2通量是-19.3 mmol/（$m^2 \cdot d$）。2012年，根据平均风速计算的楚科奇海陆架区海—气CO_2通量范围为$-39.0 \sim -13.2$ mmol/（$m^2 \cdot d$），平均海—气CO_2通量是-21.7 mmol/（$m^2 \cdot d$）。3个考察航次楚科奇海（陆架）海—气CO_2通量的详细情况如表6-4所示。

表6-4 楚科奇海（陆架）海—气CO_2通量

航次	温度 （℃）	盐度	风速* （m/s）	pCO_2water （μatm）	pCO_2air （μatm）	Flux ［mmol/（$m^2 \cdot d$）］
2008年	1.8	29.6	6	203.4	375	-17.0
2010年	3.8	30	6.7	217	376	-19.3
2012年	5	29.5	6.4	181	378	-21.7

*2010年风速用的是楚科奇海7月实测风速（8月、9月风速较高），其余航次用的是整个航次的平均风速。

另外，我们假设这个海域的无冰期为100 d，而且其他季节没有CO_2通量的贡献。因此，使用我们的调查断面的资料代表整个楚科奇海（面积约为595 000 km^{-2}）的年均CO_2吸收（观碳计）大约为$12.1×10^{12}$ g/（$m^2 \cdot d$）。以前也有研究者报道一些楚科奇海开放水域的海—气CO_2通量，所有的这些研究显示楚科奇海作为大气CO_2的汇，平均海—气CO_2通量为$-20 \sim -5$ mmol/（$m^2 \cdot d$），除了Bates（2006）估算的极高的通量-40 mmol/（$m^2 \cdot d$）。我们基于直接测量调查的CO_2通量与Murata和Takizawa（2003）有很好的一致性，但是显著低于Bates（2006）。1996—2008年，在已有的资料里显示楚科奇海的海—气CO_2通量没有大的改变。我们也不能清楚解释Bates（2006）使用TA和DIC数据计算的CO_2通量和我们使用的走航pCO_2所得通量的差异。我们认为可能的原因是所采

---

* 1 atm（非法定计量单位）= 1.013 25×10^5 Pa。

用的风速数据不同。Bates（2006）使用的风速数据来自于模型而不是船载测量数据，因为两者的 $\Delta p CO_2$ 是具有可比性的。Bates（2006）认为楚科奇海陆架和陆坡的机制无冰期的高初级生产力和净群落生产和有机物的横向输出驱动的陆架碳泵使它成为一个可能的汇。

6.3 典型海域水体环境变化趋势预测与评估

6.3.1 影响营养盐分布的关键过程及其变化趋势

6.3.1.1 北冰洋营养盐的来源分析

随着全球变暖，河流淡水输入对北冰洋营养盐分布正产生深刻的影响。由于受人类活动的影响较小，北极河流与其他大河相比，其营养盐结构具有硝酸盐浓度较低，硅酸盐浓度较高的特点。以勒拿河为例，勒拿河的无机营养盐浓度分别为：硝酸盐浓度平均为 0.6 μmol/L，亚硝酸盐浓度平均为 0.07 μmol/L，铵盐浓度平均为 0.13 μmol/L，磷酸盐浓度平均为 0.5 μmol/L，而硅酸盐浓度平均则高达 66 μmol/L。同样的，育空河对北冰洋的淡水输入的贡献达到 8%，而育空河硝酸盐平均值为 (2.43±0.63) μmol/L-N，而硅酸盐的平均浓度则高达 (82±21) μmol/L-Si。显然，河流直接输入的硝酸盐对北冰洋的硝酸盐储量的贡献极小，而高通量的硅酸盐使得北冰洋是硅的净输入。然而，由于北极河流具有高浓度的溶解有机物（DOM），对马更些河的研究表明，河流 DON 是重要的 N 源，能够通过光的铵氧化形成铵盐，其贡献超过河流输入的硝酸盐和铵盐的总和。因此河流输入的溶解和颗粒有机物可能在控制可利用营养盐和营养盐动力学起了重要作用。而全球变暖的趋势可能增加进入北冰洋的有机质和营养盐输出通量。那么河流直接输送和间接输送的营养盐有多少能够到达寡营养盐的北冰洋海盆？虽然河水的信号及有机组成在北冰洋表层海水均能发现，但研究发现伯朝拉河、鄂毕河、叶尼塞河、科脱河和勒拿河的大部分河水并没有流出陆架进入相邻的河流三角洲（river deltas），而在停留在陆架区，并且通过气旋式环流进入拉普捷夫海和东西伯利亚海。此外，河流淡水输入的增加将加强北冰洋长年存在的密度层，这将限制上层水体的垂直混合。

此外，太平洋入流水的增强也能够改变北冰洋上层海洋的营养盐结构。太平洋水进入白令海峡的北向流主要有 3 个水团，其来源和理化性质差异明显，通常可通过春夏季水体盐度分布划分，其中沿白令海峡西侧进入北冰洋是阿纳德尔流，表现为低温高盐并且营养盐较丰富，盐度范围在32.8~33.0。靠近阿拉斯加海岸的是阿拉斯加沿岸流（Alaska Coastal Water，ACW），其输送过程受到育空河冲淡水的影响，特征盐度小于 31.8。白令海陆架水（Bering Shelf Water，BSW）则沿圣劳伦斯岛东西两侧向北输送，夹在 ACW 和 AW 之间进入白令海峡。此外，太平洋来源的涡具有较高浓度的营养盐、有机碳和悬浮物，能够向加拿大海盆上盐跃层输送碳、氧和营养盐。

沉积物间隙水中营养盐的再生和向水体的扩散也是水体营养盐补充的重要途径之一。尤其对于像楚科奇海这样的陆架海域，沉积物间隙水向上覆水体输送营养盐在生源要素循环和生态系统结构中起着相当重要的作用。沉积物—水界面是水体和沉积物两相组分组成的环境边界，此处存在着典型的生物地球化学过程，在一定水深和缺氧条件下发生反应，并且都伴有有机质和微生物细菌的间接或是直接的参与，是营养盐输送的重要媒介。沉积物–水界面下有机质的矿化作用是早期成岩的主要过程，向沉积物间隙水中释放营养物质，往往使间隙水中营养盐浓度高于上覆水体，之后通过生物扰动、分子扩散等过程进行交换或迁移。楚科奇海陆架区沉积物中发生的强烈反硝化作用，尽管表现为 N 迁出，但是从沉积物间隙水输送的 NO_3^- 补偿了部分迁出，其通量不容忽视。沉积物间隙水输送的 SiO_3^{2-} 通量分布表明，其最高值出现在陆架坡折区，并随离岸距离的增加而指数降低。

海冰的消融也会对北冰洋特别是极地混合层产生一定的影响。研究表明海冰的营养盐储量与其年龄息息相关，形成时间长的海冰一般与表层水营养盐水平并不相关。一些营养盐（如氮盐）和金属元素在海冰中相对于表层海水更加富集，海冰融化释放的无机氮和金属元素对表层水体有一定的补充。此外，有研究发现海冰底部 N 和 P 相对充足，主要为 Si 限制，并且颗粒物中储存了相当丰富的营养盐，表明了海冰底部具有极高的溶解营养盐储量（如高达 400 μmol/L 的硝酸盐）。

6.3.1.2　西北太平洋楚科奇海沉积物–水界面营养盐输送通量估算

1) 沉积物间隙水中营养盐的垂直分布特征

以 R06 站为例，其营养盐的分布（图6-20）与沉积物–水界面处于较弱的物理和生物扰动状态下的典型分布特征相类似，即营养盐均在靠近沉积物–水界面处有明显的浓度梯度，随深度增加，溶解态营养盐分布呈现指数增加，随后逐渐达到一个趋于稳定的浓度（Hu et al.，2006）。如图6-20 所示，依据营养盐浓度梯度，沉积物间隙水中的营养盐随深度变化可以划分为 3 个阶段：① 指数增加层，3 项营养盐的浓度均随着沉积深度的变深快速升高；② 稳定变化层，营养盐浓度在该阶段基本不变，表明其沉积再矿化作用与营养盐移出速率相互抵消；③ 缓慢递减层，由于有机质降解作用耗尽氧气，NO_3^- 和 PO_4^{3-} 被还原细菌利用而失去氧离子。R06 站位沉积物间隙水中营养盐在 0~3 cm 层处于指数增加层（Ⅰ层），变化幅度呈现硝酸盐>磷酸盐，表层营养盐含量分别为 27.60 μmol/L（NO_3^-）、7.26 μmol/L（PO_4^{3-}）；3~8 cm 为稳定变化层（Ⅱ层），硝酸盐接近 60 μmol/L，而磷酸盐基本 32 μmol/L 左右；8 cm 层以深至 18 cm 营养盐呈现缓慢递减趋势（Ⅲ层），硝酸盐含量近 30 μmol/L，磷酸盐约 22 μmol/L。

2) 沉积物–水界面营养盐输送通量估算

沉积物–水界面的营养盐扩散通量计算依据 Fick 第一定律（Berner，1980）：

$$J_0^* = -\Phi_0 \cdot \left(\frac{\partial C}{\partial z}\right)_0 \cdot D_T \qquad (6-1)$$

式中，J_0^* 表示沉积物–水界面的扩散通量；0 表示沉积物–水界面；Φ 表示沉积物表层 1 cm 层的平均孔隙度（$0<\Phi<1$），采用 Baskaran 和 Naidu（1995）的含水率（$H_2O\%$）计算得出 CC1、R06 和 C07 的孔隙度 Φ 分别为 0.73、0.57 和 0.56，S23 站位由于缺少合适的含水率数据，所以直接引用 Chang 和 Devol（2009）在楚科奇海陆架区 S23 附近的 Φ 数据；$\left(\frac{\partial C}{\partial z}\right)_0$ 表示沉积物界面浓度梯度，可以采用沉积物表层（0~0.5 cm）间隙水中营养盐的含量与上覆水中营养盐含量的差值进行估算（叶曦雯等，2002）；D_T 沉积物总扩散系数，由 D_s 估算而得（Ullman and Aller，1982）：

$$D_S = D \cdot \Phi^{m-1} \qquad (6-2)$$

式中，D 代表任意溶剂的分子扩散系数（Yuanhui and Gregory，1974）；m 是经验常数，$\Phi \geq 0.7$ 时，$m=2.5~3$，$\Phi \leq 0.7$ 时，$m=2$。

海水中硅酸盐的分析扩散系数 D 为 $10×10^{-6}$ cm²/s（Wollast and Garrels，1971），而海水中磷酸盐和硝酸盐的分子扩散系数 D 是与温度有关的函数（Chang and Devol，2009）：

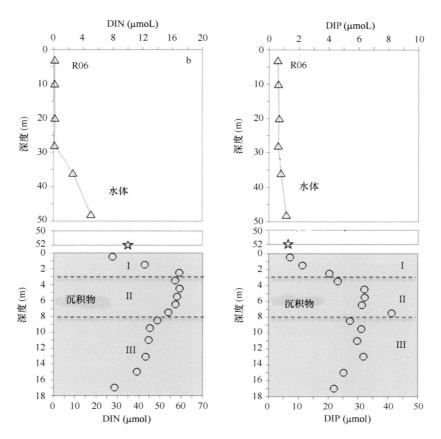

图 6-20 楚科奇海陆架区 R06 水柱和沉积物间隙水中硝酸盐及
磷酸盐垂直分布（上覆水和水柱营养盐共 x 轴）

$$D(NO_3^-) = (9.5 + 0.388t) \times 10^{-6} \tag{6-3}$$

$$D(NO_3^-) = (2.62 + 0.143t) \times 10^{-6} \tag{6-4}$$

式中，t 为近海底温度，单位为℃。

采用 Fick 第一定律结合沉积物–水界面双层模型理论，同样以 R06 站为例，计算出了 R06 站位磷酸盐和硝酸盐的沉积物–水界面扩散通量（表 6-5）。硝酸盐的扩散通量与 Chang 和 Devol（2009）在楚科奇海陆架区测得的数据 [0.03~0.425 mmol/（m² · d）]（以 N 计算）基本吻合，略高于 Souza 等（2014）在楚科奇海东陆架区测得的数据 [0.007~0.100 mmol N/（m² · d）]，而磷酸盐扩散通量略低于 Souza 等（2014）在楚科奇海东陆架区测得的数据（0.014~0.345 mmol P/（m² · d））。从通量计算结果可以看出，沉积物中硝酸盐与磷酸盐扩散通量的原子比值为 DIN∶P = 15∶1，低于 Liu 等（2003）在渤海海域测定的沉积物中硝酸盐与磷酸盐扩散通量的原子比值 51∶1，即楚科奇海沉积物为上覆水体提供的硝酸盐低于渤海海域。

与其他海域（表 6-6）相比，楚科奇海陆架区沉积物–水界面中硅酸盐的扩散通量与 Link 等（2013）在 Beaufort 海陆架采集的沉积物的培养实验结果（0.43~2.5 mmol Si/（m² · d）基本吻合，略高于近海海域和南大洋以及北大西洋沉积物中硅酸盐的扩散通量，这与楚科奇海生物生产力中硅藻等硅质生物的绝对优势是分不开的；明显高于北冰洋陆架沉积物中硅酸盐的扩散通量，这与北冰洋高纬度的海冰覆盖以及硅质生物数量减少有关；远低于东太平洋陆架区沉积物中硅酸盐的扩散通量，这也可能与两者海域的硅质生产力不同有关。此外，楚科奇海陆架区沉积物中硅酸盐的扩散通量表现出较大的变化范围。

表6-5　楚科奇海陆架区（R06站）沉积物-水界面磷酸盐与硝酸盐扩散通量

（J_0 为正值表示营养盐由沉积物向水体中输送）

营养盐	Φ	分析扩散系数 D（$\times 10^{-6} \text{cm}^2/\text{s}$）	扩散系数 Ds（$\times 10^{-6} \text{cm}^2/\text{s}$）	扩散通量 J_0 [mmol/（$\text{m}^2 \cdot \text{d}$）]
NO_3^-	0.57	5.24	5.24	0.117
PO_4^{3-}	0.57	1.43	1.43	0.008

表6-6　楚科奇海陆架区及其他海域沉积物-水界面硅酸盐扩散通量比较

研究区域	SiO_3^{2-} 扩散通量 [mmol/（$\text{m}^2 \cdot \text{d}$）]	数据来源
渤海	0.56	Liu et al.，2003
黄海、东海	1.67~1.72	戚晓红等，2006
南大洋	0.17~1.12	扈传昱等，2006
南大洋	0.59	Treguer，2014
北大西洋	0.01	Ziebis et al.，2012
东太平洋陆架	15.4	Gomoiu and Vollenweider，1992
北冰洋陆架	0.18	Marz et al.，2015
楚科奇海	0.24~3.10	本研究

6.3.2　西北冰洋淡水组分的变化趋势分析

加拿大海盆河水和海冰融化水近40年的变化规律

通过收集国内外加拿大海盆海水 ^{18}O 的781份数据，借助大西洋水-河水-海冰融化水三端元混合的同位素解构技术，揭示了加拿大海盆1967—2010年间河水、海冰融化水的变化趋势及其调控因素，发现加拿大海盆河水组分在1967—1969年、1978—1979年、1984—1985年、1993—1994年、2008—2010年间呈高值分布（图6-21），说明加拿大海盆河水组分的更新时间为5~16 a，其时间变化规律与北极涛动（AO）指数的变化密切相关（Pan et al.，2014）。

近40年来加拿大海盆海冰融化水组分的变化显示，海冰融化水份额在1969—1984年、1988—1990年和1994—2004年期间较高，没有明显的规律性。1967—1968年和1984—1994年期间，加拿大海盆海水结冰程度更加明显，可能是由于大气环流驱动的河水路径变异所致。与河水组分相比，海冰融化水份额明显低于河水份额，表明河水是加拿大海盆淡水的主要组分。海冰融化水的穿透深度明显小于河水，主要受表层海水结冰的周期性影响。近40年来加拿大海盆淡水积分高度变化与AO指数存在一定的关系。加拿大海盆海冰融化水的份额与AO指数的增加存在正相关关系（图6-22）。

6.3.3　西北冰洋海洋酸化现状初步评估

由于大量吸收大气 CO_2 所引发的海洋酸化是人类所面临的又一个重大环境问题。自工业革命以

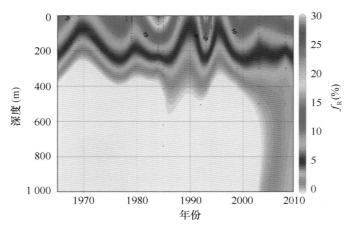

图 6-21　1967—2010 年间加拿大海盆河水组分份额的变化

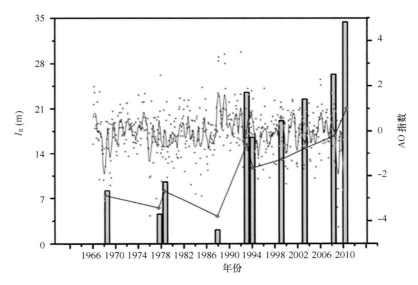

图 6-22　近 40 年来加拿大海盆河水储量与 AO 指数的关系

来，海洋从大气中吸收约 1/3 人类排放的 CO_2，海洋吸收 CO_2 引起海洋酸化，导致文石饱和度显著下降。文石饱和度是评估海洋酸化及对海洋含 $CaCO_3$ 类生物影响的重要指标之一。研究预测表明北冰洋表层水将成为全球深海最先出现文石饱和度小于 1（即不饱和）的海域。然而，受制于政治因素和现场恶劣的海况，北冰洋航次观测数据至今十分稀少。基于中国北极科学考察航次，我们对西北冰洋的海洋酸化状况进行了初步的研究。

文石饱和度作为衡量酸化的重要指标，考察文石饱和度的变化对于海洋酸化的成因以及年际变化趋势的研究具有重要的意义。春夏期间，富含营养盐的太平洋水团进入楚科奇海的陆架，其与海冰融水对海水的层化作用，加之强烈的太阳光照使楚科奇海具有极高浮游植物生产力和净群落生产力 [>300 g/（$m^2 \cdot a$）（以碳计）或 0.3~2.8 g/（$m^2 \cdot a$）（以碳计）]。植物光合作用的过程增加了海水的碳酸根离子浓度，这使得整个楚科奇海都处于过饱和状态，早在 1991 年 Jutterström 等首次在北冰洋进行了文石和方解石饱和度的调查，研究结果显示整个楚科奇海都处于碳酸钙过饱和状态，Ω_{arag} 绝大部分都在 2~3 之间。

随着全球气候的变暖，海冰后撤更为迅速，在靠近洋盆附近的开阔水域，钙离子浓度几乎为零的海冰融水同时具有极高的 CO_2 吸收能力，此时 Ω_{arag} 极其容易出现不饱和。因此，2008 年、2010 年和 2012 年在楚科奇海北部总会观测到 Ω_{arag} 的极小值。虽然 2008 年和 2010 年考察期间楚科奇海的 Ω_{arag} 都在 1~3 之间，但 2012 年夏季的观测结果表明楚科奇海北部海域已经发生了文石不饱和（图 6-23），而且对比 3 年的表层海水 Ω_{arag} 可以发现，Ω_{arag} 有逐渐变小的趋势。

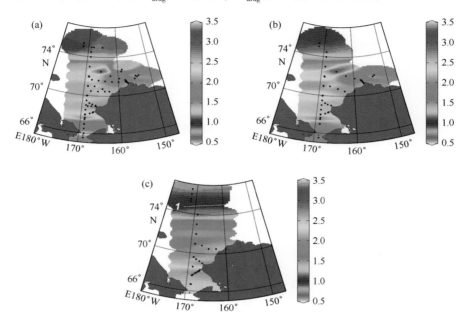

图 6-23 2008 年（a）、2010 年（b）年和 2012 年（c）楚科奇海表层海水文石饱和度 Ω_{arag} 分布

图中虚线为 $\Omega_{arag}=1$ 的分界线

2008 年、2010 年和 2012 年的 169°W 断面 Ω_{arag} 分布如图 6-24 所示。从图中可以看出，有 3 个位置存在 Ω_{arag} 低值区。陆架边缘 10 m 以浅表层水 Ω_{arag} 值较小，但仅有 2012 年出现了文石不饱和现象（即 Ω_{arag} 小于 1），在水深 100 m 处的陆架坡折处发生了较大范围的文石不饱和，同时在陆架边界的水深 200 m 处也发生了文石不饱和。2010 年的分布图中可以看出 3 个 Ω_{arag} 低值区具有明显的边界，而在 2008 年和 2012 年，陆架坡折处的 Ω_{arag} 低值区域与水深 200 m 处的低值区连到了一起并有扩大的趋势。从多年的断面分布来看，楚科奇海的海洋酸化状况正在加剧。

200 m 深处的不饱和水团与陆架坡折处的 Ω_{arag} 低值区存在明显的边界，说明两个 Ω_{arag} 低值区的成因是存在差异的。有研究显示在加拿大海盆 100~200 m 深处的海水也发现了海水文石不饱和现象，根据氧同位素 [18]O 示踪研究发现，这一层水是白令海和楚科奇海陆架的冬季变性水组成，具有低温（<-1℃）、高营养盐、高 pCO_2（由于有机物的在矿化过程导致）特点的太平洋冬季水进入加拿大海盆，引起了海水文石不饱和（$\Omega_{arag}<1$）。加拿大海盆更深层次的海水来自于欧亚海盆（欧亚海盆深层水主要来源于大西洋水），并在 400 m 深水观测到了文石饱和度的极大值。因此，200 m 深处的 Ω_{arag} 不饱和水团来源主要是海盆次表层水的侵袭，特别是在 2012 年夏季，这个水团与陆架破折处的 Ω_{arag} 不饱和水团连为一体，这有可能是由于海冰融化后气旋引起的涌升导致次表层水向陆架区域侵袭。

2008 年、2010 年和 2012 年的 169°W 断面 pH 值分布如图 6.25 所示。pH 值的分布与文石饱和

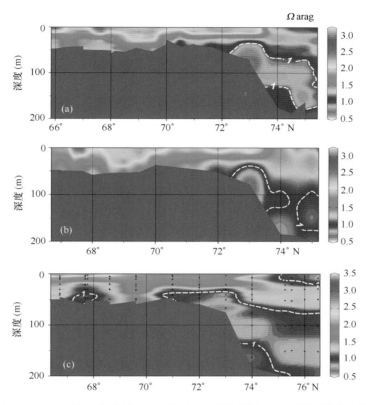

图 6-24　2008 年（a）、2010 年（b）年和 2012 年（c）楚科奇海 169°W 断面海水文石饱和度 Ω_{arag} 分布

图中虚线为 $\Omega_{arag}=1$ 的分界线

度的分布趋势较为一致，低 pH 值发生在陆架边缘靠近海盆的海区的表层与陆架坡折处的海底，文石不饱和现象也可能会同时在这些区域发生。从每一年的断面图都可以看出楚科奇海 Ω_{arag} 与深度有关，在陆架和陆坡的水团都有所不同。海表在陆架区域 Ω_{arag} 平均值在 2.1±0.6，唯一的异常是加拿大海盆的陆架坡折处深度具有较低的碳酸钙饱和度，同时伴随着营养盐最大值和较低溶解氧浓度，这说明有机物发生了矿化作用。此外，生物对 DIC 的消耗引起了海水 pH 值的剧烈变化，导致了表层海水在春季水华之后的 pH 值相比春季水华之前的 pH 值有所升高，2010 年夏季表层水原位 pH 值达到了 8.348±0.100，8 月整个水柱中的文石和方解石饱和度都属于过饱和（即 $\Omega_{arag}>1$，$\Omega_{cal}>1$），其中方解石饱和度（Ω_{arag}）在表层水达到了 3.21±0.69，表层水 pCO_2 值在 180~320 μatm 之间，这意味着表层水存在着相当大的吸收大气中 CO_2 的潜力。

在陆架区近底层，25 m 以下，pH 值在 8 左右，文石饱和度为 1.5，尽管表层文石和方解石饱和度都有所下降但是依然都在饱和补偿深度以上，即 Ω_{arag} 和 Ω_{cal} 都大于 1，仅在 2012 年的断面图中观测到了小片区域的文石不饱和。在一些深水区站位的近底层中，由于 DIC 的积累以及随后的 pCO_2 增加导致了碳酸钙饱和度的锐减，文石饱和度首先出现了不饱和（$\Omega_{arag}<1$）。海水深处继续增长的 pCO_2，导致了 pH 值变得更低，大部分的值都降低到了 7.95~8.10 之间，同时诱发了在楚科奇海的 30 m 到底层出现了广泛的文石不饱和（$\Omega_{arag}<1$），方解石饱和度尽管依然处于过饱和状态（$\Omega_{cal}>1$）。作为极区亚极地陆架海域高生产力的典型海域，生物过程很可能是楚科奇海碳酸盐参数变异的决定性驱动力，这种变化符合"浮游植物—碳酸盐饱和度"（Phytoplankton Carbonate Saturation State，PhyCASS）模型。表层海水大量浮游植物生产导致表层水 pH 和 Ω 升

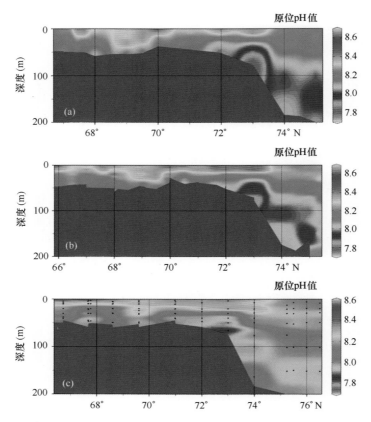

图 6-25　2008 年（a）、2010 年（b）年和 2012 年（c）楚科奇海 169°W 断面海 pH 分布

高，生源有机物输送到海底通过好氧细菌再矿化过程消耗有机物和氧产生 CO_2 导致 pH 值和 Ω 降低（图 6-26）。目前观测到 $\Omega_{arag} < 1$ 的海水主要在西北冰洋楚科奇海近底层水和加拿大海盆的陆架坡折处。

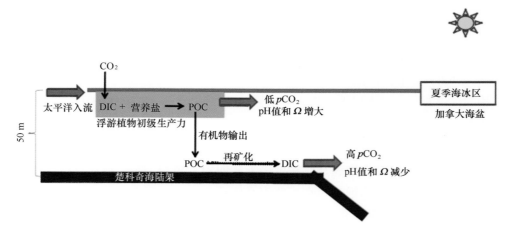

图 6-26　楚科奇海陆架上碳酸盐体系原理

夏季楚科奇海陆架区域表层海水酸化主要控制因素为生物因素，在陆架边缘海域主控因素是融冰水的稀释作用，生物因素对酸化的影响较小。楚科奇海陆架区次表层中文石季节性不饱和的出现是人为 CO_2 的吸收和次表层有机物再矿化的原因（图 6-26）。在夏季海冰退缩时，高初级生产力降

低了陆架区表层水中 pCO_2，加深了 $CaCO_3$ 的饱和深度，但是颗粒碳再矿化增加了 pCO_2 使得次表层海水是文石不饱和。浮游植物初级生产季节性变化引发的 $CaCO_3$ 饱和状态季节性响应的结果是在楚科奇海北部大陆架和加拿大海盆的温盐跃层（100~200 m 之间）以上出现不饱和现象。在未来几十年，大气中的人为 CO_2 含量越来越高，气候变暖引发的北冰洋无冰期变长使生产力不断增长，这种文石的不饱和状态可能会恶化或持续更长的时间。

6.4　水体环境变化对海洋碳循环和生物泵的影响

6.4.1　区域海洋环境变化对生物泵作用的影响

6.4.1.1　北白令海夏季冷水团收缩对生物泵结构和过程的影响

由于圣劳伦斯岛南部海域的大范围季节性次表层冷水团（recurrent subsurface cold pool，$T<0℃$）的存在，北白令海陆架区藻类旺发的形成机制、勃发时间及浮游群落结构和功能与冰区边缘和开阔水域均有所区别。一些生物地球化学过程与浮游群落结构息息相关，如冷水团分布范围的收缩、冰覆盖率降低及融冰提前会影响浮游植物的勃发乃至降低底栖生物量（Saitoh et al.，2002），甚至生态系统可能由底栖群落为主演替为浮游群落为主（Grebmeier et al.，2006a）。此外季节性海冰覆盖降低和海水增温正在驱动着北极海洋生物泵作用和碳循环机制的改变，而北白令海和楚科奇海等西北冰洋边缘海是海冰减少最为显著的地区（Steele et al.，2008）。

北白令海陆架区营养盐分布基本呈表层低、底层高的特点，由于融冰期间低营养盐融水输入和温盐跃层限制了水体垂直混合，白令海陆架上层水的营养盐随着生物利用而表现为贫营养（高生泉等，2011）。调查海区上层水（温跃层之上，$T>0℃$，包括 NB06~NB09 站）无机氮、硅酸盐及磷酸盐的平均浓度分别为（0.4±0.5）μmol/L，（2.1±2.6）μmol/L 和（0.50±0.18）μmol/L，营养盐不足对浮游植物生长的抑制比较明显（图 6-27）。温跃层下方冷水团（$T<0℃$）的无机氮、硅酸盐及磷酸盐平均浓度分别为（6.0±5.0）μmol/L，（18.4±15.2）μmol/L 及（1.01±0.50）μmol/L，营养盐相对较为丰富，无机氮和硅酸盐在次表层有明显的生物消耗。次表层冷水团的存在对北白令海陆架的理化环境产生的影响包括：接近冰点的低温环境；增强水体稳定性；提供了较为充足的营养盐。这些因素均有利于浮游植物的生长繁殖。

研究认为营养盐的供给则是造成浮游植物群落结构的差异的主要驱动力（Falkowski et al.，2004），因此冷水团的存在对生物泵结构和过程具有显著的影响。圣劳伦斯岛南边的季节性次表层冷水主要存在于 20 m 以深水体，并且冷水团中心区水温<0℃ 的冷水可延伸到底层。温盐跃层主要在 10~30 m 之间，温度层化作用明显，水体稳定性较强，适合极地硅藻的繁殖（Arrigo et al.，1999）。最大岩藻黄素层主要存在于 30~50 m 层，岩藻黄素（Fuco）的平均浓度垂直分布如图 6-28 所示，表层和底层均低于 110 μg/m³，而冷水团（30~50 m）的平均浓度达（1 524±1 348）μg/m³，比表层和底层高了一个数量级，表明冷水团的存在有利于硅藻的繁殖，并且由于硅藻主要在跃层之下大量繁殖，具有高效的细胞沉降。此外，冷水团接近于冰点的低温和较强的温跃层不利于微小浮游动物和桡足类的生长繁殖。考虑到水体的低温环境和降解叶绿素的分布，认为冷水团的存在限制了浮游动物的捕食过程，而原生动物是夏季（7 月）冷水团大范围分布时北白令海陆架区的主要捕

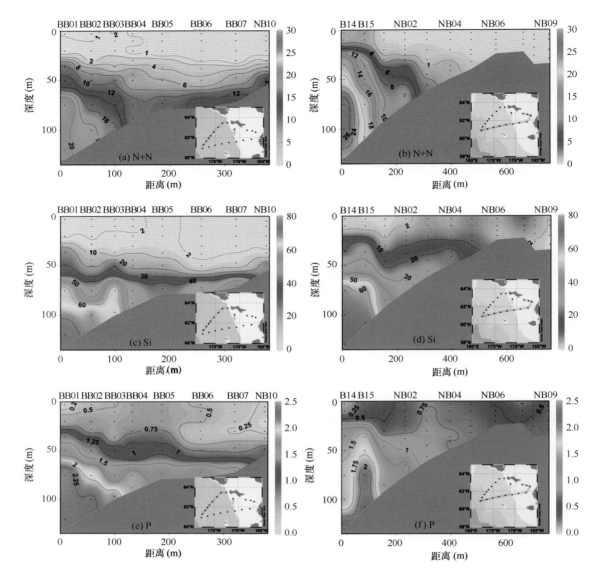

图 6-27 硝酸盐+亚硝酸盐（N+N）断面分布图 (a) BB 断面；（b）NB 断面，硅酸盐（Si）断面分布
（c）BB 断面；（d）NB 断面，磷酸盐（P）断面分布图；（e）BB 断面；（f）NB 断面虚线分别表示浮游植
物生长阈值，（N+N）<1 μM 和 Si<2 μM

食者，过往研究发现北白令海原生动物主要分布在表层水体，平均丰度可达 5 亿个/m³ 以上（何剑锋等，2005）。与冷水相比，当硅藻旺发发生在暖水时，浮游动物数量会迅速增加，支撑更丰富的浮游食物链。显然，冷水团的退缩对夏季北白令海的"生物泵"固碳过程产生了显著的影响。

6.4.1.2　太平洋入流变化对西北冰洋楚科奇海生物泵作用的影响

1）太平洋水对楚科奇海生物泵组成结构的影响

位于楚科奇海南部的 BS11 和 R01 显然得益于冷暖水团的交汇混合，水柱上下均有很高的生物生产力，DCM 层深度分别为 17 m 和 18 m，叶绿素 a 浓度均高于 10 mg/m³，岩藻黄素（Fuco）的浓度均高于 2 mg/m³，细胞较大的小型浮游植物在群落中占据了绝对的优势，贡献率高达 87%，并且

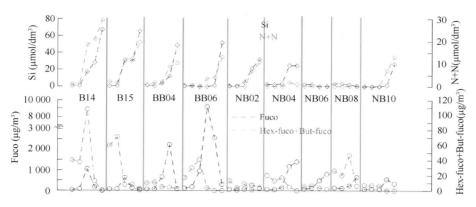

图 6-28　调查海区硅酸盐（Si）和硝酸盐+亚硝酸盐（N+N）、色素 Hex-fuco+But-fuco 和 Fuco 的空间分布，采样站位由灰色实线分隔，并且在从左向右深度增加

群落主要由硅藻组成，硅藻的贡献率接近于 100%（图 6-29）。受高温低营养盐的阿拉斯加沿岸流（ACW）影响，东南楚科奇海（R03 站至 C04 站）叶绿素含量极低，平均浓度为 0.13 mg/m³，与 BS09 站相当，小型（Micro-级分）浮游植物在群落中的贡献率更是只有 28%。岩藻黄素（Fuco）和多甲藻素（Peri）的平均浓度分别为 180 μg/m³ 和 35 μg/m³，相应的 CHEMTAX 分析显示硅藻对总叶绿素 a 的平均贡献率降低至 65%，甲藻的平均贡献率则达到 11%，这表明 ACW 极大地影响了东南楚科奇海的生物量和浮游植物群落。楚科奇海中部则具有相当高的初级生产力，其中 R08 和 C09 站的 DCM 层均检测到浓度高于 12 mg/m³ 的叶绿素 a。叶绿素 a 浓度分布层化现象明显，表层和底层浓度都较低，3 种粒级的浮游植物均有分布，DCM 层叶绿素 a 浓度很高，以小型浮游植物为主。整体上体现为春季浮游植物勃发消耗表层的营养盐，导致水柱处于后勃发状态，在光充足的条件下，形成了更深的 DCM 层（Hill and Cota，2005）。

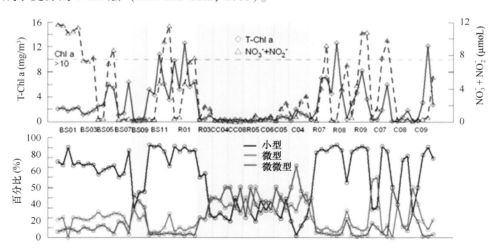

图 6-29　无机氮盐（μmol/L）、叶绿素 a（mg/m³）和不同粒级贡献率在白令海峡和楚科奇海的空间分布，灰色区域表示受到 ACW 的影响，采样站位由实线分隔，并且在从左向右深度增加

显然，具有硅质壁的硅藻因其优势的生态学特征而在富含营养盐的区域占据优势地位（Jeffrey et al.，1997），而在寡营养盐条件下，甲藻对总叶绿素 a 的贡献有明显的提升，此外，金藻和青绿藻在一些站位其贡献率也高达 30%。在夏季楚科奇海，浮游植物群落主要由硅藻和甲藻组成，随着

营养盐可利用性的逐步降低，硅藻优势地位下降，甲藻的贡献增加。

2）夏季楚科奇海的"生物泵"组成的变化趋势

可以说，楚科奇海的"生物泵"组成和空间变化主要受控于太平洋水的分布及海冰的融化情况。在楚科奇海南部白令海峡入口，BSAW 和 ACW 在此强烈混合，形成了初夏楚科奇海最强的"生物泵"强度和效率。楚科奇海中部汉纳浅滩附近也是"生物泵"较强的区域，其生产力主要有 3 个来源：融冰期冰藻生物量的输入、表层春季浮游植物勃发和初夏开阔水域浮游植物勃发，3 个过程均与融冰过程息息相关。目前，沉积物有机碳分布也表明这两个区域是楚科奇海"生物泵"作用较强的区域。沿阿拉斯拉沿岸进入楚科奇海的 ACW 则影响了东南楚科奇海，浮游植物群落以细胞更小、营养盐需求更低的微型或微微型甲藻、金藻和青绿藻为主要组成，初级生产力的主要贡献为再生力，同时海洋碳吸收能力明显更低。目前，科学家已经观测到了白令海南风的增强，白令海南风的增强将导致季节海冰覆盖减少和生态系统变化（Grebmeier et al.，2006）。Codispoti 等则观测到 2004 年 ACW 相对于 2002 年更强，并且显著降低水体可利用营养盐浓度（Codispoti et al.，2009）。毫无疑问，无论从时间还是强度，ACW 的变强都不利于楚科奇海生物泵的碳沉积。

6.4.2　全球变化下西北冰洋碳循环的变化

随着海冰不断融化，融冰淡水的输入将会增大，并且北极河流入海径流量同样增加，淡水输入总量的增加可能造成更强的层化作用，表层营养盐的限制作用将会更明显，这种限制将造成年初级生产量的下降，从而限制了 CO_2 通量的增加，但是这种限制取决于陆架的类型，内部陆架（如波弗特海）和流出型陆架（如加拿大北极群岛海域）将会受到较大的限制，而流入型陆架，如楚科奇海，由于接受了更多的富含营养盐的北太平洋入流水，入流水影响超过了淡水输入的影响，反而会加强了生物生产和 CO_2 吸收。可见北冰洋不同类型的边缘海区对有着全球变暖的响应不尽相同，而受相邻边缘海影响的海盆也可能因此表现出与之相应的变化。未来海水温度升高，引起海水 pCO_2 的升高，会抵消部分碳汇。大气 pCO_2 的增长可以在一定程度上提升 ΔpCO_2，从而增强了海—气 CO_2 通量，与之相反，海水不断吸收 CO_2，可能使表层海水的 pCO_2 增加，从而会使海—气 CO_2 通量减少。

基于 2008 年航空冰图得到的冰密度分布，加拿大海盆可以分成 3 个区域：无冰区（77°N 以南），部分海冰覆盖（77°—80°N）和严重海冰覆盖（80°N 以北），平均海冰覆盖比例分别为 0%、25% 和 75%，计算所得海—气 CO_2 通量为 -4.2 mmol/（$m^2 \cdot d$）、-11.5 mmol/（$m^2 \cdot d$）和 -10.1 mmol/（$m^2 \cdot d$）。如果一个大致的海冰密度的校正应用到这 3 个区域，通量结果分别是 -4.2 mmol/（$m^2 \cdot d$）、-8.6 mmol/（$m^2 \cdot d$）和 -2.5 mmol/（$m^2 \cdot d$）。在 2008 年之前加拿大海盆南部无冰区没有根据直接测量的海—气 CO_2 差异所得的 CO_2 通量报道。然而，近些年，海冰面积剧减，夏季加拿大海盆出现更多的开放水域，使得海盆区域成为重要的大气 CO_2 汇区。新的融化区域和海冰覆盖区域研究可以增强我们对北冰洋未来 CO_2 汇的变化趋势的理解。基于 2002 年和 2004 年夏季在加拿大海盆南部部分海冰覆盖区收集的数据，Bates 等（2006）预测了如果海冰消失的话，加拿大海盆将会有高的 CO_2 汇，55 mmol/（$m^2 \cdot d$）。相反，在 2008 年夏季，同一区域和更北的海域变成了无冰区，海—气 CO_2 通量只有 -4.2 mmol/（$m^2 \cdot d$），这大大低于部分海冰覆盖区和更北的严重海冰覆盖区。

北冰洋海冰的快速融化可以增强大气 CO_2 的吸收，虽然在营养盐输入限制的海域，海水 pCO_2

可能会在短期内与大气接近平衡。从 1998 年到 2006 年,北冰洋开放水域面积以 0.07×10^6 km^2/a 的速率增加。我们应用了 2008 年无冰区的 CO_2 通量 [-4.2 mmol/(m^2·d)] 和部分海冰覆盖区的 CO_2 通量 [-8.6 mmol/(m^2·d),经过海冰密集度的校正],而且假设每种环境都持续了 50 d,提出了一个粗略的通量增加速率的估计。因此 CO_2 吸收通量的总年均增加如下:4.2 mmol/(m^2·d) ×12 g/mol×50 d ×0.07×10^6 km^2/a+8.6 mmol/(m^2·d) ×12 g/mol×50 d×0.07×10^6 km^2/a=0.5×10^{12} g/a(以碳计)(或者 5.4 Tg C 每 10 年,$T=10^{12}$)。这是一个极其简化的计算,其他的因素也会影响 CO_2 汇的强度。例如,变暖可能会弱化 CO_2 的吸收趋势。然而,我们的吸收速率相对于 Bates 等(2006)是有点低,他估算从 1970s 到 2000s 早期,北冰洋 CO_2 的汇从 24 Tg/a(以碳计)到 66 Tg/a(以碳计)。

综上所述,在全球变暖的背景下,海冰不断减退,在一定时期内(特别在 2037 年之前),北冰洋的碳汇是增加的,而在海冰融化基本完全后,碳汇可能不再增加而开始减小。但有一点毋庸置疑,将来的碳汇即使不增加,但一定比现在要大很多,因此在任何全球碳的预算中都是不应该被忽略的。

6.4.3　典型海域生物泵颗粒输出通量的估算及变化

6.4.3.1　百年来楚科奇海硅质泵的变化趋势

1)楚科奇海沉积物生物硅的分布

楚科奇海陆架区多管短柱中生物硅的分布趋势基本一致,呈现从沉积物底部向上逐渐增加且表层含量较高的分布趋势,这指示了水体初级生产力是逐渐增加的过程。CC1 站位多管短柱状中生物硅的含量范围是 6.44%~16.96%,平均值为 9.63%。R06 站位多管短柱状中生物硅含量在 7.63%~17.25% 之间,平均值为 10.71%。楚科奇海北部的 C07 站位多管短柱状中生物硅含量范围是 10.01%~17.26%,平均值达到 12.23%(图 6-30)。位于陆坡区的 S23 站位多管短柱状中生物硅含量在 3.14%~5.26% 之间,平均值为 3.98%,低于陆架区。

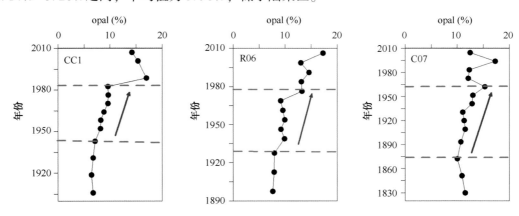

图 6-30　楚科奇海柱状样中生物硅的年际变化趋势

2)近百年来楚科奇海硅质泵的变化趋势

Honjo(1997)根据全球海洋地理和营养盐分布的差异,把两大典型的"海洋生物地球化学海洋区域"称为"碳酸盐质海洋"和"二氧化硅质海洋",据此可以将相应的生物泵结构称为"碳酸盐泵"和"硅质泵"。随着全球变暖,海冰融化,楚科奇海已成为全球海洋初级生产力最高的海域之一,而楚科奇海中硅藻占其初级生产力的比例高达90%以上(Booth,1997),此外,楚科奇海陆源输入较小,有机碳沉积主要由海洋生物泵提供,因此楚科奇海是研究硅质泵的良好区域。

楚科奇海柱状样中生物硅的年代变化如图6-30所示。由图中可以看出,在100年尺度间,各个观测站位中的生物硅含量逐渐升高,特别是近40年,这与白有成等(2010)在楚科奇海沉积柱状样中硅藻的测定结果相符。不同站位生物硅年平均增长量分别为0.09%(CC1)、0.06%(R06)、0.04%(C07)。说明楚科奇海陆架区硅质生物生产力是增加的,即硅质泵处于增长趋势。初级生产力的变化与光、温度、营养盐的输送有着密切的关系。近30年由于全球气候变暖,海冰快速融化,海水透光增强,营养盐升高,太平洋入流影响的时间更长,楚科奇海生物生产力,尤其是硅藻大量繁殖,进一步增强了硅质泵。

太平洋水是楚科奇海营养盐的主要来源,受白令海峡的驱动和楚科奇海海底地形的影响,营养盐区域分布特征明显,硅质泵也表现出区域分布特征。3个站位生物硅均呈现上层30~40年快速变化,中间50~70年间稳定增长,底部基本稳定的分布状态。在过去的100多年间,楚科奇海的硅质泵一直呈增加趋势。由于太平洋入流和海冰等的影响,近30年来硅质泵增加显著,同时硅质泵年际间还存在小幅度的往复现象,可能与水团和海冰年际变化有关。

6.4.3.2 西北冰洋生物泵有机碳输出通量及影响因素分析

1)西北冰洋颗粒输出通量的季节变化特征

时间序列的沉积物捕获器样品在各个月份累计获得沉降通量在0.098~6.27 g之间,总沉降通量为1.68 g/(cm²·a),测得的颗粒有机碳的含量在3.52%~12.29%之间,平均值为4.79%,4月的百分含量最高,达到12.29%。颗粒有机碳的通量在2.2~146.4 mg之间,8月累积的通量最多,2008年8月达到0.26~30.53 mg/(m²·a)之间,2009年9月达到30.53 mg/(m²·a)。1月之后冬季累积的通量最少,都在1 mg/(m²·d)左右(图6-31)。

采用FSI(Flux Stability Index)指标来衡量楚科奇边缘海物质输送水平是否稳定,即达到年沉降物质总通量的50%所需要的最短时间,一般在年沉降通量累积曲线图上直接读得。FSI值越大,说明输送水平越不稳定,反之值越小,说明越稳定。北极楚科奇海台边缘海域以7月中旬为累积通量起始时间绘制的曲线图(图6-32),总通量达到50%全年通量的时间最短,约为52 d,POC通量达到50%全年POC通量的时间最短约为57 d。总通量FSI的值为53 d,说明在夏季浮游植物旺发期间,研究海域在不到2个月的时间内,就已经累积了全年50%以上的颗粒物质的通量。北极海域的FSI值平均在79.86左右。北极楚科奇海台边缘海域的FSI值明显低于整个北极海域的值,表明此区域物质输送水平相对更稳定。

2)影响生物泵颗粒有机碳的输送通量的主要因素

通量变化与海冰变化一样,具有很强的季节变化特征,海冰消退在北极海域有着至关重要的作用,特别是对陆架地区的影响。夏季海冰的覆盖率最低,7月之前,捕获器海域一直处于海冰覆盖的状态,7月附近的海冰开始消融,并处于一个冰边缘的状态,并且受夏季太平洋携带的高营养盐入流的影响,浮游植物旺发,并且大量融化海冰中的颗粒释放到海水中,与之对应的,夏季的沉降通量和POC通量迅速升高。冬季的海冰覆盖率最高,在捕获器布放区域基本都被海冰覆盖,由于

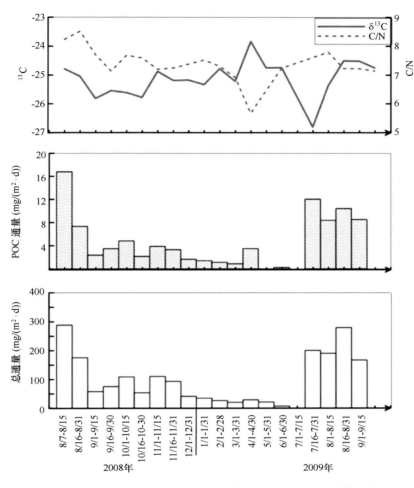

图 6.31 2008—2009 年沉积物捕获器 POC 和总通量的月份变化

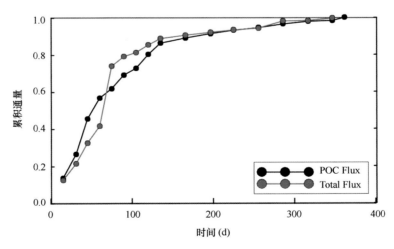

图 6-32 沉降累积通量百分比随时间的变化

光限制, 生产力低, 营养盐沉降的有机颗粒减少。在楚科奇陆架边缘区海洋生物泵和海冰生物还是贡献有机颗粒物输入的主要路径。并且夏季海冰开始融化, 捕获器所处位置为冰边缘区, 大量海冰中释放的有机颗粒物质进入水柱中。

6.4.3.3 北极快速变化对北冰洋碳汇机制和过程的影响

1）北极快速变化对北冰洋"生物泵"过程的影响

我国最近几次北极科学考察期间走航 CO_2 观测结果（Cai et al.，2010；Chen et al.，2004；Gao et al.，2012）表明，夏季西北冰洋从楚科奇海到高纬度中央海盆的海冰覆盖区，pCO_2 总是在 300 μatm 以下，表明北冰洋夏季是大气 CO_2 的汇。随着海冰覆盖度的减少，北冰洋，尤其是其巨大的陆架区很可能成为全球 CO_2 的重要汇区（Walsh，1989；Luchetta et al.，2000；Smith，2013）。估算显示，在气温持续变暖条件下，如果夏季欧亚海盆区海冰全部消融，每年海洋上表层 100 m 对大气将增加 50 g C/m^2 的吸收值（Anderson et al.，2001）。

一般认为北冰洋"生物泵"过程对调控该海域海气 CO_2 通量起着十分关键的作用。众所周知，光合作用的主要控制因素是光、营养物质和温度等环境参数。在北极海域，海冰覆盖程度、持续时间、海水温度、水团运动和营养盐供应是制约北极海区浮游植物类群及生产力的重要因素（Grebmeier et al.，2006b；Reid et al.，2007）。北冰洋浮游植物群落结构区域性差异显著，陆架富营养海域主要由粒径较大的小型浮游植物（如硅藻）占据着，而微型和微微型浮游植物则是海盆寡营养海区主要的群落组成（Hill et al.，2005）。20 世纪 80 年代之前，北冰洋广袤的陆架尽管有可观的营养物质，但由于海冰覆盖（光限制）、温度很低等因素，在一年大部分时间里其生物生产力较低。但北极最近几十年正在发生快速的变化（Parkinson et al.，1999；Stroeve et al.，2004；Wang et al.，2009），海冰覆盖度减少（光限制减少），径流输入增加（营养物质增加），与北大西洋与北太平洋的水交换改变等因素，使北极碳的生物地球化学循环正在发生明显的变化。近 10 年来的研究表明，夏季融冰季节，北冰洋部分陆架区是全球生产力最高的海区之一（Feder et al.，1994；Cota et al.，1996）。尤其是我国北极考察的主要海域楚科奇海和加拿大海盆边缘是近十几年来成为北冰洋海冰减小幅度最大的地方（Steele et al.，2008）。我国自 1999 年以来的 5 次北极考察观测结果表明，楚科奇海水柱平均叶绿素 a 浓度可达 2.5~2.8 $\mu g/L$，比通常情况下我国黄东海夏季的生物量还要高。叶绿素 a 分级及浮游生物鉴定均表明，大于 20 μm 的部分可以占到 70% 以上（刘子琳等，2007；李宏亮等，2008），表明浮游生物以大的颗粒为主，大的颗粒粒径结构意味着高的生物泵输出效率。

"微型生物碳泵"是最近提出的一种储碳新机制（Jiao et al.，2010）。有别于传统的生物泵，这种机制可以在微型生物作用下把海洋活性有机质转化为惰性的溶解有机碳，随着海水下沉，可以使碳在海洋中储存千百年的时间。而且这种储碳机制与其他生物地球化学过程如营养盐的输入有密切关系（Jiao et al.，2011）。遗憾的是，目前相关研究在北冰洋开展得非常少。尽管目前无法回答北极快速变化究竟能使"微型生物碳泵"加强还是减弱，然而，在北极目前发生的温度快速升高、淡水和营养盐输入增加、深层水形成受阻等影响下，"微型生物碳泵"发生重大变化是肯定的。因此，今后开展北极快速变化下生物泵和微型生物碳泵耦合研究将具有十分重要的意义。

与其他中低纬度海域不同，北冰洋生态系统中对生物泵有贡献的海洋浮游生物除了极地最常见的浮游硅藻、甲藻、绿藻、隐藻、定鞭藻等（Hill et al.，2005；杨清良等，2002；Ashjian et al.，2005；Gradinger，2008）外，冰藻的生物量也相当可观。每年夏天，随着海冰的融化，海冰不仅向海水提供直接的生源颗粒通量，而且也向水体提供藻类"种子"和营养物质（Riebesell，1991）。

在冰边缘区，与海冰消融过程相关的初级生产量可以高达 60% 以上（Legendre et al.，1992），在海冰覆盖度大于 90% 海域，海冰生物对生物初级生产的贡献率高达 60%（Gosselin et al.，1997）。如在北冰洋中部海域常年海冰覆盖的区域，由于光限制，初级生产力很低（Anderson，1989），那里冰藻一般生长在海冰底部几厘米厚的位置（Welch et al.，1989），对初级生产力产生主要的贡献可以到 57%（Lizotte，2001）。随着气候变暖，海冰逐渐从永久冰变为多年冰，甚至一年冰（Laxon et al.，2003），因此，冰藻的生产力也可能改变。因为一年期海冰比多年冰能支持更高的生物量，与海冰相关的生产力也将会增加（Gosselin et al.，1997）。因此，在全球变暖背景下，冰藻的变化将可能改变该区域有机碳的收支（Gobeil et al.，2001；Boetius et al.，2013；Xiao et al.，2013；Brown et al.，2014）。

另外，食物链的长短也是决定生物泵效率的一个主要因素。融冰初期，在北极高生产力海区，由于水深较浅、食物链比较短，一旦低级营养层发生变化，则很快会影响到食物链的结构。如冰融初期，冰藻藻华后大量沉降到海底，为底栖生物提供了丰富的食物，底栖食物链发育。而海冰减少、开阔海出露时间较长时，浮游生态系统可以充分发展，食物链加长，可能由底栖食物链为主转向浮游食物链为主，从而影响到北极整个海洋生态系统结构（Walsh et al.，2004；Grebmeier et al.，2006a；Grebmeier et al.，2006b）和生物泵的运作。

沉积碳埋藏是生物泵作用的最终归宿。白令海和楚科奇海陆架沉积物有机质中海洋自生源主要由硅质生物组成（李宏亮等，2008），并且大粒径（>20 μm）的硅藻是楚科奇海水体中生物硅现存量的主要贡献者（李宏亮等，2007）。早期的研究结果表明，楚科奇海"生物泵"向沉积物的输出效率要远远高于其他陆架区（Walsh et al.，1986）。陈敏等（2002）通过短柱样的初步研究也表明楚科奇海是一个高效的有机碳汇区。在我国北极考察中，我们发现楚科奇海沉积叶绿素 a 的含量要比长江口赤潮多发区沉积物中高 1~2 个数量级（陈建芳等，2004；李肖娜等，2003；刘子琳等，2013），而且高的叶绿素 a 含量一直持续到短柱样的底部（20~35 cm 的深度），北极海域由于浮游生物粒径较大易于沉降输出以及温度较低有利于有机质保存等因素，使得生物泵的输出效率（到达沉积物的有机碳与初级生产力的比值）比起其他海区要高出很多（Walsh et al.，1986；Cranston，1997；陈敏等，2002；杨伟锋等，2002）。这从另一侧面佐证楚科奇海沉积物是生物有机碳的高效汇区。

2）北极快速变化对陆源有机碳输入的影响

环绕北冰洋广布着苔原等陆生植物和巨厚的、陆源有机质含量十分丰富的冻土层（Nuttall，2005）。这种特殊地理位置、特有的生态环境和对气候变化响应的"放大效应"，使其成为地球全球变化最为敏感的地区之一。多种模拟结果显示，北极近表层永冻土面积将由 20 世纪末的约 1 000×10^4 km² 下降到 21 世纪末的不到 100×10^4 km²（Lawrence et al.，2005；Lawrence et al.，2008）。冻土层的退化，不仅意味着的土壤中的甲烷和 CO_2 等温室气体的释放（Vogel et al.，2009），而且将使大量的陆地有机质通过陆地冰融水和径流等途径输向北冰洋（Macdonald et al.，2005；Stein，2008）。注入北冰洋的各大河流总径流量占全球径流的 10% 以上（Shiklomanov，1998），河流径流和漂浮的海冰可以携带陆地、近岸和陆架的沉积物输向北冰洋各处，对北极陆源有机质的沉积和埋藏过程产生深刻的影响。在北极快速变化的背景下，北冰洋也是全球海洋碳收评估主要的不确定地区之一（Bates，2006；Stein，2008；Cai et al.，2010）。

同时，全球变暖和陆地环境变化会造成冻土层退化、土壤风化和沿岸侵蚀加强、陆坡稳定性结构变化，进而导致大量固定在冻土层中的古老和现代有机质被释放出来，通过径流输入、海冰搬运、海流输送使陆源有机碳在北冰洋进行大规模、长距离和短期沉积的再分配（Eicken，2004）。因此，全球变暖背景下，北冰洋陆源有机质的输入与埋藏正在发生着巨大的变化（Macdonald et al.，2004），因而，北极海域陆源有机碳库追踪和评估也愈发显示出其重要的地位（Goñi et al.，2000；Belicka et al.，2004；Yamamoto et al.，2008）。如德国极地与海洋研究所（AWI）牵头的重大研究计划 PACES（Polar Regions and Coasts in the Changing Earth System，2009—2014）中就将"冻土层退化、碳的周转在近海、陆架和深海环境中的角色及其对碳收支的影响"列为核心科学研究内容。但其研究的重点区域是在北冰洋的欧洲一侧，西北冰洋的工作涉及较少。

北极陆源有机质主要通过以下途径进入北冰洋：① 河流的输入；② 海岸侵蚀；③ 漂浮海冰携带输入；④ 大气输入（图 6-33）。北极河流每年通过径流输入至北冰洋的颗粒有机质就有 12×10^6 t/a（Rachold et al.，2004）。关于河流陆源有机碳的输出通量及其在河口的埋藏已有大量的文献报道（Stein et al.，2004；Stein，2008）。此外，沿岸侵蚀也是沉积物输入的一个重要来源，尤其在北冰洋的中西部陆架区（Rachold et al.，2000）。与一般大陆边缘不同，北冰洋除了海流和浊流把沉积物搬运至外海外，一个很重要的途径是通过近岸高混浊区海水结冰、海冰的漂浮和融化向外输送（Stein et al.，1994）。但陆源物质通过海冰海岸侵蚀和海冰搬运进入北冰洋的研究相对还比较少（Stein，2008）。以往的陆源有机质输入研究主要其中于北冰洋周边的大河口，在这些河口如马更些（Mackenzie）河口，河流输入的贡献较为重要，而沿岸侵蚀则相对弱些（Macdonald et al.，1998）。实际上，北极海域沿岸侵蚀的陆源输入被严重低估。如在阿拉斯加沿岸的科尔维尔（Colville）河口，海冰沿岸侵蚀作用对波弗特海的沉积物量的贡献是河流输入的 7 倍（Reimnitz et al.，1988）。在北冰洋俄罗斯一侧的拉普捷夫（Laptev）海的部分海岸，海冰沿岸侵蚀作用也可以达到河流搬运的 2 倍（Rachold et al.，2000）。漂浮的海冰作为陆源物质的载体，其进退也影响河流对陆源有机碳的输运。大量研究表明，近海海冰中携带的沉积物往往可以达到 $10 \sim 100$ mg/L，特别在北冰洋广泛分布的周边陆架区更是如此（Pfirman et al.，1997；Eicken et al.，2000）。因此，海冰对陆源有机碳的搬运过程是北极沉积碳埋藏体系中最重要的组成部分之一（Macdonald et al.，1998）。正是由于海冰的作用，使得陆源有机质跨海盆尺度的搬运成为可能，如陆源物质可以穿越北冰洋从西伯利亚搬运至格陵兰（Pfirman et al.，1997），使北极地区的陆源有机物搬运至欧洲海域。在北冰洋的部分深海沉积物中，从海冰融化释放的沉积物占了全新世沉积的大部分（Nørgaard-Pedersen et al.，1998）。最后一个输入途径是大气。据估计，大气沉降对北冰洋沉积物的贡献很有限，在马更些河口陆架区，大气沉降通量只有 1.4×10^4 t/a，大约只有河流输送量的万分之一，即便是在北冰洋中心区，大气沉降的沉积物也只占 $1\% \sim 5\%$（Darby et al.，1989），因此，大气输入对沉积有机碳的堆积可以忽略。Schubert 和 Stein（1996）发现，在北冰洋冰期与间冰期的旋回中，冰期时由于冰山的覆盖抑制光合作用使沉积有机碳以陆源为主，间冰期（零碎的海冰）则以海洋自身来源的有机质为主。因此，海冰的覆盖状况与生物泵过程、陆源有机碳输入及沉积有机碳组成与堆积的关系是北冰洋尤其是陆架区碳循环研究的一个重要科学问题。

3）全球变暖对北冰洋碳汇的影响——尚未解决的问题

在一定的时间尺度内，海洋"生物泵"引起的沉积有机碳堆积则可以认为是海洋碳汇作用的最终净效应，因而海洋沉积有机碳的堆积在碳收支中具有重要意义（Berger et al.，1989）。尽管大陆架只占海洋表面面积的 7%、海水体积的 0.5%，但其碳埋藏量可以占到全球海洋的 80%。北冰洋有

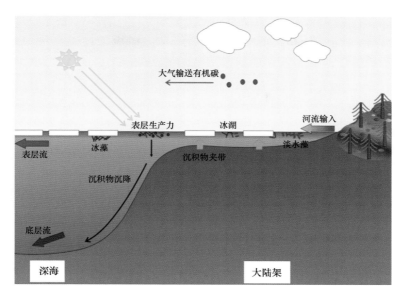

图 6-33　北冰洋有机碳输入示意图（据 Stein and Macdonald，2004 年改绘）

全球最大的陆架边缘海，北极陆架又是世界上最大的陆架之一（其总面积占世界陆架的 1/4），其占 2.5% 的海洋面积，但埋藏的沉积有机碳占全球的 11%（Stein et al.，2004），而其埋藏的主要区域在于陆架。模型结果表明，气候的变暖也将增加冰藻的生产力（Tedesco et al.，2012），同时，陆源颗粒有机物从海冰释放进入海水，也将增加陆源有机质的输入。因此，在一定时间尺度内，随着全球变暖，"生物泵"加强，陆源有机碳输入增多，最终导致沉积物碳埋藏增加，是有相当依据的（图 6-44）。但北冰洋陆架沉积有机碳组成在不同的海域有很大不同。在欧洲与俄罗斯一侧，沉积物碳埋藏以陆源有机质为主。如 Stein 等（1994）根据 Rock-Eval 热解参数和 C/N 的工作；Fahl 和 Stein（1997）根据生物标志物的工作；Boucsein 和 Stein（2000）根据有机地球化学的工作均表明，沉积有机碳中以陆源物质为主。而亚-美区则不尽然。在马更些河口和 Beaufort 陆架，沉积有机碳以陆源为主（50%~80%），而楚科奇海表层沉积有机碳中，其陆源有机质仅占 11%~44%，海洋自身来源占有绝对优势（Belicka et al.，2002；陈建芳等，2004）。在北极周边冻土层加速退化、河流淡水输入增加、作为北冰洋营养盐重要来源的北太平洋入流水异动、北冰洋海冰和环流变化加剧等一系列北极快速变化的情况下，楚科奇海埋藏的沉积有机碳结构可能会产生巨大变化（图 6-34）。冻土层退化和风化作用加强是一个向大气释放碳的过程，其与生物泵过程加强如何平衡？全球变暖下北冰洋沉积碳埋藏在全球的碳收支有多大影响？这些问题是目前摆在我们面前一个很重大的挑战。

尽管目前已经知道北冰洋是大气 CO_2 的"汇"，但这个"汇"究竟有多大？随着全球变暖和北极快速变化如何变化？目前尚没有很好回答。从物理过程来讲，海水温度升高也可以改变 CO_2 溶解度和分压；海水变暖，海冰融化，径流增加，北冰洋淡水增多，可导致夏季海水层化加强，冬季海水下沉受阻。这些均会造成 CO_2 物理泵的作用减弱。从生物泵作用讲，冰覆盖减少、河流入海营养物质增加、开阔海持续时间增加等因素可以导致北极陆架"生物泵"过程加强（陈立奇等，2003）。另一方面，"微型生物碳泵"也可能在这种快速变化下发生改变。陆地营养盐输入过多可能会减少"微型生物碳泵"的储碳效能，尤其在北冰洋河口和陆架区（Jiao et al.，2011）。此外，到了海冰融化后的后期，营养盐完全利用后，也可能影响"微型生物碳泵"的运作。而温度增加可能

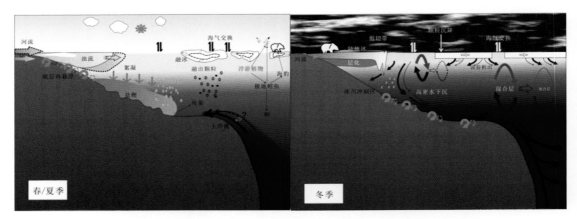

图 6-34　北极快速变化引起的海洋和生物地球化学过程的变化

（实线部分是北极原先的作用过程，虚线表示全球变暖背景下的情形，据 Stein and Macdonald，2004 年改绘）

促进"微型生物碳泵"的工作（Kirchman et al.，2009）。由于目前相关的观测和研究有限，这些物理、化学和生物过程产生的储碳能力分别都是什么量级？全球变化会对这些过程产生怎么样的影响？最后的净效应如何？这些均是没有解决的问题，需要今后加强研究。

6.5　主要成果总结

本章阐述了北极海冰快速变化引起了北冰洋贫营养化和海水酸化的趋势，并导致北冰洋碳循环，生物泵作用和碳汇机制的转变和响应。其中北冰洋的营养盐分布的年际变化特征显示北冰洋中心海盆区经历硝酸盐降低的过程，淡水容量增加显著降低西北冰洋上层海洋的营养盐储量，使得海域经受贫营养化的进程。另外北冰洋海水酸化十分显著，将成为全球最先出现文石饱和度小于 1 的深水海域，且表层海水文石不饱和面积将不断扩大。在楚科奇海，底层已开始出现非常明显的文石不饱和的情况，表层也开始有酸化的趋势；在陆架坡折区和中央海盆区，次表层水则普遍出现了文石不饱和的状况，海水酸化情况非常明显。

太平洋入流对西北冰洋的理化环境和生态系统均具有关键的影响。研究表明阿拉德尔水、白令陆架水和阿拉斯加沿岸水影响区河水组分与海冰融化水组分的比值自 2003 年至 2012 年间呈增加趋势，证明太平洋入流中淡水构成的变化对北冰洋海冰的融化也起着一定的作用。区域海洋环境海洋变化也驱动海洋生物泵结构的演替和碳循环机制的改变，尤其是阿拉斯加沿岸流的波动使得楚科奇海的生物泵作用产生不确定变化。研究发现楚科奇海陆架区近 100 年来硅质泵呈增加趋势，楚科奇海陆架区硅质泵很好地反馈了海冰的变化。

虽然季节性海冰覆盖阻碍了气-海交换，但北冰洋仍是 CO_2 的汇，在全球 CO_2 源汇的平衡中大约贡献了 5%～14%。基于中国北极科学考察航次的研究表明，由海冰融化造成的 CO_2 吸收通量的年均总增加量为 0.5×10^{12} g C/a，但在海冰融化基本完全后，碳汇可能不再增加而开始减小。北极快速变化所引起的一系列大气、冰雪、海洋、陆地和生物等多圈层相互作用过程的改变，引起的海洋生物泵过程和陆地碳输入的变化，已经对北极地区碳的源、汇效应产生了深刻影响。

参考文献

陈建芳，张海生，金海燕，等 . 2004. 北极陆架沉积有机碳埋藏及其在全球碳循环中的作用［J］. 极地研究，16
（3）：93-201.

陈立奇，高众勇，王伟强 . 2003. 白令海盆 pCO_2 分布特征及其对北极碳汇的影响［J］. 中国科学：D 辑，33（8）：
781-790.

陈敏，黄奕谱，郭劳动，等 . 2002. 北冰洋：生物生产力的"沙漠"？［J］. 科学通报，47（9）：707-710.

高生泉，陈建芳，李宏亮，等 . 2008 年夏季白令海营养盐的分布及其结构状况［J］. 海洋学报，33（2）：157-165.

何剑锋，陈波，曾胤新，等 . 2005. 白令海夏季浮游细菌和原生动物生物量及分布特征［J］. 海洋学报，27（4）：
127-134.

李宏亮，陈建芳，刘子琳，等 . 2007. 北极楚科奇海和加拿大海盆南部颗粒生物硅的粒级结构［J］. 自然科学进展，
17（1）：72-78.

李宏亮，陈建芳，金海燕，等 . 2008. 楚科奇海表层沉积物的生源组分及其对碳埋藏的指示意义［J］. 海洋学报，
30（1）：165-171.

李肖娜，周伟华，刘素美，等 . 2003. 东海赤潮高发区沉积物中叶绿素的分析［J］. 应用生态学报，14（7）：
1102-1106.

刘子琳，陈建芳，张涛，等 . 2007. 楚科奇海及其海台区粒度分级叶绿素口和初级生产力［J］. 生态学报，27
（12）：4953-4962.

刘子琳，陈建芳，刘艳岚，等 . 2011. 2008 年夏季西北冰洋观测区叶绿素 a 和初级生产力粒级结构［J］. 海洋学
报，33（2）：124-133.

杨清良，林更铭，林茂 . 2002. 楚科奇海和白令海浮游植物的种类组成与分布［J］. 极地研究，14（2）：113-125.

杨伟锋，陈敏，刘广山，等 . 2002. 楚克奇海陆架区沉积物中核素的分布及其对沉积环境的示踪［J］. 自然科学进
展，12（5）：515-518.

叶曦雯，刘素美，张经 . 2002. 黄海，渤海沉积物中生物硅的测定及存在问题的讨论［J］. 海洋学报，1：016.

Anderson O G N. 1989. Primary production, chlorophyll, light, and nutrients beneath the arctic sea ice. In: Herman Y, eds.
The Arctic Seas. New York: Springer, 147-191.

Anderson L G, et al. 2001. Carbon fluxes in the Arctic Ocean—potential impact by climate change. Polar Res, 20（2）: 225
-232.

Ashjian C J, et al. 2005. Transport of plankton and particles between the Chukchi and Beaufort Seas during summer 2002, de-
scribed using a Video Plankton Recorder. Deep Sea Res Pt II, 52: 3259-3280.

Arrigo K R, et al. 1999. Phytoplankton Community Structure and the Drawdown of Nutrients and CO2 in the Southern Ocean
［J］. Science, 283（15）: 365-367.

Baskaran M, et al. 1995. ^{210}Pb-derived chronology and the fluxes of ^{210}Pb and 137Cs isotopes into continental shelf sediments,
East Chukchi Sea, Alaskan Arctic［J］. Geochimica et Cosmochimica Acta, 59（21）: 4435-4448.

Bates N R. 2006. Air-sea CO$_2$ fluxes and the continental shelf pump of carbon in the Chukchi Sea adjacent to the Arctic O-
cean. J Geophys Res, 111, C10013, doi: 10. 1029/2005JC003083.

Belicka L L, et al. 2004. The role of depositional regime on carbon transport and preservation in Arctic Ocean sediments［J］
. Mar Chem, 86: 65-88.

Belicka L L, et al. 2002. Sources and transport of organic carbon to shelf, slope, and basin surface sediments of the Arctic O-
cean［J］. Deep Sea Res Pt I, 49: 1463-1483.

Berger W H, Smetacek V S, Wefer G, eds. Productivity of the Ocean: Present and Past. New York: Wiley, 1989. 429-455.

Berner R A, 1980. Early diagenesis: A theoretical approach［M］. Princeton University Press.

Boucsein B and Stein R，2000. Particulate organic matter in the surface sediments of the Laptev Sea（Arctic Ocean）：application of maceral analysis as organic carbon source indicator［J］. Mar Geol, 162：573-586.

Boetius A，et al. 2013. Export of algal biomass from the melting Arctic sea ice［J］. Science, 339（6126）：1430-1432.

Booth B C，et al. 1997. Microalgae on the Arctic Ocean section, 1994：Species abundance and biomass［J］. Deep-Sea Research II, 44（8）：1607-1622.

Brown K A，et al. 2014. Determination of particulate organic carbon sources to the surface mixed layer of the Canada Basin, Arctic Ocean［J］. J Geophys Res, 119, 1084-1102, doi：10. 1002/2013JC009197.

Cai W J，et al. 2010. Decrease in the CO2 uptake capacity in an ice-free Arctic Ocean basin［J］. Science, 329：556-559.

Chang B X，et al. 2009. Seasonal and spatial patterns of sedimentary denitrification rates in the Chukchi Sea［J］. Deep Sea Research Part II：Topical Studies in Oceanography, 56（17）：1339-1350.

Chen L Q，et al. 2004. Comparison of air-sea fluxes of CO2 in the Southern Ocean and the western Arctic Ocean［J］. Acta Oceanol Sin, 23（4）：647-653.

Cota G F，et al. 1996. Nutrients, primary production and microbial heterotrophy in the southeastern Chukchi Sea：Arctic summer nutrient depletion and heterotrophy. Mar Ecol-Prog Ser. Oldendorf, 135（1）：247-258.

Cranston R E. 1997. Organic carbon burial rates across the Arctic Ocean from the 1994 Arctic Ocean Section expedition. Deep Sea Res Pt II, 44（8）：1705-1723.

Feder H M，et al. 1994. The northeastern Chukchi Sea：Benthos-environmental interactions. Mar Ecol-Prog Ser, 111：171-190.

Codispoti L A，et al. 2009. Hydrographic conditions during the 2004 SBI process experiments. Deep-Sea Research II, 56：1144-1163.

Darby D A，et al. 1989. Sediment composition and sedimentary processes in the Arctic Ocean. In：Herman Y, eds. The Arctic Seas. New York：Springer, 657-720.

Eicken H，et al. 2000. A key source area and constraints on entrainment for basin-scale sediment transport by Arctic sea ice. Geophys Res Lett, 27（13）：1919-1922.

Eicken H. 2004. The role of Arctic Sea ice in transporting and cycling terrigenous organic matter. In：Stein R, Macdonald R W, eds. The Organic Carbon Cycle in the Arctic Ocean. Berlin：Springer-Verlag, 45-53.

Fahl K，et al. 1997. Modern organic carbon deposition in the Laptev Sea and adjacent continental slope：surface water productivity vs. terrigenous input［J］. Org Geochem, 26（5/6）：379-390.

Falkowski F G，et al. 2004. The evolution of modern eukaryotic phytoplankton［J］. Science, 305：354-360.

Gao Z，et al. 2012. Distributions and air-sea fluxes of carbon dioxide in the Western Arctic Ocean. Deep Sea Res Pt II, 81：46-52.

Gobeil C，et al. 2001. Recent change in organic carbon flux to Arctic Ocean deep basins：evidence from acid volatile sulfide, manganese and rhenium discord in sediments. Geophys Res Lett, 28（9）：1743-1746.

Goñi M A，et al. 2000. Distribution and sources of organic biomarkers in arctic sediments from Mackenzie River and Beaufort shelf. Mar Chem, 71：23-51.

Gosselin M，et al. 1997. New measurements of phytoplankton and ice algal production in the Arctic Ocean. Deep Sea Res Pt II, 44（8）：1623-1644.

Gradinger，et al. 2008. Sea-icealgae：Major contributors to primary production and algal biomass in the Chukchi and Beaufort Seas during May/June 2002. Deep Sea Research Pt II, doi：10. 1016/j. dsr2. 2008. 10. 016.

Grebmeier J M，et al. 2006a. Ecosystem dynamics of the Pacific-influenced northern Bering and Chuchi Seas in the Amerasian Arctic. Prog Oceanogr, 71：331-361.

Grebmeier J M, et al. 2006b. A Major ecosystem shift observed in the northern Bering Sea. Science, 311: 1461-1464.

Grebmeier J M, et al. 2006b. Ecosystem dynamics of the Pacific-influenced northern Bering and Chukchi seas in the Ameresian Arctic. Progress in Oceanography, 71 (2-4): 331-361.

Grebmeier J M, et al. 2006b. A Major ecosystem shift observed in the northern Bering Sea. Science, 311: 1461-1464.

Hill V, et al. 2005. Spring and summer phytoplankton communities in the Chukchi and Eastern Beaufort Seas. Deep Sea Research Pt II, 52: 3369-3385.

Honjo S. 1997. The rain of ocean particulars and earth's carbon cycle. Oceanus, 40 (2): 4-7.

Hu Chuanyi, et al. 2006. Study on distribution and benthic fluxes of nutrients in sediment interstitial water of the Southern Ocean [J]. Acta Oceanologica Sinica, 28 (4): 102-107.

Jeffrey S W, et al. 1997. Introduction to marine phytoplankton and their pigment signatures. In: Jeffery S W, Mantoura R F C and Wright S W, ed. Phytoplankton pigments in oceanography. Paris: UNESCO publishing, 37-84.

Jiao N Z, et al. 2010. Microbial Production of Recalcitrant Dissolved Organic Matter: Long-Term Carbon Storage in the Global Ocean. Nat Rev Microbiol, 8 (8): 593-599.

Jiao N Z, et al. 2011. Increasing the Microbial Carbon Sink in the Sea by Reducing Chemical Fertilization on the Land. Nat Rev Microbiol, 9 (1): 75.

Kirchman D L, et al. 2009. Microbial growth in the polar oceans—role of temperature and potential impact of climate change. Nat Rev. Microbiol, 7 (6): 451-459.

Lawrence D M, et al. 2005. A projection of severe near surface permafrost degradation during the 21st century. Geophys Res Lett, 32, L24401, doi: 10. 1029/2005GL025080.

Lawrence D M, et al. 2008. Accelerated Arctic land warming and permafrost degradation during rapid sea ice loss. Geophys Res Lett, 35, L11506, doi: 10. 1029/2008GL033985.

Laxon S, et al. 2003. High interannual variability of sea ice thickness in the Arctic region. Nature, 425 (6961): 947-950.

Legendre L, et al. 1992. Ecology of sea ice biota. Polar Biol, 12 (3-4): 429-444.

Lizotte M P, 2001. The contributions of sea ice algae to Antarctic marine primary production. Am Zool, 41 (1): 57-73.

Link H, et al. 2013. Multivariate benthic ecosystem functioning in the Arctic-benthic fluxes explained by environmental parameters in the southeastern Beaufort Sea [J]. Biogeosciences, 10: 5911-5929.

Liu S M, et al. 2003. Pore water nutrient regeneration in shallow coastal Bohai Sea, China [J]. Journal of Oceanography, 59 (3): 377-385.

Luchetta A, et al. 2000. Temporal evolution of primary production in the central Barents Sea. J Marine Syst, 27 (1): 177-193.

Macdonald R W, et al. 2005. Recent climate change in the Canadian Arctic and its impact on contaminant pathways and interpretation of temporal trend data. Sci Total Environ, 342 (1-3): 5-86.

Macdonald R W, et al. 1998. A sediment and organic carbon budget for the Canadian Beaufort Shelf. Mar Geol, 144: 255-273.

Macdonald R W, et al. 2004. The Beaufort Sea: distribution, sources, fluxes, and burial of organic carbon. In: Stein R, Macdonald R W, eds. The Organic Carbon Cycle in the Arctic Ocean. Berlin: Springer-Verlag, 177-192.

Nuttall M. 2005. Encyclopedia of the Arctic. New York: Routledge.

Nørgaard-Pedersen N, et al. 1998. Central Arctic surface ocean environment during the past 80, 000 years. Paleoceanography, 13 (2): 193-204.

Pfirman S L, et al. 1997. Reconstructing the origin and trajectory of drifting Arctic sea ice. J Geophys Res, 102 (C6): 12575-12586.

Parkinson C L, et al. 1999. Arctic sea ice extents, areas, and trends, 1978—1996. J Geophys Res, 104 (C9): 20837

−20856.

Reid P C, et al. 2007. A biological consequence of reducing Arctic ice cover: arrival of the Pacific diatom Neodenticulasemi-nae in the North Atlantic for the first time in 800 000 years. Global Change Biol, 13 (9): 1910−1921.

Rachold V, et al. 2000. Coastal erosion vs riverine sediment discharge in the Arctic Shelf seas. Int J Earth Sci, 89 (3): 450−460.

Rachold V, et al. 2004. Modern Terrigenous Organic Carbon Input to the Arctic Ocean. In: Stein R, Macdonald R W, eds. The Organic Carbon Cycle in the Arctic Ocean. Berlin: Springer-Verlag, 33−55.

Reimnitz E, et al. 1988. Beaufort Sea coastal erosion, sediment flux, shoreline evolution and the erosional shelf profile. US Geological Survey To Accompany Map I−1182−G, 1−22.

Riebesell U. 1991. Particle aggregation during a diatom bloom. 11. Biological aspects. Mar Ecol-Prog Ser, 69: 281−291.

Schubert C J, et al. 1996. Deposition of organic carbon in Arctic Ocean sediments: terrigenous supply vs marine productivity. Org Geochem, 24 (4): 421−436.

Shiklomanov I A. 1998. Comprehensive Assessment of the Freshwater Resources of the World: Assessment of Water Resources and Water Availability in the World. WMO, UNDP, UNED, FAO et al. Geneva: WMO, 88.

Stein R. 2008. Arctic Ocean Sediments: Processes, Proxies, and Paleoenvironment. Hungray: Elsevier.

Stein R, et al. 1994. Organic carbon, carbonate, and clay mineral distributions in eastern central Arctic Ocean surface sediments. Mar Geol, 3−4: 269−285.

Stein R, et al. 2004. Organic carbon budget: Arctic Ocean vs. global ocean. In: Stein R, Macdonald R W, eds. The Organic Carbon Cycle in the Arctic Ocean. Berlin: Springer-Verlag, 315−322.

Stein R, et al. 1994. Shelf-to-basin sediment transport in the eastern Arctic Ocean [J]. Report on Polar Research, 144: 87−100.

Saitoh S, et al. 2002. A description of temporal and spatial variability in the Bering Sea spring phytoplankton blooms (1997—1999) using satellite multi-sensor remote sensing [J]. Progress in oceanography, 55: 131−146.

Smith S V. 2013. Parsing the oceanic calcium carbonate cycle: a net atmospheric carbon dioxide source, or a sink? L&O e-Books. Association for the Sciences of Limnology and Oceanography (ASLO) Waco, TX. 10.4319/svsmith. 2013. 978−0−9845591−2−1.

Steele M, et al. 2008. Arctic Ocean surface warming trends over the past 100 years [J]. Geophysical Research Letters, 35: L02614.

Stroeve J C, et al. 2005. Tracking the Arctic's shrinking ice cover: Another extreme September minimum in 2004. Geophys Res Lett, 32, L04501, doi: 10.1029/2004GL021810.

Steele M, et al. 2008. Arctic Ocean surface warming trends over the past 100 years. Geophys Res Lett, 35, L02614, doi: 10.1029/2007GL031651.

Souza A C, et al. 2014. Dinitrogen, oxygen, and nutrient fluxes at the sediment-water interface and bottom water physical mixing on the Eastern Chukchi Sea shelf [J]. Deep Sea Research Part II: Topical Studies in Oceanography, 102: 77−83.

Tedesco L, et al. 2012. Process studies on the ecological coupling between sea ice algae and phytoplankton. Ecol Model, 226: 120−138.

Ullman W J, et al. 1982. Diffusion coefficients in nearshore marine sediments [J]. Limnology and Oceanography, 27 (3): 552−556.

Vogel J, et al. 2009. Response of CO_2 exchange in a tussock tundra ecosystem to permafrost thaw and thermokarst development. J Geophys Res, 114, G04018, doi: 10.1029/2008JG000901.

Walsh J J, et al. 1986. Ecosystem analysis in the southeastern Bering Sea. Cont Shelf Res, 5 (1): 259−288.

Walsh J J, et al. 2004. Decadal shifts in biophysical forcing of Arctic marine food webs: Numerical consequence. J Geophys

Res, 109, C05031. doi: 10. 1029/2003JC001945.

Welch H E, et al. 1989. Seasonal development of ice algae and its prediction from environmental factors near Resolute, NWT, Canada [J]. Can J Fish Aquat Sci, 46 (10): 1793-1804.

Walsh J J. 1989. Arctic carbon sinks: present and future. Global Biogeochem Cy, 3 (4): 393-411.

Wang M, et al. 2009. A sea ice free summer Arctic within 30 years? [J]. Geophys Res Lett, 36, L07502, doi: 10. 1029/2009GL037820.

Wollast R, et al. 1971. Diffusion coefficient of silica in seawater [J]. Nature, 229 (3): 94-94.

Xiao X, Fahl K, Stein R, 2013. Biomarker distributions in surface sediments from the Kara and Laptev seas (Arctic Ocean): indicators for organic-carbon sources and sea-ice coverage. Quaternary Sci Rev, 79: 40-52.

Yamamoto M, et al. 2008. Late Pleistocene changes in terrestrial biomarkers in sediments from the central Arctic Ocean. Org Geochem, 39: 754-763.

Ye Xinwen, et al. 2002. Diterm ination of biogenic opal in sedim ent of the Huanghai and Bohai Sea and questions in the method [J]. Acta Oceanologica Sinica, 1: 016.

Yuanhui L, et al. 1974. Diffusion of ions in sea water and in deep-sea sediments [J]. Geochimica et Cosmochimica Acta, 38 (5): 703-714.

第 7 章　北极海洋生态系统对环境快速变化响应评价[*]

7.1　调查海域初级生产力及主要影响因素分析与评价

7.1.1　我国历次科考相关成果回顾

　　1999 年开展的中国首次北极科学考察，此次考察观测到西北冰洋海冰区具有较高的生物泵运转效率，楚科奇海陆架是一个高效的有机碳"汇"区，寒冷水体中微生物活动并未受到明显抑制（中国首次北极科学考察报告，2000）。2003 年和 2008 年夏季分别进行了第 2、第 3 次北极科学考察，在此期间，刘子琳等（2007，2008，2011）对北冰洋楚科奇海陆架、楚科奇海海台、陆坡流区、门捷列夫海岭和加拿大海盆等不同区域进行了叶绿素 a 浓度和初级生产力的现场观测。结果发现叶绿素 a 浓度区域性特征明显，楚科奇海陆架区高于其他海域；垂直分布上高叶绿素 a 浓度出现在水深 10~30 m 的次表层，呈现真光层内浓度随深度增加而增高，真光层下浓度随深度增加而降低的特征。陆架区平均生产力高于海台区、海盆区、波弗特海以及海峰区。在粒级结构上，高生物现存量的楚科奇海以小型（Net 级份）和微型（Nano 级份）浮游植物为主，对总叶绿素 a 浓度和初级生产力的贡献占优势；深海区生物现存量低，以微微型（Pico 级份）浮游植物占优势。

　　2010 年第 4 次北极科学考察的初步研究结果同样表明，白令海、楚科奇海陆架区和陆坡区的叶绿素 a 浓度较高，加拿大海盆的叶绿素 a 含量相对较低。不同海区的叶绿素 a 最大值层所处深度相差很大，但水深均不超过 65 m（中国第 4 次北极科学考察报告，2011）。2012 年开展的第 5 次北极科学考察，首次实现了北太平洋水域、北冰洋—太平洋扇区、北冰洋中心区、北冰洋—大西洋扇区和北大西洋水域的准同步考察。从已获得的成果来看，白令海和挪威海均以 Pico 级份叶绿素占优，叶绿素偏低，这可能与这些海域受大洋水控制、营养盐含量较低有关。在挪威海，叶绿素和初级生产力受中尺度涡的影响非常明显。通常在中尺度气旋涡内，海水辐散上升，中心形成上升流，引发营养盐向上补充，进而引起浮游植物增殖，而反气旋涡海水辐聚下沉，抑制营养盐补充，进而限制浮游植物的生长。挪威海海面高度计观测结果显示，叶绿素分布随海面高度升高而降低、随海面高度降低而升高，显示浮游植物生物量分布受气旋和反气旋涡的影响。但初级生产力却并非完全一致，这可能与浮游植物固碳还受到光照和水温的影响有关，挪威海研究区域横跨近 10 个纬度，必然导致温度和光照的大幅变化，使得初级生产力的演化机制趋于复杂。

　　在最新 2014 年的第 6 次北极科考中，发现可以陆架为界，将楚科奇海分为两个不同的生态区。在 200 m 以浅的楚科奇海陆架，叶绿素浓度相对较高，以 Net 级份的贡献为主，个别站位如 R2、R7

---

　　* 本章编写人员：宋普庆、林龙山、郝锵、乐凤凤、何剑锋、林凌、张光涛、徐志强、林和山、王建佳、刘坤、张然。

都出现叶绿素浓度大于 10 mg/m³ 的情况，显示这一海域存在较为丰富的生物生产。而在水深较深的海盆区域，叶绿素浓度迅速降低，Pico 级分对总生物量的贡献最大。这种生物—地理分布上的巨大反差显示陆架区和海盆区可以视作两个不同的生态系统。在陆架区，叶绿素最高值出现在近底层，与营养盐的耦合不明显，这一现象显示楚科奇海陆架区浮游植物可能存在沉降过程。在海盆区，营养盐的限制和海冰覆盖所导致的光限制，使得浮游植物生物量迅速降低，较陆架区其叶绿素浓度低了近一个数量级。海盆区叶绿素的垂向分布较为稳定，其 SCM（次表层叶绿素、最大值）主要出现在 50 m 左右，与营养盐分布呈现较好的一致性。

7.1.2 遥感和实测结果

考虑到在楚科奇海海盆区和陆架区有显著的差别（"第 5 次北极科考现场报告"，"第 6 次北极科考现场报告"），分属于两种不同类型的生境。本研究中，主要选取楚科奇海陆架区作为典型生境，分析其浮游植物动态的环境调控机制和时间序列变化。如图 7-1 所示，主要选取白令海峡口至 72°N 之间的海域，平均水深多在 50 m 以内；其区域内主要有西伯利亚沿岸水、白令海陆架水和阿拉斯加沿岸水 3 个主要水团。

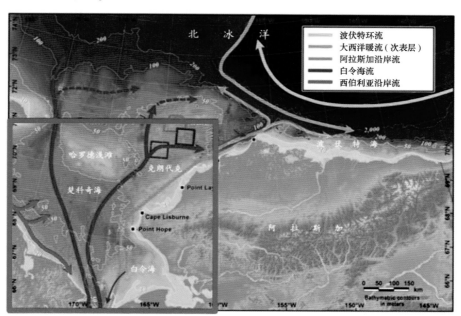

图 7-1　楚科奇海环流特征与研究范围

数据包括实测和遥感两部分。其中实测资料选取 2002—2012 年间我国第 2、第 3、第 4、第 5 次北极科考的现场叶绿素资料（见图 7-2），为了便于比较，我们选取了 72°N 以南的 R 断面去程观测站位。遥感资料采用 NASA（美国国家航空航天局）所发布的融合叶绿素 a 数据（http://ocean-data.sci.gsfc.nasa.gov/），时间分辨率为月平均，空间分辨率为 4 km×4 km；与实测同期的遥感叶绿素数据选用 MODIS 的 8-d 叶绿素 a 产品。由于历史航次中仅有第 3 次和第 5 次北极科考具备初级生产力观测，因此，时间序列方面的分析以浮游植物生物量为主；为了便于比较各航次数据，选取 R 断面所占站位进行剖面图的绘制。

从图 7-3 可见，楚科奇海陆架区夏季叶绿素存在明显的年际波动，但各月份出现高值的几率并

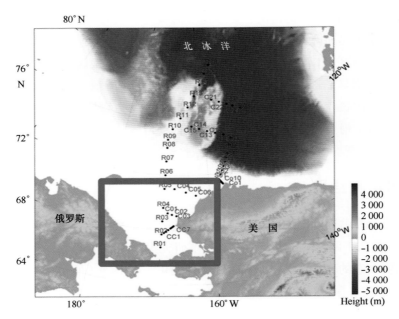

图 7-2 楚科奇海实测站位示意

不稳定，一般 7 月、8 月偏低，6 月和 9 月偏高；叶绿素平均值最高出现在 2002 年和 2007 年的 9 月，其均值约为 3.4 mg/m³，最低出现在 2003 年的 8 月和 2012 年的 7 月，均值接近 1 mg/m³。对整个研究区域而言，这 13 年间叶绿素浓度呈现缓慢下降的态势，在 2006 年之前，叶绿素 7 月均值通常高于 6 月，而在此后，叶绿素多为 6 月高，7 月低；与此同时，9 月的叶绿素高值也有逐年降低的倾向。

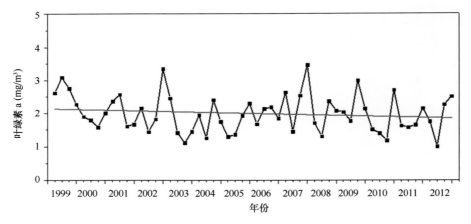

图 7-3 1999—2012 年间楚科奇海夏季（6—9 月）遥感叶绿素时间序列

7.1.3 楚科奇海浮游植物动态变化过程、原因及其影响

7.1.3.1 楚科奇海浮游植物的季节变化特征

夏季楚科奇海随着海冰的融化，初级生产力开始迅速增高，从此前的研究来看（Arrigo et al.，2008；图 7-4），在 5 月之前，由于楚科奇海大部分海域被海冰覆盖，浮游植物生物量和初级生产

力几乎为 0，从 5 月开始，由于海冰融化形成了开阔水面，浮游植物迅速旺发，在 5 月底至 6 月初达到峰值，而此时开阔海面积只有不到 20%；从 6 月至 8 月间，初级生产力开始下降，从高峰期的 1 000 mg/（m² · d）（以碳计）下降至九月初的 400 mg/（m² · d）（以碳计）左右，此时开阔海的面积接近峰值；在 9 月底生产力还有一个小小峰值，随后开始迅速下降。Zhang 等（2010）的研究表明叶绿素也有着同样的变化特征。总的来说，浮游植物生物量和初级生产力在融冰的初期就迅速达到峰值，其变化比物理过程剧烈得多。我国历次北极科考到达楚科奇海的时间均为 7 月下旬至 8 月初，处于楚科奇海水华的后期。

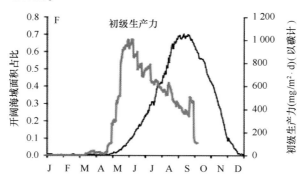

图 7-4 楚科奇海开阔海面积占比与初级生产力的周年变化（Arrigo et al.，2008）

7.1.3.2 实测期间生物动态过程以及机制

从历次北极科考的实测数据来看，在陆架区，叶绿素最高值所在的水层并不一致，高叶绿素值几乎在各个水层都可能出现，这一现象似乎显示楚科奇海台区浮游植物的分布存在一个较快的动态过程，这可能是因为浮游植物旺发后，Net 级份占优导致浮游植物不断沉降，因此在各个水层中都有可能观测到叶绿素的高值，SCM 的分布没有明显的规律。叶绿素最大值在同一季节可以出现于近表层、中层以及底层，这可能是北冰洋"食物脉冲"的一种表现形式。Hill 等（1998）指出，在白令海峡附近有大量的浮游植物絮凝所产生的"海雪"存在，海洋上层初级生产迅速向底层输出，进而导致底栖生物的高生物量。而在海盆区，营养盐的限制和海冰覆盖所导致的光限制，使得浮游植物生物量迅速降低，较陆架区其叶绿素浓度低了近一个数量级。海盆区叶绿素的垂向分布较为稳定，其 SCM 主要出现在 50 m 左右，这意味着混合层控制的营养盐分布主导着叶绿素分布。

第 5 次北极科考的结果显示（乐凤凤等，2014），在楚科奇海域，浮游植物生长所需的营养物质主要来源于经白令海峡流入北冰洋的白令海陆架水（Grebmeier et al.，2006），其所携带的溶解无机氮是控制西北冰洋海洋初级生产力的关键因素（李宏亮等，2011）。陆架区营养盐分布格局受不同水团分布范围的影响非常明显，并进一步影响到浮游植物生物量和初级生产力及其粒级结构特征。陆架区中部受阿拉斯加沿岸流影响，营养盐浓度较低，浮游植物生长受营养盐限制，大部分站位叶绿素浓度低于 0.5 mg/m³，R03 站初级生产力仅为 50 mg/（m² · h）（以碳计），其中 Pico 级份对生物量和生产力的贡献最大，这是因为在贫营养海域，小粒径浮游植物个体微小，比表面积大，能量转换效率高，相比大粒径浮游植物具有更高的营养盐吸收效率和更快的生长率（Parsons，1973）。在陆架区北部浮冰区存在冰边缘水华，该站表层叶绿素浓度高达 24 mg/m³，初级生产力高达 943 mg/（m² · h）（以碳计），这是因为融冰过程带来充足养分，且冰藻的释放对水华有叠加和"播种"作用（Michel et al.，1993）。水华与海冰消融后退之间存在明显的生物物理学联系，已发现水华的发生测站顺序基本上随冰缘逐渐向北退缩而移动。

7.1.3.3 叶绿素浓度年际变化原因初步分析

楚科奇海多年叶绿素微弱下降的原因可能主要源于楚科奇海夏季水华的减弱，从图7-5可以看出，2011—2012年间，楚科奇海中部水华区相对于1999—2000年间有较大幅度的减少。在7月，陆架区大部分海域均比10年前有不同程度降低，其中在白令海峡附近最为明显，其叶绿素浓度较10年前平均降低 $1\sim5$ mg/m³ 不等，白令海峡南北两侧是该海域重要的水华区，但2012年观测的结果显示这一区域的水华几乎已消退殆尽。从图中可以看到，7月楚科奇海中部的叶绿素下降的区域面积要明显高于8月，7月叶绿素偏低的区域基本上覆盖了整个陆架，而8月则缩小至白令海峡南北两侧的区域。与之相对的另一个情况是，楚科奇海近岸的叶绿素浓度在近10年来有所上升，特别是阿拉斯加沿岸和湾内，上升较为明显，局部上升了5 mg/m³ 以上。8月的叶绿素增加的区域要明显高于7月；在8月，叶绿素增加的区域覆盖了除白令海峡以外的整个陆架，并且增加幅度高于1 mg/m³ 的海区扩展至20 m等深线附近；而在7月，增加幅度高于1 mg/m³ 的海区只在紧贴岸线的狭窄区域以及阿拉斯加沿岸的湾内。

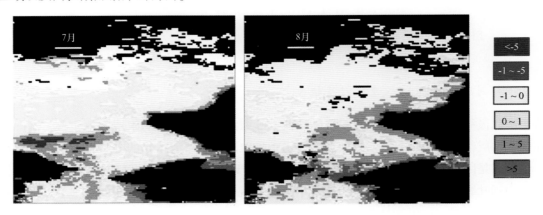

图7-5　2011—2012年 VS 1999—2000年叶绿素浓度差异（mg/m³）

图7-6显示了1999—2012年楚科奇海陆架高叶绿素区（ > 5 mg/m³）和低叶绿素区（ < 1 mg/m³）的面积变化。可以看到，在楚科奇海夏季，高叶绿素区和低叶绿素区同时在增加，但低叶绿素区的增加速率要明显高于高叶绿素区。在1999年，高叶绿素区的面积平均为24 000 km²，而在2012年增加至约38 000 km²，增加了50%以上。而低叶绿素区的面积从1999年的49 000 km² 增加至2012年的310 000 km²，增幅近6倍。低叶绿素区的增幅远高于高叶绿素区，这是为何楚科奇海高叶绿素区和低叶绿素区同时增加，但叶绿素浓度却整体轻微下降的原因。

7.1.3.4 叶绿素浓度年际变化可能对生物量结构的影响

叶绿素浓度剧烈变化可能也指示着浮游植物群落结构的变化。第5次北极科考的结果表明，当叶绿素浓度大于5 mg/m³ 时，浮游植物现存量的贡献主要以Net级份为主，其中Net、Nano、Pico的占比分别为67%，11%和22%；而当叶绿素浓度小于1 mg/m³ 时，Net、Nano、Pico的占比分别为22%，6%和72%，这意味着浮游植物中Pico级份占据优势。前文提到在过去13年中，在沿岸等区域，高叶绿素区显著增加，意味着该海域浮游植物群落将向大型化发展，大粒径的Net级份浮游

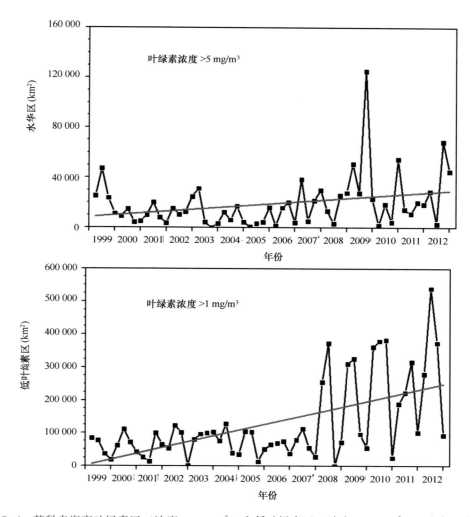

图7-6 楚科奇海高叶绿素区（浓度>5 mg/m³）和低叶绿素区（浓度<1 mg/m³）面积年际变化

植物将在群落中占到优势，大颗粒易于沉降的特性将使得初级生产力向下输出变强，这会刺激到局部海域（如阿拉斯加近岸）的底栖群落的生长。而在楚科奇海中部和靠近白令海峡的区域，由于高叶绿素区的消失，这一海域更多地被叶绿素浓度低于1 mg/m³的水体所占据，这意味着浮游植物群落中小粒径Pico级分可能占优，浮游植物群落更易于在水体中悬浮，初级生产力向下输出减少，更多地停留在水柱中，将被水柱中浮游种群所消耗，从而对底栖生物的食物供给将有所减少。值得注意的是，低叶绿素区增加的速率明显更高，因此，就整个楚科奇海而言，可能会出现较大范围的浮游植物群落的小型化。

7.1.4 小结

本研究收集了1999—2012年我国历次北极科考叶绿素和初级生产力相关数据，并采用其中4个航次陆架区的观测资料和遥感数据进行对比研究。结果表明：① 在楚科奇海陆架，夏季存在较强的水华过程，浮游植物叶绿素和初级生产力的空间变异性高，浮游植物旺发（水华）会明显影响其水平和格局；② 现场观测多位于楚科奇海夏季水华期的后半程，叶绿素和初级生产力已经开始下降，受水华影响，局部海域叶绿素浓度可变性高，不同航次间可比性偏低，但仍然可发现10年间

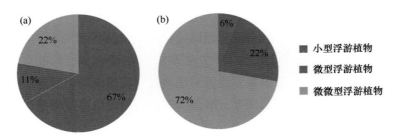

图 7-7　2012 年夏季楚科奇海不同叶绿素浓度对应的粒级构成

(a) 叶绿素浓度>5 mg/m³；(b) 叶绿素浓度<1 mg/m³

楚科奇海陆架水华存在消退的现象；③ 叶绿素和初级生产力的水平主要受白令海陆架水的营养盐供给和融冰过程所影响，且高值区存在明显的颗粒物沉降过程；④ 研究海域在 1999—2012 年间叶绿素水平呈微弱下降趋势，这主要是因为叶绿素浓度小于 1 mg/m³ 的区域在陆架区快速增加所致，值得注意的是叶绿素浓度大于 5 mg/m³ 的高值区也在增加，但幅度低于前者，这说明楚科奇海陆架的浮游植物时空变化正在变得更加剧烈；⑤ 叶绿素浓度小于 1 mg/m³ 的区域快速增加的一个潜在效应是浮游植物将向小型化发展，这会显著影响该海域的生物泵效应和食物产出。

7.2　微微型浮游生物分布特征及其对环境变化的响应

7.2.1　微微型浮游植物丰度、分布以及对环境变化的响应

中国第 3、第 4、第 5 次北极科学考察海洋微微型浮游生物调查站位主要区域包括白令海、白令海—楚科奇海陆架、北冰洋中心区以及北大西洋海域。结合海水温度和盐度数据，发现调查区域内微微型浮游植物主要包含聚球藻（Synechococcus，Syn）和微微型真核浮游植物（Pico-Eukryotes，P-euk）两大类。在盐度普遍低于 34 的北冰洋—太平洋扇区，聚球藻主要分布区域是在盐度大于 32.5 水温高于 2.5℃ 的白令海海盆区域，在白令海及楚科奇海陆架，聚球藻主要分布在盐度低于 31.8 水温高于 7.5℃ 的阿拉斯加沿岸水中。此外，聚球藻在北大西洋上层水温高于 6℃ 的水体中广泛分布（图 7-8）。与此同时，在北冰洋—太平洋扇区，微微型真核浮游植物 P-euk 高丰度值总是出现在水温高于 4℃ 的水体当中，各水团没有明显差异，而在北大西洋海域 P-euk 丰度高值高于北冰洋—太平洋扇区。

作为广泛分布的微微型真核浮游植物，温度是影响其丰度和分布的重要因素，微微型真核浮游植物丰度和粒径大小与水温的关系如图 7-9 所示，随着水温的升高，微微型真核浮游植物丰度增加但粒径变小，并且细胞内叶绿素 a 含量降低。此外，随着温度的增加，微微型浮游植物光合活性（FL3/SSC）没有明显的增加趋势。因此，在北冰洋增温的趋势下，北冰洋将发生微微型浮游植物丰度增加的现象，但同时伴随着微微型浮游植物粒径变小和细胞内叶绿素 a 含量降低。增加的微微型浮游植物数量并不会带来浮游植物光合活性的明显增加，显然对未来的北冰洋浮游植物碳固定影响有限。

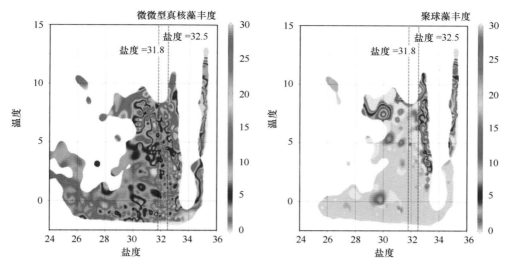

图 7-8 微微型浮游植物丰度分布与温盐的关系

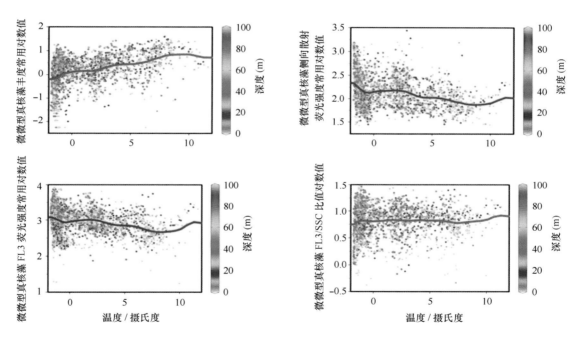

图 7-9 微微型真核浮游植物丰度、粒径大小、叶绿素 a 含量以及光合性和水温的关系

LG Peuk. Peuk 丰度的对数值；Peuk SSC［LG］. 表征 Peuk 粒径大小；Peuk FL3. Peuk FL3 荧光强度，表示 Peuk 的叶绿素 a 含量；Peuk FL3/SSC. 表征 Peuk 光合活性

7.2.2 异养细菌群落结构组成和分布与北冰洋水团的关系

7.2.2.1 楚科奇海水团组成、异养细菌群落结构组成和多样性

根据 Woodgate 和 Aagaard（2005）的研究结果，楚科奇海 R 断面至少存在 2 个水团，分别是出现在先驱浅滩以南高温高盐的白令海陆架水（BSW，包含站位 BS12 和 R05），位于先驱浅滩以北低

温高盐的阿纳德尔水（AW，主要包含站位 R07、R09、R11、R13、R15 和 R17）。BSW 中，由于 R05 站位刚好位于先驱浅滩上方，太平洋入流水在向北流经时在该位置发生绕流，使得该站位海水环境相对不同而且稳定，低叶绿素和营养盐浓度同样是该站位的海水特征，由于温度和盐度又与 BSW 相似，我们将该站位海水称之为变性的白令海陆架水（CBSW）。同样，断面北端 R15 站位和 R17 站位的 AW 受海冰融水严重影响，我们将其称之为北冰洋混合水（Mixed Water MW）。

梯度变性凝胶电泳法（DGGE）结合 DNA 测序技术结果显示楚科奇海主要细菌类群组成包括：阿尔法变形菌（α - proteobacteria）、贝塔变形菌（β - proteobacteria）、伽玛变形菌（γ - proteobacteria）、德尔塔变形菌（δ - proteobacteria）、拟杆菌（Bacteroidetes）、蓝细菌（Cyanobacteria）、放线菌（Actinobacteria）、绿弯菌（Chloroflexi）、疣微菌（Verrucomicrobia）和厚壁菌（Firmicutes）。各个门类细菌的 OTU 数目分别是伽玛变形菌 21、阿尔法变形菌 19、蓝细菌 13、拟杆菌 12、贝塔变形菌 9、放线菌 6、德尔塔变形菌 2、疣微菌 2，绿弯菌和厚壁菌都是 1，楚科奇海浮游细菌系统发育树如图 7-10 所示，优势类群为伽玛变形菌、阿尔法变形菌和拟杆菌。

各个水团的细菌群落组成结果如图 7-11 所示。尽管阿尔法变形菌在断面北部 R15 和 R17 站位相对丰度较低，但它仍然是各个站位各个深度丰度最高的细菌类群。贝塔变形菌在断面南部两个站位 BS12 和 R05 相对丰度较低而在断面中部 R07、R09、R11 和 R15 高，在 R11 和 R15 站位其相对丰度分别占总细菌群落的 20.6% 和 19.2%。伽玛变形菌相对丰度在 R13、R15 和 R17 站位较高，并且在断面北部其占总细菌群落的比例随深度增加而增加。通常被认为和有机颗粒物有显著相关关系的拟杆菌在断面两端相对丰度较高（R15 和 R17）。蓝细菌在楚科奇海分布广泛，仅在 R07 站位 0 m 和 10 m 层未能检测到。此外，放线菌和德尔塔变形菌只在断面北部一些站位的特定深度出现，而厚壁菌仅仅在最北部的站位（R13、R15 和 R17）有发现，绿弯菌只出现在 R13 站位的 40 m 和 70 m 层。各个水团的优势细菌类群各不相同（图 7-11），其中在断面南部的 BSW 和 CBSW 水团中，阿尔法变形菌相对丰度最高，而断面北部的 AW 和 MW 水团中优势类群为伽玛变形菌。蓝细菌在 BSW 中相对丰度最高，而放线菌和贝塔变形菌则为 AW 和 MW，疣微菌在变性的水团 CBSW 和 MW 中丰度很高。阿尔法变形菌主要分布在近岸 BSW 和 CBSW 中，并且离岸越远相对丰度越低，伽玛变形菌则与之相反。

7.2.2.2 楚科奇海异养细菌群落结构组成和环境因子的关系

细菌群落组成和环境因子之间的典型相关分析（CCA）结果显示，提取出的两个变量总共解释了 80.3% 的变异系数（其中轴 1 和轴 2 分别解释了 48.8% 和 31.5% 的变异系数）（图 7-12）。除了 R09-0 m 样品以外，其余样品可以分为 4 个组，并与 4 个水团一一对应。叶绿素 a 和深度是轴 1 中最重要的环境因子，而轴 2 中最重要的是温度和硅酸盐。细菌群落所确定的 4 个组当中，组 I（白令海陆架水团组 BSW）主要包含浅海区样品，该区域浮游植物生物量高（叶绿素 a 浓度和微微型真核浮游植物丰度 Euk 都高），海水温度和盐度都较高，并且细菌丰度也高；组 II（变性的白令海陆架水团组 CBSW）存在于高温、低营养盐且浮游植物生物量相对较高的环境；组 III（阿纳德尔水团组 AW）则存在于低温、低盐和低营养盐环境；组 IV（海冰混合水 MW）主要存在于海冰融化水显著影响的区域，该区域水温低，盐度低，生物量也低，并且该区域水深明显高于其他区域。

微生物群落组成对海洋环境变化敏感（Comeau et al.，2011），水团是微生物群落的重要载体，并且能够控制海洋微生物多样性组成（Galand et al.，2009）。在北大西洋的相关研究表明存在明显的深层水特异性细菌群落，其分布能对水团进行指示（Agogué et al.，2011）。本研究同样

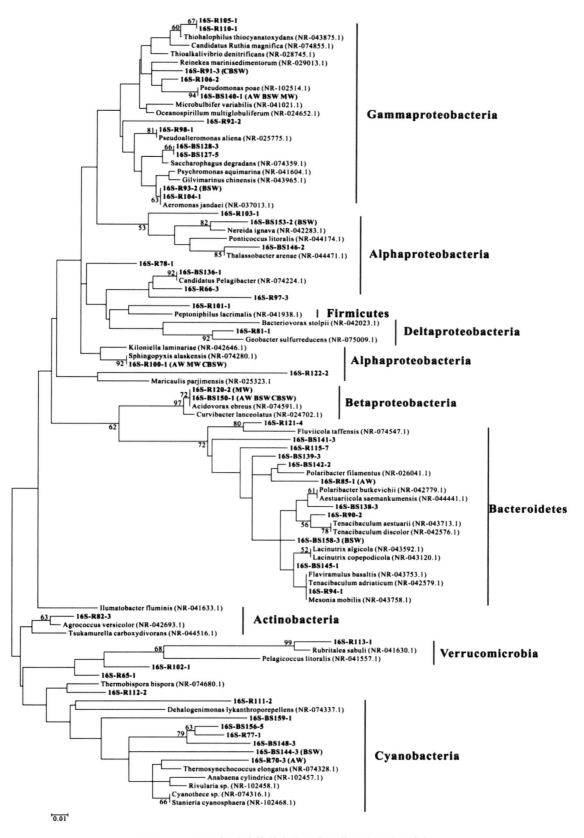

图 7-10　2008 年夏季楚科奇海细菌群落组成系统发育树

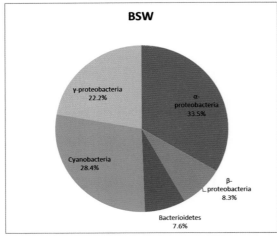
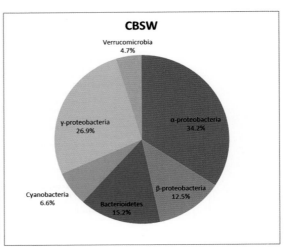
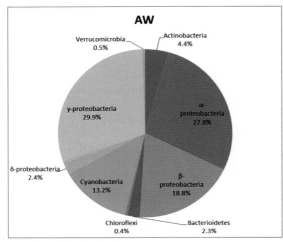
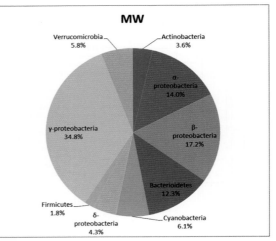

图 7-11　2008 年夏季楚科奇海不同水团细菌群落结构组成

BSW. 白令海陆架水；CBSW. 变性的白令海陆架水；AW. 阿纳德尔水；MW. 北冰洋混合水

揭示了楚科奇海细菌群落组成的水团特异性，4 个生态功能群分别对应 4 个水团。此外，由于楚科奇海海水在先驱浅滩海域向东和向西绕行，使得绿弯菌只在 R13 站位 40 m 和 70 m 层出现。同时，受海冰融化过程的影响，放线菌只分布在浅滩以北。这些特异的细菌分布特征和 CCA 分析结果一道揭示了在不同的环境条件下，决定细菌群落组成的主要因素各不相同，并且具有鲜明的水团特异性。

　　由于增强的夏季太阳辐射给楚科奇海带来更多的太平洋高盐暖水，加速海冰融化、改变上层海洋温盐结构并导致水团变性，浮游生物群落组成随之发生变化。这样突变的环境使得楚科奇海生态系统非常脆弱，有害藻华出现的频率也大大增加（Vincent et al.，2009；Eilertsen and Degerlund，2010），并改变楚科奇海微生物群落结构组成。由于夏季太平洋入流水的流速和流量都变化异常迅速（Woodgate et al.，2006），再加上海冰融化水的影响，使得夏季楚科奇海的生态环境异常复杂，水团变性对楚科奇海微生物群落尤其是细菌群落组成的重要影响值得关注。增强的入流水和变性水影响也意味着微生物生态群落结构的变迁，对北冰洋生态系统将存在显著影响，进而影响北冰洋食物网和碳固定等上层过程。

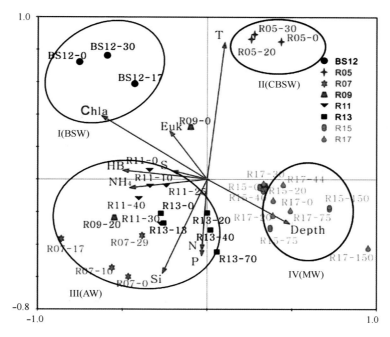

图 7-12　基于 PCR-DGGE 的细菌群落组成典型相关（CCA）排序

箭头的方向表示变量在解释变量体系中的变化趋势，箭头在轴上投影的长度表示变量在解释变量体系中的重要性；样品被分为 4 个组，分别对应 4 个水团（BSW，CBSW，AW 和 MW），样品获得站位之间的差异用不同的颜色和图案表示

7.2.3　海冰融化对浮游生物群落结构的可能影响

融池分为两种类型，分别是封闭式融池（MPf）和开放式融池（MPs）。封闭式融池由于底部未与大洋连通，水体环境相对封闭，里面的水体主要以淡水为主，盐度为零或接近于零。开放式融池底部连通大洋，受表层海水影响其盐度高且理化性质和表层海水类似（也被称之为溶洞 Melt Holes，Lee et al.，2011）。由于融池通透是海冰融化的重要过程，两类融池微生物群落结构上的差异一定程度上能反映海冰融化过程对上层海洋的影响。

高通量测序后，对各个样品的所有分类操作单元（OUT）进行主成分分析，结果显示样品可以划分为 3 组，1 个开放式融池组 MPs 和 2 个封闭式融池组 MPf1 和 MPf2 其中封闭式融池样品中的细菌优势类群为黄杆菌（Flavobacteria，FB）、蓝细菌（Cyanobacteria）和贝塔变形菌（Betaproteobacteria），其平均出现频率分别为 69.5%、13.6% 和 7.7%。而开放式融池中的细菌优势类群是阿尔法变形菌（Alphaproteobacteria，AB）、黄杆菌和蓝细菌，其平均出现频率分别为 56.7%、21.1% 和 7.7%，与封闭式融池不同。与 MPf2 相比，MPf1 中黄杆菌相对丰度更低但蓝细菌、阿尔法变形菌和贝塔变形菌相对丰度更高。MPf2 中黄杆菌的出现频率达 80% 以上，其中 ICE09-2 甚至高达 98.6%。黄杆菌和阿尔法变形菌在融池细菌群落当中有明显的竞争关系，表现为其相对丰度的极显著负相关关系（$r=-0.814$，$P<0.01$），黄杆菌相对丰度同时还与伽玛变形菌（Gammaproteobacteria GB）极显著负相关（$r=-0.751$，$P<0.01$）。伽玛变形菌则与阿尔法变形菌（$r=0.777$，$P<0.01$）和贝塔变形菌（$r=0.624$，$P<0.05$）显著正相关，显然黄杆菌和变形菌之间有竞争关系。

海冰的运动主要由风力驱动和洋流驱动引起，海冰运动过程中伴随着细菌的迁移和散布。由于海冰的形成，带有鲜明海冰发源地特征的细菌群落被困在海冰内部，随着海冰运动和海冰融化影响海冰运动途径上的广大海域。因此，未通透融池细菌群落组成和海冰发源地有很大相似性，能作为追溯海冰发育和形成的重要指标。在所有的细菌类群当中（分类到纲），伽玛变形菌被认为是近岸海域的优势类群（Kellogg and Deming，2009；Malmstrom et al.，2007），阿尔法变形菌是远洋海域优势类群（Collins et al.，2010；Kirchman et al.，2010），贝塔变形菌则代表河水影响区域（Garneau et al.，2006）。本研究中封闭式融池的优势类群为黄杆菌（69.5%），其次为蓝细菌（13.6%）贝塔变形菌（7.7%）和放线菌（4.2%）。由于贝塔变形菌和放线菌都是重要的河水指示细菌，表明本年度北冰洋中心区的海冰可能主要来源于河口影响区域，根据北冰洋表层洋流特征，推测其可能主要来源于西伯利亚沿岸海域。这和西北冰洋（77°N）融池细菌群落的调查结果相反，在那片海域，封闭式融池的主要细菌群落为伽玛变形菌，其次为拟杆菌（Han et al.，2014）。北冰洋中心区的洋流分布特征可以解释这种差异，在77°N附近的西北冰洋受波夫特涡旋的影响更大而在北冰洋中心区近极点海域主要受穿极漂流的影响（Steel et al.，2004）。其他调查结果也同样反映了封闭式融池细菌群落与海冰发源地的关系，例如，弗拉姆海峡附近多年冰融池细菌主要以贝塔变形菌和拟杆菌为主（Gerdes et al.，2005），Kaarttokallio 等（2008）在北冰洋的调查也显示融池细菌以变形菌为主。

Han 等（2014）论述了盐度在北冰洋表层水细菌群落筛选过程中的重要作用，随着海冰融化海水盐度增加，黄杆菌相对丰度减少而阿尔法变形菌相对丰度增加。

随着融池的通透，细菌群落在属的分类水平上的变化并不一定总是与纲的分类水平上变化一致。极地杆菌属（Polaribacter）（隶属于黄杆菌纲）平均出现频率就在融池通透的过程中从0.1%增加至6.5%。而在整个融池通透的过程中，其他主要属细菌相对丰度变化趋势和其所属纲细菌变化一致，例如：黄杆菌纲黄杆菌属（Flavobacterium）细菌平均出现频率从67.5%下降至9%，贝塔变形菌纲极地单胞菌属（Polaromonas）细菌出现频率从5.2%降至0.3%，而阿尔法变形菌纲遍在远洋杆菌（Pelagibactol ubique）出现频率从0.3%上升至36.2%。上述细菌当中，遍在远洋杆菌为全球海洋广布的优势种（Morris et al.，2002），极地单胞菌属则广泛分布在包括高空大气环流、高纬地区空气以及积雪、海冰和冰川等寒冷环境（Staley and Gosink，1999；Darcy et al.，2011），黄杆菌属细菌为淡水优势细菌而极地杆菌则在两极海域都分布广泛。融池的通透过程是细菌群落组成重要的筛选过程，同时影响融池和表层海水细菌群落。诸如盐度、温度和营养盐的理化因子和诸如微微型浮游植物及原生动物等生物因素都将在这个过程中发挥作用。对优势种和全球广布种来说度过这个过程相对容易，只不过引起相对丰度的变化。

海冰形成过程中有很多细菌被困在海冰内部并随着海冰一起运动。由于融池、海冰和海冰发源地海水环境的显著差异，这些细菌将在海冰融化并形成融池的过程中经历第一轮筛选。幸存下来并进一步生长的细菌随后在融池通透并连通大洋的过程中接受第二轮筛选。这是海冰融池调控北冰洋上层细菌群落组成和多样性的可能方式。但封闭式融池和开放式融池细菌丰富度指数和多样性指数差异都不大，显然这种调控在群落结构方面的作用更加明显，而对细菌多样性和种类组成方面影响较弱。作为在包括地中海、太平洋和北冰洋在内全球海洋广布（Bano and Hollibaugh，2002；Schneiker et al.，2006）的可以直接利用石油合成有机碳的海洋细菌 Alcanivorax（Coulon et al.，2012），其在封闭式融池 ICE06-1 和 ICE10-2 有分布（出现频率分别是2.0%和1.6%），但是在开放式融池中都没有分布。细菌 Algoriphagus 只在高纬封闭式融池中出现，极端寒冷环境下都能生存的伽玛变形菌纲 Psychrobacter 属细菌也主要在封闭式融池中检出。细菌 Paucibacter（0.4% at ICE08）和 Hymenobacter（1.2%）情况也类似，在封闭式融池中出现频率虽然很低，但未在开放式融池中检

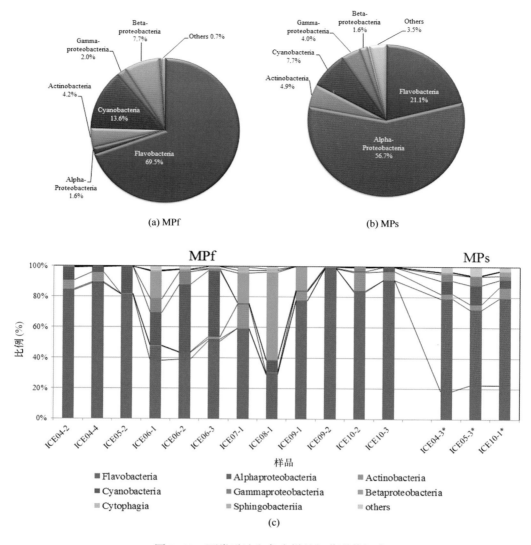

图 7-13 两类融池和各个样品细菌群落组成

（a）封闭式融池 MPf；（b）开放式融池 MPs；（c）各个样品

出。也有一些只在开放式融池中检出的细菌，例如极地杆菌（*Polaribacter*）（9.3% ICE04）和丝硫细菌属（*Thiothrix*）（0.2% ICE 10）。总体来说，多数非优势种非广布种细菌在融池通透的细菌种类筛选过程中都将面临死亡，其生态地位将被其他细菌取代。由于在种的分类水平上太多序列不能确定分类地位，融池通透过程对表层海洋细菌种类组成的影响程度很难下定论，有待技术进步和数据的持续完善，但至少在微生物大类水平上，研究结果显示融池通透代表的海冰融化过程对上层海洋微生物群落结构影响作用是有限的。

7.2.4 小结

近几十年来，全球增温以及相应的北极放大效应导致的北极环境快速变化受到广泛关注，诸如表层增温、海冰覆盖率减少、海冰变薄、陆地冰川和积雪融化引起地表径流流量增加等变化，深刻影响了北极和亚北极海域海水环境。随之而来观测到的海洋浮游生物分布变化、群落结构组成和粒级结构变迁以及生态系统整体迁移现象揭示了海洋生态系统对环境变化的响应。而作为海洋中最主要的初级生产者和分解者，微微型浮游生物到底在环境变化过程中发生了什么样的变化，未来又会发生什么样的变化，是人们关注的焦点之一。

通过生物地理选择和温度调控过程改变个体大小是生物体应对增温的典型响应方式，北冰洋微微型浮游植物丰度、粒径大小、细胞色素含量与温度之间的关系表明随着北极快速变化背景下的北极增温，即使是粒径极小（<2 μm）的微微型浮游植物，仍然会发生数量增加并且粒径变小的现象，此外，随着水温增加，微微型浮游植物细胞内色素含量也降低，这样虽然伴随着明显的数量增加过程，但细胞活性并不会明显增加，在北冰洋浮游植物小型化的趋势下，明显对未来北冰洋碳固定不利。

变化的白令海水通过白令海峡进入楚科奇海和北冰洋，改变楚科奇海海水环境，影响北冰洋微生物群落结构组成。由于水团结构的稳定性和微微型浮游生物较弱的运动能力，使得楚科奇海微微型浮游生物带有鲜明的变性水团的特征。浮游细菌生态功能群划分中白令海变性水团功能群和海冰融化混合水功能群的出现表明了环境变化驱动的海水理化性质改变和生物群落组成及分布的变迁。增强的太平洋入流水和海冰融化效应必然进一步影响北冰洋生态系统。

当然，海冰消退和融化是北极快速变化最重要的现象之一，近十几年连续观测到的有海冰观测数据以来的海冰覆盖历史低值引起了人们的极大关切。对微生物来说，海冰是极其重要的载体，结冰过程中被困在海冰内部的微生物具有海冰发源地的特征，成为微生物"种子"。随着海冰运动和融化，这些种子被释放出来，在合适的环境条件下大量生长，可以改变海冰运动路径上海洋微生物群落结构组成。微生物群落组成也可以成为追溯海冰形成和运动的重要指示。由于融池形成和通透并连通上层海洋是海冰融化的重要过程，对开放式融池和封闭式融池微生物结构的研究反映了海洋微生物对海冰融化过程的响应。但研究结果表明海冰的播种作用可能没有想象中那么巨大，海冰融化过程对微生物群落结构组成的影响更多地体现在对群落结构方面，表现为优势类群相对丰度的改变，而在种类组成方面影响较小，很多原来在封闭式融池中存在的细菌类群都未能在开放式融池中检出，除非它是广布种。融池形成并最终通透是个双重筛选过程，由于融池环境的严酷性以及和上层海洋巨大的差异，很多"种子"不能安全度过，只能面临在新环境中的消亡。

随着北冰洋夏季海冰的进一步消退，北冰洋中心区将出现更多的无冰开阔海域，而当前北冰洋极点附近海域出现的新开阔海域代表了北冰洋的未来。而北冰洋中心区新开阔海域浮游细菌群落结构研究表明，海冰开化后，浮游细菌群落结构组成和北冰洋其他海域差别不大。典型的群落结构区域分布特征说明由水团不同导致的海水理化性质的差异对浮游细菌分布影响更大。理化性质的差异改变营养盐结构，影响浮游植物粒级结构和初级生产，改变溶解有机物输出，最终影响浮游细菌群落组成和分布。海冰融化水的影响也可能通过该过程实现。同时，改变的光照条件影响了细菌群落中光合细菌的相对丰度，显然，光合异养细菌在未来北冰洋生态系统中也将发挥更加重要的作用。

目前，不管是微微型浮游生物丰度和分布对环境变化的响应，还是群落结构组成和多样性对环境变化的响应，大多以现场调查为主，有一定的局限性。特别是微微型浮游生物，相对漫长的环境变化过程而言，其世代周期短，对环境变化的适应性强，对环境变化的反应过程也可能非常短暂，以目前的调查频率可能更多反映的是响应后的结果。现场生态受控实验和过程模拟实验应该是更进一步的研究手段。

7.3 大中型浮游生物物种组成与分布特征分析

综合分析了中国第 2 至第 5 次北极考察的浮游动物资料，在群落结构和种类组成的基础上，从群落和种类水平上分析了浮游动物对环境快速变化的响应。另外，根据海盆区 1 000 m 以上水层浮游桡足类的垂直分布，分析了空间异质性，探讨了与生物泵作用特征的关系。

7.3.1 浮游动物群落对环境变化的响应

现有的研究证实楚科奇海的浮游动物群落结构受到水团配置和生态系统食物网结构的影响，但是却没有关于不同群落年际变化趋势差异的报道。白令海入侵的海水中大型桡足类较多，而阿拉斯加沿岸水中浮游动物相对缺乏。在底栖生物生物量较低的区域，外海浮游动物种类和生物量都比较高，而在底栖生物丰富的区域浮游动物以近岸种类为主，且生物量较低。

根据种类组成和相对丰度，我们将楚科奇海的浮游动物划分为 3 个群落，分别对应南部、中部和北部（图 7-14）。其中，2003 年和 2008 年调查范围较大，包含了全部 3 个群落，而 2010 年和 2012 年调查范围较小，只包含了中部和南部群落。

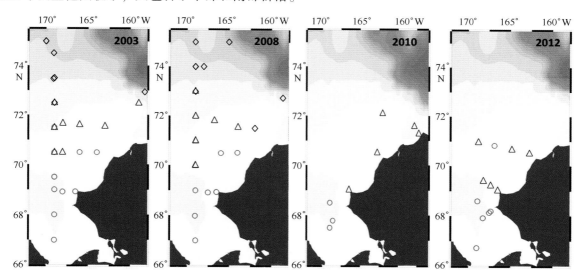

图 7-14 中国第 2 至第 5 次北极考察楚科奇海浮游动物群落地理分布

（○，△和◇分别代表南部、中部和北部群落）

虽然本研究只在 2003 年和 2008 年对北部陆坡群落进行了调查，但我们认为浮游动物丰度增加的趋势是可信的（图 7-14）。两次调查在时间和站位设置上吻合得较好，都是在 7 月底到 9 月初之间进行的，数据具有较好的可比性。同时，分类群来看，所有终生浮游生活的类群丰度都是增加的，只有阶段性浮游的幼体数量下降。主要的优势种也基本保持一致，并且多样性有增加的趋势。

在以前的研究中，楚科奇海的浮游动物群落地理分布主要与水团和生态系统的营养结构有关，而具体到每一项研究中识别出的群落类型和数量，则主要与调查区域范围大小有关。在楚科奇海南部，自西向东依次受到西伯利亚沿岸流（Siberian Coastal Current）、阿纳德尔流（Anadyr Water）和阿拉斯加沿岸流（Alaskan Coastal Current）的影响，因此纬向断面设置得出的群落类型主要受到水团配置的影响。从另一个方面来讲，由于楚科奇海南部的浮游动物主要来自太平洋水的输运作用，因此当调查的纬度跨度足够大时仍然能区分出南北差异。Matsuno 等（2011）在楚科奇海识别出 7 个浮游动物群落，主要是径向差异。同时，楚科奇海东北部的研究发现与底栖生物群落的耦合作用在很大程度上能够决定浮游动物群落结构，但是多数调查并非针对特定类型的生态系统，因此缺乏普遍性。由于本研究调查范围较广且纬度跨度较大，群落的地理分布主要是南北差异。北部陆坡区从温度和盐度上明显不同于南部和中部，说明受白令海水的影响已经比较小。在南部只有一条纬向断面，因此也无法识别纬向水团配置的影响。南部和中部群落都是桡足类和浮游幼体占优势，从优势种和相对丰度来看，主要与白令海水的影响程度有关。

与丰度相比，群落的结构更容易受到物理输运和种间相互作用的影响，而这些作用与海冰覆盖并没有直接的关系。楚科奇海南部受到白令海水入侵的影响最明显，从优势种组成上看，南部群落的数量多于中部群落，其中布氏真哲水蚤（Eucalanus bungii）等都是典型的北太平洋种。中部群落的优势种数目比南部群落少，原因在于一些北太平洋种类优势度在中部群落降低不再是优势种。北部群落则是以北冰洋常见种为主。

受到海冰、风和局地水体过程的影响，楚科奇海水文条件和白令海水入侵强度都存在年际差异。本研究中，2010 年阿拉斯加外海的水温明显低于其他年份。这可能与阿拉斯加沿岸流和白令海水的影响程度有关，前者水温较高而后者水温低但营养盐丰富。同时，白令海水对浮游动物的输运作用也存在年际差异。尽管有研究认为白令海水输入的浮游动物生物量主要由桡足类组成，尤其是哲水蚤和新哲水蚤类，但是输入的磷虾也会在巴罗峡谷附近形成高丰度聚集区。2007 年 9 月就曾经在楚科奇海南部陆架区发现大量的磷虾幼体。本研究中，南部群落在 2008 年磷虾幼体丰度最高，达 52 个/m³，而在其他年份以及中部和北部群落中，大型甲壳动物的丰度一般都低于 3 个/m³。

楚科奇海浮游动物一个主要的特点就是大量的底栖生物浮游幼体，丰度甚至超过终生浮游类群的总和。在本研究中，南部和中部群落都表现出这一特点。尽管通常认为阶段性浮游幼体的地理分布同样受到海流的控制，但是食物和成熟雌体的位置也对其时空分布有重要作用。因此，阶段性浮游幼体的分布规律和对环境的适应性是不同的，通常会导致浮游动物群落形成从近岸到外海的梯度渐变。除此之外，阶段性浮游幼体可能通过竞争影响终生浮游生活类群的丰度，在北海的长期观测记录到浮游幼体的增加对应着桡足类的减少。楚科奇海的阶段性浮游幼体以藤壶（Balanus crenatus Brugiere）的无节幼体和腺介幼体为主，它们与桡足类一样都是植食性或者杂食性的，种群丰度与浮游植物生物量有关。虽然目前还没有该海域两者相互竞争控制的直接证据，但是本研究中在 2010 年和 2012 年两者的丰度在南部和中部群落呈现此消彼长的关系，可能与竞争或者对桡足类卵的捕食有关。

本研究中，南部群落在 2003 年和 2008 年水母类丰度较高，分别有 39.8 ind/m³ 和 104.8 ind/m³，而其他群落和年份其丰度都在 5 ind/m³ 以下。多数的水母都是都是肉食性的，对浮游动物种群有控制作用。在本研究中一种数枝螅在 2003 年成为南部群落的优势种。

与南部和中部群落相比，北部陆坡群落受物理输运和种间相互作用的影响较小。首先该海域根据水团性质受白令海水影响较小，因为阿纳德尔流在此已经转向东进入加拿大海盆。另外，群落结构相对简单，主要以桡足类为主，水母、浮游幼体和大型甲壳动物丰度都极低。根据波弗特海的结果，浮游动物种类的相对变化主要与生活史特征有关。外源输入导致的生产力增加有利于大型桡足类的繁盛，而本地生物地球化学循环再生的生产力则有利于生殖策略灵活、生活史周期短的小型桡足类。

根据卫星遥感数据（图7-15），调查期间的海冰覆盖范围存在明显的年际差异，但是并非单纯逐渐缩小的趋势。在2008年和2012年，海冰覆盖范围在7—8月北移距离大于其他年份。但是从7月的冰缘线位置来看，并非逐年北移。目测的结果说明，2010年所有调查站位都没有浮冰出现，为完全的开放水域，而其他年份都有浮冰出现。2003年冰情最严重，71°N以北都有浮冰出现，覆盖率最高可达80%，而且半数站位覆盖率在50%左右。虽然2008年浮冰也在相似的范围普遍出现，但是覆盖率最高为30%。2012年只在最北部断面有浮冰，在R05站覆盖率高达80%，但是其他站位都在20%以下。

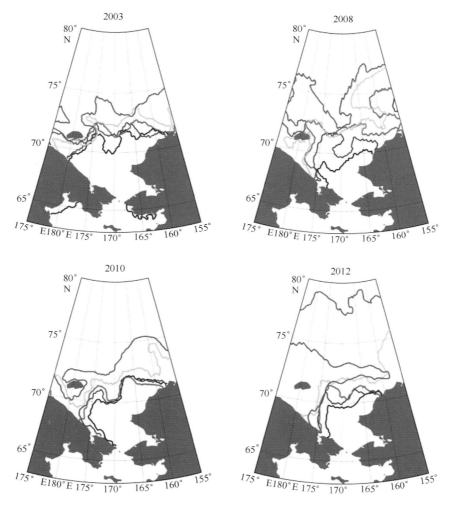

图7-15 中国第2至第5次北极考察期间海冰边缘的位置变化

（蓝、粉红、绿、黄和红线分别代表6月30日、7月10日、20日、30日和8月10日的海冰边缘位置）

根据我们的结果，在群落结构相对简单的北部群落，由于桡足类占据了总丰度的90%以上，群落对海冰变化的响应可以单纯从丰度年际变化上反映出来。而在南部和中部群落，浮游动物包括了终生浮游生活的类群和季节性浮游的幼体，它们对海冰消退的响应可能存在差异，因此从丰度上没有单纯升高或者降低的趋势，而是呈现波动状态。

本研究中北部陆坡区的浮游动物优势种与波弗特海南部相似，说明主要是由北冰洋常见种类组成，区别主要在于后者记录到相当数量的腹足类（*Limacina helicina*）。然而，尽管调查的年度范围相似，浮游动物群落的变化趋势却不相同。波弗特海南部浮游动物丰度基本稳定但是生物量增加，本研究中浮游动物丰度在陆坡区接近翻番。

南部和中部群落的总丰度在2003—2008年间也有所增加，但是幅度远小于北部群落。南部群落丰度增加最明显的是大型甲壳动物（主要是磷虾幼体）和水母类，桡足类和浮游幼体数量基本保持恒定。中部群落丰度增加主要是阶段性浮游幼体增多导致的，而桡足类丰度出现了显著的降低。两个群落在2010年和2012年的调查中，在同一年份分别出现最大值和最小值。从功能群组成上看，也是浮游幼体数量巨大波动的缘故。南部群落2010年丰度最低时，桡足类的丰度仅次于最高的2012年，但是浮游幼体的丰度却只有50.2 ind/m³，仅相当于2003年的1/10和2012年的1/30。中部群落在这两个年份丰度的极值也与浮游幼体有关，分别为2 143.5和186.4 ind/m³，相差10倍以上。由此可见，北部陆坡区浮游动物群落的年际变化主要体现在丰度的变化上，组成相对稳定，而南部和中部群落丰度和各功能群的相对丰度都有明显的年际差异。

尽管目前已经充分关注到北极海冰的消退和可能的生态效应，但是相关的研究实例却非常少。现有的研究多关注哺乳动物和鱼类，对浮游生物和底栖生物的研究尤其少。主要原因在于调查数据的极度缺乏，导致长周期的分析难以开展。北冰洋的极端环境也决定了很难像陆地生态系统一样从生理、个体再到群落的顺序来系统地研究气候变化的生态效应。从群落水平的变化入手是一个很好的选择，但是不同的群落类型可能有不同的响应过程。

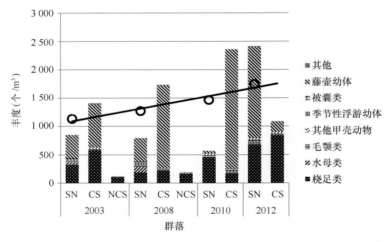

图7-16　楚科奇海浮游动物群落结构和丰度的年际变化

（○和趋势线表示群落 I 和 II 的平均丰度 SN，CS 和 NCS 分别代表南部、中部和北部群落）

已经有研究关注这种响应的种间差别。Petersen 等（2007）认为气候变暖对飞马哲水蚤（*Calanus fiumarchicus*）、细长长腹水蚤（*Metridia longa*）等生活史周期较短的种类是有利的，而对北极哲水蚤（*Calanus glacialis*）和极北哲水蚤（*Calanus hyperboreus*）是不利的。然而，Johns 等（2001）的研究表明极北哲水蚤和北极哲水蚤随着气候的变暖丰度是增加的。本研究与楚科奇海和波弗特海的研究也说明在群落水平的响应是不同的，不同种类的变化不仅受到环境变化的影响，同时也与地理分布规律和与其他种类的相互作用有关。

对于楚科奇海南部和中部群落而言，大量底栖生物幼体的存在是影响群落结构和变化的重要因素。北冰洋近岸海域的研究说明，底栖生物的丰度与初级生产力、有机物沉积和陆缘输入有关，广泛的食物来源使得它们对环境变化具有更强的承受能力。北海的研究也说明浮游幼体对气候变化导致的生物生长季节变化更加敏感，比终生浮游生活的类群更能够适应这种变化。因此，楚科奇海浅水群落对气候变化的响应同时也受到底栖生物群落的作用。

根据 9 月冰缘线的位置，楚科奇海的海冰从 2003 年开始快速消退，到 2012 年达到创纪录的低点。在这个过程中，不同的浮游动物地理群落响应也是不同的。北部陆坡群落在 2003—2008 年间优势种基本是稳定的，但是平均丰度接近翻番。而在波弗特海南部，相似的时间范围内，浮游动物丰度基本稳定但是生物量增加。主要原因在于，与加拿大海盆南部的波弗特海深水区相比，楚科奇海北部陆坡区是大型桡足类——极北哲水蚤分布的极限位置（Hopcroft et al.，2010），而波弗特海浮游动物生物量增加主要是大型桡足类增加的缘故。虽然在本研究中，小伪哲水蚤（*Pseudocalanus* spp.）体型也比拟长腹剑水蚤（*Oithona Similis*）大，但是两者都远小于大型极北哲水蚤。

南部和中部群落的平均丰度比北部群落高出一个数量级。虽然每一个群落的丰度年际变化呈现波动状态，分别在 2010 年和 2012 年出现最低值，但是总的浮游动物平均丰度呈逐年增加的趋势。楚科奇海在 1991/92 年与 2007/08 年丰度均值的对比也表明（Matsuno，2011）浮游动物总丰度的增加。与上述研究相比，我们的站位重复性较差。其中，2010 年的站位主要集中在近岸海域，同时中部群落的高丰度也与在 C06 站记录到的极高值有关。但是，其余年份的站位基本是均匀分布的。同时，从总丰度的地理变化来看，与水深并没有明显的关系。从 1991/92 与 2007/08 年的对比还发现浮游动物分布重心北移，而在我们的研究中却不明显。太平洋种类的分布主要与物理环境的年际变化有关。

南部和中部群落平均丰度的年际波动主要与藤壶幼体的丰度变化有关。在最低值出现的年份，藤壶幼体的丰度分别只有 43.0 ind/m³ 和 178.0 ind/m³，而最高值出现的年份则高达 2 159.0 ind/m³ 和 1 611.5 ind/m³。虽然在以前的研究中也发现藤壶幼体的丰度存在显著的地理差异，但是在群落水平上出现如此大的差异还未见报道。由于藤壶幼体只是季节性出现，且分布规律受到成体丰度和分布的影响，我们目前还无法判读这种差异出现的原因。

7.3.2　优势种对环境变化的响应

目前，北冰洋浮游动物在种类水平上对气候变化响应的研究案例还比较少。Pedersen 等（2007）认为气候变暖对飞马哲水蚤、细长长腹水蚤等生活史周期较短的种类是有利的，而对北极哲水蚤和极北哲水蚤是不利的。原因在于春季水华季节的延长和增加的新生产力有利于快速补充种类的繁盛，相反大型桡足类利用脂类储备应对不良环境的策略会因此失去优势。波弗特海的研究则表明，无冰条件下沿岸流输运物质的增加有利于大型桡足类的生物量增加。虽然北极哲水蚤广泛分布在西北冰洋，但是根据基因型可以分成北极和北太平洋两个地理种群，而楚科奇海南部个体主要是来自北太平洋（Nelson et al.，2009）。从 2012 年的种群结构来看，成体丰度仍然很小，和前几年基本相当，而早期幼体数量却大幅增加，说明该种群依然需要依靠外来输运但可以在本地大量繁殖。楚科奇海，尤其是南部生产力较高，但浮游食物链对初级生产力的利用率比较低。大型桡足类的缺乏也说明该海域有足够的生态位供北极哲水蚤大量繁殖。

我们的研究中数量增加最显著的种类就是北极哲水蚤，2012 年夏季南部和中部群落丰度都有一个数量级的升高（图 7-17）。根据在同一个年份的调查，北极哲水蚤的高丰度持续到 9 月（Hopcroft，2014；Ershova et al.，2015），我们的调查是在 7 月。通常认为该种是由白令海水带入到楚科奇海南部浅水区的，因为阿拉斯加沿岸缺少脂类含量丰富的大型桡足类（Hopcroft et al.，2010）。本年度调查中南部群落水温较低，也说明白令海水入侵较强。同时，中部群落在 2003 年水温较低的时候，该种的丰度也比较高。

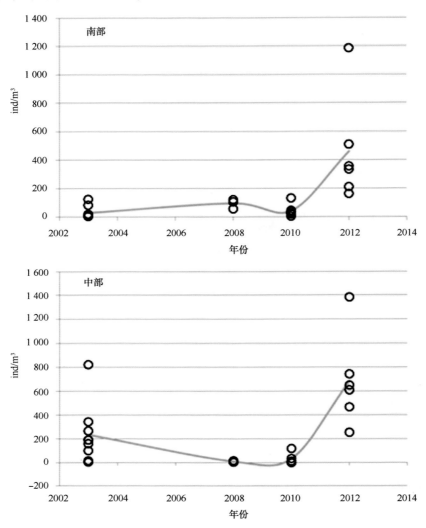

图 7-17　南部和中部群落北极哲水蚤平均丰度的年际变化

但是，我们认为该种丰度在 2012 年的繁盛是本地补充的结果。原因在于：首先，我们记录到的丰度超过了此前在白令海北部的报道（Eisner et al.，2013；Durbin and Casas，2014），类似的高丰度只在 2006 年 6 月斯瓦尔巴德附近有过报道（Daase et al.，2013）；其次，该种类产卵行为始自海冰消退之前，并且能够摄食冰藻（Daase et al.，2013），而到 4 月初在白令海北部的产卵行为已经基本停止（Durbin and Casas，2014）。根据从卵到 N6 期 44 d 的发育时间（Jung-Madsen and Nielsen，2015），CI（I 期幼体）应该在 5 月已经出现，但是在我们的调查中 7 月仍然以 CI 和 CII（II 期幼体）为主。

比较 7 月和 9 月（Hopcroft，2014；Ershova et al.，2014）的结果，北极哲水蚤在楚科奇海从 CI 和 CII 发育到 CV（V 期幼体）。而 9 月在楚科奇海南部存在的大量早期桡足幼体则极有可能是在本地生殖和发育的。虽然目前尚无确凿的证据表明该种类能够在楚科奇海浅水区越冬，但至少它们在此地完成了种群的补充，而这势必会对海区的食物网能量流动产生重要的影响。

7.3.3　浮游动物垂直分布的空间异质性

2012 年 9 月 1—6 日于马卡罗夫海盆（Makarov Basin）以及楚科奇深海平原（Chukchi Abyssal Plain）的 4 个站位进行了浮游动物分层取样，分析表明，从数量上看，各站位浮游动物主要集中在 0~200 m 的水层（图 7-18）。IC04、ICO5、ICO6 三个冰区站位（马卡洛夫海盆）0~200 m 的水层集中了约 60% 的浮游动物总数目，而这一比例在 M04 站位（楚科奇深海）更高，达到了 80%。不同水层浮游动物总丰度的差异更为明显，0~200 m 水层浮游动物的丰度明显地要高于 200 m 以深的水层。M04 与其他 3 个站位相比，浮游动物总丰度偏低，100~200 m 以及 200~500 m 浮游动物总丰度仅为其他 3 个站位的 1/3，而且在 500 m 以深的水层，浮游动物丰度仅为 1.6 ind/m³，远低于其他 3 个站位（平均值 48.7 ind/m³）。

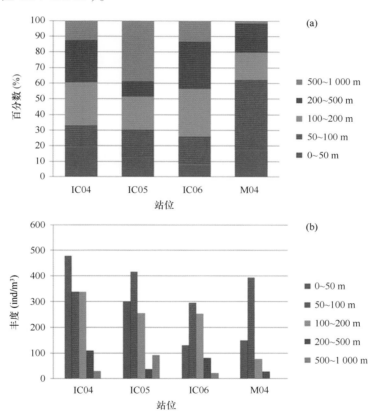

图 7-18　各水层浮游动物在该站位占总个数的百分比（a）和各水层的丰度（b）

从种类数目上看，深层种类要多于表层。自表层至 500 m，虽然浮游动物总丰度是降低的，但是种类数目却呈现出随水深增加的趋势。500~1 000 m 浮游动物的种类数目有所降低，与 100~200 m 相似。Shannon-Wiener 多样性指数和 Pielou 均匀度指数也反映出了相同的趋势。0~50 m 多样性指数和均匀度指数最低，500~1 000 m 最高，而且这种趋势在楚科奇深海平原最为明显。

具体到数量较大的种类，表层以植食性种类为主。北极哲水蚤、极北哲水蚤以及拟长腹剑水蚤等植食性种类 90% 以上都集中在 0~200 m。虽然矮小微哲水蚤（*Microcalanus pygmaeus*）、小微哲水蚤（*Microcalanus pusillus*）、隆剑水蚤以及细长长腹水蚤等杂食性种类也表现出随深度降低的趋势，但是由于深层植食性种类的大量减少，其在总丰度中所占的比例却在升高。

地理差异及生态学意义　对比马卡罗夫海盆和楚科奇深海平原，最大的差异在于后者在 500~
1 000 m 水层浮游动物极其稀少。马卡罗夫海盆 500~1 000 m 浮游动物的平均丰度为 48.7 ind/m³，
而楚科奇深海平原仅为 1.6 ind/m³。

在上层水体中，两个海区在种类组成上的区别主要在于楚科奇深海平原大型桡足类极北哲水蚤
的丰度明显高于马卡罗夫海盆。0~50 m 和 50~100 m 是极北哲水蚤集中分布的水层，在楚科奇深海
平原丰度分别为 8.3 ind/m³ 和 13.4 ind/m³，而在马卡罗夫海盆丰度仅为 2.7 ind/m³ 和 1.5 ind/m³，
远低于前者的水平（图 7-19）。

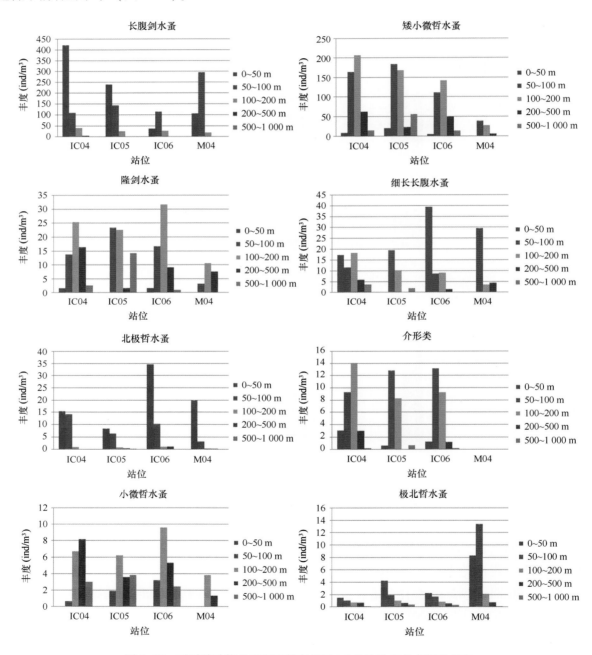

图 7-19　对浮游动物总丰度贡献率超过 1% 的物种在各水层的丰度

虽然楚科奇深海平原站位在 0~50 m 和 50~100 m 水层浮游动物总丰度与马卡罗夫海盆相似，但是记录到的种类数却只有 10 种和 13 种，明显少于后者的 16~22 种。虽然其在 200~500 m 水层的丰度也少于马卡罗夫海盆站位，但是记录到的 27 种浮游动物却是所有样品中最多的。体现在多样性指数上就是，楚科奇深海平原站位在 200 m 以下的多样性和均匀度都是最高的。

通常认为海洋中上层浮游动物的垂直分布规律是相似的，区别主要在于陆架海还是封闭的海洋，与水文和地形方面的差异有关（Vinogradov，1997）。那么，如何解释马卡罗夫海盆和楚科奇深海平原浮游动物垂直分布的差异呢？首先，考虑到海洋中层环境的稳定性，这种差异可能来自生物群落结构和功能的差异，是本地群落发育的结果。其次，从外源物质输入来讲，楚科奇海深海平原接收的来自楚科奇海以及河流输入的影响更大，而中层的浮游动物生物量反而更低，说明也不是主要原因。

Honjo 等（2010）曾经在楚科奇海海台附近海域观测到生物硅垂直通量的巨大差异（1.2~452 μmol/L Si/（m² · d））。在他们的观测结果中，颗粒有机物主要是硅藻骨架，而且在冰间湖期间有机物和桡足类壳蜕的输出都是最高。因此，将有机物通量作为浮游动物水华期间摄食强化的结果。由于北极特殊的环境特征，这一过程通常比较短暂。在其他的研究中也发现，北冰洋浮游植物和浮游动物繁盛经常是同步的，并且存在相互抵消（Smith and Schnack-Schiel，1990）。

根据海区浮游动物组成和垂直分布的差异，我们认为不但楚科奇深海平原中层浮游动物低丰度源自有机物垂直通量的降低，同时上层浮游动物组成的差异也是导致有机物通量降低的原因。楚科奇深海平原表层的群落特征是存在高丰度的极北哲水蚤，虽然数量远小于拟长腹剑水蚤，但体长是后者的 6~7 倍，干重要高出十数倍。不同于其他浮游动物种类，极北哲水蚤的摄食和生殖在海冰融化之前就已经开始，大量极北哲水蚤的存在消耗了水体中的初级生产和冰藻。由于冰藻与有机物沉降关系密切，这样就导致海冰融化后通过沉降进入深水层的初级生产大量减少。向中层沉降的有机物减少反过来限制了浮游动物群落的数量规模和生物量。两个海区不同食性的浮游动物的数量比例以及分布也存在较大的区别。在楚科奇深海平原，杂食性种类的数量要比马卡罗夫海盆低得多，尤其是 200 m 以深的水层。在北冰洋的高纬度冰区，冰藻等浮游植物主要在贴近海冰的表层生长，200 m 以深的水层初级生产几乎为 0，因此马卡罗夫海盆 200 m 以深水层存在的大量杂食性种类并非以浮游植物为主要食物，而主要摄食上层沉降的有机颗粒。同样在楚科奇深海平原，200 m 以深的水层叶绿素浓度极低（<0.01 mg/m³），杂食性浮游动物的种类组成和马卡罗夫海盆也相同，极低的丰度很可能是因为该水层缺少可供杂食性浮游动物摄食的有机颗粒。

7.4 底栖生物多样性分布特征及评价

7.4.1 大型底栖生物群落结构特征及其变化

7.4.1.1 次级生产力分布特征

对西北冰洋（楚科奇海、波弗特海及北冰洋海盆海域，第 4 次北极科学考察和第 5 次北极科学考察的数据）的大型底栖生物的次级生产力进行分析（图 7-20），该海域的平均总次级生产力（P）和 P/B 值分别为（247.5±369.3）KJ/（m² · a）和（0.6±0.2）/a。P 值的空间差异较大，介

于0~1 603.1 KJ/（m² · a），空间高值位于楚科奇海东北部陆架区（Barrow Canyon附近海域）
[（615.6±635.5）KJ/（m² · a）]和楚科奇海南部陆架区[（542.7±429.9）KJ/（m² · a）]，而楚
科奇海北部陆坡区、北冰洋海盆及波弗特海海盆区的次级生产力较低，均低于20.0 KJ/（m² · a）
（表7-3）。就次级生产力的群落组分而言，环节动物[（61.4±73.6）KJ/（m² · a）]和软体动物
[（71.9±209.6）KJ/（m² · a）]为主要的优势类群，环节动物的优势地位在陆坡区和海盆区尤为
明显，而软体动物和棘皮动物则在浅海陆架区具有较高的优势度（图7-21）。

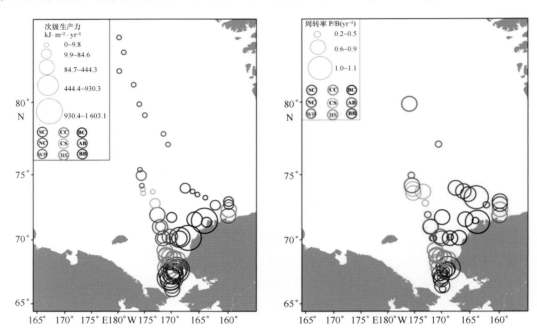

图7-20　西北冰洋大型底栖生物次级生产力（P和P/B值）的空间分布

表7-3　西北冰洋大型底栖生物次级生产力的空间分布

海域（站位数）	P		P/B
	KJ/（m² · a）	g/（m² · a）（以碳计）	/a
楚科奇海南部 S. C.（14）	542.7 ± 429.9	10.6 ± 8.4	0.6± 0.2
楚科奇海中部 C. C.（11）	182.0 ± 148.8	3.6 ± 2.9	0.6± 0.1
楚科奇海东北部 B. C.（7）	615.6 ± 635.5	12.0 ± 12.4	0.6± 0.2
楚科奇海北部 N. C.（8）	178.7 ± 123.7	3.5 ± 2.4	0.5±0.2
楚科奇海陆坡区 C. S.（5）	17.0 ± 23.3	0.3 ± 0.5	0.6±0.2
北冰洋海盆区 A. B.（11）	3.8 ± 7.9	0.1 ± 0.2	0.6±0.2
波弗特海陆架区 W. B.（1）	278.7	5.4	0.6
波弗特海陆坡区 B. S.（1）	269.8	5.3	0.5
波弗特海海盆区 B. B.（7）	10.1 ± 9.4	0.2 ± 0.2	0.7±0.2

7.4.1.2　多样性分布及其变化

　　该海域大型底栖生物的丰富度d和多样性H的平均值分别为（1.6±1.2）和（2.1±1.4），d值

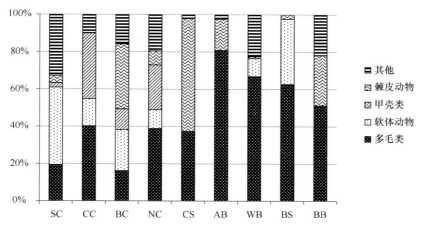

图 7-21　西北冰洋大型底栖生物次级生产力的百分组成

和 H 值从第 1 次北极科学考察至第 5 次北极科学考察均有明显地减少趋势，如白令海陆坡区，d 值从第 1 次北极科学考察的 4.4±0.1，减少到第 4 次北极科学考察的（3.1±0.3）以及第 5 次北极科学考察的（1.2±0.4）；同样，H 值从第 1 次北极科学考察的（2.9±1.0）减少到第 4 次北极科学考察的（2.0±1.0）以及第 5 次北极科学考察的 1.6±0.8。详见表 7-4、表 7-5。

表 7-4　北极海域大型底栖生物丰富度指数 d

海域	第 1 次北极科学考察	第 4 次北极科学考察	第 5 次北极科学考察
白令海陆架区	nd	2.4±1.0	0.9±0.7
白令海陆坡区	4.4±0.1	3.1±0.3	1.2±0.4
白令海海盆区	nd	0.2±0.2	0.5±0.3
楚科奇海陆架区	2.9±1.0	2.0±1.0	1.6±0.8
楚科奇海陆坡区	nd	0.5±0.6	0.7
北冰洋海盆区	nd	0.2±0.3	nd
波弗特海陆架区	nd	2.2	nd
波弗特海陆坡区	nd	1.7	nd
波弗特海海盆区	nd	0.3±0.3	nd
北大西洋	nd	nd	0

表 7-5　北极海域大型底栖生物多样性指数 H

海域	第 1 次北极科学考察	第 4 次北极科学考察	第 5 次北极科学考察
白令海陆架区	nd	3.1±0.5	1.8±1.0
白令海陆坡区	4.2±0.2	3.6	2.5±0.5
白令海海盆区	nd	0.2±0.5	1.4±0.8
楚科奇海陆架区	3.1±0.9	2.9±0.9	2.6±1.1

续表 7-5

海域	第 1 次北极科学考察	第 4 次北极科学考察	第 5 次北极科学考察
楚科奇海陆坡区	nd	1.2±1.4	1.9
北冰洋海盆区	nd	0.2±0.6	nd
波弗特海陆架区	nd	3.4	nd
波弗特海陆坡区	nd	1.5	nd
波弗特海海盆区	nd	0.9±0.8	nd
北大西洋	nd	nd	0

注：nd 代表该区域没有数据。

7.4.1.3　结论与讨论

北极大型底栖生物群落组成以北方冷水种—广温性迁入种为主，真正意义上的北极特有种较少，这与南大洋有着显著区别，这主要是因为北极具有较短的地质年龄、不稳定的持续周期性振动的环境和不发达的生物地理隔离，从而使北极与北方其他海区有着相对强烈的物种交流（Dieter，2005）。根据出现频率及其数量，该海域的主要优势种有多毛类的丝异须虫、囊叶齿吻沙蚕、脆索沙蚕和太平洋独毛虫等，软体动物的平滑胡桃蛤、粉白樱蛤、短吻状蛤和圆盘黑肌蛤等，甲壳类的松叶蟹和滩拟猛钩虾等，棘皮动物的网沟海胆、萨氏真蛇尾和卷栲盘海星等，以及星虫动物门的珠光戈芬星虫。

Bray-Curtis 聚类分析显示该海域大部分站位的大型底栖生物群落的相似性较低，空间分布极不均匀，各站的种类数、栖息密度和生物量的差异较大，这主要是因为北极底栖生物群落并非单一的典型的地方性群落，而是因空间异质性而存在着多种多样的群落结构类型。陆架区、陆坡区和海盆区的主要优势类群差异明显，陆架区物种多样性丰富，以棘皮动物（如网沟海胆、萨氏真蛇尾）和软体动物（如平滑胡桃蛤、粉白樱蛤、短吻状蛤）为主要优势类群，星虫动物门的珠光戈芬星虫的出现频率也较高；陆坡区的多样性也相对较高，以棘皮动物（如萨氏真蛇尾、卷栲盘海星）和多毛类（如囊叶齿吻沙蚕、丝异须虫、脆索沙蚕）为主要优势类群；海盆区的多样性较低，主要以多毛类（厚鳃蚕、夜鳞虫）为主。分析显示，北极底栖生物因空间异质性而呈现出多种多样的、斑块状分布的群落结构类型（Wang Jianjun et al.，2014a，2014b）。

对西北冰洋（楚科奇海、波弗特海和北冰洋）的陆架区、陆坡区和海盆区的次级生产分析显示，北极陆架区普遍具有较高的次级生产力（P），尤其是楚科奇海南部和东北部（Barrow Canyon附近），而沿着陆架区—陆坡区—海盆区次级生产急剧减少。与环境因子的相关性分析显示，次级生产与水文要素（如水深、底温和底盐）、沉积物粒度参数（如平均粒度、砂百分含量和黏土百分含量）以及营养因子（如叶绿素 a 和小型底栖生物）有着或正或负的相关关系，同时结合沉积物OC 和 OC/TN 的值，可知，影响北极海底次级生产的主要因子为来自上层水柱对海底的食物供应。Grebmeier 等（2006）学者认为富营养的太平洋温水以及激烈的水层—海底的耦合是影响北极底栖生物群落和生物量的关键因子。同时，高纬度海域严酷的环境条件和极低的水温是限制底栖生物新陈代谢过程的主要因素（Brockington and Clarke，2001），因此北极海域的能量转换率（P/B 比值）较低。

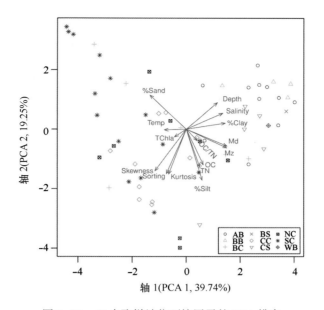

图 7-22　65 个取样站位环境因子的 PCA 排序

Temp. 底温；Tchla. 水体叶绿素 a；TN. 沉积物总氮含量；OC. 沉积物总碳含量 Mz. 平均粒
径；Md. 中值粒径；Salinity. 底盐

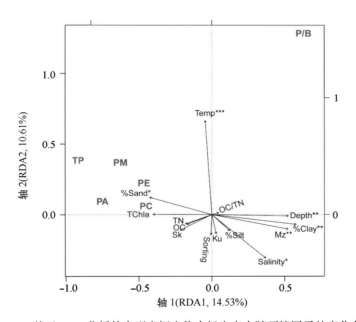

图 7-23　基于 RDA 分析的大型底栖生物次级生产力随环境因子的变化分布

*. $p<0.05$；＊＊. $p<0.01$；＊＊＊. $p<0.001$；PA. 多毛类次级生产力；PM. 软体动物次级生产力；
PC. 甲壳类次级生产力；PE. 棘皮动物次级生产力

　　在快速的全球变化背景下，这些数据的获得以及下一步对已有数据的挖掘和分析，将有利于我
们进一步了解北极大型底栖生物的群落结构、生物多样性和次级生产力的时空分布，水层—海底耦
合和空间异质性对大型底栖生物群落的影响，全球变暖和人类活动干扰背景下大型底栖生物的种群
动态、海底生产进程及其对环境变化的响应。

7.4.2 小型底栖生物群落结构特征及其变化

7.4.2.1 白令海的小型底栖生物群落及其变化

第4次北极科学考察期间，白令海7个小型底栖生物站位，共检出14个类群，分别为自由生活海洋线虫（Nematoda）、底栖桡足类（Copepoda）、多毛类（Polycheata）、动吻类（Kinorhyncha）、端足类（Amphipoda）、双壳类（Bivalvia）、涟虫（Cumacea）、介形类（Ostracoda）、原足类（Tanaidacea）、腹足类（Gastropoda）、等足类（Isopoda）、海蛇尾（Ophiura）、缓步类（Tardigrada）以及少量无法鉴定的个体和幼体归为其他类（Others）。线虫为丰度的最优势类群，占平均丰度比例的94.81%，桡足类为第二优势类群，占3.60%，多毛类为第三优势类群，占0.92%，剩余类群均未超过0.50%（图7-24）。在此之前的第1次北极科学考察期间，在白令海海盆区采集了2个站位的小型底栖生物样品，经分析，共检出19个小型底栖生物类群，其中线虫也是最优势类群，占91.28%，其次为桡足类，占3.34%。但由于第1次北极科学考察的样品处理方法与后面几次北极考察不同，所得的类群数、丰度等数值会偏高，类群比例也会有所差异，结果仅供参考，下同（表7-6）。

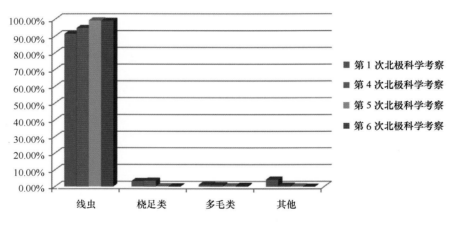

图7-24　白令海小型底栖生物丰度百分比

表7-6　历次北极科学考察的小型底栖生物多样性比较

采样地点	采样年份	S	H'	小型底栖生物丰度（ind/10cm²）		参考文献
				丰度范围	平均值	
白令海陆架（六北）	2014	3	0.054 8	246.90~2 143.34	1 378.78	第6次北极科学考察研究报告
白令海陆架（五北）	2012	3.6	0.128 8	1 255.71~3 245.05	2 010.85	第5次北极科学考察研究报告
白令海陆架（四北）	2010	6	0.212 3	1 442.78~7 135.12	3681.85	黄丁勇等，2016
白令海海盆（五北）	2012	2.5	0.170 1	1.51~71.23	33.58	第5次北极科学考察研究报告
白令海海盆（四北）	2010	4.5	0.734 4	56.04~146.93	101.49	黄丁勇等，2016
白令海海盆（一北）	1999	16	—	685.2~761.5	723.4	林荣澄等
楚科奇海（六北）	2014	4.3	0.120 8	159.04~11 302.89	2 538.50	第6次北极科学考察研究报告

续表 7-6

采样地点	采样年份	S	H'	小型底栖生物丰度（ind/10cm²）		参考文献
				丰度范围	平均值	
楚科奇海（五北）	2012	3.6	0.163 5	46.96~1 590.46	571.74	第 5 次北极科学考察研究报告
楚科奇海（四北）	2010	–		235.59~4 868	1 710	Lin 等，2014
楚科奇海（一北）	1999	17.7	–	2 039.5~3 019.1	2 598.3	林荣澄等
北冰洋（六北）	2014	1.3	0.046 7	12.12~165.11	73.21	第 6 次北极科学考察研究报告
北冰洋（四北）	2010	—		0~15.09	10.60	第 4 次北极科学考察研究报告
挪威海（五北）	2012	3	0.141 9	22.72~250.43	135.99	第 5 次北极科学考察研究报告

第 5 次北极科学考察期间，白令海获得 7 个站位的小型底栖生物样品，共检出 7 个类群，分别为自由生活海洋线虫、底栖桡足类、多毛类、动吻类、寡毛类（Oligochaeta）、原足类和其他类。线虫为丰度的最优势类群，占平均丰度比例的 99.29%，其余类群相对较少，多毛类为第二优势类群，但仅占 0.31%，桡足类为第三优势类群，占 0.21%。

第 6 次北极科学考察期间，白令海 4 个小型底栖生物站位，共仅检出 5 个类群，分别为自由生活海洋线虫、底栖桡足类、多毛类、动吻类和原足类。线虫为各站位丰度的最优势类群，占平均丰度比例的 99.09%，其余类群的比例皆小于 1%，其中多毛类占 0.60%，桡足类占 0.22%。

可见，线虫作为丰度最优势类群的地位没有发生改变，并且丰度比例都保持在 90% 以上，尤其是最近的第 5 次北极科学考察和第 6 次北极科学考察，均超过 99%，其余类群的比例都非常低。桡足类的丰度比例下降较多，由第 4 次北极科学考察期间的第二优势类群（3.60%）降到第 6 次北极科学考察期间的第三优势类群（0.22%）。同时，多毛类虽然由第三优势类群升为第二优势类群，但丰度比例上并没有增加，反而也是下降。此外，类群数量在几次北极科学考察期间也明显地变少：第 4 次北极科学考察为 14 个类群，第 5 次北极科学考察为 7 个类群，第 6 次北极科学考察则仅有 5 个类群，其中第 5 次北极科学考察和第 6 次北极科学考察的类群都曾在第 1 次北极科学考察或第 4 次北极科学考察中被发现，即最近的考察中缺失了以前的一些丰度比例很低的非优势类群，如端足类、介形类和等足类。

7.4.2.2 楚科奇海的小型底栖生物群落及其变化

第 1 次北极科学考察期间，楚科奇海 3 个站位共检出 22 个小型底栖生物类群，但因与后来考察中的样品分析方法不同，所得的类群数、丰度等数值会相对偏高，类群比例也会有所差异，结果仅供参考（见表 7-6，图 7-25）。

第 4 次北极科学考察期间，楚科奇海 12 个站位共鉴定到小型底栖生物 10 个类群，分别为自由生活海洋线虫、底栖桡足类、多毛类、双壳类、等足类、寡毛类、轮虫（Rotifera）、介形类、蜱螨类和其他类（含无节幼体）。其中，线虫丰度占小型底栖生物总丰度的 97.56%，为第一优势类群；桡足类为第二优势类群，平均占小型底栖生物总丰度的 1.83%。

第 5 次北极科学考察期间，楚科奇海 11 个小型底栖生物站位，共检出 10 个类群，分别为自由生活海洋线虫、底栖桡足类、多毛类、动吻类、蜱螨类、涟虫类、介形类、双壳类、原足类和其他类（含无节幼体）。线虫为丰度的最优势类群，占平均丰度比例的 95.59%，其余类群相对较少，除

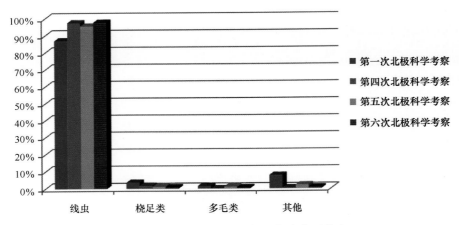

图 7-25　楚科奇海小型底栖生物丰度百分比

了"其他类"外，桡足类为第二优势类群，占 1.16%，多毛类占 1.11%，为第三优势类群。

　　第 6 次北极科学考察期间，楚科奇海 17 个小型底栖生物站位，共检出 9 个类群，分别为自由生活海洋线虫、底栖桡足类、多毛类、动吻类、寡毛类、双壳类、等足类、缓步类和其他类。17 个站位中，线虫均为丰度的最优势类群，占平均丰度比例的 97.77%；多毛类为第二优势类群，占 0.89%；桡足类为第三优势类群，占 0.59%；此外，动吻类在少部分站位检出较多个体，为这些站位的第二或第三优势类群，如位于巴罗角附近海域的站位 14S01 有 3.50% 的个体为动吻类，为该站的第二优势类群。

　　可见，楚科奇海与白令海相似，线虫作为丰度最优势类群的地位没有发生改变，并且除了第 1 次北极科学考察以外，丰度比例都保持相对平稳，均在 95% 以上，而且第 4 次北极科学考察和第 6 次北极科学考察的线虫比例非常相近。桡足类虽然也在第 4 次北极科学考察期间保持着第二优势类群的位置，但丰度比例则逐次下降，由第 4 次北极科学考察期间的 1.83% 降到第 6 次北极科学考察期间的第三优势类群（0.89%）。与桡足类相反，除了第 1 次北极科学考察以外，多毛类的丰度比例逐渐增加，虽然增加的幅度较小，但却由第 4 次北极科学考察的第三优势类群升为第 6 次北极科学考察的第二优势类群。类群数量上，最近 3 次北极科学考察的结果也保持相对稳定：第 4 次北极科学考察和第 5 次北极科学考察都为 10 个类群，第 6 次北极科学考察为 9 个类群，虽然小丰度比例的非优势类群的组成上有所不同。与白令海不同的是，小丰度比例的非优势类群的出现或缺失并无明显规律。

　　在楚科奇海考察海域附近的北极波弗特海，Bessiere 对其东南部水深与本文相近的站位研究表明，小型底栖生物包括了 6 个类群，自由生活海洋线虫、底栖桡足类、甲壳类的幼体（crustacean nauplii），多毛类、涡虫（turbellarians）和动吻类，并发现在水深为 50 m 左右的站位中，线虫丰度占小型底栖生物总丰度的 87%。这一结果与我们获得的数据略有差别。

7.4.2.3　北冰洋的小型底栖生物群落及其变化

　　北冰洋的小型底栖生物仅有第 4 次北极科学考察的 8 个站位（78.5°—88.4°N，水深 2 434～4 000 m）和第 6 次北极科学考察的 9 个站位（75.2°—81.1°N，339～3 763 m），其中第 6 次北极科学考察的站位整体偏南，水深也相对较浅。

　　第 4 次北极科学考察期间，北冰洋 8 个小型底栖生物站位共仅检出 3 个类群，分别为自由生活海洋线虫、底栖桡足类和原足类。除了站位 BN13 未检出小型底栖生物外，其余 7 个站位中，线虫占平均丰度比例的 96.62%，为丰度的最优势类群，各站均有被检出；桡足类占 2.49%，为第二优势类群，仅在 BN07、BN09 和 BN10 3 个站位被检出；原足类占 0.89%，仅在 BN04 站位被检出，为第三优势类群。

第 6 次北极科学考察期间，北冰洋 9 个小型底栖生物站位，也共仅检出 3 个类群，分别为自由生活海洋线虫、底栖桡足类和多毛类。9 个站位中，线虫均为丰度的最优势类群，占平均丰度比例的 98.94%；桡足类为第二优势类群，占 0.75%，但仅出现在 14SIC06 和 14R14 两个站位；多毛类占 0.31%，为第三优势类群，但仅在站位 14SIC03 被检出。

可见，两次考察相比，线虫的丰度比例有所升高，同时桡足类丰度比例下降，线虫依旧是丰度上占有绝对优势的小型底栖生物类群，桡足类次之，而原足类和多毛类仅是优势度很低的偶见类群。

7.4.2.4 小结

1）白令海

线虫一直是丰度最优势类群，并且丰度比例都保持在 90% 以上，尤其是最近的第 5 次北极科学考察和第 6 次北极科学考察，均超过 99%，其余类群的比例则都非常低，其中桡足类和多毛类丰度比例有所下降。小型底栖生物的平均丰度由第 4 次北极科学考察的（2 658.89±2 452.86）ind/$10cm^2$ 逐渐下降到第 6 次北极科学考察的（1 378.78±863.60）ind/$10cm^2$，类群数量也明显地变少，而且最近的考察中未发现以前的一些丰度比例很低的非优势类群，如端足类、介形类和等足类。简言之，白令海小型底栖生物的类群数、丰度、类群多样性指数都逐渐减小，特别是丰度，无论是丰度的极大值、极小值还是平均值，全部逐渐变小，并且缺失了一些以前曾出现的小丰度比例的非优势类群。

2）楚科奇海

与白令海相似，线虫作为丰度最优势类群的地位没有发生改变，并且除了第 1 次北极科学考察以外，丰度比例都保持相对平稳，均在 95% 以上，而且第 4 次北极科学考察和第 6 次北极科学考察的线虫比例非常相近。桡足类丰度比例逐次下降，由第 4 次北极科学考察期间的第二优势类群（1.83%）降到第 6 次北极科学考察期间的第三优势类群（0.89%），多毛类则相反，成为了第 6 次北极科学考察期间的第二优势类群。类群数量上，最近 3 次北极科学考察的结果也保持相对稳定，小丰度比例的非优势类群的组成上有所不同，其出现或缺失并无明显规律。

小型底栖生物的平均丰度上，第 1 次北极科学考察、第 4 次北极科学考察和第 6 次北极科学考察相近，都在 2 600 ind/$10 cm^2$ 左右，结合文献报道，发现北冰洋—太平洋扇区边缘海中的小型底栖生物的平均丰度都处在同一个较高的水平上，表明楚科奇海研究海区具有丰富的小型底栖生物群落，虽然第 5 次北极科学考察的数据结果偏低，还不到 600 ind/$10 cm^2$。楚科奇海小型底栖生物丰度的变化规律不似白令海那样逐渐减小，而是呈波动状，平均丰度、丰度极小值和丰度极大值皆是如此，尤其是丰度极大值，波动更剧烈。类群多样性指数也有类似的情形。

3）北冰洋

第 4 次北极科学考察和第 6 次北极科学考察相比，线虫依旧是丰度上占有绝对优势的小型底栖生物类群，并且丰度比例有所升高，同时，桡足类虽然仍是第二优势类群，但丰度比例下降，而原足类和多毛类仅是优势度很低的偶见类群。整体而言，第6次北极科学考察的丰度高于第4次北极科学考察，北冰洋的小型底栖生物丰度处于较低水平，平均丰度均未能超过 100 ind/10 cm²，部分高纬度深水站位甚至没有检测到小型底栖生物；这在一定程度上与第6次北极科学考察站位的纬度较低且水深较浅有关。不过，在两次考察中，部分站位虽然在纬度和水深上较为接近，但丰度方面第6次北极科学考察仍然高于第4次北极科学考察，尽管差异较小。

综上所述，在全球气候环境变化的背景下，北极和亚北极海区的小型底栖生物群落总体上保持稳定，仍是以所占丰度比例非常高的线虫为丰度上的第一优势类群，桡足类和多毛类为第二或第三优势类群。但我们也注意到，3个海区各自的表现有所不同，似乎可以发现这样的现象：白令海陆架浅水区的小型底栖生物群落可能正在衰退当中，因为无论是丰度还是类群数，都在逐次下降；楚科奇海稳定在较高的丰度水平的波动变化中，不过丰度极值的波动越来越剧烈，表现出越来越强的局部差异；北冰洋的小型底栖生物群落处于较低水平，但有日趋繁盛的迹象。

7.4.3 底栖鱼类群落结构特征及其对环境变化的响应

7.4.3.1 底栖鱼类群落结构特征及其与环境因子的关系

聚类分析结果显示（图7-26），调查海域鱼类大致可以分为4个主要群落：楚科奇海近岸群落、白令海东部近岸群落、楚科奇海深水群落和白令海西部群落。楚科奇海近岸群落主要位于楚科奇海陆架水深小于100 m的浅水区域，主要种类为北鳕、东方裸棘杜父鱼、中间弧线鳚、粗壮拟庸鲽等种类；白令海东部近岸群落位于白令海圣劳伦斯岛以东，向北可以越过白令海峡延伸至68°N附近，主要种类为东方裸棘杜父鱼、北极胶八角鱼、粗壮拟庸鲽、斑鳍北鳚等，其种类组成与楚科奇海近岸群落有一定的相似性，但种类更为丰富；楚科奇海深水群落位于楚科奇海中央水深约300 m的区域，主要种类为极地拟杜父鱼、箭狼绵鳚、半裸狼绵鳚等深海种和极地种；白令海西部站位种类组成较为复杂，相似度不高，其种类组成随水深的变化而有明显的变动，该组站位水深范围为30~500 m，当站位水深在30~100 m之间时，鱼类种类中紫斑狼绵鳚和枝条狼绵鳚的数量逐渐增加，而到500 m水深时出现了深海种类马康氏蝰鱼（图7-27）。

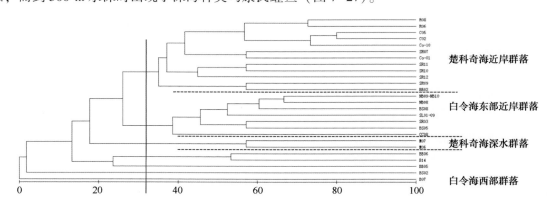

图7-26 调查水域鱼类种类组成聚类分析

对比 Norcross 等（2010）对楚科奇海鱼类群落的研究结果，我们的分析结果与其基本相似，只是在楚科奇海西部我们没有调查站位，因此没有对楚科奇海西部群落的种类组成进行分析。结合

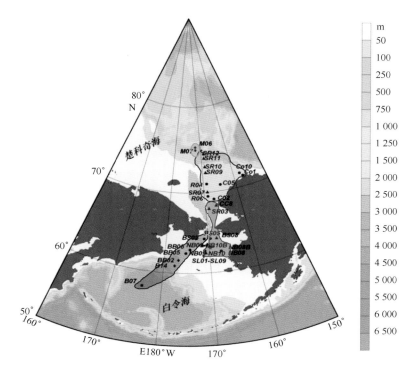

图 7-27 调查海域鱼类群落结构

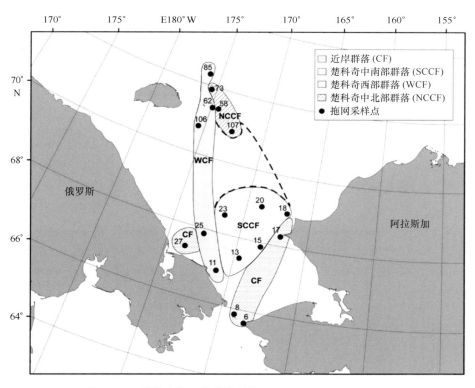

图 7-28 楚科奇海鱼类群落结构（Norcross et al.，2010）

Norcross 等的研究结果可以推测，在楚科奇海西部应该也有一个从白令海越过白令海峡延伸过来的群落（图 7-28）。

鱼类群落是由拥有相似的生态学特征以及相近的时空分布范围的种类共同组成的，是在不同鱼类种群相互联系及其所处环境因子的长期综合影响和适应过程中逐渐形成的。此次调查海区地处北极和亚北极中高纬度地区，白令海南部与太平洋相通，两者之间的水交换畅通无阻，白令海夏季表层水温常处于8℃以下，北白令海陆架夏季底层冷水核心区最低温度多年平均值为−1.61℃；楚科奇海南部通过白令海峡与白令海相连通，水文特征深受太平洋上层水系的影响，北部则受北极冰盖融冰结冰低温水的影响，并由弗拉姆海峡及加拿大群岛间的水道与北大西洋入流水相通。由此，白令海与楚科奇海水域的鱼类种类组成既有北太平洋鱼类区系和北冰洋鱼类区系的区系特征，又与北大西洋海区的鱼类区系相关联，构成了这一海区独特的鱼类种类组成特点。

在影响鱼类群落的环境因子中，温度、水深或者是两者结合可能是主要的因素。水团决定了其流经海域的水文环境特征，也影响了鱼类群落结构的划分。流经白令海和楚科奇海的水团主要有4个，阿拉斯加沿岸水团（Alaska Coastal Water）、白令海陆坡—阿纳德尔水团（Bering Shelf Anadyr Water）、白令海陆架水团（Bering Shelf Water）和西伯利亚沿岸水团。其中前3个水团分别从东西中部经白令海峡流入楚科奇海，西伯利亚沿岸水团在楚科奇海西部汇入白令海水。该海域水系的这种分布结构与鱼类群落的区域分布非常吻合。白令海东西部群落分别受到阿拉斯加沿岸水团和白令海陆坡—阿纳德尔水团的影响使得鱼类种类组成有所不同，而到楚科奇海水团的混合更为复杂，再加上水深的影响，造成了东西部以及北部的种类组成都有所不同。

在更小的尺度上，底质的影响也会造成鱼类种类组成的变化。据Busby等（2005）的研究发现，在白令海6种不同的底质中，鱼类种类组成有明显的差异。鲽科和杜父鱼科种类多分布在泥质或贝壳碎屑覆盖的底质中，而鳚科种类主要分布在砾石或石块覆盖的底质中（图7-29）。这与种类的习性密切相关。

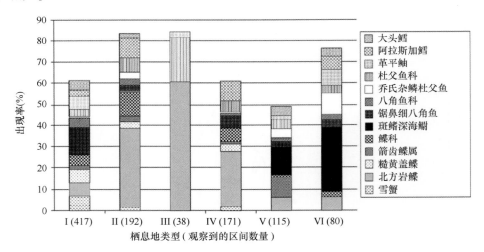

图7-29 不同底质鱼类组成的差异

（Ⅰ.淤泥；Ⅱ.泥；Ⅲ.沙；Ⅳ.破碎贝壳覆盖；Ⅴ.砾石覆盖；Ⅵ.石块覆盖（Busby et al.，2005））

7.4.3.2 鱼类群落对环境变化的响应

在对此次鱼类生物全球地理分布资料进行整合的过程中，发现某些鱼类的出现站位点有超越之前文献资料中记录的分布区域的现象：在第4次北极科学考察航次中，林氏短吻狮子鱼、蝌蚪狮子鱼是属于北大西洋—北冰洋区系的物种，而此次在白令海陆架B14站渔获到1尾林氏短吻狮子鱼，在 B14 等 12 个白令海站点中渔获到了 42 尾蝌蚪狮子鱼，两鱼种都极大地偏离了原本已知的分布区域；尾棘深海鳐（*Bathyraja parmifera*）原本是属于北太平洋区系的物种，此次调查，尾棘深海鳐成鱼在靠近圣劳伦斯岛的北白令海陆架上有所渔获，而在楚科奇海陆坡 M06 和 M07 站点上却发现了尾棘深海鳐的鱼卵；马舌鲽的主要分布区是白令海东部陆架区和圣罗伦斯湾，此次仅在楚科奇海陆坡 M07 站点有所发现，在白令海陆架等其他区域并无发现。这说明原本栖息于北太平洋或者北冰洋—北大西洋的土著鱼类，由于环境、气候的改变，正在逐渐改变自己的栖息地范围，出现不同程度的扩散现象。此外，包括马康氏蝰鱼、奥霍狮子鱼（*Liparis ochotensis*）、北爱尔兰双线鲽（*Lepidopsetta polyxystra*）在内的 3 种北太平洋区系的鱼类物种和紫斑狼绵鳚、粗壮拟庸鲽在内的 2 种北太平洋—西北冰洋区系的鱼类物种，在此次调查中的渔获地点都接近其已知地理分布的最北端。第 5 次北极科学考察航次中也出现了紫斑狼绵鳚和粗壮拟庸鲽的出现范围更加靠北，而北爱尔兰双线鲽已经越过白令海峡出现在了楚科奇南部海域。

Perry 等（2005）的研究显示了在亚北极北大西洋北海海域，包括大西洋鳕（*Gadus morhua*）、欧洲鳎（*Solea solea*）等在内的 15 种经济性或非经济性鱼类表现出了不同程度的纬向扩散，扩散范围为 48~403 km，其中 13 种是北向移动，而 Dulvy 等（2008）的研究则显示了包括帆鳞鲆（*Lepidorhombus whifftagonis*）等在内的多种经济性鱼类以平均每年 5.5 m 左右的速度向较深的水区内移动，表现出深度上的扩散。Mueter 等（2008）对白令海陆架区游泳动物的研究则证实，在 1982—2006 年期间，白令海陆架区如马舌鲽和粗壮拟庸鲽等在此次调查中有所记录的种类表现出显著的北移现象，马舌鲽和粗壮拟庸鲽扩散范围分别向北延伸了 98 km 和 76 km，在其分析的 46 种鱼类中位移最大的为斑鳍深海鲷（*Bathymaster signatus*），向北移动了 237 km，在这些种类中，雪蟹（*Chionoecetes opilio*）、马舌鲽等物种都具有极高的经济价值。

全球气候变暖对北极和亚北极海区的影响显著，而白令海作为北极和亚北极的过渡海区，是气候年代际变化的重要指示性海域，在过去 100 年内，白令海、楚科奇海、波弗特海等亚北极海域海表面温度有显著的升高。许多底栖冷温性鱼类因无法适应温度极低的融冰冷水层，分布范围受海冰的分布所限制，然而全球暖化使得亚北极海区的水体温度上升，海冰覆盖面积减少，Mueter 等的研究即显示了过去 30 年，白令海的南部陆架冷水团向北移动了 230 km，这就使得原本只能生存于较低纬度范围的鱼类因环境的改变，也能分布到较高的纬度海区，出现北移的现象；而冷水性鱼类因海表面温度上升而向温度更低的深层水域移动，出现深移的现象。这种分布区偏移的现象同样出现于我国黄海小黄鱼（*Pseudosciaena polyactis*）种群，调查资料表明，在过去 10 年间黄海中南部小黄鱼种群的分布区在春季向外海偏移，而冬季向北部偏移，因小黄鱼的产卵场受黄海冷水团的控制，黄海冷水团的北移使得小黄鱼的产卵场变大，向北部和外海迁移；此外，某些喜暖型亚热带或热带鱼类，如蓝圆鲹（*Decapterus maruadsi*），开始在我国北方水域频繁出现或定居。温度是鱼类产生各种生理过程的标志性因子，温度的升高，将在很大程度上影响鱼类生物的正常代谢，迫使其改变自身的生理过程和生活史策略。

鱼类生物持续性的北向迁移将改变北极地区的鱼类种类构成，原本生存于北极地区的本地种将很有可能因亚北极地区的入侵物种而被取代。一般而言，寒带水域生物的生态幅比低纬度水域的低 2~4 倍，对气候变化响应更为敏感，持续性的暖化将对北极和亚北极地区生物多样性及渔业资源产生不可逆转的影响，而全球气候变化对鱼类栖息地范围扩散的影响机制及影响程度尚未有定论。

7.5　主要成果总结

北极地区是对全球气候变化响应和反馈最敏感的地区之一，过去30多年对北极地区的连续观测研究证明，北极地区气候正在发生快速变化。全球气候变暖对北极海域的最直接影响是海冰覆盖面积在不断减少。北极地区的这一快速变化举世瞩目，吸引了全人类的目光。在海冰快速变化背景下，北冰洋海洋生态系统发生结构性的变化，部分渔业资源崩溃，海洋渔业资源分配模式发生悄然改变。北极海洋生物资源的开发利用已引起广泛关注。与此同时，北极气候与生态系统的快速变化导致极地自然环境保护面临日益严峻的挑战。

近几十年来，北极发生了被称之为"Unammi"的快速变化，陆地气温升高，表层海水温度升高，海冰退缩并且厚度减少，大西洋水、太平洋水影响范围增大并且北冰洋中层水变暖，地表径流增加和海冰融化导致北冰洋表层盐度降低。这些变化都将给北冰洋生态系统带来深远影响。其中，浮游植物作为衔接地球化学与生物过程的重要环节，是海洋食物网的起点，环境的变化往往较快作用于浮游植物等生产者，然后沿食物链向上传递、进而影响整个生态系统；另一方面，浮游植物通过初级生产吸收大量 CO_2，促使碳从大气向海洋转移，形成所谓"生物泵"效应，对碳循环的影响也至关重要。北冰洋的大型底栖生物具有新陈代谢速率低、寿命长、生物量大的特点，是北极大型哺乳动物的主要食物来源。小型底栖生物收集消化沉降的上层生产力和生物量，在海底微食物网能量传递中具有关键作用，同时它还是海洋环境变化的重要指示生物。浮游动物则是链接北冰洋经典食物链和微型食物网的关键种类，其种群结构和生物量直接关系到北冰洋广大海域渔获量和小型生物的种群结构和生物量。而小型和微型浮游生物是北冰洋微食环的重要组成者，它们一方面是生态系统中的主要分解者，而另一方面又可直接利用海水中的有机溶解物（DOM），使其转化为颗粒物，从而完成二次生产，在生态系统物质循环和能量流动中起着重要作用。作为北冰洋特别是北冰洋中心区域的主要种类，在北冰洋生态系统中将扮演着越来越重要的角色。不同微生物在不同海域中的生态重要性不同，对北冰洋微生物多样性进行调查与评估，对于了解极地生态系统的 C、N、Si 等元素的地球化学循环同样具有重要的意义。

近几十年来，全球增温以及相应的北极放大效应导致的北极环境快速变化受到广泛关注，一系列诸如表层增温、海冰覆盖率减少、海冰变薄、陆地冰川和积雪融化引起地表径流流量增加等变化深刻影响了北极和亚北极海域海水环境。随之而来观测到的海洋生物分布变化、群落结构组成和粒级结构变迁以及生态系统整体迁移现象揭示了海洋生态系统对环境变化的响应。

在认识海洋生态系统变化机制方面，浮游植物叶绿素和初级生产力是必不可少的基础参数。叶绿素和初级生产力代表着主要初级生产者的生物量和光合作用固碳能力，是海洋生态系食物网结构与功能的基础环节，它们不仅表示海洋有机物的最初来源，同时也表征着海洋浮游植物将大气中 CO_2 向海洋中转化的能力。我们的研究表明，在楚科奇海海台，叶绿素和初级生产力的水平主要受白令海陆架水的营养盐供给和融冰过程所影响，夏季存在较强的水华过程，浮游植物叶绿素和初级生产力的空间变异性高，浮游植物旺发（水华）会明显影响其水平和格局，且高值区存在明显的颗粒物沉降过程。研究海域 1999—2012 年间叶绿素水平呈微弱下降趋势，这主要是因为叶绿素浓度小于 1 mg/m³ 的区域在海台区快速增加所致；但值得注意的是叶绿素浓度大于 5 mg/m³ 的高值区也在增加，但幅度低于前者，这说明楚科奇海海台的浮游植物时空变化正在变得更加剧烈。叶绿素浓度小于 1 mg/m³ 的区域快速增加的一个潜在效应是浮游植物将向小型化发展，这会显著影响该海域的生物泵效应和食物产出。对北冰洋微微型浮游植物丰度、粒径大小、细胞色素含量与温度之间的关系研究表明随着北极快速变化背景下的北极增温，微微型浮游植物会发生数量增加并且粒径变小的现象，通过生物地理选择和温度调控过程改变个体大小是生物体应对增温的典型响应方式。此外，随着水温增加，微微型浮游植物细胞内色素含量也降低，这样虽然伴随着明显的数量增加过程，但细胞活性并不会明显增加，在北冰洋浮游植物小型化的趋势下，明显对未来北冰洋碳固定不利。底栖生物与环境因子的相关性分析显示，次级生产与水文要素（如水深、底温和底盐）、沉积物粒度参数（如平均粒度、砂百分含量和黏土百分含量）以及营养因子（如叶绿素 a 和小型底栖生物）有着或正或负的相关关系，同时结合沉积物 OC 和 OC/TN 的值，可知，影响北极海底次级生产的主要因子为来自上层水柱对海底的食物供应。Grebmeier 等（2006）学者认为富营养的太平洋温水以及激烈的水层—海底的耦合是影响北极底栖生物群落和生物量的关键因子。然而，浮游植物的小型化以及光合细胞活性的限制，可能对水层—海底能量交换效率产生影响，从而影响底栖生物的生物量和分布。Grebmeier 等（2006）认为，海冰的快速融化提高了水体的生产力，但同时也降低了海底生产力。浮游动物摄食的增加将导致颗粒有机碳向海底流通的减少，底栖生物量因此而减少，这对大型的底栖捕食者（如腹足类、蟹类、底栖和游泳虾类、海星、海蛇尾等）产生了激烈的负面影响。据推测，随着海冰的持续性收缩，北极海冰、水层和海底生物群落的总碳通量和能量流通模式将可能由原来的"冰藻—底栖生物"为主变成"浮游植物—浮游动物"为主（Dieter，2005）。

　　海冰消退和融化是北极快速变化最重要的现象之一，近十几年连续观测到的有海冰观测数据以来的海冰覆盖历史低值引起了人们的极大关切。对微生物来说，海冰是极其重要的载体，结冰过程中被困在海冰内部的微生物具有海冰发源地的特征，成为微生物"种子"。随着海冰运动和融化，这些种子被释放出来，在合适的环境条件下大量生长，可以改变海冰运动路径上海洋微生物群落结构组成。微生物群落组成也可以成为追溯海冰形成和运动的重要指示。由于融池形成和通透并连通上层海洋是海冰融化的重要过程，对开放式融池和封闭式融池微生物结构的研究反映了海洋微生物对海冰融化过程的响应。但研究结果表明海冰的播种作用可能没有想象中那么巨大，海冰融化过程对微生物群落结构组成的影响更多地体现在对群落结构方面，表现为优势类群相对丰度的改变，而在种类组成方面影响较小，很多原来在封闭式融池中存在的细菌类群都未能在开放式融池中检出，除非它是广布种。融池形成并最终通透是个双重筛选过程，由于融池环境的严酷性以及和上层海洋巨大的差异，很多"种子"不能安全度过，只能面临在新环境中的消亡。

　　随着北冰洋夏季海冰的进一步消退，北冰洋中心区将出现更多的无冰开阔海域，而当前北冰洋极点附近海域出现的新开阔海域代表了北冰洋的未来。北冰洋中心区新开阔海域浮游细菌群落结构研究表明，海冰开化后浮游细菌群落结构组成和北冰洋其他海域差别不大，典型的群落结构区域分布特征说明由水团异同导致的海水理化性质对其分布影响更大。理化性质的差异改变营养盐结构，影响浮游植物粒级结构和初级生产，改变溶解有机物输出，最终影响浮游细菌群落组成和分布。海冰融化水的影响也可能通过该过程实现。同时，改变的光照条件影响了细菌群落中光合细菌的相对丰度，显然，光合异养细菌在未来北冰洋生态系统中也将发挥更加重要的作用。

　　变化的白令海水通过白令海峡进入楚科奇海和北冰洋，改变楚科奇海海水环境，影响北冰洋生物群落结构组成。由于水团结构的稳定性和微小型浮游生物较弱的运动能力，使得楚科奇海微微型浮游生物带有鲜明的变性水团的特征。浮游细菌生态功能群的划分中白令海变性水团功能群和海冰融化混合水功能群的出现表明了环境变化驱动的海水理化性质改变和生物群落组成和分布的变迁。对底栖鱼类的分析也表明，其群落结构分布特征与水团分布较为吻合。Mueter 等的研究即显示了过去 30 年间，白令海的南部陆架冷水团向北移动了 230 km，这就使得原本只能生存于较低纬度范围的鱼类因环境的改变，也能分布到较高的纬度海区，出现北移的现象；而冷水性鱼类因海表面温度上升而向温度更低的深层水域移动，出现深移的现象。今后，增强的太平洋入流水和海冰融化效应必然进一步影响北冰洋生态系统。

参考文献

陈立奇 . 2003. 北极海洋环境与海气相互作用研究 [M] . 北京：海洋出版社.

丁永敏 . 1986. 白令海渔场气象水文概况 [J] . 水产科学，5（2）：33-36.

高爱根，王春生，杨俊毅，等 . 2002. 中国多金属结核开辟区东、西两小区小型底栖生物的空间分布 [J] . 东海海洋，20（1）：28-35.

何剑锋 . 2004. 北极浮冰生态学研究进展，生态学报，24（4）：750-754.

黄丁勇，王建佳，林荣澄，等 . 2016. 2010 年夏季白令海小型底栖生物丰度与生物量初步研究 [J] . 极地研究，28（2）：203-210.

黄丁勇 . 2010. 西南太平洋劳盆地与西南印度洋中脊深海热液区底栖生物初探 [D] . 厦门：国家海洋局第三海洋研究所硕士论文.

乐凤凤，郝锵，金海燕，等 . 2014. 2012 年楚科奇海及其邻近海域浮游植物现存量和初级生产力粒级结构研究 [J] . 海洋学报，36，10：103-115.

刘爱原，林荣澄，郭玉清 . 2015. 全球北极底栖生物研究的文献计量分析 [J] . 生态学报，35（9）：1-14.

刘子琳，陈建芳，陈忠元，等 . 2006. 白令海光合浮游生物现存量和初级生产力 [J] . 生态学报，26（5）：1345-1351.

刘子琳，陈建芳，张涛，等 . 2007. 楚科奇海及其海台区粒度分级叶绿素 a 与初级生产力 [J] . 生态学报，27（12）：4953-4962.

沈国英，施并章 . 2010. 海洋生态学 [M] . 北京：科学出版社.

王小谷，周亚东，张东声，等 . 2013. 2005 年夏季东太平洋中国多金属结核区小型底栖生物研究 [J] . 生态学报，33（2）：0492-0500.

吴昌文，李志国，夏武强 . 2008. 小型底栖生物（Meiofauna）研究概况 [J] . 现代渔业信息，23（03）：9-12.

吴绍渊，慕芳红 . 2009. 山东南部沿海冬季小型底栖生物的初步研究 [J] . 海洋与湖沼，40（6）：682-691.

闫福桂，王海军，王洪铸，等 . 2010. 藻型浅水湖泊小型底栖生物的群落特征及生态地位探讨 [J] . 水生生物学报，34（3）：361-368.

袁俏君，苗素英，李恒翔，等 . 2012. 珠江口水域夏季小型底栖生物群落结构 [J] . 生态学报，32：5962-5971.

张海生，2015. 北极海冰快速变化及气候与生态效应 [M] . 北京：海洋出版社.

张敬怀，高阳，方宏达 . 2011. 珠江口伶仃洋海域小型底栖生物丰度和生物量 [J] . 应用生态学报，22（10）：2741-2748.

张艳，张志南，黄勇，等 . 2007. 南黄海冬季小型底栖生物丰度和生物量 [J] . 应用生态学报，18（2）：411-419.

张玉红 . 2009. 台湾海峡及邻近海域小型底栖生物密度和生物量研究 [D] . 厦门：厦门大学硕士论文.

邹丽珍 . 2006. 中国合同区小型底栖生物及其深海沉积物中 18SrDNA 基因多样性研究 [D] . 厦门：国家海洋局第三海洋研究所.

Agogué, et al. 2011. Water mass-specificity of bacterial communities in the North Atlantic revealed by massively parallel sequencing [J] . Mol. Ecol., 20（2）：258-274.

Andersen O. 1981. The annual cycle of phytoplankton primary production and hydrography in the Disko Bwgt. area, West Greenland. Meddr Gronland, Biosci, 6: 1-65.

Arrigo K, et al. 2008. Impact of a shrinking Arctic ice cover on marine primary production. Geophys. Res. Lett., 35, L19603, doi: 10.1029/2008GL035028.

Bano, et al. 2002. Phylogenetic composition of bacterioplankton assemblages from the Arctic Ocean [J]. Applied and Environmental Microbiology, 68: 505-518.

Barberán, et al. 2010. Global phylogenetic community structure and β-diversity patterns in surface bacterioplanktonmetacommunities [J]. Aquatic Microbial Ecology, 59: 1-10.

Bessiere A, et al. 2007. Metazoan meiofauna dynamics and pelagic-benthic coupling in the Southeastern Beaufort Sea, Arctic Ocean [J]. Polar Biology, 30 (9): 1123-1135.

Bodil B, et al. 2011. Diversity of the arctic deep-sea benthos [J]. Marine Biodiversity, 41 (1): 87-107.

Bowman, et al. 2012. Microbial community structure of Arctic multiyear sea ice and surface seawater by 454 sequencing of the 16S RNA gene [J]. ISME Journal, 6: 11-20.

Busby M S, et al. 2005. Habitat associations of demersal fishes and crabs in thePribilof Islands region of the Bering Sea [J]. Fisheries Research, 75: 15-28.

Collins, et al. 2010. Persistence of bacterial and archaeal communities in sea ice through an Arctic winter [J]. Environmental microbiology, 12: 1828-1841.

Comeau, et al. 2011. Arctic Ocean microbial community structure before and after the 2007 record sea ice minimum. PLoS ONE 6: e27492, doi: 10.1371/journal. pone. 0027492.

Coulon, et al. 2012. Hydrocarbon biodegradation in coastal mudflats: the central role of dynamic tidal biofilms dominated by aerobic hydrocarbonoclastic bacteria and diatoms [J]. Appl Environ Microb, 78 (10): 3638-3648.

Daase M. 2013. Timing of reproductive events in the marine copepod Calanus glacialis: a pan-Arctic perspective [J]. Can. J. Fish. Aquat. Sci., 70: 871-884.

Darcy, et al. 2011. Global distribution of Polaromonasphylotypes-evidence for a highly successful dispersal capacity. PLoS ONE, 6 (8): e23742. doi: 10.1371/journal. pone. 0023742.

Dient A. 1997. A quantitative survey of meiobenthos in the deep Norwegian Sea [J]. Ambio, Special Report, 6: 75-77.

Drazen J C, et al. 1998. Sediment community response to a temporally varying food supply at an abyssal station in the NE pacific [J]. Deep-Sea Research Part II: Topical Studies in Oceanography, 45 (4-5): 893-913.

Durbin E G, et al. 2014. Early reproduction by Calanus glacialis inthe Northern Bering Sea: the role of icealgae as revealed by molecular analysis [J]. J. Plankton Res., 36 (2): 523-541.

Eilertsen, et al. 2010. Phytoplankton and light during the northern high-latitude winter [J]. Journal of Plankton Research, 32 (6): 899-912.

Ershova E A, et al. 2015. Inter-annual variability of summer mesozooplankton communitiesof the western Chukchi Sea: 2004-2012 [J]. Polar Biol., 38: 1461-1481.

Fabiano M, et al. 1999. Meiofauna distribution and mesoscale variability in two sites of the Ross Sea (Antarctica) with contrasting food supply [J]. Polar Biol, 22: 115-123.

Galand, et al. 2009, Ecology of the rare microbial biosphere of the Arctic Ocean [J]. Proceedings of the National Academy of Sciences, 106: 22427-22432.

Garneau, et al. 2006. Prokaryotic community structure and heterotrophic production in a river-influenced coastal arctic ecosystem [J]. Aquatic Microbial Ecology, 42: 27-40.

Gerdes, et al. 2005. Influence of crude oil on changes of bacterial communities in Arctic sea-ice [J]. FEMS Microbiology Ecology, 53: 129-139.

Ghiglione, et al. 2012. Pole-to-pole biogeography of surface and deep marine bacterial communities [J]. Proceedings of the National Academy of Sciences, 109: 17633-17638.

Giere O. 2009. Meiobenthology [M]. Berlin Heidelberg: Springer-Verlag.

Gorska B, et al, 2013. Patterns of vertical distribution of deep-sea meiofauna in Arctic continental margin sediments (HAUSGARTEN area) shaped by depth and food supply [C]. Arctic Science Summit Week, Krakow, Poland.

Gradinger R. 2009. Sea-ice algae: Major contributors to primary production and algal biomass in the Chukchi and Beaufort Seas during May/June 2002 [J]. Deep sea Reseavch Part II, 56: 1201-1212.

Grebmeier J M. 1993. Studies of Pelagic Benthic Coupling Extended onto the Soviet Continental-Shelf in the Northern Bering and Chukchi Seas [J]. Continental Shelf Research. 13 (5-6): 653-668.

Grebmeier J M, et al. A major ecosystem shift in the northern Bering Sea [J]. Science, 2006, 311 (5766): 1461-1464.

Grubisic, et al. 2012. Effects of stratification depth and dissolved organic matter on brackish bacterioplanktoncommunites. Marine Ecology Progress Series 453: 37-48.

Guo Y Q, et al. Two new free-living nematode species of *Setosabatieria* (Comesomatidea) from the East China Sea and the Chukchi Sea [J]. Journal of Natural History, DOI: 10. 1080/00222933. 2015. 1006286.

Hamdan, et al. 2012. Ocean currents shape the microbiome of Arctic marine sediments. ISME Journal 7: 685-696, doi: 10. 1038/ismej. 2012. 143.

Han, et al. 2014. Bacterial communities of surface mixed layer in the Pacific sector of Western Arctic Ocean during sea-ice melting. Plos ONE, 9 (1): e86887.

Herman R L and Dahms H U. 1992. Meiofauna communities along a depth transect off Halley Bay (Weddell Sea-Antarctica) [J]. Polar Biology, 12 (2): 313-320.

Honjo S. et al. 2010. Biological pump processes in the cryopelagic and hemipelagic Arctic Ocean: Canada Basin and Chukchi Rise. Progress in Oceanography 85: 137-170.

Hopcroft RR, et al. Clarke-Hopcroft C (2014) Oceanographic assessment of theplanktonic communities in the northeastern Chukchi Sea. Reportfor Survey year 2012. Chukchi Sea Environmental Program.

Hopcroft, et al. 2010. Zooplankton community patternsin the Chukchi Sea during summer 2004. Deep Sea Res. II 57, 27-39.

Hsiao S C, et al. 1977. Standing stock, community structure, species compositon, distribution and primary production of natural populations of phytoplankton in the southern Beaufort Sea. Can J Bot, 55: 685-694.

Johns D. G, et al. 2001. Arctic boreal plankton species in the Northwest Atlantic. Canadian Journal of Fisheries and Aquatic Sciences-Can. J. Fisheries Aquat. Sci. , 58: 2121-2124.

Jung-Madsen S. et al. 2015. Early development of Calanus glacialis and C. finmarchicus. Limnol. Oceanogr. 60, 2015, 934-946.

Kellogg, et al. 2009. Comparison of free-living, suspended particle, and aggregate-associated bacterial and archaeal communities in the Laptev Sea. Aquat. Microb. Ecol. , 57, 1-18.

Kellogg, et al. 2009. Comparison of free-living, suspended particle, and aggregate-associated bacterial and archaeal communities in the Laptev Sea. Aquat. Microb. Ecol. , 57, 1-18.

Kirchman, et al. 2010. The structure of bacterial communities in the western Arctic Ocean as revealed by pyrosequencing of 16S rRNA genes. Environmental Microbiology 12: 1132-1143.

Kirchman, et al. 2009. Microbial growth in the polar oceans: role of temperature and potential impact of climate change. Nature Review Microbiology 7: 451-459.

Lee, et al. 2012. Phytoplankton production from melting ponds on Arctic sea ice. J Geophys Res, 117 (C4): C04030. doi: 10. 1029/2011JC007717.

Lee S, et al. 2011. Phytoplankton productivity in newly opened waters of the Western Arctic Ocean. Deep Sea Res II, http：//dx. doi. org/10. 1016/j. dsr2. 2011. 06. 005.

Legendre L. Aekley S F. Dieekmann G S. Ecology of sea ice biota 2. Global significance. Polar Bio1, 1992, 12：429-444.

Lin Longshan, et al. Composition of fish species in the Bering and Chukchi Seas and their responses to changes in the ecological environment ［J］. Acta Oceanol. Sin., 2014, 33 （6）：63-73.

Lin Longshan, et al. 2012. Composition and distribution of fish species collected during the 2010 Chinese Arctic Research Expedition ［J］. Advances in Polar Science. 2012, 23 （2）：116-127.

Lin R C, et al. 2014. Abundance and distribution of meiofauna in the Chukchi Sea ［J］. Acta Oceanologica Sinica, 33 （6）：90-94.

Lovejoy, et al. 2011. Picoplankton diversity in the Arctic Ocean and surrounding seas. Marine Biodiversity 41：5-12.

Lovvorn J R, et al. Organic matter pathways to zooplankton and benthos under pack ice in late winter and open water in late summer in the north-central Bering Sea ［J］. Marine Ecology Progress Series, 2005, 291：135-150.

Malmstrom, et al. 2007. Diveristy, abundance, and biomass production of bacterial groups in the western Arctic Ocean. Aquatic Microbial Ecology 47：45-55.

Matsuno K., et al. 2011. Year-to-year changes of the mesozooplankton community in the Chukchi Sea during summers of 1991, 1992 and 2007, 2008. Polar Biology, 34：1349-1360.

McLaughlin, et al. 2010. Deepening of the nutricline and chlorophyll maximum in the Canada Basin interior, 2003-2009. Geophys Res Lett 37：L24602. doi：10. 1029/2010GL045459.

McRoy, et al. 1993. the project：an overview of inner shelf transfer and recycling in the Bering and Chukchi seas ［J］. Continental Shelf Research, 13 （5-6）：473-479.

Montagna P A. 1995. Rates of metazoan meiofaunal microbivory：a review ［M］. Banyuls-sur-Mer, FRANCE：Laboratoire Arago, Universite Pierre et Marie Curie.

Morris, et al. 2002. SAR11 clade dominates ocean surface bacterioplankton communities. Nature, 420：806-810.

Mueter, et al. 2008. Sea ice retreat alters the biogeography of the Bering Sea continental shelf. Ecological Applications, 18：309-320.

Nelson R. J., et al. 2009. Penetration of Pacific zooplankton into the western Arctic Oceantracked with molecular population genetics. Mar. Ecol. Prog. Ser., 381：129-138.

Norcross B L, et al. Demersal and larval fish assemblages in the Chukchi Sea. Deep Sea Research Part II：Topical Studies in Oceanography. 2010, 57 （1）：57-70.

Norcross B L, et al. Demersal and larval fish assemblages in the Chukchi Sea ［J］. Deep-Sea Res. II, 2010, 57：57-70.

Pedersen S. A. et al. 2007. Zooplankton Distribution and Abundance in West Greenland Waters, 1950-1984. J. Northw. Atl. Fish. Sci., 26：45-102.

Perovich D K, et al. 2007. Increasing solar heating of the Arctic Ocean and adjacent seas, 1979-2005：Attribution and role in the ice-albedo feedback, Geophys. Res. Lett., 34, L19505, doi：10. 1029/2007GL031480.

Perry A L, et al. Climate change and distribution shifts in marine fishes ［J］. Science, 2005, 308, 1192-1195.

Pfannkuche O and Thiel H. 1987. Meiobenthic stocks and benthic activity on the NE-Svalbard Shelf and in the Nansen Basin ［J］. Polar Biol, 7：253-266.

Piepenburg D. 2005. Recent research on Arctic benthos：common notions need to be revised ［J］. Polar Biology. 28 （10）：733-755.

Rao D S and Platt T. 1984. Primary Production of Arctic Waters. Polar Biol, 3：191-201

Sambrotto R N, et al. 1984. Large yearly production of phytoplankton in the western Bering strait ［J］. Science, 225 （4667）：1147-1150.

Schewe I and Soltwedel T. 1998. Deep-sea meiobenthos of the central Arctic Ocean：distribution patterns and size-structure under extreme oligotrophic conditions [J] . VIE ET MILIEU, 49 (2/3): 79-92.

Schneiker, et al. 2006. Genome Sequence of the Ubiquitous Hydrocarbon-degrading Marine Bacterium AlcanivoraxBorkumensis. Nature Biotechnology 24: 997-1004.

Soltwedel T, et al. 2000. Benthic activity and biomass on the Yermak Plateau and adjacent deep-sea regions, northwest of Svalbard [J] . Deep-Sea Research I, 47: 1761-1785.

Soltwedel T, et al. The small-sized benthic biota of the Hakon Mosby Mud Volcano (SW Barents Sea slope) . Journal of Marine Systems, 2005, 55 (3-4): 271-290.

Sommer S, et al. 2000. Metazoan meiofauna of the deep Arabian Sea: standing stocks, size spectra and regional variability in relation to monsoon induced enhanced sedimentation regimes of particulate organic matter [J] . Deep-Sea Research Part II: Topical Studies in Oceanography, 47 (14): 2957-2977.

Staley, J. T. and J. J. Gosink. 1999. Poles apart: Biodiversity and biogeography of sea ice bacteria. Ann Rev Microbiol, 53: 189-215.

Steindler, et al. 2011. Energy staved CandidatusPelagibacterubiquesubstitutes light-mediated ATP production for endogenous carbon respiration. PLoS One, 6: e19725.

Vanaverbeke J, et al. The Metazoan meiobenthos along a depth gradient in the Arctic Laptev Sea with special attention to nematode communities [J] . Polar Biology. 1997, 18 (6): 391-401.

Vermeeren H, et al. 2004. Species distribution within the free-living marine nematode genus *Dichromadora* in the Weddell Sea and adjacent areas [J] . Deep-sea Research Part II-Topical Studies in Oceanography. 51 (14-16): 1643-1664.

Vinogradov, et al. 1997. Primary production and plankton stocks in the Pacific Ocean and their seasonalvariation according to remote sensing and field observations. Deep-SeaResearch II 44, 1979-2001.

Woodgate, R. A. and K. Aagaard. 2005. Revising the Bering Strait freshwater flux into the Arctic Ocean. Geophysical Research Letters, 32, L02602.

Zhang Jinlun, et al. 2010. Modeling the impact of decling sea ice on the Arctic marine planktonic ecosystenr. JOURNAL OF GEOPHYSICAL RSESARCH, vol. 115, cl0015, doi: 10. 102912009JC005387.

第 8 章 北极黄河站地区及近岸海域
生态环境影响评价*

斯瓦尔巴群岛（74°—81° N，10°—35° E）处于巴伦支海和格陵兰海之间，是地球上有人居住的最北的地方之一。它由斯匹次卑尔根岛、东北地岛、埃季岛 3 个大岛和数十个小岛组成，总面积为 61 200 km²，离北极点仅 1 750 km，岛上多崎岖山脉，最高点为海拔 1 717 m 的牛顿峰。群岛 60% 的土地为冰川所覆盖，永冻土层厚达 500 m，在夏季只有地表以下 2~3 m 的土层才会解冻。北大西洋的高尔夫暖流流到该岛附近时有一小股支流流向斯匹次卑根岛的峡湾，使群岛的气温比北极其他地区要温和许多，年平均气温为-4℃。群岛海洋性气候较明显，多雾。岛上煤、磷灰石等储量丰富。群岛地质背景复杂，断层众多，前寒武纪地层到第四纪地层均有发育（Hjelle et al.，1993）。

中国黄河站位于北极斯瓦尔巴群岛的新奥尔松地区。新奥尔松位于 78°55′N，11°56′E，处于斯匹次卑尔根岛西海岸的 Broggerhalvoya 半岛上，是世界上有人类居住的最北区域，也是北极科考基地。挪威、荷兰、德国、英国、法国、印度、意大利、日本、韩国和中国分别在此建立了科考站。每年夏季，新奥尔松地区来自各个国家的科考、研究、教育和后勤人员达到 120 多人。该地区以石炭—二叠纪的石灰石、白云岩为主要的岩石种类，形成了坚固稳定的岩基，也有少量的第三纪砂岩。在站区后面的 Zeppelinfjellet 山的前缘有冰碛岩发育。最冷的月份（2 月）平均气温约-14℃，最暖的月份（7 月）平均气温约+5℃。年平均气温约为-5.8℃，比同纬度的东格陵兰高出 6~7℃（Hisdal et al.，1985；Umbreit et al.，1997）。年平均降水量约 400 mm，往内陆就逐渐减少到 200~300 mm（Steffensen et al.，1982）。相比较同纬度的北极其他地区和南极地区，大量的植物在斯瓦尔巴群岛繁殖，包括 168 种管状本土植物和少量外来植物（Elven et al.，1996；Rønning et al.，1996），以及 373 种苔藓类植物、606 种地衣、705 种真菌和超过 1 100 种陆地淡水和海水藻类（Elvebakk et al.，1996）。但是，这些植物大部分分布于内陆海湾，在新奥尔松植物种类相对稀少，主要以北部极地苔原植物区系和极地沙漠植物区系为主，包括北极柳（Salix polaris），鼠耳萍（Cerastiumarcticum），雪原虎耳草（Saxifra gacernua），羊耳蒜（S. cespitosa），挪威虎耳草（S. oppositifolia），山羊臭虎耳草（S. hirculus），名形地杨梅（Luzulaarcuata），北极地杨梅（L. arctica）和北极早熟禾（Poaarctica）（Moen，1999；Birks，2001）。北极狐（Alopex lagopus）、北极驯鹿（Rangifertarandus ssp. platyrhyrichus）、北极野兔、麝牛、北极松鸡（Lagopusmutus ssp. hyperboreus）、北极鹅（migratory barnacle goose，Branta leucopsis）、黑雁（brent goose，B. bernicola）和粉脚雁（pink-footed goose，Anserbrachyrhynchus）（Elvebakk et al.，1997）等构成了新奥尔松的陆地生态系统。生活在王湾的海豹、海象、鲸以及北极鲑鱼、浮游生物等构成了新奥尔松的海洋生态系统。而北极熊以海豹、海象为食物；海鸟，主要有海雀（Allealle，Cepphus grille，Urialomvia）、三趾鸥（Rissatridactyla）、北极燕鸥（Sterna paradisea）、管鼻藿（Fulmarusglacialis）、北极绒鸭（Somateria mollissima）

---

* 本章编写人员：张芳、曹叔楠、林凌、何剑锋、孙立广、杨仲康、黄涛、金海燕、季仲强、那广水、曹林科、李瑞静、马新东、汪建君、陈立奇。

（WESLAWSKI et al.，2006）以海洋鱼类、贝类、浮游生物为食物。这就构成了新奥尔松的完整生态系统。

王湾（79°N，12°E）位于我国北极黄河站所在的新奥尔松地区，是一个开放式峡湾，沿岸分布有 5 大冰川，约占陆地面积的 77%（Hop et al.，2006）。北大西洋暖流的一个分支——斯匹次卑尔根海流，为该地区的沿岸海域带来了高温、高盐的海水，而冰川融化同时为该海域带来了低温、浑浊的淡水。因该地区受到了北大西洋暖水团、北极冷水团及陆地冰川融水的交互影响，王湾浮游生态系统表现出显著的结构变化，在王湾内部，冰川融水的输入会引起浮游生物的减少（Hop et al.，2006a）。其中，湾外主要受到斯匹次卑尔根暖流的影响，而湾内主要受到冰川融水的影响，且湾内复杂水团的交汇作用是导致浮游生物群落组成变化的主要因素（Simpson et al.，1999）。王湾的生态系统是北极近岸海洋生态环境的一个缩影。作为一个冰川型峡湾，其营养要素受到多种环境因素影响，包括大西洋水，冰川，径流，冰雪融水等。在该区域，较多的文章关注的是春季的浮游植物旺发，而夏季的研究较少。虽然夏季的浮游植物旺发没有春季强烈，但其持续性可能更强。因为只有浮游植物等初级生产者的巨大贡献才能维持夏季海洋浮游动物以及大型动物、鸟类等的巨大生物量。浮游植物的生存明显地受到温度、冰川融水以及陆源径流输入等因素的共同作用。而海水营养要素的持续观测研究，可对这个作用进行一些评价。北极地区的增温效应，一方面使得海水增温，大西洋暖水大量入侵进入王湾海域（Hop et al.，2006b）；另一方面使得冰川迅速融化退缩，大量冰川融水进入王湾，引起湾内水体温度、盐度、混浊度的迅速改变（Hop et al.，2006a）。这种独特的自然现象使得该海域生态系统对北极地区的增温效应特别敏感，是研究全球变化作用方式和机理的理想场所。目前该地区已成为北极地区最主要的国际环境研究基地以及欧盟生物多样性研究的基准站点之一，也是我国北极长期生态监测站点（Weslawski et al.，1988；Simpson et al.，1999）。国内外对北极王湾海域浮游生物的研究取得了阶段性成果。

自中国北极黄河站 2004 年夏季建立开始，我国每年进行周边陆地及海域生物生态及环境等多方面的考察，内容涉及陆生地衣类、海洋微型生物、海水化学营养要素、持久性有机污染物（POPs）、重金属及生物标志物甾醇等调查要素，利用这些调查数据，结合国际历史数据等对生态环境对气候变化的响应等方面进行了评价。并借助湖泊沉积载体、海岸带沉积载体以及多环境介质样品中的重金属污染物、有机污染物对古生态以及气候变化方面展开了研究，探讨了随着冰川退化、北极生态环境恶化，新奥尔松地区的气候环境特征的变化。

8.1 北极黄河站生态环境演变及其对气候变化响应的评价

8.1.1 北极黄河站站区及近岸海域生态、气候、环境变化分析报告

8.1.1.1 苔藓地衣类生物分布概况

斯瓦尔巴群岛生境的特殊性造就了该地区陆地植被组成及生态分布的独特性。地衣、苔藓是北极植被组成的重要成分，就物种多样性而言，北极地衣占世界已报道地衣的 6.5%，其中斯瓦尔巴群岛已报道地衣达到 742 种（Øvstedal et al.，2009），并且 Cannone 等（2004）已对黄河站所在的斯瓦尔巴地区的植被分布模式进行了调查，发现植物分布模式与冰缘地貌有很大关系；同时，超过

500 种苔藓植物被报道发现于北极地区，其中斯瓦尔巴群岛发现了 137 个属的 373 种苔藓类植物，包括地钱类植物 85 种及苔藓类植物 288 种（Frisvoll and Elvebakk，1996）。

对黄河站所在的新奥尔松地区 Austre Lovenbreen 冰川（简称 A 冰川）、（Midre Lovenbrean）M 冰川、西海岸湿地、黄河站附近及伦敦岛上的地衣物种多样性开展调查，发现新奥尔松地区土生（或基物为苔藓）地衣主要为胶衣属（*Collema*）、岛衣属（*Cetraria*）、肉疣衣属（*Ochrolechia*）和珊瑚衣属（*Stereocaulon*）4 属；石生地衣主要为石耳属（*Umbilicaria*）、石黄衣属（*Xanthoria*）、茶渍衣属（*Lecanora*）3 属；在冰川融水流经的潮湿区域，土生地衣主要为胶衣属与肉疣衣属。随着冰川消逝时间的增长，地衣物种多样性及数量显著增加：1990 年冰川消逝线附近只出现 1 种地衣 *Alloceteraria* sp.；而 1936 年冰川消逝线附近不仅出现较大个体 *Alloceteraria* sp.，并且出现了北极石耳（*Umbilicaria arctica*）及另外 2 种壳状地衣；在冰川消逝更早的地区，地衣物种多样化非常高，叶状地衣、枝状地衣、壳状地衣都有出现，并且个体发育更加完整。

研究者很早就关注全球气候变化对北极生态系统中植物分布模式的影响，发现随着全球变暖，在北极维管束植物生物量增加的同时，地衣的生物量却在减少（Cornelissen et al.，2001）。近年来监测的结果也证明了这一点，全球变暖没有显著影响北极维管束植物的盖度，但苔藓类植物的盖度增加了 6.3%，同时地衣的盖度减少了 3.5%（Hudson and Henry，2010）。北极地衣对气候变化的这种敏感性，使其被认为是可用于监测全球气候变化的指示剂（Aptroot，2009）。

IPCC 第 5 次北极考察评估报告（2014）及 ACIA（2004）的报告均提供数据证明，自 20 世纪末北极气温的升高引起了冰川的退缩，及冻土层温度逐年升高并消融。冰川退缩后裸露的陆地及冻土层温度的升高为地衣、苔藓等先锋生物的生长提供了有利的条件。同时不同年代冰缘线记载了冰川消逝的速度，更为研究极端环境裸露陆地植被的演替过程提供了准确的时间信息。因此，冰川退缩后出现的裸露陆地成为研究极地植被发生、发展的理想区域。

依托中国科学院植物研究所在 A 冰川前建立的极地样方观察平台，对代表不同消逝年代样方中的植被统计观察发现：随着裸露陆地出现时间的延长，地衣的盖度、生物多样性及优势生长型都随之发生演替。随着裸露地面出现时间的增加，地衣的盖度由几乎不可见增加至近 60%。在 1990 年冰缘线代表的裸露陆地植被演替的初始阶段未发现肉眼可见地衣，在样方周围发现有壳状地衣的生长；在 1936 年冰缘线代表的裸露地面出现近 80 年的样方中，发现有壳状地衣，并且以寒生肉疣衣（*Ochrolechia frigida*）和鸡皮属地衣（*Pertusaria* sp.）为主；冰川前沿裸露地面出现的时间更长，植被趋向于成熟阶段，地衣的盖度及物种多样性显著增加，出现了生长型为叶状的雪黄岛衣（*Flavocetraria nivalis*）及刺岛衣（*Cetraria aculeata*）等。

同时，在冰川前沿，裸露陆地形成的初始阶段，观察到少量苔藓植物，随着陆地裸露时间的延长，高等植物成为优势物种，如极柳等（姚轶峰等，2013）。Guo 等（2013）通过对生长在新奥尔松水塘中的范氏藓（*Warnstorfia exannulata*）进行研究，发现其对温度变化反应敏感，生长具有显著的季节性特征，能很好地反映该地区同时期的气温变化。

相对于高等植物，地衣苔藓的生长速率非常缓慢，因此更有必要进行长期监测。黄河站所在的斯瓦尔巴地区是一个理想的监测苔藓地衣物种对全球气候变化及人类活动响应的研究场所，所获得的结论将有助于我们了解气候变化对全球生态系统的影响。

8.1.1.2　黄河站生态地质样品采集概况

2004 年 7 月中国黄河站建站第一次考察期间，在新奥尔松的一级海岸阶地采集到长达 118 cm

的沉积剖面 Yn（图 8-1）。采样位置位于新奥尔松的鸟类保护区内，区内有大量海鸟生活。该海岸阶地距离海面的水平距离约 3 m，高出平均海平面约 3.5 m，为一级海岸阶地。从野外来看，采样位置的阶地基岩呈一个凹槽形态（图 8-1），基岩为灰白色的石灰岩，凹槽底部基岩平滑，推测可能是一个早期的顶盖已被侵蚀的海蚀凹槽，其中保存的沉积物序列可作为恢复古生态与古环境的很好的研究材料。采样从凹槽沉积序列的表层开始剥离，直至凹槽底部，总长度为 118 cm。

图 8-1　黄河站海岸带 Yn 沉积序列样品采集

同时，在位于中国黄河站西北约 3 km 处、远离海鸟保护区的 Knudsenheia 湖（78°56.5′N，11°49.2′E，海拔 30 m）采集到一根湖泊沉积柱作为对照（图 8-2）。采样区域周围几乎未见海鸟活动，周围散乱分布有大量砾石，采样点湖水深约 1.5 m。对照沉积柱长约 58 cm，表层 20 cm 为黑色的腐殖泥，20 cm 以下为棕黄色细泥，偶见砾石，泥样黏性好，较硬实。野外按 1 cm 间隔现场分样，塑料袋密封后冷冻保存以备室内分析。新奥尔松最为常见的 4 种苔原植物被分别采集（图 8-3），包括苔藓类植物（Dicranumangustum）、穗状植物（Puccinelliaphryganodes）、管状植物（Salix polaris）以及其他（Saxifragaoppositifolia）（Yuan et al.，2006）。该一级阶地上的新鲜北极驯鹿粪（Rangifertarandusplatyrhynchus）、新鲜鸟粪［主要是北极鹅（barnacle goose，Brantaleucopsis）、北极燕鸥（arctic tern，Sterna paradisaea）、北极绿灰鸥（glaucousgull，Larushyperboreus）］也被采集。此外，经过历次考察和样品采集，主要汇集了湖泊沉积物样品和多环境介质样品，后者包括煤矿区土壤、煤矸石、植被、鸟粪、湖水样品等（图 8-4）。

8.1.1.3　北极新奥尔松生态地质学研究进展

分析了北极新奥尔松地区伦敦岛的湖泊沉积物中 16 种元素（Hg、Se、Cd、As、Cu、Zn、P、Fe、Ti、K、Mn、Ca、Mg、Na、Si、Al）及 TOC（总有机碳）的含量。结果表明：沉积物表层 5 cm 部分 Hg、Se、Cd 等重金属元素的污染主要是由 20 世纪以来新奥尔松煤矿开采活动引起的；而 5 cm 以下部分属于自然沉积。同时，发现最表层的 Hg、Se、Cd 含量有降低趋势，很可能是新奥尔松煤矿的关闭导致煤灰沉积的减少。计算了 ICV 等元素比值，其结果揭示了新奥尔松地区的化学风化作用十分微弱，过去几千年来，该地区气候环境经历了相对暖湿—寒冷—相对暖湿的阶段（夏重欢

图 8-2　黄河站湖泊沉积序列样品采集

等，2007）。

　　对采自北极新奥尔松一级海岸阶地上的海蚀凹槽沉积剖面进行沉积岩相学、同位素地球化学和元素地球化学研究，结果显示该剖面的 70~118 cm 段显著受到了海鸟粪沉积的影响，为含贝壳的海鸟粪土沉积层。该段粪土沉积层中大多数元素的浓度随深度表现出明显的波动特征，其中 TOC、TN、Se、Sr、CaO、Pb、As、Zn 等元素含量在深度剖面上表现出较为一致的垂向变化趋势。对粪土层的元素地球化学数据进行了聚类分析，结果表明在深度剖面上具有较好协同关系的上述元素组合与海鸟粪有机质的输入密切相关，这些具有显著地球化学性质差异的元素共生组合是北极新奥尔松粪土沉积层的生物地球化学组合的标型特征，它们的含量变化主要受控于海鸟粪对沉积物的影响程度。凹槽底部的 AMS14C 年龄为距今 9 400 年，其与王湾冰盖完全消融、新奥尔松阶地抬升的时间一致。并且通过对沉积序列中的有机质进行稳定碳、氮同位素分析，表明这些有机质来源于海洋源的鸟粪。据此我们推测在末次冰消期之后，海鸟在距今 9 400 年就已经登陆北极的新奥尔松（Yuan et al.，2009）。这是目前首次有关海鸟在新奥尔松登陆历史的报道，为进一步研究全新世以来海鸟在北极的生态演化历史提供了基础。进一步对凹槽沉积物中的贝壳的稳定硫同位素古温度重建显示（Yuan et al.，2011），9 400 年前，在北大西洋和高北极海沿岸温暖的海水中生活着大量暖水贝类（*Mya truncata*），那时贝壳生活的周围海水温度比现在高约1℃。但是一场突如其来的寒潮改变了这一切，暖水贝类不能适应这种突然变化，随着海平面的下降，大量死亡的贝壳散布在海滩上，不断

图 8-3　黄河站典型植物样品采集

图 8-4　黄河站鸟粪、鹿毛、贝壳和煤矸石样品采集

随沉积物搬运到台地的凹槽中被保存了下来。显然，这次冷事件和生态灾难是自然因素驱动的，与人类活动无关。通过高分辨对比研究，发生在 9 400 年前后的冷事件可能并不是孤立的，它在太阳辐射变化、北大西洋海面温度变化中已有所显示。

最近 100 年来北极气候经历了明显的变暖过程，这必然会对脆弱的极地湖泊生态系统产生影响。以北极新奥尔松地区的湖泊沉积柱样为研究对象，对其中4种色素（叶绿素及其衍生物cD、总胡萝卜素Tc、蓝藻叶黄素Myx和颤藻黄素Ose）进行了分析，结合其他物化指标如CaCO₃含量、TOC等，从历史演化的角度重点探讨了新奥尔松地区最近100年以来湖泊初级生产力的演化过程。结果表明，在相对寒冷的小冰期，气候对湖泊中藻类的生长不利，湖泊生产力下降，沉积物中色素含量出现低值，生物硅含量降低；表层5 cm（对应约1890）沉积物中有机质含量显著升高，各色素含量均明显增加，表明小冰期后气温上升，导致湖泊藻类生长迅速，湖泊生产力大大提高，但此时生物硅仍保持在相对较低的水平，这可能与其他藻类的竞争生长有关。最近100年，沉积物中Ose/Myx比值不断降低，表明该湖泊中蓝藻含量不断上升，暗示北极地区人类活动的增强可能导致湖泊营养水平增加（姜珊等，2009）。

分析了采自北极新奥尔松（N~Alesund）（78°55 N，11°56 E）煤矿开采区水平剖面12个点位上的3种苔原植物Dicranumangustum（苔藓类植物）、Puccinelliaphryganodes（穗状植物）和Salix Polaris（管状植物）及土壤中10种重金属（Hg、Pb、Cd、Cu、Zn、Ni、Fe、Mn、As、Se）及S、TOC的含量。结果显示，采矿过程中煤层的暴露是本地区Hg、Cd、S污染的主要来源。3种分布最广泛、数量最多的苔原植物中苔藓植物Dicranumangustum对重金属元素具有最大的富集能力，位于矿区的Dicranumangustu体内污染元素含量显著高于非矿区部分，这也说明该水平剖面上的元素污染是由当地煤矿开采导致的。同时发现，Dicranumangustum体内元素积累和土壤中元素浓度之间沿水平剖面的变化趋势较一致，能较好地反映本地区的污染状况，可以作为污染监测的指示植物。从全球区域对比来看，北极新奥尔松苔藓体内污染水平显著低于邻近的北欧等工业区，但却是北极地区Hg、Cd和S污染最严重的地区，同时也比南极地区高（袁林喜等，2006）。

北极独特而重要的环境在地球系统的变化中发挥着重要的作用，北极的湖泊沉积物沉积速率较慢，记录了大量关于湖泊水体以及周围集水区中生活的生物群落的信息。在本研究中，我们在斯瓦尔巴群岛的新奥尔松地区采集了一根沉积柱，通过色素含量、矿物磁化率、各种沉积指标（有机质含量、CaCO₃含量、碳氮同位素）以及硅藻组成等多指标分析，重建了该地区对环境变化的生态响应历史，尤其是在水域生产力和湖泊集水区表面过程方面。研究显示，新奥尔松地区经历了明显的生态和气候变化过程。在小冰期期间，寒冷的气候不适于藻类的生长，因此导致湖泊的初级生产力降低；在公元1890年以后以及在20世纪，温暖的气候和冰盖的减少使得岩性快速变化和湖泊藻类大量繁殖，提高了湖泊的初级生产力，并且因为增加的化学风化使得大量的营养物质进入湖泊。因此，北极新奥尔松地区的湖泊生态系统对气候环境变化能够快速响应（Jiang et al.，2011）。

水系中总汞和甲基汞的毒性和生物利用性成为近来研究的热点，因此本研究中，我们在斯瓦尔巴的新奥尔松地区采集了一根沉积柱并分析了总汞和甲基汞在沉积柱中的分布特征。14世纪以来尤其是工业革命以后，由于人类活动污染，通过长距离传输使得该地区的总汞呈现上升的趋势，然而，表层样品中汞的峰值可以认为是近几十年来藻类清除过程导致的。由于近年来的气候变暖，所有的生物地球化学指标都显示了水生初级生产力的快速增长。原岩评价分析表明藻类源的有机质占大部分，大量计算显示，1950年后，89.6%~95.8%的汞可以解释为藻类清除过程。甲基汞的变化与总汞和有机质的变化非常相近。氧化还原条件是影响H₂沉积柱中甲基化速率的一个重要影响因素。另外，高的藻类生产力和有机质使得顶部沉积物的甲基化速率呈上升趋势。最后，我们这项研究也支持了北极湖泊沉积物中受气候驱动影响汞和甲基汞循环的因素的很多假设（Jiang et al.，2011）。

通过北极新奥尔松地区湖泊和泥炭沉积物中铅浓度及同位素的变化重建了人类铅污染的变化历

史，过剩铅同位素比率显示，铅污染大部分来自于西欧和俄国。泥炭沉积物序列清晰地反映了人为源的铅通过大气沉降向新奥尔松地区输入的历史变化过程，并且结果显示人为源的铅在20世纪60—70年代出现了一个峰值，从那之后，伴随着$^{206}Pb/^{207}Pb$比值的快速增加和人为源铅含量的显著下降。通过对比泥炭沉积记录，更长的湖泊记录在顶部样品显示相对较高的人为源铅的含量和$^{206}Pb/^{207}Pb$比值的持续下降，由此可知，受气候变化敏感的过程，比如集水区侵蚀和融水径流等可能会影响北极湖泊沉积物中铅污染记录的变化（Liu et al.，2012）。

检测了采自北极新奥尔松地区煤矿、机场和背景地区3个区域的表层土和苔藓样品中的Sb含量，以及研究区域内海蚀凹槽中的沉积剖面Yn中的Sb情况。结果表明，当地表层土壤中Sb的平均值为0.30 μg/g，基岩、煤和煤矸石中的Sb含量均明显低于当地表层土壤中Sb的平均值和世界煤中Sb的平均含量。表层土中Sb含量的变化不决定于基岩与煤层。表层土中Sb的含量随着距离机场、煤矿矿口以及道路等人为活动集中点的距离差异发生有规律的变化，说明表层土中Sb含量受到了当前人类活动和过去采矿活动的影响。苔藓中的Sb含量一般小于表层土，并与表层土有相似但不完全相同的变化模式，说明苔藓中的Sb含量不仅受到表层土影响，与大气中Sb的沉降有不可分割的关系。沉积剖面样品中Sb含量的变化显示伴随着人类活动在新奥尔松地区的频繁发生，上层样品中的Sb含量同样开始增高，结合定年结果表明，剖面中的Sb沉积主要受到了人为活动的影响，且有逐年增高的趋势。新奥尔松地区土壤及植被中的Sb含量在极大程度上受到了人类活动的影响，个别采样点的Sb污染严重，考虑到近年来该地区在科研和旅游等方面人为活动的增加，Sb排放的控制亟须受到关注（Jia et al.，2012）。

近几年通过对北极沉积环境样品的研究分析，对新奥尔松地区全新世气候环境变化对海鸟种群生态的影响以及自然因素和人类活动对新奥尔松地区典型重金属污染元素的影响等方面有了更加深入的认识。研究显示在距今9 400年前后的冷事件对当地的生态造成了严重的影响，大量贝类突然死亡，并且这次冷事件也不是孤立的，它在太阳辐射变化、北大西洋海面温度变化中已有所显示，除此之外，在距今9 400年左右鸟类已经登陆了新奥尔松。过去几千年来，该地区气候环境经历了相对暖湿—寒冷—相对暖湿的阶段，最近100年来北极气候经历了明显的变暖过程，这也对脆弱的极地湖泊生态系统产生了影响。通过对新奥尔松地区典型重金属污染元素的研究发现，近些年来受采矿、人类活动等影响，使得该地区污染日益严重。

8.1.2　北极新奥尔松泥炭层稀土元素地球化学特征及其气候意义

我们对采自北极黄河站附近的一泥炭沉积剖面S_2中的REE含量进行了分析（图8-5）。结果表明，剖面中各种REE浓度随深度变化的趋势一致，所有REE间的相关性均超过0.88（$p<0.01$，$r=25$）。REE可以分为轻稀土元素LREE（CE族稀土，从La到Eu）和重稀土元素HREE（Y族稀土，从Gd到Lu，有时还包括Y）。所以，La和Gd的选取可以代表REE的整体变化特征。La、Gd与岩性元素Zr和Rb在深度剖面上变化趋势相同，说明它们来源一致并且受到相同地球化学因素的控制。ΣREE（稀土元素总量）的变化范围为71.68~158.67 μg/g，平均为125.65 μg/g。其中LREE和HREE的平均含量分别为94.09和26.46 μg/g，分别占总稀土元素的74.9%和21.1%。所以沉积剖面的REE以轻稀土元素较为富集，这与基岩的组成有关。新奥尔松地区的基岩中富含绿泥石和石英岩，这两种矿物中LREE相对富集。LREE/HREE比值较稳定，维持在3.3~3.9之间，说明在过去300年内研究区域的岩性没有发生较大变化。

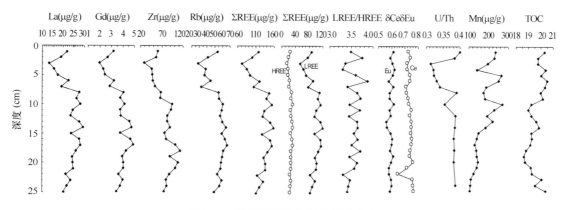

图 8-5 泥炭沉积物的稀土元素分布

沉积物样品中不同深度样品的稀土元素分布模式见图 8-6。从球形陨石标准化稀土元素分布模式图中可以看出，不同深度的沉积物样品稀土元素分布模式十分相似，表明沉积物具有相同的物质来源和形成过程；曲线呈现缓右倾型，从 La 到 Lu 比值逐渐下降，而从 Gd 到 Lu 基本呈现平滑的横向曲线，说明轻稀土相对富集。由于轻稀土优先被有机质、黏土碎屑吸附进沉积物，重稀土较稳定，所以有机质的含量可能是影响沉积物中 REE 变化的一个因素。相关性分析表明 S_2 沉积剖面中 La、Gd 和 TOC 的相关性仅为 -0.41 和 -0.51（$p<0.05$，$n=25$），因此 TOC 的吸附作用并不是影响沉积剖面中 REE 变化的主要原因，反而，高浓度的 TOC 含量在沉积物中还有可能产生了稀释效应。比较不同深度样品的分布模式，发现近表层样品的标准化值较低，而高的标准化值都出现在 10 cm 深度以下样品中，说明在不同深度上，沉积物所经历的地球化学过程并不完全一样。在最近的 100 多年间，人类在该地区的活动显著增加，所以我们首先必须分清 REE 的来源究竟是自然来源还是人类活动带来。如图 8-6，所有样品的 REE 标准化值与当地黄土相比，并没有明显的偏差，变化趋势也几乎一致。这意味着人类源的 REE 输入可以被忽略，REE 主要反映了自然的变化过程。

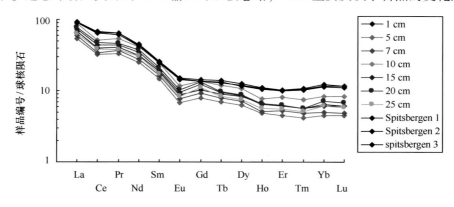

图 8-6 沉积物球粒陨石标准化稀土元素分布模式

从图 8-6 中还可以看到，在所有深度的样品中 Ce 和 Eu 都呈现一定的负异常。沉积剖面的 δCe 和 δEu 分别在 0.65~0.77 以及 0.56~0.62 波动，平均值分别为 0.73 和 0.59。一般来说，高的 U/Th 指示了还原环境，而低的 U/Th 对应氧化环境，Mn 也是常用来指示氧化/还原环境变化的指标。通过比较发现，δEu 和 δCe 与 U/Th 和 Mn 并没有一致的变化趋势，说明氧化/还原环境的变化并不是影响沉积剖面 REE 分布的主要原因。Ce 和 Eu 在沉积物中的迁移性较大，但是由于在我们的样品中，Ce、Eu 的变化和分布与其他 REE 并没有较大差异，因此这两种元素遭受沉积后的迁移作用可以忽略。综上所述，我们认为 δCe 和 δEu 很可能与气候变化导致的风化和沉积过程改变有关。

我们利用 REEs/Zr（La/Zr、Gd/Zr、ΣREE/Zr）和 Rb/Zr 来详细讨论沉积剖面中 REE 和环境变化特征。样品中 TOC 的含量高达 30%~60%，可能对元素浓度带来稀释效应，所以我们利用它们与 Zr 这样一个相对保守的岩性元素的比值来反映其变化趋势。如图 8-7 所示，这 4 种指标的含量变化有着明显的相关性。REEs/Zr 比值与 REE 的绝对变化趋势有明显的不同，说明 TOC 的稀释效应不能被忽略，因此 REEs/Zr 能够更好地反映真实的沉积过程。沉积剖面中 REEs/Zr 和 Rb/Zr 有着明显的波动（图 8-7）：1 900A. D. 之前，几乎维持着较低值，其中两段相对高值的阶段出现在 1750A. D. 之前和 1800—1850A. D. 间。进入 20 世纪之后，所有指标显著上升，尽管仍存在两个相对低值的时期（深色阴影部分），但总体平均值超过了 20 世纪之前。近来研究表明泥炭层中的 REE 分布强烈地受到风化作用影响。在低温环境下，土壤会随风化作用流失多种元素。风化作用是联系气候与环境变化的普遍因素，在北极许多研究中都有关于风化过程的记录。一般来说，在相对暖湿的气候下地表的风化速率大于冷干气候时期，这将会促使更多的元素进入沉积物。

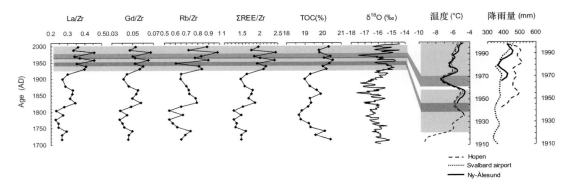

图 8-7　泥炭层中 REEs/Zr、TOC 以及冰芯中 δ¹⁸O、温度记录和器测降雨量的变化

冰芯数据和器测降雨量资料分别根据 Isaksson 等，2005 和 Førland 等，2003 重绘

以上元素的比值与 Svalbard 地区冰芯中 $\delta^{18}O$ 以及器测记录结果一致（图 8-7）。最明显的就是它们都反映了 20 世纪以来的气候变暖，器测记录也表明这段时期该地区的降雨量增加了 25%。Spitsbergen 地区的降雨量甚至高于挪威大陆平均值，所以近表层样品中沉积速率显著增加。如图 8-7，最温暖的两个时间段出现在 1920—1950 年以及 1970 年至今，其中两段相对冷期出现在 20 世纪 40 年代和 60 年代。除了反映 20 世纪以来的气候变暖，REEs/Zr 和 Rb/Zr 的变化也与冰芯中 $\delta^{18}O$ 含量变化以及文献记录相一致，例如，在 1750—1800 年以及 19 世纪 90 年代前后气候相对较冷，REEs/Zr 比值出现谷值，而 19 世纪之前以及 1850—1890 年是相对温暖的时期。在暖期如进入 20 世纪之后，降雨量明显增加（图 8-7 中最右边曲线），植被发育相对茂盛，风化作用较强，大量风化的陆源碎屑沉积，使 REE 与黏土碎屑及陆源有机质结合在一起沉积，因此 REE 输入增加，反映在图 8-7 中 REEs/Zr 比值出现上升。相反，当降雨量减少时，植被缺乏，基岩风化作用较弱，地表径流减少，因此沉积物中 REEs/Zr 和 Rb/Zr 比值降低。据此可以认为泥炭沉积层中的 REE 是反映新奥尔松地区气候变化的很好指标。

8.1.3　国际其他相关研究综述

夏季时，新奥尔松地区的苔原地区生态系统复杂，生物活动丰富。这里远离北半球人类活动区，本地人类活动简单，是研究现代人类环境污染的良好的背景区域。迄今为止，各国研究者已经从水质、土地、气候、生态等多种角度在新奥尔松地区展开了污染物和生态气候变化方面的研究。

大量研究结果表明，北极气候在最近 2 000 年里经历了明显的波动（Mckay et al.，2009；Peros et al.，2009；Thomas et al.，2009），通过一系列指标的研究表明，北极地区前 1 000 年平均温度高于后 1 000 年。最近几年，国外学者在北半球不同地区采集了各种地质载体对过去 2 000 年的古气候记录进行了高分辨率恢复（Bjune et al.，2009；Kaufman et al.，2009）。对比北半球和全球过去 2 000 年平均温度变化记录，总体上在 1450 年前温度相对较高，特别是在中世纪暖期，现今的证据表明在全球尺度上，最暖的几十年的平均温度也没有达到 20 世纪末期（Alverson et al.，2001）。

Sommer 等（2007）对新奥尔松地区大气边界层中不同环境介质中的汞元素进行了讨论，表明海水中的 Hg^0 含量表现出明显的日变化趋势，且其含量处于过饱和状态，当地海水表层表现为元素汞的源。对新奥尔松地区水环境中其他污染物的分布特征和存在状态的研究还比较少。

而对新奥尔松地区土壤环境中污染物分布特征的研究则相对较多。Jiang 等（2011）对湖泊沉积中总汞和甲基汞的分布特征进行了集中讨论，表明湖泊沉积中 Hg 受到了湖泊中藻类等生物活动的影响。姜珊等（2010）对当地泥炭剖面中汞的来源进行分析，认为剖面中 Hg 元素主要来自于远距离的大气传输过程，并受到现代人类活动的影响。Liu 等（2012）对新奥尔松地区湖泊和泥炭剖面的研究表明，沉积中 Pb 污染主要受到欧洲西部和俄罗斯等地区人类活动的影响。

与沉积剖面中所指示的生物和污染源不同，新奥尔松当地表层土壤样品中污染物的分布特征则显示出本地源对污染物分布的影响程度，并可以清晰地显示污染物在地表生态系统中的转化和迁移过程。袁林喜等（2006）对煤矿区附近表层土壤和 3 种当地不同苔原植物进行的重金属元素分析表明，过去采矿过程中煤层暴露是新奥尔松地区 Hg、Cd、S 污染的主要来源。Jia 等（2012）检测了采自北极新奥尔松地区煤矿、机场和背景地区 3 个区域的表层土和苔藓样品中的 Sb 含量，结果表明，剖面中的 Sb 沉积主要受到了人为活动的影响，且有逐年增高的趋势。新奥尔松地区土壤及植被中的 Sb 含量在极大程度上受到了人类活动的影响。

相比污染物方面的研究，新奥尔松地区古生态方面的研究则比较少，因为斯瓦尔巴群岛上很少有老于 700 年的沉积物保存（Jones et al.，2004），而凹槽对早期沉积物的保存非常重要（Sun et al.，2005）。Yuan 等（2009）通过对凹槽沉积物的分析，推测在末次冰消期之后，海鸟在距今 9 400 年就已经登陆北极的新奥尔松，这是目前首次有关海鸟在新奥尔松登陆历史的报道。除此之外，研究者们对新奥尔松地区大气中的气溶胶、黑碳等的分布和变化特征也展开了广泛研究（Covert et al.，1993；Eleftheriadis et al.，2009；Weinbruch et al.，2012；Paatero et al.，2003）。

综上所述，研究者们从不同角度对新奥尔松地区的重金属污染物、有机污染物、古生态以及气候变化方面展开了研究，特别是随着北极海冰融化的加剧、北极生态环境的恶化，新奥尔松地区的气候环境特征受到了人们更多的重视。

8.2 海洋水质环境现状和营养要素的长期变动评估

8.2.1 王湾水质环境现状及营养要素的长期变动

8.2.1.1 王湾水质环境现状

北极黄河站近岸的王湾海域是由冰川运动形成的海湾。湾外主要受大西洋水（Atlantic Water，AW）和北极水（Arctic Water，ArW）两大水团的影响，它们在沿陆架北上过程中与峡湾（fjord）内部水体发生交换。在王湾内部，冰川与海水直接相连，有大量冰川融水进入。通过水体交换过程，富营养盐的大西洋水（AW）和北极水（ArW）年际间的变化将引起湾内水体特征的改变，同时，海冰与冰川的消融也将引起湾内营养盐结构的变化，所以，除了人为因素外，影响王湾海水营养盐环境状况的因素主要是大西洋水与冰川和冰雪融水的相对强弱以及其组成特征。

王湾海水主要受控于大西洋水的输入，所以其营养盐浓度与结构与大西洋水有直接联系。研究发现，1991 年夏季（7 月），斯瓦尔巴群岛西部王湾口外典型大西洋水具有高营养盐的特征，NO_3-N 和 SiO_3-Si 最大值分别为 13.0 $\mu mol/L$ 和 6.0 $\mu mol/L$；由陆架向湾内，营养盐明显降低（NO_3-N，3.0~9.0 $\mu mol/L$；SiO_3-Si，2.0~3.0 $\mu mol/L$；NH_4-N，0.80~2.00 $\mu mol/L$；PO_4-P，0.15~0.35 $\mu mol/L$）（Owrid et al.，2000）。所以，虽然大西洋水进入湾内会受到湾内水体的稀释，但其浓度远高于浮游植物生长所需溶解无机氮、硅酸盐和磷酸盐的最低阈值（分别为 1.0 $\mu mol/L$、2.0 $\mu mol/L$ 和 0.10 $\mu mol/L$，Justic et al.，1995），其中，仅硅酸盐浓度较为接近该阈值，成为潜在限制营养盐。从营养盐结构看，水体的平均 N/P 比值与 N/Si 比值分别在 16 与 1 以下，主要呈现潜在氮限制（图 8-8）。

表层水营养盐与下层主要来源于大西洋的水有较大差别，其主要特征为营养盐浓度总体较低（多年平均磷酸盐浓度约 0.22 $\mu mol/L$，硅酸盐浓度约 2.1 $\mu mol/L$，硝酸盐浓度约 0.8 $\mu mol/L$，见图 8-8）。表层水的低营养盐浓度存在氮限制（硝酸盐浓度小于 1 $\mu mol/L$），且 N/P 与 N/Si 平均值分别为 4.08 和 0.36（图 8-8），也表现为氮限制。低营养盐的王湾夏季表层水可能来源于冰川融水、海冰融水、雪融水与地表径流等，且叶绿素极大值层往往出现在表层 0~10 m 水深范围，这与表层营养盐浓度低值对应。表层水的多年平均叶绿素浓度约为 1.0 $\mu g/L$，由于浮游动物摄食或者颗粒物的沉积作用，使得该区域的叶绿素水平表现为浮游植物较高的丰度（Hodal et al.，2012）。

王湾海域入海淡水年平均总通量，包括冰川、雪融水、降水、径流和地下水，约占峡湾水体质量的 5%（Cottier et al.，2005）。王湾的海冰一般是在冬季形成，然后在春季快速消融，海冰中包含的卤水、颗粒物以及冰藻等对春季浮游植物的旺发有重要作用（Hodal et al.，2012）。但是，王湾由于受到大西洋水入侵的影响，有时，海冰较早就开始消融，如 2006 年 2 月，2007 年与 2008 年冬季湾内甚至无冰（Hegseth and Tverberg，2013）。同时，湾内靠近入海冰川处，会向海水延伸形成岸冰（含部分海冰），但王湾周围陆地 75% 被冰川覆盖，有 5 条冰川直接入海（这些入海冰川物质组成与海冰有较大不同，Svendsen et al.，2002）。因而，海冰与岸冰融水对夏季表层水的贡献较为有限。Hagen 等（2003）对进入王湾系统淡水的年输入量进行了估算，发现淡水输入主要来自冰川崩解形成的融水，以及冰川与雪融水形成的径流，它们分别占到总径流量的 18% 和 56%。因此，在

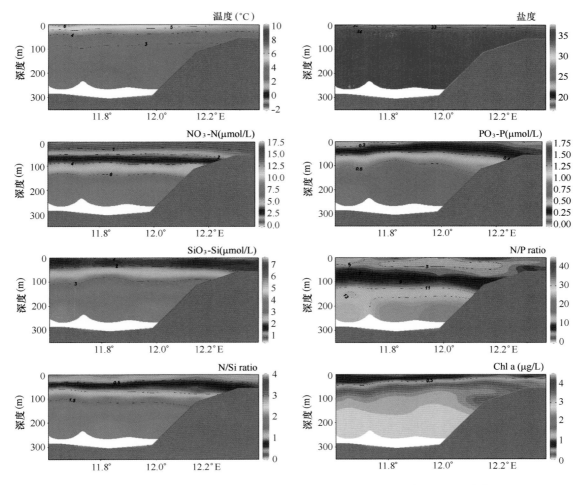

图 8-8　王湾调查断面多年平均（2006—2014 年）温盐、营养盐和叶绿素值

夏季，冰川崩解入海形成的融水以及冰雪融水形成的陆地径流是王湾表层水的主要来源。

根据 2006 年以来对王湾地区陆源径流、冰川融水、冰雪融水的调查研究发现，冰、雪直接融水中营养盐浓度都较低（亚硝酸盐与磷酸盐小于 0.10 μmol/L，硅酸盐与硝酸盐低于 1.0 μmol/L），因而它们对湾内营养盐起到一个支持的作用或者还可能有一定的稀释作用。而冰川径流水则随着离冰川距离越远，硅酸盐浓度逐渐增加（最高可达 24.4 μmol/L），硝酸盐浓度变化不大（约 2.0 μmol/L），亚硝酸盐与磷酸盐小于 0.10 μmol/L。在黄河站所在新奥尔松地区不同径流间，硅酸盐与硝酸盐浓度会有一定差异，分别在约 2.0~10.0 μmol/L 和 1.2~4.7 μmol/L 之间变化。所以，冰川与冰雪融水通过径流入海后，对表层水营养盐有补充的作用，特别是硅酸盐与硝酸盐。

此外，人为影响方面，由于该区域是国际科学考察研究区域，会尽力降低人类活动对该地区环境的影响，如设立大量自然保护区，生活废水等由水处理设施处理后入海，所以，认为该区域人类活动对环境的影响较小。

综上所述，北极王湾海域的环境背景中存在较高的营养盐，在夏季，由于冰川与冰雪融水还有它们形成的陆地径流进入王湾，构成了表层水。由于浮游植物的生长以及雪水和冰川崩解形成冰山融水的营养盐浓度较低，表层水营养盐浓度较低，浮游植物生长受到营养盐限制。但另一方面，陆地径流含有较高的硝酸盐和硅酸盐，对表层水营养盐有一定补充作用。此外，人类活动对环境的影响较小。

8.2.1.2 王湾水团及营养要素变化趋势

1）王湾水团变化情况

王湾由于湾口有明显的冰川沟槽向陆架延伸，有利于峡湾内外水体交换，对王湾的水文、物理与生物等变化有决定性影响（Svendsen et al.，2002），使得峡湾内水团在不同季节下存在不同控制性水团（Cottier et al.，2005）。首先，源于湾外的两个水团分别是沿着陆坡的 WSC 中的大西洋水（AW）和沿岸流中的北极水（ArW），由锋面区域分隔；当 AW 进入王湾时，会与 ArW 混合，从而改变其水团性质，称为大西洋变异水（Transformed Atlantic Water，TAW）；表层水（Surface Water，SW）在冰川消融时形成并在晚春与夏季占主导，层厚向着湾口会逐渐减小，该区域大量的颗粒物促进了水体的增温，从而使得温度较高，并有较大的变化范围；上层的 SW 与下层的 AW 或 TAW 混合形成中层水（Intermediate Water，IW）；在秋季和冬季，由于表层的变冷和对流，两个水团将在湾内形成，即本地水（Local Water，LW）和冬季冷却水（Winter Cold Water，WCW），它们在春季与夏季逐渐与表层水混合，从而在温盐特征上也向中层水 IW 靠近（Svendsen et al.，2002；Cottier et al.，2005）。

Cottier 等（2005）对以上提出的水团进行了修正，对应的温盐特征如下，AW（$T>3℃$，$S>34.65$），ArW（$T=-1.5\sim1℃$，$S=34.30\sim34.80$），SW（$T>1℃$，$S<34.00$），LW（$T=-0.5\sim1℃$，$S=34.30\sim34.85$），WCW（$T<-0.5℃$，$S=34.40\sim35.00$），IW（$T>1.0℃$，$S=34.00\sim34.65$），TAW（$T=1.0\sim3.0℃$，$S>34.65$）。

整理多年调查数据（2006—2014 年）发现，在夏季，王湾海域 200 m 以浅存在的水团较少，主要为表层水 SW，中层水 IW，大西洋变异水 TAW 和大西洋水 AW，其中，2010 年水团稍有不同，由于大西洋水影响较小，以变异的 LW 与 SW 为主（季仲强等，2014）。

自 2006 年以来，本课题组参与了北极王湾海域海水营养要素的长期调查研究。目前为止得到了 2006—2014 年共 9 年的营养盐与叶绿素 a 的数据，其中 2007 年与 2009 年由于客观原因，未获得温盐数据，为水团的定义造成了困难。此外，由于采样层位仅在 200 m 以浅深度，所以，本节讨论内容，包括温度、盐度、各项营养盐与叶绿素 a，都仅代表 200 m 以浅的分布情况。除 2007 年与 2009 年外，剩余年份在夏季（7 月）的水团组成也存在较大差异。

总体上看，王湾夏季 200 m 以浅水体中，2014 年与 2006 年以 AW 为主，但 2006 年的 AW 未到达 K5 站位；2010 年以变异 LW 为主；其他年份（2013 年，2012 年，2011 年和 2008 年）则以 TAW 为主，而除 2011 年外，其他 3 年未延伸到 K5 站（图 8-9），其中 2012 年在 K1 向上延伸到了 20 m 水深处。

表层水 SW 中，在 2014 年，基本仅在 0 m 左右有表层水 SW 存在，最外只延伸到 K2 站，表明采样期间，陆源径流以及冰川融水的通量较小。在 2012—2013 年，表层水影响范围达到 10 m 水深。2011 年为 5 m 水深。而 2010 年，2008 年与 2006 年 3 年表层水影响范围均到达 20～30 m 水深。由于冰川崩解的大小具有一定偶然性，且陆源径流的大小也不仅与气温相关，还与陆地冰雪覆盖情况、风、光照等因素有关，表层水的深浅与采样时气温不构成紧密的关联。此外，中层水 IW 在表层水与大西洋水之间进行着变化。

2）王湾营养要素变化趋势

除了水团的变化，自 2006 年以来，北极夏季王湾海水整体的营养盐状况也有较大变化

（图8-9）。从图 8-10 可以看到，磷酸盐浓度变化不大，基本小于 0.5 μmol/L，在 0.20～0.60 μmol/L之间变化；硅酸盐浓度变化基本在 2.0 μmol/L 左右，1.9～2.9 μmol/L；硝酸盐浓度变化最大，从2011 年的最小值0.9 μmol/L 到 2010 年的 3.3 μmol/L。这些营养盐平均浓度值，由于其影响因素复杂，较难发现其变化的规律或者控制因素。因而，我们将根据上述所分水团对以上营养盐浓度变化进行进一步分析。

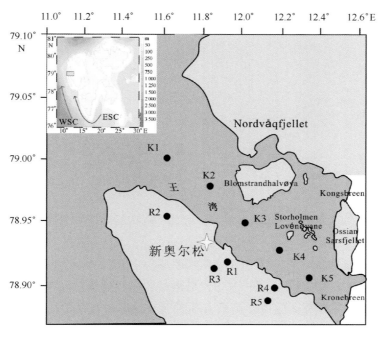

图 8-9　王湾调查站位（K1—K5）

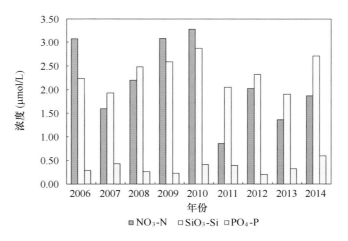

图 8-10　王湾调查断面平均营养盐浓度变化

表层水，总体的营养盐特征是磷酸盐浓度较低（0.11～0.41 μmol/L），硝酸盐次之（0.2～1.2 μmol/L），硅酸盐浓度最高（1.4～2.5 μmol/L）（图8-10）。这个结构与第一部分所提到的新奥尔松地区地表径流中的营养盐结构类似，表明它们有一定联系。从图8-11看，年际间各营养盐浓度值有一定变化，但由于表层水每年深度变化较大，难以直接去比较。从每个层位浓度范围看，硝酸盐浓度可以从低于检测限到 2.9 μmol/L，硅酸盐浓度则从 0.8 μmol/L 到 5.0 μmol/L，其中，硝酸盐的高值出现在表层水下部层位，说明表层水底部水体虽然温盐上尚符合该水团性质，但营养盐可能来源于下部水团，也有可能表层水在形成过程中有其他来源；而硅酸盐的高值出现在该水团表层位置，其可能更多来源于地表径流的释放，所以表层水营养盐的变化可以在一定程度上代表地表径流影响程度的变化情况。

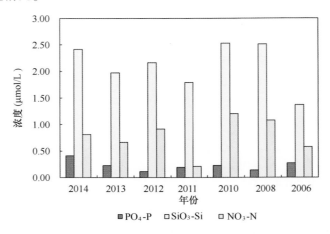

图 8-11　王湾调查断面表层水平均营养盐浓度变化

大西洋来源的水，包括 AW 与 TAW，AW 在水团层位上在 TAW 的上层，其营养盐浓度相对于下层较低（图 8-11）。AW 除 2006 年外，基本上硅酸盐比硝酸盐浓度高，这与表层水有一定的相似性，然而，AW 水团的营养盐特征应该是高营养盐的（Owrid et al.，2000），说明这里所引用的水团温盐特征可能不适用于该水团，此处 AW 水团特征可能更倾向于 IW 的水团特征。除 2006 年和 2008 年（2006 年 AW 的营养盐值参考为 2006 年的 TAW 营养盐值）的硝酸盐浓度特别高外（5.7 μmol/L 与 8.8 μmol/L），TAW 水团的各营养盐浓度变化不大（PO_4-P 0.29~0.67 μmol/L，SiO_3-Si 2.3~4.1 μmol/L，NO_3-N 2.0~3.3 μmol/L），其原因可能与大西洋水 AW 和环斯瓦尔巴群岛的极地水 ArW 的混合有关。高温高盐高营养盐 AW 与低温低盐低营养盐 ArW 的混合程度的不同，引起了硝酸盐浓度的这个差异，而两个水团硅酸盐浓度较为接近，使得硅酸盐呈现的营养盐变化并不明显。这从 Owrid 等（2000）提到的大西洋水向湾内入侵所产生的硝酸盐和硅酸盐浓度的变化范围也可以看出。因而，探究造成 AW 与 ArW 强度变化的原因，可能可以将气候变化因素与 TAW 的营养盐特征建立起一定的联系，有待进一步研究。

8.2.1.3　上层水体营养盐变化及其生态环境影响

在夏季，北极王湾海域 30 m 以浅水体叶绿素 a 值是整个水柱中较高的区域（其中叶绿素极大值层仅在 0~20 m 范围内变化），说明在该层位较为适宜浮游植物的生长。为了实现上层水体的比较，我们将 30 m 以浅的水层进行了统计（包括 0 m，5 m，10 m，20 m 和 30 m；图 8-12；由于 2009 年缺少温度、盐度和叶绿素 a 数据，未加入讨论）。从图 8-12 看，除 2014 年外（2014 年雪较大，温度升高得晚，冰藻颗粒释放还有径流的大量输入这些因素可能共同导致了较高的叶绿素值），其他年份表层水营养盐与叶绿素 a 没有直接的相关关系。但温度与叶绿素 a 有正相关关系（$R = 0.836$，$P = 0.038$），说明夏季上层水体温度的升高是促进浮游植物生长的重要因素。此外，硝酸盐和硅酸盐有较强的正相关关系（$R = 0.842$，$P = 0.017$），表明硝酸盐增加的年份，硅酸盐也有增加，这更加说明上层水体氮与硅两种生源要素的来源的一致性，虽然浮游植物会吸收这些营养盐，但其

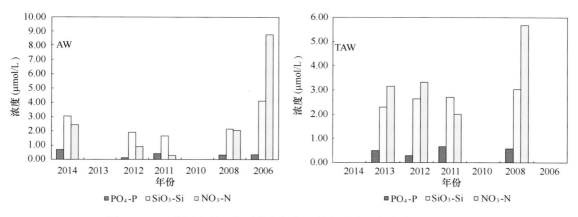

图 8-12　王湾调查断面大西洋水与大西洋变异水平均营养盐浓度变化

吸收比例是一定的，因而也不会影响上述来源的指示性。从图 8-13 的营养盐变化可以看出，上层水体营养盐来源（以地表径流为主，其营养盐结构类似于地表径流值）基本稳定，2010 年与 2008 年显示较为强烈的营养盐输入，这可能与气候变化有一定关系。

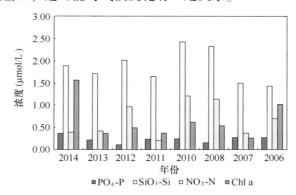

图 8-13　王湾调查断面 30 m 以浅水层平均营养盐和叶绿素 a 值变化

影响表层水营养盐分布和生态效应的因素也包括地理位置的因素。我们将王湾研究断面中湾外的 K1 站位定为"outer fjord"，湾中部的 K2 和 K3 定为"middle fjord"，湾内部的 K4 和 K5 定为"inner fjord"，并统计了各个营养要素和叶绿素指标在这些位置的年际变化（图 8-13）。从图 8-13 可以看出，虽然多年来磷酸盐、硅酸盐和硝酸盐年度之间变化较大，特别是硝酸盐（低于检测限到 2.01 μmol/L），但它们在外湾、中湾和内湾存在一个从外向内依次增高的趋势，这主要与浮游植物的生长及其限制因素浊度有较大关系。从图 8-13 中叶绿素 a 浓度变化可以看到，外湾、中湾和内湾的值有逐级降低的趋势，说明外湾和中湾的营养盐降低可能与浮游植物的生长有关，而内湾由于河流、冰川等颗粒物的输入，其浊度较高，浮游植物生长会受到光限制影响。而有些年份，内湾营养盐浓度的较低值，则可能来源于冰川或雪融水直接入海的稀释作用的影响。

8.2.2　小结

通过 2006—2014 年夏季在北极黄河站临近海域王湾进行的海水生态环境断面调查，积累了 9 年的营养盐与叶绿素 a 等的数据。

从海水环境现状看，王湾海域海水主要来源于湾外的大西洋水与北极水以及湾内的地表径流与

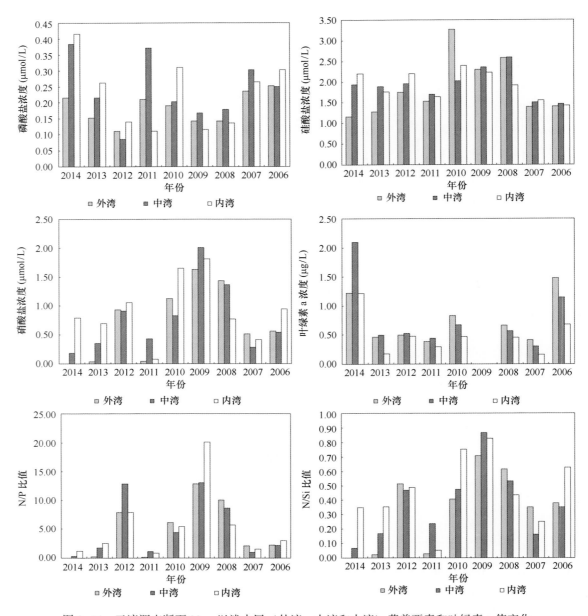

图 8-14 王湾调查断面 30 m 以浅水层（外湾、中湾和内湾）营养要素和叶绿素 a 值变化

冰川融水，前者的主要特征是具有较高的营养盐浓度，当它控制王湾水体时，湾内水体基本不会出现营养盐对浮游植物生长的直接限制作用；后者则有两面性，首先冰川与雪融水直接进入湾内将对表层水营养盐产生一个稀释作用，而地表径流的输入则贡献一定程度的营养盐，特别是硅酸盐和硝酸盐。表层水的低营养盐浓度存在氮限制（硝酸盐浓度小于 1 μmol/L），且氮磷比与氮硅比平均值分别为 4.08 和 0.36，也表现为氮限制，叶绿素 a 的平均值约 1 μg/L。

由于引起水体生源要素变化的影响因素复杂，较难通过整个水柱的某一参数的年际变化发现其变化的规律或者控制因素。因而，我们根据王湾主要的控制水团中生源要素的变化进行进一步分析。整理多年调查数据（2006—2014 年）发现，在夏季，王湾海域 200 m 以浅存在的水团较少，主要为表层水 SW、中层水 IW、大西洋变异水 TAW 和大西洋水 AW。表层水总体的营养盐特征是磷酸盐浓度较低（0.11~0.41 μmol/L），硝酸盐次之（0.2~1.2 μmol/L），硅酸盐浓度最高（1.4~

2.5 μmol/L），其营养盐的变化可以在一定程度上指示地表径流影响程度的变化情况。大西洋水来源的 TAW 与 AW 存在较大差异，AW 的低营养盐值可能代表其温度盐度的定义存在一定问题，其营养盐特征更接近于 IW；除了 2006 年与 2008 年较高的营养盐外，TAW 的各营养盐浓度总体变化不大（PO_4-P 0.29～0.67 μmol/L，SiO_3-Si 2.3～4.1 μmol/L，NO_3-N 2.0～3.3 μmol/L），AW 与 ArW 混合程度的变化可能是引起 TAW 变化的主要因素。

在夏季，北极王湾海域 30 m 以浅水体叶绿素 a 值是整个水柱中较高的区域，所以对 30 m 以浅水层的生源要素变化与生态影响进行了讨论。发现，夏季上层水体温度的升高是促进浮游植物生长的重要因素，且营养盐来源较为稳定。此外，还对各站位按位置进行了分别讨论，发现营养盐浓度在外湾、中湾和内湾存在一个从外向内依次增高的趋势，这主要与浮游植物的生长及其限制因素浊度有较大关系。

此外，多年调查得到的经验告诉我们，通过某一时间的海水断面调查，较难得出影响不同年度某一个水团或者某一水层生源要素变化的主要原因。建议增加不同季节的海水调查以及海水连续观测技术的应用。只有通过更长时间的连续调查，才能获得气候态的变化数据，探索王湾海域生态环境与气温、冰川变化之间的内在联系。

8.3 北极黄河站近岸海域浮游生物群落分布及变化的综合评价

8.3.1 北极王湾地区浮游细菌群落分布及其结构研究

作为海洋微食物环（microbial loop）的重要组成部分，海洋浮游细菌在海洋浮游生态系统中起着重要作用（Azam et al.，1983；2007）。异养浮游细菌吸收溶解有机质（DOM）转化为自身颗粒有机质（POM），其次级生产可达到该海域海洋初级生产力的 20%～30%（Li et al.，2007）。它们通过原生动物的摄食进入微食环，从而参与生态系统的能量和元素循环（Li，1998；Li et al.，2007）。同时，异养细菌还可直接参与营养盐循环，在部分寡营养海域在利用营养盐方面甚至与浮游植物形成竞争关系（Kirchman，1992；1994）。深海细菌类群的分布与不同的水团密切相关，可作为水团鉴定的一个重要指标（Lindström et al.，2000）。

8.3.1.1 北极王湾地区浮游细菌群落分布及其组成

1）浮游细菌的丰度及生物量

2004 年（戴聪杰，2005）及 2005 年（表 8-1）夏末北极王湾海域浮游细菌的丰度和生物量相差无几，但在分布上，2004 年夏季浮游细菌总体表现出内湾高于外湾（调查站位见图 8-14），而 2005 年夏末则是外湾高于内湾。2011 年细菌丰度及生物量在外湾的分布上也明显高于内湾。2012 年在外湾的分布呈明显的区域化分布，不但分布趋势与 2011 年相反，于数值分布也明显偏低。自 2004—2012 年，细菌分布均呈区域化分布，且表层值低，K3 站位由于位于内湾与外湾的交界处，且有冰川水的直接流入，成为内外湾的分界线，且该处的数值相对较低。但 2013 年则明显不同，区域化分布不甚明显，但仍存在由外湾向内湾降低的趋势；不但存在数值偏高（大约高 2 个数量级）的情况，且首次呈现出层化现象。值得注意的是高数值有向表层移动的趋势。

表 8-1　浮游细菌的丰度及生物量分布

年份	2005	2011	2012	2013
丰度（×10^8 cells/L）	1.94~16.73	0.39~9.57	0.02~1.35	2.67~641.61
生物量（mg/m³）（以碳计）	0.78~19.14	0.78~19.14	0.04~2.7	5.33~1283.22
极大值层（m）	K2-30	K1、K2-20	K5-30	K2-5
极小值层（m）	K4-10	K4-0	K3-20	K3、K4-100

2）浮游细菌的多样性

通过对浮游细菌群落多样性指数进行分析发现（表 8-2）：多样性呈逐年降低、表层值呈现出外湾向内湾先增高后降低的趋势；垂直分布则随着水交换的激烈程度呈相同变化，水交换越激烈，多样性越高，反之则越低；同样的，极大值基本出现在水团变化较为激烈的表层，而极小值则出现在水团较为稳定处。2006 年仅有 K5 和 K1 两个站位的数据，但其细菌多样性指数差异均较小。2012 年，在水层较深的 K1、K3 及 K4 站位中，多样性指数从上到下均呈现出先高后低的趋势，最高值出现在 30 m（20 m）处；而 K2 站位的最低值则较为相反地出现在 30 m 处，K5 站位的表层也高于 20 m 层。与 2006 年相比，6 年的环境变化已经引起了浮游细菌多样性的变化。在 2013 年，在水层较深的 K1 和 K3 站位中，多样性指数从上至下均呈现出先高后低的趋势；而 K2 站位的最低值仍较为相反地出现在 30 m 处，K5 站位的表层也仍高于 20 m 层。与 2012 年相比，除 K2-0 m 层多样性增加外，其余站位及层次多样性均有所降低，这在内湾表现得尤为明显。

表 8-2　浮游细菌的多样性指数分布

年份	2005	2012	2013	
多样性范围	2.51~3.20	1.96~2.59	1.80~2.60	
极大值层（m）	K5-0	K3-0	K2-0	
极小值层（m）	K1-0	K3-30	K5-20	

3）浮游细菌的群落组成

2007 年 7 月至 8 月，通过对北极王湾海域浮游细菌系统发育多样性调查显示，该地区浮游细菌群落组成无明显差异，但是在湾中心区（站位 K3）的水底存在较高的生物多样性，α 和 γ 变形菌（Alpha-，Gamma-proteobacteria）占主要成分（Zeng et al.，2009）。2012 年王湾浮游细菌样品高通量数据显示，在 50 m 以浅水层中，以变形菌门（Proteobacteria）、拟杆菌门（Bacteroidetes）细菌为主，同时放线菌门（Actinobacteria）、疣微菌门（Verrucomicrobia）及其他类群细菌也有分布。变形菌门 α 变形菌最为丰富，达到了全部浮游细菌的 46%，其次 γ 变形菌达到了全部浮游细菌的 11%，β 变形菌（Betaproteobacteria）占 8%，变形菌门中其他类群细菌占 5%。拟杆菌门中，黄杆菌亚门（Flavobacteriia）最为丰富，占到全部浮游细菌的 21%，其他类群占到全部浮游细菌的 3%。放线菌门细菌、疣微菌门细菌及为能确定分类学地位的类群均为 2%，其他类群细菌相对较低，不足 1%。总体来看，α 变形菌，γ 变形菌及黄杆菌仍然是优势类群，而入海口浮游细菌样品的 α 变形菌和 β 变形菌是优势类群，黄杆菌几乎没有出现。

2013 年王湾浮游细菌样品高通量数据显示，在 50 m 以浅水层中，以变形菌门、拟杆菌门细菌为主，同时放线菌门、疣微菌门及其他类群细菌也有分布。α 变形菌最为丰富，达到了全部浮游细菌的 55%，其次 γ 变形菌达到了全部浮游细菌的 14%，变形菌门中其他类群占 1%。拟杆菌门中，黄杆菌目最为丰富，占到全部浮游细菌的 24%，其他类群占到全部浮游细菌的 2%。放线菌门细菌及其他类群细菌分别为 2% 和 0.56%，未能确定分类学地位的类群相对很低，不足 1%。α 变形菌，γ 变形菌及黄杆菌仍然是优势类群。α 变形菌中红细菌目（Rhidobacteriales）、根瘤菌目（Rhizobiales）、鞘脂单胞菌目（Sphingonmonadales）浮游细菌生物量均超过全部样品的 1%。其中红细菌目细菌在各个样品中占到近 50%，由外湾向内湾其生物量呈增加趋势，在 K4 站位 0m 水层出现峰值后稍有下降。其次是拟杆菌门中的黄杆菌目，在各样品中生物量仅次于红细菌目细菌，其生物量在 K3 站位 50 m 水层出现峰值后呈下降趋势。比较特殊的是 K4 站位 50 m 水层，该样品中 α 变形菌中的鞘芝假单胞菌目为优势类群，超过全部浮游细菌的 50%，其次为红细菌目细菌。与 2012 年相比，除了 α 和 γ 变形菌及黄杆菌比例略有上升外，其他类群比例均降低，而 β 变形菌则未检测到。

8.3.1.2 北极王湾地区微微型浮游植物群落分布及其结构研究

微微型浮游植物是北冰洋尤其是北冰洋中心区域最重要的组成部分，夏季加拿大海盆 Pico 级叶绿素在总叶绿素浓度中所占比例能达 80% 以上。它们具有明显的季节变化，春季低丰度，夏季爆发高丰度，随后秋季和冬季又逐渐降低（Sherry et al.，2003）。传统观点认为微微型浮游植物仅仅在春季藻华爆发前后在浮游植物生态系统中占据主导地位（Sakshaug and Skjoldal，1989；Kiorboe，1993），但在西北巴伦支海的研究显示，除藻华爆发峰值期以外，其余时间都是微微型浮游植物占据优势，可占总叶绿素浓度的 71% 以及初级生产力的 63%（Hodal and Kristiansen，2008），显示出微微型浮游植物在北冰洋生态系统中强劲的竞争力。微微型浮游植物有明显的随纬度增加而降低的趋势，白令海和北太平洋区域丰度较高而北冰洋中心区域丰度较低。微微型浮游植物在北冰洋中心区域的绝对优势首先在加拿大海盆和马卡罗夫海盆被发现，Booth 和 Horner（1997）在调查中发现一类微微型浮游植物占据 93% 的总光合类群丰度，在生物量上的比例也能达到 36%，后来证明为微胞藻（Micromonas）。随后 Micromonas 在北冰洋各地广泛发现，尤其是在海盆区的叶绿素极大层，极有可能是北冰洋最主要的初级生产力贡献者（Lovejoy et al.，2007）。

（1）微微型浮游植物的丰度及生物量。对 2011—2013 年微微型浮游植物丰度及生物量的分布数据如表 8-3 所示。总的来说，微微型浮游植物群落丰度和生物量的分布虽会随年际变化而变化，但数值范围差异不大。且丰度极值呈由内湾海域向外湾海域转移，并随着海域深度增加而降低的趋势。K3 站位（图 8-14）由于位于内湾与外湾的交界处，且有冰川水的直接流入，导致了相对较低值。

表 8-3 微微型浮游植物的丰度及生物量分布

项目	2011 年	2012 年	2013 年
丰度（×10⁶ cells/L）	0.08~2.67	0.18~2.44	0.01~2.71
生物量（μg/m³）（以碳计）	1.6~53.4	3.6~48.9	0.1~54.1
极大值层（m）	K5-0	K5-0	K2-5
极小值层（m）	K3、K4-100	K3-75	K3-75

（2）微微型浮游植物的多样性对王湾地区微微型浮游植物多样性调查发现（表 8-4），2012 年

度不同站位水层间，微微型浮游植物群落多样性呈规律性变化：所有站位微微型浮游植物多样性均随深度的增加而增加。在表层上则表现出内湾向外湾先增高后降低的趋势，最高值同样出现在 K3 站位。同 2012 年度比，2013 年王湾地区的微微型浮游植物多样性整体性降低，且分布不再随深度的增加而单一增加，除 K5 站位外，其余站位易在深水层出现高值。

表 8-4　微微型浮游植物的多样性指数分布

项目	2012 年	2013 年
多样性范围	5.06～6.49	0.83～5.59
极大值层（m）	K3～50	K5～0
极小值层（m）	K5～0	K1～5

（3）微微型浮游植物的群落组成 2012 年，王湾地区的微微型浮游植物主要由青绿藻（prasino-phytes，34%），绿藻（chlorophytes，26%），硅藻（diatoms，15%），蓝藻（cyanobacteria，8%），隐藻（cryptophytes，8%），甲藻（dinoflagellates，5%）及两种定鞭金藻（haptophytes，3%）组成（图8-15）。此外，内外湾及各水层微微型浮游植物群落比例变化很大。青绿藻在外湾的表层分布最多，而在内湾的高值则向深水处分布。绿藻则倾向于在内湾的深水层分布。硅藻在外湾的 30 m 层分布较多。而隐藻则倾向于内湾的深层水（50 m）分布。微微型浮游植物的优势属为微胞藻（Micromonas）、葡萄球藻（Bathycoccus）、卡罗藻（Karlodinium），分别占 63%、9%；而可以鉴别出的优势种则为细小微胞藻（Micromonas pusilla），所占比例可达 49% ［20%（K2-50 m）～80%（K5-0 m）］，该藻倾向于分布在表层。

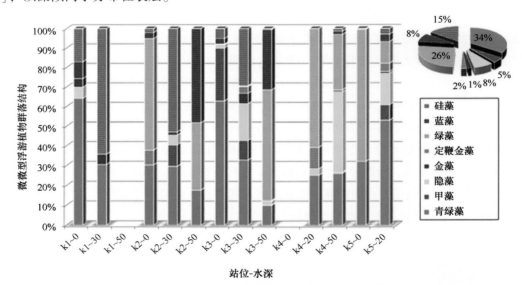

图 8-15　2012 年王湾微微型浮游植物的群落结构

2013 年，王湾地区的微微型浮游植物的群落组成与 2012 年明显不同（图 8-16）。最主要的差别是金藻为第一优势类群，在可鉴别出的浮游植物中，Poterioochromonas 为第一优势属（78%），微胞藻（Micromonas，12%）、青绿藻（Prasinoderma，3%）、海链藻（Thalassiosira，2%）、葡萄球藻（Bathycoccus，1%）、醉藻（Ebria，1%）、旋沟藻（Gyrodinium，1%）及骨条藻（Skeletonema，1%）

也为群落优势属。*Poterioochromonas malhamensis* 及 *Micromonas pusilla* 为可鉴别出的前两个优势种。这两种藻几乎在各个站位及水层均有大量分布。这两种藻的大量存在可能是本年度微微型浮游生物多样性指数较低的原因。

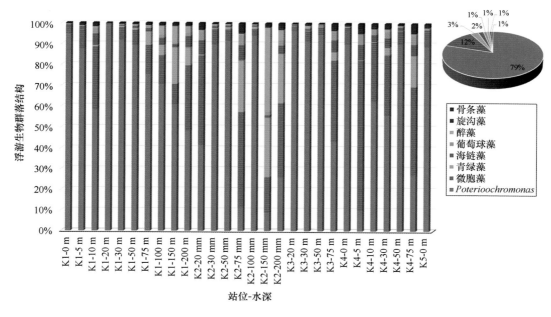

图 8-16　2013 年王湾主要微微型浮游植物的群落结构

8.3.1.3　北极王湾地区微型浮游植物群落分布及其结构研究

1988 年夏，王湾地区微型浮游植物研究显示，在表层水中，腰鞭毛藻和金藻占主导地位，但硅藻和定鞭藻的丰度则会随水深的增加而增加。2002 年夏，Piwosz 等发现硅藻是浮游植物生物量最大贡献者，且湾内生物量呈现降低的趋势（Piwosz et al.，2009）。2002 年 4 月 18 日至 5 月 13 日，王湾海域发生以硅藻为主导的藻华现象，春季水华引起王湾海域营养物浓度降低，初级生产力和浮游植物生物量减少（Hodal et al.，2011）。2005 年夏末，王湾海域自养鞭毛藻丰度和生物量在垂直分布上表现出随水深的增加而减小的趋势，在粒级组成上，生物量小于 20 μm 的自养鞭毛藻占绝对优势，平均占总自养鞭毛藻的 96.45%（Wang et al.，2009）。2012 年的调查数据也显示，绿藻为王湾海域的第一优势类群，硅藻其次。微型浮游植物的丰度和生物量均表现为外湾高于内湾的分布特征。

8.3.1.4　北极王湾地区浮游动物群落分布及其结构研究

2002 年夏，北极王湾湾内的浮游动物丰度增加，其中，在食草型浮游动物中，贝母类、水蚤类和桡足类最为丰富（Hodal et al.，2011）。通过对 2004 年和 2005 年夏季北极王湾海域浮游动物进行研究发现，在水平分布上，2004 年异养鞭毛虫生物量的水平分布呈现出外湾低、内湾高的特征，而 2005 年异养鞭毛虫生物量的水平分布刚好相反，呈外湾高、内湾低的特征；在垂直分布上，2004 年异养鞭毛虫大部分呈现出浅层少、深层多，而 2005 年刚好相反，明显表现出浅层多、深层少；在时间分布上，异养鞭毛虫的丰度和生物量均表现出 2005 年高于 2004 年（戴聪杰，2006）。研究表明，鞭毛虫是北极王湾海域主要的浮游动物。

8.3.1.5 北极王湾地区浮游生物与环境因子相关性研究

通过对 2004 年和 2005 年夏末王湾温盐的分布调查分析表明，在垂直分布上，温度随水深的增加而降低，盐度则随水深的增加而增大；在水平分布上，温度和盐度均呈外湾向内湾递减的特征；在时间分布上，温度和盐度均表现出 2005 年高于 2004 年（戴聪杰，2006）。此外，北极王湾区不同粒级叶绿素 a 浓度的组成分析表明，小型浮游植物的叶绿素 a 浓度小于微型浮游植物的叶绿素 a 浓度，它们对总叶绿素 a 浓度的贡献率分别是 21.16% 和 78.84%，并明显表现为外湾高于内湾的趋势（戴聪杰，2006）。2006 年夏季，对北极王湾海域基础环境特征进行调查结果显示，王湾海域浮游植物群落对低光照环境具有一定的适应性，适量的冰川融水导致的盐度变化能够促进浮游植物的生长（崔世开等，2014）。2007 年和 2008 年夏季，由于大西洋水和冰川融水的流入，限制王湾海域浮游植物生物量的积累，而有利于小型浮游植物群落的生长，如硅藻和棕囊藻（高小艳，2011）。2008 年和 2009 年夏季，通过分析王湾微型浮游生物群落结构的空间分布特征，王湾具有丰富的微型浮游生物多样性和显著的空间差异，且温度和盐度是影响王湾微型真核生物群落结构的主要环境因子（高小艳，2011）。2012 年夏季，硅酸盐和磷酸盐是影响微微型浮游植物群落分布的主要环境因子；而亚硝酸盐和温度是影响微微型真核浮游生物分布的主要环境因子；硅酸盐和硝酸盐是影响微型浮游植物群落分布的主要环境因子；而叶绿素和亚硝酸盐是影响微型真核浮游生物分布的主要环境因子。

8.3.2 小结

浮游生物对环境的变化很敏感，在不同的水团中具有不同的群落结构。王湾海域水团组成丰富，环境变化迅速，浮游生物群落具有丰富的物种组成及粒级结构，会依据季节及环境的变化而改变。浮游细菌基本呈外湾高于内湾的趋势，且峰值有向水层表面移动的趋势。多样性呈逐年降低、表层值呈现出外湾向内湾先增高后降低的趋势，垂直分布则随着水交换的激烈程度呈相同变化：水交换越激烈，多样性越高，反之则越低；同样的，极大值基本出现在水团变化较为激烈的表层，而极小值则出现在水团较为稳定处。α 和 γ 变形菌是浮游细菌群落的主要成分，由外湾向内湾其生物量呈增加趋势；黄杆菌次之。微微型浮游植物的丰度范围为 $1 \times 10^4 \sim 3 \times 10^6$ cells/L，历年丰度变化不大，且丰度极大值呈由内湾海域向外湾海域转移，并随着海域深度增加而降低的趋势；在水团交汇处易呈低值。其多样性高值易出现在深层水及水团交汇处。微胞藻是群落优势藻，在外湾的表层分布最多，而在内湾的高值则向深水处分布；但 2013 年出现的金藻（*Poterioochromonas*）超过该藻成为群落第一优势类群，在各水层均高量分布。绿藻、腰鞭毛藻和金藻是夏季微型浮游生物的优势类群，易在浅水层形成高值，硅藻和定鞭藻则会随着深度的增加而增加；硅藻易在春季发生藻华。微型浮游生物均在外湾形成高值，内湾的丰度相对较低。鞭毛虫是北极王湾海域主要的微型浮游动物，在湾内外及水层分布无明显规律，年度变化也无明显规律。贝母类、水蚤类和桡足类是最为丰富的草食浮游动物。

王湾海域浮游植物群落对低光照环境具有一定的适应性，适量的冰川融水导致的盐度变化能够促进浮游植物的生长；叶绿素 a 总量与水团分布相关，外湾高于内湾，micro-叶绿素 a 浓度小于 nano-浮游植物的叶绿素 a 浓度。不同的年度，不同的环境因子可能成为影响微型及微微型浮游生物的主要因素。随着温度的增加，冰川融水通量的增加，微微型浮游植物会成为王湾海域的绝对优势类群；而营养盐则成为群落结构的主要影响因子。

8.4 多环境介质中典型污染物分布特征及环境指示意义评估

8.4.1 典型持久性有机污染物分布状况

8.4.1.1 多环芳烃（PAHs）

作为北极地区的一个综合性科学考察基地，新奥尔松地区有关典型持久性有机污染物的研究开展相对较早，截止到目前，有关大气中 PAHs 的监测结果相对比较完整。2012 年度北极新奥尔松地区大气气相中 ΣPAHs 的浓度范围为 26.07 ~ 135.77 ng/m³，平均值为 81.14 ng/m³，颗粒相中 ΣPAHs 的浓度范围为 1.65 ~ 3.21 ng/m³，平均值为 2.17 ng/m³。该结果高于南极菲尔德斯半岛地区以及中山站地区，但与中低纬度地区相比，气相和颗粒相中 ΣPAHs 的浓度均明显的偏低。由于 PAHs 类物质受人类活动的影响较大，因此在北极地区不同区域的监测结果差异也比较显著，比如北极地区设置的长期大气监测（Alert、Ny-Alesund、Pallas、Amderma 和 Dunai 站，图 8-17）的结果显示，北极大气中 PAHs 的浓度差别很大，从低于 10 pg/m³ 到接近 5 000 pg/m³。这与大气样品采集时的地点、季节等有着密切关系。通过对 Alert 站、Dunai 站和 Tagish 站大气中 PAHs 浓度的变化分析发现，PAHs 的浓度呈现出明显的季节性变化，在冬春季节（11 月到翌年 3 月），大气中 PAHs 浓度较高。Dunai 站的大气 PAHs 的平均浓度为 2 580 pg/m³，标准偏差为 2 230 pg/m³，在 Alert 站和 Tagish 站的浓度则分别为（714±579）pg/m³ 和（312±236）pg/m³。另外，据近年来的文献报道值来看，海上大气中 PAHs 的浓度与陆上监测站采集到的样品的浓度相近。北冰洋大气中 9 种 PAHs［菲、蒽、荧蒽、芘、苯并（a）蒽、䓛、苯并（b）荧蒽、苯并（k）荧蒽和苯并（a）芘］的浓度的均值为 72.97 pg/m³，标准偏差为 20.23 pg/m³，其中，最低值在格陵兰附近，为 41.29 pg/m³，最高值在白令海外海附近，浓度为 111.92 pg/m³。大气轨迹反演结果显示，极地海洋上空的 PAHs 浓度明显受到沿岸陆地上人类生产生活的影响。在气相中，9 种 PAHs 的浓度在 25.45 ~ 86.23 pg/m³ 之间，颗粒相中的浓度在 7.70 ~ 29.01 pg/m³ 之间，PAHs 主要存在于气相之中，占总 PAHs 的 79.5%。此外，大气中 PAHs 浓度与纬度和大气温度也呈现出了明显的相关关系，即大气 PAHs 浓度随着纬度的增加（温度的降低）而降低。

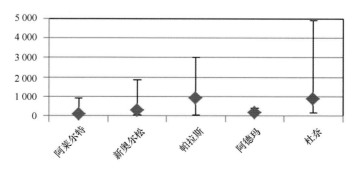

图 8-17　极地 5 个常年监测站大气中（气相+颗粒相）PAHs（12 种）的平均浓度与范围（pg/m³）

海水中 PAHs 主要以溶解态存在于海水中，浓度范围在几十到几百个 pg/L 之间。2012 年我国黄河站考察的调查结果显示，新奥尔松地区 Kongsfjorden 湾表层海水中溶解态 ΣPAHs 的浓度范围为 201.1~679.2 ng/L，平均浓度为 332.3 ng/L。该结果高于南极菲尔德斯半岛和中山站附近区域，同样也高于南极 Signy 岛 Island 附近海域（110~216 ng/L）以及南极罗斯海附近海域（5.1~69.8 ng/L）。其中含量最多的物质是菲（10~180 pg/L），其次为荧蒽（10~130 pg/L），而高分子量 PAHs（5 环和 6 环）的含量多小于 1 pg/L，与大气中的组成特征类似。另外，该地区 Kongsfjorden 湾海水和沉积物中 ΣPAHs 的空间分布类似，整体表现出湾口区域高于湾内的特征，分析原因可能是邮轮等大型船舶的往返对湾口区域造成一定的污染，而湾内地区则由于冰川的稀释作用所致。

　　土壤中 PAHs 的浓度变化范围较大，2009 年的监测结果显示，北极新奥尔松地区土壤中 PAHs 总浓度为 37~324 ng/g（中值为 157 ng/g），而 2012 年该地区土壤中 ΣPAHs 的浓度范围为 82.6~1 531.4 ng/g（dw）（dry weight），平均浓度为 300.3 ng/g（dw），较 2009 年增加比较明显，除采样差异的因素之外，当地的人类活动和旅游相关产业对该地区的 PAHs 输入可能带来了一定的影响。与其他地区相比，该结果与南极菲尔德斯半岛［66.3~609.9 ng/g（dw）］以及南舍德兰群岛地区土壤中 PAHs 的含量［12~1 182 ng/g（dw）］相当，略高于地球"第三极"珠穆朗玛峰土壤中 PAHs 的浓度（168~595 ng/g），但是与人口密集地区相比，北极土壤中 PAHs 的污染相对较轻。需要指出的是，新奥尔松地区土壤中 ΣPAHs 的空间分布特征整体表现出内部人口密集区域高于外围区域的特征，其中位于半岛西部采样站位的浓度偏高的原因可能是受机场的影响较大，而浓度最高的两个站位则位于人口密集区的东侧，这与该区域采样期间的气象特征有关。该区域在采样期间受大西洋暖流的影响，主要以西风为主，这可能导致区域内 PAHs 的释放在东侧区域聚积。

　　2012 年度北极新奥尔松地区植被中 ΣPAHs 的浓度范围为 231.9~1 623.4 ng/g（dw），平均浓度为 868.1 ng/g（dw），该结果与南极菲尔德斯半岛地区［308.2~1 100.2 ng/g（dw）］的含量整体相当，但明显地高于中山站附近地区植被中 ΣPAHs 的浓度［67.8~105.2 ng/g（dw）］。此外，与我国南岭北坡（309.2~1342.4 ng/g，均值 640.8 ng/g）、法国—西班牙交界处（910~1 920 ng/g）和捷克地区（<0.3~4 700 ng/g，均值 609 ng/g）相比，北极苔藓中 PAHs 的污染相对较重，分析原因可能是新奥尔松地区的本地释放以及 PAHs 在土壤和苔藓之间的再分配机制所致。另外，与 2009 年监测的结果对照，2012 年的结果要显著地高于 2009 年的结果［158~244 ng/g（dw），中值为 213 ng/g］，主要原因除采样地点的差异以及采样类型的差异之外，另一个猜测是当地的人类活动和旅游相关产业所带来的污染输入确实造成了该地区 PAHs 的污染升高，而有关这种假设的证据支撑需要更长时间序列的连续监测。

　　与土壤和植被中 PAHs 的变化规律相似，2012 年度北极新奥尔松地区驯鹿及鸟类粪土中 ΣPAHs 的浓度范围为 385.2~2 239.8 ng/g（dw），平均浓度为 1 293.8 ng/g（dw），该结果同样高于南极菲尔德斯半岛地区企鹅粪土中 ΣPAHs 的含量［580.3~645.1 ng/g（dw）］，同样高于 2009 北极黄河站驯鹿粪土中 ΣPAHs 的含量［43~340 ng/g（dw）］。综合分析土壤、苔藓和粪土中 PAHs 的单体分布特征发现（图 8-18），土壤中低分子量 PAHs（如 Nap、Ace、Acp、Fl）的浓度较小，而在苔藓和鹿粪中则相对较大。与之相反，中分子量和高分子量 PAHs 在土壤中的浓度较大。苔藓与鹿粪比较，中分子量 PAHs 的浓度相近，而对高分子量 PAHs，苔藓中要明显大于鹿粪中 PAHs 的浓度（图 8-18）。不同环数的 PAHs 在土壤、苔藓和鹿粪中分布特征的差异主要是由于三种介质富集 PAHs 的主要途径以及不同环数 PAHs 物化性质的差别造成的。

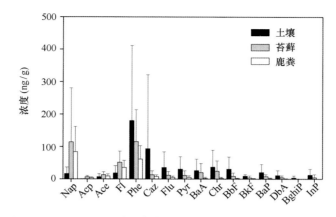

图 8-18 北极地区土壤、苔藓和鹿粪中 16 种 PAHs 的分布特征

8.4.1.2 多氯联苯（PCBs）

PCBs 广泛分布于北极各类环境介质中，这些介质包括大气、沉积物、土壤、植物和生物体。表 8-5 列出了北极新奥尔松地区大气、土壤、沉积物、植物、鹿粪等环境介质中 8 种和 30 种 PCBs 的浓度数据。与世界其他地区环境介质中 PCBs 的水平相比，北极新奥尔松地区的 PCBs 的含量较低。

表 8-5 北极新奥尔松地区环境介质中 PCBs 的含量

样品类型	样品个数	范围	平均值	SD
Σ_8PCBs				
大气（气态）	12	$0.63 \sim 2.81$ pg/m³	1.59 pg/m³	0.65
大气（颗粒态）	12	N. D. ~ 27.4 pg/m³	13.8 pg/m³	15.5
土壤	12	$0.07 \sim 1.92$ ng/g（dw）	0.56 ng/g（dw）	0.49
沉积物	8	$0.15 \sim 1.79$ ng/g（dw）	0.67 ng/g（dw）	0.61
植被	13	$2.57 \sim 9.95$ ng/g（dw）	5.85 ng/g（dw）	1.96
海鸟粪	4	$3.21 \sim 4.23$ ng/g（dw）	3.76 ng/g（dw）	0.53
鹿粪	3	$2.42 \sim 3.84$ ng/g（dw）	3.12 ng/g（dw）	0.71
腐烂苔藓	1	1.92 ng/g（dw）	—	—
Σ_{29}PCBs				
大气（气态）	12	$1.73 \sim 6.27$ pg/m³	3.32 pg/m³	1.23
大气（颗粒态）	12	$9.18 \sim 141.1$ pg/m³	69.5 pg/m³	69.9
土壤	12	$2.76 \sim 10.8$ ng/g（dw）	6.72 ng/g（dw）	5.74
沉积物	8	$3.09 \sim 8.32$ ng/g（dw）	5.03 ng/g（dw）	1.80
植物	13	$22.5 \sim 56.3$ ng/g（dw）	37.3 ng/g（dw）	8.62
海鸟粪	4	$35.4 \sim 51.4$ ng/g（dw）	43.3 ng/g（dw）	6.58
鹿粪	3	$31.8 \sim 39.6$ ng/g（dw）	34.9 ng/g（dw）	4.11
腐烂苔藓	1	23.9 ng/g（dw）	—	—

气态，<0.043 3 pg/m³；气溶胶，<0.042 9 pg/m³。

同时还比较了各PCBs单体在各个介质中的分布特征，发现不同氯取代的PCBs的分布有明显的差别（图8-19）。

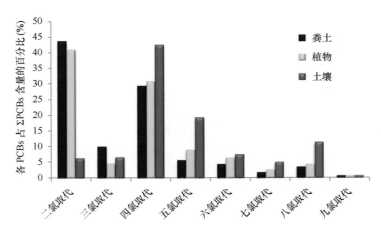

图8-19　北极新奥尔松地区粪土、土壤和植物中不同氯取代PCBs占ΣPCBs的百分含量比较

土壤中五氯、六氯和八氯取代的PCBs含量占ΣPCBs的比例较高，分别占总PCBs的42.6%、19.4%和11.4%。其中单体含量较高的是CB-44、CB-8、CB-81、CB-110、CB-126和CB-200。所检测的30种PCBs同族物中含有9种二噁英类PCBs，其中毒性最大的4种PCBs（CB-77、CB-81、CB-126和CB-169）在土壤中均有检出，占总PCBs的19.8%。而植物中二氯、四氯和五氯取代的PCBs含量占总PCBs的比例较高，其中CB-8、CB-18、CB-44、CB-81、CB-110、CB-153和CB-195的含量最高。植物样品中二氯取代PCBs的百分含量较土壤中的高，这种差异主要是由于这两种介质富集PCBs的途径以及不同PCBs单体物化性质的差别造成的。

动物粪便中的PCBs主要来自动物的代谢物，由于其食物主要是植物，所以鹿粪中的PCBs的分布特征与植物类似，但其中高氯取代的PCBs的比例更低。鹿粪中二氯、三氯和四氯取代的PCBs含量占总PCBs的比例较高，分别占总PCBs的43.8%、10.1%和29.6%。此外，二氯和三氯取代的PCBs在鹿粪中的含量百分比要比其在土壤中的值高，而其他的PCBs同族物的含量百分比要低于土壤和植物。造成不同氯数取代的PCBs在这三种介质中百分含量的不同的原因可以通过其物理化学性质的差异以及不同介质富集PCBs的主要途径的差异进行解释。在鹿粪中9种二噁英类PCBs均有检出，其中毒性最大的4种PCBs（CB-77、CB-81、CB-126和CB-169）占ΣPCBs的3.1%，表明PCBs的存在对当地动物可能会产生负面的生态效应。

PCBs在土壤、植物和鹿粪中分布特征的差异主要是由于3种介质富集PCBs的途径以及不同PCBs单体物化性质的差别造成的。低氯取代PCBs挥发性较强（即过冷液体饱和蒸气压$p°_L$较大），主要存在于气相中，而高氯取代PCBs挥发性相对较弱，主要存在于颗粒相中。由于土壤中PCBs主要来自颗粒相的干湿沉降，所以土壤中高氯取代的PCBs比例较大。植物叶面（苔藓）作为半挥发性有机物的大气被动采样器，主要通过"吸收"过程富集气相污染物，与土壤相比，苔藓中主要以低氯取代的PCBs为主。鹿粪中PCBs主要来自体内代谢物，由于鹿的食物主要是植物，所以鹿粪中PCBs的分布特征与苔藓中的类似。同时，PCBs具有亲脂性，在动物体内高分子量PCBs更易于发生亲脂疏水再分配作用，因此鹿粪中高分子量PCBs的比例较低。

定义PCBs在土壤—植物中的分布系数（Q_{SM}）为其浓度之比，发现Q_{SM}与PCBs的过冷液体饱和蒸气压（$p°_L$）具有显著的对数线性关系：

$$\log Q_{SM} = -0.24 \log p°_L - 0.55 \qquad (r^2 = 0.61, \quad p < 0.01)$$

结果表明 $\log p°_L$ 可以用于表征 PCBs 在土壤和植物之间的分布行为，并发现相对比于植物，PCBs 在土壤中的含量会随着其过冷液体饱和蒸汽压的增加而增加。此外，还发现 PCBs 的 Q_{SM} 与其正辛醇—空气分配系数（K_{OA}）也具有显著的对数线性关系（$r^2 = 0.55$, $p < 0.01$）。

8.4.1.3 有机氯农药（OCPs）

近年来的监测数据显示，北极黄河站地区大气中 OCPs 含量极低，多低于检出限，仅 γ-HCH 有检出。AMAP 发布的 1993—2006 年北极大气 OCPs 年度变化图示表明，北极大气中 OCPs 整体呈现逐渐下降的趋势。AMAP 研究表明，北极大气中主要的 HCH 主要组成为 α-HCH 和 γ-HCH，且在北极中无明显的区域分布特征，HCH 主要来源于内陆使用后的大气传输，内陆的禁用使得大气中 HCH 呈缓慢下降趋势。北极大气中 DDT 检出率较低，这与 DDT 的半挥发性有关，其半挥发性远低于 HCH，使得大气长距离迁移能力弱。

黄河站水体中六六六检出高于 DDT，七氯有较高的检出。六六六均值为 0.54 ng/L，DDT 均值为 0.06 ng/L。黄河站水体中 OCPs 整体呈现内湾含量低于外湾的趋势，这可能表明洋流输入是 OCPs 进入北极的主要途径。海洋沉积物中 OCPs 含量趋势与水体具有一致性，表明沉积物中 OCPs 主要来源于水体的沉降和沉积物吸附；这一现象表明水体和水体沉积物中 OCPs 都主要来源于洋流输入。

植被和粪土中 OCPs 检出率和含量高于其他介质。其中植被中六六六均值为 15.75 ng/g，DDT 均值为 2.63 ng/g，粪土中六六六均值为 16.67 ng/g，DDT 均值为 1.53 ng/g，表现出较明显的富集特征。土壤、植被和粪土中 OCPs 在地理位置上无变化趋势，表明大气沉降是极地地表介质 OCPs 的主要输入途径；这与马新东 2007 年对北极新奥尔松地区地表沉积物、苔藓和粪便中 OCPs 的来源分析结论一致。

相比较南极长城站和中山站环境介质中的 OCPs，黄河站大气中 OCPs 检出率均较低，水体中 OCPs 含量基本无明显差异，而地表介质如植被、粪土中 OCPs 含量北极略高于南极，这可能与 OCPs 的输入途径有关。

8.4.2 新型有机污染物分布状况

8.4.2.1 得克隆（DPs）

2012 年考察了北极新奥尔松地区（黄河站）的大气、水体、沉积物、土壤、植被、粪土等样品中得克隆的含量，并分析了得克隆在北极新奥尔松地区的分布特征及环境行为。北极黄河站大气中 ΣDP 的含量范围为 3.638~24.692 pg/m³（均值 10.920 pg/m³），高于北欧大气中 DP 的浓度水平（0.05~4.2 pg/m³）。Ren 等报道了北欧 97 个城市（平均值为 15.6 pg/m³）和农村（平均值为 3.5 pg/m³）地区大气中 DP 的浓度水平，与本次研究中 DPs 的浓度水平相当。南极大气中 ΣDP 的含量范围为 0.98~23.9 pg/m³（均值 6.9 pg/m³），比北极黄河站大气中 ΣDP 含量低。

在北极王湾采集的表层海水中，5 种 DP 的均值、范围等详细信息见表 8-6。从表中可知，ΣDPs 的浓度范围是 69 ～ 303 pg/L，只有 37.5% 的海水样品中检测到了 Dec 603，而 Dec 602、

Dec 604、*syn*-DP 和 *anti*-DP 在所有样品中均有检出。与其他报道的数据比较，本次研究中海水中DP 的浓度要低于北美五大湖地区的浓度（均值 6.24 ng/L）。也有报道对中国较大型城市如哈尔滨、大连的河流海域中 DP 进行了调查，其浓度范围大约为 0.2～2 ng/L，高于北极王湾水体中 DP 的浓度水平。南极菲尔德斯半岛海水中 ΣDP 的浓度范围为 56.38～4 821.9 ng/L，均值为 1 010.6 ng/L，比北极新奥尔松海水中 ΣDP 含量低。

表 8-6　表层水（pg/L）、沉积物、土壤、苔藓和粪土（pg/g dry weight）中 DP 均值和范围

DPs	海水		沉积物		土壤		苔藓		粪土	
	均值	范围	均值	范围	均值	范围	均值	范围	均值	范围
Dec 602	–	N.D.	0.7	N.D.～1.4	0.7	N.D.～2.8	–	N.D.	4.6	N.D.～17
Dec 603	2.3	N.D.～6.3	1.5	0.2～3.4	2.6	N.D.～8.6	0.1	N.D.～0.9	2.5	N.D.～5.5
Dec 604	53	25～106	7.9	1.9～20	13	1.4～73	0.2	N.D.～0.4	69	12～142
syn-DP	61	22～116	270	85～648	284	94～1010	1.0	0.1～2.5	87	3.5～369
anti-DP	32	13～88	73	23～228	42	12～105	0.4	N.D.～0.9	171	1.7～524
ΣDPs	148	69～303	352	116～885	342	109～1139	1.7	0.2～3.7	334	40～598

"N.D." 表示未检出；"–" 表示未作统计。

在王湾采集的表层沉积物中，5 种 DP 的均值、范围等详细信息见表 8-6。从表中可以看出，DP 的总浓度范围为 116～885 pg/g，所有沉积物样品中均能检出 Dec 603、Dec 604 和 DP 两种异构体（*syn*-和 *anti*-DP），浓度均值分别为 1.5 pg/g、7.9 pg/g、270 pg/g 和 73 pg/g。只有 88% 的样品中能检出 Dec 602。根据相关报道，来自北美五大湖的沉积物样品中均能检测到 Dec 602、Dec 603 和 DP，浓度范围分别为 0.001～11 ng/g，dw、0.001～0.6 ng/g，dw、0.001～8 ng/g，dw。中国的一些城市也报道了沉积物中 DP 的浓度水平，如大连 DP 浓度均值为 3 ng/g，dw，哈尔滨 DP 浓度均值为 0.12 ng/g，dw 和 0.05 ng/g，dw，淮安 DP 浓度范围为 2～8 ng/g，dw，这些地区报道的 DP 残留浓度均高于新奥尔松地区。

表层海水和沉积物中 DP 浓度如图 8-20 所示，海水中最高浓度出现在湾口 K1，湾内 K6 的浓度相对较低，导致这种现象的原因可能是淡水的输入和冰川融水。然而，湾内 K5 站位处沉积物检出DP 的浓度相对较高，这可能与 DP 在沉积物中的沉积性质有关，K5 处的有机碳含量相对较高，故DP 在该站位处的浓度水平偏高。

DP 主要通过颗粒物的干湿沉降到土壤中，80% 的土壤样品均检测到了 Dec 602 和 Dec 603，平均浓度分别为 0.7 ng/g，dw 和 2.6 ng/g，dw。国内已有关于亚洲地区土壤中 DP 的报道，如淮安地区土壤中 DP 的平均浓度为 63.5 ng/g，哈尔滨为 11.3 ng/g，对比这些数据可以看出，北极新奥尔松地区 DP 的浓度水平要低于这些区域。南极土壤中 ΣDP 浓度范围为 97.2～2 172.2 ng/g，均值430.8 ng/g，比北极新奥尔松地区要高。

植被对气相中污染物的转移起着重要的作用，所有的植被当中，苔藓和松针被认为是目前最典型的大气污染自然被动采样器。除了对树皮的研究外，国内外甚至没有关于植被中 DP 的相关报道。北极新奥尔松地区苔藓中 DP 的浓度水平为 0.2～3.7 pg/g（均值为 1.7 pg/g），这比南极菲尔德斯半岛植被中 DP 的浓度低（浓度范围从未检出到 3 952.7 pg/g，均值 644 pg/g）。在北极所有的植被样品中都没有检测到 Dec 602，然而，DP 的两种异构体在所有样品中均有检出，Dec 603 和 Dec 604

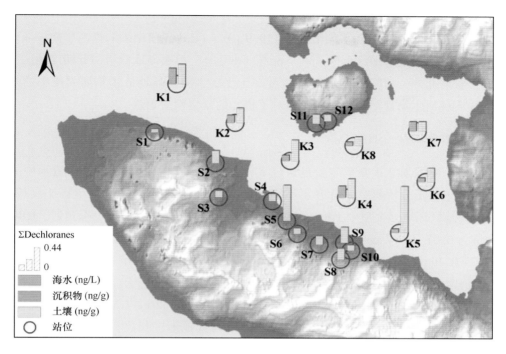

图 8-20 表层海水和沉积物中 Dechloranes 的浓度分布

的检出率分别为 25% 和 87%。

以往关于 DP 在生物体中的报道多集中在人体血清、水生生物和陆生生物，而关于生物粪便中 DP 的研究较为罕见。在本次研究中，5 种 DP 在大多数粪土样品中均有检出，总的浓度范围是 40~598 pg/g（均值为 334 pg/g），其中 DP 的两种异构体占主要地位，浓度范围为 5~722 pg/g（均值为 258 pg/g）。

8.4.2.2 多溴联苯醚（PBDEs）

新奥尔松地区（2012）大气气相中 ΣPBDEs 的浓度范围为 0.591~1.479 pg/m^3，平均值为 1.074 pg/m^3，颗粒相中 ΣPBDEs 的浓度范围为 0.309~1.019 pg/m^3，平均值为 0.743 ng/m^3。与 PAHs 类物质相比，PBDEs 在大气中浓度水平低 2~4 个数量级，主要原因是污染源排放的数量差异较大，并且其主要是通过大气传输，由中低纬度迁移至此。该结果远低于中低纬度地区大气中 PBDEs 的浓度水平，与南极菲尔德斯半岛地区大气中的含量相当（0.67~2.98 pg/m^3），另外，与加拿大环北极地区大气中的浓度具有一定的可比性（0.3~68 pg/m^3）。新奥尔松地区 Kongsfjorden 湾海水中溶解态 ΣPBDEs 的浓度范围为 0.71~1.16 pg/L，平均浓度为 0.96 pg/L。该结果略高于格陵兰岛东部开阔海域海水中 PBDEs 的浓度含量（0.03~0.64 pg/L，9 组份），但明显地低于中低纬度国家和地区。

新奥尔松地区土壤中 ΣPBDEs 的浓度范围为 11.2~282.4 pg/g（dw），平均浓度为 73.1 pg/g（dw），该结果略高于南极菲尔德斯半岛地区土壤中 PBDEs 的浓度水平 [2.76~51.4 pg/g（dw）]，与俄罗斯北极地区报道的浓度水平相当 [0.16~0.23 ng/g（dw）]，同样明显地低于中低纬度国家和地区。海洋沉积物中 ΣPBDEs 的浓度范围为 12.9~33.1 pg/g（dw），平均浓度为 21.9 pg/g（dw），该结果与王璞等报道的南极菲尔德斯半岛地区沉积物中 PBDEs 的浓度水平相当 [24.0 pg/g（dw）]，但明显地低于俄罗斯北极地区报道的浓度水平［0.06~0.25 ng/g（dw）］。动物粪土中ΣPBDEs的浓度范围为49.7~258.9 pg/g（dw），平均浓度为119.9 pg/g（dw），该结果同样高于南极菲尔德斯半岛地区苔藓中PBDEs的浓度水平［6.54~36.7 pg/g（dw）］，但明显地低于中低纬度地区苔藓和松针中PBDEs的含量。此外，植物中PBDEs的浓度高于土壤，但明显地低于驯鹿粪便中的浓度，说明植物对PBDEs表现出生物富集性，而驯鹿相对于植物的富集性要更强。

8.4.2.3 六溴环十二烷（HBCDs）

2014年，那广水等对北极新奥尔松地区（黄河站）大气以及海水、河水、雪水中的六溴环十二烷（HBCDs）进行了分析研究，考察了不同环境介质中HBCDs的含量分布特征及其环境行为。在北极新奥尔松地区环境多介质中HBCDs的检出率达到100%（图8-21）。检测到ΣHBCDs在海水水相中的含量为0.07~0.84 ng/L（平均值0.24 ng/L），这与2013年采集的海水样品中ΣHBCDs浓度相近（0.07~0.49 ng/L，平均值0.27 ng/L），在海水颗粒相中的含量为0.41~4.39 ng/L（平均值3.11 ng/L）；河水水相中的含量为1.12~2.77 ng/L（平均值1.78 ng/L），颗粒相中的含量为5.61~8.10 ng/L（平均值6.82 ng/L）；雪水水相中的含量为0.09~1.52 ng/L（平均值0.74 ng/L），颗粒相中的含量为2.75~4.33 ng/L（平均值3.57 ng/L）。与其他地区相比，北极新奥尔松地区水体中ΣHBCDs含量水平远低于日本淀川（0.19~14.0 ng/L）、瑞典（3.0~31.0 ng/L）等区域水体中ΣHBCDs浓度。2014年北极新奥尔松地区大气气相中ΣHBCDs的含量为0.06~1.75 pg/m³（平均值0.85 pg/m³），颗粒相中ΣHBCDs的含量为0.70~54.39 pg/m³（平均值18.95 pg/m³），气相结果低于2013年北极新奥尔松地区大气ΣHBCDs的含量（0.32~16.71 pg/m³，平均值3.19 pg/m³）。与北太平洋及邻近北极地区（nd）和西藏色季拉山（nd~2.84 pg/m³）相比，北极新奥尔松地区大气气相中ΣHBCDs的含量水平偏高，但远低于上海（3.21~123.0 pg/m³）、瑞典北部（2.0~280 pg/m³）和斯德哥尔摩（76~620 pg/m³）。

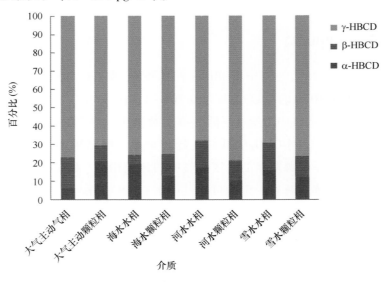

图8-21 北极HBCDs各组分比例分析

工业品HBCDs三种异构体中γ-HBCD占比最大，为75.0%~89.0%，α-HBCD和β-HBCD异构体的比例范围分别为10.0%~13.0%和1.0%~12.0%。通过主成分分析发现，整体上北极新奥尔松地区水体和大气均以 γ-HBCD 为主，其中 γ-HBCD 所占比例（68.42% ~ 79.12%）与工业品相当，这可能与 γ 异构体的溶解度较大有关（图 8-21）。α-HBCD 和 β-HBCD 异构体的百分含量与工业品存在显著差异，其主要原因可能与 HBCDs 在传输过程中的迁移转化以及 HBCDs 与环境多介质的相互作用有关。β-HBCD 比例的增加往往与人为活动密切相关，北极新奥尔松地区水体和大气中 β-HBCDs 的检出率几乎达到 100%，所占百分比高于南极菲尔德斯半岛地区，主要原因可能与北极受人为活动干扰较大有关。北极新奥尔松地区各采样站位水体和大气中各异构体的百分比相似，由此推断大气沉降可能为北极海水中 HBCDs 的主要来源。

8.4.3 北极典型污染物变化趋势及环境指示意义

8.4.3.1 多环芳烃（PAHs）

从图 8-22 可以看出，北极大气中 PAHs 的浓度差别很大，从低于 10 pg/m^3 到接近 5 000 pg/m^3，这与大气样品采集时的地点、季节等有着密切关系。通过对 Alert、Dunai 和 Tagish 大气中 PAHs 浓度的变化分析发现，PAHs 的浓度呈现出明显的季节性变化。另外，对大气反向轨迹图的分析表明，Dunai 和 Alert 的 PAHs 主要来源于欧洲大陆的排放。通过对其中一个指标物质——二苯并噻吩——主要来源于煤炭和石油的燃烧，以及苯并（a）芘与苯并（e）芘的比值（BaP/BeP）（0.6~0.8）的综合分析，表明该处的 PAHs 来自城市燃烧源。北极斯瓦尔巴德地区的大气中 BaP/BeP 的值也比较高（均值达到 2.7），都表明北极地区大气中的 PAHs 是由长距离大气迁移从欧洲大陆进入北极地区的。由于人类活动持续释放 PAHs 进入环境，且相对于其他持久性有机污染物来说，更易于被降解，因此大气中 PAHs 浓度并没有随着时间的推移（除了季节变化）表现出明显的年度间降低或增长的趋势。

从单体分布特征和气—固分配理论的角度分析，以新奥尔松地区为例，大气气相与颗粒相中 PAHs 相对含量最高的组份均为萘（Nap），其次为菲（Phe），但大气气相中 PAHs 主要以低环的单体为主，而颗粒相中高环的比例相对气相偏高；类似的，地区植被和土壤中 PAHs 均以低环的单体为主，其中相对含量最高的组分为萘（Nap），其次为菲（Phe）。与南极菲尔德斯半岛地区和中山站附近区域相比，该区域土壤高分子量的比例低于植被，原因一方面可能是由于该区域存在一定程度的污染输入，另一方面与植被的类型有关。该区域植被主要以苔藓为主，其在采样期间的生长速率以及含水率等与南极地区的差异较大，这在较大程度上会导致 PAHs 高分子量单体在植被体内的再分配过程，即高分子量单体通过生物富集效应增加了其在介质中的相对比例。

通过分析采自格陵兰冰川上雪水中的 PAHs，考察了 4 年间降雪中 PAHs 的变化，发现降雪中 PAHs 浓度与硫含量呈显著的正相关关系，并且冬春季浓度最高，夏秋季浓度最低。PAHs 的浓度为 1 360 pg/L（范围为 600~2 370 pg/L），主要的 PAHs 是萘、菲、荧蒽、芘和苯并（a）芘，通过比值分析得出冰雪中的 PAHs 主要来自煤炭和石油的燃烧过程。Agassiz 冰盖上雪水中的主要 PAHs 也是萘，占总 PAHs 的 88%。在 Agassiz 冰盖雪水中的 PAHs（不包括萘）浓度为 19 ng/L，远高于格陵兰冰川雪水中 PAHs 的浓度。据估算，加拿大极地和亚极地区域的 PAHs 的湿沉降通量为 11 μg/（m^2·a），总沉降量可达 37 t/a。在对采自格陵兰冰盖上的雪水经过滤后的颗粒物中的 PAHs 量可达到 1.2 ng/g。在对斯瓦尔巴德 Lomonosovfonna 冰盖钻取的 122 m 冰芯中 PAHs 的分析中发现，只能检测到萘的存在。据分析，可能是由于样品量较少（只有约 56 g 样品），使得其他

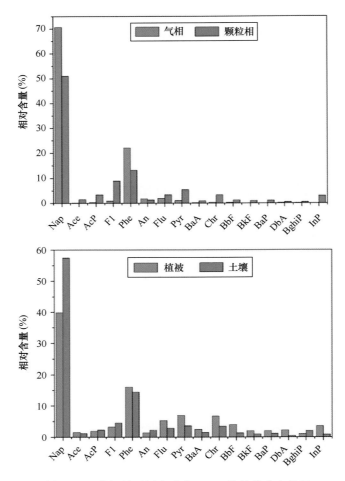

图 8-22 黄河站不同介质中 PAHs 的单体分布特征

PAHs 未能达到方法和仪器的检出限。同时也表明，在 20 世纪 30 年代之前，萘的浓度水平在检出限以下，而到 80 年代才开始逐渐上升。

在冰雪中 PAHs 的浓度呈现出了明显的季节性变化，在冬春季检测到最高浓度的 PAHs，此外，冰雪中的 PAHs 浓度也与黑炭的浓度呈现出季节间的正相关关系。由于 PAHs 和黑炭具有相同的来源，因此基本可得出 PAHs 主要来源于各类燃料的燃烧过程，并受人类生产生活的显著影响。在冰雪中，还发现 PAHs 的时间序列的规律要明显比北极沉积物中 PAHs 的时间序列清晰，这可能是由于冰雪中的温度更低、微生物更少，因此各类降解过程影响较小，才使得冰雪中 PAHs 的时间变化规律保留得较好。

北极地区湖泊沉积物中 PAHs 浓度要远小于人类活动密集的地区，在 Mackenzie 区域湖泊表层沉积物（0~1 cm）中 PAHs 浓度在 50~900 ng/g（dw）之间，并且会随着距离湖口区域的距离的增加而逐渐降低。对斯瓦尔巴德地区湖泊沉积物中的 PAHs 研究表明，随着距离曾经的煤矿区 Barentsburg 和 Longyearbyen 距离越远，进入湖泊沉积物中的 PAHs 的通量越低，比如在距离 Barentsburg 和 Longyearbyen 煤矿只有 20 km 的 Tenndammen 湖的沉积物中 PAHs（15 种 PAHs）的沉积速率达到 360 μg/（m² · a）。对北美沿岸湖泊沉积物中 PAHs 的分析结果表明，该地区的 PAHs 的沉积速率要远小于欧洲地区，如 Yukon 湖的沉积通量为 9.1 μg/（m² · a），Kusawa 湖的沉积通量为 174 μg/（m² · a）。

由于人类活动持续释放 PAHs 进入环境，且相对于其他持久性有机污染物来说，更易于被降解，加之海水的流动性，因此根据目前的观测数据，还没有发现海水中 PAHs 浓度随着时间的推移表现出明显的年度间降低或增长的趋势，与大气和冰雪中 PAHs 浓度变化不同，海水中的 PAHs 浓度也没有观测到明显的季节性变化趋势，这可能是由于海水的流动造成的。

8.4.3.2 多氯联苯（PCBs）

一般来说，北半球高浓度的 PCBs 主要分布在中低纬度，但《斯德哥尔摩公约》的实施促使各国家禁止生产和使用 PCBs，所以在北半球国家环境中 PCBs 的污染已呈降低趋势。但是，监测分析结果表明，PCBs 的浓度虽然与低纬度高污染地区含量相比降低的程度较大，但是相对于比较洁净的极地地区降低的趋势却不是很明显，这也说明在北极地区，PCBs 的水平整体处于一个趋于平衡的状态。

通过对北极监测与评估计划所获取的大气中 PCBs 的数据分析，在 4 个大气监测点中，大气中 PCBs 以低氯取代 PCBs 为主，其中三氯代 PCBs 含量最高。由于全球禁用 PCBs 的缘故，导致在 20 世纪 90 年代到 21 世纪初，北极大气中低氯代 PCBs 单体所占的比例略微下降，高氯代单体比例上升，这主要是由于低氯代 PCBs 单体在自然界中的降解。但是 PCBs 的特征单体 CB-52、CB-101、CB-153 和 CB-180 的残留水平并非预想地随时间推移持续降低，而是日趋达到一个接近稳定的状态。

一般认为，由于温度较低，极地被认为是全球持久性有机污染物的一个重要的"汇"，但是在全球气候变化的条件下，北极温度逐渐升高，加之目前北极环境中的 PCBs 水平正处于一个近似稳定的状态，这就导致已沉积于北极环境介质中的 PCBs 会随着温度的升高而二次挥发进入大气，从而再次参与 POPs 物质的全球蒸馏过程，这种在全球气候变化条件下的变化，可能会使得北极由原来的 PCBs 的"汇"而逐渐转变为 PCBs 的"源"。

8.4.3.3 得克隆（DPs）

得克隆（DP）是环境中广泛存在的一类新型持久性有机污染物（POPs）。偏远地区，如北极新奥尔松 DP 的环境存在，表明其具有长距离迁移能力。但北极 DP 的数据还非常有限，不足以阐明该类污染物的时间变化趋势。对于其他地区的变化趋势，已有少数报道，如 Hoh 等和 Qiu 等相继指出在美国五大湖地区的底泥和大气中 DP 两种异构体的存在，并发现在底泥中 DP 有随时间浓度快速升高的变化趋势。

对于 DP 的来源与归趋，经常讨论两种异构体的比率问题。一般将 f_{anti} 定义为 $f_{anti} = anti\text{-}DP/(syn\text{-}DP + anti\text{-}DP)$。商用 DP 是由 65% 的 $anti\text{-}DP$ 和 35% 的 $syn\text{-}DP$ 组成的（即 $f_{anti} = 0.65$），也有报道说商用 DP 的 $f_{anti} = 0.75$，这表明由于生产过程不同，可能产生不同的异构体比例。在北极新奥尔松地区，不同环境介质中两种异构体的比率引发生了改变，暗示着两种异构体有着不同程度的降解、生物富集或是生物转化。本次调查北极新奥尔松地区环境多介质中两种异构体的比率如表 8-7 所示。大气中 f_{anti} 值与商用 DP 的 f_{anti} 相比减小，说明 DP 在大气传输过程中发生了光降解，导致异构体比率发生变化；同一区域表层水的 f_{anti} 值与大气的相似，说明 DP 通过大气干沉降进入水体；动物粪土的 f_{anti} 值与其他介质的明显不同，其异构体比率与商用 DP 的相似，这说明动物的迁徙是本地污染源之一。

表 8-7　DP 在多介质中的比率

介质	DP/f_{anti}
海水	0.36
沉积物	0.21
土壤	0.18
苔藓	0.27
鹿粪	0.66
鸟粪	0.67
大气	0.43
商用 DP	0.65

8.4.3.4　多溴联苯醚（PBDEs）

新奥尔松地区大气气相与颗粒相中 PBDEs 的单体分布特征如图 8-23 所示，该地区大气气相中 PBDEs 主要以低分子量的单体为主，其中相对含量最高的组分为 BDE-47，颗粒相中虽然相对含量最高的组分同样为 BDE-47，但高分子量单体的比重相对气相偏高，这与大气中 PAHs 的单体分布特征相似，说明大气传输是 PBDEs 迁移的主要途径。海水与沉积物中 PBDEs 的单体分布特征与大气气相和颗粒相中 PBDEs 的单体特征相似，其中海水中 PBDEs 主要以低分子量的单体为主，相对含量最高的组分为 BDE-47，而沉积物中相对含量最高的组份同样为 BDE-47，并且高分子量单体的比重相对海水偏高，表明 PBDEs 在海水中沉降的过程中存在着明显的再分配过程。

新奥尔松地区土壤、植被与粪土中 PBDEs 的单体分布特征如图 8-24 所示。对于低溴代的单体（如 BDE-17、BDE-28、BDE-47），苔藓中的比例要高于土壤中的比例，而高溴代的单体（如 BDE-138、BDE-154）则是土壤中的比例较高，这主要是由于不同单体的理化性质所决定，因为苔藓中的 PBDEs 主要来自气相中低分子量单体的吸收，而土壤主要来自大气的干/湿沉降。此外，粪土中 BDE-99 的比例要明显地高于 BDE-47 的比例，这主要是生物转化所致。

对比新奥尔松 Kongsfjorden 湾海水和沉积物中 ΣPBDEs 的空间分布（图 8-25）发现，PBDEs 与 PAHs 类物质的空间特征类似，同样表现出湾口区域高于湾内的特征，分析原因可能是湾内区域受冰川融水的稀释作用所致。而土壤、植被和粪土中 ΣPBDEs 的空间分布表明，土壤中 PBDEs 与 PAHs 的空间特征类似，植被样品中位于站区附近及东侧的含量要高于西海岸以及北部岛屿，以上结果表明站区内由于含阻燃剂类产品的使用，可能存在一定程度上的 PBDEs 释放，也表明大气传输是 PBDEs 类污染物迁移的主要途径。

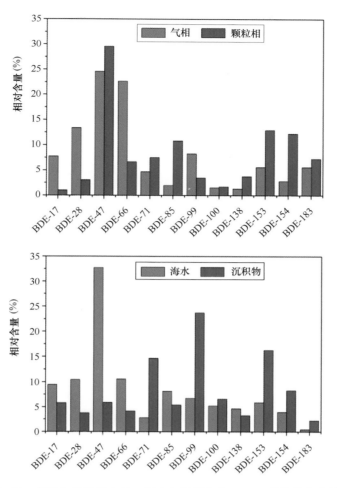

图 8-23 新奥尔松地区大气、海水与沉积物中 PBDEs 的单体分布特征

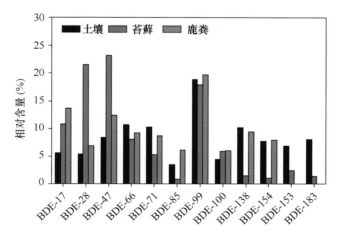

图 8-24 新奥尔松地区土壤、苔藓和粪土中 PBDEs 的单体分布特征

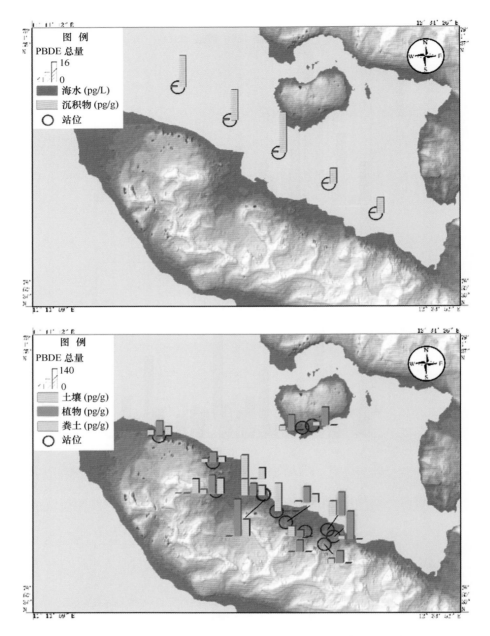

图 8-25　不同介质中 PBDEs 的空间分布特征

8.4.4　小结

8.4.4.1　多环芳烃（PAHs）

北极新奥尔松地区不同环境介质中 PAHs 的污染程度差异较大，其中大气和海水中 PAHs 的含量水平整体与南极地区相当，而土壤、苔藓和粪土中的含量要明显地高于南极地区，甚至与中低纬度地区的结果相比达到较重的程度；站区内越来越多的人类活动以及该地区旅游相关产业的发展可能对该区域 PAHs 的污染产生一定的影响，但相关的证据支撑需要更长时间序列的连续监测。

8.4.4.2 多氯联苯 (PCBs)

北极各环境介质中普遍检出了 PCBs。北极不同环境介质中的 PCBs 含量与世界其他地区相比，处于相对较低的水平，其组成也以低氯取代 PCBs 为主。应用 PCBs 的物理化学参数，如过冷液体饱和蒸气压和正辛醇—空气分配系数可以描述其在北极不同环境介质间的分布关系。北极地区 PCBs 的水平整体处于一个接近平衡的状态，但随着全球变暖的加剧，沉积于北极不同介质中的 PCBs 会随着温度的升高而挥发进入大气，再次参与 PCBs 的全球蒸馏过程，北极也会由 PCBs 的"汇"而逐渐转变为"源"。

8.4.4.3 有机氯农药 (OCPs)

北极黄河站地区大气中 OCPs 含量极低，多低于检出限；水体中六六六检出高于 DDT，七氯有较高的检出；植被和粪土中 OCPs 检出率和含量高于其他介质。黄河站相比较南极长城站和中山站环境介质中的 OCPs，大气中 OCPs 检出率均较低，水体中 OCPs 含量基本无明显差异，而地表介质如植被、粪土中 OCPs 含量在北极略高于南极，这可能与 OCPs 的输入途径有关。

8.4.4.4 得克隆 (DPs)

与北美五大湖以及国内外城市相比，北极新奥尔松地区环境各介质中 DPs 的浓度水平较低；除大气外，北极新奥尔松地区其他介质中 DPs 的浓度均低于南极菲尔德斯半岛；大气传输和动物迁徙是北极新奥尔松地区 DPs 的主要来源。

8.4.4.5 多溴联苯醚 (PBDEs)

北极新奥尔松地区不同环境介质中 PBDEs 的含量水平整体较低，但明显地低于中低纬度地区；不同介质中的单体分布特征表明大气传输是该区域主要的污染来源方式，其中粪土中 BDE-99 的比例高于 BDE-47 说明部分高溴代单体存在生物转化现象；另外，不同介质中 PBDEs 的空间分布特征表明站区内可能存在含阻燃剂类产品的使用。

8.4.4.6 六溴环十二烷 (HBCDs)

整体上，北极新奥尔松地区 ΣHBCDs 含量水平远低于中低纬度地区，而大气与水体中含量水平高于南极菲尔德斯半岛地区和维斯托登地区，主要原因可能与北极受人为活动干扰较大有关；2014 年海水与大气介质中的 ΣHBCDs 的浓度水平与 2013 年相比变化并不明显，还需进行长时间的监测；北极新奥尔松地区水体和大气中各异构体的百分含量相当，由此推断大气沉降可能为海水中 HBCDs 的主要来源。

8.5 人类活动对站区环境的时间和空间范围及强度评价

8.5.1 粪甾醇在人类或动物粪便中的分布

1960 年以来，生物标志物在海洋和陆地环境监测环境中的应用逐渐得到重视，粪便甾醇（fecal

sterol）的应用为识别和区分粪便的来源提供了一个全新的方法（Murtaugh and Bunch，1967；Leeming et al.，1996；Bull et al.，2002）。存在于人和其他动物粪便中的甾醇，在河口港湾的分布与生活污水的排放及转移过程密切相关，并且粪便甾醇稳定性好，在进入沉积物后降解基本停止，因此粪甾醇的浓度在一定程度上可指示人或其他高等动物的粪便污染程度。

杂食动物粪便中甾醇通常以 C_{27} 甾醇高于 C_{29} 甾醇。人的粪便的甾醇浓度高达 880 μg/g，其中以粪甾醇（Coprostanol）和 24-乙基粪甾醇（24-ethyl-copro stanol）为主，5β-烷醇的浓度高于相应的不饱和甾醇，表明人体肠道内的还原细菌将 $\triangle^5$-甾醇还原成相应的烷醇。

粪甾醇是人类粪便中的主要甾醇，在低等生物体中浓度很低，因此在和人类活动相关的研究中应用最为广泛。有些研究利用粪甾醇的绝对浓度（e.g.，Nichols et al.，1993；Gendre et al.，1994），有些则是利用和粪甾醇相关的不同比值，如用粪甾醇和胆甾醇的比值（Teshima and Kanazawa，1978），或者 5α-烷醇：5β-烷醇（Grimalt et al.，1990），来消除粪甾醇的降解影响，并区分粪甾醇不同的来源。在河口和沿海粪甾醇的浓度被用来指示人类活动的强度（LeBlanc et al.，1992），在 1993 年美国密西西比河大水中，表层沉积物粪甾醇前后浓度的变化可用以指示污染的变化（Writer et al.，1995；Barber and Writer，1998）；在美国南极的科学考察站 McMurdo 站粪甾醇也被用以指示人类污染的程度（Venkatesan and Mirsadeghi，1992）。由于粪甾醇很难降解，有很好的稳定性，因而也被用于指示在古代人类农耕活动或污水排放相关的沉积物中得到广泛应用（Knights et al.，1983；Bethell et al.，1994；Evershed et al.，1996），如在古希腊的下水道中指示古罗马帝国的人类活动痕迹（Bull et al.，2003）。在我国，粪甾醇的应用还普遍未展开，仅有 Peng 等（2005）利用粪甾醇在珠江口指示人类污染。

8.5.2　粪甾醇在极地地区的应用

在南极的 Bransfield Strait（Venkatesan et al.，1986；1992），Davis Station（Green and Nichols，1995），Rothera Station（Hughes and Thompson，2004）都利用粪甾醇指示站区人类活动对周边区域环境的影响。在北极新奥尔松地区关于沉积物的甾醇性质的研究极少，对粪甾醇的浓度及其环境意义未有研究过。粪甾醇由于其分子量大，结构稳定，来源特殊，其本不会通过大气长距离传输，因此可有效指示区域性的污染程度。

Venkatesan 等于 1986 年在 Bransfield Strait 和 McMurdo 站附近采集沉积物，分析了其中的甾醇成分，Bransfield Strait 的沉积物中检出了 dinosterol, coprostanol, epicoprostanol, 以及少量 cholesterol，McMurdo 站的沉积物中也检出了少量的 coprostanol 和其他甾醇。此前研究人员认为南极附近沉积物的甾醇可能与温带地区不一样，在南极地区 coprostanol 亦有可能有海洋生物来源，要慎用。1989 年 Venkatesan 和 Santiago 的后继研究表明须鲸的粪便中的粪甾醇与其他生物，包括人类的粪便的分布不同，epicoprostanol 比 coprostanol 浓度高，这样可以将海洋生物如须鲸与人类活动排污的污染区分开来。南极 Bransfield Strait 在人类活动前的沉积物中 epicoprostanol 比 coprostanol 浓度高，由此推测污染来源很可能主要是由于海洋生物造成，而不是人类污水排放导致，并建议在人类活动前的沉积物中的粪甾醇分布可以用于研究鲸类、鳍足类以及企鹅等大型海洋哺乳生物的迁移、交配、生殖等活动记录。粪甾酮的检出也支持了胆甾醇在生物体内通过加氢作用转换成粪甾醇的理论。Green 和 Nichols 在 Davis 站附近采集沉积物，在排污口附近沉积物的粪甾醇浓度在 13.2 μg/g，在 Davis 站附近海边的粪甾醇浓度为 5.5 μg/g，主要来自人类废水排放。

8.5.3 新奥尔松地区考察站区的粪甾醇历史分布

8.5.3.1 黄河站沉积物的采集和沉积速率的测量

在黄河站采得沉积物 4 支，利用 ^{210}Pb 对北极沉积物进行定年，最终确定位于黄河站的柱样 D ［78°56.554′N，11°51.576′E（25 cm）］未受到扰动，顺序沉积，沉积速率为 0.91 mm/a。此外还在北极新奥尔松地区科学考察站区的排污口和王湾海域采集了表层沉积物样品。

总有机碳 TOC：D 柱表层有机碳含量很高，达 8%，在 8 cm 后，TOC 急遽下降至 2% 左右，14 cm 后 TOC 低于 1%，在底部 24~25 cmTOC 略有上升，25 cm 的 TOC 接近于 1%（图 8-26）。

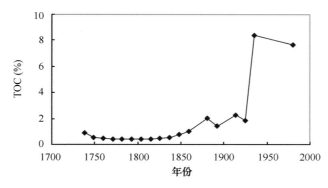

图 8-26 D 柱总有机碳分布规律

8.5.3.2 粪甾醇的历史记录

我们所分析的 A 柱和 D 柱中，A 柱采样点离站区距离较远，其醇类以直链脂肪醇和双醇为主，未检测到粪甾醇存在。

D 柱采自站区 Solvatnet 湖泊，Solvatnet 湖泊为站区各个考察站围绕，自 1773—2007 年 270 多年的 Ny-Alesund 的环境和人类活动。

如图 8-27 所示，D 柱上半部分沉积物（以 3cm 为例）含有大量的植醇和甾醇，植醇成分复杂，其醇类以直链脂肪醇为主，碳数成偶数分布，自 16 分布至 32，以 18 醇为主。甾醇碳数分布自 27 至 29，以 C_{29} 的谷甾醇为主，通过标样比对和特征离子碎片对粪甾醇进行检测，在 D 柱中检测到一定浓度的粪甾醇、异构粪甾醇和胆甾酮。在 D 柱 3 cm 处粪甾醇浓度为 3.7 μg/g，高于其异构体 epicoprostanol。在 10 cm 之下（以 11 cm 为例），粪甾醇最高浓度为 1.56 μg/g，和其异构体 1.79 μg/g 接近。

D 柱各个层位的主要醇类和粪甾醇含量如图 8-28 所示，在 D 柱 20~23 cm 处，1760—1793 年间，未检测到粪甾醇。这很可能说明当时岛上的人类和生物活动都极为微弱，TOC 也低于 0.5%，因此没有生物标志物的记录。

新奥尔松地区 400 多年前为捕鲸人发现，直到约 300 年后，1916 年开始陆续有采矿活动，1925 年有多个国家在岛上活动，中间因两次世界大战有中断，至 1963 年因矿难结束。D 柱粪甾醇的记录显示，在 1738—1749 年间，有粪甾醇检出，且粪甾醇高于其异构体，我们认为当时 Ny-Alesund 很可能有人类，或者其他大型动物活动，这段时期相对于之后的 1760—1793 年是生

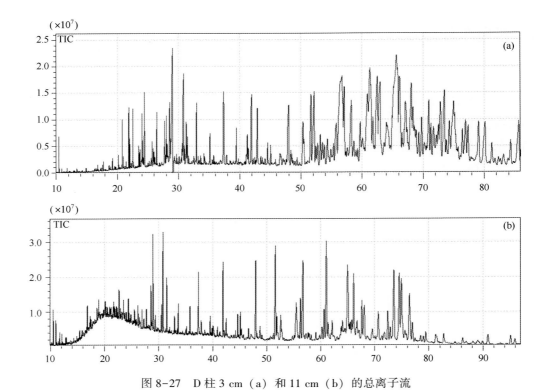

图 8-27　D 柱 3 cm（a）和 11 cm（b）的总离子流

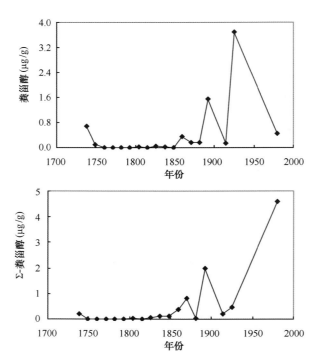

图 8-28　D 柱各种组分随深度的变化趋势

物活动更为活跃的时期。1793 年之后，沉积物中有粪甾醇检出，但粪甾醇浓度较低，且低于异构粪甾醇，这段时期中的粪甾醇浓度可能并非来自人类粪便，而是其他动物。

8.5.4 粪甾醇在新奥尔松地区的空间分布

本项目自 2013 年起，样品主要采集自王湾海区，站区湖泊和排污口。两年站位不同，尤其是 2014 年的样品主要采集于陆地地区，数据不宜直接比较。但两年的数据结合起来，可以较为全面地看到王湾及多国考察站区粪甾醇的分布。所采集的样品中有部分样品未检测到粪甾醇，我们仅列出检测到粪甾醇的样品，两年结合起来。我们针对样品进行了 TOC、粪甾醇、多环芳烃和重金属多种污染指标的同步分析（图 8-29）。

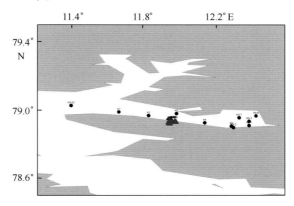

图 8-29 2013 年和 2014 年新奥尔松地区采用站位
蓝色为 2014 年站位，黑色为 2013 年站位

各站位粪甾醇、异构粪甾醇的结果如表 8-8。

表 8-8 Ny-Alesund 站区周边粪甾醇浓度分布（μg/g）

站位	纬度（°N）	经度（°E）	*cop*	*ecop*
站区 Solvotnet 湖泊 78.942 6N, 11.859 6E				
L-1			—	27.775
L-2			44.195	29.026
L-3			—	—
L-4			—	—
L-5			—	—
L-1			—	27.775
L-2			44.195	29.026
L-3			—	—
L-4			—	—
L-5			—	—
L-6			—	297.650
排污口				
AL-1	78.928 4	11.941 5	—	0.913

站位	纬度（°N）	经度（°E）	*cop*	*ecop*
站区 Solvotnet 湖泊 78.942 6N，11.859 6E				
AL-2	78.928 0	11.941 4	—	0.249
AL-3	78.927 4	11.940 9	0.115	0.049
AL-4	78.927 3	11.942 8	0.071	0.640
AL-5	78.927 9	11.944 8	0.112	1.783
AL-6	78.928 0	11.947 9	—	2.182
AL-7	78.927 3	11.950 3	—	3.782
AL-8	78.928 9	11.943 2	—	4.394
Kings Bay				
KS-1	78.909 0	12.395 6	0.037	0.046
KS-2	78.897 0	12.307 6	0.021	0.089
KS-3	78.933 2	12.395 7	0.007	0.043
KS-5	78.911 0	12.209 9	—	0.336
KS-6	78.964 9	12.435 1	0.040	0.071
KS-7	78.954 0	12.339 5	0.014	0.012
KS-8	78.945 9	12.259 3	—	0.110
KS-23	79.025 6	11.390 4	0.011	0.052
K1	78.988 2	11.660 0	0.062	0.069
K2	78.966 7	11.828 2	0.046	0.379
K3	78.978 5	11.985 5	0.074	0.119
K4	78.924 5	12.145 8	—	0.181
K5	78.904 8	12.296 0	0.008	0.096

"—"未检测到。

在 Ny-Alesund 的 Solvotnet 湖泊为多国考察站围绕，也是夏季各种动物和鸟类栖息、取水的地方，湖泊沉积物臭味比较严重。在该湖泊采集的 6 个沉积物中，粪甾醇仅在一个沉积物中检出，但浓度高达 44.2μg/g，显示了强烈的人类污染。目前 Ny-Alesund 地区粪甾醇的研究很少，本次研究是新奥尔松地区粪甾醇的首次报道。

从粪甾醇在新奥尔松及王湾海域的分布可以看出，粪甾醇的高浓度主要出现在多国考察站区，尤其是排污口附近有 AL-3 和 AL-5 两个站位，浓度为 0.11 μg/g 左右；随着离站区距离的增加，粪甾醇的浓度呈现出降低的趋势。

粪甾醇的浓度分布和其他污染物一样，主要决定于两个因素：一是污染源的强度，对于粪甾醇而言是人类活动的强度；二是离污染源的距离。

就我们所知，目前新奥尔松地区关于粪甾醇的研究很少，几乎未见报道。但是在南极的澳大利亚 Davis 科学考察站、美国的 McMurdo 科学考察站及英国的 Rothera 科学考察站有粪甾醇的研究报

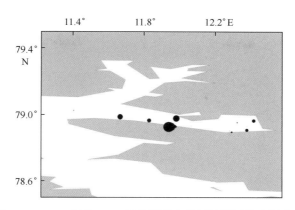

图 8-30 2013 年及 2014 年粪甾醇在黄河站附近的空间分布

道，比如 Green 和 Nichols 在 Davis 站附近采集沉积物，在排污口附近沉积物的粪甾醇浓度在 13.2 μg/g，在 Davis 站附近海边的粪甾醇浓度为 5.5 μg/g，主要来自于人类废水排放。McMurdo 站附近粪甾醇最高浓度达到 0.199 μg/g，最低有 0.445 μg/g，在距离站区较远的控制站点粪甾醇未检出。

目前 Ny-Alesund 地区有 10 个国家的 11 个科学考察站，在夏季最多可接纳 180 名人员度夏，在冬季一般容纳十几人到 30 人。我们在新奥尔松地区对粪甾醇的检出，显示了在新奥尔松地区人类活动对站区环境的直接影响。

自 1975 年以来南极半岛的 Rothera 站对周边排放未经处理的废水，对周边海域可能造成负面影响，Hughes 和 Thompson 2004 年对 Rothera 站的海水和沉积物进行分析，在排污口 200 m 内检出粪甾醇，且粪甾醇浓度较 cholestanol 浓度高，显示其来源主要是由于人类活动来源造成，为减少废水污染，2003 年一个废水处理厂建成。

1995 年起 Ny-Alesund 开始进行垃圾分类，以期达到站区零垃圾排放。但站区未有废水处理装置，目前废水直接通过排污管排进 Kings Bay。目前新奥尔松地区对固体废弃物进行回收，但对污水还未进行处理，由此粪甾醇直接显示了人类活动对站区的污染。我们希望对新奥尔松地区进行长期的持续观测，并建议王湾地区参考南极考察站区的做法，考虑建立污水处理厂的可行性。

8.5.5 考察站区附近其他环境指标或污染物的空间分布

8.5.5.1 黄河站 TOC 分布特征

王湾海区的 TOC 分析结果显示，湾口处 TOC 浓度最高，沿着湾内方向 TOC 浓度减小，由于当地处于高纬度，陆地植被覆盖极少，王湾海湾内的 TOC 应主要是外来输入（图 8-31）。

8.5.5.2 新奥尔松地区多环芳烃分布特征

我们同时对黄河站表层沉积物的多环芳烃进行了检测，其浓度总体来说属于低浓度，表明王湾海区属于低污染海区。

多国考察站区及王湾海区各种多环芳烃的空间分布如图 8-32。

我们对多环芳烃进行聚类分析，得到结果如图 8-33。

多环芳烃的主要分布以低分子量的含量较高，不同环数 PAHs 在沉积物和生物体中分布特征的

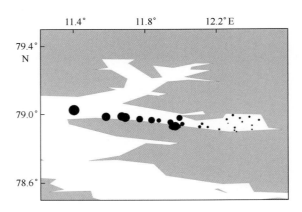

图 8-31　黄河站沉积物 TOC 分布

差异主要是由于不同介质富集 PAHs 的主要途径以及不同环数 PAHs 物化性质的差别造成的。由于低分子量 PAHs 的挥发性较强（即过冷液体饱和蒸气压较大），主要存在于气相中，而高分子量 PAHs 的挥发性相对较弱，主要存在于颗粒相中，中分子量 PAHs 则同时存在于气相和颗粒相中。

PAHs 以水体中的悬浮物和大气气溶胶为主要载体，进入海洋环境并在生物体和沉积物中富集，PAHs 一旦结合在沉积物上，很难发生光化学降解或微生物氧化分解，因而累积于沉积物中。Booij 等研究发现，95% 的 PAHs 在海洋沉积物中能稳定 2 个月之久，且以大于 4 环的 PAHs 居多。海洋沉积物对 PAHs 的富集能力极强，有的海洋沉积物中 PAHs 的积累量是其背景值的 1 000 倍，是同一环境中贝类富集量的 5~10 倍，Nakata 等研究证实，海洋沉积物中的 PAHs 的积累量占沉积物中难降解污染物总量的 97% 以上。

王湾海区的多环芳烃以 Na 为主要 PAHs，其余多环芳烃浓度远低于 Na，聚类分析的结果显示多环芳烃的分布特点主要分成 3 种，这 3 种又与碳环的分布类似：高碳环的 BbF、BikF、InPy、DBahA、BghiP 为一类，最高值出现在外湾，其浓度自外湾向内湾逐渐降低，与 TOC 有相似之处，应主要是外来输入为主；中间碳环的 Ace、An、BaP、Acl、BaA、Fl、Ph、Flu、Py、Chr 为一类，在站区有高浓度出现，在站区之外，浓度降低，但也有不同浓度出现；最低碳环的 Na 单独一类，在多个站位出现较高值，来源应为混合来源。

8.5.5.3　新奥尔松地区重金属分布特征

多国考察站区的重金属分析结果如图 8-34 所示。

在 20 世纪中由于王湾地区曾经开采煤矿，因此在多国站区重金属也曾作为煤矿开采的指示。在站区的苔藓、沉积物都测出高于本底值的重金属。我们对所采集的沉积物重金属进行聚类分析，结果如下（图 8-35）：王湾海区重金属 Cr、Co、Ni、Cu、Zn 在湾区浓度分布较为均匀，应该反映了当地本底值；As、V、Pb、Cd 变化趋势一致，与 TOC 及高碳环数 PAHs 变化相似，在湾外浓度较高，随着离湾口距离增加，浓度下降，表现出较强的外来物质输入影响。Sb 的变化趋势和以上元素都不一致，之前的研究认为 Sb 在新奥尔松多国站区的表层土壤和苔藓中的浓度与交通及煤矿都相关，在王湾海区的分布特征及来源有待进一步分析。

王湾地区的水团主要受大西洋水团影响，同时也受到冰川融水的影响，因此这里的 PAHs 和重金属的污染来源可能受当地科考活动或采矿活动的影响，有外来源输入，也可能受到冰川稀释。我们希望继续对这一海湾进行监测，以便长期观测当地污染物的来源和变化。

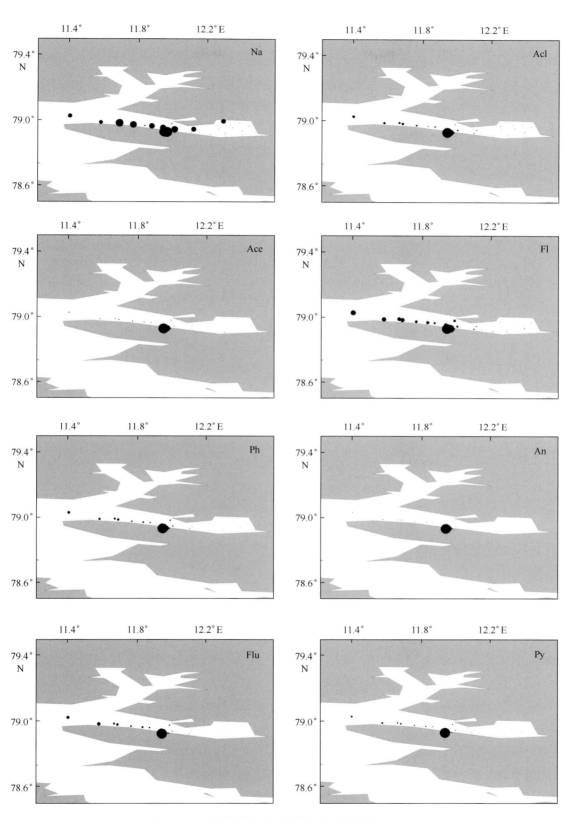

图 8-32 黄河站表层沉积物多环芳烃的分布（一）

Na、Acl、Ace、Fl、Ph、An、Flu、PyBaA、Chr、BbF、BlkF、BaP、InPy、DBahA、BghiP

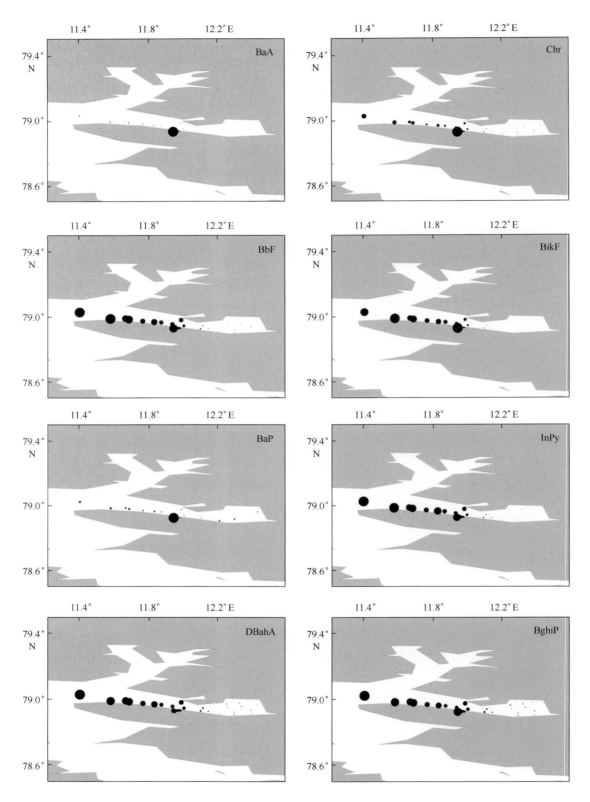

图 8-32　黄河站表层沉积物多环芳烃的分布（二）

Na、Acl、Ace、Fl、Ph、An、Flu、PyBaA、Chr、BbF、BikF、BaP、InPy、DBahA、BghiP

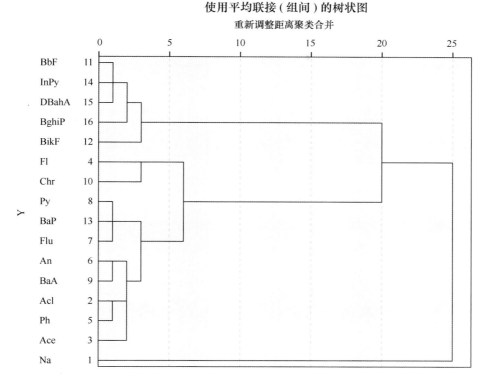

使用平均联接（组间）的树状图

重新调整距离聚类合并

图 8-33　多国考察站区多环芳烃的聚类分析

8.5.6　小结

目前新奥尔松地区粪甾醇的研究很少，我们的研究之外，本地区的粪甾醇几乎未见到报道。粪甾醇在新奥尔松及王湾海域的分布显示，粪甾醇的最高浓度主要出现在站区的湖泊，显示出强烈的人类活动影响。类甾醇的浓度分布和其他污染物一样，取决于污染源的强度和离污染源的距离。粪甾醇的浓度在站区湖泊最高；随着离站区距离的增加，粪甾醇的浓度逐步降低。新奥尔松地区 1995 年垃圾分类，达到站区固体垃圾零排放。2015 年王湾公司在当地建立了废水处理厂。新奥尔松地区粪甾醇的检出，是本地区的粪甾醇首次报道，显示了在科学考察人类活动对站区环境的直接影响。我们建议对新奥尔松地区进行长期的持续环境观测，研究科学考察等人类活动对当地环境生态影响。

王湾海域的 TOC 显示在王湾地区湾口处 TOC 浓度最高，随着湾内方向 TOC 浓度减小，由于当地处于高纬度，陆地植被覆盖极少，王湾海湾内的 TOC 应主要是外来输入影响。

王湾海区的多环芳烃以 Na 为主，对多环芳烃聚类分析的结果显示他们主要分成三种：高碳环的 BbF、BiKF、InPy、DBahA、BghiP 为一类；中间碳环的 Ace、An、BaP、Acl、BaA、Fl、Ph、Flu、Py、Chr 为一类；最低碳环的 Na 单独一类。第一类高碳数的分布与 TOC 有相似之处，最高值出现在湾外，其浓度自湾外向湾内逐渐降低，主要是外来输入为主；第二类在站区有高浓度出现，在站区之外，浓度降低，但也有不同浓度出现，Na 在多个站位出现较高值，来源应为混合来源。

由于 20 世纪在本地区曾经开采煤矿，因此重金属也可作为煤矿开采的指示物。本区域重金属进行聚类分析结果如下：在王湾海区重金属 Cr、Co、Ni、Cu、Zn 在湾区浓度分布较为均匀，可能

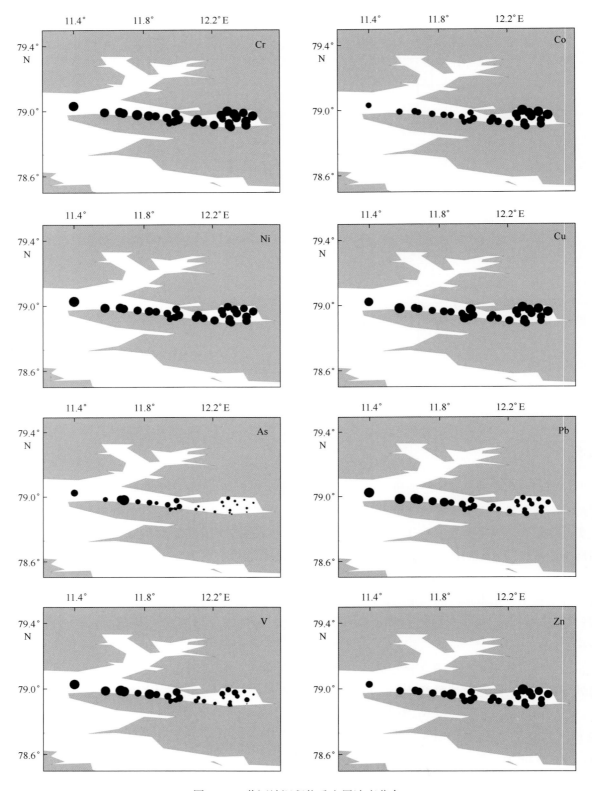

图 8-34　黄河站沉积物重金属浓度分布
Cd、Sb、Cr、Co、Ni、Cu、As、Pb、V、Zn

使用平均联接（组间）的树状图

重新调整距离聚类合并

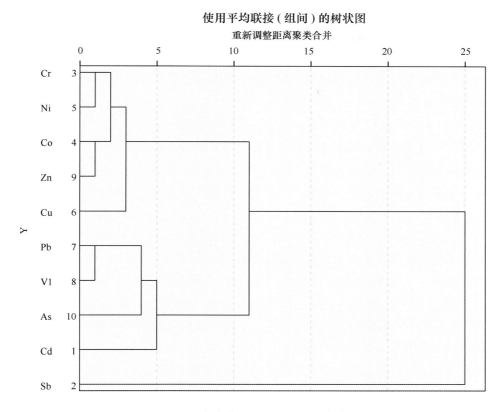

图 8-35　新奥尔松地区重金属聚类分析

是本地值；As、V、Pb、Cd 变化趋势与 TOC 及高碳环数多环芳烃变化相似，在湾外浓度较高，随着离湾口距离增加浓度下降，表现出较强的外来物质输入影响；Sb 的充化趋势可能与表层土壤和苔藓中的浓度和交通及煤矿都相关，在王湾海区的分布特征及来源待进一步分析。

王湾地区的水团主要受大西洋水团和冰川融水的同时影响，因此这里的 PAHs 和重金属的污染来源有可能是当地考察活动，外来源输入，冰川稀释几种因素共同作用影响。我们希望在这次研究工作的基础上，继续对本海区进行监测，以便长期观测当地污染物的来源和变化，评估人类活动对当地环境和生态的影响。

8.6　主要成果总结

粪甾醇在新奥尔松及王湾海域的分布显示，粪甾醇的最高浓度主要出现在站区的湖泊，显示出强烈的人类活动影响。除站区湖泊外，粪甾醇的最高浓度为 0.11 μg/g 左右；随着离站区距离的增加，粪甾醇的浓度呈现出降低的趋势。粪甾醇的浓度分布和其他污染物一样，主要决定于两个因素：一是污染源的强度；二是离污染源的距离。目前 Ny-Alesund 地区有 10 个国家的 11 个科学考察站，在夏季最多可接纳 180 名人员度夏，在冬季一般容纳十几人到 30 人。目前新奥尔松地区关于粪甾醇的研究很少，几乎未见报道。南极的澳大利亚 Davis 科学考察站、美国的 McMurdo 科学考察站及英国的 Rothera 科学考察站有粪甾醇的研究报道，Davis 站排污口附近沉积物的粪甾醇浓度在 13.2 μg/g，在 Davis 站附近海边的粪甾醇浓度为 5.5 μg/g，主要来自于人类废水排放。McMurdo 站附近粪甾醇最高浓度达到 0.199 μg/g，最低有 0.445 μg/g，在距离站区较远的控制站粪甾醇未检出。自 1975 年来南极半岛的 Rothera 站开始对周边排放未经处理的废水，对周边海域可能造成负面的影响，Hughes 和 Thompson 2004 年对 Rothera 站的海水和沉积物进行分析，在排污口 200 m 内检出粪甾醇，且粪甾醇浓度较 cholestanol 浓度高，显示其来源主要是由于人类活动来源造成，为降低减少废水污染 2003 年一个废水处理厂建成。

1995 年起 Ny-Alesund 进行垃圾分类，以期达到站区进行零垃圾排放。但站区未有废水处理装置，目前废水直接通过排污管排进王湾我们在新奥尔松地区对粪甾醇的检出，是首次北极多国科学考察站新奥尔松地区的粪甾醇报道，显示了在新奥尔松地区人类活动对站区环境的直接影响。我们希望对新奥尔松地区进行长期的持续观测，并建议王湾地区参考南极考察站区做法，考虑建立污水处理设施的可行性。

王湾海域的 TOC 显示在王湾地区，湾口处 TOC 浓度最高，随着湾内方向 TOC 浓度减小，由于当地处于高纬度，陆地植被覆盖极少，王湾海湾内的 TOC 应主要是外来输入影响。

王湾海区的多环芳烃以 Na 为主要 PAHs，其余多环芳烃浓度远低于 Na，聚类分析的结果显示多环芳烃的分布特点主要分成 3 种，这 3 种又与碳环的分布类似：高碳环的 BbF、BikF、InPy、DBahA、BghiP 为一类，最高值出现在湾外，其浓度自湾外向湾内逐渐降低，与 TOC 有相似之处，应主要是以外来输入为主，中间碳环的 Ace、An、BaP、Acl、BaA、Fl、Ph、Flu、Py、Chr 为一类，在站区有高浓度出现，在站区之外，浓度降低，但也有不同浓度出现，最低碳环的 Na 单独一类，在多个站位出现较高值，来源应为混合来源。

在 20 世纪中由于王湾地区曾经开采煤矿，因此在多国站区重金属也曾作为煤矿开采的指示。在站区的苔藓、沉积物都测出高于本底值的重金属。我们对所采集的沉积物重金属进行聚类分析，结果如下：在王湾海区重金属 Cr、Co、Ni、Cu、Zn 在湾区浓度分布较为均匀，应该反映了当地本底值。As、V、Pb、Cd 变化趋势一致，与 TOC 及高碳环数变化相似，在湾外浓度较高，随着离湾口距离增加浓度增加，浓度下降，表现出较强的外来物质输入影响。Sb 的变化趋势与以上元素都不一致，之前的研究认为 Sb 在新奥尔松多国站区的表层土壤与苔藓中的浓度和交通及煤矿都相关，在王湾海区的分布特征及来源待进一步分析。

王湾地区的水团主要受大西洋水团影响，同时也受到冰川融水的影响，因此这里的 PAHs 和重金属的污染来源有可能是受当地考察活动的影响，也可能有外来源输入，亦可能是冰川稀释所致。我们希望继续对这一海湾进行监测，以便长期观测当地污染物的来源和变化。

参考文献

陈杰，等. 2000. 人类活动对南极陆地生态系统的影响 [J]. 极地研究，12：62-74.

陈立奇. 2002. 南极和北极地区在全球变化中的作用研究 [J]. 地学前缘，9：245-253.

戴聪杰. 2006. 极地近海微食物环的主要类群组成及其功能 [D]：厦门：厦门大学.

高小艳. 2011. 北极海域微型浮游真核生物的多样性、生态分布及微微型青绿藻（picoprasinophytes）的生态地位 [D]. 武汉：华中农业大学.

黄润，朱诚，孙智彬，等. 2004. 三峡中坝遗址剖面中汞的地球化学特征和影响因素分析 [J]. 地球与环境，32：44-48.

季仲强，高生泉，金海燕，等. 2014. 北极王湾 2010 年夏季水体营养盐分布及影响因素 [J]. 海洋学报，36（10）：80-89.

姜珊，刘晓东，徐利强，等.2009.北极新奥尔松地区湖泊沉积物色素含量变化及环境意义［J］.极地研究，21（3）：211-220.

汪建君.2007.生物标志物在全新世古生态恢复中的应用与南极气溶胶特征［J］.合肥：中国科学技术大学.

夏重欢，谢周清.2007.北极新奥尔松地区环境演变的沉积记录［J］.中国科学技术大学学报，37（8）：1003-1008.

徐立，洪华生，黄玉山.1997.香港维多利亚港和邻近海域沉积物中的甾醇的初步研究［A］.见：洪华生，徐立（Ed.）.香港与厦门港湾污染沉积物研究［M］.厦门：厦门大学出版社：95-101.

姚轶峰，曹叔楠，彭方，等.2014.北极新奥尔松 Asutre Lovénbreen 冰川退缩迹地不同演替阶段的植物组成与植被群落特征分析［J］.极地研究，3：362-368.

袁林喜，龙楠烨，谢周清，等.2006.北极新奥尔松地区现代污染源及其指示植物研究［J］.极地研究，18（1）：9-20.

袁林喜，罗泓灏，孙立广.2007.北极新奥尔松古海鸟粪土层的识别［J］.极地研究，19（3）：181-192.

ACIA. 2004. Impacts of a warming arctic：Arctic climate imprct assessment［M］. Cambridge：Cambridge University Press.

Alverson K D, et al. 2001. Environmental variability and climate change：past global changes［M］. International Geosphere-Biosphere Programme.

Aptroot A. 2009. Lichens as an indicator of climate and global change. -In：T. M. Letcher：*Climate Change：Observed Impacts on Plant Earth*. Elsevier B. V., The Netherlands. 492 pages, pp. 401-408.

Arctic Monitoring and Assessment Programm（AMAP）. 2002. AMAP assessment 2002：persistent organic pollutants in the Arctic. AMAP Reports.

Azam F., et al. 1983. The ecological role of water column microbes in the sea. Mar Ecol. Prog Ser, 10：p. 257-263.

Azam, et al. 2007. Microbial structuring of marine ecosystems. Nature Reviews Microbiology, 5：782-792.

Barbante, et al. 2004. Historical Record of European Emissions of Heavy Metals to the Atmosphere Since the 1650 s from Alpine Snow/Ice Cores Drilled near Monte Rosa. Environmental Science & Technology 38, 4085-4090.

Barber, et al. 1998. Impact of the 1993 flood on the distribution of organic contaminants in bed sediments of the Upper Mississippi River. Environmental Science & Technology 32, 2077-2083.

Birks HJB（2001）Spitsbergen plants. The Alpine Gardener, 69：388-399.

Bjune A E, et al. 2009. Quantitative summer-temperature reconstructions for the last 2000 years based on pollen-stratigraphical data from northern Fennoscandia［J］. Journal of Paleolimnology, 41（1）：43-56.

Blais, et al. 2005. Arctic Seabirds Transport Marine-Derived Contaminants. Science 309, 445-445.

Booth, et al. 1994：species abundance and biomass. Deep-Sea Res. II, 1997. 44：p. 1607-1622.

Bull, et al. 2003. The Application of Steroidal Biomarkers to Track the Abandonment of a Roman Wastewater Course at the Agora（Athens, Greece）. Archaeometry 45, 149-161.

Bull, et al. 2002. The origin of faeces by means of biomarker detection. Environment International 27, 647-654.

Cannone N, et al. 2004：Relationships between vegetation patterns and periglacial landforms in northwestern Svalbard. Polar Biology 27：562-571.

Chaofei Zhu, et al. 2015. Polychlorinated biphenyls（PCBs）and polybrominated biphenyl ethers（PBDEs）in environmental samples from Ny-Ålesund and London Island, Svalbard, the Arctic. Chemosphere, 126, 40-46.

Cornelissen JHC, et al. 2001：Global change and arctic ecosystems：is lichen decline a function of increases in vascular plant biomass? Journal of Ecology 89：984-994.

Cottier F, et al. Water mass modification in an Arctic fjord through cross-shelf exchange：The seasonal hydrography of Kongsfjorden, Svalbard［J］. Journal of Geophysical Research, 2005, 110, C12005, doi：10. 1029/2004JC002757.

Covert D S, et al. 1993. Size distributions and chemical properties of aerosol at Ny Ålesund, Svalbard［J］. Atmospheric Environment. Part A. General Topics, 27（17）：2989-2997.

Edwards, et al. 1998. Distribution of Clostridium perfringens and Fecal Sterols in a Benthic Coastal Marine Environment Influenced by the Sewage Outfall from McMurdo Station, Antarctica. Applied and Environmental Microbiology 64, 2596–2600.

Eleftheriadis K, et al. 2009. Aerosol black carbon in the European Arctic: Measurements at Zeppelin station, Ny–Ålesund, Svalbard from 1998–2007 [J]. Geophysical Research Letters, 36 (2).

Elvebakk A (1997) Tundra diversity and ecological characteristics of Svalbard. In: Wielgolaski F. E. (ed.), Ecosystems of the World3 Polar and Alpine Tundra. Elsevier, Amsterdam, pp 347–359.

Elvebakk A, Prestrud P (1996) A catalogue of Svalbard plants, fungi, algae and cyanobacteria. Norsk Polarinstitutt Skrifter, 198: 1–395.

Elven R, Elvebakk A (1996) Vascular plants. In: Elvebakk A and Prestrud P (eds), A Catalogue of Svalbard Plants, Fungi, Algae and Cyanobacteria. Norsk Polarinstitutt Skrifter. 198: 9–55.

Evenset, et al. 2007. Historical trends in persistent organic pollutants and metals recorded in sediment from Lake Ellasjøen, Bjørnøya, Norwegian Arctic Environmental Pollution 146, 196–205.

Evershed, et al. 1996. Application of multimolecular biomarker techniques to the identification of fecal material in archaeological soils and sediments. ACS symposium series 625, 157–172.

Fernandes, et al. 1999. Sedimentary 4–desmethyl sterols and n–alkanols in an eutrophic urban estuary, Capibaribe River, Brazil. Science of the Total Environment 231, 1–16.

Førland E J, et al. 2003. Past and future climate variations in the Norwegian Arctic: overview and novel analyses. Polar Research, 22, 113–124.

Frisvoll A A, et al. 1996. Part 2. Bryophytes. In: Elvebakk A, Prestrund P (eds) A catalogue of Svalbard plants, fungi, algae and cyanobacteria. Norsk Polarinstitutt Skrifter 198: 57–172.

Green, et al. 1995. Hydrocarbons and sterols in marine sediments and soils at Davis Station, Antarctica: a survey for human–derived contaminants. Antarctic Science 7, 137–144.

Guangshui Na, et al. 2011. Distribution and characteristic of PAHs in snow of Fildes Peninsula. Journal of Environmental Sciences, 23 (9) 1445–1451.

Guo CQ, et al. 2013. Warnstorfia exannulata, an aquatic moss in the Arctic: seasonal growth responses. Climatic Change. 119: 407–419.

Hagen J O, et al. 2003. Glaciers in Svalbard: mass balance, runoff and freshwater flux. Polar Research, 22 (2): 145–159.

Hayley Hung, et al. 2010. Atmospheric amonitoring of organic pollutants in the Arctic under the Arctic Monitoring and Assessment Programme (AMAP): 1993–2006, Science of the Total Environment, 408: 2854–2873.

Hegseth E N, et al. 2013. Effect of Atlantic water inflow on timing of the phytoplankton spring bloom in a high Arctic fjord (Kongsfjorden, Svalbard) [J]. Journal of Marine Systems, 113–114: 94–105.

Hisdal V (1998) Svalbard: nature and history. Norsk Polarinstitutt

Hjelle A (1993) Geology of Svalbard. Polarhandbok No 7. Olso, Norsk Polarinstitutt.

Hodal H, et al. Reigstad M (2011) Spring bloom dynamics in Kongsfjorden, Svalbard: nutrients, phytoplankton, protozoans and primary production. Polar Biology 35: 191–203.

Hodal, H. and S. Kristiansen. 2008. The importance of small–celled phytoplankton in spring blooms at the marginal ice zone in the northern Barents Sea. Deep Sea Research II, 55: p. 2176–2185.

Hong, et al. 1994. Greenland Ice Evidence of Hemispheric Lead Pollution Two Millennia Ago by Greek and Roman Civilizations. Science 265, 1841–1843.

Hop H, et al. 2006b. Physical and biological characteristics of the pelagic system across Fram Strait to Kongsfjorden. Journal of Marine Systems, 61: 39–54.

Hop H, et al. 2002. The marine ecosystem of Kongsfjorden, Svalbard. Polar Research, 21: 167–208.

Hop H. 2006a Physical and biological characteristics of the pelagic system across Fram Strait to Kongsfjorden. Progress in Oceanography, 71: 182-231.

Hu, et al. 2008. Increased eutrophication offshore Hong Kong, China during the past 75 years: Evidence from high-resolution sedimentary records. Marine Chemistry.

Hudson JMG. and Henry GHR. 2010. High arctic plant community resists 15 years of experimental warming. Journal of Ecology 98: 1035-1041.

Hughes, et al. 2004. Distribution of sewage pollution around a maritime Antarctic research station indicated by faecal coliforms, Clostridium perfringens and faecal sterol markers. Environmental Pollution 127, 315-321.

Info, et al. 2008. Passive Air Sampling of Polychlorinated Biphenyls and Organochlorine Pesticides at the Korean Arctic and Antarctic Research Stations: Implications for Long-Range Transport and Local Pollution. Environmental Science & Technology 42, 7125-7131.

IPCC. et al. 2014. The scientific basis, Intergovernmental panel on climate change. The fifth assessment report, impacts, adaptation and vulnerability. Cambridge: Cambridge University Press.

Isaksson E, et al. 2005. Two ice-core delta O-18 records from Svalbard illustrating climate and sea-ice variability over the last 400 years. The Holocene, 15, 501-509.

Isobe, et al. 2004. Effect of Environmental Factors on the Relationship between Concentrations of Coprostanol and Fecal Indicator Bacteria in Tropical (Mekong Delta) and Temperate (Tokyo) Freshwaters. Applied and Environmental Microbiology 70, 814-821.

Jia N, et al. Long NY (2012) Distributions and impact factors of antimony in topsoils and moss in Ny-Ålesund, Arctic. Environmental Pollution, 171: 72-77.

Jiang S, Liu X, Chen Q. 2011. Distribution of total mercury and methylmercury in lake sediments in Arctic Ny-Ålesund [J]. Chemosphere, 83 (8): 1108-1116.

Jiang S, et al. 2011. A multi-proxy sediment record of late Holocene and recent climate change from a lake near Ny-Ålesund, Svalbard [J] . Boreas, 40 (3): 468-480.

Jones V J, et al. 2004. Lake-sediment records of recent environmental change on Svalbard: results of diatom analysis [J] . Journal of Paleolimnology, 31 (4): 445-466.

Justic D, et al. 1995. Stoichiometry nutrient balance and origin of coastal eutrophication. Marine Pollution Bulletin, 1995, 30: 41-46.

Weslawski JM, wasniewski S K, L Stempniewicz, K Blachowiak-Samolyk (2006) Biodiversity and energy transfer to top trophic levels in two contrasting Arcticfjords. Polish Polar Research, 27 (3): 259-278.

Kaufman D S. 2009. An overview of late Holocene climate and environmental change inferred from Arctic lake sediment [J]. Journal of Paleolimnology, 41 (1): 1-6.

Kiorboe, et al. 1993. Advances in Marine Biology, 29: p. 1-72.

Kirchman, et al. 1994. The uptake of inorganic nutrients by heterotrophic bacteria. Microb. Ecol, 28: 255-271.

KirchmanD. L. 1992. Incorporation of thymadine and leucine in the subarctic Pacific: application to estimating bacterial production. Mar Ecol. Prog Ser, 82: 301-309.

Knights, et al. 1983. Evidence concerning the Roman military diet at Bearsden, Scotland, in the 2nd century AD. Journal of Archaeological Science 10, 139-152.

LeBlanc, et al. 1992. The Geochemistry of Coprostanol in Waters and Surface Sediments from Narragansett Bay. Estuarine, Coastal and Shelf Science 34, 439-458.

Leeming, et al. 1996. Using faecal sterols from humans and animals to distinguish faecal pollution in receiving waters. Water Research 30, 2893-2900.

Li, et al. 2007. Application of nonylphenol and coprostanol to identification of industrial and fecal pollution in Korea. Marine Pollution Bulletin 54, 101-107.

Li, et al. Impact of tidal front on the distribution of bacterioplankton in the southern Yellow Sea, China. Journal of Marine Systems, 2007. 67: 263-271.

Li, et al. 1998. Annual average abundance of heterotrophic bacteria and Synechococcus in surface ocean waters. Limnology and Oceanography, 43: 1746-1753.

Lindström E S. 2000. Bacterioplankton community composition in five lakes differing in trophic status and humic content. Microbial Ecology, 40: 104-113.

Liping Jiao, et al. 2009. Persistent toxic substances in remote lake and coastal sediments from Svalbard, Norwegian Arctic: levels, sources and fluxes. Environmental Pollution, 157: 1342-1351.

Liu X, et al. Effect of recent climate change on Arctic Pb pollution: A comparative study of historical records in lake and peat sediments [J]. Environmental Pollution, 2012, 160: 161-168.

Lovejoy, et al. Distribution, phylogeny, and growth of cold-adapted picoprasinophytes in arctic seas. Journal of Phycology, 2007. 43 (1): p. 78-89.

Martínez-Cortizas, et al. 2002. Atmospheric Pb deposition in Spain during the last 4 600 years recorded by two ombrotrophic peat bogs and implications for the use of peat as archive. Science of the Total Environment 292, 33-44.

McKay N P, Kaufman D S. 2009. Holocene climate and glacier variability at Hallet and Greyling Lakes, Chugach Mountains, south-central Alaska [J]. Journal of Paleolimnology, 41 (1): 143-159.

Moen A (1999) National Atlas of Norway: Vegetation. Norwegian Mapping Authority, Hønefoss, pp 200.

Möller A, Xie Z YSturm R. 2010. Large-Scale Distribution of Dechlorane Plus in Air and Seawater from the Arctic to Antarctica. Environ. Sci. Technol., 44: 8977-8982.

Murtaugh, et al. 1967. Sterols as a measure of fecal pollution. Journal of Water Pollution Control 39, 404-409.

Naidu, et al. 2003. Trace Metals and Hydrocarbons in Sediments of Elson Lagoon (Barrow, Northwest Arctic Alaska) as Related to Prudhoe Bay Industrial Region. In: Proceedings, A.O.R.N.I.T.M.a.B.I.U.M.F. (Ed.). Report. Alaska Minerals Management Service, Alaska, pp. 2003-2042.

Outridge, et al. 2005. Trace metal profiles in the varved sediment of an Arctic lake. Geochimica et Cosmochimica Acta 69, 4881-4894.

Øvstedal DO, et al. 2009. The lichen flora of Svalbard. Sommerfeltia 33: 1-393.

Owrid G, et al. Spatial variability of phytoplankton, nutrients and new production estimates in the waters around Svalbard [J]. Polar Research, 2000, 19 (2): 155-171.

Paatero J, et al. Lead-210 concentration in the air at Mt. Zeppelin, Ny-Ålesund, Svalbard [J]. Physics and Chemistry of the Earth, Parts A/B/C, 2003, 28 (28): 1175-1180.

Peng, et al. 2008. Occurrence of steroid estrogens, endocrine-disrupting phenols, and acid pharmaceutical residues in urban riverine water of the Pearl River Delta, South China. Science of the Total Environment.

Peng, et al. 2005. Tracing anthropogenic contamination in the Pearl River estuarine and marine environment of South China Sea using sterols and other organic molecular markers. Marine Pollution Bulletin 50, 856-865.

Peng, et al. 2002. Spatial and temporal trend of sewage pollution indicated by coprostanol in Macao Estuary, southern China. Marine Pollution Bulletin 45, 295-299.

Peros M C, Gajewski K. 2009. Pollen-based reconstructions of late Holocene climate from the central and western Canadian Arctic [J]. Journal of Paleolimnology, 41 (1): 161-175.

Piwosz K, et al. (2009) Comparison of productivity and phytoplankton in a warm (Kongsfjorden) and a cold (Hornsund) Spitsbergen fjord in mid-summer 2002. Polar Biology 32: 549-559.

Pu Wang, et al. 2012. PCBs and PBDEs in environmental samples from King George Island and Ardley Island, Antarctica. RSC Adv. 2, 1350–1355.

Ren N Q, et al. 2008. Levels and Isomer Profiles of Dechlorane Plus in Chinese Air. Environ. Sci. Technol., 42: 6476 –6480.

Rønning O (1996) The flora of Svalbard. Norsk Polarinstitutt, Oslo, 184 pp.

Sakshaug E. and H. R. 1989. Skjoldal, Life at the ice edge. Ambio., 18: 60–67.

Särkkäa, et al. 2007. POPs and organic polysufides in sediments of Lake Ladoga. Chemosphere 67, 435–438.

Sherr E. B., et al. 2003. Temporal and spatial variation in stocks of autotrophic and heterotrophic microbes in the upper water column of the central Arctic Ocean. Deep-Sea Research Part I-Oceanographic Research Papers, 50 (5): 557–571.

Simpson J M, et al. 1999. Application of denaturant gradient gel electrophoresis for the analysis of the porcine gastrointestinal microbiota. J Microbiol Meth, 36: 167–179.

Sommar J, et al. Circumpolar transport and air-surface exchange of atmospheric mercury at Ny-Ålesund (79 N), Svalbard, spring 2002 [J]. Atmospheric Chemistry and Physics, 2007, 7 (1): 151–166.

Steffensen EL (1982) The climate at Norwegian Arctic stations. Klima, 5: 1–44.

Sun L G, et al. Sediments in palaeo-notches: potential proxy records for palaeoclimatic changes in Antarctica [J]. Palaeogeography, Palaeoclimatology, Palaeoecology, 2005, 218 (3): 175–193.

Sun, L., et al. 2006. A 2000-year record of mercury and ancient civilizations in seal hairs from King George Island, West Antarctica. Science of the Total Environment 368, 236–247.

Svendsen H, et al. The physical environment of Kongsfjorden- Krossfjorden, an Arctic fjord system in Svalbard [J]. Polar Research, 2002, 21 (1): 133–166.

Thomas E K, Briner J P. 2009. Climate of the past millennium inferred from varved proglacial lake sediments on northeast Baffin Island, Arctic Canada [J]. Journal of Paleolimnology, 41 (1): 209–224.

Townsend, et al. 2008. Multiple Pb sources in marine sediments near the Australian Antarctic Station, Casey. Science of the Total Environment 389, 466–474.

Tyagi, et al. 2007. Use of selected chemical markers in combination with a multiple regression model to assess the contribution of domesticated animal sources of fecal pollution in the environment. Chemosphere 69, 1617–1624.

Umbreit A (1997) Guide to Spitsbergen-Svalbard, Franz Josef Land, Jan Mayen. Bradt Publications, Chalfont St. Peter, pp 212.

Venkatesan, et al. 1992. Coprostanol as sewage tracer in McMurdo Sound, Antarctica. Marine Pollution Bulletin 25.

Venkatesan, et al. 1986. Coprostanols in Antarctic marine sediments: A biomarker for marine mammals and not human pollution. Marine Pollution Bulletin 17, 554–557.

Venkatesan, et al. 1989. Sterols in ocean sediments: novel tracers to examine habitats of cetaceans, pinnipeds, penguins and humans. Marine Biology 102, 431–437.

Wang G, et al. 2006. The distribution of picoplankton and nanoplankton in Kongsfjorden, Svalbard during late summer. Polar Biology 32: 1233–1238.

Wang, et al. 2009. Molecular organic geochemistry of ornithogenic sediment from Svalbard, Arctic. Polar Research of China (Accpeted).

Wang, et al. 2007. Penguins and vegetations on Ardley Island, Antarctica: evolution in the past 2, 400 years. Polar Biology 30, 1475–1481.

Weinbruch S, et al. 2012. Chemical composition and sources of aerosol particles at Zeppelin Mountain (Ny Ålesund, Svalbard): An electron microscopy study [J]. Atmospheric Environment, 49: 142–150.

WESLAWSKI J M, KWASNIEWSKI S, STEMPNIEWICZ L and BLACHOWIAK-SAMOLYK (2006) Biodiversity and energy transfer to top trophic levels in two contrasting Arctic fjords. Polish Polar Research, 27 (3): 259-278.

Weslawski J., et al. 1988. Seasonality in an Arctic fjord ecosystem: Hornsund, Spitsbergen. Polar Research, 6 (2): 185-189.

Wetzel, et al. 2004. Accumulation and distribution of petroleum hydrocarbons found in mussels (Mytilus galloprovincialis) in the canals of Venice, Italy. Marine Pollution Bulletin 48, 927-936.

Writer, et al. 1995. Sewage contamination in the upper Mississippi River as measured by the fecal sterol, coprostanol. Water Research 29, 1427-1436.

Xindong Ma, et al. 2014. Occurrence and gas/particle partitioning of short-and medium-chain chlorinated paraffins in the atmosphere of Fildes Peninsula of Antarctica. Atmospheric Environment, 90: 10-15.

Xindong Ma, et al. 2009. Distribution of organochlorine pesticides and polychlorinated biphenyls in Ny-Ålesund of the Arctic. Chinese Journal of Polar Science, 20: 48-56.

Yogui, et al. 2011. Accumulation of semivolatile organic compounds in Antarctic vegetation: a case study of polybrominated diphenyl ethers. Sci. Total Environ. 409, 3902-3908.

Yuan LX, et al. 2010. Seabirds colonized Ny-Alesund, Svalbard, Arctic~9, 400 years ago. Polar Biology, 33: 683-691.

Yuan LX, et al. 2011. 9400 yr BP: the mortality of mollusk shell (Mya truncate) at high Arctic is associated with a sudden cooling event. Environmental Earth Science, 63: 1385-1393.

Zalasiewicz, et al. 2008. Are we now living in the Anthropocene? GSA Today 18, 4-8.

Zeng Y, et al. 2009. . Community composition of the marine bacterioplankton in Kongsfjorden (Spitsbergen) as revealed by 16S rRNA gene analysis. Polar Biology, 32: 1447-1460.

Zhang, et al. 2007. Occurrence of organochlorine pollutants in the eggs and dropping-amended soil of Antarctic large animals and its ecological significance. Science in China Series D: Earth Sciences 50, 1086-1096.

Zhen Wang, et al. 2014. Atmospheric concentration characteristics and gas/particle partitioning of PCBs from the North Pacific to the Arctic Ocean. Acta Oceanologica Sinica, 33 (12): 32-39.

Zhen Wang, et al. 2015. Characterizing the distribution of selected PBDEs in soil, moss and reindeer dung at Ny-Ålesund of the Arctic. Chemosphere, 137, 9-13.

Zhen Wang, et al. 2013. Occurrence and gas/particle partitioning of PAHs in the atmosphere from the North Pacific to the Arctic Ocean. Atmospheric Environment, 77: 640-646.

Zhen Wang, et al. 2009. Correlations between physicochemical properties of PAHs and their distribution in soil, moss and reindeer dung at Ny-Åesund of the Arctic. Environmental Pollution, 157: 3132-3136.

第9章　北极渔业资源开发利用评价[*]

9.1　环北极国家渔业资源状况

9.1.1　北冰洋渔业状况

9.1.1.1　北冰洋渔业整体状况

北冰洋可分为两大部分海域：一个是北冰洋中央部及其周边海域，该海域的海冰基本上常年不化，很难开展海洋渔业生产。但据 LMEs（世界大海洋生态系统）的研究认为，该海域有渔获量的存在。中国"雪龙"船于 2010 年 7 月 1 日至 9 月 20 日的第 4 次北极科学考察中，在近北冰洋中心的 87°—88°N 一带，首次采集到一条体长为 18 cm 的北极鳕鱼类样本，表明北冰洋深处也有鱼类的存在，另外，随着全球气候变暖，北极和亚北极冷水性鱼类随着水温的升高有不断向北移动的迹象。另一个是属于大陆架范围的边缘海域，如格陵兰海、挪威海、巴伦支海、喀拉海、拉普捷夫海、东西伯利亚海、楚科奇海、波弗特海和巴芬湾（格陵兰岛西岸）等海域。目前，北冰洋的海洋渔业高生产力区域主要在大陆架范围内的边缘海，其中，巴伦支海、挪威海、格陵兰海都早已开展商业性捕捞，都属世界著名的渔场，尤其是巴伦支海最为重要（赵隆，2013）。在 FAO（联合国粮农组织）的渔业统计中，只有巴伦支海的商业捕捞数据。据称，1976 年前苏联渔船在巴伦支海的渔获量为 254.4×10⁴ t，而据最近 LMEs 的研究，估计巴伦支海的渔获量有数百万吨，表明北冰洋的海洋渔业资源还是相当丰富。当前，在这 8 个大陆架范围内的边缘海中，除巴伦支海、挪威海和格陵兰海 3 个边缘海在开展商业性捕捞外，其他 5 个边缘海（喀拉海、拉普捷夫海、东西伯利亚海、楚科奇海和波弗特海）的渔业资源尚处于未开发或极少开发的状态。其中一个最重要的原因是这 5 个边缘海都处于北冰洋内侧的俄罗斯北岸和美国阿拉斯加北岸，年间海冰的封冻期长达约 9 个月，加之受暖流的影响小等原因。

北冰洋的海洋渔业资源开发潜力非常大，是人类在 21 世纪最重要且待开发的战略资源基地。随着全球气候变暖，北冰洋的海冰迅速减少，环境剧变加速了北冰洋渔业的进一步开发和渔业资源的进一步利用，这些现象也越来越受到关注（Reeves et al.，2012）。但全球气候变暖对北冰洋的海洋生态系统（海洋生物群落与其环境之间进行物质和能量循环所形成的自然整体）带来的影响，至今都无法预测。因此，加强相关的调查和研究是首先必须考虑的。

9.1.1.2　北冰洋的主要海洋鱼类

北冰洋地区由于自然环境恶劣（严寒和海冰），鱼类种类数量较少，可开发利用种类则更少，

---

[*] 本章编写人员：李渊、林龙山、李海、李励年、张然、王燕平。

其中，主要的经济鱼类只有 20 多种。这些经济鱼类虽不多，但个别种类产量大，在生物学和生态学方面有着与低纬度地区鱼类不同的特征。北冰洋的海洋鱼类大部分是冷水性鱼类，冷水性鱼类因其新陈代谢缓慢而寿命长，个头也相对较大，寿命长的鱼类一旦遭过度捕捞，资源恢复的过程也相对缓慢，而温水性鱼类正好与其相反。

北极格陵兰、挪威海、巴伦支海这 3 个边缘海位于东北大西洋 FAO 渔业统计区的 27 区北部的北冰洋；格陵兰岛以西的巴芬湾和戴维斯海峡位于西北大西洋 FAO 渔业统计区的 21 区北部的北冰洋；喀拉海、拉普捷夫海、东西伯利亚海、楚科奇海和波弗特海位于从新地岛到加拿大北部伊丽莎白女王群岛一带北冰洋 FAO 渔业统计区的 18 区范围内，因该区没有捕捞数据，故存在的鱼种不详（FAO，2000）。

1）东北大西洋北部—北冰洋（巴伦支海、挪威海、格陵兰海）的海洋鱼类

当前，世界各海区捕捞渔业产量居首位的是西北太平洋（约 $2\,200\times10^4$ t），第 2 位是东南太平洋（约 $1\,200\times10^4$ t），第 3 位是中西太平洋（约 $1\,100\times10^4$ t），第 4 位是东北大西洋（约 910×10^4 t）。

以下列举欧洲一侧北冰洋一些体型较大，并具商业价值的鱼种。

（1）鳕科鱼类

东北大西洋北部—北冰洋的鳕鱼资源是世界上最大的鳕鱼资源之一，渔获量一度非常丰富，使得商业捕捞迅速兴起，鳕鱼已成为欧洲地区乃至全世界人们餐桌上的重要食物（杨金森，2000）。主要的鳕鱼有大西洋鳕、黑线鳕和蓝鳕。此外，还有绿青鳕、非洲鳕、北极鳕等。大西洋鳕是鳕科鱼类中体型较大的种类，体长可达 50 cm，曾经是北大西洋最主要的商业捕捞鱼种，20 世纪 60 年代中期最高峰时每年的渔获量高达 200×10^4 t，其后逐年减少，2000 年减至 94×10^4 t，至 2008 年减至 76×10^4 t。黑线鳕的渔获量虽不大，但其渔获量一直稳定在 30×10^4 t 左右，1998 年为 28×10^4 t，2008 年为 33×10^4 t。蓝鳕是当前鳕科鱼类渔获量中最大的一种，2000 年渔获量为 147×10^4 t，2004 年一度增至 243×10^4 t，创历史新高，但以后逐年减少，2008 年减至 128×10^4 t，渔获量虽有减少，但仍维持在 100×10^4 t 以上的水平。到目前为止，东北大西洋北部—北冰洋一带的主要鳕鱼已处于过度捕捞状态，渔获量减少，商业捕捞的利润也不似从前。如蓝鳕的渔获量已从 2004 年最高的 243×10^4 t 减至 2008 年的 128×10^4 t，大西洋鳕渔获量也从 1998 年最高的 121×10^4 t 减至 2008 年的 79×10^4 t。

不过，其他几种北冰洋鳕科鱼类虽然经济价值和生活习性略有差异，但都有潜在的利用价值，如北极鳕、格陵兰鳕、北鳕等。

（2）鲱科鱼类

鲱科鱼类是一个大科，在全世界海洋中均有分布，绝大部分的种类生活在暖水中。在全世界 180 种鲱科鱼类中，只有两种生活在北冰洋的边缘海海域：一种是大西洋鲱（Atlantic herring），生活于欧洲一侧北冰洋的格陵兰海、挪威海和巴伦支海；另一种是太平洋鲱（Pacific herring），生活于白令海峡一侧北冰洋的楚科奇海。它们似乎是绕极分布的。目前，大西洋鲱的渔获量远高于太平洋鲱的渔获量。FAO 渔业统计资料显示，2008 年分布于北大西洋的大西洋鲱的总渔获量为 247.6×10^4 t，2008 年分布于北太平洋的太平洋鲱的总渔获量只有 27.9×10^4 t。现在东北大西洋北部海域捕捞大西洋鲱的主要国家有挪威、冰岛、法罗群岛（丹麦属）和俄罗斯。鲱鱼是集群性鱼类，产量大，其鱼肉中脂肪含量丰富，是人们重要的食物种类之一。

（3）鲽科鱼类

鲽鱼是底层鱼类，无鳔，寿命长（12~35 年），其一生中的大部分时间平躺于海底，非集群性鱼类，渔获量不大。然而几乎所有的鲽科鱼类均肉质鲜美，自古以来就是西欧国家人们主要的食用鱼。在东北大西洋北部—北冰洋主要分布有马舌鲽，该鱼体长 38~40 cm，年间渔获量超过 10×10^4 t，产量虽不大，但其经济价值极高。目前在格陵兰岛西岸的巴芬湾南部、挪威海的北部、巴伦支海都可捕到马舌鲽。除马舌鲽外，在北冰洋还有其他几种鲽科鱼类，如北极鲽、白令鲽等。

（4）鲑科鱼类

很多鲑科鱼类生活在海洋中，每年的春季或秋季为了进入河流产卵，而向北方水域移动。鲑鱼能够适应冷水或者变化的水温环境。据渔业资料显示，北极海域（该海域包括北冰洋及其岛屿、欧亚大陆和北美大陆北部边缘地带）分布有 14 种鲑科鱼类。在北大西洋一侧的北极海域分布有大西洋鲑和秋白鲑两种，其中，大西洋鲑已成为北欧国家重要的养殖品种。如 2010 年挪威养殖的大西洋鲑产量为 92×10^4 t。

（5）鲉科鱼类

鲉科鱼类种类颇多，主要有尖吻平鲉、褐菖鲉等。自 20 世纪 80 年代以来，鲉科渔业曾一度是冰岛、格陵兰岛（南部）和法罗群岛周边水域的新开发渔业，渔获量一直稳定在 12×10^4 ~ 17×10^4 t 的水平。但到 1991 年时，渔获量大幅降至 2×10^4 ~ 3×10^4 t。鲉科鱼类分布零散，大多为捕捞其他主要鱼种时附带捕捞的。一些鲉科鱼类带有毒棘刺，部分毒性是致命的。

（6）毛鳞鱼

毛鳞鱼为体型呈长条状的小型鱼，最大体长约 15 cm，是冷水性中上层鱼类，是北大西洋和北极海区最重要的捕捞对象之一。该鱼多用于鱼粉、鱼油加工原料和养殖上的饵料鱼。现在毛鳞鱼主要捕自北大西洋北部—北冰洋的格陵兰海、挪威海和巴伦支海。捕捞的主要国家有冰岛、法罗群岛、挪威和俄罗斯等。其中，巴伦支海的毛鳞鱼渔获量最大。然而毛鳞鱼资源的波动性大，如 2002 年世界毛鳞鱼的渔获量从 1998 年的 98.2×10^4 t 增至 196.2×10^4 t，其后逐年在减少，至 2008 年竟减至 26×10^4 t。

此外，据最近 LMEs 的研究资料显示，巴伦支海的主要鱼类有 11 种，主要为鳕科鱼类的大西洋鳕、蓝鳕、黑线鳕、绿青鳕、北极鳕；毛鳞鱼、尖吻平鲉、马舌鲽、大西洋鲱、北方长额虾和过去在北冰洋巴伦支海不常见的大西洋鲭。大西洋鲭为暖水性洄游鱼类，以往主要出现在挪威南岸的北海，其在北冰洋巴伦支海的出现，表明全球正在变暖。

2）格陵兰西岸巴芬湾的主要鱼类

格陵兰西岸是一个大陆架海区。巴芬湾（南侧与戴维斯海峡相接）地处格陵兰西岸中部和加拿大巴芬岛东岸之间一带海域。因巴芬湾地处北冰洋的严寒地带，鱼类品种较少。格陵兰西岸的海洋渔业渔获量主要由大西洋鳕、马舌鲽、北方长额虾和毛鳞鱼 4 个品种组成，这 4 个品种的捕捞渔业为格陵兰的社会经济奠定了基础。近年来，尽管大西洋鳕的渔获量在减少，但这 4 个品种的年间渔获量仍维持在 15×10^4 t 左右。其中，北方长额虾的渔获量约占 50%，约占总产值的 70%；马舌鲽约占 22%，属高价品种；毛鳞鱼约占 16%，为低质鱼，主要用于鱼粉加工；其他如大西洋鳕、鲈鲉和珠雪蟹等甲壳类的渔获量约占 12%，品种虽杂，也具一定的经济价值（FAO Fisheries，2013）。

3）白令海峡一侧北冰洋楚科奇海的主要鱼类

楚科奇海为大陆架边缘海，至今仍处于待开发状态。据 LMEs 研究资料显示，楚科奇海出现的主要鱼类共 9 种，其中，鲑鳟鱼类有 7 种，为大马哈鱼、宽鼻白鲑、细鳞大马哈鱼、秋白鲑、北鲑、白令白鲑和玛红点鲑；太平洋鲱鱼 1 种；鳕科鱼类中的远东宽突鳕 1 种，该鱼分布于美国阿拉斯加州西岸的东白令海，全长为 30 cm，捕捞该鱼时是破冰而钓之，故又名冰下鱼。

2000 年夏季美俄两国科学家合作，使用一艘底拖网船在楚科奇海和波弗特海进行联合调查，结果确认在上述两个海域中分布有 24 种底层鱼类，但没有公开鱼类名录。与此同时，还发现分布于东白令海的狭鳕有穿过白令海峡进入楚科奇海的迹象。此外，每年的春、秋两季有大量的鲑鳟鱼类洄游至东白令海，在阿拉斯加西岸溯河而上进行产卵。据不完全统计，每年洄游至东白令海的鲑鳟鱼有 600 万~700 万尾，估计在楚科奇海出现的鲑鳟鱼与这些洄游的鲑鳟鱼类有关。

9.1.2　美国渔业资源状况

9.1.2.1　美国渔业资源整体状况

美国大西洋沿海大陆架辽阔，鱼类品种繁多，主要经济鱼类有鳕类，包括大西洋鳕、黑线鳕、银无须鳕、绿青鳕、单鳍鳕、白长鳍鳕等；鲆鲽类，包括美洲拟庸鲽、黄尾黄盖鲽、美洲拟庸鲽、马舌鲽、美首鲽等；革平轴、大西洋鲱、大西洋油鲱、鲭、美洲鲛鳒。蟹类，包括美洲蓝蟹、蛛雪蟹。另外，还有美洲海螯虾、长额虾、贞洁巨牡蛎、北极蛤等。

就资源状况而言，太平洋一侧的狭鳕资源量保持在较高水平，大头鳕、美洲拟庸鲽、底层鱼类和太平洋无须鳕等得到充分利用。太平洋大马哈鱼资源状况因海区不同而差别很大，大多数得到充分利用。

美国的阿拉斯加州约有 1/3 的地区位于北极圈内，西面的白令海峡是太平洋进入北冰洋的唯一海上通道。白令海峡南端太平洋一侧的白令海是全球著名的渔场，盛产狭鳕等经济鱼类，全球狭鳕产量的 40% 左右产自这一海域，20 世纪 80 年代，包括中国在内的许多国家渔船在这里从事海洋渔业捕捞作业。白令海峡北端北冰洋一侧的楚科奇海，随着全球气候变暖，渔业资源业出现增加的迹象。

在白令海和阿拉斯加湾，由于受同一渔具捕获其他品种的兼捕渔获物限制，除美洲拟庸鲽外，其他鲽鱼资源充足，但利用不足。鲹科鱼类的利用也不足。虽然太平洋鲱在不同海域的利用程度不一，但是资源量仍呈健康态势。

9.1.2.2　渔业产量

2001—2010 年的 10 年间，美国国内渔业的平均年产量为 523×10^4 t，其中海洋捕捞产量占渔业总产量的 90% 以上（表 9-1）。2012 年，美国海洋渔业捕捞产量为 435.84×10^4 t，与 2011 年创出的近 10 年来的高点相比，产量减少了 2.3%，产值下降了 3.2%（图 9-1）。

表 9-1　2001—2010 年美国渔业产量　　　　　　　　　　　　单位：$\times 10^4$ t

类别	2001 年	2002 年	2003 年	2004 年	2005 年	2006 年	2007 年	2008 年	2009 年	2010 年
捕捞产量	494.4	493.7	493.8	495.9	489.2	485.2	476.7	434.9	422.2	436.9
养殖产量	48.03	49.88	54.59	60.75	51.37	51.94	52.62	50.00	48.02	49.54
总计	542.4	543.6	548.4	556.7	540.6	537.1	529.3	484.9	470.2	486.4

资料来源：FAO。

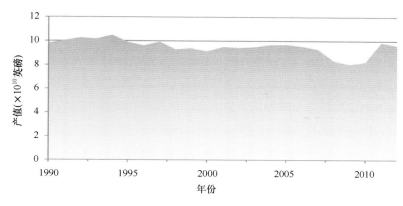

图 9-1　1990—2010 年美国国内渔业产值变化情况

资料来源：NOAA

9.1.2.3　海洋捕捞业

美国渔业产量的 90% 左右来自海洋捕捞。2010 年，美国国内共有机动渔船 75 695 艘。2010 年美国海洋渔业捕捞产量 436.9×10⁴ t（表 9-2），在全球主要渔业国家中排名第 4 位。

表 9-2　2001—2010 美国海洋渔业捕捞产量　　　　　　　　　　　单位：×10⁴ t

类别	2001 年	2002 年	2003 年	2004 年	2005 年	2006 年	2007 年	2008 年	2009 年	2010 年
产量	494.4	493.7	493.8	495.9	489.2	485.2	476.7	434.9	422.2	436.9

资料来源：FAO。

美国的阿拉斯加和阿留申群岛所处的白令海是美国海洋渔业捕捞的主要渔场，被称为"美国的鱼筐"，2012 年美国海洋渔业捕捞产量的 50% 以上来自这一海域。其次是美国西海岸的大西洋海域，另外，中西太平洋上的许多小岛属于美国的海外领地，这些海域是美国捕捞金枪鱼的重要渔场（图 9-2）。阿拉斯加是美国最重要的渔业产区，无论是产量还是产值都名列前茅。新英格兰地区，即美国东北部的 6 个州——马萨诸塞、康涅狄格、佛蒙特、新罕布什尔、缅因州和罗得岛，2012 年的

图 9-2　美国海洋捕捞业的主要渔场

渔业产量和产值均保持了 7% 的增长。位于阿拉斯加的荷兰港已经连续 16 年保持着美国国内渔获物上岸量最多渔港的地位，其中的主要品种是阿拉斯加狭鳕（产量占 85%，产值占 40%），另外，价值较高的蛛雪蟹和大王蟹，尽管产量远低于狭鳕，产值也占到 35%。美国国内产值最高的渔港是位于大西洋沿岸马萨诸塞州的新贝德福德，这一状态已经持续了 13 年，主要渔业品种是市场价格较高的扇贝，扇贝的产量占这一地区渔业产量的 80% 以上。美国海洋捕捞具有近海作业的特点，除金枪鱼外，几乎全部捕自大陆架水域，使用的渔具渔法有围网、拖网、曳绳钓、延绳钓、流刺网、贝类采集装置等。

9.1.2.4 水产养殖

2010 年美国的水产养殖产量 49.54×10⁴ t（表 9-3），在全球主要渔业国家中排名第 13 位。水产养殖业在美国是一个较小的产业，其产值远不及休闲渔业。美国的水产养殖到 20 世纪 60 年代才有较大的发展，鱼类养殖品种少。首先是养殖斑点叉尾鲴，到了 80 年代后才逐步增加了鲑鳟、西部美鳊、鲈鱼、罗非鱼等。贝类和虾类养殖的品种主要有长巨牡蛎、贞洁巨牡蛎、贻贝、菲律宾蛤仔、薪蛤、鲍、南美白对虾和克氏原螯虾。

表 9-3　2001—2010 年美国水产养殖产量与产值

类别	2001 年	2002 年	2003 年	2004 年	2005 年	2006 年	2007 年	2008 年	2009 年	2010 年
产量（×10⁴ t）	48.03	49.88	54.59	60.75	51.37	51.94	52.62	50.00	48.02	49.54
产值（亿美元）	8.04	7.25	8.23	9.22	8.95	9.98	9.52	9.76	9.53	10.16

资料来源：FAO。

美国本国的水产养殖产品在国内水产品市场上所占的比例较小，品种主要是牡蛎、蛤蜊、贻贝和一些有鳍鱼类，比如鲑鱼等。北部的华盛顿州和缅因州主要养殖海水鱼类，南部的弗吉尼亚州和路易斯安那州主要养殖贝类。

9.1.3　俄罗斯渔业资源状况

俄罗斯的海洋渔业资源十分丰富，从事海洋渔业生产的海区主要有两处：一处是其东部的远东海区，包括白令海、鄂霍次克海、日本海和西北太平洋，都是俄罗斯的主要作业渔场；另一处是其西部的欧洲海区，包括巴伦支海、白海、喀拉海、波罗的海、黑海和里海，都是俄罗斯的主要作业渔场。

9.1.3.1　俄罗斯东部远东海区的渔业资源和渔场

俄罗斯渔业资源十分丰富，主要集中在远东地区。远东地区由于拥有发展渔业得天独厚的条件，海洋资源开发及水产品加工领域成为其不可或缺的产业。远东海域是俄罗斯最重要的捕渔区，年捕鱼量达 300×10⁴ t 左右，捕鱼量占全国捕鱼总量的比重近 65%，其海洋鱼量占全国海洋总鱼量的比重达 90% 以上，俄罗斯 4 大温水海区中的 3 个（白令海、鄂霍次克海和日本海）位于该海域。主要捕捞对象为鳕鱼类、鲱鱼类、鲑鱼类（西伯利亚鲑鱼、大马哈鱼）、鳟类鱼、鲽鱼、海蟹、抹香鲸、海兽（海狗、海獭、海豹）、青鱼、比目鱼、鲔鱼、秋刀鱼、鲭鱼、鲈鱼等。远洋捕鱼主要捕捞智利竹荚鱼、太平洋竹荚鱼、无须鳕、澳洲鳕等。

1）白令海

白令海总面积为 $230.4×10^4$ km^2，平均水深为 1 598 m，最大水深为 4 420 m，是远东海区最大的一个深水海。白令海的海底可分为两个区域。一个是处于美国 200 n mile 专属经济区范围的东部白令海，大部分为大陆架海区，也是世界上最大的陆架之一，离岸最远可延伸到 643 km，并经白令海峡伸向北冰洋的楚科奇海地区，大陆架浅于 200 m；另一个处于俄罗斯 200 n mile 专属经济区范围的西部白令海，是由一个深水海盆（阿留申海盆）组成，最大深度为 4 420 m。在东白令海的大陆架上还有从平坦的海底抬升起的几个岛屿，如著名的圣劳伦斯岛、努尼瓦克岛和普里比洛夫群岛。白令海的气温，冬季为−25℃，夏季 10℃。冬季海冰封冻着 90% 的海域，而夏季却完全无冰。白令海的海洋生物非常丰富，浮游生物有两个最旺盛的季节，一个在春季，另一个在秋季，它们主要以硅藻为主，为食物链提供了基本保证，使白令海成为颇具价值的渔场。主要的捕捞对象有狭鳕、大头鳕、刺盖黄鲽、斑平鲉、裸盖鱼（银鳕）、远东多线鱼和盲珠雪蟹。其中，俄罗斯在西白令海年间捕捞狭鳕的产量为 $80×10^4$ t 左右。

2）鄂霍次克海

鄂霍次克海总面积为 $150×10^4$ km^2，该海域的北部、西部、东部为大陆架浅海，中央部和南部为深海，最大水深达 3 374 m。鄂霍次克海的大部分海区都处于俄罗斯 200 n mile 专属经济区范围内，只有西南部的一部分处于日本 200 n mile 专属经济区范围内，且鄂霍次克海的中央部有一小部分是属于公海水域。鄂霍次克海鱼类资源丰富，主要经济鱼类有狭鳕、大头鳕、太平洋马舌鲽、玉筋鱼、远东多线鱼、太平洋鲱、鲑鳟鱼类等，其外还有盲珠雪蟹与堪察加蟹。其中，狭鳕的渔获量占 70% 左右。近年，俄罗斯在鄂霍次克海的狭鳕渔获量为 $80×10^4$ ~ $100×10^4$ t 之间，是俄罗斯远东地区的主要作业渔场。

3）日本海

日本海总面积约为 $130×10^4$ km^2，周边沿海为浅水，中央部为深水区，大陆架坡度很大，最深处达 4 226 m。日本海北部西侧沿海处于俄罗斯 200 n mile 专属经济区范围，而日本海北部东侧北海道沿海则处于日本 200 海里专属经济区范围。日本海北部的捕捞对象有狭鳕、鲑鳟鱼、鲐鱼和太平洋褶柔鱼等，其中主要捕捞对象为狭鳕。在该水域俄罗斯年间的狭鳕渔获量约为 $2×10^4$ t。在该海区有俄罗斯远东地区最重要的渔业基地——海参崴。

西北太平洋公海也是俄罗斯拖网渔船作业渔场之一。早在 1967 年 11 月有一艘前苏联的拖网船首次进入位于该公海东部的天皇海山渔场进行试捕，结果捕到大量五棘帆鱼，仅拖网 10 ~ 20 min，就捕到 20 ~ 30 t 的五棘帆鱼。据日本渔业资料显示，1968 年 12 月至 1970 年 7 月期间前苏联拖网船（船数不详）在天皇海山渔场作业共捕到五棘帆鱼 $13.3×10^4$ t。然而，自 1971 年以后再没看到前苏联渔船在天皇海山渔场作业的资料。近年来，取而代之的是俄罗斯的拖网船在西北太平洋公海主要以中层拖网捕捞秋刀鱼。据日本的渔业统计资料显示，2007 年在西北太平洋从事秋刀鱼捕捞的国家和地区有日本、俄罗斯、韩国和中国台湾，共捕获到秋刀鱼 $50.7×10^4$ t，其中日本为 $29.5×10^4$ t，俄罗斯 $10.9×10^4$ t，韩国 $1.6×10^4$ t，中国台湾 $8.7×10^4$ t。

9.1.3.2 俄罗斯西部欧洲海区的渔业资源和渔场

巴伦支海总面积为 $160×10^4$ km^2，该海岸线长 1 300 ~ 1 400 km，宽 1 100 ~ 1 200 km。最大水深为 548 m，平均水深为 199 m，是一个浅水海，200 m 以内的大陆架面积约占总面积的 48%。巴伦支海虽地处北冰洋范围内，但由于受到西北大西洋暖流的影响，巴伦支海的西南部海域基本上不结冰。同时受到该暖流的影响，位于俄罗斯西北角科拉半岛北岸面临北冰洋的摩尔曼斯克港，不仅成为一个著名的不冻港，还成为俄罗斯在北冰洋地区的重要渔业基地。巴伦支海的主要捕捞对象有大西洋鳕、蓝鳕、黑线鳕、绿青鳕、北极鳕、毛鳞鱼、尖吻平鲉、大西洋鲱、大西洋鲭、马舌鲽和北方长额虾。巴伦支海距离俄罗斯比较近，是俄罗斯在欧洲海区极为重要的渔场。第二次世界大战结束后，前苏联加强了巴伦支海的渔业资源调查，结果发现很多新渔场。1953 年前苏联在巴伦支海的年产量已达 35×10^4 t，至 1965 年时突破 100×10^4 t 大关。1976 年产量最高达 254.4×10^4 t，占前苏联海洋渔业总产量的 27.2%。但其后年产量逐年减少，近年来已减至 $35 \times 10^4 \sim 40 \times 10^4$ t 之间。此外，位于巴伦支海南侧的白海是与巴伦支海相连的一个面积为 8.9×10^4 km^2 的小海，该海域盛产大西洋鲱、鳕科鱼类、鲑鱼等，也是俄罗斯的一个作业渔场，但因冰冻期长，年间只能作业 3~4 个月，产量不是很高。

喀拉海位于新地岛东和北地群岛之间，面积约 90×10^4 km^2，沿岸有鄂毕河和叶尼塞河两条大河注入北冰洋。该海域的主要经济鱼类虽有白鲑、鳟鱼、宽突鳕和北极鲽等，但因该海域冬季严寒，只有夏季在近海区可以从事 2~3 个月捕捞作业，一般年产量为 1 000~2 000 t。

波罗的海总面积为 38.5×10^4 km^2，是一个半封闭性的海，平均水深 71 m，一般水深 60~70 m，最大水深 294 m。波罗的海是一个由多个国家（瑞典、波兰、德国、立陶宛和俄罗斯等）拥有的海。该海域的主要经济鱼类有大西洋鲱、鳕科鱼类、鲑鱼、比目鱼等，年间渔获量已超过 100×10^4 t。前苏联在波罗的海的年渔获量为 $12 \times 10^4 \sim 13 \times 10^4$ t，而近年俄罗斯在波罗的海的年渔获量已减至 3.7×10^4 t 左右。加里宁格勒是俄罗斯在波罗的海的重要渔业基地。

黑海总面积为 41.3×10^4 km^2，是一个伸入大陆的内海。黑海的东北部经刻赤海峡与亚速海相连，西南部则经博斯普鲁斯海峡和达达尼尔海峡与地中海相连。最大长度为 980 km，最大宽度为 530 km。黑海属深海型，最大水深为 2 243 m，平均水深 1 282 m，小于 180 m 水深的海区面积仅占总面积的 1/4 左右。黑海的西北部有德涅斯特河和多瑙河注入。黑海的主要经济鱼类有大西洋鲭、欧洲鳗鱼、蓝鳍金枪鱼、欧洲竹筴鱼、梭、鲻鱼等。黑海也是一个由俄罗斯、乌克兰、罗马尼亚、保加利亚和土耳其等多个国家所拥有的海。苏联时期年间渔获量一般为 $4 \times 10^4 \sim 5 \times 10^4$ t，但近年俄罗斯的年间渔获量已减至 2.2×10^4 t。

里海总面积为 43.6×10^4 km^2，是一个全封闭的海域（里海实质为世界上最大的内陆咸水湖），里海南北长 1 205 km，东西最宽 554 km，海岸线长达 6 380 km，其中的 5 800 km 属前苏联所有，580 km 属伊朗所有。里海北部水浅，平均深度为 62 m；南部水深，最大深度为 1 000 m。里海是世界上名贵鲟鳇鱼的主要产地，年产量最高超过 3×10^4 t。前苏联和伊朗以鲟鳇鱼卵为原料，加工经济价值极高的咸鱼卵鱼籽酱（Caviar）罐头而闻名于世。因此，里海对俄罗斯渔业具有重要意义。近年，俄罗斯在里海的渔业年产量为 1.5×10^4 t 左右。

2007 年俄罗斯的海洋渔业总产量为 329.5×10^4 t，其中，捕自国内水域的为 255.7×10^4 t（占 77.6%），捕自外国 200 n mile 专属经济区和世界公海水域的为 73.8×10^4 t（占 22.4%）。

在捕自国内水域的 255.7×10^4 t 产量中，捕自俄罗斯东部远东地区海区（白令海西部、鄂霍次克海、日本海北部、西北太平洋公海）的为 215.1×10^4 t（占 84%），表明俄罗斯的海洋渔业捕捞主要集中于远东地区；捕自俄罗斯西部欧洲地区海区（巴伦支海、白海、喀拉海、波罗的海、黑海、里海）的为 40.6×10^4 t（占 16%），其中，捕自巴伦支海（包括白海和喀拉海）的为 33.2×10^4 t，波罗的海 3.7×10^4 t，黑海（包括亚速海）2.2×10^4 t，里海 1.5×10^4 t。

9.1.3.3 近年海洋渔业产量情况

1986 年前苏联的渔业总产量曾达 1 126×10⁴ t（创历史最高纪录），仅次于日本的 1 198×10⁴ t，居世界第 2 位，其中海洋渔业产量为 1 035×10⁴ t（92%），其后海洋渔业产量逐年在减少，1988 年减至 800×10⁴ t。1991 年前苏联解体以来，俄罗斯的海洋渔业产量连续减少，1994 年一度减至 380×10⁴ t，1996 年回升到 480×10⁴ t，其后年产量上下波动。2010 年回升到 410×10⁴ t，2011 年达 424×10⁴ t（图 9-3），这与俄罗斯联邦政府于 2007 年制定的新渔业法规有关。在新渔业法规的推动下，俄罗斯政府部门采取了多种重振国内海洋渔业生产的措施。如为鼓励国内渔业企业开展海洋渔业生产的积极性，而为其提供低息贷款，以及完善国内渔港基础设施建设和国内水产品供应与物流系统等，给海洋渔业生产注入活力，产量有了提高。

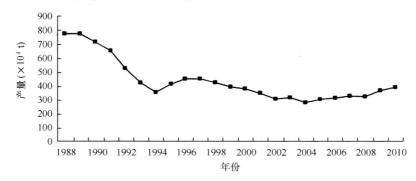

图 9-3 1988—2010 年俄罗斯海洋捕捞产量分布

9.1.4 加拿大渔业资源状况

加拿大被北冰洋、大西洋和太平洋三大洋环绕，国内湖泊众多，河流纵横，因此加拿大渔业资源十分丰富，并且拥有多样化的渔业。如果按照区域划分，加拿大渔业可以分为大西洋渔业、太平洋渔业、内陆淡水渔业和北极渔业 4 个部分，其中大西洋渔业的规模最大，产量约占加拿大渔业总产量的 3/4，其次为太平洋渔业和内陆淡水渔业，北极渔业规模极小，每年公告的产量只有几百吨。

加拿大渔业以海洋捕捞业为主（表 9-4）。2011 年加拿大国内的渔业产量为 102.38×10⁴ t，其中捕捞产量 86.14×10⁴ t，占 84%，养殖产量 16.24×10⁴ t，占 16%。2010 年，加拿大渔业捕捞产量在全球排名第 21 位，水产养殖产量 16×10⁴ t，在全球排名第 25 位（图 9-4）。

表 9-4 2001—2010 年加拿大渔业产量　　　　　　　　　　　　　　单位：×10⁴ t

年份	2001	2002	2003	2004	2005	2006	2007	2008	2009	2010	2011
捕捞	104	106	110	117	110	107	102	95	95	92.7	86
养殖	15	17	16.7	14.5	15	17	15	15	15	16	16
总计	119	123	126.7	131.5	125	124	117	110	110	108.7	102

资料来源：FAO。

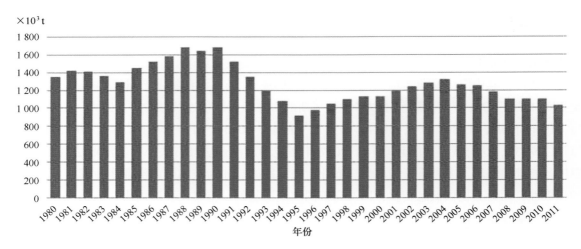

图 9-4　1980—2011 年加拿大渔业产量

（资料来源：FAO；注：蓝色为捕捞产量；红色为养殖产量）

9.1.4.1　发展渔业的自然条件

加拿大东、西两侧濒临大西洋、太平洋，北濒北冰洋，海岸线长 24.3×10⁴ km，是世界上拥有最长海岸线的国家。200 n mile 专属经济区面积大约相当于加拿大陆地面积的 1/3，大陆架面积 93.5×10⁴ km²（不包括北冰洋）。

加拿大的北冰洋海岸线约占海岸线总长的 2/3，沿岸切割强烈，沿岸海水结冰期 9~10 个月，解冻后浮冰影响通航。尽管该地区气候严寒，但北冰洋沿岸和近海水域，有春季浮游生物大量繁殖，维持着鲸、海豹、北极熊以及海鸟所栖息的重要极地生态系统。

加拿大的大西洋沿岸，多大峡湾、岛屿，因受墨西哥暖流影响，东南部沿岸多雨雾，冬季不结冰。海岸拥有广阔的大陆架、拉布拉多海的近岸和近海及其近海浅滩。这里大陆架宽度为 350~400 n mile，由于受西墨西哥暖流和北冰洋寒流的影响，该水域的水温分为三层，形成世界上最好的渔场之一。加拿大的海洋渔业生产以大西洋沿岸为主，主要分布在纽芬兰、拉布拉多、新斯科舍、新布伦瑞克、爱德华王子岛和魁北克等地区，盛产鳕鱼、鲱鱼、龙虾、珠雪蟹、扇贝、大马哈鱼、黑线鳕、鲆鲽鱼和平鲉等。

加拿大的太平洋沿岸，山脉高峻、陡峭、多海湾、狭湾和岛屿，有大量的湿地和河口。丰富的初级生产力使沿岸水域成为生产大马哈鱼、鲆鲽、狗鳕、太平洋鲱及无脊椎动物的大型渔场。但由于大陆架较窄，平均只有 70 n mile，渔业资源不及东部大西洋沿岸丰富，主要渔业分布在不列颠哥伦比亚和育空地区。

境内多河流、湖泊和海湾。流入北冰洋的河流流域面积占全国面积的一半以上。境内主要有马更些河、育空河、圣劳伦斯河等，其中马更些河长 4 040 km，流域面积 176.6×10⁴ km²，占世界淡水总面积的 16%，主要湖泊有大熊湖、大奴湖、温尼伯湖以及与美国交界的苏必利尔湖、密歇根湖、休伦湖、伊利湖和安大略湖，最大的海湾是哈得孙湾。这些河流湖泊为加拿大内陆水域渔业提供了捕捞基础。

加拿大渔业开发的各种不同的商业性种类有 100 种以上。其中产量较多的品种主要有：鲑鳟鱼类、鳕鱼、沙丁鱼、虾、蟹和龙虾等。

9.1.4.2 海洋捕捞业

加拿大的海洋捕捞业主要分为大西洋海域和太平洋海域两个部分，因为这两个海域自然地理条件不同，渔业品种、渔业规模、作业方式等均有所不同，其中大西洋渔业是加拿大渔业中最重要的组成部分，其次为太平洋。加拿大国内 2010 年参与海洋捕捞作业的渔船约有 20 300 艘，其中 84%以上在大西洋海域作业（表 9-5）。

表 9-5 1995—2010 年加拿大海洋捕捞渔船数量   单位：艘

类别	1995 年	2001 年	2002 年	2003 年	2004 年	2005 年	2006 年	2007 年	2008 年	2009 年	2010 年
渔船数	30238	23361	22947	22513	22342	21857	21589	21337	20767	20488	20307

资料来源：FAO。

加拿大的海洋渔业资源分为 3 类：底层鱼类、中上层鱼类和河口区鱼类以及贝壳类（图 9-5）。底层鱼类包括大西洋鳕、太平洋鳕、黑线鳕、白长鳍鳕、绿青鳕、平鲉属、美洲拟庸鲽、马舌鲽。中上层鱼类和河口区鱼类包括大西洋鲱、太平洋鲱、毛鳞鱼、鲭、金枪鱼类、白斑角鲨、鳐类、鲑鳟鱼类、池沼公鱼、似鲱白鲑等。贝类和虾类包括珠雪蟹、美洲龙虾、北方长额虾、麦哲伦海扇蛤、北极马珂蛤等。

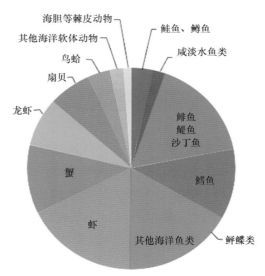

图 9-5 2011 年加拿大海洋渔业捕捞主要品种占比

（资料来源：加拿大渔业与海洋部）

大西洋渔业的捕捞种类主要是大西洋鲱鱼，其次为虾类、蛛雪蟹、扇贝等，其中市场价格较高的品种是龙虾、蟹、虾、扇贝和格陵兰大菱鲆。

太平洋沿岸的渔业捕捞种类以绿青鳕、黑线鳕、鲑鱼、鲱鱼、鲉科鱼类和其他底层鱼类为捕捞对象，其中野生鲑鱼的产值最高，除了鲑鱼以外，市场价格较高的品种还有大比目鱼、象拔蚌、斑虾和珍宝蟹。

9.1.4.3 海水养殖业

与世界上其他水产养殖大国相比，加拿大的水产养殖业起步较晚。加拿大开展水产养殖的最初目的是为了天然渔业资源的保护和增殖，直到20世纪50年代国内才开始出现商业性水产养殖。目前，加拿大的水产养殖业已经发展成为遍布全国各地具有较大规模的商业性产业，直接或间接地为本地和区域提供了可观的经济效益。

加拿大渔业和海洋部的统计资料显示，2011年，加拿大水产养殖产量16.3×10⁴ t，约占国内渔业总产量的16%。2012年，加拿大的水产养殖业年产值已经接近10亿美元，其中三文鱼养殖业的规模在全球排名第4位。2012年，仅养殖贻贝的出口额就达到3 900万美元。加拿大的水产养殖业为国内提供了14 000多个全职就业岗位，其中许多水产养殖场位于偏远地区和沿海地区（表9-6）。

表9-6　2001—2010年加拿大水产养殖产量与产值

类别	2001年	2002年	2003年	2004年	2005年	2006年	2007年	2008年	2009年	2010年
产量（×10⁴ t）	15.3	17.2	16.7	14.5	15.4	17.1	15.2	15.2	15.4	16
产值（亿美元）	4.7	3.9	3.9	3.9	5.8	7.9	7.0	7.2	6.7	8.9

资料来源：FAO。表中数据包括淡水养殖产量，加拿大淡水养殖产量较低，2010年产量在国内养殖总产量中约占3%。

加拿大的水产养殖品种主要有：大西洋鲑鱼、虹鳟、大西洋鳕、庸鲽、牡蛎、扇贝、海胆以及一些淡水鱼类（表9-7）。

表9-7　2011年加拿大水产主要养殖品种、产量与产值

养殖品种	产量（×10⁴ t）	产值（亿美元）	主要产地
鲑鱼	10.2	6.06	不列颠哥伦比亚省
贻贝	2.5	0.38	爱德华王子岛
牡蛎	1.08	0.18	不列颠哥伦比亚省
鳟鱼	0.65	0.35	安大略省

资料来源：加拿大渔业与海洋部。

加拿大的水产养殖业以海水养殖为主，主要分为大西洋沿岸和太平洋沿岸两个部分，两个区域的产量与产值基本相同，西海岸的不列颠哥伦比亚省约占全国养殖产量的51%，东部地区占45%，其中，东部的新不伦瑞克省占17%，爱德华王子岛占13%，纽芬兰省占10%，新斯科舍省占5%（表9-8）。2011年，加拿大国内共有633个水产养殖企业，其中大多数集中在大西洋沿岸，共有363家，太平洋沿岸有182家，内陆地区88家。但是在产量和产值方面，太平洋沿岸要略高于大西洋地区。

表9-8　2011年加拿大水产养殖产量、产值与区域分布

养殖地区	养殖企业数（个）	养殖产量（t）	产值（亿美元）
大西洋沿岸	363	72 210	3.53
太平洋沿岸	182	85 270	4.65

养殖地区	养殖企业数（个）	养殖产量（t）	产值（亿美元）
内陆地区	88	5 556	0.27
总计	633	163 036	8.45

资料来源：加拿大渔业与海洋部。

最近 10 年来，加拿大的水产养殖产量变化不大，但是由于不断调整养殖品种，提高产品质量，水产养殖业的年产值增长较快，2010 年水产养殖业年产值 8.9 亿美元，与 2001 年的 4.7 亿美元相比几乎增长了一倍，而同期的产量则基本相同。加拿大渔业管理部门预计，到 2020 年，加拿大水产养殖产量将超过 30×10^4 t，产值约 16 亿美元。

9.1.4.4 内陆渔业

加拿大国内湖泊与河流众多，水资源十分丰富，因此内陆渔业（包括淡水捕捞和淡水养殖）也是加拿大渔业的重要组成部分，年产量在 3×10^4 t 以上。内陆水域渔业生产的主要省份为安大略、曼尼托巴、萨斯喀彻温、阿尔伯塔、魁北克和新不伦瑞克等省以及西北地区。

加拿大内陆渔业捕捞主要是湖泊捕捞，2012 年产量为 2.55×10^4 t，捕捞品种主要是黄鲈、大眼梭鲈、白斑狗鱼、鲑形白鲑。作业渔船有 5~8 m 的敞篷渔船，也有 25 m 长的大型渔船，作业方式也多种多样。2012 年，内陆水产养殖产量 5 556 t，品种主要有鲈鱼、鲑鱼等。

9.1.5 格陵兰渔业资源状况

渔业是格陵兰的支柱产业，也是格陵兰国民的主要职业和收入来源。海产品出口占格陵兰出口总额的 93%。

9.1.5.1 渔业产量

格陵兰的渔业产量全部来自海洋捕捞。2010 年，海洋捕捞渔业产量为 20.94×10^4 t。2001—2010 年，每年的渔业产量约为 20×10^4 t（表 9-9，图 9-6）。

表 9-9 2001—2010 年格陵兰渔业产量 产量：$\times 10^4$ t

类别	2001 年	2002 年	2003 年	2004 年	2005 年	2006 年	2007 年	2008 年	2009 年	2010 年
产量	15.85	19.56	17.53	22.51	23.49	25.30	23.38	22.77	19.79	20.94

9.1.5.2 渔场

格陵兰岛虽然地处北寒带，但西岸和东岸的气候却有所不同。东岸和北岸的大部分地区几乎都是人迹罕至的极寒冰原，而格陵兰首府戈特霍布所在的西南部沿海地区却属于亚寒带气候，7 月平均气温为 7℃，1 月为-8℃。北大西洋暖流自南向北流动，它的一个分支流经格陵兰岛最南端的法韦尔角流入戴维斯海峡，而后形成一支西格陵兰暖流并沿格陵兰岛西岸北上，受这股暖流的影响，西岸地区的气候比同纬度东岸地区的温和（图 9-7）。因此，在格陵兰岛有人居住的区域，主要分

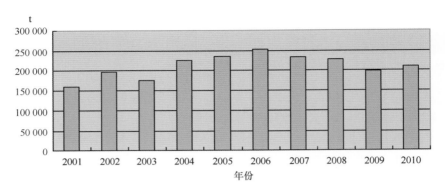

图 9-6　2001—2010 年格陵兰渔业产量

布在西海岸南部地区。北大西洋暖流流经的海域是这一地区的渔民从事渔业生产的渔场。

图 9-7　大西洋暖流活动路径

9.1.5.3　渔业资源

由于格陵兰地处北极圈严寒地带，渔业品种较少，主要渔业品种为北极红虾和马舌鲽。北极红虾和马舌鲽的年产量约占格陵兰年度渔业总产量的 60% 以上。2000—2010 年，格陵兰渔业中马舌鲽和虾的产量总体呈下降趋势，这对经济主要以渔业为主的格陵兰是一个十分严峻的问题。

1）北极红虾

北极红虾又称北方长额虾，成虾体长约 12 cm，虾体呈粉红色，生食时虾肉略带甜味，故又被称作"甜虾"（图 9-8）。北极红虾常见于北太平洋和北大西洋，其中北大西洋海域数量较多。在北大西洋，北极红虾主要分布在近北极圈附近水深 200~500 m 的大陆架斜坡带，渔获量比较集中的海域在格陵兰岛南部的西岸和南岸一带。

格陵兰海域的北极红虾资源由格陵兰与周边国家共同管理，由相关国家协商确定每年的总可捕量（TAC），格陵兰拥有其中的绝大多数捕捞配额。2012 年该海域北极冷水虾的 TAC 为 10.5×10^4 t，

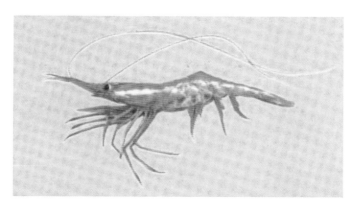

图 9-8　北极红虾

其中 9.76×10^4 t 属于格陵兰，其余则分配给加拿大和欧盟国家。2013 年的 TAC 为 9×10^4 t，其中格陵兰为 8.32×10^4 t（表 9-10）。

表 9-10　北大西洋海域北极红虾的捕捞产量　　　　　　　　　　　　　　　单位：t

海域	2011 年	2012 年	2013 年
欧盟	4 000	4 000	4 000
加拿大	—	3 325	2 850
格陵兰	110 570	97 675	83 150
捕捞产量总计	114 570	105 000	90 000

北极红虾是格陵兰渔业的重要品种。格陵兰北极红虾渔业生产主要集中在格陵兰岛的西南部海域，分为近海捕捞和外海捕捞两个部分，其中 21 艘小型捕虾船主要在近海作业，7 艘大型工业化捕虾船从事外海捕捞。外海捕捞作业使用深海底拖网。

2）马舌鲽

马舌鲽是格陵兰岛另一个重要的渔业品种（图 9-9）。马舌鲽属于底层鱼类，生长在水深 100~200 m 的陆坡海域，成鱼体长为 38~40 cm，具有较高的经济价值。主要分布于北大西洋和北太平洋海域。北大西洋海域的马舌鲽产量约占全球产量的 40%，格陵兰周边海域是马舌鲽的主要产地。

20 世纪 90 年代，北大西洋海域的马舌鲽年产量曾经达到 6×10^4 t，之后产量开始下降，马舌鲽生物量也出现大幅下降。近年来，格陵兰和周边相关国家加强了对马舌鲽资源的管理，资源状况有所好转，产量也出现了小幅回升。2012 年北大西洋的马舌鲽捕捞产量为 12.4×10^4 t，其中，格陵兰的捕捞产量约为 2.6×10^4 t。

对于北大西洋马舌鲽资源的评估，渔业专家认为，由于对格陵兰海域马舌鲽生活习性、繁殖和幼鱼的生长情况的相关资料比较缺乏，而且格陵兰海域的马舌鲽的生产周期较长，资源变动情况需要经过若干年才会显现，因此很难准确预测资源的短期变动情况。

3）其他渔业品种

除了北极红虾和马舌鲽，格陵兰渔业中产量较大的还有大西洋鳕鱼、圆鳍鱼、平鲉属、毛鳞鱼、蛛雪蟹和蛤蜊等。随着全球气候变暖，过去在北极附近海域较为少见的鲭鱼等中上层鱼类也大

图 9-9 马舌鲽

量出现在格陵兰海域。格陵兰政府计划将其作为一个新的渔业品种进行开发利用。

除此之外，格陵兰附近海域还有大量的磷虾、格陵兰鳕等海洋生物。当海冰融化时，它们大量聚集在格陵兰岛的西海岸，这些甲壳类和鱼类为海洋哺乳动物提供了丰富的食物，在整个北冰洋海洋生物的食物链中起着至关重要的作用。

9.1.6 挪威渔业资源状况

由于独特的自然地理环境，悠久的渔业传统，以及现代化的工业基础和先进技术，渔业在挪威的社会和经济中具有十分重要的地位。

2010 年，挪威渔业总产量 367.52×10⁴ t，在全球主要渔业国家中排名第 7 位。其中，捕捞产量 267.5×10⁴ t，全球排名第 10 位；水产养殖产量 100.8×10⁴ t，全球排名第 7 位。挪威的渔业主要分为海洋捕捞业和鲑鱼养殖业两大门类，其中海洋渔业捕捞产量占渔业总产量的 75%，水产养殖产量占 25%。内陆渔业产量不足 1 000 t，在挪威渔业中所占的比例极小。2000—2010 年，挪威水产养殖产量增长较快，海洋捕捞产量则基本保持平稳（图 9-10，表 9-11）。

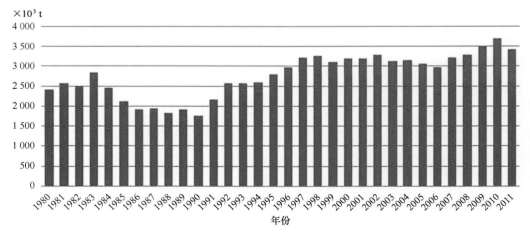

图 9-10 1980—2011 年挪威渔业产量

资料来源：FAO；注：红色为养殖产量，蓝色为捕捞产量

尽管 2010 年挪威渔业产值占国内生产总值的 0.7%，2012 年又降至 0.5%，但是如果把与渔业直接相关产业的产值也考虑进去，比如渔船制造与修理、渔具制造、水产品加工和运输等，这个比例将会大大提高。

表 9-11 2001—2010 年挪威渔业产量 单位：×10⁴ t

类别	2001 年	2002 年	2003 年	2004 年	2005 年	2006 年	2007 年	2008 年	2009 年	2010 年
捕捞	268.69	274.04	254.88	252.43	239.29	225.64	238.04	243.17	252.44	267.52
养殖	51.07	55.12	58.44	63.68	66.18	71.23	84.15	84.83	96.18	100.80
总计	319.76	329.16	313.32	316.11	305.47	296.87	322.19	320.00	348.62	368.32

资料来源：FAO。

2012 年，挪威农、林、渔业的就业人数为 5.7 万人，占全国就业总人数的 2.2%。其中从事渔业的全职就业人数为 12 900 名，另外还有为数不少的兼职人员和临时工。1940 年，挪威渔业部门的就业人数曾经达到 12.2 万人，随着技术进步和劳动生产率的不断提高以及国内其他产业的发展，挪威的渔民数量在不断地减少。

9.1.6.1 海洋捕捞业

挪威周围海域的大陆架宽广，冷暖流交汇，非常适宜鱼类生长，海洋渔业捕捞自中世纪以来就是挪威最具国际竞争力的产业。

表 9-12 2001—2010 年挪威渔业捕捞产量 单位：×10⁴ t

类别	2001 年	2002 年	2003 年	2004 年	2005 年	2006 年	2007 年	2008 年	2009 年	2010 年
捕捞	268.69	274.04	254.88	252.43	239.29	225.64	238.04	243.17	252.44	267.52

资料来源：FAO。

挪威捕捞产量最高的年份是 1977 年，产量曾达到 340×10⁴ t。2010 年海洋捕捞产量约为 270×10⁴ t，2001—2010 年 10 年间的平均捕捞产量为 250×10⁴ t（表 9-12）。造成捕捞产量波动的主要原因是中上层鱼类资源的自然变化，比如鲱鱼和毛鳞鱼。2006—2009 年，毛鳞鱼资源在经历了多年下降之后开始复苏，产量出现较大幅度的增长，鲭鱼的产量稳步增长，但是市场价格波动相当大。

挪威海洋捕捞的主要品种有鲱鱼、毛鳞鱼、鲭鱼、绿青鳕、蓝鳕和黑线鳕（表 9-13）。尽管鲱鱼的年产量多年来一直远远高于鳕鱼的产量，但是按照产值计算，鳕鱼是挪威海洋捕捞业产值最高的品种。另外还有一些产量较低，但是商业价值比较高的品种，比如北极红虾和庸鲽等。

另外，鳕鱼资源的变动也对捕捞产量产生了影响，巴伦支海的鳕鱼资源量和捕捞产量在 20 世纪 70 年代出现下降，80 年代末跌至低点，此后由于坚持实行严格的 TAC 制度以及气候条件等有利因素，部分海域的鳕鱼资源在 90 年代出现增长。最近几年，由于挪威和俄罗斯共同合作加强管理，这一海域鳕鱼资源开始出现复苏。

除了鱼类以外，一些海洋哺乳动物，如不同种类的海豹、小须鲸，及南极磷虾的开发利用，也对捕捞产量产生了影响。挪威现有3~5艘商业性捕鲸船，2011年共捕杀海豹约8 000头，鲸鱼533头，其中绝大多数是小须鲸。捕鲸数量仅次于日本，2011年日本共捕杀540头鲸鱼。挪威捕杀的海豹和鲸鱼主要用于商业目的，海豹皮用于制作皮革制品，海豹肉用来炼制食用油脂。挪威渔船的南极磷虾捕捞产量近年来一直居全球首位，2010年捕捞产量12×10⁴ t，2011年10.2×10⁴ t。挪威每年均派遣2~3艘大型捕捞加工船参与南极磷虾捕捞生产，磷虾捕捞和磷虾产品加工技术在全球处于领先地位。

表9-13　2011年挪威近海主要捕捞品种及产量　　　　单位：×10⁴

种类	2001 年	2011 年	
鲱鱼	581	633	
毛鳞鱼	483	362	
鳕鱼	209	340	
鲭鱼	181	208	
军曹鱼	170	190	
黑线鳕	52	160	
其他鱼类	42	152	
玉筋鱼	187	109	
虾	65	24	
马鲭鱼	8	21	
牙鳕	574	21	
长身鳕鱼	14	16	
单鳍鳕	19	15	
西鲱	12	12	
蓝比目鱼	15	10	
鲈鱼	29	10	
鲂鱼	14	6	
鲛鳒	5	6	
鲇鱼	27	3	
总量	2 686	2 299	

资料来源：挪威国家统计局。

9.1.6.2　海水养殖业

挪威沿海岛屿和峡湾众多，为水产养殖生产提供了理想的条件。近年来，挪威渔业总产量的约25%来自水产养殖业（表9-14），挪威渔民中有将近一半人从事水产养殖业，水产养殖业在挪威国民经济中，尤其是沿海地区的社会和经济中发挥着非常重要的作用。

表 9-14　2001—2010 年挪威渔业养殖产量　　　　　　　单位：×10⁴ t

类别	2001 年	2002 年	2003 年	2004 年	2005 年	2006 年	2007 年	2008 年	2009 年	2010 年
养殖	51.07	55.12	58.44	63.68	66.18	71.23	84.15	84.83	96.18	100.80

资料来源：FAO。

　　挪威的水产养殖业大多属于工业化养殖，技术先进同时竞争激烈。水产养殖业的产量最近 10 年间翻了一番，2011 年产量达到 114×10⁴ t。随着国内养殖业的发展，挪威国内从事水产养殖的渔民也从 2000 年的 4 300 人增至 2011 年的 5 800 人。

　　挪威海水养殖的主要品种是大西洋鲑鱼和鳟鱼（图 9-11），最近 20 年，挪威国内鲑鱼和鳟鱼养殖产量增长迅猛，20 世纪 90 年代初产量不到 20×10⁴ t，2011 年产量增至 110×10⁴ t，其中增长最快的品种是大西洋鲑鱼，2011 年的产量为 106×10⁴ t，占世界鲑鱼养殖产量的一半以上，占挪威国内水产养殖总产量的 93%。挪威渔业管理部门预计，到 2050 年，挪威鲑鱼养殖产量将达到 500×10⁴ t。其他重要的养殖品种有，鳟鱼 5.83×10⁴ t，占 5%；大西洋鳕鱼 1.52×10⁴ t，占 1%。与此同时，挪威还在不断开发其他新的养殖品种，产量增长较快的养殖品种有庸鲽和贝类等。

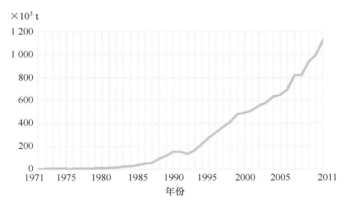

图 9-11　1971—2001 年挪威鲑鱼、鳟鱼养殖产量

（资料来源：挪威国家统计局）

　　挪威渔业劳动生产率非常高，以养殖业为例，2008 年，挪威的养殖渔民人均养殖年产量 172 t，智利 72 t，中国 6 t，印度 2 t。挪威水产养殖业产量在全球排名第 7 位，但产值在全球排名第 4 位，由此反映出挪威国内的水产养殖业部门生产效率较高。挪威的养殖鱼类多为价值较高的品种（表 9-15），比如鲑鱼和鳟鱼，在国际市场上较为畅销。2010 年，在全球养殖产量排名前列的 8 个国家中，挪威的养殖水产品单价最高，平均市场价每公斤 5 美元，而其他 7 个国家每公斤平均市场价只有 1.5~2 美元。

表 9-15　2000—2009 年挪威主要养殖品种及产量　　　　　　单位：×10⁴ t

种类	2000 年	2001 年	2002 年	2003 年	2004 年	2005 年	2006 年	2007 年	2008 年	2009 年
鲑鱼	—	43.51	46.25	50.95	56.39	58.65	62.99	74.42	73.77	85.91
鳟鱼	4.88	7.18	8.36	6.89	6.34	5.89	6.27	7.74	8.52	7.60
鳕鱼	0.02	0.09	0.13	0.22	0.32	0.74	1.11	1.11	1.81	2.10

续表

种类	2000 年	2001 年	2002 年	2003 年	2004 年	2005 年	2006 年	2007 年	2008 年	2009 年
比目鱼	0.05	0.04	0.04	0.04	0.07	0.12	0.12	0.23	0.16	0.16
红点鲑	0.01	0.03	0.03	0.02	0.04	0.04	0.09	0.04	0.05	0.04
其他	0.06	0.04	0.07	0.12	0.17	0.25	0.28	0.34	0.33	0.02
总计	49.03	50.88	54.87	58.26	63.32	65.69	70.86	83.88	84.63	95.82

资料来源：挪威国家统计局。

9.1.7 冰岛渔业资源状况

9.1.7.1 渔场与渔业资源

1）渔场

冰岛虽然靠近北极圈，但是与地球上同纬度的其他地区相比，气候相对温和，属于寒温带海洋性气候，1 月的平均气温在-3～3℃，7 月的平均气温在 8～15℃，年平均气温 4.3℃。来自墨西哥湾的北大西洋暖流流经冰岛的东部、西部和南部海域，尤其是北大西洋暖流的分支伊敏格暖流，在冰岛以南折向地处北极的格陵兰岛，使得冰岛南部的沿海地区气候比较温和湿润。北大西洋暖流流经的海域渔业资源丰富，是北大西洋地区最主要的渔场之一。图 9-7 中暗红色为流经冰岛海域的大西洋暖流，这道洋流的水温总是比周围的海水高出几度，暖流的一支几乎将冰岛完全围住，使得冰岛的沿海水域不会完全结冰并且形成丰富的渔场。

2）渔业资源

冰岛四周海域大陆架面积广阔，这里又是北冰洋寒流和墨西哥暖流的交汇处，水温和盐度等条件适合浮游生物和鱼类的生长，渔业资源十分丰富。在冰岛的专属经济区海域大约有 270 多种鱼类，其中 150 多种在此产卵，30 多种属于经济鱼类。1995—2000 年间，产量在千吨以上的鱼类品种有 27 种（表 9-16）。

表 9-16 1995—2000 年冰岛主要鱼种渔获量 单位：t

种类	学名	1995 年	1996 年	1997 年	1998 年	1999 年	2000 年
欧洲鲽	*Pleuronects platessa*	10 649	11 070	10 557	7 111	7 064	5 218
马舌鲽	*Reinhardtius hippoglosides*	27 408	22 125	18 631	10 751	11 187	15 060
美首鲽	*Glyptdephalus cynoglssus*	1 755	1 486	1 272	947	1 408	1 098
拟庸鲽	*Hippoglossides platesoides*	5 418	7 027	6 468	3 329	3 833	3 176
欧洲黄盖鲽	*Limando limando*	5 558	7 954	7 891	5 061	3 981	3 015
小油头鲽	*Microstomus kitt*	741	784	1 135	1 432	1 886	1 438
单鳍鳕	*Brsme brosme*	5 245	5 226	4 847	4 118	5 976	4 741
大西洋鳕	*Gadus morhua*	202 900	204 058	208 636	242 968	260 643	238 324
魣鳕	*Molva molva*	3 729	3 670	3 634	3 603	3 976	3 223

种类	学名	1995 年	1996 年	1997 年	1998 年	1999 年	2000 年
双鳍鳕鳕	M. dyoterygia	1 636	1 284	1 320	1 208	2 321	1 623
黑线鳕	M. aeglefinus	60 125	56 223	43 256	40 712	44 729	41 698
青绿鳕	Pollachius virens	47 466	39 297	36 548	30 532	30 729	32 947
蓝鳕	M. poutassou	369	513	10 480	68 514	160 424	259 157
牙鳕	Merlangius merlangus	560	430	443	531	931	1 347
水珍鱼属	Argentina spp.	492	808	3 367	13 387	5 495	4 595
大西洋狼鱼	Anarhichas lupus	12 574	14 638	11 685	11 844	13 769	15 043
花狼鱼	Anarhichas minor	700	1 109	1 180	1 599	1 545	1 896
平鲉属	Sebastes spp.	118 750	120 751	111 652	116 132	110 345	116 302
圆鳍鱼	Cyclopterus lumpus	4 563	4 201	6 520	7 165	3 373	2 458
鮟鱇	Lophius piscatorius	550	669	787	850	977	1 570
大西洋鲱	Clupea harengus	284 473	265 413	291 117	277 461	298 435	287 663
毛鳞鱼	Mallotus villosus	715 551	1 179 051	1 319 191	750 065	703 694	892 405
白斑鳐	Raja radiata	1 749	1 493	1 431	1 252	996	1 026
挪威海蛰虾	Nephrops norvegicus	1 027	1 623	1 215	1 411	4 389	1 230
北方额虾	Pandalus borealis	83 529	89 633	82 627	62 727	42 958	33 539
冰岛栉孔扇贝	Chlamys islandicai	8 381	8 978	10 403	10 098	8 858	9 074
北极蛤	Arctica islandica	1 980	6 315	4 351	8 776	3 501	1 584
共计（包括未列种）		1 612 548	2 060 168	2 205 944	1 681 951	1 736 267	1 982 522

冰岛海域是世界渔业资源较丰富的渔场。冰岛周围著名的渔场有大西洋北部的鳕鱼渔场和大西洋东北部的毛鳞鱼渔场。鳕鱼资源最丰富的海区包括：冬季期间在西南沿岸，常年则在西北部的西海湾。大部分平鲉资源分布在冰岛的南部、西部和东南部海域。一些大洋性平鲉资源分布在雷基亚内斯海脊、冰岛西南部 200 n mile 海区内外。马舌鲽的分布海区比较广，除西海湾的深滩外，还有北部、西部和东部的一些海区。大西洋鲱的分布，主要局限于东海湾和东南沿岸。毛鳞鱼的索饵场在北部，产卵场在南部和西部沿岸。其他一些海区也适当地分布了各种渔业资源，例如近岸虾类、冰岛栉孔扇贝、海蛰虾属和深水虾类等。

3）其他海洋生物资源——鲸和磷虾

尽管位于北极圈的边缘，冰岛沿岸的海域并没有冰封，因而吸引了地球上最大的一些动物。每年4月由于北大西洋的暖流和北冰洋的冰水在这里汇合，都会有成千上万的鲸和海豚来到冰岛周边海域，其中有座头鲸、逆戟鲸和蓝鲸，单是蓝鲸的数量就有 1 000 多头。鲸之所以进入冰岛海域，是因为这里有大量的磷虾（图 9-13）。磷虾是一种小型的虾状甲壳类动物，在全世界的海洋中都可以找到。冰岛附近的水域营养特别丰富，这些营养丰富的海水，形成了大量含有浮游生物的巨大泡泡，磷虾以这些浮游生物为食。磷虾的数量增长得非常快，吸引鲸鱼来到这里洄游觅食。北极附近海域的磷虾资源十分丰富（图 9-14），据估计，它们的总重量是全球渔业年产量的 2~3 倍，有数亿吨之多。

图9-13 冰岛周边海域的磷虾

图9-14 每年4月大量磷虾使得冰岛周边的一些海域呈现橙红色

蓝鲸每天都要吞下大量的磷虾，一旦消化完，残渣就会被排出体内，它们的排泄物被称为"海洋之雪"，被深海水流带到1 000 m深处的海底。

9.1.7.2 渔业和渔业产量

渔业一直是冰岛国民经济的支柱产业，其他各个经济部门，包括商业、加工业、运输业乃至金融保险业等，都与渔业休戚相关。近年来，冰岛国内渔业和水产品加工业就业人数占总就业人数的11.8%。冰岛人均水产品年消费量为90 kg左右，位居世界第一。

1) 海洋捕捞业

冰岛的渔业以海洋捕捞业为主，2011年冰岛海洋渔业捕捞总产量为115.1×10^4 t（图9-15），渔业捕捞总产值为1 533亿冰岛克朗（约13.2亿美元），同比增长14.7%。冰岛的海洋捕捞产品经过加工后约95%用于出口。2011年，冰岛水产品出口2 516亿克朗（约21.7亿美元），占当年国内出口总额的40%，占GDP的15.4%。主要出口品种是鳕鱼、红鱼、毛鳞鱼、鲱鱼和鲭鱼等，产品类型包括冰鲜、冷冻及腌制的整鱼、鱼片和鱼油等。

由于受大西洋暖流的影响，首都雷克雅未克成为了一座优良的不冻港，有多条航线通往世界各

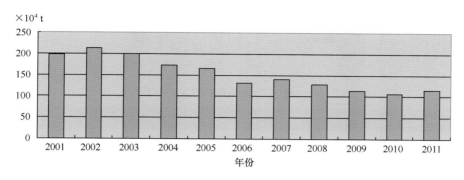

图 9-15　2001—2011 年冰岛渔业捕捞产量

地，这里也是冰岛重要的渔港，附近还有造船厂和水产品加工厂。冰岛的许多城市都与渔业相关，位于首都东南的科帕沃古尔是冰岛的第二大城市，尽管只有 2.6 万人，渔业却相当繁荣，第二次世界大战之后，这里逐渐发展成为冰岛的渔业中心之一，科帕沃古尔有冰岛最大的造船厂，有冰岛国内第一个水产品批发市场。

2）水产养殖业

冰岛拥有未受污染的海域和淡水水面，同时又有丰富的地热水资源，而地热水的温度和盐度均适于鱼类生长。雷克雅未克半岛有丰富的地下水，既有淡水，又有咸水，很适合养殖幼鲑。

冰岛鲑鱼（大西洋鲑）养殖历史虽较长，但到 20 世纪 60 年代才建成首批培育鲑鱼的育种场。80 年代前半期水产养殖业尚不发达，80 年代后半期渔业当局和许多投资者寄高度希望于当地的水产养殖，尤其是鲑鱼养殖和人工放流。

据冰岛水产养殖协会统计，2012 年，冰岛国内共有约 45 家通过注册的养殖场，其中 30 家养殖场主要从事以鲑鱼为主的繁育工作；4 家养殖场从事其他海水鱼种的繁育工作；10 家养殖场从事鳕鱼海水网箱养殖；25 家在内陆建立的养殖场，主要养殖大西洋鲑；10 家养殖场正在进行贻贝的试养工作。

冰岛水产养殖业甚至开始引进东南亚普遍养殖的罗非鱼，冰岛希望利用国内丰富的地热资源、优良的水质和科技优势，人工养殖温带和热带鱼类以增加国内养殖品种，扩大对亚洲市场的水产品销售。

9.1.8　瑞典渔业资源状况

瑞典虽然三面临海，海岸线漫长，境内河流与湖泊众多，但渔业资源并不丰富，尽管有 1/5 的领土在北极圈内，但是由于没有通往北冰洋的入海口，瑞典与北冰洋地区的渔业几乎没有关联。瑞典的渔业基本上局限于波罗的海，由于波罗的海的盐度较低，只有鳕鱼、鲱鱼等少数几种海水鱼类生存，在波罗的海的海水鱼不仅生长慢，而且体长也无法达到大西洋鱼种的长度。瑞典的渔业在国民经济中所占的比例极小，2010 年的渔业产量 21×10^4 t 左右，而且产量几乎全部来自海洋捕捞，如果按照渔业捕捞产量计算，瑞典在全球渔业国家和地区中排名仅为第 54 位。

瑞典北部的大型湖泊以及山区的湖泊和河流生长着多种鲑鳟鱼类，而林区堆石底的湖泊由于营养盐贫乏，不利于鲑鳟鱼的生长，这些湖泊中的鱼类大多数是河鲈。在低地和沿海地区，大多数湖泊与河流中的营养盐丰富，有利于鳗鲡、鲑鳟鱼类和淡水鱼的生长。

瑞典的渔业是从 20 世纪 30 年代发展起来的，60 年代中期的产量曾达到近 40×10^4 t，之后产量逐年减少，到 70 年代中期，产量降至 20×10^4 t，90 年代末产量有所回升，21 世纪开始产量又开始逐年下降，2010 年产量回落至 21×10^4 t 左右（图 9-16，表 9-17）。

表 9-17　2001—2010 年瑞典的渔业捕捞产量　　　　　　单位：$\times 10^4$ t

类别	2001 年	2002 年	2003 年	2004 年	2005 年	2006 年	2007 年	2008 年	2009 年	2010 年
产量	31.18	29.49	28.68	26.99	25.63	26.92	23.83	23.13	20.34	21.20

资料来源：FAO。

瑞典渔民捕捞的鱼类大约有 50 多种，其中绝大多数是鲱鱼，其次是深海虾、鳕鱼、鲭鱼、鲑鱼、鳟鱼和比目鱼。鲱鱼渔业主要集中在西海岸，以歌德堡为基地，渔场主要在斯卡格拉克海峡、卡特加特海峡和北海，也有少数渔船到冰岛海域生产。东海岸和波的尼亚湾的渔民主要捕捞对象是鳗鲡、大马哈鱼和波罗的海鲱鱼。

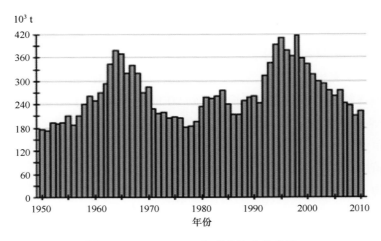

图 9-16　1950—2010 年瑞典渔业总产量

瑞典的渔业以海洋捕捞为主，水产养殖业起步较晚，尽管近年来国内的水产养殖业又较快发展，但是体量很小，2010 年水产养殖产量仅为 10 000 t 左右，在国内全部渔业产量中的比例不到 5%（图 9-17）。

9.1.9　芬兰渔业资源状况

芬兰在渔业方面与瑞典有许多相同之处。芬兰和瑞典都是环波罗的海国家，尽管很大一部分领土在北极圈内，但是在北极地区都没有通往北冰洋的出海口，芬兰的海洋渔业也基本上局限于波罗的海，渔业品种和渔场条件与瑞典大致相同。所不同的是芬兰境内湖泊众多，淡水渔业捕捞产量在渔业总产量中的占比高于瑞典。

芬兰的渔业在国民经济中所占的比例极小，2010 年的渔业产量约为 17×10^4 t 左右，其中捕捞产量 16×10^4 t，水产养殖产量约 1.2×10^4 t（图 9-18—图 9-20）。

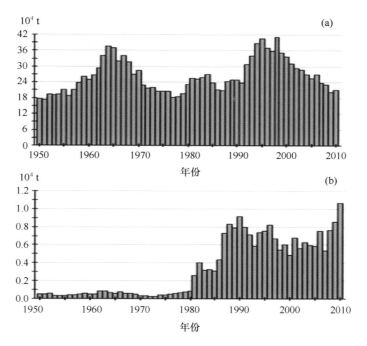

图 9-17　瑞典的捕捞产量（a）和水产养殖产量（b）

资料来源：FAO

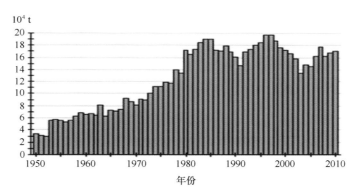

图 9-18　1950—2010 年芬兰渔业总产量

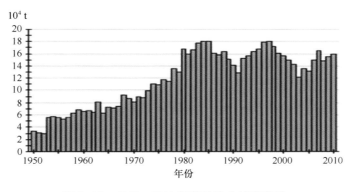

图 9-19　1950—2010 年芬兰渔业捕捞产量

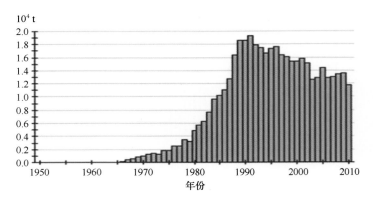

图 9-20　1950—2010 年芬兰水产养殖产量

9.2　北极地区渔业资源涉及的相关法律法规及政策

9.2.1　北极五国讨论北极渔业管理问题

2015 年 7 月 16 日，美国、俄罗斯、加拿大、挪威和丹麦五国在挪威首都奥斯陆就北极海洋生态系统的保护和渔业可持续发展等问题进行讨论，并发表联合声明，提出一系列临时措施管制其在北冰洋中部国际水域的捕捞活动，称将在依据相关区域性渔业机制或协定的前提下，授权五国船只在北冰洋中部国际水域（面积约为 280×10⁴ km²，图 9-21）进行商业捕捞活动，并禁止五国船只不受管制的捕捞活动。同时，北极五国同意建立联合研究计划，以加强对该处水域的科学研究。

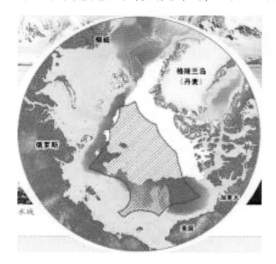

图 9-21　北极 5 国协定区域

9.2.1.1　预防性措施的必要性

北极五国在 2015 年 7 月会后发布的联合声明中表示，虽然北冰洋中部国际水域的商业捕捞活动将不会在近期发生，但北冰洋海冰的快速融化、其他已经发生的环境变化以及人类对该处水域有限的认知，使得在北冰洋中部国际水域采取预防性措施变得非常必要。

"我们同意必须采取临时性措施，以阻止未来北冰洋中部国际水域不受管制的捕捞活动。" 联合声明中说。

这些临时性措施包括：将根据符合国际准则的区域性渔业管理机制或协定，授权五国渔船未来在北冰洋中部国际水域从事商业捕捞活动；实施联合科研项目，以增加对该地区生态系统的了解和加强与相关科研组织（如北太平洋海洋科学组织和国际海洋开发委员会）的合作；通过协同监督等手段，保证这些临时性措施和相关国际法规得以落实；确保在该地区的非商业捕捞活动不与临时措施的宗旨相抵触，应基于科学建议并受到监控，其所得数据也须予以共享。

世界自然基金会称此次临时性措施为"向正确方向迈出的正确一步"。该基金会发言人布丽塔·考尼格说："我们在北冰洋的目标是禁止任何形式的捕捞活动，但显然目前离完成这一目标还有一段距离。"

考尼格认为，首先北冰洋中部水域被北极五国所谓的"专属经济区"环绕，在这些国家的管辖水域，仍允许商业捕捞活动。其次，北极五国签署的协议也并不能约束其他国家在国际水域的捕捞活动。"我们希望在北极理事会框架下，所有成员国以及永久观察员国今后能够签署一份禁止商业捕捞的协议。"考尼格说。

此外，以科学研究为目的进行的捕捞活动不在禁止范围之内，事实上，北极五国一直在呼吁在北冰洋水域开展更多的科学研究活动。联合声明中说："为提高人类对北冰洋海洋生物资源和生态系统的了解，北极五国希望提高科学研究水平，以将传统和固有的知识与最新的科学研究成果相结合。"

但是，相关环保组织则批评称：很明显，签订这样一份协议的初衷是为了获得北冰洋资源，而并非保护当地环境。北极五国中的大多数将海冰融化看做是向更北方向发展捕捞业的良好契机。

9.2.1.2 北冰洋公海渔业治理需各利益方共同参与

到目前为止，北冰洋地区还没有一个有关可持续性捕捞的协议或条约来规范商业性捕捞活动。为了防止北冰洋公海区域盲目性捕捞的发生，大约从 2009 年开始，北冰洋沿岸各国就一直在协商，希望出台一个临时措施来防止未来北冰洋盲目性捕捞问题。

本次发布的临时性措施强调北冰洋科学研究的重要性，并建议成立联合科学调查项目，这有利于人类进一步了解北冰洋地区的生态系统，并有可能对未来的北冰洋非法、不受管制的捕捞活动起到一定的预防作用。但另一方面，本次发布的临时性措施是美国倡导并不遗余力地推动的结果。本来这个协议在 2014 年努克会议后就应该签订，但由于乌克兰危机，拖延至 2015 年 5 月中旬，美国国务卿克里与俄罗斯总统普京一席谈话后，第二天俄罗斯就宣布在《北冰洋公海地区渔业管理声明》上签字。美国能将乌克兰问题放在一边，在北极渔业问题上与俄罗斯达成一致意见，说明美国试图在北极问题上所有作为，并将充当老大角色，在未来北极任何问题的解决或都将在美国的领导下进行。北冰洋中部水域是公海，其渔业的治理，需要所有利益攸关方的参与，因此只有北冰洋沿岸国的协议是行不通的。

9.2.1.3 北极核心区渔业管理必将聚焦于科学调查

本次声明有如下几方面值得关注。首先，五国将授权本国船只未来在核心区开展商业捕捞，这是一个巨大变化，此前的历次会议和文件中都没有出现类似字眼。但需要警惕的是，这条规定或将开启"恶例",可能刺激其他渔业国家采取类似行动。其次,特别需要引起注意的是第四条临时措施:"确保在该地区的非商业捕捞活动不与临时措施的宗旨相抵触,应基于科学建议之上,须受监控,任何渔业数据必须共享。"这条揭示的是北极核心区科学活动的主导权之争,显示了北极科学活动的政治化意蕴。当然,我们也很高兴地看到声明通篇都没有使用北极国家和非北极国家这些词语,而是使用了其他国家来指包括中国在内的众多"利益相关者",用沿岸国家标注自身,客观上讲这是一个进步。

北极核心区渔业管理的核心问题必将聚焦于科学调查问题上,按照逻辑,相关国家未来将"不得不"成立一个机构或者组织,来协调北极海洋生物资源的科学调查活动,因为任何管理机构或者安排任何"临时措施",都必须有可靠的科学数据作支撑。

9.2.1.4 开展商业捕捞前须进行充分的科学研究

本次发布的联合声明在约束五国船只的同时,也在呼吁其他国家在进行较系统的科学研究、了解北冰洋公海渔业情况之前,不要在该地区进行商业捕捞。

此次发布的临时性措施意识超前,因为目前北冰洋公海地区还无鱼可捕,此协议的签署是为了防止气候变暖使得鱼群北移,从而在公海地区可能会出现商业捕捞。事实上,挪威和俄罗斯原本并不支持此协议,因为挪威和俄罗斯在渔业管理方面已经开展了密切而有效的长期合作,他们认可开展捕捞之前进行充分的科学研究,但是担心协议捆绑了所有鱼类的捕捞,影响其渔业的发展。

与此同时,这些临时性措施也考虑到北极地区恶劣的自然条件、脆弱的生态环境,认为有必要开展北极地区公海捕捞的科学研究,挪威和俄罗斯就曾经历了缺乏科学指导导致鱼类迅速减少的情况。因此,积极开展科学研究有利于北冰洋公海渔业捕捞的可持续性。

9.2.2 北极渔业管理组织与法律法规

9.2.2.1 北极渔业管理组织

北极理事会能够协调北极事务、推动北极合作等,但缺乏区域性渔业管理组织应该具备的制定强制性操作准则的权威。现有的北极渔业管理组织大致分为3类(Molenaar and Corell,2009;唐建业和赵嵌嵌,2010;邹磊磊,2014)。

一类是适用于北冰洋边缘海的组织包括:大西洋金枪鱼类保护委员会、西北大西洋渔业组织、北大西洋鲑鱼养护组织、太平洋比目鱼委员会、美加太平洋鲑鱼委员会、北太平洋溯河渔业委员会、中西太平洋渔业委员会等。

二类是适用于北冰洋海域的组织包括:东北大西洋渔业委员会、挪俄渔业联合委员会,以及北极五国之间开展双边渔业合作而设立的一些非正式的渔业管理组织,比如格陵兰—挪威、格陵兰—俄罗斯、加拿大—格陵兰、俄罗斯—美国之间的渔业组织等。

三类是未来可能适用于北极海域的组织包括:没有确定其管理范围北部界限的中西太平洋渔业委员会、大西洋金枪鱼类保护委员会。

9.2.2.2 北极渔业相关的法律法规及政策

现如今,北极海域渔业资源管理机制及相关的法律法规大致遵循《联合国海洋法公约》、《联合国鱼类种群协定》、FAO《负责任渔业行为守则》、《坎昆宣言》等影响广泛的国际公约。

除了上述普遍性渔业管理条约，还有其他的一些渔业协定用于北极海域。

（1）北极海域南部区域被一些重要的区域性渔业管理组织所覆盖，这些区域遵循渔业管理组织所制定的各类渔业协定，如美国的《海岸警卫队北极战略》、《美国北极政策指令》、《北极地区国家战略》、《白令海公海渔业条约》等；俄罗斯的《2020 年前及未来俄罗斯联邦关于北极的国家基本政策》、《2020 年前及未来俄罗斯海洋渔业产量的目标》等；挪威参与了与联合国粮农组织的合作，加入了多个全球和区域性渔业管理组织，与邻国定期就渔业问题进行磋商，达成了一系列重要的区域性渔业协议，如《渔业事务合作协议》、《摩尔曼斯克条约》、《巴伦支海划界协议》等。

（2）北极 5 国之间的双边及多边协定以及国内立法也作用于北极海域，但未完全覆盖该海域，如美国与苏联的《美国与苏联共同渔业关系协议》；加拿大与美国之间的《关于太平洋鲑鱼条约》；格陵兰与挪威签订的《格陵兰/丹麦—挪威共同渔业关系协议》；格陵兰/丹麦与俄罗斯的《格陵兰/丹麦—俄罗斯共同渔业关系协议》等。

9.2.3　美国渔业管理相关法律法规及政策

9.2.3.1　渔业法规与渔业管理

美国是个法治国家，十分重视用立法来管理和保护渔业。联邦政府负责制定全国性的渔业法规，各州根据本地的具体情况制定本州岛的渔业法规。

美国渔业立法从 19 世纪就已开始，至今渔业法律达 300 多部，其中最重要且最全面的渔业法规为《马格纳森渔业保护和管理法》（MFCMA）。该法确立了美国渔业保护与管理的立法基准，明确了美国对其 200 n mile 专属经济区的管理权，该法经过多次修订，最后一次修订是在 1996 年10 月。

为了严格保护渔业资源、环境和人民的身体健康等，从联邦到州都制定了各种强制性的渔业法律法规，并印成手册，广为散发。从 200 n mile 专属经济区渔业管理、野生水生动物的保护开发利用、引种、游钓、鱼塘建设许可、鱼类州际间的运输、饲料及饲料添加剂和鱼用药物的使用、水产品的质量保证和安全等等都有明确详细的规定。除上面所提到的《马格纳森渔业保护和管理法》外，其他比较重要的联邦渔业法规有：《渔业合作方》（1934）、《太平洋渔业资源开发、调查、发展和保护以及渔业工业法》（1947）、《Saltonstall Kemnedy 条例》（1954，授权国家海洋渔业局将海关征收进口水产品关税的 30%作为渔业研究、教育、市场发展等计划之用）、《鱼类和野生生物法》（1956）、《大湖渔业条例》（1956）、《联邦救助渔业恢复条例》（1956）、《鱼类和野生生物调整法》（1958）、《鱼类水稻轮作养殖计划条例》（1958）、《商业鱼类研究及开发条例》（1964）、《溯河鱼类法》（1965）、《溯河鱼类保护法》（1965）、《黑鲈条例》（1966）、《海狗保护条例》（1966）、《美国野生动物保护管理法》（1966）、《保护渔民条例》（1967）、《河口保护条例》（1967）、《哥伦比亚河流域渔业发展条例》（1967）、《美国环境保护条例》（1969）、《海岸带管理法》（1972）、《珍贵稀有生物品种保护条例》（1972）、《海洋哺乳动物保护条例》（1972）、《濒临绝种生物条例》（1972）、《海洋保护、研究和禁渔区法》（1972）、《海洋生物鱼礁保护法》（1972）、《近海虾渔业法》（1972）、《联邦水污染控制法》（1972）、《水质净化条例》（1977）、《美国水产养殖法》（1980）、《美国渔业促进法》（1980）、《河流和港口法》（1989）等。

近年来美国为了保护海洋渔业资源和生态环境，禁止一些渔具作业。如从 2000 年 8 月开始，禁止在海狮重要栖息地的阿拉斯加近海进行狭鳕、鳕鱼、鲽鱼与其他底鱼的拖网作业。从 2003 年起，美国北太平洋沿岸，南起墨西哥边境，北到加拿大边境，在此太平洋沿岸联邦海域大陆架内作业的底拖网渔业将全面禁止作业。2002 年下半年美国太平洋渔业管理委员会通过渔业管理计划，禁止以网目较小的流网以及以高度洄游鱼类金枪鱼类、旗鱼类、鲨鱼类为对象的表层延绳钓渔业在所管辖的太平洋沿岸专属经济区内作业，二者都是以防止一直存在的意外兼捕的海洋哺乳动物、海龟为目的。而在大西洋西南岸的剑鱼繁殖与生长水域，以及新英格兰海域的一部分水域中，也已经采取禁止表层延绳钓渔业的措施。另外在加州和华盛顿州管辖水域内也已经禁止，但在俄罗冈州还有小规模存在。

9.2.3.2 美国的北极政策

2013 年 5 月 21 日，美国海岸警卫队发布了《海岸警卫队北极战略》，在综述北极地缘战略环境和海岸警卫队发展现状的基础上，提出 3 大主要目标，即通过加强与国土安全部、陆地相关部门、国家科学基金等部门和机构的合作来提高对北极地区的认知，完善自身体制机制建设、培养综合能力来实现对北极地区的现代化管理，以及加强与政府部门、民间机构、原住民和相关国际组织的合作。

作为环北极国家之一，长久以来，美国一直关注并努力维护自身的北极利益。美国历届政府都很重视北极地区，分别在 1983 年、1994 年、2009 年签发了 3 部《美国北极政策指令》。自 2013 年以来，美国更是在北极事务方面通过频频制定各种政策，力图强化其在北极地区的事实存在以及维护其国家利益。2013 年 4 月，美国海洋政策委员会发布的《国家海洋政策执行计划》用专门章节阐述了应对北极环境变化的举措。2013 年 5 月 10 日，美国总统奥巴马宣布《北极地区国家战略》，提出美国在北极事务上的 3 大工作重点是保护美国人民、国家领土主权和自然资源，以负责任的方式开发资源和保护环境。

对《联合国海洋法公约》持肯定态度。美国前任总统小布什和时任总统奥巴马都肯定了《联合国海洋法公约》（以下简称《公约》）对保障美国利益的重要性。新北极战略再次强调，加入《公约》有利于保障美国的海洋权益，强化美国对西北航道和东北航道航行自由和飞越自由的声索，也有助于美国与各国就北极事务展开合作。更重要的是，加入《公约》能确保国际社会认同美国在北极和其他地区对外大陆架的主权权利。依据《公约》规定，美国加入《公约》后对北极地区的大陆架声明将从阿拉斯加北部海岸向外扩展 600 n mile。这对美国政府的吸引力可想而知。

作为北极沿海国家，美国在北极的利益既直接又重大。为在北极地区争得更大利益，美国及早开始了谋划。2010 年 4 月，美国国家海洋大气与管理局根据《第 66 号国家安全总统指令》和《第 25 号国土安全总统指令》，制定了北极战略《NOAA 的北极共识和战略》，期望通过加强北极的科学研究与服务能力，使美国能够在北极获得重大利益。2013 年 5 月，奥巴马总统宣布了《北极地区国家战略》，强化其在北极地区的事实存在，进一步维护其国家利益。

9.2.4 俄罗斯渔业管理相关法律法规及政策

9.2.4.1 渔业法规与渔业管理

2004 年 12 月，俄罗斯颁布第 166-FZ 号联邦法《联邦渔业和水生物资源保护法》（简称《渔业法》）。该法规定了水生物资源的利用权、渔业种类以及水生物资源的捕捞许可、培育、保护和国家监管细则，初步安排了渔业资源保护与管理制度。但在 2007 年，俄罗斯对该法做出修改，为渔业活动和管理带来了根本性变化。如规定外国人及使用外国人所有的船舶的俄罗斯人禁止在俄罗斯海域内捕捞任何水产品；变更了捕捞允许量的决定方法，缩小了捕捞允许量的种类清单；引入溯河性鱼类的捕捞规则；对在海洋和河流港内进行水产物加工的企业提供税收优惠；实行商业渔业设施的维修与现代化等。

这些渔业管理法规的修改，与俄罗斯经济的发展相关，譬如随着俄罗斯国民经济的增长，为提高国民的水产品消费量，新法规定了水产品优先在国内销售的，政府给予奖励的政策；如把渔获物优先放在国内销售时，那么作为海洋生物资源的开发税，仅征收 10% 的税；如果渔获物转向出口，那么征收 100% 的出口税。

在新法中还有一个崭新的政策，就是分配给国内渔业企业的捕捞配额的期限从 5 年延长到 10 年，其目的就是让渔业企业便于制定事业计划，特别是在新渔船的建造和新添设备上可以提高标准。

作为压制非法水产品出口的一环，由政府负担履行安装电子监视系统的义务。还有一项政策是从 2009 年 1 月 1 日开始实施，凡是在俄罗斯专属经济区和在大陆架水域捕捞的所有水产品都应履行在俄罗斯国内卸货的义务。其他的条款还有，不准向外国船籍的船发放捕捞配额，也禁止外国船籍的船以老船的形式租借给俄罗斯船主。

此外，新法规定俄罗斯沿岸渔业的范围包括内水、领海、联邦政府规定的大陆架和专属经济区。同时，在 2012 年 5 月，普京又将渔业署从直属联邦政府转为联邦农业部，将有关渔业、水产资源及其生存环境保护，以及内水资源与环境见得的国家政策制定和形成法令规制的功能移交联邦农业部，取消了渔业署很多独自制定政令的权利。

9.2.4.2　俄罗斯的北极政策

俄罗斯是世界上拥有核动力破冰船队的国家，可以在极端条件下，在北极海域航行。为进军北极及亚太地区，俄罗斯近年来凭借丰富的极地高寒地区作业经验，在北极多次成功进行声势浩大的科学探险活动，2007 年 8 月俄罗斯科考队员乘深海潜水器从北极点下潜至 4 000 多米深的北冰洋底插上了一面钛合金制造的俄罗斯国旗。2009 年 3 月俄罗斯颁布了北极战略规划——《2020 年前及更远的未来俄罗斯联邦在北极的国家政策原则》。该战略计划在北极地区的空中、海上和水下环境建立高级监管体系，并建设一支现代化的北极舰队，使国家在该地区占据主导地位。

俄罗斯海洋战略目标远大，既涉及近海，也关注世界各大海洋；既重视安全利益，更重视海洋资源的开发。在俄罗斯海洋战略中，北极是重点，南极也是其关注的地区。同时，俄罗斯也加强了在太平洋地区海洋食物的介入和海军力量建设，以增强在东北亚地区的影响。

9.2.5　加拿大渔业管理相关法律法规及政策

2009 年 7 月加拿大印第安与北方事务部发布了《加拿大北方战略》，其中确定了北方地区的 4 项优先项目：行使主权、促进社会与经济发展、保护环境和改进治理。由于只依靠该战略内容无法完成联邦部门的这些目标，也不能保障资金支持。2009 年 12 月参议院渔业与海洋常设委员会要求由总理任主席的北极事务内阁委员会制定与相关权力机构的伙伴关系政策。2010 年 8 月 20 日，加拿大政府发布了《加拿大北极外交政策声明》。在发布会上，外交部长坎农指出，北极是加拿大的一部分，这一事实长期以来一直是这样并且今后更为重要。对加拿大北方以及其他地区行使主权，是加拿大外交政策的第一要务。《加拿大北极外交政策声明》是对"加拿大北方战略"从国际角度的阐述。

此外，加拿大政府还陆续发布了一系列大的战略与计划，主要包括 2005 年的《加拿大海洋行动计划》，2005 年的《联邦海洋保护区战略》，2007 年的《健康海洋引导计划》，2009 年的《我们的海洋，我们的未来：联邦的计划和行动》，2015 年 12 月 15 日的《北极圈科学合作协议》。上述行动计划大多是由多个部门联合发布和实施的。如《联邦海洋保护区战略》是由加拿大渔业和海洋部、环境部和公园局共同组织实施的，主要内容包括：自然和社会科学研究、特定海洋保护区的管理以及为公众提供咨询服务等。该战略的实施将有利于维护加拿大海洋生态系统的健康。《北极圈科学合作协议》是加拿大与瑞典共同签署的一项 5 年协议，主要目的是为北极圈相关事务建立一个合作框架，比如新渔业的发展，以及在北极圈内环境以及海洋导航特殊规则的应用等。

为实现国家的海洋战略目标，政府和有关各方制定了具体措施。在保护生物多样性方面，加拿大政府和非政府组织加强了对海洋生物种群、海洋气候变动、海洋深水生态系统变化等方面的研究，并采取了限制捕捞捕杀濒危海洋鱼类和动物的措施。为保护大马哈鱼等鱼种和鲸类等海洋动物，政府投资近 5 亿加元，建立各种研究所和保护措施。在海洋环境保护方面，加拿大制定了海洋水质标准和海洋环境污染界限标准，采取了对石油等有害物质流入海洋的预防措施。加拿大还设立了"沿海护卫队"负责保护海洋环境，沿海护卫队对化学物品和石油的泄漏事故能迅速做出反应，并在短时间内清除大面积污染物。

"曼哈顿"号事件是北极国家开始以行动保护北极环境的导火索，尽管加拿大的应对措施是为颁布《北极水域污染防治法》，但事实上却向国际社会辩护了自己保护北极海洋环境免受污染的行为。加拿大政府一直重视北极环境，并采取立法和行政措施保护北极环境。其中被称为加拿大北极环境立法开山之作的是《北极水域污染防治法》。此外，20 世纪 80 年代末制定的《北极海洋保护战略》，其主要原则为有效处理经济发展与环境、海水污染以及废弃物处理的关系。加拿大政府 1996 年颁布的"海洋条例"，导言部分便声明北极海域是加拿大的公共财产，而且政府将采取预警措施来保护、管理以及开发当地资源，并保护环境。2004 年 10 月，加拿大总理在政府报告中提出《北方战略》，其目标包括"保护北方环境及主权"。

加拿大在北极环境保护国际合作中起到积极作用。首先与北极国家合作推动建立基于生态系统的管理方式，通过与北极理事会及其他北极国家的合作，在北极共同执行多项保护生物多样性的规定，如《联合国生物多样性公约》、《候鸟条约》、《北极熊保护公约》等，此外，还与美国为保护和管理北极熊签署了谅解备忘录。

9.2.6 挪威渔业管理相关法律法规及政策

9.2.6.1 渔业法规与渔业管理

挪威十分重视对海洋渔业资源的立法保护，先后颁布了一系列保护法规。如《捕鲸法》（1939 年 6 月 16 日）、《拖网渔业法》（1951 年 4 月 20 日）、《捕猎海豹法》（1951 年 12 月 14 日）、《12 海里渔业活动法》（1966 年 6 月 17 日）、《渔民登记和标识法》（1971 年 12 月 5 日）、《渔民注册登记法》（1972 年 6 月 12 日）、《关于从事渔业的规定》（1972 年 6 月 16 日）、《捕捞参与法》（1972 年）、《专属经济区法》（1976 年 12 月 17 日）、《外国渔船在挪威专属经济区捕鱼法》（1977 年 5 月 13 日，外国渔船其能在 12～200 n mile 水域作业。同时，一种渔船只能有一种渔业执照，并且不得转让；渔业执照必须标明渔具、作业渔场、配额、执照有效期限、允许的渔获种类，且渔业执照亦必须存放在作业船上。渔船的标示必须清楚，并且需悬挂船籍国的国旗，必要时须接受登船检查）、《防止污染和排废条例》（1981 年）、《海洋渔业法》（1983 年 6 月 3 日，规定了实行捕捞配额制度、保护渔业资源措施和捕捞行为的限制，并授权渔业部或由渔业局决定渔船的配额、禁渔区、网目尺寸、捕捞标准、禁止与限制的渔具渔法、渔场分配、作业时间、作业船数、禁捕品种等。还包括渔获的销售、维持渔场正常作业秩序、管理者的职责、控制与监督的职责、法律责任等内容）、《港口和航道条例》（1984 年）。此外，还颁布了《网目法》、《鱼类可捕标准》、《渔区的开放、关闭时间》、《关闭特殊渔区》等。

实施健全的渔业资源管理的先决条件是对资源有充分的了解。首先是掌握鱼类资源的储量、构成、成长周期和地理分布等所有信息。其次，了解环境因素也变得日益重要。挪威每年都对所有商业开发的主要海洋鱼类资源的储量进行评估。评估工作以综合采用科学调查的数据和商业渔业数据为基础，还要将挪威的数据与合作国家的同类数据相结合。种群评估的质量同商业捕捞的数量与构成的详细信息密切相关。这些数据是现有种群资料的主体，一旦发生错误，将严重影响评估的质量。捕获报告中可能包含的严重错误会影响有关种群未来发展和捕捞的科学建议的可靠性。因此挪威渔业研究界和捕捞业必须改进种群评估工作，即更多地从科学调查中获取数据，从而减少对商业数据的依赖。

挪威进行了水产养殖、海洋渔业、捕海豹、捕鲸以及生物技术等多方面的综合性研究。多年来渔业研究一直是预算优先考虑的项目，研究项目涉及资源、海洋和海岸的自然环境、渔业技术等方面。每年渔业研究投入的资金为 7 亿挪威克朗。挪威研究协会隶属渔业部，是渔业部在研究方面的咨询机构。设在贝尔根的海洋研究所的大部分研究资金由渔业部提供，是研究和监测鱼群、海洋哺乳动物、海洋和沿岸的自然环境、水产和海产养殖的主要机构。研究所与其他国家的海洋科学家紧密合作。

9.2.6.2 挪威的北极政策

挪威于 1979 年 1 月 1 日建立 200 n mile 专属经济区，同年 1 月 15 日，于北部斯瓦巴德群岛设立 200 n mile 渔业保护区。1980 年 5 月 23 日宣布建立扬马延岛的 200 n mile 渔业保护区。在 1978 年 1 月 11 日与苏联签订有关巴伦支海划界的《灰色协议区》，并与其他渔业国家共同进行跨界洄游鱼类资源的共享管理。1979 年 5 月 13 日公布《外国渔船在挪威经济区捕鱼法》，在与其他国家共享的资源中，有东北极区的鳕鱼、毛鳞鱼、62°N 以北的格陵兰鲽、鲈鮋和巴伦支海的深水虾与苏联共享；62°N 以南的绿青鳕、北海的鳕、黑线鳕、牙鳕、黍鲱、拟庸鲽、鲭等与欧盟成员国共享；单鳍鳕以及绿青鳕与法罗群岛共享；庸鲽与冰岛共享。

开展国际和区域性合作是挪威渔业的一个重要方面。与挪威海洋捕捞业相关的渔业资源和渔业品种，其中 90% 以上都是由挪威和其他国家共享，一些重要的渔业资源，由挪威、俄罗斯、冰岛、法罗群岛和欧盟共同管理，通过谈判与协商确定捕捞配额。

目前，挪威是东北大西洋渔业委员会和西北大西洋渔业组织等 5 个区域渔业管理组织的成员。为了更好地管理周边海域的渔业资源，挪威参与了与联合国粮农组织的合作，加入了多个全球和区域性渔业管理组织，挪威与邻国定期就渔业问题进行磋商，达成了一系列重要的区域性渔业协议。

北大西洋海域的海洋渔业总可捕量和捕捞配额每年都由国际海洋开发理事会（ICES）综合各相关国家渔业专家的意见后提出建议，然后由各国渔业管理部门经过谈判最终确定。

9.2.7 冰岛渔业管理相关法律法规及政策

9.2.7.1 渔业法规与渔业管理

冰岛对几乎所有的鱼类（底层鱼类、中上层鱼类、甲壳类和贝类）都设定总许可捕获量（TAC），设定的程序为：

（1）国立海洋研究所每年5月底提出冰岛海域的海洋资源状况，与国际海洋考察理事会协商后，向渔业部建议每种鱼每年的总许可捕获量。

（2）冰岛渔业部经与相关渔业团体的非正式协商，综合考虑决定最终的总许可捕获量。由于经济和就业因素，最初渔业部的配额与生物学家们建议的配额有一定的偏差，但这种偏差近年来在逐渐减少。

（3）每年8月下旬，由渔业部长做出最后的总许可捕获量决定后正式发布。

（4）根据发布的总许可捕获量依据不同鱼种进行不同分配方式，主要是根据过去3年来渔业实际产量而定。如个别渔船配额是根据该鱼种过去几年的实际渔获来决定配额百分比；而个人可转让配额则根据渔民过去3年平均渔获量的渔业配额的百分比；鲱鱼、毛鳞鱼、虾类的总许可捕获量足以平均配额分给所有渔民。配额渔船每年可以上岸的渔获量则为该百分比乘以渔业部决定的配额。该渔船持有的配额百分比为船东终生所有，属永久权力。

（5）每船每年持有的配额像私有财产一样，可以分割、转让和自由交易。

（6）6 t 以下的小船，只拥有共同的鳕鱼配额，每船有最多出海天数或最多的可捕量限制，也可以互相转让。

（7）获得捕捞配额的渔船每年捕捞不得小于50%的配额数。以产品价值为单位来计算，个体捕捞企业的控制额不得超过所有鱼类品种总可捕捞配额的8%。

9.2.7.2 冰岛的北极政策

冰岛的北极政策既是内政，亦是外交，其国民经济依赖于北极海域的渔业、油气、潮汐等自然资源，但也离不开在海洋环境保护、突发环境事件应对等领域的国际或区域层面的合作。相比于冰岛传统外交侧重于与美国的安全防务合作和与欧洲大陆的经贸关系，冰岛的北极政策则凸显了高度的灵活性、独立性与务实性，因为在未来北极才是冰岛内政外交的重中之重。尽管冰岛在北极的政治舞台上被视为"小国"，且北极域内大国不承认其"北极沿岸国家"的政治地位并逐渐使其边缘化，但并不妨碍冰岛通过与在北极有利益关切的域外国家或国际组织（如中国、日本、欧盟）开展合作使部分北极议题国际化，通过与北欧国家和原住民社团的合作强化北极理事会作为北极最为重要的多边协商机制的作用，通过与格陵兰、法罗群岛的北极次区域合作，促进西北欧（West Nordic）政治经济一体化进程，在日后北极事务的磋商中形成"岛国联盟"，增加谈判筹码，并试图打破北极域内大国对北极政治话语权的垄断，使冰岛成为在北极事务上不容小觑的行为体。

9.3 我国开发利用北极渔业资源的可行性分析

9.3.1 与冰岛在北极渔业领域合作的可能性

9.3.1.1 中国与冰岛具有良好的合作基础

自 1971 年中国与冰岛建立外交关系以来，经贸往来取得长足进展，合作规模和领域逐步扩大，经贸合作日趋紧密。2006 年起中国已连续 6 年成为冰岛在亚洲的最大贸易伙伴。在地热开发与利用、渔业、电信、航运、造船、生物制药等多个领域的合作已初见成效。

表 9-18　2005—2011 年中冰双边贸易额　　　　　　　　　单位：亿美元

年份	贸易总额	中方出口	中方进口
2005	1.21	0.75	0.46
2006	1.18	0.78	0.40
2007	1.28	0.92	0.36
2008	1.28	0.93	0.35
2009	0.87	0.54	0.33
2010	1.12	0.71	0.41
2011	1.53	0.77	0.76

资料来源：中国海关进出口统计数据。

中国海关统计数据显示（表 9-18），2011 年中国与冰岛的双边贸易额为 1.5 亿美元，同比增长 35.4%，其中冰岛对中国的出口额为 7 558 万美元，商品主要是冷冻鱼和铝。中国对冰岛的出口额为 7 658 万美元，商品主要是纺织品和镁制品。2005 年 1 月 1 日，中国将从冰岛进口的"格陵兰庸鲽鱼"关税从 10% 降至 5%。

截至 2011 年底，冰岛企业在华投资项目共有 26 个，实际投入资金 1 180 万美元。投资项目主要涉及地热开发、大型冷库和水产品加工等。另外，冰岛的一些食品和科技企业也在中国设有办事处和分公司。

截至目前，中国在冰岛无对外直接投资项目和企业。除了进出口贸易和金融合作以外，中国与冰岛的合作主要通过承包工程和项目的形式。

截至 2011 年底，我国企业累计签订在冰岛承包工程合同金额 6 012 万美元，主要项目有：为冰岛建造 16 艘渔船和 1 艘油轮，2 艘 875TEU 支线集装箱运输船，华为向冰岛电信企业供应设备及技术服务等。

尽管近年来双方的贸易和投资增长较快，但是由于冰岛人口较少，国内整体经济规模较小，市场有限，双边贸易与投资总额同中国在欧洲的其他贸易伙伴相比相对较小。

9.3.1.2　中国与冰岛在北极事务和渔业领域合作的可能性

2012 年 8 月 16 日至 20 日，参加我国第 5 次北极科学考察的"雪龙"船应冰岛总统邀请对冰岛进行了正式访问。访冰期间，第 5 次北极科考队与冰岛方面开展了学术交流，联合召开了第二届中冰北极科学研讨会和阿克雷里北极合作研讨会，举办了两次"雪龙"船公众开放日活动，接待参观人数 1 800 余人，受到了冰岛科学界和公众的欢迎。

2012 年，中国极地研究中心与冰岛大学于访问期间签署的备忘录将推动在冰岛建立联合极光观测台，为中国在北极地区系统开展环境监测找到新的立足点。

2013 年 4 月，冰岛总理西于尔扎多蒂访问中国，双方签署了《中冰自由贸易协定》并发表了联合声明，这对推动中冰关系发展意义重大。双方领导人均表示，今后两国将加强交往，增进了解，进一步扩大在清洁能源、可再生能源、渔业等领域以及北极事务等方面的合作，实现共同发展。

2014 年 5 月在瑞典北部城市基律纳举行的北极理事会部长级会议上，包括冰岛的 8 个成员国一致做出决定，同意中国等国加入理事会，成为正式观察员。冰岛等北欧国家一直主张北极"国际化"，而在北极控制了更多领土的俄罗斯和加拿大则强烈反对。

在渔业合作方面，中国与冰岛的合作主要集中在商贸领域，2012 年，冰岛出口到中国的水产品 1.9×10^4 t，冰岛希望增加对中国海产品出口。冰岛驻华大使馆公使参赞拉格纳尔·鲍德松认为，2012 年冰岛对华出口水产品增长 28%，随着两国自由贸易协定的签署和未来北极航道的开通，中国市场有望取代日本，成为冰岛水产品在亚洲的最大市场。

中国渔业企业可以以参股的形式与冰岛企业进行合作。中国船舶工业公司也曾为冰岛建造 16 艘渔轮以及油轮和支线货运船。另外，冰岛希望通过开辟北冰洋航道缩短对中国和亚洲地区水产品出口的距离，双方在这一领域存在合作潜力。

冰岛政府规定，在冰岛海域内从事捕鱼业和初级水产品加工业，仅限冰岛公民或其他冰岛法律实体，即股东全部为冰岛人的企业或由冰岛人控股的企业，外国资本如果参股冰岛渔业企业，其股权不得超过 25%，特殊情况下也不得高于 33%。但是允许外国资本投资海产品罐头厂和海产品深加工企业。

9.3.2　与加拿大在北极渔业领域合作的可能性

尽管加拿大海域辽阔，渔业资源丰富，但是在渔业生产、渔业资源合作开发利用方面，中加两国几乎未有合作。尤其在渔业捕捞方面，加拿大除了与周边国家如美国、格陵兰、法罗群岛等根据双边渔业协议合作进行捕捞生产以外，不允许其他国家的渔船进入本国专属经济区和周边海域从事渔业捕捞生产，加拿大周边海域的渔业资源均受到加拿大渔业管理部门和区域性国际渔业管理组织的严格管控，比如大西洋鳕鱼、阿拉斯加狭鳕、鲭鱼、沙丁鱼等。即使在公海海域，其他国家的渔船也无法进行捕捞生产。

加拿大与中国的渔业合作主要集中在商贸领域，近年来加拿大水产品对中国出口增长较快，出口额由 2008 年的 1.84 亿美元增至 2012 年的 3.34 亿美元，约占加拿大水产品出口总额的 9%（表 9-19）。2012 年，中国向加拿大出口水产品 3.49 亿美元。加拿大向中国出口的品种主要是鲑鱼、龙虾、蛤蜊、象拔蚌等，中国向加拿大出口的品种主要是冷冻虾、冷冻鱼块和其他鱼肉制品。中国和加拿大的水产品贸易在品种上差异互补，进出口贸易额基本持平。

表 9-19　2008—2012 年中国与加拿大水产品进出口贸易　　　　单位：亿美元

类别	2008 年	2009 年	2010 年	2011 年	2012 年
中国对加拿大出口额	2.39	2.73	3.37	3.55	3.49
加拿大对中国出口额	1.84	1.62	2.17	3.10	3.43

资料来源：中国海关统计数据。

　　加拿大政府在海洋和渔业科技方面的资金投入比较多，国内有 10 多个研究所和多所大专院校从事海洋水文、鱼类洄游、鱼类种群、海洋生态、资源管理、环境保护、水产养殖、水产品安全等方面的研究，共有 1 500 多名专业研究人员，并配备有 9 艘大型调查船。加拿大在水产品营养分析和海洋生物资源综合利用方面技术先进，在国际上处于领先水平，与中国在渔业资源保护、水产品营养学研究、水产品加工技术等方面有过一些相关的合作。

　　2011 年 9 月，加拿大海王星生物科技有限公司与中国上海"开创远洋渔业公司"签署备忘录，在中国合资组建一家南极磷虾加工销售合资公司，投资总额为 3 000 万美元，双方各拥有合资公司 50%的股份。

9.3.3　与格陵兰在北极渔业领域合作的可能性

　　由于格陵兰岛大部分处于北极圈内的高寒地区，气候条件恶劣，而且与中国相距遥远，加上该地区渔业品种较少、产量较低等原因，在过去很长时期，中国与格陵兰在海洋渔业捕捞生产等领域的合作很少。

　　然而在海产品国际贸易方面，中国与格陵兰往来较多。由于地域特殊，格陵兰生产的海产品质量上乘，口味独特，在国际市场上很受欢迎。在中国市场上非常受消费者青睐的北极红虾大多产自格陵兰周边海域。

　　随着中国经济的不断发展和格陵兰对外合作领域的扩大，中国与格陵兰在渔业方面的合作存在较大的发展潜力。

　　首先，中国是全球最大的渔业生产国，海洋渔业捕捞能力较强，捕捞的品种较多，海洋捕捞所需的设备和技术比较齐全，有些技术和设备是格陵兰渔业发展中缺乏或急需的，可以通过双方渔业合作，优势互补，互利共赢。

　　长期以来，格陵兰的渔业品种以北极红虾和底层鱼类为主，随着气候变暖，中上层鱼类如鲭鱼开始大量出现在格陵兰周边海域。格陵兰政府渔业部门希望开发中上层鱼类资源，促进格陵兰渔业品种多样化。但是格陵兰缺乏开发中上层鱼类的渔船设备和相关技术，因此格陵兰政府希望在新渔业的开发中能够与国外有经验、有相关设备的企业进行合作。据国外媒体报道，在最近几年的鲭鱼探捕活动中，格陵兰渔业部门租用了一些中国渔船参与合作。中国拥有大量适合中上层鱼类捕捞的渔船和加工设备，具有与格陵兰进行渔业合作的有利条件。

　　其次，中国国内市场巨大，随着国内民众生活水平的提高，对高档水产品的需求量越来越大，水产品进口量不断增加。中国市场对以水产品出口为主的格陵兰和其他北欧渔业国家意义重大。

　　另外，近年来，格陵兰政府与国外合作开发的项目越来越多，在北极地区的海洋生物资源利用方面，目前最有可能被开发利用的当属渔业资源。中国与格陵兰在许多领域有着良好的合作，渔业合作应该成为双方合作的重要内容之一。

随着中国与格陵兰合作领域的扩大，部分西方媒体时常发表一些歪曲事实的报道，炒作所谓"中国大举进军格陵兰"。对此，中国外交部发言人指出："中国和丹麦一直保持着互利互惠的经贸合作关系。中方赞赏丹麦政府和格陵兰自治政府对外国企业参与格陵兰地区经济开发的开放态度，支持双方政府开展互利共赢合作，在实现自我发展的同时造福当地人民"。

9.3.4 与俄罗斯在北极渔业领域合作的可能性

在中俄渔业合作方面，双方政府一直给予高度重视。1988 年两国签订的《中苏渔业合作协定》的内容有：在捕鱼管辖海域内组织捕捞生产，在共同渔场相互提供渔船和鱼产品运输方面的服务，发展水产养殖业，在修船及造船方面进行合作，研究海产品的加工技术等。双方还成立了渔业合作混合委员会。在此协定的基础上，中俄双方的渔业合作取得了一定的成就。在俄罗斯滨海边疆区渔业推介会上，滨海边疆区政府渔业部部长乌里斯克·伊格利希望中方合作伙伴到滨海边疆区投资，共同发展捕鱼、渔业加工、水产品养殖及深加工等项目；伊格利还将滨海边疆区极具潜力的渔业资源摆上第 17 届哈尔滨国际经济贸易洽谈会展台。2004 年 8 月在中国长春召开的东北亚地区产业与发展第 11 次国际学术会议上，俄罗斯科学院院士、俄科学院远东研究所所长季塔连科提出，中俄间优先发展的领域首先是渔业综合体，在俄西伯利亚和远东地区天然水塘中养殖水生物。2006 年的《中俄联合声明》指出，"双方将扩大海产品深加工合作"。俄罗斯总统普京 2006 年 3 月 22 日在《中俄经济工商界高峰论坛开幕式上的演讲》中进一步提出，要更合理地开发海洋生物资源。尽管如此，由于种种原因，当前中俄渔业合作尚未形成规模，仍未成为双方的主要合作领域。

水产捕捞及鱼类加工业是俄罗斯远东地区的重要工业部门，但苦于劳动力资源匮乏，制约了其扩大发展的规模。鉴于渔业在俄罗斯远东地区特殊的经济地位和意义，因此，应将中俄在该领域的合作放在主要地位加以考虑（王殿华，2006），其今后的合作方式和主要对策如下。

1）加大与俄罗斯远东地区的水产品贸易

2000 年 7—8 月，大连正升食品有限公司与俄罗斯伊亚宁—科特渔业公司成功进行了鲱鱼项目的合作，贸易额为 30 万美元。通过这次成功合作，使得俄罗斯这家公司对其在大连的水产业充满信心，特意将其在中国的办事处迁到大连。此后，双方又相继进行了鳕鱼、鲽鱼、马哈鱼等多项贸易合作。通过贸易，加深了了解并带动了渔业领域其他合作方式的发展。

2）合资办厂，以投资带动劳务出口

应促进中俄双方有关单位在渔业生产和科学技术方面建立直接联系并发展合作关系；鼓励建立渔业生产联合企业。国家给高投入的海洋渔业以财政补贴是一项国际惯例。为了弥补资金不足，日本、韩国、加拿大、美国、挪威、西班牙等国都有针对性地规定了国家的援助措施。例如，创造条件在零售贸易中获取补充利润、制定相应的税收和关税政策、建立直接向渔民的补贴和优惠贷款制度等。目前，俄政府无力向渔业部门提供大量财政资金，只能靠建立有效的鼓励投资机制。例如，保障对那些订购捕捞和加工船的业主实行税收优惠，对完成这类订货的本国造船企业也实行此项优惠；对进口船舶的配套设备和材料免征进口税和增值税；对完成国家订购任务所获部分利润，免征利润税；改善投资环境，制定优惠政策，吸引外资等。针对这一状况，中国应利用俄远东地区鱼类、蛙类资源丰富的特点，鼓励大型食品企业赴俄采取合资、合作或独资形式，兴办加工生产企业，进行渔业资源开发合作、合作养殖、加工鱼产品和罐头等。

3）租赁承包俄罗斯渔场、渔船，合作捕鱼

俄政府为了鼓励水产业的发展，规定从海产养殖业获利起若干年内减少对其利润税的征收，对海产养殖业免征土地税及其他有关税种。因此，中方企业可以通过承包俄方渔场、渔船，增加鱼产品进口，减少税款支出。

4）从事船舶维修的合作

俄远东地区船队的技术状况较差，近一半的渔船有 16 年以上船龄（服役的折旧期一般为 18～24 年），40%以上的船只将要超过正常的服役期。损耗更为严重的是加工船：55%的加工船超过了正常期限，这些船只承担着 30%的加工和近 85%的制冷任务，但由于缺少所需资金而不能更新。俄滨海边疆区的一些水产行业利用外国人力和资金从事船舶维修。一些公司，如远东海洋食品股份公司、符拉迪沃斯托克渔业联合加工股份公司、"СУПЕР"股份公司、"ОСТ АРТ"和"ТУРНИФ"公司等都需要大量外国维修工人和外资的参与。

5）建立水产品加工培训基地

在中国的外派劳务中，有大量人员要派往日本、韩国等国作为水产品加工工人，出国前要进行水产品加工业务培训。例如，中国吉林省的伊通县就与大连市建立了水产品加工培训基地，合作培训水产品加工工人。对于俄罗斯特别是远东地区渔业存在的劳动力严重短缺的问题，中方也可以有针对性地对输往俄罗斯的劳务人员进行水产捕捞和水产品加工技能的培训，以适应发展中俄渔业合作的需要。

9.3.5　与美国在北极渔业领域合作的可能性

"国际合作"是美国此轮新北极战略的重要目标之一，但侧重的是环北极国家之间的合作，并非普遍的国际合作。新北极战略指出，环北极国家对北极地区经济、文化、环境、安全的关注点有所不同，但拥有共同的利益。美国将加强与北极理事会的合作，通过双边和多边努力与其他环北极国家合作，并主张同其他环北极国家建立新的合作机制来确保北极地区繁荣，确保美国及其同盟的安全和经济利益。从中不难看出，美国不赞成在北极事务上开展广泛的国际合作。

2010 年以后，美国越来越重视在北极的战略利益，已把北极地区作为国家政策的关注点。一方面，作为北极沿岸的海洋大国，美国势必要确立其主导地位，加速对北极地区自然资源的赢利性开发，不断从政治、经济、军事、安全、科研等领域介入北极事务。另一方面，美国对北极利益的获取是排他性的，俄罗斯、加拿大等北极沿岸国是与之争夺北极地区控制权的直接竞争者，即使合作也是有限合作，美国势必会限制这些国家开展有悖于美国利益的行动，抛出一系列环境标准作为限制相关国家开发北极资源的门槛。

2015 年，美国接替加拿大成为轮值主席国，北极事务管理正式进入"北美时间"。伴随着美国新一轮北极战略的实施，北美地区对北极未来发展的影响值得国际社会密切关注，美国很有可能借此加快实现其在北极的利益最大化。

美国的阿拉斯加州约有 1/3 的地区位于北极圈内，西面的白令海峡是太平洋进入北冰洋的唯一海上通道。白令海峡南端太平洋一侧的白令海是全球著名的渔场，盛产狭鳕等经济鱼类，全球狭鳕产量的 40%左右产自这一海域，20 世纪 80 年代，包括中国在内的许多国家的渔船在这里从事海洋渔业捕捞作业。白令海峡北端北冰洋一侧的楚科奇海，随着全球气候变暖，渔业资源业出现增加的迹象。

与美国的北极政策相一致，美国对泛北极地区白令海海域渔业资源的开发利用也采用"美国主导，有限合作"的政策。在 20 世纪末期，美国以保护该地区渔业资源的名义，利用由美国占主导地位的区域性渔业管理组织迫使原先在此作业的非本国渔船退出了这一海域，只允许周边少数国家及其盟友在此从事海洋捕捞作业。即使在全球气候变暖高纬度地区渔业资源增加的状况下，白令海海域的渔业仍然维持着由美国主导的格局。

中国、美国、俄罗斯、日本、韩国、波兰均为《白令海公海渔业条约》成员国。由于渔业资源状况等多方面的原因，最近 20 年来，中国在白令海几乎没有参与商业性海洋渔业捕捞，中国与美国的渔业合作主要集中在商贸领域，2012 年，中国出口到美国的水产品占美国水产品进口总额的 23%，美国出口到中国的水产品占美国水产品出口总额的 29%（图 9-22，图 9-23）。

中国是美国重要的水产品出口和进口国，中国与美国在水产品贸易具有较好合作空间。

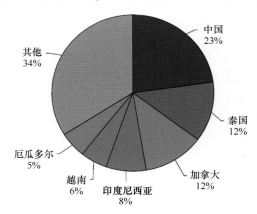

图 9-22　全球主要水产品产地对美水产品出口额占比

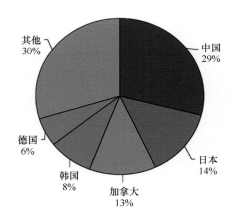

图 9-23　美国水产品出口主要市场与占比

9.3.6　与挪威在北极渔业领域合作的可能性

挪威是新中国成立以后与中国建交最早的西方国家之一。长期以来，两国在经贸方面的合作十分广泛，2012 年，挪威国内的进口商品中，中国商品所占的比例为 10% 左右，仅次于瑞典和德国排名第 3（图 9-24）。

两国在渔业合作方面，总体而言，在商贸和技术方面合作较多，在渔业生产方面，尤其是海洋

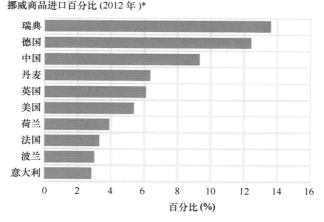

图 9-24　挪威商品进口百分比

资料来源：挪威国家统计局

渔业捕捞和养殖方面的合作相对较少。2011 年，中国化工集团公司下属中国蓝星（集团）股份有限公司以 20 亿美元完成了对挪威埃肯公司 100% 股权收购，其中包括埃肯冰岛硅铁厂。

1984 年，挪威政府赠送给中国一艘海洋渔业考察船 "北斗" 号，该船整体装备在当时属于国际先进水平，在我国的海洋渔业资源调查和渔业科学研究中发挥了重要作用，"北斗" 号科学考察船至今仍在服役。

近年来，挪威的养殖鲑鱼对中国的出口量不断增加，中国已经成为挪威鲑鱼产品的重要市场。2009 年，中国进口挪威养殖鲑鱼 2.3×10^4 t，进口金额 1.38 亿美元。挪威渔业部门预测，中国很可能在日后超过日本成为亚洲地区进口挪威鲑鱼最多的国家。

在海水养殖方面，中国内地的水产养殖企业也开始与挪威合作，在沿海地区人工养殖鲑鱼并取得了成功，但是苗种仍然依赖进口。

在海洋渔业捕捞方面，挪威政府除了周边国家和部分欧洲国家以外，不允许其他国家的渔船在挪威海域从事海洋渔业捕捞活动。

另外，中国和挪威在南极磷虾的开发利用方面的合作也在增多。

中国和挪威都是全球重要的渔业国家，两国在渔业合作方面应该具有更加广阔的空间。

9.3.7　我国开发利用北极渔业资源的可行性分析

北极地区的气候与环境正在经历快速变化的过程，全球气候变暖引起的海水表面温度上升、冻土层融化、海冰减少等一系列变化，对该地区海洋生物、海洋环境及地球圈层均产生了巨大的影响（Stroeve et al.，2007；Steele et al.，2008；Kdra et al.，2010；Lubchenco，2011），这些变化也对位于北半球的中国有着直接的影响。北冰洋是北极地区的主体，北冰洋和它的边缘海的面积约占北极地区总面积的 60% 以上（白佳玉，2013），其中的许多海域是世界上著名的渔场，渔业资源丰富，沿岸大多数国家也是全球重要的渔业国家。随着全球环境和气候的变化，北极地区的渔业和渔业资源受到越来越多的关注（唐建业和赵嵌嵌，2010）。

9.3.7.1　气候变化对北极地区渔业的影响

近几十年来，秘鲁鳀鱼和阿拉斯加狭鳕一直是全球捕捞产量排名第 1 和第 2 的渔业品种。但在

2006—2010 年的 5 年间，秘鲁鳀鱼的产量出现大幅下降，从 2006 年的 700×10^4 t 锐减至 2010 年的 420×10^4 t。而与此同时，白令海附近的阿拉斯加狭鳕的产量则保持稳定，2006 年和 2010 年产量均保持在 280 多万吨左右（表 9-20）。

其他海洋捕捞产量较高的渔业品种中，西南太平洋智利竹筴鱼的产量由 2006 年的 199×10^4 t 锐减至 2010 的 72×10^4 t。而纬度相对较高、与北冰洋交汇的西巴伦支海、挪威海和格陵兰海等海域的大西洋鲱的产量则相对稳定，鲭鱼和鳕鱼的捕捞产量近年来出现较大幅度的上升。这一现象引起人们的高度关注，除了渔业管理方面的原因之外，全球环境气候变化对全球渔业资源和渔业生产造成的影响也不容忽视（王亚民等，2009）。

当今，北极地区海冰覆盖面积在不断减少。相关研究表明，北冰洋海洋生态系统发生了结构性的变化，部分渔业资源崩溃，海洋渔业资源分布的模式已经发生了一定程度的改变。

气候变化对海洋生物和渔业的影响已经成为全球科研工作者近年来一直在研究和关注的重要课题。2009 年，加拿大不列颠哥伦比亚大学渔业研究中心的 Cheung 博士在《Fish and Fisheries》杂志发表了一份题名为《气候变化对全球海洋生物多样性的影响》的研究报告，报告就气候变化对分布在全球各地 1 000 多种鱼类可能产生的影响进行了预测与评估（Cheung et al.，2009）。报告指出，气候变暖促使海洋生物的活动范围偏离原先的纬度和水层，海洋生物的这些反应可能会引起本地物种的灭绝和外来物种的大规模入侵，全球鱼类的分布情况也将发生大规模的变化，其中大多数种类会朝地球两极方向迁徙，从而对渔业经济产生影响。平均计算，海洋鱼类每 10 年会偏离它们的传统栖息地 40 km 以上，位于赤道地区的发展中国家的海洋捕捞业将会遭受重创，北欧地区的国家将会随着渔获量的增加而受益（Stroeve et al.，2007）。

渔业专家认为，全球气候变暖对海洋的影响巨大，最先受到影响的是海洋表层，然后逐步波及海洋中层和底层，鲭鱼等属于中上层鱼类，将首先受到影响。北极地区受全球气候变化的影响最为明显，有必要对这一地区生态系统变化的情况开展深入系统的研究。

表 9-20　2006—2010 年全球部分主要渔业捕捞品种产量变化　　　　单位：$\times 10^4$ t

海域	种类	年度与产量				
		2006 年	2007 年	2008 年	2009 年	2010 年
南太平洋海域	秘鲁鳀鱼	700	761	741	691	420
	智利竹筴鱼	199	199	146	128	72
环北极海域	阿拉斯加狭鳕	286	290	264	250	282
	大西洋鲱鱼	222	236	247	250	220
	大西洋鳕鱼	83	78	76	86	95
	大西洋鲭鱼	54	56	61	70	88

注：表中大西洋鲱鱼和大西洋鲭鱼的产量为全球产量，北大西洋为主要产地。

9.3.7.2　中国参与北极渔业资源开发利用的可能性

中国地处北半球，中国最北端的领土与北极圈相距不到 15 个纬度，直线距离仅 1 000 多千米，北极气候环境的变化会对中国产生直接和快速的影响。对此，人民日报曾发表评论指出，北极的和平、稳定与可持续发展符合国际社会的共同利益。中国的经济社会发展深受北极变化影响，重视参与北极合作理所应当。

2013 年 5 月，在瑞典北部城市基律纳召开的北极理事会第八次部长级会议上，中国成为北极理事会正式观察员国，尽管个别国家对中国参与北极事务存在不同看法，但大多数国家都认为中国应该在北极事务中发挥重要和积极的作用。对于北极事务，在北极地区拥有较多领土和海域的俄罗斯和加拿大希望由他们来主导北极，但是一些相对弱小的国家和相关方如冰岛和格陵兰则希望引入多方共同参与研究和开发。

在北极渔业科研和渔业资源的开发利用方面，中国应与环北极国家开展积极合作。我国已经对北极地区已经进行了 6 次大规模科学考察，在今后的北极科考中，可以增加与渔业相关的科学考察和研究内容。

1）结合我国北极科学考察，开展北极海域渔业资源调查

世界上重要的海洋渔业国家，比如美国、前苏联、日本、挪威等均在海洋科学考察中对全球范围的渔业资源开展调查，其中包括南极和北极地区的渔业资源，取得了许多重要资料。中国在进行北极科学考察时也应该增加与渔业资源相关的调查和研究内容。

2）研究北极环境气候变化对全球渔业资源以及我国渔业的影响

中国是渔业产量排名全球第一的渔业大国，2012 年，全球渔业总产量 1.58×10^9 t，同期中国的渔业产量为 5.91×10^7 t，占世界渔业总产量的 37%（表 9-21）。2012 年中国海洋渔业捕捞产量 1 387 $\times 10^4$ t，占同期全球海洋渔业捕捞产量的 17%。2012 年，中国共有 1 830 艘远洋渔船在世界各大洋从事捕捞作业，远洋渔业产量 122$\times 10^4$ t，产值 132$\times 10^8$ 元。作业海域分布于 38 个国家的专属经济区和太平洋、大西洋、印度洋公海和南极等海域，远洋渔业已经成为我国渔业及海洋发展战略的重要组成部分（刘立明，2012；农业部渔业局，2013），这也为开发利用北极渔业资源提供了基础条件。

全球气候环境的变化，尤其是南极和北极气候环境的变化必然会对全球的鱼类生态环境、生存活动规律，进而对渔业资源和渔业生产带来巨大影响，中国作为世界上重要的渔业国家对此必须密切关注，积极应对。

国外相关研究显示，全球气候变暖将导致鱼类活动范围向气温较低的南极和北极方向迁移，高纬度地区国家的渔业将因此受益。在环北极国家的渔业生产中，已经发现鱼类活动范围向北偏移的迹象，并由此引发了一系列与渔业资源相关的纠纷。但是到目前为止，相关的研究大多停留在实验室研究和计算机模拟计算的阶段，我国在今后的北极科考中可以开展实地考察，为进一步研究积累资料。

表 9-21　2006—2012 年全球与中国渔业产量　　　　　　　　单位：$\times 10^4$ t

类别	2006 年	2007 年	2008 年	2009 年	2010 年	2011 年	2012 年
全球渔业总产量	13 730	14 020	14 260	14 530	14 850	15 400	15 800
中国渔业产量	4 584	4 748	4 896	5 114	5 373	5 603	5 906
中国产量占比（%）	33	33	34	35	36	36	37
全球海洋捕捞产量	8 020	8 040	7 950	7 920	7 740	7 890	7 970
中国海洋捕捞产量	1 254	1 243	1 257	1 275	1 314	1 355	1 389
中国产量占比（%）	15	15	15	16	16	17	17
全球海水养殖产量	1 600	1 660	1 690	1 760	1 810	1 930	2 470

类别	2006 年	2007 年	2008 年	2009 年	2010 年	2011 年	2012 年
中国海水养殖产量	1 264	1 307	1 340	1 405	1 482	1 551	1 643
中国产量占比（%）	79	78	79	79	81	80	66

资料来源：1. FAO《世界渔业与养殖状况——2012 年》；2. 农业部渔业局《中国渔业统计年鉴——2012 年》

3）与环北极国家合作，寻找开发利用途径

环北极地区是全球渔业生产率较高，渔业管理比较先进的地区，通过实地考察，学习这些国家的先进技术和渔业管理经验，了解他们对北极地区渔业资源开发利用的计划与实施情况，寻找与环北极国家合作开发利用北极渔业资源的可能性。目前，已经有一些环北极国家和地区在渔业资源的开发利用方面表示了愿与中国合作的意象，如格陵兰和冰岛（李励年等，2013）。可以在调查的基础上研究合作的具体路径以及进一步扩大合作领域的可能性。

日本与环北极国家在渔业方面有较多合作，如日本与格陵兰在北极红虾的生产、加工和贸易方面有着较长时期的合作（张然等，2013）。日本渔业企业以合资、参股等方式参与这一地区渔业资源的开发利用，这些做法值得中国渔业管理部门和渔业企业参考借鉴。

4）开展其他与渔业生产、水产品国际贸易相关内容的研究

开辟北冰洋航道一直是北极问题研究中的重要课题。一些环北极的渔业国家和地区，他们生产的海产品有相当一部分出口到日本、中国、韩国、东南亚等亚洲地区，这些国家和地区十分关注北极航道的开通，希望借此缩短运输距离和时间，这样不仅可以降低成本，而且更有利于海产品的保鲜和扩大对亚洲地区的水产品出口（张侠等，2009；戴宗翰，2013）。

北极环境气候变化是由各种复杂因素共同作用产生的，这些变化对海洋生物资源的影响也各不相同，而且将会经历漫长的过程，政府相关部门需要密切关注，制定长期和阶段性计划，加大经费和人员投入，在科学研究的基础上采取必要的应对措施。

5）寻找机会购买环北极国家的渔业捕捞配额

日本对北极海域北大西洋一侧渔业资源的开发利用也十分关注，同样采用组建合资公司、参股和购买配额等多种策略参与北极地区的渔业捕捞。2011 年，日本水产株式会社的"Unisea"号捕捞渔船向一艘名为"Starfish"的美国渔船购买其拥有的阿拉斯加狭鳕的捕捞配额。2011 年，由于岛内捕捞能力不足，法罗群岛邀请非欧洲国家的渔船一起参与捕捞。2012 年，中国的远洋渔业企业与格陵兰曾在中上层鱼类的资源调查和探捕方面有过合作。种种迹象表明中国可以借鉴日本的操作方式，购买环北极国家的渔业捕捞配额还是有机可寻的。

9.4 主要成果总结

全球气候变暖将导致鱼类活动范围向气温较低的南极和北极方向迁移，在环北极国家的渔业生产中，已经发现鱼类活动范围向北偏移的迹象，同时会对北极地区海洋生物的多样化产生影响，使北极海洋生物种类数增多，从而使高纬度地区国家的渔业受益。中国与北极圈相距不到 15 个纬度，

北极气候环境的变化会对中国渔业产生直接和快速的影响，因此我国有必要也有可能参与到北极的相关事务，包括渔业资源方面。

首先，参与环北极国家的相关科学考察，开展北极海域的渔业资源调查。迄今为止，我国也已对北极地区进行了 6 次大规模的科学考察，获取并积累了一定的资料。抓住环北极五国建议成立联合科学调查项目进行北冰洋地区的生态系统调查的机会，参与到其中，实现数据共享。

其次，加强与环北极国家有关渔业、水产品生产、加工和贸易等方面的合作，主要是有意向与中国合作的国家，在此基础上增加合作的具体路径以及进一步扩大合作领域的可能性。同时远洋渔业已经成为我国渔业及海洋发展战略的重要组成部分，可为开发利用北极渔业资源提供基础条件。

最后，对于一些相对弱小的国家和相关方（如冰岛、格陵兰和法罗群岛等），由于其自身捕捞能力不足，可以通过采用购买捕捞配额、组建合资公司和参股等多种策略参与北极地区的渔业捕捞。

北极环境气候变化是由各种因素共同作用产生的，这些变化对海洋生物资源的影响也各不相同，而且将会经历漫长的过程。在开发和利用北极海域渔业资源的同时，要做好充分的科学研究，防止渔业资源的恢复和增长速度赶不上渔业捕捞力的增长，保护脆弱的北极海洋生态系统免受破坏，以实现北极海域渔业捕捞的可持续性。

参考文献

白佳玉 . 2013. 中国北极权益及其实现的合作机制研究［J］. 学习与探索，12：87-94.

陈立奇，卞林根，陈波，等 . 2003. 北极海洋环境与海气相互作用研究［M］. 北京：海洋出版社：2-15.

戴宗翰 . 2013. 由联合国海洋法公约检视北极航道法律争端——兼论中国应有之外交策略［J］. 比较法研究，6：86-108.

方精云，唐艳鸿，林俊达，等 . 2000. 全球生态学——气候变化与生态响应［M］. 北京：高等教育出版社，1-21.

李励年，林龙山，缪圣赐 . 2013. 一场由气候变化引发的渔业资源争夺战——欧洲"鲭鱼战争"持续升温［J］. 渔业信息与战略，1：75-80.

刘立明 . 2013. 2012 年我国远洋渔业持续稳定发展［M］. 中国水产，8：17.

农业部渔业局 . 2013. 2013 年中国渔业年鉴［M］. 北京：中国农业出版社：1-11.

曲探宙，吴军，张海文，等 . 2011. 北极问题研究［M］. 北京：海洋出版社：101-130.

沈汉祥，李善勋，唐小曼，等 . 1987. 远洋渔业［M］. 北京：海洋出版社：283-321.

唐建业，赵嵌嵌 . 2010. 有关北极渔业资源养护与管理的法律问题分析［J］. 中国海洋大学学报（社会科学版），5：11-15.

王殿华 . 2006. 中国与俄罗斯渔业合作的潜力分析［J］. 俄罗斯中亚东欧市场，11（11）：29-33.

王亚民，李薇，陈巧缓 . 2009. 全球气候变化对渔业和水生生物的影响与应对［J］. 中国水产，1：21-24.

王燕平，李励年，林龙山，等 . 2015. 中国远洋渔业企业参与北极渔业的可行性分析［J］. 渔业信息与战略，1：1-9.

王自盘 . 1997. 极地海洋生物学过程与全球气候变化［J］. 东海海洋，15（3）：29-36.

杨金森 . 2000. 世界海洋资源//国家海洋局海洋发展战略研究所编［M］. 北京：海洋出版社：31-45.

余兴光 . 2011. 中国第 4 次北极科学考察报告［M］. 北京：海洋出版社：2-15.

张然，林龙山，邱卫华，等 . 2013. 格陵兰渔业及其受气候变化的影响［J］. 渔业信息与战略，28（2）：155-61.

张侠，屠景芳，郭培清，等 . 2009. 北极航线的海运经济潜力评估及其对我国经济发展的战略意义［J］. 中国软科学，2：86-93.

赵隆 . 2013. 从渔业问题看北极治理的困境与路径［J］. 国际问题研究，4：69-82.

邹磊磊 . 2014. 南北极渔业管理机制的对比研究及中国极地渔业政策［D］. 上海：上海海洋大学.

Cheung W W L, et al, 2009. Projecting global marine biodiversity impacts under climate change scenarios. Fish and Fisheries, 10（3）：235-251.

Drinkwater K. 2009. Comparison of the response of Atlantic cod（Gadus morhua）in the high~latatude regions of the North Atlantic during the warm periods of the 1920s~1960s and the 1990s~2000s. Deep-Sea Research Ⅱ, 56：2087-2096.

Dulvy N K, et al, 2008. Climate change and deepening of the North Sea fish assemblage：a biotic indicator of warming seas. Journal of Applied Ecology, 45（4）：1029-1039.

FAO. 联合国粮农组织 2010 年渔业和水文统计年鉴，http：//www. fao. org/fishery/publications/yearbooks/en.

FAO Fisheries. 2013. Aquaculture Information and Statistics Service, Capture Production.

FAO. 渔业统计数据库，http：//www fao org/corp/statistics/en/.

Fleischer D, et al. 2007. Atlantic snake pipefish（Entelureu aequoreus）extends its northward distribution range to Svalbard（Arctic ocean）［J］. Polar Biology, 30：1359-1362.

Gilg O, et al. 2012. Climate change and the ecology and evolution of Arctic vertebrates［J］. Annals of the New York Academy of Sciences, 1249：166-190.

Grebmeier J M, et al. 2006. A major ecosystem shift in the northern Bering Sea［J］. Science, 311：1461-1464.

Hamilton L, et al. 2003. West Greenland's cod-to-shrimp transition：local dimensions of climate change. Arctic, 56：271-282.

Jan M W, et al. 2011. Climate change effects on Arctic on fjord and coastal macrobenthic diversity-observation and predictions. Marine Biodiversity, 41：71-85.

Jorgensen C, et al. 2009. Size-selective fishing gear and life history evolution in the Northeast Arctic cod. Evolutionary Applications, 2：356-370.

Keith B. 2003. Climate change and fisheries//Rhys E G, Mike H, Lera M. Global Climate Change and Biodiversity. University of East Anglia, Norwich, 4-15.

Kedra M, et al. 2010. Decadal change in macrobenthic soft-bottom community structure in a high Arctic fjord（Kongsfjorden, Svalbard）. Polar Biology, 33（1）：1-11.

Lubchenco J. 2011. NOAA's Arctic vision and strategy. National Oceanic and Atmospheric Administration, 1-31.

Mecklenburg C W, et al. 2007. Russian-American long-term census on the Arctic：benthic fishes trawled in the Chukchi Sea and Bering Strait, August 2004. Northwestern Naturalist, 88：168-187.

Molenaar E J, 2009. Background Paper Arctic Fisheries Ecologic Institute EU.

Mueter E J, Litzow M A. 2008. Sea ice retreat alters the biogeography of the Bering Sea continental shelf. Ecological Applications, 18：309-320.

Ottersen G, et al. 2001. Atlantic climate governs oceanographic and ecological variability in the Barents Sea. Limnology and Oceanography, 46：1774-1780.

Overland J E, et al. 2004. Integrated analysis of physical and biological Pan-Arctic change. Climate Change, 63：291-322.

Overland J E, et al. 2004. Is the climate of the Bering Sea warming and affecting the ecosystem? Eos, Transactions American Geophysical Union, 85：309-316.

Perry A L, et al. 2005. Climate change and distribution shifts in marine fishes. Science, 308, 1192-1195.

Pope J G, et al. 2009. Honey, I cooled the cods：Modeling the effect of temperature on the structure of Boreal/Arctic fish ecosystems. Deep Sea Research Part II：Topical Studies in Oceanography, 56（21）：2097-2107.

Reeves R, et al. 2012. Implications of Arctic growth and strategies to mitigate future vessel and fishing gear impacts on bowhead whales. Marine Policy, 36（2）：454-462.

Reist J D, et al. 2006a. Climate Change Impacts on Arctic Freshwater Ecosystems and Fisheries. A Journal of the Human Environment, 35 (7): 149-164.

Reist J D, et al. 2006b. General effects of climate change on arctic fishes and fish populations. Ambio, 35 (7): 370-381.

Steele M, et al. 2008. Arctic Ocean surface warming trends over the past 100 years. Geophysical Research Letters, 35 (2): 1-6.

Stroeve J, et al. 2007. Arctic sea ice decline: Faster than forecast. Geophysical Research Letters, 34 (9): 1-5.

第 10 章　北极油气资源潜力评估*

10.1　北极地区地质特征

10.1.1　北极地区大地构造及演化

按现今大地构造单元划分，北极地区位于欧亚板块、北美板块和太平洋板块 3 大板块的北部（图 10-1）。根据现代地壳结构、物质组成、地貌特征和地质历史，北极地区可以划分为两大不同构造单元：一部分是北冰洋；另一部分是环绕北冰洋分布的大陆，包括陆缘、边缘海、岛屿或群岛。它们是在不同地质历史发展阶段、由不同板块（或地块）之间裂解—拼合—再裂解演化形成的，记录了从地球前寒武纪早期到全新世长达 3 800 Ma 的演化历史。而北冰洋则主要是白垩纪以来，尤其是 18.20 Ma 以来形成的。因此，北极地区既有地球上最古老的岩石；同时，北冰洋又是地球上最为年轻的大洋，其下部发育着最年轻的洋壳。北极地区的构造演化过程和主要地质构造要素见图 10-1。

欧亚板块和北美板块均是自太古宙以来，分别以不同的早前寒武纪古陆块为核心，在不同地质时期与相邻陆块拼合、增生、分离、再汇聚的结果。其中，波罗地克拉通（古陆块）、西伯利亚克拉通（古陆块）、北美克拉通（或劳伦古陆块和格陵兰地盾）是北极地区 3 大早前寒武纪核心古陆块。此外，还有许多小型地块，如北极地台、喀拉地块、德隆地块等。位于古老克拉通，或古地块之间或沿其边缘分布的是不同时期的构造活动带（褶皱带），主要有斯堪的纳维亚加里东造山带、乌拉尔褶皱带、新地褶皱带、维尔霍扬斯克褶皱带、楚科塔褶皱带、布鲁克斯褶皱带、埃尔斯米尔褶皱带、东格陵兰褶皱带（图 10-1）。

在欧亚板块西侧和北美板块东侧之间是北大西洋洋盆，其中的大西洋中脊是至今仍在活动的全球裂谷系的重要组成部分，并向北延伸与北冰洋海底的北冰洋中脊（加克利海岭）相连接（图 10-1，图 10-2）。

北极地区的构造演化史，实际上就是不同地质历史时期这些古老陆块之间多次裂离、汇聚、增生和拼合、古大洋形成和消亡以及现代大洋和陆地形成的复杂历史。

按照传统大地构造单元划分，考虑研究区不同地质构造单元地壳物质组成及构造特征的差别与联系，北极地区以相对稳定的古陆块（克拉通）和夹持于不同古陆块之间的褶皱带或相对活动构造带分别划分为两类一级构造单元；以各个一级构造单元中的构造差异作为划分二级、三级等次级构造单元的基础。据此，将北极地区划分为 11 个一级构造单元，包括 3 个古陆块（地盾）和 8 个不同时期的褶皱带（图 10-2）。

＊ 本章编写人员：曲玮、赵越、刘建民、韩淑琴。

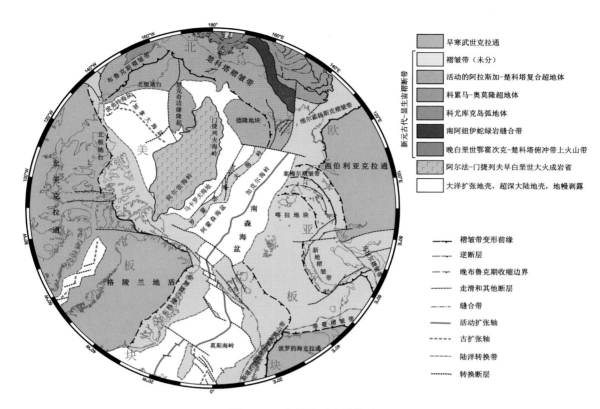

图 10-1　北极地区大地构造

　　3 个稳定地块分别是：① 北美克拉通—格陵兰地盾；② 波罗的克拉通；③ 北西伯利亚克拉通；8 个褶皱带分别是：① 斯堪的纳维亚加里东造山带和东格陵兰加里东褶皱带；② 乌拉尔褶皱带；③ 蒂曼褶皱带；④ 新地褶皱带；⑤ 泰美尔褶皱带；⑥ 维尔霍扬斯克褶皱带；⑦ 楚科塔褶皱带；⑧ 布鲁克斯褶皱带；⑨ 埃尔斯米尔褶皱带。在上述不同的构造单元内部发育了规模和形态各异、成因类型不同的沉积盆地。

　　北极地区北冰洋及其边缘陆地的构造和地层层序记录反映了它们的复杂的地质演化过程。根据现有资料综合分析，北极地区的地质演化可以大致划分为 6 个大的演化阶段，不同构造演化阶段所对应的地球动力学环境及构造特征不同。而每一个大的演化阶段又可以划分为多个次一级演化阶段。

　　这 6 个演化阶段可以大致概括为：① 太古代和古元古代基底形成与其后克拉通化阶段；② 中元古代—早古生代沿基底边缘及基底之上形成早期古陆块沉积盖层及盆地阶段（包括古大西洋及里克洋形成阶段）；③ 早古生代末期沿基底边缘形成造山带及其盆地阶段；④ 晚古生代沿基底边缘及造山带内部和边缘形成沉积盆地阶段；⑤ 晚古生代末期—中生代泛大陆形成及裂解阶段；⑥ 北冰洋及其海底洋盆。

10.1.2　区域地层与沉积特征

　　北极地区的古陆块型沉积盖层涵盖了从中、晚元古代到全新世的所有地质时代，但是各个时期的地层分布范围、发育程度以及岩相古地理变化在不同的构造单元中差异明显。由于北极地区涉及地域广阔、地壳结构复杂、岩相变化大等特点，详细地叙述所有地区不同时期的沉积建造特征是不

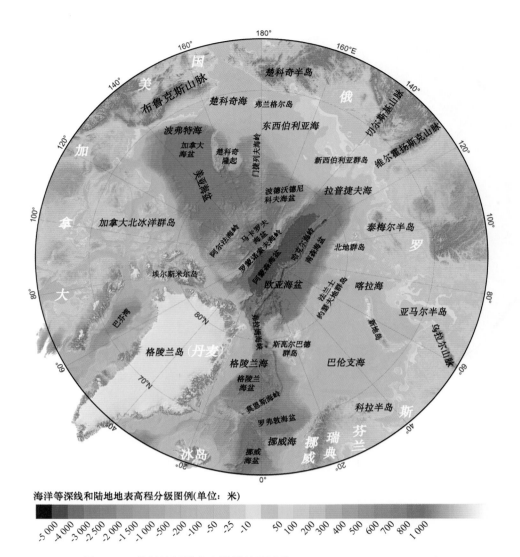

图 10-2　北极地区洋底和陆域地形地貌（Jakobson M，et al.，2012）

现实的。因此，根据地层发育特征，将研究区内沉积盖层大致划分为 5 个主要阶段，即中、晚元古代地层建造、早古生代地层建造、晚古生代地层建造、中生代地层建造和新生代地层建造。各主要地层沉积建造特征概括如下。

1）中、晚元古代地层建造

北极地区最早的古陆块型沉积盖层始于中、晚元古宙时期。中、晚元古代地层广泛分布于北美古陆块、格陵兰岛周边地区、东欧古陆块、西伯利亚古陆块等古陆之上及其周边的褶皱带内部。在褶皱带内多以中间地块的形式存在。这一时期地层在前苏联地区（东欧古陆块、西伯利亚古陆块和乌拉尔造山带等）称为里菲纪—文德纪；加拿大东部同一时期地层以纽芬兰地区为代表，自下而上为康塞普辛群、圣约翰斯群和信号山群；北美古陆块部分地区为贝尔特超群；在加拿大西部马更些山区则称为温德米尔超群。在格陵兰岛，自下而上分别称为独立峡湾群、图勒超群、Eleonore Bay 超群和 Tillite 超群等。

中、晚元古代地层总体上为一套以浅海相为主的碎屑—碳酸盐岩建造。各地沉积厚度差异较大，从几米到数千米。在不同的层位中常常可见到不同程度的冰碛岩。

已有研究及油气勘查成果表明，中、晚元古代地层在某些地区是重要的含油气层为之一，如西伯利亚古陆块以里菲系为代表的沉积岩系，已经发现了具有一定规模的油气田，并正在开采。

2）早古生代地层建造

在北极地区，早古生代沉积多是与中、晚元古代地层伴生出现的，在很多地区早古生代的沉积与中、晚元古界之间是整合接触。其中，以北美陆台加拿大的北极古陆块及其周边地区和西伯利亚古陆块发育较为完整，其次是在东欧古陆块边缘、乌拉尔褶皱带和泰梅尔褶皱带等地区有断续出露。

3）晚古生代（泥盆纪—二叠纪）地层建造

北极地区，大部分地区的晚古生代地层是早古生代地层的延续。广泛出露于加拿大北极古陆块北部、东欧古陆块东北部及东部、西伯利亚古陆块周边地区及乌拉尔褶皱带内。

4）中生代（三叠纪—白垩纪）地层建造

中生代沉积在北极地区不同地块上广泛发育，多沿各古陆块内部及其边缘的断陷盆地沉积，部分发育在褶皱带之上，如西西伯利亚盆地中的沉积。

5）新生代（古新世—全新世）地层建造

新生代地层分布广泛，主要是沿着现代大陆的边缘海发育。部分出露于陆地上的断陷盆地之内。其中，部分地区古近系与中生代盆地的沉积是连续的，如西西伯利亚盆地。根据地层分布特征，可以大致分为以下几个地层区：① 北美古陆块北部的大陆边缘和深海盆地；② 西西伯利亚盆地；③ 东西伯利亚海及其南部陆地区。

在北极地层系统中，晚泥盆世，中三叠世，晚侏罗世和中古近纪，代表了主要的北极烃源岩的沉积时代（Spencer et al., 2011）（图10-3）。

10.1.3　沉积盆地分布与分类

沉积盆地是油气勘查的基本地质构造单元，而沉积盆地的形成及发育特征与不同的地球动力学背景和构造演化过程密切联系。从全球板块构造与盆地的生成关系来看，大陆拼合有利于前陆盆地的形成；大陆的裂解，尤其是超级泛大陆的裂解与裂谷作用与被动大陆边缘盆地有关；俯冲带与弧后盆地有关；洋中脊挤压产生的反转在盆地演化过程中起着重要的作用。

北极地区不同地质构造单元的地质演化反映出在整个地质过程中，构造环境的不断变化以及控制沉积盆地的沉降和改造的地球动力学体系的变化。因此，在时间和空间上，发育了不同成因的盆地。

根据美国地质调查局（2008）环北极地区油气资源评价资料，北极地区大致可以划分出37个沉积盆地（图10-4，表10-1）。这些盆地规模大小不等、成因类型多样，它们分布于不同的或类似的地质构造单元，部分盆地具有相似的地质演化历史，但相当部分盆地具有其独特的地质演化历史和特征。部分盆地已证实蕴藏有世界级的油气资源，相当一部分盆地具有较好的油气潜力。

根据北极地区大地构造背景、构造演化过程、盆地的沉积构造特征及其与区域构造背景间的成因联系，将区内含油气沉积盆地划分为以下4大类（表10-1）：①大陆裂谷及其上覆坳陷型盆地；

②克拉通内盆地；③被动大陆边缘盆地；④陆陆碰撞型盆地。其中，以前 3 类为主。

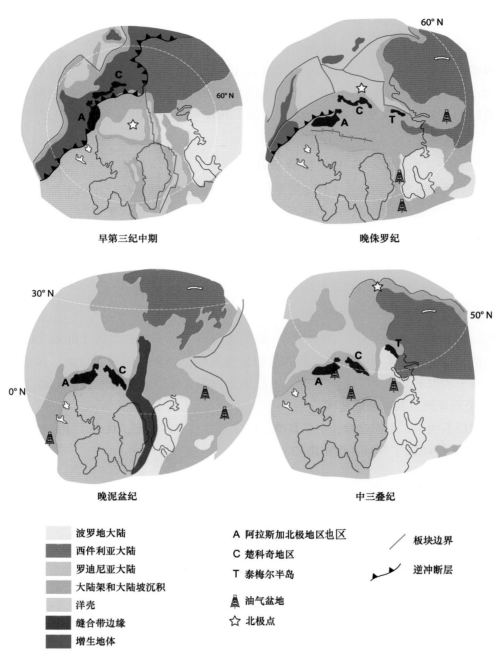

图 10-3　根据 Spencer A. M. et al.，（2011）编制的北极古地理图

图 10-4 北极及其周边地区沉积盆地分布

1. 库克湾；2. 布里斯托—圣乔治；3. 纳瓦林；4. 阿纳德尔；5. 诺顿；6. 霍普—南楚科奇；7. 维尔基茨—北楚科奇；8. 考尔维尔；9. 阿拉斯加波弗特陆架；10. 马更些三角洲—波弗特海；11. 加拿大北极大陆；12. 伊戈尔平原；13. 坎迪克；14. 北极群岛陆架；15. 斯维尔德鲁普；16. 富兰克林—格陵兰盆地；17. 北极群岛古陆块；18. 哈得逊湾；19. 福克斯；20. 拉布拉多陆架；21. 西南格陵兰；22. 巴芬湾；23. 东格陵兰；24. 林肯海；25. 汪达尔海；26. 中挪威；27. 西巴伦支海；28. 东巴伦支海；29. 蒂曼—伯朝拉；30. 西西伯利亚；31. 北喀拉海；32. 通古斯；33. 阿纳巴尔—哈坦加；34. 维柳伊；35. 拉普捷夫海；36. 济良卡；37. 东西伯利亚海

表 10-1　北极及周边地区沉积盆地基本特征统计

编号	盆地名称	国家（地区）	面积（km²）	厚度（m）平均	厚度（m）最大	沉积盖层年代	基底年代	主要岩性
1	库克湾	阿拉斯加	44 800	4 600	7 600	J、K₂、T	Pre-J	碎屑岩
2	布里斯托—圣乔治	阿拉斯加	166 800	2 900	5 000	T-Q	Pre-K	碎屑岩
3	纳瓦林	阿拉斯加	109 800	3 400	5 300	T-Q	Pre-K	碎屑岩
4	阿纳德尔	俄罗斯	75 100	3 000	6 700	K₂、T	Pre-K	碎屑岩
5	诺顿	阿拉斯加	98 400	1 500	6 500	T	Pre-K	碎屑岩
6	霍普—南楚科奇	阿拉斯加	218 900	2 000	3 000	K₂、T	Pre-K	碎屑岩
7	维尔基茨—北楚科奇	阿拉斯加，俄罗斯	385 500	2 300	6 000	J-K、T	Pre-M	碎屑岩
8	考尔维尔	阿拉斯加	291 200	4 900	9 100	P_2-T	Pre-∈	碎屑岩和碳酸盐岩
9	阿拉斯加—波弗特陆架	阿拉斯加	134 600	3 000	9 100	K₂、T	Pz_1	碎屑岩
10	马更些三角洲—波弗特海	加拿大	388 500	2 300	6 000	J-K、T	Pre-M	碎屑岩、碳酸盐岩
11	加拿大北极大陆	加拿大	489 500	1 500	4 900	∈-Kz_2、K_2	Pre-∈	碳酸盐岩、碎屑岩和蒸发岩
12	伊戈尔平原	加拿大	26 200	5 800	7 000	Pz、J-K	Pre-∈	碳酸盐岩、碎屑岩
13	坎迪克	加拿大，阿拉斯加	20 800	3 000	5 500	Pz、J-K	Pre-∈	碎屑岩和碳酸盐岩
14	北极群岛陆架	加拿大	388 500	3 000	6 100	K、T、Q	Pre-K	碎屑岩
15	斯维尔德鲁普	加拿大	313 100	4 700	10 700	Pz_1、Mz、T	Pz_1	碳酸盐岩、碎屑岩和少量蒸发岩
16	富兰克林—格陵兰	加拿大，格陵兰	349 600	4 600	9 100	Pz_1	Pre-∈	碳酸盐岩、碎屑岩和少量蒸发岩
17	北极群岛古陆块	加拿大	782 400	1 600	4 600	Pz_1	Pre-∈	碳酸盐岩、碎屑岩和少量蒸发岩
18	哈得逊湾	加拿大	971 200	700	2 400	Pz_1、K	Pre-∈	碳酸盐岩、少量碎屑岩
19	福克斯	加拿大	168 300	300	600	Pz_1	Pre-∈	碳酸盐岩、少量碎屑岩
20	拉布拉多陆架	加拿大	396 300	4 900	9 100	Pz_2、Mz、T	Pre-∈、Pz_1	碎屑岩、少量碳酸盐岩

续表

编号	盆地名称	国家（地区）	面积（km²）	厚度（m）平均	厚度（m）最大	沉积盖层年代	基底年代	主要岩性
21	西南格陵兰	格陵兰	230 500	2 600	7 000	Pz_2、Mz、T	Pre-∈、Pz_1	碎屑岩
22	巴芬湾	加拿大、格陵兰	569 800	2 700	6 100	Pz_2、Mz、T	Pre-∈、Pz_1	碎屑岩
23	东格陵兰	格陵兰	297 900	2 700	9 000	Pz_2、Mz、T	Pre-∈、Pz_1	碎屑岩、碳酸盐岩
24	林肯海	格陵兰	85 500	3 000	7 000	Pz_2、Mz、T	Pz_1	碎屑岩、碳酸盐岩
25	汪达尔海	格陵兰	41 400	2 000	4 600	Pz_2、Mz、T	Pz_1	碎屑岩、碳酸盐岩
26	中挪威	格陵兰	157 800	3 300	8 200	Tr、J、K	Pre-T	碎屑岩、碳酸盐岩
27	西巴伦支海	挪威	466 800	2 700	4 600	Pz_2、Mz、T	Pz_1	碎屑岩、碳酸盐岩
28	东巴伦支海	俄罗斯	384 500	10 000	11 000	Pz_2、Mz、T	Pz_1	碎屑岩、碳酸盐岩
29	蒂曼-伯朝拉	俄罗斯	443 700	7 000	10 000	Pz、Mz	Pre-∈	碎屑岩、碳酸盐岩
30	西西伯利亚	俄罗斯	1 932 100	9 000	16 000	Mz、T	Pre-∈	碎屑岩、少量碳酸盐岩
31	北喀拉海	俄罗斯	349 900	6 700	7 000	Pz_2-T	Pz_1	碎屑岩、少量碳酸盐岩
32	通古斯	俄罗斯	699 500	3 700	7 500	PR_2、Pz、T-J	Pre-∈	碎屑岩、碳酸盐岩
33	阿纳巴尔-哈坦加	俄罗斯	390 600	4 600	9 000	Pz、Mz、T	Pre-∈、Pz_1	碎屑岩、碳酸盐岩
34	维柳伊	俄罗斯	313 000	3 000	11 000	Pz_2、T、J	Pre-∈	碎屑岩、碳酸盐岩
35	拉普捷夫海	俄罗斯	326 500	3 700	7 000	Pz、J-K	Pz_1	碎屑岩
36	济良卡	俄罗斯	115 000	2 100	4 000	Pz、Mz、T	Pre-∈	碎屑岩
37	东西伯利亚海	俄罗斯	136 800	3 000	5 800	Pz、P-Tr、J-K、T	Pre-∈、Pz_1	碎屑岩

1）大陆裂谷及其上覆坳陷型盆地

该类型盆地是指在拉张构造应力背景下，经历了断陷阶段和/或热沉降的坳陷阶段而发育形成的沉积盆地，包括断陷作用中途终止而形成的陆内裂谷盆地（即断陷盆地）和在断陷基础上发育的坳陷型盆地。该类型的盆地与油气关系极为密切。根据盆地类型与油气丰度之间的相互关系，世界范围内32%的大型油气田与裂谷盆地有关。

北极地区可以区分出多期大规模的裂谷事件，最主要的有晚元古代里菲纪时期的裂谷、晚泥盆世裂谷、晚二叠世裂谷、晚三叠世裂谷、晚侏罗世—早白垩世裂谷。这些裂谷均处于早期区域性挤压作用以后发生，而油气盆地则主要与这些裂谷的形成及发育程度密切相关。

北极地区属于该类型的盆地有加拿大北冰洋岛屿所在的盆地（斯弗德鲁普盆地）、巴伦支海盆地、西西伯利亚盆地、西伯利亚古陆块内的维柳伊坳拉谷、叶尼塞—哈坦加盆地、格陵兰岛东北部的裂谷盆地、西部裂谷盆地、通古斯盆地等。其中，西西伯利亚盆地是全球面积最大、油气资源最为丰富的沉积盆地之一。

2）克拉通内盆地

在克拉通（古陆块、准古陆块或稳定地块等）内部经热沉降发育形成的坳陷型沉积盆地，通常盆地规模大，以大面积的浅海—滨海相沉积为主。包括演化复杂、但主要烃源岩形成于稳定克拉通环境的沉积盆地。区内属于这一类型的盆地可能仅有加拿大北极群岛古陆块上的盆地（盆地编号17）。

3）被动大陆边缘盆地

该地形的盆地是指在拉张伸展构造应力背景下，在大陆边缘经历了断陷、断坳过渡和坳陷3个阶段而发育形成的沉积盆地，通常面向大洋，具有下断上坳的结构特点。这种类型的盆地位于东欧及西西伯里亚大陆古陆块及其褶皱山构架的接合部位，由于北极地区特殊的地质演化历史，可以分为大陆现代被动边缘和古代被动边缘两种类型。

（1）大陆现代被动边缘

该类型则以研究程度很差的俄罗斯北极地区的远景盆地为代表，如拉普捷夫海盆地、东西伯利亚海盆地等。该类型陆缘组油气盆地也应包括俄罗斯北极海边缘水下的推测的油气盆地，具有厚层沉积物和尚未勘探的构造特征。

（2）大陆古代被动边缘类型

包括位于乌拉尔西部边缘的蒂曼—伯绍拉盆地和伏尔加—乌拉尔盆地及乌拉尔前渊、阿拉斯加北极斜坡盆地、加拿大北极地区马更些三角洲盆地等。

4）陆陆碰撞型盆地

属于该类型的盆地主要为乌拉尔—蒂曼—伯朝拉盆地的北部。

按照油气资源勘查开发程度，北极地区的油气盆地划分为3大类：第1类盆地是指有油气发现，并投入大规模商业开发的盆地，北极地区主要有俄罗斯蒂曼—伯朝拉盆地、南喀拉海—亚马尔盆地、美国北极斜坡盆地、加拿大马更些三角洲盆地等；第2类盆地是指有油气发现，但尚无大规模商业开发的盆地，主要有俄罗斯巴伦支海盆地、加拿大斯沃德鲁普盆地等；第3类盆地是指无油气发现，但具有良好的烃源岩条件，勘探前景好的盆地。主要包括东格陵兰断陷盆地、俄罗斯楚科奇陆架区、拉普捷夫陆架区等。

按照盆地的形成时期，上述盆地可以大致划分为3组：①晚古生代：主要有蒂曼—伯朝拉盆地、加拿大斯沃德鲁普盆地、格陵兰岛（丹麦）东北部的裂谷盆地、西部裂谷盆地；②中生代：主要有西西伯利亚盆地、西伯利亚古陆块内的维柳伊坳拉谷、叶尼塞—哈坦加盆地；③新生代：以阿拉斯加北极斜坡盆地为代表。如果将这些盆地与其各自所处的大地构造环境作比较可以发现，这些盆地总体上形成于区域拉张环境之下。其中，以发育不同时期的裂谷系统为特征。

根据目前的油气资源分布特征及地质地球物理勘查程度，北极地区最具有油气资源潜力的盆地为西西伯利亚盆地北部的南喀拉海—亚马尔盆地、巴伦支海盆地、阿拉斯加北极斜坡盆地、加拿大马更些三角洲盆地等；较有潜力的盆地主要有格陵兰东北部的断陷盆地、俄罗斯北部陆架区，包括拉普捷夫海、叶尼塞—哈坦加盆地、北楚科奇海盆地等。

10.2　北极地区主要含油气盆地

10.2.1　东巴伦支海盆地

10.2.1.1　概述

东巴伦支海盆地分布于东巴伦支海地区（图 10-5），东以新地岛为界，南到俄罗斯西北部沿岸，盆地总面积约 535 000 km²。在北部，斯瓦尔巴群岛和法兰士约瑟夫地群岛位于盆地外围。盆地的西部边缘位于挪威和俄罗斯接壤的海区，勘探程度很低。

地质结构上该盆地表现为一个台向斜，西侧以中巴伦支海台背斜为界。盆地基底主要是前寒武系，由贝加尔期和加里东期褶皱岩系组成。沉积盖层厚度达 20 km，主要包括上、下两套层系：下部为陆源碎屑岩—碳酸盐岩（可能包括下古生界），为晚泥盆世—早二叠世乌拉尔洋西部被动边缘沉积。盆地的主要地质结构特征是具有裂谷构造，其地质结构构造特征与北海盆地具有很多相似之处。

通过石油天然气普查勘探发现了一系列相当大的油气田，其中最大的有施托克曼霍夫气田、鲁德罗夫气田和阿克提克（北极）气田。

东巴伦支海盆地的三叠系—上侏罗统发育了腐殖型烃源岩，构成了该盆地丰富的天然气和凝析气资源的基础。

东巴伦支海盆地几乎全部位于北极圈内的海域，位于挪威—俄罗斯大陆与斯瓦尔巴群岛和法兰士约瑟夫地群岛之间。在大约 20 年的勘探过程中，已证实该盆地是一个偏气型盆地，未来的勘探还将有较大的储量增长。

巴伦支海和伯朝拉海的系统勘探开始于 20 世纪 60 年代，当时前苏联地质部领导进行了一系列的区域性地球物理测量，其中包括重力、船载和航空磁测以及海底地质测量、海底取样、环境和地球化学研究（Gramberg et al.，2004）。深海盆地沉积物厚度为 7~14 km，厚度随着莫霍面的深度而变化。地震研究揭示出盆地的形成开始于狭窄的地堑（图 10-6）。

巴伦支海海域海上钻探始于 1981 年，在 1983 年获得第一个发现（摩尔曼斯克气田）。紧接着在 1984 年发现了北基尔金气田。这两个气田都在下—中三叠统砂岩中含有干气。

1988 年发现了施托克曼诺夫（Shtokmanovskoye）气田，该气田是世界上最大的海上气田之一，

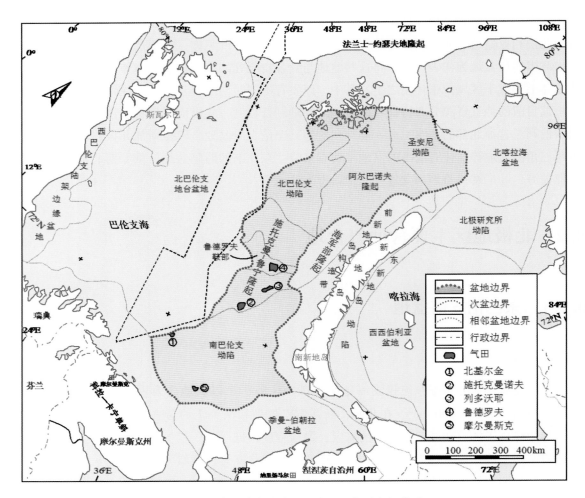

图 10-5　东巴伦支海盆地的位置和主要次级单元

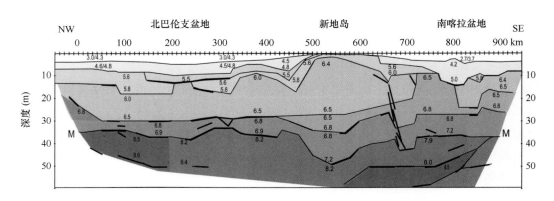

图 10-6　根据地震反射和衍射剖面确立的巴伦支海—喀拉海地区的地壳厚度

据（Yu. V. Roslov et al. , 2009）

据估计其可开采储量为 87 Tcf。

　　20 世纪 90 年代，在施托克曼诺夫以北发现了两个大型气田，鲁德罗夫（Ludlovskoye）和列多沃耶（Ledovoye）。这两个气田的储层为侏罗系砂岩。研究区仍然是一个勘探新区，其平均地震覆盖率为 0.3 km/km²。

10.2.1.2　油气地质特征

1）构造

东巴伦支海盆地位于东巴伦支海域，处于俄罗斯北极海域的最西部，盆地水深一般不超过 400 m（图 10-7）。盆地的西部边缘位于挪威与俄罗斯争议海域，勘探程度很低。

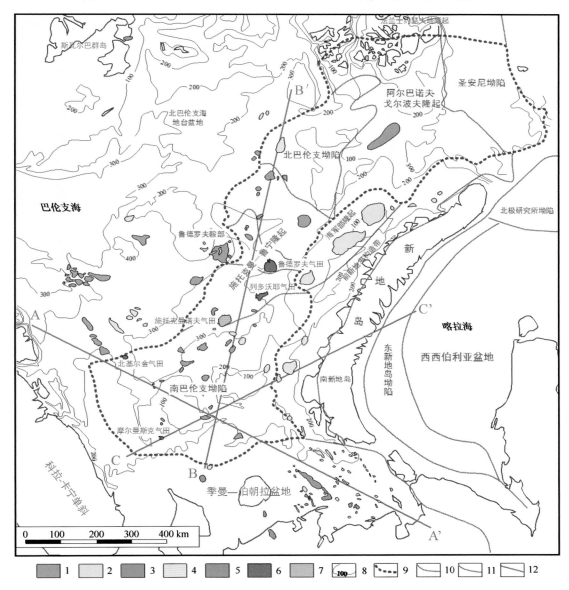

图 10-7　东巴伦支海盆地主要构造单元

远景目标所在层位：1. 上侏罗统；2. 石炭系—下二叠统；3. 奥陶系—志留系；4. 二叠系—三叠系；5. 上泥盆统；6. 气田；7. 凝析气田；8. 水深（m）；9. 盆地边界；10. 盆地内次级构造单元边界；11. 相邻盆地边界；12. 剖面线

东巴伦支海盆地是一个以断层/挠曲为界的巨型坳陷。在东部，该盆地与新地岛褶皱带和前新地岛（滨新地岛）构造带（包括海军部隆起）相邻，南部与伯朝拉地块相邻，西部和北部与斯瓦尔巴地块相邻。盆地正北方为格鲁曼特（Grumant）隆起，其中包括法兰士约瑟夫地群岛。巴伦支古陆块盆地位于东巴伦支海盆地以西，包括属于挪威、俄罗斯以及二者争议的海域。

东巴伦支海盆地的主要构造单元包括：南巴伦支坳陷、施托克曼诺夫—鲁宁隆起（包括鲁德罗夫鞍部和其他鞍部构造）、北巴伦支坳陷、阿尔巴诺夫—戈尔勃夫隆起（也称北新地岛盆地）和圣安尼坳陷，各单元的面积见表10-2。

表 10-2 东巴伦支海盆地主要构造单元及其面积 单位：km²

构造单元	陆上	海上	合计	
南巴伦支坳陷		170 307	170 307	
北巴伦支坳陷		77 028	77 028	
圣安尼坳陷		57 101	57 101	
阿尔巴诺夫—戈尔勃夫隆起	4 815	135 681	140 496	
施托克曼诺夫—鲁宁隆起		91 160	91 160	
东巴伦支海盆地	4 815	531 761	535 428	

东巴伦支海盆地沉积盖层的年龄主要为中生代，但是主要沉积中心的几何形态表明，在贝加尔期构造基地之上还叠加了区域分布的前三叠系。

东巴伦支海盆地沉积盖层厚度最大的地区达 19~20 km。前上泥盆统到下二叠统地层的分布深度超过 7 km，厚度约为 5 km。在坳陷翼部，上二叠统—三叠系剖面厚度为 6 km，向坳陷中央增加到 12 km。

2）烃源岩

东巴伦支海盆地的烃源岩分布于三叠系和侏罗系内。

3）储层

东巴伦支海盆地的储层段范围从下三叠统到上侏罗统，大部分储层为卡洛阶和伏尔加阶砂岩。

4）盖层

东巴伦支海盆地内广泛发育了中生代海相和陆相页岩，这些页岩为好—极好的局部性和区域性盖层，盖层单元从三叠系到下白垩统都有分布。

5）构造和圈闭形成

盆地内的构造发育与3个不同的构造幕相关：① 二叠纪—三叠纪裂谷作用；② 三叠纪挤压；③ 第三纪中期反转。这些构造幕影响了东巴伦支海盆地的油气捕集。沿着南巴伦支坳陷的南翼和东翼发育了大型气田，如摩尔曼斯克气田。

10.2.1.3 主要油气田简介

在南巴伦支海盆地内共发现了5个（油）气田：摩尔曼斯克、北基尔金、施托克曼诺夫、列多沃耶和鲁德罗夫。前两个气田位于盆地西南缘，而其余油气田位于南巴伦支坳陷西北缘，均位于盆地的边缘带上。产层为三叠系和侏罗系，烃源岩为二叠—三叠系。

1）摩尔曼斯克气田

摩尔曼斯克大型气田分布于盆地西南缘断裂系上发育的局部构造隆起上（图10-6）。该气田具有复杂的多层结构。在下—中三叠统内共划分出了约 20 个含气砂岩层。所有气藏都是岩性遮挡的，其中大部分砂岩层向构造隆起顶部尖灭（图 10-8）。天然气的组分主要是甲烷，含少量非烃气。

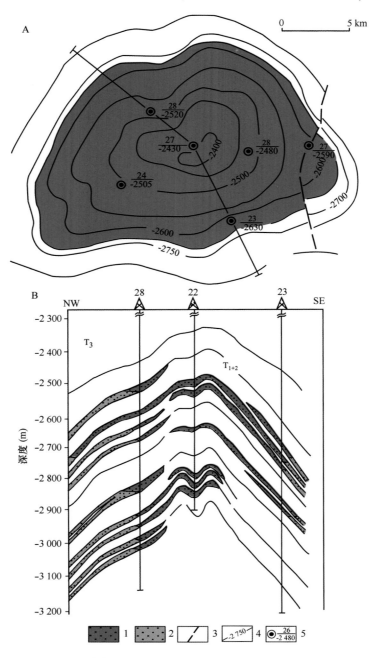

图 10-8　摩尔曼斯克气田的平面（A）和剖面结构（B）

1. 气；2. 砂岩；3. 断层；4. 产层顶面等值线，m；5. 井（分子—井号，分母—产层顶面深度，m）

2）施托克曼诺夫大型天然气—凝析气田

施托克曼诺夫天然气—凝析气田发现于 1988 年。施托克曼诺夫气田位于巴伦支海中部，水深 280~360 m，距科拉半岛东北岸 550 km。该气田位于盆地西北缘的边缘阶地。构造—岩浆活动导致了面积巨大、平面上呈等轴状的巨型圈闭的形成（Шипилов Э. B, Юнов A. Ю, 1995）。

在中—上侏罗统地层中发现了 4 个含少量凝析油的气藏，圈闭类型属于层状—穹隆型（图 10-9）。储层为粉砂质细砂岩，有时夹砂质粉砂岩；晚侏罗世—早白垩世的泥质岩构成了所有侏罗系产层的区域性盖层。天然气地质储量（C1+C2）为 3.205 3 Tcm（$\times 10^{12}$ m³），凝析油地质储量（C1+C2）3 098$\times 10^4$ t。

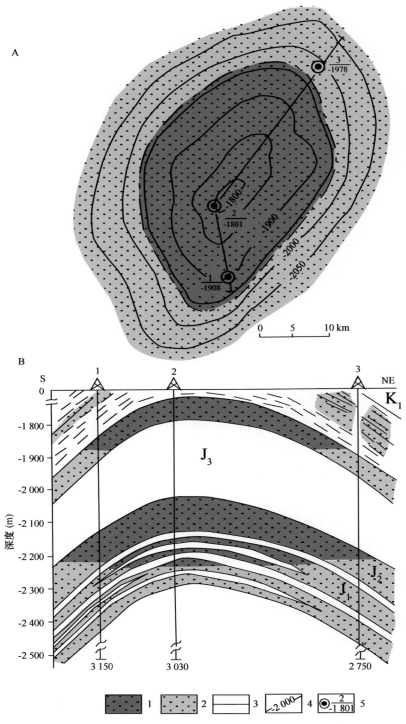

图 10-9　施托克曼诺夫天然气—凝析气田的平面（A）和剖面结构（B）

1. 天然气；2. 砂岩；3. 黏土岩；4. 产层顶面等值线，m；5. 井（分子—井号，分母—产层顶面深度，m）

10.2.1.4　油气分布规律和勘探潜力预测

1）油气分布规律

从大地构造上来看，东巴伦支海盆地在平面上具有与滨里海盆地类似的地壳结构参数，发育了埋藏深度很大的等轴状坳陷，其油气分布也与盆地的边缘带相关；目前已经发现的大型油气田主要分布于南巴伦支坳陷的边缘带（图 10-6）。

从已发现油气储量的分布层位来看，东巴伦支海盆地已发现油气储量有近一半（48.85%）分布于中侏罗统卡洛阶碎屑岩储层中，这套地层在相邻的西西伯利亚盆地也是重要的储层；第二重要的储层是上侏罗统伏尔加阶碎屑岩，其储量占了全盆地的 40.27%。中侏罗统巴柔阶、巴通阶以及下、中三叠统储层中也发现了少量油气（见表 10-3，图 10-10）。

从烃类相态来看，东巴伦支海盆地已发现储量中绝大部分是天然气，占已发现储量的 99%，而凝析油仅占 1%，没有发现天然气液态石油。而且凝析油主要分布于中侏罗统卡洛阶和上侏罗统伏尔加阶储层中。

表 10-3　东巴伦支海盆地已发现油气储量按储层层位的分布

储层层位	石油	凝析油	天然气	合计	
	（10^6 油当量）	（10^6 油当量）	（10^6 油当量）	（10^6 油当量）	%
下三叠统	—	—	4.03	4.03	0.18
中三叠统	—	—	46.84	46.84	2.11
巴柔阶	—	1.22	188.38	189.60	8.54
巴通阶	—		1.16	1.16	0.05
卡洛阶	—	15.51	1 069.35	1 084.86	48.85
伏尔加阶	—	5.56	888.89	894.44	40.27
合计		22.29	2 198.65	2 220.94	100

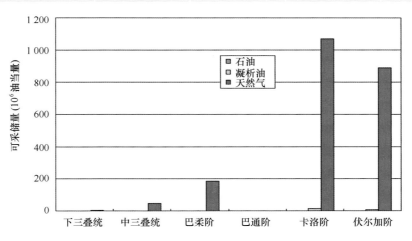

图 10-10　东巴伦支海盆地已发现油气储量的储层分布

考虑到北极地区恶劣的自然条件和十分薄弱的基础设施状况，东巴伦支海盆地的勘探到目前为止主要是针对大型构造目标。因此，目前发现的气田规模也较大：施托克曼诺夫天然气—凝析气田

的储量约为 $20×10^8$ t 油当量，为特大型油气田；鲁德罗夫气田、摩尔曼斯克气田和列多沃耶气田的储量均接近或超过 $5\,000×10^4$ t 油当量，为大型油气田；只有北基尔金气田规模较小，储量只有约 $400×10^4$ t 油当量（见表 10-4，图 10-11）。

表 10-4　东巴伦支海盆地已发现油气田储量分布一览表

油气田名称	层位	区带类型	储量	
			（10^6 油当量）	（10^6 油当量）
施托克曼诺夫	伏尔加阶	地层—构造型	6 440.00	894.44
	卡洛阶	地层—构造型	6 838.33	949.77
	巴柔阶	地层—构造型	1 141.63	158.56
	巴柔阶	地层—构造型	217.07	30.15
	合计		14 637.03	2 032.92
北基尔金	下三叠统	地层—构造型	29.02	4.03
摩尔曼斯克	中三叠统	地层—构造型	337.28	46.84
鲁德罗夫	卡洛阶	地层—构造型	456.67	63.43
列多沃耶	卡洛阶	构造型	81	11.25
	卡洛阶	构造型	434.98	60.41
	巴通阶	构造型	8.33	1.16
	巴柔阶	构造型	6.45	0.90
	合计		530.76	73.72
总计			15 990.76	2 220.94

储量（10^6 油当量）

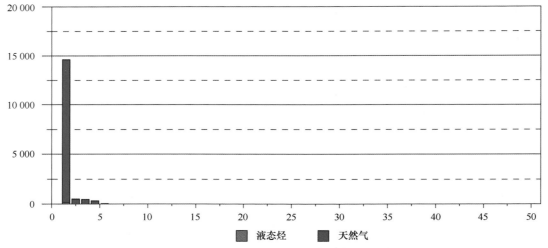

图 10-11　东巴伦支海盆地已发现气田的规模分布序列

2）资源分布与勘探潜力预测

（1）油气资源分布

根据 Прищепа О. М. 和 Орлова Л. А.（2007）的评价结果，巴伦支海俄罗斯部分的油气资源总量约为26×10⁶ t，269.7/24×10⁶ t，538.9×10⁶ t（地质/可采），分别占俄罗斯北极西部海域（新地岛以西海域）油气资源总量的约70%/82.6%（表10-5）。

根据Григоренко Ю. Н. 等（2007）的分析，巴伦支海的油气总资源量占俄罗斯海域总资源量的约20%，而且烃类相态以天然气为主。这一评价结果与Клещев К. А. 等（1993）早期的评价差别不大，与俄罗斯其他专家和机构的认识基本一致，总体上反映了东巴伦支海盆地作为俄罗斯北极西部海域最重要的未来油气资源基地的前景。

表 10-5 巴伦支海俄罗斯部分的油气总资源量评价

资源量		石油	游离气	溶解气	凝析油	总资源量
		(10⁶ t)	(10⁹ m³)	(10⁹ m³)	(10⁶ t)	(10⁶ t)
Прищепа О. М. 等	地质	2 030.0	23 465.8		250.0	523.9	26 269.7
	可采	609.0			75.0	389.1	24 538.9
Клещев К. А. 等	地质	2 865	21 484		385	373	25 107
	可采	860			115	270	22 729

USGS对东巴伦支海盆地进行了评价（表10-6和图10-12）。

表 10-6 东巴伦支海盆地剩余油气资源评价结果（平均）（USGS，2000）

地区	石油 (10⁶ t)	凝析油 (10⁶ t)	天然气 (10⁶ 油当量)	合计 (10⁶ 油当量)	%
考尔古耶夫台阶*	78.19	101.53	501.54	681.26	7.95
南巴伦支海	30.42	465.14	4 595.91	5 091.47	59.39
鲁德罗夫鞍部	5.42	82.08	811.06	898.56	10.48
北巴伦支海	18.75	173.61	1 709.14	1 901.5	22.18
合计	132.64	822.36	7 617.66	8 572.66	100
%	1.55	9.59	88.86	100	

*考尔古耶夫台阶的资源量在蒂曼—伯朝拉盆地已经提及。

结果表明，东巴伦支海盆地的油气剩余总可采资源量（平均）约为86×10⁸ t油当量，加上已发现的约22×10⁸ t油当量，该盆地的总可采资源量约为108×10⁸ t油当量，这一数值不到俄罗斯专家评价数值的一半。

从平面分布来看，东巴伦支海盆地的剩余资源绝大部分分布于南巴伦支坳陷（占59.4%），北巴伦支坳陷的资源潜力也相当高（占22.2%）；考尔古耶夫台阶的剩余资源也可以划归蒂曼—伯朝拉盆地。东巴伦支海盆地剩余油气资源大多分布于三叠系—侏罗系的大中型正向构造内。

（2）勘探潜力预测

东巴伦支海盆地的勘探程度很低。勘探程度低显然与该盆地恶劣的自然条件和基础设施十分薄弱有关。因此，该盆地尽管已经发现了多个大气田，仍有很高的勘探前景。该盆地的勘探潜力主要与中生界和上古生界两个层系有关。

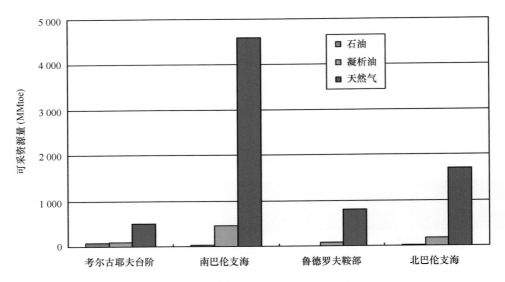

图 10-12　东巴伦支海盆地油气资源评价结果（平均）（USGS，2000）

10.2.2　阿拉斯加北部斜坡盆地

10.2.2.1　概述

阿拉斯加北部斜坡盆地跨越整个阿拉斯加北部，覆盖面积大约为 $30 \times 10^4 \ km^2$。盆地向西延伸到楚科奇海，可达到楚科奇台地（图 10-13）。

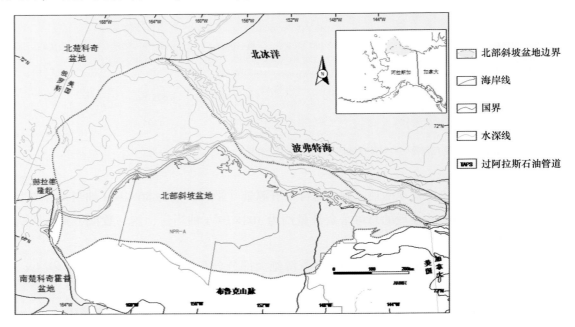

图 10-13　阿拉斯加北部斜坡盆地的位置

北部斜坡盆地的沉积历史可分为 3 个巨层序，即埃尔斯米尔（Ellesmerian）巨层序（下密西西比—中侏罗），波弗特（Beaufortian）巨层序（中侏罗—下白垩）和布鲁克（Brookian）巨层序（下白垩—第三纪）。

北部斜坡盆地可识别出 4 个含油气系统，它们是舒布里克/彩色页岩（彩色页岩）—伊维沙克含油气系统，金扎克页岩—阿尔卑（Alpine）砂岩含油气系统，高伽马段（GRZ）—纳努舒克（Nanuskuk）含油气系统和里斯本—巴罗含油气系统。

盆地的勘探潜力位于楚科奇海岸和布鲁克山角的被动顶底双层构造发育地区。盆地北部的地层圈闭具有潜力。除此之外，ANWR（北极国家野生动物自然保护区）的海岸平原目前还没有对油气勘探开发开放，但认为油气储量在（4 200~11 800）×10⁶ 油当量之间。

10.2.2.2　石油地质特征

北部斜坡盆地已被证实极度富油气，尽管地处北极，勘探成本较高，但到 2005 年 6 月已钻了 480 口探井，然而，盆地海域部分的油气勘探仍处于不成熟阶段，陆地部分处于中等勘探程度阶段。最终可采储量液态烃为 20 038×10⁶ 油当量，气为 51.7 Tcf。美国地质调查局宣称未发现技术可采原油为 40 000×10⁶ 油当量，天然气为 37.5 Tcf，天然气液为 478×10⁶ 油当量，大部分位于盆地北部。

1）烃源岩

阿拉斯加北部斜坡盆地包括 2 个主要烃源岩：为三叠系舒布里克地层和侏罗系—下白垩统金扎克地层。

2）储层

在埃尔斯米尔、波弗特和布鲁克层序中发现了大量的砂岩储层，碳酸盐岩储层局限于石炭系里斯本群和三叠系舒布里克地层，该盆地大多数发现沿着巴罗穹隆分布。

3）盖层

盆地页岩既为源岩也作为盖层。Ellesmerian 的盖层包括密西西比阶 Kayak 页岩和 Itkilyariak 组的页岩，石炭系里斯本群灰岩、三叠系萨德罗奇特群和舒布里克页岩。波弗特层序的盖层为侏罗系到下白垩统金扎克页岩、下白垩统库拉鲁克组和 Pebble 页岩。布鲁克的盖层包括彩色页岩、纳努舒克和坎宁组页岩，还包括科尔维尔群页岩和泥岩。

10.2.2.3　油气勘探潜力预测

北部斜坡盆地由于恶劣的自然条件和远离市场，使得油气工业以寻找大油气藏为目标。尽管油气勘探开始于 20 世纪早期，但在海域勘探程度仍很低，陆上为中等勘探程度。

盆地的勘探主要为构造圈闭，1994 年，发现了阿尔卑油气田，原油可采储量为 200×10⁶ t，揭示了地层圈闭可作为该盆地的另一个勘探目标。

普鲁德霍湾油田位于北美阿拉斯加北部陆坡（图 10-14），是北美地区最大的常规油田。

该油田原始地质储量为 23×10⁹ 桶，最大可采储量为 12×10⁹ 桶（平均采收率 52%），同时包括 47×10¹² ft³ 的气顶。

在平面上，阿拉斯加北坡盆地的已发现油气田几乎全部都分布于巴罗隆起上，该构造带是盆地内最大的正向构造单元。垂向上，阿拉斯加北坡含油气区已发现油气主要分布于埃尔斯米尔、波弗特和布鲁克斯 3 个层序内。在已发现油气储量中，埃尔斯米尔层序的原地储量估计约为 300 亿桶石油，其中可采储量为约 150 亿桶石油和 38 Tcf 天然气。埃尔斯米尔层序是阿拉斯加北坡最重要的含油气层系，其油气总储量占了全部已发现储量的 67.4%（表 10-7、图 10-15）。普鲁德霍湾油田的

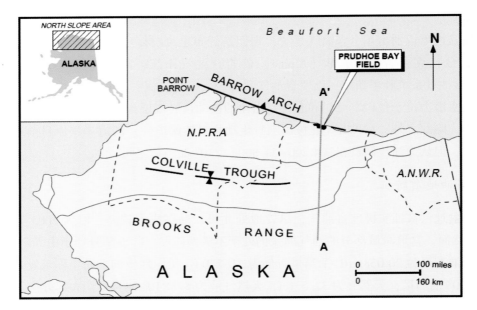

图 10-14　油田位置

主要储层就是埃尔斯米尔层序，该油田已经生产了约 $120×10^8$ 桶石油（阿拉斯加油气分部，2006）。

表 10-7　阿拉斯加北坡含油气区已发现油气储量（USGS，2005）

含油气层系	原始石油储量		最终可采储量					
			石油		天然气		合计	
	（10^9 桶）	（10^6 t）	（10^9 桶）	（10^6 t）	$×10^{12} ft^3$	10^6 t 油当量	10^6 t 油当量	（%）
布鲁克斯层序	40	5 555.56	3	416.67	2	46.30	462.96	10.5
波弗特层序	10	1 388.89	5	694.44	12	277.78	972.22	22.1
埃尔斯米尔层	30	4 166.67	15	2 083.33	38	879.63	2 962.96	67.4
合计	80	11 111.11	23	3 194.44	52	1 203.70	4 398.15	100
%				72.6		27.4	100	

　　波弗特层序中已发现的原始总资源量约为 $100×10^8$ 桶石油，其中可采储量为 $50×10^8$ 桶石油和 $12×10^{12} ft^3$ 天然气。波弗特层序是库帕鲁克河油田（该油田约已采出了 $20×10^8$ 桶石油）和考尔维尔河联合油田（阿尔平油藏和一些卫星油藏，已生产了超过 $5×10^8$ 桶石油）的主要储层。该套储层具有极好的储集性能，采收率超过 50%。

　　在已发现油气聚集中的布鲁克斯层序的原始原地估计资源量约为 $40×10^9$ 桶石油，但大部分是稠油和重油，可采储量只有 $3×10^9$ 桶石油和 $2×10^{12} ft^3$ 天然气，仅占全盆地油气可采储量的 10.5%。布鲁克斯层序的储层一般为非均质储层，因此，即使是油质较轻的油藏，如塔恩油田（API，37°），采收率系数也低于埃尔斯米尔和波弗特层序的储层。

2．油气勘探潜力预测

（1）USGS 油气资源评价

USGS（2005）对阿拉斯加北坡含油气区的陆地和海域大陆架进行了资源评价。含油气区的未

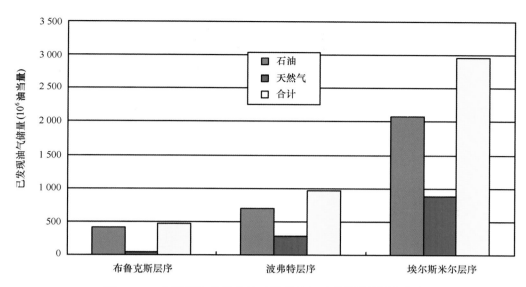

图 10-15 阿拉斯加北坡盆地已发现油气可采储量的层位分布

发现液态石油资源总量超过 $50×10^9$ 桶，天然气资源总量超过 $227×10^{12}ft^3$；其中楚科奇海美国部分大陆架的油气资源潜力最大。

未发现油气资源量均值为：① 楚科奇陆架区水深不超过 100 m 的地区，液态石油 153.8 亿桶，天然气 $76.77×10^{12}ft^3$；② 波弗特陆架区水深小于 500 m 的海域，液态石油 82.2 亿桶，天然气 $27.65×10^{12}ft^3$；③ 霍普（Hope）盆地，液态石油 1.5 亿桶，天然气 $3.77×10^{12}ft^3$；④ 阿拉斯加国家石油储备区，液态石油为 106 亿桶，天然气 $61.4×10^{12}ft^3$；⑤ 北坡中部，液态石油为 40 亿桶，天然气为 $33.3×10^{12}ft^3$；⑥ 野生动植物保护区，液态石油为 104 亿桶，天然气为 $3.8×10^{12}ft^3$。

10.2.3 南喀拉—亚马尔盆地

10.2.3.1 概述

南喀拉—亚马尔盆地位于西西伯利亚巨型盆地的北部，包括陆上的亚马尔半岛和格达半岛，以及鄂毕湾、格达湾和南喀拉海海域。南喀拉—亚马尔盆地东北侧为北喀拉海盆地；南侧是西西伯利亚含油气省的另外两个含油气盆地——纳德姆塔兹盆地和乌拉尔弗拉罗夫盆地（图 10-16）。行政上，该地区属于俄罗斯联邦秋明州北部的亚马尔涅涅茨自治区。

南喀拉—亚马尔含油气区是西西伯利亚勘探程度最低的地区，特别是南喀拉海海域基本上未勘探，具有很高的勘探潜力。

10.2.3.2 石油地质特征

1958 年开始在亚马尔—格达地区进行地质和地球物理勘探。钻探开始于 1964 年。在 1964 年末发现了第一个油气田（新港），到 2001 年 3 月在该含油气区总共发现了 47 个油气藏，其中主要是气藏（图 10-17）。其中仅有 3 个位于海上。在赛诺曼阶、阿尔比阶和阿普特阶地层中发现的储量（天然气）最大。大多数油气藏分布于尼欧克姆统—巴列姆阶。

西西伯利亚巨型盆地是三叠纪发育起来的大型裂谷盆地。从已发现油气储量的分布层位来看

图 10-16 南喀拉—亚马尔盆地在西西伯利亚巨型盆地中的位置

（表 10-8，图 10-18），亚马尔—南喀拉盆地已发现油气储量有绝大部分（79.9%）分布于波库尔组（阿尔比阶—赛诺曼阶）储层内，塔诺普钦组和尼欧克姆统分别占 7.1% 和 9.1%，下—中侏罗统仅占了 3.6%。

从烃类相态来看（表 10-8），南喀拉—亚马尔盆地已发现储量中绝大部分是天然气，占已发现储量的 93.8%，而凝析油和石油分别占 2.6% 和 3.6%。

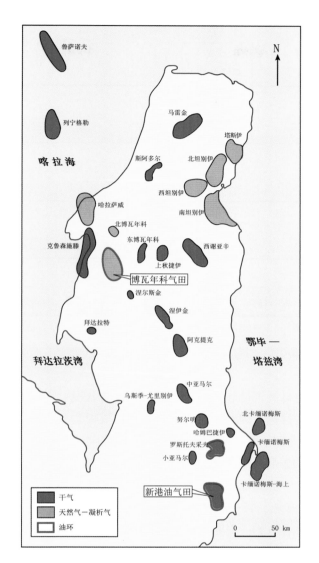

图 10-17　亚马尔半岛地区的主要油气田

表 10-8　亚马尔—南喀拉海盆地已发现油气储量的层位分布

含油气层系	石油 (10⁶ t)	凝析油 (10⁶ t)	天然气 (10⁶ 油当量)	合计 (10⁶ 油当量)	（%）
基岩—侏罗系界面	—	1.02	20.40	21.42	0.2
下—中侏罗统	84.51	45.99	266.04	396.54	3.6
尼欧克姆统	181.61	82.80	736.22	1 000.64	9.1
塔诺普钦组	34.64	73.64	669.54	777.82	7.1
波库尔组	90.44	83.61	8 611.25	8 785.30	79.9
库兹涅佐夫组	—	—	8.58	8.58	0.1
合计	391.20	287.06	10 312.03	10 990.3	100
%	3.6	2.6	93.8	100	

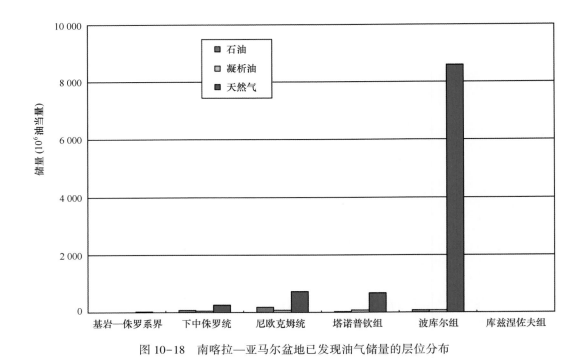

图 10-18　南喀拉—亚马尔盆地已发现油气储量的层位分布

考虑到北极地区恶劣的自然条件和十分薄弱的基础设施状况，南喀拉—亚马尔盆地的勘探到目前为止主要是针对大型构造目标。因此，目前发现的气田规模均较大：在所发现的 49 个油气田中，储量超过 1×10^8 t 油当量的大型油气田有 17 个，储量 $1 \times 10^8 \sim 1\,000 \times 10^4$ t 油当量的有 20 个，$1\,000 \times 10^8 \sim 100 \times 10^4$ t 油当量的有 12 个。

根据 USGS（2000）的评价结果，西西伯利亚巨型盆地剩余油气资源量（Mean）的约一半（46.8%）分布于南喀拉海海域，其中以天然气为主（占 85.4%），石油和凝析油分别占 3.6% 和 11%，由此可见南喀拉海坳陷的下一步勘探将主要是天然气藏。目前在卢萨诺夫隆起上已经发现了 2 个大型气田（卢萨诺夫气田和列宁格勒气田），还有大量大型局部隆起构造未进行钻探。

10.2.4　蒂曼—伯朝拉盆地

10.2.4.1　概述

蒂曼—伯朝拉盆地是东欧古陆块东北部的一个大型三角形盆地。蒂曼—伯朝拉盆地东侧和东南侧以海西乌拉尔褶皱带为界与西西伯利亚盆地相邻，乌拉尔—帕伊霍伊褶皱带向北延伸为新地岛褶皱带（图 10-19）。蒂曼—伯朝拉盆地是古老的沉积盆地，经历了从元古代到早中生代的漫长地质演化，形成了多套构造层，但以乌拉尔洋的形成和关闭对该盆地演化的影响最大。盆地演化可大致分为 2 个阶段：第一个阶段是裂谷—大洋被动边缘、浅海大陆架阶段；第二个阶段为乌拉尔造山和造山后的前陆演化阶段。

盆地内已识别出了时代范围从早古生代到三叠纪的 6 个区带组合。最重要的是韦宪阶—空谷阶区带，其中含有全盆地油气的 46%；其次是中泥盆统碎屑岩区带，占所有已发现油气储量的 20% 以上。

盆地未发现储量估计高达 170 亿桶液态石油和 50 Tcf 天然气。其中，前渊地区被认为是最有潜力的含气区，而古陆块区则是最有潜力的含油区；盆地陆上部分勘探程度较高，预计未来发现主要

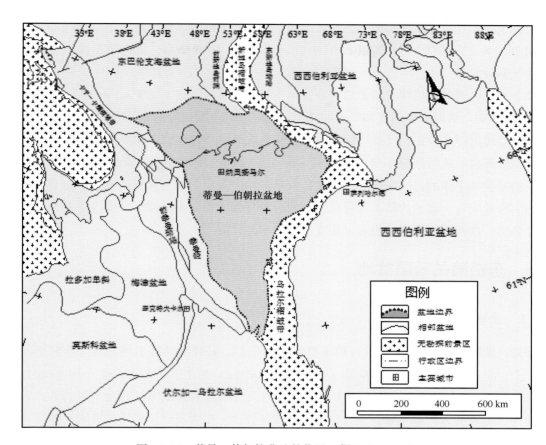

图 10-19　蒂曼—伯朝拉盆地的位置（据 IHS，2007）

是小型油气田；海域部分勘探程度最低，仍有发现大中型油气田的潜力。整个盆地的下古生界区带勘探潜力最高，但其他区带组合也有相当的潜力。

10.2.4.2　含油气系统特征

蒂曼—伯朝拉盆地已确认了 4 个主要的含油气系统：多马尼克—下二叠统含油气系统、空谷阶—上二叠统含油气系统、下古生界—下古生界含油气系统和中泥盆统—中泥盆统含油气系统，但最重要的还是多马尼克组—下二叠统含油气系统。

10.2.4.3　油气资源分布和勘探潜力

根据最近的一个评价结果（Belonin et al.，2004），该盆地的原始油气资源总量为 8 315.5×10⁶油当量，其中 50.1%分布于科米共和国，48.3%分布于涅涅茨自治区，其余的 1.6%分布于彼尔姆州北部。从烃类相态来看，其中石油占 59.0%、游离气 33.9%、溶解气 4.6%、凝析油占 2.5%。从地层分布来看，韦宪阶—下二叠统占 36.3%，中泥盆统—下弗拉斯阶占 19.4%，下古生界占 17.0%，上泥盆统—杜内阶占 15.7%，上二叠统占 6.8%，三叠系占 4.8%。

USGS（2000）也对蒂曼—伯朝拉盆地的剩余油气资源进行了评价，所得出的剩余可采资源量明显小于 Belonin 的评价。从评价结果来看，蒂曼—伯朝拉盆地的待发现油气资源主要分布于盆地主体的古陆块部分（占 46.1%），预计其中 2/3 以上是液态烃；其次是盆地东部的前渊坳陷（27.35%），预计天然气和凝析气占绝大部分，石油仅占不到 1/20，这与该构造单元上古生界主要烃源岩的高成熟和过成熟状况相关；盆地北部的考尔古耶夫台阶的剩余资源量与前渊坳陷接近，占全盆地的 26.3%，也是以天然气和凝析气为主，石油仅占 1/10 略高，该构造单元气态烃富集与三叠系偏生气型烃源岩有关。

从相态来看，蒂曼—伯朝拉盆地的剩余资源主要是天然气，占 57.28%，石油占 30.92%，凝析油占 11.79%。剩余资源中天然气和凝析油比例较高的原因是盆地的前渊坳陷的深部勘探程度较低，其上古生界烃源岩埋藏较深，已经达到了高成熟和过成熟，而盆地北部伯朝拉海域部分发育了三叠系偏生气型烃源岩。从海陆分布来看，蒂曼—伯朝拉盆地的待发现油气资源仍有大部分分布于陆上，这主要是盆地主体的古陆块部分北部和乌拉尔—帕伊霍伊前渊地区仍有大量剩余资源；但根据发现的圈闭规模来看，盆地的陆上部分待钻探的远景目标主要是小型圈闭。而盆地的海域部分由于自然条件恶劣，勘探程度较低，仍有可能发现大中型油气田。

10.2.5 东格陵兰断陷盆地

10.2.5.1 盆地概述

东格陵兰断陷盆地（Rift Basins）位于格陵兰岛东部，是格陵兰地盾周边 5 个年轻沉积盆地中最大的一个，包括北部的托勒斯顿前陆（Wollaston Forland）和南部的杰姆逊地（Jameson Land）两部分（图 10-20）。由于该盆地与被证实具有重大油、气储量的挪威海沉积盆地并置在一起，暗示着巨大的油气资源潜力，近年来，该盆地引起了油气勘察工作者及评价机构的极大兴趣。

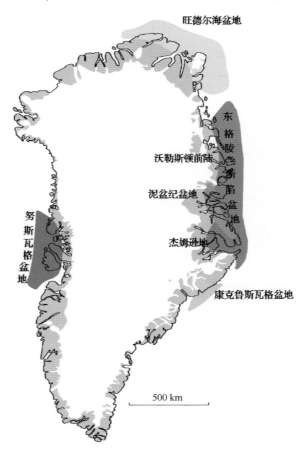

图 10-20　格陵兰岛结晶基底地盾周边后古生代 5 个年轻盆地

10.2.5.2 油气地质特征

东格陵兰断陷盆地由于地处北大西洋油气集中区周边且发育同时代含油气层位而被认为具有重大的油气资源潜力。在北格陵兰未褶皱的早古生代沉积物已经发现了少量油苗，在东格陵兰的中生代沉积物发现了更多的油苗。

Statoil 详细地研究了在杰姆逊地（Jameson Land）的侏罗纪砂岩，已证实它们的储油、气特征。这套砂岩与挪威中部近海大陆架上侏罗纪储集岩相当，至少有 4 个地层位可能包含潜在的烃源岩（图 10-21）。由丹麦和格陵兰地质调查局（GEUS）和其他组织沿东海岸露头开展的地质研究，结合潜在的野外（重力和磁法）调查以及 KANUMAS 地震网线的成果也证实了上述特征（图 10-22，图 10-23）。

在美国地质调查局 2008 年发布的环北极地区油气资源评价结果中，格陵兰东北部被作为进行环北极油气评价的（CARA）项目的原型（prototype）。因为它显示出数个典型的特征，这些特征使北极资源评价尤其困难。这些特征包括：极端的地质不确定性，技术性困难；高运行成本，极大的环境敏感性。北极研究区的格陵兰岛北部面积很大，超过 500 000 km^2（北海航道仅约 220.000 km^2）。大陆架由于常年被冰覆盖在技术上对于勘查而言也是挑战性的，还从来没有开展过钻探，且几乎没有水下资料。但是，由于该地区大陆架大部分地区常年为冰覆盖，因此，到目前为止，尚未开展过钻探。美国地质调查局与 GEUS 合作的北极油气评价（2008）中，将格陵兰东北部划分为 7 个地质上不同的评估单元（AU）：北丹麦盐盆地、南丹麦盐盆地、北极盆地、东北格陵兰火山岩省，利物浦地盆地，杰姆逊地盆地和登姆逊地盆地次火山拉张。对 7 个评估单元中的 5 个。利用地质基础上的概率方法进行了定量评估。而杰姆逊地盆地和杰姆逊地盆地次火山拉伸两个单元被定义为评估单元但未进行定量评估。新的方法代替了先前的 USAS 评估（2000），与 USGS 早期研究相比，目前的评估极大地低估了总资源量，增加了天然气和液化天然气/油比率。如 2000 年评估为石油 44×10^9 桶，天然气为 81×10^{12} ft^3，天然气液 4×10^9 桶；而新的评估量法为油 9×10^9 桶，天然气 86×10^{12} ft^3，天然气液为 8×10^9 桶。新的评估更小的大油田（平均 2.5+VS. 6.1BBO），但更大的最大气田（18+VS. 7.1×10^{12} ft^3）。最低的聚集体积是 50 百万桶技术上可开采石油或 300×10^9 ft^3 技术上可开集气。以前评估采用的是 20×10^6 t 油当量。

概括起来看，新的评估也表明，东格陵兰断陷盆地可能是未来非常重要的油省。该盆地未探明原油资源量为 90×10^8 桶，天然气 86 Tcf，天然气液为 80×10^8 桶。根据这份评估，有 50/50 的可能性未发现油气田，大于 15×10^8 桶；有 5% 可能性未发现的油田大于 81×10^8 桶。如果所预期的资源被发现和证实，格棱兰东北部将位列世界 500 个著名油省中的第 19 位。在著名的阿拉斯北部资源之上。与加拿大西部 Alberta 盆地资源量类似，大约是北海资源的 1/3。

21 世纪初期，受到国际油价高启及气候变化导致近海地区在未来几十年内有油气开发的可能的影响，格陵兰的石油勘探获得了高度关注并已经授予了大量的许可证（到 2009 年底共 13 个）。总许可面积占地超过 13×10^4 km^2，由石油巨头、大型石油公司以及较小的石油公司进行操作。

近年来，勘探重点主要是在具有几轮许可竞标权的西格陵兰中部。在未来几年内勘探活动有可能更多地在西北（巴芬湾）和东北格陵兰陆架上。这两个地区非常有勘探前景，但是常年被冰层覆盖使其具有很大的技术挑战。为将来的勘探做准备，数据采集、地质地球物理工作正在进行中。邻近的陆上地区的极好的露头以及快速增长的近海地球物理数据库对勘探非常有利。

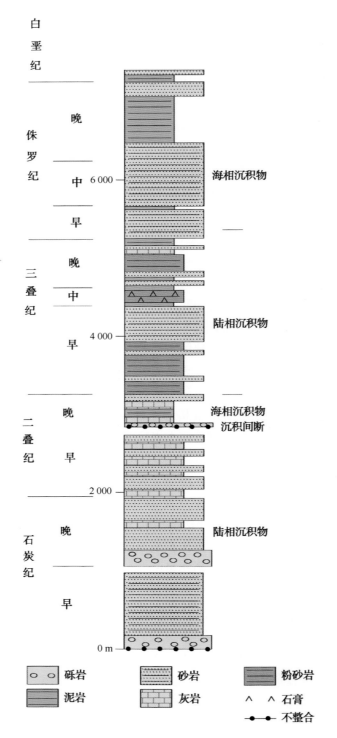

图 10-21　根据东格陵兰断陷盆地不同剖面建立的复合沉积记录

下部石炭—早二叠世德地层测量来自于盆地中部，而上部的晚二叠世—白垩纪沉积代表更远的南部杰姆逊地盆地的发育情况（据 Niels Henriksen，2008）Geological history of Greenland

　　尽管如此，受目前油价低迷、勘探成本以及冰层条件的负面影响可能降低了业界的兴趣。此外，北极地区敏感的环境可能会给政治/非政府组织带来压力而不能开采最有利的区域。

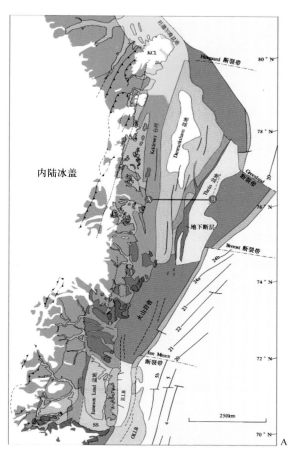

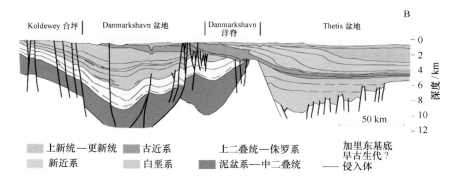

图 10-22 以地震解释为基础的 Danmarkshavn 盆地沉积剖面

地震资料显示盆地中沉积物厚度达 13 km。发现大规模油聚集的最大机会被认为在盆地的东部靠近 Danmarkshavn 高地的地带，那里存在构造陷阱（trap）

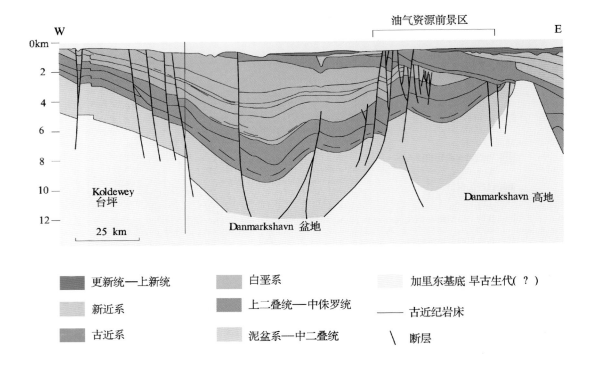

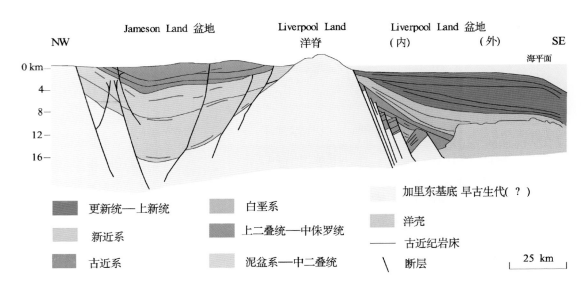

图 10-23　Scoresby Sund 山嘴北部以地震解释为基础的横穿 Jameson Land 盆地和 Liverpool Land 盆地沉积剖面图，地震资料显示在 Liverpool Land 盆地中，中生代沉积物已经发生块断化，而厚的古新世（老第三纪—Palaeogene）和更年轻的沉积物没有被断层影响。地区陆架相当窄，洋壳开始接近海岸，但还是被厚的 Neogene 的第四系沉积物所覆盖（P169）。油气潜力有限，且最有可能在古新世沉积物中寻找

10.3　环北极国家油气法律、法规与投资环境

10.3.1　环北极国家油气法律、法规

10.3.1.1　俄罗斯

俄罗斯的石油、天然气资源十分丰富，是世界第一天然气资源国、生产国和出口国，其石油产量和出口量仅次于沙特为世界第二。油气资源在俄罗斯发展历史上起着至关重要的作用，同时也对世界石油市场起着关键性作用。

自 1873 年诺贝尔创立俄罗斯石油工业以来，在 100 多年来的大部分时间内，石油、天然气一直都是俄罗斯"权力的支柱和国家恒久不变的根基，是俄罗斯生命的血液"（陈卫东，2009）。

1）俄罗斯经济发展趋势及能源结构

俄罗斯的燃料能源在矿产资源总价值中占主导地位，按 1999—2000 年世界市场价格计算，燃料能源占资源总值的 72.2%。在 20 世纪 80 年代，俄罗斯的烃资源开采中，石油占主要地位，其次是天然气。而到 1990 年，石油占 42.5%、天然气占 42.5%、煤炭占 15%；到 2000 年，石油占 35%、天然气占 52%、煤炭占 13%。20 多年来，石油和天然气占烃资源开采的比重是此消彼涨，而煤炭变化幅度不大。1999 年以来，俄罗斯经济稳步增长，原因在于全球能源价格飙升，以及由于卢布贬值而引发的国内工业恢复。能源出口增加了国家收入，刺激了国内投资和消费。俄罗斯的能源生产有 40% 用于出口，特别是石油，目前出口占产量的 70% 以上。然而，近年来卢布贬值的作用已减弱，而且，激活俄罗斯经济的石油产量的增速也在放缓，其原因在于缺少出口基础设施，以及俄罗斯政府为提高出口关税、矿产资源使用税及其他"暴利回笼"而采取的措施，这些措施阻碍了对国内石油产业的投资。

尽管如此，近年来，俄罗斯能源产量超过了国内需求量，成为世界上主要能源净出口国之一。俄罗斯天然气在一次能源供应中所占份额明显超过世界其他地区。1999—2004 年，俄罗斯的原油连续 6 年增产，促使石油出口量以几乎相同的增率增长。俄罗斯原油、石油产品和天然气出口量占该国出口总量的比例从 1994 年的 37.4% 上升到 2004 年的 54.7%，国民经济对石油和天然气的依赖程度日益加大。

21 世纪前 30 年将是俄罗斯的石油、天然气、煤炭产量新的高峰时期，20 世纪，俄罗斯总计产石油 187×10^8 t，21 世纪预计产油（包括凝析油）$210 \times 10^8 \sim 250 \times 10^8$ t，俄罗斯石油的高峰产量预计在 2015—2030 年期间，但按高、低和平均值看，原油产量将上 5×10^8 t。在保障国内消费的基础上，原油和油品有 3.5×10^8 t 的出口空间。

21 世纪上半叶，俄罗斯的天然气产量将保持高峰期，到 2030 年，最高产量可达 $8\,500 \times 10^8$ m^3。而且俄罗斯天然气的后备储量有大陆架做保障。俄罗斯国内的天然气占能源消费的比重会缓慢下降，随着煤炭比重的加大，其天然气出口能力在 $2\,200 \times 10^8 \sim 3\,000 \times 10^8$ m^3。

2）俄罗斯石油工业体制的变化

俄罗斯石油工业结构调整经历了从前苏联的计划经济到市场经济再到国家垄断等几个主要

阶段。

（1）第一阶段：从1992年到20世纪90年代前半段，特点是出售国有资产（即私有化），并成立垂直一体化石油公司。

（2）第二阶段：从20世纪90年代前半段到2000年，特点是在第一阶段的基础上继续推动石油工业私有化进程。大型石油公司收购和吞并中小型石油公司，由金融资本和垄断寡头控制的大型石油公司的权势逐渐扩大。

（3）第三阶段：从2000年到2003年中期，特点是推动结构调整，整合大型石油公司。

（4）第四阶段：从2003年中期到现在，特点是由于出现了"尤科斯事件"，政府有意强化对俄罗斯石油公司的控制。

近年来，全球能源价格不断攀升，能源政治不断升温，为俄罗斯利用能源复兴大国地位提供了难得的机遇。因此，俄罗斯一直致力于制定有效的能源战略，加强能源管理。

1991年2月18日，俄罗斯联邦成立能源部；1993年能源部改组为燃料动力部，主要负责协调石油行业的管理工作；2000年燃料动力部又被改组成动力部，承担俄罗斯联邦石油和天然气的管理重任。

总体上讲，2004年以前俄政府将自由化视为能源政策的主要内容，但是2004年普京连任俄总统以后，俄能源政策发生了很大变化，国家对能源工业、特别是石油资产的控制不断加强。为了最大限度地有效利用资源和能源潜力，2003年俄罗斯政府制定了《俄罗斯联邦2020年前能源发展战略》。之后于2010年修改制定了《俄罗斯联邦2030年前能源发展战略》。俄罗斯能源政策的发展目标是：最大限度地有效利用资源和能源潜力，促进经济增长和提高国民的生活水平。国家能源长期优先发展战略方向是能源和生态安全问题以及能源和预算的有效性。

3）现阶段俄罗斯的石油政策

（1）国内石油政策

俄罗斯联邦政府十分重视本国的石油工业，石油工业是该国经济的支柱产业。俄罗斯出口的石油主要来自西西伯利亚，用以赚取外汇和政府收入。俄罗斯的现行政策是，强化对所有重要石油工业的控制，办法是：①严格控制许可证的发放；②提高税收；③控制原油管线。

首先，俄罗斯政府已实施了严格控制许可证发放的政策。对申请石油勘察、开采和生产许可证的石油公司有各种要求，例如钻井数目、商业生产开始时间、产量等。在石油公司未能遵守这些指令的情况下，俄罗斯当局有权吊销其许可证。尽管如此，对于持有涉及外国投资的许可证的公司，俄罗斯政府可与其商定某种"政策性解决办法"，而且有些人认为，这类许可证永远不会被吊销。

在加强税收方面，俄罗斯的矿产资源税是固定的，与石油生产难度无关，同时石油进口税的变化是连同升高的石油成本一起确定的，从而给俄罗斯石油公司带来较大的税负。

俄罗斯政府不惜一切代价，力图保持国家对国内石油干线和出口输油管线的控制，不允许私营企业拥有和经营输油管线，另外还对石油公司出口石油进行严格监督，借以确保政府能够征得税款。

俄罗斯目前有9家垂直一体化私营石油公司，其中，除罗斯涅夫特公司归国家所有外，其他垂直一体化公司中均没有联邦政府股份。然而这并不意味着私营石油公司可违背俄罗斯联邦政府的意图进行自主经营。诸如与其他石油公司合并、与外国石油公司开展联合项目等重要事宜，必须事先上报俄罗斯联邦政府审核，并获得批准。尤科斯石油公司就因违反了这项"不成文的规定"而濒临崩溃。很显然，"尤科斯公司事件"是说明俄罗斯联邦政府强化参与管理和组织石油公司的政策和态度的很好佐证。

（2）对外石油政策

① 对欧洲的石油政策

俄罗斯与欧洲在石油、天然气等贸易方面存在互相依赖的关系。对于俄罗斯来说，欧洲是其原油出口的主要市场，确保未来在欧洲市场的份额仍然是俄罗斯的一个重要问题。因此，俄罗斯已经开展了旨在提高原油管线出口能力的项目，以及面向欧洲的建设项目（里海管线、国际财团的管线和波罗的海管线系统）。2000 年 10 月，俄罗斯还宣布，协助促进在能源领域与欧盟的合作。

② 对东北亚的石油政策

对俄罗斯来说，日本、中国及其他东北亚国家是其未来原油出口的潜在市场。而对亚洲国家来说，未来进口俄罗斯原油对本国石油供应多样化大有好处。东西伯利亚原油管线建设计划迄今的焦点一直是如何选择铺设路线。虽然俄罗斯联邦政府计划建设从"泰舍尔至斯科沃罗季诺"的一期管线工程，但截至 2005 年 11 月尚未就这条路线做出最终决定。其中一个原因是，目前并未证实其原油储量规模同时可满足这两条管线。此外，2004 年以来，俄罗斯还与中国、韩国和印度的油气部门初步签署了协定，并努力加强与这些国家的关系。

③ 对中亚的石油政策

俄罗斯与阿塞拜疆、哈萨克斯坦的关系良好。俄罗斯正在努力保持对中亚国家的最大影响力，而这些国家正在力争从经济上独立于俄罗斯。为此，中亚国家正在试图通过出口原油和天然气来获得硬通货。哈萨克斯坦和阿塞拜疆两国正试图通过绕过俄罗斯铺设原油管线来出口在里海地区生产的原油。另一方面，俄罗斯劝说这些国家利用穿过俄罗斯境内的原油管线。结果，哈萨克斯坦已同意利用穿越俄罗斯境内的通向萨马拉的原油管线和里海管线财团（CPC）的管线出口本国生产的原油。3 国于 2003 年 5 月就里海北部地区边界线问题达成一致，尽管土库曼斯坦和伊朗对此表示反对。俄罗斯与哈萨克斯坦还就利用穿越俄罗斯的管线输送哈萨克斯坦生产的原油签署了长期协定。

阿塞拜疆同时利用穿越俄罗斯境内的"北线"原油管线和最初一段绕过俄罗斯领土的"西线"原油管线。但是，阿塞拜疆已经铺设完绕过俄罗斯领土的巴库—第比利斯—杰伊汉管线，该管线是阿塞拜疆的主要原油出口管线，年出口能力为 5 000×10^4 t。如果该管线未来全面运营，则会在向欧洲出口石油方面导致阿塞拜疆和哈萨克斯坦与俄罗斯发生竞争。

④ 对中东的石油政策

对俄罗斯来说，加强其石油部门与伊朗的合作意味着对美国的某种"抑制"，目前由于美国对伊朗实行经济制裁，因此美国石油公司无法向伊朗石油工业投资。当前的焦点是，俄罗斯在重建伊拉克石油工业方面将扮演什么角色。在这方面，俄美两国间的协调将是重要的。此外，俄罗斯是世界最大的原油生产国之一，该国对作为 OPEC 中最重要国家沙特阿拉伯的石油部门做出的决定是持合作态度还是反对态度，将对国际原油市场上的原油供应量和供需基础造成不同的结果。

现阶段，俄罗斯政府正致力于在石油、天然气和核电站合作方面加强与伊朗的能源合作。

⑤ 对美国的石油政策

随着 1999—2000 年国际原油价格的攀升，美国出现"能源危机"，以及 2001 年美国遭受"9·11 恐怖袭击"，俄罗斯与美国一度淡化的能源关系有了很大转变。

相反，恐怖袭击却使美国与沙特阿拉伯的关系降温，美国把目光转向俄罗斯，并将其作为原油替代来源之一。近年来，俄、美两国关系逐步改善。在 2002 年 5 月召开的一次两国首脑会议上，宣布了一项"俄美能源合作伙伴关系"协议。在 2003 年 9 月召开了第二次俄美能源高层会议，会上讨论的焦点是俄罗斯向美国出口液化天然气计划,但直到 2005 年 6 月该计划仍未得到具体落实。

俄罗斯未来在压力下可能就如何处理伊朗和伊拉克问题与美国进行协调。目前,俄罗斯正在加强与伊朗的关系,而国际社会怀疑伊朗正在研制核武器,美国因此而感到烦恼。俄罗斯现在着力重新收回在伊拉克石油产业中的权益,因此要与美国保持良好的关系。

⑥ 对欧佩克国家的石油政策

俄罗斯是最大的非欧佩克国家产油国,并以观察员的身份参加欧佩克国家会议。从 1998 年 4 月至 2000 年 3 月,俄罗斯一直与欧佩克国家合作,合作方式是,当欧佩克国家石油产量达标时,俄罗斯要减少原油出口量。由于近年来油价屡创新高,欧佩克国家的任务不是降低而是提高生产限额,所以俄罗斯无需考虑如何与欧佩克国家协调降低原油产量。只有当原油价格下跌、原油产量增长时,俄罗斯才不得不针对与欧佩克国家的关系做出明确决定。

4)俄罗斯的石油产量和出口量及其对全球石油市场的影响

俄罗斯拥有世界最大的证实天然气储量和世界第七大石油储量,因此俄罗斯在全球能源供应市场中发挥的作用至关重要。2001 年以来,俄罗斯原油产量的增长超过了中国对原油需求量的增长,而且其天然气供应量几乎是东欧和波罗的海国家天然气需求量的 1/3。俄罗斯政府已意识到,石油工业是其经济发展的基础。作为一种战略资源,石油、天然气在俄罗斯的地位愈来愈高。有资料表明,无论国际石油市场需求如何变化,俄罗斯的原油都将对于国际石油市场的供需局势和原油价格稳定起到非常重要的作用。

10.3.1.2 美国

美国是世界上最大的石油消费国和石油进口国,对国际石油市场也具有举足轻重的影响。北极阿拉斯加是美国最大的油气资源战略储备中心和油气资源基地。美国历届政府对以油气为主的能源政策十分重视。"石油安全"是美国国家石油政策的目标。尽管美国的石油政策随着国际国内政治、社会环境的变化而变化,但是,"石油安全"这一宗旨是不变的。

王波(2008)对美国石油产业政策进行了较为系统的论述,以"石油安全"为目标的美国石油政策可以大致分为国内石油安全政策和国际石油安全政策。在时间上以 1973 年第一次世界石油危机为界限,分为两个明显不同的阶段。

(1)第一次石油危机前,国内石油安全政策的主要目标是本土石油产业的安全,主要内容是石油进口配额政策;国际石油安全政策的主要目标是保障盟国的石油供应安全,主要内容是以石油公司为工具应对石油供应中断危机。

(2)第一次石油危机后,国内石油安全政策的目标是减少对进口石油的依赖,主要内容是开发国内石油资源和石油替代能源、节能、减少石油消费等。国际石油安全政策的核心目标转变为保障美国的石油供应安全,主要内容包括:与西方石油消费国建立以国际能源机构为平台的石油消费国联盟,应对石油供应中断威胁;加强对石油生产国的政策,对友好产油国实行经济相互依赖和安全保护政策;对敌对产油国实行经济制裁和军事遏制或打击的政策;石油供应多元化政策成为美国保障石油供应安全的重要原则。

1)美国能源形势概述

(1)美国能源消费的总体形势

美国的能源消费从 1949 年的 29×10^{16} 英国热量单位增长到 2004 年的 86×10^{16} 英国热量单位,增长了约 3 倍。能源消费中，矿物能源占 86%，核能占 8%，可再生能源占 6%。1949 年，美国人均能源消费为 215 亿英国热量单位，到 1978 年达到最高的 360 亿英国热量单位。经过两次石油价格冲击后，这一增长趋势得以扭转，但 1988 年之后又恢复到人均 340 亿英国热量单位的水平，并一直保持这一水平，比 1949 年的水平高 58%。在可以预见的将来，美国的能源消费水平仍然不会降低，以石油天然气为主导的矿物能源的消费仍然将是美国能源消费的主体。

（2）石油在美国能源消费结构中的位置

1950 年后，石油就开始超过煤炭成为美国能源消费中所占比重最大的能源形式。在 1978—1979 年期间，石油消费达到 10.5 亿亿英国热量单位，之后回落。20 世纪 80 年代中期后，就又开始逐步回升。受高油价的影响，美国的石油消费在 1975 年和 1980—1983 年期间明显下降。

在石油消费结构中，交通运输是美国的最大消费部门，在 20 世纪后半期增长最快。2004 年，交通运输部门所消耗的石油产品为 1 400 万桶/日，占美国石油消费的 66%。在所有的石油产品中，汽油所占比例最大，为 910 万桶/日，占石油消费的 44%。住宅取暖用油在 1977 年后迅速下降。

从 20 世纪 50 年代开始，交通运输部门对能源的需求一直在快速增长。在 1974 年、1979—1982 年、1990—1991 年、2001 年受高油价的影响，石油需求有所下降，但很快就又回升。2004 年石油占交通运输消耗能源的 97%。

可以看出，石油在美国能源结构中所占比重最大，而交通运输部门是石油消费的最重要部门。无论是石油在美国能源消费中的比例，还是交通运输部门对石油的需求，除 20 世纪 80 年代上半期外，都一直呈不断增长的趋势。这说明美国能源部门和交通运输部门对石油的依赖在不断加深，没有减弱的迹象。

（3）美国石油消费和生产关系的变化

20 世纪 60 年代以前，美国是一个能源自给的国家，之后美国的能源消费超过国内的能源产量，开始越来越多地进口能源来弥补国内能源生产的不足。2004 年，美国进口能源为 33×10^{16} 英国热量单位，出口为 4×10^{16} 英国热量单位，净进口能源占美国所消费能源的 29%，其中绝大部分进口能源为石油。

美国进口石油的不断增长一方面是石油消费的不断增长造成的；另一方面是美国本土石油产量的不断下降造成的。1970 年，美国石油生产达到了 $1\ 130 \times 10^4$ 桶/日的峰值，进口为 320×10^4 桶/日。20 世纪 80 年代中期开始，美国的石油产量就开始迅速下滑。1996 年，石油净进口超过了美国国内石油的生产量。2004 年，美国的石油日产量仅为 720×10^4 桶，而日净进口量达到 $1\ 190 \times 10^4$ 桶。

资料显示，美国的石油生产在 1970 年后总体呈下降趋势，其中，美国本土 48 个州的石油生产量在 1970 年达到 940×10^4 桶/日的峰值，之后迅速下降。与此同时，阿拉斯加的石油产量开始上升，到 1988 年达到 200×10^4 桶/日的峰值，到 2000 年时下降为 100×10^4 桶/日。

造成美国石油下降的主要原因是美国大部分油井的生产效率下降，即生产成本不断增加。美国每口油井的产量在 20 世纪 60 年代迅速上升，到 1972 年达到 18.6×10^4 桶/日的最高产值后就开始下滑，到 2004 年为 10.6×10^4 桶/日，下降了 43%。而市场效率的下降直接导致了美国国内的石油和天然气钻台不断减少。1981 年为 397×10^4 个，1999 年只有 62.5×10^4 个，2004 年略有回升，也仅为 119.2×10^4 个。

由于石油消费迅速增长，而石油生产从 20 世纪 70 年代初开始逐步下降，美国原油进口从 20 世纪中期开始快速增长，这种增长势头一直持续到 20 世纪 70 年代末。1979—1985 年，由于节能和能源利用率的提高，美国的石油进口迅速下降。1985 年后，由于国际油价下跌，国内石油消费增长，同时，国内高成本油井关闭，原油进口又开始增长，2004 年时增长到 1 000×10⁴ 桶/日。石油产品的进口在 2004 年也达到290×10⁴ 桶/日，但出口仅为100×10⁴ 桶/日。总体来看，美国在短期内对进口石油的依赖不会大幅度降低。

（4）美国的战略石油储备制度

为应对能源安全，美国建立了石油储备制度。美国石油储备分为两部分：战略石油储备和商业石油储备。其中，以战略石油储备为主。第一次石油危机后，为了应对国际石油供应中断的危险，确保美国石油供应安全，1975 年通过的《能源法案》授权联邦政府建立 1 亿桶的石油战略储备，以应对国际石油供应中断。1977 年，战略石油储备正式开始储油。战略石油储备的大部分是进口原油，其中，大部分是在 20 世纪 80 年代上半期进口的。到 2004 年底，战略石油储备为 6.76×10⁸ 桶，占石油储备总量的 41%。

美国的战略石油储备受国际石油环境的影响。1986 年前，由于欧佩克国家采取高油价的政策，美国石油安全面临的不安全因素较多，战略石油储备增加较多。但随着 1986 年欧佩克执行低油价的政策，美国石油安全威胁减少，美国补充战略石油储备的数量持续减少。1991—1997 年，只进口了 1 400×10⁴ 桶原油来补充战略储备，其中 3 年没有进口原油来补充战略储备。200 年开始，由于国际石油供应中断的威胁增大，美国石油储备又开始回升。战略石油储备到 2004 年时又增加了 1.25×10⁸ 桶。其中，0.99×10⁸ 桶为进口原油。

战略石油储备是美国石油安全的重要保险阀，在石油供应中断或价格剧烈上涨时对稳定石油供应和价格具有重要意义。

通过上述对美国石油在美国能源生产和消费结构中的位置和历史的变化，可以看出，从 1949 年以来，美国的石油消费在美国能源消费中的比例越来越大；交通运输部门成为石油消费的最主要的行业。这一趋势在相当长的时间内是不会改变的。美国国内石油生产整体呈下降趋势，进口石油在石油消费中的比例越来越高，在可预见的将来，美国对于进口石油的依赖会越来越强。从过去美国石油消费的趋势来看，美国石油消费受石油价格的影响较大，在 20 世纪 70 年代中期和末期，由于石油价格的上涨，美国的石油消费减少。但是，随着石油价格的下降，美国国内的石油生产减少，石油消费增加，对进口石油的依赖加深。美国为维护国家石油安全而进行的战略石油储备也随着国际石油形式的变化而变化。在国际石油市场为卖方市场，石油价格高时，美国的战略石油储备就增加；相反，在国际石油市场油价低廉，供应充足时，美国的战略石油储备增加就缓慢，甚至是通过出售战略储备石油来缓解财政压力。

2）美国矿产资源与矿业管理的主要法律法规

美国是较为严格的依法管理的国家，法律法规在矿产资源和矿业、能源管理上日益起着主导性和决定性的作用。在美国目前的有关矿产资源和矿业、能源管理的法律中，主要有《通用采矿法》（1872）、《矿产租约法》（1920）、《矿物材料法》（1947）、《战略与关键材料储备法》（1946）、《联邦煤炭租约修正法》（1977）、《联邦陆上石油天然气租借改革法》（1987）、《外大陆架土地法》（1953）、《淹没土地法》（1953）、《联邦石油和天然气权利金管理法》（1982）、《联邦土地政策与管理法》（1976）、《印第安矿产租约法》（1938）、《印第安矿产开发法》（1982）、《矿产收益支付澄清法》（2000）、《能源政策法》（1992）、《政策、研究与开发法》（1970）、《联合碳氢租约法》（1981）、《联邦石油与天然气权利金简化和公平法》（1966）、《采矿与矿产政策法》（1970）、《征购土地法》（1947）、《地表资源法》（1955）、《地表矿山复垦与执行法》（1977）、《联邦煤矿山健康和安全法》（1969）、《煤炭保护法》（1977）、《出口管理法》（1977）、《联邦森林管理法》（1977）、《联邦矿山安全和健康法》（1977）、《有毒物质控制法》（1976）、《天然气政策法》（1978）、《战略与关键材料储备修正法》（1979）、《国内矿产项目扩展法》（1953）、《深水权利金救济法》（1969）、《国家环境政策法》（1969）、《污染防治法》等，它们涉及美国矿产资源和矿业、能源管理中从矿业土地准入、矿产资源勘察、开发、矿业权的招投标程序、矿产品生产、运输、销售、贸易、矿业税收、矿业收益分配、管理者和开发者、矿业权持有者的权利、义务、责任到环境保护、矿山安全、防范措施、应急程序、劳动力健康、矿山复垦、社区安全、文化古迹保护、战略矿产储备等的方方面面，可以认为，它们构成了美国目前关于矿产资源和矿业、（化石）能源管理的以强调有效管理、安全生产以及资源、环境和生态保护为主导的完整法律法规体系。

其中，1872 年通过的《通用采矿法》是美国矿业和矿产资源管理中的一部经典性法律，至今仍然对美国（联邦土地上）的矿产资源管理有重要影响。该法规定："公共土地上的矿产资源，无论是已被调查过的还是未被调查过的，均属于美国。允许美国公民和公司自由准入公共土地进行找矿活动。"

1920 年颁布的《矿产租约法》，确立了美国矿产资源管理和矿业管理的租约制度；同时也建立了矿产租约人的资格制度，规定只有美国公民或者根据美国或州法律成立的公民组织，或者根据美国或州法律成立的公司才有资格获得租约。该法规定，矿产租约由内政部土地管理局授予。

1987 年颁布的《联邦陆上石油天然气租借改革法》是美国关于规范陆上石油和天然气勘察、开发活动的一部重要法律。该法规定：公共土地只有在通过了土地管理局多用途规划程序评估后，方可进行油气租约活动。在油气资源开发可能与其他资源或者土地利用的保护与管理冲突的地区，必须实施相关的缓解措施或者补救措施。该法要求，可以进行油气租约的公共土地必须首先要以竞争的方式获得。非竞争的油气租约只有在进行了竞争性的拍卖而又无人进行投标的情况下才能签订。同时，该法规定，只有美国成年公民才能获得联邦油气租约。未成年人不能获得租约，但租约可以授予给未成年人的法定监护人或受托管理人。依据美国法律或州法律成立的公民组织和公司也有资格获得油气租约。外国公民不能获得联邦油气租约，外国人仅能通过对美国公司的股票持有获取相关利益，且只有当该外国公民所属国法律不排斥美国公民类似的权利时才有效。

《外大陆架土地法》于 1953 年制定，1975 年、1978 年、1984 年、1986 年、1987 年、1990 年、1992 年、1994 年和 1995 年多次修改。该法规范了在外大陆架地区开展石油天然气租约活动，是加快勘查、开发石油天然气资源、保护海洋环境的一部重要法律。该法认为，开发外大陆架土地上的油气资源对保障美国经济发展和能源安全至为重要，因而应当鼓励在外大陆架上开展石油天然气勘察和开发活动，鼓励用新技术开发油气资源，减少因石油开发带来的负面影响。该法也要求严格保护海上环境，要平衡油气开发与人类、海洋和海岸环境的保护。该法规定，必须以招投标取得在外大陆架（土地）上的油气租约。油气租约持有者在海上勘察油气资源时，必须要先提交勘察计划。同事，必须要保障可能受到影响的州和地方政府能及时了解外大陆架开发信息，保障州和地方政府参与油气政策和规划政策。该法授权内政部长签发外大陆架矿产租约，并制定外大陆架油气开发活动的管理规章。该部法律建立和奠定了美国过去 50 年来在外大陆架土地上勘察、开发石油天然气资源、保障国家经济和能源安全、减少对外国石油依赖的政策基础。

3）与油气资源相关的基本政策

（1）国家能源政策

美国国家能源政策于 2001 年 5 月出台，制定的背景条件是：21 世纪美国面临着自 20 世纪 70

年代石油禁运以来最为严重的能源短缺，能源短缺对于美国的经济社会和国家安全造成重要影响。

报告全面阐述了以下一些重大问题：美国21世纪面临的能源挑战；能源对美国社会和经济的影响；美国对外部能源的依赖；扩大国内能源供应的途径；政府在保障国家能源安全和环境健康中的作用；改进能源利用的效率；发展可再生能源和替代能源；发展美国能源基础设施；加强能源设施安全；加强全球合作；石油供应中断的应急措施；完善法律结构；推动国际贸易与投资等。它是一部全面、综合性的政策文件。

所涉及的要点是：能源问题是一个长期的综合性的战略问题，只有经过数年努力才能最终解决；只有把能源、环境和经济问题融为一体，才能从根本上解决这一问题；推动环保型新技术的开发，鼓励使用清洁、高效的能源；节约能源是美国的重要选择，实现的最佳途径是应用新技术提高能源的利用效率；推动能源设施现代化，使能源能够安全、可靠、经济地运送到美国的家庭和公司中；促进能源来源多样化，扩大国内石油、天然气、煤炭以及核电和水电的供应量；制定综合、一体化的政策，保护和改善环境；减少能源价格变动和供应不稳定对美国人民和美国经济的冲击。

报告认为实现这些目标或解决这些问题的基本途径和思路是：节能工作必须现代化；能源基础设施必须现代化；能源供应必须扩大；保护和改善环境的工作必须加速；国家的能源安全必须加强。

核心目标和中心议题是：保障美国能源安全，把经济、可靠、有利于环境保护的能源带给美国的未来。

为了保证国家能源政策的有利实施，能源部于2002年特别成立了国家能源政策办公室，具体负责国家能源政策各项计划、方针和措施的制定和实施。

美国2001年的《能源政策法》是美国能源长期战略的重要转折点，标志着美国长期以扩大供应为重点的能源政策转向扩大供应与减少需求并重，是美国21世纪一项基本国策，已经在全美范围内广泛实施和落实，并产生了积极的影响。

2007年7月美国国家石油委员会应能源部要求，提供了一份新的石油政策报告，提出了"五大核心战略"，将加强节能、安全和国际合作列为实现国家石油安全的重要支柱，体现了美国石油政策的新倾向。

2007年12月美国通过了新的能源法案——《2007年能源独立与安全法》。新能源法旨在降低能源对外依存度和保证供应安全，表明新能源法把扩大供应的重点转向国内的能源开发。新政策的影响已经开始，能源部按照新的能源政策调整了美国未来能源需求和供应预测。

在《2008年度能源展望报告》中，美国能源部能源信息署预测并分析了到2030年的能源需求、供应和价格，与以前的预测相比，降低了能源需求增长率，提高了能源供应自给率，降低了对外依存度，增强了可再生能源的供应能力。

（2）石油进口多元化政策

石油是美国的经济命脉，美国是世界上石油消费大国，也是石油进口大国。保持石油来源（进口）的稳定，降低石油进口的风险，一直是美国能源政策和能源战略中的基本组成部分。在过去的15年中，美国石油进口多元化政策和战略主要体现在以下几个方面。① 全方位、多来源、均衡进口石油。美国从全球50多个国家和地区进口石油，区域上涵盖了北美、中南美、欧洲、俄罗斯及独联体、中东、北非、西非、澳洲、东南亚等世界各个地区。数据显示美国从各地区或区域进口石油的比例都没有超过25%，可见美国实施的是全方位、多来源、均衡进口石油战略或政策。② 努力搞好同主要产油国的关系。③ 打击企图改变世界石油生产和出口格局的行为。④ 发展同新兴产油国的关系。⑤ 稳定同周边产油国的经贸关系。⑥ 开拓新的石油进口市场。

进入21世纪以后，美国的石油进口多元化政策进一步加强，具体表现为：① 努力降低对沙特阿拉伯石油的依赖；② 不断增加从加拿大和墨西哥的石油进口量；③ 不断扩大从非欧佩克国家的石油进口量；④ 增加从非洲的石油进口；⑤ 增加从俄罗斯及独联体国家的石油进口，改善与俄罗斯的关系；⑥ 增加从南美国家的石油进口。

（3）石油储备政策

美国的石油储备政策是应对石油危机、保障能源供应安全和国家经济安全而专门制定的一项基本国策，第二次世界大战以来，特别是1975年以来，对保障美国的能源安全已经发挥了重要作用，目前仍在实施。美国的石油储备分3种：美国国家战略石油储备；东北家庭供热石油储备；海军石油储备。

综合分析，美国的石油安全政策受国际和国内两种因素的制约。在国际上，国际石油秩序是否为美国所控制，即美国对石油供应和价格规则的掌控能力，是影响美国国内石油安全政策的主要变量。在国际石油供应紧张、石油供应中断危险增大、油价高且波动较大时，美国国内石油安全政策强调节能、开发新能源、减少对石油依赖的倾向就增强；在国际石油环境宽松、石油供应充足、油价低且平稳时，美国国内石油安全政策中对节能和发展替代能源的政策就会放松，对石油的依赖就会增强。美国国内石油资源的减少和产量的下降、美国经济和美国人生活方式对石油的依赖是美国难以改变对进口石油依赖的两个重要的客观因素。美国利益集团（石油消费者、石油生产者等）通过对国会和行政部门的影响对国内石油安全政策形成严重的制约，成为美国国内石油安全政策不连续、对进口石油依赖加深的一个重要原因。在对进口石油依赖加深难以避免的情况下，美国政府的国际石油政策成为保障美国石油供应安全的重心。

与西方石油消费国的合作是美国国际石油政策的一个重要方面。在第一次石油危机前，美国与西方石油消费国的合作主要是以美国国际石油公司为工具保障它们的石油供应安全。第一次石油危机后，美国与西方石油消费国的合作目标转变为维护集体石油供应安全，尤其是美国本国石油安全。国际能源机构是第一次石油危机后美国建立的西方石油消费国联盟机构。该机制在经历了20世纪70年代的艰难合作阶段后，逐步走向成熟，成功地实现了应对石油供应中断危机的目标，成为美国石油安全的重要保障。

美国确保国际石油供应安全的另一个方面是对产油国的政策。地缘接近和地缘分散化原则是美国对产油国政策的重要原则。西半球与美国特殊的地缘关系使其成为美国石油供应安全的基础，西非、里海地区和俄罗斯也是美国石油安全供应多元化的地区。

美国对欧佩克的政策，经历了第一次石油危机后的对抗阶段和冷战后的对话和合作阶段。在对抗阶段，通过市场力量削弱欧佩克对市场的控制和通过发展与主要欧佩克成员国的相互依赖关系来影响欧佩克的石油政策是美国的主要政策手段。在对话和合作阶段，美国与欧佩克在维护石油市场供应和价格稳定方面取得共识，并建立了合作机制。

波斯湾地区作为世界上最大的石油生产和出口地区，是影响美国和世界石油供应安全的最大变量。该地区复杂的政治和安全环境，是造成世界石油供应中断和价格不稳的最重要因素。美国减少对石油依赖，发展与石油消费国合作和执行石油供应地区多元化的政策，在很大程度上都是为了应对该地区石油供应的不确定性。鉴于欧佩克中最有影响力的产油国大都集中在波斯湾地区，美国对影响欧佩克政策的关注点也集中在波斯湾地区。美国政府控制和影响波斯湾地区产油国的政策分为两类：一类是对友好产油国的经济相互依赖和安全保护政策；另一类是对敌对产油国的经济制裁和军事遏制政策。美国对产油国的双边政策是保障其石油供应安全的源泉。北美的地区能源一体化模式既是美国石油安全的可靠保障，也是美国发展对其他产油国关系、获取稳定石油供应的样板。

2015年9月28日英荷壳牌石油公司叫停了美国阿拉斯加北极油气勘探计划，随后，美国内政部宣布冻结北极油气开发至2017年。由于希拉里明确表示反对开发北极油气资源，因此，在可以预见的未来，美国北极油气资源开发将陷于停顿。低油价和政治因素将限制美国北极油气资源开发。

10.3.1.3 加拿大

1）油气资源概况

加拿大是世界上重要的产油气国家之一，勘探开发程度较高。截至2004年，加拿大石油可采储量为 245×10^8 t（主要是稠油），年产油 1.2×10^8 t；天然气储量 1.6×10^{12} m³，年产气 $2\ 029.48 \times 10^8$ m³（李国玉等，2005）。

加拿大石油资源的特点是常规原油储量少，只占世界常规原油储量的1%，但沥青资源特别丰富，仅阿尔伯达省估计有 $4\ 300 \times 10^8$ m³ 储量，占世界沥青储量的40%。加拿大的油砂资源闻名于世，已知油砂含油量达 342.6×10^8 t，约合加拿大本土石油储量的36倍。加拿大天然气资源也很丰富，常规气田已实现经济有效开发，正在努力提高开发页岩气藏的经济效益。

根据地理分布和油气地质特点可分为西部、东部和北极地区三大含油气区，这些油气资源分布于8个含油气盆地中。

2）石油工业管理体系及能源政策

（1）石油工业管理体制

加拿大是由10个省份和2个地区组成的联邦国家。2个地区的石油及其他矿产资源统归联邦政府所有；而各省的石油及其他矿产资源大部分归各省政府所有，根据历史上的有关法令和条约，有部分地区归联邦政府、企业和个人所有。加拿大的油气资源基本上集中在西部沉积盆地，85%的油气产量出自阿尔伯达省。阿尔伯达省政府拥有该省内85%的石油及其他矿产资源。

开发加拿大的石油工业需要联邦政府、各省政府和私人企业之间的密切合作，同时要考虑下列因素的影响：政治和商业环境、税收问题、资金回收，当地企业的参与、勘探可行性、获得保留和退回石油开采权、现场安全程度、环境保护、信息发布、资源回收和保存、各方面条件的改进、运输问题、国内和出口市场推销以及废料定价等。

加拿大能源主管部门是自然资源部，国家能源委员会是加拿大联邦政府的能源监管机构。1959年，加拿大根据《国家能源委员会法》设立了国家能源委员会，该机构隶属国家自然资源部，独立行使监管职能。该委员会主席向自然资源部部长汇报工作，但不受自然资源部的行政领导，自然资源部的各职能司局不干预能源委员会的工作。组建该机构的目的在于使决策和执行职能分离，主要负责加拿大联邦政府职责范围内的石油、天然气、电力行业的监管，其具有独立的决策和行使监管的权力。委员会的经费90%来自被监管公司收费和服务收费，10%来自政府预算。

（2）加拿大能源政策

加拿大政府的能源政策经历了一个促进开发—加强政府管制—放松管制—市场导向—加强政府控制的演变和发展过程，其中也包含了加政府欲逐步夺回对本国能源资源控制权的过程。大致经历了如下 4 个阶段。

1947—1959 年，加拿大开始大规模油气生产，石油和伴生气产储量大幅度提高，大量投资用于管道建设，油气政策的制定及实施处于初始阶段。

1960—1973 年，1959 年加拿大成立国家能源局，60 年代初制定了"国家石油政策"（NOP），促进阿尔伯达省的油气生产，尽可能多地向美国出口。这一阶段，加拿大油气工业呈现繁荣景象。

1974—1980 年，政府对有关油气政策进行调整。1973 年国际石油市场的波动给加拿大东部消费者和西部产油省之间制造了矛盾，因为加拿大东部的石油主要依靠进口，而西部产油省继续向美国出口石油，国际油价上扬，西部石油出口利润上升，而东部的进口费用增加。为了使国内消费油价维持低水平，联邦政府采取了用石油出口税收补贴石油进口的政策。该政策招致西部产油省的不满，阿尔伯达省要求提高矿区使用费，但这与联邦政策相抵触。为了保护生产者利益，维持油气生产的稳定发展，1975 年颁布的联邦预算提高了国内油价，调整出口税和进口补贴，大幅度提高天然气价格，允许国内天然气价格从 1975 年 11 月 1 日起提高 50%，对私人汽车征收汽油特别税。此外，1975 年成立了一体化的国家石油公司，加强对石油工业的控制，增强本国经济实力。

1980 年以后，加拿大的油气政策日趋完善。20 世纪 90 年代加拿大能源政策的另一个主要变化是开始关注环境和气候变化问题，签署《京都议定书》并实施可持续发展战略，鼓励可替代能源和节约能源的开发。出台了一系列有关环保节能非常严格的标准和规定，同时对于可替代能源的发展给予财政税收方面的政策支持。

3）对外合作及公司兼并

（1）油气工业引进外资的政策

加拿大油气工业的迅速发展是通过引入大量外国投资（主要是美国）而实现的。油气工业的发展给加拿大经济带来繁荣，但是，过高的外国股份也给加拿大的经济发展构成威胁。

1980 年的 NEP 明确规定：油气工业 50% 的控制权归属加拿大。加拿大油气法规也做了相应的规定：① 联邦政府以联邦租约的方式，在所有油气生产中保留 25% 的干股权益。此规定适用于联邦领地；② 任何联邦领地里的生产项目，最少应有 50% 的加拿大所有权。否则，联邦政府可增加额外份额，达到 50% 的水平。这些政策与法规的颁布与实施，产生了明显的效果，使 1985 年加拿大对上游工业的控制由 1978 年的 21% 增加到 47%；石油工业收入（上游+下游）中加拿大的控制权从 1978 年的 17% 上升到 42%。

（2）改善投资环境的措施

为了恢复经济，促进石油工业的发展，加拿大政府积极改善投资环境。1992 年年初，取消了许多限制外国人在能源工业方面投资的条件。有关投资政策的变化情况如下：① 美国的投资者可以不经过加拿大投资局（Investment Canada，负责审批外国投资的机构）的审批就能以低于 1.5 亿美元的资金购买加拿大的公司或其所有权。这项政策不包括属于加拿大—美国自由贸易协定下的项目。② 对其他国家的投资者来说，若直接投资额低于 500 万美元或间接投资低于 5 000 万美元的项目也不需要通过加拿大投资局的审批。

此外，加拿大还有鼓励各钻井公司继续钻油井的措施，如于 1993 年 7 月制定的阿尔伯达油田开发矿区使用费优惠政策和 1992 年 10 月制定的找油矿区使用费。

10.3.1.4　挪威

1）挪威的油气资源概况

挪威位于北欧斯堪的纳维亚半岛西部，其领土范围包括挪威本土及其北极地区的斯瓦尔巴群岛，是拥有现代化工业的发达国家。挪威自然资源较丰富，主要为石油、天然气、铜、黄铁矿、有色金属、鱼、木材等。经济部门以海上石油、航运、水电、电气、冶金、化工、造船和木材加工业较为发达。挪威是世界重要的石油生产国之一，丰富的油气资源使挪威成为欧洲重要的石油和天然气生产国和出口国。20世纪90年代以来，由于石油连年增产，出口获巨额收益，挪威经济复苏加快。近海石油工业已成为国民经济重要支柱。2005年挪威油气工业总产值达到了GDP的22.5%；2006年，挪威的油气工业生产原油 $1\,166\,819×10^4$ t，占当年全国能源生产总量的50%，生产石油产品（如汽油、煤油等）$301\,716×10^4$ t，占当年全国能源生产总量的6.4%，生产天然气和其他气体（如沼气、瓦斯、燃气等）分别为 $923\,517×10^8$ m³ 和 $12\,717×10^4$ t，占37.3%，上述三者共占当年挪威全国能源生产总量的93.7%。

挪威的油气资源全部位于沿海大陆架或者近海区。主要分布于3个地区：北海、挪威海和巴伦支海。其中北海占83%，挪威海占14%，巴伦支海占3%。2007年，挪威石油储量为 $10×10^4$ t，占世界石油储量的0.7%，储采比为8.8；天然气储量为 $2.96×10^{12}$ m³，占世界天然气储量的1.7%，储采比为33.0。

2）油气政策法规

潘岳平等（2009）综合对比分析了英国、挪威和巴西3个世界重要的石油生产国的油气资源管理特点。李志军（2008）分析了挪威的能源战略和政策。总体来看，挪威的油气资源管理具有如下特点：一是制定了相对完备的法律体系，并不断深化改革，完善体制，以适应油气开采的实际需要；二是建立了层次清楚、职责分明的机构；三是强化油气矿权管理，不断引入竞争机制，建立了完善的区块招投标制度；四是加强油气勘探开发监管，提高资源开采效率，维护国家权益。

挪威传统上是高福利国家，但20世纪90年代之前，由于国际市场油价较低，挪威油气出口收入锐减，政府一直实行的国家福利政策受到了反对党的责难。1990年新政府执政后，面对国际油价低水平的发展趋势，一方面继续保持与欧佩克和非欧佩克石油生产国之间良好的双边关系，致力于协调石油进口国与出口国之间的利益，并赞成把全球能源方面的国际关系建立在更多的合同制和更深刻地相互理解的基础之上；另一方面对国内石油工业采取了更为现实的政策，主要包括以下4个方面：

（1）坚持以公开招标的方式吸引外国石油公司参与石油勘探开发；

（2）重点发展天然气工业，积极开发其国际市场；

（3）运用经济法律手段，加强对石油工业的调控；

（4）合理开发利用石油资源，加强环境保护。

为了保护本国的石油资源，使沿海和陆地免遭污染，挪威议会通过了环境保护法，对在挪威海域进行石油勘探和开发活动的各国公司进行有效的监督。20世纪90年代，随着世界各国环境意识的加强，挪威的环保工作必将成为石油政策的重要方面。

现阶段，挪威能源政策以促进经济增长和保护环境可持续发展为核心，大力开发利用可再生能源和新能源，开发清洁能源技术并提高能源效率。主要包括以下几点：

第一，充分利用但不依赖本国油气资源，力争获取资源效益最大化；

第二，注重能源节约和提高能源利用效率；

第三，始终把环境保护作为基本国策；

第四，开发利用可再生能源和新能源，推动能源的可持续发展；

第五，重视能源领域的技术开发；

第六，政府部门相互协调，共同促进资源、环境和经济社会的协调发展；

第七，加强国际间的能源合作。

3）对外合作

挪威石油勘探开发对外合作从 1965 年开始，到 1996 年共进行了 15 轮招标，此外在几次非正式招标中也发放了一些许可证，到 1996 年共发放过 219 个勘探开发许可证。

1993 年，挪威能源工业部进行了第 14 轮勘探开发招标，招标区块共 31 个。共颁发了 17 个勘探开发许可证，其中挪威 3 家主要石油公司几乎获得了一半。

第 15 轮招标始于 1995 年 2 月 3 日，申请截止日期是 1996 年 1 月 29 日。招标区块共 56 个，其范围包括挪威海的 33 个区块和挪威北海的 13 个区块，约 19 家公司提出了申请，共发放了 18 个勘探开发许可证。

随着 1997 年 10 月挪威政府的更换，挪威第 16 轮招标可能要比原计划（2000 年）推迟 1 年或更长时间。

挪威石油能源部将挪威北部近海巴伦支海的 7 个大的勘探许可区域分配给了挪威国家石油公司、莫比尔、埃尔夫、萨加、阿吉普、菲利普斯等公司，各区域都包括若干区块。挪威巴伦支海已有 16 处发现，主要是天然气，但由于距潜在市场较远而都未进行开发。Snohvit 气田是目前的最大发现。挪威国家石油公司正在研究将水下井口装置通过管线连接到陆上中转站的可行性。

挪威将在东南亚开展新的投资活动，这是挪威石油公司实现国际化经营的举措之一。挪威为增强自己在世界石油工业中的竞争优势、实现国际化经营，成立了由石油工业界及有关企业代表组成的工作组。该工作组确定了 3 个国家重点区域，石油储量丰富的东南亚是其中之一，另外两个地区是西非和中亚。目前各石油公司在亚太地区竞争激烈，近海及海洋技术是挪威石油公司参与该区竞争的优势之所在。

10.3.1.5　丹麦

1）丹麦油气资源分布及开发概况

丹麦王国位于欧洲北部，从地理位置上，丹麦显然不属于环北极国家，但由于其管理着世界上最大的岛屿——格陵兰岛，因此，环北极国家也包括了丹麦。

丹麦是西方发达的工业国家，人均国民生产总值长居世界前列。丹麦的一次能源消费以石油和煤炭为主，1996 年两者分别占能源消费总量的 48.1% 和 38.0%，20 世纪 90 年代以来天然气消费量逐年增加，到 1996 年达到 340×10^4 t 油当量，占一次能源消费的 14.3%。但是，除石油资源外，丹麦其他资源比较贫乏。所需煤炭 100% 靠进口。

丹麦目前共有 15 个油气田，均位于海上的北海中央地堑，正在生产的油田有 Dagmar、Kraka、Regnar、Rolf、Svend 和 Valdemar，正在生产的气田有 Roar、Alma、Elly、Harald 和 Igor 等气田。其主要油气田是 Dan、Alma、Dagmar 油气田。北海中央地堑及其邻区的含油气盆地全部位于海上，分属于英国、挪威、荷兰、丹麦和德国，丹麦仅占 10%。

20 世纪 90 年代以来，丹麦的石油勘探开发投资不断增加。2004 年石油产量达到 1 965×10^4 t，石油剩余可采储量 18 082×10^4 t。天然气可采储量 999×10^8 m^3，2004 年生产天然气 86.09×10^8 m^3。

2）政策法规

丹麦能源政策的基点是保障供应安全、强调能源效率和重视环境保护。丹麦土地面积相对狭小，几乎没有矿产资源，但开辟了一条通过技术创新立国的成功途径。丹麦传统上在农牧机械方面享有很高的声誉，近年来在新能源技术，特别是风力发电、生物质能源及能源效率方面处于世界领先地位。

2007 年 1 月 19 日，丹麦政府公布了《丹麦能源政策展望》，描述了 2025 年之前丹麦能源政策的目标。这是丹政府朝着使丹麦摆脱对煤炭、石油、天然气等矿物燃料的依赖这一长远目标所迈出的重要一步。

3）关于格陵兰政府自治及其政治、经济意义

2009 年 6 月 21 日，位于北极圈内的世界最大岛屿格陵兰岛正式获得自治。至此，格陵兰自治政府将接过原本由丹麦王国拥有的天然气资源管理权（其中最重要的是格陵兰海床石油资源分配权）、司法和警察权及部分外交事务权。但丹麦在格陵兰的防务和外交事务上仍然拥有最终决定权。

格陵兰自治引起了国际社会的广泛关注，尤其是美国、加拿大这两个与格陵兰岛隔海相望的邻国对格陵兰的变故表现出浓厚的兴趣。相关人士和媒体对格陵兰自治的原因分析认为，格陵兰之所以要摆脱丹麦的控制，一方面是近年来，在丹麦一直有势力支持格陵兰逐步走向独立，而"独立派"在格陵兰政坛支持率越来越高，独立呼声日益高涨，在 2008 年 11 月 25 日举行的自治公投中，全岛 5.7 万岛民以 3/4 赞成的压倒性多数选择了自治。同时，2010 年年初，主张格陵兰彻底独立的格陵兰工人党在大选中获胜，党魁克莱斯特当选格陵兰总理。另一方面，除了政治上的独立意愿外，促使格陵兰岛走向自治甚至独立的根本原因还是资源和经济前景的改变。格陵兰岛上蕴藏着丰富的石油、天然气、黄金和钻石资源。专家预测，仅格陵兰岛的东北部就蕴藏着 310 亿桶的石油储备，这几乎是丹麦所属的北海地区储油量的 80 倍。如果说，当这些自然资源被厚厚的冰层所覆盖时还没有实际意义的话，迫使格陵兰政府和人民接受丹麦政府的特别财政补贴，那么近年来随着科技的进步，以及地球的变暖，为格陵兰领土、领海上的资源开发创造了前所未有的机会和条件。由于丹麦政府本身不具备大规模开发格陵兰岛资源的技术、资金甚至意愿，而格陵兰人希望凭借上帝创造的有利条件改善自己的生活。由此导致了格陵兰逐步走向自治，甚至是未来的独立。实际上，仅就格陵兰沿海大陆架的油气资源勘察而言，截至目前，格陵兰政府已经向加拿大、英国和丹麦的几家石油公司发放了 10 个许可证，这些公司获得 10 年的大陆架石油开采权。除了格陵兰本身的开发资源、发展经济的意愿外，一些美加矿企早已登岛考察。许多评论家都预言，美加资本将利用格陵兰政府对"资源换发展"、甚至"资源换独立"的迫切期盼，进而染指格陵兰的资源，甚至更多的东西。格陵兰周边海洋权益一直是丹麦与加拿大、丹麦与俄罗斯争夺的要点，而格陵兰独特的战略地位也久为各大国所垂涎。如今格陵兰除部分国防、外交权力外的大多数权力，包括最被看重的资源开发权，均被格陵兰自治政府从丹麦人手中收回，这将使本已十分激烈的北极利益争夺，呈现更加激烈、更加复杂的新局面。

俄罗斯媒体认为，除去经济和社会问题，格陵兰岛自治实现"准独立"可能会由于地理位置、现实利益等原因倒向美国，成为美国第 51 个州。俄《真理报》网站直接打出了"格林兰将成为美

国第 51 个州"的标题。文章称，白宫自 19 世纪 20 年代便对格陵兰表现出了浓烈的兴趣。对于美国而言，由于格陵兰北隅蕴藏着丰富的石油、天然气，冰层覆盖的土地里富集黄金、钻石和煤炭等天然资源，并且坐落在太平洋与大西洋未来捷径"西北航道"的咽喉处，地缘政治地位令人垂涎。

格陵兰与北美也有着悠远的交往历史，其首府努克离加拿大最近的城镇仅有 420 mile，但离哥本哈根 2 200 mile。此外，红胡子埃里克的儿子利夫·埃里克森在公元 1000 年曾航行至北美大陆。

美国在 1917 年承认了丹麦对格陵兰的主权，但它对世界第一大岛的兴趣未减，曾经有议员建议效仿路易斯安那的例子，出资购买格陵兰。

1953 年，冷战爆发后，美国在格陵兰建立了一个雷达基地，用以监测前苏联在北极圈内的飞行活动。这是美国最为靠北的一个基地，也被称为"自由之眼"。冷战结束后，美国人并未离开，反而将基地升级为反导系统的核心一环，部署了战略核轰炸机和地对空核导弹。

格陵兰人并非展开双臂欢迎美国人的到来。为了给美国基地足够空间，丹麦政府迫使因纽特人搬离了生活了上千年的故土。此外，美国一架携有核弹的 B-52 轰炸机 1968 年在岛上坠毁，使得 1 700 人受到了核辐射。

但格陵兰人难以拒绝美国人，美国基地每年的租金占到了全岛财政预算的 20%。而且，在北极航道与资源争夺战硝烟弥漫的今天，美国似乎比丹麦更能保证格陵兰对于岛上及周边地区的资源控制与开发。或许，这片冰封大陆的热战才刚刚开始。美国的"科学顾问"早已围绕在格陵兰政府要员身边，克莱斯特总理公开表示，格陵兰和美国"全面合作"会谈将在"2~3 个月内"迅速展开，而美国科学家关于格陵兰资源开发的分析报告早已广泛流传，很显然，美国对格陵兰的胃口，绝不会仅停留在保住区区一座图勒空军基地。

加拿大的矿业巨头们同样跃跃欲试。加拿大对格陵兰的资源长期觊觎，为了一座长 3 km、宽仅 1 km 的小岛汉斯岛（在格陵兰与加拿大间的内尔斯海峡），加拿大屡屡大动干戈，总理、部长频频登岛，和丹麦几乎兵戎相见，如今仅需金钱投资，便可在面积超过 200×10⁴ km² 的格陵兰本岛上进行开发活动，这对加拿大的吸引力可想而知。

面对复杂多变的国际形势和大国之间的利益争夺，格陵兰政府总理公开宣称，格陵兰岛在"诸如北极开发与全球气候变暖等话题上"占据独特而举足轻重的地位，因此希望以此为契机，"和尽可能多的国家建立紧密合作关系"。因此，格陵兰自治以及由此导致的北极地区复杂的政治形势很可能将持续下去，并考验有关国家政府和领导人在处理北极地区事务问题上的智慧和做法。

10.3.2　油气资源投资环境综合评价

根据世界银行的定义，投资环境是影响企业未来投入和预期收益的各种因素的综合。从国家层面来看，投资环境分为 3 个组成部分：第一是宏观政治和经济环境，要求政治局面稳定有序，经济发展充满活力；第二是制度环境，主要指有效的法律法规制度框架，从根本上对企业的产权和经营提供可靠保护；第三是基础设施环境，能够满足企业生产经营管理要求。因此，投资环境有软环境、硬环境之分。软环境指法律、政策、人才、服务等；硬环境主要指公共基础设施状况。投资环境包括资源环境、经济环境、市场环境、基础设施和社会环境 5 个子系统。投资环境的评估也主要在这 5 个子系统中进行。

英国经济学家邓宁（1976）提出了国际生产折衷理论，其中心思想是跨国公司从事对外直接投资取决于跨国公司所拥有的所有权优势（Ownership Advantage）、内部化优势（Internalization Advan-

489

tage）及区位优势（Location Advantage）的组合，即所谓的 OIL 模式。在区位优势中，他认为对外投资时，必须考虑东道国的各种优势，决定区位优势的因素有自然资源禀赋、地理条件、经济发展水平、市场容量及潜力、基础设施等经济因素以及东道国政府对经济的各种政策。国际生产折衷理论目前已成为世界上对外直接投资和跨国公司研究领域中最有影响的理论。

北极地区油气资源非常丰富。而北极油气资源的开发也确实曾经给美国和俄罗斯等国带来了巨大的商业和社会利益。美国在 20 世纪 60 年代在阿拉斯加北极斜坡盆地中发现了美国最大的油气田——普鲁德霍油田（1967），可采储量为 13×10^8 t，并于 1977 年投入开发。1978 年年产原油 $6\,000\times10^4$ t，是 20 世纪 70 年代美国仅有的年产 $1\,000\times10^4$ t 以上的两个油田之一。同样，俄罗斯已探明的油气资源绝大部分位于北极地区，蒂曼—伯朝拉盆地、西西伯利亚盆地等均是世界级的油气盆地，也是俄罗斯的经济命脉。其中的西西伯利亚盆地是俄罗斯联邦面积最大、油气储量最大和产量最高的一个含油气盆地，也是 20 世纪 70 年代以来世界上新开发的特大型含油气盆地之一。其蕴藏的石油和天然气资源对世界石油市场具有举足轻重的影响。该盆地的石油产量约占全俄石油产量的 70%，天然气产量约占全俄天然气产量的 90%。这些油气资源的开发，极大地促进了这些国家和地区的社会经济发展。随着全球气候的变暖、国际原油天然气价格的居高不下以及全球能源的日益枯竭，人们又将投资的目光转向北极地区，因此，北极地区的油气资源的开发已经越来越引起世界各国政府及投资者的关注。自 20 世纪 90 年代以来，国际上一些大的研究机构如美国地质调查局（USGS）、HIS 能源公司、英国 C&C 公司及各大石油公司的技术支持机构等，分别从不同的角度、不同程度地对北极地区的油气资源开展了评价。根据美国地质调查局最新发布（2008 年）的环北极地区待发现油气资源最新评估结果，在北极圈以北的 33 个地质区中，25 个地质区待发现平均估计总量为石油 900 亿桶，天然气 $1\,669\times10^{12}$ cuft，天然气液 440 亿桶。然而，北极地区除了北极点周边的北冰洋属于公海以外，环北冰洋分布的所有陆地和岛屿均分属于以俄罗斯、加拿大、美国为主的 8 个环北极的主权国家所拥有。同时，油气资源具有极端的地域性分布特征。其中，俄罗斯和美国阿拉斯加两地区合计探明原油储量占北极地区原油探明储量的 94.63%；而天然气更是为俄罗斯所独有，其天然气储量占北极地区已探明天然气储量的 94.76%。因此，北极地区的油气资源的投资开发更多的是受到了主要产油（气）国家政治环境的制约。其次，还涉及北极地区本身所处地理位置的恶劣条件、高昂的开发成本、复杂的地缘政治、主权以及环境问题等。也就是说，对于北极地区油气资源开发所涉及的投资环境而言，将面临着更多的困难和挑战。一方面是开发适合北极地区恶劣自然环境下的油气勘探开发适应技术以及陆地后勤支持条件是必须解决的首要问题之一；另一方面，北极地区还面临着多个主权国家及国际公共海域的政治、法律环境等方面的问题，概括起来主要有北极领土争端及油气地缘关系、资源国及国际油气公司的北极资源战略、北极地区资源开发与环境保护问题和资源国立法中关于陆架与海上油气勘探开发的规定等。

基于以上情况，根据北极地区油气资源的所属管辖及开发利用特点，北极地区油气资源的投资环境主要可以分为两个部分。一是由各主权国家管辖的边缘海及毗邻的陆地盆地的资源，如俄罗斯西西伯利亚盆地北部、蒂曼—伯朝拉盆地、美国阿拉斯加北极大陆斜坡盆地、加拿大斯沃德鲁普盆地、马更些三角洲以及挪威哈默菲斯特盆地等的油气资源。对于这些油气资源的开采将完全遵循各个主权国家的油气资源法律、法规及政策。二是位于各国专属经济区以外（北冰洋地区）盆地中的权属未定的资源。对于这些"未来资源"的开发目前尚无专门的法律、法规及政策可以遵循，但很多国际条约与北极有关或者适用于北极地区。最主要的包括《斯匹茨卑尔根条约》和《联合国海洋法公约》。此外，还有许多关于资源、环保、科研等方面的条约和协定。

根据现有油气资源产出和分布特点，北极地区的主要产油（气）国分别是俄罗斯、美国阿拉斯加、加拿大和挪威等。

根据目前北极地区所面临的现实情况，对于北极地区油气资源投资环境综合评价可以概括为以下几个方面：① 各主权国家（东道国）的宏观政治、经济环境；② 独特、严酷的自然地理环境；③资源的规模及勘探程度；④ 基础设施和社会环境等。

10.3.2.1 各主权国家的宏观政治、经济环境

根据邓宁（1976）国际生产折衷理论，国家层面上开展对外投资活动，在宏观的政治、经济环境上，要求东道国政治局面稳定有序，经济发展充满活力。从目前掌握的资源分布特点来看，北极地区的油气资源主要是在美国阿拉斯加地区和俄罗斯西西伯利亚地区，其次是巴伦支海地区。因此，在投资环境上主要涉及美国、俄罗斯和挪威3个国家。这些国家具有完全不同的社会政治制度、文化背景及经济体制，相应的对国外资本的利用程度以及各自的油气法律法规政策也都有不同程度的差异。

最为值得我们关注的是：美国对于外国公民或公司介入能源领域的勘察与开发在法律上具有非常严格的规定，除非以公司参股的名义，否则绝无可能介入；相反，俄罗斯虽然资源丰富，但是由于勘察开发资金相对缺乏，近年来，已经开始鼓励外国投资者参与北极地区（亚马尔半岛）的天然气的勘察与开发，而且政策也较美国宽松得多。对比之下，挪威在沿海油气资源的勘察与开发方面，对于外资也是持欢迎态度的，但由国家控制资源税收等导致的开发成本相对很高。

除这些拥有大规模已探明资源的国家外，在公共海域的资源勘察与开发不仅涉及国际公约的限制，来自全世界的重重争议和环保压力也不容小觑。最近，英国石油公司在美国墨西哥湾发生的海上油井泄漏事件导致的大面积海洋污染就引发了一系列环保问题。除此之外，必然涉及相关周边主权国家的政策干扰。也就是说，对于北极地区现有主权之外的任何资源的利用，都将不可避免地涉及周边主权国家的利益，包括领土主权、海洋管辖权、自然资源开发的权利等。目前各国在北极主权归属上的分歧也可能阻碍石油、天然气等资源的勘探。近几年来，北极圈相邻的加拿大、俄罗斯、美国、挪威和丹麦5国都竞相对北冰洋腹地提出新的领土主张。在北极归属缺乏国际法律条文公约确定的条件下，各国为了各自的战略和经济利益对这一地区"寸土必争"。任何主权国家都会千方百计地将北极地区的包括油气资源在内的各种资源依照国家的法律、法规和政策纳入本国范围之内，所不同的恐怕仅仅是在开发政策上的调整。正像俄罗斯现任国家安全会议秘书、前联邦安全局局长帕特鲁舍夫2008年9月在俄联邦安全会议北极问题专题会议上的宣布所表明的那样：尽管能够排除（俄罗斯）为争夺北极而爆发战争的可能性，但是他相信，无论是俄罗斯，还是其他国家，都会坚决捍卫本国在北极地区的利益。

因此，据各方面综合条件，从地缘政治和优势而言，我们认为，未来在北极地区投资油气资源开发，仍然应该优先考虑开展与俄罗斯及挪威或者加拿大的合作，这3个国家对于外资持开放态度。因此，未来可以考虑在巴伦支海、西西伯利亚盆地、东西伯利亚盆地等地区开展合作开发。但是，俄罗斯近期的发展加大了俄罗斯能源政策发展方向的变数和挑战，有关外国公司参与俄罗斯能源开发的政策尚不明朗。就新的商业冒险而言，有意参与俄罗斯未来油气工业开发的公司需要进一步制定投资计划，包括深入评估俄罗斯的政治和经济环境、公司实际运作的法律框架、税收与权利金（特别是出口关税）以及风险程度。

10.3.2.2　自然地理环境和基础设施

北极地区由于地理位置特殊，具有独特、严酷的自然环境，给工程作业条件带来相当大的难度，包括海洋环境（海风、海浪、海潮、海雾、海冰及海水性质等）、气候条件（气温、降水、灾害性气候）、油气勘探开发适应技术、陆地后勤支持条件以及有关环保的法律纠纷等都可能大大增加企业在北极地区运作的成本。因此，极地油气开采将面临的高昂生产成本是一般企业所难以承受的。即使在陆地，由于基础设施相对落后，人类对于极地环境下进行资源生产所积累的经验并不多，要真正进行开发，企业在设计生产前必须进行长期、可靠的数据积累，以对可能发生的各种极端情况进行预测和防范，从而保证人员安全、降低生产费用、提高应对恶劣环境的能力。无疑，北极地区独特、严酷的自然环境在今后相当长的一段时间内仍是油气田商业化勘探和开发的巨大障碍。

10.3.2.3　资源的保障程度

北极地区现有油气资源主要位于陆地及毗邻的陆架盆地中。虽然各种分析数据均表明，北极地区油气资源潜力巨大，但人类目前对北极资源的研究和勘探仍处于很初级的阶段。虽然美国地质调查局 2008 年度发布的环北极地区未发现资源的研究成果，被《科学》杂志认为是"对这一地区自然资源进行的第一份详细的、经过同行评议的以地质为基础的评估"，但该机构同时也承认"由于掌握的数据有限，这些推测仍有待改正"。真正的数据需要未来扎实的基础地质工作作支撑。

10.3.2.4　环境保护对于北极油气资源开发的限制

全球气候变化是现今国际社会共同关心的重大问题。国际社会对于环境保护的呼声日益高涨，因此，资源开发的成本日益增加。

北极地区是全球生态环境最为脆弱的地区。任何对于该地区生态环境的破坏，都可能造成短期内甚至是永久无法恢复的影响。实际上，美国阿拉斯加油气资源勘察和开发活动已经给该地区的生态环境造成了一定的破坏。以美国阿拉斯加油气资源的勘察与开发为例。1968 年，美国石油公司铺设管道的权利受到了阿拉斯加土著居民和环境保护主义者的挑战。土著居民认为他们祖先留下来的财富不能白白被拿走，从而迫使石油公司为此付出了 10 亿美元，并同时赢得了 1971 年的阿拉斯加土著居留权法。该法律规定给予这个州的 8.5 万土著人约 12% 的阿拉斯加土地。环境保护主义者坚持认为，石油管道的铺设及输油活动可能导致大面积的生态灾难，如果一定付诸实施，也必须通过认真的科学研究，修建过程必须严格遵循环境保护的原则。这是北极环境意识萌发的开始，也由此造成管道铺设费 8 倍于原始预算。

2010 年 4 月 20 日发生在美国墨西哥湾的深海油井漏油事故再次对人类开发近海和涉海油气资源给环境及生态造成的影响敲响了警钟，也必然对北极油气资源的勘察与开发带来决定性的影响，尤其是在对于环境影响的评估方面。

据专家分析，发生在美国墨西哥湾的深海油井漏油事故很可能导致一连串的连锁反应。包括诸如大面积的海上石油停产以及由此导致的美国增加对石油的进口，迫使个别资源国加大石油生产，引发全球石油供应紧张、价格上升、地缘政治形势紧张。同时，从全世界范围看，这次事件必将推动各有关国家对深海油气开发实行更严格的管制，相应的生产成本将大幅度提升。因此，由此导致各国对于北极地区的油气资源的勘察开发会更为慎重，尤其是在生态环境等方面的控制及评估会更加得严格。

综上所述，我们认为未来北极地区油气资源的勘察将位于俄罗斯北极地区的相关盆地中。比较有潜力的地区将是西西伯利亚北部、巴伦支海地区、西伯利亚北部盆地等。

10.4　主要成果总结

本报告在全面收集、整理、综合分析研究前人资料的基础上，对北极地区的基础地质、石油地质、投资环境等几个方面进行了系统总结，提出了如下认识和建议。

10.4.1　基础地质

本报告从北极地区的大地构造背景出发，依据最新资料编制了北极地区大地构造图（图 10-1）和北极地区洋底和陆域地形地貌图（图 10-2）。

裂谷作用对北极地区含油气盆地及其油气资源的形成及发育程度至关重要。裂谷作用是形成含油气沉积盆地的重要机制之一。北极地区发育的大型沉积盆地及油气系统与历史上的裂谷环境之间的对应关系为说明这一规律提供了最好的例证。

在北极地区地质历史发展过程中，在中晚元古代以来的地质时代中，至少可以识别出 5 期裂谷循环系统：即早元古代末期（里菲纪前）、晚泥盆世、晚二叠世、晚三叠世、晚侏罗—早白垩世。而这些裂谷系统都与区内盆地中的含油气系统密切相关。如西伯利亚古陆块西南缘的里菲系含油气系统、蒂曼—伯朝拉盆地中的泥盆—二叠系含油气系统、阿拉斯加北极斜坡盆地中的二叠系—白垩系含油气系统、巴伦支海盆地中的三叠系含油气系统、北海、西西伯利亚、波弗特海盆地晚侏罗—早白垩世含油气系统等。纵观这些裂谷系统，均发生于早期区域挤压构造环境之后的拉伸环境。也就是说，构造环境的重大转折时期对于含油气盆地的形成至关重要。

侏罗纪—白垩纪的裂谷模式是全球泛大陆解体系统（Pangea break-up system）的一部分。这一解体系统包括海底扩张轴、裂谷和转换断层等。这些要素将墨西哥湾、中大西洋、里克古洋、波兰—丹麦裂谷、下萨克森、北海、挪威中部、东格陵兰—巴伦支海以及加拿大海盆等地区相联系（Golonka，2000），也成为北极地区油气系统最为富集的时期。

10.4.2　油气资源

（1）全面系统地分析了东巴伦支海盆地、阿拉斯加北极斜坡盆地、南喀拉海—亚马尔盆地、蒂曼—伯朝拉盆地、东格陵兰断陷盆地等北极地区主要含油气盆地的地质结构、石油地质特点及油气资源勘察潜力等。

（2）北极地区的现有油气资源具有强烈的地域性分布特征。无论从油气田的数目、现有油气资源的储量以及油气田的开发等都清楚地表明了这一点。其中，俄罗斯的天然气在北极地区油气资源储量及产量方面占据绝对主导地位。

10.4.3　北极油气资源及潜力

北极地区油气资源丰富，根据美国地质调查局 2008 年的评估结果，北极圈以北的区域待发现的石油（包括凝析液，下同）约 186×10⁸ t（1 340 亿桶油当量）（图 10-24（a）），约占世界常规石油资源的 15%；天然气约 310×10¹² m³ ［2 790 亿桶油当量（图 10-24（b）），约为 387.5×10⁸ t油当量］，占世界常规天然气资源的 30%。

而北极已发现的油气资源也同样丰富，据权威资料北极油气资源共计 3 289.4 亿桶油当量，其中石油 347.1 亿桶（48.2×10⁸ t）油当量，天然气 41.4×10¹² m³（合 2 684 亿桶油当量，约 372.8×10⁸ t 油当量）。因此北极的油气资源属于富气型。俄罗斯的北极油气资源占北极油气总资源的绝大多数，合计 2 905 亿桶油当量（403.5×10⁸ t），占 88.3%；其中天然气约 39.47×10¹² m³，合 2 557.9亿桶（355.3×10⁸ t）油当量，占北极天然气总资源的 95% 以上（图 10-25）。美国阿拉斯加发现的油气资源占北极油气资源总量的 9%，合计 296.5 亿桶油当量。挪威和加拿大发现的油气资源占北极油气资源总量不到 3%，合计 87.8 亿桶（12.2×10⁸ t）油当量。

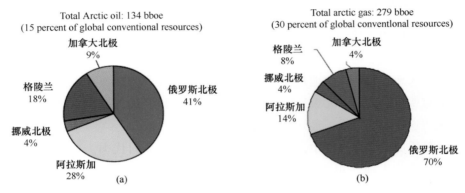

图 10-24　北极地区待发现天然气资源分布

据 USGS，2008；Lindholt and Glomsrod，2012，EE

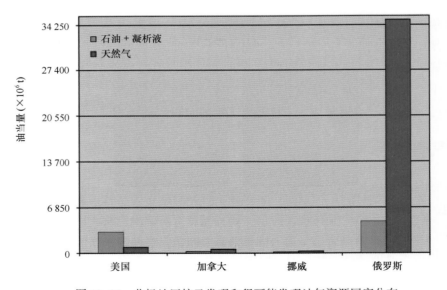

图 10-25　北极地区按已发现和很可能发现油气资源国家分布

10.4.4 建议

北极地区油气、煤炭及矿产资源非常丰富，资源开发曾经给相关国家和地区带来了巨大的商业利益，如美国和俄罗斯的北极油气资源开发。进入 21 世纪以来，北极资源更是成为世界能源格局的重要发展目标。基于油气资源地质条件、现有油气资源储量及分布特征、未来油气资源勘察潜力以及地缘政治等方面的综合分析，本报告选取俄罗斯北极地区为未来油气资源战略区域优选国家及地区。我们的依据是俄罗斯的北极油气资源占北极油气总资源的绝大多数，合计 2 905 亿桶油当量（403.5×10^8 t）占 88.3%；其中天然气约 39.47×10^{12} m³，合 2 557.9 亿桶（355.3×10^8 t）油当量，占北极天然气总资源的 95% 以上。美国阿拉斯加的北极油气资源占北极油气资源总量的 9%，计 296.5 亿桶油当量。挪威和加拿大发现的油气资源占北极油气资源总量不到 3%，合计 87.8 亿桶（12.2×10^8 t）油当量。而美国在可预见的未来北极油气资源开发的力度有限。

俄罗斯的北极油气资源是俄罗斯的油气战略储备地和开发地。一方面北极亚马尔半岛是世界油气资源最富集的区域。包括亚马尔半岛的新西伯利亚的已发现天然气储量近 35×10^{12} m³，大约 2 260 亿桶（313.9×10^8 t）油当量。此外，西西伯利亚盆地、蒂曼—伯朝拉盆地等仍然具有巨大的勘察和发现潜力。另一方面，俄罗斯远东地区、东西伯利亚地区以及东部北极陆架区油气资源勘察程度很低，但油气地质条件显示，具有一定的勘查潜力。

早在 2013 年度，根据极地资源的特点和当时国际、国内能源市场的变化，我们曾及时建议：应该加强中俄能源合作，积极参与俄罗斯北极地区油气资源开发，尤其是俄方亚马尔半岛天然气项目，液化后经北极航道运到东亚和我国东部。该建议得到党中央相关主管部门的积极回应，并为相关部门制定相关能源政策提供了科学依据。

2014 年 5 月 21 日，中国国家主席习近平和俄罗斯总统普京在上海共同见证了中俄两国政府《中俄东线天然气合作项目备忘录》、中国石油天然气集团公司（"中石油"）和俄罗斯天然气工业股份公司（"俄气"）《中俄东线供气购销合同》的签署。

2014 年 11 月 9 日晚间，中国和俄罗斯签订第二轮天然气供应框架协议。之前中国石油公司入股俄罗斯油气公司开发亚马尔半岛油气资源。

2015 年 5 月 2 日，俄罗斯总统普京签署有关协议，批准通过中俄东线天然气输气管道向中国供应天然气，从而给这个协议增加了一个俄罗斯官方的再保障。

上述协议的签署，一方面是中俄全面战略协作伙伴关系达到新的历史高度的具体体现，但最为重要的是，对于未来我国能源安全保障和环境保护等将起到积极影响。随着中俄能源方面的合作越来越紧密，俄罗斯已成为中国主要能源进口国，双方在石油、天然气、煤炭、电力等领域开展的一批大项目合作都取得了实质性成果。可以预计，中俄未来以能源为主的多领域务实合作将给双方带来实实在在的利益，其前景广阔。这从一个方面凸显了北极地区油气资源对中国的重大的政治和经济意义。

参考文献

巢华庆等编译 . 1998. 俄罗斯大型特大型油气田地质与开发［M］. 北京：石油工业出版社，1–300.

巢华庆等编译 . 2000. 俄罗斯大型特大型油气田地质与开发（第二卷）. 北京：石油工业出版社，1–389.

陈立奇 . 2000. 中国首次北极科学考察报告［M］. 北京：海洋出版社 .

甘克文，李国玉，张亮成，等 . 1982. 世界含油气盆地图集 ［M］. 北京：石油工业出版社，1-44.

郭平，刘士鑫，杜建芬 . 2006. 天然气水合物其藏开发 ［M］. 北京：石油工业出版社，1-187.

国家海洋局极地考察办公室、武汉测绘科技大学中国南极测绘研究中心 ［M］. 1998. 北极地区图.

国土资源部油气资源战略研究中心 . 全球油气资源状况图（内部资料）. 2003.

国土资源部油气资源战略研究中心 . 全球油气资源状况图（内部资料）. 2007.

何金祥，李茂等 . 2007. 美国国土资源与产业管理 ［M］. 北京：地质出版社，1-221.

贾承造 . 2005. 21 世纪初中国石油地质理论问题与陆上油气勘探战略 ［M］. 北京：石油工业出版社，1-411.

李国玉 . 2003. 世界石油地质 ［M］. 北京：石油工业出版社，1-409.

李国玉 . 2000. 世界油田图集（下册）［M］. 北京：石油工业出版社，1-113.

李国玉 . 1997. 世界油区考察报告集 ［M］. 北京：石油工业出版社，1-438.

李国玉，金之钧，等 . 2005. 新编世界含油气盆地图集（上、下册）［M］. 北京：石油工业出版社，上册：1-110，下册：1-853.

李国玉，唐养吾 . 1991. 世界气田图集 ［M］. 北京：石油工业出版社，1-67.

李国玉，唐养吾 . 1997. 世界油田图集（上册）［M］. 北京：石油工业出版社，1-78.

刘吉成译 . 北极科学钻探计划.

刘燕平 . 2007. 俄罗斯国土资源与产业管理 ［M］. 北京：地质出版社，1-329.

世界地图册 ［M］. 北京：地质出版社：2006.

王俊鸣 . 2001. 工业化将危及北极自然环境——50 年后北极生态状况将受到威胁 ［N］. 科技日报，6（14）：3.

位梦华，郭琨 . 1989. 南极政治与法律 ［M］. 北京：法律出版社，1-406.

吴瑞棠 . 北极斯匹次卑尔根地质概况 ［M］. 19-21.

萧德荣 . 1984. 世界地名录（上、下）［M］. 北京：中国大百科全书出版社.

颜其德 . 2005. 北极地区与全球变化 ［J］. 科学，57（3）.

张占海 . 2004. 中国第二次北极科学考察报告 ［M］. 北京：海洋出版社.

作者 . 1990. 中国大百科全书/世界地理 . 北京：中国大百科全书出版社，1-796.

中国人口与发展研究中心 . 2004 年世界人口数据表 . 网站：http：//www. popinfo. gov. cn.

周敏 . 2007. 世界分国地图（俄罗斯）［M］. 北京：中国地图出版社.

周世鹏 . 2005. 浅析北极的气候和环境问题 ［J］. 中国地理教学参考，（6）：17-17.

Allison L P. 2005. Climate Change, Distribution Shifts in Marine Fishes ［J］. Science：1912-1915.

Amanda Graham. Circumpolar History Timetables. Http：// www. yukoncollege. yk. ca / ~ agraham / nost 202 /timetables. htm.

Anthony M Spencer, et al, 2008. Petroleum geoscience in Norden-exploration, production and oganization. Episodes, 31（1）：115-124.

Arctic Monitoring, Assessment Program（AMAP）. Arctic Oil and Gas, 2007.

Arctic Oil And Gas Resources Energy Resources Map Circum-Pacific Region, Arctic Sheet. Kenneth J. Drummond Consulting, Calgary, Alberta http：// drummond consulting. com / Drummond% 20Ext% 20Abs% 20Arctic% 20Energy. pdf

Arne E, Knut H. 2002. Economic impacts of global warming：A study of the fishing industry in North Norway ［J］. Fisheries Research, 56：261-274.

AMAP-Arctic Monitoring and Assessment Program. Oslo. Arctic Oil and Gas, 2007.

Arvid Nottved, et al. 2008. The Mesozoic of Western Scandinavia and East Greenland. Episodes, 31（1）：59-65.

Auger, Emily E.（Emily Elisabeth）. The way of Inuit art：aesthetics and history in and beyond the Arctic / Emily E. Auger. &n monograph, 1959-.

Bailey A. USGS：25% Arctic oil, gas estimate a reporter's mistake, Providing coverage of Alaska and northern Canada's oil and gas industry, Week of October 21. Http：//www. petroleumnews. com/pntruncate, 2007, 12（42）.

Barbara Wohlfarth, et al, 2008. Quaternary of Norden. Episodes, 31（1）：73-81.

Barton M, et al. 1987. Effects of salinity on oxygen consumption of Cyprinodon variegatus［J］. Copeia, 230-232.

Baturin D, et al. 1991. Tectonics and hydrocarbon potential of the Barents Megatrough［J］. Bulletin American Association of Petroleum Geologists, 75（8）：.

Belyy, V. F. 1973. Okhotsk Chukotsk Fold Belt and the Problem of Volcanic Arcs in Northeast Asia. Memoir American Association of Petroleum Geologists, 19, Arctic Geology, 252-258.

Berger, Thomas R. The Arctic：choices for peace and security：proceedings of a public inquir.

Bergsager, E. 1990. Exploration results and petroleum potential of Arctic shelf areas offshore Norway and USSR. Bulletin American Association of Petroleum Geologists, 74（5）.

Bergstad O. A, et al. 2001. Is time running out for deep-sea fish? ICES Newsletter, 2001, No, 38.

Bernard Bingen, et al. 2008. The Mesoproterozoic in the Nordic countries. Episodes, 31（1）, 29-34.

Bird K. J, et al. 2002. Petroleum Resource Assessment of the National Petroleum Reserve in Alaska（NPRA）. US. Geological Survey.

Bird K. J. Chapter G G. 1999. Geographic and Geologic Setting, In：The Oil and Gas Resource Potential of the 1002 Area, Arctic National Wildlife Refuge, Alaska, by ANWR Assessment Team, US. Geological Survey Open File Report 98-34. http：// pubs. usgs. gov / fs / 2002 / fs045-02/.

Bird, K. J. 1985. The framework geology of the North slope of Alaska as related to oil-source rock correlations：introductory papers. In：Magoon, L. B, Claypool, G. E.（ed）, Alaska North Slope Oil-Rock Correlation Study：Analysis of North Slope Crude, American Association of Petroleum Geologists. Special Publication, 20, 3-29.

Bird, K. J. 1986. A comparison of the play analysis technique as applied in hydrocarbon resource assessments of the national petroleum reserve in Alaska and the arctic national wildlife refuge. Oil and Gas Assessment：Methods and Applications, American Association of Petroleum Geologists. Special Publication, 21, 133-142.

Bird, K. J. 1994. Ellesmerian（!）petroleum system, North Slope of Alaska, U. S. A.：Chapter 21：Part V. Case Studies-Western Hemisphere. In：Magoon, L. B, Dow, W. G.（ed）. The Petroleum System-From Source to Trap. Memoir American Association of Petroleum Geologists, 60, 339-358.

Bird, K. J, Molenaar, C. M. 1992. The North Slope foreland basin, Alaska：Chapter 13. In：Macqueen, R. W, Leckie, D. A.（ed）, Foreland Basins and Fold Belts, Memoir American Association of Petroleum Geologists,（55）, 363-393.

Bjorn T. 2008. Larsen, Snorre Olaussen, Bjorn Sundvoll, Michel Heeremans. The Permo-Carboniferous Oslo Rift through six stages and 65 million years, Episodes, 31（1）, 52-58.

Bjørnstad O. N, Grenfell B. T. 2001. Noisy clockwork：time series analysis of population fluctuations in animals. Science, 293, 638-643.

Botneva, et al. 1992. Geochemical characteristics and prediction of composition of hydrocarbon fluids of sub salt sediments of the Lena Tunguska oil gas province. Petroleum Geology, 26（1-2）, 31-36.

Breivik A. J, et al. 1998. Southwestern Barents Sea margin：late Mesozoic sedimentary basins and crustal extension. Tectonophysics, 293, 21-44.

Bro, et al. 1991. Sedimentary cover of the Barents Sea shelf from drilling data on islands. Petroleum Geology, 25（7-8）.

Bruce J. Peterson, et al. Increasing River Discharge to the Arctic Ocean. Science, 2002, 298, 2171-2173.

Camille P, Gary Y. A globally coherent fingerprint of climate change impacts across natural systems. Nature, 2003, 421, 37-42.

Cannon J. Northeast Atlantic. 1997. In：FAO, Review of the State of World Fishery Resources：Marine Fisheries. FAO Fisheries Circular 884. FAO, Rome, Italy.

CIA: The World Factbook: Arctic world introduction. https: // www. cia. gov / library / publications / the-world-factbook/ geos/xq. html, 2007.

Cleland, et al. 1974. The economics of developing Canadian Arctic gas. Journal Petroleum Technology, 1974, 26 (11), 1199-1205.

Colpaert A, et al. 2007. 3D seismic analysis of an Upper Palaeozoic carbonate succession of the Eastern Finnmark Platform area, Norwegian Barents Sea. Sedimentary Geology, 197, 79-98.

Crowder, R. K. 1990. Permian and Triassic sedimentation in the Northwestern Brooks Range, Alaska: deposition of the Sandlerochit Group. Bulletin American Association of Petroleum Geologists, 74 (9), 1351-1370.

David G. Gee, et al. 2008. Higgins. From the Early Paleozoic Platforms of Baltica and Laurentia to the Caledonide Orogen of Scandinavia and Greenland. Episodes, 31 (1), 44-51.

David Worsley (main author) and Ole J. Aga (editor) . 1986. Evolution of an arctic archipelago The geology history of Svalbard, pp: 1-121.

Dennis A, et al. 2004. Degradation of Terrigenous Dissolved Organic Carbon in the Western Arctic Ocean. Science, 304, 858-861.

Donaldson E. M. 1990. Reproductive indices as measures of the effects of environmental stressors. Am. Fish. Soc. Symp, 8, 145-166.

Donn, V. V. Public lands: current issues and perspectives / V. V. Donn, editor. Monograph.

Dorn M. 2007. Gulf of Alaska Walleye Pollock. In: NPFMC Gulf of Alaska Stock Assessment and Reports.

Dosman, Edgar J. Sovereignty and security in the Arctic / edited by Edgar Dosman. Monograph.

Economic Activity: British Columbia and Canada. http: //www. bcstats. gov. bc. ca/DATA/ bus_ stat/bcea/tab1. asp.

Eittreim, et al. 1977. Cenozoic sedimentation and tectonics of Hope Basin, southern Chukchi Sea. Bulletin American Association of Petroleum Geologists, 61 (3), 465.

Ellen M. O. Sigmond, David Roberts. 2007. Geology of the Land and Sea areas of Northern Europe, Norges geologiske undersokelse (NGU) (Geological Survey of Norway) . Trondheim, pp: 1-100.

Emelyanov, et al. 1970. The geology of the Barents Sea. Bulletin American Association of Petroleum Geologists, 1970, 68 (9).

Erik P. et al. 1992. Mid-Carboniferous extension and rift-infill sequences in the Billefjorden Trough, Svalbard. Norsk GeologiskTidsskrift, 72, 35-48.

Erik P. et al. 2005. Shelf-margin clinoforms and prediction of deepwater sands. Basin Research, 17, 521-550.

Erik S. et al. 2008. Tor Eidvin. the tertiary of Norden. Episodes, 31 (1), 66-72.

Erling K. S, et al. 2007. Impacts of climate change on commercial fish stocks in Norwegian waters. Marine Policy, 31 (1), 19-31.

Franckx, Erik. Maritime claims in the Arctic: Canadian and Russian perspectives / by Erik Franckx. Monograph. 1957-.

Fréchet A. 1990. Catchability variations of cod in the marginal ice zone. Canadian Journal of Fisheries and Aquatic Sciences, 47 (9), 1678-1683.

Freysteinn Sigmundsson, Kristjan Samundsson. 2008. Iceland: awindow on North Atlantic divergent plate tectonics and geologic processes. Episodes, 31 (1), 92-97.

Frolov, Ivan E. The Arctic basin: results from the Russian drifting stations / Ivan E. Frolov et al. monograph.

Garibaldi L, Limongelli L. 2002. Trends in oceanic captures and clustering of Large Marine Ecosystems: two studies based on the FAO capture database. FAO Fisheries Technical Paper, Rome, FAO, 435, 71.

Gary S. Fuis, et al. 2008. Trans Alaska Crustal Transect and continental evolution involving subduction underplating and synchronous doreland thrusting. Geology, 36 (3), 267-270.

Gee, et al. 2006. European lithosphere dynamics. Geological Society Memoir. The Geological Society (London), No, 32, 1-662.

George, Lindsey. Strategic stability in the Arctic / Lindsey George.

Golonka J, et al. 2003. Wildharber J. Paleogeographic reconstructions and basins development of the Arctic. Marine and Petroleum Geology, 20, 211-248.

Grantz, A, et al. 1977. Geologic framework and related hydrocarbon potential of Beaufort and northern Chukchi seas. Bulletin American Association of Petroleum Geologists, 61 (3), 465-466.

Gudlaugsson S. T, et al. 1998. Late Palaeozoic structural development of the South-western Barents Sea. Marine and Petroleum Geology, 15, 73-102.

Hallendy, Norman. Inuksuit: silent messengers of the Arctic / Norman Hallendy with photographs by the autho monograph.

Harald L. Marine Systems. 2005. In: Arctic Climate Impact Assessment. Cambridge University Press.

Hassol, Susan Joy. Impacts of a warming Arctic : Arctic Climate Impact Assessment / [author, Susan Joy Hassol monograph.

Henning Lorenz, Peep Mannik, David Gee, Vasilij Proskurnin. Geology of Severnaya Zemlya Archipelago and the North Kara Terrane in the Russian high Arctic. Int J Earth Sci (Geol Rundsch), 2008, 97, 519-547.

Henry M. E, et al. 2006. Assessment of Undiscovered Oil and Gas Resources of the Mackenzie Delta Province, North America. Mackenzie Delta Province Assessment Team, March World Energy Assessment Project Fact Sheet http://pubs. usgs. gov / fs // 3002 / pdf / FS-2006-3002. pdf.

Hoffecker, John F. A prehistory of the north: human settlement of the higher latitudes / John F. Hoffecker. & monograph.

Honneland G. 2004. Fish discourse: Russia, Norway, and the northeast Arctic cod HUMAN ORGANIZATION, 63 (1), 68-77.

http://www. gajason. org/PastExpeditions/Frozen_ worlds/maps/Arctic_ Ocean_ map. gif

http://www. geocities. com/SoHo/Atrium/4832/metis. html

http://www. metisnation. ca/who/index. html

http://www. nationsencyclopedia. com/canada

ICES. Report of the Arctic Fisheries Working Group (AFWG). ICES CM 2007/ACFM 16-27, Vigo, Spain, 2007, pp: 1-641.

IGC Excursion 44. 2008. Svalbard (Spitsbergen) round trip-Post Caledonian Tectonostratigraphic and Paleogeographic Development (27. July-5. August 2008), pp: 1-116.

IGC Excursion 6. Jameson Land, East Greenland, a petroleum geology analogue for the Norwegian continental shelf, 2008.

IGC Excursions 5. Geology of Iceland (15. August-22. August 2008), 2008, pp: 1-48.

Inger G. A, et al. 2007. Frequent Long-Distance Plant Colonization in the Changing Arctic. Science, 316, 1606-1609.

International Symposium on Mining in the Arctic (1st : 1989: Fairbanks, Alaska) Mining in the Arctic: proceedings of the 1st International Symposium on Mining in the Arctic/F monograph

International Symposium on Mining in the Arctic (5th: 1998: Yellowknife, Northwest Territories) Mining in the Arctic : proceedings of the 5th International Symposium on Mining in the Arctic: monograph.

International Symposium on Mining in the Arctic (6th : 2001 : Nuuk, Greenland) Mining in the Arctic : proceedings of the Sixth International Symposium on Mining in the Arcticmonograph.

IPCC. 2007. Conclusions of the Fourth Assessment of IPCC.

Irina m. 2008. Artemieva hans Thybo. Deep Norden: Highlights of the lithospheric structure of Northern Europe, Iceland, and Greenland. Episodes, 31 (1), 98-106.

Ismail-Zadeh A. T, et al. 1997. The Timan-Pechora Basin (northeastern European Russia): tectonic subsidence analysis and a model of formation mechanism. Tectonophysics, 283, 205-218.

Jan Inge Faleide, et al. 2008. Structure and evolution of the continental margin off Norway and the Barents Sea. Episodes, 31 (1), 82-91.

Johan Petter Nystuen, et al. 2008. Kumpulainen, Anna Siedlecka. Neoproterozoic basin evolution in Fennoscandia, East Greenland and Svalbard. Episodes, 31 (1), 35-43.

Johan W. H, et al. 2007. Warn arctic continents during the Palaeocene-Eocene thermal maximum. EPSL, 261, 230-238.

Keith A. Kvenvolden, Thomas D. Lorenson. 2001. The global occurrence of natural gas hydrate. In: Charles K. Paull and William P. Dillon, 2001. Natural gas hydrates occurrence, distribution, and detection. Geophysical Monograph, 124.

Keskitalo, E. C. H. (Eva Carina Helena). Negotiating the Arctic: the construction of an international region / E. C. H. Keskitalo. & nmonograph.

Klett T. R, et al. 2007. Assessment of Undiscovered Petroleum Resources of the Laptev Sea Shelf Province, Russian Federation [R]. World Assessment of Oil and Gas Fact Sheet, Laptev Sea Shelf Province Assessment Team. USGS, November.

Klett, et al. 2007. Petroleum Resource Potential of the Laptev Sea Shelf, Russia; Arctic Basins and Hydrocarbon Systems (AAPG), The Preliminary Program for 2007 AAPG Annual Convention and Exhibition (April 1-4, 2007) http: // www. searchanddiscovery. net/documents/2007 / 07018 annual_ abs_ lngbch/abstracts/lbKlett. htm.

Kvenvolden K A. 1993. Gas hydrate-geological perspective and global change. Reviews of Geophysics, 31 (2).

Leslie, Peter. Action in the arctic / by Peter Leslie. Monograph.

Lindquist S. J. 1999. South and North Barents Triassic-Jurassic Total Petroleum System of the Russian Offshore Arctic. On-Line Edition, USGS Open-File Report, 99-50-N.

Lindquist S. J. 1999. The Timan-Pechora Basin Province of Northwest Arctic Russia: Domanik - Paleozoic Total Petroleum System, On-Line Edition. Open-File Report, 99-50-G.

Llewellyn-Jones, Malcolm. The Royal Navy and the Arctic Convoys : a naval staff history / with a preface by Malcolm monograph.

Martin J. et al. 2007. The early Miocene onset of a ventilated circulation regime in the Arctic Ocean. Nature, 447: 986-990.

Moran K. et al. 2006. The Cenozoic palaeoenvironment of the Arctic Ocean. Nature, 441, 601-605.

Nicklen, Paul. Seasons of the Arctic / photographs by Paul Nicklen; text by Hugh Brody. [monograph] monograph.

Niels Henriksen. 2008. Geological History of Greenland, four billion years ofearth evolution. GEUS, pp: 1-272.

Nokleberg W. J, et al. 2006. Phanerozoic Tectonic Evolution of the Circum-North Pacific, United States Government Printing Office: http: // geopubs. wr. usgs. gov/prof-paper/pp: 1626/.

Norway and the Polar Regions. 1998. The Royal Norwegian Ministry of Foreign Affairs.

Nutall, Mark. The Arctic: environment, people, policy / edited by Mark Nutall and Terry Callaghan. Monograph.

Nuttall, Mark. Encyclopedia of the Arctic / Mark Nuttall, editor. Monograph.

Nuttall, Mark. Protecting the Arctic: indigenous peoples and cultural survival / Mark Nuttall. Monograph.

O'Leary N, et al. 2004. Evolution of the Timan-Pechora and South Barents Sea basins. Geol. Mag, 141 (2), 141-160.

Oran R. et al. 2004. The Arctic Human Development Report. Iceland: Arctic Council.

Osherenko, Gail. The age of the Arctic: hot conflicts and cold realities / Gail Osherenko, Oran R. Young. & monograph.

Østreng, Willy. National security and international environmental cooperation in the Arctic: the case of the N monograph, 1941-.

Ottersen G, et al. 1998. Ambient temperature and distribution of north-east Arctic cod. ICES J. Mar. Sci, 55, 67-85.

P. Rey, J. P. Burg. 2007. The Scandinavian Caledonides and their relationship to the Variscan belt. M. Cas. http: // www. geosci. usyd. edu. au/users/prey/Publi/PapersPDF/ Pal Hermansen. Svalbard Spitsbergen guide. Oslo: Gaidaros Forlag AS, pp: 1-288.

PCC. 2001. Conclusions of the Third Assessment of IPCC.

Pentti Holtta, et al. 2008. Archean of Greenland and Fennoscandia. Episodes, 31 (1), 13-19.

Peter A. Ziegler. Evolution of the Arctic-North Atlantic and the Western Tethys-A Visual Presentation of a Series of Paleo-geograghic-Paleotectonic Maps. http: // www. searchanddiscovery. net/documents / 97020 / memoir43. htm.

Piskur M. The Arctic and Future Energy Resources, 21 August 2006, http: //www. pinr. com / report. php.

Portner H. O, et al. 2001. Climate induced temperature effects on growth performance, fecundity and recruitment in marine fish: developing a hypothesis for cause and effect relationships in Atlantic cod (Gadus morhua) and common eelpout (Zoarces viviparus). Cont. Shelf Res, 21, 1975-1997.

Przybylak, Rajmund. The climate of the Arctic / Rajmund Przybylak. Monograph.

Putnam, William Lowell. Arctic superstars: the scientific exploration and study of high mountain elevations and of the mono-graph.

Rahmstorf S. 2002. Ocean circulation and climate during the past 120 000 years. Nature, (419), 207-214.

Raimo Lahtinen, et al. 2008. Paleoproterozoic evolution of Fennoscandia and Greenland. Episodes, 31 (1), 20-28.

Rasmussen, Rasmus Ole. Social and environmental impacts in the North: methods in evaluation of socio-economic and environmental perspectives monograph.

Reidulv B, et al. 2008. Nearshore Mesozoic basins off Nordland, Norway: Structure, age and sedimentary environment. Marine and Petroleum Geology, 25, 235-253.

Richardson A. J, Schoeman D. S. 2004. Climate impact on plankton ecosystems in the northeast Atlantic. Science, 305, 1609-1612.

Ritstjorar serheftis, et al. 2008. Simonarson, Olafur Ingolfsson. Special issue: the dynamic geology of Iceland. Jokull, 58, pp: 1-422.

Robert Corell, et al. 2005. Arctic Climate Impact Assessment. Cambridge University.

Rønning K. and Haarr G., EXPLORING THE BASINS OF THE ARCTIC, Statoil ASA, INT GEX NOME, Norway; www. statoil. com

Rose G. A, et al. 2000. Distribution shifts and overfishing the northern cod (Gadus morhua): A view from the ocean. Can. J. Fish. Aquat. Sci, 2000, 57, 644-663.

Ruediger S, et al. 2006. Anoxia and high primary production in the Paleogene central Arctic Ocean: First detailed records from Lomonosov Ridge. Geophysical research letters. 33.

Ruediger S, et al. 2007. Upper Cretaceous/lower Tertiary black shales near the North Pole: Organic-carbon origin and source-rock potential. Marine and Petroleum Geology, 24, 67-73.

RUTH H. J, et al. 1990. Reconstructions of the Arctic: Mesozoic to Present. Tectonophysics, 172, 303-322.

Scott Goldsmith. 2007. The Remote Rural Economy ofAlaska. Institute of Social and Economic Research University of Alaska Anchorage.

Sekretov S. B. 2001. Northwestern margin of the East Siberian Sea, Russian Arctic: Seismic stratigraphy, structure of the sedimentary cover and some remarks on the tectonic history. Tectonophysics, 339, 353-383.

Serreze, Mark C. The Arctic climate system / Mark C. Serreze, Roger G. Barry. monograph

Spencer A. M. et al. 2011. An overview of the petroleum geology of the Arctic. In: Spencer A. M. et al. eds Arctic Petroleum Geology. Geological Society Memoir no. 35, Geological Society Publishing House, 1-15.

Standlea, David M. Oil, globalization, and the war for the arctic refuge / David M. Standlea. Monograph.

Stokke, Olav Schram. 1961. International cooperation and Arctic governance: regime effectiveness and northern region buil monograph.

Sturges, W. T. Pollution of the Arctic atmosphere / edited by W. T. Sturges. Monograph.

Susan Joy Hassel. 2004. Impacts of the warming Arctic (ACIA). Cambridge University.

T. O. Vorren, E. Bergsager, et al. 1993. Arctic Geology and Petroleum Potentia. Netherland: lsevier Science Publishers B. V, pp: 1-751.

The Columbia Electronic Encyclopedia. 2007. Columbia University Press. http: // www. infoplease. com / ce6 / world / A0862054. html.

The oil and gas resource potential of the Arctic National Wildlife Refuge 1002 Area, Alaska by foreign government document.

Tore O. V, et al. 1994. The marine geology of the Arctic Ocean-Summary. Marine Geology, 119, 357-361.

Truett, Joe C. (Joe Clyde), eds. 1941. The natural history of an arctic oil field: development and the biota / edited by Joe C. monograph.

U. S. Department of the Interior, U. S. Geological Survey. 2003. Maps showing oil and gas of Arctic Open File Report 97-470 -J Version 1. 0.

U. S. 2005. Department of the Interior, U. S. Geological Survey, Professional Paper 1697 (USGS science for a changing world). Metallogenesis and Tectonics of the Russian Far East, Alaska, and the Canadian Cordillera, pp: 1-397.

Ulmishek G. F. Petroleum Geology and Resources of the West Siberian Basin, Russia, U. S. Geological Survey Bulletin 2201-G.

Ulmishek G. F. Petroleum Geology and Resources of the West Siberian Basin, Russia, U. S. Geological Survey Bulletin 2201-G.

University of Virginia. Center for Oceans Law and Policy. Conference (28th : 2004 : St. Petersburg, Russi International energy policy, the Arctic, and the law of the sea / edited by Myron H. Nordquist, monograph.

V. Verzhbitsky, et al. 2008. Tuchkova. Frontier Exploration-The Russian Chukchi Sea Shelf. Geo Expro, 5 (3), 36-41.

Vaughan, Richard. 1927. The Arctic: a history / Richard Vaughan. monograph.

Vyssotski A. V, et al. 2006. Evolution of the West Siberian Basin. Marine and Petroleum Geology, 23, 93-126.

Wadhams, Peter, ed. The arctic and environmental change / edited by P. Wadhams, J. A. Dowdeswell and A. N. Schofield. Monograph.

Watters, Lawrence. Indigenous peoples, the environment and law : an anthology / edited by Lawrence Watters. & nmonograph.

Whitney F. A, Freeland H. J. Variability in upper ocean water properties in the NE Pacific. Deep-Sea Res, 1999, II (46), 2351-2370.

Young, Steven B. To the Arctic: an introduction to the far northern world / Steven B. Young. Monograph.

Zabel R. W, et al. 2003. Ecologically sustainable yield. Am. Sci, 91, 150-157.

А. В. ПАВЛОВ. Ресурсы углей и горючих сланцев арктической зоны России и перспективы их использования (帕普洛夫等. 俄罗斯极地带煤炭和油页岩资源及利用前景. 俄罗斯国家地质. 2006 年第 6 期).

Борисов А. В, Винниковский В. С, Таныгин И. А, Федоровский Ю. Ф, ШЕЛЬФ БАРЕНЦЕВА И КАРСКОГО МОРЕЙ - НОВАЯ КРУПНАЯ СЫРЬЕВАЯ БАЗА РОССИИ (особенности строения, основные направления дальнейших работ), (ГПК "Арктикморнефтегазразведка"). http: // geolib. ru / OilGasGeo / 1995 / 01 / Stat / stat01. html

В. П. Гаврилов. НефтьГаз Арктики. Москва, 2007.

Гаврилов В. П. Геодинамика и нефтегазоносность Арктики, Недра, Москва, 1993.

Григоренко Ю. Н, Маргулис Е. А, Новиков Ю. Н, Соболев В. С. МОРСКАЯ БАЗА УГЛЕВОДОРОДНОГО СЫРЬЯ РОССИИ И ПЕРСПЕКТИВЫ ЕЕ ОСВОЕНИЯ, Нефтегазовая геология, Теория и практика, 2007, www. ngtp. ru

Карта полезных ископаемых Российской Федерации масштаб: 1 : 10 000 000 (俄罗斯联邦矿产图, 1 : 1 000 万, 2004 年版, 全俄地质研究所编制).

М. Н. Смирнова. Основы Геологии СССР. Москва，1971.

Н. А. Богданов. ТЕКТОНИКА АРКТИЧЕСКОГО. АКЕАНА. 2004，№3，С，13-30.

Н. И. Филатова, В. Е. Хаин. ТЕКТОНИКА ВОСТОЧНОЙ АР-КТИКА. ГЕОТЕКТОНИКА. 2007，3，С，3-29.

Никитин Б. А，Ровнин Л. И，Бурлин Ю. К，Соколов Б. А，Нефтегазность Шельфа Морей Российской Арктики：Взгляв в XXI в. Геология нефти и газа http：//www. geolib. ru/OilGasGeo/1999/11/Stat/stat01. html，1999，11-12.

ОЛЬГА ВИНОГРАДОВА . Газогидраты. Взгляд в 2025 год（奥丽加 . 维诺戈拉多娃 . 天然气水合物：展望 2025 年 . 俄罗斯油气纵向一体化 . 2000 年第 2 期）.

Петтер НОРЕ Арктика-наша цель，НЕФТЬ РОССИИ，2007，1，42-43（北极-我们的目标，自俄罗斯石油，2007 年第 1 期）.

Прищепа О. М，Орлова Л. А，Состояние сырьевой базы углеводородов и перспективы её освоения на Северо-Западе России；Нефтегазовая геология. Теория и практика. http：//www. ngtp. ru/rub/13/6. html，2007.

Россия в цифрах-2005г，Федеральнаяю служба государствекая стнной статистики（数字俄罗斯 2005，俄联邦国家统计局）

Ступакова А. В. Развитие Осадочных Бассейнов Древней Континентальной Окраины и их Нефтегазоносность（На Примере Баруниевоморского шельфа），МГУ им. М. В. Ломоносова，http：// geolib. ru / OilGasGeo / 2000/04 / Stat／stat09. html，2000.

Ступакова А. В. Развитие Осадочных Бассейнов Древней Континентально.

Энергетичесратегия России на период до 2020 года（俄罗斯 2020 年能源战略）

Dallimore S. R，T S. Collett. 加拿大马更些三角洲西北部永冻层的气水合物 . 天然气地球科学，1998，9（3-4）.

Michel T. Halbouty 主编，夏义平、黄忠范、袁秉衡、李明杰、徐礼贵，等译 . AAPG 论文集 78 世界巨型油气田（1990—1999）. 北京：石油工业出版社，2007，pp：1-376.

Timothy S. Collett. 阿拉斯加北部斜坡普鲁德霍湾和库帕勒克河地区的天然气水合物 . 天然气地球科学，1998，9（3-4）.

第 11 章　北极微生物资源多样性与功能评估[*]

11.1　微生物物种资源多样性评估

北极特殊的地理、环境和气候特征造就了独特的微生物生态系统，使生存于其中的微生物在基因组成、酶学性质以及代谢调控等方面大都具有适应多种环境胁迫的独特分子生物学机制以及生理生化特征。北极微生物不仅在特殊环境适应机制、遗传进化、新物种发现等基础研究方面具有重要作用，而且其孕育的丰富物种资源、基因资源和产物资源等已衍生出新的生物技术领域，如新药研发、极端酶、新型生物材料、新型生物活性物质、低温环境修复等。极地微生物作为极端微生物的重要成员已成为国际研究的热门领域，作为重要的知识创新平台，在抢滩知识制高点的竞争中，具有无法替代的作用。作为研究与开发的基础，有必要通过查询有关北极科考的文献和航次报告对北极微生物种质资源的多样性进行评估，为其将来的研究与应用奠定基础。

11.1.1　北极微生物种质资源多样性

11.1.1.1　新种的发现

从 IJSEM 中共检索到有关北极来源的微生物新种的论文 52 篇，发表的微生物新种共包含 8 个门、48 个属、64 个新种，其中属和种在门水平的分布如下：细菌域的变形菌门 22 个属，34 个种；拟杆菌门 12 个属，16 个种；厚壁菌门 7 个属，7 个种；疣微菌门 1 个属、1 个种；异常球菌—栖热菌门 1 个属、1 个种；放线菌门 2 个属、2 个种；古菌域的广古菌门 1 个属、1 个种；真核域的真菌界的担子菌门 2 个属、2 个种（表 11-1）。从表 11-1 中可以看出，从北极分离到的微生物新种，无论从属还是种水平来说，变形菌门、拟杆菌门和厚壁菌门均占绝大多数，其中属于变形菌门的北极微生物新种可达 52%（图 11-1）。

在北极发现的微生物新种包含的 48 个属中，除超微细菌属（*Glaciecola*）和极杆菌属（*Polaribacter*）2 个属各含 4 个种，冷单胞菌属（*Psychromonas*）含 3 个种，紫色小杆菌属（*Iodobacter*）、科尔威尔氏菌属（*Colwellia*）、除硫单胞菌属（*Desulfuromonas*）、脱硫弧菌属（*Desulfovibrio*）、硫微螺菌属（*Thiomicrospira*）、脱硫冷栖菌属（*Desulfofrigus*）、脱硫小杆菌属（*Desulfotalea*）和螺状菌属（*Spirosoma*）8 个属各含 2 个种外，其余的属均只含 1 个种（表 11-1）。相关文献也表明，分离到微生物新种的北极微生物样品多种多样，包括北极土壤、永久冻土、湖泊沉积物、海水、海冰、冰山、海洋沉积物和深海热液喷口等，这表明北极存在着极为丰富的微生物新种质资源。

---

[*] 编写人员：陈新华、陈波、林学政、王玉光。

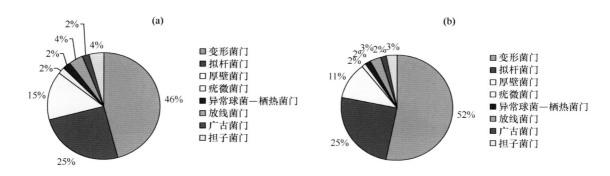

图 11-1 北极微生物新种的分布特征

(a) 属；(b) 种

表 11-1 北极微生物新种在属水平上的分布特征 单位：种

门	序号	属	新种数	门	序号	属	新种数
Proteobateria	1	*Iodobacter*	2	Bacteroidetes	1	*Polaribacter*	4
	2	*Lacinutrix*	1		2	*Mucilaginibacter*	1
	3	*Oceanisphaera*	1		3	*Formosa*	1
	4	*Spongiibacter*	1		4	*Dyadobacter*	1
	5	*Shewanella*	1		5	*Winogradskyella*	1
	6	*Colwellia*	2		6	*Pedocacter*	1
	7	*Psychromonas*	3		7	*Spirosoma*	2
	8	*Maribacterium*	1		8	*Sphingobacterium*	1
	9	*Pseudoalteromonas*	1		9	*Cytophagaceae*	1
	10	*Marinomonas*	1		10	*Cyclobacterium*	1
	11	*Phaeobacter*	1		11	*Maribacter*	1
	12	*Marinobacter*	1		12	*Iodobacter*	1
	13	*Moritella*	1	Firmicutes	1	*Planococcus*	1
	14	*Desulfuromonas*	2		2	*Virgibacillus*	1
	15	*Desulfovibrio*	2		3	*Clostridium*	1
	16	*Methylocystis*	1		4	*Tumebacillus*	1
	17	*Methylobacter*	1		5	*Cohnella*	1
	18	*Thiomicrospira*	2		6	*Desulfotomaculum*	1
	19	*Glaciecola*	4		7	*Bacillus*	1
	20	*Desulfofrigus*	2	Deinococcus-thermus	1	*Rhabdothermus*	1
	21	*Desulfofaba*	1	Euryarchaeota	1	*Methanobacterium*	1
	22	*Desulfotalea*	2	Basidiomycota	1	*Rhodotorula*	1
Actinobacteria	1	*Cryobacterium*	1		2	*Mrakiella*	1
	2	*Demequina*	1	Verrucomicrobia	1	*Luteolibacter*	1

对检索到的北极微生物新种按照分离发表年份和国家进行统计，结果分别如图 11-2 和图 11-3 所示。可以看出，从 1998 年北极分离到第一株微生物新种以来，每年分离到的微生物新种呈逐渐增加的趋势，其中 2006 年和 2012 年发表的微生物新种最多，达 10 个。从发表北极微生物新种的国

家/地区来说，以欧洲、中国和美国的数量最多，我国近年来的增长趋势最为明显。

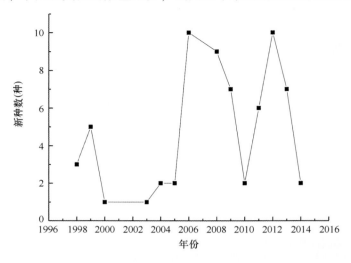

图 11-2 北极微生物新种的发表年份统计分析

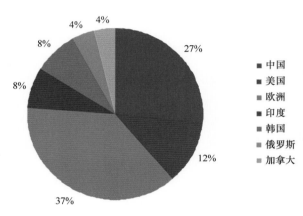

图 11-3 北极微生物新种的发表国家统计分析

11.1.1.2 北极可培养微生物种类特征

在查阅公开发表资料的基础上，对其中涉及北极微生物菌种分离与鉴定的论文（已有较为详细的种属分类地位）进行了归类、整理与分析，发现分离自北极环境的微生物种类和样品来源均非常丰富。目前分离到的北极可培养微生物共 4 个门（变形菌门、拟杆菌门、厚壁菌门和放线菌门）、9 个纲、142 个属、353 个种，包括变形菌门的 α-变形菌纲（α-Proteobacteria）26 个属、36 个种，β-变形菌纲（β-Proteobacteria）12 个属、15 个种，γ-变形菌纲（γ-Proteobacteria）29 个属、136 个种，ε-变形菌纲（ε-proteobacteria）1 个属、1 个种；拟杆菌门（Bacteroidetes）的黄杆菌纲（Flavobacteriia）17 个属、38 个种，鞘脂杆菌纲（Sphingobacteriia）5 个属、7 个种，噬纤维菌纲（Cytophagia）4 个属、4 个种；厚壁菌门（Firmicutes）的杆菌纲（Bacilli）14 个属、40 个种；放线菌门的放线菌纲（Actinobacteria）34 个属、76 个种。其中，以杆菌纲的芽孢杆菌属（*Bacillus*，10 个种）、黄杆菌纲的黄杆菌属（*Flavobacterium*，14 个种），γ-变形菌纲的假单胞菌属（*Pseudomonas*，37 个种）、假交替单胞菌属（*Pseudoalteromonas*，20 个种）、嗜冷杆菌属（*Psychrobacter*，15 个种）、海单胞菌属（*Marinomonas*，10 个种）和放线菌纲的节杆菌属（*Arthrobacter*，21 个种）的种类数较多，上述 7 个属（占总属数的

5%）的微生物种数可占总种数的 36%（表 11-2）。

表 11-2　北极可培养微生物的多样性分析　　　　　　　　　　　　单位：种

纲	属	种数	纲	属	种数
α-Proteobacteria	*Sphingopyxis*	2	Bacilli	*Planococcus*	5
	Sphingorhabdus	1		*Planomicrobium*	1
	Fulvimarina	1		*Carnobacterium*	3
	Devosia	2		*Sporosarcina*	1
	Roseovarius	1		*Planococcusha*	1
	Hellea	1		*Marinibacillus*	1
	Loktanella	1		*Alkalibecterium*	1
	Brevundimonas	2		*Staphylococcus*	4
	Methylobacterium	1		*Bacillus*	10
	Octadecabacter	1		*Paenibacillus*	8
	Sphingomonas	3		*Paenisporasarcina*	2
	Kaistobacter	1		*Psychrobacillus*	1
	Porphyrobacter	1		*Enterococcus*	1
	Planococcus	5		*Exiguobacterium*	1
	Thalassopira	1	Cytophagia	*Dyadobacter*	1
	Celeribacter	1		*Hymenobacter*	1
	Roseicitreum	1		*Algoriphagus*	1
	Thioclava	1		*Cyclobacterium*	1
	Aquamicrobium	1	Sphingobacteriia	*Pedobacter*	3
	Rhizobium	1		*Spirosoma*	1
	Hyphomonas	1		*Flavisolibacter*	1
	Tistrella	1		*Cnuella*	1
	Sulfitobacter	2		*Chitinophaga*	1
	Sphingorhabdus	1	Flavobacteriia	*Winogradskyella*	4
	Aurantimonas	1		*Flavobacterium*	14
	Paracoccus	1		*Polaribacter*	3
β-Proteobacteria	*Acidovorax*	1		*Psychroflexus*	1
	Iodobacter	1		*Psychroserpens*	2
	Janthinobacterium	1		*Salgentibacter*	1
	Paucibacter	1		*Gillisia*	3
	Polaromonas	2		*Ginsengisolibacter*	1
	Massilia	1		*Pibocella*	1
	Rhodoferax	1		*Olleya*	1
	Herminiimonas	2		*Gaetbulibacter*	1
	Anthinobacterium	1		*Joostella*	1
	Variovorax	2		*Chryseobacterium*	1
	Burkholderia	1		*Croceibacter*	1
	Ralstonia	1		*Lacinutrix*	1

纲	属	种数	纲	属	种数
γ-Proteobacteria	*Pseudomonas*	37	Flavobacteriia	*Maribacter*	1
	Pseudoalteromonas	20		*Zobellia*	1
	Shewanella	6	Actinobacteria	*Rhodococcus*	7
	Marinomonas	10		*Agreia*	1
	Cobetia	2		*Arthrobacter*	21
	Psychrobacter	15		*Brachybacterium*	2
	Glaciecola	4		*Salinibacterium*	1
	Colwellia	5		*Demequina*	1
	Thalassomonas	1		*Kocuria*	2
	Marinobacter	6		*Cellulomonas*	3
	Rhodovulum	1		*Cryobacterium*	2
	Thiomicrospira	2		*Oerskovia*	1
	Halomonas	3		*Okibacterium*	1
	Hafnia	1		*Sanguibacter*	1
	Citrobacter	1		*Aeromicrobium*	1
	Rhodanobacter	2		*Blastococcus*	1
	Halothiobacillus	3		*Brachybacterium*	2
	Acinetobacter	2		*Cryocola*	1
	Stenotrophomonas	2		*Leifsonia*	1
	Yersinia	1		*Micrococcus*	2
	Thiohalophilus	1		*Modestobacter*	1
	Vibrio	1		*Mycobacterium*	3
	Neptunomonas	1		*Nocardioides*	1
	Alcanivorax	2		*Pimelobacter*	1
	Alteromonas	1		*Sporichthya*	1
	Eionea	1		*Streptacidiphilus*	1
	Enhydrobacter	1		*Streptomyces*	8
	Oceanisphaera	1		*Terrabacter*	1
	Psychromonas	3		*Microbacterium*	1
ε-proteobacteria	*Arcobacter*	1		*Dietzia*	1
				Tsukamurella	1
				Brevibacterium	1
				Rathayibacter	1
				Umezawaea	1
				Nocardia	1
				Aquiluna	1

　　在属水平上，分离到的北极可培养微生物以放线菌纲、γ-变形菌纲和 α-变形菌纲的数量最多，各含 34 个、29 个和 26 个属，分别占分离到的北极微生物总属数的 24%、20% 和 18%；ε-变形菌纲

包含的属的数量最少，仅含 1 个属（图 11-4a）。在种水平上，分离到的北极可培养微生物以 γ-变形菌纲、放线菌纲、杆菌纲和黄杆菌纲的数量最多，各为 136 个、76 个、40 个和 38 个种，分别占分离到的北极微生物总种数的 39%、22%、14% 和 11%。α-变形菌纲尽管在属水平上的数量较多（26 个属），但仅含 36 个种。与此相反，杆菌纲尽管只含 14 个属，却包含 40 个种（图 11-4b）。

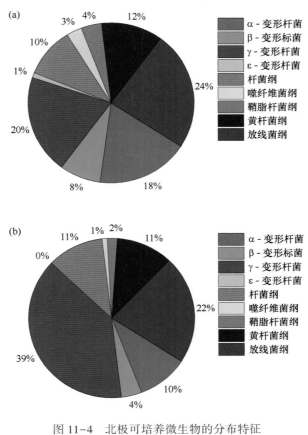

图 11-4 北极可培养微生物的分布特征

(a) 属；(b) 种

11.1.2 中国历次北极科学考察微生物资源多样性评估

截止 2015 年，中国总计进行了 6 次北极科学考察，其中前 4 次科考主要集中在楚科奇海、加拿大海盆和白令海，对微生物资源多样性调查投入力量较小，获得的数据很少。第 5 次和第 6 次北极科考调查范围扩大到了北冰洋—太平洋扇区、北冰洋—大西洋扇区等区域，加强了对微生物资源多样性调查，获得了更多的数据资料，但是总体来讲仍然落后于国际水平。

11.1.2.1 楚科奇海和加拿大海盆微生物资源多样性

1999 年，楚科奇海的细菌和真菌的检出率分别为 100% 和超过 94%，其相应的总量分别为超过 10^3 cells/mL 和 $10^1 \sim 10^3$ cells/mL（曾胤新等，2001）。2008 年中国第 3 次北极科考对夏季楚科奇海细菌丰度分布特征的调查表明，浮游细菌丰度明显较高，为 $0.21 \times 10^6 \sim 9.61 \times 10^6$ cells/mL（张芳等，2012）。不同站位间的海洋微生物总量存在明显差异（$P < 0.05$），在大多数站位，细菌的总量通常都高于真菌的总量；从表层至 10 m 或 30 m 深层的海水区域，分布有丰富的海洋微

生物。综合评估表明，近年来，由于气候变化使得楚科奇海海冰加速融化、沿岸淡水的大量注入严重影响楚科奇海的水体结构，其表层水体的盐度快速下降从而阻碍了水体之间的垂直交换，整个水体环境相对稳定，造成细菌快速生长，丰度也在不断增长。海冰过早的融化增加了海洋对太阳辐射热量的吸收，促使浮游植物大量生长，其产生的溶解性有机碳（DOC）也是浮游细菌丰度增加的另一重要原因。

另外，科研人员还对第 2 次和第 3 次北极科考获得的样品进行了可培养微生物的分离纯化，以加强对北极微生物资源多样性的认识，主要包括铁细菌、锰细菌、硫酸盐还原菌、石油降解菌和专性寡营养细菌。

1）铁细菌的分离与纯化

高爱国等（2008）对中国第 2 次北极科学考察获取的加拿大海盆和楚科奇海 10 个沉积物岩芯中 184 个样品的铁细菌分布和含量进行了调查。结果表明，4℃培养时铁细菌的检出率为 10.33%，平均含量为 $7.76×10^4$ ind./g；25℃培养时铁细菌的检出率为 40.22%，平均含量为 $1.40×10^6$ ind./g。进一步分析表明，4℃时铁细菌含量在层次间的分布大体上呈随沉积物深度增加而提高，而 25℃时呈上层高而中、下层稍低之势；铁细菌检出率和含量基本上呈现为随纬度增高而增高后趋缓的变化，而随经度呈不规则变化，差异不明显。

2）锰细菌的分离与纯化

对中国第 2 次北极科学考察获取的加拿大海盆和楚科奇海 10 个沉积物岩芯中 180 个样品的锰细菌分布和含量进行了调查。结果表明，在北冰洋海底沉积物中不仅有锰细菌的存在而且还具有较高的丰度，在 4℃和 25℃两种培养温度下锰细菌检出率均为 81.91%。可培养锰细菌主要由细菌域（Bacteria）中变形杆菌门的 α-变形杆菌纲（α-Proteobacteria）、γ-变形杆菌纲（γ-Proteobacteria）、拟杆菌门（Bacteroides）中的黄杆菌纲（Flavobacteria）和放线菌纲（Actinobacteria）组成。进一步分析表明，温度的升高大多可提升锰细菌的检出率和含量；而且在沉积物中，锰细菌检出率有随深度增加而提高的趋势，这意味着环境温度是影响锰细菌在北冰洋沉积物中分布的重要因子。这可能与早期成岩过程中沉积物氧化还原体系的垂直分带有关（高爱国等，2008b；林学政等，2008）。

3）硫酸盐还原菌的分离与纯化

对中国第 2 次北极科学考察获取的加拿大海盆和楚科奇海 10 个沉积物岩芯中 189 个样品的分析表明，4℃与 25℃温度下培养的硫酸盐还原菌（SRB）含量范围基本一致，多为 $0～24×10$ cells/g（湿样），但在 SRB 检出率与平均含量上以 25℃培养条件时的为高（高爱国等，2008c）。研究区柱状沉积物中 SRB 的检出率、含量范围、平均含量都明显高于表层沉积物中 SRB 含量；在垂直方向上，SRB 的分布受多种因素控制，变化较为复杂，似无明显的规律。环境温度应是其主导因子之一。根据 4℃、25℃两种培养温度下 SRB 的检出率、含量状况看，似乎 25℃时更有利于研究区某些 SRB 的繁衍，这启示我们随着全球气候变暖和环境因子的变化，北极微生物群落在经历一段时间后有可能产生结构性的变化，其深远影响值得人们关注。

4）石油降解菌的分离与纯化

从中国第 2 次北极科学考察采集的海洋沉积物 P11 和 S11 中经富集培养、分离筛选得到了 26 株石油降解菌（林学政等，2009）。研究表明，分离到的石油降解菌均可在以石油为唯一碳源和能源的无机营养盐培养基中生长，分离到的石油降解菌绝大部分（25/26）能分泌胞外脂肪酶，表明其石油降解能力与产脂肪酶能力有着较强的相关性。分子鉴定与系统发育分析表明，分离到的石油降解菌除 P31 和 P32 属于细菌域（Bacteria）拟杆菌门（Bacteroidetes）的黄杆菌纲（Flavobacteria）外，其余均属于细菌域（Bacteria）变形杆菌门（Proteobacteria）的 γ-变形杆菌纲（γ-Proteobacteria），以假交替单胞菌属为优势菌群，其比例可达 42%。

5）专性寡营养细菌的分离与纯化

采用适合寡营养细菌培养的 3 种培养基，对第 3 次北极科考获得的北冰洋及其邻近边缘海沉积物环境中寡营养微生物的生物多样性进行了研究。结果表明，不同海区站点可以培养的寡营养细菌存在极大差异，同一站位不同层次的寡营养细菌的数量也存在较大差异；另外不同培养基能够培养出的细菌数目以及生长速率也存在较大差异。值得一提的是，虽然利用寡营养培养基可以培养一部分北极地区的细菌，然而这些细菌并不是真正意义上的寡营养细菌，它们大都是属于异性寡营养细菌，这些细菌的生长速度比较快，然而目前真正有研究价值的专性寡营养细菌（世界领域研究的热点）在一些添加了碳源和氮源等营养元素的培养基上是不能够生长的，要获得这些细菌就必须采用特殊的方法，原位海水富集培养装置就能解决这个问题，利用这套装置可以获得这些专性寡营养细菌，在现场进行了这些方面的研究（张海生，中国第 3 次北极科学考察报告，2009，海洋出版社）。

11.1.2.2 白令海微生物资源多样性

1999 年中国第 1 次北极科考对白令海的细菌和真菌丰度进行了调查，结果表明，细菌的检出率为 100%，其总量一般在 $10^2 \sim 10^3$ cells/mL；真菌的检出率高于 84%，其总量一般也在 $10^2 \sim 10^3$ cells/mL（曾胤新等，2001）。进一步分析表明，不同站位间的海洋微生物总量也存在较大的差异。肖天等研究了白令海 2 个断面 8 个站位的海洋蓝细菌的数量分布（肖天等，2001）。蓝细菌数量变化在 $0 \sim 7.93 \times 10^3$ cell/mL 之间，水平分布自南向北随纬度的增加而降低，海水温度和 NH_4^+-N 可能是影响蓝细菌数量分布的重要因素。

2010 年，第 4 次北极科考采用现代分子生物学技术手段对白令海浮游细菌多样性进行了分析。根据白令海海域特征，刘莹等（2013）等设置了 B07、B13 和 B15 三个采样位点，其中 B07 为海盆区，B13 和 B15 为陆架区。浮游细菌类群分为 4 大类：α-变形杆菌、β-变形杆菌、γ-变形杆菌和拟杆菌。γ-变形杆菌所占的比例最大，为 53%，是白令海中的优势种群；拟杆菌其次，为 37%。γ-变形杆菌和拟杆菌存在于 3 个位点的所有水层中。α-变形杆菌只存在于 B07 站位的 50 m 和 100 m 水层中，β-变形杆菌除 B13 站位的 0 m 处外，存在于其他站位的所有水层中。

11.1.2.3 北极可培养细菌资源多样性系统评估

2012 年和 2014 年中国第 5 次和第 6 次北极科考调查范围扩大到了北冰洋—太平洋扇区、北冰洋—大西洋扇区等区域，因此可以对北极可培养细菌资源多样性作出较为系统性的评估。共对 99 个站位的海洋沉积物进行了微生物的分离培养与多样性分析，从第 5 次北极科考获得的 59 个站点的沉积物样品中共分离纯化获得 570 株细菌，分别属于细菌域的 4 个门，5 个纲，12 个目，23 个科，47 个属，102 个种；有 14 株菌株与模式菌株的 16S rRNA 基因序列相似性低于 97%，可能为潜在的新种。从第 6 次科考获得的 40 个站位的北极海洋沉积物样品中共分离并获得 449 株细菌，分别属于 4 个门，6 个纲，50 个属，92 个种；有 12 株菌株与已有模式菌株的 16S rRNA 基因序列相似性 <97%，可能为潜在的新种。北极海洋沉积物可培养细菌的种属、菌株数量以及分离到该菌株的站

位数等基本情况见表11-3。

　　从中国第5次北极科考获得的样品分离到的可培养细菌分别属于4个门，分别为变形菌门（Proteobacteria）、放线菌门（Actinobacteria）、厚壁菌门（Firmicutes）和拟杆菌门（Bacteroidetes）；分布在5个纲，其中γ-变形菌纲（γ-Proteobacteria）有409株，数量最多，占总分离株数的72%；其次为黄杆菌纲（Flavobacteria），共66株，占总分离株数的12%；属于α-变形菌纲（α-Proteobacteria）、放线菌纲（Actinobacteria_c）和芽孢杆菌纲（Bacilli）的菌株数为45株、23株和13株，分别占总分离株数的8%、4%和2%（图11-5）。

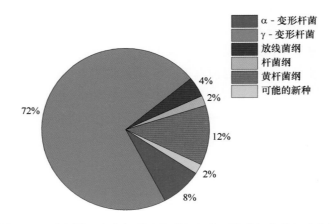

图11-5　中国第5次北极科考海洋沉积物可培养细菌的组成分析

表11-3　北极海洋沉积物可培养细菌的分离鉴定情况一览表

纲	属	第5次北极科考		第6次北极科考	
		种/菌株数量	出现站位数/频率（%）	种/菌株数量	出现站位数/频率（%）
α-Proteobacteria	Sphingomonas	1/1	1/0.2	1/1	1/2.5
	Sulfitobacter	5/36	9/6.5	2/5	5/12.5
	Paracoccus	1/1	1/0.2	1/4	2/5.0
	Loktanella	1/2	1/0.4	2/4	4/10.0
	Sphingopyxis	1/2	2/0.4	—	—
	Albirhodobacter	1/1	1/0.2	—	—
	Pacificibacter	1/2	1/0.4	—	—
	Halocynthiibacter	—	—	1/2	2/5.0
	Rhizobium	—	—	1/4	3/7.5
	Aliihoeflea	—	—	1/1	1/2.5

纲	属	第5次北极科考		第6次北极科考	
		种/菌株数量	出现站位数/频率（%）	种/菌株数量	出现站位数/频率（%）
γ-Proteobacteria	*Colwellia*	5/25	15/4.5	5/81	33/82.5
	Glaciecola	4/6	5/1.1	1/1	1/2.5
	Marinobacter	2/18	9/3.2	1/12	7/17.5
	Moritella	3/19	9/3.4	4/16	9/22.5
	Pseudoalteromonas	10/70	23/12.6	3/22	11/27.5
	Pseudomonas	6/15	10/2.7	1/1	1/2.5
	Psychromonas	4/19	18/3.4	5/35	16/40.0
	Shewanella	7/153	42/27.5	8/83	29/72.5
	Photobacterium	2/22	14/4.0	2/11	9/22.5
	Marinomonas	1/15	6/2.7	1/6	5/12.5
	Neptunomonas	1/3	1/0.5	1/8	6/15.0
	Halomonas	4/17	7/3.1	1/4	1/2.5
	Acinetobacter	2/7	5/1.3	—	—
	Psychrobacter	5/17	10/3.1	—	—
	Hafnia	1/1	1/0.2	—	—
	Amphritea	1/1	1/0.2	—	—
	Salinicola	1/1	1/0.2	—	—
	Thalassomonas	—	—	2/2	2/5.0
	Paraglaciecola	—	—	1/2	2/5.0
	Stenotrophomonas	—	—	1/1	1/2.5
Actinobacteria-c	*Arthrobacter*	1/1	1/0.2	1/2	1/2.5
	Janibacter	1/2	1/0.4	1/1	1/2.5
	Kocuria	1/4	2/0.7	—	—
	Citricoccus	1/1	1/0.2	—	—
	Brachybacterium	1/2	1/0.4	—	—
	Salinibacterium	1/13	4/2.3	—	—
	Serinicoccus	—	—	1/1	1/2.5
	Microbacterium	—	—	6/9	7/17.5
	Chryseoglobus	—	—	1/1	1/2.5
	Agrococcus	—	—	2/2	2/5.0
	Cryobacterium	—	—	1/1	1/2.5
	Rhodococcus	—	—	2/3	2/5.0
	Dietzia	—	—	1/2	1/2.5
	Nocardioides	—	—	1/1	1/2.5

纲	属	第5次北极科考		第6次北极科考	
		种/菌株数量	出现站位数/频率（%）	种/菌株数量	出现站位数/频率（%）
Bacilli	Bacillus	2/5	3/0.9	7/9	6/15.0
	Planococcus	2/4	4/0.7	1/2	1/2.5
	Halobacillus	1/1	1/0.2	—	—
	Oceanobacillus	1/1	1/0.2	—	—
	Sinobaca	1/1	1/0.2	—	—
	Aerococcus	1/1	1/0.2	—	—
	Paenisporosarcina	/	/	1/1	1/2.5
	Lysinibacillus	—	—	1/1	1/2.5
	Chryseomicrobium	—	—	1/1	1/2.5
	Exiguobacterium	—	—	1/2	2/5.0
	Staphylococcus	—	—	1/2	2/5.0
Flavobacteria	Bizionia	1/1	1/0.2	1/1	1/2.5
	Flavobacterium	3/16	5/2.9	2/6	5/5.0
	Maribacter	3/17	17/3.1	2/49	18/45.0
	Psychroserpens	1/2	2/0.4	1/2	2/5.0
	Sediminicola	1/4	3/0.7	1/6	5/12.5
	Winogradskyella	1/3	1/0.5	2/6	4/10.0
	Joostella	2/4	2/0.7	—	—
	Lacinutrix	2/10	4/1.8	—	—
	Arenibacter	1/1	1/0.2	—	—
	Leeuwenhoekiella	1/4	2/0.7	—	—
	Polaribacter	2/4	1/0.7	—	—
	Gillisia	—	—	1/1	1/2.5
	Nonlabens	—	—	1/8	5/12.5
	Algibacter	—	—	2/18	11/27.5
	Lutibacter	—	—	2/2	2/5.0
Sphingobacteria	Sphingobacterium	—	—	1/1	1/2.5

从中国第 6 次科考获得的样品分离到的可培养细菌分别属于 4 个门，分别为变形菌门（Proteobacteria）、放线菌门（Actinobacteria）、厚壁菌门（Firmicutes）和拟杆菌门（Bacteroidetes）；分布于 6 个纲，其中 γ-变形菌纲（γ-Proteobacteria）有 281 株，数量最多，占总分离株数的 62.4%；其次为黄杆菌纲（Flavobacteria），共 96 株，占总分离株数的 21.3%；属于放线菌纲（Actinobacteria_c）、α-变形菌纲（α-Proteobacteria）、芽孢杆菌纲（Bacilli）和鞘脂杆菌纲（Sphingobacteria）的菌株数为 23 株、19 株、18 株和 1 株，分别占总分离株数的 5.1%、4.2%、4.0% 和 0.2%（图 11-6）。

北极可培养细菌中，γ-变形菌纲（γ-Proteobacteria）在细菌属水平上的多样性最为丰富，包括 20 个不同的属，其中第 5 次北极科考中 5 个属是独有的，第 6 次北极科考中 3 个属是独有的。黄杆

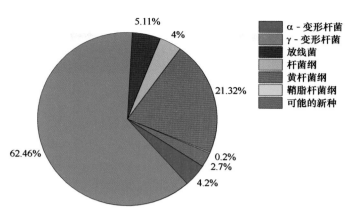

图 11-6　中国第 6 次北极科考海洋沉积物可培养细菌的组成分析

菌纲（Flavobacteria）和放线菌纲（Actinobacteria_c）分别包括 14 个和 13 个属，其中黄杆菌纲中第 5 次北极科考中 5 个属是独有的，第 6 次北极科考中 4 个属是独有的。放线菌纲在两次科考中差别极其显著，只有节细菌 Arthrobacter 和两面神菌 Janibacter 是共有的，第 5 次北极科考中 4 个属是独有的，第 6 次北极科考中 8 个属是独有的。芽孢杆菌纲（Bacilli）含有 11 个属，其中第 5 次北极科考中 4 个属是独有的，第 5 次北极科考中 3 个属是独有的。α-变形菌纲（α-Proteobacteria）含有 10 个属，其中第 5 次和第 6 次北极科考中分别有 5 个属是独有的。另外，第 6 次北极科考中还获得了鞘脂杆菌纲（Sphingobacteria）细菌 1 种。总体来讲，第 5 次北极科考和第 6 次北极科考仅有 23 个属相同，表现了较大的差异性，这表明北极微生物的多样性远不止现阶段所了解的情况，今后仍需对其进行不断的探索和认识。

在菌株数量上，以希瓦氏菌属（Shewanella）所含数量最多，共有 236 株，占总分离菌株数的 23%；且其分布也较广，分别在 42 个和 29 个站位的沉积物样品中分离到该属的菌株。其次为科尔韦尔氏菌属（Colwellia）的菌株，共有 106 株，占总菌株数的 10%。假交替单胞菌属（Pseudoaltero-monas）的菌株共有 92 株，占总菌株数的 9%。另外，尽管有的属内菌株数量不多，但仍可反映出该海域沉积物中微生物的多样性。

一般认为，16S rRNA 基因序列同源性小于 97% 属于不同的种，同源性小于 93%~95% 属于不同的属。经测序与对比分析，发现第 5 次和第 6 次北极科考分别有 14 株和 12 株菌序列与相似性最高的模式菌株的 16S rRNA 基因序列相似性低于 97%。其中有部分菌株，如菌株 731 与相似性最高的模式菌株 Amphritea japonica JAMM 1866T 的 16S rRNA 基因序列相似性仅有 91.67%，可能为新属（表 11-4）。

表 11-4　疑似新种 16S rRNA 基因序列相似性比较结果

分离站位	站位经纬度	菌株编号	相似性最高模式菌株 （注册号）	相似度 （%）
BN05	169°23.879′W 64°30.733′N	124	Olleya aquimaris L-4T（FJ886713）	96.67
BN08	167°27.569′W 64°36.464′N	5	Thalassomonas haliotis A5K-61T（NR 041662）	96.13
		222	Winogradskyella ulvae KMM 6390T（HQ456127）	96.84
		224	Winogradskyella ulvae KMM 6390T（HQ456127）	96.88
BB02	8°21.629′E 72°8.827′N	435	Colwellia asteriadis KMD 002T（EU599214）	95.95
		441	Colwellia asteriadis KMD 002T（EU599214）	95.96

分离站位	站位经纬度	菌株编号	相似性最高模式菌株 （注册号）	相似度 （%）
SR05	168°54.599′W 68°36.906′N	535	*Winogradskyella ulvae* KMM 6390^T（HQ456127）	96.87
BM05	170°54.797′W 62°48.296′N	649	*Bizionia echini* KMM 6177^T（FJ716799）	95.96
		652	*Bizionia echini* KMM 6177^T（FJ716799）	95.71
		659-2	*Bizionia echini* KMM 6177^T（FJ716799）	95.85
		659	*Bizionia echini* KMM 6177^T（FJ716799）	95.75
OS-2	152°7.933′E 49°22.654′N	729	*Amphritea japonica* JAMM 1866^T（NR 041616）	91.94
		730	*Amphritea japonica* JAMM 1866^T（NR 041616）	91.86
		731	*Amphritea japonica* JAMM 1866^T（NR 041616）	91.67
B14	61°56′03″W 176°21′01″E	478	*Thalassomonas haliotis* A5K-61^T（AB369381）	96.4
LIC	81°04′40″W 157°11′55″E	332	*Bacillus persicus* B48^T（HQ433471）	96.47
NB04	61°12′02″W 171°33′19″E	383-1	*Colwellia piezophila* Y223G^T（AB094412）	96.22
		383-2	*Thalassomonas actiniarum* A5K-106^T（AB369380）	96.26
		394	*Sphingopyxis flavimaris* SW-151^T（AY554010）	96.98
R02	67°40′52″W 169°01′18″E	138	*Loktanella maritima* KMM9530^T（AB894236）	96.86
R03	68°37′23″W 169°03′12″E	441	*Winogradskyella ulvae* KMM 6390^T（HQ456127）	96.85
		445	*Winogradskyella ulvae* KMM 6390^T（HQ456127）	96.88
		453	*Winogradskyella ulvae* KMM 6390^T（HQ456127）	96.9
		145	*Winogradskyella ulvae* KMM 6390^T（HQ456127）	96.88
R09	74°36′42″W 168°59′09″E	287	*Lutibacter litoralis* CL-TF09T（AY962293）	96.99
R11	76°08′26″W 166°20′13″E	271	*Colwellia aestuarii* SMK-10^T（DQ055844）	96.83

11.1.3 北极微生物新种的应用价值

相关文献表明，分离到微生物新种的北极微生物样品多种多样，包括北极土壤、永久冻土、湖泊沉积物、海水、海冰、冰山、海洋沉积物和深海热液喷口等，这表明北极存在着极为丰富的微生物新种质资源，具有产生新型低温酶等特殊功能基因和新型化合物等应用潜力。

11.1.3.1 *Virgibacillus arcticus*

微生物新种 *Virgibacillus arcticus* 分离自加拿大高纬度永久性冻土，生长温度 0～30℃，生长盐度 0～20，可产生蛋白酶、明胶水解酶等低温酶。

11.1.3.2 *Thiomicrospira arctica* 和 *Thiomicrospira psychrophila*

微生物新种 *Thiomicrospira arctica* 和 *Thiomicrospira psychrophila* 分离自北极 Svalbard 海岸的沉积物，为嗜冷、化能无机自养和硫氧化菌，其生长温度为−2~20.8℃，可产生多不饱和脂肪酸等活性物质。

11.1.3.3 *Rhabdothermus arcticus*

微生物新种 *Rhabdothermus arcticus* 分离自北极洋中脊摩瑞亚的索里亚热泉的热液口，其生长温度为 37~75℃，生长 pH 为 6~8，生长盐度为 2.5~3.5。

11.1.3.4 *Psychromonas ingrahamii*

微生物新种 *Psychromonas ingrahamii* 分离自北极极点海冰，为革兰氏阴性、杆状、嗜冷菌，其生长温度为−12~10℃，生长盐度为 1~3.5，可产生淀粉酶、明胶水解酶等低温酶。

11.1.3.5 *Pseudoalteromonas arctica*

微生物新种 *Pseudoalteromonas arctica* 分离自北极 Spitzbergen 海水中，为适冷、极生鞭毛、好氧、革兰氏阴性菌，其最适生长温度为 10~15℃，pH 为 7~8，生长盐度为 2~3，可产生淀粉酶、褐藻酸酶和明胶水解酶等低温酶。

11.1.3.6 *Phaeobacter arcticus*

微生物新种 *Phaeobacter arcticus* 分离自北极海洋沉积物，为嗜冷、运动性、杆状、革兰氏阴性菌，其生长温度为 0~25℃，pH 为 6~9。

11.1.3.7 *Moritella dasanensis*

微生物新种 *Moritella dasanensis* 分离自挪威斯瓦尔巴群岛孔斯峡湾冰川附近的海水中，为好氧、运动型、杆状、革兰式阴性菌，最适生长温度为 9℃，可产生明胶水解酶和冰活性物质等。

11.1.3.8 *Marinomonas arctica*

微生物新种 *Marinomonas arctica* 分离自北冰洋加拿大海盆的海冰，为适冷、运动型、革兰式阴性菌，其生长温度为 0~37℃，生长盐度为 0~12，可产生淀粉酶、脂肪酶和磷脂酶等低温酶。

11.1.3.9 *Glaciecola arctica*

微生物新种 *Glaciecola arctica* 分离自北极海洋沉积物，为适冷、运动型、杆状、革兰式阴性菌，其生长温度为 4~28℃，生长盐度为 1~5，可产生脲酶、淀粉酶、脂肪酶等低温酶。

11.1.3.10 *Maribacter arcticus*

微生物新种 *Maribacter arcticus* 分离自挪威匹次卑尔根岛 Ny-Ålesund 的海洋沉积物中，为非运动型、好氧、革兰式阴性菌，其生长温度为 4~28℃，生长盐度为 1~5，可产生脲酶、淀粉酶、脂肪酶等低温酶。

11.2 功能基因资源利用潜力评估

早期认为北极地区的基因资源进入到生物技术领域并得到应用的潜力不大，因此早先北极基因资源的勘探研究相对于南极而言，争议较少，关注也少。但 20 世纪 90 年代以来针对北极地区生物遗传资源开展的探索表明，北极基因资源同样具有一定的开发与利用潜力（Leary，2008）。参与北极微生物基因资源研究与开发的国家和地区也逐渐增多，形成了以北极国家为主导，非北极国家积极参与的局势。

11.2.1 北极微生物基因及其产物资源的应用潜力

北极微生物基因资源的生物技术研发主要集中在以下 5 个主要领域：食品加工用酶；生物修复和其他污染控制技术；用于食品贮藏的抗冻蛋白；膳食补充剂（特别侧重于多不饱和脂肪酸）；药品和其他医疗用途。

11.2.1.1 微生物酶和酶制剂的应用潜力

北极微生物产生的适冷酶，包括蛋白酶、脂肪酶、纤维素酶和 α-淀粉酶等，可以应用在食品、洗涤剂、化工等诸多行业（Kim et al.，2007）。适冷酶对食品工业的价值尤其引人注目，特别是在处理果汁和牛奶工艺中有重要作用，在低温条件下处理食品可以避免腐坏，味道和营养价值得以保留（Groudieva et al.，2004）。例如，在乳品行业，适冷的 β-半乳糖苷酶在低温下会降低牛奶的乳糖含量；淀粉酶、木聚糖酶、蛋白酶等可以用来缩短面团发酵时间和改善面团特性。此外，适冷脂酶作为风味改良酶具有很大的潜力，可用于食品发酵、干酪制造、啤酒处理、精细化工工艺中催化生物转化反应等。来自嗜冷菌的酶在洗涤剂中的应用潜力也越来越大，因为较低温度下进行洗涤可以减少能源消耗和成本，如适冷淀粉酶、蛋白酶和脂肪酶可以加入到洗涤剂中降解聚合物。

北极也蕴藏着丰富的新型功能酶资源（Schmidt et al.，2007；Vester et al.，2014），如在格陵兰西南 IKKA 峡湾发现了一种嗜碱酶，具有新型生物技术潜力，多家公司表现出浓厚兴趣，其中丹麦的 Arla 食品公司参与了其中的应用适冷酶裂解牛奶中的蛋白质，开发新型多肽的研究。

11.2.1.2 生物修复与污染控制技术应用潜力

北极地区的重要人类活动之一是涉及石油产品（如柴油或航空燃料）的发电、供热、操作车辆、飞机和轮船使用。意外泄漏和落后的废物处理方法也会导致石油污染，特别是在北极的科学基地、军事基地及工矿用地。在北极军事基地，多氯联苯等持久性有机物的污染也是一个重要问题，许多北极区域已经被烃类燃料污染。许多研究都表明，来自北极适冷微生物的污染物降解相关功能基因产物具有烃类低温降解的潜力，与传统方法相比具有明显的优势，成本更低，效率更高（Huston et al.，2000；Mohn et al.，2001；Thomassin-Lacroix et al.，2002；Deppe et al.，2005）。在新资源发掘方面，中国科研人员也取得了一定进展，在北极来源的 *Pseudoalteromonas* sp. BSW20308 中发现一个新的脱卤酶基因，并克隆该基因获得异源表达产物，与其他来源的酶相比，该酶在低温下具有较好的活性，因此在低温环境修复等方面具有一定的应用潜力（Liao et al.，2015）。

11.2.1.3 微生物抗冻蛋白的基因工程技术及其应用潜力

自然界中的许多生物，包括极地生物，裸露于冰点温度，已经适应零度以下温度的生活。许多动物的这种适应性可能来自于其血液中存在的抗冻蛋白，这些抗冻蛋白已在多种鱼类、植物和其他动物中被发现，具有广泛的生物技术应用潜力，包括强化寒冷储能及细胞组织的冷冻保存、作为冰核剂应用于食品冷冻储藏的冻结和解冻过程中抑制冰的再结晶、冷冻食品中保护食品的质地和风味、减少或防止冷冻食品的微生物污染。抗冻蛋白已经存在于许多食品中，包括鱼类、胡萝卜、白菜和布鲁塞尔豆芽。

来自动物的抗冻蛋白在来源上存在很大限制，需要捕获大量鱼类等动物才能满足需求。而微生物来源的抗冻蛋白具有明显的优势，在来源上可以通过发酵或异源表达等方式获得大量抗冻蛋白，成本可控，产量可操作，不会破坏生态平衡。研究人员从来自北极细菌 *Pseudomonas putida* GR12-2 中克隆表达了一个编码抗冻蛋白的基因 *afpA*，该抗冻蛋白能保护细菌在零度以下生存（Muryoi et al.，2004）。Singh 等（2013）从北极冰川的冰穴中分离得到 8 株具备抗冻蛋白活性的细菌，归属于 *Cryobacterium*，*Leifsonia*，*Polaromonas*，*Pseudomonas* 和 *Subtercola*。这些细菌产生多种不同大小的抗冻蛋白，能明显阻止冰晶形成，防止对细胞的伤害。细菌来源的抗冻蛋白在诸多领域均具有潜在的应用价值：血液和器官的低温保护剂；风味保护剂；天然气水合物抑制剂（防止油管和气管的堵塞）等。

11.2.1.4 保健食品的功能潜力

ω-3 脂肪酸有多种有益健康的作用：预防动脉粥样硬化、降低血压、缓解哮喘、改善囊肿性纤维化等。富含 ω-3 脂肪酸的鱼油提取和制造是一个已经建立的行业，在几个北极国家存在了一个多世纪。从鱼油获得的多不饱和脂肪酸存在几个问题，如难闻的气味，难以大规模纯化，鱼类资源不断减少。而微生物来源的多不饱和脂肪酸是很好的替代品，具备来源与产量的优势，并且能降低生产成本。科学家已在北极海洋细菌中发现了希瓦氏菌和海冰嗜冷菌 *Colwellia* 等能够产生 ω-3 脂肪酸等不饱和脂肪酸。发展经济上可行的技术，生产微生物来源的多不饱和脂肪酸，用于水产养殖、牲畜和人类饮食，是世界各地多数研究工作的重点。

11.2.1.5 先导化合物与医疗用途潜力

北极生物基因资源的研究和开发，引领着新的药品和其他医疗用途资源的研究和开发。芬兰森林研究所（Metla）协调的阿尔米海诺项目，在芬兰北部的拉普兰和挪威北极斯瓦尔巴群岛的北方，从土壤沉积层、径流水、雪、地衣和苔藓中分离出 600 株微生物，评估了在医药上的应用可能性。从拉普兰土壤样品中分离的几株假单胞菌显示了抗菌特性，有望用于治疗由链球菌引起的咽喉炎症。一家欧洲制药公司购买了相关的知识产权，开始对阿尔米海诺研究项目收集的部分菌株进行抗肿瘤候选药物的筛选。

另外，由挪威政府建立的 FUGE 计划下面的 MabCent 项目，投入 3 000 多万美元，联合学校和多个生物技术公司，在挪威北部海域以及 Svalbard 北部海域中较为密集地采集了大量样品，开展了全面的菌株分离，新颖生物分子、酶、化合物等筛选，旨在发现抗菌、抗癌、抗炎症、抗氧化、治疗糖尿病和肥胖症等的药用前导化合物。该项目取得了较为突出的成果，获得了不少具备生物技术和医药应用潜力的生物资源。同时，韩国极地研究所也开展了从北极生物中寻找有效化合物用于治疗白血病等研究，同时也探寻新的抗生素和酶类。

中国也在加强这方面研究，极地研究中心开展了北冰洋沉积物放线菌中卤化酶的筛选（陈瑞勤等，2014），并与国内多家单位合作开展研究，旨在发现具备药用潜力的天然产物。我国近年从北极发现了具有抗菌活性的倍半萜内酯类化合物和大环四重内酯类化合物（CN201510033929.9，CN201310504941），具有抗肿瘤活性新的细胞松弛素（CN201310207852.3），具有抗肿瘤活性的二萜类化合物（CN201310207842.X）。还首次从高纬度北极 Ny-Ålesund 地区的 *Penicillium* sp. C-5 中分离到代谢产物 BE-31405，对白色念珠菌、光滑念珠菌和新生隐球菌等致病性真菌表现出较强的抑菌活性，但对小鼠白血病细胞 P388 等一些哺乳动物没有细胞毒性，具有防治经济作物真菌病害的潜力。

近年来随着研究的深入，人们已从各类北极环境微生物中发现越来越多的活性次级代谢产物，涵盖了生物碱类、大环内脂类、萜类、肽类、醌类、聚酮类等多种结构类型，表现出良好的抗菌、抗肿瘤、抗病毒、免疫调节、抗氧化等生物活性，这些化合物的发现为药物研究提供了重要的先导化合物。迄今为止，微生物药物的研究主要为温带及热带微生物，对极地低温微生物次级代谢产物的化学多样性及其药用价值的研究时间较短且缺乏系统性，其研究深度和广度还远远不足。但是目前的研究已经显示了极地微生物具有极大的药用潜力，因此，有必要从极地药用微生物资源的发现及分布、代谢产物的分离鉴定、生物活性筛选以及新颖结构活性成分的应用研究等多个方面对其进行系统全面的研究。

11.2.2 参与北极微生物基因资源开发的机构与企业

在一些北极国家，海洋生物技术是研究重点，许多公司在海洋生物技术领域非常活跃。挪威拥有多样的海洋生物栖息地、海洋岸线和海洋资源，一直侧重于北极生物基因资源的研究和开发，具备最完善的研发链条。挪威有 4 所大学从事海洋生物技术研究（奥斯陆大学，卑尔根大学，特隆赫姆大学，特罗姆瑟北极大学）、一些海洋研究机构（包括在卑尔根的海洋研究所和在特罗姆瑟的挪威渔业和水产研究所）、一些大规模的水产养殖站（卑尔根和特罗姆瑟附近）和在新奥勒松斯匹次卑尔根岛的一个研究站均在持续开展北极生物基因资源的研发。

2002 年，挪威政府为功能基因组设立了一个国家计划（FUGE 计划），旨在为进一步发展水产养殖业、海洋生物资源的最佳利用和创建海洋生物产业群建立研究基础。在 FUGE 计划中，北极遗传资源的开发利用占有重要地位。FUGE 计划指出，挪威特别感兴趣的是北极地区的生物基因资源勘探。Mabcent 倡议是 FUGE 计划的一个重要组成部分，目的是将工业界和学术界的研究人员整合在一起，致力于北极的海洋生物基因资源研究。

联合国大学 2008 年报告指出，北半球已有至少 43 家公司参与北极生物基因资源及其衍生产品的研究、开发和销售。超过一半的这些公司的总部设在北美，也有不少公司总部设在北欧国家的冰岛和挪威，少数公司设在芬兰、瑞典、丹麦和英国。这些公司从事研发的细分行业及其数量如下：保健食品，包括膳食补充剂和其他保健品（13 家）、药品和医药（15 家）、食品技术（7 家）、抗冻蛋白（3 家）、酶（10 家）、化妆品和护肤品（6 家）、生命科学研究用产品（3 家）、研究型服务企业（2 家）。

11.2.3 北极生物基因资源开发应用的细分行业与国际竞争

通过查阅 Journal of Natural Products、The Journal of Organic Chemistry、European Journal of

Organic Chemistry、Organic & Biomolecular Chemistry、Chemical and Pharmaceutical Bulletin、Applied Biochemistry and Microbiology、The Journal of Antibiotics 等国际微生物和代谢产物化学主流刊物，对来源于北极及其周边地区的各类微生物及具有丰富代谢产物的无脊椎海绵动物的产物研究报道进行分析，获得具有代表性意义的关于链霉菌等放线菌、芽孢杆菌等细菌/真菌和海绵动物来源的代谢产物及其结构与生物学活性的研究论文 14 篇，这些天然产物具有抗细菌、真菌、肿瘤等活性。

通过分析现北极生物勘探数据库数据（至 2008 年，目前该数据库尚未更新），发现欧洲和美国基于或衍生于北极生物基因遗传资源的发明专利或专利申请 31 项。这些专利可分成 7 个大类，如图 11-7 所示，比例最大的是有关酶的开发，主要是生命科学研究用酶（35%）和工业用酶（3%）。另外，健康相关的专利中，主要是医药（22%）以及保健食品、膳食补充剂和其他保健品（9%）。通常，保健食品、膳食补充剂和其他保健品的一些产品，不一定申请专利，因为这些产品不符合专利授予所需的创造性和新颖性标准。

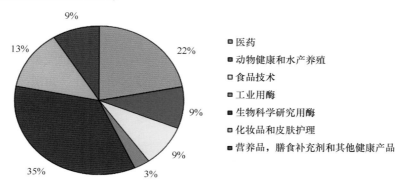

图 11-7　基于北极生物基因资源的专利/专利申请类别（至 2008 年）

图 11-8 所示的是至 2008 年主要司法管辖区基于或衍生于北极生物基因资源完成的发明专利和专利申请，美国专利占 66%，欧洲专利占 18%。值得注意的是，俄罗斯专利占 10%，虽然没有达到突出地位，但这个数量超过了日本专利申请数。作为一般规则，在某些情况下，专利可以被看作是一个商业利益的法定代表，特别是生物技术领域的商业利益，但有些公司认为专利申请过程复杂、费用昂贵而且投资回报很少。因此，北极遗传资源的商业利益可能会远大于专利数据分析所提示的情况。

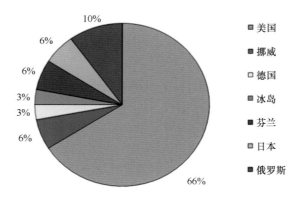

图 11-8　专利和专利申请的司法管辖区（至 2008 年）

11.2.4 北极微生物基因资源利用的挑战与潜力评估

11.2.4.1 高投入低产出

与其他生物基因资源的利用类似，北极微生物基因资源的开发利用也同样具有高投入低产出的风险。在前期研究基础上，获得具有应用潜力的候选基因资源，仍然需要进行大量的实验探索和优化，才能最终进入到生产实践中。例如在低温酶的研究中，实验室条件下表现出优良的性状，但扩大生产时往往存在稳定性、活性、抗逆性等诸多挑战，需要对多种候选资源进行探索与优化，例如通过蛋白进化和突变等优化候选酶、酶的固定化等，最终才能找到适合工业生产的酶。因此整个过程需要投入的时间和资金都比较多。针对天然产物成为药物候选并最终成药的研究，更是充满了不确定性。前期通过大量的筛选和分析获得具有良好药用活性的产物候选，仍然需要经过大量的修饰和优化，通过一系列临床试验，最终才能成为药物。而在这个过程中，由于副作用、毒性等问题，往往多数都止步于临床试验。正是因为这些挑战，只有大型的企业才具有承担风险的能力去开展天然产物的药物开发，然而由于投资大、回报少、周期长等原因，曾出现过大型药企纷纷摒弃天然产物的药物开发。此外，还存在很多的挑战和问题，如生产工艺、安全性、知识产权、市场开发等。

11.2.4.2 我国与国际一流水平相比仍然存在一定差距

除了上述共性问题外，我国开展北极微生物基因资源的开发利用还存在个性问题。经过海洋863计划等一系列的资助与培育，我国已经在海洋生物资源基础研究和利用方面积累了一定的经验和成果。但仍然存在基础积累不够，力量整合不足等问题，尤其在极地微生物基因资源研究与利用方面，更为薄弱。我国的差距主要体现在以下几个方面。

1）前期基础积累不够，缺乏系统性

就目前而言，我国仍然缺乏系统全面地开展极地微生物基因资源的基础研究，前期的积累缺少有机整合，厚积才能薄发，与挪威等北极强国相比，我们缺少持续系统地开展重点区域的微生物基因资源研究。在北极微生物基因资源的保有量方面，我国的北极菌株保藏量也少于世界领先水平的国家，例如美国典型培养物保藏中心、德国微生物和细胞培养保藏中心、比利时微生物协同保藏中心与印度微生物典型培养物保藏中心和基因银行等，而且我国尚缺少专门的、具有一定规模的保藏机构，尤其缺少基因保藏库。因此我国仍然需要加大对北极微生物基因资源基础研究的支持。

2）产学研缺少有机结合，资源利用缺乏深度

从我国已有的北极微生物基因资源相关的专利分析可知，中国专利以公益性科研机构为主导，公司等市场主体较少。因为微生物基因资源的研发上存在诸多风险，企业在看不到利润回报的情况下缺少参与积极性，因此产学研的有机结合缺少驱动力。而且中国极地生物基因资源领域开发深度方面差距明显，多数专利局限于略为粗糙的加工和生产，相比之下发达国家的相关专利以微生物、酶、糖类、核苷酸、肽、杂环化合物等用于医用或化妆品、烹调或营养品、化合物或药物制剂、动物饲料等的深度开发为主。

11.2.4.3 潜力评估

尽管存在各种挑战，北极微生物基因资源仍然具备巨大的利用潜力。与南极微生物基因资源的

利用相比，北极微生物基因资源应有的利用潜力尚未被挖掘。

首先，关于北极微生物基因资源的研究逐年增加，参与的国家也在增加，因此围绕北极微生物基因资源的前期积累会不断增加，为后续的开发利用提供了更好的基础。从文献数量上看，与极地生物基因资源相关的文章数量逐年增加，其中绝大多数涉及微生物基因资源。从专利数量分析，同样出现了逐年增加的趋势，尤其在近年增幅最大。所以从发展的态势看，对北极微生物基因资源的认识会更加深入和拓宽。

其次，随着科技水平的发展，新的研究技术会大幅度提高对于基因资源的认识，加快资源的开发和利用，例如新兴的高通量测序技术能大幅度加强对基因组及其蕴藏的基因资源认识，同样后续工艺的改进也会加快产业化进程。因此，基于对北极微生物基因资源的已有认识和发展趋势，尽管目前尚未开发，但体现了一定利用潜力的基因资源将在今后的研发中有望实现其经济和社会价值。

再次，我国在北极微生物基因资源的研究上发展迅速，展现出我国在北极微生物基因资源的研发上具有强劲上升势头。根据文献的第一著者国别统计，国际极地生物研究比较多的国家依次为：美国、加拿大、英国、挪威、德国、俄罗斯、中国、澳大利亚、意大利、日本、西班牙、瑞典、波兰、法国、阿根廷、丹麦、新西兰、荷兰、韩国、印度、巴西等。其中，发文量居前 10 位的国家发表了 66% 的文献。中国虽然位居第 7，但相关文献产出涨势最为明显。由此可见，随着近年来对极地科学研究投入的增加，中国极地生物科学研究成果增长明显。在专利的申请上，同样体现了中国近年快速发展的趋势，在数量上增加显著。

从目前对北极基因资源的研发情况以及成果分析来看，资源本身的潜力巨大，应用前景良好，且经过几十年的研究已经积累了丰富的经验与前期成果，因此值得也有必要继续并加强北极基因资源的探索与利用研究。从成果转化的比例分析，目前大多数研究成果仍然停留在实验室水平，真正应用到生产实践中的比例很低，因此在拥有巨大应用潜力的背景下，将有很大的空间用之于实践。虽然目前尚未形成广泛成熟的利益回报，但是从当前的发展趋势看，随着研究的深入，必将会在医药、绿色化工、生物技术和生物能源等行业催生出新的产业，带来巨大的经济效益和社会效益，有利于人类健康、环境保护、节能减排、能源安全等。

11.2.5　北极新基因资源评估

11.2.5.1　数据概况

完成了来源于北极的 *Streptomyces* sp. 604F 和 *Marinomonas* sp. BSi20584 基因组测序，获得基因组草图，并通过生物信息学手段挖掘其中具有应用潜力的基因资源。*Streptomyces* sp. 604F 分离自北冰洋 Chukchi Cap 的沉积物，属于耐冷放线菌，通过早期的抗菌活性初筛，发现该菌株具有较好的抗菌活性，而且通过对发酵产物进行初步分析，发现该菌株能够产生丰富的次级代谢产物。*Marinomonas* sp. BSi20584 分离自北冰洋加拿大海盆的冰芯样品，属于适应北极寒冷环境的海洋菌株。目前为止尚未见来自北冰洋海冰冰芯海单胞菌属的基因组测序报道，因此为了增加对北极特殊生境中微生物基因组的了解，我们选择了该菌株进行基因组测序与研究。*Streptomyces* sp. 604F 基因组大小为 6 912 945 bp，GC 含量为 73.08%，共 10 个 scaffold，92 个 contig，含有 6 181 个基因。*Marinomonas* sp. BSi20584 基因组大小为 4 848 582 bp，GC 含量为 42.6%，共 67 个 scaffold，73 个 contig，含有 4 462 个基因。

11.2.5.2 未知的新基因资源挖掘

Streptomyces sp. 604F 基因组中有 5 712 个基因能在 NR 数据库获得注释，占基因总数的 92%，469 个基因没有在 NR 数据库中找到相似的基因，属于完全未知的新基因。NR 注释的 5 712 个基因中，共有 1 493 个基因被注释为 hypothetical proteins，占据 26% 的比例，为功能未知的新基因资源。在 NR 数据库中匹配序列相似性低于 50% 的基因共 58 个，低于 90% 相似性的基因共 750 个。而在 GO、KEGG、COG 以及 SWISS-PROT 数据库中分别仅有 58%、45%、37% 和 30% 的基因能够找到匹配序列。

Marinomonas sp. BSi20584 基因组中有 158 个基因无法在 NCBI 的 NR 数据库中获得注释，为未知的基因；783 个基因预测编码假定蛋白，具体的功能和注释未知。这些未知基因和假定蛋白基因占据整个基因组编码蛋白基因的 21.1%，表明该基因组仍有大量的新基因值得进一步研究和挖掘。在获得 NCBI 注释的基因中，292 个基因与数据库中的基因相似性低于 80%，其中最低的相似性为 46%，表明这部分基因也同样具有新颖性，可能为潜在的新基因资源。

11.2.5.3 次级代谢产物编码基因簇资源挖掘

通过分析发现 *Streptomyces* sp. 604F 基因组蕴藏多达 26 个潜在的次级代谢产物合成基因簇，包括 terpene、Ⅰ 型 PKS、Ⅱ 型 PKS、Ⅲ 型 PKS、NRPS、PKS/NRPS 杂合型、Bacteriocin、Siderophore 等多种类型（表 11-5）。而且，预测的次级代谢产物合成基因簇与已知的基因簇之间存在较大差异，相似性普遍较低。因此，极有可能编码产生新颖的次级代谢产物，为发现和研究新的化合物结构和活性提供了大量的信息，为开展生物合成、代谢工程等研究提供了前期基础与指导。因此，该基因组的研究表明北极微生物的基因资源潜力巨大，而且尚未得到应有的重视和挖掘。

表 11-5 *Streptomyces* sp. 604F 基因组所预测的次级代谢产物基因簇

Scaffold ID	Gene cluster type	Cluster ID	Gene Number	
Scaffold1	terpene	C1	17	
Scaffold1	nrps-t1pks	C2	49	
Scaffold1	nrps-t3pks-t1pks	C3	52	
Scaffold1	t1pks-nrps	C4	31	
Scaffold1	terpene	C5	27	
Scaffold1	bcin	C6	18	
Scaffold1	siderophore	C7	18	
Scaffold1	terpene	C8	25	
Scaffold1	terpene	C9	18	
Scaffold1	lant	C10	17	

续表 11-5

Scaffold ID	Gene cluster type	Cluster ID	Gene Number
Scaffold1	nrps	C11	64
Scaffold1	lant	C12	23
Scaffold1	nrps	C13	41
Scaffold1	nrps	C14	43
Scaffold1	nrps	C15	42
Scaffold1	siderophore	C16	25
Scaffold1	nrps	C17	49
Scaffold1	ectoine	C18	7
Scaffold1	lant	C19	28
Scaffold1	t2pks	C20	27
Scaffold1	terpene	C21	30
Scaffold1	t3pks	C22	28
Scaffold1	t1pks-nrps	C23	45
Scaffold1	nrps-t1pks-lant	C24	51
Scaffold2	butyrolactone-t1pks	C25	49
Scaffold2	nrps	C26	45

Marinomonas sp. BSi20584 基因组共有 4 个可能的编码次级代谢产物基因簇，包括四氢甲基嘧啶羧酸类合成基因簇、细菌素合成基因簇、非核糖体多肽类合成基因簇和嗜铁素合成基因簇。四氢甲基嘧啶羧酸类合成基因簇包括 3 个主要的合成基因编码 L-2，4-diaminobutyric acid acetyltransferase（EctA），ectoine synthase（EctC）和 diaminobutyric acid transaminase（EctB），可应用于化妆品、生物制剂等领域。细菌素合成基因簇与 *Marinomonas* 属其他基因组中对应的细菌素合成基因簇有一定的相似性，但目前尚未有对应基因簇及其产物的研究，暗示该基因簇可能编码合成未知的细菌素，在抗菌方面有应用潜力。非核糖体多肽类合成基因簇可能产生 Turnerbactin 类天然产物，在医药领域具有应用开发的潜力。嗜铁素合成基因簇与 *Acinetobacter* 属基因组相应的基因簇有较高相似性。由此分析，来自北极的海单胞菌基因组在天然产物的合成方面也具有较好的挖掘潜力。

11.2.6 北极来源新的酶学性质及功能评估

11.2.6.1 L-2-卤代酸脱卤酶基因克隆、异源表达及应用潜力评估

北冰洋海洋细菌 *Pseudoalteromonas* sp. BSW20308 为耐冷型细菌，分离自 Chuckchi 海冰下海水。经过我们早先的基因组测序研究，发现基因组编码多种水解酶，可以降解和利用多种不同的底物，同时还编码多种降解环境污染物的酶，在生物修复方面具备足够的应用潜力。通过序列分析发现，该菌含有一个编码 L-2-卤代酸脱卤酶的基因，共 768 bp，编码 255 个氨基酸，经 BLAST 比对以及

文献分析，发现与已鉴定过的 L-2-卤代酸脱卤酶基因相似性较低（34%氨基酸序列相似性）。进化分析表明，这些高度相似性序列多数来自低温环境中的细菌，且以 *Pseudoalteromonas* 属为主（图11-9）。上述分析表明，该 *Pseudoalteromonas* sp. BSW20308 来源的 L-2-卤代酸脱卤酶可能代表了一类尚未研究功能和活性的低温细菌脱卤酶，且可能具备不同于已知 L-2-卤代酸脱卤酶的活性和特性，值得进一步开展序列结构和酶学性质的研究。

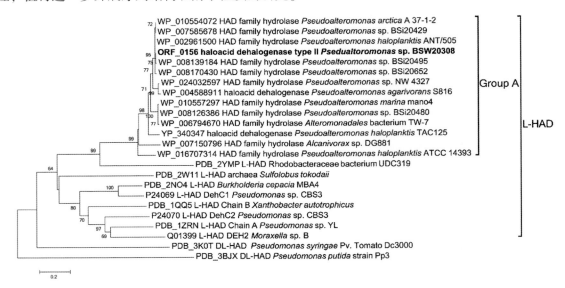

图 11-9　*Pseudoalteromonas* sp. BSW20308 的 L-2-卤代酸脱卤酶以及近缘基因系统发育树

通过异源表达获得该重组酶，发现该重组 L-2-卤代酸脱卤酶最适温度为 40℃，在较宽的温度范围内具备活性（图 11-10），且在较低温度下仍然有一定的活性（10℃保留约 20%的酶活）。已报道的 L-2-卤代酸脱卤酶一般低于 10℃时几乎无催化活性，因此我们发现的这个 L-2-卤代酸脱卤酶具有一定的低温催化优势。溶剂稳定性实验表明，该 L-2-卤代酸脱卤酶具备抵抗低浓度常规溶剂的能力（图 11-11）。底物特异性实验表明，该 L-2-卤代酸脱卤酶主要降解溴乙酸（MBAA），其次为溴丙酸（MBPA），而对氯丙酸（MCPA）、2-氯丁酸（2-CBA）以及二氯乙酸（DCAA）等底物的降解能力较弱。酶动力学研究表明，该 L-2-卤代酸脱卤酶的 Km 值为 0.15 mM（以 MBAA 为底物），Vmax 为 13.22 μmol/min/mg。与已有同类酶相比，该 L-2-卤代酸脱卤酶的 Km 值最小，说明对底物的亲和能力高于目前所知的酶；Vmax 也相对较大，表明该 L-2-卤代酸脱卤酶可能在低浓度底物降解方面有很好的应用潜力，更适合污染物浓度不高的环境生物修复。

11.2.6.2　低温 β-1,3-半乳糖苷酶基因克隆、异源表达及应用潜力评估

在工业上具有应用价值的酶一般包括水解酶和非水解酶两大类。水解酶又包括淀粉酶、纤维素酶、蛋白酶、脂肪酶、果胶酶、乳糖酶等；非水解酶主要包括分析试剂用酶和医药用酶，例如转移酶、卤化酶等。通过对 *Marinomonas* sp. BSi20584 基因组的挖掘，发现共有 20 个蛋白酶编码基因，包括编码 ATP-dependent protease 的基因 8 个、膜蛋白酶基因 1 个、含锌蛋白酶基因 1 个，其他蛋白酶基因 10 个。其中，含锌蛋白酶基因与数据库中已有基因比对相似性较低，为 63%，可能具有一定的新颖性。该基因组还编码 27 个酯酶、5 个脱卤酶、6 个葡萄糖苷酶和 2 个半乳糖苷酶，表明该菌株在脂质降解、环境生物修复等应用方面有一定遗传潜力。

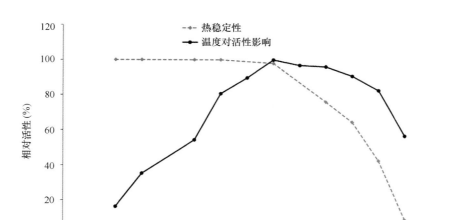

图 11-10 重组 L-2-卤代酸脱卤酶活性对温度的依赖性

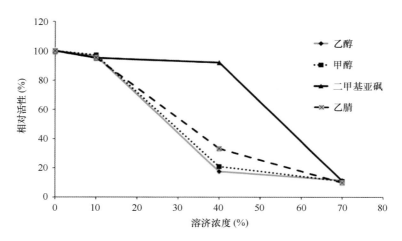

图 11-11 重组 L-2-卤代酸脱卤酶对有机溶剂的耐受能力

该酶在 30℃ 时的酶活水平最高，温度高于 35℃ 时酶活迅速下降，在 0℃ 时还有 20% 左右的酶活；在 pH 为 7.0 时的活性最高，pH 6~8 范围内均有 80% 以上的酶活，pH 低于 6 或者高于 8 时酶活急剧下降。从序列、结构、酶学特性方面分析表明，该酶是首例发现的具有低温 β-1，3-半乳糖苷酶活性的 GH2 家族成员，后续对其开展底物识别机制的研究将有助于拓展对于 β-半乳糖苷酶进化驱动力的认知，同时由于该酶的低温性能较好，该酶在乳制品加工业中具有广阔的应用前景。

以上研究结果表明北极微生物基因资源确实很丰富，且具备高度多样性，绝大多数基因功能未知，有待被鉴定和挖掘其功能；对于假定基因功能，通过进一步科学实验探索和验证，可以发现新的特性与潜在应用价值。

11.3 北极微生物资源利用潜力评估

北极存在着极为丰富的微生物资源，但直接从北极筛选活性微生物的相关报道不多，研究领域较窄，没有对丰富的微生物资源进行充分、有效的挖掘和利用。本项目对北极微生物进行了多层次、多体系的系统活性筛选及分析，结果表明，北极来源的微生物具有良好的生物活性，可以成为生物农药、生物质能等研制开发的新途径。随着对北极活性微生物的分离和深入研究，新资源、新活性成分的逐渐发现，北极来源微生物作为生物质能、天然杀菌剂具有很大的开发潜力与应用前景。

11.3.1 北极农用抑菌活性微生物资源评价

在农业生产中，每年因有害生物造成的损失巨大。据联合国粮食与农业组织（FAO）统计，全世界农林业中每年因虫害、病害和杂草危害造成的损失价值达 800 亿美元之多，占总产值的 37%，其中虫害占 14%，病害占 12%，杂草占 11%。我国是一个人口众多的农业大国，粮食安全生产事关国计民生与社会稳定。植物病害一直是农作物优质高产的重要制约因素之一（康振生，2010）。早期对农作物病害的防治以化学农药为主，但频繁大量使用化学农药不仅会造成水体、土壤、大气的严重污染，破坏生态环境，而且药物残留严重影响了农产品的质量安全，给人类健康带来危害。同时也会导致病原菌耐药性增强，令防治效果减弱或难度加大（马晓梅，2006）。采用生物防治方法替代化学农药防治，减少药物残留和环境污染已成为目前国内外的广泛共识，也是我国绿色农业可持续发展的关键所在。据欧洲有害生物综合治理中心（EUCIPM）统计，2011 年，全球生物农药市场收益达到 13 亿美元，预计在 2017 年将达到 32 亿美元，以 15.8%的复合年增长率增长（金朵和祁志军，2015）。《国家中长期科学与技术发展规划纲要（2006—2020 年）》和《国家"十二五"科学和技术发展规划》将生物产业作为新兴产业的一部分，把农业生物药物与生态农业作为优先发展主题，有害生物控制作为重大科学问题。

生物农药包括动物源农药、植物源农药和微生物源农药，其中以微生物源农药为主，主要分为两大类：一类是活体微生物制剂，即病毒、细菌、真菌、放线菌等；另一类是细菌、真菌、放线菌等微生物产生的次生代谢产物或抗菌蛋白。我国目前从事生物农药生产的企业近 300 家，生产的生物农药品种 80 余种（杀菌剂 24 个），其中微生物源农药 40 余种（邱德文，2013）。但是，我国在生物农药领域的科研水平与美国等世界发达国家相比尚存在一定差距，发展瓶颈问题主要体现在微生物杀菌剂种类少、产品少；防治对象单一，缺乏系列生物农药产品；高效低成本发酵新工艺研究不足；发酵后处理工艺和制剂工艺创新不足等。目前用于生物防治的微生物主要分离自陆源环境，但由于多年来的不断分离、筛选，导致越来越难筛选出具有新型抗病机制的优良微生物菌株，因此，人们逐渐把目光投向了微生物资源丰富的海洋。海洋环境独特，其高压、高渗、低温差、低溶氧、少光的特点造就了海洋微生物在新陈代谢、生存繁殖方式、适应机制等方面显著的特异性，使其能产生许多结构特殊的生命活性物质和代谢产物，并且相当一部分是陆地生物所没有的，这为人类寻找海洋生物活性物质提供了丰富的资源（刘森等，2014）。现代药理学研究表明很多海洋微生物及其次生代谢产物具有较好的植物病虫害防治效果，随着人们对海洋微生物研究的不断深入，越来越多的新型海洋微生物及其代谢产物被应用于抗菌、杀虫、除草等植物保护领域，显现出巨大的生物防治。然而，目前大部分抑菌活性海洋微生物分离自近海、浅海及海岸带，关于从深海尤其是极地分离获得抑菌活性微生物的报道很少（孙晓磊，2015）。

本项目选用 YEPD、PDA、NA、YPD、2216E、M_1 等多种培养基，对中国第 5 次、第 6 次北极考察采集的海洋沉积物样品进行微生物资源的分离和筛选。共筛选得到可培养各类活性微生物 423

株，根据其表型及生理生化特征，初步判定细菌 258 株、放线菌 2 株、真菌 154 株。对其中部分细菌和真菌进行了分子生物学鉴定，在细菌中芽孢杆菌属所占比例最高，达到了 87%，另外还包括短杆菌、产碱杆菌等细菌（图 11-12）；在真菌中青霉属所占比例最高，为 42%，分子孢子菌属和拟青霉属所占比例分别达到了 18% 和 11%（图 11-13）。

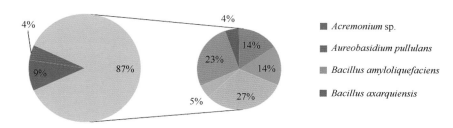

图 11-12　经分子生物学鉴定的各属细菌所占比例

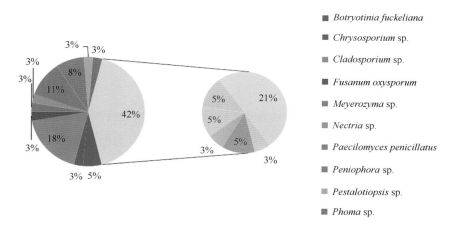

图 11-13　经分子生物学鉴定的各属真菌所占比例

在上述基础上，进一步对所有菌株进行抗菌活性检测。将筛到的菌株进行液体发酵，并通过平板打孔法检测各菌株发酵上清液对 7 株指示细菌（溶壁微球菌、黄单胞杆菌、金黄色葡萄球菌、副溶血弧菌、荧光假单胞菌、嗜水气单胞菌、枯草芽胞杆菌）和 7 株植物致病真菌（核盘菌、绿色木霉、立枯丝核菌、宛氏拟青霉、香蕉炭疽菌、长柄链格孢、棉花枯萎病菌）的拮抗活性。结果显示，32 株细菌和 7 株真菌分别对 1 株或者多株受试菌具有显著抑菌活性，部分菌株的抑菌活性如图 11-14~图 11-16 所示。所有具有抑菌活性菌株的抑菌谱如表 11-6 所示，包括产黄青霉、拟盘多毛孢属、隔孢伏革属、金孢霉属、尖孢镰刀菌、芽胞杆菌属、解淀粉芽胞杆菌、枯草芽胞杆菌、花域芽胞杆菌、甲基营养型芽胞杆菌，其中主要为芽胞杆菌属，所占比例达到了 82%（图 11-17）。其中，菌株 A053、A096、1711 和 1401 具有较广的抑菌谱，对多种供试细菌和真菌具有显著的抑制活性，A053、1711 和 1401 均属于芽胞杆菌属，A096 属于产黄青霉。这一结果表明北极独特的地理、气候及环境特点使其成为一个潜在的、重要的微生物资源宝库，北极来源微生物在农/医药等领域有良好的应用潜力。

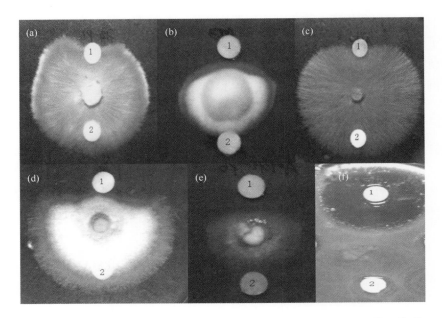

图 11-14 菌株 A053 对胶孢炭疽菌（a）、尖孢镰刀菌（b）、立枯丝核菌（c）、宛氏拟青霉（d）和菌株 A096 对宛氏拟青霉（e）、金黄色葡萄球菌（f）的抑制效果

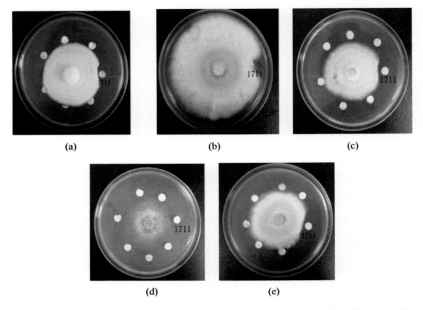

图 11-15 菌株 1711 对绿色木霉（a）、宛氏拟青霉（b）、核盘菌（c）、香蕉炭疽菌（d）和棉花枯萎病菌（e）的抑制效果

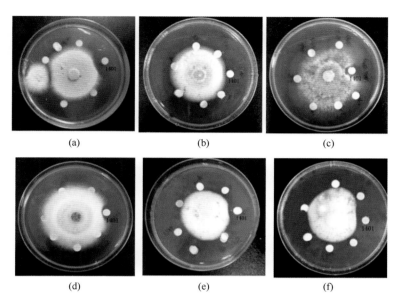

图 11-16 菌株 1401 对宛氏拟青霉（a）、棉花枯萎病菌（b）、核盘菌
（c）、绿色木霉（d）、长柄链格孢（e）和香蕉炭疽菌（f）的抑制效果

表 11-6 具有抗菌活性的菌株信息

菌株	属种鉴定	抑菌谱
A096	产黄青霉	金黄色葡萄球菌、溶壁微球菌、长柄链格孢、宛氏拟青霉、绿色木霉
1163	拟盘多毛孢属	立枯丝核菌
0115	隔孢伏革属	绿色木霉、宛氏拟青霉
0121	金孢霉属	核盘菌、宛氏拟青霉、香蕉炭疽菌
0161	尖孢镰刀菌	核盘菌、绿色木霉
0116	隔孢伏革属	核盘菌
0206	芽胞杆菌属	核盘菌
0208	芽胞杆菌属	嗜水气单胞菌、金黄色葡萄球菌
1711	芽胞杆菌属	金黄色葡萄球菌、绿色木霉、长柄链格孢、核盘菌、棉花枯萎病菌、宛氏拟青霉
0501	芽胞杆菌属	宛氏拟青霉、香蕉炭疽菌
1401	芽胞杆菌属	金黄色葡萄球菌、黄单胞菌、嗜水气单胞菌、绿色木霉、长柄链格孢、核盘菌、棉花枯萎病菌、宛氏拟青霉、香蕉炭疽菌、立枯丝核菌
0203	芽胞杆菌属	长柄链格孢、绿色木霉、核盘菌、宛氏拟青霉
1404	芽胞杆菌属	金黄色葡萄球菌、黄单胞菌
1702	芽胞杆菌属	长柄链格孢、绿色木霉、核盘菌、宛氏拟青霉
6601	隔孢伏革属	核盘菌
1001	解淀粉芽胞杆菌	核盘菌、棉花枯萎病菌、宛氏拟青霉、香蕉炭疽菌、绿色木霉、立枯丝核菌、长柄链格孢

菌株	属种鉴定	抑菌谱
1003	解淀粉芽胞杆菌	核盘菌、棉花枯萎病菌、宛氏拟青霉、香蕉炭疽菌、绿色木霉、立枯丝核菌、长柄链格孢、嗜水气单胞菌
1008	枯草芽胞杆菌	核盘菌、棉花枯萎病菌、宛氏拟青霉、香蕉炭疽菌、绿色木霉、立枯丝核菌、长柄链格孢
0801	花域芽胞杆菌	核盘菌、棉花枯萎病菌、宛氏拟青霉、香蕉炭疽菌、绿色木霉、立枯丝核菌、长柄链格孢
0804	枯草芽胞杆菌	核盘菌、棉花枯萎病菌、宛氏拟青霉、香蕉炭疽菌、绿色木霉、立枯丝核菌、长柄链格孢、大肠杆菌
0807	芽胞杆菌属	核盘菌、棉花枯萎病菌、宛氏拟青霉、香蕉炭疽菌、绿色木霉、立枯丝核菌、长柄链格孢、肠炎沙门氏菌、金黄色葡萄球菌
C0205	枯草芽胞杆菌	核盘菌、棉花枯萎病菌、宛氏拟青霉、香蕉炭疽菌、绿色木霉、立枯丝核菌、长柄链格孢
C0206	解淀粉芽胞杆菌	核盘菌、棉花枯萎病菌、宛氏拟青霉、香蕉炭疽菌、绿色木霉、立枯丝核菌、长柄链格孢
C0215	甲基营养型芽胞杆菌	核盘菌、棉花枯萎病菌、宛氏拟青霉、香蕉炭疽菌、绿色木霉、立枯丝核菌、长柄链格孢、嗜水气单胞菌
C0218	枯草芽胞杆菌	核盘菌、棉花枯萎病菌、宛氏拟青霉、香蕉炭疽菌、绿色木霉、立枯丝核菌、长柄链格孢、副溶血弧菌、嗜水气单胞菌
0305	解淀粉芽胞杆菌	核盘菌、棉花枯萎病菌、宛氏拟青霉、香蕉炭疽菌、绿色木霉、立枯丝核菌、长柄链格孢
A053	枯草芽胞杆菌	尖孢镰刀菌、胶孢炭疽菌、立枯丝核菌、宛氏拟青霉
0101	解淀粉芽胞杆菌	长柄链格孢、绿色木霉、香蕉炭疽菌、核盘菌、立枯丝核菌、棉花枯萎病菌、梨黑斑菌、梨炭疽菌、宛氏拟青霉、桃灰霉菌、嗜水气单胞菌
0102	解淀粉芽胞杆菌	长柄链格孢、绿色木霉、香蕉炭疽菌、核盘菌、立枯丝核菌、棉花枯萎病菌、梨黑斑菌、梨炭疽菌、宛氏拟青霉、桃灰霉菌
0103	花域芽胞杆菌	长柄链格孢、绿色木霉、香蕉炭疽菌、核盘菌、立枯丝核菌、棉花枯萎病菌、梨黑斑菌、梨炭疽菌、宛氏拟青霉、桃灰霉菌、嗜水气单胞菌
0104	枯草芽胞杆菌	长柄链格孢、绿色木霉、香蕉炭疽菌、核盘菌、立枯丝核菌、棉花枯萎病菌、梨黑斑菌、梨炭疽菌、宛氏拟青霉、桃灰霉菌、嗜水气单胞菌
0106	*Bacillus tequilensis*	长柄链格孢、绿色木霉、香蕉炭疽菌、核盘菌、立枯丝核菌、棉花枯萎病菌、梨黑斑菌、梨炭疽菌、宛氏拟青霉、桃灰霉菌
0107	解淀粉芽胞杆菌	长柄链格孢、绿色木霉、核盘菌、立枯丝核菌、棉花枯萎病菌、梨炭疽菌、宛氏拟青霉、桃灰霉菌、嗜水气单胞菌
0108	解淀粉芽胞杆菌	绿色木霉、香蕉炭疽菌、核盘菌、立枯丝核菌、棉花枯萎病菌、梨炭疽菌、宛氏拟青霉、桃灰霉菌、嗜水气单胞菌
0109	花域芽胞杆菌	绿色木霉、香蕉炭疽菌、核盘菌、立枯丝核菌、棉花枯萎病菌、梨炭疽菌、宛氏拟青霉、桃灰霉菌、嗜水气单胞菌
0114	枯草芽胞杆菌	长柄链格孢、绿色木霉、香蕉炭疽菌、立枯丝核菌、棉花枯萎病菌、梨黑斑、宛氏拟青霉、桃灰霉菌、嗜水气单胞菌、副溶血弧菌

续表 11-6

菌株	属种鉴定	抑菌谱
0116	甲基营养型芽胞杆菌	长柄链格孢、绿色木霉、香蕉炭疽菌、核盘菌、立枯丝核菌、棉花枯萎病菌、宛氏拟青霉、梨黑斑、桃灰霉菌、嗜水气单胞菌、副溶血弧菌
C1403	解淀粉芽胞杆菌	长柄链格孢、绿色木霉、香蕉炭疽菌、核盘菌、立枯丝核菌、棉花枯萎病菌、梨炭疽菌、宛氏拟青霉、桃灰霉菌、副溶血弧菌、嗜水气单胞菌
C1406	芽胞杆菌属	长柄链格孢、绿色木霉、香蕉炭疽菌、核盘菌、立枯丝核菌、棉花枯萎病菌、梨炭疽菌、宛氏拟青霉、桃灰霉菌、副溶血弧菌、嗜水气单胞菌

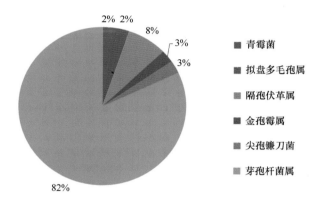

图 11-17 具有抗菌活性的菌株在属水平上的分布情况

11.3.2 北极来源活性菌株 A053 对病原菌防效效果评价

小麦赤霉病由棉花枯萎病菌引起，是小麦的主要病害之一，也是小麦穗期"三病三虫"中较为严重的病害之一，主要会引起苗枯、茎基腐、秆腐和穗腐，其中危害最严重的是穗腐。辣椒炭疽病由香蕉炭疽菌引起，主要危害果实和叶片，也可侵染茎部，是辣椒的常发病害，特别在高温季节，果实受灼伤，极易并发炭疽病使果实完全失去商品价值。水稻纹枯病由立枯丝核菌引起，是水稻发生最为普遍的主要病害之一，一般早稻重于晚稻，往往造成谷粒不饱满，空壳率增加，严重的可引起植株倒伏枯死。

采用北极来源活性菌株 A053 对小麦赤霉病、辣椒炭疽病和水稻纹枯病进行盆栽防治实验，以对菌株 A053 的应用潜力进行评价。以市场产品叶斑宁为对照，叶斑宁是由解淀粉芽胞杆菌研制开发成的生物杀菌剂"60 亿活芽孢/mL 解淀粉芽孢杆菌"，对水稻多种病原菌均有较强的抑制作用。如表 11-7 所示，北极来源的活性菌 A053 对小麦赤霉病的防效能够达到 46.2%~51.5%，叶斑宁的防效为 63.7%~67.3%；对水稻纹枯病的防效能够达到 46.2%~48.7%，叶斑宁的防效为 43.2%~55.3%；对辣椒炭疽病的防效能够达到 35.9%~39.0%，叶斑宁的防效为 29.3%~37.2%。结果表明，菌株 A053 对小麦赤霉病、辣椒炭疽病和水稻纹枯病具有较好的防效，尤其是对水稻纹枯病和辣椒炭疽病防效与叶斑宁相当甚至更好。因此，北极来源活性菌株 A053 在农业植物病虫害防治方面具有较好的应用前景。

表 11-7　菌株 A053 和叶斑宁对小麦赤霉病、水稻纹枯病和辣椒炭疽病防效对比

病种	A053				叶斑宁			
	重复1	重复2	重复3	平均防效	重复1	重复2	重复3	平均防效
小麦赤霉病	48.9%	51.5%	46.2%	48.7%	65.9%	63.7%	67.3%	65.6%
水稻纹枯病	46.16%	48.65%	47.37%	47.39%	43.24%	48.72%	55.26%	49.07%
辣椒炭疽病	35.90%	37.21%	39.02%	37.38%	35.90%	37.21%	29.27%	34.13%

11.3.3　北极来源新的抗植物病原菌蛋白应用潜力评价

对北极来源的具有抗真菌活性的菌株 A096 进行发酵培养，发酵液经抽滤去菌体、硫酸铵饱和盐析、离心、透析除盐、冷冻干燥后，得到粗蛋白。对粗蛋白溶液进行进一步的分离纯化，获得活性组分 A。采用纸片法检测组分 A 的抗菌活性，结果表明其具有显著的抗菌活性，如图 11-18a 所示。组分 A 进行 SDS-PAGE 电泳后进行银染，发现 A 为单一条带，很可能为活性蛋白，命名为 Pc-Arctin（图 11-18b）。以上结果表明，该活性蛋白具有较好的应用潜力，因此进一步评估了其对病原真菌最小抑制浓度、对温度的稳定性、对蛋白酶的稳定性、对表面活性剂的稳定性、对金属离子的稳定性等特性以及生态安全。

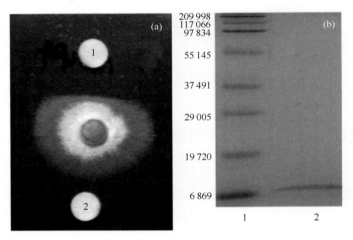

图 11-18　抗植物病原菌蛋白的抗菌活性（a）和 SDS-PAGE 电泳图（b）

11.3.3.1　Pc-Arctin 对病原真菌最小抑制浓度评估

采用两倍稀释法将活性蛋白 Pc-Arctin 溶液从 76.8 ng/μL 稀释至 0.6 ng/μL。取 40 μL 稀释液进行抑菌活性测定，采用纸片法确定抑制不同植物病原菌的最小抑制浓度。结果显示，Pc-Arctin 对宛氏拟青霉、绿色木霉、长柄链格孢的最小抑制浓度依次为：0.026 3 μg、0.19 μg、0.04 μg。

11.3.3.2　Pc-Arctin 对温度的稳定性评估

将纯化获得的 Pc-Arctin 蛋白依次在 50℃、60℃、70℃、80℃、90℃和100℃下处理30 min，随后检测 Pc-Arctin 抗真菌活性。结果显示，Pc-Arctin 经过高温处理后，尽管活性随着处理温度的升高而减弱，但是仍然能够保持较好的活性，表明 Pc-Arctin 有较好的耐高温能力（图 11-19）。

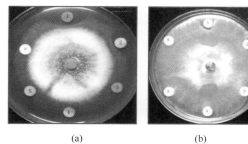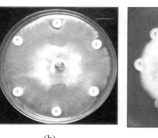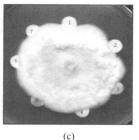

(a)   (b)   (c)

图 11-19 不同温度下 Pc-Arctin 蛋白的抑菌活性

(a) 绿色木霉；(b) 宛氏拟青霉；(c) 长柄链格孢

11.3.3.3 Pc-Arctin 对蛋白酶的稳定性评估

采用 3 种蛋白酶（胰蛋白酶、蛋白酶 K、木瓜蛋白酶）对 Pc-Arctin 进行处理。处理条件为：55℃下，终浓度 1 mg/mL 的蛋白酶作用 2 h；37℃下，终浓度 1 mg/mL 的蛋白酶作用 24 h；25℃下，终浓度 1 mg/mL 的蛋白酶作用 48 h。结果显示，Pc-Arctin 在 25℃条件下，蛋白酶 K 作用 24 h 依旧有活性，但至 48 h 活性消失；Pc-Arctin 在 55℃下，胰蛋白酶作用 2 h 依旧有活性；同时，木瓜蛋白酶处理后的 Pc-Arctin 在实验设置的时间内都能保持活性（图 11-20）。以上结果表明 Pc-Arctin 有较好的耐蛋白酶的能力。

11.3.3.4 Pc-Arctin 对表面活性剂的稳定性评估

采用 0.05% SDS、0.05% Triton X-100、8%尿素和 1% Tween 20 与 Pc-Arctin 常温下作用 1 h，分别检测表面活性剂对该蛋白抗真菌活性的影响。与对照相比，0.05% SDS 处理过的 Pc-Arctin 活性有所减弱，但仍具有活性，表明 Pc-Arctin 有较好的耐表面活性剂的能力（图 11-21）。

11.3.3.5 Pc-Arctin 对金属离子的稳定性评估

采用不同浓度的金属离子（K^+，Ca^{2+}，Co^{2+}，Ni^{2+}，Cu^{2+}，Zn^{2+}，Mg^{2+}，Mn^{2+}）与 Pc-Arctin 常温下作用 1 h，分别检测不同浓度金属离子对该蛋白抗真菌活性的影响。结果显示，Pc-Arctin 在大部分浓度的金属离子的作用下，还能保持较好的抑菌活性（0.5 mol/L K^+，0.5 mol/L Ca^{2+}，0.01 mol/L Cu^{2+}，Co^{2+} 和 Ni^{2+}），但是 0.5 M Mg^{2+}，0.5 M Mn^{2+} 和 0.03 M Zn^{2+} 处理后的 Pc-Arctin 失去活性（表 11-8）。

表 11-8 不同金属离子对 Pc-Arctin 抑菌活性的影响

离子	Zn^{2+}	Mg^{2+}	Mn^{2+}	K^+	Ca^{2+}	Cu^{2+}	Co^{2+}	Ni^{2+}
含量（M）	0.03	0.5	0.5	0.5	0.5	0.01	0.01	0.01
影响	+	+	+	−	−	−	−	−

11.3.3.6 Pc-Arctin 对血红细胞的凝集及溶血活性评估

以 0.05%Triton-X100 与 2%大鼠、兔子、豚鼠血红细胞溶液的等体积混合样品为阳性对照；20 MmTris-HCl，pH 8.1 和 0.1 M NaCl 的溶液为阴性对照，结果显示 Pc-Arctin 没有血红细胞凝集或溶血的活性（图 11-22），说明 Pc-Arctin 蛋白质具有良好的应用前景。

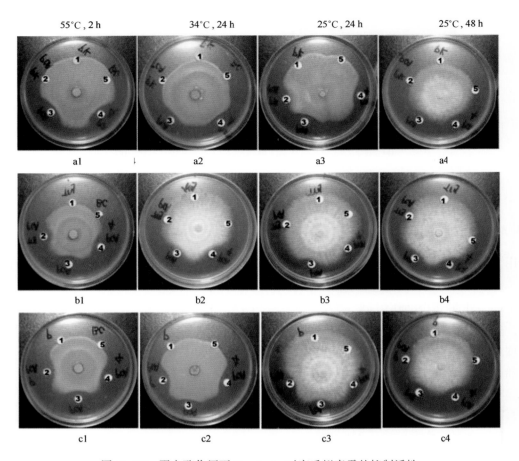

图 11-20 蛋白酶作用下 Pc-Arctin 对宛氏拟青霉的抑制活性

平板中的 1. 分别为蛋白酶 K，胰蛋白酶和木瓜蛋白酶，作为空白对照；2. 分别表示由 1 mg/mL 不同蛋白酶处理后的 Pc-Arctin 活性；3. 未经活性蛋白酶处理的 Pc-Arctin 活性，但采用实验组相同温度处理；4. 未进行任何处理的 Pc-Arctin 活性

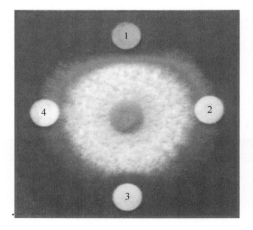

图 11-21 0.05% SDS 作用下 Pc-Arctin 蛋白对宛氏拟青霉的抑制作用

1. Pc-Arctin；2. 0.05% SDS；3. 经 0.05% SDS 处理后的 Pc-Arctin；4. 空白对照

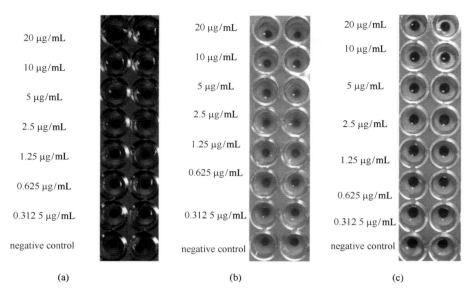

图 11-22　不同浓度的 Pc-Arctin 对血红细胞的凝集及溶血活性

（a）大鼠血红细胞；（b）兔子血红细胞；（c）豚鼠血红细胞

11.3.3.7　活性蛋白 Pc-Arctin 安全初步评估

为了对活性蛋白 Pc-Arctin 作为生物农药进行安全初步评估，考察了经 Pc-Arctin 处理后的病原真菌形态及生理变化情况。以宛氏拟青霉为受试菌，用 Pc-Arctin、BSA（阴性对照）和 PBS（空白对照）对其处理后，利用激光扫描共聚焦显微镜和透射电子显微镜观察形态变化，并进行了 Annexin V 和 PI 双染色，同时检测了与细胞凋亡相关的活性氧（ROS）累积和半胱天冬酶表达差异情况。

激光扫描共聚焦显微镜观察显示 BSA 和 PBS 处理组的宛氏拟青霉形态一致，胞质均匀，细胞壁与细胞质之间无空隙，两对照处理组菌丝直径大小无明显的差异变化；而经 Pc-Arctin 处理的霉菌可观察到胞质凹陷和膜包裹的结构，同时细胞壁与细胞膜之间出现了明显的类似植物细胞的"质壁分离"现象，且受处理菌丝出现膨大的症状（图 11-23），表明出现了细胞凋亡现象。

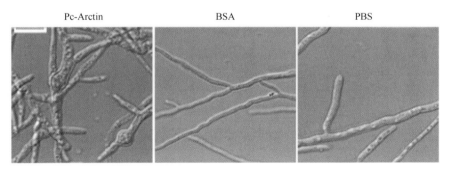

图 11-23　激光扫描共聚焦显微镜观察分别经 Pc-Arctin、BSA 或 PBS 处理后的宛氏拟青霉

透射电子显微镜观察结果显示 BSA 和 PBS 处理组的宛氏拟青霉形态一致，胞质均匀，两者之间无明显差异症状出现；而经 Pc-Arctin 处理的宛氏拟青霉发生了严重的胞质凝缩现象，细胞膜与

细胞壁之间出现了巨大的分离空间，此现象可解释激光扫描共聚焦显微镜视野下观测到的菌丝凹陷现象；同时有脱离细胞质主体、有完整膜系统包裹的小体出现（图11-24），进一步证实了细胞发生了凋亡。

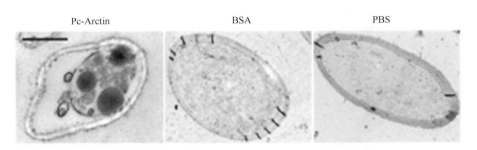

图11-24　透射电子显微镜观察分别经 Pc-Arctin、BSA 或 PBS 处理后的宛氏拟青霉

通常情况下，经 Annexin V 和 PI 双染后荧光显微镜下观察，凋亡细胞呈现绿色荧光，死亡细胞同时呈现红绿荧光，而正常细胞则无或仅有微弱荧光。受试菌宛氏拟青霉经 Pc-Arctin、BSA 和 PBS 缓冲液处理后，与 Annexin V 和 PI 双染液孵育。荧光显微镜 488/535 nm 激发下，经 Pc-Arctin 处理的宛氏拟青霉呈绿色荧光而无红色荧光，表明细胞发生了凋亡；而 BSA 和 PBS 处理组的宛氏拟青霉则几乎无绿色荧光和红色荧光信号，表明细胞正常（图11-25）。

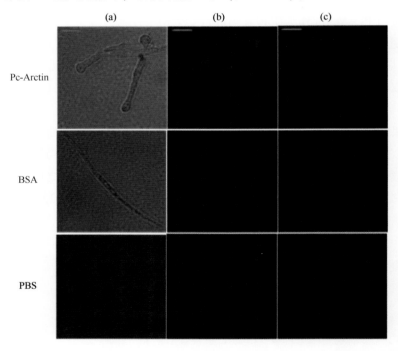

图11-25　Pc-Arctin、BSA 或 PBS 处理后的宛氏拟青霉 Annexin V 和 PI 双染色

受试菌经 Pc-Arctin、BSA 和 PBS 处理后，与 CM-H$_2$DCFDA（10 μmol）孵育。荧光显微镜 495 nm 激发下，经 Pc-Arctin 处理的宛氏拟青霉呈绿色荧光，BSA 和 PBS 处理组的宛氏拟青霉则几乎无绿色荧光信号，表明经 Pc-Arctin 处理的细胞内胞内产生了较强的氧化压力（图11-26）。

Caspase（半胱天冬酶）是一个在细胞凋亡过程中起着十分重要的作用的蛋白酶家族，包括

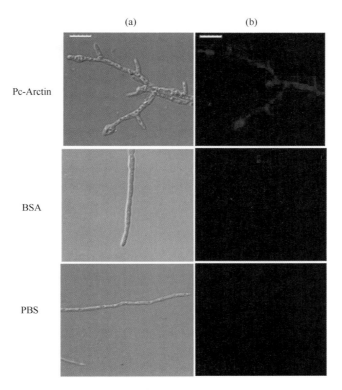

图 11-26 检测经 Pc-Arctin、BSA 或 PBS 处理后宛氏拟青霉 ROS 的累积

Caspase8、Caspase9 和 Caspase3。经 Pc-Arctin 处理的 Caspase8、Caspase9 和 Caspase3 酶活相对于 PBS 处理组的 3 种 Caspase 酶活分别提高到了 2.676 倍、2.340 倍和 2.955 倍，表明细胞发生了凋亡；而阴性对照 BSA 处理组的 3 种 Caspase 酶活相对于 PBS 处理组的无显著变化，说明细胞正常，没有发生凋亡（表 11-9~表 11-11，图 11-27）。

表 11-9 统计分析 Pc-Arctin、BSA 和 PBS 分别处理后宛氏拟青霉的 Caspase8 酶活性

处理因素	PBS	BSA	Pc-Arctin
Caspase8 相对活性比值均值	1.000	1.044	2.626
	1.000	0.962	2.885
	1.000	1.069	2.517
Caspase8 相对活性比值均值±标准差	1.000	1.025±0.056	2.676±0.189*

表 11-10 统计分析 Pc-Arctin、BSA 和 PBS 分别处理后宛氏拟青霉的 Caspase9 酶活性

处理因素	PBS	BSA	Pc-Arctin
Caspase9 相对活性比值均值	1.000	1.000	2.290
	1.000	0.960	2.190
	1.000	1.047	2.541
Caspase9 相对活性比值均值±标准差	1.000	1.002±0.044	2.340±0.181*

表 11-11　统计分析 Pc-Arctin、BSA 和 PBS 分别处理后宛氏拟青霉的 Caspase3 酶活性

处理因素	PBS	BSA	Pc-Arctin	
Caspase3 相对活性比值均值	1.000	1.034	2.920	
	1.000	1.000	3.024	
	1.000	1.057	2.920	
Caspase3 相对活性比值均值±标准差	1.000	1.000±0.029	2.955±0.060*	

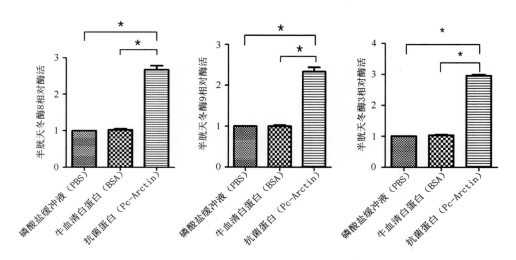

图 11-27　统计分析经 Pc-Arctin、BSA 或 PBS 处理后宛氏拟青霉的 Caspase8、Caspase9、Caspase3 酶活性

以上初步评估表明，活性菌株 A096 为产黄青霉菌，是一种重要的工业菌种，广泛存在于自然界中，特别是在食物或者室内环境中最为常见。来源于活性菌株 A096 的新抗真菌蛋白 Pc-Arctin 对温度、蛋白酶、表面活性剂和金属离子的稳定性好，且无溶血毒性；能够引起敏感受试菌宛氏拟青霉胞质凝缩、细胞质壁分离、PS 外翻，细胞内出现了由膜包裹的泡状结构，以及 Caspase8、Caspase9 和 Caspase3 活性显著提高等细胞程序性死亡的典型症状，不会产生对人畜有害物质，有利于解决无公害粮食生产问题，具有较好的应用前景。

11.3.4　北极产生物柴油或不饱和脂肪酸微生物菌株资源评价

在适宜条件下，已知的产油微生物包括细菌、酵母菌、霉菌和微藻，其中酵母菌和霉菌类真核微生物积累的油脂与常规植物油更相似且含量较高，如菜籽油、棕榈油和大豆油等，并且富含饱和及低度不饱和的长链脂肪酸，是生产生物柴油的潜在原料（Ratledge，2002）。

本项目利用 TTC（氯化三苯基四氮唑）选择性培养基对极地样品进行了产生物柴油或不饱和脂肪酸的真菌筛选。总共从极地样品中筛到 17 株真菌，其中丝状真菌 12 株，酵母 5 株。对其中 8 株丝状真菌进行了胞内油脂含量测定，如表 11-12 所示。两株青霉菌的胞内油脂含量达到了52.11%~61.38%，脂肪酸种类达到了 6~8 种；两株枝霉菌的胞内油脂含量达到了40.53%~49.79%，脂肪酸种类各为 5 种；另外，一株枝顶孢属霉菌的胞内油脂含量也达到了 52%，脂肪酸种类为 5 种。如表11-13 所示，进一步对胞内油脂成分进行分析表明，青霉菌的主要成分为棕榈酸（19.22%~26.04%）、硬脂酸（29.67%~45.91%）和油酸（6.91%~11.81%）；另外一株青霉菌 P7-16-M2

还含有 17.52% 的顺-10-十七碳烯酸，M2-old 含有 35.49% 的反油酸。枝霉菌的主要成分为棕榈酸（15.61%~22.09%）和顺-10-十七碳烯酸（30.65%~68.64%）；另外一株枝霉菌 P4-8-M3 还含有 12.15% 的硬脂酸，P5-7-M1 含有 42.1% 的反油酸。枝顶孢属霉菌的胞内油脂主要成分为棕榈酸（26.11%）、顺-10-十七碳烯酸（56.46%）和十七烷酸（8.77%）。

表 11-12　极地产油真菌菌株含油量测定

菌株	属种鉴定	产油量	所含脂肪酸种数（种）
P7-07-M2	*Botryotinia fuckeliana*	38.49%	4
M2-old	*Penicillium sp.*	61.38%	8
Po-27-M7	*Aureobasidium pullulans*	31.95%	6
P7-16-M2	*Penicillium polonicum*	52.11%	6
P7-07-M1	*Acremonium sp.*	52%	5
P6-12-M3	*Acremonium sp.*	20.12%	4
P5-7-M1	*Cladosporium cladosporioides*	49.79%	5
P4-8-M3	*Cladosporium sphaerospermum*	40.53%	5

表 11-13　极地产油真菌油脂成分分析

油脂成分	菌株各油脂组分含量（%）							
	P7-07-M2	M2-old	Po-27-M7	P7-16-M2	P7-07-M1	P6-12-M3	P5-7-M1	P4-8-M3
肉豆蔻酸（C14:0）				1.44				
十五烷酸（C15:0）								1.25
顺-10-十五碳烯酸（C15:1）		1		2.18	2.82		1.14	
棕榈酸（C16:0）	24.79	19.22	49.44	26.04	26.11	23.52	22.09	15.61
棕榈烯酸（C16:1）		7.18						
十七烷酸（C17:0）			10.74		8.77	35.45		
顺-10-十七碳烯酸（C17:1）	17.43		13.33	17.52	56.46	37.23	30.65	68.64
硬脂酸（C18:0）	45.12	29.67	13.27	45.91				12.15
油酸（C18:1n9c）	12.67	11.81		6.91	5.85	3.79	4.03	2.36
反油酸（C18:1n9t）		35.49					42.1	

由于全球石化资源日益枯竭，生态环境日渐恶化，因此多渠道开发可再生油脂资源受到重视。生物柴油是性能优良、可直接替代化石柴油的生物燃料产品（叶思特等，2012）。在油脂生产中，生产成本是制约微生物油脂生产的主要因素，原料和碳源占了生产成本的65%~70%，要想使微生物油脂达到工业化生产的条件，必须使其油脂积蓄量大（李强，2012），因此获得高产油率的微生物是产生物柴油或不饱和脂肪酸微生物资源应用的前提。本项目分离获得的部分菌株产油量高于50%~60%，表明北极来源微生物在生物柴油、不饱和脂肪酸生产上有很大的应用潜力，这为下一步产油脂微生物筛选、改良、代谢调控和发酵工艺的研究，以及降低微生物油脂的生产成本奠定了基础。随着现代科学技术的发展，以及人类对北极微生物资源越来越深刻的了解，以及不断的探索，会使北极来源微生物在生物柴油、不饱和脂肪酸生产上得到大规模的应用。

11.4 小结

在微生物物种资源多样性方面，极地特殊的地理、环境和气候特征，造就了特殊的微生物生态系统，已成为各国争相开发的微生物资源宝库。目前各国科研工作者已对海水、海冰、冰芯、海洋沉积物、土壤、永久性冻土和动植物等各类北极样品中的微生物进行了分离、纯化与鉴定，获得了大量极地微生物种质资源。世界范围内分离到的可培养微生物共计4个门、9个纲、142个属、353个种。在属水平上，放线菌纲、γ-变形菌纲和α-变形菌纲各含34个、29个和26个属，分别占总属数的24%、20%和18%。在种水平上，γ-变形菌纲、放线菌纲、杆菌纲和黄杆菌纲各含136个、76个、40个和38个种，分别占总种数的39%、22%、14%和11%。近年来又陆续分离获得了分布在细菌域、古菌域和真核生物的8个门、48个属内的64个北极新种，其中变形菌门、拟杆菌门和厚壁菌门属于优势种群，表明北极存在着极为丰富的微生物新种质资源。

中国历次北极科学考察对楚科奇海、白令海、加拿大海盆、北冰洋—太平洋扇区、北冰洋—大西洋扇区等北极区域的微生物种类和分布进行了调查，完成了对海洋细菌、海洋真菌、铁细菌、锰细菌、硫酸盐还原菌、石油降解菌、专性寡营养细菌等多样性以及分离等研究，获得了可能的新种26株。同时分析了影响微生物分布和丰度的各种因素，并进一步评估了部分新种微生物的生态学地位、功能及与环境的作用关系。

在功能基因资源利用潜力方面，北极微生物基因资源较为丰富，且多样性非常高，绝大多数基因功能未知，有待鉴定和挖掘其新的特性与潜在应用价值，资源本身的应用潜力巨大，应用前景良好。参与北极微生物基因资源研究与开发的国家和地区也逐渐增多，形成了以北极国家为主导，非北极国家积极参与的局势。国外主要寻找能用于食品、医药和生物技术等领域产业化的基因资源，其中美国占据了极其有利的地位。我国的北极基因资源研究利用重心为基础研究，对于基因资源的了解有很大的帮助，可以为后续的应用研究提供基础，具有很大的空间用之于实践。

总体来讲，相比基础研究而言，世界上北极微生物基因资源的开发和利用仍然比较滞后，存在高投入低产出、生产工艺、安全性、知识产权、市场开发等各方面难题。随着参与国家和研究投入不断增加以及科技的进步，有利于加快资源的开发和利用步伐。我国在北极微生物基因资源的研究上发展迅速，展现出了强劲的上升势头。虽然目前北极基因资源开发尚未获得广泛成熟的利益回报，但是从当前的发展趋势看，随着研究的深入，必将会在医药、绿色化工、生物技术和生物能源等行业催生出新的产业，带来巨大的经济效益和社会效益，有利于人类健康、环境保护、节能减排、能源安全。

在北极微生物资源利用潜力评估方面，极地海洋环境独特，其高压、高渗、低温差、低溶氧、少光的特点造就了海洋微生物在新陈代谢、生存繁殖方式、适应机制等方面显著的特异性，使其能产生许多结构特殊的生命活性物质和代谢产物，并且相当一部分是陆地生物所没有的，这为人类寻找海洋生物活性物质提供了丰富的资源，然而目前直接从北极筛选活性微生物的相关报道不多，研究领域较窄，没有对丰富的微生物资源进行充分、有效的挖掘和利用。通过对北极微生物进行多层次、多体系的系统活性筛选及分析表明，北极来源的微生物具有良好的生物活性，可以成为生物农药、生物质能等方面研制开发的新途径。

针对重要农作物病原菌，筛选获得了极地农用杀菌活性微生物39株，其中多株对多种受试菌均具有抑制活性，尤其是真菌；对北极来源活性菌A053进行了应用潜力评价，结果表明对小麦赤霉病、辣椒炭疽病和水稻纹枯病的防效与市场产品相当，说明北极来源微生物可以应用于农作物病害防治。分离纯化新的抑菌蛋白1个，其对温度、蛋白酶、表面活性剂和金属离子的稳定性好，且无溶血毒性，不会产生对人畜有害的物质，有利于解决无公害粮食生产问题，具有较好的应用前景。上述结果表明北极独特的地理、气候及环境特点使其成为一个潜在的、重要的微生物资源宝库，北极来源微生物在农/医药等领域有良好的应用潜力。随着我国生物技术的发展，人们对生物农药的不断重视和对海洋资源的大力投入，海洋微生物源生物农药的研究必将成为我国现代农业新型农药研究的重点和热点。

由于全球石化资源日益枯竭，生态环境日渐恶化，因此多渠道开发可再生油脂资源受到重视。生物柴油是性能优良、可直接替代化石柴油的生物燃料产品。在油脂生产中，由于生产成本问题，获得高产油率的微生物是产生物柴油或不饱和脂肪酸微生物资源应用的前提。针对上述问题，分离获得了多株产油量高于50%~60%的菌株，表明北极来源微生物在生物柴油、不饱和脂肪酸生产上有很大的应用潜力，这为下一步产油脂微生物筛选、改良、代谢调控和发酵工艺的研究以及降低微生物油脂的生产成本奠定了基础。随着现代科学技术的发展，人类对北极微生物资源有了越来越深刻的了解。在不断的探索中，会使北极来源微生物在生物柴油、不饱和脂肪酸生产上得到大规模的应用。

参考文献

陈瑞勤, 廖丽, 张晓华, 等. 2014. 北极海洋链霉菌604F的卤化酶基因克隆及特征 [J]. 微生物学报, 54 (6): 703-712.

高爱国, 陈皓文, 林学政 c. 2008. 加拿大海盆与楚科奇海柱状沉积物中硫酸盐还原菌的分布状况 [J]. 环境科学学报, 28 (5): 1014-1020.

高爱国, 陈皓文 a. 2008. 铁细菌在北极特定海区沉积物中的分布 [J]. 海洋科学进展, 26 (3): 326-333.

高爱国, 陈皓文 b. 2008. 锰细菌在加拿大海盆、楚科奇海沉积物中的分布 [J]. 环境科学学报, 28 (11): 2369-2374.

林学政, 高爱国, 陈浩文. 2008. 北极海洋沉积物中锰细菌的分离与系统发育 [J]. 生态学报, 28 (12): 6364-6370.

林学政, 沈继红, 杜宁, 等. 2009. 北极海洋沉积物石油降解菌的筛选及系统发育分析 [J]. 环境科学学报, 29 (3): 536-541.

刘莹, 张芳, 凌云, 林凌, 等. 2014. 2010年夏季白令海浮游细菌的多样性和群落组成分析 [J]. 极地研究, 25 (2): 113-123.

肖天，孙松，张武昌，等．2001．白令海蓝细菌分布［J］．极地研究，13（1）：13-20．

曾胤新，陈波，蔡明红，等．2001．楚科奇海和白令海的海洋低温微生物调查［J］．极地研究，13（1）：42-49．

张芳，何剑锋，郭超颖，等．2012．夏季北冰洋楚科奇海微微型、微型浮游植物和细菌的丰度分布特征及其与水团的关系［J］．极地研究，24（3）：238-246．

康振生．2010．我国植物真菌病害的研究现状及发展策略［J］．植物保护，36（3）：9-12．

金朵，祁志军．2015．生物农药：使有害生物综合治理（IPM）切实服务于农民和种植者［J］．世界农药，37（2）：25-29．

邱德文．2013．生物农药研究进展与未来展望［J］．植物保护，（39）5：81-89．

马晓梅．2006．我国微生物农药研究与应用的新进展［J］．武汉科技学院学报，19（11）：42-46．

刘淼，王继红，姜健，等．2014．海洋微生物应用于生物农药的研究进展［J］．中国农学通报，31（3）：232-236．

孙晓磊，闫培生，王凯，等．2015．深海细菌及其活性物质防控植物病原真菌的研究进展［J］．生物技术进展，5（3）：176-184．

叶思特，郭丽琼，刘晓蓉，等．2012．产油微生物的筛选［J］．华南农业大学学报，33（3）：384-387．

李强，曹毅．2012．产油微生物资源及其应用．第四届全国微生物资源学术暨国家微生物资源平台运行服务研讨会论文集［C］，77-83．

Deppe U, et al. 2005. Degradation of crude oil by an arctic microbial consortium［J］. Extremophiles, 9（6）：461-470.

Groudieva T, et al. 2004. Diversity and cold-active hydrolytic enzymes of culturable bacteria associated with Arctic sea ice, Spitzbergen［J］. Extremophiles, 8（6）：475-488.

Huston A L, et al. 2000. Remarkably low temperature optima for extracellular enzyme activity from Arctic bacteria and sea ice［J］. Environmental Microbiology, 2（4）：383-388.

Kim J T, et al. 2007. Screening and its potential application of lipolytic activity from a marine environment: characterization of a novel esterase from *Yarrowia lipolytica* CL180［J］. Applied Microbiology and Biotechnology, 74（4）：820-828.

Leary D. 2008. Bi-polar Disorder? Is Bioprospecting an Emerging Issue for the Arctic as well as for Antarctica?［J］. Review of European Community & International Environmental Law, 17（1）：41-55.

Liao L, et al. 2015. A new l-haloacid dehalogenase from the Arctic psychrotrophic *Pseudoalteromonas* sp. BSW20308［J］. Polar Biology, 38（8）：1161-1169.

Mohn W W, et al. 2001. On site bioremediation of hydrocarbon-contaminated Arctic tundra soils in inoculated biopiles［J］. Applied Microbiology and Biotechnology, 57（1-2）：242-247.

Muryoi N, et al. 2004. Cloning and Expression of afpA, a Gene Encoding an Antifreeze Protein from the Arctic Plant Growth-Promoting Rhizobacterium *Pseudomonas putida* GR12-2［J］. Journal of Bacteriology, 186（17）：5661-5671.

Schmidt M, et al. 2007. *Arsukibacterium ikkense* gen. nov., sp nov, a novel alkaliphilic, enzyme-producing gamma-Proteobacterium isolated from a cold and alkaline environment in Greenland［J］. Systematic and Applied Microbiology, 30（3）：197-201.

Singh P, et al. 2013. Antifreeze protein activity in Arctic Cryoconite bacteria［J］. FEMS Microbiology Letter, 351（1）：14-22.

Thomassin-Lacroix E J M, et al. 2002. Biostimulation and bioaugmentation for on-site treatment of weathered diesel fuel in Arctic soil［J］. Applied Microbiology and Biotechnology, 59（4-5）：551-556.

Vester J K, et al. 2014. Discovery of novel enzymes with industrial potential from a cold and alkaline environment by a combination of functional metagenomics and culturing［J］. Microbial Cell Factories, 13（1）：72.

Ratledge, et al. 2002. The biochemistry and molecular biology of lipid accumulation in oleaginous microorganisms［J］. Advances in applied microbiology, 51：1-52.

第 12 章　北极科学考察的主要经验与建议*

12.1　北极科学考察取得的重要创新性成果和突破

1999 年国家海洋局组织国内相关单位实施了我国首次北极科学考察。截至 2015 年，我国已成功地组织了 6 次北极科学考察，并在 2010 年首次抵达北极点开展了科学考察活动，实现了我国北极考察历史性的突破；2012 年第 5 次北极考察期间"雪龙"船成功首航北极航道，完成我国跨越北冰洋的科学考察任务。目前我国的北极科学考察研究主要围绕下列几个重点科学问题展开工作，取得了阶段性进展。

1）海洋环境变化和海—冰—气系统变化过程的关键要素考察

我国北极大气科学考察与研究始于 20 世纪 90 年代，在国家南极考察委员会（现为国家海洋局极地考察办公室）、中国科协、中国科学探险协会等单位支持下，我国科学家先后参加了中外合作及我国政府和民间组织的多次北极综合考察，其中影响较大的有：中国科学家参加挪威、苏联和冰岛的北极考察；1994 年中国科学院和美国合作进行了阿拉斯加科学考察；1995 年中国科协组织了北极徒步探险，并到达了北极点；1997 年中国科学院大气物理研究所和中国气象科学研究院的气象工作者与挪威合作，在北极海冰上进行了大气边界层结构和湍流通量输送的试验研究（高登义，2008）。2001—2003 年，由中国科学探险协会等单位组织的北极探险考察队，在斯瓦尔巴群岛的朗伊尔地区进行了有关大气、冰川、地质和植物等学科的综合考察（高登义等，2008）。这次民间考察活动，对我国北极大气科学考察和研究的开展及我国北极考察站的建立起到了促进作用。2004 年 7 月，我国在斯瓦尔巴群岛的新奥尔松建立了中国第一个北极陆地科学考察站——北极黄河科学考察站，进行高空大气物理、海洋生物、气象、GPS 跟踪观测和冰雪等方面的观测研究（陆龙骅等，2009）。1999 年以来，我国组织了 6 次北极科学考察，以"雪龙"号极地考察破冰船上的直升机、浮冰站为观测平台，进行了海洋—海冰—大气相互作用的多学科综合观测。除在考察航线上进行海洋气象、地面臭氧、紫外 UV-B、臭氧探空等观测外，还在北极浮冰上建立联合冰站开展了近地层大气物理、边界层大气结构、GPS 探空和臭氧探空观测、极区大气化学和低层大气温室气体观测，获得了大量的样品和资料，并开展了北极海冰快速变化和北极环境变化及其在气候变化中作用的一系列研究。北极大气科学和全球变化研究是近 30 年来我国有较大进展的科学领域，在北极海冰变化的诊断和模拟、北极边界层物理和海冰气相互作用、北极大气环境对东亚环流和中国天气气候的影响、极地大气化学和环境地球化学等方面的研究都取得了新的进展。

2）极区海洋环境快速变化的地质记录及其对我国气候的影响

在中国首次至第 6 次北极科学考察期间，"雪龙"船分别在亚北极的白令海和鄂霍茨克海、北

---

* 本章节编写人员：林龙山、余兴光、宋普庆。

冰洋、北大西洋的格陵兰海、挪威海以及冰岛周边海域进行了海洋地质调查，共获得了大量的箱式样多管样和重力柱状样。这些样品为中国的北极海洋地质学研究提供了重要的研究材料。经过十几年来的综合研究，在北冰洋的海洋地质学研究领域，例如沉积学、矿物学、稳定同位素地球化学、有机与无机地球化学、古地磁学、微体古生物学，以及与海洋学、环境科学、生态学等交叉学科方面都取得了一些重要的研究成果。其研究的时间尺度从现代水体中颗粒物的季节性变化与环境参数的关系，到近现代表层沉积物中各种环境替代指标的空间分布模式对于古环境重建的意义，再到岩芯沉积物中各种环境替代指标的历史记录，以历史演变的角度探讨了白令海晚第四纪以来的古海洋与古气候记录及其对全球气候变化的响应，以及西北冰洋晚第四纪以来古海洋与古气候记录及其对北半球冰盖变化的响应，重建了白令海和西北冰洋晚第四纪以来的古海洋与古气候演化格局。

3）北极及亚北极海域生态系统学考察

1999年我国首次北极科学考察确定"北冰洋邻近海域生态系统与生物资源对我国渔业发展的影响"作为科学目标之一，开展了考察区域海洋生物生态考察和白令海渔业资源综合调查；2003年第2次北极科学考察把"了解北极变化对全球变化的响应和反馈及其对我国气候环境的影响"作为主要科学目标，开展了"北极海洋生物地球化学过程与古环境调查研究"和"北半球高纬海域生物过程和物理过程相互作用"的研究；2008年第3次北极科学考察确定"开展北冰洋及邻近边缘海深海微生物资源极地基因资源的多样性研究，与地质年代结合，阐明生物多样性变化演变与海洋环境变化的关系"作为科学目标之一，开展了"北极生态系统结构和变异"和"北冰洋深海微生物及其基因资源的多样性"的研究；2010年第4次北极科学考察以"北极海洋生态系统对海冰快速变化的响应"作为两大科学考察目标之一，开展了生态系统多学科综合考察，研究与海冰变化密切相关的海洋生态系统结构和功能变化，初步阐明北极海洋生态系统调控机制，为进一步预测北极生态系统变化趋势提供了科学依据；自2012年极地专项实施以来，我国组织了第5次和第6次北极科学考察，北极海洋生物和生态考察是其中的一项重要内容之一，开展了北极海洋生物学科综合考察，分析各类海洋生物群落结构组成与多样性现状、关键种与资源种的分布与生态适应性，了解考察海域生态系统功能现状及在全球变化背景下的潜在变化，获得海洋生物标本和分析数据，为生态资源变化和生态建模及应用评估提供了基础数据。与此同时，通过10年的北极黄河站生态环境监测与研究，我们初步证明，北极环境变化已经导致了陆生生态系统和海洋生态系统发生变化。目前通过我们在黄河站地区建立的冰川—陆地—海洋的断面联合观测，研究该地区生物群落和多样性特征、不同环境基本理化性质和污染物空间分布，为我国长期监测北极地区环境生态变化建立一个长期观测平台。

4）北极海冰快速融化下北冰洋碳通量和地球化学循环

自1999年起，我们围绕我国北极考察的总体目标，以北极环境和气候快速变化背景下的海洋生物地球化学过程为线索，以海洋水柱、底部沉积物为重点，以海气界面、海水、海冰、颗粒物、沉积物为研究对象，通过现场生物化学综合调查、现场受控生态实验、有机C、N同位素和生物标志物示踪等技术手段，采用化学、生物、沉积学和地球化学相结合的研究方法，开展海水常规化学要素、放射性和天然同位素、颗粒物质主要成分和生物标志化合物等参数调查，对北冰洋海—气二氧化碳通量时空分布、生源要素分布的空间和时间变化、水团及海洋过程的同位素示踪、北冰洋生物泵过程对环境变化响应的机理、北冰洋海洋古生物地球化学和碳埋藏的演化特征开展了比较系统的研究，取得了一些进展和新的认识。

5) 北极工作海域地球物理调查和特征分析

我国在北冰洋区的地球物理考察起步于第 3 次北极科学考察。在"南北极环境综合考察与评估专项"启动后，中国第 5 次北极科学考察正式实施北冰洋区域的综合地球物理考察，第 6 次北极科学考察还新增加了近海底磁力测量等项目。尽管获得的地球物理数据资料有限，但是北极海域地球物理考察专题组和北极地质构造环境综合分析与评价课题组注重前期文献资料的收集整理，航次设计突出科学目标，使得每一个探测位置和每一项探测手段，都能回答相应的科学问题，并进行了有效的综合研究，获得了期望的研究成果。

同时，考察队还通过重力和地磁等地球物理调查，对北极地区地质构造带及地壳运动的特点进行了调查研究，在海底扩张年龄、洋壳断层形态、地壳厚度等方面取得了新的认识，为今后深入开展工作奠定了基础。白令海峡、阿拉斯加盆地及楚科奇海台是每次北极考察航次必到之处，北极海域地球物理考察专题组的注重考察资料的积累，北极地质构造环境综合分析与评价课题组的结合国际上的历史资料整理分析，进行更为基础性的地球物理和海底构造的研究。

12.2 北极科学考察取得的主要经验

12.2.1 顶层设计

在国家海洋局极地考察办公室的精心组织下，极地专项从顶层设计开始，充分总结和吸取以往工作的经验，针对国际北极科学前沿和北极快速变化的热点问题，不断凝练科学目标，进行有针对性的科学考察，并根据国家需求，合理设置有关研究内容和评价工作。因此，整个评价工作得以顺利实施并取得卓有成效的研究成果。

12.2.2 质量控制和管理

专项办在项目启动初期即出台"极地专项质量控制和监督管理办法"、"极地专项考核和验收管理办法"、"极地专项管理办法和经费管理办法"等，为本专题高效管理和有序实施奠定了基础，此外，极地专项较早完成的有关"极地考察规范和标准"，也为本专题顺利实施提供了规范化的依据。

此外，在本专题开展过程中，课题组还采用专家指导下的过程管理方式推进每个阶段工作，多数情况下专题每个阶段的工作均得到"专项集成专家组成员"的现场指导，保证了本专题的工作质量。另外，极地专项办领导在本专题研究过程中，也多次亲临研讨会现场进行指导，包括项目设立之初开展的实施方案论证、研究进展交流、评价提纲研讨、年度进展等。

在专项办组织的每年一度的年度自考核和考核中，专题组均按照相应要求和规范进行准备，这为本课题按期保质保量地完成所有评价工作奠定了较好的基础。

12.2.3 人员配合和组织

本专题参与单位包括局属单位和局外单位共 13 家，参与人员达到了 106 名，各子专题下均有多家单位参与评价工作，各单位间不仅互相参与，还具有数据和资料互相依托的关系，因此，只有各个单位的通力配合和积极参与才能完成本专题的所有工作。在这个过程中，我们得到 10 个子专题牵头单位的大力支持，以及各子专题负责人的大力配合，正是由于他们的精心组织和认真负责，才使得本专题各项评价工作得以顺利实施和完成。

另外，由于极地外业考察工作时间较长，工作既艰苦又耗时，而室内样品分析也需要较多的时间和精力，因此，有些专业的工作偶尔滞后于总体计划和安排，究其原因，正是这些学科的工作人员近年来承担的任务太重所致，有些人既要从事北极考察与研究，还要兼顾南极的工作，既要出海开展外业调查，还要在实验室进行样品分析和撰写材料等。因此，项目组建议今后应该鼓励更多的科研人员参与极地工作，分担现有人力不足的局面，让更多的极地科考人员有更多的时间用于深入分析调查数据和研究，这样才能更有效地多出成果、出好成果。

12.3 北极海洋快速变化的形势和挑战

北极地区是对全球变化响应和反馈最敏感的区域之一。全球气候变化在北极地区会由于受到冰雪融化降低了表面反射率等现象的正反馈作用而得到放大。北极是全球大气研究计划（GARP）、世界气候研究计划（WCRP）及国际岩石圈—生物圈计划（IGBP）研究全球气候变化的关键地区，包含了大气、海洋、陆地、冰雪和生物等多圈层相互作用的全部过程。研究表明，近150年来北极地区气温的升高幅度是全球平均的2~3倍。对过去100年的海表温度（SST）分析发现，许多区域在1965—1995年的北极涛动（the Arctic oscillation，AO）指数普遍为正，表明海表温度长期变暖，1995年之后变暖现象更加明显。气温的持续升高最直接的影响是北极地区海冰覆盖面积的不断缩减。自1978年以来，持续的观测表明，北极平均海冰覆盖面积以每10年3.946%的速度缩减，而年度最小覆盖面积更是以每10年8.951%的速度缩减，在2012年北极海冰覆盖面积达到了有记录以来的最小值。

气候变暖是影响北极生态系统最重要的压力源，全球变暖引起的气候、水文地理学和生态学的变化能在北极海域得到很好的表达，因此，北极可以担任全球变化的预言者。北极的特殊地理位置及其特有的生态环境，突出了北极气象研究在全球气候变化研究中的作用和地位，在全球变化，尤其是全球及区域气候变化中有重要作用。我国位于北半球，人们对寒潮和冷空气活动都有亲身体验，对我国造成灾害的旱、涝、风、雹等天气气候事件也大多与冷、暖空气及其活动异常有关，来自北极的影响较南极更为直接。此外，由北极海冰变化所带来的北冰洋海洋环境变化、生态系统变化、北极碳吸收能力变化等随即成为北极科学研究热点。与此同时，北极海冰面积快速缩减变薄还带来了一系列变化与响应：北冰洋中层水增暖、北大西洋盐度被北极海冰融化水冲淡、白令海生态系统北移等众多新的现象吸引了全世界全球变化研究者的目光。

北极海冰快速变化使得北极海洋环境产生变化，继而对北极的生态系统产生重大影响。北极海域因其独特的地理位置和环境条件，包括宽广的大陆架、剧烈的季节性天气变化、低温、永久性和季节性海冰覆盖等，形成了特有的海洋生物群落结构，北极环境的快速变化势必影响依赖其生存的海洋生物群落。普遍认为海洋生物群落对气候变化的响应是敏感的，气候变暖引起的一系列生态后果可能会蔓延至海洋生物的各个营养级。研究表明，浮游动物摄食的增加将导致颗粒有机碳向海底流通的减少，底栖生物量因此而减少，这对大型的底栖捕食者（如腹足类、蟹类、底栖和游泳虾类、海星、海蛇尾等）产生了激烈的负面影响。海冰的快速融化提高了水体的生产力，但同时也降低了海底生产力。据推测，随着海冰的持续性收缩，北极海冰、水层和海底生物群落的总碳通量和能量流通模式将可能由原来的"冰藻—底栖生物"为主变成"浮游植物—浮游动物"为主。此外，由于气候变暖，海冰融化加速，导致水温持续上升和盐度下降，进而影响到北极海洋生物种群数量变化和地理分布范围的迁移，由于环境改变，生态系统中海洋生物的生活史、食物链、营养级等生物学和生态学特征也产生了相应的变化。

此外，在全球变暖的背景下，按目前的海冰缩减速度，北极地区的西北航道和东北航道，有望在2030年完全开通，北冰洋航道是北美洲、北欧地区和东北亚国家之间最快捷的黄金通道，将改变全球海运现状。对北极天气和气候预测的研究不仅具有深远的政治意义和重大的科学价值，而且具有潜在的经济和社会效益。

北极地区蕴含着丰富的油气、生物资源，随着夏季海冰的退缩，北极海洋资源的开发和利用已日益摆上各国的议事日程，并呈现出激烈争夺的趋势。北极海域对全球、特别是北半球国家具有重要的战略、政治、军事和经济等方面的利益，随着海冰融化的加速，应对这种变化的系统评价和国家对策研究已刻不容缓。我国对北极的研究已持续近20年，取得了很多成果，特别是极地专项开展以来，我国对北极海洋环境进行了全面系统的考察，积累了大量的第一手资料，在北极海冰与海洋和大气相互作用、海冰变化与欧亚大陆大气环流及其对我国气候的影响、北极大气环境变化和北极海洋生态系统的研究得到了很多新的认识，国际影响力也日益扩大。但我国极地科学研究与国际水平的差距较大，极地气候系统模式、极地气候变化的预测理论、预测系统以及气候变化影响评估体系、极地生态系统对气候变化的响应模型等开发研究刚刚起步，极地科学研究仍面临诸多需要解决的重要问题，应认清我国极地科学面临的形势和发展阶段，确立我国在极地研究的国家目标，针对有国际影响的科学问题开展考察与研究。

12.4 未来北极科考焦点和建议

研究表明，全球变暖、海水酸化以及人类活动的影响正在改变着极地海洋环境，北极地区环境的变化特别是海冰快速融化势必会影响依赖其生存的海洋生物群落，造成的一系列生态后果可能会蔓延至海洋生物的各个营养级。因此，了解全球气候变化影响下的冰盖和其他物理参数的年际变化和季节性变化对于北极生态系统动力学的科学研究极为重要，我们必须了解现在和将来控制不同层次的生物现存量和生产力的因子的变化，这对解释过去的地质年代记录（包括古昆虫遗迹在内的营养层次变化）以及目前北极生态系统发生的变化极为关键。

北极碳汇过程和机制是全球碳循环研究的重要一环，确定北极快速变化下北极地区的碳汇过程和机制具有重要的现实意义和科学意义。生源要素的生物地球化学循环是气候变化等物理驱动和生态系统响应的中间环节，起着承上启下的作用，对于预测北极生态系统和生物资源的演变规律具有重要作用。另外，由于北极夏季海冰的融化加剧，海洋"生态泵"过程将可能更高效地运转；但冰雪融化、海面升温和淡水输入增加，也改变了北冰洋的海水融合和环流过程，从而可能导致碳的"物理泵"过程的改变。

此外，气候演变还有很多未被认识的机理，以历史演变的角度探讨北冰洋冰川、水团、生产力等古海洋与古气候记录及其对全球气候变化的响应一直是当前热门的科学问题。还有，北极构造活动和古海洋、古环境的关系也是今后研究的一个前沿问题。

因此，我国未来北极科考的焦点依然要着眼在以全球气候变化和北极海冰快速变化为背景，以生态响应为目标，开展生态系统多学科综合考察与研究，分析与海冰变化密切相关的海洋生态系统结构和功能变化，阐明北极海洋生态系统调控机制，进一步预测北极生态系统变化趋势及北极环境变化对我国气候的影响。为更好地完成北极研究目标，总结历次北极科考的经验，提出以下建议。

（1）拓展未来我国北极科考范围和评价内容。我国在北极海域研究发现了一些独特的现象且对热点科学问题研究有一定的突破，但总体上调查海域仍然比较受限，重点海域不突出，尤其是北冰洋中心区和海冰边缘区的调查研究较为薄弱，因此，今后需要拓展北极科考范围，特别是要加强北冰洋中心区和海冰边缘区域环境变化研究与评价，并作为今后的科考和评价重点。

（2）加大北极科考频率。为了描述和了解北极生态系统，必须使用合适的研究方法和策略，包括反演研究、获得序列时间数据、过程研究和模拟研究等一揽子研究计划。目前，已经收集了很多北极环境变化的证据，数据积累得很快，虽然环境变化对物理和化学动力学的影响已经越来越清楚，但由于缺乏连续的科学考察资料，尚难以评估这些影响如何在生物系统中引起连锁性反应。因此，今后应该通过国内和国际合作，加大北极的科考频率，收集更多的有效数据，用于科学解释和评估。

（3）运用模型等方法预测变化过程。科学家认识到目前人类对北极海洋的观测严重不足，宏观的模拟研究也极为缺乏，尽管过去有关海洋和海冰的预测预报能力已经取得了重大的进展，但还需要加强和扩大现有的研究能力。了解北极海洋生态系统对扰动的响应，研究这些响应是自然的波动、是全球气候变暖引起、还是人为污染的结果等，对于评估北极的过去、现在和将来至关重要。这些研究必须结合生态系统模型和现场数据来预测全球变化对生物产量的影响和北极有机碳的归宿过程。此外，了解北极海洋生态系统的一个有效的途径可能是通过局部重点地研究取得结果，再利用整合模型扩大研究范围，从而研究区域的或大的综合体。

（4）采用新技术和新方法用于北极科考。为了评估和预测环境变化对北极生态系统和生物地球化学循环的影响，亟须了解边缘海内和北极中心浮游植物和冰藻的生产力及其控制因子；而对北极初级生产力的估计需要更长期的观测，但目前在时间和空间上采样量不足，同时受冰雪覆盖、运量等气象因素影响，卫星遥感观测效率也大打折扣。因此，今后更需要采用生态观测站和潜浮标方法来进行长时间系列数据的收集。

（5）关注新的研究热点问题。创新研究了解海脊系统的发育和北极水下热泉群落；利用北极地区作为区域实验室研究太空生物学；利用海冰覆盖的北冰洋模拟其他星球上可能的微生物栖息地等。

（6）打破国界局限，加强国际合作。北极海洋研究实际上存在着重大问题，这些问题常受到环境限制，包括国家间在政治敏感地区的合作，还需要不断增长的国力支撑。尽管有这些问题，但我们仍然需要从全球角度看待北极研究；利用分析公开的和内部发表的资料；承认北极海洋沿岸居民与海洋环境密不可分的现实；考虑北极海洋现存的以及将来的工业活动；鼓励机构间的合作研究。同时也需要进行预报预测科学研究，使得研究能够在北极大部分地区的专属经济区进行，特别地需要建立一个机制，使得科学研究能够进入俄罗斯的大陆架和大陆坡，获得实质性的结果，这些地方是北极不可分割的一个部分。同时，广大的加拿大极区，包括加拿大群岛通道，对北极海洋的研究也极为重要，虽然这一地区的地方政府机构以及加拿大政府的责任有所变动，进入这些地方的可能性仍然存在。

（7）通过共享数据，介入有关敏感问题的研究。由于石油勘探作业需要，一些石油公司已经在波弗特海陆架获得了一些地质与海洋学资料，让他们参与研究，能够共享获得的资料。当地人海洋环境知识丰富，他们的知识对近岸环境研究很有帮助，请他们参与基础和应用研究，可以从中获得大量知识。在北极科学考察和研究中，相互参与不同区域的研究，进行合作，不仅有利于扩大研究区域，共享科学数据，获得更大的科学成果，而且能够从整体上更多地了解北极的情况，尤其对于深入了解北极环境的变化机理，具有深层次的意义。

致　谢

　　本专题自 2013 年启动以来，在极地办和极地专项办领导下，在极地专项专家组和本专题专家组的指导帮助下，在全体参加单位紧密配合、团结协助下，圆满完成了专题的研究任务，取得了丰硕成果。

　　在此，特别感谢极地办和极地专项办领导 3 年来对本专题工作的支持！感谢专项集成专家组成员对本专题的长期指导！感谢 13 家参与单位领导的支持和关心，感谢各子专题负责人和参与人员 3 年来的辛勤努力！

余兴光